ELEMENTARY LINEAR ALGEBRA

선형대수학

LARSON / EDWARDS / FALVO 지음

강신덕 · 권태인 · 김경희 · 김주필

민강주 · 왕문옥 · 이희정 공역

教友社

머리말

기초선형대수 제5판은 주로 공학, 컴퓨터, 수학, 경제, 통계, 기타 OR 등을 전공하는 대학 2, 3학년생들이 선형대수를 쉽게 이해할 수 있도록 제작하였다. 이 책을 공부하기 위해서는 사전에 약간의 대수 및 해석기하에 관한 지식이 필요하다. 해석학은 별로 필요하지 않다. 그러나 몇몇 예와 문제에서 해석학적 개념들이 필요한 경우도 있는데 이 부분은 생략하고 뛰어넘어도 이 책을 공부하는데는 아무 지장이 없다.

많은 학생들이 이 책을 공부하면서 처음에는 여러 가지 수학공식을 접하게 될 것이다. 저자의 주 목표는 선형대수의 근본개념을 명확히 이해하는 것이다. 이 목적을 달성하기 위해서 우리는 예와 문제 하나하나를 선택하고 배열했다. 또 이론과 응용 및 기하학적 직관이 균형을 갖출 수 있도록 세심히 배려하였다. 이 외에도 이 책으로 강의하는 사람들을 위해서 다양한 응용부분을 두어서 필요에 따라 취사선택할 수 있도록 하였다.

선형대수의 주제와 범위

본저는 학습효과가 최대가 되도록 주제를 선택하고 그 순서를 배열하였다. 예를 들어 제4장에서 벡터 공간의 정의와 기저를 하기 전에 구체적으로 R^2과 R^n의 여러 성질을 살펴봄으로써 자연스럽게 이 공간의 확장으로 벡터공간을 생각할 수 있도록 유도하였다. 이 부분은 학생들이 가장 어려워하는 곳이다. 그러나 다양한 예와 자세한 설명으로 일차독립, 생성, 기저, 차수 등을 쉽게 이해할 수 있도록 하였다.

고유값 문제는 제7장에서 구체적으로 다루었다. 그러나 그 전에 벌써 제4장, 1.2절, 3.1절에서 직관적으로 그 개념을 연습문제로 취급하여 그 바탕을 마련하였다. 그 외에도 3.4절에서도 고유값을 소개하여 임의로 취사선택하여 공부할 수 있게 하였다.

이번의 제5판에서는 지금까지 이 책으로 수업한 다양한 사람들의 의견을 수렴하여 다음과 같이 보완 편집하였다. 먼저 선형대수로 강의한 분들의 의견을 수합하여 선형방정식계, 행렬, 행렬식, 벡터공간, 내적공간, 선형변환, 고유값, 고유벡터 부분을 대폭 보완하였다. 또 응용분야를 원하는 사람들을 위해서 이 분야의 많은 예와 연습문제를 수록하였다. 각 장의 마지막에는 항상 응용편을 마련하였다.

특히 정리의 표현은 증명에 필요한 기술과 방법을 쉽게 발견할 수 있도록 구체적이고 정확하게 기술하였다. 제6장은 컴퓨터 그래픽과 같은 컴퓨터와 관련된 분야로 하였다. 특히 최근에 개발된 컴퓨터 대수도구와 그래프 계산기와 같은 것은 간략하게 부록 B에 소개하였다.

기타, 이 교재의 연습문제를 풀거나 예제의 분석을 통해서 새로운 기법과 최신의 풀이법을 습득할 수 있을 것이다.

특 징

정리와 증명

정리를 제시하고 증명하는 과정에서 이 과목을 선택한 학생들이 쉽게 이해할 수 있을뿐만 아니라 수학적으로도 참신하고 유용하게 쓰이도록 최대한 노력하였다. 이 5판에서는 정리의 증명은 몇 가지 방법으로 나누어하였다. 학문적으로 중요하다고 생각되는 것은 아주 세밀하게 증명하였다. 그러나 어떤 증명은 과감히 생략하고 대략적으로 큰 줄기만 서술한 것도 있다. 특히 연습문제에서 힌트를 준 증명은 증명을 하는 첫단계에서 마지막 결론을 내리는 단계까지 증명의 각 단계를 학생들이 구성할 수 있도록 차례로 유도하였다. 마지막으로, 어떤 정리는 학생들이 스스로 할 수 있도록 정리의 증명을 생략하고 연습문제로 남겨두었다.

그림표와 기하의 강조

그림을 그려보는 것은 수학적 개념과 정리를 이해하는 데 필수적인 문제풀이 기법 중 하나이다. 본 제5판에서는 예제에 새로운 몇 개의 그림표를 도입하였다. 특히 벡터공간과 내적공간을 표현하는데 그림표를 사용하였다. 컴퓨터로 얻어진 도형은 학생들이 복잡한 수학적 관계를 파악하는데 상당한 도움을 준다. 예를 들어서 그림표는 문제를 기하학적으로 해석할 수 있게하고 2차와 3차원 공간에서의 선형변환이 어떻게 물체를 회전시키는지를 보여준다. 또 물체의 투영과 반사에 대한 기하학적 개념도 그림표를 그려보면 쉽게 알 수 있다.

응 용

각 장의 마지막에는 선형대수의 개념이 실제생활에서 어떻게 응용되는지를 보여주는 단원으로 구성하였다. 이 주제는 컴퓨터 그래픽, 암호학, 미분방정식, 성장률, 최소자승법, 푸리에추정 등 매우 재미있고 유용한 문제들로 광범위하게 분포되어 있다. 응용편에서 다루는 내용들은 다음 장에 필요한 것은 아니므로 생략하여도 진도를 나가는 데는 아무 지장이 없다.

기 법

본 개정 제5판에서는 과감하게 그래프 계산기와 컴퓨터 대수도구를 도입하였다. 물론 이러한 도구적 기법을 사용하고 안하고는 독자의 마음이다. 이러한 기법을 필요로 하는 연습문제는 표시를 하여 놓았다. 이 과목과 관련한 도구적 기법을 습득한 학생은 효과적인 문제풀이 도구로 이 기술을 발휘할 많은 기회를 가질 수 있다. 기법노트를 통해서 학생들은 문제를 풀이하는 과정에서 적절하게 이 기법을 사용할 수 있을 것으로 생각한다. 부록 B의 "컴퓨터 대수도구와 그래프 계산기"에 최신의 소프트웨어와 가장 유용한 시스템을 수록하여 놓았다.

예 제

세심하게 선택한 많은 예제에서 개념, 계산기법, 문제해결 능력 등을 쌓을 수 있으며 모두 최근의 자료들이다.

발 견

"발견"은 학생들로 하여금 수학적 개념과 그 관계를 직관적으로 이해하고 발전시킬 수 있도록 작성하였다.

역사적 사실

각 장의 처음에는 선형대수의 발전에 많은 공헌을 한 수학자의 간단한 연혁을 소개하였다.

연습문제

본 제5판에는 약 3,000개의 문제를 수록하였다. 학생들이 문제를 풀어봄으로써 이론적인 개념을 확실히 이해하고 또 문제풀이기법을 실제로 습득할 수 있도록 다양한 문제들을 모아놓았다. 가르치는 사람이 편리하게 특별한 문제는 표시를 해 놓았다. 표시된 것은 풀이하는데 제법 어려운 테크닉이 필요한 문제이다. "힌트를 준 증명"과 "쓰기"가 표시된 연습문제는 말 그대로 여러 가지 힌트를 주었고 또 실제로 써보게 한 것이다. 제5판에서는 행렬문제, 풀이작성, 기술적 풀이법 등 다양한 새로운 연습문제를 많이 보충하였다.

힌트를 준 증명

"힌트를 준 증명"이 있는 연습문제는 학생 스스로 주어진 힌트를 보고 차례대로 논리적 순서를 따라가면 완벽하게 정확한 결론에 도착되도록 체계적인 증명을 유도하였다.

참 또는 거짓

참 또는 거짓이 있는 연습문제는 학생들이 수학적 개념을 어느 정도 이해하고 있는지를 테스트하기 위해서 만든 것이다. 각 문제에서 학생들은 그들의 결론이 바르다는 것을 밝힐 근거를 제시하거나 예를 들어야만 한다.

단원요약

각 장의 마지막에는 단원요약을 만들어 놓았다. 이 요약은 그 장에서 가장 핵심적인 개념과 그 기본적인 기능을 잘 파악할 수 있도록 다시한번 적어서 복습할 수 있도록 하였다.

단원 프로젝트

각 장은 두 개의 단원 프로젝트를 포함하고 있다. 이 프로젝트는 집단수업이나 보다 심도있는 숙제를 할 기회를 제공할 것이다. 어떤 것은 이론적 개념에 초점을 두었고 또 어떤 것은 응용분야에 연계된 것이다.

누적 테스트

제 3, 5, 7장 뒤에 누적테스트 항목을 만들어 놓았다. 이것을 통해서 학생들은 지금까지 이 교과서를 통해서 자신이 배운 지식을 확인할 수 있으며 아울러 시험이나 다른 수학과목에도 활용할 수 있다.

보 충

학습도구 학생 CD-ROM(0-618-33570-6)

- 교과서에 있는 중요한 개념을 설명하기 위해서 다시 해보기
- MATLAB, Mathematica, Maple, Derlue, TI-83/TI-83 Plus, TI-86, TI-89, TI-92 그래프 계산기를 사용하기 위한 전자자료집
- 그래프 계산기 활용안내
- MATLAB 연습문제
- 8, 9, 10장

HM 테스트 6.1(0-618-33571-4)를 포함한 HMClass Prep™

- HMClassPrep는 이 책의 풀이뿐만 아니라 제 8, 9, 10장의 대략적인 내용을 포함하고 있으며 다양한 수업자료를 담고 있다.
- HM 테스트는 간단한 시험이나 테스트를 쉽고 효과적으로 볼 수 있도록 각 테스트 항목을 유형별로 간추려서 제공하는 소프트웨어로 수업을 하면서 유용하게 이용할 수 있다. 또 관심이 있는 교사는 이 컴퓨터 프로그램을 이용하여 근거리 통신망(LAN)이나 인터넷을 통한 테스트를 할 수도 있다.

학생풀이 안내(0-618-33568-4)

- 모든 홀수번호 연습문제의 단계적 풀이법
- 모든 누적문제의 단계적 풀이법

교사풀이 안내 및 테스트 항목집(0-618-33569-2)

- 모든 짝수번호 연습문제의 단계적 풀이법
- 모든 단원 프로젝트의 단계적 풀이법
- 많은 사람들이 선택하여 공개된 문제와 그 해답

기초 선형대수, 제5판의 웹사이트(math.college.hmco.com)

- 학생자료집
- 교사자료집

감사의 말

이 책을 집필하는데 여러 분야에서 도와준 많은 사람들에게 지면을 통하여 감사의 말씀을 드립니다. 특히 여러 가지 방법으로 조언을 해 주시고 격려해 주신 아래의 동료들에게 다시 한번 감사말씀 올립니다. 오클라호마 대학의 엘레나 블렉, 덴버 콜로라도 대학의 록산느 M. 바이른, 알링턴 텍사스대학의 미네르바 코데로-에퍼슨, 피츠버그 주립대학의 엘윈 H. 데이비스, 펜실바니아 에딘보로 대학의 윌리엄 D. 에트링, 루이지아나 주립대학의 가이 마틴 프리스트, 미시시피 주립대학의 마이클 Y리, 채프만 대학의 칼 P. 라이쯔, 파라다이스 벨리 커뮤니티 대학의 릭 본, 만카토 미네소타 주립대학의 챨스 워터, 남서 오클라호마 주립대학의 죤 우드.

이 외에도 남 다코다 주립대학의 돈나 플린트와 꼼꼼하게 교정을 보고 자료를 챙겨준 핼렌 메들리 양에게도 감사말씀 드립니다.

이 책을 집필하는데 특별히 공로가 많은 엘레나 블렉 교수에게 심심한 감사말씀 드립니다.

개인적으로는 나의 아내, 디아나 길버트 라슨, 콘수엘로 에드워드, 수잔 팔보, 또 그들이 사랑하는 사람들, 가족, 후원자 여러분에게도 많은 신세를 졌습니다. R. 스코트 오닐도 빠뜨릴 수 없지요.

이 책을 읽고 조언할 사항이나 개선할 부분이 있으면 기탄없이 연락주시기 바랍니다.

론 라슨
브루스 H. 에드워드
데이비드 C. 팔보

역자 머리말

선형대수는 자연계, 공학계는 물론이거니와 경영계, 의학계, 농학계 등 수학의 지식이 필요한 모든 학과에서 자기전공을 위한 기초지식으로서 불가결한 중요한 과목이 되었다. 이 책은 선형대수를 정규과목으로 선택한 학생들을 위한 교과서로 저술되었다. 처음 선형대수를 접하는 독자에게는 좀처럼 근접하기가 어려운 학문이나 본서는 충분한 내용 설명, 알기 쉬운 예제, 그리고 풍부한 문제로서 독자들이 학습하기 좋은 책으로 미분적분에 못지않은 친근감을 가질 수 있을 것이다.

많은 선형대수는 선형대수의 기초지식을 전제로 저술되어 있으나 본 교재는 기초가 없는 학생들도 쉽게 접근할 수 있게 저술되어 있다. 그러므로 독자 여러분은 본 교재를 통하여 얼마나 선형대수가 중요하며 어떻게 이용되고 선형대수 이용면이 얼마나 넓고 꼭 필요한 학문이라는 것을 알게 될 것이다. 본서의 내용 및 특징을 보면 다음과 같다.

(1) 구체적인 예제를 들어서 기본적 개념을 이해토록 했다.
(2) 쉽게 이해할 수 있도록 하기 위하여 엄격한 정리의 설명보다는 쉽게 이해하는 방향으로 기술되었다.
(3) 각장마다 충분한 예제와 문제를 들었다. 문제를 통하여 자신의 이해 정도를 확인할 수 있게 했다.

이상에 유의하여 저술된 본서를 통하여 좀 더 확실하게 선형대수를 이해하고 또한 활용할 수 있을 것으로 기대된다.

끝으로 본서의 출판을 위해 수고하신 교우사 여러분에 감사하며 독자 여러분의 큰 발전을 기원한다.

2006. 2
역자씀

차 례

선형대수란 무엇인가?

"선형대수란 무엇인가"란 질문에 답하기 위해서는 이 과목에서 공부할 내용을 꼼꼼히 살펴보아야 한다.

선형대수의 가장 기본적인 주제이며 이 책에서 제일 먼저 다루는 내용은 연립일차방정식이다. 여러분들은 이미 과거에 간단한 연립일차방정식을 접했을 것이다. 예를 들어 여러분이 지금 5000km 떨어진 두 도시를 비행기로 여행한다고 하자. 갈 때는 바람을 안고 가서 $6\frac{1}{4}$시간이 걸렸으나 돌아올 때는 바람을 등지고 와서 5시간 밖에 걸리지 않았다. 이 경우 비행기의 평균속도와 바람의 속도를 구할 수 있을까? 물론 비행기나 바람의 속도는 일정하다고 가정한다.

비행기의 속도를 x라 두고 바람의 속도는 y라 두면 다음과 같은 식을 얻을 수 있다.

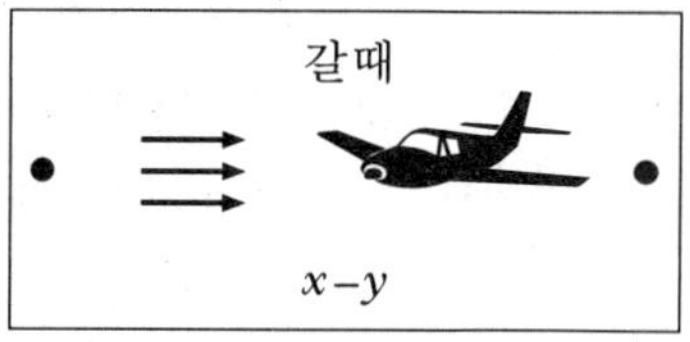

$$6.25(x-y)=5000$$
$$5(x+y)=5000$$

이 식을 간단히 하면

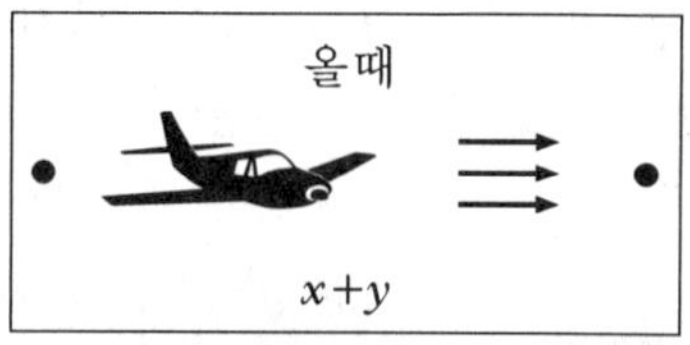

$$x-y=800$$
$$x+y=1000,$$

이고 여기서 $x=900$(k/h), $y=100$(k/h)을 얻을 수 있다. 기하학적으로 이 두 방정식은 $xy-$평면에서 두 직선으로 표시할 수 있다. 그림표에서 이 두 직선은 (900, 100)에서 만남을 알 수 있고 이 값이 우리가 구하는 답이다.

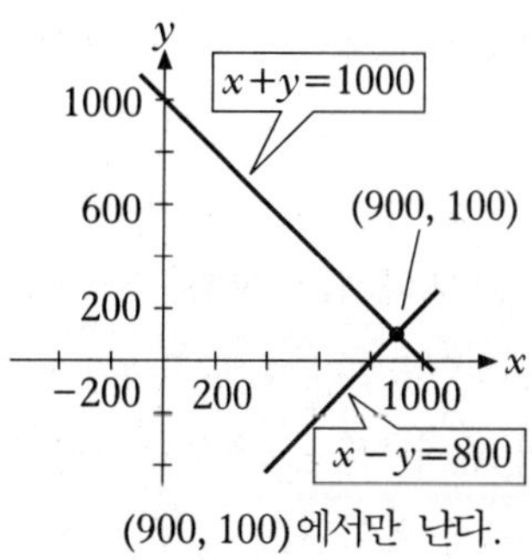

(900, 100)에서만 난다.

일차연립방정식의 풀이가 선형대수의 가장 중요한 응용 중의 하나이다. 과학이나 산업에 이용되는 수학문제의 대부분은 이와 같이 일차방정식을 포함하고 있는 경우가 많다. 이러한 일차식은 공학, 화학, 경제학, 회계학, 생태학, 생물학, 물리학 등 거의 모든 분야에서 일정부문 나타난다.

물론 위의 비행기의 예와 같이 간단한 식은 쉽게 풀 수 있다. 그러나 실제로는 100개 혹은 수천개의 방정식으로 나타날 경우도 종종 있고 이런 경우 그 풀이도 쉽지 않다.

이 과목의 주 목표의 하나는 이와 같이 매우 큰 연립일차방정식을 공식적으로 일정한 규칙에 따라 반복적인 방법으로 풀이하는 것이다. 이 규칙은 컴퓨터로 알고리즘을 만들수도 있다.

이 책의 처음 3장은 일차식과 과거에 공부한 두 개의 계산분야를 다루었다. 이렇게 함으로써 선형대수의 기본 주제인 벡터공간을 공부할 준비가 된다. 벡터공간은 평면에서의 벡터의 성질을 일반화한 것이다. 그런 연후에 벡터공간의 이론적 성질을 배우고 증명을 적고 또 증명법도 익힌다.

벡터공간의 개념은 모든 벡터공간에 관한 성질이므로 그 정리는 모든 벡터공간에 적용할 수 있다.

예를 들면 제6장에서 선형변환을 배우게 되는데 이것은 두 벡터공간 사이에서의 특별한 성질을 가진 함수이다. 그런데 이 선형변환은 컴퓨터그래픽, 미분방정식, 위성자료전송 등 거의 모든 분야에서 나타난다.

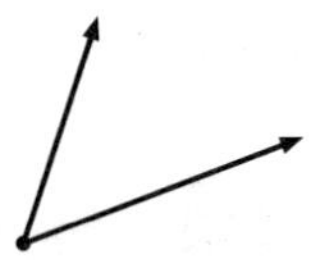

평면에서의 벡터

선형대수
대수의 한 분야로써 벡터공간과 벡터공간에서의 선형연산자(일차함수)선형, 이항선형, 이차함수를 다룬다(수학사전, 클루버아카데미 출판, 1990).

선형대수의 또 다른 주요한 분야는 소위 고유값 문제라고 불리는 것이다. 고유값은 정방행렬에 대응되는 어떤 수로써 역동적 성장, 전자회로망, 화학반응, 미분방정식, 경제학 등 수많은 분야에서 응용되는 중요한 성질이다.

선형대수는 계산과 이론 사이에서 절묘하게 균형을 잡고 있다. 차차 공부해감에 따라서 점점 행렬계산에 익숙하게 되고 동시에 추상적인 추론기술도 발전하게 된다. 더욱이 선형대수를 다른 많은 분야에 응용할 수도 있게 된다.

사실, 이 책의 각 장은 모두 응용으로 마치게 되어있다. 얼마나 다양한 분야에서 이 선형대수가 응용되는지 각장의 마지막 부분은 더욱 숙독해 주기 바란다.

선형대수는 자연과학을 공부하는 학생뿐만 아니라 경영, 공학을 하는 학생들에게도 가장 중요한 수학과목이 되었다. 계산과 더불어 이론, 실생활에서의 응용, 기하, 기타 타분야에의 영향 등 선형대수는 수학과목 중 아주 특별한 위치를 차지하고 있다.

직업으로써 순수 또는 응용수학을 이용하는 수많은 사람들에게 선형대수의 이해와 응용은 필수적이다.

CHAPTER 1

연립일차방정식

▶ Carl Friedrich Gauss

CARL FRIEDRICH GAUSS
(1777-1855)

가우스는 아르키메데스, 뉴턴과 더불어 역사상 가장 위대한 수학자의 반열에 드는 인물이다. 그는 일찍부터 소위 '수학의 왕자'라는 칭송을 받곤 했다. 18세 때 그는 최소제곱법을 발명했으며, 곧 이어서 17각형이 자와 컴퍼스만으로 그려질 수 있다는 것을 증명해냈다. 가우스는 대수학의 기본 이론을 증명한 것이다.

가우스의 위대한 업적은, 그의 탐사와 지도제작에 대한 관심에서 비롯된 미분기하학에서 찾을 수 있다. 또한 그는 대수학, 복소함수, 그리고 위치이론에 대하여 많은 공헌을 하였다.

가우스는 출판된 것보다 훨씬 많은 저술을 남겼다. 그는 그가 미완, 저급하다거나 간결하지 못하고 충실하지 않다고 판단한 수많은 미공개 파일들을 소장하고 있었던 것이다. 후일 이 소장 파일들을 읽은 사람들은 대체적으로 가우스가 지나치게 자신의 업적에 엄격했다고 생각하였다. 이런 미공개 자료들은 크게 타원함수 이론과 비(非)유클리드 기하학의 두 분야로 나눌 수 있다.

수학과 더불어 가우스는 또한 물리 과학, 특히 천문학에 지대한 관심이 있었다. 그는 Gottingen 천문관측소에서 거의 50년간 책임자로 있었던 것이 그것을 반증한다. 이 분야에서 그의 유명한 저술 하나를 소개하면, 그것은 1809년에 출판한 〈천체 움직임에 대한 이론〉(원제: Theory of heavenly bodies)이다. 가우스는 또한 자기력에 대한 이론을 탐구하고 실험을 한 것으로도 유명하다. 그는 기존의 전신기 기술을 발전시키는 데 기여하였고, 광학 문제를 해결하는 데 새로운 모델을 제시하였다.

1.1 연립일차방정식

선형대수는 수학의 여러 분야 중에서 이론과 응용이 풍부한 분야라고 할 수 있다. 이 교재에서는 이론적인 면과 실제적인 면의 균형을 취하고 있다. 선형대수는 연립일차방정식의 연구에서 비롯된 것이므로 일차방정식부터 알아보기로 한다.

이 첫 장에서는 익숙한 부분이 있더라도 여기에 제시되어 있는대로 주의 깊게 공부하기 바란다. 그리하여 앞으로 공부하게 되는 좀 더 추상적인 개념에 대하여 직관적인 이해를 높일 수 있다.

선형대수를 공부하려면 대수, 해석기하 및 삼각법에 대하여 알아야 한다. 간혹, 미적분학에 대한 지식이 필요한 예제와 연습문제들이 주어지는데, 이들은 표시가 되어있다.

여러분은 처음 시작 부분에서 대부분의 문제의 해법들이 여러 단계의 산술적 계산으로 이루어져 있음을 알게 될 것이다. 따라서 신중하지 못한 실수를 하지 않기 위하여 노력해야 한다. 계산 결과를 검산하거나 많은 양의 기계적인 계산을 하는 데 컴퓨터나 계산기를 쓰는 것을 권장한다.

n원 일차방정식

해석기하에서 2차원 공간의 직선의 방정식은 다음과 같은 형태로 주어진다.

$$a_1x+a_2y=b \text{ (단, } a_1,\ a_2\text{와 } b\text{는 상수)}$$

이는 두 미지수 x, y의 일차방정식이다. 마찬가지로, 3차원 공간의 평면의 방정식은 다음과 같다.

$$a_1x+a_2y+a_3z=b \text{ (단, } a_1,\ a_2,\ a_3\text{와 } b\text{는 상수)}$$

이 방정식을 세 미지수 x, y, z의 일차방정식이라 한다. 일반적으로, 미지수 n개인 일차방정식을 다음과 같이 정의한다.

n원 일차방정식의 정의

n개의 미지수 x_1, x_2, $\cdots$, x_n의 일차방정식은 다음과 같다.

$$a_1x_1 + a_2x_2 + \cdots + a_nx_n = b$$

계수 $a_1, a_2, \cdots, a_n$ 및 상수항 b는 실수이다. a_1을 선도계수, x_1을 선도미지수라 한다.

참고 알파벳의 전반부의 글자는 상수를, 후반부의 글자는 미지수를 나타내는데 주로 쓰인다.

일차방정식은 미지수의 곱이나 제곱근, 미지수의 삼각함수, 지수함수, 로그함수 등을 포함하지 않는다. 미지수의 지수는 오직 1뿐이다. 일차방정식과 일차방정식이 아닌 방정식의 예를 예제 1에서 살펴보자.

[예제 1] 일차방정식과 일차방정식이 아닌 방정식

다음은 모두 일차방정식이다.

(a) $3x+2y=7$ (b) $\frac{1}{2}x+y-\pi z=\sqrt{2}$

(c) $x_1-2x_2+10x_3+x_4=0$ (d) $\left(\sin\frac{\pi}{2}\right)x_1-4x_2=e^2$

다음은 일차방정식이 아니다.

(a) $xy+z=2$ (b) $e^x-2y=4$

(c) $\sin x_1+2x_2-3x_3=0$ (d) $\frac{1}{x}+\frac{1}{y}=4$

n원 일차방정식의 해는 n개의 실수 $s_1, s_2, \cdots, s_n$의 수열로

$$x_1=s_1,\ x_2=s_2,\ \cdots,\ x_n=s_n$$

을 방정식에 대입했을 때 방정식을 만족해야 한다. 예를 들면, $x_1=2$와 $x_2=1$을 대입하면 방정식

$$x_1+2x_2=4$$

를 만족한다. $x_1=-4$와 $x_2=4$, $x_1=0$과 $x_2=2$, 그리고 $x_1=-2$와 $x_2=3$도 해가 된다.

주어진 일차방정식의 모든 해들의 집합을 해집합이라 하고, 이 **해집합**을 구하는 것을 일차방정식을 **푼다**고 한다. 다음 예제 2, 3에서처럼 해집합을 구할 때

매개변수 표현을 써야 하는 경우도 있다.

[예제 2] 해집합의 매개변수 표현

$$x_1+2x_2 \ =4$$

를 풀어라.

풀이 두 개의 미지수를 갖는 방정식의 해집합을 구하려면 그 중 하나의 미지수에 대하여 푼다. 예를 들면, x_1에 대하여 풀면

$$x_1=4-2x_2$$

여기서, x_2는 **자유변수**인데 이는 곧 x_2는 어떤 실수도 취할 수 있음을 의미한다. x_1은 x_2의 값에 따라 달라지므로 자유변수가 아니다. 주어진 방정식의 무수한 해를 나타내려면 **매개변수** t를 도입하면 된다. $x_2=t$라고 두면 해집합을

$$x_1 \ =4-2t,\ x_2=t,\ t\text{는 실수}$$

라 나타낼 수 있다. 매개변수 t의 값을 정하면 특수해들이 얻어진다. $t=1$이면 해

$$x_1=2,\ x_2=1$$

이 얻어지고, $t=4$이면

$$x_1=-4,\ x_2 \ =4$$

가 얻어진다. ◀

일차방정식의 해집합을 매개변수를 써서 나타내는 방법이 유일한 것은 아니다. 예를 들면 예제 2에서 x_1을 자유변수가 되게 할 수 있다. 이 경우,

$$x_1=s,\ x_2=2-\frac{1}{2}s,\quad s\text{는 실수}$$

가 해집합이 된다. 편의상, 주어진 방정식에서 마지막 미지수를 자유변수로 택하도록 한다.

[예제 3] 해집합의 매개변수 표현
일차방정식 $3x+2y-z=3$을 풀어라.

풀이 y와 z를 자유변수로 택하고 x를 구하면

$$3x=3-2y+z,$$
$$x=1-\frac{2}{3}y+\frac{1}{3}z$$

를 얻는다. $y=s$, $z=t$로 놓으면 매개변수 표현

$$x=1-\frac{2}{3}s+\frac{1}{3}t,\ y=s,\ z=t,\ s,\ t\text{는 실수}$$

를 얻는다. 특수해는

$x=1$, $y=0$, $z=0$와 $x=1$, $y=1$, $z=2$ 등을 얻는다. ◀

연립일차방정식

방정식 m개의 n원 일차연립방정식은 n개의 미지수를 갖는 m개의 일차방정식의 집합이다.

$$a_{11}x_1+a_{12}x_2+a_{13}x_3+\cdots+a_{1n}x_n=b_1$$
$$a_{21}x_1+a_{22}x_2+a_{23}x_3+\cdots+a_{2n}x_n=b_2$$
$$\cdots\cdots\cdots\cdots$$
$$a_{m1}x_1+a_{m2}x_2+a_{m3}x_3+\cdots+a_{mn}x_n=b_m$$

참고 a_{ij}는 i번째 방정식의 j번째 미지수 x_j의 계수를 나타낸다.

연립일차방정식의 해는 각 방정식의 해가 되는 수열 s_1, s_2, $\cdots$, s_n이다.
예를 들면, 연립방정식

$$3x_1+2x_2=3$$
$$-x_1+x_2=4$$

는 $x_1=-1$과 $x_2=3$이라는 해를 갖는데, 위의 두 방정식은 모두 $x_1=-1$과 $x_2=3$을 만족한다. 반면, $x_1=1$과 $x_2=0$은 첫째 방정식은 만족하지만, 둘째 방정식은 만족하지 않는다.

탐구활동

xy평면에 두 직선

$$3x-y=1$$
$$2x-y=0$$

을 그려라. 두 직선은 어디서 만나는가? 이 연립방정식의 해는 몇 개인가?

다음 두 쌍의 직선에 대해서도 위와 같이 해보아라.

$$3x-y=1 \qquad\qquad 3x-y=1$$
$$3x-y=0 \qquad\qquad 6x-2y=2$$

일반적으로, 방정식 2개의 2원 일차연립방정식의 해집합은 어떤 형태들이 있는가?

연립일차방정식은 단 하나의 해를 갖거나, 무수히 많은 해를 갖거나 또는 전혀 해를 갖지 않는 경우가 있다. 연립일차방정식이 해를 가지면 **해를 가짐**이라 하고, 해를 갖지 못하면 **해없음**이라 한다.

[예제 4] 방정식 2개의 2원 일차연립방정식

다음 각 연립방정식을 풀고 한 쌍의 직선의 그래프로 나타내어라.

(a) $x+y=3$, $x-y=-1$ (b) $x+y=3$, $2x+2y=6$ (c) $x+y=3$, $x+y=1$

풀이 (a) 이 연립방정식은 $x=1$, $y=2$인 단 하나의 해를 갖는다. 두 방정식을 더하여 $2x=2$를 얻어 $x=1$이 되고 $y=2$를 얻는다. 이 연립방정식을 그래프로 나타내면 그림 1.1(a)처럼 만나는 두 직선이 된다.

(b) 첫째 방정식에 2를 곱하면 둘째 방정식이 얻어지므로, 이 연립방정식은 무수히 많은 해를 갖는다. 해집합을 매개변수를 써서 나타내면

$$x=3-t,\ y=t, \qquad t\text{는 실수}$$

가 된다. 이 연립방정식을 그래프로 나타내면 그림 1.1(b)처럼 일치하는 두 직선이 얻어진다.

(c) 두 수의 합이 3이면서 1이 될 수 없으므로 이 연립방정식은 해를 갖지 않는다. 이

연립방정식을 그래프로 나타내면 그림 1.1처럼 평행한 두 직선이 얻어진다.

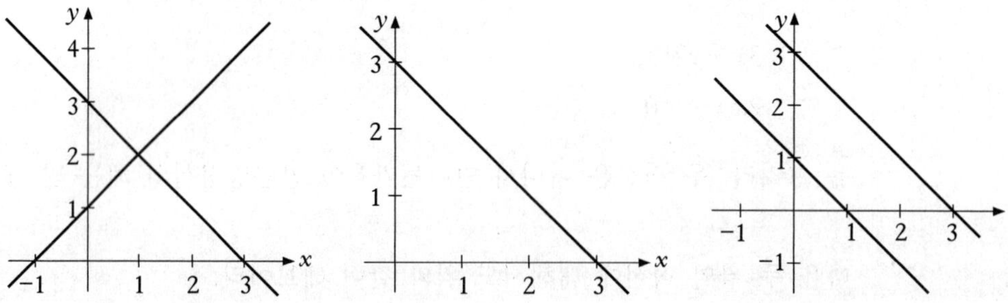

(a) 만나는 두 직선
$x+y=3$
$x-y=-1$

(b) 일치하는 두 직선
$x + y=3$
$2x+2y=6$

(c) 평행한 두 직선
$x+y=3$
$x+y=1$

[그림 1.1]

예제 4는 연립일차방정식의 해집합의 기본적인 세 유형을 보이고 있다. 이를 증명 없이 다음과 같이 기술한다.(나중에 정리 2.5에 증명한다.)

미지수가 n개인 연립일차방정식은 다음 세 경우 중 하나에 반드시 속한다.

1. 연립방정식이 유일한 해를 갖는다.(consistent system)
2. 연립방정식이 무수히 많은 해를 갖는다.(consistent system)
3. 연립방정식이 해를 갖지 않는다.(inconsistent system)

연립방정식의 해법

다음 어느 방정식을 대수적으로 더 쉽게 풀 수 있는가?

$$\begin{aligned} x-2y+3z&=9 \\ -x+3y&=-4 \\ 2x-5y+5z&=17 \end{aligned} \qquad\qquad \begin{aligned} x-2y+3z&=9 \\ y+3z&=5 \\ z&=2 \end{aligned}$$

명백히 오른쪽 연립방정식이 더 풀기 쉽다. 이 연립방정식은 계단식으로 나타내어져 있고 선도계수가 1인 **행사다리꼴**이다. 이 경우 **역대입법**을 써서 연립방정식을 풀 수 있다.

[예제 5] 행사다리꼴인 연립방정식을 역대입법으로 풀기

역대입법을 써서 다음 연립방정식을 풀어 보자.

$$x-2y=\ \ 5 \quad \cdots\cdots (1)$$
$$y=-2 \quad \cdots\cdots (2)$$

풀이 (2)에서 $y=-2$임을 알 수 있다. 이 y값을 (1)에 대입하면

$$x-2(-2)=5$$
$$x=1$$

을 얻는다. 그러므로 이 연립방정식은 $x=1$과 $y=-2$라는 유일한 해를 갖는다. ◀

역대입법은 말 그대로 역순으로 대입하여 계산함을 뜻한다. 예를 들어, 예제 5를 살펴보면 두 번째 방정식에서 y를 구한 다음 x를 구하려면 y값을 첫 번째 방정식에 대입한다. 예제 6에서 이런 과정을 다시 살펴보자.

[예제 6] 행사다리꼴인 연립방정식을 역대입법으로 풀기

다음 연립방정식을 풀어라.

$$x-2y+3z=9 \quad \cdots\cdots (1)$$
$$y+3z=5 \quad \cdots\cdots (2)$$
$$z=2 \quad \cdots\cdots (3)$$

풀이 (3)에서 z값을 먼저 알 수 있다. y를 구하려면 $z=2$를 (2)에 대입하여

$$y+3(2)=\ \ 5$$
$$y=-1$$

를 얻는다.

마지막으로 (1) $y=-1$과 $z=2$를 대입하여

$$x-2(-1)+3(2)=9$$
$$x=1$$

을 얻는다. 그리하여 $x=1$, $y=-1$, $z=2$가 구하는 해가 된다. ◀

두 연립일차방정식의 해가 같으면 동치라고 한다. 행사다리꼴이 아닌 연립방

정식을 풀 때는 다음 연산을 써서 동치인 행사다리꼴 연립방정식으로 바꾼다.

다음 각 연산들을 연립일차방정식에 적용하면 동치인 연립방정식이 얻어진다.

1. 두 방정식의 순서를 바꾼다.
2. 어느 한 방정식에 0 아닌 상수를 곱한다.
3. 한 방정식에 상수를 곱하여 다른 방정식에 더한다.

위에 주어진 기본 연산을 몇 번 적용하면 동치인 행사다리꼴의 연립일차방정식을 얻는다. 이 과정을 독일 수학자 Carl Friedrich Gauss(1777-1855)의 이름을 따서 **가우스 소거법**이라고 한다.

[예제 7] 가우스 소거법으로 행사다리꼴인 연립일차방정식으로 변환하기

다음 연립방정식을 풀어라.

$$\begin{aligned} x-2y+3z &= 9 \\ -x+3y \quad\quad &= -4 \\ 2x-5y+5z &= 17 \end{aligned}$$

풀이 여러 가지 방법이 있지만 규모가 큰 연립방정식도 잘 풀 수 있도록 체계적으로 풀도록 하는 것이 좋다. 연립방정식의 왼쪽 위부터 시작하고 제일 왼쪽 위의 x는 그대로 두고 나머지 x를 첫째 열에서 소거한다.

$$\begin{aligned} x-2y+3z &= 9 \\ y+3z &= 5 \\ 2x-5y+5z &= 17 \end{aligned}$$

← 첫째 방정식을 둘째 방정식에 더하여 새로운 둘째 방정식을 얻는다.

$$\begin{aligned} x-2y+3z &= 9 \\ y+3z &= 5 \\ -y-z &= -1 \end{aligned}$$

← 첫째 방정식에 -2를 곱하여 셋째 방정식에 더하여 새로운 셋째 방정식을 얻는다.

이제 첫째 열에는 x만 남고 나머지 미지수는 모두 소거되었으므로 둘째 열에 대하여 생각하자.

$$\begin{aligned} x-2y+3z &= 9 \\ y+3z &= 5 \\ 2z &= 4 \end{aligned}$$

← 둘째 방정식을 셋째 방정식에 더하여 새로운 셋째 방정식을 얻는다.

$$x-2y+3z=9$$

$$y+3z=5 \qquad \leftarrow \text{셋째 방정식에 } \frac{1}{2}\text{을 곱하여 새로운 셋째 방정식을}$$
$$z=2 \qquad \text{얻는다.}$$

이 연립방정식은 예제 6에 주어졌던 것이고 해는 $x=1,\ y=-1,\ z=2$이다. ◀

예제 7의 각 방정식은 3차원 좌표공간에서 평면으로 나타내어진다. 연립방정식의 유일한 해가 점 $(x,\ y,\ z)=(1,\ -1,\ 2)$이므로 세 개의 평면은 그림 1.2에서처럼 좌표 $(1,\ -1,\ 2)$가 나타내는 점에서 만난다.

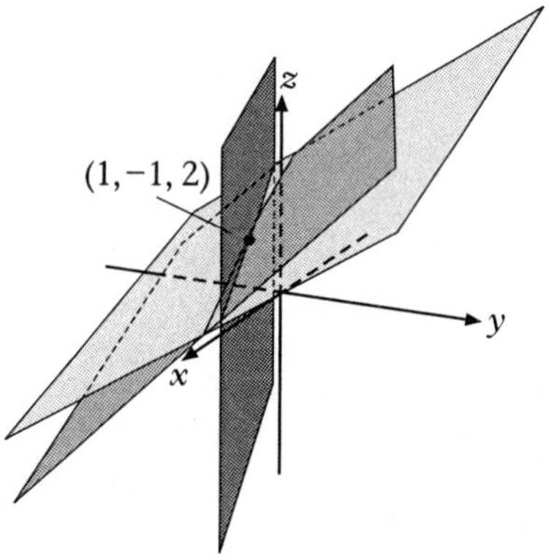

[그림 1.2]

> **기술적 관찰**
> 컴퓨터 소프트웨어를 이용하여 방정식 m개의 n원 일차연립방정식을 풀 수 있다. 예제 7을 소프트웨어를 써서 풀어보아라. TI-86을 사용한다면 simult를 쓴다. 방정식의 개수에 3을 입력하고 각 방정식의 계수와 상수항을 입력하라.

연립일차방정식을 푸는 데 여러 단계가 필요하기 때문에 계산에서 실수하기 쉽다. 따라서 여러분이 얻은 해를 원래의 연립방정식의 각 방정식에 대입하여 검산하는 습관을 갖는 것이 좋다. 예를 들면 예제 7에서 $x=1,\ y=-1,\ z=2$라는 해를 다음과 같이 검산한다.

방정식 1 : $(1)-2(-1)+3(2)=\ 9$
방정식 2 : $-(1)+3(-1)\qquad =-4$
방정식 3 : $2(1)-5(-1)+5(2)=\ 17$

← 처음 주어진 연립방정식의 각 방정식에 해를 대입한다.

예제 5, 6, 7의 각 연립방정식은 단 하나의 해를 가진다. 이제 해를 갖지 않는 연립방정식에 대해서 알아보자. 소거해 나가는 과정의 어느 단계에서 0=7과 같은 거짓 명제가 얻어지면 틀림없이 해를 갖지 않는 연립일차방정식이라고 말할 수 있다. 예제 8에서 그런 연립방정식을 살펴보자.

[예제 8] 해를 갖지 않는 연립일차방정식

다음 연립방정식을 풀어라.

$$\begin{aligned} x_1-3x_2+x_3&=1 \\ 2x_1-x_2-2x_3&=2 \\ x_1+2x_2-3x_3&=-1 \end{aligned}$$

풀이

$$\begin{aligned} x_1-3x_2+x_3&=1 \\ 5x_2-4x_3&=0 \\ x_1+2x_2-3x_3&=-1 \end{aligned}$$

← 처음 두 방정식의 순서를 바꾼다.

$$\begin{aligned} x_1-3x_2+x_3&=1 \\ 5x_2-4x_3&=0 \\ 5x_2-4x_3&=-2 \end{aligned}$$

← 첫째 방정식에서 −2를 곱하여 둘째 방정식에 더하여 새로운 둘째 방정식을 얻는다.

(셋째 방정식에서 첫째 방정식을 빼서 새로운 세 번째 방정식을 얻는다고 말할 수도 있다.) 소거를 계속해 나가려면 둘째 방정식에 −1을 곱해서 셋째 방정식에 더하면 새로운 셋째 방정식을 얻는다.

$$\begin{aligned} x_1-3x_2+x_3&=1 \\ 5x_2-4x_3&=0 \\ 0&=-2 \end{aligned}$$

← 둘째 방정식에서 −1을 곱해서 셋째 방정식에 더하여 새로운 셋째 방정식을 얻는다.

세 번째 방정식이 거짓이므로 이 연립방정식은 해를 갖지 않는다. 뿐만 아니라, 이 연립방정식은 원래의 연립방정식과 동치이므로, 주어진 연립방정식도 해를 갖지 않는다. ◀

예제 7처럼 예제 8의 세 개의 방정식도 3차원 좌표공간의 평면들을 나타낸다. 여기서는 연립방정식이 해를 갖지 않으므로, 그림 1.3에서 보이는 바와 같이 세 평면이 하나의 점에서 만나지 않는다.

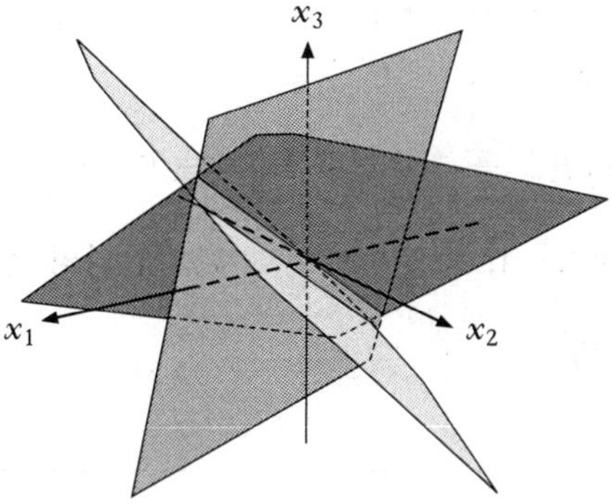

[그림 1.3]

이제 마지막으로 무수히 많은 해를 가지는 연립일차방정식을 살펴보자. 예제 2, 3처럼 매개변수를 써서 해집합을 나타낼 수 있다.

[예제 9] **무수히 많은 해를 갖는 연립일차방정식**

다음 연립방정식의 해를 구하라.

$$\begin{aligned} x_2 - x_3 &= 0 \\ x_1 \quad - 3x_3 &= -1 \\ -x_1 + 3x_2 \quad &= 1 \end{aligned}$$

풀이 우선 행사다리꼴로 바꾼다.

$$\begin{aligned} x_1 \quad - 3x_3 &= -1 \quad \leftarrow \\ x_2 - x_3 &= 0 \quad \leftarrow \\ -x_1 + 3x_2 \quad &= 1 \end{aligned}$$

처음 두 방정식의 순서를 바꾼다.

$$\begin{aligned} x_1 \quad - 3x_3 &= -1 \\ x_2 - x_3 &= 0 \\ 3x_2 - 3x_3 &= 0 \end{aligned}$$

← 첫째 방정식을 셋째 방정식에 더하여 새로운 셋째 방정식을 얻는다.

$$\begin{aligned} x_1 \quad - 3x_3 &= -1 \\ x_2 - x_3 &= 0 \\ 0 &= 0 \end{aligned}$$

← 둘째 방정식에 -3을 곱하여 셋째 방정식에 더해서 셋째 방정식을 소거한다.

셋째 방정식이 필요없으므로 제거하고 나면 다음 연립방정식이 얻어진다.

$$\begin{aligned} x_1 \quad\ -3x_3 &= -1 \\ x_2 - x_3 &= 0 \end{aligned}$$

해를 구하려면 x_3을 자유변수 t라 놓는다. $x_2=x_3$이고 $x_1=3x_3-1$이므로,

$$x_1=3t-1,\ x_2=t,\ x_3=t,\quad t\text{는 임의의 실수}$$

가 해가 된다. ◀

탐구활동

다음 연립방정식에 주어진 두 직선의 그래프를 그려라.

$$\begin{aligned} x-2y &= 1 \\ -2x+3y &= -3 \end{aligned}$$

방정식을 풀려면 다음과 같이 가우스 소거법을 쓴다.

$$\begin{aligned} x-2y &= 1 \\ -1y &= -1 \end{aligned} \qquad \begin{aligned} x-2y &= 1 \\ y &= 1 \end{aligned} \qquad \begin{aligned} x &= 3 \\ y &= 1 \end{aligned}$$

이 과정에서 각 단계마다 얻어지는 직선의 그래프를 그려라. 어떤 현상을 볼 수 있는가? 연습문제 79와 80에서도 이런 그래프 분석 문제가 주어진다.

연습문제 1.1(연립일차방정식)

1-6번의 방정식이 x와 y의 일차식인지 말하라.

1. $2x-3y=4$

2. $3x-4xy=0$

3. $\dfrac{3}{y}+\dfrac{2}{x}-1=0$

4. $x^2+y^2=4$

5. $2\sin x-y=4$

6. $(\sin 2)x-y=14$

7-10번의 각 일차방정식의 해를 매개변수를 써서 구하라.

7. $2x-4y=0$

8. $3x-\frac{1}{2}y=9$

9. $x+y+z=1$

10. $13x_1-26x_2+39x_3=13$

11-16번에서는 연립방정식의 해를 역대입법으로 구하라.

11. $\begin{aligned} x_1-x_2&=2 \\ x_2&=3 \end{aligned}$

12. $\begin{aligned} 2x_1-4x_2&=6 \\ 3x_2&=9 \end{aligned}$

13. $\begin{aligned} -x+y-z&=0 \\ 2y+z&=3 \\ \tfrac{1}{2}z&=0 \end{aligned}$

14. $\begin{aligned} x-y&=4 \\ 2y+z&=6 \\ 3z&=6 \end{aligned}$

15. $\begin{aligned} 5x_1+2x_2+x_3&=0 \\ 2x_1+x_2&=0 \end{aligned}$

16. $\begin{aligned} x_1+x_2+x_3&=0 \\ x_2&=0 \end{aligned}$

17-20번에서 각 연립방정식을 xy-평면상의 두 직선의 그래프로 나타내고, 해를 구한 다음 여러분의 답을 분석하라.

17. $\begin{aligned} 2x+y&=4 \\ x-y&=2 \end{aligned}$

18. $\begin{aligned} x+3y&=2 \\ -x+2y&=3 \end{aligned}$

19. $\begin{aligned} x-y&=1 \\ -2x+2y&=5 \end{aligned}$

20. $\begin{aligned} \tfrac{1}{2}x-\tfrac{1}{3}y&=1 \\ -2x+\tfrac{4}{3}y&=-4 \end{aligned}$

21-26번에서는 주어진 각 연립방정식에 대하여 다음 (a)~(e)를 시행하라.

(a) 각 연립방정식을 컴퓨터 소프트웨어를 이용해서 그래프로 나타내어라.

(b) 연립방정식의 해의 존재를 위의 그래프를 보고 판단해보아라.

(c) 연립방정식이 해를 가지는 경우, 해의 근사값을 구하라.

(d) 연립방정식을 대수적으로 풀어라.

(e) (d)의 해와 (c)의 해의 근사값을 비교하라.

21. $\begin{aligned} -3x-y&=3 \\ 6x+2y&=1 \end{aligned}$

22. $\begin{aligned} 4x-5y&=3 \\ -8x+10y&=14 \end{aligned}$

23. $\begin{aligned} 2x-8y&=3 \\ \tfrac{1}{2}x+y&=0 \end{aligned}$

24. $\begin{aligned} 9x-4y&=5 \\ \tfrac{1}{2}x+\tfrac{1}{3}y&=0 \end{aligned}$

25. $\begin{aligned} 4x-8y&=9 \\ 0.8x-1.6y&=1.8 \end{aligned}$

26. $\begin{aligned} -5.3x+2.1y&=1.25 \\ 15.9x-6.3y&=-3.75 \end{aligned}$

다음 27-46번의 연립일차방정식을 풀어라.

27. $x_1 - x_2 = 0$
$3x_1 - 2x_2 = -1$

28. $3x + 2y = 2$
$6x + 4y = 14$

29. $2u + v = 120$
$u + 2v = 120$

30. $x_1 - 2x_2 = 0$
$6x_1 + 2x_2 = 0$

31. $9x - 3y = -1$
$\frac{1}{5}x + \frac{2}{5}y = -\frac{1}{3}$

32. $\frac{2}{3}x_1 + \frac{1}{6}x_2 = 0$
$4x_1 + x_2 = 0$

33. $\frac{x-1}{2} + \frac{y+2}{3} = 4$
$x - 2y = 5$

34. $\frac{x_1+3}{4} + \frac{x_2-1}{3} = 1$
$2x_1 - x_2 = 12$

35. $0.02x_1 - 0.05x_2 = -0.19$
$0.03x_1 - 0.04x_2 = -0.52$

36. $0.05x_1 - 0.03x_2 = 0.21$
$0.07x_1 + 0.02x_2 = 0.17$

37. $x + y + z = 6$
$2x - y + z = 3$
$3x - z = 0$

38. $x + y + z = 2$
$-x + 3y + 2 = 8$
$4x + y = 4$

39. $3x_1 - 2x_2 + 4x_3 = 1$
$x_1 + x_2 - 2x_3 = 3$
$2x_1 - 3x_2 + 6x_3 = 8$

40. $5x_1 - 3x_2 + 2x_3 = 3$
$2x_1 + 4x_2 - x_3 = 7$
$x_1 - 11x_2 + 4x_3 = 3$

41. $2x_1 + x_2 - 3x_3 = 4$
$4x_1 + 2x_3 = 10$
$-2x_1 + 3x_2 - 13x_3 = -8$

42. $x_1 + 4x_3 = 13$
$4x_1 - 2x_2 + x_3 = 7$
$2x_1 - 2x_2 + 7x_3 = -19$

43. $x - 3y + 2z = 18$
$5x - 15y + 10z = 18$

44. $x_1 - 2x_2 + 5x_3 = 2$
$3x_1 + 2x_2 - x_3 = -2$

45. $x + y + z + w = 6$
$2x + 3y - w = 0$
$-3x + 4y + z + 2w = 4$
$x + 2y - z + w = 0$

46. $x_1 + 3x_4 = 4$
$2x_2 - x_3 - x_4 = 0$
$3x_2 - 2x_4 = 1$
$2x_1 - x_2 + 4x_3 = 5$

다음 47−54번의 연립일차방정식의 해를 컴퓨터 프로그램을 이용하여 구하라.

47.
$$\begin{aligned} x_1+0.5x_2+0.33x_3+0.25x_4&=1.1\\ 0.5x_1+0.33x_2+0.25x_3+0.21x_4&=1.2\\ 0.33x_1+0.25x_2+0.2x_3+0.17x_4&=1.3\\ 0.25x_1+0.2x_2+0.17x_3+0.14x_4&=1.4 \end{aligned}$$

48.
$$\begin{aligned} 0.1x-2.5y+1.2z-0.75w&=108\\ 2.4x+1.5y-1.8z+0.25w&=-81\\ 0.4x-3.2y+1.6z-1.4w&=148.8\\ 1.6x+1.2y-3.2z+0.6w&=-143.2 \end{aligned}$$

49.
$$\begin{aligned} 123.5x+61.3y-32.4z&=-262.74\\ 54.7x-45.6y+98.2z&=197.4\\ 42.4x-89.3y+12.9z&=33.66 \end{aligned}$$

50.
$$\begin{aligned} 120.2x+62.4y-36.5z&=258.64\\ 56.8x-42.8y+27.3z&=-71.44\\ 88.1x+72.5y-28.5z&=225.88 \end{aligned}$$

51.
$$\begin{aligned} \tfrac{1}{2}x_1-\tfrac{3}{7}x_2+\tfrac{2}{9}x_3&=\tfrac{349}{630}\\ \tfrac{2}{3}x_1+\tfrac{4}{9}x_2-\tfrac{2}{5}x_3&=-\tfrac{19}{45}\\ \tfrac{4}{5}x_1-\tfrac{1}{8}x_2+\tfrac{4}{3}x_3&=\tfrac{139}{150} \end{aligned}$$

52.
$$\begin{aligned} \tfrac{1}{4}x_1-\tfrac{3}{5}x_2+\tfrac{1}{3}x_3&=\tfrac{43}{60}\\ \tfrac{2}{5}x_1+\tfrac{1}{4}x_2-\tfrac{5}{6}x_3&=-\tfrac{331}{600}\\ \tfrac{3}{4}x_1-\tfrac{2}{5}x_2+\tfrac{1}{5}x_3&=\tfrac{81}{100} \end{aligned}$$

53.
$$\begin{aligned} \tfrac{1}{8}x-\tfrac{1}{7}y+\tfrac{1}{6}z-\tfrac{1}{5}w&=1\\ \tfrac{1}{7}x+\tfrac{1}{6}y-\tfrac{1}{5}z+\tfrac{1}{4}w&=1\\ \tfrac{1}{6}x-\tfrac{1}{5}y+\tfrac{1}{4}z-\tfrac{1}{3}w&=1\\ \tfrac{1}{5}x+\tfrac{1}{4}y-\tfrac{1}{3}z+\tfrac{1}{2}w&=1 \end{aligned}$$

54.
$$\begin{aligned} \tfrac{1}{8}x+\tfrac{1}{7}y-\tfrac{1}{6}z+\tfrac{1}{5}w&=1\\ \tfrac{1}{7}x-\tfrac{1}{6}y+\tfrac{1}{5}z-\tfrac{1}{4}w&=1\\ \tfrac{1}{6}x+\tfrac{1}{5}y-\tfrac{1}{4}z+\tfrac{1}{3}w&=1\\ \tfrac{1}{5}x-\tfrac{1}{4}y+\tfrac{1}{3}z-\tfrac{1}{2}w&=1 \end{aligned}$$

다음 55−58번의 연립일차방정식이 적어도 하나의 해를 갖는 이유를 말한 다음, 실제로 풀어서 유일한 해를 갖는지 또는 무수히 많은 해를 갖는지 밝혀라.

55.
$$\begin{aligned} 4x+3y+17z&=0\\ 5x+4y+22z&=0\\ 4x+2y+19z&=0 \end{aligned}$$

56.
$$\begin{aligned} 2x+3y\phantom{{}-z}&=0\\ 4x+3y-z&=0\\ 8x+3y+3z&=0 \end{aligned}$$

57.
$$\begin{aligned} 5x+5y-z&=0\\ 10x+5y+2z&=0\\ 5x+15y-9z&=0 \end{aligned}$$

58.
$$\begin{aligned} 12x+5y+z&=0\\ 12x+4y-z&=0 \end{aligned}$$

참 또는 거짓? 59와 60번에서 주어진 명제가 참인지 거짓인지 말하라. 명제가 참인 경우, 그 이유 또는 본문에 기술된 적절한 설명을 들어보아라. 명제가 거짓인 경우도 명제가 항상 참이 아니라는 것을 보이는 반례를 들거나 본문의 적절한 설명을 말하라.

59. (a) 방정식 한 개의 2원 일차연립방정식은 항상 해를 갖는다.

(b) 방정식 두 개의 3원 일차연립방정식은 항상 해를 갖는다.

(c) 연립일차방정식이 해를 갖는 경우 그 해는 무수히 많다.

60. (a) 해가 두 개 뿐인 연립일차방정식도 있다.

(b) 두 연립일차방정식이 같은 해집합을 가지면 그들은 동치이다.

(c) 방정식 세 개의 2원 일차연립방정식은 해를 가질 수 없다.

61. 매개변수를 써서 해를 나타내면 $x_1=t$, $x_2=3t-4$가 되는 방정식 두 개의 2원 일차연립방정식을 찾아보아라. 여러분이 찾은 연립방정식의 해를 $x_1=\frac{4}{3}+\frac{t}{3}$와 $x_2=t$로 나타낼 수도 있음을 보여라.

62. 매개변수를 써서 나타내면 $x_1=t$, $x_2=s$, $x_3=3+s-t$(단, s, t는 실수)이 되는 해를 가지는 방정식 두 개의 3원 일차연립방정식을 찾아보아라. 여러분이 찾은 연립방정식의 해를 $x_1=3+s-t$, $x_2=s$, $x_3=t$로도 나타낼 수 있음을 보여라.

63, 64번에서 $X=\frac{1}{x}$,

$Y=\frac{1}{y}$,

$Z=\frac{1}{z}$로 놓고 해를 구하라.

63.
$$\begin{aligned}\frac{12}{x}-\frac{12}{y}&=7\\ \frac{3}{x}+\frac{4}{y}&=0\end{aligned}$$

64.
$$\begin{aligned}\frac{2}{x}+\frac{1}{y}-\frac{3}{z}&=4\\ \frac{4}{x}\qquad+\frac{2}{z}&=10\\ -\frac{2}{x}+\frac{3}{y}-\frac{13}{z}&=-8\end{aligned}$$

65, 66번에서 x, y에 관한 연립일차방정식을 풀어라.

65.
$$\begin{aligned}(\cos\theta)x+(\sin\theta)y&=1\\ (-\sin\theta)x+(\cos\theta)y&=0\end{aligned}$$

66.
$$\begin{aligned}(\cos\theta)x+(\sin\theta)y&=1\\ (-\sin\theta)x+(\cos\theta)y&=1\end{aligned}$$

67−72번에서 주어진 개수의 해를 갖는 연립일차방정식이 되도록 k 값을 정하라.

67. 무수히 많은 해
$$\begin{aligned}4x+ky&=6\\ kx+y&=-3\end{aligned}$$

68. 무수히 많은 해
$$\begin{aligned}kx+y&=4\\ 2x-3y&=-12\end{aligned}$$

69. 유일한 해

$$\begin{aligned} x+ky&=0\\ kx+y&=0 \end{aligned}$$

70. 해없음

$$\begin{aligned} x+ky&=2\\ kx+y&=4 \end{aligned}$$

71. 해없음

$$\begin{aligned} x+2y+kz&=6\\ 3x+6y+8z&=4 \end{aligned}$$

72. 유일한 해

$$\begin{aligned} kx+2ky+3kz&=4k\\ x+y+z&=0\\ 2x-y+z&=1 \end{aligned}$$

73. 다음 연립방정식이 유일한 해를 갖지 않도록 k의 값을 정하라.

$$\begin{aligned} x+y+kz&=3\\ x+ky+z&=2\\ kx+y+z&=1 \end{aligned}$$

74. 다음 연립방정식이 (a) 유일한 해, (b) 무수히 많은 해를 갖거나 (c) 해없음이 되도록 a, b, c의 값을 정하라.

$$\begin{aligned} x+5y+z&=0\\ x+6y-z&=0\\ 2x+ay+bz&=c \end{aligned}$$

75. 서술형 x, y에 관한

$$\begin{aligned} a_1x+b_1y&=c_1\\ a_2x+b_2y&=c_2\\ a_3x+b_3y&=c_3 \end{aligned}$$

연립일차방정식에 대하여, (a) 유일한 해, (b) 무수히 많은 해를 갖거나, (c) 해를 갖지 않는 경우, 주어진 세 방정식의 xy 평면상의 그래프가 어떤 형태인지 말하라.

76. 서술형 75번의 연립방정식에서 c_1, c_2, c_3가 모두 0이면 반드시 해를 갖는 이유를 말하라.

77. 모든 x에 대해서 $ax^2+bx+c=0$이면 $a=b=c=0$임을 보여라.

78. x, y에 관한 연립일차방정식

$$\begin{aligned} ax+by&=e\\ cx+dy&=f \end{aligned}$$

가 어떤 조건이 주어지면 유일한 해를 갖는가?

79, 80번에서 주어진 연립일차방정식의 직선의 그래프를 그려라. 그리고 가우스소거법을 써서 해를 구하라. 각 단계마다 새로 얻어지는 직선의 그래프를 그려라. 어떤 현상을 볼 수 있는가?

79. $x-4y=-3$
$5x-6y=13$

80. $2x-3y=7$
$-4x+6y=-14$

1.2 가우스 소거법과 가우스-조르단 소거법

1.1절에서 연립일차방정식의 해법으로 가우스 소거법을 소개하였다. 이 절에서는 좀 더 자세히 공부해 보자. 먼저 행렬의 정의부터 시작한다.

행렬의 정의

m, n이 양의 정수일 때 직사각형 모양의 나열

$$\underbrace{\left.\begin{bmatrix} a_{11} & a_{12} & a_{13} & \cdots & a_{1n} \\ a_{21} & a_{22} & a_{23} & \cdots & a_{2n} \\ a_{31} & a_{32} & a_{33} & \cdots & a_{3n} \\ \vdots & \vdots & \vdots & & \vdots \\ a_{m1} & a_{m2} & a_{m3} & \cdots & a_{mn} \end{bmatrix}\right\} m\text{개의 행}}_{n\text{개의 열}}$$

을 $m\times n$ 행렬이라 한다. 행렬의 각 성분 a_{ij}는 실수이다. $m\times n$ 행렬은 m개의 행과 n개의 열로 이루어진다.

참고 행렬의 각 성분이 실수이면 실행렬이라 한다. 특별한 언급이 없으면 본 교재에서는 모든 행렬은 실행렬이다.

성분 a_{ij}는 i번째 행 j번째 열에 있다. 첨자 i는 성분 a_{ij}가 i번째 행에 있음을 뜻하므로 행번호라 하고 첨자 j는 j번째 열에 있음을 말하므로 열번호라 한다. m개의 행, n개의 열로 이루어진 행렬의 크기는 $m\times n$이라 한다. $m=n$인 경우

행렬이 n차의 정방행렬이라 한다. 정방행렬에서 성분 a_{11}, a_{22}, a_{33}, ……을 주대각선의 성분이라 한다.

[예제 1] 행렬의 예

주어진 크기의 행렬들의 예를 들어보자.

(a) 크기: 1×1

$$[2]$$

(b) 크기: 2×2

$$\begin{bmatrix} 0 & 0 \\ 0 & 0 \end{bmatrix}$$

(c) 크기: 1×4

$$\begin{bmatrix} 1 & -3 & 0 & \frac{1}{2} \end{bmatrix}$$

(d) 크기: 3×2

$$\begin{bmatrix} e & \pi \\ 2 & \sqrt{2} \\ -7 & 4 \end{bmatrix}$$

행렬은 연립방정식을 나타내는 데 유용하게 쓰인다. 연립일차방정식의 계수와 상수항으로 이루어진 행렬을 그 연립방정식의 첨가행렬이라고 한다. 계수로만 이루어진 행렬은 연립방정식의 계수행렬이라고 한다. 예를 들면 다음과 같다.

연립방정식

$$\begin{aligned} x-4y+3z&=5 \\ -x+3y-z&=-3 \\ 2x\qquad-4z&=6 \end{aligned}$$

첨가행렬

$$\begin{bmatrix} 1 & -4 & 3 & 5 \\ -1 & 3 & -1 & -3 \\ 2 & 0 & -4 & 6 \end{bmatrix}$$

계수행렬

$$\begin{bmatrix} 1 & -4 & 3 \\ -1 & 3 & -1 \\ 2 & 0 & -4 \end{bmatrix}$$

참고 셋째 방정식의 y의 계수가 0이므로 첨가행렬의 셋째 행 둘째 열의 성분이 0이다. 첨가행렬의 넷째 열은 상수항을 나타낸다.

계수행렬이나 첨가행렬을 얻으려면 우선 미지수를 세로로 정렬하여야 한다.

주어진 연립방정식

$$\begin{aligned} x_1+3x_2&=9 \\ -x_2+4x_3&=-2 \\ x_1-5x_3&=0 \end{aligned}$$

정렬한 연립방정식

$$\begin{aligned} x_1+3x_2\qquad\quad&=9 \\ -x_2+4x_3&=-2 \\ x_1\qquad\quad-5x_3&=0 \end{aligned}$$

첨가행렬

$$\begin{bmatrix} 1 & 3 & 0 & 9 \\ 0 & -1 & 4 & -2 \\ 1 & 0 & -5 & 0 \end{bmatrix}$$

기본행연산

앞 절에서 동치인 연립일차방정식을 얻는 데 쓰이는 세 가지의 연산을 살펴보면 다음과 같다.

1. 두 방정식의 순서를 바꾼다.
2. 어느 한 방정식에 0 아닌 상수를 곱한다.
3. 어느 한 방정식에 상수를 곱하여 다른 방정식에 더한다.

행렬의 용어를 써서 이들을 **기본행연산**이라 부른다. 주어진 연립일차방정식에 대응하는 첨가행렬에 기본행연산을 적용하면 동치인 새로운 연립일차방정식에 대응하는 새로운 첨가행렬이 얻어진다. 행렬에 기본행연산을 몇 번 적용하여 어떤 행렬이 얻어질 때 두 행렬은 **행동치**라 한다.

기본행연산
1. 어느 두 행의 순서를 바꾼다.
2. 어느 한 행에 0 아닌 상수를 곱한다.
3. 어느 한 행에 상수를 곱해서 다른 행에 더한다.

기본행연산을 실행하는 것은 단순하지만 산술적 계산을 많이 필요로 하기 때문에 계산상의 실수가 많을 수 있으므로, 다시 검산할 때 도움이 되도록 각 단계마다 사용한 기본행연산을 표시하도록 해야 한다. 연립방정식의 풀이는 여러 단계를 거쳐야 하므로, 실제 사용한 기본행연산들을 표시해 두는 데 다음 예제처럼 약식으로 표시하면 도움이 된다.

[예제 2] 기본행연산

(a) 첫째 행과 둘째 행의 순서를 바꾼다.

원래의 행렬	새로 얻은 동치인 행렬	기호
$\begin{bmatrix} 0 & 1 & 3 & 4 \\ -1 & 2 & 0 & 3 \\ 2 & -3 & 4 & 1 \end{bmatrix}$	$\begin{bmatrix} -1 & 2 & 0 & 3 \\ 0 & 1 & 3 & 4 \\ 2 & -3 & 4 & 1 \end{bmatrix}$	$R_1 \leftrightarrow R_2$

(b) 첫째 행에 $\frac{1}{2}$을 곱한다.

원래의 행렬	새로 얻은 동치인 행렬	기호
$\begin{bmatrix} 2 & -4 & 6 & -2 \\ 1 & 3 & -3 & 0 \\ 5 & -2 & 1 & 2 \end{bmatrix}$	$\begin{bmatrix} 1 & -2 & 3 & -1 \\ 1 & 3 & -3 & 0 \\ 5 & -2 & 1 & 2 \end{bmatrix}$	$\left(\frac{1}{2}\right)R_1 \rightarrow R_1$

(c) 첫째 행에 -2를 곱하여 셋째 행에 더한다.

원래의 행렬	새로 얻은 동치인 행렬	기호
$\begin{bmatrix} 1 & 2 & -4 & 3 \\ 0 & 3 & -2 & -1 \\ 2 & 1 & 5 & -2 \end{bmatrix}$	$\begin{bmatrix} 1 & 2 & -4 & 3 \\ 0 & 3 & -2 & -1 \\ 0 & -3 & 13 & -8 \end{bmatrix}$	$R_3 + (-2)R_1 \rightarrow R_3$

참고 예제 2(c)에서 첫째 행에 −2를 곱하여 셋째 행에 더할 때 첫째 행에는 아무 변화가 없다.

기술적 관찰

기본행연산을 실행하는데 컴퓨터 프로그램을 사용할 수 있다. TI−86을 사용한다면 예제 2(c)의 경우 화면이 다음과 같다.

```
A
    [ [1  2  -4  3 ]
      [0  3  -2  -1]
      [2  1   5  -2] ]
```

```
mRAdd(-2, A, 1, 3)
    [ [1  2   -4  3 ]
      [0  3   -2  -1]
      [0  -3  13  -8] ]
```

1.1절의 예제 7에서, 연립일차방정식을 푸는 데 가우스 소거법과 역대입법을 사용하였다. 이제 가우스 소거법을 행렬에 대하여 생각해보자. 다음 예제의 두 방법은 본질적으로 같다. 행렬을 쓰면 미지수를 쓸 필요가 없다는 차이가 있을 뿐이다.

[예제 3] 기본행연산을 사용한 연립일차방정식의 풀이

연립일차방정식	대응 첨가행렬
$\begin{aligned} x-2y+3z&=9 \\ -x+3y&=-4 \\ 2x-5y+5z&=17 \end{aligned}$	$\begin{bmatrix} 1 & -2 & 3 & 9 \\ -1 & 3 & 0 & -4 \\ 2 & -5 & 5 & 17 \end{bmatrix}$
첫째 방정식을 둘째 방정식에 더한다.	첫째 행을 둘째 행에 더한다.
$\begin{aligned} x-2y+3z&=9 \\ y+3z&=5 \\ 2x-5y+5z&=17 \end{aligned}$	$\begin{bmatrix} 1 & -2 & 3 & 9 \\ 0 & 1 & 3 & 5 \\ 2 & -5 & 5 & 17 \end{bmatrix}$ $R_2+R_1 \to R_2$
첫째 방정식에 -2를 곱하여 셋째 방정식에 더한다.	첫째 행에-2를 곱하여 셋째 행에 더한다.
$\begin{aligned} x-2y+3z&=9 \\ y+3z&=5 \\ -y-z&=-1 \end{aligned}$	$\begin{bmatrix} 1 & -2 & 3 & 9 \\ 0 & 1 & 3 & 5 \\ 0 & -1 & -1 & -1 \end{bmatrix}$ $R_3+(-2)R_1 \to R_3$
둘째 방정식을 셋째 방정식에 더한다.	둘째 행을 셋째 행에 더한다.
$\begin{aligned} x-2y+3z&=9 \\ y+3z&=5 \\ 2z&=4 \end{aligned}$	$\begin{bmatrix} 1 & -2 & 3 & 9 \\ 0 & 1 & 3 & 5 \\ 0 & 0 & 2 & 4 \end{bmatrix}$ $R_3+R_2 \to R_3$
셋째 방정식에 $\frac{1}{2}$을 곱하라.	셋째 행에 $\frac{1}{2}$을 곱하라.
$\begin{aligned} x-2y+3z&=9 \\ y+3z&=5 \\ z&=2 \end{aligned}$	$\begin{bmatrix} 1 & -2 & 3 & 9 \\ 0 & 1 & 3 & 5 \\ 0 & 0 & 1 & 2 \end{bmatrix}$ $\left(\frac{1}{2}\right)R_3 \to R_3$

이제 해를 구하려면 1.1절의 예제 6처럼 역대입법을 쓰면 된다.

예제 3의 마지막 행렬을 행사다리꼴이라 한다. 사다리란 말은 행렬의 0 아닌 성분이 계단식으로 분포됨을 가리킨다. 행사다리꼴이 되려면 다음 조건을 만족해야 한다.

행사다리꼴의 정의

다음 조건을 만족하는 행렬을 **행사다리꼴**이라 한다.

1. 모든 성분이 0인 행은 행렬의 아래쪽에 있다.
2. 0 아닌 성분을 포함하는 행에서 처음 나타나는 0 아닌 성분은 1이다.(이를 **선두의 1**이라 한다.)
3. 0 아닌 성분을 포함하는 행들에 있어서, 위의 행의 선두의 1이 아래 행의 선두의 1보다 왼쪽에 있어야 한다.

참고 행사다리꼴인 행렬 중, 선두의 1을 포함하는 열마다 그 선두의 1 위와 아래 성분이 모두 0이면 **기약행사다리꼴**이라 한다.

[예제 4] 행사다리꼴

다음 행렬들은 행사다리꼴이다.

$$\text{(a)}\ \begin{bmatrix} 1 & 2 & -1 & 4 \\ 0 & 1 & 0 & 3 \\ 0 & 0 & 1 & -2 \end{bmatrix} \qquad \text{(b)}\ \begin{bmatrix} 0 & 1 & 0 & 5 \\ 0 & 0 & 1 & 3 \\ 0 & 0 & 0 & 0 \end{bmatrix}$$

$$\text{(c)}\ \begin{bmatrix} 1 & -5 & 2 & -1 & 3 \\ 0 & 0 & 1 & 3 & -2 \\ 0 & 0 & 0 & 1 & 4 \\ 0 & 0 & 0 & 0 & 1 \end{bmatrix} \qquad \text{(d)}\ \begin{bmatrix} 1 & 0 & 0 & -1 \\ 0 & 1 & 0 & 2 \\ 0 & 0 & 1 & 3 \\ 0 & 0 & 0 & 0 \end{bmatrix}$$

(b), (d)의 행렬은 기약행사다리꼴이다. 다음 행렬들은 행사다리꼴이 아니다.

$$\text{(e)}\ \begin{bmatrix} 1 & 2 & -3 & 4 \\ 0 & 2 & 1 & -1 \\ 0 & 0 & 1 & -3 \end{bmatrix} \qquad \text{(f)}\ \begin{bmatrix} 1 & 2 & -1 & 2 \\ 0 & 0 & 0 & 0 \\ 0 & 1 & 2 & -4 \end{bmatrix}$$

모든 행렬은 어떤 행사다리꼴인 행렬과 행동치가 된다. 예를 들어, 예제 4(e)의 행렬은 둘째 행에 $\frac{1}{2}$를 곱하면 행사다리꼴이 된다. 가우스 소거법과 역대입법을 써서 연립방정식의 해를 구하려면 다음과 같이 하면 된다.

기술적 관찰

컴퓨터프로그램에는 기약행사다리꼴을 계산하는 것도 있다. 여러분의 것이 그렇다면 예제 4(f)의 기약행사다리꼴이

$$\begin{bmatrix} 1 & 0 & -5 & 10 \\ 0 & 1 & 2 & -4 \\ 0 & 0 & 0 & 0 \end{bmatrix}$$

임을 보여라.

가우스 소거법과 역대입법

1. 주어진 연립방정식의 첨가행렬을 쓴다.
2. 첨가행렬을 행사다리꼴로 바꾸기 위해서 기본행연산들을 적용한다.
3. 행사다리꼴인 행렬에 대응하는 연립일차방정식으로 바꾸고 역대입법을 써서 해를 구한다.

연립일차방정식의 해를 컴퓨터로 구할 때, 가우스 소거법과 역대입법은 효율적인 알고리즘을 제공한다. 이 알고리즘에서 적용되는 기본행연산의 순서가 중요하다. 왼쪽 열에서 오른쪽 열로 이동하면서 선두의 1 아래의 성분을 0이 되게 해야 한다.

[예제 5] 가우스 소거법과 역대입법

다음 방정식을 풀어라.

$$\begin{aligned} x_2 + x_3 - 2x_4 &= -3 \\ x_1 + 2x_2 - x_3 \quad\quad &= 2 \\ 2x_1 + 4x_2 + x_3 - 3x_4 &= -2 \\ x_1 - 4x_2 - 7x_3 - x_4 &= -19 \end{aligned}$$

풀이 이 연립방정식의 첨가행렬은 다음과 같다.

$$\begin{bmatrix} 0 & 1 & 1 & -2 & -3 \\ 1 & 2 & -1 & 0 & 2 \\ 2 & 4 & 1 & -3 & -2 \\ 1 & -4 & -7 & -1 & -19 \end{bmatrix}$$

첫째 열 제일 위의 성분이 선두의 1이 되도록 하고, 그 아래 성분은 0이 되게 한다.

$$\begin{bmatrix} 1 & 2 & -1 & 0 & 2 \\ 0 & 1 & 1 & -2 & -3 \\ 2 & 4 & 1 & -3 & -2 \\ 1 & -4 & -7 & -1 & -19 \end{bmatrix}$$

← 처음 두 열의 순서를 바꾼다. $R_1 \leftrightarrow R_2$

$$\begin{bmatrix} 1 & 2 & -1 & 0 & 2 \\ 0 & 1 & 1 & -2 & -3 \\ 0 & 0 & 3 & -3 & -6 \\ 1 & -4 & -7 & -1 & -19 \end{bmatrix}$$

← 첫째 행에 -2를 곱하여 셋째 행에 더하여 새로운 셋째 행을 얻는다. $R_3+(-2)R_1 \rightarrow R_3$

$$\begin{bmatrix} 1 & 2 & -1 & 0 & 2 \\ 0 & 1 & 1 & -2 & -3 \\ 0 & 0 & 3 & -3 & -6 \\ 0 & -6 & -6 & -1 & -21 \end{bmatrix}$$

← 첫째 행에 -1을 곱하여 넷째 행에 더하여 새로운 넷째 행을 얻는다. $R_4+(-1)R_1 \rightarrow R_4$

이제 첫째 열은 우리가 원하던 형태가 되었으므로 둘째 열을 변형시킨다.

$$\begin{bmatrix} 1 & 2 & -1 & 0 & 2 \\ 0 & 1 & 1 & -2 & -3 \\ 0 & 0 & 3 & -3 & -6 \\ 0 & 0 & 0 & -13 & -39 \end{bmatrix}$$

← 둘째 행에 6을 곱하여 넷째 행에 더하여 새로운 넷째 행을 얻는다. $R_4+(6)R_2 \rightarrow R_4$

셋째 열을 변형시키기 위해서 셋째 행에 $\frac{1}{3}$을 곱한다.

$$\begin{bmatrix} 1 & 2 & -1 & 0 & 2 \\ 0 & 1 & 1 & -2 & -3 \\ 0 & 0 & 1 & -1 & -2 \\ 0 & 0 & 0 & -13 & -39 \end{bmatrix}$$

← 셋째 행에 $\frac{1}{3}$을 곱하여 새로운 셋째 행을 얻는다. $\left(\frac{1}{3}\right)R_3 \rightarrow R_3$

마찬가지로, 넷째 열을 변형시키기 위해서 넷째 행에 $-\frac{1}{13}$을 곱한다.

$$\begin{bmatrix} 1 & 2 & -1 & 0 & 2 \\ 0 & 1 & 1 & -2 & -3 \\ 0 & 0 & 1 & -1 & -2 \\ 0 & 0 & 0 & 1 & 3 \end{bmatrix}$$

← 넷째 행에 $-\frac{1}{13}$을 곱하여 새로운 넷째 행을 얻는다. $\left(-\frac{1}{13}\right)R_4 \rightarrow R_4$

이제 행사다리꼴이 얻어졌으므로 그에 대응하는 연립일차방정식을 생각하면 다음과 같다.

$$\begin{aligned} x_1+2x_2-x_3 \qquad &= 2 \\ x_2+x_3-2x_4 &= -3 \\ x_3-\ x_4 &= -2 \\ x_4 &= 3 \end{aligned}$$

역대입법을 적용하면, 해 $x_1=-1,\ x_2=2,\ x_3=1,\ x_4=3$이 얻어진다. ◀

연립일차방정식을 풀 때, 해가 없는 경우도 있음을 명심해야 한다. 소거하는 과정에서 마지막 성분을 제외하고 모두 0이 얻어지면 더 이상 진행할 필요가 없으며, 주어진 연립방정식이 해를 갖지 않는다는 결론을 내리면 된다.

[예제 6] 해가 없는 연립일차방정식

다음 연립방정식을 풀어라.

$$\begin{aligned} x_1-\ x_2+2x_3 &= 4 \\ x_1 \qquad +\ x_3 &= 6 \\ 2x_1-3x_2+5x_3 &= 4 \\ 3x_1+2x_2-\ x_3 &= 1 \end{aligned}$$

풀이 이 연립방정식의 첨가행렬은 다음과 같다.

$$\begin{bmatrix} 1 & -1 & 2 & 4 \\ 1 & 0 & 1 & 6 \\ 2 & -3 & 5 & 4 \\ 3 & 2 & -1 & 1 \end{bmatrix}$$

이 첨가행렬에 가우스 소거법을 적용한다.

$$\begin{bmatrix} 1 & -1 & 2 & 4 \\ 0 & 1 & -1 & 2 \\ 2 & -3 & 5 & 4 \\ 3 & 2 & -1 & 1 \end{bmatrix} \qquad R_2+(-1)R_1 \rightarrow R_2$$

$$\begin{bmatrix} 1 & -1 & 2 & 4 \\ 0 & 1 & -1 & 2 \\ 0 & -1 & 1 & -4 \\ 3 & 2 & -1 & 1 \end{bmatrix} \qquad R_3+(-2)R_1 \rightarrow R_3$$

$$\begin{bmatrix} 1 & -1 & 2 & 4 \\ 0 & 1 & -1 & 2 \\ 0 & -1 & 1 & -4 \\ 0 & 5 & -7 & -11 \end{bmatrix} \qquad R_4+(-3)R_1 \rightarrow R_4$$

$$\begin{bmatrix} 1 & -1 & 2 & 4 \\ 0 & 1 & -1 & 2 \\ 0 & 0 & 0 & -2 \\ 0 & 5 & -7 & -11 \end{bmatrix} \qquad R_3+R_2 \rightarrow R_3$$

셋째 행을 보면 마지막 성분을 제외하고 모두 0이다. 이는 원래의 연립일차방정식의 해가 없다는 것을 뜻한다. 연립방정식으로 바꾸어 보면 그 이유가 분명해진다.

$$\begin{aligned} x_1-x_2+2x_3 &= 4 \\ x_2-\ x_3 &= 2 \\ 0 &= -2 \\ 5x_2-7x_3 &= -11 \end{aligned}$$

셋째 방정식은 성립할 수 없으므로 이 연립방정식은 해를 갖지 않는다. ◀

탐구활동

다음 연립일차방정식을 생각해보자.

$$\begin{aligned} 2x_1+3x_2+\ 5x_3 &= 0 \\ -5x_1+6x_2-17x_3 &= 0 \\ 7x_1-4x_2+\ 3x_3 &= 0 \end{aligned}$$

이 연립방정식이 해를 갖는다는 것을 기본행연산을 적용하지 말고 설명하라. 다음 연립방정식은 방정식의 개수보다 미지수의 개수가 더 많다. 왜 무수히 많은 해를 갖는가?

$$\begin{aligned} 2x_1+3x_2+\ 5x_3+\ 2x_4 &= 0 \\ -5x_1+6x_2-17x_3-\ 3x_4 &= 0 \\ 7x_1-4x_2+\ 3x_3+13x_4 &= 0 \end{aligned}$$

가우스-조르단 소거법

가우스 소거법은 행렬에 기본행연산을 적용하여 행사다리꼴을 얻도록 한다. 또 하나의 소거법이 있는데 이는 칼 가우스와 빌헴 조르단(1842~1899)의 이름을 딴 가우스-조르단 소거법으로, 기약행사다리꼴이 얻어질 때까지 더 진행하는 것이다.

[예제 7] 가우스-조르단 소거법

가우스-조르단 소거법으로 다음 연립일차방정식의 해를 구하라.

$$\begin{aligned} x-2y+3z &= 9 \\ -x+3y \quad\;\; &= -4 \\ 2x-5y+5z &= 17 \end{aligned}$$

풀이 예제 3에서는 행사다리꼴을 얻기 위해서 가우스 소거법을 사용하였다.

$$\begin{bmatrix} 1 & -2 & 3 & 9 \\ 0 & 1 & 3 & 5 \\ 0 & 0 & 1 & 2 \end{bmatrix}$$

이제 역대입법을 쓰는 대신 기약행사다리꼴이 얻어질 때까지 기본행연산을 적용하자. 이를 위해서는 다음과 같이 선두의 1위가 0이 되도록 해주어야 한다.

$$\begin{bmatrix} 1 & 0 & 9 & 19 \\ 0 & 1 & 3 & 5 \\ 0 & 0 & 1 & 2 \end{bmatrix} \qquad R_1+(2)R_2 \rightarrow R_1$$

$$\begin{bmatrix} 1 & 0 & 9 & 19 \\ 0 & 1 & 0 & -1 \\ 0 & 0 & 1 & 2 \end{bmatrix} \qquad R_2+(-3)R_3 \rightarrow R_2$$

$$\begin{bmatrix} 1 & 0 & 0 & 1 \\ 0 & 1 & 0 & -1 \\ 0 & 0 & 1 & 2 \end{bmatrix} \qquad R_1+(-9)R_3 \rightarrow R_1$$

연립일차방정식으로 바꾸면

$$\begin{aligned} x \quad\quad &= 1 \\ y \quad &= -1 \\ z &= 2 \end{aligned}$$

을 얻는다. ◀

가우스 소거법과 가우스-조르단 소거법은 컴퓨터에 구현하기 쉽다. 그렇지만 소거과정에서 분수계수를 피할 수 없다. 예를 들어, 예제 7의 연립방정식

$$\begin{aligned} 2x-5y+5z &= 17 \\ x-2y+3z &= 9 \\ -x+3y \quad &= -4 \end{aligned}$$

에서 두 방법 모두 첫째 행에 $\frac{1}{2}$을 곱하여 분수 계수를 얻는다. 손으로 계산할 때는 적용하는 기본행연산의 순서를 잘 선택하여 분수를 피할 수 있다. 더욱이 사용하는 기본행연산의 순서를 바꾸어도 기약행사다리꼴은 같은 모양으로 얻어진다. 다음 예제에서는 무수히 많은 해가 얻어지는 연립일차방정식도 가우스-조르단 소거법으로 풀 수 있음을 보인다.

[예제 8] 무수히 많은 해를 갖는 연립일차방정식

다음 연립일차방정식을 풀어라.

$$\begin{aligned} 2x_1+4x_2-2x_3&=0 \\ 3x_1+5x_2 \quad &=1 \end{aligned}$$

풀이 첨가행렬은 다음과 같다.

$$\begin{bmatrix} 2 & 4 & -2 & 0 \\ 3 & 5 & 0 & 1 \end{bmatrix}$$

컴퓨터를 사용하든 가우스-조르단 소거법을 써서 직접 계산하든 기약행사다리꼴은 다음과 같이 얻어진다.

$$\begin{bmatrix} 1 & 0 & 5 & 2 \\ 0 & 1 & -3 & -1 \end{bmatrix}$$

이에 대응하는 연립방정식은

$$\begin{aligned} x_1 \quad +5x_3 &= 2 \\ x_2-3x_3 &= -1 \end{aligned}$$

이다. 선두의 1에 대응하지 않는 미지수 x_3을 나타내기 위해서 매개변수 t를 쓰면

$$x_1=2-5t,\ x_2=-1+3t,\ x_3=t$$

가 얻어진다. ◀

참고 예제 8에서 선두의 1에 대응하지 않는 미지수 x_3에 매개변수 t를 대응시켰다. 그런 다음 x_1, x_2를 t의 함수로 나타내었다.

연립방정식의 소거법에 두 종류가 있다는 것을 보았다. 어느 방법이 더 나은가? 그 답은 어느 정도 개인의 취향에 따라 다를 것이다. 선형대수의 실제 응용에 있어서 연립방정식을 주로 컴퓨터로 풀게 된다. 대부분의 컴퓨터 프로그램은 데이터 저장 용량을 최소화하고 반올림 오차를 줄이는 데 역점을 두게 된다. 따라서 가우스 소거법을 선호한다. 본 교재의 예제와 연습문제는 간단할 뿐 아니라, 개념의 이해를 돕고자 하는 것이므로 여러분들은 두 방법을 모두 알아두어야 한다.

동차연립일차방정식

이 절의 마지막 주제는 상수항이 0인 일차방정식으로 이루어진 연립방정식이다. 이런 연립방정식을 **동차**라고 한다. 예를 들어 미지수가 n개인 m개의 방정식으로 이루어진 동차연립방정식은 다음과 같은 형태이다.

$$\begin{aligned}
a_{11}x_1+a_{12}x_2+a_{13}x_3+\cdots+a_{1n}x_n&=0\\
a_{21}x_1+a_{22}x_2+a_{23}x_3+\cdots+a_{2n}x_n&=0\\
a_{31}x_1+a_{32}x_2+a_{33}x_3+\cdots+a_{3n}x_n&=0\\
&\vdots\\
a_{m1}x_1+a_{m2}x_2+a_{m3}x_3+\cdots+a_{mn}x_n&=0
\end{aligned}$$

동차연립일차방정식이 항상 적어도 하나의 해를 갖는다는 것은 쉽게 보일 수 있다. 모든 미지수가 0을 취하면 동차연립방정식의 모든 방정식이 만족된다. 이런 해를 **자명한** 해라고 한다. 예를 들면 세 미지수 x_1, x_2, x_3의 세 개의 방정식으로 이루어진 동차연립방정식은 $x_1=0$, $x_2=0$, $x_3=0$이라는 자명한 해를 갖는다.

[예제 9] 동차연립방정식의 풀이

다음 연립일차방정식을 풀어라.

$$\begin{aligned} x_1 - x_2 + 3x_3 &= 0 \\ 2x_1 + x_2 + 3x_3 &= 0 \end{aligned}$$

풀이 첨가행렬

$$\begin{bmatrix} 1 & -1 & 3 & 0 \\ 2 & 1 & 3 & 0 \end{bmatrix}$$

에 가우스-조르단 소거법을 적용하면

$$\begin{bmatrix} 1 & -1 & 3 & 0 \\ 0 & 3 & -3 & 0 \end{bmatrix} \qquad R_2 + (-2)R_1 \rightarrow R_2$$

$$\begin{bmatrix} 1 & -1 & 3 & 0 \\ 0 & 1 & -1 & 0 \end{bmatrix} \qquad \left(\frac{1}{3}\right)R_2 \rightarrow R_2$$

$$\begin{bmatrix} 1 & 0 & 2 & 0 \\ 0 & 1 & -1 & 0 \end{bmatrix} \qquad R_1 + R_2 \rightarrow R_1$$

을 얻는다. 이 행렬에 대응하는 연립일차방정식은

$$\begin{aligned} x_1 \quad + 2x_3 &= 0 \\ x_2 - x_3 &= 0 \end{aligned}$$

매개변수 $t = x_3$을 써서

$$x_1 = -2t,\ x_2 = t,\ x_3 = t, \qquad t\text{는 임의의 실수}$$

를 얻는다. 그러므로 이 연립방정식은 무수히 많은 해를 가지며 그 중 하나는 ($t=0$일 때 얻어지는) 자명한 해이다. ◀

예제 9는 동차연립일차방정식에 있어서 중요한 점을 보여주고 있다. 두 개의 방정식의 3원 일차 연립방정식이 무수히 많은 해를 갖는 것을 보이고 있다. 일반적으로, 동차연립일차방정식은 미지수의 개수보다 방정식의 개수가 적으면 무수히 많은 해를 갖는다.

정리 1.1 동차연립일차방정식의 해의 개수
모든 동차연립일차방정식은 항상 해를 갖는다. 연립일차방정식의 방정식의 개수가 미지수의 개수보다 적으면 반드시 무수히 많은 해를 갖는다.

연습문제 1.2(가우스 소거법과 가우스-조르단 소거법)

1−6번에서 행렬의 크기를 말하라.

1. $\begin{bmatrix} 1 & 2 & -4 \\ 3 & -4 & 6 \\ 0 & 1 & 2 \end{bmatrix}$

2. $\begin{bmatrix} 2 & -1 & -1 & 1 \\ -6 & 2 & 0 & 1 \end{bmatrix}$

3. $\begin{bmatrix} 1 & 2 & 3 & 4 & -10 \end{bmatrix}$

4. $\begin{bmatrix} -1 \end{bmatrix}$

5. $\begin{bmatrix} 8 & 6 & 4 & 1 & 3 \\ 2 & 1 & -7 & 4 & 1 \\ 1 & 1 & -1 & 2 & 1 \\ 1 & -1 & 2 & 0 & 0 \end{bmatrix}$

6. $\begin{bmatrix} 1 \\ 2 \\ -1 \\ -2 \end{bmatrix}$

7−12번에서 주어진 행렬이 행사다리꼴인지 말하라. 행사다리꼴인 경우, 기약행사다리꼴인지도 말하라.

7. $\begin{bmatrix} 1 & 0 & 0 & 0 \\ 0 & 1 & 1 & 2 \\ 0 & 0 & 0 & 0 \end{bmatrix}$

8. $\begin{bmatrix} 0 & 1 & 0 & 0 \\ 1 & 0 & 2 & 1 \end{bmatrix}$

9. $\begin{bmatrix} 2 & 0 & 1 & 3 \\ 0 & -1 & 1 & 4 \\ 0 & 0 & 0 & 1 \end{bmatrix}$

10. $\begin{bmatrix} 1 & 0 & 2 & 1 \\ 0 & 1 & 3 & 4 \\ 0 & 0 & 1 & 0 \end{bmatrix}$

11. $\begin{bmatrix} 0 & 0 & 1 & 0 & 0 \\ 0 & 0 & 0 & 1 & 0 \\ 0 & 0 & 0 & 2 & 0 \end{bmatrix}$

12. $\begin{bmatrix} 1 & 0 & 0 & 0 \\ 0 & 0 & 0 & 1 \\ 0 & 0 & 0 & 0 \end{bmatrix}$

13−18번에서 다음 첨가행렬에 대응하는 연립일차방정식의 해집합을 구하라.

13. $\begin{bmatrix} 1 & 0 & 0 \\ 0 & 1 & 2 \end{bmatrix}$

14. $\begin{bmatrix} 1 & 0 & 2 \\ 0 & 1 & 3 \end{bmatrix}$

15. $\begin{bmatrix} 1 & -1 & 0 & 3 \\ 0 & 1 & -2 & 1 \\ 0 & 0 & 1 & -1 \end{bmatrix}$

16. $\begin{bmatrix} 1 & 2 & 1 & 0 \\ 0 & 0 & 1 & -1 \\ 0 & 0 & 0 & 0 \end{bmatrix}$

17. $\begin{bmatrix} 1 & 2 & 0 & 1 & 4 \\ 0 & 1 & 2 & 1 & 3 \\ 0 & 0 & 1 & 2 & 1 \\ 0 & 0 & 0 & 1 & 4 \end{bmatrix}$

18. $\begin{bmatrix} 1 & 2 & 0 & 1 & 3 \\ 0 & 1 & 3 & 0 & 1 \\ 0 & 0 & 1 & 2 & 0 \\ 0 & 0 & 0 & 0 & 2 \end{bmatrix}$

19−32번에서 가우스 소거법과 함께 역대입법을 쓰거나 가우스-조르단 소거법을 써서 연립일차방정식을 풀어라.

19. $\begin{aligned} x+2y&=7 \\ 2x+y&=8 \end{aligned}$

20. $\begin{aligned} 2x+6y&=16 \\ -2x-6y&=-16 \end{aligned}$

21. $\begin{aligned} -x+2y&=1.5 \\ 2x-4y&=3 \end{aligned}$

22. $\begin{aligned} 2x-y&=-0.1 \\ 3x+2y&=1.6 \end{aligned}$

23. $\begin{aligned} -3x+5y&=-22 \\ 3x+4y&=4 \\ 4x-8y&=32 \end{aligned}$

24. $\begin{aligned} x+2y&=0 \\ x+y&=6 \\ 3x-2y&=8 \end{aligned}$

25. $\begin{aligned} x_1 \qquad -3x_3&=-2 \\ 3x_1+x_2-2x_3&=5 \\ 2x_1+2x_2+x_3&=4 \end{aligned}$

26. $\begin{aligned} 2x_1-x_2+3x_3&=24 \\ 2x_2-x_3&=14 \\ 7x_1-5x_2 \qquad &=6 \end{aligned}$

27. $\begin{aligned} x_1+x_2-5x_3&=3 \\ x_1 \qquad -2x_3&=1 \\ 2x_1-x_2-x_3&=0 \end{aligned}$

28. $\begin{aligned} 2x_1 \qquad +3x_3&=3 \\ 4x_1-3x_2+7x_3&=5 \\ 8x_1-9x_2+15x_3&=10 \end{aligned}$

29. $\begin{aligned} 4x+12y-7z-20w&=22 \\ 3x+9y-5z-28w&=30 \end{aligned}$

30. $\begin{aligned} x+2y+z&=8 \\ -3x-6y-3z&=-21 \end{aligned}$

31. $\begin{aligned} 3x+3y+12z&=6 \\ x+y+4z&=2 \\ 2x+5y+20z&=10 \\ -x+2y+8z&=4 \end{aligned}$

32. $\begin{aligned} 2x+y-z+2w&=-6 \\ 3x+4y \qquad +w&=1 \\ x+5y+2z+6w&=-3 \\ 5x+2y-z-w&=3 \end{aligned}$

33−38번에서 컴퓨터 프로그램을 써서 다음 연립일차방정식을 풀어라.

33. $\begin{aligned} x_1-2x_2+5x_3-3x_4&=23.6 \\ x_1+4x_2-7x_3-2x_4&=45.7 \\ 3x_1-5x_2+7x_3+4x_4&=29.9 \end{aligned}$

34. $\begin{aligned} 23.4x-45.8y+43.7z&=87.2 \\ 86.4x+12.3y-56.9z&=14.5 \\ 93.6x-50.7y+12.6z&=44.4 \end{aligned}$

35.
$$\begin{aligned} x_1 - x_2 + 2x_3 + 2x_4 + 6x_5 &= 6 \\ 3x_1 - 2x_2 + 4x_3 + 4x_4 + 12x_5 &= 14 \\ x_2 - x_3 - x_4 - 3x_5 &= -3 \\ 2x_1 - 2x_2 + 4x_3 + 5x_4 + 15x_5 &= 10 \\ 2x_1 - 2x_2 + 4x_3 + 4x_4 + 15x_5 &= 13 \end{aligned}$$

36.
$$\begin{aligned} x_1 + x_2 - 2x_3 + 3x_4 + 2x_5 &= 9 \\ 3x_1 + 3x_2 - x_3 + x_4 + x_5 &= 5 \\ 2x_1 + 2x_2 - x_3 + x_4 - 2x_5 &= 1 \\ 4x_1 + 4x_2 + x_3 - 3x_5 &= 4 \\ 8x_1 + 5x_2 - 2x_3 - x_4 + 2x_5 &= 3 \end{aligned}$$

37.
$$\begin{aligned} 4x_1 - 3x_2 + x_3 - x_4 + 2x_5 - x_6 &= 8 \\ x_1 - 2x_2 + x_3 - 3x_4 + x_5 - 4x_6 &= 4 \\ 2x_1 + x_2 - 3x_3 + x_4 - 2x_5 + 5x_6 &= 2 \\ -2x_1 + 3x_2 - x_3 + x_4 - x_5 + 2x_6 &= -7 \\ x_1 - 3x_2 + x_3 - 2x_4 + x_5 - 2x_6 &= 9 \\ 5x_1 - 4x_2 - x_3 - x_4 + 4x_5 + 5x_6 &= 9 \end{aligned}$$

38.
$$\begin{aligned} x_1 + 2x_2 - 2x_3 + 2x_4 - x_5 + 3x_6 &= 0 \\ 2x_1 - x_2 + 3x_3 + x_4 - 3x_5 + 2x_6 &= 17 \\ x_1 + 3x_2 - 2x_3 + x_4 - 2x_5 - 3x_6 &= -5 \\ 3x_1 - 2x_2 + x_3 - x_4 + 3x_5 - 2x_6 &= -1 \\ -x_1 - 2x_2 + x_3 + 2x_4 - 2x_5 + 3x_6 &= 10 \\ x_1 - 3x_2 + x_3 + 3x_4 - 2x_5 + x_6 &= 11 \end{aligned}$$

39−42번에서 주어진 계수행렬에 대응하는 동차연립일차방정식을 풀어라.

39. $\begin{bmatrix} 1 & 0 & 0 \\ 0 & 1 & 1 \\ 0 & 0 & 0 \end{bmatrix}$

40. $\begin{bmatrix} 1 & 0 & 0 & 0 \\ 0 & 1 & 1 & 0 \end{bmatrix}$

41. $\begin{bmatrix} 1 & 0 & 0 & 1 \\ 0 & 0 & 1 & 0 \\ 0 & 0 & 0 & 0 \end{bmatrix}$

42. $\begin{bmatrix} 0 & 0 & 0 \\ 0 & 0 & 0 \\ 0 & 0 & 0 \end{bmatrix}$

43. 행렬 $A = \begin{bmatrix} 1 & k & 2 \\ -3 & 4 & 1 \end{bmatrix}$에 대하여,

(a) A가 연립일차방정식의 첨가행렬일 때, 방정식의 개수와 미지수의 개수는 얼마인가?

(b) A가 연립일차방정식의 첨가행렬일 때, 해를 갖도록 하는 k값을 구하라.

(c) A가 동차연립방정식의 계수행렬일 때, 방정식의 개수와 미지수의 개수는 얼마인가?

(d) A가 동차연립방정식의 계수행렬일 때, 해를 갖도록 하는 k값을 구하라.

44. 행렬$= \begin{bmatrix} 2 & -1 & 3 \\ -4 & 2 & k \\ 4 & -2 & 6 \end{bmatrix}$에 대하여,

(a) A가 연립일차방정식의 첨가행렬일 때, 방정식의 개수와 미지수의 개수는 얼마인가?

(b) A가 연립일차방정식의 첨가행렬일 때, 해를 갖도록 하는 k값을 구하라.

(c) A가 동차연립방정식의 계수행렬일 때, 방정식의 개수와 미지수의 개수는 얼마인가?

(d) A가 동차연립방정식의 계수행렬일 때, 해를 갖도록 하는 k값을 구하라.

45, 46번에서 (가능하다면) 주어진 연립일차방정식이 (a) 유일한 해 (b) 해없음 (c) 무수히 많은 해를 갖도록 하는 a, b, c의 값을 구하라.

45. $$\begin{aligned} x+y\quad\ &=2\\ y+z&=2\\ x\quad\ +z&=2\\ ax+by+cz&=0 \end{aligned}$$

46. $$\begin{aligned} x+y\quad\ &=0\\ y+z&=0\\ x\quad\ +z&=0\\ ax+by+cz&=0 \end{aligned}$$

47. 다음 연립방정식은 유일한 해 $x=1$, $y=-1$, $z=2$를 갖는다.

$4x-2y+5z=16$ 방정식 1

$x+y\quad=0$ 방정식 2

$-x-3y+2z=6$ 방정식 3

(a) 방정식 1, 2 (b) 방정식 1, 3 (c) 방정식 2, 3으로 이루어진 연립방정식을 풀어라.

(d) 각각의 경우, 연립방정식의 해는 몇 개인가?

48. 다음 연립방정식이 유일한 해를 갖는다고 하자.

$a_{11}x_1+a_{12}x_2+a_{13}x_3=b_1$ 방정식 1

$a_{21}x_1+a_{22}x_2+a_{23}x_3=b_2$ 방정식 2

$a_{31}x_1+a_{32}x_2+a_{33}x_3=b_3$ 방정식 3

방정식 1, 2로 이루어진 연립방정식은 (a) 유일한 해를 갖는다. (b) 해없음 (c) 무수히 많은 해를 갖는다 중에서 어느 경우에 해당하는가?

49, 50번에서 주어진 행렬과 행동치인 유일한 기약행사다리꼴을 구하라.

49. $\begin{bmatrix} 1 & 2\\ -1 & 2 \end{bmatrix}$

50. $\begin{bmatrix} 1 & 2 & 3\\ 4 & 5 & 6\\ 7 & 8 & 9 \end{bmatrix}$

51. 서술형 2×2기약행사다리꼴을 모두 구하라. 예를 들어 여러분의 답을 설명하라.

52. 서술형 3×3기약행사다리꼴을 모두 구하라. 예를 들어 여러분의 답을 설명하라.

참 또는 거짓 53, 54번에서는 주어진 명제가 참인지 거짓인지 판별하라. 참인 명제에 대해서는 그 이유를 말하거나 본문에 기술된 적절한 설명을 들어 보아라. 거짓인 경우에도 명제가 항상 참이 아니라는 것을 보이는 반례를 들거나 본문의 적절한 설명을 말하라.

53. (a) 6×3행렬에는 6개의 행이 있다.

(b) 행렬은 반드시 어떤 행사다리꼴과 행동치가 된다.

(c) 연립일차방정식의 첨가행렬의 행사다리꼴이 $[1\quad0\quad0\quad0\quad0]$꼴의 행을 포함하면 원

래의 연립일차방정식은 해를 갖지 않는다.

(d) 방정식 4개의 6원 일차 동차연립방정식은 무수히 많은 해를 갖는다.

54. (a) 4×7 행렬은 4개의 열을 갖는다.

(b) 모든 행렬은 고유한 기약행사다리꼴을 갖는다.

(c) 방정식 4개의 4원 일차 동차연립방정식은 항상 해를 갖는다.

(d) 행렬의 어느 한 행에 상수를 곱하는 것은 기본행연산 중의 하나이다.

55, 56번에서는 행렬 $\begin{bmatrix} a & b \\ c & d \end{bmatrix}$가 주어진 행렬과 행동치가 되도록 a, b, c, d의 조건을 구하라.

55. $\begin{bmatrix} 1 & 0 \\ 0 & 1 \end{bmatrix}$

56. $\begin{bmatrix} 1 & 0 \\ 0 & 0 \end{bmatrix}$

57, 58번에서는 주어진 동차연립방정식이 자명하지 않은 해를 갖도록 하는 모든 λ(그리이스 문자로 **람다**라고 읽는다.)의 값을 구하라.

57. $(\lambda-2)x+\qquad y=0$

$x+(\lambda-2)y=0$

58. $(\lambda-1)x+2y=0$

$x+\lambda y=0$

59. 서술형 미지수의 개수보다 방정식의 개수가 적은 연립일차방정식이 해를 갖지 않은 경우가 있는가? 있다면 예를 들어 보아라.

60. 서술형 행렬의 행사다리꼴은 유일한가? 예를 들어 여러분의 답을 설명하라. 행렬의 기약행사다리꼴은 유일한가? 예를 들어 여러분의 답을 설명하라.

61. 다음 연립방정식을 α, β에 대하여 풀어라. 단, $0\leq\alpha, \beta\leq2\pi$.

$2\cos\alpha-\sin\beta=0$

$4\cos\alpha+2\sin\beta=4$

62. 다음 연립방정식을 x, y에 대하여 풀어라.

$x^2+2y^3=2$

$3x^2-y^3=13$

63. 서술형 2×2행렬 $\begin{bmatrix} a & b \\ c & d \end{bmatrix}$에 대하여 주어진 일련의 기본행연산을 실행하라.

(a) 둘째 행에 (-1)을 곱하여 첫째 행에 더하라.

(b) 첫째 행에 1을 곱하여 둘째 행에 더하라.

(c) 둘째 행에 (-1)을 곱하여 첫째 행에 더하라.

(d) 첫째 행에 (-1)을 곱하라.

원래의 행렬에 어떤 변화가 일어났는가? 일반적으로, 첫째와 셋째 기본행연산만을 써서 행렬의 두 행의 순서를 바꾸려면 어떻게 해야하는지 말하라.

1.3 연립일차방정식의 응용

연립일차방정식은 폭넓게 응용될 수 있으며 선형대수의 중심이 되는 주제이다. 이 절에서는 우선 두 가지의 응용에 대해서 알아보려고 한다. 앞으로도 계속해서 연립일차방정식의 여러 가지 응용을 보게 될 것이다. 이 절에서는 평면에 주어진 점들을 만족하는 다항함수를 알아내는데 연립일차방정식의 풀이를 이용하는 것을 본 다음, 회로망과 Kirchhoff의 전기법칙에 응용되는 것을 알아보자.

다항식곡선 맞추기

주어진 자료를 xy-평면 위의 n개의 점

$$(x_1,\ y_1),\ (x_2,\ y_2),\ \cdots,\ (x_n,\ y_n)$$

으로 나타냈다고 하자. 이 점들을 지나는 $n-1$차의 다항함수

$$p(x)=a_0+a_1x+a_2x^2+\cdots\cdots+a_{n-1}x^{n-1}$$

을 알아내려고 한다. 이런 과정을 다항식곡선 맞추기라 부른다. 그림 1.4처럼 주어진 점의 x좌표가 서로 다르면 n개의 점을 다 만족하는 $n-1$차의 다항함수가 반드시 하나 존재함을 보일 수 있다.

$p(x)$의 n개의 계수를 구하려면 n개의 점을 다항식에 대입하여 n개의 미지수 $a_0,\ a_1,\ \cdots,\ a_{n-1}$의 n개의 일차방정식을 얻는다:

$$\begin{aligned} a_0+a_1x_1+a_2x_1^2+\cdots+a_{n-1}x_1^{n-1}&=y_1 \\ a_0+a_1x_2+a_2x_2^2+\cdots+a_{n-1}x_2^{n-1}&=y_2 \\ &\vdots \\ a_0+a_1x_n+a_2x_n^2+\cdots+a_{n-1}x_n^{n-1}&=y_n \end{aligned}$$

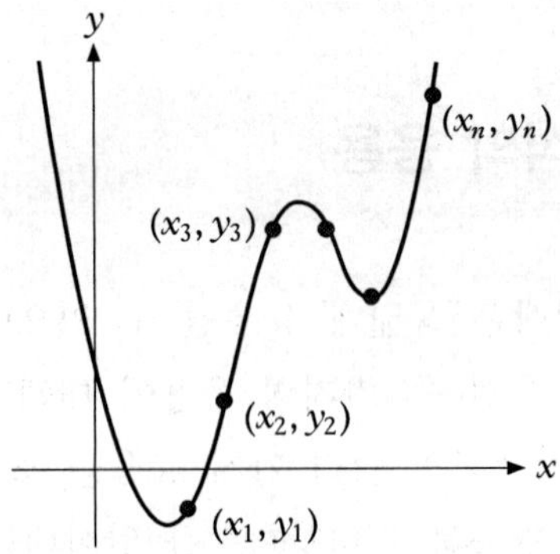

[그림 1.4] 다항식곡선 맞추기

예제 1에서 2차식을 구하는 과정을 살펴보자.

[예제 1] 곡선 맞추기

점(1, 4), (2, 0), (3, 12)를 지나는 다항식 $p(x)=a_0+a_1x+a_2x^2$을 구하라.

풀이 $x=1, 2, 3$을 $p(x)$에 대입하여 얻어지는 식을 각각 그에 대응하는 y값과 같다고 놓으면 미지수 a_0, a_1, a_2의 일차방정식으로 이루어진 연립일차방정식을 얻는다.

$$\begin{aligned} p(1)&=a_0+a_1(1)+a_2(1)^2=a_0+a_1+a_2=4 \\ p(2)&=a_0+a_1(2)+a_2(2)^2=a_0+2a_1+4a_2=0 \\ p(3)&=a_0+a_1(3)+a_2(3)^2=a_0+3a_1+9a_2=12 \end{aligned}$$

이 연립방정식의 해는 $a_0=24$, $a_1=-28$, $a_2=8$이므로 다항식

$$p(x)=24-28x+8x^2$$

이 얻어진다. p의 그래프는 그림 1.5와 같다.

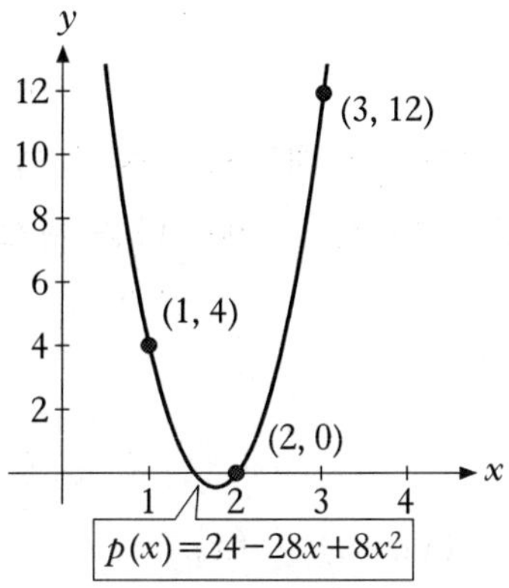

[그림 1.5]

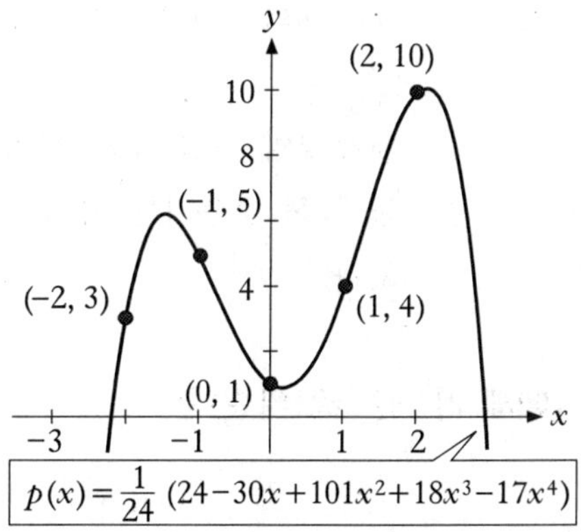

[그림 1.6]

[예제 2] 다항식곡선 맞추기

점$(-2, 3)$, $(-1, 5)$, $(0, 1)$, $(1, 4)$, $(2, 10)$을 만족하는 다항식을 구하라.

풀이 5개의 점이 주어졌으므로, 사차식

$$p(x)=a_0+a_1x+a_2x^2+a_3x^3+a_4x^4$$

을 생각해야 한다. 주어진 점을 $p(x)$에 대입하면 다음과 같은 연립일차방정식을 얻는다.

$$\begin{aligned}
a_0-2a_1+4a_2-8a_3+16a_4&=3\\
a_0-\ a_1+\ a_2-\ a_3+\ \ a_4&=5\\
a_0\qquad\qquad\qquad\qquad&=1\\
a_0+\ a_1+\ a_2+\ a_3+\ \ a_4&=4\\
a_0+2a_1+4a_2+8a_3+16a_4&=10
\end{aligned}$$

해를 구하면

$$a_0=1,\ a_1=\frac{30}{24},\ a_2=\frac{101}{24},\ a_3=\frac{18}{24},\ a_4=-\frac{17}{24}$$

이 얻어지므로, 구하는 다항식은

$$\begin{aligned}
p(x)&=1-\frac{30}{24}x+\frac{101}{24}x^2+\frac{18}{24}x^3-\frac{17}{24}x^4\\
&=\frac{1}{24}(24-30x+101x^2+18x^3-17x^4)
\end{aligned}$$

이다. p의 그래프는 그림 1.6과 같다. ◀

예제 2의 연립일차방정식은 x값이 작아서 상대적으로 풀기 쉽다. x값들이 클 때는 곡선 맞추기를 하기 전에 변환을 하는 것이 좋다. 다음 예제에서 자세히 살펴보자.

[예제 3] 큰 x값의 변환

$$\text{점}\quad \underbrace{(2000,\ 3)}_{(x_1,\ y_1)},\ \underbrace{(2001,\ 5)}_{(x_2,\ y_2)},\ \underbrace{(2002,\ 1)}_{(x_3,\ y_3)},\ \underbrace{(2003,\ 4)}_{(x_4,\ y_4)},\ \underbrace{(2004,\ 10)}_{(x_5,\ y_5)}$$

을 만족하는 다항식을 구하라.

풀이 주어진 x값이 크므로, 변환 $z=x-2002$를 하면

$$\underbrace{(-2,\ 3)}_{(z_1,\ y_1)},\quad \underbrace{(-1,\ 5)}_{(z_2,\ y_2)},\quad \underbrace{(0,\ 1)}_{(z_3,\ y_3)},\quad \underbrace{(1,\ 4)}_{(z_4,\ y_4)},\quad \underbrace{(2,\ 10)}_{(z_5,\ y_5)}$$

을 얻는다. 이 점들은 예제 2의 점들이다. 따라서 이 점들을 만족하는 다항식은

$$\begin{aligned} p(z) &= \frac{1}{24}(24-30z+101z^2+18z^3-17z^4) \\ &= -\frac{5}{4}z+\frac{101}{24}z^2+\frac{3}{4}z^3-\frac{17}{24}z^4. \end{aligned}$$

이다. $z=x-2002$를 대입하면

$$p(x)=1-\frac{5}{4}(x-2002)+\frac{101}{24}(x-2002)^2+\frac{3}{4}(x-2002)^3-\frac{17}{24}(x-2002)^4$$ ◀

[예제 4] 곡선 맞추기의 응용

표 1.1의 처음 세 개의 행성의 주기와 그들의 태양으로부터의 평균 거리의 관계를 나타내는 다항식을 구하라. 구한 다항식을 써서 화성의 주기를 계산하여 곡선 맞추기의 정확성을 알아 보아라.(거리는 천문단위이고 주기는 햇수를 단위로 한다.)

[표 1.1]

행성	수성	금성	지구	화성	목성	토성
평균거리	0.387	0.723	1.0	1.523	5.203	9.541
주기	0.241	0.615	1.0	1.881	11.861	29.457

풀이 먼저 (0.387, 0.241), (0.723, 0.615), (1, 1)을 지나는 이차식

$$p(x)=a_0+a_1x+a_2x^2$$

을 구하자. 이 점들을 $p(x)$에 대입하여 연립일차방정식

$$\begin{aligned} a_0+0.387a_1+(0.387)^2a_2&=0.241\\ a_0+0.723a_1+(0.723)^2a_2&=0.615\\ a_0+\quad a_1+\quad a_2&=1. \end{aligned}$$

을 얻는다. 이 연립일차방정식의 근사해는

$$a_0\approx-0.0634,\ a_1\approx0.6119,\ a_2\approx0.4515$$

이므로 이차식

$$p(x)=-0.0634+0.6119x+0.4515x^2$$

을 얻는다. $p(x)$를 써서 화성의 주기를 계산해 보면

$$p(1.523)\approx1.916\text{년}$$

이다. 그림 1.7에서 이 근사값을 실제의 주기와 비교해 보았다. 표 1.1에 의하면 실제 주기는 1.881년이다. ◀

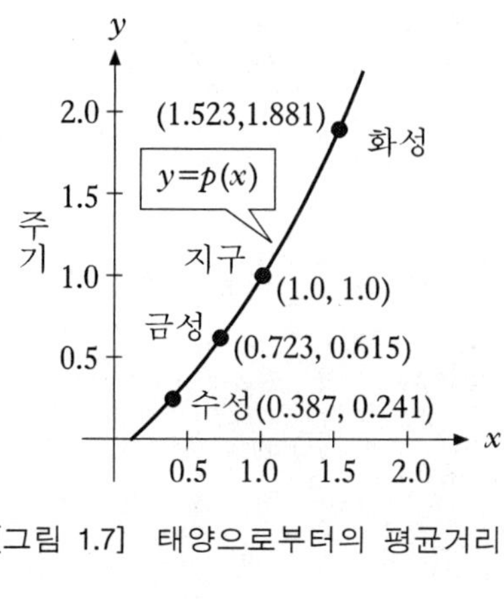

[그림 1.7] 태양으로부터의 평균거리

예제 4의 응용에서 중요한 점을 알 수 있다: 다항식곡선 맞추기가 처음 주어진 점이 아닌 x값에 대해서는 x, y의 실제 관계를 항상 정확히 나타내주는 것은 아니라는 것이다. 일반적으로, 주어진 점에서 멀어질수록 정확하지 않다. 예를 들어, 예제 4에서 목성의 평균 거리는 5.023이므로 $p(x)$를 써서 주기의 근사값을 구하면 15.343년이다. 그러나 목성의 실제 주기는 11.861이다.

때로는 곡선맞추기 문제의 해결이 수월하게 되지 않는다. 다항함수보다 다른 유형의 함수가 더 유용한 경우가 많이 있다. 예제 4를 다시 생각해 보자. 6개의 행성의 주기와 거리의 자연로그를 취하면 표 1.2와 그림 1.8이 얻어진다.

[표 1.2]

행성	수성	금성	지구	화성	목성	토성
평균거리(x)	0.387	0.723	1.0	1.523	5.203	9.541
평균의 자연로그	−0.949	−0.324	0.0	0.421	1.649	2.256
주기(y)	0.241	0.615	1.0	1.881	11.861	29.457
주기의 자연로그	−1.423	−0.486	0.0	0.632	2.473	3.383

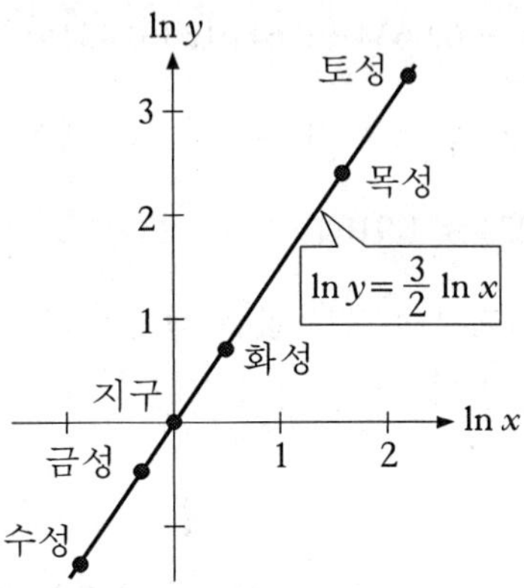

[그림 1.8]

이제, 다항식을 거리와 주기의 로그로 바꾸면 $\ln x$와 $\ln y$의 일차식이 얻어진다.

$$\ln y = \frac{3}{2}\ln x$$

이 방정식에서 방정식

$$y = x^{\frac{3}{2}} \text{ 또는 } y_2 = x^3$$

을 얻는다. 이는 각 행성의 주기의 제곱은 태양으로부터의 거리의 세제곱과 같다는 것을 보여 준다. 이 관계식은 1619년 케플러에 의하여 처음 밝혀졌다. ◀

회로망분석

여러 분지들과 그 교차점으로 이루어진 회로망은 경제, 교통, 전기공학 등 여러 분야의 모델로 쓰인다.

분야는 다르더라도 각 분야마다 교차점으로의 총유입량은 교차점에서의 총유출량과 같다는 전제를 하고 있다. 예를 들면 그림 1.9에서 교차점에 25단위가 유입되고 있으므로 25단위가 유출되어야 한다. 이를 일차방정식으로 나타내면

$$x_1 + x_2 = 25$$

가 된다.

회로망의 각 교차점에서 일차방정식이 얻어지므로 여러 교차점으로 이루어진 회로망의 흐름을 연립일차방정식을 풀어 분석할 수 있다. 그 과정을 예제 5에서 알아보자.

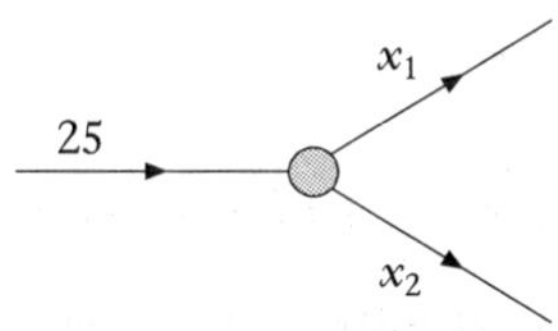

[그림 1.9]

[예제 5] 회로망 분석

그림 1.10의 회로망을 나타내는 연립일차방정식을 세워 풀어라.

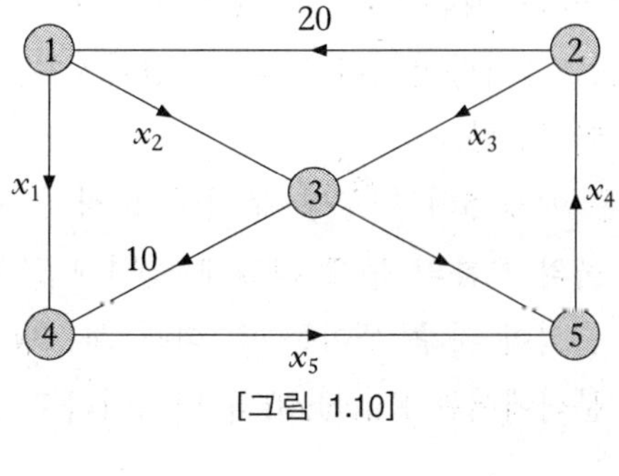

[그림 1.10]

풀이 회로망의 5개의 교차점에서 다음 5개의 일차방정식이 얻어진다.

$x_1+x_2=20$	교차점 1
$x_3+20=x_4$	교차점 2
$x_2+x_3=20$	교차점 3
$x_1+10=x_5$	교차점 4
$x_5+10=x_4$	교차점 5

이 연립방정식의 첨가행렬은 다음과 같다.

$$\begin{bmatrix} 1 & 1 & 0 & 0 & 0 & 20 \\ 0 & 0 & 1 & -1 & 0 & -20 \\ 0 & 1 & 1 & 0 & 0 & 20 \\ 1 & 0 & 0 & 0 & -1 & -10 \\ 0 & 0 & 0 & -1 & 1 & -10 \end{bmatrix}$$

여기에 가우스-조르단 소거법을 적용하면 다음 행렬을 얻는다.

$$\begin{bmatrix} 1 & 0 & 0 & 0 & -1 & -10 \\ 0 & 1 & 0 & 0 & 1 & 30 \\ 0 & 0 & 1 & 0 & -1 & -10 \\ 0 & 0 & 0 & 1 & -1 & 10 \\ 0 & 0 & 0 & 0 & 0 & 0 \end{bmatrix}$$

$t=x_5$라 하면

$$x_1=t-10,\ x_2=-t+30,\ x_3=t-10,\ x_4=t+10,\ x_5=t$$

여기서, t는 임의의 실수이다. 이 연립방정식은 무수히 많은 해를 갖는다. ◀

예제 5에서, x_5로 표시된 분지를 흐르는 유입량을 조절할 수 있다고 하자. 그러면 예제 5의 해를 이용하여 나머지 변수로 나타내지는 유입량 또는 유출량도 조절할 수 있다. 예를 들어 $t=10$이라 하면 그림 1.11에서 보는 바와 같이 x_1, x_3가 나타내는 유입량이 0이 된다. 마찬가지로, $t=20$이라 하면 그림 1.12와 같은 회로망이 얻어진다.

여러분은 예제 5의 회로망 분석이 도시의 도로의 교통의 흐름이나 용수로 시스템에서 물의 흐름의 문제 해결에 어떻게 쓰이는지 이해할 수 있을 것이다.

회로망 분석이 자주 쓰이는 또 다른 회로망으로 전기회로망을 들 수 있다. 전기회로망 분석에서는 Kirchhoff의 법칙이라고 알려져 있는 전기회로망의 두 가지

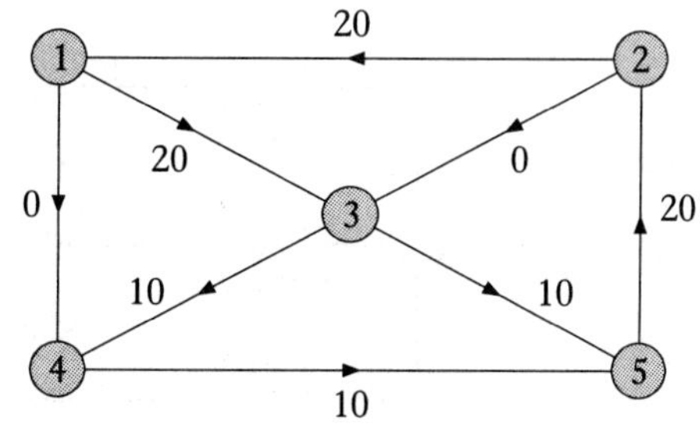

[그림 1.11]

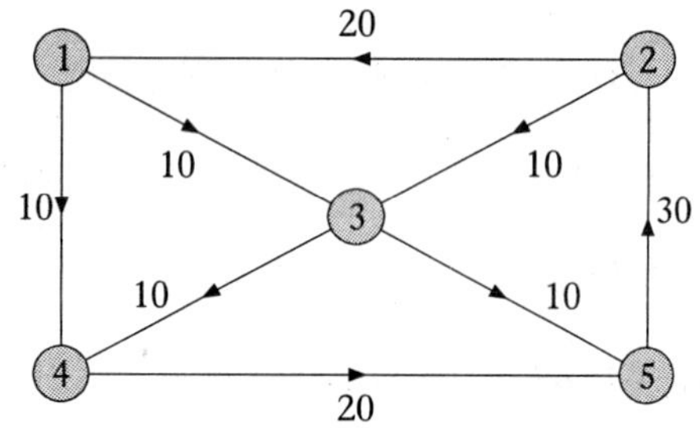

[그림 1.12]

조건을 만족해야 한다.

1. 교차점에 유입되는 전류는 반드시 유출된다.
2. 한 폐쇄 경로에서 전류 I와 저항 R의 곱은 경로 전체의 총 전압과 같아야 한다.

전기회로망에서 전류의 단위는 암페어(amps), 저항의 단위는 옴(ohms), 전류와 저항의 곱의 단위는 볼트(volts)를 사용한다. 전지는 기호 ─|├ 로 나타내는데, 더 긴 세로선이 전류가 흘러나가는 방향을 나타낸다. 저항은 기호 Ω으로 나타낸다. 전류의 방향은 분지의 화살표로 나타낸다.

참고 폐쇄경로란 첫 분지의 시작점과 마지막 분지의 끝점이 일치하는 분지들의 연결이다.

[예제 6] 전기회로망 분석

그림 1.13의 전기회로망에서 전류 I_1, I_2, I_3를 구하라.

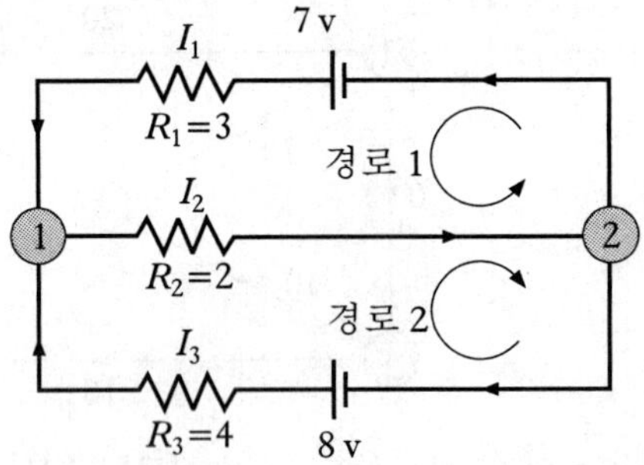

[그림 1.13]

풀이 각 교차점에 키르히호프의 제1법칙을 적용하면

$$I_1+I_3=I_2 \qquad \text{교차점 1 또는 교차점 2}$$

을 얻고, 제2법칙을 두 경로에 적용하면

$$R_1I_1+R_2I_2=3I_1+2I_2=7 \qquad \text{경로 1}$$
$$R_2I_2+R_3I_3=2I_2+4I_3=8 \qquad \text{경로 2}$$

따라서 미지수 I_1, I_2, I_3의 세 개의 방정식으로 이루어진 연립방정식

$$\begin{aligned} I_1- \ I_2+I_3 &=0 \\ 3I_1+2I_2 \qquad &=7 \\ 2I_2+4I_3 &=8 \end{aligned}$$

을 얻는다. 가우스-조르단 소거법을 첨가행렬

$$\begin{bmatrix} 1 & -1 & 1 & 0 \\ 3 & 2 & 0 & 7 \\ 0 & 2 & 4 & 8 \end{bmatrix}$$

에 적용하면 기약행사다리꼴

$$\begin{bmatrix} 1 & 0 & 0 & 1 \\ 0 & 1 & 0 & 2 \\ 0 & 0 & 1 & 1 \end{bmatrix}$$

을 얻는다. 그러므로 $I_1=1$ amp, $I_2=2$ amps, $I_3=1$ amp이다. ◀

[예제 7] 전기회로망 분석

그림 1.14의 전기회로망에서 전류 I_1, I_2, I_3, I_4, I_5, I_6을 구하라.

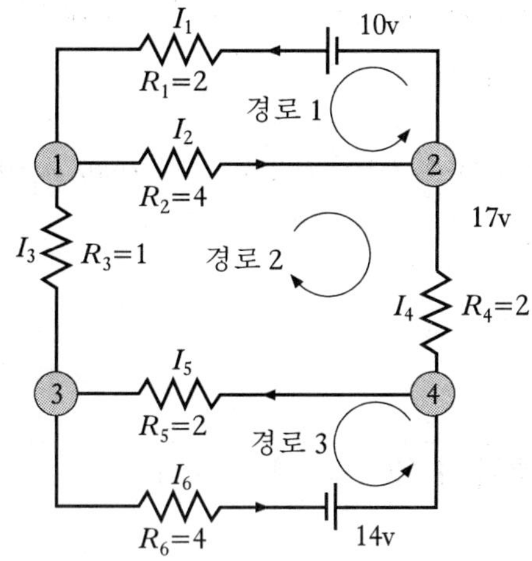

[그림 1.14]

풀이 kirchhoff의 제1법칙을 네 개의 교차점에 적용하면

$I_1+I_3=I_2$	교차점 1
$I_1+I_4=I_2$	교차점 2
$I_3+I_6=I_5$	교차점 3
$I_4+I_6=I_5$	교차점 4

을 얻고, kirchhoff의 제2법칙을 세 개의 폐쇄 경로에 적용하여

$2I_1+4I_2=10$	경로 1
$4I_2+I_3+2I_4+2I_5=17$	경로 2
$2I_5+4I_6=14$	경로 3

을 얻으므로, 미지수 I_1, I_2, I_3, I_4, I_5, I_6의 7개의 일차방정식으로 이루어진 다음과 같은 연립방정식을 얻는다.

$$
\begin{aligned}
I_1 - I_2 + I_3 \qquad\qquad\qquad &= 0 \\
I_1 - I_2 \qquad + I_4 \qquad\qquad &= 0 \\
I_3 \qquad - I_5 + I_6 &= 0 \\
I_4 - I_5 + I_6 &= 0 \\
2I_1 + 4I_2 \qquad\qquad\qquad &= 10 \\
4I_2 + I_3 + 2I_4 + 2I_5 \qquad &= 17 \\
2I_5 + 4I_6 &= 14
\end{aligned}
$$

가우스-조르단 소거법에 의하거나, 컴퓨터를 이용하여 연립방정식을 풀면

$$I_1=1,\ I_2=2,\ I_3=1,\ I_4=1,\ I_5=3,\ I_6=2$$

을 얻는다. 이는

$$I_1=1 \text{ amp},\ I_2=2 \text{ amps},\ I_3=1 \text{ amp},\ I_4=1 \text{ amp},\ I_5=3 \text{ amps},\ I_6=2 \text{ amps}$$

임을 뜻한다.

연습문제 1.3(연립일차방정식의 응용)

다항식곡선 맞추기

1-6번에서 (a) 그래프가 주어진 점을 지나게 되는 다항식을 구하고, (b) 그 다항식의 그래프를 그리고 주어진 점을 표시하라.

1. (2, 5), (3, 2), (4, 5)

2. (2, 4), (3, 4), (4, 4)

3. (2, 4), (3, 6), (5, 10)

4. (−1, 3), (0, 0), (1, 1), (4, 58)

5. (2001, 5), (2002, 7), (2003, 12) ($z=x-2002$로 놓아라.)

6. (2001, 150), (2002, 180), (2003, 240), (2004, 360) ($z=x-2002$로 놓아라.)

7. 서술형 표에 주어진 점을 지나는 다항함수를 구해 보아라. 무슨 일이 일어나는가? 또, 그 이유는 무엇이라 생각하는가?

x	1	2	3	3	4
y	1	1	2	3	4

8. 어떤 함수 f의 그래프는 점 (0, 1), $\left(2, \frac{1}{3}\right)$, $\left(4, \frac{1}{5}\right)$을 지난다. 그래프가 이 점들을 지나게 되는 이차함수를 구하라.

9. 점 (0, 1), (2, 3), (4, 5)를 지나는 이차 이하의 다항함수 p를 구하라. $y=\frac{1}{p(x)}$의 그래프를 대강 그려 보고, 8번의 그래프와 비교해 보아라.

10. 미분적분학 어떤 포물선의 그래프가 점 (0,1), $\left(\frac{1}{2}, \frac{1}{2}\right)$을 지나고, 점 $\left(\frac{1}{2}, \frac{1}{2}\right)$에서 수평접선을 갖는다. 이 삼차함수를 구하고 그래프를 그려라.

11. 미분적분학 어떤 삼차함수의 그래프가 (1, −2), (−1, 2)에서 수평접선을 갖는다. 이

삼차함수를 구하고 그래프를 그려라.

12. 점 (1, 3), (−2, 6), (4, 2)를 지나는 원의 방정식을 구하라.

13. 미국 인구조사에 의하면 미국 인구는 1980년 2억2천7백만이고 1990년 2억4천9백만명, 2000년 2억8천백만명이라고 한다. 이 세 점을 만족하는 이차함수를 구하고, 이를 이용하여 2005년과 2010년의 인구를 예측해 보아라. (출처: 미국 인구조사국)

14. 다음 표에 1920년, 1930년, 1940년. 1950년의 미국 인구가 주어져 있다. (출처: 미국 인구조사국)

(a) 주어진 자료에 맞는 3차식을 구하고, 그것을 써서 1960년의 인구를 예측해 보아라.

(b) 위의 예측과 1960년의 인구 1억 7천 9백만과 비교해 보아라.

연 도	1920	1930	1940	1950
인 구(단위: 백만)	106	123	132	151

15. 다음 표는 마이크로소프트사의 1991년부터 2002년까지의 순이익을 나타내고 있다. (단위: 백만 달러, 출처: 마이크로소프트사)

연 도	1991	1992	1993	1994
순이익	462.7	708.1	953.0	1210.0

연 도	1995	1996	1997	1998
순이익	1453.0	2176.0	3454.0	4786.0

연 도	1999	2000	2001	2002
순이익	7625.0	9421.0	10,003.0	10,530.0

(a) 1999, 2000, 2001, 2002년의 자료에 맞는 삼차식을 얻기 위한 연립방정식을 세워라.

(b) 위의 연립방정식을 풀어라. 그 해가 미래의 순이익의 예측을 잘 할 수 있게 하는지에 대해서 답하고 설명하라.

16. 다음 표는 코카콜라 사의 1991년부터 2002년까지의 매출액을 나타낸다. (단위: 10억 달러, 출처: 코카콜라 사)

연 도	1991	1992	1993	1994
매출액	4.051	5.127	5.465	6.011

연 도	1995	1996	1997	1998
매출액	6.773	7.921	11.278	13.414

연 도	1999	2000	2001	2002
매출액	14.406	14.750	15.700	16.800

(a) 1998, 1999, 2000, 2001, 2002년의 자료에 맞는 사차식을 얻기 위한 연립방정식을 세워라.

(b) 위의 연립방정식을 풀어라. 얻어진 해가 미래의 매출액을 잘 예측할 수 있는지에 대해서 답하고 설명하라.

17. $\sin 0=0$, $\sin\frac{\pi}{2}=1$, $\sin\pi=0$을 이용하여 $\sin\frac{\pi}{3}$를 추정하라.

18. $\log_2 1=0$, $\log_2 2=1$, $\log_2 4=2$를 이용하여 $\log_2 3$을 추정하라.

19. 길잡이 증명 다항함수 $p(x)=a_0+a_1x+a_2x^2$이 $x=-1$, $x=0$, $x=1$에서 0이면 $a_0=a_1=a_2=0$임을 보여라.

a_0, a_1, a_2의 연립일차방정식을 세우면서 시작한다:

(i) $p(x)$에 $x=-1$, $x=0$, $x=1$을 각각 대입한다.

(ii) 얻어진 결과를 0이라 한다.

(iii) a_0, a_1, a_2의 연립일차방정식을 푼다.

20. 19번의 명제를 일반화하면 다음과 같다:

다항함수 $p(x)=a_0+a_1x+\cdots+a_{n-1}x^{n-1}$이 n개 이상의 값에 대하여 0이 되면, $a_0=a_1=\cdots a_{n-1}=0$이다. 이를 이용하여, 서로 다른 x좌표를 갖는 n개의 점을 지나는 그래프를 나타내는 $n-1$차 이하의 다항함수는 기껏해야 하나 뿐임을 보여라.

회로망분석

21. 그림 1.15에서 보이는 바와 같이 수로관을 통해서 (시간당 수천 세제곱 미터의 속도로) 물이 흐르고 있다.

(a) x_i, $i=1, 2, \cdots, 7$로 나타내지는 물의 흐름에 대한 연립방정식을 풀어라.

(b) $x_6=x_7=0$일 때 물의 흐름을 구하라.

(c) $x_5=1000$, $x_6=0$일 때 물의 흐름을 구하라.

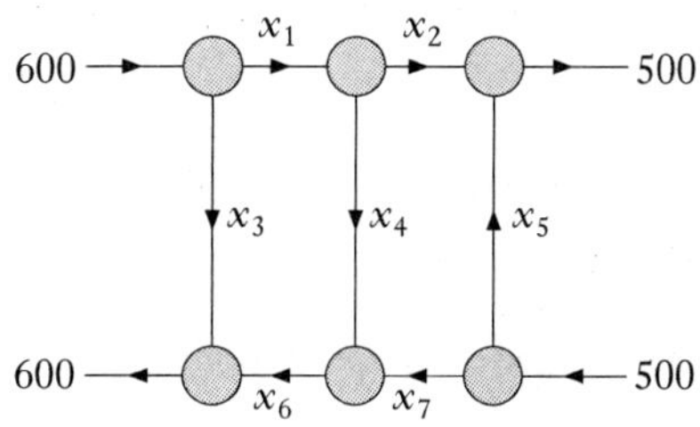

[그림 1.15]

22. 그림 1.16에서 어떤 도로망의 (시간당 자동차 대수로 나타낸) 교통의 흐름을 나타내고 있다.

(a) x_i, $i=1, 2, \cdots, 5$의 연립방정식을 풀어라.

(b) $x_2=200$, $x_3=50$일 때 교통의 흐름을 구하라.

(c) $x_2=150$, $x_3=0$일 때 교통의 흐름을 구하라.

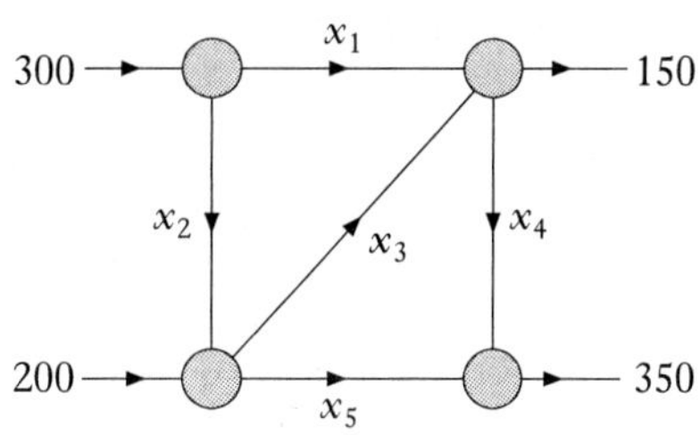

[그림 1.16]

23. 그림 1.17에서 어떤 도로망의 (시간당 자동차 대수로 나타낸) 교통의 흐름을 나타내고 있다.

(a) x_i, $i=1, 2, 3, 4$의 연립방정식을 풀어라.

(b) $x_4=0$일 때 교통의 흐름을 구하라.

(c) $x_4=100$일 때 교통의 흐름을 구하라.

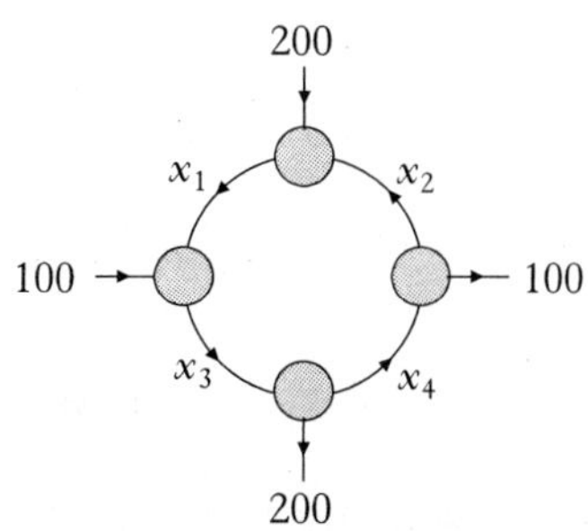

[그림 1.17]

24. 그림 1.18에서 어떤 도로망의 (시간당 자동차 대수로 나타낸) 교통의 흐름을 나타내고 있다.

(a) x_i, $i=1, 2, \cdots, 5$의 연립방정식을 풀어라.

(b) $x_3=0$, $x_5=100$일 때 교통의 흐름을 구하라.

(c) $x_3=x_5=100$일 때 교통의 흐름을 구하라.

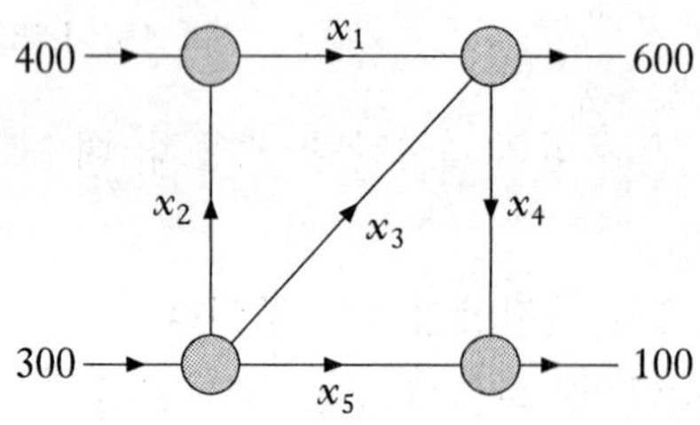

[그림 1.18]

25. 그림 1.19의 전기회로망에서 전류 I_1, I_2, I_3를 구하라.

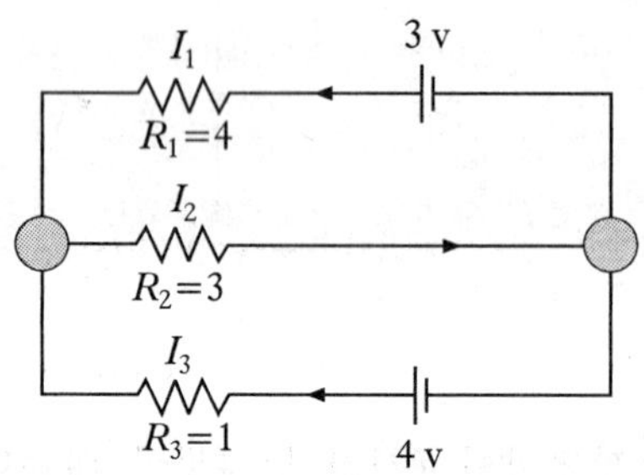

[그림 1.19]

26. 그림 1.20의 전기회로망에서 전류 I_1, I_2, I_3를 구하라.

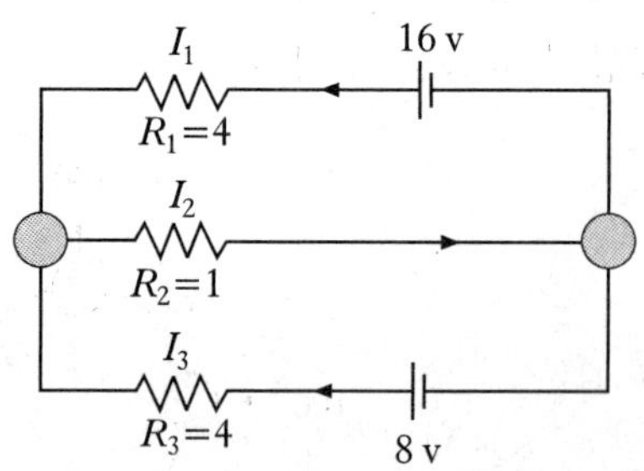

[그림 1.20]

27. (a) 그림 1.21의 전기회로망에서 전류 I_1, I_2, I_3를 구하라.

(b) A를 2볼트로 B를 6볼트로 바꾸면 어떻게 달라지는가?

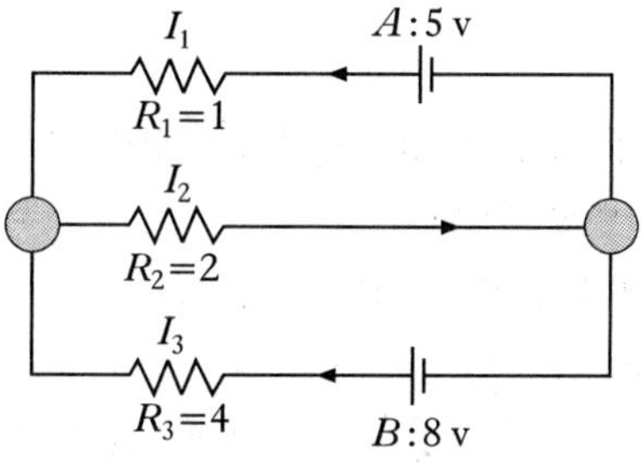

[그림 1.21]

28. 그림 1.22의 전기회로망에서 I_1, I_2, I_3, I_4, I_5, I_6을 구하라.

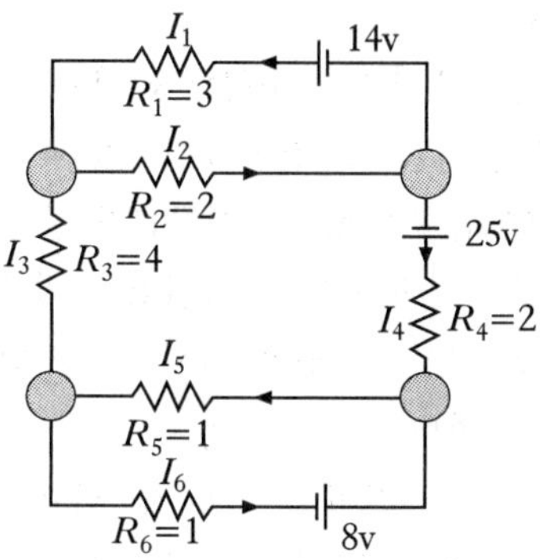

[그림 1.22]

요 약 Chapter 1(연립일차방정식)

이 장의 학습 후 다음과 같은 것들을 할 수 있어야 한다.

- n변수의 일차방정식을 판별할 수 있다.
- 일차방정식의 해를 매개변수를 써서 나타낼 수 있다.
- 역대입법을 써서 연립일차방정식을 풀 수 있다.
- 미지수가 2개 또는 3개인 연립일차방정식을 그래프를 이용하여 풀 수 있다.
- 컴퓨터 프로그램을 써서 연립일차방정식을 풀 수 있다.
- 주어진 연립일차방정식의 해의 존재 여부를 판별할 수 있다.
- 주어진 행사다리꼴에 대응하는 연립방정식의 해를 역대입법을 써서 구할 수 있다.
- 행렬의 크기를 말할 수 있다.
- 주어진 연립일차방정식의 첨가행렬과 계수행렬을 말할 수 있다.
- 행렬을 그에 대응하는 연립방정식으로 전환할 수 있다.
- 주어진 행렬이 행사다리꼴인지, 기약행사다리꼴인지 판별할 수 있다.
- 연립일차방정식을 가우스 소거법과 함께 역대입법을 써서 풀 수 있다.
- 연립일차방정식을 가우스-조르단 소거법을 써서 풀 수 있다.
- 동차연립일차방정식을 풀 수 있다.
- 주어진 점을 만족하는 다항식곡선 맞추기를 할 수 있다.
- 회로망의 조건을 만족하는 연립일차방정식을 세우고 풀 수 있다.

복습문제 Chapter 1(연립일차방정식)

1, 2번에서 일차방정식의 해를 매개변수를 써서 나타내어라.

1. $-4x+2y-6z=1$

2. $3x_1+2x_2-4x_3=0$

3−6번에서 주어진 행렬이 행사다리꼴인지 말하고, 행사다리꼴인 경우 기약행사다리꼴인지 밝혀라.

3. $\begin{bmatrix} 1 & 0 & 1 & 1 \\ 0 & 1 & 2 & 1 \\ 0 & 0 & 0 & 1 \end{bmatrix}$

4. $\begin{bmatrix} 1 & 2 & -3 & 0 \\ 0 & 0 & 0 & 1 \\ 0 & 0 & 0 & 0 \end{bmatrix}$

5. $\begin{bmatrix} -1 & 2 & 1 \\ 0 & 1 & 0 \\ 0 & 0 & 1 \end{bmatrix}$

6. $\begin{bmatrix} 0 & 1 & 0 & 0 \\ 0 & 0 & 1 & 2 \\ 0 & 0 & 0 & 0 \end{bmatrix}$

7, 8번에서 주어진 행렬을 첨가행렬로 하는 연립일차방정식의 해집합을 구하라.

7. $\begin{bmatrix} 1 & 2 & 0 & 0 \\ 0 & 0 & 1 & 0 \\ 0 & 0 & 0 & 0 \end{bmatrix}$

8. $\begin{bmatrix} 1 & 2 & 3 & 0 \\ 0 & 0 & 0 & 1 \\ 0 & 0 & 0 & 0 \end{bmatrix}$

다음 9−30번의 연립일차방정식을 풀어라.

9. $x+y=2$
$3x-y=0$

10. $x+y=-1$
$3x+2y=0$

11. $3y=2x$
$y=x+4$

12. $x=y+3$
$4x=y+10$

13. $y+x=0$
$2x+y=0$

14. $y=-4x$
$y=x$

15. $x-y=9$
$-x+y=1$

16. $40x_1+30x_2=24$
$20x_1+15x_2=-14$

17. $0.2x_1+0.3x_2=0.14$
$0.4x_1+0.5x_2=0.20$

18. $0.2x-0.1y=0.07$
$0.4x-0.5y=-0.01$

19. $\frac{1}{2}x-\frac{1}{3}y=0$
$3x+2(y+5)=10$

20. $\frac{1}{3}x+\frac{4}{7}y=3$
$2x+3y=15$

21. $-x+y+2z=1$
$2x+3y+z=-2$
$5x+4y+2z=4$

22. $2x+3y+z=10$
$2x-3y-3z=22$
$4x-2y+3z=-2$

23. $2x+3y+3z=3$
$6x+6y+12z=13$
$12x+9y-z=2$

24. $2x+6z=-9$
$3x-2y+11z=-16$
$3x-y+7z=-11$

25. $x-2y+z=-6$
$2x-3y=-7$
$-x+3y-3z=11$

26. $x+2y+6z=1$
$2x+5y+15z=4$
$3x+y+3z=-6$

27.
$$\begin{aligned} 2x+\ y+2z&=4\\ 2x+2y\qquad&=5\\ 2x-\ y+6z&=2 \end{aligned}$$

28.
$$\begin{aligned} 2x_1+5x_2-19x_3&=34\\ 3x_1+8x_2-31x_3&=54 \end{aligned}$$

29.
$$\begin{aligned} 2x_1+x_2+x_3+2x_4&=-1\\ 5x_1-2x_2+x_3-3x_4&=0\\ -x_1+3x_2+2x_3+2x_4&=1\\ 3x_1+2x_2+3x_3-5x_4&=12 \end{aligned}$$

30.
$$\begin{aligned} x_1+5x_2+3x_3\qquad\qquad&=14\\ 4x_2+2x_3+5x_4\qquad&=3\\ 3x_3+8x_4+6x_5&=16\\ 2x_1+4x_2\qquad\qquad-2x_5&=0\\ 2x_1\quad-x_3\qquad\qquad&=0 \end{aligned}$$

다음 31－34번의 동차연립일차방정식을 풀어라.

31.
$$\begin{aligned} x_1-2x_2-8x_3&=0\\ 3x_1+2x_2\qquad&=0\\ -x_1+x_2+7x_3&=0 \end{aligned}$$

32.
$$\begin{aligned} 2x_1+4x_2-7x_3&=0\\ x_1-3x_2+9x_3&=0\\ 6x_1\qquad+9x_3&=0 \end{aligned}$$

33.
$$\begin{aligned} 2x_1-8x_2+4x_3&=0\\ 3x_1-10x_2+7x_3&=0\\ 10x_2+5x_3&=0 \end{aligned}$$

34.
$$\begin{aligned} x_1+3x_2+5x_3&=0\\ x_1+4x_2+\tfrac{1}{2}x_3&=0 \end{aligned}$$

35. 다음 연립일차방정식이 해를 갖지 않게 하는 k값을 구하라.
$$\begin{aligned} kx+y&=0\\ x+ky&=1 \end{aligned}$$

36. 다음 연립일차방정식이 유일한 해를 갖도록 하는 k값을 구하라.
$$\begin{aligned} x-y+2z&=0\\ -x+y-z&=0\\ x+ky+z&=0 \end{aligned}$$

37. 다음 연립일차방정식이 (a) 해를 갖지 않게 (b) 유일한 해를 갖게 (c) 무수히 많은 해를 갖도록 하는 a, b의 조건을 구하라.
$$\begin{aligned} x+2y&=3\\ ax+by&=-9 \end{aligned}$$

38. 다음 연립일차방정식이 (a) 해를 갖지 않게 (b) 유일한 해를 갖게 (c) 무수히 많은 해를 갖도록 하는 a, b의 조건을 (가능하다면) 구하라.

$$\begin{aligned} 2x - y + z &= a \\ x + y + 2z &= b \\ 3y + 3z &= c \end{aligned}$$

39. **서술형** 두 행렬이 행동치임을 보이려면 어떻게 해야 하는지 말하고, 다음 두 행렬이 행동치인지 밝혀라.

$$\begin{bmatrix} 1 & 1 & 2 \\ 0 & -1 & 2 \\ 3 & 1 & 2 \end{bmatrix} \text{ 와 } \begin{bmatrix} 1 & 2 & 3 \\ 4 & 3 & 6 \\ 5 & 5 & 10 \end{bmatrix}$$

40. **서술형** 기약행사다리꼴인 2×3행렬을 모두 써 보아라. 여러분의 답이 옳다는 것을 예를 들어서 설명하라.

41. $n\geq3$일 때, 다음 $n\times n$ 행렬의 기약행사다리꼴을 구하라.

$$\begin{bmatrix} 1 & 2 & 3 & \cdots & n \\ n+1 & n+2 & n+3 & \cdots & 2n \\ 2n+1 & 2n+2 & 2n+3 & \cdots & 3n \\ \vdots & \vdots & \vdots & & \vdots \\ n^2-n+1 & n^2-n+2 & n^2-n+3 & \vdots & n^2 \end{bmatrix}$$

42. 다음 동차연립일차방정식이 자명하지 않은 해를 갖도록 하는 λ의 값을 모두 구하라.

$$\begin{aligned} (\lambda+2)x_1 - 2x_2 + 3x_3 &= 0 \\ -2x_1 + (\lambda-1)x_2 + 6x_3 &= 0 \\ x_1 + 2x_2 + \lambda x_3 &= 0 \end{aligned}$$

43. **참 또는 거짓** 59번과 60번에서 주어진 명제가 참인지 거짓인지 말하라. 명제가 참인 경우, 그 이유를 말하거나 본문에 기술된 적절한 설명을 들어 보아라. 명제가 거짓인 경우도 명제가 항상 참이 아님을 보이는 반례를 들거나 본문의 적절한 설명을 들어 보아라.

43. (a) 일차방정식의 해집합은 매개변수를 써서 한 가지 방법으로만 나타낼 수 있다.

(b) 연립일차방정식이 해를 가지는 경우, 무수히 많은 해를 가질 수 있다.

44. (a) 동차의 연립일차방정식은 적어도 하나의 해를 반드시 갖는다.

(b) 방정식의 개수가 미지수의 개수보다 더 적은 연립일차방정식은 항상 적어도 하나의 해를 갖는다.

45. 2002년 플로리다 시트러스 보울에서 미시간대와 테네시대는 62점을 얻었다. 이 점수는 18번의 득점 기회에서 얻어진 것이고, 득점은 터치다운 6점, 엑스트라 포인트 킥 1점, 필

드골 3점으로 주어진다. 터치다운과 엑스트라 포인트 킥의 횟수는 같았다. 2002년 플로리다 시트러스 보울에서 득점을 한 (a) 터치다운, 엑스트라 킥, 필드골은 각각 몇 회였는지 구하기 위하여 연립방정식을 세워라. (b) 위의 연립방정식을 풀어라.

46. 2002년 Western Conference 결승전 두 번째 경기에서 L.A.는 90점을 얻었다. 90점은 3점슛, 2점슛, 1점짜리 자유투로 얻어진 것이다. 2점슛은 3점슛의 11배였고, 자유투는 3점슛의 5배였다. (출처: NBA)

(a) L.A. LAKERS는 3점슛, 2점슛, 자유투를 각각 몇 번씩 하여 90득점을 하였는지 알아내기 위하여 연립방정식을 세워라.

(b) 연립방정식을 풀어라.

다항식곡선 맞추기

47, 48번에서 (a) 주어진 점을 지나는 그래프의 다항식을 구하라, (b) 그 다항식의 그래프를 그리고 주어진 점을 나타내어라.

47. (2, 5), (3, 0), (4, 20)

48. $(-1,\ -1)$, (0, 0), (1, 1), (2, 4)

49. 어떤 회사가 3년 동안 첫 해 5000만불, 다음 해 6000만불, 세 번째 해 7500만불 어치의 매출을 올렸다. 이 조건을 만족하는 2차방정식을 구하고 네 번째 해의 매출액을 예측해 보아라.

50. $x=1,\ 2,\ 3,\ 4$ 일 때 다항식 $p(x)=a_0+a_1x+a_2x^2+a_3x^3$은 0이다. $a_0,\ a_1,\ a_2,\ a_3$의 값을 구하라.

51. 야생동물지원 단체가 어떤 야생동물 보호지구의 한 작은 지역 내의 사슴의 수에 대하여 조사하였다. 아래 표에 연구 개시 이후의 햇수와 사슴의 수가 주어져 있다.

햇 수	0	4	80
인 구	80	68	30

(a) 주어진 자료를 만족하는 이차함수를 구할 수 있도록 연립방정식을 세워라.

(b) 연립방정식을 풀어라.

(c) 컴퓨터 프로그램을 이용하여 주어진 자료를 만족하는 이차함수를 구하라.

(d) 위의 (b), (c)의 이차식을 비교하라.

(e) (d)의 답을 설명할 수 있는 명제를 본문에서 찾아 말하라.

52. 한 연구 팀에서 작은 호수 주변의 월평균 기온을 약 1년간 조사하였다. 다음 표는 연구

개시 이후 경과된 달수와 월평균기온을 나타내고 있다.

달 수	0	6	12
기 온	40	73	52

(a) 주어진 자료를 만족하는 이차함수를 구할 수 있도록 연립방정식을 세워라.

(b) 연립방정식을 풀어라.

(c) 컴퓨터 프로그램을 써서 주어진 자료에 맞는 이차함수를 구하라.

(d) (b), (c)의 이차식을 비교하라.

(e) (d)의 답을 설명할 수 있는 명제를 본문에서 찾아 말하라.

회로망분석

53. 그림 1.23에 어떤 회로망의 흐름이 나타내어져 있다.

(a) x_i, $i=1, 2, \cdots, 6$의 연립방정식을 풀어라.

(b) $x_3=100$, $x_5=50$, $x_6=50$일 때의 흐름을 구하라.

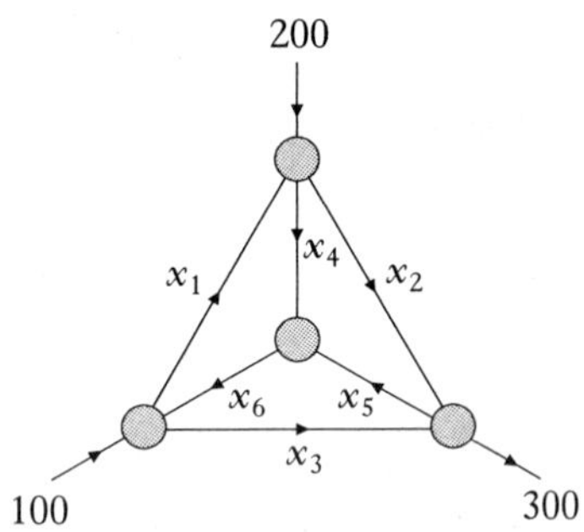

[그림 1.23]

54. 그림 1.24의 전기회로망에서 전류 I_1, I_2, I_3을 구하라.

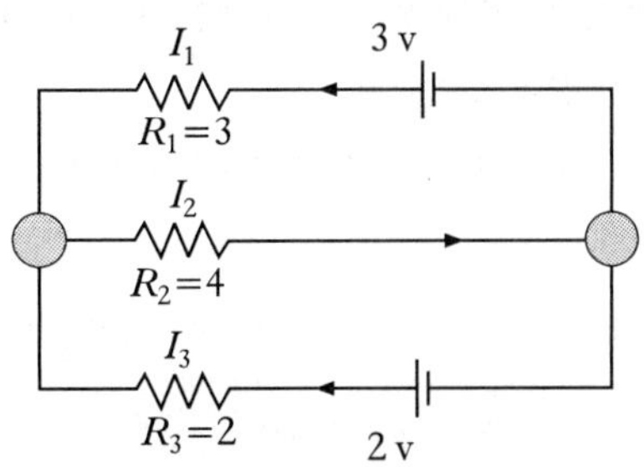

[그림 1.24]

프로젝트 Chapter 1(연립일차방정식)

1. 일차방정식의 그래프 그리기

1.1절에서 미지수가 x, y 두 개인 일차방정식의 연립방정식은 기하학적으로 평면 위의 두 개의 직선으로 나타내어진다는 것을 보았다. 그림 1.25에서 보는 것과 같이 두 직선은 한 점에서 만나거나, 일치하거나 평행하다.

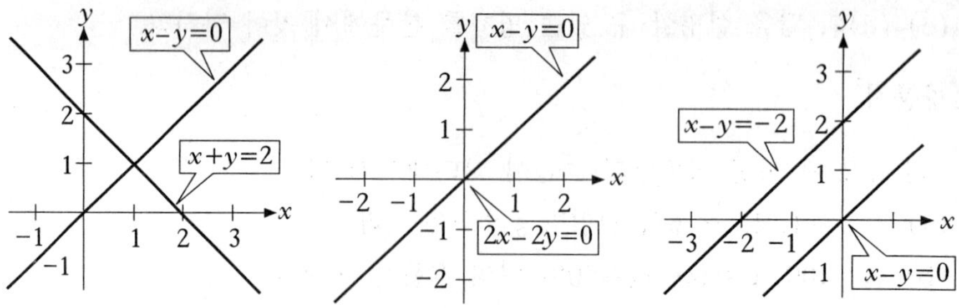

[그림 1.25]

1. a, b가 상수일 때 다음 연립방정식

$2x - \ \ y = 3$

$ax + by = 6$

에 대하여

(a) 이 연립방정식이 유일한 해를 가질 수 있도록 하는 a, b 값을 구하라.

(b) 이 연립방정식이 무수히 많은 해를 가질 수 있도록 하는 a, b 값을 구하라.

(c) 이 연립방정식이 해를 갖지 못하도록 하는 a, b 값을 구하라.

(d) (a), (b), (c)의 각 연립방정식의 직선의 그래프를 그려보아라.

2. 미지수 x, y, z의 3개의 일차방정식으로 이루어진 연립방정식에서, 각 일차방정식은 3차원 좌표 공간에서 평면을 나타낸다.

(a) 그림 1.26(a)처럼 세 평면이 한 직선에서 만나게 되는 연립방정식의 예를 들어 보아라.

(b) 그림 1.26(b)처럼 세 평면이 한 점에서 만나게 되는 연립방정식의 예를 들어 보아라.

(c) 그림 1.26(c)처럼 세 평면이 동시에 만나지 못하는 연립방정식의 예를 들어 보아라.

(d) (a), (b), (c)에 속하지 않는 세 평면의 다른 배치가 존재하는지 말하고 설명하라.

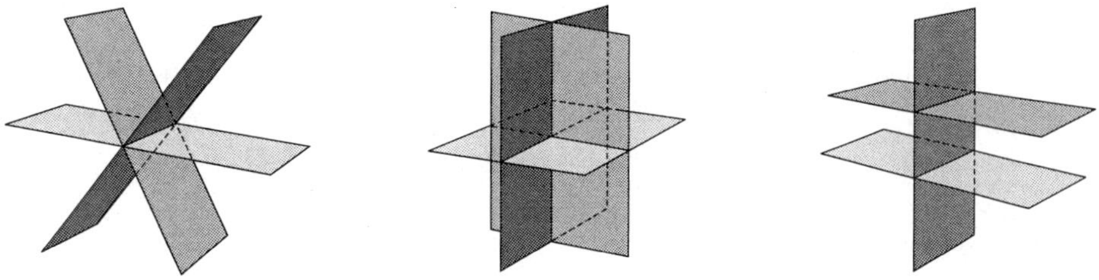

(a) (b) (c)

[그림 1.26]

2. 열결정연립일차방정식과 우결정연립일차방정식

다음 연립일차방정식

$$\begin{aligned} x_1+2x_2-3x_3&=\ \ 4 \\ 2x_1-\ x_2+4x_3&=-3 \end{aligned}$$

은 미지수의 개수가 방정식의 개수보다 많으므로 열결정된다고 말한다. 마찬가지로, 다음 연립일차방정식

$$\begin{aligned} x_1+3x_2&=\ \ 5 \\ 2x_1-2x_2&=-3 \\ -x_1+7x_2&=\ \ 0 \end{aligned}$$

은 방정식의 개수가 미지수의 개수보다 많으므로 우결정된다고 말한다. 방정식의 개수와 미지수의 개수가 연립일차방정식의 해의 개수와 관계가 있는지 알아보자.

1. 해를 가지는 열결정연립일차방정식이 존재하는가? 그렇다면 예를 들어라. 그렇지 않다면 그 이유를 밝혀라.
2. 해를 가지는 우결정연립일차방정식이 존재하는가? 그렇다면 예를 들어라. 그렇지 않다면 그 이유를 밝혀라.
3. 해가 없는 열결정연립일차방정식이 존재하는가? 그렇다면 예를 들어라. 그렇지 않다면 그 이유를 밝혀라.
4. 해가 없는 우결정연립일차방정식이 존재하는가? 그렇다면 예를 들어라. 그렇지 않다면 그 이유를 밝혀라.
5. 우결정연립일차방정식의 해가 없는 경우가 생길 수 있는 이유를 말해 보아라. 이런 일이 반드시 일어나는가?
6. 열결정연립일차방정식이 무수히 많은 해를 가질 수 있는 이유를 말해보아라. 이런 일이 반드시 일어나는가?

CHAPTER 2

행렬들

▶ Arthur Cayley

ARTHUR CAYLEY
(1821-1895)

아서 케일리는 가우스와 마찬가지로 영국 상인의 두 번째 아들로 태어났다. 그는 유년기 시절부터 수학적 천재성을 보였는데 트리니티 대학, 케임브리지 등에 다닐 때 그의 동료들보다 월등하였다. 그는 많은 영예를 얻었는데 가장 정점이라고 할 수 있는 것은 트리니티의 펠로우로 선출된 것이었다. 이것은 재선출이 가능하고 영국교회의 목사로서 수도회의 영광스러운 일원이 될 수도 있는 자리였다.

케임브리지를 졸업한 후 3년에 25편의 논문을 발표하였는데 이 논문들이 거의 50년 동안 그의 수학적 관심의 방향이 되었다.

케일리는 수학자로써의 직업을 가질 수 없어서 25살에 법조계에 몸을 담게 되었다. 14년간 대체적으로 성공한 법률가의 삶을 살게 되지만 그는 지속적으로 상당의 시간을 수학에 투여함으로써 200편이 넘는 논문을 발표하게 되었다.

1863년, 케일리는 케임브리지 대학의 수학 교수가 되는데 그 이후 1895년 그가 죽을 때까지 그곳에서 종사하게 된다. 케임브리지에서 가르치는 동안 여성을 학생으로 받아들일 것을 당국에 설득하는데 큰 도움을 주었다.

케일리의 논문이나 수학적 창조물들은 해석기하학을 포함하여 여러 분야에 걸쳐 있다. 그러나 그는 선형대수학에서 가장 많이 알려졌는데 1858년 '행렬 이론에 관한 연구논문(A Memoir on the Theory of Matrices)'에서 행렬이론을 소개하였고 불변식 이론(the theory of invariants)을 처음으로 소개하였다.

2.1 행렬의 연산

1.2절에서 행렬들을 이용한 일차연립방정식의 해를 구하는 방법을 알아보았다. 그러나 행렬들은 이외에 훨씬 더 많은 곳에 사용되어질 수 있다. 행렬들에 관한 수학적 이론들이 매우 풍부하여 응용 분야 또한 무수히 많다. 이 절과 다음 절에서는 행렬의 기본적인 이론들을 소개할 것이다.

행렬들을 다음 3가지 형태로 표현할 수 있다.

1. 행렬은 알파벳 대문자로 표현할 수 있다.

   $A, B, C, \cdots$

2. 대괄호 안에 원소들을 포함시켜서 행렬들을 표현할 수 있다.

   $[a_{ij}], [b_{ij}], [c_{ij}], \cdots$

3. 행렬들을 숫자들의 행과 열로 표현할 수 있다.

$$A=[a_{ij}]=\begin{bmatrix} a_{11} & a_{12} & a_{13} & \cdots & a_{1n} \\ a_{21} & a_{22} & a_{23} & \cdots & a_{2n} \\ a_{31} & a_{32} & a_{33} & \cdots & a_{3n} \\ \vdots & \vdots & \vdots & & \vdots \\ a_{m1} & a_{m2} & a_{m3} & \cdots & a_{mn} \end{bmatrix}$$

1장에서 언급했듯이 이 책의 행렬들은 기본적으로 실행렬을 뜻한다. 즉, 행렬의 원소들은 모두 실수이다. 그리고 대응하는 모든 원소들이 같을 때 두 행렬은 같다고 한다.

같은 행렬들

두 행렬 $A=[a_{ij}]$와 $B=[b_{ij}]$가 크기가 같고($m\times n$) 모든 i, j에 대해서 $a_{ij}=b_{ij}$이면 두 행렬 A와 B는 같다고 한다.

[예제 1] 같은 행렬들

다음 4개의 행렬이 있다.

$$A=\begin{bmatrix}1 & 2\\3 & 4\end{bmatrix},\qquad B=\begin{bmatrix}1\\3\end{bmatrix},$$

$$C=[1\quad 3],\qquad \text{그리고}\qquad D=\begin{bmatrix}1 & 2\\x & 4\end{bmatrix}.$$

행렬 A와 B는 크기가 다르므로 같지 않다. 마찬가지로, B와 C도 같지 않다. 만약 $x=3$이면 A와 D는 같다.

참고 필요충분조건의 의미는 명제가 양방향에서 모두 사실이라는 것을 의미한다. 다시 말해서, 'p의 필요충분조건은 q이다'의 의미는 'p이면 q이고 q이면 p이다'를 뜻한다.

위의 예제 1에 있는 B처럼 단지 한 열로 이루어진 행렬은 **열행렬** 또는 **열벡터**라고 부른다. 마찬가지로, C처럼 단지 한 행으로 이루어진 행렬은 **행행렬** 또는 **행벡터**라고 부른다. 굵게 쓴 소문자들은 종종 열행렬이나 행행렬을 나타낸다. 예를 들어 예제 1에 있는 행렬 A는 두 개의 열행렬 $\mathbf{a}_1=\begin{bmatrix}1\\3\end{bmatrix}$, $\mathbf{a}_2=\begin{bmatrix}2\\4\end{bmatrix}$로 나누어서 다음과 같이 쓸 수 있다.

$$A=\begin{bmatrix}1 & 2\\3 & 4\end{bmatrix}=\begin{bmatrix}1 & \vdots & 2\\3 & \vdots & 4\end{bmatrix}=[\mathbf{a}_1\quad\vdots\quad\mathbf{a}_2]$$

행렬의 덧셈

같은 크기의 두 행렬의 **덧셈**은 대응되는 원소들을 더하면 된다.

> 행렬의 덧셈
>
> 행렬의 크기가 $m\times n$인 두 행렬 $A=[a_{ij}]$와 $B=[b_{ij}]$의 합은
>
> $$A+B=[a_{ij}+b_{ij}]$$
>
> 이다.
>
> 크기가 다른 두 행렬의 합은 구할 수 없다.

[예제 2] 행렬의 덧셈

(a) $\begin{bmatrix} -1 & 2 \\ 0 & 1 \end{bmatrix} + \begin{bmatrix} 1 & 3 \\ -1 & 2 \end{bmatrix} = \begin{bmatrix} -1+1 & 2+3 \\ 0-1 & 1+2 \end{bmatrix} = \begin{bmatrix} 0 & 5 \\ -1 & 3 \end{bmatrix}$

(b) $\begin{bmatrix} 0 & 1 & -2 \\ 1 & 2 & 3 \end{bmatrix} + \begin{bmatrix} 0 & 0 & 0 \\ 0 & 0 & 0 \end{bmatrix} = \begin{bmatrix} 0 & 1 & -2 \\ 1 & 2 & 3 \end{bmatrix}$

(c) $\begin{bmatrix} 1 \\ -3 \\ -2 \end{bmatrix} + \begin{bmatrix} -1 \\ 3 \\ 2 \end{bmatrix} = \begin{bmatrix} 0 \\ 0 \\ 0 \end{bmatrix}$

(d) 행렬 $A = \begin{bmatrix} 2 & 1 & 0 \\ 4 & 0 & -1 \\ 3 & -2 & 2 \end{bmatrix}$와 $B = \begin{bmatrix} 0 & 1 \\ -1 & 3 \\ 2 & 4 \end{bmatrix}$는 더할 수 없다.

스칼라 곱

행렬들을 다룰 때 **스칼라**는 실수로 간주된다. 행렬 A에 스칼라 c를 곱할 수 있는데 이는 행렬 A의 각 원소에 c를 곱하면 된다.

> 스칼라곱
>
> 만약 $A=[a_{ij}]$를 $m \times n$ 행렬이라고 하고 c를 스칼라라고 하면 행렬 A에 스칼라 c를 곱하면 $cA=[ca_{ij}]$이다.

$-A$는 스칼라 곱 $(-1)A$를 나타낸다. A와 B의 크기가 같으면 $A-B$는 A와 $(-B)$의 합으로 나타낼 수 있다. 즉,

$$A-B=A+(-1)B \qquad \text{행렬의 뺄셈}$$

[예제 3] 행렬의 뺄셈

주어진 행렬 $A = \begin{bmatrix} 1 & 2 & 4 \\ -3 & 0 & -1 \\ 2 & 1 & 2 \end{bmatrix}$와 $B = \begin{bmatrix} 2 & 0 & 0 \\ 1 & -4 & 3 \\ -1 & 3 & 2 \end{bmatrix}$에서 (a) $3A$, (b) $-B$, (c) $3A-B$를 구하라.

풀이 (a) $3A=3\begin{bmatrix}1 & 2 & 4\\ -3 & 0 & -1\\ 2 & 1 & 2\end{bmatrix}=\begin{bmatrix}3(1) & 3(2) & 3(4)\\ 3(-3) & 3(0) & 3(-1)\\ 3(2) & 3(1) & 3(2)\end{bmatrix}=\begin{bmatrix}3 & 6 & 12\\ -9 & 0 & -3\\ 6 & 3 & 6\end{bmatrix}$

(b) $-B=(-1)\begin{bmatrix}2 & 0 & 0\\ 1 & -4 & 3\\ -1 & 3 & 2\end{bmatrix}=\begin{bmatrix}-2 & 0 & 0\\ -1 & 4 & -3\\ 1 & -3 & -2\end{bmatrix}$

(c) $3A-B=\begin{bmatrix}3 & 6 & 12\\ -9 & 0 & -3\\ 6 & 3 & 6\end{bmatrix}-\begin{bmatrix}2 & 0 & 0\\ 1 & -4 & 3\\ -1 & 3 & 2\end{bmatrix}=\begin{bmatrix}1 & 6 & 12\\ -10 & 4 & -6\\ 7 & 0 & 4\end{bmatrix}$ ◀

행렬의 곱셈

행렬 곱셈의 필요성을 알아보기 위해서 행렬들이 정보를 정리하는데 도움이 되는 다음의 활용을 살펴보자.

축구장에는 남쪽, 북쪽, 서쪽 세 곳에 구내 매장이 있다. 가장 잘 팔리는 물건은 땅콩, 핫도그, 그리고 청량음료이다. 첫 번째 행렬에는 어떤 특정한 날의 판매량이 적혀 있고 두 번째 행렬에는 각 상품의 가격이 적혀 있다.

	각 상품의 판매량				
	땅콩	핫도그	청량음료	판매가	
남쪽 매점	120	250	305	2.00	땅콩
북쪽 매점	207	140	419	3.00	핫도그
서쪽 매점	29	120	190	2.75	청량음료

남쪽 매장에서 가장 잘 팔린 세 상품의 총 판매액을 알기 위해서는 왼쪽 행렬의 첫 번째 행에 있는 각 원소와 오른쪽에 있는 열행렬의 대응되는 각 원소들을 곱하여 그 합을 구하면 된다. 즉, 남쪽 매장의 총판매액은 다음과 같다.

$$(120)(2.00)+(250)(3.00)+(305)(2.75)=\$1828.75 \quad \text{남쪽매장 판매액}$$

마찬가지로 나머지 두 매장의 판매액도 다음과 같이 구할 수 있다.

$$(207)(2.00)+(140)(3.00)+(419)(2.75)=\$1986.25 \quad \text{북쪽 매장 판매액}$$
$$(29)(2.00)+(120)(3.00)+(190)(2.75)=\$940.50 \quad \text{서쪽 매장 판매액}$$

앞의 계산 방법이 행렬 곱셈의 한 예이다. 팔린 상품의 양을 나타내는 3×3행렬에 상품 가격을 나타내는 3×1행렬의 곱은 다음과 같이 나타낼 수 있다.

$$\begin{bmatrix} 120 & 250 & 305 \\ 207 & 140 & 419 \\ 29 & 120 & 190 \end{bmatrix}\begin{bmatrix} 2.00 \\ 3.00 \\ 2.75 \end{bmatrix}=\begin{bmatrix} 1828.75 \\ 1986.25 \\ 950.50 \end{bmatrix}$$

이들 두 행렬의 곱은 각 매장의 총 판매액을 나타내는 3×1행렬이 된다.

참고 종종 행렬 B는 모든 원소에 공통으로 들어있는 c를 인수분해하여 cA로 표현하는 것이 편리할 때가 있다. 예를 들어, 스칼라 $\frac{1}{2}$을 행렬로부터 인수분해한다.

$$\begin{bmatrix} \frac{1}{2} & -\frac{3}{2} \\ \frac{5}{2} & \frac{1}{2} \end{bmatrix}=\frac{1}{2}\begin{bmatrix} 1 & -3 \\ 5 & 1 \end{bmatrix}$$

$$B=cA$$

다음에 정의될 두 행렬의 곱은 바로 위의 예로부터 나온다. 처음에 얼핏 보았을 때는 다음의 정의가 특이해 보일지 모르겠지만 매우 실용적이라는 것을 알 수 있을 것이다.

행렬 곱셈의 정리

만약 $A=[a_{ij}]$가 $m\times n$ 행렬이고 $B=[b_{ij}]$가 $n\times q$ 행렬이면 행렬의 곱 AB는 $m\times q$이고 $AB=[c_{ij}]$이다. 이때,

$$c_{ij}=\sum_{k=1}^{n} a_{ik}b_{kj}=a_{i1}b_{1j}+a_{i2}b_{2j}+a_{i3}b_{3j}+\cdots+a_{in}b_{nj}.$$

행렬 AB의 i번째 행과 j번째 열에 있는 원소는 행렬 A의 i번째 행에 있는 원소들과 B행렬의 j번째 열에 있는 원소들을 각각 곱한 후에 이들을 더하여 얻어진다. 다음의 예가 이러한 과정을 잘 보여준다.

[예제 4] 두 행렬의 곱 구하기

다음 행렬 A와 B의 곱을 구하라.

$$A=\begin{bmatrix}-1 & 3\\ 4 & -2\\ 5 & 0\end{bmatrix},\quad B=\begin{bmatrix}-3 & 2\\ -4 & 1\end{bmatrix}$$

풀이 A의 크기는 3×2이고 B는 2×2이므로 행렬의 곱을 계산할 수 있다. 뿐만 아니라 AB는 3×2행렬이고 $\begin{bmatrix}-1 & 3\\ 4 & -2\\ 5 & 0\end{bmatrix}\begin{bmatrix}-3 & 2\\ -4 & 1\end{bmatrix}=\begin{bmatrix}c_{11} & c_{12}\\ c_{21} & c_{22}\\ c_{31} & c_{32}\end{bmatrix}$의 형태를 갖는다. c_{11}을 구하기 위해서는 A의 첫 번째 행에 있는 원소들과 B의 첫 번째 열에 있는 원소들을 각각 곱한다. 즉,

$$c_{11}=(-1)(-3)+(3)(-4)=-9$$

$$\begin{bmatrix}-1 & 3\\ 4 & -2\\ 5 & 0\end{bmatrix}\begin{bmatrix}-3 & 2\\ -4 & 1\end{bmatrix}=\begin{bmatrix}-9 & c_{12}\\ c_{21} & c_{22}\\ c_{31} & c_{32}\end{bmatrix}$$

마찬가지로, A의 첫 번째 행에 있는 원소들과 B의 두 번째 열에 있는 원소들을 각각 곱하여 c_{12}를 구한다.

$$c_{12}=(-1)(2)+(3)(1)=1$$

$$\begin{bmatrix}-1 & 3\\ 4 & -2\\ 5 & 0\end{bmatrix}\begin{bmatrix}-3 & 2\\ -4 & 1\end{bmatrix}=\begin{bmatrix}-9 & 1\\ c_{21} & c_{22}\\ c_{31} & c_{32}\end{bmatrix}$$

이런 과정을 반복하여 다음을 얻는다.

$$\begin{aligned}c_{21}&=(4)(-3)+(-2)(-4)= -4\\ c_{22}&=(4)(2)+(-2)(1) = 6\\ c_{31}&=(5)(-3)+(0)(-4) = -15\\ c_{32}&=(5)(2)+(0)(1) = 10\end{aligned}$$

즉, $AB=\begin{bmatrix}-1 & 3\\ 4 & -2\\ 5 & 0\end{bmatrix}\begin{bmatrix}-3 & 2\\ -4 & 1\end{bmatrix}=\begin{bmatrix}-9 & 1\\ -4 & 6\\ -15 & 10\end{bmatrix}$ ◀

두 행렬의 곱이 가능하기 위해서는 첫 번째 행렬의 열의 숫자와 두 번째 행렬의 행의 숫자가 같아야만 가능하다는 것을 유념해 두어야 한다. 즉,

$$\underset{m\times n}{A}\quad \underset{n\times p}{B} \quad = \quad \underset{m\times p}{AB}$$

(가운데의 n과 n: 동등, 바깥의 m과 p: AB의 크기)

그러므로 예제 4에 있는 행렬 B와 A의 곱 BA는 가능하지 않다. 행렬의 곱셈은 일반적으로 다음과 같다. 두 행렬의 곱 AB의 i번째 행과 j번째 열에 있는 원소를 구하기 위해서는 A의 i번째 행과 B의 j번째 열을 이용한다.

$$\begin{bmatrix} a_{11} & a_{12} & a_{13} & \cdots & a_{1n} \\ a_{21} & a_{22} & a_{23} & \cdots & a_{2n} \\ \vdots & \vdots & \vdots & & \vdots \\ a_{i1} & a_{i2} & a_{i3} & \cdots & a_{in} \\ a_{m1} & a_{m2} & a_{m3} & \cdots & a_{mn} \end{bmatrix} \begin{bmatrix} b_{11} & b_{12} & \cdots & b_{1j} & \cdots & b_{1p} \\ b_{21} & b_{22} & \cdots & b_{2j} & \cdots & b_{2p} \\ b_{31} & b_{32} & \cdots & b_{3j} & \cdots & b_{3p} \\ \vdots & \vdots & & \vdots & & \vdots \\ b_{n1} & b_{n2} & \cdots & b_{nj} & \cdots & b_{np} \end{bmatrix}$$

$$= \begin{bmatrix} c_{11} & c_{12} & \cdots & c_{1j} & \cdots & c_{1p} \\ c_{21} & c_{22} & \cdots & c_{2j} & \cdots & c_{2p} \\ \vdots & \vdots & & \vdots & & \vdots \\ c_{i1} & c_{i2} & \cdots & c_{ij} & \cdots & c_{ip} \\ \vdots & \vdots & & \vdots & & \vdots \\ c_{m1} & c_{m2} & \cdots & c_{mj} & \cdots & c_{mp} \end{bmatrix}$$

$$a_{i1}b_{1j}+a_{i2}b_{2j}+a_{i3}b_{3j}+\cdots+a_{in}b_{nj}=c_{ij}$$

탐구활동

$A=\begin{bmatrix} 1 & 2 \\ 3 & 4 \end{bmatrix}$, $B=\begin{bmatrix} 0 & 1 \\ 1 & 2 \end{bmatrix}$라 하자. $A+B$와 $B+A$를 계산하여라.

일반적으로 행렬의 덧셈은 교환이 가능한가? 이제 AB와 BA를 계산하여라. 행렬의 곱셈은 교환이 가능한가?

[예제 5] 행렬의 곱셈

(a) $$\underset{2\times 3}{\begin{bmatrix} 1 & 0 & 3 \\ 2 & -1 & -2 \end{bmatrix}} \underset{3\times 3}{\begin{bmatrix} -2 & 4 & 2 \\ 1 & 0 & 0 \\ -1 & 1 & -1 \end{bmatrix}} = \underset{2\times 3}{\begin{bmatrix} -5 & 7 & -1 \\ -3 & 6 & 6 \end{bmatrix}}$$

(b) $\underset{2\times 2}{\begin{bmatrix} 3 & 4 \\ -2 & 5 \end{bmatrix}} \underset{2\times 2}{\begin{bmatrix} 1 & 0 \\ 0 & 1 \end{bmatrix}} = \underset{2\times 2}{\begin{bmatrix} 3 & 4 \\ -2 & 5 \end{bmatrix}}$

(c) $\underset{2\times 2}{\begin{bmatrix} 1 & 2 \\ 1 & 1 \end{bmatrix}} \underset{2\times 2}{\begin{bmatrix} -1 & 2 \\ 1 & -1 \end{bmatrix}} = \underset{2\times 2}{\begin{bmatrix} 1 & 0 \\ 0 & 1 \end{bmatrix}}$

(d) $\underset{1\times 3}{[1 \quad -2 \quad -3]} \underset{3\times 1}{\begin{bmatrix} 2 \\ -1 \\ 1 \end{bmatrix}} = \underset{1\times 1}{[1]}$

(e) $\underset{3\times 1}{\begin{bmatrix} 2 \\ -1 \\ 1 \end{bmatrix}} \underset{1\times 3}{[1 \quad -2 \quad -3]} = \underset{3\times 3}{\begin{bmatrix} 2 & -4 & -6 \\ -1 & 2 & 3 \\ 1 & -2 & -3 \end{bmatrix}}$

참고 예제 5에 있는 (d)와 (e)의 차이점을 주의해 보라. 일반적으로 행렬의 곱셈은 교환이 가능하지 않다. 즉, 보통 ab와 ba는 같지 않다.(2.2절에서 행렬의 곱셈이 교환 가능하지 않는 것에 관하여 좀더 자세히 살펴볼 것이다.)

기술적 관찰

대부분의 그래프 계산기나 컴퓨터 소프트웨어들은 행렬의 덧셈, 스칼라 곱, 그리고 행렬의 곱셈을 할 수 있다. 만약 TI−86을 사용하면 예제 5(c)는 화면에 다음과 같이 나타날 것이다.

```
A
          [[1   2]
           [1   1]]
B
          [[-1   2]
           [1   -1]]
```

```
A*B
          [[1   0]
           [0   1]]
```

일차연립방정식

행렬 곱셈의 실질적인 예로 일차연립방정식을 들 수 있다. 일차연립방정식

$$a_{11}x_1+a_{12}x_2+a_{13}x_3=b_1$$
$$a_{21}x_1+a_{22}x_2+a_{23}x_3=b_2$$
$$a_{31}x_1+a_{32}x_2+a_{33}x_3=b_3$$

은 행렬 방정식 $A\mathbf{x}=\mathbf{b}$로 나타낼 수 있다. 이때 A는 연립방정식의 계수들로 이루어진 행렬이고 $\mathbf{x}$와 $\mathbf{b}$는 열행렬이다. 즉,

$$\underset{A}{\begin{bmatrix} a_{11} & a_{12} & a_{13} \\ a_{21} & a_{22} & a_{23} \\ a_{31} & a_{32} & a_{33} \end{bmatrix}} \underset{\mathbf{x}}{\begin{bmatrix} x_1 \\ x_2 \\ x_3 \end{bmatrix}} \underset{=}{=} \underset{\mathbf{b}}{\begin{bmatrix} b_1 \\ b_2 \\ b_3 \end{bmatrix}}$$

[예제 6] 일차연립방정식 풀기

행렬 방정식 $A\mathbf{x}=\mathbf{0}$을 풀어라.

$$A=\begin{bmatrix} 1 & -2 & 1 \\ 2 & 3 & -2 \end{bmatrix}, \quad \mathbf{x}=\begin{bmatrix} x_1 \\ x_2 \\ x_3 \end{bmatrix}, \quad \mathbf{0}=\begin{bmatrix} 0 \\ 0 \end{bmatrix}.$$

풀이 $A\mathbf{x}=\mathbf{0}$은 아래 일차연립방정식과 같다.

$$x_1-2x_2+\ \ x_3=0$$
$$2x_1+3x_2-2x_3=0$$

이 연립방정식의 확대 행렬에 가우스-조르단 소거법을 이용하면 다음과 같이 얻을 수 있다.

$$\begin{bmatrix} 1 & 0 & -\frac{1}{7} & 0 \\ 0 & 1 & -\frac{4}{7} & 0 \end{bmatrix}$$

즉, 이 연립방정식은 무수히 많은 해를 갖는다. 이때 $x_3=7t$라 하면

$x_1=t,\ x_2=4t,\ x_3=7t,$ (t는 모든 실수)

인 해를 얻는다. 행렬로 표현하면

$$\begin{bmatrix} 1 & -2 & 1 \\ 2 & 3 & -2 \end{bmatrix} \begin{bmatrix} x_1 \\ x_2 \\ x_3 \end{bmatrix} = \begin{bmatrix} 0 \\ 0 \end{bmatrix}$$

는 무한히 많은 해를 다음과 같이 갖는다.

$$\mathbf{x} = \begin{bmatrix} x_1 \\ x_2 \\ x_3 \end{bmatrix} = \begin{bmatrix} t \\ 4t \\ 7t \end{bmatrix} = t \begin{bmatrix} 1 \\ 4 \\ 7 \end{bmatrix}, \ t\text{는 임의의 스칼라.}$$

즉, 오른쪽 열행렬의 스칼라 곱이 해이다. ◀

행렬의 분할

시스템 $A\mathbf{x}=\mathbf{b}$는 좀더 편리하게 표현할 수 있는 데 행렬을 A와 $\mathbf{x}$로 분할하여 다음과 같이 나타낼 수 있다. 만약,

$$A = \begin{bmatrix} a_{11} & a_{12} & \cdots & a_{1n} \\ a_{21} & a_{22} & \cdots & a_{2n} \\ \vdots & \vdots & & \vdots \\ a_{m1} & a_{m2} & \cdots & a_{mn} \end{bmatrix}, \qquad \mathbf{x} = \begin{bmatrix} x_1 \\ x_2 \\ \vdots \\ x_n \end{bmatrix}, \qquad \mathbf{b} = \begin{bmatrix} b_1 \\ b_2 \\ \vdots \\ b_m \end{bmatrix}$$

가 계수행렬, 미지수의 열행렬 그리고 상수행렬이며 $m \times n$ 일차 연립방정식 $A\mathbf{x}=\mathbf{b}$로 나타내어진다면

$$A\mathbf{x} = \mathbf{b}$$

$$\begin{bmatrix} a_{11} & a_{12} & \cdots & a_{1n} \\ a_{21} & a_{22} & \cdots & a_{2n} \\ \vdots & \vdots & & \vdots \\ a_{m1} & a_{m2} & \cdots & a_{mn} \end{bmatrix} \begin{bmatrix} x_1 \\ x_2 \\ \vdots \\ x_n \end{bmatrix} = \mathbf{b}$$

$$\begin{bmatrix} a_{11}x_1 + a_{12}x_2 + \cdots + a_{1n}x_n \\ a_{21}x_1 + a_{22}x_2 + \cdots + a_{2n}x_n \\ \vdots \\ a_{m1}x_1 + a_{m2}x_2 + \cdots + a_{mn}x_n \end{bmatrix} = \mathbf{b}$$

$$x_1\begin{bmatrix} a_{11} \\ a_{21} \\ \vdots \\ a_{m1} \end{bmatrix} + x_2\begin{bmatrix} a_{12} \\ a_{22} \\ \vdots \\ a_{m2} \end{bmatrix} + \cdots + x_n\begin{bmatrix} a_{1n} \\ a_{2n} \\ \vdots \\ a_{mn} \end{bmatrix} = \mathbf{b}$$

로 쓸 수 있다. 다시 말해서,

$$A\mathbf{x} = x_1\mathbf{a}_1 + x_2\mathbf{a}_2 + \cdots + x_n\mathbf{a}_n = \mathbf{b},$$

이때 $\mathbf{a}_1, \mathbf{a}_2, \cdots, \mathbf{a}_n$은 행렬 A의 열벡터들이다. 다음 표현

$$x_1\begin{bmatrix} a_{11} \\ a_{21} \\ \vdots \\ a_{m1} \end{bmatrix} + x_2\begin{bmatrix} a_{12} \\ a_{22} \\ \vdots \\ a_{m2} \end{bmatrix} + \cdots + x_n\begin{bmatrix} a_{1n} \\ a_{2n} \\ \vdots \\ a_{mn} \end{bmatrix}$$

을 계수 $x_1, x_2, \cdots, x_n$에 대한 열벡터들 $\mathbf{a}_1, \mathbf{a}_2, \cdots, \mathbf{a}_n$의 일차결합이라고 부른다.

일반적으로, 행렬곱 $A\mathbf{x}$는 계수 행렬 A의 열벡터들 $\mathbf{a}_1, \mathbf{a}_2, \cdots, \mathbf{a}_n$의 일차결합이다. 좀 더 자세히 살펴보면, $A\mathbf{x} = \mathbf{b}$가 성립하기 위한 필요충분조건은 $\mathbf{b}$가 이와 같은 $\mathbf{a}_i$들의 일차결합 형태로 표현될 수 있어야 하는데 이때 일차결합의 계수들이 바로 이 연립방정식의 해가 되는 것이다.

[예제 7] 일차연립방정식 풀기

$$\begin{aligned} x_1 + 2x_2 + 3x_3 &= 0 \\ 4x_1 + 5x_2 + 6x_3 &= 3 \\ 7x_1 + 8x_2 + 9x_3 &= 6 \end{aligned}$$

은 다음 행렬 방정식 $A\mathbf{x} = \mathbf{b}$로 표현할 수 있다.

$$x_1\begin{bmatrix} 1 \\ 4 \\ 7 \end{bmatrix} + x_2\begin{bmatrix} 2 \\ 5 \\ 8 \end{bmatrix} + x_3\begin{bmatrix} 3 \\ 6 \\ 9 \end{bmatrix} = \begin{bmatrix} 0 \\ 3 \\ 6 \end{bmatrix}$$

가우스 소거법을 사용하여 이 방정식이 무수히 많은 해를 갖는다는 것을 알 수 있다. 그중의 한 해는 $x_1 = 1$, $x_2 = 1$, $x_3 = -1$이다.

$$1\begin{bmatrix} 1 \\ 4 \\ 7 \end{bmatrix} + 1\begin{bmatrix} 2 \\ 5 \\ 8 \end{bmatrix} + (-1)\begin{bmatrix} 3 \\ 6 \\ 9 \end{bmatrix} = \begin{bmatrix} 0 \\ 3 \\ 6 \end{bmatrix}$$

즉, **b**는 A의 열벡터들의 일차결합형태로 표현할 수 있다. 이처럼 한 열벡터를 다른 열벡터들의 합으로 표현하는 것이 선형대수학에서의 근본적인 주제이다. ◀

행렬 A를 열벡터로, **x**를 행벡터로 분할하였듯이 $m \times n$ 행렬도 작은 행렬로 분할하는 것이 유용할 때가 있다. 예를 들어, 아래의 왼쪽 행렬은 오른쪽 행렬로 분할될 수 있다.

$$\begin{bmatrix} 1 & 2 & 0 & 0 \\ 3 & 4 & 0 & 0 \\ -1 & -2 & 2 & 1 \end{bmatrix} \quad \left[\begin{array}{cc|cc} 1 & 2 & 0 & 0 \\ 3 & 4 & 0 & 0 \\ \hline -1 & -2 & 2 & -1 \end{array}\right]$$

또한, 이 행렬은 열행렬로 또는 행행렬로 분할될 수도 있다.

$$\begin{bmatrix} 1 & 2 & 0 & 0 \\ 3 & 4 & 0 & 0 \\ -1 & -2 & 2 & 1 \end{bmatrix} = [\mathbf{c}_1 \quad \mathbf{c}_2 \quad \mathbf{c}_3 \quad \mathbf{c}_4]$$

$$\left[\begin{array}{cccc} 1 & 2 & 0 & 0 \\ \hline 3 & 4 & 0 & 0 \\ \hline -1 & -2 & 2 & 1 \end{array}\right] = \begin{bmatrix} \mathbf{r}_1 \\ \mathbf{r}_2 \\ \mathbf{r}_3 \end{bmatrix}.$$

기술적 관찰

실생활에서 접하게 되는 일차 연립방정식에 관한 대부분의 문제들은 수많은 방정식과 미지수를 포함한다. 예를 들어, 아메리칸 항공사의 비행스케줄에 관한 문제는 837행과 12,750,000보다 많은 열을 갖는 행렬을 취급하여야 한다. 이러한 선형계획의 경우는 문제를 작은 조각으로 나누고 이를 CRAY Y-MP 수퍼컴퓨터에서 풀도록 요구한다.

(제공 : Very Large-Scale Linear Programming : A Case Study in Combining Interior Point and Simplex Methods, Bixby, Robert E., et al., Operations Research, 40, no. 5, 1992.

연습문제 2.1(행렬의 연산)

1−4 다음 주어진 행렬들의 (a) $A+B$, (b) $A-B$, (c) $2A$, (d) $2A-B$를 구하라.

1. $A=\begin{bmatrix} 1 & -1 \\ 2 & -1 \end{bmatrix}$, $B=\begin{bmatrix} 2 & -1 \\ -1 & 8 \end{bmatrix}$

2. $A=\begin{bmatrix} 1 & 2 \\ 2 & 1 \end{bmatrix}$, $B=\begin{bmatrix} -3 & -2 \\ 4 & 2 \end{bmatrix}$

3. $A=\begin{bmatrix} 6 & -1 \\ 2 & 4 \\ -3 & 5 \end{bmatrix}$, $B=\begin{bmatrix} 1 & 4 \\ -1 & 5 \\ 1 & 10 \end{bmatrix}$

4. $A=\begin{bmatrix} 2 & 1 & 1 \\ -1 & -1 & 4 \end{bmatrix}$, $B=\begin{bmatrix} 2 & -3 & 4 \\ -3 & 1 & -2 \end{bmatrix}$

5. $C=2A-3B$일 때 (*a*) c_{21}, (b) c_{13}을 구하라.

$A=\begin{bmatrix} 5 & 4 & 4 \\ -3 & 1 & 2 \end{bmatrix}$, $B=\begin{bmatrix} 1 & 2 & -7 \\ 0 & -5 & 1 \end{bmatrix}$

6. $C=5A+2B$일 때 (*a*) c_{23}, (b) c_{32}을 구하라.

$A=\begin{bmatrix} 4 & 11 & -9 \\ 0 & 3 & 2 \\ -3 & 1 & 1 \end{bmatrix}$, $B=\begin{bmatrix} 1 & 0 & 5 \\ -4 & 6 & 11 \\ -6 & 4 & 9 \end{bmatrix}$

7. 다음 행렬방정식에서 x, y, z를 구하라.

$$4\begin{bmatrix} x & y \\ z & -1 \end{bmatrix}=2\begin{bmatrix} y & z \\ -x & 1 \end{bmatrix}+2\begin{bmatrix} 4 & x \\ 5 & -x \end{bmatrix}.$$

8. 다음 행렬방정식에서 x, y, z, w를 구하라.

$$\begin{bmatrix} w & x \\ y & x \end{bmatrix}=\begin{bmatrix} -4 & 3 \\ 2 & -1 \end{bmatrix}+2\begin{bmatrix} y & w \\ z & x \end{bmatrix}.$$

9−18. 만약 다음 행렬들의 곱이 정의되어진다면 (a) AB와 (b) BA를 구하라.

9. $A=\begin{bmatrix} 1 & 2 \\ 4 & 2 \end{bmatrix}$, $B=\begin{bmatrix} 2 & -1 \\ -1 & 8 \end{bmatrix}$

10. $A=\begin{bmatrix} 2 & -1 \\ 1 & 4 \end{bmatrix}$, $B=\begin{bmatrix} 0 & 0 \\ 3 & -3 \end{bmatrix}$

11. $A=\begin{bmatrix} 1 & -1 & 7 \\ 2 & -1 & 8 \\ 3 & 1 & -1 \end{bmatrix}$, $B=\begin{bmatrix} 1 & 1 & 2 \\ 2 & 1 & 1 \\ 1 & -3 & 2 \end{bmatrix}$

12. $A=\begin{bmatrix} 3 & 2 & 1 \end{bmatrix}$, $B=\begin{bmatrix} 2 \\ 3 \\ 0 \end{bmatrix}$

13. $A=\begin{bmatrix} 2 & 1 \\ -3 & 4 \\ 1 & 6 \end{bmatrix}$, $B=\begin{bmatrix} 0 & -1 & 0 \\ 4 & 0 & 2 \\ 8 & -1 & 7 \end{bmatrix}$

14. $A=\begin{bmatrix} 0 & -1 & 0 \\ 4 & 0 & 2 \\ 8 & -1 & 7 \end{bmatrix}$, $B=\begin{bmatrix} 2 \\ -3 \\ 1 \end{bmatrix}$

15. $A=\begin{bmatrix} -1 & 3 \\ 4 & -5 \\ 0 & 2 \end{bmatrix}$, $B=\begin{bmatrix} 1 & 2 \\ 0 & 7 \end{bmatrix}$

16. $A=\begin{bmatrix} 5 & 0 & 0 \\ 0 & -8 & 0 \\ 0 & 0 & 7 \end{bmatrix}$, $B=\begin{bmatrix} \frac{1}{5} & 0 & 0 \\ 0 & -\frac{1}{8} & 0 \\ 0 & 0 & \frac{1}{7} \end{bmatrix}$

17. $A=\begin{bmatrix} 6 \\ -2 \\ 1 \\ 6 \end{bmatrix}$, $B=[10 \quad 12]$

18. $A=\begin{bmatrix} 1 & 0 & 3 & -2 & 4 \\ 6 & 13 & 8 & -17 & 20 \end{bmatrix}$, $B=\begin{bmatrix} 1 & 6 \\ 4 & 2 \end{bmatrix}$

19−20. 만약 다음 행렬의 곱이 정의되어진다면 (a) $2A+B$, (b) $3B-A$, (c) AB, (d) BA를 구하라.

19. $A=\begin{bmatrix} 2 & -2 & 4 & 1 & 0 & 3 \\ -1 & 4 & 2 & -2 & -1 & 3 \\ 3 & -3 & 1 & 2 & 3 & -4 \\ 2 & -1 & 3 & 0 & 1 & 2 \\ 5 & 1 & -2 & -4 & 1 & 3 \\ 2 & 2 & 3 & -4 & -1 & -2 \end{bmatrix}$ $B=\begin{bmatrix} 1 & 2 & -3 & 4 & 1 & 2 \\ 2 & -3 & 1 & 3 & -1 & 2 \\ 0 & -2 & -3 & 0 & 1 & -1 \\ 1 & 2 & 3 & 2 & 1 & -1 \\ 2 & -1 & -3 & 0 & 4 & 2 \\ 1 & -2 & 4 & -2 & -4 & -1 \end{bmatrix}$

20. $A=\begin{bmatrix} 2 & 1 & 3 & 2 & -1 \\ 3 & -1 & 0 & 1 & 2 \\ 2 & 1 & -3 & 3 & -2 \\ -4 & 0 & 2 & -3 & 1 \\ 1 & 0 & -1 & 2 & 4 \\ 2 & -3 & 2 & 1 & -4 \end{bmatrix}$ $B=\begin{bmatrix} 5 & 2 & 1 & 3 & 2 & 1 \\ -4 & -2 & 2 & -1 & 3 & -1 \\ 4 & 0 & 1 & 3 & -2 & 1 \\ -1 & 2 & -3 & -1 & 2 & 3 \\ -2 & 1 & 4 & 3 & -2 & 2 \\ 1 & -2 & 3 & 4 & -2 & -1 \end{bmatrix}$

21−26. 다음 일차연립방정식을 $A\mathbf{x}=\mathbf{b}$의 형태로 바꾸어 $\mathbf{x}$를 구하라.

21. $\begin{aligned} x_1+3x_2&=-1 \\ 2x_1-x_2&=3 \end{aligned}$

22. $\begin{aligned} x_1+2x_2&=7 \\ -6x_1-6x_2&=-21 \end{aligned}$

23. $\begin{aligned} 8x_1-8x_2&=0 \\ -3x_1+2x_2&=0 \end{aligned}$

24. $\begin{aligned} 6x_2+4x_3&=-12 \\ 3x_1+3x_2&=9 \\ 2x_1-2x_3&=10 \end{aligned}$

25.
$$\begin{aligned} x_1 \quad\quad\ \ +2x_3 &= 5 \\ 3x_1-2x_2+\ x_3 &= 8 \\ -2x_1+2x_2-\ x_3 &= -3 \end{aligned}$$

26.
$$\begin{aligned} x_1 \quad\quad\ \ +2x_3 &= 4 \\ 2x_1-4x_2 \quad\quad\ \ &= -6 \\ 3x_1+2x_2+5x_3 &= 10 \end{aligned}$$

27−28. A에 대한 행렬 방정식의 해를 구하라.

27. $\begin{bmatrix} 1 & 2 \\ 3 & 5 \end{bmatrix} A = \begin{bmatrix} 1 & 0 \\ 0 & 1 \end{bmatrix}$

28. $\begin{bmatrix} 2 & -1 \\ 3 & -2 \end{bmatrix} A = \begin{bmatrix} 1 & 0 \\ 0 & 1 \end{bmatrix}$

29−30. 다음 행렬 방정식의 a, b, c, d를 구하라.

29. $\begin{bmatrix} 1 & 2 \\ 3 & 4 \end{bmatrix} \begin{bmatrix} a & b \\ c & d \end{bmatrix} = \begin{bmatrix} 6 & 3 \\ 19 & 2 \end{bmatrix}$

30. $\begin{bmatrix} a & b \\ c & d \end{bmatrix} \begin{bmatrix} 2 & 1 \\ 3 & 1 \end{bmatrix} = \begin{bmatrix} 3 & 17 \\ 4 & -1 \end{bmatrix}$

31. 다음 행렬들에 대해서 $AB=BA$를 만족하는 w, x, y, z를 구하라.

$$A=\begin{bmatrix} w & x \\ y & z \end{bmatrix},\ B=\begin{bmatrix} 1 & 1 \\ -1 & 1 \end{bmatrix}$$

32. $AB=BA$임을 보여라.

$$A=\begin{bmatrix} \cos\alpha & -\sin\alpha \\ \sin\alpha & \cos\alpha \end{bmatrix},\ B=\begin{bmatrix} \cos\beta & -\sin\beta \\ \sin\beta & \cos\beta \end{bmatrix}$$

33−34. 대각선상의 원소들을 제외한 모든 원소들이 0인 정방행렬을 **대각행렬**이라고 한다.

$$A=\begin{bmatrix} a_{11} & 0 & 0 & \cdots & 0 \\ 0 & a_{22} & 0 & \cdots & 0 \\ 0 & 0 & a_{33} & \cdots & 0 \\ \vdots & \vdots & \vdots & & \vdots \\ 0 & 0 & \cdots & 0 & a_{mn} \end{bmatrix}$$

대각행렬 A에 대해서 행렬의 곱 AA를 구하라.

33. $A=\begin{bmatrix} -1 & 0 & 0 \\ 0 & 2 & 0 \\ 0 & 0 & 3 \end{bmatrix}$

34. $A=\begin{bmatrix} 2 & 0 & 0 \\ 0 & -3 & 0 \\ 0 & 0 & 0 \end{bmatrix}$

35−36. 대각행렬들에 대해서 AB와 BA를 구하라.

35. $A=\begin{bmatrix} 2 & 0 \\ 0 & -3 \end{bmatrix},\ B=\begin{bmatrix} -5 & 0 \\ 0 & 4 \end{bmatrix}$

36. $A=\begin{bmatrix} 3 & 0 & 0 \\ 0 & -5 & 0 \\ 0 & 0 & 0 \end{bmatrix},\ B=\begin{bmatrix} -7 & 0 & 0 \\ 0 & 4 & 0 \\ 0 & 0 & 12 \end{bmatrix}$

37. 같은 크기의 대각행렬들 A, B에 대해서 $AB=BA$임을 증명하라.

힌트: 두 행렬 AB와 BA가 같다는 것을 증명하기 위해서는 각각의 대응되는 원소들이 같다는 것을 보이면 된다.

(i) 두 $n\times n$ 대각 행렬 $A=[a_{ij}]$와 $B=[b_{ij}]$부터 시작한다.

(ii) AB의 ij번째 원소가 $c_{ij}=\sum_{k=1}^{n} a_{ik}b_{kj}$임을 보인다.

(iii) $i\neq j$인 경우와 $i=j$인 경우의 c_{ij}를 구한다.

(iv) BA에 대해서도 이와 같이 반복한다.

38. A, B는 3×3행렬이고 A는 대각행렬이라고 하자.

(a) AB의 곱을 묘사하여라. 예를 들어 답을 나타내어라.

(b) BA의 곱을 구하라. 마찬가지로 예를 들어 나타내어라.

(c) 만약 A가 대각원소들의 값이 모두 같으면 (a)와 (b)의 결과는 어떻게 달라지는가?

39－40. 다음 행렬들의 대각합(trace)을 구하라. $n\times n$ 행렬 A의 대각합이란 주대각선상에 있는 원소들의 합을 말한다. 즉, $\mathrm{Tr}(A)=a_{11}+a_{22}+\cdots+a_{nn}$.

39. $\begin{bmatrix} 1 & 2 & 3 \\ 0 & -2 & 4 \\ 3 & 1 & 3 \end{bmatrix}$

40. $\begin{bmatrix} 1 & 0 & 0 \\ 0 & 1 & 0 \\ 0 & 0 & 1 \end{bmatrix}$

41. A와 B가 정방행렬이고 c가 스칼라일 때 다음 각 명제들이 사실임을 증명하라.

(a) $\mathrm{Tr}(A+B)=\mathrm{Tr}(A)+\mathrm{Tr}(B)$

(b) $\mathrm{Tr}(cA)=c\mathrm{TR}(A)$

42. A와 B가 크기가 n인 정방행렬일 때 $\mathrm{Tr}(AB)=\mathrm{Tr}(BA)$임을 증명하라.

43. 다음 행렬 방정식은 해가 없음을 보여라.

$$\begin{bmatrix} 1 & 1 \\ 1 & 1 \end{bmatrix} A=\begin{bmatrix} 1 & 0 \\ 0 & 1 \end{bmatrix}$$

44. 어떠한 2×2행렬 A, B도 다음 행렬 방정식을 만족할 수 없음을 보여라.

$$AB-BA=\begin{bmatrix} 1 & 0 \\ 0 & 1 \end{bmatrix}$$

45. $i=\sqrt{-1}$, $A=\begin{bmatrix} i & 0 \\ 0 & i \end{bmatrix}$, $B=\begin{bmatrix} 0 & -i \\ i & 0 \end{bmatrix}$ 일 때

(a) A^2, A^3, A^4을 구하라. i^2, i^3, i^4과 비슷함을 보여라.

(b) B^2을 구하라.

46. 두 행렬의 곱 AB가 정방행렬이면 BA도 정의되어질 수 있음을 증명하라.

단계: BA가 정의된다는 것을 증명하기 위해서 B의 열의 수가 A의 행의 수와 같음을 보여야 한다.

(i) A의 열의 수와 B의 행의 수가 같다는 것으로부터 시작한다.

(ii) A의 크기를 $m\times n$, B의 크기를 $n\times p$라 한다.

(iii) AB가 정방행렬이라는 것을 이용한다.

47. 두 행렬의 곱 AB와 BA가 모두 정의되면 AB와 BA는 모두 정방행렬임을 증명하라.

48. 행렬 A와 B에 대해서 곱 AB가 정의된다고 하자. 만약 A가 서로 같은 두 개의 행을 갖는다면 AB의 대응되는 두 행도 같음을 보여라.

49. A와 B는 $n\times n$행렬이고 A의 i번째 행의 원소들이 모두 0이면 AB의 i번째 행의 원소들도 모두 0임을 보여라. 역은 성립하지 않음을 2×2행렬을 이용한 예를 들어 설명하라.

50. 행렬 T의 열들은 삼각형의 꼭지점의 좌표를 나타내고 행렬 A는 변환행렬이다.

$$A=\begin{bmatrix} 0 & -1 \\ 1 & 0 \end{bmatrix} \qquad T=\begin{bmatrix} 1 & 2 & 3 \\ 1 & 4 & 2 \end{bmatrix}$$

(a) AT와 AAT를 구하라. 원래의 삼각형과 변환된 두 삼각형을 그려라. A는 어떠한 변환을 나타내는가?

(b) AAT에 의해서 변환된 삼각형이 주어졌을 때 AT에 의해서 생긴 삼각형을 생산하는 변환과정을 설명하고 그런다음 T에 의해서 생긴 삼각형을 생산하는 변환 과정을 설명하라.

51−52. 다음 각 명제들이 참인지 거짓인지를 판별하여라. 만약 명제가 참이면 이유를 말하거나 교재에 나와있는 적절한 명제를 인용하여 설명하라. 만약 명제가 거짓이면 명제가 항상 참은 아니라는 것을 예를 들어 설명하거나 적절한 명제를 인용하여 설명하라.

51. (a) 두 행렬의 곱이 정의되어질 때, 첫 번째 행렬의 열의 개수는 두 번째 행렬의 행의 수와 같아야만 한다.

(b) 일차연립방정식 $A\mathbf{x}=\mathbf{b}$가 성립되기 위한 필요충분조건은 $\mathbf{b}$가 연립방정식의 해를 계수로 하는 일차결합으로 표시될 수 있어야 한다. 이때 일차 결합의 계수들이 이 방정식의 해이다.

52. (a) A가 $m\times n$행렬이고, B가 $n\times r$행렬이면 AB는 $m\times r$ 행렬이다.

(b) A가 계수 행렬이고 $\mathbf{x}$와 $\mathbf{b}$가 열 행렬인 행렬방정식 $A\mathbf{x}=\mathbf{b}$는 일차 연립방정식을 표현하는데 사용될 수 있다.

53. 한 기업이 4개의 공장을 가지고 있다. 각 공장은 2개의 상품을 생산해낸다. 하루에 공장 j가 상품 i를 생산하는 개수는 행렬 A의 a_{ij}로 나타낸다.

$$A=\begin{bmatrix} 100 & 90 & 70 & 30 \\ 40 & 20 & 60 & 60 \end{bmatrix}$$

스칼라 곱을 사용하여 생산이 10% 증가하면 각 생산단계가 어떻게 되는지를 보여라. (1.10을 곱한다.)

54. 한 회사가 책상과 의자를 두 곳에서 제작한다. 행렬 C는 각각의 장소에서 각 상품을 제작하는데 드는 총 경비를 나타낸다.

$$C=\begin{matrix} \text{책상} \\ \text{의자} \end{matrix}\overset{\begin{matrix}\text{장소 1} & \text{장소 2}\end{matrix}}{\begin{bmatrix} 627 & 681 \\ 135 & 150 \end{bmatrix}}$$

(a) 총 경비의 약 $\frac{2}{3}$가 임금이라고 할 때 각각의 장소에서 각각의 상품을 생산하는데 드는 총 경비를 나타내는 행렬 L을 구하라. 어떤 행렬 연산이 사용되었는가?

(b) 각 장소에서 각각의 상품을 생산하는데 드는 재료비를 나타내는 행렬 M을 찾아라. (단지 임금과 재료비만이 생산하는데 드는 경비라고 가정하자.)

55. 서술형 과일 재배자는 두 개의 작물을 길러서 세 곳의 도매상에게 보낸다. 작물 i가 도매상 j에게 보내지는 작물의 수는 a_{ij}로 나타낸다고 하자.

$$A=\begin{bmatrix} 100 & 75 & 75 \\ 125 & 150 & 100 \end{bmatrix}$$

i작물 한 개에 대한 이익은 b_{ij}로 나타낸다.

$B=[\$3.75, \quad \$7.00]$

행렬의 곱 BA를 구하고 각 원소가 의미하는 것을 설명하라.

56. 서술형 행렬

$$P=\begin{matrix} R\text{로부터} \\ D\text{로부터} \\ I\text{로부터} \end{matrix}\overset{\begin{matrix}R\text{에} & D\text{에} & I\text{에}\end{matrix}}{\begin{bmatrix} 0.75 & 0.15 & 0.10 \\ 0.20 & 0.60 & 0.20 \\ 0.30 & 0.40 & 0.30 \end{bmatrix}}$$

는 투표 때 i당에서 j당으로 옮기는 투표자의 비율을 나타낸다. 즉, $P_{ij}(i \neq j)$는 i당에서 j당으로 옮기는 투표자의 비율을 나타내고 P_{ii}는 선거 때마다 i당을 선택하는 투표자의 비율을 나타낸다고 하자. P^2을 구하라. 이 행렬의 곱이 의미하는 것은 무엇인가?

57. 다음의 행렬은 2000년에 미국의 각 지역에서 살고 있는 인구수와 2015년에 각 지역에 살 것이라고 예상되는 인구 수를 나타낸다. 각 지역의 인구 수는 연령에 따라 셋으로 분류한다.

	2000		
	0−17	18−64	65+
Northeast	13,049	33,175	7,372
Midwest	16,646	39,386	8,263
South	25,569	62,235	12,437
Mountain	4,935	11,210	2,031
Pacific	12,098	28,036	4,893

	2015		
	0−17	18−64	65+
Northeast	12,589	34,081	8,165
Midwest	15,886	41,038	10,101
South	25,916	68,998	17,470
Mountain	5,236	12,626	3,270
Pacific	14,906	33,296	6,565

(a) 2000년 총인구 수는 281,335,000명이고 2015년 예상되는 총인구수는 310,133,000명이다. 위의 행렬을 총인구 수에 대한 퍼센트로 나타나는 행렬로 바꾸어라.

(b) 2000년에서 2015년까지 각 지역별 연령별의 인구 수의 예상되는 변화를 퍼센트로 나타내는 행렬을 구하라.

(c) (b)의 결과에 근거하여 어떤 지역과 어떤 연령군이 2000년에서 2015년까지 상대적으로 성장할 것이라고 예측되는가?

58. **서술형** A는 $m\times n$행렬이고 B는 $n\times p$행렬일 때 그것들의 곱이 한 열, 한 열 어떻게 생성되는지 단계별로 설명하라.

$$AB=A[\mathbf{b}_1\ \ \mathbf{b}_2\ \cdots\ \mathbf{b}_p]=[A\mathbf{b}_1\ \ A\mathbf{b}_2\ \cdots\ A\mathbf{b}_p]$$

마찬가지로, 그것들의 곱이 한 행, 한 행 어떻게 형성되는지를 설명하라.

$$AB=\begin{bmatrix}\mathbf{a}_1\\ \mathbf{a}_2\\ \vdots\\ \mathbf{a}_m\end{bmatrix}B=\begin{bmatrix}\mathbf{a}_1B\\ \mathbf{a}_2B\\ \vdots\\ \mathbf{a}_mB\end{bmatrix}$$

59−60. 행렬 A와 B의 구간별 곱셈을 하여라. 만약 행렬 A와 B가 4개의 소행렬로 분할된다면

$$A=\begin{bmatrix} A_{11} & A_{12} \\ A_{21} & A_{22} \end{bmatrix},\ \mathrm{B}=\begin{bmatrix} B_{11} & B_{12} \\ B_{21} & B_{22} \end{bmatrix}$$

각 소행렬들의 크기는 곱셈과 덧셈을 하는데 잘 정의되었다는 가정하에 구간별 곱셈을 할 수 있다.

$$AB=\begin{bmatrix} A_{11} & A_{12} \\ A_{21} & A_{22} \end{bmatrix}\begin{bmatrix} B_{11} & B_{12} \\ B_{21} & B_{22} \end{bmatrix}$$
$$=\begin{bmatrix} A_{11}B_{11}+A_{12}B_{21} & A_{11}B_{12}+A_{12}B_{22} \\ A_{21}B_{11}+A_{22}B_{21} & A_{21}B_{12}+A_{22}B_{22} \end{bmatrix}$$

59. $A=\left[\begin{array}{cc|cc} 1 & 2 & 0 & 0 \\ 0 & 1 & 0 & 0 \\ \hline 0 & 0 & 2 & 1 \end{array}\right],\ B=\left[\begin{array}{cc|c} 1 & 2 & 0 \\ -1 & 1 & 0 \\ \hline 0 & 0 & 1 \\ 0 & 0 & 3 \end{array}\right]$

60. $A=\left[\begin{array}{cc|cc} 0 & 0 & 1 & 0 \\ 0 & 0 & 0 & 1 \\ \hline -1 & 0 & 0 & 0 \\ 0 & -1 & 0 & 0 \end{array}\right],\ B=\left[\begin{array}{cc|cc} 1 & 2 & 3 & 4 \\ 5 & 6 & 7 & 8 \\ \hline 1 & 2 & 3 & 4 \\ 5 & 6 & 7 & 8 \end{array}\right]$

61−64. 열행렬 **b**를 A의 열들에 대한 일차 결합형태로 표시하라.

61. $A=\begin{bmatrix} 1 & -1 & 2 \\ 3 & -3 & 1 \end{bmatrix},\ \mathbf{b}=\begin{bmatrix} -1 \\ 7 \end{bmatrix}$

62. $A=\begin{bmatrix} 1 & 2 & 4 \\ -1 & 0 & 2 \\ 0 & 1 & 3 \end{bmatrix},\ \mathbf{b}=\begin{bmatrix} 1 \\ 3 \\ 2 \end{bmatrix}$

63. $A=\begin{bmatrix} 1 & 1 & -5 \\ 1 & 0 & -1 \\ 2 & -1 & -1 \end{bmatrix},\ \mathbf{b}=\begin{bmatrix} 3 \\ 1 \\ 0 \end{bmatrix}$

64. $A=\begin{bmatrix} -3 & 5 \\ 3 & 4 \\ 4 & -8 \end{bmatrix},\ \mathbf{b}=\begin{bmatrix} -22 \\ 4 \\ 32 \end{bmatrix}$

2.2 행렬 연산에 관한 성질

2.1절에서 우리는 세 가지 기본적인 행렬의 연산, 즉, 덧셈, 스칼라 곱, 행렬의 곱셈에 대해서 알아보았다. 이 절에서는 행렬의 대수적 성질을 알아보려고 한다. 행렬은 실수와 많은 부분에서 대수적 성질이 같다는 것을 알게 될 것이다.

정리 2.1 행렬의 곱셈과 스칼라 곱에 관한 성질

A, B, C가 $m\times n$ 행렬이고 c, d가 스칼라일 때 다음이 성립한다.

1. $A+B=B+A$ 덧셈에 관한 교환법칙
2. $A+(B+C)=(A+B)+C$ 덧셈에 관한 결합법칙
3. $(cd)A=c(dA)$
4. $1A=A$
5. $c(A+B)=cA+cB$ 배분법칙
6. $(c+d)A=cA+dA$ 배분법칙

증명 이 여섯 가지 성질에 관한 증명은 행렬의 덧셈과 스칼라 곱에 관한 정의와 그에 대응되는 실수의 성질로부터 자명하다. 예를 들어, 덧셈에 관한 교환법칙은 먼저 $A=[a_{ij}]$, $B=[b_{ij}]$라 하고 실수의 덧셈에 관한 교환법칙을 이용하여

$$A+B=[a_{ij}+b_{ij}]=[b_{ij}+a_{ij}]=B+A$$

로 증명하면 된다. 마찬가지로, 5번째 성질을 증명하기 위해서 실수의 덧셈에 대한 곱셈의 배분법칙을 이용한다.

$$c(A+B)=[c(a_{ij}+b_{ij})]=[ca_{ij}+cb_{ij}]=cA+cB$$

나머지 4개의 성질에 관한 증명은 연습문제로 한다. (연습문제 43−46) ■

2.1절에서 행렬의 덧셈은 2개의 행렬의 합으로 정의되었다. 그런데 행렬의 덧셈에 관한 결합법칙을 이용하여 세 행렬의 합도 다음과 같이 가능하게 할 수 있다.

$$A+B+C=(A+B)+C=A+(B+C)$$

이와 같은 방법으로 네 행렬 또는 그 이상의 행렬들의 합도 가능하다.

[예제 1] 세 개 이상의 행렬들의 합

대응하는 원소들을 더함으로써 다음 네 행렬의 합을 얻을 수 있다.

$$\begin{bmatrix} 1 \\ 2 \\ -3 \end{bmatrix} + \begin{bmatrix} -1 \\ -1 \\ 2 \end{bmatrix} + \begin{bmatrix} 0 \\ 1 \\ 4 \end{bmatrix} + \begin{bmatrix} 2 \\ -3 \\ -2 \end{bmatrix} = \begin{bmatrix} 2 \\ -1 \\ 1 \end{bmatrix}$$ ◀

실수의 덧셈에서 중요한 성질은 0이 덧셈의 항등원이라는 것이다. 즉, 모든 실수 c에 대하여 $c+0=c$이다. 이와 같이 행렬에 대해서도 비슷한 성질이 있다. 구체적으로 살펴보면 만약 A가 $m\times n$ 행렬이고 O_{mn}을 $m\times n$행렬로 모든 원소가 0인 행렬이라고 할 때, $A+O_{mn}=A$이다. 이때 행렬 O_{mn}을 **영행렬**이라고 하고 모든 $m\times n$행렬들에 대해서 덧셈에 대한 항등원이라고 한다. 예를 들어, 모든 2×3 행렬에 대해서 덧셈에 대한 항등원은 O_{23}이다.

$$O_{23}=\begin{bmatrix} 0 & 0 & 0 \\ 0 & 0 & 0 \end{bmatrix}$$

행렬의 크기가 분명할 때는 영행렬 O으로 표시한다. 다음 영행렬에 관한 성질은 증명하기가 쉬우므로 연습문제로 한다. (연습문제 47)

정리 2.2 영행렬에 관한 성질

A는 $m\times n$ 행렬이고 c는 스칼라라고 하자.

1. $A+O_{mn}=A$
2. $A+(-A)=O_{mn}$
3. 만약 $cA=O_{mn}$이면 $c=0$ 또는 $A=O_{mn}$

참고 성질 2에 있는 행렬 $-A$는 A의 덧셈에 관한 **역행렬**이라고 한다.

실수와 행렬의 대수는 많은 유사성을 갖고 있다. 예를 들어 다음 해들을 비교해 보자.

실수	$m\times n$ 행렬
(x를 구하라.)	(X를 구하라.)
$x+a=b$	$X+A=B$

$$x+a+(-a)=b+(-a) \qquad X+A+(-A)=B+(-A)$$
$$x+0=b-a \qquad X+O=B-A$$
$$x=b-a \qquad X=B-A$$

행렬에 관한 방정식을 푸는 과정은 예제 2에서 볼 수 있다.

[예제 2] 행렬방정식 풀기

행렬 방정식 $3X+A=B$에서 X를 구하라.

$$A=\begin{bmatrix}1 & -2\\ 0 & 3\end{bmatrix}, \quad B=\begin{bmatrix}-3 & 4\\ 2 & 1\end{bmatrix}$$

풀이 먼저 다음과 같이 하여 X를 얻는다.

$$3X=B-A \rightarrow X=\frac{1}{3}(B-A)$$

주어진 행렬 A, B를 대입하여 X를 얻는다.

$$X=\frac{1}{3}\left(\begin{bmatrix}-3 & 4\\ 2 & 1\end{bmatrix}-\begin{bmatrix}1 & -2\\ 0 & 3\end{bmatrix}\right)=\frac{1}{3}\begin{bmatrix}-4 & 6\\ 2 & -2\end{bmatrix}=\begin{bmatrix}-\frac{4}{3} & 2\\ \frac{2}{3} & -\frac{2}{3}\end{bmatrix}$$ ◀

행렬의 곱셈에 관한 성질

다음 정리에서 행렬의 곱셈에 관한 유용한 성질을 소개하려고 한다. 성질 2에 관한 증명을 제외한 나머지 성질에 관한 증명은 연습문제로 한다. (연습문제 48)

정리 2.3 행렬의 곱셈에 관한 성질

A, B, C는 행렬의 곱이 정의될 수 있는 크기의 행렬들이고, c는 스칼라라고 하자.

1. $A(BC)=(AB)C$ 곱셈에 관한 결합법칙
2. $A(B+C)=AB+AC$ 배분법칙
3. $(A+B)C=AC+BC$ 배분법칙
4. $c(AB)=(cA)B=A(cB)$

증명 성질 2를 증명하기 위해서는 $A(B+C)$와 $AB+AC$의 각각의 대응되는 원소들이 같은지를 살펴보아야 한다. A는 $m\times n$ 행렬이고, B는 $n\times p$, C는 $n\times p$라 하자. 행렬의 곱셈 정의를 이용하여 $A(B+C)$의 i번째 행과 j번째 열에 있는 원소는

$$a_{i1}(b_{1j}+c_{1j})+\cdots+a_{in}(b_{nj}+c_{nj})$$

이다. $AB+AC$의 i번째 행과 j번째 열에 있는 원소는

$$(a_{i1}b_{1j}+\cdots+a_{in}b_{nj})+(a_{i1}c_{1j}+\cdots+a_{in}c_{nj})$$

이다. 배분법칙과 재정리를 통하여 각각의 ij번째 원소가 같음을 알 수 있다. 즉,

$$A(B+C)=AB+AC.$$ ■

행렬의 곱셈에 관한 결합법칙은 세 행렬의 곱 ABC도 가능하게 한다. 예제 3에서 살펴보자.

[예제 3] 곱셈에 관한 결합법칙

행렬의 곱 ABC를 구하라. $(AB)C$와 $A(BC)$를 구하여 그들이 같음을 보여라.

$$A=\begin{bmatrix}1 & -2\\ 2 & -1\end{bmatrix},\quad B=\begin{bmatrix}1 & 0 & 2\\ 3 & -2 & 1\end{bmatrix},\quad C=\begin{bmatrix}-1 & 0\\ 3 & 1\\ 2 & 4\end{bmatrix}$$

풀이 $(AB)C$를 구하자. 먼저

$$\begin{aligned}(AB)C&=\left(\begin{bmatrix}1 & -2\\ 2 & -1\end{bmatrix}\begin{bmatrix}1 & 0 & 2\\ 3 & -2 & 1\end{bmatrix}\right)\begin{bmatrix}-1 & 0\\ 3 & 1\\ 2 & 4\end{bmatrix}\\ &=\begin{bmatrix}-5 & 4 & 0\\ -1 & 2 & 3\end{bmatrix}\begin{bmatrix}-1 & 0\\ 3 & 1\\ 2 & 4\end{bmatrix}\\ &=\begin{bmatrix}17 & 4\\ 13 & 14\end{bmatrix}.\end{aligned}$$

$A(BC)$를 구하여 $(AB)C$와 같은 결과가 나오는 것을 살펴보자.

$$A(BC)=\begin{bmatrix}1 & -2\\ 2 & -1\end{bmatrix}\left(\begin{bmatrix}1 & 0 & 2\\ 3 & -2 & 1\end{bmatrix}\begin{bmatrix}-1 & 0\\ 3 & 1\\ 2 & 4\end{bmatrix}\right)$$

$$=\begin{bmatrix}1 & -2\\2 & -1\end{bmatrix}\begin{bmatrix}3 & 8\\-7 & 2\end{bmatrix}$$
$$=\begin{bmatrix}17 & 4\\13 & 14\end{bmatrix}$$ ◀

정리 2.3에는 행렬의 곱셈에 관한 교환법칙이 언급되어 있지 않다. 왜냐하면 설사 AB가 잘 정의된다 하더라도 BA를 구하기는 적절하지 않다는 것을 알 수 있다. 예를 들어, A는 2×3행렬이고 B는 3×3행렬이면 AB는 정의될 수 있지만 BA는 그렇지 않다. 다음 예는 설령 AB와 BA가 정의된다 하더라도 그들이 같지 않을 수 있다는 것을 보여준다.

[예제 4] 곱셈에 관한 비교환성

AB와 BA가 같지 않음을 보여라.

$$A=\begin{bmatrix}1 & 3\\2 & -1\end{bmatrix},\quad B=\begin{bmatrix}2 & -1\\0 & 2\end{bmatrix}$$

풀이 $AB=\begin{bmatrix}1 & 3\\2 & -1\end{bmatrix}\begin{bmatrix}2 & -1\\0 & 2\end{bmatrix}=\begin{bmatrix}2 & 5\\4 & -4\end{bmatrix}$

$AB=\begin{bmatrix}2 & -1\\0 & 2\end{bmatrix}\begin{bmatrix}1 & 3\\2 & -1\end{bmatrix}=\begin{bmatrix}0 & 7\\4 & -2\end{bmatrix}$

그러므로 $AB\neq BA$ ◀

예제 4에서 보았듯이 AB와 BA는 절대 같지 않다고 이야기할 수는 없다. 가끔 AB와 BA가 같을 때도 있다. 예를 들어 다음 행렬들의 곱 AB와 BA를 살펴보자.

$$A=\begin{bmatrix}1 & 2\\1 & 1\end{bmatrix},\quad B=\begin{bmatrix}-2 & 4\\2 & -2\end{bmatrix}$$

$AB=BA$이다. 즉, AB와 BA는 가끔 같을 수는 있으나 늘 같은 것은 아니다.

행렬에서 또 다른 중요한 성질은 곱셈에 대해서 일반적으로 소거법이 성립하지 않는다는 것이다. 즉 $AB=BA$일 때 $A=B$가 항상 성립하는 것은 아니다. 예제 5를 살펴보자. (그러나 다음 절에서 특별한 행렬들의 경우는 소거법이 성립함을 볼 수 있다.)

[예제 5] 소거법이 성립하지 않는 예

$AC=BC$임을 보여라.

$$A=\begin{bmatrix}1 & 3\\0 & 1\end{bmatrix},\quad B=\begin{bmatrix}2 & 4\\2 & 3\end{bmatrix},\quad C=\begin{bmatrix}1 & -2\\-1 & 2\end{bmatrix}$$

풀이 $AC=\begin{bmatrix}1 & 3\\0 & 1\end{bmatrix}\begin{bmatrix}1 & -2\\-1 & 2\end{bmatrix}=\begin{bmatrix}-2 & 4\\-1 & 2\end{bmatrix}$

$BC=\begin{bmatrix}2 & 4\\2 & 3\end{bmatrix}\begin{bmatrix}1 & -2\\-1 & 2\end{bmatrix}=\begin{bmatrix}-2 & 4\\-1 & 2\end{bmatrix}$

즉 $AC=BC$이지만 $A\neq B$. ◀

다음은 대각선상의 원소들은 1이고 그 외에는 모두 0인 원소를 갖는 정방행렬에 대해서 알아보자.

$$I_n=\begin{bmatrix}1 & 0 & 0 & \cdots & 0\\0 & 1 & 0 & \cdots & 0\\0 & 0 & 1 & \cdots & 0\\\vdots & \vdots & \vdots & & \vdots\\0 & 0 & 0 & \cdots & 1\end{bmatrix}$$

예를 들어, 만약 $n=1, 2, 3$이면

$$\underset{1\times 1}{I_1=[1]},\qquad \underset{2\times 2}{I_2=\begin{bmatrix}1 & 0\\0 & 1\end{bmatrix}},\qquad \underset{3\times 3}{I_3=\begin{bmatrix}1 & 0 & 0\\0 & 1 & 0\\0 & 0 & 1\end{bmatrix}}$$

행렬의 크기가 n이라는 것을 알고 있을 때는 I_n대신에 I를 쓴다.

정리 2.4에서 행렬 I_n은 곱셈에 대한 항등원의 역할을 한다. 이때, I_n은 크기 n인 **단위행렬**이라고 말한다. 정리 2.4에 대한 증명은 연습문제로 한다. (연습문제 49)

정리 2.4 단위행렬의 성질

A가 $m\times n$행렬일 때

1. $AI_n=A$
2. $I_mA=A$

A가 크기가 n인 정방행렬이면 $AI_n = I_nA = A$이다.

[예제 6] 단위행렬의 곱셈

(a) $\begin{bmatrix} 3 & -2 \\ 4 & 0 \\ 0 & -1 \end{bmatrix} \begin{bmatrix} 1 & 0 \\ 0 & 1 \end{bmatrix} = \begin{bmatrix} 3 & -2 \\ 4 & 0 \\ 0 & -1 \end{bmatrix}$

(b) $\begin{bmatrix} 1 & 0 & 0 \\ 0 & 1 & 0 \\ 0 & 0 & 1 \end{bmatrix} \begin{bmatrix} -2 \\ 1 \\ 4 \end{bmatrix} = \begin{bmatrix} -2 \\ 1 \\ 4 \end{bmatrix}$ ◀

반복하여 정방행렬의 곱셈을 할 경우 실수에서와 마찬가지로 지수를 사용한다. 즉, $A^1 = A$, $A^2 = AA$, 임의의 k에 대해서

$$A^k = \underbrace{AA \cdots A}_{k\text{개}}$$

단위행렬은 $A^0 = I_n$으로 표현하면 편리하다. 이러한 정의를 사용하여 다음을 얻을 수 있다.

1. $A^jA^k = A^{j+k}$과 2. $(A^j)^k = A^{jk}$ j, k는 음이 아닌 정수

[예제 7] 정방행렬의 거듭제곱

$A = \begin{bmatrix} 2 & -1 \\ 3 & 0 \end{bmatrix}$일 때 A^3을 구하라.

풀이 $A^3 = \left(\begin{bmatrix} 2 & -1 \\ 3 & 0 \end{bmatrix} \begin{bmatrix} 2 & -1 \\ 3 & 0 \end{bmatrix}\right) \begin{bmatrix} 2 & -1 \\ 3 & 0 \end{bmatrix} = \begin{bmatrix} 1 & -2 \\ 6 & -3 \end{bmatrix} \begin{bmatrix} 2 & -1 \\ 3 & 0 \end{bmatrix} = \begin{bmatrix} -4 & -1 \\ 3 & -6 \end{bmatrix}$ ◀

1.1절에서 일차연립방정식은 정확히 한 개의 해를 갖거나 무수히 많은 해를 갖거나 해가 없는 세 가지 경우가 되는 것을 보았다. 이제 행렬의 대수를 이용하여 위의 결과를 증명한다.

정리 2.5 일차연립방정식의 해의 개수

n개의 변수를 갖는 일차연립방정식은 다음 세 가지 경우 중 하나를 만족한다.

1. 일차연립방정식은 정확히 한 개의 해를 갖는다.
2. 일차연립방정식은 무수히 많은 해를 갖는다.
3. 일차연립방정식은 해가 없다.

증명 일차연립방정식을 행렬 방정식 $A\mathbf{x}=\mathbf{b}$로 표현하자. 방정식이 정확히 하나의 해를 갖거나 해가 없다면 더 이상 증명할 것이 없다. 그러므로 방정식이 최소한 서로 다른 두 개의 해, $\mathbf{x}_1$, $\mathbf{x}_2$를 갖는다고 하자. 만약 이러한 가정 하에서 일차연립방정식이 무수히 많은 해를 갖는다는 것을 보이면 증명이 끝난다. $\mathbf{x}_1$도 $\mathbf{x}_2$도 모두 해이므로 $A\mathbf{x}_1=A\mathbf{x}_2=\mathbf{b}$이고 $A(\mathbf{x}_1-\mathbf{x}_2)=O$이다. 따라서 0이 아닌 $\mathbf{x}_h=\mathbf{x}_1-\mathbf{x}_2$는 동차연립방정식 $A\mathbf{x}=O$의 해이다. 뿐만 아니라 임의의 스칼라 c에 대해서 다음이 성립한다.

$$A(\mathbf{x}_1+c\mathbf{x}_h)=A\mathbf{x}_1+A(c\mathbf{x}_h)=\mathbf{b}+c(A\mathbf{x}_h)=\mathbf{b}+cO=\mathbf{b}.$$

그러므로 $\mathbf{x}_1+c\mathbf{x}_h$는 $A\mathbf{x}=\mathbf{b}$의 해이다. 임의의 c는 무수히 많고 c는 무수히 많은 다른 해를 생성하므로 이러한 일차연립방정식은 무수히 많은 해를 갖는다고 할 수 있다. ■

전치행렬

전치행렬은 행렬의 행과 열을 바꾸어서 생성할 수 있다. 예를 들어 $m\times n$ 행렬 A가 다음과 같다고 하자.

$$A=\begin{bmatrix} a_{11} & a_{12} & a_{13} & \cdots & a_{1n} \\ a_{21} & a_{22} & a_{23} & \cdots & a_{2n} \\ a_{31} & a_{32} & a_{33} & \cdots & a_{3n} \\ \vdots & \vdots & \vdots & & \vdots \\ a_{m1} & a_{m2} & a_{m3} & \cdots & a_{mn} \end{bmatrix},$$

크기 : $m\times n$

전치행렬 A^T은 크기가 $n\times m$이고 다음과 같다.

$$A^T = \begin{bmatrix} a_{11} & a_{21} & a_{31} & \cdots & a_{m1} \\ a_{12} & a_{22} & a_{32} & \cdots & a_{m2} \\ a_{13} & a_{23} & a_{33} & \cdots & a_{m3} \\ \vdots & \vdots & \vdots & & \vdots \\ a_{1n} & a_{3n} & a_{3n} & \cdots & a_{mn} \end{bmatrix}.$$

크기: $n \times m$

[예제 8] 전치행렬

다음 행렬들의 전치행렬을 구하라.

(a) $A=\begin{bmatrix} 2 \\ 8 \end{bmatrix}$ (b) $B=\begin{bmatrix} 1 & 2 & 3 \\ 4 & 5 & 6 \\ 7 & 8 & 9 \end{bmatrix}$

(c) $C=\begin{bmatrix} 1 & 2 & 0 \\ 2 & 1 & 0 \\ 0 & 0 & 1 \end{bmatrix}$ (d) $D=\begin{bmatrix} 0 & 1 \\ 2 & 4 \\ 1 & -1 \end{bmatrix}$

풀이 (a) $A^T=[2 \quad 8]$ (b) $B^T=\begin{bmatrix} 1 & 4 & 7 \\ 2 & 5 & 8 \\ 3 & 6 & 9 \end{bmatrix}$

(c) $C^T=\begin{bmatrix} 1 & 2 & 0 \\ 2 & 1 & 0 \\ 0 & 0 & 1 \end{bmatrix}$ (d) $D^T=\begin{bmatrix} 0 & 2 & 1 \\ 1 & 4 & -1 \end{bmatrix}$ ◀

발견

$A=\begin{bmatrix} 1 & 2 \\ 3 & 4 \end{bmatrix}$, $B=\begin{bmatrix} 3 & 5 \\ 1 & -1 \end{bmatrix}$라 하자.

$(AB)^T$, A^TB^T, B^TA^T를 구하라. 정방행렬의 곱에 대한 전치행렬에 관하여 추정(conjecture)하여라. 추정을 확인하기 위하여 서로 다른 두 개의 정방행렬을 선택하여라.

참고 예제 8의 (c)에 있는 정방행렬과 그의 전치행렬은 같다. 그러한 행렬을 **대칭행렬**이라고 한다. 즉 $A=A^T$이면 A는 대칭행렬이다. 정의로부터 대칭행렬은 정방행렬이어야만 한다는 것은 자명하다. 또한 $A=[a_{ij}]$가 대칭행렬이면, 모든 i, j에 대하여 $i \neq j$일 때 $a_{ij}=a_{ji}$이다.

정리 2.6 전치행렬의 성질

A, B는 행렬의 곱이 정의될 수 있는 크기의 행렬들이고, c는 스칼라라고 하자.

1. $(A^T)^T = A$
2. $(A+B)^T = A^T + B^T$ 합 행렬에 대한 전치행렬
3. $(cA)^T = c(A^T)$ 스칼라 곱 행렬에 대한 전치행렬
4. $(AB)^T = B^T A^T$ 곱 행렬에 대한 전치행렬

증명 전치행렬이란 행과 열을 바꾸는 것이기 때문에 성질 1은 옳다. 이를 증명하기 위해서 A는 $m \times n$ 행렬이라고 하자. A^T는 $n \times m$ 행렬이므로 $(A^T)^T$는 $m \times n$ 행렬, 즉 A와 크기가 같다. $(A^T)^T = A$임을 보이기 위해서 ij번째 원소가 같다는 것을 보여야 한다. A의 ij번째 원소를 a_{ij}라 하자. A^T의 ji번째 원소는 a_{ij}이므로 $(A^T)^T$의 ij번째도 a_{ij}이다. 나머지 성질들은 연습문제로 한다. (연습문제 50.) ■

성질 2와 4를 이용하여 유한 개의 행렬들의 합이나 곱셈을 구할 수 있다. 예를 들어, 세 행렬의 합의 전치행렬은

$$(A+B+C)^T = A^T + B^T + C^T$$

이고 세 행렬의 곱의 전치 행렬은

$$(ABC)^T = C^T B^T A^T$$

이다.

참고 곱셈에 관한 전치행렬을 구할 때에는 곱셈의 순서를 반대로 한다는 것을 기억해야 한다. 즉, AB의 전치행렬$(AB)^T$는 $B^T A^T$이지 $A^T B^T$가 아니다.

[예제 9] 곱셈의 전치행렬 구하기

$(AB)^T$와 $B^T A^T$가 같음을 보여라.

$$A = \begin{bmatrix} 2 & 1 & -2 \\ -1 & 0 & 3 \\ 0 & -2 & 1 \end{bmatrix}, \quad B = \begin{bmatrix} 3 & 1 \\ 2 & -1 \\ 3 & 0 \end{bmatrix}$$

풀이 $AB=\begin{bmatrix} 2 & 1 & -2 \\ -1 & 0 & 3 \\ 0 & -2 & 1 \end{bmatrix}\begin{bmatrix} 3 & 1 \\ 2 & -1 \\ 3 & 0 \end{bmatrix}=\begin{bmatrix} 2 & 1 \\ 6 & -1 \\ -1 & 2 \end{bmatrix}$

$(AB)^T=\begin{bmatrix} 2 & 6 & -1 \\ 1 & -1 & 2 \end{bmatrix}$

$B^TA^T=\begin{bmatrix} 3 & 2 & 3 \\ 1 & -1 & 0 \end{bmatrix}\begin{bmatrix} 2 & -1 & 0 \\ 1 & 0 & -2 \\ -2 & 3 & 1 \end{bmatrix}=\begin{bmatrix} 2 & 6 & -1 \\ 1 & -1 & 2 \end{bmatrix}$

그러므로 $(AB)^T=B^TA^T$ ◀

[예제 10] 행렬과 자신의 전치행렬과의 곱셈

$A=\begin{bmatrix} 1 & 3 \\ 0 & -2 \\ -2 & -1 \end{bmatrix}$일 때 AA^T를 구하고 이것이 대칭행렬임을 보여라.

풀이 $AA^T=\begin{bmatrix} 1 & 3 \\ 0 & -2 \\ -2 & -1 \end{bmatrix}\begin{bmatrix} 1 & 0 & -2 \\ 3 & -2 & -1 \end{bmatrix}=\begin{bmatrix} 10 & -6 & -5 \\ -6 & 4 & 2 \\ -5 & 2 & 5 \end{bmatrix}$

$AA^T=(AA^T)^T$. 즉, AA^T는 대칭행렬이다. ◀

참고 예제 10에서 보여준 성질은 일반적으로 사실이다. 즉, 임의의 행렬 A에 대해서 $B=AA^T$는 대칭행렬이다. 연습문제 51에서 이 결과를 증명하라.

연습문제 2.2(행렬 연산에 관한 성질)

1−6. $a=3$, $b=-4$일 때 다음 연산을 하여라.

$A=\begin{bmatrix} 1 & 2 \\ 3 & 4 \end{bmatrix}$, $B=\begin{bmatrix} 0 & 1 \\ -1 & 2 \end{bmatrix}$, $O=\begin{bmatrix} 0 & 0 \\ 0 & 0 \end{bmatrix}$

1. $aA+bB$

2. $A+B$

3. $ab(B)$

4. $(a+b)B$

5. $(a-b)(A-B)$

6. $(ab)O$

7−10. $A=\begin{bmatrix}-4 & 0\\ 1 & -5\\ -3 & 2\end{bmatrix}$, $B=\begin{bmatrix}1 & 2\\ -2 & 1\\ 4 & 4\end{bmatrix}$일 때 X를 구하라.

7. $3X+2A=B$

8. $2A-5B=3X$

9. $X-3A+2B=O$

10. $6X-4A-3B=O$

11−16. $c=-2$이고

$$A=\begin{bmatrix}1 & 2 & 3\\ 0 & 1 & -1\end{bmatrix},\quad B=\begin{bmatrix}1 & 3\\ -1 & 2\end{bmatrix},\quad C=\begin{bmatrix}0 & 1\\ -1 & 0\end{bmatrix},\quad O=\begin{bmatrix}0 & 0\\ 0 & 0\end{bmatrix}.$$

일 때 다음 연산을 하여라.

11. $B(CA)$

12. $C(BC)$

13. $(B+C)A$

14. $B(C+O)$

15. $(cB)(C+C)$

16. $B(cA)$

17. 만약 $AC=BC$이면 A와 B는 같지 않을 수 있다. 다음 행렬들을 사용하여 이것을 보여라.

$$A=\begin{bmatrix}1 & 2 & 3\\ 0 & 5 & 4\\ 3 & -2 & 1\end{bmatrix},\quad B=\begin{bmatrix}4 & -6 & 3\\ 5 & 4 & 4\\ -1 & 0 & 1\end{bmatrix},\quad C=\begin{bmatrix}0 & 0 & 0\\ 0 & 0 & 0\\ 4 & -2 & 3\end{bmatrix}.$$

18. $AB=O$일 때 $A=O$이거나 $B=O$이 성립하지 않을 수 있다. 다음 행렬들을 사용하여 이를 보여라.

$$A=\begin{bmatrix}3 & 3\\ 4 & 4\end{bmatrix},\quad B=\begin{bmatrix}1 & -1\\ -1 & 1\end{bmatrix}.$$

19−22. $A=\begin{bmatrix}1 & 2\\ 0 & -1\end{bmatrix}$, $I=\begin{bmatrix}1 & 0\\ 0 & 1\end{bmatrix}$일 때 다음을 계산하라.

19. A^2

20. A^4

21. $A(I+A)$

22. $A+IA$

23−28. 다음 행렬들의 (a) A^T, (b) A^TA, (c) AA^T를 구하라.

23. $A=\begin{bmatrix}2 & -1 & 3\\ 4 & 3 & -5\end{bmatrix}$

24. $A=\begin{bmatrix}-7 & 11 & 12\\ 4 & -3 & 1\\ 6 & -1 & 3\end{bmatrix}$

25. $A=\begin{bmatrix}6 & 0\\ 0 & -4\\ 7 & 5\end{bmatrix}$

26. $A=\begin{bmatrix}2\\ -1\\ -3\end{bmatrix}$

27. $A=\begin{bmatrix} 0 & -4 & 3 & 2 \\ 8 & 4 & 0 & 1 \\ -2 & 3 & 5 & 1 \\ 0 & 0 & -3 & 2 \end{bmatrix}$

28. $A=\begin{bmatrix} 4 & -3 & 2 & 0 \\ 2 & 0 & 11 & -1 \\ -1 & -2 & 0 & 3 \\ 14 & -2 & 12 & -9 \\ 6 & 8 & -5 & 4 \end{bmatrix}$

29－30. 행렬들에 대한 다음 등식이 성립하지 않음을 설명하라. 예를 들어 보여라.

29. $(A+B)(A-B)=A^2-B^2$

30. $(A+B)(A+B)=A^2+2AB+B^2$

31. 다음 행렬들에 대해서 $(AB)^T=B^TA^T$임을 증명하라.

$$A=\begin{bmatrix} -1 & 1 & -2 \\ 2 & 0 & 1 \end{bmatrix},\quad B=\begin{bmatrix} -3 & 0 \\ 1 & 2 \\ 1 & -1 \end{bmatrix}$$

32. 다음 행렬들에 대해서 $(AB)^T=B^TA^T$임을 증명하라.

$$A=\begin{bmatrix} 1 & 2 \\ 0 & -2 \end{bmatrix},\quad B=\begin{bmatrix} -3 & -1 \\ 2 & 1 \end{bmatrix}$$

33－34. 다음 각 명제들이 참인지 거짓인지를 말하여라. 만약 명제가 참이면, 이유를 말하거나 교재에 있는 적합한 명제를 인용하여라. 만약 명제가 거짓이면, 명제가 모든 경우에 다 참인 것은 아니라는 것을 예를 들어 설명하거나 교재에 있는 적합한 명제를 인용하여 설명하라.

33. (a) 행렬에 관한 덧셈은 교환이 가능하다.

(b) 행렬에 관한 곱셈은 결합법칙이 성립한다.

(c) 두 행렬의 곱에 대한 전치행렬은 각각의 전치행렬의 곱과 같다.
즉, $(AB)^T=A^TB^T$

(d) 어떠한 행렬 C에 대해서도 행렬 CC^T는 대칭행렬이다.

34. (a) 행렬에 대한 곱셈은 교환이 가능하다.

(b) 모든 행렬 A는 덧셈에 대한 역원을 갖는다.

(c) 만약 행렬 A, B, C가 $AB=AC$를 만족하면 $B=C$이다.

(d) 두 행렬의 합에 대한 전치행렬은 각각의 전치행렬의 합과 같다.

35. 다음 행렬들이 주어졌다고 하자.

$$X=\begin{bmatrix} 1 \\ 0 \\ 1 \end{bmatrix},\quad Y=\begin{bmatrix} 1 \\ 1 \\ 0 \end{bmatrix},\quad Z=\begin{bmatrix} 2 \\ -1 \\ 3 \end{bmatrix},\quad W=\begin{bmatrix} 1 \\ 1 \\ 1 \end{bmatrix},\quad O=\begin{bmatrix} 0 \\ 0 \\ 0 \end{bmatrix}$$

(a) $Z=aX+bY$를 만족하는 스칼라 a, b를 구하라.

(b) $W=aX+bY$를 만족하는 스칼라 a, b가 존재하지 않음을 보여라.

(c) 만약 $aX+bY+cW=O$이면 $a=b=c=0$임을 보여라.

(d) $aX+bY+cZ=O$을 만족하는 a, b, c를 구하라. 이때 a, b, c는 모두가 다 0은 아니다.

36. 다음 행렬들이 주어졌다고 하자.

$$X=\begin{bmatrix}1\\2\\3\end{bmatrix},\quad Y=\begin{bmatrix}1\\0\\2\end{bmatrix},\quad Z=\begin{bmatrix}1\\4\\4\end{bmatrix},\quad W=\begin{bmatrix}0\\0\\1\end{bmatrix},\quad O=\begin{bmatrix}0\\0\\0\end{bmatrix}$$

(a) $Z=aX+bY$를 만족하는 스칼라 a, b를 구하라.

(b) $W=aX+bY$를 만족하는 스칼라 a, b가 존재하지 않음을 보여라.

(c) 만약 $aX+bY+cW=O$이면 $a=b=c=0$임을 보여라.

(d) $aX+bY+cZ=O$을 만족하는 a, b, c를 구하라. 이때 a, b, c는 모두가 다 0은 아니다.

37–38. 행렬 $A=\begin{bmatrix}1 & 0 & 0\\0 & -1 & 0\\0 & 0 & 1\end{bmatrix}$에 대한 거듭제곱을 구하라.

37. A^{19}

38. A^{20}

행렬 A는 $A^n=B$를 만족하는 B의 n제곱근이다.

39–40. 행렬 B의 n제곱근을 구하라.

39. $B=\begin{bmatrix}9 & 0\\0 & 4\end{bmatrix}$, $n=2$

40. $B=\begin{bmatrix}8 & 0 & 0\\0 & -1 & 0\\0 & 0 & 27\end{bmatrix}$, $n=3$

41–44. $f(A)$를 찾기 위해서 다음 정의를 사용하여라. 만약 f가 다음과 같은 다항식이면

$$f(x)=a_0+a_1x+a_2x^2+\cdots+a_nx^n$$

임의의 $n\times n$ 행렬 A에 대해서 $f(A)$는 다음과 같이 정의된다.

$$f(A)=a_0I_n+a_1A+a_2A^2+\cdots+a_nA^n$$

41. $f(x)=x^2-5x+2$, $A=\begin{bmatrix}2 & 0\\4 & 5\end{bmatrix}$

42. $f(x)=x^2-7x+6$, $A=\begin{bmatrix}5 & 4\\1 & 2\end{bmatrix}$

43. $f(x)=x^3-10x^2+31x-30$, $A=\begin{bmatrix}3 & 1 & 4\\0 & 2 & 6\\0 & 0 & 5\end{bmatrix}$

44. $f(x)=x^2-10x+24,\quad A=\begin{bmatrix} 8 & -4 \\ 2 & 2 \end{bmatrix}$

45. 행렬에 관한 덧셈은 결합법칙이 성립함을 증명하라.

$A+(B+C)=(A+B)+C$

힌트 : $A+(B+C)$와 $(A+B)+C$가 같다는 것을 증명하기 위해서 대응되는 각 원소들이 같다는 것을 보여라.

(i) A, B, C를 $m\times n$ 행렬들이라고 하자.

(ii) $B+C$의 ij번째 원소는 $b_{ij}+c_{ij}$임을 보여라.

(iii) $A+(B+C)$의 ij번째 원소는 $a_{ij}+(b_{ij}+c_{ij})$이다.

(iv) $(A+B)+C$의 ij번째 원소를 구하라.

46. 스칼라 곱에 관한 결합법칙이 성립함을 증명하라.

$(cd)A=c(dA)$

47. 스칼라 1은 스칼라 곱셈에 대한 항등원임을 증명하라.

$1A=A$

48. 배분법칙 $(c+d)A=cA+dA$를 증명하라.

49. 정리 2.2를 증명하라.

50. 정리 2.3의 증명을 완성하라.

(a) 곱셈에 관한 결합법칙을 증명하라. : $A(BC)=(AB)C$

(b) 배분법칙을 증명하라. : $(A+B)C=AC+BC$

(c) 다음을 증명하라. : $c(AB)=(cA)B=A(cB)$

51. 정리 2.4를 증명하라.

52. 정리 2.6의 성질 2, 3, 4를 증명하라.

53. $m\times n$ 행렬 A에 대해서 AA^T와 A^TA가 대칭행렬이 됨을 증명하라.

힌트 : AA^T가 대칭행렬이라는 것을 보이기 위해서 $(AA^T)^T=AA^T$임을 보여야 할 필요가 있다.

(i) $(AA^T)^T$를 먼저 살펴본다.

(ii) 전치행렬의 성질을 이용하여 $(AA^T)^T$는 AA^T임을 보인다.

(iii) 행렬 A^TA에 대해서 똑같이 반복한다.

54. $(AB)^T \neq A^TB^T$를 만족하는 2×2 행렬들 A, B의 예를 들어라.

55−58. 다음 행렬들이 대칭인지, 반대칭인지, 둘 다 아닌지를 판별하여라. $A^T=-A$인 정방행렬 A를 반대칭행렬이라고 한다.

55. $A=\begin{bmatrix} 0 & 2 \\ -2 & 0 \end{bmatrix}$

56. $A=\begin{bmatrix} 2 & 1 \\ 1 & 3 \end{bmatrix}$

57. $A=\begin{bmatrix} 0 & 2 & 1 \\ 2 & 0 & 3 \\ 1 & 3 & 0 \end{bmatrix}$

58. $A=\begin{bmatrix} 0 & 2 & -1 \\ -2 & 0 & -3 \\ 1 & 3 & 0 \end{bmatrix}$

59. 반대칭행렬의 주대각선의 원소들은 모두 0임을 증명하라.

60. 만약 A와 B가 $n\times n$ 반대칭행렬이면 $A+B$도 반대칭행렬임을 증명하라.

61. A는 크기가 n인 정방행렬이라고 하자.

(a) $\frac{1}{2}(A+A^T)$는 대칭행렬이다.

(b) $\frac{1}{2}(A-A^T)$는 반대칭행렬이다.

(c) 행렬 A는 대칭행렬 B와 반대칭행렬 C의 합으로 나타낼 수 있다.

$A=B+C$

(d) 행렬 $A=\begin{bmatrix} 2 & 5 & 3 \\ -3 & 6 & 0 \\ 4 & 1 & 1 \end{bmatrix}$를 반대칭행렬과 대칭행렬의 합으로 나타내어라.

62. 만약 A가 $n\times n$ 정방행렬이면 $A-A^T$는 반대칭행렬임을 증명하라.

63. A와 B를 $n\times n$ 대칭행렬들이라고 하자.

(a) AB가 대칭행렬이 아닌 예를 들어라.

(b) AB가 대칭행렬일 필요충분조건은 $AB=BA$임을 증명하라.

64. 다음과 같은 형태의 행렬들이 주어졌다고 하자.

$$A=\begin{bmatrix} 0 & a_{12} & a_{13} & a_{14} & \cdots & a_{1n} \\ 0 & 0 & a_{23} & a_{24} & \cdots & a_{2n} \\ \vdots & \vdots & \vdots & \vdots & \cdots & \vdots \\ 0 & 0 & 0 & 0 & \cdots & a_{(n-1)n} \\ 0 & 0 & 0 & 0 & \cdots & 0 \end{bmatrix}$$

(a) A형태의 2×2행렬과 3×3행렬을 만들어라.

(b) 각 행렬들의 거듭제곱들을 그래프로 표현하여라.

(c) (b)의 결과를 이용하여 A가 4×4행렬일 때 A의 거듭제곱에 관한 추론을 만들어라. 추론을 확인하기 위해서 그래프를 사용하여라.

(d) (b)와 (c)의 결과를 이용하여 A가 $n\times n$행렬일 때 A의 거듭제곱에 관한 추론을 만들어라.

2.3 역행렬

2.2절에서 실수의 대수적 성질과 행렬의 대수적 성질이 유사함을 알아보았다. 2.3절에서는 행렬의 곱셈이 포함된 행렬방정식의 해를 찾는 방법에 대해서 알아보도록 한다. 먼저 실수 방정식 $ax=b$의 경우를 보자. x를 구하기 위하여 양변에 a^{-1}를 곱한다. (여기서 $a\neq0$이어야 한다.)

$$\begin{aligned} ax&=b \\ (a^{-1}a)x&=a^{-1}b \\ (1)x&=a^{-1}b \\ x&=a^{-1}b \end{aligned}$$

a^{-1}를 a의 곱셈에 관한 역원이라고 하는데 이는 $a^{-1}a=1$이기 때문이다. 행렬에서도 곱셈에 관한 역원의 정의가 비슷하다.

역행렬의 정의

$n\times n$ 행렬 A에 대해서 $AB=BA=I_n$을 만족하는 $n\times n$행렬 B가 존재할 때 A는 가역이라고 한다. 이 때 I_n은 크기가 n인 단위행렬이고 행렬 B는 A의 **역행렬**이라고 한다. 역행렬이 존재하지 않는 행렬은 **가역**이 아니라고 한다.

정방행렬이 아닌 행렬은 역행렬을 가질 수 없다. A가 $m\times n$ 행렬이고 B는 $n\times m$ 행렬이라고 하자. $(m\neq n)$ 이때 AB와 BA는 크기가 다르므로 같을 수가 없다. 또한, 모든 정방행렬이 역행렬을 갖는 것은 아니다. (예제 4.) 그러나 다음 정리는 만약 행렬이 역행렬을 가지면 그 역행렬은 유일하다는 것을 보여준다.

정리 2.7 역행렬의 유일성

A가 가역이면 그 역행렬은 유일하다. A의 역행렬을 A^{-1}로 표현한다.

증명 A는 가역이므로 $AB=I=BA$를 만족하는 최소한 한 개의 행렬 B가 존재한다. A가 또 다른 역행렬 C를 갖는다고 하자.

$$AC=I=CA.$$

이때 B와 C는 같다는 것을 알 수 있다.

$$\begin{aligned} AB&=I \\ C(AB)&=CI \\ (CA)B&=C \\ IB&=C \\ B&=C \end{aligned}$$

따라서 역행렬은 유일하다. ■

[예제 1] 역행렬

B가 A의 역행렬임을 보여라.

$$A=\begin{bmatrix} -1 & 2 \\ -1 & 1 \end{bmatrix}, \quad B=\begin{bmatrix} 1 & -2 \\ 1 & -1 \end{bmatrix}$$

풀이 역행렬의 정의를 이용하여 B가 A의 역행렬임을 다음과 같이 보일 수 있다.

$$AB=I=BA$$

$$AB=\begin{bmatrix} -1 & 2 \\ -1 & 1 \end{bmatrix}\begin{bmatrix} 1 & -2 \\ 1 & -1 \end{bmatrix}=\begin{bmatrix} -1+2 & 2-2 \\ -1+1 & 2-1 \end{bmatrix}=\begin{bmatrix} 1 & 0 \\ 0 & 1 \end{bmatrix}$$

$$BA=\begin{bmatrix} 1 & -2 \\ 1 & -1 \end{bmatrix}\begin{bmatrix} -1 & 2 \\ -1 & 1 \end{bmatrix}=\begin{bmatrix} -1+2 & 2-2 \\ -1+1 & 2-1 \end{bmatrix}=\begin{bmatrix} 1 & 0 \\ 0 & 1 \end{bmatrix}$$ ◀

참고 $AB=BA$가 항상 성립하는 것은 아니라는 것을 알 것이다. 그러나 만약 A, B가 정방행렬이고 $AB=I_n$이면 $BA=I_n$이 된다. 이에 대한 증명은 생략하겠지만 예제 1에서 $AB=I_2$만 확인하면 된다는 것을 알 수 있을 것이다.

다음 예는 역행렬을 찾기 위해서 연립방정식을 이용하는 방법을 보여준다.

[예제 2] 역행렬 구하기

$A=\begin{bmatrix} 1 & 4 \\ -1 & -3 \end{bmatrix}$의 역행렬을 구하라.

풀이 A의 역행렬을 찾기 위해서는 행렬 방정식 $AX=I$에 대한 X를 구하여야 한다.

$$\begin{bmatrix} 1 & 4 \\ -1 & -3 \end{bmatrix}\begin{bmatrix} x_{11} & x_{12} \\ x_{21} & x_{22} \end{bmatrix}=\begin{bmatrix} 1 & 0 \\ 0 & 1 \end{bmatrix}$$

$$\begin{bmatrix} x_{11}+4x_{21} & x_{12}+4x_{22} \\ -x_{11}-3x_{21} & -x_{12}-3x_{22} \end{bmatrix}=\begin{bmatrix} 1 & 0 \\ 0 & 1 \end{bmatrix}$$

대응되는 원소들을 동등하게 하면 다음과 같은 2개의 일차연립방정식을 얻게 된다. 첫 번째 방정식을 풀면 X의 첫 번째 열 $x_{11}=-3$, $x_{21}=1$을 얻는다. 마찬가지로 두 번째 방정식의 해를 구하면 X의 두 번째 열 $x_{12}=-4$, $x_{22}=1$을 얻는다. 그러므로 A의 역행렬은

$$X=A^{-1}=\begin{bmatrix} -3 & -4 \\ 1 & 1 \end{bmatrix}$$

이다. 결과를 확인하기 위해서는 행렬의 곱셈을 하면 된다. ◀

예제 2에 사용된 방법을 일반화 하면 역행렬을 구하는데 아주 편리하게 된다. 먼저 두 개의 일차연립방정식은 같은 계수행렬을 갖는 행렬들이 된다.

$$\begin{aligned} x_{11}+4x_{21}&=1 \\ -x_{11}-3x_{21}&=0 \end{aligned} \qquad \begin{aligned} x_{12}+4x_{22}&=0 \\ -x_{12}-3x_{22}&=1 \end{aligned}$$

$$\left[\begin{array}{cc:c} 1 & 4 & 1 \\ -1 & -3 & 0 \end{array}\right] \left[\begin{array}{cc:c} 1 & 4 & 0 \\ -1 & -3 & 1 \end{array}\right]$$

각각 위의 두 연립 방정식을 따로따로 푸는 것보다 둘을 동시에 같이 풀 수 있다. 즉, 계수 행렬에다가 단위행렬을 연결하면

$$\left[\begin{array}{cc:cc} 1 & 4 & 1 & 0 \\ -1 & -3 & 0 & 1 \end{array}\right]$$

이 된다. 이 행렬을 가우스-조르단 소거법을 이용하여 두 연립방정식을 풀 수 있다.

$$\begin{bmatrix} 1 & 4 & \vdots & 1 & 0 \\ 0 & 1 & \vdots & 1 & 1 \end{bmatrix} \quad R_2+R_1 \rightarrow R_2$$

$$\begin{bmatrix} 1 & 0 & \vdots & -3 & -4 \\ 0 & 1 & \vdots & 1 & 1 \end{bmatrix} \quad R_1+(-4)R_2 \rightarrow R_1$$

즉, "두 번 확대계수"행렬 $[A \ \vdots \ I]$에 가우스-조르단 소거법을 사용하면 행렬 $[I \ \vdots \ A^{-1}]$을 얻는다.

$$\underbrace{\begin{bmatrix} 1 & 4 \\ -1 & -3 \end{bmatrix}}_{A} \begin{matrix} \vdots \\ \vdots \end{matrix} \underbrace{\begin{bmatrix} 1 & 0 \\ 0 & 1 \end{bmatrix}}_{I} \rightarrow \underbrace{\begin{bmatrix} 1 & 0 \\ 0 & 1 \end{bmatrix}}_{I} \begin{matrix} \vdots \\ \vdots \end{matrix} \underbrace{\begin{bmatrix} -3 & -4 \\ 1 & 1 \end{bmatrix}}_{A^{-1}}$$

이 과정은 임의의 정방행렬에서도 가능하다. 만약 A가 I_n인 기약행사다리꼴이 되지 않으면 A는 가역이 아니다. 이러한 과정은 다음 절에서 기본 행렬에 관한 개념을 공부한 후에 공식적으로 언급할 것이다.

가우스-조르단 소거법을 이용하여 역행렬 구하기

A를 크기가 n인 정방행렬이라고 하자.

1. 주어진 행렬 A를 왼쪽에 두고 $n \times n$ 단위행렬을 오른쪽에 두어 크기가 $n \times 2n$인 $[A \vdots I]$를 쓴다. 행렬 A와 I는 점선을 이용하여 구분한다. 이 과정을 A와 I의 연결이라고 한다.
2. 가능하다면 A를 단위행렬 I가 될때까지 전체 행렬 $[A \vdots I]$에 행에 관한 기본 연산을 사용한다. 그 결과는 $[I \vdots A^{-1}]$일 것이다. 만약 가능하지 않다면 A는 가역이 아니다.
3. $AA^{-1}=I=A^{-1}A$임을 확인한다.

[예제 3] 역행렬 구하기

다음 행렬의 역행렬을 구하라.

$$A=\begin{bmatrix} 1 & -1 & 0 \\ 1 & 0 & -1 \\ -6 & 2 & 3 \end{bmatrix}$$

풀이 행렬 A에 단위행렬을 연결하여 다음 행렬을 얻는다.

$$[A \vdots I]=\begin{bmatrix} 1 & -1 & 0 & \vdots & 1 & 0 & 0 \\ 1 & 0 & -1 & \vdots & 0 & 1 & 0 \\ -6 & 2 & 3 & \vdots & 0 & 0 & 1 \end{bmatrix}$$

행에 관한 기본 연산을 통하여 $[I \vdots A^{-1}]$를 다음과 같이 구한다.

$$\begin{bmatrix} 1 & -1 & 0 & \vdots & 1 & 0 & 0 \\ 0 & 1 & -1 & \vdots & -1 & 1 & 0 \\ -6 & 2 & 3 & \vdots & 0 & 0 & 1 \end{bmatrix} \qquad R_2+(-1)R_1 \rightarrow R_2$$

$$\begin{bmatrix} 1 & -1 & 0 & \vdots & 1 & 0 & 0 \\ 0 & 1 & -1 & \vdots & -1 & 1 & 0 \\ 0 & -4 & 3 & \vdots & 6 & 0 & 1 \end{bmatrix} \qquad R_3+(6)R_1 \rightarrow R_3$$

$$\begin{bmatrix} 1 & -1 & 0 & \vdots & 1 & 0 & 0 \\ 0 & 1 & -1 & \vdots & -1 & 1 & 0 \\ 0 & 0 & -1 & \vdots & 2 & 4 & 1 \end{bmatrix} \qquad R_3+(4)R_2 \rightarrow R_3$$

$$\begin{bmatrix} 1 & -1 & 0 & \vdots & 1 & 0 & 0 \\ 0 & 1 & -1 & \vdots & -1 & 1 & 0 \\ 0 & 0 & 1 & \vdots & -2 & -4 & -1 \end{bmatrix} \qquad (-1)R_3 \rightarrow R_3$$

$$\begin{bmatrix} 1 & -1 & 0 & \vdots & 1 & 0 & 0 \\ 0 & 1 & 0 & \vdots & -3 & -3 & -1 \\ 0 & 0 & 1 & \vdots & -2 & -4 & -1 \end{bmatrix} \qquad R_3+R_3 \rightarrow R_2$$

$$\begin{bmatrix} 1 & 0 & 0 & \vdots & -2 & -3 & -1 \\ 0 & 1 & 0 & \vdots & -3 & -3 & -1 \\ 0 & 0 & 1 & \vdots & -2 & -4 & -1 \end{bmatrix} \qquad R_1+R_2 \rightarrow R_1$$

그러므로 A는 가역이고 그 역행렬은

$$A^{-1}=\begin{bmatrix} -2 & -3 & -1 \\ -3 & -3 & -1 \\ -2 & -4 & -1 \end{bmatrix}$$

이다. $AA^{-1}=I=A^{-1}A$를 통하여 역행렬임을 확인할 수 있다. ◀

기술적 관찰

대부분의 그래프 계산기나 컴퓨터 소프트웨어 프로그램들은 정방행렬의 역행렬을 구할 수 있다. 만약 TI−86을 사용한다면 예제 3은 스크린에 다음과 같이 나타날 것이다.

```
A
        [[1   -1  0]
         [1   0  -1]
        [[-6  2   3]]
```

```
A^-1
        [[-2   -3   -1]
         [-3   -3   -1]
         [-2   -4   -1]]
```

예제 3에 보여진 과정은 $n\times n$ 행렬에도 적용가능하다. 만약 행렬 A가 역행렬을 갖는다면 이러한 과정이 역행렬을 찾아줄 것이다. 반면에 A가 가역이 아니면 이러한 과정이 그것을 알려줄 것이다. 다음의 예가 가역이 아닌 행렬에 대한 과정을 보여준다.

[예제 4] 가역이 아닌 행렬

$A=\begin{bmatrix} 1 & 2 & 0 \\ 3 & -1 & 2 \\ -2 & 3 & -2 \end{bmatrix}$는 가역이 아님을 보여라.

풀이 A에 단위행렬을 연결하여 다음을 얻는다.

$$[A \vdots I]=\begin{bmatrix} 1 & 2 & 0 & \vdots & 1 & 0 & 0 \\ 3 & -1 & 2 & \vdots & 0 & 1 & 0 \\ -2 & 3 & -2 & \vdots & 0 & 0 & 1 \end{bmatrix}$$

가우스-조르단 소거법을 사용한다.

$$\begin{bmatrix} 1 & 2 & 0 & \vdots & 1 & 0 & 0 \\ 0 & -7 & 2 & \vdots & -3 & 1 & 0 \\ -2 & 3 & -2 & \vdots & 0 & 0 & 1 \end{bmatrix} \qquad R_2+(-3)R_1 \rightarrow R_2$$

$$\begin{bmatrix} 1 & 2 & 0 & \vdots & 1 & 0 & 0 \\ 0 & -7 & 2 & \vdots & -3 & 1 & 0 \\ 0 & 7 & -2 & \vdots & 2 & 0 & 1 \end{bmatrix} \qquad R_3+(2)R_1 \rightarrow R_3$$

2번째 행을 세 번째 행에 더함으로써 왼쪽 행렬에 0으로 된 행이 생기는 것을 알 수 있다.

$$\begin{bmatrix} 1 & 2 & 0 & \vdots & 1 & 0 & 0 \\ 0 & -7 & 2 & \vdots & -3 & 1 & 0 \\ 0 & 0 & 0 & \vdots & -1 & 1 & 1 \end{bmatrix} \qquad R_3+R_2 \rightarrow R_3$$

행렬의 A부분에 0으로만 된 행이 생겼기 때문에 행렬 $[A \vdots I]$를 $[I \vdots A^{-1}]$ 형태의 행렬로 표시할 수 없다. 이것이 바로 A의 역행렬이 존재하지 않는다는 것을 의미한다. ◀

3×3행렬이나 그보다 큰 행렬에 대한 역행렬을 구할 때는 가우스-조르단 소거법이 매우 유용하다. 그러나 2×2행렬의 경우는 가우스-조르단 소거법보다는 역행렬에 대한 공식을 사용하는 것이 편할 수도 있다.

$$A=\begin{bmatrix} a & b \\ c & d \end{bmatrix}$$

일 때, A가 가역이기 위한 필요충분조건은 $ad-bc\neq0$이다. 뿐만 아니라 $ad-bc\neq0$이면 역행렬은 다음과 같이 주어진다.

$$A^{-1}=\frac{1}{ad-bc}\begin{bmatrix} d & -b \\ -c & a \end{bmatrix}$$

AA^{-1}을 구하여 역행렬을 확인할 수 있다.

참고 분모 $ad-bc$를 A의 행렬식이라고 한다. 이에 대한 것은 3장에서 자세히 공부할 것이다.

[예제 5] 2×2행렬의 역행렬 구하기

가능하다면 다음 행렬들의 역행렬을 구하라.

(a) $A=\begin{bmatrix} 3 & -1 \\ -2 & 2 \end{bmatrix}$ (b) $B=\begin{bmatrix} 3 & -1 \\ -6 & 2 \end{bmatrix}$

풀이 (a) 2×2행렬에 대한 역행렬을 구하는 공식에 대입하면 $ad-bc=(3)(2)-(-1)(-2)=4$이다. 이는 0이 아니기 때문에 대각선상의 원소를 바꾸고 나머지 두 원소의 부호를 바꾸어서 역행렬을 다음과 같이 구할 수 있다.

$$A^{-1}=\frac{1}{4}\begin{bmatrix} 2 & 1 \\ 2 & 3 \end{bmatrix}=\begin{bmatrix} \frac{1}{2} & \frac{1}{4} \\ \frac{1}{2} & \frac{3}{4} \end{bmatrix}$$

(b) $ad-bc=(3)(2)-(-1)(-6)=0$, 즉 B는 가역이 아니다. ◀

역행렬의 성질

정리 2.8 역행렬의 성질
A가 가역이고 k는 양의 정수이며 c는 스칼라라고 할 때 A^{-1}, A^k, cA, A^T는 모두 가역이고 다음을 만족한다.

1. $(A^{-1})^{-1}=A$
2. $(A^k)^{-1}=\underbrace{A^{-1}A^{-1}\cdots A^{-1}}_{k\text{개}}=(A^{-1})^k$
3. $(cA)^{-1}=\frac{1}{c}A^{-1},\quad c\neq 0$
4. $(A^T)^{-1}=(A^{-1})^T$

증명 성질 1, 3, 4를 증명하기 위해서 역행렬이 유일하다는 것을 이용한다. 즉, $BC=CB=I$이면 C는 B의 역행렬이다. 성질 1은 A^{-1}의 역행렬이 A라는 것이다. 이를 증명하기 위해서 $A^{-1}A=AA^{-1}=I$임을 보이면 A^{-1}의 역행렬은 A가 된다. 즉, $A=(A^{-1})^{-1}$. 마찬가지로 성질 3은 $\frac{1}{c}A^{-1}$가 (cA), $c\neq 0$의 역행렬이라는 것인데 이를 증명하기 위해서는 정리 2.1과 정리 2.3에 있는 스칼라 곱의 성질을 이용하면 된다.

$$(cA)\left(\frac{1}{c}A^{-1}\right)=\left(c\frac{1}{c}\right)AA^{-1}=(1)I=I$$
$$\left(\frac{1}{c}A^{-1}\right)(cA)=\left(\frac{1}{c}c\right)A^{-1}A=(1)I=I$$

그러므로 $\frac{1}{c}A^{-1}$는 cA의 역행렬이다.

$$\frac{1}{c}A^{-1}=(cA)^{-1}.$$

성질 2와 4는 연습문제로 한다. (연습문제 41, 42) ■

가역행렬들에 대해서 음의 정수를 지수로 이용하여 정방행렬의 거듭제곱형태를 표현할 수 있다. A^{-k}의 뜻은 A^{-1}가 k번 거듭제곱된 것을 의미한다.

$$A^{-k}=\underbrace{A^{-1}A^{-1}\cdots A^{-1}}_{k\text{개}}=(A^{-1})^k.$$

이러한 방법으로 모든 정수 j, k에 대해서 $A^jA^k = A^{j+k}$, $(A^j)^k = A^{jk}$로 표현할 수 있다.

[예제 6] 제곱 행렬의 역행렬

A^{-2}를 두 가지 다른 방법으로 구하고 이들이 같음을 보여라.

$$A = \begin{bmatrix} 1 & 1 \\ 2 & 4 \end{bmatrix}$$

풀이 A^{-2}를 구하는 한 방법은 $(A^2)^{-1}$이다.

$$A^2 = \begin{bmatrix} 3 & 5 \\ 10 & 18 \end{bmatrix}$$

2×2 행렬의 역행렬을 구하는 공식을 이용하여 다음을 얻는다.

$$(A^2)^{-1} = \frac{1}{4}\begin{bmatrix} 18 & -5 \\ -10 & 3 \end{bmatrix} = \begin{bmatrix} \frac{9}{2} & -\frac{5}{4} \\ -\frac{5}{2} & \frac{3}{4} \end{bmatrix}$$

A^{-2}를 구하는 또 다른 방법은 $(A^{-1})^2$이다.

$$A^{-1} = \frac{1}{2}\begin{bmatrix} 4 & -1 \\ -2 & 1 \end{bmatrix} = \begin{bmatrix} 2 & -\frac{1}{2} \\ -1 & \frac{1}{2} \end{bmatrix}$$

그리고 이 행렬을 제곱하여 다음을 얻는다.

$$(A^{-1})^2 = \begin{bmatrix} \frac{9}{2} & -\frac{5}{4} \\ -\frac{5}{2} & \frac{3}{4} \end{bmatrix}$$

두 가지 방법에 의한 결과가 같다는 것을 알 수 있다. ◀

발견

$$A=\begin{bmatrix}1 & 2\\1 & 3\end{bmatrix},\quad \begin{bmatrix}2 & -1\\1 & -1\end{bmatrix}$$

$(AB)^{-1}$, $A^{-1}B^{-1}$, $B^{-1}A^{-1}$를 구하라. 두 개의 가역행렬들의 곱에 대한 역행렬에 관하여 추측해 보아라. 두 개의 가역행렬을 선택하여 추정이 옳은지를 확인하여라.

다음 정리는 두 행렬의 곱에 대한 역행렬을 구하는 공식이다.

정리 2.9

행렬 A, B는 크기가 n인 가역행렬일 때 행렬 AB도 가역이고

$$(AB)^{-1}=B^{-1}A^{-1}$$

이다.

증명 $B^{-1}A^{-1}$가 AB의 역행렬임을 보이기 위해서 역행렬의 정의를 사용한다. 즉,

$$(AB)(B^{-1}A^{-1})=A(BB^{-1})A^{-1}=A(I)A^{-1}=(AI)A^{-1}=AA^{-1}=I$$

비슷한 방법으로 $(B^{-1}A^{-1})(AB)=I$임을 보일 수 있다. 따라서 AB는 가역이고 그의 역행렬은 $B^{-1}A^{-1}$이다. ■

정리 2.9에서는 두 개의 가역행렬의 곱에 대한 역행렬은 각각의 역행렬을 순서를 바꾸어 곱하여 얻을 수 있다고 말하고 있다. 이를 여러 가역행렬의 곱으로 확장할 수 있다.

$$(A_1A_2A_3 \cdots A_n)^{-1}=A_n{}^{-1} \cdots A_3{}^{-1}A_2{}^{-1}A_1{}^{-1}$$

(부록 A에 있는 예제 4를 참고하여라.)

[예제 7] 행렬곱의 역행렬 구하기

다음 행렬 A, B에 대한 A^{-1}와 B^{-1}를 이용하여 $(AB)^{-1}$를 구하라.

$$A=\begin{bmatrix}1 & 3 & 3\\1 & 4 & 3\\1 & 3 & 4\end{bmatrix},\quad B=\begin{bmatrix}1 & 2 & 3\\1 & 3 & 3\\2 & 4 & 3\end{bmatrix}$$

$$A^{-1}=\begin{bmatrix} 7 & -3 & -3 \\ -1 & 1 & 0 \\ -1 & 0 & 1 \end{bmatrix}, \qquad B^{-1}=\begin{bmatrix} 1 & -2 & 1 \\ -1 & 1 & 0 \\ \frac{2}{3} & 0 & -\frac{1}{3} \end{bmatrix}$$

풀이 정리 2.9를 사용하여 다음을 구한다.

$$(AB)^{-1}=B^{-1}A^{-1}=\overbrace{\begin{bmatrix} 1 & -2 & 1 \\ -1 & 1 & 0 \\ \frac{2}{3} & 0 & -\frac{1}{3} \end{bmatrix}}^{B^{-1}}\overbrace{\begin{bmatrix} 7 & -3 & -3 \\ -1 & 1 & 0 \\ -1 & 0 & 1 \end{bmatrix}}^{A^{-1}}=\begin{bmatrix} 8 & -5 & -2 \\ -8 & 4 & 3 \\ 5 & -2 & -\frac{7}{3} \end{bmatrix}$$

◀

참고 AB의 역행렬을 구하기 위해서는 곱셈의 순서를 바꾼다는 사실에 유의하라. 즉, $(AB)^{-1}=B^{-1}A^{-1}$, AB의 역행렬은 $A^{-1}B^{-1}$이 아니다.

실수의 중요한 성질은 소거에 관한 것이다. 즉, 만약 $ac=bc(c\neq0)$이면 $a=b$이다. 역행렬들도 비슷한 소거에 관한 성질을 갖고 있다.

정리 2.10 소거에 관한 성질

C가 가역행렬일 때 다음 성질을 만족한다.

1. 만약 $AC=BC$이면, $A=B$이다. 오른쪽 소거에 관한 성질
2. 만약 $CA=CB$이면, $A=B$이다. 왼쪽 소거에 관한 성질

증명 (1) C가 가역이라는 사실을 사용한다.

$$\begin{aligned} AC&=BC \\ (AC)C^{-1}&=(BC)C^{-1} \\ A(CC^{-1})&=B(CC^{-1}) \\ AI&=BI \\ A&=B \end{aligned}$$

(2) 비슷한 방법으로 증명할 수 있다. (연습문제 44.) ■

정리 2.10은 행렬 C가 가역일 때만 가능하다는 것을 말하고 있다. 만약 행렬 C가 가역이 아니면 소거법은 보통 성립하지 않는다. 예를 들어 2.2절에 있는 예

제 5는 $AC=BC$이지만 $A\neq B$인 경우를 보여주고 있다. 이때 행렬 C는 가역이 아니다.

연립방정식

정리 2.5에서 보았듯이 일차연립방정식은 정확히 한 개의 해를 갖거나 무수히 많은 해를 갖거나, 해가 없는 세 가지 경우 중 하나라는 것을 증명하였다. 정방 연립방정식 (변수와 방정식의 개수가 같은 경우)에 대해서는 해가 유일한지에 관하여 다음의 정리를 이용하여 알 수 있다.

정리 2.11 유일해를 갖는 연립방정식

A가 가역이면 일차연립방정식 $A\mathbf{x}=\mathbf{b}$는 유일해, $\mathbf{x}=A^{-1}\mathbf{b}$를 갖는다.

증명 A는 가역이므로 다음과 같다.

$$
\begin{aligned}
A\mathbf{x}&=\mathbf{b}\\
A^{-1}A\mathbf{x}&=A^{-1}\mathbf{b}\\
I\mathbf{x}&=A^{-1}\mathbf{b}\\
\mathbf{x}&=A^{-1}\mathbf{b}
\end{aligned}
$$

만약 서로 다른 두 해 $\mathbf{x}_1$, $\mathbf{x}_2$가 있다면 $A\mathbf{x}_1=\mathbf{b}=A\mathbf{x}_2$이다. 소거법에 의하여 $\mathbf{x}_1=\mathbf{x}_2$를 얻는다. 따라서 연립방정식은 유일해를 갖는다. ■

정리 2.11은 이론적으로는 중요하지만 일차연립방정식의 해를 구하는 데에 있어서 별로 실제적이지 못하다. 즉, A^{-1}를 구하여 $\mathbf{b}$에 곱하는 것은 가우스 소거법을 이용하여 해를 구하는 것보다 더 많은 일을 해야만 한다. 정리 2.11을 사용하는 경우는 똑같은 계수 행렬 A를 갖는 여러 개의 연립방정식을 풀어야 할 때 필요하다. 이러한 경우는 A의 역행렬을 구한 후 $A^{-1}\mathbf{b}$를 계산하여 각각의 연립방정식을 푸는 것이 편리하다. 예제 8에서 이러한 경우를 보여준다.

[예제 8] 역행렬을 이용한 일차연립방정식 풀기

다음 각 연립방정식의 해를 역행렬을 이용하여 구하라.

(a) $\begin{aligned} 2x+3y+z&=-1 \\ 3x+3y+z&=\ \ 1 \\ 2x+4y+z&=-2 \end{aligned}$ (b) $\begin{aligned} 2x+3y+z&=4 \\ 3x+3y+z&=8 \\ 2x+4y+z&=5 \end{aligned}$ (c) $\begin{aligned} 2x+3y+z&=0 \\ 3x+3y+z&=0 \\ 2x+4y+z&=0 \end{aligned}$

풀이 먼저 각 연립방정식의 계수행렬을 구한다.

$$A=\begin{bmatrix} 2 & 3 & 1 \\ 3 & 3 & 1 \\ 2 & 4 & 1 \end{bmatrix}$$

가우스-조르단 소거법을 이용하여 A^{-1}을 구한다.

$$A^{-1}=\begin{bmatrix} -1 & 1 & 0 \\ -1 & 0 & 1 \\ 6 & -2 & -3 \end{bmatrix}$$

각 연립방정식의 해를 얻기 위하여 다음 행렬 곱을 구한다.

(a) $$\mathbf{x}=A^{-1}\mathbf{b}=\begin{bmatrix} -1 & 1 & 0 \\ -1 & 0 & 1 \\ 6 & -2 & -3 \end{bmatrix}\begin{bmatrix} -1 \\ 1 \\ -2 \end{bmatrix}=\begin{bmatrix} 2 \\ -1 \\ -2 \end{bmatrix}$$

해는 $x=2,\ y=-1,\ z=-2$이다.

(b) $$\mathbf{x}=A^{-1}\mathbf{b}=\begin{bmatrix} -1 & 1 & 0 \\ -1 & 0 & 1 \\ 6 & -2 & -3 \end{bmatrix}\begin{bmatrix} 4 \\ 8 \\ 5 \end{bmatrix}=\begin{bmatrix} 4 \\ 1 \\ -7 \end{bmatrix}$$

해는 $x=4,\ y=1,\ z=-7$이다.

(c) $$\mathbf{x}=A^{-1}\mathbf{b}=\begin{bmatrix} -1 & 1 & 0 \\ -1 & 0 & 1 \\ 6 & -2 & -3 \end{bmatrix}\begin{bmatrix} 0 \\ 0 \\ 0 \end{bmatrix}=\begin{bmatrix} 0 \\ 0 \\ 0 \end{bmatrix}$$

해는 $x=0,\ y=0,\ z=0$이다. ◀

연습문제 2.3(역행렬)

1−4. B가 A의 역행렬임을 보여라.

1. $A=\begin{bmatrix}1 & 2\\3 & 4\end{bmatrix}$, $B=\begin{bmatrix}-2 & 1\\ \frac{3}{2} & -\frac{1}{2}\end{bmatrix}$

2. $A=\begin{bmatrix}1 & -1\\2 & 3\end{bmatrix}$, $B=\begin{bmatrix}\frac{3}{5} & \frac{1}{5}\\ -\frac{2}{5} & \frac{1}{5}\end{bmatrix}$

3. $A=\begin{bmatrix}-2 & 2 & 3\\1 & -1 & 0\\0 & 1 & 4\end{bmatrix}$, $B=\frac{1}{3}\begin{bmatrix}-4 & -5 & 3\\-4 & -8 & 3\\1 & 2 & 0\end{bmatrix}$

4. $A=\begin{bmatrix}2 & -17 & 11\\-1 & 11 & -7\\0 & 3 & -2\end{bmatrix}$, $B=\begin{bmatrix}1 & 1 & 2\\2 & 4 & -3\\3 & 6 & -5\end{bmatrix}$

5−24. 다음 행렬들의 역행렬을 구하라. (만약 존재하면)

5. $\begin{bmatrix}1 & 2\\3 & 7\end{bmatrix}$

6. $\begin{bmatrix}1 & -2\\2 & -3\end{bmatrix}$

7. $\begin{bmatrix}-7 & 33\\4 & -19\end{bmatrix}$

8. $\begin{bmatrix}-1 & 1\\3 & -3\end{bmatrix}$

9. $\begin{bmatrix}1 & 1 & 1\\3 & 5 & 4\\3 & 6 & 5\end{bmatrix}$

10. $\begin{bmatrix}1 & 2 & 2\\3 & 7 & 9\\-1 & -4 & -7\end{bmatrix}$

11. $\begin{bmatrix}1 & 2 & -1\\3 & 7 & -10\\7 & 16 & -21\end{bmatrix}$

12. $\begin{bmatrix}10 & 5 & -7\\-5 & 1 & 4\\3 & 2 & -2\end{bmatrix}$

13. $\begin{bmatrix}1 & 1 & 2\\3 & 1 & 0\\-2 & 0 & 3\end{bmatrix}$

14. $\begin{bmatrix}3 & 2 & 5\\2 & 2 & 4\\-4 & 4 & 0\end{bmatrix}$

15. $\begin{bmatrix}0.1 & 0.2 & 0.3\\-0.3 & 0.2 & 0.2\\0.5 & 0.5 & 0.5\end{bmatrix}$

16. $\begin{bmatrix}2 & 0 & 0\\0 & 3 & 0\\0 & 0 & 5\end{bmatrix}$

17. $\begin{bmatrix}1 & 0 & 0\\3 & 4 & 0\\2 & 5 & 5\end{bmatrix}$

18. $\begin{bmatrix}1 & 0 & 0\\3 & 0 & 0\\2 & 5 & 5\end{bmatrix}$

19. $\begin{bmatrix} -8 & 0 & 0 & 0 \\ 0 & 1 & 0 & 0 \\ 0 & 0 & 0 & 0 \\ 0 & 0 & 0 & -5 \end{bmatrix}$

20. $\begin{bmatrix} \frac{1}{a} & 0 \\ a & a \end{bmatrix}$, $a \neq 0$

21. $\begin{bmatrix} 1 & -2 & -1 & -2 \\ 3 & -5 & -2 & -3 \\ 2 & -5 & -2 & -5 \\ -1 & 4 & 4 & 11 \end{bmatrix}$

22. $\begin{bmatrix} 4 & 8 & -7 & 14 \\ 2 & 5 & -4 & 6 \\ 0 & 2 & 1 & -7 \\ 3 & 6 & -5 & 10 \end{bmatrix}$

23. $\begin{bmatrix} 1 & 0 & 3 & 0 \\ 0 & 2 & 0 & 4 \\ 1 & 0 & 3 & 0 \\ 0 & 2 & 0 & 4 \end{bmatrix}$

24. $\begin{bmatrix} 1 & 3 & -2 & 0 \\ 0 & 2 & 4 & 6 \\ 0 & 0 & -2 & 1 \\ 0 & 0 & 0 & 5 \end{bmatrix}$

25−28. 다음 각 연립방정식을 풀기 위해서 역행렬을 사용하라.

25. (a) $\begin{aligned} -x+y&=4 \\ -2x+y&=0 \end{aligned}$ (b) $\begin{aligned} -x+y&=-3 \\ -2x+y&=5 \end{aligned}$ (c) $\begin{aligned} -x+y&=0 \\ -2x+y&=0 \end{aligned}$

26. (a) $\begin{aligned} 2x+3y&=5 \\ x+4y&=10 \end{aligned}$ (b) $\begin{aligned} 2x+3y&=0 \\ x+4y&=0 \end{aligned}$ (c) $\begin{aligned} 2x+3y&=1 \\ x+4y&=-2 \end{aligned}$

27. (a) $\begin{aligned} 3x_1+2x_2+2x_3&=0 \\ 2x_1+2x_2+2x_3&=5 \\ -4x_1+4x_2+3x_3&=2 \end{aligned}$ (b) $\begin{aligned} 3x_1+2x_2+2x_3&=0 \\ 2x_1+2x_2+2x_3&=0 \\ -4x_1+4x_2+3x_3&=0 \end{aligned}$

28. (a) $\begin{aligned} x_1-2x_2-x_3&=0 \\ 3x_1-5x_2-2x_3&=1 \\ 2x_1-5x_2-2x_3&=-1 \end{aligned}$ (b) $\begin{aligned} x_1-2x_2-x_3&=0 \\ 3x_1-5x_2-2x_3&=-2 \\ 2x_1-5x_2-2x_3&=0 \end{aligned}$

29−30. 역행렬을 이용한 연립방정식의 해를 구하기 위해서 행렬모양으로 바꾸어 풀어라.

29.

$$\begin{aligned} 2x_1-3x_2+x_3-2x_4+x_5-4x_6&=20 \\ 3x_1+x_2-4x_3+x_4-x_5+2x_6&=-16 \\ 4x_1+x_2-3x_3+4x_4-x_5+2x_6&=-12 \\ -5x_1-x_2+4x_3+2x_4-5x_5+3x_6&=-2 \\ x_1+x_2-3x_3+4x_4-3x_5+x_6&=-15 \\ 3x_1-x_2+2x_3-3x_4+2x_5-6x_6&=25 \end{aligned}$$

30.
$$\begin{aligned} 4x_1-2x_2+4x_3+2x_4-5x_5-x_6&=1\\ 3x_1+6x_2-5x_3-6x_4+3x_5+3x_6&=-11\\ 2x_1-3x_2+x_3+3x_4-x_5-2x_6&=0\\ -x_1+4x_2-4x_3-6x_4+2x_5+4x_6&=-9\\ 3x_1-x_2+5x_3+2x_4-3x_5-5x_6&=1\\ -2x_1+3x_2-4x_3-6x_4+x_5+2x_6&=-12 \end{aligned}$$

31－34. 다음 주어진 역행렬들을 이용하여 (a) $(AB)^{-1}$, (b) $(A^T)^{-1}$, (c) A^{-2}, (d) $(2A)^{-1}$를 구하라.

31. $A^{-1}=\begin{bmatrix} 2 & 5 \\ -7 & 6 \end{bmatrix}$, $B^{-1}=\begin{bmatrix} 7 & -3 \\ 2 & 0 \end{bmatrix}$

32. $A^{-1}=\begin{bmatrix} -\frac{2}{7} & \frac{1}{7} \\ \frac{3}{7} & \frac{2}{7} \end{bmatrix}$, $B^{-1}=\begin{bmatrix} \frac{5}{11} & \frac{2}{11} \\ \frac{3}{11} & -\frac{1}{11} \end{bmatrix}$

33. $A^{-1}=\begin{bmatrix} 1 & -\frac{1}{2} & \frac{3}{4} \\ \frac{3}{2} & \frac{1}{2} & -2 \\ \frac{1}{4} & 1 & \frac{1}{2} \end{bmatrix}$ $B^{-1}=\begin{bmatrix} 2 & 4 & \frac{5}{2} \\ -\frac{3}{4} & 2 & \frac{1}{4} \\ \frac{1}{4} & \frac{1}{2} & 2 \end{bmatrix}$

34. $A^{-1}=\begin{bmatrix} 1 & -4 & 2 \\ 0 & 1 & 3 \\ 4 & 2 & 1 \end{bmatrix}$, $B^{-1}=\begin{bmatrix} 6 & 5 & -3 \\ -2 & 4 & -1 \\ 1 & 3 & 4 \end{bmatrix}$

35. 다음 행렬이 그것의 역행렬과 같기 위한 x를 구하라.

$$A=\begin{bmatrix} 3 & x \\ -2 & -3 \end{bmatrix}$$

36. 다음 행렬이 가역이 되지 않기 위한 x를 구하라.

$$A=\begin{bmatrix} 4 & x \\ -2 & -3 \end{bmatrix}$$

37. 다음으로부터 A를 구하라.

$$(2A)^{-1}=\begin{bmatrix} 1 & 2 \\ 3 & 4 \end{bmatrix}$$

38. 다음 행렬이 가역임을 보이고 그것의 역행렬을 구하라.

$$A=\begin{bmatrix} \sin\theta & \cos\theta \\ -\cos\theta & \sin\theta \end{bmatrix}$$

39−40. 다음 각 명제들이 참인지 거짓인지를 말하여라. 만약 명제가 참이면, 이유를 말하거나 교재에 있는 적합한 명제를 인용하여라. 만약 명제가 거짓이면, 명제가 모든 경우에 다 참인 것은 아니라는 것을 예를 들어 설명하거나 교재에 있는 적합한 명제를 인용하여 설명하라.

39. (a) 가역행렬의 역행렬은 유일하다.

(b) 행렬들 A, B, C가 $BA=CA$를 만족하고 A가 가역이면 $B=C$이다.

(c) 두 행렬의 곱에 대한 역원은 각각의 역원의 곱이다. 즉, $(AB)^{-1}=A^{-1}B^{-1}$

(d) A가 행에 대하여 단위행렬과 동치이면 A는 가역이다.

40. (a) 4개의 가역인 7×7행렬들의 곱도 가역이다.

(b) 가역행렬의 역행렬에 대한 전치행렬은 전치행렬의 역행렬과 같다.

(c) $ab-dc\neq0$이면 행렬 $\begin{bmatrix} a & b \\ c & d \end{bmatrix}$는 가역이다.

(d) 만약 A가 정방행렬이면 연립방정식 $A\mathbf{x}=\mathbf{b}$는 유일해를 갖는다.

41. 정리 2.8의 성질 2를 증명하라.

만약 A가 가역행렬이고, k가 양의 정수이면 $(A^k)^{-1}=\underbrace{A^{-1}A^{-1}\cdots A^{-1}}_{k\text{개}}$이다.

42. 정리 2.8의 성질 4를 증명하라.

A가 가역행렬이면 $(A^T)^{-1}=(A^{-1})^T$이다.

43. 가역인 대칭행렬의 역행렬은 대칭행렬이다.

힌트 : A의 역행렬이 대칭행렬이라는 것을 증명하기 위해서 $(A^{-1})^T=A^{-1}$를 보여야 한다.

(i) A는 가역이고 대칭행렬이라고 하자.

(ii) (i)의 의미는 $A^T=A$이고 A^{-1}가 존재한다는 것이다.

(iii) 전치행렬의 성질을 이용하여 $(A^{-1})^T=A^{-1}$임을 보여라.

44. 정리 2.10의 성질 2를 증명하라.

$CA=CB$를 만족하는 C가 가역이면 $A=B$이다.

45. $A^2=A$이면 $I-2A=(I-2A)^{-1}$임을 증명하라.

46. A, B, C가 정방행렬이고 $ABC=I$이면 B는 가역이고 $B^{-1}=CA$임을 증명하라.

47. A가 가역이고 $AB=O$이면 $B=O$임을 증명하라.

48. $A^2=A$이면 $A=I$이거나 A는 가역이 아님을 증명하라.
힌트 : A가 가역이 아니거나 A가 단위행렬임을 보여야 한다.

(i) A가 가역이거나 가역이 아닌 경우를 나누어서 시작하자.

(ii) A가 가역이 아니면 이미 증명이 끝났다.

(iii) A가 가역이면 A의 역행렬 A^{-1}와 $A^2=A$라는 전제조건을 이용하여 $A=I$임을 보인다.

49. 두 가역행렬의 합은 가역인가? 이유를 설명하라. 적절한 예를 들어 보아라.

50. 대각행렬은 어떤 조건에서 가역인가? 만약 A가 가역이면 A의 역행렬을 구하라.

$$A=\begin{bmatrix} a_{11} & 0 & 0 & \cdots & 0 \\ 0 & a_{22} & 0 & \cdots & 0 \\ \vdots & \vdots & \vdots & & \vdots \\ 0 & 0 & 0 & \cdots & a_{nn} \end{bmatrix}$$

51. 연습문제 50을 이용하여 다음 행렬들의 역행렬을 구하라.

(a) $A=\begin{bmatrix} -1 & 0 & 0 \\ 0 & 3 & 0 \\ 0 & 0 & 2 \end{bmatrix}$ (b) $A=\begin{bmatrix} \frac{1}{2} & 0 & 0 \\ 0 & \frac{1}{3} & 0 \\ 0 & 0 & \frac{1}{4} \end{bmatrix}$

52. $A=\begin{bmatrix} 1 & 2 \\ -2 & 1 \end{bmatrix}$

(a) $A^2-2A+5I=O$임을 보여라. I는 2×2 단위행렬이다.

(b) $A^{-1}=\frac{1}{5}(2I-A)$임을 보여라.

(c) 일반적으로, $A^2-2A+5I=O$을 만족하는 어떠한 정방행렬 A도 역행렬 $A^{-1}=\frac{1}{5}(2I-A)$를 갖음을 증명하라.

53. $\mathbf{u}$를 $\mathbf{u}^T\mathbf{u}=1$을 만족하는 $n\times1$열행렬이라고 하자. $n\times n$행렬 $H=I_n-2\mathbf{u}\mathbf{u}^T$는 **Householder 행렬**이라고 한다.

(a) H는 가역이고 대칭임을 증명하라.

(b) $\mathbf{u}=\begin{bmatrix} \frac{\sqrt{2}}{2} \\ \frac{\sqrt{2}}{2} \\ 0 \end{bmatrix}$라 하자. $\mathbf{u}^T\mathbf{u}=1$임을 보이고 Householder 행렬 H를 구하라.

54. 행렬 $I-AB$가 가역이면 $I-BA$도 가역임을 증명하라.

55. A, D, P를 $AP=PD$를 만족하는 $n\times n$행렬들이라고 하자. P가 가역일 때 이 방정식을 A에 관하여 풀어라. $A=D$가 사실이어야만 하는가?

56. A, D, P가 $P^{-1}AP=D$를 만족하는 $n\times n$행렬들이라고 하자. 이 방정식을 A에 대하여 풀어라. $A=D$가 사실이어야만 하는가?

57. $A^2=A$를 만족하는 가역이 아닌 2×2행렬 A의 예를 구하라.

2.4 기본행렬

1.2절에서는 다음 세 가지 행에 관한 기본연산을 소개하였다.

1. 두 행을 바꾼다.
2. 0이 아닌 상수를 행에 곱한다.
3. 한 행을 k배하여 다른 행에 더한다.

이 절에서는 이러한 연산들이 행렬곱에 어떻게 사용될 수 있는 지를 알아본다.

기본행렬의 정의

단위행렬 I_n에 행에 관한 연산을 한번 시행하여 얻은 $n\times n$행렬을 **기본행렬**이라고 한다.

참고 단위행렬 I_n은 기본행렬이다. 왜냐하면 단위행렬은 자신의 한 행에 1을 곱한 것과 같기 때문이다.

[예제 1] 기본행렬과 기본행렬이 아닌 행렬

다음 중 기본행렬은? 만약 기본행렬이라면 어떠한 행에 관한 연산이 이루어졌는지 말하여라.

(a) $\begin{bmatrix} 1 & 0 & 0 \\ 0 & 3 & 0 \\ 0 & 0 & 1 \end{bmatrix}$ (b) $\begin{bmatrix} 1 & 0 & 0 \\ 0 & 1 & 0 \end{bmatrix}$ (c) $\begin{bmatrix} 1 & 0 & 0 \\ 0 & 1 & 0 \\ 0 & 0 & 0 \end{bmatrix}$

(d) $\begin{bmatrix} 1 & 0 & 0 \\ 0 & 0 & 1 \\ 0 & 1 & 0 \end{bmatrix}$ (e) $\begin{bmatrix} 1 & 0 \\ 2 & 1 \end{bmatrix}$ (f) $\begin{bmatrix} 1 & 0 & 0 \\ 0 & 2 & 0 \\ 0 & 0 & -1 \end{bmatrix}$

풀이 (a) 기본행렬이다. I_3의 두 번째 행에 3을 곱하여 얻을 수 있다.

(b) 정방행렬이 아니기 때문에 기본행렬이 아니다.

(c) 기본행렬이 아니다. 왜냐하면 I_3의 세 번째 행에 0이 곱하여 졌기 때문이다. (행에 관한 곱셈은 0이 아닌 상수에 대하여 가능하다.)

(d) 기본행렬이다. I_3의 두 번째 행과 세 번째 행을 바꾸어 얻을 수 있다.

(e) 기본행렬이다. I_2의 첫 번째 행에 2를 곱하여 두 번째 행에 더하였다.

(f) I_3에 행에 관한 연산을 두 번 하였으므로 기본행렬이 아니다. ◀

행에 관한 기본연산을 한다는 것은 기본행렬들을 행렬에 곱하여 얻을 수 있기 때문에 매우 유용하다. 예제 2에서 살펴보자.

[예제 2] 기본행렬과 행에 관한 기본연산

(a) 다음 행렬의 곱에서 E는 I_3의 처음 두 행을 서로 바꾸는 기본행렬을 나타낸다.

$$\overset{E}{\begin{bmatrix} 0 & 1 & 0 \\ 1 & 0 & 0 \\ 0 & 0 & 1 \end{bmatrix}} \overset{A}{\begin{bmatrix} 0 & 2 & 1 \\ 1 & -3 & 6 \\ 3 & 2 & -1 \end{bmatrix}} = \begin{bmatrix} 1 & -3 & 6 \\ 0 & 2 & 1 \\ 3 & 2 & -1 \end{bmatrix}$$

A의 처음 두 행은 E를 왼쪽으로 곱하므로써 바꾸어진다.

(b) 다음 행렬 곱에서 E는 I_3의 두 번째 행에 $\frac{1}{2}$을 곱한 기본행렬을 나타낸다.

$$\overset{E}{\begin{bmatrix} 1 & 0 & 0 \\ 0 & \frac{1}{2} & 0 \\ 0 & 0 & 1 \end{bmatrix}} \overset{A}{\begin{bmatrix} 1 & 0 & -4 & 1 \\ 0 & 2 & 6 & -4 \\ 0 & 1 & 3 & 1 \end{bmatrix}} = \begin{bmatrix} 1 & 0 & -4 & 1 \\ 0 & 1 & 3 & -2 \\ 0 & 1 & 3 & 1 \end{bmatrix}$$

여기서 A는 3×4행렬이다. 그러나 A가 어떠한 $3\times n$행렬이라도 기본행렬 E를 왼쪽에 곱할 수 있다. E를 왼쪽에 곱하는 것은 A의 두 번째 행에 $\frac{1}{2}$를 곱하는 것과 같은 결과가 된다.

(c) 다음 곱에서 E는 I_3의 첫 번째 행에 2를 곱해서 두 번째 행에 더한 기본행렬을 뜻한다.

$$\overset{E}{\begin{bmatrix}1 & 0 & 0\\2 & 1 & 0\\0 & 0 & 1\end{bmatrix}}\overset{A}{\begin{bmatrix}1 & 0 & -1\\-2 & -2 & 3\\0 & 4 & 5\end{bmatrix}}=\begin{bmatrix}1 & 0 & -1\\0 & -2 & 1\\0 & 4 & 5\end{bmatrix}$$

EA는 A의 첫 번째 행에 2를 곱해서 두 번째 행에 더한 것과 같다.

예제 2에 있는 세 개의 곱셈은 기본행렬을 왼쪽에 곱함으로써 행에 관한 기본연산을 시행할 수 있다는 것을 보여준다. 기본행렬의 성질을 증명 없이 다음 정리에서 일반화하였다.

정리 2.12 행에 관한 기본연산 나타내기

E를 I_m에 행에 관한 기본연산을 행하여 얻은 기본행렬이라고 하자. $m\times n$ 행렬에 똑같은 행에 관한 기본연산을 시행하면 그 결과는 곱 EA와 같다.

참고 정리 2.12에서 기본행렬 E는 A의 왼쪽에 곱하여지는 것에 주의하여라. 기본행렬을 오른쪽에 곱하는 것은 행렬의 열에 관한 연산과 같은데 여기서는 취급하지 않을 것이다.

행에 관한 기본연산은 대부분 연속적으로 활용된다. 예를 들어, 가우스 소거법은 보통 행간소 사다리꼴 A를 얻기 위해서 예닐곱번의 기본연산을 시행한다. 마찬가지로, 여러 번의 기본행렬을 곱하여 행간소 사다리꼴을 얻을 수 있다. 곱셈의 순서는 중요하다. A의 바로 왼쪽에 있는 기본행렬은 제일 처음의 행에 관한 연산과 대응된다. 이 과정은 예제 3에서 볼 수 있다.

[예제 3] 기본행렬 사용하기

행렬 A의 행간소 사다리꼴을 구하는데 사용되는 연속된 기본행렬을 구하라.

$$A=\begin{bmatrix}0 & 1 & 3 & 5\\ 1 & -3 & 0 & 2\\ 2 & -6 & 2 & 0\end{bmatrix}$$

풀이

행렬	행에 관한 기본연산	기본행렬
$\begin{bmatrix}1 & -3 & 0 & 2\\ 0 & 1 & 3 & 5\\ 2 & -6 & 2 & 0\end{bmatrix}$	$R_1 \leftrightarrow R_2$	$E_1=\begin{bmatrix}0 & 1 & 0\\ 1 & 0 & 0\\ 0 & 0 & 1\end{bmatrix}$
$\begin{bmatrix}1 & -3 & 0 & 2\\ 0 & 1 & 3 & 5\\ 0 & 0 & 2 & -4\end{bmatrix}$	$R_3+(-2)R_1 \rightarrow R_3$	$E_2=\begin{bmatrix}1 & 0 & 0\\ 0 & 1 & 0\\ -2 & 0 & 1\end{bmatrix}$
$\begin{bmatrix}1 & -3 & 0 & 2\\ 0 & 1 & 3 & 5\\ 0 & 0 & 1 & -2\end{bmatrix}$	$\left(\frac{1}{2}\right)R_3 \rightarrow R_3$	$E_3=\begin{bmatrix}1 & 0 & 0\\ 0 & 1 & 0\\ 0 & 0 & \frac{1}{2}\end{bmatrix}$

세 개의 기본행렬 E_1, E_2, E_3는 위와 같은 소거를 하기 위하여 사용될 수 있다.

$$\begin{aligned}
B=E_3E_2E_1A&=\begin{bmatrix}1 & 0 & 0\\ 0 & 1 & 0\\ 0 & 0 & \frac{1}{2}\end{bmatrix}\begin{bmatrix}1 & 0 & 0\\ 0 & 1 & 0\\ -2 & 0 & 1\end{bmatrix}\begin{bmatrix}0 & 1 & 0\\ 1 & 0 & 0\\ 0 & 0 & 1\end{bmatrix}\begin{bmatrix}0 & 1 & 3 & 5\\ 1 & -3 & 0 & 2\\ 2 & -6 & 2 & 0\end{bmatrix}\\
&=\begin{bmatrix}1 & 0 & 0\\ 0 & 1 & 0\\ 0 & 0 & \frac{1}{2}\end{bmatrix}\begin{bmatrix}1 & 0 & 0\\ 0 & 1 & 0\\ -2 & 0 & 1\end{bmatrix}\begin{bmatrix}1 & -3 & 0 & 2\\ 0 & 1 & 3 & 5\\ 2 & -6 & 2 & 0\end{bmatrix}\\
&=\begin{bmatrix}1 & 0 & 0\\ 0 & 1 & 0\\ 0 & 0 & \frac{1}{2}\end{bmatrix}\begin{bmatrix}1 & -3 & 0 & 2\\ 0 & 1 & 3 & 5\\ 0 & 0 & 2 & -4\end{bmatrix}\\
&=\begin{bmatrix}1 & -3 & 0 & 2\\ 0 & & 3 & 5\\ 0 & 0 & 1 & -2\end{bmatrix}
\end{aligned}$$

◀

참고 예제 3의 과정은 근본적으로 이론적인 흥미를 위한 것이다. 다시 말해서 이러한 과정은 가우스 소거를 시행하기 위한 실질적인 방법으로는 사용되지 않는다.

예제 3에 있는 두 행렬

$$A=\begin{bmatrix} 0 & 1 & 3 & 5 \\ 1 & -3 & 0 & 2 \\ 2 & -6 & 2 & 0 \end{bmatrix} \text{와 } B=\begin{bmatrix} 1 & -3 & 0 & 2 \\ 0 & 1 & 3 & -5 \\ 0 & 0 & 1 & -2 \end{bmatrix}$$

는 행에 관해서 동등이다. 왜냐하면 A에 행에 관한 연산을 연속적으로 시행함으로써 B를 얻을 수 있기 때문이다. 즉,

$$B=E_3E_2E_1A.$$

행에 관한 동등행렬에 관한 정의는 기본행렬을 이용하여 다음과 같이 말할 수 있다.

행에 관한 동치

A와 B는 $m\times n$행렬들이라고 하자. 유한 개의 기본행렬을 이용하여 $B=E_kE_{k-1}\cdots E_2E_1A$를 얻을 수 있을 때 행렬 B는 행렬 A와 **동치**라고 한다.

2.3에서 모든 정방행렬들이 가역은 아니라는 것을 알았다. 그러나 모든 기본행렬들은 가역이다. 뿐만 아니라 기본행렬의 역행렬은 기본행렬이다.

정리 2.13 기본행렬은 가역이다

만약 E가 기본행렬이면 E^{-1}가 존재하고 이 또한 기본행렬이다.

기본행렬 E의 역행렬을 찾기 위해서는 E를 얻기 위하여 시행된 행에 관한 기본연산을 거꾸로 하면 된다. 예를 들어 예제 3에서 보여준 세 개의 기본행렬의 역행렬은 다음과 같이 구할 수 있다.

기본행렬	역행렬
$E_1=\begin{bmatrix} 0 & 1 & 0 \\ 1 & 0 & 0 \\ 0 & 0 & 1 \end{bmatrix}$ $R_1 \leftrightarrow R_2$	$E_1^{-1}=\begin{bmatrix} 0 & 1 & 0 \\ 1 & 0 & 0 \\ 0 & 0 & 1 \end{bmatrix}$ $R_1 \leftrightarrow R_2$

$$E_2=\begin{bmatrix} 1 & 0 & 0 \\ 0 & 1 & 0 \\ -2 & 0 & 1 \end{bmatrix} R_3+(-2)R_1 \to R_3 \qquad E_2^{-1}=\begin{bmatrix} 1 & 0 & 0 \\ 0 & 1 & 0 \\ 2 & 0 & 1 \end{bmatrix} R_3+(2)R_1 \to R_3$$

$$E_3=\begin{bmatrix} 1 & 0 & 0 \\ 0 & 1 & 0 \\ 0 & 0 & \frac{1}{2} \end{bmatrix} \left(\frac{1}{2}\right)R_3 \to R_3 \qquad E_3^{-1}=\begin{bmatrix} 1 & 0 & 0 \\ 0 & 1 & 0 \\ 0 & 0 & 2 \end{bmatrix} (2)R_3 \to R^3$$

다음 정리는 모든 가역행렬은 기본행렬의 곱으로 나타낼 수 있음을 보여준다.

정리 2.14 역행렬의 성질
정방행렬 A가 가역이기 위한 필요충분조건은 그것이 기본행렬들의 곱으로 나타낼 수 있다는 것이다.

증명 필요충분조건으로부터 위의 정리를 둘로 나눌 수 있다. 즉, A가 가역이면 A는 기본행렬들의 곱으로 나타낼 수 있다. 반대로, A가 기본행렬들의 곱으로 표시되면 A는 가역이다. 먼저, A가 기본행렬들의 곱이라고 하자. 모든 기본행렬은 가역이므로 그것들의 곱도 가역이다. 따라서 A도 가역이다. 다음으로, A가 가역이라고 가정하자. 정리 2.11에서 동차 연립방정식 $A\mathbf{x}=O$은 자명해만을 갖는다는 것을 알 수 있다. 이것은 확대계수 행렬 $[A \,\vdots\, O]$을 $[I \,\vdots\, O]$의 형태로 바꿀 수 있다는 것을 의미한다. (행에 관한 기본연산을 이용하는데 이는 기본행렬 $E_1, E_2, \cdots, E_k$를 곱하는 것과 같다.) 그러므로

$$E_k \cdots E_3E_2E_1A=I$$
$$A=E_1^{-1}E_2^{-1}E_3^{-1} \cdots E_k^{-1}$$

즉, A는 기본행렬들의 곱으로 표현될 수 있다. ■

위의 정리의 첫 번째 부분을 예제 4에서 살펴본다.

[예제 4] 행렬을 기본행렬들의 곱으로 표시하기
다음 행렬을 기본행렬들의 곱으로 표시하라.

$$A=\begin{bmatrix} -1 & -2 \\ 3 & 8 \end{bmatrix}$$

풀이 A를 행간소사다리꼴로 변환하기 위하여 사용되어지는 행에 관한 기본연산을 찾아본다.

행렬	행에 관한 기본연산	기본행렬
$\begin{bmatrix} 1 & 2 \\ 3 & 8 \end{bmatrix}$	$(-1)R_1 \rightarrow R_1$	$E_1=\begin{bmatrix} -1 & 0 \\ 0 & 1 \end{bmatrix}$
행렬		기본행렬
$\begin{bmatrix} 1 & 2 \\ 0 & 2 \end{bmatrix}$	$R_2+(-3)R_1 \rightarrow R_2$	$E_2=\begin{bmatrix} 1 & 0 \\ -3 & 1 \end{bmatrix}$
$\begin{bmatrix} 1 & 2 \\ 0 & 1 \end{bmatrix}$	$\left(\frac{1}{2}\right)R_2 \rightarrow R_2$	$E_3=\begin{bmatrix} 1 & 0 \\ 0 & \frac{1}{2} \end{bmatrix}$
$\begin{bmatrix} 1 & 0 \\ 0 & 1 \end{bmatrix}$	$R_1+(-2)R_2 \rightarrow R_1$	$E_4=\begin{bmatrix} 1 & -2 \\ 0 & 1 \end{bmatrix}$

$E_4E_3E_2E_1A=I$로부터 $A=E_1^{-1}E_2^{-1}E_3^{-1}E_4^{-1}$을 얻을 수 있다. 즉, A는 기본행렬들의 곱이다.

$$A=\overset{E_1^{-1}}{\begin{bmatrix} -1 & 0 \\ 0 & 1 \end{bmatrix}}\overset{E_2^{-1}}{\begin{bmatrix} 1 & 0 \\ 3 & 1 \end{bmatrix}}\overset{E_3^{-1}}{\begin{bmatrix} 1 & 0 \\ 0 & 2 \end{bmatrix}}\overset{E_4^{-1}}{\begin{bmatrix} 1 & 2 \\ 0 & 1 \end{bmatrix}}$$

$$=\begin{bmatrix} -1 & -2 \\ 3 & 8 \end{bmatrix}$$ ◀

우리는 2.3절에서 가역행렬 A의 역행렬을 구하는 과정을 배웠다. 확대계수행렬 $[A \vdots I]$에 가우스-조르단 소거법을 사용하여 $[I \vdots A^{-1}]$를 구하였다. 이러한 과정을 입증하기 위해서 정리 2.14를 사용할 수 있다. 구체적으로 정리 2.14에서는

$$I=E_k \cdots E_3E_2E_1A$$

를 구한 후 이 방정식의 양변에 A^{-1}를 곱하여

$$A^{-1}=E_k \cdots E_3E_2E_1I$$

를 얻는다. 다시 말해서 A를 단위행렬로 바꾸는데 사용된 기본행렬들의 연속적인 곱이 단위행렬을 A^{-1}로 바꾸는데 사용되어진다. 행렬 A와 단위행렬 I에 동시에 적용된 행에 관한 기본연산으로부터

$$E_k \cdots E_3E_2E_1[A \vdots I]=[I \vdots A^{-1}]$$

를 얻는다. 물론 A가 가역이 아니면 위와 같은 기본행렬들의 곱은 존재하지 않

는다.

다음 정리는 $n \times n$ 행렬들과 일차연립방정식간의 중요한 관계를 말하고 있다. 이 정리의 중요 부분들은 이미 증명되었고 (정리 2.11, 정리 2.14) 나머지 부분은 독자에게 남기기로 한다.

정리 2.15 동등조건

A가 $n \times n$행렬이면 다음은 서로 동등이다.

1. A가 가역이다.
2. $A\mathbf{x}=\mathbf{b}$는 유일해를 갖는다. 이때 $\mathbf{b}$는 $n \times 1$행렬이다.
3. $A\mathbf{x}=O$은 자명해만을 갖는다.
4. A는 단위행렬 I_n과 행에 관하여 동치이다.
5. A는 기본행렬들의 곱으로 표현될 수 있다.

LU-삼각분해

일차연립방정식의 해를 구하는 것은 선형대수에 있어서 가장 중요한 응용문제이다. 일차연립방정식 $A\mathbf{x}=\mathbf{b}$를 푸는데 있어서 가장 효율적인 방법은 소위 LU-삼각분해방법인데, 이는 정방행렬 A를 하삼각행렬과 상삼각행렬의 곱으로 표현하는 것이다. 즉, $A=LU$. **하삼각행렬**이란 대각선 위의 모든 원소들이 0인 행렬을 뜻하고 **상삼각행렬**이란 대각선 밑의 모든 원소들이 0인 행렬을 말한다.

$$\begin{bmatrix} a_{11} & 0 & 0 \\ a_{21} & a_{22} & 0 \\ a_{31} & a_{32} & a_{33} \end{bmatrix} \qquad \begin{bmatrix} a_{11} & a_{12} & a_{13} \\ 0 & a_{22} & a_{23} \\ 0 & 0 & a_{33} \end{bmatrix}$$

3×3하삼각행렬 $\qquad$ 3×3상삼각행렬

$A\mathbf{x}=LU\mathbf{x}$와 $U\mathbf{x}=\mathbf{y}$라 하자. $\mathbf{x}$를 두 단계로 나누어 구한다. 먼저 $L\mathbf{y}=\mathbf{b}$에서 $\mathbf{y}$를 구한다. 그리고 $U\mathbf{x}=\mathbf{y}$로부터 $\mathbf{x}$를 구한다. 각 방정식들은 풀기가 쉬운데 그 이유는 각 계수 행렬들이 삼각행렬이기 때문이다. 특히, 두 방정식 어느 것도 행에 관한 연산을 필요로 하지 않는다.

LU -삼각분해의 정의

$n\times n$행렬 A가 하삼각행렬 L과 상삼각행렬 U의 곱으로 표현되어지면, $A=LU$는 A의 LU-삼각분해라고 한다.

[예제 5] LU-삼각분해

(a) $\begin{bmatrix}1 & 2\\1 & 0\end{bmatrix}=\begin{bmatrix}1 & 0\\1 & 1\end{bmatrix}\begin{bmatrix}1 & 2\\0 & -2\end{bmatrix}$

는 $A=\begin{bmatrix}1 & 2\\1 & 0\end{bmatrix}$의 LU-삼각분해이다. 이때 $L=\begin{bmatrix}1 & 0\\1 & 1\end{bmatrix}$이고 $U=\begin{bmatrix}1 & 2\\0 & -2\end{bmatrix}$이다.

(b) $A=\begin{bmatrix}1 & -3 & 0\\0 & 1 & 3\\2 & -10 & 2\end{bmatrix}=\begin{bmatrix}1 & 0 & 0\\0 & 1 & 0\\2 & -4 & 1\end{bmatrix}\begin{bmatrix}1 & -3 & 0\\0 & 1 & 3\\0 & 0 & 14\end{bmatrix}=LU$

는 A의 LU-삼각분해이다. ◀

정방행렬 A에서 한 행의 곱을 다른 행에 더하는 연산만을 하여 상삼각행렬 U를 얻을 수 있다면 A의 LU-삼각분해는 쉽게 찾을 수 있다. 각 행에 관한 연산을 순서대로 잘 따라하면 쉽게 찾을 수 있는데 이를 다음 예제에서 보여 주도록 한다.

[예제 6] 행렬의 LU-삼각분해 구하기

행렬 $A=\begin{bmatrix}1 & -3 & 0\\0 & 1 & 3\\2 & -10 & 2\end{bmatrix}$의 LU-삼각분해를 찾아라.

풀이 A를 상삼각행렬의 형태로 변환하기 위하여 행에 관한 기본연산을 수행하고 각 연산에 대응되는 기본행렬을 기록한다.

행렬	기본행렬
$\begin{bmatrix}1 & -3 & 0\\0 & 1 & 3\\0 & -4 & 2\end{bmatrix}$	$E_1=\begin{bmatrix}1 & 0 & 0\\0 & 1 & 0\\-2 & 0 & 1\end{bmatrix}$

$$\begin{bmatrix} 1 & -3 & 0 \\ 0 & 1 & 3 \\ 0 & 0 & 14 \end{bmatrix} \qquad\qquad E_2=\begin{bmatrix} 1 & 0 & 0 \\ 0 & 1 & 0 \\ 0 & 4 & 1 \end{bmatrix}$$

왼쪽 행렬 U는 상삼각행렬이고 $E_2E_1A=U$ 또는 $A=E_1^{-1}\ E_2^{-1}U$를 얻는다. 하삼각행렬들의 곱은 다시 하삼각행렬이므로 $A=LU$가 된다.

$$E_1^{-1}E_2^{-1}=\begin{bmatrix} 1 & 0 & 0 \\ 0 & 1 & 0 \\ 2 & 0 & 1 \end{bmatrix}\begin{bmatrix} 1 & 0 & 0 \\ 0 & 1 & 0 \\ 0 & -4 & 1 \end{bmatrix}=\begin{bmatrix} 1 & 0 & 0 \\ 0 & 1 & 0 \\ 2 & -4 & 1 \end{bmatrix}$$

이것이 위의 예제 5(b)에 있는 LU-삼각분해와 같다는 것을 알 수 있다. ◀

일반적으로 행렬 A가 한 행의 배수를 다른 행에 더하는 행에 관한 연산만을 통하여 상삼각행렬을 얻을 수 있다면 이는 LU-삼각분해가 가능하다고 말한다.

$$\begin{aligned} &E_k\ \cdots\ E_2E_1A=U \\ &\qquad\qquad A=E_1^{-1}E_2^{-1}\ \cdots\ E_k^{-1}U \\ &\qquad\qquad A=LU \end{aligned}$$

여기서 L은 행에 관한 연산에 사용된 기본행렬의 역행렬들의 곱이다.

예제 6에 있는 곱셈수는 -2와 4인데 이는 L에 있는 대응되는 원소의 음수와 같다. 일반적으로, A로부터 얻어진 U가 한 행의 배수를 다른 행에 더하는 과정만을 이용하여 생성되었다면 행렬 L은 대각선상의 원소가 1인 하삼각행렬로 곱셈수와 절대값은 같고 부호가 다른 수들이 U에서 0이 되도록 한 위치와 같은 위치에 놓이게 된다. 이와 같이, A의 LU-삼각분해를 얻게 되면 n개의 미지수를 갖는 n일차연립방정식 $A\mathbf{x}=\mathbf{b}$의 해는 쉽게 두 단계로 나누어 풀 수 있다.

1. $\mathbf{y}=U\mathbf{x}$라 하고 $L\mathbf{y}=\mathbf{b}$를 $\mathbf{y}$에 대해서 푼다.
2. $U\mathbf{x}=\mathbf{y}$를 $\mathbf{x}$에 대하여 푼다.

열행렬 $\mathbf{x}$가 해가 되는데 이는

$$A\mathbf{x}=LU\mathbf{x}=L\mathbf{y}=\mathbf{b}$$

이기 때문이다. 위의 두 번째 단계는 뒤에서부터 대입하면 된다. 왜냐하면 U는 상삼각행렬이기 때문이다. 첫 번째 단계도 마찬가지이다. 단지 이번에는 L이 하삼각행렬이기 때문에 위에서부터 시작하는 것이 다를 뿐이다. 이를 **앞-대입**(forward substitution)이라고 한다.

[예제 7] LU-삼각분해를 이용한 일차연립방정식 풀기

다음 연립방정식의 해를 구하라.

$$\begin{aligned} x_1 - 3x_2 \qquad &= -5 \\ x_2 + 3x_3 &= -1 \\ 2x_1 - 10x_2 + 2x_3 &= -20 \end{aligned}$$

풀이 예제 6과 같이 계수행렬 A의 LU-삼각분해를 구한다.

$$A=\begin{bmatrix} 1 & -3 & 0 \\ 0 & 1 & 3 \\ 2 & -10 & 2 \end{bmatrix}=\begin{bmatrix} 1 & 0 & 0 \\ 0 & 1 & 0 \\ 2 & -4 & 1 \end{bmatrix}\begin{bmatrix} 1 & -3 & 0 \\ 0 & 1 & 3 \\ 0 & 0 & 14 \end{bmatrix}$$

먼저 $\mathbf{y}=U\mathbf{x}$라 하고 $\mathbf{y}$에 대해서 $L\mathbf{y}=\mathbf{b}$를 푼다.

$$\begin{bmatrix} 1 & 0 & 0 \\ 0 & 1 & 0 \\ 2 & -4 & 1 \end{bmatrix}\begin{bmatrix} y_1 \\ y_2 \\ y_3 \end{bmatrix}=\begin{bmatrix} -5 \\ -1 \\ -20 \end{bmatrix}$$

이 방정식은 앞-대입을 이용하여 쉽게 구할 수 있다. 첫 번째 방정식으로부터 $y_1=-5$를 얻는다. 두 번째 방정식으로부터 $y_2=-1$를 얻는다. 마지막으로

$$\begin{aligned} 2y_1 - 4y_2 + y_3 &= -20 \\ y_3 &= -20 - 2y_1 + 4y_2 \\ y_3 &= -20 - 2(-5) + 4(-1) \\ y_3 &= -14 \end{aligned}$$

그러므로 $L\mathbf{y}=\mathbf{b}$의 해는

$$\mathbf{y}=\begin{bmatrix} -5 \\ -1 \\ -14 \end{bmatrix}$$

이다. $U\mathbf{x}=\mathbf{y}$에 대한 $\mathbf{x}$는 뒤-대입을 이용하여 구한다.

$$\begin{bmatrix} 1 & -3 & 0 \\ 0 & 1 & 3 \\ 0 & 0 & 14 \end{bmatrix}\begin{bmatrix} x_1 \\ x_2 \\ x_3 \end{bmatrix}=\begin{bmatrix} -5 \\ -1 \\ -14 \end{bmatrix}$$

가장 밑에 있는 방정식으로부터 $x_3=-1$을 얻는다. 두 번째 방정식으로부터 $x_2+3(-1)=-1$, $x_2=2$를 얻는다. 마지막으로 $x_1-3(2)=-5$, $x_1=1$을 얻는다. 즉, 원래

일차연립방정식의 해는

$$\mathbf{x}=\begin{bmatrix} 1 \\ 2 \\ -1 \end{bmatrix} \text{ 이다.}$$

◀

연 습 문 제 2.4(기본행렬)

1−8. 다음 행렬들이 기본행렬들인지를 판단하여라. 만약 기본행렬이면 그곳에 사용된 행에 관한 기본연산이 어떤 것인지를 설명하라.

1. $\begin{bmatrix} 1 & 0 \\ 0 & 2 \end{bmatrix}$

2. $\begin{bmatrix} 1 & 0 & 0 \\ 0 & 0 & 1 \end{bmatrix}$

3. $\begin{bmatrix} 1 & 0 \\ 2 & 1 \end{bmatrix}$

4. $\begin{bmatrix} 0 & 1 \\ 1 & 0 \end{bmatrix}$

5. $\begin{bmatrix} 2 & 0 & 0 \\ 0 & 0 & 1 \\ 0 & 1 & 0 \end{bmatrix}$

6. $\begin{bmatrix} 1 & 0 & 0 \\ 0 & 1 & 0 \\ 2 & 0 & 1 \end{bmatrix}$

7. $\begin{bmatrix} 1 & 0 & 0 & 0 \\ 0 & 1 & 0 & 0 \\ 0 & -5 & 1 & 0 \\ 0 & 0 & 0 & 1 \end{bmatrix}$

8. $\begin{bmatrix} 1 & 0 & 0 & 0 \\ 2 & 1 & 0 & 0 \\ 0 & 0 & 1 & 0 \\ 0 & 0 & -3 & 1 \end{bmatrix}$

9−12. A, B, C가 다음과 같이 주어졌을 때

$$A=\begin{bmatrix} 1 & 2 & -3 \\ 0 & 1 & 2 \\ -1 & 2 & 0 \end{bmatrix},\quad B=\begin{bmatrix} -1 & 2 & 0 \\ 0 & 1 & 2 \\ 1 & 2 & -3 \end{bmatrix},\quad C=\begin{bmatrix} 0 & 4 & -3 \\ 0 & 1 & 2 \\ -1 & 2 & 0 \end{bmatrix}$$

9. $EA=B$가 되는 기본행렬 E를 찾아라.

10. $EA=C$가 되는 기본행렬 E를 찾아라.

11. $EB=A$가 되는 기본행렬 E를 찾아라.

12. $EC=A$가 되는 기본행렬 E를 찾아라.

13－20. 다음 기본행렬들의 역행렬을 구하라.

13. $\begin{bmatrix} 0 & 1 \\ 1 & 0 \end{bmatrix}$ **14.** $\begin{bmatrix} 5 & 0 \\ 0 & 1 \end{bmatrix}$

15. $\begin{bmatrix} 0 & 0 & 1 \\ 0 & 1 & 0 \\ 1 & 0 & 0 \end{bmatrix}$ **16.** $\begin{bmatrix} 1 & 0 & 0 \\ 0 & 1 & 0 \\ 0 & -3 & 1 \end{bmatrix}$

17. $\begin{bmatrix} k & 0 & 0 \\ 0 & 1 & 0 \\ 0 & 0 & 1 \end{bmatrix}$, $k \neq 0$ **18.** $\begin{bmatrix} 1 & 0 & 0 \\ 0 & 0 & 1 \\ 0 & 1 & 0 \end{bmatrix}$

19. $\begin{bmatrix} 1 & 0 & 0 & 0 \\ 0 & 1 & k & 0 \\ 0 & 0 & 1 & 0 \\ 0 & 0 & 0 & 1 \end{bmatrix}$ **20.** $\begin{bmatrix} 1 & 0 & 0 & 0 \\ 0 & 1 & 0 & 0 \\ 0 & 0 & 1/k & 0 \\ 0 & 0 & 0 & 1 \end{bmatrix}$, $k \neq 0$

21－28. 행렬 A를 기본행렬들의 곱으로 나타내어라.

21. $A=\begin{bmatrix} 1 & 2 \\ 1 & 0 \end{bmatrix}$ **22.** $A=\begin{bmatrix} 0 & 1 \\ 1 & 0 \end{bmatrix}$

23. $A=\begin{bmatrix} 4 & -1 \\ 3 & -1 \end{bmatrix}$ **24.** $A=\begin{bmatrix} 1 & 1 \\ 2 & 1 \end{bmatrix}$

25. $A=\begin{bmatrix} 1 & -2 & 0 \\ -1 & 3 & 0 \\ 0 & 0 & 1 \end{bmatrix}$ **26.** $\begin{bmatrix} 1 & 2 & 3 \\ 2 & 5 & 6 \\ 1 & 3 & 4 \end{bmatrix}$

27. $A=\begin{bmatrix} 2 & 0 & -8 \\ 2 & 2 & 2 \\ 0 & 2 & 7 \end{bmatrix}$ **28.** $\begin{bmatrix} -1 & 2 & 0 \\ 0 & 2 & 0 \\ 1 & 0 & 1 \end{bmatrix}$

29－30. 다음 각 명제들이 참인지 거짓인지를 판별하여라. 만약 사실이면 이유를 설명하거나 본문에 있는 적절한 명제를 인용하라. 만약 거짓이면 명제가 항상 사실은 아니라는 것을 예를 들거나 본문에 있는 적절한 명제들을 인용하라.

29. (a) 단위행렬은 기본행렬이다.

(b) 만약 E가 기본행렬이면, $2E$도 기본행렬이다.

(c) 만약 유한개의 기본행렬 $E_1, E_2 \cdots E_k$에 대해서 $A=E_kE_{k-1} \cdots E_2E_1B$이면 A는 B와 동치이다.

(d) 기본행렬의 역행렬은 기본행렬이다.

30. (a) 영행렬은 기본행렬이다.

(b) 정방행렬이 기본행렬들의 곱으로 나타내어진다면 이 행렬은 가역이다.

(c) $A\mathbf{x}=O$이 자명해만을 갖기 위한 필요충분조건은 $A\mathbf{x}=\mathbf{b}$가 모든 $n\times 1$열벡터 $\mathbf{b}$에 대해서 유일해를 갖는 것이다.

31. E는 단위행렬 I_n의 두 행을 바꾸어서 생긴 기본행렬이다. A가 $n\times n$행렬일 때

(a) EA와 A를 비교하라.

(b) E^2을 구하라.

32. E는 단위행렬 I_n에 있는 한 행에 상수 c를 곱하여 생긴 기본행렬이다. A가 $n\times n$ 행렬일 때

(a) EA와 A를 비교하라.

(b) E^2을 구하라.

33. 기본행렬을 이용하여 다음 행렬의 역행렬을 구하라.

$$A=\begin{bmatrix}1 & a & 0\\ 0 & 1 & 0\\ 0 & 0 & 1\end{bmatrix}\begin{bmatrix}1 & 0 & 0\\ b & 1 & 0\\ 0 & 0 & 1\end{bmatrix}\begin{bmatrix}1 & 0 & 0\\ 0 & 1 & 0\\ 0 & 0 & c\end{bmatrix},\quad c\neq 0$$

34. 기본행렬을 이용하여 다음 행렬의 역행렬을 구하라.

$$A=\begin{bmatrix}1 & 0 & 0\\ 0 & 1 & 0\\ a & b & c\end{bmatrix},\quad c\neq 0$$

35. 두 기본행렬의 곱은 항상 기본행렬인가? (이유를 설명하고 결론을 나타내는 적절한 예를 제시하여라.)

36. 두 기본행렬의 합은 항상 기본행렬인가? (이유를 설명하고 결론을 나타내는 적절한 예를 제시하여라.)

37−40. 다음 행렬의 LU-삼각분해를 구하라.

37. $\begin{bmatrix}1 & 0\\ -2 & 1\end{bmatrix}$

38. $\begin{bmatrix}-2 & 1\\ -6 & 4\end{bmatrix}$

39. $\begin{bmatrix}3 & 0 & 1\\ 6 & 1 & 1\\ -3 & 1 & 0\end{bmatrix}$

40. $\begin{bmatrix}2 & 0 & 0\\ 0 & -3 & 1\\ 10 & 12 & 3\end{bmatrix}$

41－42. 일차연립방정식 $A\mathbf{x}=\mathbf{b}$를 다음 순서에 따라 풀어라.

(a) 계수행렬 A의 LU-삼각분해를 구하라.

(b) 하삼각행렬에 대한 $L\mathbf{y}=\mathbf{b}$를 구하라.

(c) 상삼각행렬에 대한 $U\mathbf{x}=\mathbf{y}$를 구하라.

41.
$$\begin{aligned} 2x+y \quad\; &= 1 \\ y-z &= 2 \\ -2x+y+z &= -2 \end{aligned}$$

42.
$$\begin{aligned} 2x_1 \qquad\qquad &= 4 \\ -2x_1+x_2-x_3 \qquad &= -4 \\ 6x_1+2x_2+x_3 \qquad &= 15 \\ -x_4 &= -1 \end{aligned}$$

43. 여러 개의 일차연립방정식 $A\mathbf{x}=\mathbf{b}_i$을 풀어야 한다고 가정하자. 이때 같은 계수 행렬 A를 갖는다. 이 일을 조금 더 쉽게 하기 위해서 각각의 시스템을 가우스-소거법으로 푸는 대신에 A에 대한 LU-삼각분해를 사용하는 것이 왜 좋은지를 설명하라.

44. (a) 행렬 $A=\begin{bmatrix} 0 & 1 \\ 1 & 0 \end{bmatrix}$는 LU-삼각분해를 찾을 수 없음을 보여라.

(b) 행렬 $A=\begin{bmatrix} a & b \\ c & d \end{bmatrix}$의 LU-삼각분해를 찾아라. 이때 L의 대각 원소들은 모두 1이 되도록 하여라. 이를 위해서 A의 어떤 조건을 만족하여야 하는가?

45－50. 정방행렬 A는 $A^2=A$일 때 멱등행렬(idempotent)이라고 한다. 다음 행렬들이 멱등행렬인지를 판별하라.

45. $\begin{bmatrix} 1 & 0 \\ 0 & 0 \end{bmatrix}$

46. $\begin{bmatrix} 0 & 1 \\ 1 & 0 \end{bmatrix}$

47. $\begin{bmatrix} 2 & 3 \\ -1 & -2 \end{bmatrix}$

48. $\begin{bmatrix} 2 & 3 \\ 1 & 2 \end{bmatrix}$

49. $\begin{bmatrix} 0 & 0 & 1 \\ 0 & 1 & 0 \\ 1 & 0 & 0 \end{bmatrix}$

50. $\begin{bmatrix} 0 & 1 & 0 \\ 1 & 0 & 0 \\ 0 & 0 & 1 \end{bmatrix}$

51. A가 멱등행렬이 되기 위한 a와 b를 정하라.

$$A=\begin{bmatrix} 1 & 0 \\ a & b \end{bmatrix}$$

52. A가 멱등행렬이 되기 위한 a, b, c의 조건을 정하라.

$$A=\begin{bmatrix} a & 0 \\ b & c \end{bmatrix}$$

53. A가 멱등행렬인 $n\times n$ 정방행렬이고 가역이면 $A=I_n$임을 증명하라.

54. A가 멱등행렬일 필요충분조건은 A^T도 멱등행렬임을 증명하라.

힌트 : 여기서 필요충분조건이란 다음의 두 명제를 뜻한다.

1. A가 멱등행렬이면 A^T도 멱등행렬이다.
2. A^T가 멱등행렬이면 A도 멱등행렬이다.

(i) A가 멱등행렬이라고 가정하고 첫 번째 명제부터 증명한다.

(ii) A가 멱등행렬이란 $A^2=A$를 말한다.

(iii) A^T도 멱등행렬이란 것을 증명하기 위해서 전치행렬의 성질을 이용하라.

(iv) A^T는 멱등행렬이란 가정하에 두 번째 명제를 증명하라.

55. A와 B가 각각 멱등행렬이고 $AB=BA$이면 AB도 멱등행렬임을 증명하라.

56. A와 B가 동치이면 B도 A와 동치임을 증명하라.

57. A가 B와 동치이고, B가 C와 동치이면 A도 C와 동치임을 증명하라.

힌트 : A가 C와 동치라는 것을 증명하기 위해서 $A=E_k \cdots E_1C$를 만족하는 기본행렬들 $E_1, \cdots, E_k$를 찾아야만 한다.

(i) A가 B와 동치라는 것부터 시작한다.

(ii) (i)에 의해서 $A=F_n \cdots F_1B$를 만족하는 기본행렬 $F_1, \cdots, F_n$이 존재한다.

(iii) 마찬가지로 $B=G_1 \cdots G_mC$를 만족하는 기본행렬 $G_1, \cdots, G_m$이 존재한다.

(iv) (ii) 단계와 (iii)단계에서 찾은 기본행렬들을 연결한다.

58. A를 가역행렬이라고 하자. B가 A와 동치이면 B도 가역행렬임을 증명하라.

2.5 행렬의 응용

확률 행렬

한 도시의 주민들은 도시 중심에 살거나 교외에 살며 민주당, 공화당 또는 제3당에 투표한다. 청량음료를 살 때에도 코카콜라, 펩시콜라 또는 다른 상품을 구입하기도 한다.

모집단 구성원이 j상태에서 i상태로 변할 확률을 P_{ij}로 나타내자. 이때, $0 \leq P_{ij} \leq 1$. $P_{ij}=0$이라는 것은 구성원이 j상태에서 i상태로 변화할 확률은 전혀 없다는 뜻이다. 반면에 $P_{ij}=1$이란 j상태에서 i상태로 변화하는 것이 확실하다는 뜻이다.

$$P = \overbrace{\begin{matrix} S_1 & S_2 & \cdots & S_n \end{matrix}}^{\sim\text{에서}} \atop \begin{bmatrix} p_{11} & p_{12} & \cdots & p_{1n} \\ p_{21} & p_{22} & \cdots & p_{2n} \\ \vdots & \vdots & & \vdots \\ p_{n1} & p_{n2} & \cdots & p_{nn} \end{bmatrix} \left.\begin{matrix} S_1 \\ S_2 \\ \vdots \\ S_n \end{matrix}\right\} \sim\text{로}$$

P를 **변동확률 행렬**이라고 한다. 왜냐하면 모집단 안에서 가능한 형태의 변동에 관한 확률을 나타내기 때문이다. 각 변동에 있어서 주어진 상태에 있는 구성원들은 그 상태에 머물거나 다른 상태로 변화한다. 확률로 보면 이것은 P의 각 열에 있는 원소들의 합이 1이라는 것을 알 수 있다. 예를 들어 첫 열에서 $P_{11}+P_{21}+ \cdots +P_{n1}=1$이다. 일반적으로 이러한 행렬을 확률적이라고 한다. 즉, $n \times n$ 행렬 P는 각 원소가 0과 1 사이의 수이고 각 열의 합이 1이면 확률 행렬이라고 한다.

[예제 1] 확률행렬과 확률행렬이 아닌 행렬들의 예

(a), (b)는 확률 행렬이나 (c)는 그렇지 않다.

$$\text{(a)} \begin{bmatrix} 1 & 0 & 0 \\ 0 & 1 & 0 \\ 0 & 0 & 1 \end{bmatrix} \quad \text{(b)} \begin{bmatrix} \frac{1}{2} & \frac{1}{3} & \frac{1}{4} \\ \frac{1}{4} & 0 & \frac{3}{4} \\ \frac{1}{4} & \frac{2}{3} & 0 \end{bmatrix} \quad \text{(c)} \begin{bmatrix} 0.1 & 0.2 & 0.3 \\ 0.2 & 0.3 & 0.4 \\ 0.3 & 0.4 & 0.5 \end{bmatrix}$$ ◀

예제 2는 소비자 기호 조사에 확률 행렬이 사용된 경우를 보여준다.

[예제 2] 소비자 기호모델

서로 경쟁하는 두 회사가 100,000가구의 도시에 케이블 TV 서비스를 제공하고 있다. 매 해 케이블 가입에 대한 변화는 그림 2.1에 나타나 있다. A회사에는 지

금 15,000가구가 가입하고 있고, B회사에는 20,000가구가 가입하고 있다. 각 회사는 지금으로부터 1년 후에 얼마나 많은 가구가 가입하겠는가?

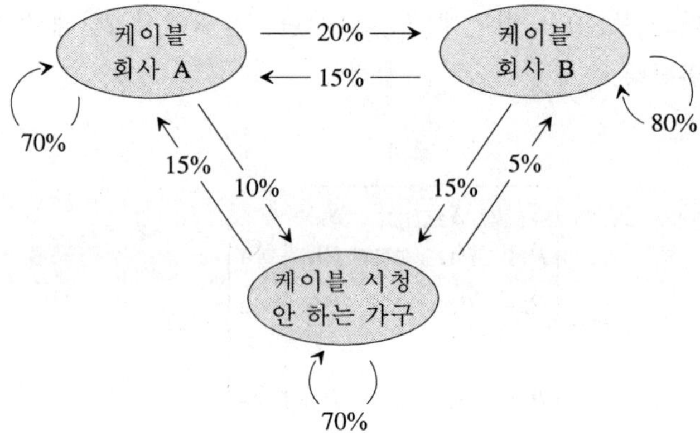

[그림 2.1]

풀이 다음 행렬은 변동 확률을 나타낸다.

$$\overbrace{\begin{matrix} A & B & \text{미가입자} \end{matrix}}^{\sim\text{에서}}$$

$$P = \begin{bmatrix} 0.70 & 0.15 & 0.15 \\ 0.20 & 0.80 & 0.15 \\ 0.10 & 0.05 & 0.70 \end{bmatrix} \left.\begin{matrix} A \\ B \\ \text{미가입자} \end{matrix}\right\} \sim\text{로}$$

그리고 각 세 상태에서의 현재 모집단을 나타내는 상태 행렬은

$$X = \begin{bmatrix} 15{,}000 \\ 20{,}000 \\ 65{,}000 \end{bmatrix} \quad \begin{matrix} \mathbf{A} \\ \mathbf{B} \\ \textbf{미가입자} \end{matrix} \qquad \text{이다.}$$

1년 후의 각 상태에서의 모집단을 나타내는 상태 행렬을 구하기 위해서 P에 X를 곱하면 된다.

$$PX = \begin{bmatrix} 0.70 & 0.15 & 0.15 \\ 0.20 & 0.80 & 0.15 \\ 0.10 & 0.05 & 0.70 \end{bmatrix} \begin{bmatrix} 15{,}000 \\ 20{,}000 \\ 65{,}000 \end{bmatrix} = \begin{bmatrix} 23{,}250 \\ 28{,}750 \\ 48{,}000 \end{bmatrix}.$$

1년 후 회사 A에는 23,250 가구가 가입할 것이고 B 회사에는 28,750 가구가 가입할 것이다. ◀

예제 2에서 보여주는 것은 만약 모델이 만들어지면 몇년 후의 상태 행렬도 행렬 P를 반복적으로 곱하여 쉽게 찾을 수 있다는 것이다. 이러한 과정을 예제 3에서 살펴본다.

[예제 3] 소비자 기호모델

예제 2에서 주어진 변동 확률에 관한 행렬은 매년 똑같다고 가정하고 (a) 3년 후 (b) 5년 후 (c) 10년 후의 각 케이블 TV회사의 시청자 수를 구하라.

풀이 (a) 예제 2로부터 1년 후의 시청자 수는 $PX=\begin{bmatrix}23,250\\28,750\\48,000\end{bmatrix}\begin{matrix}\mathbf{A}\\\mathbf{B}\\\text{미가입자}\end{matrix}$ 라는 것을 안다.

변동확률표가 처음부터 3년까지 같기 때문에 3년 후의 시청자 수는

$$P^3X=\begin{bmatrix}30,283\\39,042\\30,675\end{bmatrix}\begin{matrix}\mathbf{A}\\\mathbf{B}\\\text{미가입자}\end{matrix}$$ 이다.

(b) 5년 후의 시청자 수는 $P^5X=\begin{bmatrix}32,411\\43,812\\23,777\end{bmatrix}\begin{matrix}\mathbf{A}\\\mathbf{B}\\\text{미가입자}\end{matrix}$ 이다.

(c) 10년 후의 시청자 수는 $P^{10}X=\begin{bmatrix}33,287\\47,147\\19,566\end{bmatrix}\begin{matrix}\mathbf{A}\\\mathbf{B}\\\text{미가입자}\end{matrix}$ 이다. ◀

예제 3에서 보듯이 5년 후의 시청자 수나 10년 후의 시청자 수에 별 차이가 없다는 것을 알 수 있다. 예제에서 보여준 과정이 계속된다면 시청자 수는 결국 안정된 상태가 될 것이다. 즉, P가 변하지 않는 한, P^nX는 $\bar{X}$를 갖는다. 특별히 여기에서는 한계값이 $\bar{X}=\begin{bmatrix}33,333\\47,619\\19,048\end{bmatrix}\begin{matrix}\mathbf{A}\\\mathbf{B}\\\text{미가입자}\end{matrix}$ 이다.

$P\bar{X}=\bar{X}$ 이라는 것을 확인할 수 있다.

암호학

암호문이란 비밀키에 의해서 쓰여진 메시지를 말한다. 여기서는 행렬의 곱을 사

용하여 메지시를 **암호화**하고 **복호화**하는 방법을 소개하려고 한다. (그리스어로 Kryptos란 "감춰진"을 뜻한다.)

먼저 알파벳에 있는 각 글자에 숫자를 부여한다. (빈 칸을 0이라고 한다.)

0=__	14=N
1=A	15=O
2=B	16=P
3=C	17=Q
4=D	18=R
5=E	19=S
6=F	20=T
7=G	21=U
8=H	22=V
9=I	23=W
10=J	24=X
11=K	25=Y
12=L	26=Z
13=M	

그러면 메시지는 숫자로 바뀌고 n개의 원소를 갖는 행 행렬로 분할된다. 예제 4에서 살펴보자.

[예제 4] 숫자로 표현된 행행렬 구하기

크기가 1×3인 숫자로 표현된 행 행렬로 다음 메시지를 변환하여라.

풀이 메시지를 3개의 원소를 갖는 그룹으로 분할한다(띄어쓰기 공간은 포함하고 다른 기호들은 무시한다).

$$\begin{matrix}[13 & 5 & 5] & [20 & 0 & 13] & [15 & 0 & 13] & [15 & 14 & 4] & [1 & 25 & 0] \\ M & E & E & T & \_ & M & E & \_ & M & O & N & D & A & Y & \_\end{matrix}$$

여기서 빈공간이 마지막 행렬에 포함된 것에 주의하라. ◀

메지시를 **암호화**하기 위해서 $n\times n$인 가역 행렬 A를 선택하여 위의 행 행렬에 곱한다. 이러면 **암호화된 행렬**을 얻게 된다. 이 과정을 예제 5에서 살펴보자.

[예제 5] 메시지를 암호화하기

행렬 $A=\begin{bmatrix} 1 & -2 & 2 \\ -1 & 1 & 3 \\ 1 & -1 & -4 \end{bmatrix}$를 사용하여 메시지 MEET ME MONDAY를 암호화 하여라.

풀이 행렬 A에 예제 4에서 얻은 행행렬을 곱하면 다음과 같다.

숫자로 변환된 행렬 암호화 키 행렬 A 암호화된 행렬

$$[13 \quad 5 \quad 5]\begin{bmatrix} 1 & -2 & 2 \\ -1 & 1 & 3 \\ 1 & -1 & -4 \end{bmatrix}=[13 \quad -26 \quad 21]$$

$$[20 \quad 0 \quad 13]\begin{bmatrix} 1 & -2 & 2 \\ -1 & 1 & 3 \\ 1 & -1 & -4 \end{bmatrix}=[33 \quad -53 \quad -12]$$

$$[5 \quad 0 \quad 13]\begin{bmatrix} 1 & -2 & 2 \\ -1 & 1 & 3 \\ 1 & -1 & -4 \end{bmatrix}=[18 \quad -23 \quad -42]$$

$$[15 \quad 14 \quad 4]\begin{bmatrix} 1 & -2 & 2 \\ -1 & 1 & 3 \\ 1 & -1 & -4 \end{bmatrix}=[5 \quad -20 \quad 56]$$

$$[1 \quad 25 \quad 0]\begin{bmatrix} 1 & -2 & 2 \\ -1 & 1 & 3 \\ 1 & -1 & -4 \end{bmatrix}=[-24 \quad 23 \quad 77]$$

암호화된 행렬들은

$[13 \quad -26 \quad 21]\ [33 \quad -53 \quad -12]\ [18 \quad -23 \quad -42]\ [5 \quad -20 \quad 56]\ [-24 \quad 23 \quad 77]$

이다. 마지막으로 행렬 표시를 없애고 암호문

13 −26 21 33 −53 −12 18 −23 −42 5 −20 56 −24 23 77

을 얻는다. ◀

행렬 A를 알지 못하는 사람은 예제 5에서 보여준 암호문을 해독하기 어렵다. 그러나 허가 받은 수신자는 A를 알고 있으므로 해독이 쉽다. 수신자만이 A의 역행렬을 암호화된 행행렬에 곱하여 암호화 되지 않은 행행렬을 찾을 수 있다. 다시 말하면,

$$X=[x_1\ x_2\cdots\ x_n]$$

이 암호화 되지 않은 $1\times n$행렬이면 $Y=XA$가 대응되는 암호화된 행렬이다. 수신자는 A의 역행렬을 Y에 곱하여 X를 얻는다.

$$YA^{-1}=(XA)A^{-1}=X$$

예제 6에서 이와 같은 과정을 보여준다.

[예제 6] 메시지 복호화하기

$A=\begin{bmatrix} 1 & -2 & 2 \\ -1 & 1 & 3 \\ 1 & -1 & -4 \end{bmatrix}$의 역행렬을 이용하여 다음 암호문을 복호화 하여라.

13 −26 21 33 −53 −12 18 −23 −42 5 −20 56 −24 23 77.

풀이 가우스-조르단 소거법을 사용하여 A의 역행렬을 구한다.

$$\begin{array}{cc} [A \vdots I] & [I \vdots A^{-1}] \\ \left[\begin{array}{rrr:rrr} 1 & -2 & 2 & 1 & 0 & 0 \\ -1 & 1 & 3 & 0 & 1 & 0 \\ 1 & -1 & -4 & 0 & 0 & 1 \end{array}\right] \rightarrow & \left[\begin{array}{rrr:rrr} 1 & 0 & 0 & -1 & -10 & -8 \\ 0 & 1 & 0 & -1 & -6 & -5 \\ 0 & 0 & 1 & 0 & -1 & -1 \end{array}\right] \end{array}$$

메시지를 복호화하기 위해서 메시지를 3개씩 분할하여 암호화된 행행렬을 만든다.

$$[13\ -26\ 21]\ [33\ -53\ -12]\ [18\ -23\ -42]\ [5\ -20\ 56]\ [-24\ 23\ 77]$$

각 행행렬에 A^{-1}을 오른쪽에 곱하여 복호화된 행행렬을 얻는다.

암호화된 행행렬 복호화키 행렬 A^{-1} 복호화된 행행렬

$$[13\ -26\ 21]\begin{bmatrix} -1 & -10 & -8 \\ -1 & -6 & -5 \\ 0 & -1 & -1 \end{bmatrix}=[13\ 5\ 5]$$

$$[33\ -53\ -12]\begin{bmatrix} -1 & -10 & -8 \\ -1 & -6 & -5 \\ 0 & -1 & -1 \end{bmatrix}=[20\ 0\ 13]$$

$$[18\ -23\ -42]\begin{bmatrix} -1 & -10 & -8 \\ -1 & -6 & -5 \\ 0 & -1 & -1 \end{bmatrix}=[5\ 0\ 13]$$

$$[5\ \ -20\ \ \ 56]\begin{bmatrix}-1 & -10 & -8\\ -1 & -6 & -5\\ 0 & -1 & -1\end{bmatrix}=[15\ \ \ 14\ \ \ 4]$$

$$[-24\ \ \ 23\ \ \ 77]\begin{bmatrix}-1 & -10 & -8\\ -1 & -6 & -5\\ 0 & -1 & -1\end{bmatrix}=[1\ \ \ 25\ \ \ 0]$$

그러므로 복호화된 행렬들은

$$[13\ \ 5\ \ 5][20\ \ 0\ \ 13][5\ \ 0\ \ 13][15\ \ 14\ \ 4][1\ \ 25\ \ 0]$$

이고 메시지는

13	5	5	20	0	13	15	0	13	15	14	4	1	25	0
M	*E*	*E*	*T*	_	*M*	*E*	_	*M*	*O*	*N*	*D*	*A*	*Y*	_

이다. ◀

Leontief(레온티에프) 투입-산출 모델

행렬은 경제제도의 투입과 산출에 관한 문제들을 분석하는데 매우 유용하다. 여기서 논의할 모델은 미국 경제학자 웨슬리 레온티에프(Wassily W. Leontief, 1906-1999)가 1936년 최초로 소개한 것이다. 레온티에프는 1973년에 노벨 경제학상을 받았다.

한 경제 시스템에 n개의 서로 다른 산업 I_1, I_2, $\cdots$ I_n이 있다고 가정하자. 투입(원자재, 전기, 등등)과 산출(완성된 제품)을 갖는 한 개의 생산품을 생산하는 데 있어서 산업은 자신의 산업이 만든 생산품을 포함해서 다른 산업들의 생산품들을 사용할 것이다. 예를 들어, 전력 산업은 석탄, 물처럼 다른 산업의 생산품을 사용하고 심지어 자신이 만든 전기도 사용한다.

d_{ij}를 일년에 1개의 생산품을 생산하기 위해서 i산업으로부터 필요로 하는 j산업 생산품의 양이라고 하자. 이러한 행렬을 **투입-산출 행렬**이라고 한다.

$$D=\overbrace{\begin{bmatrix} d_{11} & d_{12} & \cdots & d_{1n} \\ d_{21} & d_{22} & \cdots & d_{2n} \\ \vdots & \vdots & & \vdots \\ d_{n1} & d_{n2} & \cdots & d_{nn} \end{bmatrix}}^{\text{사용자(산출)}: I_1\ I_2\ \cdots\ I_n} \left.\begin{matrix} I_1 \\ I_2 \\ \vdots \\ I_n \end{matrix}\right\} \text{공급자(투입)}$$

이 행렬을 사용하는 법을 알기위해서, $d_{12}=0.4$라고 하자. 이것은 산업 2가 상품 1개를 생산하는데 산업 1의 생산 0.4개가 사용된다는 뜻이다. 만약 $d_{33}=0.2$이면 산업 3이 1개 생산하는데 자신의 상품 0.2가 필요하다는 뜻이다. 여기서 d_{ij}는 항상 0과 1 사이여야 하고, 각 열의 합은 1보다 작거나 같아야 한다.

[예제 7] 투입-산출 행렬 구하기

전기, 물, 그리고 석탄을 생산하는 3개의 산업으로 구성되어진 간단한 경제 시스템을 생각해 보자. 전기 1단위를 생산하는데 전기 0.5 단위, 물 0.25 단위, 석탄 0.25 단위를 필요로 한다. 물 1단위를 생산하는 데는 전기 0.1 단위, 물 0.6 단위를 필요로 한다. 석탄은 필요하지 않는다. 석탄 1단위을 생산하는데 전기 0.2 단위, 물 0.15 단위, 석탄 0.5 단위를 필요로 한다. 이 체계에 대한 투입-산출표(행렬)을 구하라.

풀이 열에 있는 원소들은 각 산업이 1단위의 완성품을 생산하기 위해서 다른 산업으로부터 또는 자신의 산업으로부터 요구하는 양이다.

$$D=\overbrace{\begin{bmatrix} 0.5 & 0.1 & 0.2 \\ 0.25 & 0.6 & 0.15 \\ 0.25 & 0 & 0.5 \end{bmatrix}}^{\text{사용자(산출)}: E\ W\ C} \left.\begin{matrix} E \\ W \\ C \end{matrix}\right\} \text{공급자(투입)}$$

행에 있는 원소들은 특정한 산업이 1단위의 완성품을 생산하기 위해서 자신의 산업을 포함하여 다른 산업들에게 공급하는 양을 나타낸다. 예를 들어, 전력산업은 0.5단위를 자기 산업에게, 0.1단위를 물 산업에게, 0.2단위를 석탄 산업에게 생산물을 공급한다. ◀

레온티에프의 투입-산출 모델을 좀 더 발전시키기 위해서 i번째 산업의 총생산량을

x_i라 하자. 만약 경제제도가 폐쇄되어 있다면(위의 예와 같이 생산품들이 단지 경제제도 안에 있는 산업들에게만 파는 것을 뜻한다.), i산업의 총 생산량은

$$x_i = d_{i1}x_1 + d_{i2}x_2 + \cdots + d_{in}x_n$$

이다.

반면에, 경제제도 안의 산업들이 제도 밖에 있는 생산하지 않은 산업(예를 들어, 정부, 자선단체)에 물건을 팔면 이 경제제도를 개방되어 있다고 한다. 이때 i산업의 총생산량은

$$x_i = d_{i1}x_1 + d_{i2}x_2 + \cdots + d_{in}x_n + e_i$$

이다. 여기서 e_i란 i산업의 생산에 대한 외부 수요를 뜻한다. 개방 경제 제도에 대한 총생산량은 다음 n개의 일차연립방정식으로 나타낼 수 있다.

$$\begin{aligned} x_1 &= d_{11}x_1 + d_{12}x_2 + \cdots + d_{1n}x_n + e_1 \\ x_2 &= d_{21}x_1 + d_{22}x_2 + \cdots + d_{2n}x_n + e_2 \\ &\vdots \\ x_n &= d_{n1}x_1 + d_{n2}x_2 + \cdots + d_{nn}x_n + e_n \end{aligned}$$

이 연립방정식의 행렬 형태는

$$X = DX + E$$

이다. 이때 X를 **산출행렬**, E를 **외부 수용행렬**이라고 한다.

[예제 8] 개방 경제제도에서의 산출행렬 구하기

다음과 같은 투입-산출표를 갖는 3개의 산업으로 경제제도가 구성되었다고 하자.

$$\begin{array}{c} \overbrace{\qquad\qquad\qquad\qquad}^{\text{사용자(산출)}} \\ \begin{array}{ccc} A & B & C \end{array} \end{array}$$

$$D = \begin{bmatrix} 0.1 & 0.43 & 0 \\ 0.15 & 0 & 0.37 \\ 0.23 & 0.03 & 0.02 \end{bmatrix} \left.\begin{matrix} A \\ B \\ C \end{matrix}\right\} \text{공급자(투입)}$$

외부수요가 아래와 같이 주어질 때 산출 행렬 X를 구하라.

$$E=\begin{bmatrix}20{,}000\\30{,}000\\25{,}000\end{bmatrix}$$

(예제의 답은 가장 가까운 단위로 반올림하였다.)

풀이 I를 단위행렬이라고 하고 방정식 $X=DX+E$를 $IX-DX=E$로 하자. 즉,

$$(I-D)X=E$$

위의 행렬 D를 사용하여

$$I-D=\begin{bmatrix}0.9 & -0.43 & 0\\-0.15 & 1 & -0.37\\-0.23 & -0.03 & 0.98\end{bmatrix}$$

를 얻는다. 끝으로 일차 연립방정식 $(I-D)X=E$에 가우스-조르단 소거법을 사용하여 다음을 얻는다.

$$\begin{bmatrix}0.9 & -0.43 & 0 & 20{,}000\\-0.15 & 1 & -0.37 & 30{,}000\\-0.23 & -0.03 & 0.98 & 25{,}000\end{bmatrix}\rightarrow\begin{bmatrix}1 & 0 & 0 & 46{,}616\\0 & 1 & 0 & 51{,}058\\0 & 0 & 1 & 38{,}014\end{bmatrix}$$

그러므로 산출 행렬은

$$X=\begin{bmatrix}46{,}616\\51{,}058\\38{,}014\end{bmatrix}.\quad\begin{matrix}\mathrm{A}\\\mathrm{B}\\\mathrm{C}\end{matrix}$$

주어진 외부 수요를 생산하기 위해서 세 산업의 총 생산량은 다음과 같다.

A 산업의 생산량 : 46,616 단위
B 산업의 생산량 : 51,058 단위
C 산업의 생산량 : 38,014 단위 ◀

예제 7, 8에 있는 경제 제도는 물론 간단한 것들이다. 실제에 있어서는 많은 산업들과 산업군들이 있다. 예를 들어, 미국에 있는 몇몇 생산그룹의 경제 분석은 다음을 포함하고 있다. (미국 통계 초록에서 발췌함)

1. 농산물(곡식, 가축, 가금류, 우유)
2. 가공식품 및 사료(음료수, 낙농제품)

3. 섬유제품 및 의류(직물, 실, 옷)
4. 가죽류(신발, 가죽류)
5. 연료 및 전력(석탄, 가솔린, 전기)
6. 화학품류(약품, 플라스틱 원료)
7. 고무와 플라스틱 제품(타이어, 플라스틱 용기)
8. 목재 및 나무제품(합판, 연필)
9. 펄프, 종이 및 종이제품(신문지, 골판지)
10. 금속 및 금속제품(캔, 배관)
11. 기계 및 장비(트랙터, 드릴, 컴퓨터)
12. 가구 및 가정 내구재(카펫, 가정용품)
13. 비금속 광물 제품(유리, 콘크리트, 벽돌)
14. 운송 장비(자동차, 트럭, 비행기)
15. 기타제품(장난감, 카메라, 선형대수 교재)

최소 자승 회귀분석

지금부터는 선형모델을 발전시키기 위해서 통계학에서 사용되는 과정을 알아볼 것이다. 다음 예는 점들로 주어진 집합에서 가장 근사한 직선을 찾는 방법을 나타낸다.

[예제 9] 가시적으로 가장 근사한 직선 구하기

다음 점들과 가장 가까운 직선을 구하라.

$$(1,\ 1),\ (2,\ 2),\ (3,\ 4),\ (4,\ 4),\ (5,\ 6)$$

풀이 그림 2.2와 같이 점들을 표시한다. 기울기가 1이고 y절편이 0.5인 직선이 가장 좋은 것처럼 보인다. 이 직선 방정식은 $y=0.5+x$이다. ◀

그림 2.2에 있는 직선을 그림 2.3에 나타난 것처럼 반시계 방향으로 조금만 돌리면 더 적합한 직선을 찾을 수 있다. 새로운 직선, $y=1.2x$는 처음 직선보다 점들에 더 가깝다는 것을 알 수 있다.

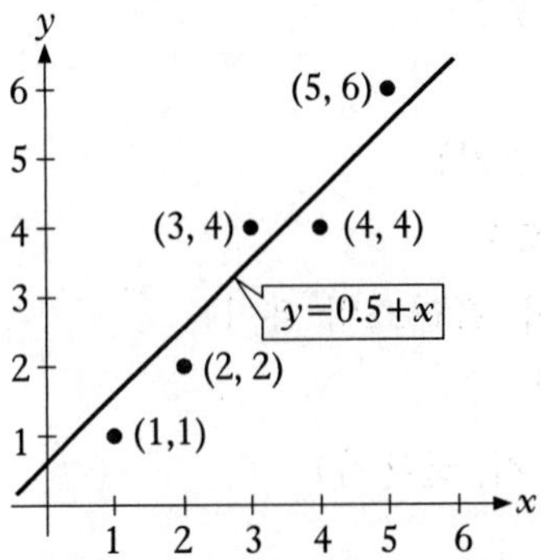

[그림 2.2]

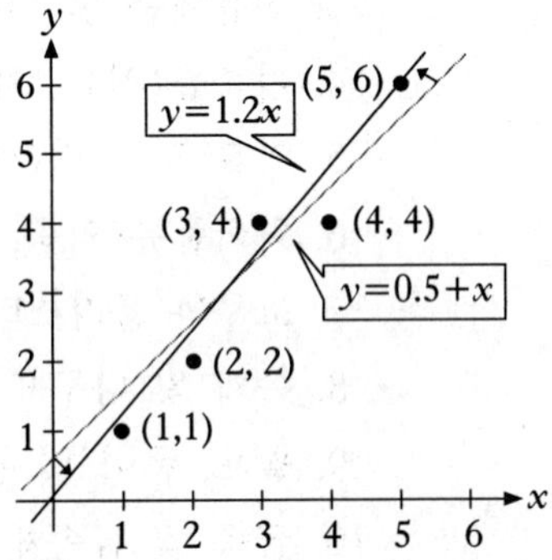

[그림 2.3]

함수 $y=f(x)$가 주어진 점들의 집합 $(x_1, y_1), (x_2, y_2), \cdots, (x_n, y_n)$에 얼마나 적합한 지를 측정하는 방법으로는 실제의 y_i 값과 $f(x_i)$의 차이를 계산하는 것이다. (그림 2.4) 이러한 차이들을 제곱하여 그것들을 더하면 오차를 측정할 수 있다. 우리는 이것을 **오차 제곱의 합**이라고 한다. 위의 두 직선에 대한 제곱한 오차의 합을 각각 구한 것은 표 2.1에 나타난다.

표 2.1

Model 1 : $f(x)=0.5+x$				*Model* 2 : $f(x)=1.2x$			
x_i	y_i	$f(x_i)$	$[y_i-f(x_i)]^2$	x_i	y_i	$f(x_i)$	$[y_i-f(x_i)]^2$
1	1	1.5	$(-0.5)^2$	1	1	1.2	$(-0.2)^2$
2	2	2.5	$(-0.5)^2$	2	2	2.4	$(-0.4)^2$
3	4	3.5	$(+0.5)^2$	3	4	3.6	$(+0.4)^2$
4	4	4.5	$(-0.5)^2$	4	4	4.8	$(-0.8)^2$
5	6	5.5	$(+0.5)^2$	5	6	6.0	$(+0.0)^2$
합			1.25	합			1.00

오차 제곱의 합은 두 번째 방정식이 첫 번째 방정식보다 더 적절하다는 것을 확인해 주고 있다.

주어진 점들의 집합에 가장 적절한 직선을 구하는 것은 오차 제곱의 합을 최소화하는 것이다. 이때의 직선을 **최소자승회귀직선**이라고 하고 이것을 찾는 과정을 **최소자승법**이라고 한다.

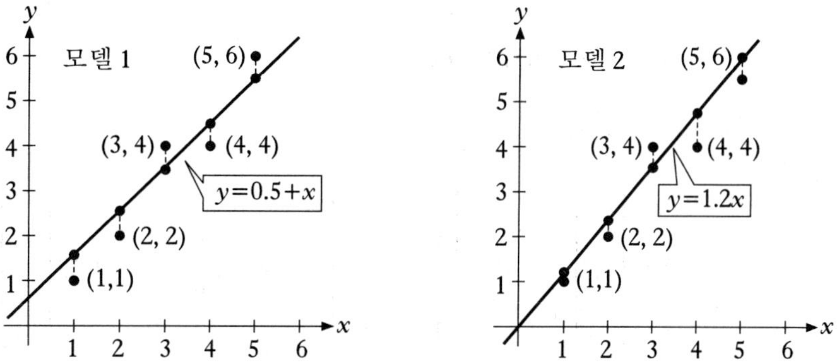

[그림 2.4]

최소자승회귀직선의 정의

점들의 집합 $(x_1, y_1), (x_2, y_2), \cdots, (x_n, y_n)$에 대해서 최소자승회귀직선,

$$f(x)=a_0+a_1x$$

는 오차 제곱의 합을 최소화하는 직선이다.

$$[y_1-f(x_1)]^2+[y_2-f(x_2)]^2+\cdots+[y_n-f(x_n)]^2$$

점들의 집합에 대한 최소자승회귀직선을 찾기 위해서는 먼저 일차연립방정식을 세운다.

$$\begin{aligned} y_1&=f(x_1)+[y_1-f(x_1)] \\ y_2&=f(x_2)+[y_2-f(x_2)] \\ &\vdots \\ y_n&=f(x_n)+[y_n-f(x_n)] \end{aligned}$$

여기서 $[y_i-f(x_i)]$는 y_i를 $f(x_i)$로 근사한 오차라고 생각할 수 있다. 이 오차를 e_i라 하자.

$$e_i=y_i-f(x_i)$$

그러면

$$\begin{aligned} y_1&=(a_0+a_1x_1)+e_1 \\ y_2&=(a_0+a_1x_2)+e_2 \end{aligned}$$

$$\vdots$$
$$y_n=(a_0+a_1x_n)+e_n$$

이라 할 수 있다.

$$Y=\begin{bmatrix} y_1 \\ y_2 \\ \vdots \\ y_n \end{bmatrix}, \quad X=\begin{bmatrix} 1 & x_1 \\ 1 & x_2 \\ \vdots & \vdots \\ 1 & x_n \end{bmatrix}, \quad A=\begin{bmatrix} a_0 \\ a_1 \end{bmatrix}, \quad E=\begin{bmatrix} e_1 \\ e_2 \\ \vdots \\ e_n \end{bmatrix}$$

이라고 하면, n개의 일차연립방정식을 행렬 방정식 $Y=XA+E$로 바꿀 수 있다. 행렬 X는 2개의 열을 갖는데 한 열은 1로 되어 있고 다른 열은 x_i들로 되어 있다. 이 행렬 방정식은 최소자승회귀직선의 계수를 찾는데 다음과 같이 사용된다.

선형회귀에 대한 행렬 형태

회귀모델 $Y=XA+E$에서 최소자승회귀직선의 계수는 $A=(X^TX)^{-1}X^TY$가 되고 오차 제곱의 합은 E^TE가 된다.

참고 이 결과에 관해서는 5.4절에서 더 자세히 배울 것이다. 예제 10은 이 과정을 사용하여 예제 9에서 주어진 점들에 관한 최소자승회귀직선을 구하는 것을 보여준다.

[예제 10] 최소자승회귀직선 구하기

점들 (1, 1), (2, 2), (3, 4), (4, 4), (5, 6)에 대한 최소자승회귀직선을 구하라. 그리고 이 직선에 대한 오차 제곱의 합을 구하라.

풀이 주어진 점들로부터 행렬

$$X=\begin{bmatrix} 1 & 1 \\ 1 & 2 \\ 1 & 3 \\ 1 & 4 \\ 1 & 5 \end{bmatrix} \text{와 } Y=\begin{bmatrix} 1 \\ 2 \\ 4 \\ 4 \\ 6 \end{bmatrix}$$

을 구한다.

$$X^TX=\begin{bmatrix}1&1&1&1&1\\1&2&3&4&5\end{bmatrix}\begin{bmatrix}1&1\\1&2\\1&3\\1&4\\1&5\end{bmatrix}=\begin{bmatrix}5&15\\15&55\end{bmatrix}$$

$$X^TY=\begin{bmatrix}1&1&1&1&1\\1&2&3&4&5\end{bmatrix}\begin{bmatrix}1\\2\\4\\4\\6\end{bmatrix}=\begin{bmatrix}17\\63\end{bmatrix}$$

$(X^TX)^{-1}$를 이용하여 계수 행렬 A를 구한다.

$$A=(X^TX)^{-1}X^TY=\frac{1}{50}\begin{bmatrix}55&-15\\-15&5\end{bmatrix}\begin{bmatrix}17\\63\end{bmatrix}=\begin{bmatrix}-0.2\\1.2\end{bmatrix}$$

즉, 최소자승회귀직선은

$$y=-0.2+1.2x$$

이다.

그림 2.5를 보라. 이 직선에 대한 오차 제곱의 합은 0.8이고 이것은 예전에 보여줬던 두 개의 직선들보다 이 직선이 더 주어진 점들에 가깝다는 것을 의미한다.

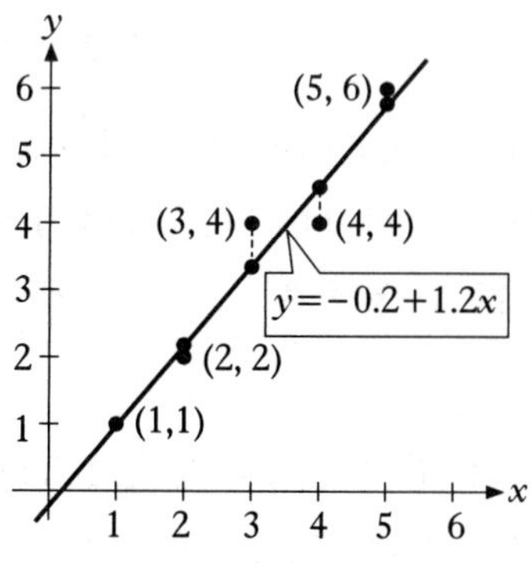

[그림 2.5]

연 습 문 제 2.5(행렬의 응용)

확률 행렬들

1−6. 다음 행렬들이 확률적인지를 판단하라.

1. $\begin{bmatrix} \frac{2}{5} & -\frac{2}{5} \\ \frac{3}{5} & \frac{7}{5} \end{bmatrix}$

2. $\begin{bmatrix} \frac{\sqrt{2}}{2} & \frac{\sqrt{2}}{2} \\ -\frac{\sqrt{2}}{2} & \frac{\sqrt{2}}{2} \end{bmatrix}$

3. $\begin{bmatrix} 0 & 1 & 0 \\ 0 & 0 & 1 \\ 1 & 0 & 0 \end{bmatrix}$

4. $\begin{bmatrix} 0.3 & 0.1 & 0.8 \\ 0.5 & 0.2 & 0.1 \\ 0.2 & 0.7 & 0.1 \end{bmatrix}$

5. $\begin{bmatrix} \frac{1}{3} & \frac{1}{6} & \frac{1}{4} \\ \frac{1}{3} & \frac{2}{3} & \frac{1}{4} \\ \frac{1}{3} & \frac{1}{6} & \frac{1}{2} \end{bmatrix}$

6. $\begin{bmatrix} 1 & 0 & 0 & 0 \\ 0 & 1 & 0 & 0 \\ 0 & 0 & 1 & 0 \\ 0 & 0 & 0 & 1 \end{bmatrix}$

7. 한 제조공장에서 시장 조사를 하는 부서가 어느 특정한 달에 공장에서 제조한 물건을 산 사람들의 20%는 다음달에는 물건을 사지 않을 것이고 그달에 물건을 사지 않은 사람들의 30%는 다음달에 물건을 살 것이라고 예측하였다. 1000명의 인구 중에서 100명이 이 달에 물건을 샀다면 다음달에는 몇 명이 물건을 살까? 두 달 후에는?

8. 한 의학 연구원이 천 마리의 실험쥐에게 바이러스 확산에 대한 연구를 하고 있다. 어떤 주에 감염된 쥐가 바이러스에서 회복될 확률이 80%이고 감염되지 않은 쥐가 감열될 확률이 10%였다. 100마리의 쥐가 현재 감염되었다면 다음 주에는 몇 마리가 될까? 2주 후에는?

9. 10,000명의 인구가 다음과 같이 나누어졌다. 5,000명은 비흡연가이고 2,500명은 하루에 한 갑 미만의 흡연을 하고 2,500명은 하루에 한 갑 이상 흡연한다고 한다. 어느 달에 비흡연가가 하루에 한 갑 이하의 담배를 피울 확률이 5%이고 하루에 한 갑 이상 피울 확률이 2%라고 한다. 하루에 한 갑 이하로 피우는 흡연가가 담배를 끊을 확률은 10%이고 한 갑 이상 피울 확률은 10%라고 한다. 하루에 한 갑 이상 피우는 흡연가가 담배를 끊을 확률은 5%이고 한 갑 이하로 줄일 확률은 10%라고 한다. 한 달 후에 각 세 그룹의 인구는 몇 명인가? 두달 후에는?

10. 100,000명의 소비자는 다음과 같이 나누어졌다. A상표의 상품을 사용하는 사람들은 20,000명, B상표의 상품을 사용하는 사람들은 30,000명, 두 상표 모두 사용하지 않는 사람들은 50,000명이다. 어떤 달에 A상표를 쓰던 사람들이 B상표로 바꿀 확률이 20%이고 둘 다 쓰지 않을 확률이 5%라 한다. B상표를 쓰던 사람들이 A상표로 바꿀 확률은 15%이고 둘 다 쓰지 않을 확률은 10%이다. 두 상표 모두 사용하지 않던 사람들이 A상표의 물건을 쓸 확률은 10%이고 B상표를 쓸 확률은 15%라고 한다. 한 달 후에 각 그룹은 몇 명이 될까? 두 달 후에는? 세달 후에는?

11. 대학 기숙사에 200명의 학생이 있다. 그들 중 어느 날 1시간 이상 TV를 본 학생들은 항상 다음날 한 시간 미만으로 본다. 한 시간 이하로 본 학생들 중의 $\frac{1}{4}$은 다음날 한 시간 또는 그 이상 TV를 본다. 오늘 학생들의 반이 TV를 한 시간 이상 보았다. 내일 한 시간 이상 TV를 볼 사람은 몇 명인가? 이틀 후에는? 30일 후에는?

12. 추이 확률 행렬이 다음과 같이 주어졌을 때

$$P=\begin{bmatrix} 0.6 & 0.1 & 0.1 \\ 0.2 & 0.7 & 0.1 \\ 0.2 & 0.2 & 0.8 \end{bmatrix}$$

상태행렬 $X=\begin{bmatrix} 100 \\ 100 \\ 800 \end{bmatrix}$에 대해서 P^2X, P^3X를 구하라. 그리고 P에 대한 안정 상태 행렬을 구하라.

13. 2개의 2×2 확률 행렬의 곱은 확률 행렬임을 증명하라.

14. P는 2×2 확률 행렬이라고 하자. $PX=X$를 만족하는 음이 아닌 원소들로 이루어진 2×1 상태 행렬 X가 존재함을 증명하라.

암호학

15–18. 주어진 메시지에 대해서 지시된 크기의 숫자로 된 행행렬을 구하라. 그리고 암호화 키를 사용하여 암호문을 구하라.

15. 메시지 : SELL CONSOLIDATED

행행렬 크기 : 1×3

암호화 키 : $A=\begin{bmatrix} 1 & -1 & 0 \\ 1 & 0 & -1 \\ -6 & 2 & 3 \end{bmatrix}$

16. 메시지 : PLEASE SEND MONEY

행행렬 크기 : 1×3

암호화 키 : $A=\begin{bmatrix} 4 & 2 & 1 \\ -3 & -3 & -1 \\ 3 & 2 & 1 \end{bmatrix}$

17. 메시지 : COME HOME SOON

행행렬 크기 : 1×2

암호화 키 : $A=\begin{bmatrix} 1 & 2 \\ 3 & 5 \end{bmatrix}$

18. 메시지 : HELP IS COMING

행행렬 크기 : 1×4

암호화 키 : $A=\begin{bmatrix} -2 & 3 & -1 & -1 \\ -1 & 1 & 1 & 1 \\ -1 & -1 & 1 & 2 \\ 3 & 1 & -2 & -4 \end{bmatrix}$

19−22. A^{-1}를 구하여 암호문을 복호화 하여라.

19. $A=\begin{bmatrix} 1 & 2 \\ 3 & 5 \end{bmatrix}$

11, 21, 64, 112, 25, 50, 29, 53, 23, 46, 40, 75, 55, 92

20. $A=\begin{bmatrix} 2 & 3 \\ 3 & 4 \end{bmatrix}$

85, 120, 6, 8, 10, 15, 84, 117, 42, 56, 90, 125, 60, 80, 30, 45, 19, 26

21. $A=\begin{bmatrix} 4 & 2 & 1 \\ -3 & -3 & -1 \\ 3 & 2 & 1 \end{bmatrix}$

33, 9, 9, 55, 28, 14, 95, 50, 25, 99, 53, 29, −22, −32, −9

22. $A=\begin{bmatrix} 1 & -1 & 0 \\ 1 & 0 & -1 \\ -6 & 2 & 3 \end{bmatrix}$

9, −1, −9, 38, −19, −19, 28, −9, −19, −80, 25, 41, −64, 21, 31, −7, −4, 7

23. 다음 암호문은 2×2행렬로 암호화되었다.

8, 21, −15, −10, −13, −13, 5, 10, 5, 25, 5, 19, −1, 6, 20, 40, −18, −18, 1, 16

메시지의 마지막 단어는 RON이다. 메시지는 무엇인가?

24. 다음 암호문은 2×2 행렬로 암호화되었다.

5, 2, 25, 11, −2, −7, −15, −15, 32, 14, −8, −13, 38, 19, −19, −19, 37, 16

메시지의 마지막 단어는 SUE이다. 메시지는 무엇인가?

25. A^{-1}를 찾아서 암호문을 복호화 하여라.

$$A=\begin{bmatrix}1 & 0 & 2\\ 2 & -1 & 1\\ 0 & 1 & 2\end{bmatrix}$$

38, −14, 29, 56, −15, 62, 17, 3, 38, 18, 20, 76, 18, −5, 21, 29, −7, 32, 32, 9, 77, 36, −8, 48, 33, −5, 51, 41, 3, 79, 12, 1, 26, 58, −22, 49, 63, −19, 69, 28, 8, 67, 31, −11, 27, 41, −18, 28

26. 아래 암호문을 제 삼자가 가로채게 되었다.

45 −35 38 −30 18 −18 35 −30 81 −60

42 −28 75 −55 2 −2 22 −21 15 −10

$$A^{-1}=\begin{bmatrix}w & x\\ y & z\end{bmatrix}$$

(a) 암호화 키 A에 대한 역행렬 A^{-1}에 대해서 $[45\ \ -35]A^{-1}=[10\ \ 15]$, $[38\ \ -30]A^{-1}=[8\ \ 14]$이었다. w, x, y, z를 찾기 위해서 2개의 연립방정식을 풀어라.

(b) 메시지를 복호화 하여라.

레온티에프 투입 산출 모델

27. 석탄과 철강 두 산업으로 이루어진 경제 제도는 다음 투입을 갖는다.

(a) 1$의 산출을 생산하기 위해서 석탄 산업은 $0.10의 석탄과 $0.80의 철강을 필요로 한다.

(b) 1$의 산출을 생산하기 위해서 철강 산업은 $0.10의 철강과 $0.20의 석탄을 필요로 한다.

이 경제 제도의 투입산출표, D를 구하라. 외부수요 E가 다음과 같이 주어졌을 때 $E=\begin{bmatrix}10{,}000\\ 20{,}000\end{bmatrix}$, $X=DX+E$를 만족하는 산출 행렬 X를 구하라.

28. 산업구조는 다음의 투입을 갖는 2개의 산업으로 되어있다.

(a) 산출 1$어치를 생산하기 위해서 A 산업은 $0.30의 자신의 산출과 $0.40의 B 산업의 산출을 필요로 한다.

(b) 산출 1$어치를 생산하기 위해서 B 산업은 $0.20의 자신의 산출과 $0.40의 A 산업의 산출을 필요로 한다.

이 구조의 투입산출표, D를 구하라. 외부수요 E가 다음과 같이 주어졌을 때, $E=\begin{bmatrix}50{,}000\\30{,}000\end{bmatrix}$, $X=DX+E$를 만족하는 산출행렬 X를 구하라.

29. 한 작은 공동체에는 농부, 제빵업자, 식료품업자로 구성되어 있고 투입산출표 D와 외부 수요 행렬 E가 다음과 같다.

$$D=\begin{array}{c} \text{농부}\quad\text{제빵업자}\quad\text{식료품업자} \\ \begin{bmatrix}0.40 & 0.50 & 0.50\\0.30 & 0.00 & 0.30\\0.20 & 0.20 & 0.00\end{bmatrix}\end{array}\begin{array}{l}\text{농부}\\\text{제빵업자}\\\text{식료품업자}\end{array}\qquad E=\begin{bmatrix}1000\\1000\\1000\end{bmatrix}$$

$X=DX+E$를 만족하는 산출행렬 X를 구하라.

30. 3개의 산업으로 이루어진 산업제도가 있고 투입산출표 D와 외부 수요행렬 E가 다음과 같다.

$$D=\begin{bmatrix}0.2 & 0.4 & 0.4\\0.4 & 0.2 & 0.2\\0.0 & 0.2 & 0.2\end{bmatrix}\qquad E=\begin{bmatrix}5000\\2000\\8000\end{bmatrix}$$

$X=DX+E$를 만족하는 산출행렬 X를 구하라.

최소자승회귀분석

31－34. (a) 다음 점들에 가장 적합한 직선을 그려라.

(b) 최소자승법을 이용하여 최소자승 회귀직선을 구하라.

(c) 제곱된 오차의 합을 구하라.

31.

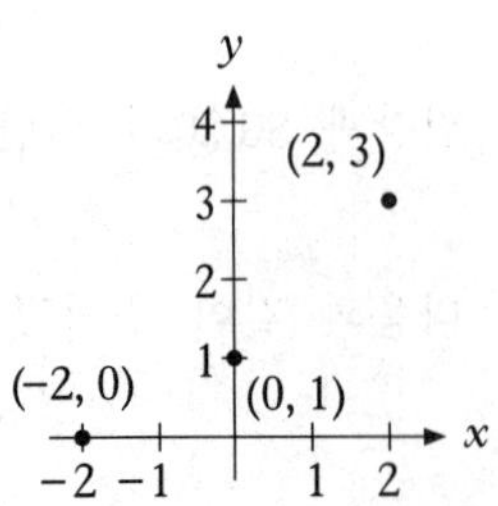

32.

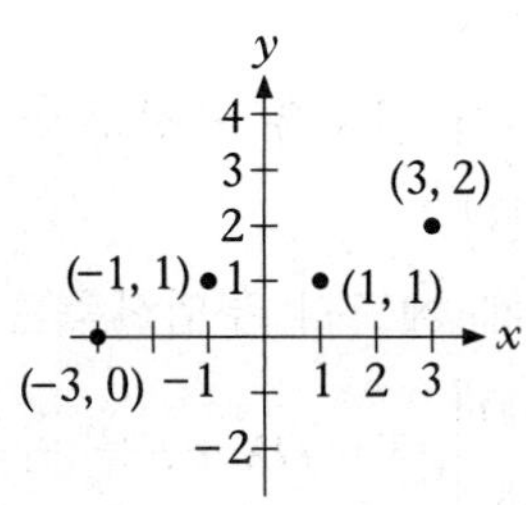

33.

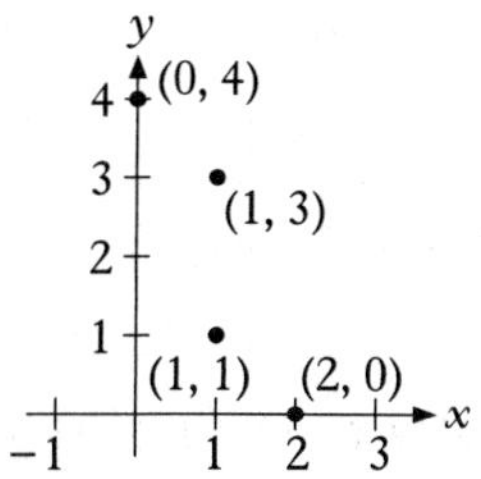

34.

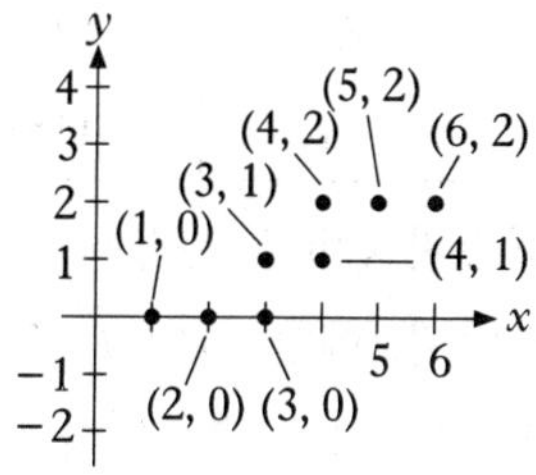

35−42. 최소자승회귀직선을 구하라.

35. (0, 0), (1, 1), (2, 4)

36. (1, 0), (3, 3), (5, 6)

37. (−2, 0), (−1, 1), (0, 1), (1, 2)

38. (−4, −1), (−2, 0), (2, 4), (4, 5)

39. (−5, 1), (1, 3), (2, 3), (2, 5)

40. (−3, 4), (−1, 2), (1, 1), (3, 0)

41. (−5, 10), (−1, 8), (3, 6), (7, 4), (5, 5)

42. (0, 6), (4, 3), (5, 0), (8, −4), (10, −5)

43. 가게 주인은 특정 상품의 수요를 가격의 함수로써 알기를 원한다. 3가지의 다른 가격에 대한 매일 판매량은 아래 표와 같다.

가격(x)	\$1.00	\$1.25	\$1.50
수요(y)	450	375	330

(a) 이 자료에 대한 최소자승회귀직선을 구하라.

(b) 가격이 \$1.40일 때의 수요를 구하라.

44. 철물 소매상은 어떤 도구의 수요를 가격의 함수로 알기를 원한다. 도구의 4가지 다른 가격에 대한 월 매출은 아래 표와 같다.

가격(x)	\$25	\$30	\$35	\$40
수요(y)	82	75	67	55

(a) 이 자료에 대한 최소자승회귀직선을 구하라.

(b) 가격이 \$32.95일 때의 수요를 구하라.

45. 다음 표는 1997년부터 2001년까지 미국에서 사용된 전기로 운행되는 자동차의 수 y를 나타낸다. (미국 에너지 정보기관)

년	1997	1998	1999	2000	2001
수(y)	4453	5243	6964	11,834	17,848

(a) 최소자승법을 사용하여 이 자료에 대한 최소자승회귀직선을 구하라. t는 연도를 나타낸다. 예를 들어 $t=7$은 1997년

(b) 이 자료의 선형모델을 찾기 위해서 그래프를 사용한 선형회귀능력을 사용하여라. (t는 연도를 나타낸다. $t=7$은 1997년)

46. 야생동물을 관리하는 팀은 야생동물 보호구역 세 구역에서 사슴의 번식률을 연구하고 있다. 각 구역은 5에이커로 되어있다. 각 구역에서 다음해에 새끼를 낳는 암사슴 수를 x, 암사슴의 비율을 y로 기록하였다. 그 결과는 아래 표와 같다.

수(x)	100	120	140
비율(y)	75	68	55

(a) 최소자승법을 사용하여 위의 자료를 나타내는 최소자승회귀직선을 구하라.

(b) 그래프를 사용하여 같은 창에서 볼 수 있도록 모델과 데이터를 그려라.

(c) 모델을 이용하여 y의 예측 값의 표를 만들어라.

(d) 모델을 이용하여 암사슴 170마리가 있을 때 새끼를 낳은 암사슴의 퍼센트를 구하여라.

(e) 모델을 이용하여 암사슴의 40%가 새끼를 낳을 때 암사슴의 수를 구하라.

요 약 Chapter 2(행렬들)

이장의 학습 후 다음 지식들을 필히 알아야 한다.

- 행렬 연산
- 주어진 행렬에 나타난 일차연립방정식 표현하기
- 주어진 일차연립방정식을 행렬 형태로 표현하기
- 주어진 일차연립방정식을 $A\mathbf{x}=\mathbf{b}$의 형태로 표현하여 $\mathbf{x}$에 관하여 풀기
- 행렬 연산의 성질을 사용하여 행렬 방정식 풀기
- 전치행렬 찾기
- 역행렬 찾기(만약 존재한다면)
- 행렬 곱의 역행렬 찾기(만약 존재한다면)
- 행렬을 기본행렬들의 곱으로 표현하기
- 행렬의 LU-삼각분해 찾기
- LU-삼각분해를 이용하여 일차연립방정식 풀기
- 확률행렬을 사용하여 소비자 기호 측정하기
- 행렬의 곱셈을 이용하여 메시지를 암호화, 복호화 하기
- 행렬 대수를 이용하여 경제 제도 분석하기 (리온티에프 투입산출 모델)
- 최소자승법을 사용하여 데이터에 관한 최소자승회귀직선 구하기

복습문제 Chapter 2(행렬들)

1–6. 다음 행렬 연산을 하여라.

1. $\begin{bmatrix} 2 & 1 & 0 \\ 0 & 5 & -4 \end{bmatrix} - 3\begin{bmatrix} 5 & 3 & -6 \\ 0 & -2 & 5 \end{bmatrix}$

2. $-2\begin{bmatrix} 1 & 2 \\ 5 & -4 \\ 6 & 0 \end{bmatrix} + 8\begin{bmatrix} 7 & 1 \\ 1 & 2 \\ 1 & 4 \end{bmatrix}$

3. $\begin{bmatrix} 1 & 2 \\ 5 & -4 \\ 6 & 0 \end{bmatrix}\begin{bmatrix} 6 & -2 & 8 \\ 4 & 0 & 0 \end{bmatrix}$

4. $\begin{bmatrix} 1 & 5 \\ 2 & -4 \end{bmatrix}\begin{bmatrix} 6 & -2 & 8 \\ 4 & 0 & 0 \end{bmatrix}$

5. $\begin{bmatrix} 1 & 3 & 2 \\ 0 & 2 & -4 \\ 0 & 0 & 3 \end{bmatrix}\begin{bmatrix} 4 & -3 & 2 \\ 0 & 3 & -1 \\ 0 & 0 & 2 \end{bmatrix}$

6. $\begin{bmatrix} 2 & 1 \\ 6 & 0 \end{bmatrix}\begin{bmatrix} 4 & 2 \\ -3 & 1 \end{bmatrix} + \begin{bmatrix} -2 & 4 \\ 0 & 4 \end{bmatrix}$

7−8. 다음 행렬 방정식을 일차연립방정식으로 표현하라.

7. $\begin{bmatrix} 5 & 4 \\ -1 & 1 \end{bmatrix} \begin{bmatrix} x \\ y \end{bmatrix} = \begin{bmatrix} 2 \\ -22 \end{bmatrix}$

8. $\begin{bmatrix} 0 & 1 & -2 \\ -1 & 3 & 1 \\ 2 & -2 & 4 \end{bmatrix} \begin{bmatrix} x_1 \\ x_2 \\ x_3 \end{bmatrix} = \begin{bmatrix} -1 \\ 0 \\ 2 \end{bmatrix}$

9−10. 다음 일차연립방정식을 행렬 형태로 바꾸어라.

9. $\begin{aligned} 2x_1+3x_2+\ x_3&=\ 10 \\ 2x_1-3x_2-3x_3&=\ 22 \\ 4x_1-2x_2+3x_3&=-2 \end{aligned}$

10. $\begin{aligned} -3x_1-\ x_2+\ x_3&=\ 0 \\ 2x_1+4x_2-5x_3&=-3 \\ x_1-2x_2+3x_3&=\ 1 \end{aligned}$

11−12. A^T, A^TA, AA^T를 구하라.

11. $\begin{bmatrix} 1 & 2 & -3 \\ 0 & 1 & 2 \end{bmatrix}$

12. $\begin{bmatrix} 1 \\ 3 \\ -1 \end{bmatrix}$

13−16. 다음 행렬의 역행렬을 구하라. (만약 존재한다면)

13. $\begin{bmatrix} 3 & -1 \\ 2 & -1 \end{bmatrix}$

14. $\begin{bmatrix} 4 & -1 \\ -8 & 2 \end{bmatrix}$

15. $\begin{bmatrix} 2 & 3 & 1 \\ 2 & -3 & -3 \\ 4 & 0 & 3 \end{bmatrix}$

16. $\begin{bmatrix} 1 & 1 & 1 & 1 \\ 0 & 1 & 1 & 1 \\ 0 & 0 & 1 & 1 \\ 0 & 0 & 0 & 1 \end{bmatrix}$

17−18. 다음 일차연립방정식을 $A\mathbf{x}=\mathbf{b}$의 형태로 나타내어라. 그리고 $\mathbf{x}$에 관하여 풀어라.

17. $\begin{aligned} 5x_1+4x_2&=\ 2 \\ -x_1+\ x_2&=-22 \end{aligned}$

18. $\begin{aligned} -x_1+\ x_2+2x_3&=\ 1 \\ 2x_1+3x_2+\ x_3&=-2 \\ 5x_1+4x_2+2x_3&=\ 4 \end{aligned}$

19. $(3A)^{-1}=\begin{bmatrix} 4 & -1 \\ 2 & 3 \end{bmatrix}$일 때 A를 구하라.

20. 행렬 A가 가역이 되도록 x를 구하라.

$$A=\begin{bmatrix} 3 & 1 \\ x & -1 \end{bmatrix}$$

21−22. 기본행렬의 역행렬을 구하라.

21. $\begin{bmatrix} 1 & 0 & 4 \\ 0 & 1 & 0 \\ 0 & 0 & 1 \end{bmatrix}$

22. $\begin{bmatrix} 1 & 0 & 0 \\ 0 & 6 & 0 \\ 0 & 0 & 1 \end{bmatrix}$

23−26. A를 기본행렬들의 곱으로 나타내어라.

23. $A=\begin{bmatrix} 2 & 3 \\ 0 & 1 \end{bmatrix}$

24. $A=\begin{bmatrix} -3 & 13 \\ 1 & -4 \end{bmatrix}$

25. $A=\begin{bmatrix} 1 & 0 & 1 \\ 0 & 1 & -2 \\ 0 & 0 & 4 \end{bmatrix}$

26. $A=\begin{bmatrix} 3 & 0 & 6 \\ 0 & 2 & 0 \\ 1 & 0 & 3 \end{bmatrix}$

27. $A^2=I$를 만족하는 2×2 행렬 A를 두 개 구하라.

28. $A^2=O$를 만족하는 2×2 행렬 A를 두 개 구하라.

29. $A^2=A$를 만족하는 2×2 행렬 A를 세 개 구하라.

30. $AB=O$ 그러나 $BA\neq O$인 2×2 행렬 A, B를 구하라.

31−32. 다음 행렬들 X, Y, Z, W가 주어졌을 때

$$X=\begin{bmatrix} 1 \\ 2 \\ 0 \\ 1 \end{bmatrix},\quad Y=\begin{bmatrix} -1 \\ 0 \\ 3 \\ 2 \end{bmatrix},\quad Z=\begin{bmatrix} 3 \\ 4 \\ -1 \\ 2 \end{bmatrix},\quad W=\begin{bmatrix} 3 \\ 2 \\ -4 \\ -1 \end{bmatrix}$$

31. (a) $W=aX+bY+cZ$를 만족하는 스칼라 a, b, c를 구하라.

(b) $Z=aX+bY$를 만족하는 스칼라 a, b가 존재하지 않음을 보여라.

32. 만약 $aX+bY+cZ=O$이면 $a=b=c=0$임을 보여라.

33. A, B, $A+B$는 모두 가역 행렬이라고 하자. $A^{-1}+B^{-1}$도 가역임을 $(A^{-1}+B^{-1})^{-1}=A(A+B)^{-1}B$를 보임으로써 증명하라.

34. A, B, C는 $n\times n$ 행렬들이고 C는 가역행렬이라고 하자. 만약 $AC=CB$이면 $A=B$인가? 만약 그렇다면 그것을 증명하라. 만약 아니라면 이유를 설명하고 명제가 틀렸다는 예를 들어라.

35－36. 다음 행렬의 LU-삼각분해를 구하라.

35. $\begin{bmatrix} 2 & 5 \\ 6 & 14 \end{bmatrix}$

36. $\begin{bmatrix} 1 & 1 & 1 \\ 1 & 2 & 2 \\ 1 & 2 & 3 \end{bmatrix}$

37－38. 다음 계수 행렬의 삼각분해를 사용하여 연립방정식의 해를 구하라.

37.
$$\begin{aligned} x \qquad + z &= 3 \\ 2x + y + 2z &= 7 \\ 3x + 2y + 6z &= 8 \end{aligned}$$

38.
$$\begin{aligned} 2x_1 + x_2 + x_3 - x_4 &= 7 \\ 3x_2 + x_3 - x_4 &= -3 \\ -2x_3 &= 2 \\ 2x_1 + x_2 + x_3 - 2x_4 &= 8 \end{aligned}$$

39－42. 각 명제가 참인지 거짓인지를 판별하여라. 만약 참이면 이유를 말하거나 교재에 있는 적당한 명제를 언급하여라. 거짓이면 모든 경우에 참이 되는 것은 아니라는 것을 예를 들어 보이거나 교재에 있는 내용을 언급하여라.

39. (a) 행렬의 덧셈은 교환이 성립하지 않는다.

(b) 행렬들의 합에 대한 전치행렬은 각각의 전치행렬들의 합과 같다.

40. (a) 2×3 행렬과 3×5 행렬의 곱은 5×2 행렬이다.

(b) 곱에 대한 전치행렬은 전치행렬의 순서를 반대로 곱하는 것과 같다.

41. (a) 모든 $n\times n$ 행렬은 가역이다.

(b) $n\times n$ 행렬 A가 대칭이 아니면 A^TA는 대칭이 아니다.

42. (a) A와 B는 $n\times n$ 행렬이고 A는 가역일 때 $(ABA^{-1})^2 = AB^2A^{-1}$이다.

(b) A와 B가 가역인 $n\times n$ 행렬이면 $A+B$도 가역행렬이다.

확률적 행렬

43－44. 다음 행렬이 확률적인지를 판별하라.

43. $\begin{bmatrix} 1 & 0 & 0 \\ 0 & 0.5 & 0.1 \\ 0 & 0.1 & 0.5 \end{bmatrix}$

44. $\begin{bmatrix} 0.3 & 0.4 & 0.1 \\ 0.2 & 0.4 & 0.5 \\ 0.5 & 0.2 & 0.4 \end{bmatrix}$

45－46. 주어진 추이확률행렬 P와 상태행렬 X를 이용하여 상태행렬 PX, P^2X, P^3X를 구하라.

45. $P=\begin{bmatrix} \frac{1}{2} & \frac{1}{4} \\ \frac{1}{2} & \frac{3}{4} \end{bmatrix}$, $X=\begin{bmatrix} 128 \\ 64 \end{bmatrix}$

46. $P=\begin{bmatrix} 0.6 & 0.2 & 0.0 \\ 0.2 & 0.7 & 0.1 \\ 0.2 & 0.1 & 0.9 \end{bmatrix}$, $X=\begin{bmatrix} 1000 \\ 1000 \\ 1000 \end{bmatrix}$

47. 세 구역으로 나누어진 국가가 있다. 매년 1구역의 인구 10%가 2구역으로 이사하고, 5%의 사람들이 3구역으로 이사한다. 2구역 사람들의 15%가 1구역으로, 5%가 3구역으로 이사하고, 3구역 사람들의 10%가 1구역으로, 10%가 2구역으로 이사한다. 올해 각 구역의 인구는 100,000명이었다.

(a) 1년 후 (b) 3년 후 각 구역의 인구를 구하라.

48. 47번에서 나타난 인구의 한계 상태 행렬을 구하라.

암호학

49−50. 주어진 메시지를 숫자로 된 행행렬로 구하라. 그리고 행렬 A를 사용하여 암호화하라.

49. 메시지 : ONE IF BY LAND

행행렬 크기 : 1×2

암호화 키 : $A=\begin{bmatrix} 5 & 2 \\ 2 & 1 \end{bmatrix}$

50. 메시지 : BEAM ME UP SCOTTY

행행렬 크기 : 1×3

암호화 키 : $A=\begin{bmatrix} 2 & 1 & 4 \\ 3 & 1 & 3 \\ -2 & -1 & -3 \end{bmatrix}$

51−54. A^{-1}를 구하여 다음 암호문을 복호화하라.

51. $A=\begin{bmatrix} 3 & -2 \\ -4 & 3 \end{bmatrix}$,

−45, 34, 36, −24, −43, 37, −23, 22, −37, 29, 57, −38, −39, 31

52. $A=\begin{bmatrix} 1 & 4 \\ -1 & -3 \end{bmatrix}$,

11, 52, −8, −9, −13, −39, 5, 20, 12, 56, 5, 20, −2, 7, 9, 41, 25, 100

53. $A=\begin{bmatrix} 2 & -1 & -1 \\ -5 & 2 & 2 \\ 5 & -1 & -2 \end{bmatrix}$,

58, −3, −25, −48, 28, 19, −40, 13, 13, −98, 39, 39, 118, −25, −48, 28, −14, −14

54. $A=\begin{bmatrix} 1 & 2 & 3 \\ 2 & 5 & 3 \\ 1 & 0 & 8 \end{bmatrix}$,

23, 20, 132, 54, 128, 102, 32, 21, 203, 6, 10, 23, 21, 15, 129, 36, 46, 173, 29, 72, 45

레온티에프 투입 산출 모델

55. 다음과 같은 투입 환경을 갖는 두 산업으로 이루어진 산업구조가 있다고 하자.

(a) 1$의 가치가 있는 상품을 생산하는데, A 산업은 $0.20의 자신의 상품과 $0.30의 B 산업 상품이 필요하다.

(b) 1$ 가치의 상품을 생산하는데, B 산업은 $0.10의 자신의 상품과 $0.50의 A 산업 상품이 필요하다.

이 구조에 대한 투입산출표 D를 구하라. 그리고 외부 수요 $E=\begin{bmatrix} 40{,}000 \\ 80{,}000 \end{bmatrix}$가 주어졌을 때 $X=DX+E$를 만족하는 산출행렬 X를 구하라.

56. 세 개의 산업으로 이루어진 산업구조는 다음과 같은 투입산출표 D와 외부수요 행렬 E를 갖는다.

$$D=\begin{bmatrix} 0.1 & 0.3 & 0.2 \\ 0.0 & 0.2 & 0.3 \\ 0.4 & 0.1 & 0.1 \end{bmatrix} \qquad E=\begin{bmatrix} 3000 \\ 3500 \\ 8500 \end{bmatrix}$$

$X=DX+E$를 만족하는 산출행렬 X를 구하라.

최소자승회귀분석

57−60. 다음 점들에 대한 최소자승회귀직선을 구하라.

57. (1, 5), (2, 4), (3, 2)

58. (2, 1), (3, 3), (4, 2), (5, 4), (6, 4)

59. (−2, 4), (−1, 2), (0, 1), (1, −2), (2, −3)

60. (1, 1), (1, 3), (1, 2), (1, 4), (2, 5)

61. 한 농부는 1km^{2}에서 생산되는 밀과 사용되어진 비료의 관계를 알아 보기 위해서 4곳에

서 실험을 하였다. 그 결과는 아래와 같다.

비료의 양(x)	1.0	1.5	2.0	2.5
산출(y)	32	41	48	53

(a) 이 자료의 최소자승회귀직선을 구하라.

(b) 160kg/km^{2}의 비료의 사용이 얼마 만큼의 산출을 가지고 왔는지 알아보라.

62. 5년간 모든 상품에 관한 소비자 가격표(CPI)는 아래 표와 같다.(제공: 노동부 통계과)

년	1996	1997	1998	1999	2000
CPI(y)	156.9	160.5	163.0	166.6	172.2

(a) 이 자료에 대한 최소자승회귀직선을 구하라. ($x=6$은 1996년을 나타낸다.)

(b) 2005년에서 2010년까지의 *CPI*를 측정하라.

63. 아래 표는 1996년부터 2000년까지 미국 내에 있는 호텔의 평균 숙박비를 나타낸다. (제공: 미국 숙박협회)

년	1996	1997	1998	1999	2000
평균숙박비(y)	\$70.93	\$75.31	\$78.62	\$81.33	\$85.89

(a) 최소자승법을 사용하여 최소자승회귀직선을 구하라. (x는 년도를 뜻하고 $x=6$이란 1996년을 나타낸다.)

(b) 선형회귀 그래프를 사용하여 이 자료의 선형모델을 찾아라. 이 모델은 (a)에서 구한 모델과 어떤가?

(c) 선형모델을 이용하여 y에 대한 예측값을 표로 나타내어라. 실제값과 비교하라.

(d) 선형모델을 이용하여 2005년 평균 숙박비를 예측하라.

(e) 선형모델을 이용하여 평균 숙박비가 $100이 되는 때를 예측하라.

프로젝트 Chapter 2(행렬들)

1. 행렬 곱셈에 대한 조사

앤, 브루스, 크리스, 데이비드가 치른 두 번의 시험성적이 아래 표에 있다. 이 표를 사용하여 행렬 M을 만들어라. M을 사용하여 다음 질문에 답하여라.

1. 어느 시험이 더 어려웠는가? 어느 시험이 더 쉬웠는가? 이유를 설명하라.

	테스트 1	테스트 2
앤	84	96
브루스	56	72
크리스	78	83
데이비드	82	91

2. 네 명의 학생들의 순위는 어떻게 되는가?
3. 행렬곱 $M\begin{bmatrix}1\\0\end{bmatrix}$과 $M\begin{bmatrix}0\\1\end{bmatrix}$의 의미를 설명하라.
4. 행렬곱 $[1 \quad 0 \quad 0 \quad 0]M$과 $[0 \quad 0 \quad 1 \quad 0]M$의 의미를 설명하라.
5. 행렬곱 $M\begin{bmatrix}1\\1\end{bmatrix}$과 $\frac{1}{2}M\begin{bmatrix}1\\1\end{bmatrix}$의 의미를 설명하라.
6. 행렬곱 $[1 \quad 1 \quad 1 \quad 1]M$과 $\frac{1}{4}[1 \quad 1 \quad 1 \quad 1]M$의 의미를 설명하라.
7. 행렬곱 $[1 \quad 1 \quad 1 \quad 1]M\begin{bmatrix}1\\1\end{bmatrix}$의 의미를 설명하라.
8. 행렬의 곱셈을 이용하여 두 테스트의 전체 평균 성적을 표시하라.
9. 교사로서 테스트 1에 대한 모든 학생의 성적을 올리고 싶다면 성적에 1.1배를 하기 위해서 어떻게 행렬의 곱셈을 사용하겠는가?

2. 거듭제곱이 0인 행렬

행렬 A는 영행렬이 아닌 $n\times n$ 정방행렬이다. $A^k=0$이 되는 양의 정수 k는 존재하는가?

예를 들어 행렬 $A=\begin{bmatrix} 0 & 1 & 2 \\ 0 & 0 & 1 \\ 0 & 0 & 0 \end{bmatrix}$에 대한 A^3을 구하라. 만약 $A \neq 0$, $A^2 \neq 0$, $\cdots$, $A^k - 1 \neq 0$ 그리고 $A^k = 0$이면 정방행렬을 거듭제곱이 0인 지수가 k인 행렬이라고 한다. 이 프로젝트에서는 거듭제곱이 0인 행렬에 대해서 알아볼 것이다.

1. 행렬 A의 거듭제곱이 0인 지수는 무엇인가?

2. 그래프를 사용하여 다음 행렬들 중 어느 것이 거듭제곱이 0인 행렬이고 그때 그것들의 지수는 무엇인지를 구하라.

(a) $\begin{bmatrix} 0 & 1 \\ 0 & 0 \end{bmatrix}$　　(b) $\begin{bmatrix} 0 & 1 \\ 1 & 0 \end{bmatrix}$

(c) $\begin{bmatrix} 0 & 0 \\ 1 & 0 \end{bmatrix}$　　(d) $\begin{bmatrix} 1 & 0 \\ 1 & 0 \end{bmatrix}$

(e) $\begin{bmatrix} 0 & 0 & 1 \\ 0 & 0 & 0 \\ 0 & 0 & 0 \end{bmatrix}$　　(f) $\begin{bmatrix} 0 & 0 & 0 \\ 1 & 0 & 0 \\ 1 & 1 & 0 \end{bmatrix}$

3. 거듭제곱이 0이 되는 지수가 2 또는 3인 3×3 행렬을 구하라.

4. 거듭제곱이 0이 되는 지수가 2 또는 4인 4×4 행렬을 구하라.

5. 거듭제곱이 0이 되는 지수가 5인 행렬을 구하라.

6. 거듭제곱이 0이 되는 행렬들은 가역인가? 이유를 설명하라.

7. A가 거듭제곱이 0이 되는 행렬이면 A^T는 어떤가? 이유를 설명하라.

8. A가 거듭제곱이 0이 되는 행렬이면 $I-A$는 가역임을 보여라.

CHAPTER 3

행렬식

▶ Augustin-Louis Cauchy

AUGUSTIN-LOUIS CAUCHY
(1789-1859)

오그스틴-루이 코시는 프랑스 의회 법률가(변호사)의 여섯 아이 중 맏이로 태어났다. 그는 프랑스 대혁명 기간 바스티유감옥이 무너진 6주후에 파리에서 태어났다.

길로틴(단두대)의 위험을 피하기 위하여 코시의 아버지는 가족을 파리로부터 아르구에일(Arcureil)에 있는 그들의 집으로 옮겼다. 이곳 아르구에일은 프랑스의 선도적 수학자 중의 한사람인 피에르 시몽 드라플라스(Pierre Simong de Laplace)의 집과 경계를 이루고 있다.

라플라스는 처음으로 젊은 코시의 천부적인 수학적 재능을 인정하였고 그의 재능을 발전시키도록 격려해 주었다. 1800년에 코시가족은 파리로 옮겼고 그곳에서 코시는 그의 공식적 교육을 시작하였다.

그는 몇 가지 상을 받았고 그의 수학적 훌륭함은 주의를 끌기 시작하였다. 1810년에 그는 토목기사로 졸업을 하고 그가 몇 년 동안 어쩔 수 없이 갖고 있던 군사위원회 위원을 하였다. 정치적 혼란은 코시를 일련의 가르치는 자리를 거쳐서 소르본느에서 수학천문학 교수로 임명되어 절정에 이르게 하였다. 27세의 나이에 그는 그의 시대의 가장 위대한 수학자 중의 한사람으로 인정받았다.

코시는 다작의 논문을 쓰는 사람이었다. 거의 800여편의 논문을 출판하였다. 수학의 연구에 그가 기여한 것은 가히 혁명적이었다. 그는 때때로 현대수학에 엄격함을 가져다준 명예가 주어진다. 예를 들면 코시는 처음으로 엄격하게 극한, 연속성 그리고 무한급수의 수렴을 정의하였다.

그는 복소수론의 기초를 세우고 또한 행렬식론 미분방정식론에 기여하였다. 케일리의 행렬의 발전에 앞서 행렬식에 코시의 업적을 아는 것은 재미있다.

3.1 행렬의 행렬식

정사각행렬에 행렬식이라고 불리우는 실수를 대응시킬 수 있다. 행렬식은 많은 응용을 가지고 있다.

이 장의 두 절은 행렬의 행렬식을 계산하는 과정에 집중되어 있다. 역사적으로 행렬식의 응용은 일차방정식계의 해에서 나타나는 특별한 모형을 알아보는데서 나왔다.

예를 들면

$$a_{11}x_1+a_{12}x_2=b_1$$
$$a_{21}x_1+a_{22}x_2=b_2$$

의 일반해는

$$x_1=\frac{b_1a_{22}-b_2a_{12}}{a_{11}a_{22}-a_{21}a_{12}}\text{이고}\quad x_2=\frac{b_2a_{11}-b_1a_{21}}{a_{11}a_{22}-a_{21}a_{12}}$$

이다. 여기서 $a_{11}a_{22}-a_{21}a_{12}\neq 0$이다.

두 분수가 같은 분모 $a_{11}a_{22}-a_{21}a_{12}$를 갖는다는 것에 주의하라. 이 수를 계수행렬 A의 행렬식이라 한다.

2×2 행렬의 행렬식의 정의

행렬

$$A=\begin{bmatrix} a_{11} & a_{12} \\ a_{21} & a_{22} \end{bmatrix}$$

의 행렬식

$$\det(A)=|A|=a_{11}a_{22}-a_{21}a_{12}$$

로 주어진다.

참고 이 책에서 $\det(A)$와 $|A|$는 행렬의 행렬식을 나타내기 위하여 자유롭게 사용된다. $|\ |$는 실수의 절대값을 나타내기 위하여 사용되기도 한다.

$$\left|\begin{bmatrix} a_{11} & a_{12} \\ a_{21} & a_{22} \end{bmatrix}\right| \quad \text{대신에} \quad \begin{vmatrix} a_{11} & a_{12} \\ a_{21} & a_{22} \end{vmatrix} \text{를 사용한다.}$$

2×2행렬의 행렬식을 계산하는 방법은 다음 그림으로 주어진다.

$$|A| = \begin{vmatrix} a_{11} & a_{12} \\ a_{21} & a_{22} \end{vmatrix} = a_{11}a_{22} - a_{21}a_{12}$$

이다. 행렬식은 행렬의 두 대각선의 곱의 차로써 나타내어지는 것에 주의하라.

[예제 1] 2×2 행렬의 행렬식

각 행렬의 행렬식을 구하라.

(a) $A = \begin{bmatrix} 2 & -3 \\ 1 & 2 \end{bmatrix}$ (b) $B = \begin{bmatrix} 2 & 1 \\ 4 & 2 \end{bmatrix}$ (c) $C = \begin{bmatrix} 0 & 3 \\ 2 & 4 \end{bmatrix}$

풀이 (a) $|A| = \begin{vmatrix} 2 & -3 \\ 1 & 2 \end{vmatrix} = 2(2) - 1(-3) = 4 + 3 = 7$

(b) $|B| = \begin{vmatrix} 2 & 1 \\ 4 & 2 \end{vmatrix} = 2(2) - 4(1) = 4 - 4 = 0$

(c) $|C| = \begin{vmatrix} 0 & 3 \\ 2 & 4 \end{vmatrix} = 0(4) - 2(3) = 0 - 6 = -6$ ◀

참고 행렬의 행렬식의 값은 양수, 영, 음수일 수 있다.

1×1 행렬의 행렬식은 행렬의 성분으로 정의된다. 예를 들어 $A = [-2]$이면

$$\det(A) = -2$$

이다. 2보다 큰 차수의 행렬의 행렬식을 정의하기 위하여 소행렬식과 여인수의 개념을 사용하는 것이 편리하다.

행렬의 소행렬식과 여인수의 정의

A를 $n \times n$ 정방행렬이라 하자. 원소 a_{ij}의 소행렬식 M_{ij}는 A의 i행과 j열을 제거함으로써 얻어지는 행렬의 행렬식이다. 여인수

$$C_{ij} = (-1)^{i+j} M_{ij}$$

로 주어진다.

예를 들어 A를 3×3 행렬이라 하자.

a_{21}의 소행렬식

$$\begin{bmatrix} a_{11} & a_{12} & a_{13} \\ a_{21} & a_{22} & a_{23} \\ a_{31} & a_{32} & a_{33} \end{bmatrix},\quad M_{21}=\begin{vmatrix} a_{12} & a_{13} \\ a_{32} & a_{33} \end{vmatrix}$$

2행과 1열을 없앤다.

a_{21}의 여인수

$$C_{21}=(-1)^{2+1}M_{21}$$
$$=-M_{21}$$

a_{22}의 소행렬식

$$\begin{bmatrix} a_{11} & a_{12} & a_{13} \\ a_{21} & a_{22} & a_{23} \\ a_{31} & a_{32} & a_{33} \end{bmatrix},\quad M_{22}=\begin{vmatrix} a_{11} & a_{13} \\ a_{31} & a_{33} \end{vmatrix}$$

2행과 2열을 없앤다.

a_{22}의 여인수

$$C_{22}=(-1)^{2+2}M_{22}$$
$$=M_{22}$$

위에서 보는 바와 같이 소행렬식과 여인수는 부호만 다를 수 있을 뿐이다. 행렬의 여인수를 얻기 위하여 처음에 소행렬식을 구하고, +와 −의 다음과 같은 장기판 모형을 적용한다.

여인수에 대한 부호 모형

$$\begin{bmatrix} + & - & + \\ - & + & - \\ + & - & + \end{bmatrix} \quad \begin{bmatrix} + & - & + & - \\ - & + & - & + \\ + & - & + & - \\ - & + & - & + \end{bmatrix} \quad \begin{bmatrix} + & - & + & - & + & \cdots \\ - & + & - & + & - & \cdots \\ + & - & + & - & + & \cdots \\ - & + & - & + & - & \cdots \\ + & - & + & - & + & \cdots \\ \vdots & \vdots & \vdots & \vdots & \vdots & \end{bmatrix}$$

3×3 행렬 4×4 행렬 $n\times n$ 행렬

홀수위치 ($i+j$가 홀수)는 음의 부호를 갖고 짝수위치 ($i+j$가 짝수)는 양의 부호를 갖는다.

[예제 2] 행렬의 소행렬식과 여인수를 구하기

다음 행렬 A의 모든 소행렬식과 여인수를 구하라.

$$A=\begin{bmatrix} 0 & 2 & 1 \\ 3 & -1 & 2 \\ 4 & 0 & 1 \end{bmatrix}.$$

풀이 소행렬식 M_{11}을 구하기 위하여 A의 1행 1열을 없애서 만든 행렬의 행렬식을 계산한다.

$$\begin{bmatrix} 0 & 2 & 1 \\ 3 & -1 & 2 \\ 4 & 0 & 1 \end{bmatrix},\ M_{11}=\begin{vmatrix} -1 & 2 \\ 0 & 1 \end{vmatrix}=-1(1)-0(2)=-1$$

비슷한 방법으로 M_{12}를 구하기 위하여 A의 1행과 2열을 제거한다.

$$\begin{bmatrix} 0 & 2 & 1 \\ 3 & -1 & 2 \\ 4 & 0 & 1 \end{bmatrix},\ M_{12}=\begin{vmatrix} 3 & 2 \\ 4 & 1 \end{vmatrix}=3(1)-4(2)=-5$$

이와 같은 방법을 계속해서 다음의 소행렬식을 구할 수 있다.

$$\begin{array}{lll} M_{11}=-1 & M_{12}=-5 & M_{13}=\ \ 4 \\ M_{21}=\ \ 2 & M_{22}=-4 & M_{23}=-8 \\ M_{31}=\ \ 5 & M_{32}=-3 & M_{33}=-6 \end{array}$$

여인수를 구하기 위하여 이들 소행렬식에 부호의 장기판 모형을 결합시키면 다음을 얻을 수 있다.

$$\begin{array}{lll} C_{11}=-1 & C_{12}=\ \ 5 & C_{13}=\ \ 4 \\ C_{21}=-2 & C_{22}=-4 & C_{23}=\ \ 8 \\ C_{31}=\ \ 5 & C_{32}=\ \ 3 & C_{33}=-6. \end{array}$$

◀

행렬의 행렬식의 정의

A를 정방행렬(차수가 2 혹은 2보다 큰)이라 하자.

A의 행렬식 A의 1행의 성분과 그들의 여인수를 곱해서 더한 (합한) 것이다. 즉

$$\det(A)=|A|=\sum_{j=1}^{n} a_{1j}C_{1j}=a_{11}C_{11}+a_{12}C_{12}+\cdots+a_{1n}C_{1n}.$$

참고 이 정의를 2×2 행렬에 적용하면 $|A|=a_{11}a_{22}-a_{12}a_{21}$이 된다.

행렬식을 계산하기 위하여 이 정의를 사용할 때 1행에서 여인수에 의한 전개라고 한다.

[예제 3] 차수 3의 행렬의 행렬식

$$A=\begin{bmatrix} 0 & 2 & 1 \\ 3 & -1 & 2 \\ 4 & 0 & 1 \end{bmatrix}$$

의 행렬식을 구하라.

풀이 이 행렬은 예제 2의 행렬과 같은 행렬이다. 1행의 성분들의 여인수는 다음과 같다.

$$C_{11}=-1, \qquad C_{12}=5, \qquad C_{13}=4.$$

그러므로 행렬식의 정의에 의해

$$\begin{aligned} |A| &= a_{11}C_{11}+a_{12}C_{12}+a_{13}C_{13} && \text{1행 전개} \\ &= 0(-1)+2(5)+1(4)=14 \end{aligned}$$ ◀

행렬식이 1행에서 여인수전개에 의하여 정의되었지만 어떤 행이나 열에 의하여 계산될 수 있다. 예를 들면 예제 3의 3×3 행렬을 2행에 의하여 전개하면

$$\begin{aligned} |A| &= a_{21}C_{21}+a_{22}C_{22}+a_{23}C_{23} && \text{2행 전개} \\ &= 3(-2)+(-1)(-4)+2(8)=14 \end{aligned}$$

이고 1열에 의하여 전개하면

$$\begin{aligned} |A| &= a_{11}C_{11}+a_{21}C_{21}+a_{31}C_{31} && \text{1열 전개} \\ &= 0(-1)+3(-2)+4(5)=14 \end{aligned}$$

이다. A의 행렬식이 어떤 행이나 열로 전개하며 계산될 수 있음을 보기 위해 다른 가능성을 시행해보기 바란다. 이 결과는 다음 정리로 기술된다. 즉 행렬식의 라플라스(Laplace)의 전개이다.

정리 3.1 여인수에 의한 전개

A를 차수 n의 정방행렬이라 하자. A의 행렬식은 다음의 식으로 주어진다.

$$\det(A)=|A|=\sum_{j=1}^{n} a_{ij}C_{ij}=a_{i1}C_{i1}+a_{i2}C_{i2}+\cdots+a_{in}C_{in} \qquad i\text{행 전개}$$

혹은

$$\det(A)=|A|=\sum_{j=1}^{n} a_{ij}C_{ij}=a_{1j}C_{1j}+a_{2j}C_{2j}+\cdots+a_{nj}C_{nj} \qquad j\text{열 전개}$$

여인수에 의해서 행렬식을 전개할 때 제로(zero) 성분의 여인수를 계산할 필요가 없다. 왜냐하면

$$a_{ij}C_{ij}=(0)C_{ij}=0$$

이기 때문이다. 이와 같이 가장 많은 0을 포함하는 행(혹은 열)을 택하여 여인수에 의해서 전개하는 것이 좋은 방법이다. 이것은 다음 예에서 예시된다.

[예제 4] 차수 4의 행렬의 행렬식

$$A=\begin{bmatrix} 1 & -2 & 3 & 0 \\ -1 & 1 & 0 & 2 \\ 0 & 2 & 0 & 3 \\ 3 & 4 & 0 & -2 \end{bmatrix}$$

에서 $\det(A)$를 구하라.

풀이 이 행렬을 보면 3열에서 성분이 0인 것이 3개 있다는 것을 알 수 있다. 3열에 대하여 전개하면

$$|A|=3(C_{13})+0(C_{23})+0(C_{33})+0(C_{43})$$

이다. C_{23}, C_{33}, C_{43}는 0 계수를 가지므로 계산할 필요가 없고 C_{13}만 계산하면 된다.

$$C_{13}=(-1)^{1+3}\begin{vmatrix} -1 & 1 & 2 \\ 0 & 2 & 3 \\ 3 & 4 & -2 \end{vmatrix}=\begin{vmatrix} -1 & 1 & 2 \\ 0 & 2 & 3 \\ 3 & 4 & -2 \end{vmatrix}$$

이 행렬식을 2행에 관하여 전개하면

$$\begin{aligned} C_{13}=&(0)(-1)^{2+1}\begin{vmatrix} 1 & 2 \\ 4 & -2 \end{vmatrix}+(2)(-1)^{2+2}\begin{vmatrix} -1 & 2 \\ 3 & -2 \end{vmatrix} \\ &+(3)(-1)^{2+3}\begin{vmatrix} -1 & 1 \\ 3 & 4 \end{vmatrix} \\ =&0+2(1)(-4)=3(-1)(-7) \\ =&13 \end{aligned}$$

이다. 이와 같이 해서

$$|A| = 3 \times 13 = 39$$

임을 알 수 있다. ◀

기술적 참고(Technological note)

대개의 계산기나 컴퓨터 소프트웨어 프로그램은 정방행렬의 행렬식을 계산하는 용량을 가지고 있다. 예제 4의 행렬 A의 행렬식이 39라는 것을 보이기 위하여 TI-86의 행렬식 명령어를 사용하면 스크린은 다음처럼 보인다.

```
A
          [[1 -2  3  0]
          [-1  1  0  2]
           [0  2  0  3]
           [3  4  0 -2]]
det A
                     39
```

3×3 행렬 A의 행렬식을 계산하는데 보통으로 사용되는 다른 방법이 있다.

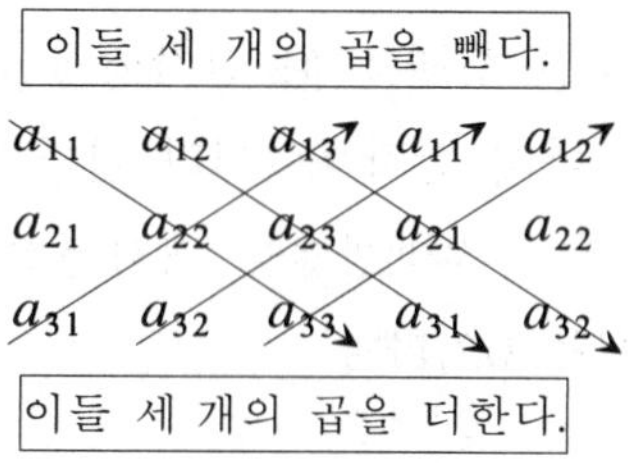

A의 행렬식이

$$|A| = a_{11}a_{22}a_{33} + a_{12}a_{23}a_{31} + a_{13}a_{21}a_{32} - a_{31}a_{22}a_{13} - a_{32}a_{23}a_{11} - a_{33}a_{21}a_{12}.$$

으로 주어지는 것을 확인하여라.

[예제 5] 차수 3의 행렬식

$$A = \begin{bmatrix} 0 & 2 & 1 \\ 3 & -1 & 2 \\ 4 & -4 & 1 \end{bmatrix}$$

의 행렬식을 구하라.

풀이 첫 두 개의 열을 앞에 두고 6개의 대각선 곱을 다음과 같이 계산한다.

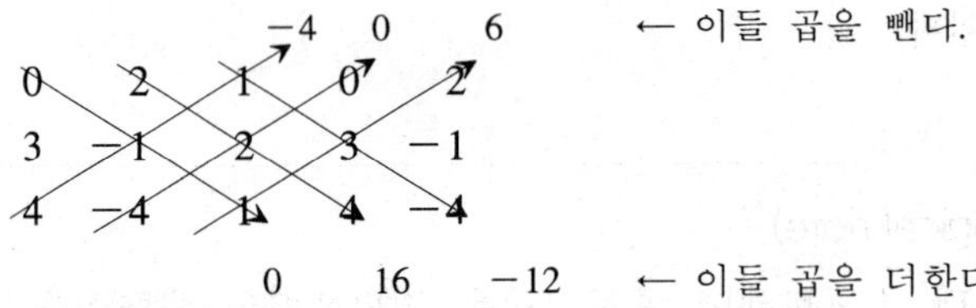

아래의 세 개의 곱을 더하고 위의 세 개의 곱을 빼면 A의 행렬식을 구할 수 있다.

$$|A|=0+16+(-12)-(-4)-0-6=2.$$ ◀

참고 예 5의 대각선 방법은 3×3 행렬에서만 적용된다. 3보다 높은 차수의 행렬은 다른 방법이 사용되어져야만 한다.

삼각행렬

차수가 4 또는 2 이상인 행렬의 행렬식을 계산하는 것은 지루한 일이다. 그러나 예외가 있다. 그것은 삼각행렬의 행렬식을 계산하는 것이다. 정방행렬에서 주대각선의 아래의 성분(entry)이 모두 0인 행렬을 위 삼각행렬이라 한다. 또한 주대각선의 위 성분이 모두 0인 행렬을 아래 삼각행렬이라 한다.

위 삼각행렬이면서 아래 삼각행렬인 정방행렬을 대각행렬이라 한다. 즉 대각행렬의 주대각선 위 아래 성분은 모두 0이다.

위 삼각행렬

$$\begin{bmatrix} a_{11} & a_{12} & a_{13} & \cdots & a_{1n} \\ 0 & a_{22} & a_{23} & \cdots & a_{2n} \\ 0 & 0 & a_{33} & \cdots & a_{3n} \\ \vdots & \vdots & \vdots & \vdots & \\ 0 & 0 & 0 & \cdots & a_{nn} \end{bmatrix}$$

아래 삼각행렬

$$\begin{bmatrix} a_{11} & 0 & 0 & \cdots & 0 \\ a_{21} & a_{22} & 0 & \cdots & 0 \\ a_{31} & a_{32} & a_{33} & \cdots & 0 \\ \vdots & \vdots & \vdots & & \vdots \\ a_{n1} & a_{n2} & a_{n3} & \cdots & a_{nn} \end{bmatrix}$$

삼각행렬의 행렬식을 구하기 위하여 단순히 주대각선의 성분을 곱하면 된다. 이 과정이 차수 2 혹은 3의 행렬에 대하여 유효하다는 것을 확인하는 것은 쉽다. 예를 들어

$$A=\begin{bmatrix}2 & 3 & -1\\ 0 & -1 & 2\\ 0 & 0 & 3\end{bmatrix}$$

일 때 A의 행렬식은 3행에 대하여 전개하면

$$|A|=0\begin{vmatrix}3 & -1\\ -1 & 2\end{vmatrix}-0\begin{vmatrix}2 & -1\\ 0 & 2\end{vmatrix}+3\begin{vmatrix}2 & 3\\ 0 & -1\end{vmatrix}=3(2)(-1)=-6$$

이다. 이것은 주대각선 위의 성분들을 곱한 것이다.

정리 3.2 삼각행렬의 행렬식

행렬 A가 차수(order) n의 삼각행렬이면 A의 행렬식은 주대각선 위의 성분들의 곱이다. 즉

$$\det(A)=|A|=a_{11}a_{22}a_{33}\cdots a_{nn}.$$

증명 A가 위 삼각행렬일 때 이 정리를 증명하기 위하여 수학적 귀납법을 사용한다. 아래 삼각행렬인 경우에도 비슷하게 증명된다. A가 차수 1인 행렬이면, $A=[a_{11}]$이고 A의 행렬식은

$$|A|=a_{11}$$

로 주어진다. 정리가 차수 $k-1$의 위 삼각행렬에 대하여 참이라고 하고 차수 k의 위 삼각행렬 A를 생각하자. k행에 대하여 전개하면

$$|A|=0C_{k1}+0C_{k2}+\cdots+0C_{kk-1}+a_{kk}C_{kk}=a_{kk}C_{kk}$$

이다.

$$C_{kk}=(-1)^{2k}M_{kk}=M_{kk}$$

임을 주의하라. 여기서 M_{kk}는 A에서 k행 k열을 제거하여 얻어진 위 삼각행렬의 행렬식이다. 이 행렬은 차수 $k-1$의 행렬이므로 귀납법의 가정을 적용하면

$$\begin{aligned}|A|&=a_{kk}M_{kk}=a_{kk}(a_{11}a_{22}a_{33}\cdots a_{k-1k-1})\\ &=a_{11}a_{22}a_{33}\cdots a_{kk}\end{aligned}$$

이다. ■

[예제 6] 삼각행렬의 행렬식

각 행렬의 행렬식을 구하라.

(a) $A=\begin{bmatrix} 2 & 0 & 0 & 0 \\ 4 & -2 & 0 & 0 \\ -5 & 6 & 1 & 0 \\ 1 & 5 & 3 & 3 \end{bmatrix}$ (b) $B=\begin{bmatrix} -1 & 0 & 0 & 0 & 0 \\ 0 & 3 & 0 & 0 & 0 \\ 0 & 0 & 2 & 0 & 0 \\ 0 & 0 & 0 & 4 & 0 \\ 0 & 0 & 0 & 0 & -2 \end{bmatrix}$

풀이 (a) 이 삼각행렬의 행렬식을 계산하면 $|A|=(2)(-2)(1)(3)=-12$.

(b) 이 행렬은 대각행렬이고 이것의 행렬식은 $|B|=(-1)(3)(4)(-2)=48$. ◀

연습문제 3.1(행렬의 행렬식)

1-12번에서 행렬의 행렬식을 구하라.

1. $[1]$

2. $[-3]$

3. $\begin{bmatrix} 2 & 1 \\ 3 & 4 \end{bmatrix}$

4. $\begin{bmatrix} -3 & 1 \\ 5 & 2 \end{bmatrix}$

5. $\begin{bmatrix} 5 & 2 \\ -6 & 3 \end{bmatrix}$

6. $\begin{bmatrix} 2 & -2 \\ 4 & 3 \end{bmatrix}$

7. $\begin{bmatrix} -7 & 6 \\ \frac{1}{2} & 3 \end{bmatrix}$

8. $\begin{bmatrix} \frac{1}{3} & 5 \\ 4 & -9 \end{bmatrix}$

9. $\begin{bmatrix} 2 & 6 \\ 0 & 3 \end{bmatrix}$

10. $\begin{bmatrix} 2 & -3 \\ -6 & 9 \end{bmatrix}$

11. $\begin{bmatrix} \lambda-3 & 2 \\ 4 & \lambda-1 \end{bmatrix}$

12. $\begin{bmatrix} \lambda-2 & 0 \\ 4 & \lambda-4 \end{bmatrix}$

13-16에서 (a) 행렬의 소행렬식, (b) 행렬의 여인수를 구하라.

13. $\begin{bmatrix} 1 & 2 \\ 3 & 4 \end{bmatrix}$

14. $\begin{bmatrix} -1 & 0 \\ 2 & 1 \end{bmatrix}$

15. $\begin{bmatrix} -3 & 2 & 1 \\ 4 & 5 & 6 \\ 2 & -3 & 1 \end{bmatrix}$

16. $\begin{bmatrix} -3 & 4 & 2 \\ 6 & 3 & 1 \\ 4 & -7 & -8 \end{bmatrix}$

17. 여인수 전개에 의하여 15번의 행렬의 행렬식을 구하라.

(a) 2행을 이용한다. (b) 2열을 이용한다.

18. 16번에서 행렬의 행렬식을 여인수 전개에 의하여 구하라.

(a) 3행을 이용한다. (b) 1열을 사용한다.

19-34번에서 행렬의 행렬식을 구하기 위하여 여인수 전개를 사용하라.

19. $\begin{bmatrix} 1 & 4 & -2 \\ 3 & 2 & 0 \\ -1 & 4 & 3 \end{bmatrix}$

20. $\begin{bmatrix} 2 & -1 & 3 \\ 1 & 4 & 4 \\ 1 & 0 & 2 \end{bmatrix}$

21. $\begin{bmatrix} 2 & 4 & 6 \\ 0 & 3 & 1 \\ 0 & 0 & -5 \end{bmatrix}$

22. $\begin{bmatrix} -3 & 0 & 0 \\ 7 & 11 & 0 \\ 1 & 2 & 2 \end{bmatrix}$

23. $\begin{bmatrix} 0.1 & 0.2 & 0.3 \\ -0.3 & 0.2 & 0.2 \\ 0.5 & 0.4 & 0.4 \end{bmatrix}$

24. $\begin{bmatrix} -0.4 & 0.4 & 0.3 \\ 0.2 & 0.2 & 0.2 \\ 0.3 & 0.2 & 0.2 \end{bmatrix}$

25. $\begin{bmatrix} x & y & 1 \\ 2 & 3 & 1 \\ 0 & -1 & 1 \end{bmatrix}$

26. $\begin{bmatrix} x & y & 1 \\ -2 & -2 & 1 \\ 1 & 5 & 1 \end{bmatrix}$

27. $\begin{bmatrix} 2 & 6 & 6 & 2 \\ 2 & 7 & 3 & 6 \\ 1 & 5 & 0 & 1 \\ 3 & 7 & 0 & 7 \end{bmatrix}$

28. $\begin{bmatrix} 1 & 4 & 3 & 2 \\ -5 & 6 & 2 & 1 \\ 0 & 0 & 0 & 0 \\ 3 & -2 & 1 & 5 \end{bmatrix}$

29. $\begin{bmatrix} 5 & 3 & 0 & 6 \\ 4 & 6 & 4 & 12 \\ 0 & 2 & -3 & 4 \\ 0 & 1 & -2 & 2 \end{bmatrix}$

30. $\begin{bmatrix} 3 & 0 & 7 & 0 \\ 2 & 6 & 11 & 12 \\ 4 & 1 & -1 & 2 \\ 1 & 5 & 2 & 10 \end{bmatrix}$

31. $\begin{bmatrix} w & x & y & z \\ 21 & -15 & 24 & 30 \\ -10 & 24 & -32 & 18 \\ -40 & 22 & 32 & -35 \end{bmatrix}$

32. $\begin{bmatrix} w & x & y & z \\ 10 & 15 & -25 & 30 \\ -30 & 20 & -15 & -10 \\ 30 & 35 & -25 & -40 \end{bmatrix}$

33. $\begin{bmatrix} 5 & 2 & 0 & 0 & -2 \\ 0 & 1 & 4 & 3 & 2 \\ 0 & 0 & 2 & 6 & 3 \\ 0 & 0 & 3 & 4 & 1 \\ 0 & 0 & 0 & 0 & 2 \end{bmatrix}$

34. $\begin{bmatrix} 4 & 3 & -2 & 1 & 2 \\ 0 & 0 & 0 & 0 & 0 \\ 1 & 2 & -7 & 13 & 12 \\ 6 & -2 & 5 & 6 & 7 \\ 1 & 4 & 2 & 0 & 9 \end{bmatrix}$

35-40에서 행렬 용량을 가진 그래픽 유틸리티를 사용해서 행렬의 행렬식을 구하라.

35. $\begin{bmatrix} \frac{1}{2} & 1 & -5 \\ 4 & -\frac{1}{4} & -4 \\ 3 & 2 & -2 \end{bmatrix}$

36. $\begin{bmatrix} 0.25 & -1 & 0.6 \\ 0.50 & 0.8 & -0.2 \\ 0.75 & 0.9 & -0.4 \end{bmatrix}$

37. $\begin{bmatrix} 4 & 3 & 2 & 5 \\ 1 & 6 & -1 & 2 \\ -3 & 2 & 4 & 5 \\ 6 & 1 & 3 & -2 \end{bmatrix}$

38. $\begin{bmatrix} 1 & 2 & 4 & -1 \\ 6 & 2 & 3 & -2 \\ 4 & -1 & 4 & 3 \\ 5 & -2 & 2 & 4 \end{bmatrix}$

39. $\begin{bmatrix} 1 & 2 & -1 & 4 & 2 & -1 \\ 0 & 1 & 2 & -2 & -3 & 1 \\ 0 & 3 & 2 & -1 & 3 & -2 \\ 1 & 2 & 0 & -2 & 3 & 2 \\ 1 & -2 & 3 & 1 & 2 & -1 \\ 2 & 0 & 2 & 3 & 1 & 1 \end{bmatrix}$

40. $\begin{bmatrix} 8 & 5 & 1 & -2 & 0 & 3 \\ -1 & 0 & 7 & 1 & 6 & -5 \\ 0 & 8 & 6 & 5 & -3 & 1 \\ 1 & 2 & 5 & -8 & 4 & 3 \\ 2 & 6 & -2 & 0 & 6 & 7 \\ 8 & -3 & 1 & 2 & -5 & 1 \end{bmatrix}$

41-46에서 삼각행렬의 행렬식을 구하라.

41. $\begin{bmatrix} -2 & 0 & 0 \\ 4 & 6 & 0 \\ -3 & 7 & 2 \end{bmatrix}$

42. $\begin{bmatrix} 5 & 0 & 0 \\ 0 & 6 & 0 \\ 0 & 0 & -3 \end{bmatrix}$

43. $\begin{bmatrix} 5 & 8 & -4 & 2 \\ 0 & 0 & 6 & 0 \\ 0 & 0 & 2 & 2 \\ 0 & 0 & 0 & -1 \end{bmatrix}$

44. $\begin{bmatrix} 4 & 0 & 0 & 0 \\ -1 & \frac{1}{2} & 0 & 0 \\ 3 & 5 & 3 & 0 \\ -8 & 7 & 0 & -2 \end{bmatrix}$

45. $\begin{bmatrix} -1 & 4 & 2 & 1 & -3 \\ 0 & 3 & -4 & 5 & 2 \\ 0 & 0 & 2 & 7 & 0 \\ 0 & 0 & 0 & 5 & -1 \\ 0 & 0 & 0 & 0 & 1 \end{bmatrix}$

46. $\begin{bmatrix} 7 & 0 & 0 & 0 & 0 \\ -8 & \frac{1}{4} & 0 & 0 & 0 \\ 4 & 5 & 2 & 0 & 0 \\ 4 & 5 & 2 & 0 & 0 \\ 3 & -3 & 5 & -1 & 0 \\ 1 & 13 & 4 & 1 & -2 \end{bmatrix}$

진(참) 위(거짓)? 47, 48번에서 각 면제가 참(진), 거짓(위)을 결정하여라. 명제가 참이면 이유를 주거나 혹은 교과서에서 적당한 명제를 인용하라. 명제가 거짓(False)이면 명제가 참이 아닌 것을 보여주는 예를 들거나 교과서에서 적당한 명제를 인용하라.

47. (a) 2×2 행렬 A의 행렬식은 $a_{21}a_{12}-a_{11}a_{22}$이다.

(b) 차수(order) 1의 행렬의 행렬식은 그 행렬의 성분이다.

(c) 정방행렬 A의 ij 여인수는 A의 i행과 j열을 제거하여 얻어지는 행렬이다.

48. (a) 삼각행렬의 행렬식을 구하기 위하여 주대각선 위의 성분들을 더한다.

(b) 행렬의 행렬식은 어떤 행 또는 열에서 여인수 전개를 사용해서 계산될 수 있다.

(c) 여인수에 의한 전개를 할 때 0 성분의 여인수를 계산할 필요가 없다.

49-52번에서 행렬식이 0이 되도록 λ의 값을 구하라.

49. $\begin{vmatrix} \lambda-1 & -4 \\ -2 & \lambda+1 \end{vmatrix}$

50. $\begin{vmatrix} \lambda-2 & -2 \\ -6 & \lambda+2 \end{vmatrix}$

51. $\begin{vmatrix} \lambda+1 & 0 & 0 \\ 4 & \lambda & 3 \\ 2 & 8 & \lambda+5 \end{vmatrix}$

52. $\begin{vmatrix} \lambda+2 & -2 & 4 \\ 0 & \lambda & -2 \\ 0 & -1 & \lambda-1 \end{vmatrix}$

53. 2×2 행렬의 행렬식은 두 개의 곱을 포함한다. 3×3 행렬의 행렬식은 6개의 세 수의 곱을 포함한다. 4×4 행렬의 행렬식은 24개의 네 수의 곱을 포함하고 있음을 증명하라(일반적으로 $n\times n$ 행렬의 행렬식은 $n!$개의 n수의 곱을 포함한다).

54. 일차 방정식계

$$ax+by=e$$

$$cx+dy=f$$

가 유일한 해를 갖기 위한 필요충분조건은 계수행렬의 행렬식이 0이 아닌 것이다. 위 명제를 증명하라.

55. 방정식

$$\begin{vmatrix} 1 & 1 & 1 \\ a & b & c \\ a^2 & b^2 & c^2 \end{vmatrix}=(a-b)(b-c)(c-a)$$

을 증명하라.

56. 다음 방정식(등식)을 증명하라.

$$\begin{vmatrix} 1 & 1 & 1 \\ a & b & c \\ a^3 & b^3 & c^3 \end{vmatrix}=(a-b)(b-c)(c-a)(a+b+c)$$

57. 다음 방정식을 증명하라.

$$\begin{vmatrix} x & 0 & c \\ -1 & x & b \\ 0 & -1 & a \end{vmatrix} = ax^2 + bx + c$$

58. 행렬식이 ax^3+bx^2+cx+d와 같은 모형(모델)을 알기 위하여 57번에 있는 방정식을 사용하라.

59. 쓰기 한 행이 모두 0인 행렬의 행렬식을 계산하는 것이 쉬운 이유를 설명하라.

3.2 기본변형을 사용하여 행렬식을 계산하기

다음 두 행렬식 중 어느 것이 계산하기 쉬운가?

$$|A| = \begin{vmatrix} 1 & -2 & 3 & 1 \\ 4 & -6 & 3 & 2 \\ -2 & 4 & -9 & -3 \\ 3 & -6 & 9 & 2 \end{vmatrix} \quad \text{혹은} \quad |B| = \begin{vmatrix} 1 & -2 & 3 & 1 \\ 0 & 2 & -9 & -2 \\ 0 & 0 & -3 & -1 \\ 0 & 0 & 0 & -1 \end{vmatrix}$$

삼각행렬의 행렬식에 대하여 안다면 두 번째 행렬식이 계산하기 훨씬 쉽다. 이 행렬식은 주대각선 위의 성분의 곱이다. 즉

$$|B| = (1)(2)(-3)(-1) = 6$$

다른 한편, 여인수에 의한 전개(지금까지 안 유일한 방법)에 의한 첫 번째 행렬식을 계산하는 것은 까다롭다. 예를 들어 1행에 의한 여인수 전개를 하면

$$|A| = 1\begin{vmatrix} -6 & 3 & 2 \\ 4 & -9 & -3 \\ -6 & 9 & 2 \end{vmatrix} + 2\begin{vmatrix} 4 & 3 & 2 \\ -2 & -9 & -3 \\ 3 & 9 & 2 \end{vmatrix} + 3\begin{vmatrix} 4 & -6 & 2 \\ -2 & 4 & -3 \\ 3 & -6 & 2 \end{vmatrix}$$
$$-1\begin{vmatrix} 4 & -6 & 3 \\ -2 & 4 & -9 \\ 3 & -6 & 9 \end{vmatrix}$$

이다.

이들 네 개의 3×3 행렬의 행렬식을 계산하면

$$|A| = (1)(-60) + (2)(39) + (3)(-10) - (1)(-18) = 6$$

이다. 이들 두 행렬식이 같은 값을 갖는 것은 우연이 아니다. 사실상 행렬 A에 기본행 변형을 함으로써 B를 얻을 수 있다(이를 증명해 보라). 이 절에서 행렬식의 값에 기본행(그리고 열) 변형의 효과를 알게 될 것이다.

[예제 1] 행렬식에 기본행 변형의 효과

(a) 행렬 B는 A의 행을 교환함으로써 A로부터 얻어진다.

$$|A| = \begin{vmatrix} 2 & -3 \\ 1 & 4 \end{vmatrix} = 11 \quad \text{그리고} \quad |B| = \begin{vmatrix} 1 & 4 \\ 2 & -3 \end{vmatrix} = -11$$

(b) 행렬 B는 A의 두 번째 행에 A의 첫 번째 행에 -2를 곱하여 합함(add)으로써 A로부터 얻어진다.

$$|A| = \begin{vmatrix} 1 & -3 \\ 2 & -4 \end{vmatrix} = 2 \quad \text{그리고} \quad |B| = \begin{vmatrix} 1 & -3 \\ 0 & 2 \end{vmatrix} = 2$$

(c) 행렬 B는 A의 첫 행에 $\frac{1}{2}$을 곱함으로써 A로부터 얻어진다.

$$|A| = \begin{vmatrix} 2 & -8 \\ -2 & 9 \end{vmatrix} = 2 \quad \text{그리고} \quad |B| = \begin{vmatrix} 1 & -4 \\ -2 & 9 \end{vmatrix} = 1$$

예제 1에서 행렬의 두 행을 바꾸는 것은 그것의 행렬식의 부호를 바꾸는 것을 알 수 있다. 한 행에 다른 행의 몇 곱을 더하는 것은 행렬식을 변화시키지 않는다. 마지막으로 한 행에 영 아닌 상수를 곱하는 것은 행렬식에 그 상수를 곱하는 것과 같다. 다음 정리는 이와 같은 관찰을 일반화한다. 성질 1의 증명에서 정리가 나오고 다른 두 성질의 증명은 연습문제로 남겨둔다(연습문제 44와 45를 보라).

정리 3.3 기본행 변형과 행렬식

A, B를 정방행렬(square matrices)이라 하자.

1. B가 A의 두 행을 교환함으로써 A로부터 얻어지면

$$\det(B) = -\det(A).$$

2. B가 A의 한 행의 몇 배를 다른 행에 더함으로써 얻어지면

$\det(B)=\det(A)$.

3. B가 A의 한 행에 0이 아닌 상수 c를 곱하여 A로부터 얻어지면

$\det(B)=c\det(A)$.

증명 정리 3.3의 성질 1을 증명하기 위하여 다음과 같이 수학적 귀납법을 사용한다. A, B를 다음과 같은 2×2의 행렬이라 하자.

$$A=\begin{bmatrix} a_{11} & a_{12} \\ a_{21} & a_{22} \end{bmatrix} \quad \text{그리고} \quad B=\begin{bmatrix} a_{21} & a_{22} \\ a_{11} & a_{12} \end{bmatrix}$$

그러면

$$|A|=a_{11}a_{22}-a_{21}a_{12} \quad \text{이고} \quad |B|=a_{21}a_{12}-a_{11}a_{22}$$

이와 같이 $|B|=-|A|$이다. 성질이 $(n-1)\times(n-1)$ 행렬에 대해서 진(true)이라 하자. A를 $n\times n$ 행렬이라 하고 B가 A의 두 행을 바꾸어서 A로부터 얻어지는 행렬이라 하자. $|A|$와 $|B|$를 구하기 위하여 두 개의 교환된 행과 다른 행을 따라서 전개한다. 귀납법의 가정에 의하여 B의 여인수들은 A의 여인수들의 음수일 것이다. 왜냐하면 대응하는 $(n-1)\times(n-1)$ 행렬은 두 개의 행을 교환한 행렬이기 때문이다. 이와 같이

$$|B|=-|A|$$

이고 증명은 완료된다. ■

참고 세 번째 성질은 한 행으로부터 공통인수를 묶어낼 수 있게 한다. 예를 들어

$$\begin{vmatrix} 2 & 4 \\ 1 & 3 \end{vmatrix}=2\begin{vmatrix} 1 & 2 \\ 1 & 3 \end{vmatrix} \qquad \text{첫 행에서 2를 묶어낸다.}$$

정리 3.3은 행렬식을 계산하는 실질적인 방법을 준다(이 방법은 특히 컴퓨터와 함께 잘 작동한다).

A의 행렬식을 구하기 위하여 기본행 변형을 사용하며 A와 행동치인 삼각행렬 B를 얻는다. 소거과정에서 각 단계에 대하여 행렬식에 기본행변환의 효과를 결정하기 위하여 정리 3.3을 사용한다. 끝으로 주대각선의 성분을 곱해서 B의 행렬식을 얻는다. 이 과정은 다음예제에서 예시된다.

[예제 2] 기본 행 변형을 사용하여 행렬식을 계산하기

$$A=\begin{bmatrix} 2 & -3 & 10 \\ 1 & 2 & -2 \\ 0 & 1 & -3 \end{bmatrix}$$

의 행렬식을 구하라.

풀이

$$\begin{vmatrix} 2 & -3 & 10 \\ 1 & 2 & -2 \\ 0 & 1 & -3 \end{vmatrix} = -\begin{vmatrix} 1 & 2 & -2 \\ 0 & -3 & 10 \\ 0 & 1 & -3 \end{vmatrix}$$ ← 첫 번 두 행을 교환한다.

$$= -\begin{vmatrix} 1 & 2 & -2 \\ 0 & -7 & 14 \\ 0 & 1 & -3 \end{vmatrix}$$ ← 제2행에 첫 행의 -2배를 더하여 2행을 만든다.

$$=7\begin{vmatrix} 1 & 2 & -2 \\ 2 & 1 & -2 \\ 0 & 1 & -3 \end{vmatrix}$$ ← 2행에서 -7을 묶어낸다.

$$=7\begin{vmatrix} 1 & 2 & -2 \\ 0 & 1 & -2 \\ 0 & 0 & -1 \end{vmatrix}$$ ← 2행의 -1배를 3행에 더하며 새로운 3행을 만든다.

마지막 행렬은 삼각행렬이므로

$$|A|=7(1)(1)(-1)=-7$$

이다. ◀

행렬식과 기본 열 변형

정리 3.3은 기본 행 변형으로 기술되어 있지만 행을 열로 대치한다 하여도 정리는 성립한다. 행렬 열에 행해지는 변환들을 기본 열 변형이라 불리운다. 하나의 행렬이 기본 열 변형들에 의하여 다른 행렬로부터 얻어지면 두 행렬은 열 동치라 한다. 정리 3.3의 열변형은 다음과 같이 예시된다.

$$\begin{vmatrix} 2 & 1 & -3 \\ 4 & 0 & 1 \\ 0 & 0 & 2 \end{vmatrix} = -\begin{vmatrix} 1 & 2 & -3 \\ 0 & 4 & 1 \\ 0 & 0 & 2 \end{vmatrix}$$

↑ ↑ 첫 두 열을 바꾼다.

$$\begin{vmatrix} 2 & 3 & -5 \\ 4 & 1 & 0 \\ -2 & 4 & -3 \end{vmatrix} = 2\begin{vmatrix} 1 & 3 & -5 \\ 2 & 1 & 0 \\ -1 & 4 & -3 \end{vmatrix}$$

↑

첫 열로부터 2를 묶어낸다.

손으로 행렬식을 계산하는데 예제 3에서 보는 바와 같이 기본 열 변환을 사용하는 것이 때때로 편리하다.

[예제 3] 열 변형을 사용하여 행렬식을 계산하기

$$A = \begin{bmatrix} -1 & 2 & 2 \\ 3 & -6 & 4 \\ 5 & -10 & -3 \end{bmatrix}$$

의 행렬식을 계산하라.

풀이 A의 첫 두 열이 다른 것의 배수이기 때문에 2열에 1열의 2배를 더해주면 2열을 0(제로)열로 만들 수 있다.

$$\begin{vmatrix} -1 & 2 & 2 \\ 3 & -6 & 4 \\ 5 & -10 & -3 \end{vmatrix} = \begin{vmatrix} -1 & 0 & 2 \\ 3 & 0 & 4 \\ 5 & 0 & -3 \end{vmatrix}$$

이 시점에서 행렬을 삼각행렬 형태로 쓸 필요는 없다. 한 열이 모두 0으로 구성되어 있기 때문에 행렬식은 0이다. 이 결론의 타당성은 정리 3.1로부터 나온다. 제 2열을 따라서 여인수에 의한 전개를 하면

$$|A| = (0)C_{12} + (0)C_{22} + (0)C_{32} = 0$$

이다. ◀

예제 3은 행렬의 한 열이 다른 열의 배수이면 그 행렬의 행렬식은 0이라는 것을 보여준다. 이는 행렬식이 0인 다음에 있는 세 가지 조건 중 하나이다.

정리 3.4 행렬식이 0인 조건들

A가 정방행렬이고 다음 조건들 중 어떤 것이 참(true)이면 $\det(A) = 0$이다.

1. 하나의 행(또는 하나의 열)의 성분이 모두 0이다.
2. 두 행(또는 열)이 같다.
3. 하나의 행(또는 열)이 다른 행(또는 열)의 배수이다.

증명 이 정리의 각 부분은 기본행 변형과 여인수에 의한 전개를 사용하며 쉽게 증명된다. 예를 들어 하나의 행 또는 열이 모두 0이면 전개에서 각 여인수는 0에 의하여 곱해진다. 조건 2 또는 3이 참(true)이면 기본 행 또는 열 변환을 사용하여 모두 0인 행 또는 열을 만들 수 있다. ■

정리 3.4에 열거되어 있는 조건들을 아는 것은 행렬식의 계산을 아주 쉽게 한다.

$$\begin{vmatrix} 0 & 0 & 0 \\ 2 & 4 & -5 \\ 3 & -5 & 2 \end{vmatrix} = 0, \quad \begin{vmatrix} 1 & -2 & 4 \\ 0 & 1 & 2 \\ 1 & -2 & 4 \end{vmatrix} = 0, \quad \begin{vmatrix} 1 & 2 & -3 \\ 2 & -1 & -6 \\ -2 & 0 & 6 \end{vmatrix} = 0.$$

첫 행이 모두 0이다.   첫 행과 3행이 같다.   3열이 1열의 (−3) 곱이다.

정리 3.4만이 행렬식의 값을 0으로 하는 조건들이라고 결론내지 말라. 이 정리는 간접적으로 사용된다. 정리 3.4의 조건들을 만족하지 않는 행렬을 가지고 시작할 수 있다. 기본 행 변형 혹은 기본 열 변형을 통해서 위의 조건 중 하나를 만족하는 행렬을 얻을 수 있다. 그때에 원래의 행렬의 행렬식이 0임을 알 수 있다. 이 과정은 예제 4에서 예시된다.

[예제 4] 행렬식이 0인 행렬

$$A = \begin{bmatrix} 1 & 4 & 1 \\ 2 & -1 & 0 \\ 0 & 18 & 4 \end{bmatrix}$$

의 행렬식을 구하라.

풀이 2행에 1행의 −2배를 더한다.

$$|A| = \begin{vmatrix} 1 & 4 & 1 \\ 2 & -1 & 0 \\ 0 & 18 & 4 \end{vmatrix} = \begin{vmatrix} 1 & 4 & 1 \\ 0 & -9 & -2 \\ 0 & 18 & 4 \end{vmatrix}$$

2행과 3행은 서로의 배수이기 때문에 행렬식은 0이다. ◀

예제 4에서 추가적인 행 변형을 하면 성분이 모두 0인 행을 갖는 행렬을 얻을 수 있다(3행에 2행의 2배를 더한다). 즉 정방행렬이 행렬식 0을 갖기 위한 필요충분조건은 그것이 적어도 하나의 행(또는 열)이 모두 0인 행렬과 행(또는 열) 동치이다. 이 결과는 다음 절에서 증명되어질 것이다.

행렬식을 구하는 일반적인 방법을 대개 알고 있다. 이들 중 기본행 변형을 사용하여 행렬을 삼각행렬로 만드는 방법이 행 또는 열을 따라서 여인수 전개를 하는 방법보다 빠르다. 행렬이 크면 여인수 전개를 위하여 필요한 산술적 작업의 수가 매우 커진다.

이 이유 때문에 대개의 컴퓨터나 계산기 알고리즘은 기본 행 변형을 포함하는 방법을 사용한다. 다음 표는 차수가 3, 5, 10인 행렬에 대한 두 가지 방법의 각각에 필요한 더하기(빼기)와 곱하기(나누기)의 수를 보여준다.

[표 3.1]

차수 n	여인수 전개		행 변환	
	더하기	곱하기	더하기	곱하기
3	5	9	5	10
5	119	205	30	45
10	3,628,799	6,235,300	285	339

사실상 $n \times n$ 행렬의 여인수 전개에 대한 연산(operations)의 수는 $n!$개 정도로 커진다. $30! \approx 2.65 \times 10^{32}$이기 때문에 상대적으로 작은 30×30 행렬은 10^{32}작업 이상을 요구한다. 만약 컴퓨터가 매초 1조개의 연산을 할 수 있다면 여인수 전개를 사용하여 이 행렬의 행렬식을 계산하는데 1조년 이상이 걸릴 것이다.

그렇지만 행 변형을 이용하면 수초만 걸린다. 행렬식을 손으로 계산할 때 기본 행(또는 열) 변형을 사용하여 한 개의 위치만을 제외하고는 모두 0인 행(또는 열)을 만들고 여인수 전개를 사용하며 이 행렬의 차수를 1만큼 줄일 수 있다. 이 접근방식은 다음 두 예에서 예시된다.

[예제 5] 행렬식 계산

$$A=\begin{bmatrix} -3 & 5 & 2 \\ 2 & -4 & -1 \\ -3 & 0 & 6 \end{bmatrix}$$

의 행렬식을 구하라.

풀이 행렬 A의 3행이 하나의 0을 갖고 있다. 다음과 같이 3열에 1열의 2배를 더하며 3행에 다른 0을 만들 수 있다.

$$|A|=\begin{vmatrix} -3 & 5 & 2 \\ 2 & -4 & -1 \\ -3 & 0 & 6 \end{vmatrix}=\begin{vmatrix} -3 & 5 & -4 \\ 2 & -4 & 3 \\ -3 & 0 & 0 \end{vmatrix}$$

3행을 따라서 여인수에 의하여 전개를 하면

$$\begin{aligned} |A| &= \begin{vmatrix} -3 & 5 & -4 \\ 2 & -4 & 3 \\ -3 & 0 & 0 \end{vmatrix} \\ &= -3(-1)^4\begin{vmatrix} 5 & -4 \\ -4 & 3 \end{vmatrix} \\ &= -3(-1) \\ &= 3 \end{aligned}$$

[예제 6] 행렬식의 계산

$$A=\begin{vmatrix} 2 & 0 & 1 & 3 & -2 \\ -2 & 1 & 3 & 2 & -1 \\ 1 & 0 & -1 & 2 & 3 \\ 3 & -1 & 2 & 4 & -3 \\ 1 & 1 & 3 & 2 & 0 \end{vmatrix}$$

을 계산하라.

풀이 이 행렬의 2열이 이미 두 개의 0을 갖고 있다. 2열에 대한 여인수 전개를 택하자. 4행에 2행을 더하고 5행에 2행의 -1배를 더함으로써 두 개의 0을 추가로 얻는다.

$$|A|=\begin{vmatrix} 2 & 0 & 1 & 3 & -2 \\ -2 & 1 & 3 & 2 & -1 \\ 1 & 0 & -1 & 2 & 3 \\ 3 & -1 & 2 & 4 & -3 \\ 1 & 1 & 3 & 2 & 0 \end{vmatrix}$$

$$=\begin{vmatrix} 2 & 0 & 1 & 3 & -2 \\ -2 & 1 & 3 & 2 & -1 \\ 1 & 0 & -1 & 2 & 3 \\ 1 & 0 & 5 & 6 & -4 \\ 3 & 0 & 0 & 0 & 1 \end{vmatrix}$$

$$=(1)(-1)^4\begin{vmatrix} 2 & 1 & 3 & -2 \\ 1 & -1 & 2 & 3 \\ 1 & 5 & 6 & -4 \\ 3 & 0 & 0 & 1 \end{vmatrix}$$

(5×5 행렬의 행렬식을 4×4 행렬식으로 줄이는 문제로 되는 것에 주의하자) 4행에 두 개의 0이 있으므로 다음 여인수 전개는 이것을 택하라. 1열에 4열의 −3배를 더해서 다음을 얻는다.

$$|A|=\begin{vmatrix} 2 & 1 & 3 & -2 \\ 1 & -1 & 2 & 3 \\ 1 & 5 & 6 & -4 \\ 3 & 0 & 0 & 1 \end{vmatrix}=\begin{vmatrix} 8 & 1 & 3 & -2 \\ -8 & -1 & 2 & 3 \\ 13 & 5 & 6 & -4 \\ 0 & 0 & 0 & 1 \end{vmatrix}$$

$$=(1)(-1)^8\begin{vmatrix} 8 & 1 & 3 \\ -8 & -1 & 2 \\ 13 & 5 & 6 \end{vmatrix}$$

2행에 1행을 더하고 1행을 따라서 여인수 전개를 한다.

$$|A|=\begin{vmatrix} 8 & 1 & 3 \\ -8 & -1 & 2 \\ 13 & 5 & 6 \end{vmatrix}=\begin{vmatrix} 0 & 0 & 5 \\ -8 & -1 & 2 \\ 13 & 5 & 6 \end{vmatrix}$$

$$=5(-1)^4\begin{vmatrix} -8 & -1 \\ 13 & 5 \end{vmatrix}$$

$$=5(-40+13))$$

$$=-135$$

◀

연습문제 3.2(기본변형을 사용하여 행렬식을 계산하기)

1-16번에서 행렬식의 어떤 성질이 예시되었는가?

1. $\begin{vmatrix} 2 & -6 \\ 1 & -3 \end{vmatrix} = 0$

2. $\begin{vmatrix} -4 & 5 \\ 12 & -15 \end{vmatrix} = 0$

3. $\begin{vmatrix} 1 & 4 & 2 \\ 0 & 0 & 0 \\ 5 & 6 & -7 \end{vmatrix} = 0$

4. $\begin{vmatrix} -4 & 3 & 2 \\ 8 & 0 & 0 \\ -4 & 3 & 2 \end{vmatrix} = 0$

5. $\begin{vmatrix} 1 & 3 & 4 \\ -7 & 2 & -5 \\ 6 & 1 & 2 \end{vmatrix} = -\begin{vmatrix} 1 & 4 & 3 \\ -7 & -5 & 2 \\ 6 & 2 & 1 \end{vmatrix}$

6. $\begin{vmatrix} 1 & 3 & 4 \\ -2 & 2 & 0 \\ 1 & 6 & 2 \end{vmatrix} = -\begin{vmatrix} 1 & 6 & 2 \\ -2 & 2 & 0 \\ 1 & 3 & 4 \end{vmatrix}$

7. $\begin{vmatrix} 5 & 10 \\ 2 & -7 \end{vmatrix} = 5\begin{vmatrix} 1 & 2 \\ 2 & -7 \end{vmatrix}$

8. $\begin{vmatrix} 1 & 8 & -3 \\ 3 & -12 & 6 \\ 7 & 4 & 9 \end{vmatrix} = 12\begin{vmatrix} 1 & 2 & -1 \\ 3 & -3 & 2 \\ 7 & 1 & 3 \end{vmatrix}$

9. $\begin{vmatrix} 5 & 0 & 10 \\ 25 & -30 & 40 \\ -15 & 5 & 20 \end{vmatrix} = 5^3\begin{vmatrix} 1 & 0 & 2 \\ 5 & -6 & 8 \\ -3 & 1 & 4 \end{vmatrix}$

10. $\begin{vmatrix} 6 & 0 & 0 & 0 \\ 0 & 6 & 0 & 0 \\ 0 & 0 & 6 & 0 \\ 0 & 0 & 0 & 6 \end{vmatrix} = 6^4\begin{vmatrix} 1 & 0 & 0 & 0 \\ 0 & 1 & 0 & 0 \\ 0 & 0 & 1 & 0 \\ 0 & 0 & 0 & 1 \end{vmatrix}$

11. $\begin{vmatrix} 2 & -3 \\ 8 & 7 \end{vmatrix} = \begin{vmatrix} 2 & -3 \\ 0 & 19 \end{vmatrix}$

12. $\begin{vmatrix} 1 & -3 & 2 \\ 5 & 2 & -1 \\ -1 & 0 & 6 \end{vmatrix} = \begin{vmatrix} 1 & -3 & 2 \\ 0 & 17 & -11 \\ -1 & 0 & 6 \end{vmatrix}$

13. $\begin{vmatrix} 3 & 2 & 4 \\ -2 & 1 & 5 \\ 5 & -7 & -20 \end{vmatrix} = \begin{vmatrix} 3 & 2 & -6 \\ -2 & 1 & 0 \\ 5 & -7 & 15 \end{vmatrix}$

14. $\begin{vmatrix} 5 & 4 & 2 \\ 4 & -3 & 4 \\ 7 & 6 & 3 \end{vmatrix} = -\begin{vmatrix} 5 & 4 & 2 \\ -4 & 3 & -4 \\ 7 & 6 & 3 \end{vmatrix}$

15. $\begin{vmatrix} 2 & 1 & -1 & 0 & 3 & 4 \\ 1 & 0 & 1 & 3 & 5 & 2 \\ 3 & 6 & 1 & -3 & 2 & 6 \\ 0 & 4 & 0 & 2 & 4 & 0 \\ -1 & 8 & 5 & 3 & 4 & -2 \\ -2 & 0 & 2 & 6 & 4 & -4 \end{vmatrix} = 0$

16. $\begin{vmatrix} 4 & 3 & 1 & 9 & 6 & 9 \\ 9 & -1 & 2 & 3 & 0 & -3 \\ 3 & 4 & 6 & 9 & -6 & 12 \\ 5 & 2 & 0 & 6 & 12 & 6 \\ 6 & 0 & 3 & 0 & -3 & 0 \\ 1 & 2 & 1 & 3 & 9 & -6 \end{vmatrix} = 0$

연습문제 17−30에서 행렬식을 계산하기 위하여 기본 행 또는 열 변형을 사용하라.

17. $\begin{vmatrix} 1 & 7 & -3 \\ 1 & 3 & 1 \\ 4 & 8 & 1 \end{vmatrix}$

18. $\begin{vmatrix} 1 & 1 & 1 \\ 2 & -1 & -2 \\ 1 & -2 & -1 \end{vmatrix}$

19. $\begin{vmatrix} 2 & -1 & -1 \\ 1 & 3 & 2 \\ 1 & 1 & 3 \end{vmatrix}$

20. $\begin{vmatrix} 3 & -1 & -3 \\ -1 & -4 & -2 \\ 3 & -1 & -1 \end{vmatrix}$

21. $\begin{vmatrix} 4 & 3 & -2 \\ 5 & 4 & 1 \\ -2 & 3 & 4 \end{vmatrix}$

22. $\begin{vmatrix} 3 & 8 & -7 \\ 0 & -5 & 4 \\ 6 & 1 & 6 \end{vmatrix}$

23. $\begin{vmatrix} 5 & -8 & 0 \\ 9 & 7 & 4 \\ -8 & 7 & 1 \end{vmatrix}$

24. $\begin{vmatrix} 4 & -8 & 5 \\ 8 & -5 & 3 \\ 8 & 5 & 2 \end{vmatrix}$

25. $\begin{vmatrix} 4 & -7 & 9 & 1 \\ 6 & 2 & 7 & 0 \\ 3 & 6 & -3 & 3 \\ 0 & 7 & 4 & -1 \end{vmatrix}$

26. $\begin{vmatrix} 9 & -4 & 2 & 5 \\ 2 & 7 & 6 & -5 \\ 4 & 1 & -2 & 0 \\ 7 & 3 & 4 & 10 \end{vmatrix}$

27. $\begin{vmatrix} 1 & -2 & 7 & 9 \\ 3 & -4 & 5 & 5 \\ 3 & 6 & 1 & -1 \\ 4 & 5 & 3 & 2 \end{vmatrix}$

28. $\begin{vmatrix} 0 & -3 & 8 & 2 \\ 8 & 1 & -1 & 6 \\ -4 & 6 & 0 & 9 \\ -7 & 0 & 0 & 14 \end{vmatrix}$

29. $\begin{vmatrix} 1 & -1 & 8 & 4 & 2 \\ 2 & 6 & 0 & -4 & 3 \\ 2 & 0 & 2 & 6 & 2 \\ 0 & 2 & 8 & 0 & 0 \\ 0 & 1 & 1 & 2 & 2 \end{vmatrix}$

30. $\begin{vmatrix} 3 & -2 & 4 & 3 & 1 \\ -1 & 0 & 2 & 1 & 0 \\ 5 & -1 & 0 & 3 & 2 \\ 4 & 7 & -8 & 0 & 0 \\ 1 & 2 & 3 & 0 & 2 \end{vmatrix}$

참(true) 혹은 거짓(false)? 31번과 32번에서 각 명제가 참인지 거짓인지 결정하라. 명제가 참이면 이유를 들던가 이 책에서 적당한 명제를 인용하여라. 명제가 거짓이면 반례를 들던가 이 교재에서 적당한 명제를 인용하라.

31. (a) 주어진 행렬에서 두 개의 행을 교환하는 것은 행렬식의 부호를 변화시킨다.

(b) 행렬의 한 행에 0 아닌 상수를 곱하면 행렬식에서 같은 0 아닌 상수를 곱하는 것이 된다.

(c) 정방행렬에서 두 행이 같으면 그것의 행렬식은 0이다.

32. (a) 행렬의 한 행의 곱을 다른 행에 더하면 단지 행렬식의 부호를 변화시킨다.

(b) 하나의 행렬이 기본 열 변형에 의하며 다른 행렬로부터 얻어지면 두 행렬은 열 동치이다.

(c) 정방행렬의 한 행이 다른 행의 몇 배이면 행렬식은 0이다.

33-38번에서 기본행렬의 행렬식을 구하라($k\neq0$).

33. $\begin{bmatrix}1&0&0\\0&k&0\\0&0&1\end{bmatrix}$

34. $\begin{bmatrix}1&0&0\\0&1&0\\0&0&k\end{bmatrix}$

35. $\begin{bmatrix}0&1&0\\1&0&0\\0&0&1\end{bmatrix}$

36. $\begin{bmatrix}0&0&1\\0&1&0\\1&0&0\end{bmatrix}$

37. $\begin{bmatrix}1&0&0\\k&1&0\\0&0&1\end{bmatrix}$

38. $\begin{bmatrix}1&0&0\\0&1&0\\0&k&1\end{bmatrix}$

39. 다음 성질을 증명하라.

$$\begin{vmatrix}a_{11}&a_{12}&a_{13}\\a_{21}&a_{22}&a_{23}\\a_{31}&a_{32}&a_{33}\end{vmatrix}+\begin{vmatrix}b_{11}&a_{12}&a_{13}\\b_{21}&a_{22}&a_{23}\\b_{31}&a_{32}&a_{33}\end{vmatrix}=\begin{vmatrix}(a_{11}+b_{11})&a_{12}&a_{13}\\(a_{21}+b_{21})&a_{22}&a_{23}\\(a_{31}+b_{31})&a_{32}&a_{33}\end{vmatrix}$$

40. 다음을 증명하라.

$$\begin{vmatrix}1+a&1&1\\1&1+b&1\\1&1&1+c\end{vmatrix}=abc\left(1+\frac{1}{a}+\frac{1}{b}+\frac{1}{c}\right),$$

$a\neq0,\ b\neq0,\ c\neq0$

41, 42에서 행렬식을 구하라.

41. $\begin{vmatrix}\cos\theta&\sin\theta\\-\sin\theta&\cos\theta\end{vmatrix}$

42. $\begin{vmatrix}\sec\theta&\tan\theta\\\tan\theta&\sec\theta\end{vmatrix}$

43. 쓰기 가능하면 x에 대한 방정식을 풀고 결과를 설명하라.

$$\begin{vmatrix}\cos x&0&\sin x\\\sin x&0&-\cos x\\\sin x-\cos x&1&\sin x+\cos x\end{vmatrix}=0$$

44. 증명지도 정리 3.3의 성질 2.

B는 A의 한 행의 곱을 다른 행에 더해서 얻어지는 행렬일 때 B의 행렬식은 A의 행렬식

과 같다.

출발 : B의 행렬식이 A의 행렬식과 같다는 것을 증명하기 위하여 그들의 각각의 여인수 전개가 같다는 것을 보인다.

(i) B는 A의 j행을 c배하여 A의 i행에 더함으로써 얻어지는 행렬로 놓음으로써 시작한다.

(ii) B를 i행으로 전개함으로써 B의 행렬식을 구한다.

(iii) 분배법칙에 의하여 분리시키고 c의 계수를 포하는 항과 c의 계수를 포함하지 않는 항과 무리를 짓는다.

(iv) c의 계수를 포함하지 않는 항의 합이 A의 행렬식임을 보이고 c의 계수를 포함하는 항들의 합이 0과 같음을 보인다.

45. 증명지도 정리 3.3의 성질 3.

행렬 B가 A의 한 행에 0이 아닌 상수 c를 곱해서 A로부터 얻어지는 행렬이면 $\det(B) = c\det(A)$이다.

출발 : B의 행렬식이 A의 행렬식의 c배임을 증명하기 위하여 B의 행렬식이 A의 행렬식의 여인수 전개의 c배임을 보인다.

(i) B를 A의 i행을 c배하여 얻어지는 행렬로 한다.

(ii) i행을 따라서 B를 전개함으로써 B의 행렬식을 구한다.

(iii) 공통인수 c로 묶는다.

(iv) 결과가 A의 행렬식의 c배임을 보인다.

46. 쓰기 컴퓨터 관리자가 각각의 더하기 빼기에 대해서 0.1센트를 부과하고 곱하기 나누기에 대해 0.3센트를 부과한다. 10×10 행렬의 행렬식의 여인수 전개비용과 행 변환에 의한 비용을 비교하여라.

어떤 방법이 행렬식 계산을 위해서 사용하는데 택할 것인가?

3.3 행렬식의 성질

이 절에서 행렬식의 몇 가지 중요한 성질을 배울 것이다. 두 행렬의 곱의 행렬식을 생각함으로써 시작한다.

[예제 1] 행렬곱의 행렬식

$$A=\begin{bmatrix}1 & -2 & 2\\0 & 3 & 2\\1 & 0 & 1\end{bmatrix} \text{ 와 } B=\begin{bmatrix}2 & 0 & 1\\0 & -1 & -2\\3 & 1 & -2\end{bmatrix}$$

에서 $|A|$, $|B|$, $|AB|$를 구하라.

풀이 앞 절에서 기술한 방법을 사용하여 $|A|$, $|B|$를 구한다.

$$|A|=\begin{vmatrix}1 & -2 & 2\\0 & 3 & 2\\1 & 0 & 1\end{vmatrix}=-7 \text{ 이고 } |B|=\begin{vmatrix}2 & 0 & 1\\0 & -1 & -2\\3 & 1 & -2\end{vmatrix}=11$$

행렬곱 AB는 다음과 같다.

$$AB=\begin{bmatrix}1 & -2 & 2\\0 & 3 & 2\\1 & 0 & 1\end{bmatrix}\begin{bmatrix}2 & 0 & 1\\0 & -1 & -2\\3 & 1 & -2\end{bmatrix}=\begin{bmatrix}8 & 4 & 1\\6 & -1 & -10\\5 & 1 & -1\end{bmatrix}$$

그러므로 AB의 행렬식

$$|AB|=\begin{vmatrix}8 & 4 & 1\\6 & -1 & -10\\5 & 1 & -1\end{vmatrix}=-77$$

이다. ◀

예제 1에서 행렬곱의 행렬식은 행렬식의 곱에 의하여 주어진다. 즉

$$|AB|=|A||B|$$
$$-77=(-7)(11)$$

이다. 이것은 다음 정리에서 보는 바와 같이 일반적으로 참이다.

정리 3.5 행렬곱의 행렬식

A, B를 차수 n의 정방행렬이면

$$\det(AB)=\det(A)\ \det(B)$$

이다.

증명 E가 기본행렬이면 정리 3.3에 의하여 다음 명제들은 참(true)이다. E가 I의 두 행을 교환하여 얻어지는 행렬이면 $|E|=-1$이다. E가 I의 한 행에 0 아닌 상수 c를 곱하므로 얻어지는 행렬이면 $|E|=c$이다. E가 I의 한 행에 다른 행의 곱을 더하여 얻어지는 행렬이면 $|E|=1$이다. 부가해서 정리 2.12에 의하며 E가 I에 기본행변형에 의하여 얻어진다면 같은 기본행 변형을 B에 행하는 것은 EB가 된다. 그러므로

$$|EB|=|E||B|$$

이다. 이것을 일반화하면 E_i들을 기본행렬이라 할 때

$$|E_k \cdots E_2E_1B|=|E_k| \cdots |E_2||E_1||B|$$

이다. 행렬 AB를 생각하자. A가 정칙행렬이면 정리 2.14에 의하여 A는 기본행렬의 곱으로써 $A=E_k \cdots E_2E_1$이고

$$\begin{aligned}|AB|&=|E_k \cdots E_2E_1B|\\&=|E_k| \cdots |E_2||E_1||B|=|E_k \cdots E_2E_1||B|=|A||B|\end{aligned}$$

이다. A가 정칙행렬이 아니면 A는 하나의 행이 모두 0인 행렬과 행 동치이다. 정리 3.4로부터 $|A|=0$이다. 더욱이 A가 정칙이 아니므로 AB도 정칙이 아니다(AB가 정칙이면 $(AB)(AB)^{-1}=I$이고 $A[B(AB)^{-1}]=I$이다. 결과적으로 A가 정칙이다). 이와 같이 $|AB|=0$이고 $|AB|=|A||B|$이다. ■

참고 정리 3.5는 유한개의 행렬의 곱으로 확장될 수 있다. 즉

$$|A_1A_2A_3 \cdots A_k|=|A_1||A_2||A_3| \cdots |A_k|$$

이다. $|A|$와 $|cA|$ 사이의 관계는 다음 정리에서 주어진다.

정리 3.6 행렬의 스칼라 배의 행렬식

A를 $n\times n$ 행렬이고 c를 스칼라라 할 때 cA의 행렬식은

$$\det(cA)=c^n\det(A)$$

이다.

증명 이 공식은 정리 3.3의 성질 3의 반복적인 응용으로 증명된다. 스칼라 c를 n개의 행에서 각각 묶어내면

$$|cA|=c^n|A|$$

이다. ■

[예제 2] 행렬의 스칼라 배의 행렬의 행렬식

$$A=\begin{bmatrix} 10 & -20 & 40 \\ 30 & 0 & 50 \\ -20 & -30 & 10 \end{bmatrix}$$

의 행렬식을 구하라.

풀이 $A=10\begin{bmatrix} 1 & -2 & 4 \\ 3 & 0 & 5 \\ -2 & -3 & 1 \end{bmatrix}$ 이고 $\begin{vmatrix} 1 & -2 & 4 \\ 3 & 0 & 5 \\ -2 & -3 & 1 \end{vmatrix}=5$

이므로 정리 3.6을 적용하면

$$|A|=10^3\begin{vmatrix} 1 & -2 & 4 \\ 3 & 0 & 5 \\ -2 & -3 & 1 \end{vmatrix}=1000(5)=5000.$$ ◀

정리 3.5와 3.6은 두 개의 행렬의 곱과 행렬의 스칼라 배의 행렬식을 계산하는 공식을 준다. 이들 정리는 두 행렬의 합의 행렬식에 대한 공식을 주지는 못한다. 두 개의 행렬의 합의 행렬식은 보통으로 두 행렬의 행렬식의 합과 같지 않다. 일반적으로

$$|A|+|B|\neq|A+B|$$

이다. 예를 들어

$$A=\begin{bmatrix} 6 & 2 \\ 2 & 1 \end{bmatrix} \text{ 이고 } B=\begin{bmatrix} 3 & 7 \\ 0 & -1 \end{bmatrix}$$

이면 $|A|=2$이고 $|B|=-3$이지만 $|A+B|=-18$이다.

행렬식과 행렬의 역행렬

제2장에서 어떤 정방행렬은 역행렬이 존재하지 않는 것을 보았다. 단순히 살펴보아서 행렬이 역행렬을 갖는지 아닌지 아는 것은 어렵다. 예를 들면 다음 두 행렬이 역행렬을 갖는다고 말할 수 있을까?

$$A=\begin{bmatrix} 0 & 2 & -1 \\ 3 & -2 & 1 \\ 3 & 2 & -1 \end{bmatrix} \quad \text{혹은} \quad B=\begin{bmatrix} 0 & 2 & -1 \\ 3 & -2 & 1 \\ 3 & 2 & 1 \end{bmatrix}$$

다음 정리는 행렬식이 정방행렬이 역행렬을 갖는지 갖지 않는지를 구별하는데 유용하다는 것을 보여준다.

정리 3.7 역행렬을 갖는 행렬의 행렬식

정방행렬 A가 역행렬(정칙행렬)을 갖기 위한 필요충분조건은

$$\det(A) \neq 0$$

이다.

증명 정리를 증명하기 위하여 A가 역행렬을 갖는다고 하자. 그러면 $AA^{-1}=I$. 정리 3.5에 의하여

$$|A||A^{-1}|=|I|$$

$|I|=1$이므로 $|A|$와 $|A^{-1}|$는 0이 아니다. 특히 $|A|\neq 0$이다.

다른 방향으로 정리를 증명하기 위하여 A의 행렬식이 0이 아니라고 하자. 가우스-조르단의 소거법을 사용하여 기약사다리꼴 형태의 행렬 B를 얻는다. A와 B는 행동치이다. B는 기약사다리꼴 행렬이므로 그것은 항등행렬 I이거나 적어도 하나의 행이 모두 0으로 구성되어져야 한다. B가 모두 0인 행을 가지면 정리 3.4에 의하여 $|B|=0$이다. 이것은 $|A|=0$를 뜻한다. $|A|$가 0이 아니므로 $B=I$이어야 한다. A가 항등행렬과 행동치이다. 정리 2.15에 의하여 A는 가역행렬이다. ■

발견

$$A=\begin{bmatrix}6&4&1\\0&2&3\\1&1&2\end{bmatrix}$$

A^{-1}를 구하기 위하여 그래픽 유틸리티를 사용하라. $\det(A)$와 $\det(A^{-1})$를 비교하여라. 행렬의 역행렬의 행렬식에 관한 추측을 하여라.

[예제 3] 정칙행렬과 정칙행렬 아닌 행렬의 분류

다음 행렬 중 어떤 것이 역행렬을 갖는가?

(a) $\begin{bmatrix}0&2&-1\\3&-2&1\\3&2&-1\end{bmatrix}$ (b) $\begin{bmatrix}0&2&-1\\3&-2&1\\3&2&1\end{bmatrix}$

풀이 (a) $\begin{vmatrix}0&2&-1\\3&-2&1\\3&2&-1\end{vmatrix}=0$

이므로 이 행렬은 역행렬을 갖지 않는다(정칙이 아니다).

(b) $\begin{vmatrix}0&2&-1\\3&-2&1\\3&2&1\end{vmatrix}=-12\neq 0$

이므로 이 행렬은 역행렬을 갖는다(정칙행렬). ◀

다음 정리는 행렬의 역행렬의 행렬식을 구하는 편리한 방법을 준다.

정리 3.8 역행렬의 행렬식

A가 가역행렬이면

$$\det(A^{-1})=\frac{1}{\det(A)}.$$

증명 A가 가역행렬이므로 $AA^{-1}=I$이다. 정리 3.5를 적용하여 $|A||A^{-1}|=|I|=1$이다. A가 가역행렬이므로 $|A|\neq 0$이고 $|A|$로 나누어서

$$|A^{-1}|=\frac{1}{|A|}$$ ■

[예제 4] 행렬의 역행렬의 행렬식

$$A=\begin{bmatrix}1 & 0 & 3\\ 0 & -1 & 2\\ 2 & 1 & 0\end{bmatrix}$$

의 $|A^{-1}|$를 구하라.

풀이 이 문제를 풀기 위한 한 방법은 A^{-1}를 구하고 그것의 행렬식을 계산하는 것이다. 다음과 같이 정리 3.8을 이용하는 것이 더 쉽다. A의 행렬식을 구하면

$$|A|=\begin{vmatrix}1 & 0 & 3\\ 0 & -1 & 2\\ 2 & 1 & 0\end{vmatrix}=4$$

이다. 공식을 사용하면 $|A^{-1}|=\frac{1}{|A|}$이고 $|A^{-1}|=\frac{1}{4}$이다. ◀

참고 예제 4에서 A의 역행렬을 구하면

$$A^{-1}=\begin{bmatrix}-\frac{1}{2} & \frac{3}{4} & \frac{3}{4}\\ 1 & -\frac{3}{2} & -\frac{1}{2}\\ \frac{1}{2} & -\frac{1}{4} & -\frac{1}{4}\end{bmatrix}$$

이 행렬의 행렬식을 계산하고 예제 3에서 얻은 답과 이 계산을 비교하여라.

정리 3.7(행렬이 가역행렬이기 위한 필요충분조건은 그것의 행렬식이 0이 아니다)은 정리 2.15에 주어진 목록(list)에 추가한 다른 동치 조건을 준다. 모든 6개의 조건은 아래에 요약된다.

정칙행렬에 대한 동치 조건

A를 $n\times n$ 행렬일 때 다음 조건들은 동치이다.

1. A가 가역행렬이다.
2. $A\mathbf{x}=\mathbf{b}$는 $n\times1$행렬 $\mathbf{b}$에 대해서 유일한 해를 가진다.
3. $A\mathbf{x}=O$는 자명해만을 갖는다.
4. A는 I_n에 행동치이다.
5. A는 기본행렬의 곱으로 써질 수 있다.
6. $\det(A)\neq0$이다.

참고 3.2절에서 A가 행렬식의 값을 0으로 갖기 위한 필요충분조건은 A가 적어도 하나의 행이 모두 0인 행렬과 행동치임을 알았다. 이 명제의 타당성은 성질 4와 6의 동치로부터 나온다.

[예제 5] 일차방정식 계

다음 방정식계의 어떤 것이 유일한 해를 가지는가?

(a)
$$\begin{aligned} 2x_2-x_3&=-1\\ 3x_1-2x_2+x_3&=\ \ 4\\ 3x_1+2x_2-x_3&=-4 \end{aligned}$$

(b)
$$\begin{aligned} 2x_2-x_3&=-1\\ 3x_1-2x_2+x_3&=\ \ 4\\ 3x_1+2x_2+x_3&=\ \ 4 \end{aligned}$$

풀이 예제 3으로부터 두 방정식계에 대한 계수행렬은 다음 행렬식을 갖는다.

(a) $\begin{vmatrix} 0 & 2 & -1\\ 3 & -2 & 1\\ 3 & 2 & -1 \end{vmatrix}=0$ (b) $\begin{vmatrix} 0 & 2 & -1\\ 3 & -2 & 1\\ 3 & 2 & 1 \end{vmatrix}=-12$

그러므로 동치조건들의 앞의 목록을 사용하며 두번째 방정식계만이 유일한 해를 가짐을 알 수 있다. ◀

행렬의 전치행렬과 행렬식

다음 정리는 정방행렬의 전치행렬의 행렬식은 이 행렬의 행렬식과 같다는 것을 말해준다. 이 정리는 행 또는 열을 따라서 여인수 전개에 의하여 행렬식이 전개되는 정리 3.1과 수학적 귀납법에 의하여 증명될 수 있다. 증명의 자세한 것은 독자들에게 맡긴다(연습문제 46을 보라).

정리 3.9 전치행렬의 행렬식

A가 정방행렬이면

$$\det(A)=\det(A^T)$$

이다.

[예제 6] 전치행렬의 행렬식

다음 행렬에 대해서 $|A|=|A^T|$임을 보여라.

$$A=\begin{bmatrix} 3 & 1 & -2 \\ 2 & 0 & 0 \\ -4 & -1 & 5 \end{bmatrix}$$

풀이 A의 행렬식을 구하기 위하여 2행을 따라서 여인수 전개를 하면 다음을 얻는다.

$$|A|=2(-1)^3\begin{vmatrix} 1 & -2 \\ -1 & 5 \end{vmatrix}=-2(3)=-6$$

$$A^T=\begin{bmatrix} 3 & 2 & -4 \\ 1 & 0 & -1 \\ -2 & 0 & 5 \end{bmatrix}$$

의 행렬식을 구하기 위하여 2열에 따라서 여인수에 의한 전개를 하면

$$|A^T|=2(-1)^3\begin{vmatrix} 1 & -1 \\ -2 & 5 \end{vmatrix}=-2(3)=-6$$

이다. 이와 같이 $|A|=|A^T|$ 이다. ◀

연 습 문 제 3.3(행렬식의 성질)

1-4번에서 (a) $|A|$, (b) $|B|$, (c) AB, (d) $|AB|$를 구하라. 그리고 $|A||B|=|AB|$를 확인하라.

1. $A=\begin{bmatrix} -2 & 1 \\ 4 & -2 \end{bmatrix}$, $B=\begin{bmatrix} 1 & 1 \\ 0 & -1 \end{bmatrix}$

2. $A=\begin{bmatrix} 1 & 2 \\ 2 & 4 \end{bmatrix}$, $B=\begin{bmatrix} -1 & 2 \\ 3 & 0 \end{bmatrix}$

3. $A=\begin{bmatrix} -1 & 2 & 1 \\ 1 & 0 & 1 \\ 0 & 1 & 0 \end{bmatrix}$, $B=\begin{bmatrix} -1 & 0 & 0 \\ 0 & 2 & 0 \\ 0 & 0 & 3 \end{bmatrix}$

4. $A=\begin{bmatrix} 2 & 0 & 1 \\ 1 & -1 & 2 \\ 3 & 1 & 0 \end{bmatrix}$, $B=\begin{bmatrix} 2 & -1 & 4 \\ 0 & 1 & 3 \\ 3 & -2 & 1 \end{bmatrix}$

5-8에서 $n\times n$행렬의 행렬식을 구하기 위하여 $|cA|=c^n|A|$를 이용하라.

5. $A=\begin{bmatrix} 4 & 2 \\ 6 & -8 \end{bmatrix}$

6. $A=\begin{bmatrix} 5 & 15 \\ 10 & -20 \end{bmatrix}$

7. $A=\begin{bmatrix} -3 & 6 & 9 \\ 6 & 9 & 12 \\ 9 & 12 & 15 \end{bmatrix}$

8. $A=\begin{bmatrix} 4 & 16 & 0 \\ 12 & -8 & 8 \\ 16 & 20 & -4 \end{bmatrix}$

9-10번에서 (a) $|A|$, (b) $|B|$, (c) $|A+B|$를 구하라. $|A|+|B|\neq|A+B|$를 확인하라.

9. $A=\begin{bmatrix} -1 & 1 \\ 2 & 0 \end{bmatrix}$, $B=\begin{bmatrix} 1 & -1 \\ -2 & 0 \end{bmatrix}$

10. $A=\begin{bmatrix} 1 & -2 \\ 1 & 0 \end{bmatrix}$, $B=\begin{bmatrix} 3 & -2 \\ 0 & 0 \end{bmatrix}$

11-14에서 (a) $|A^T|$, (b) $|A^2|$, (c) $|AA^T|$, (d) $|2A|$, (e) $|A^{-1}|$를 구하라.

11. $A=\begin{bmatrix} 6 & -11 \\ 4 & -5 \end{bmatrix}$

12. $A=\begin{bmatrix} -4 & 10 \\ 5 & 6 \end{bmatrix}$

13. $A=\begin{bmatrix} 2 & 0 & 5 \\ 4 & -1 & 6 \\ 3 & 2 & 1 \end{bmatrix}$

14. $A=\begin{bmatrix} 1 & 5 & 4 \\ 0 & -6 & 2 \\ 0 & 0 & -3 \end{bmatrix}$

15-18에서 (a) $|A|$, (b) $|A^T|$, (c) $|A^2|$, (d) $|2A|$, (e) $|A^{-1}|$을 구하기 위하여 행렬용량을 가진 그래픽 유틸리티를 사용하라.

15. $A=\begin{bmatrix} 4 & 2 \\ -1 & 5 \end{bmatrix}$

16. $A=\begin{bmatrix} -2 & 4 \\ 6 & 8 \end{bmatrix}$

17. $A=\begin{bmatrix} 4 & -2 & 1 & 5 \\ 3 & 8 & 2 & -1 \\ 6 & 8 & 9 & 2 \\ 2 & 3 & -1 & 0 \end{bmatrix}$

18. $A=\begin{bmatrix} 6 & 5 & 1 & -1 \\ -2 & 4 & 3 & 5 \\ 6 & 1 & -4 & -2 \\ 2 & 2 & 1 & 3 \end{bmatrix}$

19. A, B를 차수 4의 정방행렬이라 하자. $|A|=-5$, $|B|=3$일 때 (a) $|AB|$, (b) $|A^3|$, (c) $|3B|$, (d) $|(AB)^T|$, (e) $|A^{-1}|$를 구하라.

20. A, B를 차수 3의 정방행렬이라 하자. $|A|=10$, $|B|=12$일 때 (a) $|AB|$, (b) $|A^4|$, (c) $|2B|$, (d) $|(AB)^T|$, (e) $|A^{-1}|$를 구하라.

21. A, B를 차수 4의 정방행렬이라 하자. $|A|=4$, $|B|=2$일 때 (a) $|BA|$, (b) $|B^2|$, (c) $|2A|$, (d) $|(AB)^T|$, (e) $|B^{-1}|$를 구하라.

22. A, B를 차수 3의 정방행렬이라 하자. $|A|=-2$, $|B|=5$일 때 (a) $|BA|$, (b) $|B^4|$, (c) $|2A|$, (d) $|(AB)^T|$, (e) $|B^{-1}|$를 구하라.

23-30번에서 행렬식을 사용하여 그 행렬이 정칙인지 아닌지를 결정하라.

23. $\begin{bmatrix} 5 & 4 \\ 10 & 8 \end{bmatrix}$

24. $\begin{bmatrix} 3 & -6 \\ 4 & 2 \end{bmatrix}$

25. $\begin{bmatrix} 14 & 5 & 7 \\ -2 & 0 & 3 \\ 1 & -5 & -10 \end{bmatrix}$

26. $\begin{bmatrix} 1 & 0 & 4 \\ 0 & 6 & 3 \\ 2 & -1 & 4 \end{bmatrix}$

27. $\begin{bmatrix} \frac{1}{2} & \frac{3}{2} & 2 \\ \frac{2}{3} & -\frac{1}{3} & 0 \\ 1 & 1 & 1 \end{bmatrix}$

28. $\begin{bmatrix} 2 & -\frac{1}{2} & 8 \\ 1 & -\frac{1}{4} & 4 \\ -\frac{5}{2} & \frac{3}{2} & 8 \end{bmatrix}$

29. $\begin{bmatrix} 1 & 0 & -8 & 2 \\ 0 & 8 & -1 & 10 \\ 0 & 0 & 0 & 1 \\ 0 & 0 & 0 & 2 \end{bmatrix}$

30. $\begin{bmatrix} 0.8 & 0.2 & -0.6 & 0.1 \\ -1.2 & 0.6 & 0.6 & 0 \\ 0.7 & -0.3 & 0.1 & 0 \\ 0.2 & -0.3 & 0.6 & 0 \end{bmatrix}$

31-34번에서 일차방정식계가 유일한 해를 갖는지 어떤지를 결정하기 위하여 계수행렬의 행렬식을 구하라.

31. $x_1 - x_2 + x_3 = 4$
$2x_1 - x_2 + x_3 = 6$

32. $x_1 + x_2 - x_3 = 4$
$2x_1 - x_2 - x_3 = 6$

$$\begin{aligned} 3x_1-2x_2+2x_3&=0 \end{aligned}$$

33. $$\begin{aligned} 2x_1+x_2+5x_3+x_4&=5\\ x_1+x_2-3x_3-4x_4&=-1\\ 2x_1+2x_2+2x_3-3x_4&=2\\ x_1+5x_2+6x_3\qquad&=3 \end{aligned}$$

$$3x_1-2x_2+2x_3=0$$

34. $$\begin{aligned} x_1-x_2-x_3-x_4&=0\\ x_1+x_2-x_3-x_4&=0\\ x_1+x_2+x_3-x_4&=0\\ x_1+x_2+x_3+x_4&=6 \end{aligned}$$

35-38번에서 A가 정칙이 아니도록 k의 값을 구하라.

35. $A=\begin{bmatrix} k-1 & 3 \\ 2 & k-2 \end{bmatrix}$

36. $A=\begin{bmatrix} k-1 & 2 \\ 2 & k+2 \end{bmatrix}$

37. $A=\begin{bmatrix} 1 & 0 & 3 \\ 2 & -1 & 0 \\ 4 & 2 & k \end{bmatrix}$

38. $A=\begin{bmatrix} 1 & k & 2 \\ -2 & 0 & -k \\ 3 & 1 & -4 \end{bmatrix}$

39. A, B를 $n\times n$ 행렬이라 하자. $AB=I$일 때 $|A|\neq 0$, $|B|\neq 0$임을 증명하라.

40. A, B를 $n\times n$ 행렬이라 하자. AB가 정칙이 아니면 A가 정칙이 아니거나 B가 정칙이 아님을 증명하라.

41. $|A|+|B|=|A+B|$인 두 개의 행렬을 구하라.

42. $\begin{vmatrix} a+b & a & a \\ a & a+b & a \\ a & a & a+b \end{vmatrix}=b^2(3a+b)$를 증명하라.

43. A를 $n\times n$ 행렬이라 하자. A의 행들을 더하면 0이다. $|A|$를 구하라.

44. 행렬 $A=\begin{bmatrix} 2 & -1 & -1 \\ -3 & 1 & 2 \\ 0 & -2 & 2 \end{bmatrix}$을 가지고 43번을 예시하라.

45. **증명지도** A를 가역행렬이라 하자. A와 A^{-1}의 모든 성분들이 정수일 때 가역행렬 A의 행렬식은 ± 1이다.

증명시작 $\det A=x$, $\det(A^{-1})=y$라 하자. x, y는 실수이다. $\det A=\pm 1$을 보이기 위하여 x, y가 정수로써 $xy=1$을 증명하여야 한다.

(i) $xy=1$을 보이기 위하여 행렬곱의 행렬식에 관한 성질을 이용한다.

(ii) 행렬식의 정의와 A와 A^{-1}의 성분이 모두 정수라는 사실을 사용하여 $x=\det(A)$와 $y=\det(A^{-1})$가 정수임을 보인다.

(iii) $xy=1$의 정수해는 1이거나 -1이라는 사실을 이용하여 $\det(A)=\pm 1$임을 보인다.

46. **증명지도** 정리 3.9를 증명하라. A가 정방행렬이면 $\det(A)=\det(A^T)$이다.

증명시작 A의 행렬식과 A^T의 행렬식이 같음을 증명하기 위하여 그들의 여인수전개가 같음을 증명한다. 여인수는 더 작은 행렬들의 ±행렬식이기 때문에 수학적 귀납법을 사용한다.

(i) 귀납법에 대한 시작단계: A가 차수 1의 행렬이면 $A=[a_{11}]=A^T$, $\det(A^T)=a_{11}$이다.

(ii) 귀납적 가정이 차수 $n-1$의 모든 행렬에 대해 성립한다고 하자. A를 n차의 정방행렬이라 하자. A의 첫 행에 의한 전개로 A의 행렬식 표현을 쓴다.

(iii) 첫 열에 의한 A^T의 행렬식의 전개를 쓴다.

(iv) 두 표현을 비교한다. A의 첫 행의 성분은 A^T의 첫 열의 성분과 같다. 여인수(이들은 서로의 전치행렬인 더 작은 행렬들의 행렬식의 ±이다)를 비교하고 귀납법의 가정을 사용하여 그들이 같다는 것을 결론짓는다.

47. **쓰기** A와 P를 $n\times n$ 행렬이라 하고 P를 가역행렬이라 하자. $P^{-1}AP=A$일까? 적당한 예를 가지고 결론을 예시하여라. $|P^{-1}AP|$와 $|A|$에 대해서는 무엇을 말할 수 있을까?

48. **쓰기** A를 $n\times n$이 0 아닌 행렬이고 $A^{10}=O$라 하자. A가 정칙이 아닌 이유를 설명하라. 이 주장에서 행렬식의 어떤 성질을 사용하였는가?

참(true) 혹은 거짓(false)? 49-50번에서 각각의 명제가 참인지 거짓인지 결정하여라. 명제가 참이면 이유를 들던가 교재에서 적당한 명제를 인용하라. 명제가 거짓이면 명제가 참이 아닌 반례를 들던가 또는 교재에서 적당한 명제를 인용하라.

49. (a) A가 $n\times n$ 행렬이고 c가 스칼라이면 cA의 행렬식은 $nc\cdot\det(A)$이다.

(b) A가 가역행렬이면 A^{-1}의 행렬식은 A의 행렬식의 역수와 같다.

(c) A가 가역인 $n\times n$ 행렬이면 $A\mathbf{x}=\mathbf{b}$는 모든 $\mathbf{b}$에 대하여 유일한 해를 갖는다.

50. (a) 일반적으로 두 개의 행렬의 행렬식의 합은 두 행렬의 합의 행렬식과 같다.

(b) A를 정방행렬이라 하면 A의 행렬식은 A의 전치행렬의 행렬식과 같다.

(c) $n\times n$ 행렬 A의 행렬식이 0이 아니면 $A\mathbf{x}=\mathbf{0}$은 자명해 만을 갖는다.

51. 정방행렬 A에서 $A^T=-A$이면 의사대칭(skew-symmetric)행렬이라고 한다. A가 의사대칭행렬이면 $|A|=(-1)^n|A|$임을 증명하라.

52. A가 홀수차수의 의사대칭행렬이라 하자. 51번의 결과를 사용하여 $|A|=0$임을 증명하여라.

53-58번에서 행렬이 직교인가 결정하여라. 가역행렬 A에서 $A^{-1}=A^T$일 때 A를 직교행렬이라 한다.

53. $\begin{bmatrix} 0 & 1 \\ 1 & 0 \end{bmatrix}$

54. $\begin{bmatrix} 1 & -1 \\ -1 & -1 \end{bmatrix}$

55. $\begin{bmatrix} 0 & 0 \\ 1 & 0 \end{bmatrix}$

56. $\begin{bmatrix} 1/\sqrt{2} & -1/\sqrt{2} \\ -1/\sqrt{2} & -1/\sqrt{2} \end{bmatrix}$

57. $\begin{bmatrix} 1 & 0 & 0 \\ 0 & 0 & 1 \\ 0 & 1 & 0 \end{bmatrix}$

58. $\begin{bmatrix} 1/\sqrt{2} & 0 & -1/\sqrt{2} \\ 0 & 1 & 0 \\ 1/\sqrt{2} & 0 & 1/\sqrt{2} \end{bmatrix}$

59. A가 직교행렬이면 $|A|=\pm 1$임을 증명하라.

60-61번에서 A가 직교행렬인 것을 결정하기 위하여 행렬용량을 가진 그래핑 유틸리티를 사용하라. 직교성 테스트를 위해서 (a) A^{-1}, (b) A^T, (c) $|A|$를 구하고 $A^{-1}=A^T$, $|A|=\pm 1$을 증명하라.

60. $A=\begin{bmatrix} \frac{3}{5} & 0 & -\frac{4}{5} \\ 0 & 1 & 0 \\ \frac{4}{5} & 0 & \frac{3}{5} \end{bmatrix}$

61. $A=\begin{bmatrix} \frac{2}{3} & -\frac{2}{3} & \frac{1}{3} \\ \frac{2}{3} & \frac{1}{3} & -\frac{2}{3} \\ \frac{1}{3} & \frac{2}{3} & \frac{2}{3} \end{bmatrix}$

62. A가 멱등행렬 $(A^2=A)$이면 A의 행렬식이 0 또는 1임을 증명하라.

63. S가 $n\times n$ 정칙 아닌 행렬이면 임의의 $n\times n$ 행렬 B에 대해서 SB는 정칙이 아니다.

64. A_{11}, A_{12}, A_{22}가 $n\times n$ 행렬이다.

$\begin{bmatrix} A_{11} & A_{12} \\ 0 & A_{22} \end{bmatrix}$

의 행렬식을 A_{11}, A_{12}, A_{22}의 행렬식으로 구하라.

3.4 고유치로의 입문

이 절에서는 선형대수의 가장 중요한 논제의 하나인 고유치를 관찰한다. 고유치의 하나의 응용은 인구증가의 연구를 포함한다. 예를 들어 토끼의 수가 실험실에서 첫 해에 반이 살고 두 번째 해에 그것의 반이 산다고 하자. 그들의 최대수명은 3년이다. 더욱이 첫 해 동안 토끼들은 새끼를 낳지 못한다. 두 번째 해에는 새끼의 평균수가 6개이고 3년째는 8개이다. 만약 같은 나이의 24개의 토끼가 있을 때 1년에 어떤 분포가 있으며 20년에는 어떠할 것인가?

7장에서 알게되는 바와 같이 이 응용의 해는 고유치의 개념에 의존한다. 후에 선형대수의 실제 생활응용의 넓은 폭에서 고유치가 사용된다. 인구증가 이외에 고유치는 미분방정식계를 푸는데 이차형식에서, 공학, 과학에서 사용된다. 고유치 문제의 중심적 문제는 다음에 기술된다.

A가 $n\times n$ 행렬이면 $n\times 1$ $\mathbf{0}$ 아닌 행렬 $\mathbf{x}$가 존재하여 $A\mathbf{x}$는 $\mathbf{x}$의 스칼라 배가 될 것인가? 스칼라는 보통 λ(그리스문자 램더)에 의하여 표시되고 A의 고유치라 불리워진다. $\mathbf{0}$ 아닌 열행렬 $\mathbf{x}$는 λ에 대응하는 A의 고유벡터라 부른다. 고유치문제에 대한 기본방정식은

$$A\mathbf{x}=\lambda\mathbf{x}$$

이다.

[예제 1] 고유치와 고유벡터의 확인

$$A=\begin{bmatrix}1 & 4\\ 2 & 3\end{bmatrix},\qquad \mathbf{x}_1=\begin{bmatrix}1\\ 1\end{bmatrix},\qquad \mathbf{x}_2=\begin{bmatrix}2\\ -1\end{bmatrix}$$

라 하자. $\lambda_1=5$가 $\mathbf{x}_1$에 대응하는 A의 고유치임을 확인하라. $\lambda_2=-1$은 $\mathbf{x}_2$에 대응하는 A의 고유치라는 것도 확인하라.

풀이 $\lambda_1=5$가 $\mathbf{x}_1$에 대응하는 A의 고유치임을 증명하기 위하여 행렬 A와 $\mathbf{x}_1$을 다음과 같이 곱한다.

$$A\mathbf{x}_1=\begin{bmatrix}1 & 4\\ 2 & 3\end{bmatrix}\begin{bmatrix}1\\ 1\end{bmatrix}=\begin{bmatrix}5\\ 5\end{bmatrix}=5\begin{bmatrix}1\\ 1\end{bmatrix}=\lambda_1\mathbf{x}_1$$

비슷하게

$$A\mathbf{x}_2=\begin{bmatrix}1 & 4\\2 & 3\end{bmatrix}\begin{bmatrix}2\\-1\end{bmatrix}=\begin{bmatrix}-2\\1\end{bmatrix}=-1\begin{bmatrix}2\\-1\end{bmatrix}=\lambda_2\mathbf{x}_2$$ ◀

이 예로부터 주어진 스칼라 λ와 $n\times1$ 행렬 $\mathbf{x}$가 방정식 $A\mathbf{x}=\lambda\mathbf{x}$를 만족하는가를 증명하는 것이 쉽다는 것을 알 수 있다. $\mathbf{x}$가 λ에 대응하는 고유벡터라면 $\mathbf{x}$의 0 아닌 스칼라배도 역시 고유벡터라는데 주의하라. 예를 들어 열행렬

$$\begin{bmatrix}2\\2\end{bmatrix} \quad \text{와} \quad \begin{bmatrix}-7\\-7\end{bmatrix}$$

은 $\lambda_1=5$에 대응하는 A의 고유벡터이다. 주어진 $n\times n$ 행렬 A에 대해서 어떻게 고유치와 이에 대응하는 고유벡터를 구할 것인가? 이것의 열쇠는 방정식 $A\mathbf{x}=\lambda\mathbf{x}$를 동치형태

$$(\lambda I-A)\mathbf{x}=\mathbf{0}$$

으로 쓰는 것이다. 여기서 I는 $n\times n$ 항등행렬이다. 동차 방정식계가 $\mathbf{0}$ 아닌 해들을 갖기 위한 필요충분조건은 계수행렬 $\lambda I-A$가 정칙이 아닌 것이다. 즉 $\lambda I-A$의 행렬식이 0이다. 방정식 $\det(\lambda I-A)=0$을 A의 특성방정식이라 부르고 변수 λ에 대한 n차의 다항식 방정식이다. A의 고유치를 구하면 다음 두 예에서 보는 바와 같이 가우스 소거법을 사용하여 대응하는 고유벡터를 구할 수 있다.

[예제 2] $A=\begin{bmatrix}1 & 4\\2 & 3\end{bmatrix}$의 고유치와 이에 대응하는 고유벡터를 구하라.

풀이 A의 특성방정식은

$$\begin{aligned}|\lambda I-A|&=\left|\begin{bmatrix}\lambda & 0\\0 & \lambda\end{bmatrix}-\begin{bmatrix}1 & 4\\2 & 3\end{bmatrix}\right|\\&=\begin{vmatrix}\lambda-1 & -4\\-2 & \lambda-3\end{vmatrix}\\&=\lambda^2-4\lambda+3-8\\&=\lambda^2-4\lambda-5\\&=(\lambda-5)(\lambda+1)=0\end{aligned}$$

이것은 두 고유치 $\lambda_1=5$와 $\lambda_2=-1$을 준다. 대응하는 고유벡터를 구하기 위하여 동치 1차 방정식 $(\lambda I-A)\mathbf{x}=\mathbf{0}$를 푼다.

$\lambda_1=5$에 대해서 계수행렬은

$$5I-A=\begin{bmatrix}5-1 & -4\\ -2 & 5-3\end{bmatrix}=\begin{bmatrix}4 & -4\\ -2 & 2\end{bmatrix}$$

이고 이는

$$\begin{bmatrix}1 & -1\\ 0 & 0\end{bmatrix}$$

로 된다. 이 계수행렬을 가지는 동차방정식계의 해들은 모두

$$\begin{bmatrix}t\\ t\end{bmatrix}$$

형태이다. 여기서 t는 실수이다. 이와 같이 $\lambda_1=5$에 대응하는 고유벡터는

$$\begin{bmatrix}1\\ 1\end{bmatrix}$$

의 0 아닌 스칼라 배이다. 비슷하게 $\lambda_2=-1$에 대해서 대응하는 계수행렬은

$$-1I-A=\begin{bmatrix}-1-1 & -4\\ -2 & -1-3\end{bmatrix}=\begin{bmatrix}-2 & -4\\ -2 & -4\end{bmatrix}$$

이고

$$\begin{bmatrix}1 & 2\\ 0 & 0\end{bmatrix}$$

로 된다. 이 계수행렬을 갖는 동차방정식계의 해들은

$$\begin{bmatrix}2t\\ -t\end{bmatrix}$$

이다. 여기서 t는 실수이다. 고유치 $\lambda_2=-1$에 대응하는 고유벡터는

$$\begin{bmatrix}2\\ -1\end{bmatrix}$$

의 0 아닌 스칼라 배이다. ◀

기술적 관찰

대개의 그래핑 계산기와 컴퓨터 소프트웨어 프로그램은 정방행렬의 고유치를 계산하는 능력을 갖고 있다. 예제 2로부터 −1, 5가 A의 고유치임을 증명하기 위하여 TI-86의 고유치 명령을 사용하면 스크린은 다음과 같이 보인다.

```
A
              [[1 4]
               [2 3]]
eigVl A
               {-1 5}
```

[예제 3] 고유치와 고유벡터를 구하라.

행렬

$$A=\begin{bmatrix} 1 & 2 & -2 \\ 1 & 2 & 1 \\ -1 & -1 & 0 \end{bmatrix}$$

의 고유치와 대응하는 고유벡터를 구하라.

풀이 A의 특성다항식은

$$\begin{aligned}
|\lambda I-A| &= \left|\begin{bmatrix} \lambda & 0 & 0 \\ 0 & \lambda & 0 \\ 0 & 0 & \lambda \end{bmatrix}-\begin{bmatrix} 1 & 2 & -2 \\ 1 & 2 & 1 \\ -1 & -1 & 0 \end{bmatrix}\right| = \begin{vmatrix} \lambda-1 & -2 & 2 \\ -1 & \lambda-2 & -1 \\ 1 & 1 & \lambda \end{vmatrix} \\
&=(\lambda-1)\begin{vmatrix} \lambda-2 & -1 \\ 1 & \lambda \end{vmatrix}-(-2)\begin{vmatrix} -1 & -1 \\ 1 & \lambda \end{vmatrix}+2\begin{vmatrix} -1 & \lambda-2 \\ 1 & 1 \end{vmatrix} \\
&=(\lambda-1)(\lambda^2-2\lambda+1)+2(\lambda+1)+2(-1-\lambda+2) \\
&=\lambda^3-3\lambda^2-\lambda+3 \\
&=(\lambda^2-1)(\lambda-3)=0
\end{aligned}$$

이다. 이것은 세 개의 고유치 $\lambda_1=1$, $\lambda_2=-1$, $\lambda_3=3$을 준다. 고유벡터를 구하기 위하여 동차 일차연립방정식계 $(\lambda I-A)\mathbf{x}=\mathbf{0}$을 푼다.

$\lambda_1=1$에 대해서 계수행렬은

$$(1)I-A=\begin{bmatrix}1-1 & -2 & 2\\ -1 & 1-2 & -1\\ 1 & 1 & 1-0\end{bmatrix}=\begin{bmatrix}0 & -2 & 2\\ -1 & -1 & -1\\ 1 & 1 & 1\end{bmatrix}$$

이다. 이는

$$\begin{bmatrix}1 & 0 & 2\\ 0 & 1 & -1\\ 0 & 0 & 0\end{bmatrix}$$

로 된다. 이 계수행렬을 가지는 동차 방정식계의 해는 모두

$$\begin{bmatrix}-2t\\ t\\ t\end{bmatrix}$$

형태이다. t는 실수. 그러므로 $\lambda_1=1$에 대응하는 고유벡터는

$$\begin{bmatrix}-2\\ 1\\ 1\end{bmatrix}$$

의 0아닌 스칼라 배이다. $\lambda_2=-1$에 대해서 계수행렬은

$$(-1)I-A=\begin{bmatrix}-1-1 & -2 & 2\\ -1 & -1-2 & -1\\ 1 & 1 & -1-0\end{bmatrix}=\begin{bmatrix}-2 & -2 & 2\\ -1 & -3 & -1\\ 1 & 1 & -1\end{bmatrix}$$

이고 이는

$$\begin{bmatrix}1 & 0 & -2\\ 0 & 1 & 1\\ 0 & 0 & 0\end{bmatrix}$$

로 된다. 이 계수행렬을 갖는 동차 방정식의 해는 모두

$$\begin{bmatrix}2t\\ -t\\ t\end{bmatrix}$$

형태이다. t는 실수이다. $\lambda_2=-1$에 대응하는 고유벡터들은

$$\begin{bmatrix} 2 \\ -1 \\ 1 \end{bmatrix}$$

의 0 아닌 스칼라 배이다. $\lambda_3=3$에 대해서 계수행렬은

$$3I-A=\begin{bmatrix} 3-1 & -2 & 2 \\ -1 & 3-2 & -1 \\ 1 & 1 & 3-0 \end{bmatrix}=\begin{bmatrix} 2 & -2 & 2 \\ -1 & 1 & -1 \\ 1 & 1 & 3 \end{bmatrix}$$

이고

$$\begin{bmatrix} 1 & 0 & 2 \\ 0 & 1 & 1 \\ 0 & 0 & 0 \end{bmatrix}$$

로 된다. 이 계수행렬을 가지는 동차방정식의 해들은 모두

$$\begin{bmatrix} -2t \\ -t \\ t \end{bmatrix}$$

형태이다. t는 실수이다. 고유치 $\lambda_3=3$에 대응하는 고유벡터는

$$\begin{bmatrix} -2 \\ -1 \\ 1 \end{bmatrix}$$

의 0 아닌 스칼라 배이다. ◀

고유치와 고유벡터는 수학, 공학, 생물학 그리고 다른 과학에 풍부한 응용을 갖고 있다. 이 장의 마지막에 확률과정에서 그런 응용을 볼 것이다. 7장에서 좀 더 자세히 고유치와 그 응용에 대해서 공부할 것이다. 앞서 제시한 토끼수 문제를 푸는 방법을 배울 것이다.

연습문제 3.4(고유치로의 입문)

1-4번에서 λ_i는 A의 고유치이고 $\mathbf{x}_i$는 대응하는 고유벡터임을 증명하라.

1. $A=\begin{bmatrix}1 & 2\\ 0 & -3\end{bmatrix}$; $\lambda_1=1$, $\mathbf{x}_1=\begin{bmatrix}1\\ 0\end{bmatrix}$; $\lambda_2=-3$, $\mathbf{x}_2=\begin{bmatrix}-1\\ 2\end{bmatrix}$

2. $A=\begin{bmatrix}4 & 3\\ 1 & 2\end{bmatrix}$; $\lambda_1=5$, $\mathbf{x}_1=\begin{bmatrix}3\\ 1\end{bmatrix}$; $\lambda_2=1$, $\mathbf{x}_2=\begin{bmatrix}-1\\ 1\end{bmatrix}$

3. $A=\begin{bmatrix}1 & 1 & 1\\ 0 & 1 & 0\\ 1 & 1 & 1\end{bmatrix}$; $\lambda_1=2$, $\mathbf{x}_1=\begin{bmatrix}1\\ 0\\ 1\end{bmatrix}$; $\lambda_2=0$, $\mathbf{x}_2=\begin{bmatrix}-1\\ 0\\ 1\end{bmatrix}$;

$\lambda_3=1$, $\mathbf{x}_3=\begin{bmatrix}-1\\ 1\\ -1\end{bmatrix}$

4. $A=\begin{bmatrix}1 & -2 & 1\\ 0 & 1 & 4\\ 0 & 0 & 2\end{bmatrix}$; $\lambda_1=1$, $\mathbf{x}_1=\begin{bmatrix}1\\ 0\\ 0\end{bmatrix}$; $\lambda_2=2$, $\mathbf{x}_2=\begin{bmatrix}-7\\ 4\\ 1\end{bmatrix}$

5-12번에서 행렬의 (a) 고유방정식, (b) 고유치, (c) 대응하는 고유벡터를 구하라.

5. $\begin{bmatrix}4 & -5\\ 2 & -3\end{bmatrix}$

6. $\begin{bmatrix}2 & 2\\ 2 & 2\end{bmatrix}$

7. $\begin{bmatrix}2 & 1\\ 3 & 0\end{bmatrix}$

8. $\begin{bmatrix}2 & 5\\ 4 & 3\end{bmatrix}$

9. $\begin{bmatrix}-2 & 4\\ 2 & 5\end{bmatrix}$

10. $\begin{bmatrix}3 & -1\\ 5 & -3\end{bmatrix}$

11. $\begin{bmatrix}1 & -1 & -1\\ 1 & 3 & 1\\ -3 & 1 & -1\end{bmatrix}$

12. $\begin{bmatrix}2 & 0 & 1\\ 0 & 3 & 4\\ 0 & 0 & 1\end{bmatrix}$

13-18에서 행렬의 고유치를 구하기 위하여 행렬용량을 가진 그래핑 유틸리티를 사용하라. 다음에 사용하는 고유벡터를 구하라.

13. $\begin{bmatrix}2 & 5\\ -1 & -4\end{bmatrix}$

14. $\begin{bmatrix}4 & 3\\ -3 & -2\end{bmatrix}$

15. $\begin{bmatrix} 4 & -2 & -2 \\ 0 & 1 & 0 \\ 1 & 0 & 1 \end{bmatrix}$

16. $\begin{bmatrix} 4 & 0 & 0 \\ 0 & 0 & -3 \\ 0 & -2 & 1 \end{bmatrix}$

17. $\begin{bmatrix} 3 & 0 & 0 & 0 \\ 0 & -1 & 0 & 0 \\ 0 & 0 & 2 & 5 \\ 0 & 0 & 3 & 0 \end{bmatrix}$

18. $\begin{bmatrix} 1 & 0 & 2 & 3 \\ 0 & 2 & 0 & 0 \\ 0 & 0 & 1 & 3 \\ 0 & -1 & 3 & 1 \end{bmatrix}$

참 혹은 거짓? 19-20번에서 각 명제가 참인지 거짓인지 결정하라. 명제가 참이면 이유를 주던가 교재에서 적당한 명제를 인용하라. 만약 명제가 거짓이면 반례를 들던가 혹은 교재에서 적당한 명제를 인용하라.

19. (a) $\mathbf{x}$가 주어진 고유치 λ에 대응하는 고유벡터이면 $\mathbf{x}$의 모든 스칼라 배가 또한 같은 λ에 대응하는 고유벡터이다.

(b) $\lambda=a$가 행렬 A의 고유치이면 $\lambda=a$는 특성방정식 $\lambda I-A=0$의 해이다.

20. (a) 행렬 $A=\begin{bmatrix} 2 & -1 \\ 1 & 0 \end{bmatrix}$의 고유방정식은 고유치 $\lambda_1=\lambda_2=1$을 준다.

(b) 행렬 $A=\begin{bmatrix} 4 & -2 \\ -1 & 0 \end{bmatrix}$는 무리수 고유치 $\lambda_1=2+\sqrt{6}$, $\lambda_2=2-\sqrt{6}$을 준다.

3.5 행렬식의 응용

이 장에서 이제까지 행렬식을 계산하는 과정을 검사하였고 행렬식의 성질을 공부했으며 행렬식이 고유치를 구하기 위하여 어떻게 사용되는가를 배웠다. 이 절에서 정칙행렬의 역행렬에 대한 확실한 공식을 공부하고 크라멜의 공식으로 알려진 정리를 유도하기 위하여 이 공식을 사용한다. 크라멜의 공식을 이용하여 행렬식의 일반적 응용을 해결한다.

행렬의 수반행렬(adjoint)

행렬 A의 여인수 C_{ij}는 A의 i행과 j열을 제거하여 만든 행렬의 행렬식의 $(-1)^{i+j}$배이다. A가 정방행렬이면 A의 여인수행렬은 다음과 같다.

$$\begin{bmatrix} C_{11} & C_{12} & \cdots & C_{1n} \\ C_{21} & C_{22} & \cdots & C_{2n} \\ \vdots & \vdots & & \vdots \\ C_{n1} & C_{n2} & \cdots & C_{nn} \end{bmatrix}$$

이 행렬의 전치행렬을 A의 **수반행렬**이라 하고 adj(A)로 표시한다.

$$\text{adj}(A) = \begin{bmatrix} C_{11} & C_{21} & \cdots & C_{n1} \\ C_{12} & C_{22} & \cdots & C_{n2} \\ \vdots & \vdots & & \vdots \\ C_{1n} & C_{2n} & \cdots & C_{nn} \end{bmatrix}$$

[예제 1] 정방행렬의 수반행렬 구하기

$$A = \begin{bmatrix} -1 & 3 & 2 \\ 0 & -2 & 1 \\ 1 & 0 & -2 \end{bmatrix}$$

의 수반행렬을 구하라.

풀이 여인수 C_{11}은 다음과 같이 주어진다.

$$\begin{bmatrix} -1 & 3 & 2 \\ 0 & -2 & 1 \\ 1 & 0 & -2 \end{bmatrix} \rightarrow C_{11} = (-1)^2 \begin{vmatrix} -2 & 1 \\ 0 & -2 \end{vmatrix} = 4.$$

이 과정을 계속하여 A의 여인수행렬을 얻는다.

$$\begin{bmatrix} \begin{vmatrix} -2 & 1 \\ 0 & -2 \end{vmatrix} & -\begin{vmatrix} 0 & 1 \\ 1 & -2 \end{vmatrix} & \begin{vmatrix} 0 & -2 \\ 1 & 0 \end{vmatrix} \\ -\begin{vmatrix} 3 & 2 \\ 0 & -2 \end{vmatrix} & \begin{vmatrix} -1 & 2 \\ 1 & -2 \end{vmatrix} & -\begin{vmatrix} -1 & 3 \\ 1 & 0 \end{vmatrix} \\ \begin{vmatrix} 3 & 2 \\ -2 & 1 \end{vmatrix} & -\begin{vmatrix} -1 & 2 \\ 0 & 1 \end{vmatrix} & \begin{vmatrix} -1 & 3 \\ 0 & -2 \end{vmatrix} \end{bmatrix} = \begin{bmatrix} 4 & 1 & 2 \\ 6 & 0 & 3 \\ 7 & 1 & 2 \end{bmatrix}$$

이 행렬의 전치행렬은 A의 수반행렬이다.

$$\text{adj}(A) = \begin{bmatrix} 4 & 6 & 7 \\ 1 & 0 & 1 \\ 2 & 3 & 2 \end{bmatrix}$$

◀

행렬 A의 수반행렬은 다음 정리에서 보이는 바와 같이 A의 역행렬을 구하는 데 사용된다.

정리 3.10 수반행렬로써 주어진 행렬의 역행렬

A가 $n\times n$가 역행렬이면

$$A^{-1}=\frac{1}{\det(A)}\operatorname{adj}(A)$$

이다.

증명 A와 그것의 수반행렬의 곱은 A의 행렬식과 I_n의 곱과 같다는 것을 먼저 증명한다. 곱

$$A[\operatorname{adj}(A)]=\begin{bmatrix} a_{11} & a_{12} & \cdots & a_{1n} \\ a_{21} & a_{22} & \cdots & a_{2n} \\ \vdots & \vdots & & \vdots \\ a_{i1} & a_{i2} & \cdots & a_{in} \\ \vdots & \vdots & & \vdots \\ a_{n1} & a_{n2} & \cdots & a_{nn} \end{bmatrix}\begin{bmatrix} C_{11} & C_{21} & \cdots & C_{j1} & \cdots & C_{n1} \\ C_{12} & C_{22} & \cdots & C_{j2} & \cdots & C_{n2} \\ \vdots & \vdots & & \vdots & & \vdots \\ C_{1n} & C_{2n} & \cdots & C_{jn} & \cdots & C_{nn} \end{bmatrix}$$

을 생각하자. 이 곱의 i행과 j열의 성분은

$$a_{i1}C_{j1}+a_{i2}C_{j2}+\cdots+a_{in}C_{jn}$$

이다. $i=j$이면 이 합은 i행을 따라서 A의 여인수 전개이다. 이는 이 합이 A의 행렬식이라는 것을 의미한다. 다른 한편 $i\neq j$이면 그 합은 0이다. 그러므로

$$A[\operatorname{adj}(A)]=\begin{vmatrix} \det(A) & 0 & \cdots & 0 \\ 0 & \det(A) & \cdots & 0 \\ \vdots & \vdots & & \vdots \\ 0 & 0 & \cdots & \det(A) \end{vmatrix}=\det(A)I$$

A가 가역이므로 $\det(A)\neq 0$이고

$$\frac{1}{\det(A)}A[\operatorname{adj}(A)]=I$$

또는

$$A\left[\frac{1}{\det(A)}\operatorname{adj}(A)\right]=I$$

양변에 A^{-1}를 곱하면

$$A^{-1}A\left[\frac{1}{\det(A)}\operatorname{adj}(A)\right]=A^{-1}I$$

이고

$$\frac{1}{\det(A)}\operatorname{adj}(A)=A^{-1}$$

이다. ■

A가 2×2행렬

$$A=\begin{bmatrix} a & b \\ c & d \end{bmatrix}$$

이면 A의 수반행렬은 단순히

$$\operatorname{adj}(A)=\begin{bmatrix} d & -b \\ -c & a \end{bmatrix}$$

이다. 더욱이 A가 가역행렬이면 정리 3.10으로부터

$$A^{-1}=\frac{1}{|A|}\operatorname{adj}(A)=\frac{1}{ad-bc}\begin{bmatrix} d & -b \\ -c & a \end{bmatrix}$$

이고 위 결과는 3.2절의 결과와 일치한다.

[예제 2] 행렬의 수반행렬을 사용하여 그것의 역행렬을 구하기

$$A=\begin{bmatrix} -1 & 3 & 2 \\ 0 & -2 & 1 \\ 1 & 0 & -2 \end{bmatrix}$$

의 수반행렬을 사용하여 A의 역행렬을 구하라.

풀이 이 행렬의 행렬식 $|A|=3$이다. A의 수반행렬을 사용하여 A^{-1}를 구하면

$$A^{-1}=\frac{1}{|A|}\text{adj}(A)=\frac{1}{3}\begin{bmatrix}4 & 6 & 7\\ 1 & 0 & 1\\ 2 & 3 & 2\end{bmatrix}=\begin{bmatrix}\frac{4}{3} & 2 & \frac{7}{3}\\ \frac{1}{3} & 0 & \frac{1}{3}\\ \frac{2}{3} & 1 & \frac{2}{3}\end{bmatrix}$$

이다. 곱하기에 의하여 이 행렬이 A^{-1}임을 확인할 수 있다.

$$AA^{-1}=\begin{bmatrix}-1 & 3 & 2\\ 0 & -2 & 1\\ 1 & 0 & -2\end{bmatrix}\begin{bmatrix}\frac{4}{3} & 2 & \frac{7}{3}\\ \frac{1}{3} & 0 & \frac{1}{3}\\ \frac{2}{3} & 1 & \frac{2}{3}\end{bmatrix}=\begin{bmatrix}1 & 0 & 0\\ 0 & 1 & 0\\ 0 & 0 & 1\end{bmatrix}$$ ◀

참고 정리 3.10은 역행렬을 계산하는데 특별히 효과적인 것은 아니다. 가우스-조르단의 방법이 훨씬 좋다. 이 정리는 행렬의 역행렬에 대한 간결한 공식을 주기 때문에 이론적으로 유용하다.

크라멜의 법칙(cramer's rule)

가브리엘 크라멜(1704-1752)의 이름을 따서 붙인 크라멜의 법칙은 n개 변수의 n개의 일차방정식계를 푸는데 행렬식을 사용하는 공식이다.

이 법칙은 유일한 해를 갖는 일차방정식계에만 적용되어질 수 있다. 어떻게 크라멜의 법칙이 나타나는가를 알기 위하여 두 개의 미지수에 관한 두 개의 일차방정식을 포함하는 일반적인 방정식계를 본다.

$$a_{11}x_1+a_{12}x_2=b_1$$
$$a_{21}x_1+a_{22}x_2=b_2$$

첫 방식에 $-a_{21}$을 곱하고 둘째 번에 a_{11}을 곱하여 더하면

$$\begin{array}{rl}-a_{21}a_{11}x_1-a_{21}a_{12}x_2= & -a_{21}b_1\\ a_{11}a_{21}x_1+a_{11}a_{22}x_2= & a_{11}b_2\\ \hline (a_{11}a_{22}-a_{21}a_{12})x_2 = & a_{11}b_2-a_{21}b_1\end{array}$$

x_2에 대해서 풀면 ($a_{11}a_{22}-a_{21}a_{12}\neq 0$이라면)

$$x_2=\frac{a_{11}b_2-a_{21}b_1}{a_{11}a_{22}-a_{21}a_{12}}$$

비슷한 방법으로 x_1에 관해서 풀면

$$x_1=\frac{a_{22}b_1-a_{12}b_2}{a_{11}a_{22}-a_{21}a_{12}}$$

이다. x_1, x_2에 대한 분자 분모를 인정하고 행렬식으로 표시하면

$$x_1=\frac{\begin{vmatrix} b_1 & a_{12} \\ b_2 & a_{22} \end{vmatrix}}{\begin{vmatrix} a_{11} & a_{12} \\ a_{21} & a_{22} \end{vmatrix}}, \qquad x_2=\frac{\begin{vmatrix} a_{11} & b_1 \\ a_{21} & b_2 \end{vmatrix}}{\begin{vmatrix} a_{11} & a_{12} \\ a_{21} & a_{22} \end{vmatrix}}, \qquad a_{11}a_{22}-a_{21}a_{12}\neq 0$$

x_1, x_2의 분모는 단순히 계수행렬 A의 행렬식이다. x_1의 분자를 만드는 행렬식은 A에 1열을 방정식계의 상수를 나타내는 열로 대치함으로써 얻어진다. x_2의 분자를 나타내는 행렬식은 A에서 2열을 상수를 나타내는 열로 대치함으로써 얻어진다. 이들 두 행렬식은 $|A_1|$, $|A_2|$로 다음과 같이 표시된다.

$$|A_1|=\begin{vmatrix} b_1 & a_{12} \\ b_2 & a_{22} \end{vmatrix} \text{ 이고 } |A_2|=\begin{vmatrix} a_{11} & b_1 \\ a_{21} & b_2 \end{vmatrix}$$

이다. 이와 같이 $x_1=\frac{|A_1|}{|A|}$이고 $x_2=\frac{|A_2|}{|A|}$이다. 해의 이 행렬식 형태는 크라멜의 법칙이라 부른다.

[예제 3] 크라멜의 법칙 사용

일차방정식계

$$4x_1-2x_2=10$$
$$3x_1-5x_2=11$$

를 풀기 위하여 크라멜의 법칙을 사용하라.

풀이 계수행렬의 행렬식을 구하면

$$|A|=\begin{vmatrix} 4 & -2 \\ 3 & -5 \end{vmatrix}=-14$$

이다. $|A|\neq 0$이므로 이 방정식계는 유일한 해를 가짐을 안다. 크라멜의 법칙을 사용

해서

$$x_1=\frac{|A_1|}{|A|}=\frac{\begin{vmatrix}10 & -2\\ 11 & -5\end{vmatrix}}{-14}=\frac{-28}{-14}=2$$

$$x_2=\frac{|A_2|}{|A|}=\frac{\begin{vmatrix}4 & 10\\ 3 & 11\end{vmatrix}}{-14}=\frac{14}{-14}=-1$$

이와 같이 해는 $x_1=2$이고 $x_2=-1$이다. ◀

크라멜의 법칙은 n변수 n일차방정식으로 쉽게 일반화된다. 각 변수의 값은 두 행렬식의 분수로 주어진다. 분모는 계수행렬의 행렬식이고 분자는 그 행렬의 변수에 대응하는 열을 상수를 나타내는 열로 대치하므로 만들어지는 행렬의 행렬식이다.

예를 들어 방정식계

$$\begin{aligned}a_{11}x_1+a_{12}x_2+a_{13}x_3&=b_1\\ a_{21}x_1+a_{22}x_2+a_{23}x_3&=b_2\\ a_{31}x_1+a_{32}x_2+a_{33}x_3&=b_3\end{aligned}$$

에서 x_3에 대한 해는

$$x_3=\frac{|A_3|}{|A|}=\frac{\begin{vmatrix}a_{11} & a_{12} & b_1\\ a_{21} & a_{22} & b_2\\ a_{31} & a_{32} & b_3\end{vmatrix}}{\begin{vmatrix}a_{11} & a_{12} & a_{13}\\ a_{21} & a_{22} & a_{23}\\ a_{31} & a_{32} & a_{33}\end{vmatrix}}$$

이다.

정리 3.11 크라멜의 법칙

n개의 변수에 대한 n개의 방정식계가 0 아닌 $|A|$를 갖는 계수행렬을 가지면

$$x_1=\frac{\det(A_1)}{\det(A)},\qquad x_2=\frac{\det(A_2)}{\det(A)},\qquad \cdots,\qquad x_n=\frac{\det(A_n)}{\det(A)}$$

이다. 여기서 A_i의 i번째 열은 방정식계에서 상수들의 열이다.

증명 방정식계를 $AX=B$로 나타내자. $|A|\neq 0$이므로

$$X=A^{-1}B=\frac{1}{|A|}\text{adj}(A)B=\begin{bmatrix} x_1 \\ x_2 \\ \vdots \\ x_n \end{bmatrix}$$

이다. B의 성분들이 $b_1, b_2, \cdots, b_n$이면

$$x_i=\frac{1}{|A|}(b_1C_{1i}+b_2C_{2i}+\cdots+b_nC_{ni})$$

이다. 합 (괄호속)은 정확히 A_i의 여인수 전개이다. 그러므로 $x_i=\frac{|A_i|}{|A|}$이고 증명은 완료된다. ■

[예제 4] 크라멜의 법칙을 사용하여 방정식계

$$\begin{aligned} -x+2y-3z&=1 \\ 2x\qquad\;\, +z&=0 \\ 3x-4y+4z&=2 \end{aligned}$$

에서 x를 구하라.

풀이 계수행렬의 행렬식은

$$|A|=\begin{vmatrix} -1 & 2 & -3 \\ 2 & 0 & 1 \\ 3 & -4 & 4 \end{vmatrix}=10$$

$|A|\neq 0$이므로 해는 유일하다. x에 대하여 풀기 위하여 크라멜의 법칙을 적용하면 다음과 같다.

$$x=\frac{\begin{vmatrix} 1 & 2 & -3 \\ 0 & 0 & 1 \\ 2 & -4 & 4 \end{vmatrix}}{10}=\frac{(-1)^5\begin{vmatrix} 1 & 2 \\ 2 & -4 \end{vmatrix}}{10}=\frac{(-1)(-8)}{10}=\frac{4}{5}$$ ◀

참고 예제 4에서 y와 z에 관하여 풀기 위하여 크라멜의 법칙을 적용하면 $y=-\frac{3}{2}$이고 $z=-\frac{8}{5}$이다.

면적, 체적, 직선과 평면의 방정식

행렬식은 해석기하학에 많은 응용을 갖고 있다. 몇 개가 여기에 제시된다. 첫 응용은 xy-평면에 있는 삼각형의 면적을 구하는 것이다.

xy-평면에서의 삼각형의 면적

꼭지점이 $(x_1 y_1)$, (x_2, y_2), (x_3, y_3)인 삼각형의 면적은 다음과 같다.

$$\text{면적} = \pm\frac{1}{2}\det\begin{vmatrix} x_1 & y_1 & 1 \\ x_2 & y_2 & 1 \\ x_3 & y_3 & 1 \end{vmatrix},$$

여기서 부호(±)는 양의 면적을 주기 위하여 선택된다.

증명 $y_i > 0$인 경우에 증명한다. $x_1 \le x_3 \le x_2$라 하고 그림 3.1에서 보는 바와 같이 (x_1, y_1) (x_2, y_2)를 연결하는 선분의 위쪽에 (x_3, y_3)가 있다고 하자. 꼭지점이 다음과 같은 세 개의 사다리꼴을 생각하자.

사다리꼴 1 : $(x_1, 0)$, (x_1, y_1), (x_3, y_3), $(x_3, 0)$
사다리꼴 2 : $(x_3, 0)$, (x_3, y_3), (x_2, y_2), $(x_2, 0)$
사다리꼴 3 : $(x_1, 0)$, (x_1, y_1), (x_2, y_2), $(x_2, 0)$

주어진 삼각형의 면적은 첫 두 개의 사다리꼴의 면적의 합에서 세 번째 사다리꼴의 면적을 뺀 것이다.

$$\begin{aligned}\text{면적} &= \frac{1}{2}(y_1+y_3)(x_3-x_1)+\frac{1}{2}(y_3+y_2)(x_2-x_3)-\frac{1}{2}(y_1+y_2)(x_2-x_1) \\ &= \frac{1}{2}(x_1y_2+x_2y_3+x_3y_1-x_1y_3-x_2y_1-x_3y_2) \\ &= \frac{1}{2}\begin{vmatrix} x_1 & y_1 & 1 \\ x_2 & y_2 & 1 \\ x_3 & y_3 & 1 \end{vmatrix}\end{aligned}$$

꼭지점들이 $x_1 \le x_3 \le x_2$ 순서로 있지 않거나 꼭지점 (x_3, y_3)가 다른 두 꼭지점을 연결하는 선분 위쪽에 있지 않으면 공식은 면적의 음수를 줄 수 있다. ■

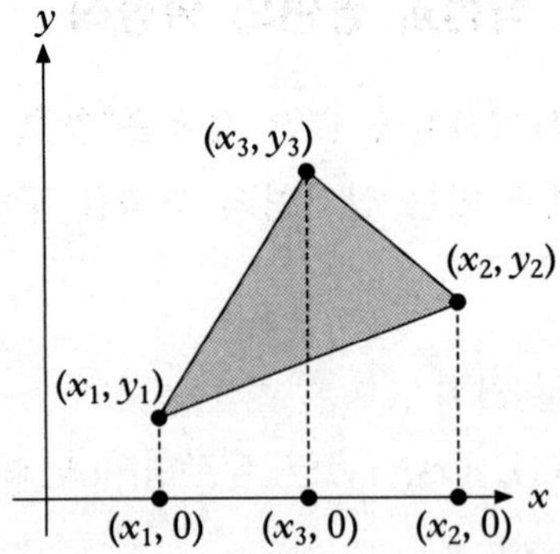

[그림 3.1]

[예제 5] 삼각형의 면적 구하기

꼭지점이 (1, 0), (2, 2), (4, 3)인 삼각형의 면적을 구하라.

풀이 세 꼭지점의 상대적 위치를 아는 것은 필요치 않다. 단순히 행렬식

$$\frac{1}{2}\begin{vmatrix} 1 & 0 & 1 \\ 2 & 2 & 1 \\ 4 & 3 & 1 \end{vmatrix} = -\frac{3}{2}$$

을 계산하여 삼각형의 면적이 $\frac{3}{2}$임을 안다. ◀

예제 5에서 세 점이 같은 직선 위에 있다고 하자. 그런 세 점에 면적공식을 적용하면 어떤 것이 일어날 것인가? 답은 행렬식이 0인 것이 될 것이다. 예를 들어 동일 직선위에 있는 (0, 1), (2, 2), (4, 3)을 생각하자(그림 3.2).

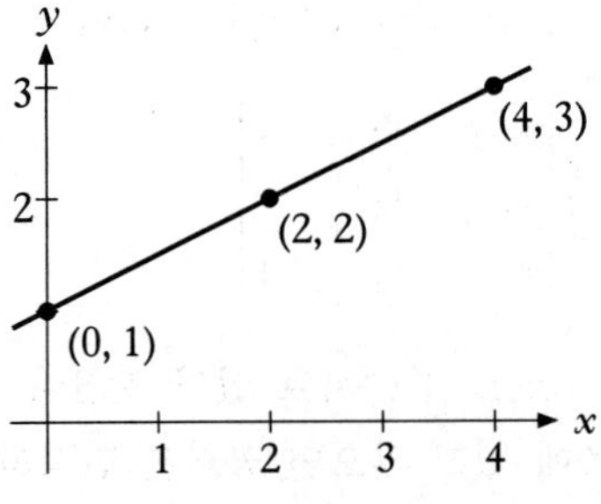

[그림 3.2]

이 세 점을 꼭지점으로 갖는 삼각형의 면적을 주는 행렬식은

$$\frac{1}{2}\begin{vmatrix} 0 & 1 & 1 \\ 2 & 2 & 1 \\ 4 & 3 & 1 \end{vmatrix} = 0$$

이다. 이와 같이 xy-평면 위의 세 점이 같은 직선 위에 있으면 삼각형의 면적에 관한 공식에서 행렬식은 0이 된다. 이 결과는 다음에서 일반화된다.

xy-평면에서 동일직선 위의 점들에 관한 테스트

세 점 (x_1, y_1), (x_2, y_2), (x_3, y_3)가 동일 직선 위에 있기위한 필요충분조건은

$$\det\begin{bmatrix} x_1 & y_1 & 1 \\ x_2 & y_2 & 1 \\ x_3 & y_3 & 1 \end{bmatrix} = 0$$

이다.

xy-평면 위의 두 점을 지나는 직선의 방정식에 대한 다음의 행렬식 형식은 동일직선 점들에 대한 테스트로부터 유도된다.

직선방정식의 두 점 형식

서로 다른 두 점 (x_1, y_1), (x_2, y_2)을 지나는 직선의 방정식은 두 점 형식

$$\det\begin{bmatrix} x & y & 1 \\ x_1 & y_1 & 1 \\ x_2 & y_2 & 1 \end{bmatrix} = 0$$

이다.

[예제 6] 두 점을 지나는 직선의 방정식 구하기

두 점 $(2, 4)$, $(-1, 3)$을 지나는 직선의 방정식을 구하라.

풀이 이들 두 점을 지나는 직선의 방정식에 대한 행렬식 공식을 적용해서

$$\begin{vmatrix} x & y & 1 \\ 2 & 4 & 1 \\ -1 & 3 & 1 \end{vmatrix} = 0$$

이 행렬식을 계산하기 위하여 1행을 따라서 여인수 전개를 하면

$$x\begin{vmatrix} 4 & 1 \\ 3 & 1 \end{vmatrix} - y\begin{vmatrix} 2 & 1 \\ -1 & 1 \end{vmatrix} + 1\begin{vmatrix} 2 & 4 \\ -1 & 3 \end{vmatrix} = 0$$

$$x - 3y + 10 = 0$$

그러므로 직선의 방정식은 $x - 3y = -10$이다. ◀

삼각형의 면적에 대한 공식은 3차원 공간에서 직접적으로 일반화할 수 있다. 이것은 다음에 증명 없이 준다.

사면체의 체적

꼭지점이 (x_1, y_1, z_1), (x_2, y_2, z_2), (x_3, y_3, z_3), (x_4, y_4, z_4)인 사면체의 체적은

$$\text{체적} = \pm\frac{1}{6}\det\begin{bmatrix} x_1 & y_1 & z_1 & 1 \\ x_2 & y_2 & z_2 & 1 \\ x_3 & y_3 & z_3 & 1 \\ x_4 & y_4 & z_4 & 1 \end{bmatrix}$$

이다. 여기서 부호 ±는 양의 체적을 주도록 선택된다.

[예제 7] 사면체의 체적 구하기

꼭지점이 (0, 4, 1), (4, 0, 0), (3, 5, 2), (2, 2, 5)인 사면체의 체적을 구하라 (그림 3.3).

풀이 체적에 관한 공식을 사용하여

$$\frac{1}{6}\begin{vmatrix} 0 & 4 & 1 & 1 \\ 4 & 0 & 0 & 1 \\ 3 & 5 & 2 & 1 \\ 2 & 2 & 5 & 1 \end{vmatrix} = \frac{1}{6}(-72) = -12$$

그러므로 사면체의 체적은 12이다. ◀

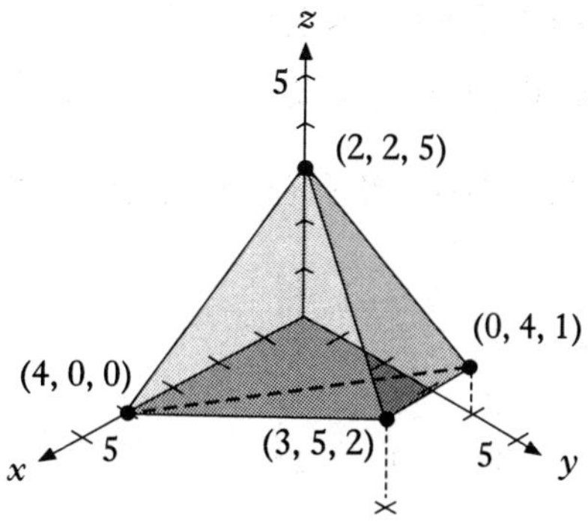

[그림 3.3]

3차원 공간에서 네 점이 같은 평면위에 있으면 체적에 관한 공식에서 행렬식은 0이다.

공간에서 점들이 동일평면 위에 있는 것에 관한 테스트

네 점 (x_1, y_1, z_1), (x_2, y_2, z_2), (x_3, y_3, z_3), (x_4, y_4, z_4)가 같은 평면 위에 있기 위한 필요충분조건은

$$\det\begin{vmatrix} x_1 & y_1 & z_1 & 1 \\ x_2 & y_2 & z_2 & 1 \\ x_3 & y_3 & z_3 & 1 \\ x_4 & y_4 & y_4 & 1 \end{vmatrix}=0$$

이 테스트는 공간에서 세 점을 지나는 평면의 방정식에 대한 다음의 행렬식 형식을 준다.

평면방정식의 세 점 형식

세 개의 서로 다른 점 (x_1, y_1, z_1), (x_2, y_2, z_2), (x_3, y_3, z_3)을 지나는 평면의 방정식은

$$\det\begin{vmatrix} x & y & z & 1 \\ x_1 & y_1 & z_1 & 1 \\ x_2 & y_2 & z_2 & 1 \\ x_3 & y_3 & z_3 & 1 \end{vmatrix}=0$$

이다.

[예제 8] 세 점을 지나는 평면의 방정식 구하기

세 점 (0, 1, 0), (−1, 3, 2), (−2, 0, 1)을 지나는 평면의 방정식을 구하라.

풀이 세 점을 지나는 평면의 방정식의 행렬식의 형식을 사용하여

$$\begin{vmatrix} x & y & z & 1 \\ 0 & 1 & 0 & 1 \\ -1 & 3 & 2 & 1 \\ -2 & 0 & 1 & 1 \end{vmatrix} = 0$$

이다. 이 행렬식을 구하기 위하여 2열에서 4열을 빼면

$$\begin{vmatrix} x & y-1 & z & 1 \\ 0 & 0 & 0 & 1 \\ -1 & 2 & 2 & 1 \\ -2 & -1 & 1 & 1 \end{vmatrix} = 0$$

2행을 따라서 여인수 전개를 하면

$$4x - 3y + 5z = -3$$

을 얻는다.

연습문제 3.5(행렬식의 응용)

행렬의 수반행렬

1-8번에서 행렬 A의 수반행렬을 구하라. 가능하면 A의 역행렬도 구하라.

1. $A = \begin{bmatrix} 1 & 2 \\ 3 & 4 \end{bmatrix}$

2. $A = \begin{bmatrix} -1 & 0 \\ 0 & 4 \end{bmatrix}$

3. $A = \begin{bmatrix} 1 & 0 & 0 \\ 0 & 2 & 6 \\ 0 & -4 & -12 \end{bmatrix}$

4. $A = \begin{bmatrix} 1 & 2 & 3 \\ 0 & 1 & -1 \\ 2 & 2 & 2 \end{bmatrix}$

5. $A = \begin{bmatrix} -3 & -5 & -7 \\ 2 & 4 & 3 \\ 0 & 1 & -1 \end{bmatrix}$

6. $A = \begin{bmatrix} 0 & 1 & 1 \\ 1 & 2 & 3 \\ -1 & -1 & -2 \end{bmatrix}$

7. $A=\begin{bmatrix} -1 & 2 & 0 & 1 \\ 3 & -1 & 4 & 1 \\ 0 & 0 & 1 & 2 \\ -1 & 1 & 1 & 2 \end{bmatrix}$

8. $A=\begin{bmatrix} 1 & 1 & 1 & 0 \\ 1 & 1 & 0 & 1 \\ 1 & 0 & 1 & 1 \\ 0 & 1 & 1 & 1 \end{bmatrix}$

9. $|A|=1$이고 A의 성분이 모두 정수이면 A^{-1}의 성분이 모두 정수임을 증명하라.

10. A가 가역이 아니면 $A[\text{adj}\,A]$는 영행렬임을 증명하라.

11-12에서 $n\times n$ 정칙행렬 A에 관한 공식을 증명하라. $n\geq 3$

11. $|\text{adj}(A)|=|A|^{n-1}$

12. $\text{adj}[\text{adj}(A)]=|A|^{n-2}A$

13. 행렬

$$A=\begin{bmatrix} 1 & 0 \\ 1 & -2 \end{bmatrix}$$

에서 11번의 공식을 예시하라.

14. 행렬

$$A=\begin{bmatrix} -1 & 3 \\ 1 & 2 \end{bmatrix}$$

에서 12번의 공식을 예시하라.

15. A가 $n\times n$ 가역행렬이면 $\text{adj}(A^{-1})=[\text{adj}(A)]^{-1}$를 증명하라.

16. 행렬

$$A=\begin{bmatrix} 1 & 3 \\ 1 & 2 \end{bmatrix}$$

에 대해서 15번의 공식을 예시하라.

크라멜의 법칙

17-32번에서 가능하면 일차연립방정식을 푸는데 크라멜의 법칙을 사용하라.

17. $x_1+2x_2=5$
$-x_1+x_2=1$

18. $2x_1-x_2=-10$
$3x_1+2x_2=-1$

19. $3x_1+4x_2=-2$
$5x_1+3x_2=4$

20. $18x_1+12x_2=13$
$30x_1+24x_2=23$

21. $20x_1+8x_2=11$
$12x_1-24x_2=21$

22. $13x_1-6x_2=17$
$26x_1-12x_2=8$

23. $-0.4x_1+0.8x_2=1.6$
$2x_1-4x_2=5.0$

24. $-0.4x_1+0.8x_2=1.6$
$0.2x_1+0.3x_2=0.6$

25. $3x_1+6x_2=5$
$6x_1+12x_2=10$

26. $3x_1+2x_2=1$
$2x_1+10x_2=6$

27. $4x_1-x_2-x_3=11$
$2x_1+2x_2+3x_3=10$
$5x_1-2x_2-2x_3=-1$

28. $4x_1-2x_2+3x_3=-2$
$2x_1+2x_2+5x_3=16$
$8x_1-5x_2-2x_3=4$

29. $3x_1+4x_2+4x_3=11$
$4x_1-4x_2+6x_3=11$
$6x_1-6x_2=3$

30. $14x_1-21x_2-7x_3=-21$
$-4x_1+2x_2-2x_3=2$
$56x_1-21x_2+7x_3=7$

31. $3x_1+3x_2+5x_3=1$
$3x_1+5x_2+9x_3=2$
$5x_1+9x_2+17x_3=4$

32. $2x_1+3x_2+5x_3=4$
$3x_1+5x_2+9x_3=7$
$5x_1+9x_2+17x_3=13$

33-36번에서 행렬용량을 가진 그래핑 유틸리티를 사용하고 x_1에 대하여 풀기 위하여 크라멜의 법칙을 사용하라.

33. $7x_1-3x_2+2x_4=41$
$-2x_1+x_2-x_4=-13$
$4x_1+x_3-2x_4=12$
$-x_1+x_2-x_4=-8$

34. $2x_1+5x_2+x_4=11$
$x_1+4x_2+2x_3-2x_4=-7$
$2x_1-2x_2+5x_3+x_4=3$
$x_1-3x_4=1$

35. $5x_1-3x_2+x_3=2$
$2x_1+2x_2-3x_3=4$
$x_1-7x_2+8x_3=-6$

36. $3x_1+2x_2+5x_3=4$
$4x_1-3x_2-4x_3=1$
$-8x_1+2x_2+3x_3=0$

37. x, y에 관한 일차방정식계를 풀기 위하여 크라멜의 법칙을 사용하라.

$$kx+(1-k)y=1$$
$$(1-k)x+ky=3$$

k의 어떤 값에 대해서 해가 없을까?

38. 그림 3.4에서 보여주는 삼각형에서 $\cos A$, $\cos B$, $\cos C$에 관한 일차방정식계를 증명하라.

$$c\cos B+b\cos C=a$$
$$c\cos A+a\cos C=b$$
$$b\cos A+a\cos B=c$$

$\cos C$에 관해서 풀기 위하여 크라멜의 법칙을 사용하여라. 결과를 이용하여 $c^2=a^2+b^2-$

$2ab\cos C$를 증명하라.

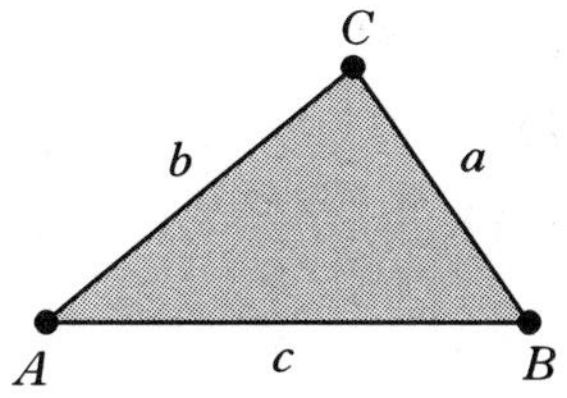

[그림 3.4]

면적, 체적, 직선과 평면의 방정식

39-42번에서 주어진 꼭지점을 갖는 삼각형의 면적을 구하라.

39. $(0, 0), (2, 0), (0, 3)$

40. $(1, 1), (2, 4), (4, 2)$

41. $(-1, 2), (2, 2), (-2, 4)$

42. $(1, 1), (-1, 1), (0, -2)$

43-46번에서 점들이 일직선 위에 있는가를 결정하라.

43. $(1, 2), (3, 4), (5, 6)$

44. $(-1, 0), (1, 1), (3, 3)$

45. $(-2, 5), (0, -1), (3, -9)$

46. $(-1, -3), (-4, 7), (2, -13)$

47-50번에서 주어진 점들을 지나는 직선의 방정식을 구하라.

47. $(0, 0), (3, 4)$

48. $(-4, 7), (2, 4)$

49. $(-2, 3), (-2, -4)$

50. $(1, 4), (3, 4)$

51-54번에서 주어진 꼭지점을 갖는 사면체의 체적을 구하라.

51. $(1, 0, 0), (0, 1, 0), (0, 0, 1), (1, 1, 1)$

52. $(1, 1, 1), (0, 0, 0), (2, 1, -1), (-1, 1, 2)$

53. $(3, -1, 1), (4, -4, 4), (1, 1, 1), (0, 0, 1)$

54. $(0, 0, 0), (0, 2, 0), (3, 0, 0), (1, 1, 4)$

55-58번에서 점들이 같은 평면 위에 있는가 결정하라.

55. $(-4, 1, 0), (0, 1, 2), (4, 3, -1), (0, 0, 1)$

56. $(1, 2, 3), (-1, 0, 1), (0, -2, -5), (2, 6, 11)$

57. $(0, 0, -1), (0, -1, 0), (1, 1, 0), (2, 1, 2)$

58. $(1, 2, 7), (-3, 6, 6), (4, 4, 2), (3, 3, 4)$

59-62번에서 주어진 점들을 지나는 평면의 방정식을 구하라.

59. (1, −2, 1), (−1, −1, 7), (2, −1, 3)

60. (0, −1, 0), (1, 1, 0), (2, 1, 2)

61. (0, 0, 0), (1, −1, 0), (0, 1, −1)

62. (1, 2, 7), (4, 4, 2), (3, 3, 4)

63-65번에서 방정식계에서 한 변수에 대해서 푸는데 크라멜의 법칙이 사용되었다. 변수에 대해서 맞게 사용되었는가 결정하여라. 그렇지 않은 경우에 잘못을 고쳐라.

63. 방정식계

$$x+2y+z=2$$
$$-x+3y-2z=4$$
$$4x+y-z=6$$

y에 대한 풀이

$$y=\frac{\begin{vmatrix} 1 & 2 & 1 \\ -1 & 3 & -2 \\ 4 & 1 & -1 \end{vmatrix}}{\begin{vmatrix} 1 & 2 & 1 \\ -1 & 4 & -2 \\ 4 & 6 & -1 \end{vmatrix}}$$

64. 방정식계

$$x-4y-z=-1$$
$$2x-3y+z=6$$
$$x+y-4z=1$$

z에 대한 풀이

$$z=\frac{\begin{vmatrix} -1 & -4 & -1 \\ 6 & -3 & 1 \\ 1 & 1 & -4 \end{vmatrix}}{\begin{vmatrix} 1 & -4 & -1 \\ 2 & -3 & 1 \\ 1 & 1 & -4 \end{vmatrix}}$$

65. 방정식계

$$5x-2y+z=15$$
$$3x-3y-z=-7$$
$$2x-y-7z=-3$$

x에 대한 풀이

$$x=\frac{\begin{vmatrix} 15 & -2 & 1 \\ -7 & -3 & -1 \\ -3 & -1 & -7 \end{vmatrix}}{\begin{vmatrix} 5 & -2 & 1 \\ 3 & -3 & -1 \\ 2 & -1 & -7 \end{vmatrix}}$$

요 약 Chapter 3(행렬식)

이 장의 학습 후 다음 지식들은 필히 알아야 한다.

- 주어진 행렬의 행렬식 구하기
- 주어진 행렬의 여인수와 소행렬식 구하기
- 주어진 행렬의 행렬식을 구하기 위하여 여인수 전개
- 주어진 삼각행렬의 행렬식 구하기
- 주어진 행렬의 행렬식을 구하기 위하여 기본행 변형, 기본열 변형을 사용하기
- 행렬식이 0이기 위한 조건을 알기
- 행렬식의 성질을 사용하기
- 주어진 행렬이 정칙인가 아닌가 결정하기 위하여 행렬식을 사용하기
- 주어진 행렬의 고유치와 고유벡터를 구하기
- 행렬의 수반행렬을 이용하여 그것의 역행렬 구하기
- 주어진 일차방정식계를 풀기 위하여 크라멜의 법칙 사용
- 세 개의 서로 다른 점에 의하여 정의된 삼각형의 면적을 구하기 위하여 행렬식 사용하기
- 두 개의 서로 다른 점을 지나는 직선의 방정식을 구하기 위하여 행렬식 사용
- 네 개의 서로 다른 점으로 정의된 사면체의 체적을 구하기 위하여 행렬식 사용
- 세 개의 다른 점을 지나는 평면의 방정식을 구하기 위하여 행렬식 사용

복습문제 Chapter 3(행렬식)

1-18번에서 행렬의 행렬식을 구하라.

1. $\begin{bmatrix} 4 & -1 \\ 2 & 2 \end{bmatrix}$

2. $\begin{bmatrix} 0 & -3 \\ 1 & 2 \end{bmatrix}$

3. $\begin{bmatrix} -3 & 1 \\ 6 & -2 \end{bmatrix}$

4. $\begin{bmatrix} -2 & 0 \\ 0 & 3 \end{bmatrix}$

5. $\begin{bmatrix} 1 & 4 & -2 \\ 0 & -3 & 1 \\ 1 & 1 & -1 \end{bmatrix}$

6. $\begin{bmatrix} 5 & 0 & 2 \\ 0 & -1 & 3 \\ 0 & 0 & 1 \end{bmatrix}$

7. $\begin{bmatrix} -2 & 0 & 0 \\ 0 & -3 & 0 \\ 0 & 0 & -1 \end{bmatrix}$

8. $\begin{bmatrix} -15 & 0 & 4 \\ 3 & 0 & -5 \\ 12 & 0 & 6 \end{bmatrix}$

9. $\begin{bmatrix} -3 & 6 & 9 \\ 9 & 12 & -3 \\ 0 & 15 & -6 \end{bmatrix}$

10. $\begin{bmatrix} -15 & 0 & 3 \\ 3 & 9 & -6 \\ 12 & -3 & 6 \end{bmatrix}$

11. $\begin{bmatrix} 2 & 0 & -1 & 4 \\ -1 & 2 & 0 & 3 \\ 3 & 0 & 1 & 2 \\ -2 & 0 & 3 & 1 \end{bmatrix}$

12. $\begin{bmatrix} 2 & 0 & 0 & 0 \\ -3 & 1 & 0 & 0 \\ 4 & -1 & 3 & 0 \\ 5 & 2 & 1 & -1 \end{bmatrix}$

13. $\begin{bmatrix} -4 & 1 & 2 & 3 \\ 1 & -2 & 1 & 2 \\ 2 & -1 & 3 & 4 \\ 1 & 2 & 2 & -1 \end{bmatrix}$

14. $\begin{bmatrix} 3 & -1 & 2 & 1 \\ -2 & 0 & 1 & -3 \\ -1 & 2 & -3 & 4 \\ -2 & 1 & -2 & 1 \end{bmatrix}$

15. $\begin{bmatrix} -1 & 1 & -1 & 0 & 0 \\ 0 & 1 & -1 & 0 & 1 \\ 1 & 0 & 1 & -1 & 0 \\ 0 & -1 & 0 & 1 & -1 \\ 0 & 1 & 1 & -1 & 1 \end{bmatrix}$

16. $\begin{bmatrix} 1 & 2 & -1 & 3 & 4 \\ 2 & 3 & -1 & 2 & -2 \\ 1 & 2 & 0 & 1 & -1 \\ 1 & 0 & 2 & -1 & 0 \\ 0 & -1 & 1 & 0 & 2 \end{bmatrix}$

17. $\begin{bmatrix} -1 & 0 & 0 & 0 & 0 \\ 0 & -1 & 0 & 0 & 0 \\ 0 & 0 & -1 & 0 & 0 \\ 0 & 0 & 0 & -1 & 0 \\ 0 & 0 & 0 & 0 & -1 \end{bmatrix}$

18. $\begin{bmatrix} 0 & 0 & 0 & 0 & 2 \\ 0 & 0 & 0 & 2 & 0 \\ 0 & 0 & 2 & 0 & 0 \\ 0 & 2 & 0 & 0 & 0 \\ 2 & 0 & 0 & 0 & 0 \end{bmatrix}$

19-20번에서 (a) $|A|$, (b) $|B|$, (c) AB, (d) $|AB|$를 구하라. $|A||B|=|AB|$를 증명하라.

19. $A=\begin{bmatrix} -1 & 2 \\ 0 & 1 \end{bmatrix}$, $B=\begin{bmatrix} 3 & 4 \\ 2 & 1 \end{bmatrix}$

20. $A=\begin{bmatrix} 1 & 2 & 3 \\ 4 & 5 & 6 \\ 7 & 8 & 0 \end{bmatrix}$, $B=\begin{bmatrix} 1 & 2 & 1 \\ 0 & -1 & 1 \\ 0 & 2 & 3 \end{bmatrix}$

21-22번에서 (a) $|A^T|$, (b) $|A^3|$, (c) $|A^TA|$, (d) $|5A|$를 구하라.

21. $A=\begin{bmatrix} -2 & 6 \\ 1 & 3 \end{bmatrix}$

22. $A=\begin{bmatrix} 3 & 0 & 1 \\ -1 & 0 & 0 \\ 2 & 1 & 2 \end{bmatrix}$

23-24번에서 (a) $|A|$, (b) $|A^{-1}|$를 구하라.

23. $A=\begin{bmatrix} 1 & 0 & -4 \\ 0 & 3 & 2 \\ -2 & 7 & 6 \end{bmatrix}$

24. $A=\begin{bmatrix} 2 & -1 & 4 \\ 5 & 0 & 3 \\ 1 & -2 & 0 \end{bmatrix}$

25-28번에서 다음 방법의 각각에 의하여 방정식계를 풀어라.

(a) 대입법에 의한 가우스 소거법

(b) 가우스-조르단 소거법

(c) 크라멜의 법칙

25. $\begin{aligned} x_1+2x_2+x_3&=1 \\ 3x_1+x_2-x_3&=0 \\ 2x_1+2x_2+3x_3&=6 \end{aligned}$

26. $\begin{aligned} x_1+3x_2+2x_3&=5 \\ 2x_1-x_2-x_3&=0 \\ x_1+4x_2+x_3&=3 \end{aligned}$

27. $\begin{aligned} x_1+2x_2-x_3&=0 \\ 4x_1+x_2+2x_3&=1 \\ x_1-x_2+3x_3&=4 \end{aligned}$

28. $\begin{aligned} x_1-x_2+2x_3&=3 \\ 3x_1-2x_2+x_3&=1 \\ 2x_1+x_2+x_3&=0 \end{aligned}$

29-34번에서 계수행렬의 행렬식을 사용하여 일차방정식계가 유일한 해를 갖는지 결정하라.

29. $\begin{aligned} 5x+4y&=2 \\ -x+y&=-22 \end{aligned}$

30. $\begin{aligned} 2x-5y&=2 \\ 3x-7y&=1 \end{aligned}$

31. $\begin{aligned} -x+y+2z&=1 \\ 2x+3y+z&=-2 \\ 5x+4y+2z&=4 \end{aligned}$

32. $\begin{aligned} 2x+3y+z&=10 \\ 2x-3y-3z&=22 \\ 8x+6y&=-2 \end{aligned}$

33. $\begin{aligned} x_1+2x_2+6x_3&=1 \\ 2x_1+5x_2+15x_3&=4 \\ 3x_1+x_2+3x_3&=-6 \end{aligned}$

34. $\begin{aligned} x_1+5x_2+3x_3&=14 \\ 4x_1+2x_2+5x_3&=3 \\ 3x_3+8x_4+6x_5&=16 \\ 2x_1+4x_2-2x_5&=0 \\ 2x_1-x_3&=0 \end{aligned}$

참, 거짓? 35-36번에서 각각의 명제가 참인지 거짓인지 결정하여라. 명세가 참이면 이유를 들던가 교재에서 적당한 명제를 인용하라. 명제가 거짓이면 반례를 들던가 교재에서 적당한 명제를 인용하라.

35. (a) 주어진 행렬의 여인수 C_{22}는 항상 양수이다.

(b) 정방행렬 B는 A의 두 행을 교환해서 얻어진다. $\det(B)=\det(A)$이다.

(c) A가 차수 n의 정방행렬이면 $\det(A)=-\det(A^T)$이다.

36. (a) A와 B가 차수 n의 정방행렬이다. $\det(AB)=-1$이면 A와 B는 둘 다 정칙이다.

(b) A가 3×3 행렬이고 $\det(A)=5$이면 $\det(2A)=10$이다.

(c) A와 B가 차수 n의 정방행렬이면 $\det(A+B)=\det(A)+\det(B)$이다.

37. A가 3×3 행렬이고 $|A|=2$이면 $|4A|$는 얼마인가?

38. A가 4×4 행렬이고 $|A|=-1$이면 $|2A|$는 얼마인가?

39. 다음 성질을 증명하라.

$$\begin{vmatrix} a_{11} & a_{12} & a_{13} \\ a_{21} & a_{22} & a_{23} \\ a_{31}+c_{31} & a_{32}+c_{32} & a_{33}+c_{33} \end{vmatrix} = \begin{vmatrix} a_{11} & a_{12} & a_{13} \\ a_{21} & a_{22} & a_{23} \\ a_{31} & a_{32} & a_{33} \end{vmatrix} + \begin{vmatrix} a_{11} & a_{12} & a_{13} \\ a_{21} & a_{22} & a_{23} \\ c_{31} & c_{32} & c_{33} \end{vmatrix}$$

40. 다음 행렬 A에 대해서 문제 39를 예시하라.

$$A=\begin{bmatrix} 1 & 0 & 2 \\ 1 & -1 & 2 \\ 2 & 1 & -1 \end{bmatrix},\ c_{31}=3,\ c_{32}=0,\ c_{33}=1$$

41. 다음 $n\times n$ 행렬의 행렬식을 구하라.

$$\begin{bmatrix} 1-n & 1 & 1 & \cdots & 1 \\ 1 & 1-n & 1 & \cdots & 1 \\ \vdots & \vdots & \vdots & & \vdots \\ 1 & 1 & 1 & \cdots & 1-n \end{bmatrix}$$

42. 다음을 증명하라.

$$\begin{vmatrix} a & 1 & 1 & 1 \\ 1 & a & 1 & a \\ 1 & 1 & a & 1 \\ 1 & 1 & 1 & a \end{vmatrix} = (a+3)(a-1)^3.$$

43-46에서 행렬의 고유치를 구하고 이에 대응하는 고유벡터를 구하라.

43. $\begin{bmatrix} -3 & 10 \\ 5 & 2 \end{bmatrix}$

44. $\begin{bmatrix} 5 & 2 \\ 4 & 1 \end{bmatrix}$

45. $\begin{bmatrix} 1 & 0 & 0 \\ -2 & 3 & 0 \\ 0 & 0 & 4 \end{bmatrix}$

46. $\begin{bmatrix} -3 & 0 & 4 \\ 2 & 1 & 1 \\ -1 & 0 & 1 \end{bmatrix}$

미적분 47-50번에서 함수들의 Jacobians을 구하라. x, y, z는 연속인 일차 편도함수를 가지는 u, v, w의 연속함수들이다. Jacobians $J(u, v)$, $J(u, v, w)$는 다음과 같이 주어진다.

$$J(u, v) = \begin{vmatrix} \frac{\partial x}{\partial u} & \frac{\partial x}{\partial v} \\ \frac{\partial y}{\partial u} & \frac{\partial y}{\partial v} \end{vmatrix} \quad \text{그리고} \quad J(u, v, w) = \begin{vmatrix} \frac{\partial x}{\partial u} & \frac{\partial x}{\partial v} & \frac{\partial x}{\partial w} \\ \frac{\partial y}{\partial u} & \frac{\partial y}{\partial v} & \frac{\partial y}{\partial w} \\ \frac{\partial z}{\partial u} & \frac{\partial z}{\partial v} & \frac{\partial z}{\partial w} \end{vmatrix}$$

47. $x = \frac{1}{2}(v-u)$, $y = \frac{1}{2}(v+u)$

48. $x = au + bv$, $y = cu + dv$

49. $x = \frac{1}{2}(u+v)$, $y = \frac{1}{2}(u-v)$, $z = 2uvw$

50. $x = u - v + w$, $y = 2uv$, $z = u + v + w$

51. **쓰기** 행렬의 행렬식을 계산하는 여러 가지 방법을 비교하라. 어떤 방법이 계산하는 양이 가장 작은가? 매우 드문 0을 가진 행렬이라면 어떤 방법을 택할 것인가?

52. A, B는 같은 크기의 행렬이고 $|A| = |B| \neq 0$이면 $|C| = 1$이고 $A = CB$인 행렬 C가 존재함을 보여라.

행렬의 수반행렬

53-54번에서 수반행렬을 구하라.

53. $\begin{bmatrix} 1 & 0 & 0 \\ 2 & 1 & 0 \\ 2 & -1 & 1 \end{bmatrix}$

54. $\begin{bmatrix} 1 & 2 \\ -2 & 0 \end{bmatrix}$

55-58번에서 계수행렬의 행렬식을 사용하여 일차방정식계가 유일한 해를 갖는가 결정하여라. 유일해를 가지면 해를 구하기 위하여 크라멜의 법칙을 사용하라.

55. $\begin{aligned} 0.2x - 0.1y &= 0.07 \\ 0.4x - 0.5y &= -0.01 \end{aligned}$

56. $\begin{aligned} 2x + y &= 0.3 \\ 3x - y &= -1.3 \end{aligned}$

57. $\begin{aligned} 2x_1 + 3x_2 + 3x_3 &= 3 \\ 6x_1 + 6x_2 + 12x_3 &= 13 \\ 12x_1 + 9x_2 - x_3 &= 2 \end{aligned}$

58. $\begin{aligned} 4x_1 + 4x_2 + 4x_3 &= 5 \\ 4x_1 - 2x_2 - 8x_3 &= 1 \\ 8x_1 + 2x_2 - 4x_3 &= 6 \end{aligned}$

면적, 체적, 직선과 평면의 방정식

59-60번에서 주어진 꼭지점을 갖는 삼각형의 면적을 구하기 위하여 행렬식을 사용하라.

59. (1, 0), (5, 0), (5, 8)

60. (−4, 0), (4, 0), (0, 6)

61-62번에서 주어진 점들을 지나는 직선의 방정식을 구하기 위하여 행렬식을 이용하라.

61. (−4, 0), (4, 4)

62. (2, 5), (6, −1)

63-64번에서 주어진 점들을 지나는 평면의 방정식을 구하라.

63. (0, 0, 0), (1, 0, 3), (0, 3, 4)

64. (0, 0, 0), (2, −1, 1), (−3, 2, 5)

참 또는 거짓 65-66번에서 각 명제가 참인지 거짓인지 결정하여라. 참이면 이유를 들던가 교재에서 적당한 명제를 인용하라. 명제가 거짓이면 반례를 들던가 혹은 교재에서 적당한 명제를 인용하라.

65. (a) 크라멜의 법칙에서 x_i의 값은 두 행렬식의 분수이다. 여기서 분자는 계수행렬의 행렬식이다.

(b) 세 점 (x_1, y_1), (x_2, y_2), (x_3, y_3)가 있다. 세 점의 좌표들을 1열 2열로 하고 3열을 1로 하는 행렬의 행렬식이 0이 아니면 이 세 점은 일직선상에 있다.

66. (a) A가 정방행렬이면 A의 여인수의 행렬을 A의 수반행렬이라 한다.

(b) 크라멜의 법칙에서 분모는 풀려고 하는 변수에 대응하는 열을 상수를 나타내는 열로 대치한 행렬의 행렬식이다.

프로젝트 Chapter 3(행렬식)

1. 고유치와 확률론적 행렬

2.5절에서 경쟁하는 TV회사에 대한 소비자 선호 모델을 공부하였다. 추이 확률을 나타내는 행렬은

$$P=\begin{bmatrix} 0.70 & 0.15 & 0.15 \\ 0.20 & 0.80 & 0.15 \\ 0.10 & 0.05 & 0.70 \end{bmatrix}$$

이다. 처음 상태 행렬 X가 주어졌다고 하면 1년 후 가입자의 수는 PX에 의하여 주어진다.

$$X=\begin{bmatrix}15{,}000\\20{,}000\\65{,}000\end{bmatrix} \rightarrow PX=\begin{bmatrix}0.70 & 0.15 & 0.15\\0.20 & 0.80 & 0.15\\0.10 & 0.05 & 0.70\end{bmatrix}\begin{bmatrix}15{,}000\\20{,}000\\65{,}000\end{bmatrix}=\begin{bmatrix}23{,}250\\28{,}750\\48{,}000\end{bmatrix}$$

10년 후 가입자의 수는 거의 고정된 상태에 도달한다.

$$X=\begin{bmatrix}15{,}000\\20{,}000\\65{,}000\end{bmatrix} \rightarrow P^{10}X=\begin{bmatrix}33{,}287\\47{,}147\\19{,}566\end{bmatrix}$$

즉 큰 값의 n에 대해서 곱 P^nX 극한 $\bar{X}$, $P\bar{X}=\bar{X}$에 접근한다. 고유치의 지식으로부터 이것은 1이 P의 고유치이고 대응하는 고유벡터는 $\bar{X}$이다.

1. 컴퓨터 혹은 계산기를 사용하여 P의 고유치와 대응하는 고유벡터는 다음과 같다.

고유치	고유벡터
$\lambda_1=1$	$\mathbf{x}_1=\begin{bmatrix}7\\10\\4\end{bmatrix}$
$\lambda_2=0.65$	$\mathbf{x}_2=\begin{bmatrix}0\\-1\\1\end{bmatrix}$
$\lambda_3=0.55$	$\mathbf{x}_3=\begin{bmatrix}-2\\1\\1\end{bmatrix}$

2. S를 열들이 P의 고유벡터들인 행렬이라 하자. $S^{-1}PS$가 대각행렬 D임을 증명하라. D의 대각선을 따라서의 성분은 무엇인가?
3. $P^n=(SDS^{-1})^n=SD^nS^{-1}$를 보여라. 이 결과를 $P^{10}X$를 계산하는데 사용하고 2.5절로부터 결과를 확인하라.

2. 케일리-해밀턴의 정리

정방행렬 A의 특성다항식은 행렬식 $|\lambda I-A|$로 주어진다. A가 차수 n의 행렬이면 특성다항식 $p(\lambda)$는 λ에 관한 n차의 다항식이다.

$$p(\lambda)=\det(\lambda I-A)=\lambda^n+c_{n-1}\lambda^{n-1}+\cdots+c_2\lambda^2+c_1\lambda+c_0$$

케일리-해밀턴의 정리는 모든 정방행렬은 그것의 특성다항식을 만족시킨다. 즉 $n\times n$ 행렬 A에 대해서

$$p(A)=A^n+c_{n-1}A^{n-1}+\cdots+c_2A^2+c_1A+c_0I=O$$

이것은 행렬방정식인 것에 주의하자. 오른편의 O은 $n\times n$ 영 행렬이다. 계수 c_0는 $n\times n$ 항등

행렬 I에 의해 곱해진다.

1. 행렬

$$\begin{bmatrix} 2 & -2 \\ -2 & -1 \end{bmatrix}$$

에 대한 케일리-해밀턴 정리를 확인하라.

2. 행렬

$$\begin{bmatrix} 6 & 0 & 4 \\ -2 & 1 & 3 \\ 2 & 0 & 4 \end{bmatrix}$$

에 대한 케일리-해밀턴 정리를 확인하라.

3. 2×2 행렬 A

$$A=\begin{bmatrix} a & b \\ c & d \end{bmatrix}$$

에 대해서 케일리-해밀턴 정리를 증명하라.

4. A가 정칙이고 $p(A)=A^n+c_{n-1}A^{n-1}+\cdots+c_1A+c_0I=O$이면

$$A^{-1}=\frac{1}{c_0}(-A^{n-1}-c_{n-1}A^{n-2}-\cdots-c_2A-c_1I)$$

를 보여라.

5. 케일리-해밀턴의 정리는 정방행렬 A의 멱 A^n을 계산하는데 사용된다. 예를 들어

$$A=\begin{bmatrix} 3 & -1 \\ 2 & -1 \end{bmatrix}$$

의 특성다항식은 $p(\lambda)=\lambda^2-2\lambda-1$이다. 케일리 해밀턴 정리에 의하여

$A^2-2A-I=O$ 혹은 $A^2=2A+I$

이다. A^2는 A의 작은 멱으로 주어진다.

$$A^2=2A+I=2\begin{bmatrix} 3 & -1 \\ 2 & -1 \end{bmatrix}+\begin{bmatrix} 1 & 0 \\ 0 & 1 \end{bmatrix}=\begin{bmatrix} 7 & -2 \\ 4 & -1 \end{bmatrix}$$

비슷하게 $A^2=2A+I$의 양변에 A를 곱하면 A^3을 A의 낮은 멱의 항으로 쓸 수 있다. 더욱이 A^2을 $2A+I$로 대치한 후 A^3을 다음과 같이 쓸 수 있다.

$$A^3=2A^2+A=2(2A+I)+A=5A+2I$$

(a) 이 방법을 A^3, A^4을 구하기 위하여 써라. (처음에 A^4을 A와 I의 일차결합으로 써라. 즉 A와 I의 스칼라 배의 합)

(b) 행렬

$$A=\begin{bmatrix}0 & 0 & 1\\ 2 & 2 & -1\\ 1 & 0 & 2\end{bmatrix}$$

에서 A^5을 구하라(힌트: A의 특성다항식을 구하고 케일리-해밀턴의 정리를 사용하여 A^3을 A^2, A, I의 일차결합으로 표현하여라. 귀납적으로 A^5을 A^2, A, I의 일차결합으로 써라).

종합평가 Chapter 1~3

이 시험을 교실에서 치는 것이 좋을 것이다. 끝났을 때 책의 뒤에 있는 답과 맞추어 보아라.

1. 방정식계를 풀어라.

$$\begin{aligned}4x_1+\ x_2-3x_3&=\ 11\\ 2x_1-3x_2+2x_3&=\ 9\\ x_1+\ x_2+\ x_3&=-3\end{aligned}$$

2. 첨가행렬에 의하여 표시되는 다음 방정식계의 해집합을 구하라.

$$\begin{bmatrix}0 & 1 & -1 & 0 & 2\\ 1 & 0 & 2 & -1 & 0\\ 1 & 2 & 0 & -1 & 4\end{bmatrix}$$

3. 다음 계수행렬에 대응하는 동차 1차 방정식계를 풀어라.

$$\begin{bmatrix}1 & 2 & 1 & -2\\ 0 & 0 & 2 & -4\\ - & -4 & 1 & -2\end{bmatrix}$$

4. 다음 방정식계가 해를 가지도록 k의 값을 정하라.

$$\begin{aligned}x+2y-z&=3\\ -x-\ y+z&=2\\ -x+\ y+z&=k\end{aligned}$$

5. 제조업자가 두 개의 다른 창고에 실을 생산품의 세 개의 모델을 갖고 있다.
창고 j에 실을 i모델의 단위의 수는 a_{ij}로 나타내어진다. 행렬

$$A=\begin{bmatrix} 200 & 300 \\ 600 & 350 \\ 250 & 400 \end{bmatrix}$$

는 $[a_{ij}]$이다. 단위마다 각 모델의 가격은 달러로 다음 행렬에 의하여 나타내어진다.

$B=[12.50 \quad 9.00 \quad 21.50]$

BA를 구하고 곱의 각 성분이 무엇을 나타내는가 설명하라.

6. $A=\begin{bmatrix} -1 & 1 \\ 2 & 3 \end{bmatrix}$이고 $B=\begin{bmatrix} x & 2 \\ y & 5 \end{bmatrix}$에서 $2A-B=I$에서 x, y에 관하여 풀어라.

7. $A=\begin{bmatrix} 1 & 2 & 3 \\ 4 & 5 & 6 \end{bmatrix}$에서 A^TA를 구하라.

8. 존재한다면 다음 행렬의 역행렬을 구하라.

(a) $\begin{bmatrix} -2 & 3 \\ 4 & 6 \end{bmatrix}$

(b) $\begin{bmatrix} -2 & 3 \\ 3 & 6 \end{bmatrix}$

9. $\begin{bmatrix} 1 & 1 & 0 \\ -3 & 6 & 5 \\ 0 & 1 & 0 \end{bmatrix}$의 역행렬을 구하라.

10. $A=\begin{bmatrix} 2 & -4 \\ 1 & 0 \end{bmatrix}$를 기본행렬의 곱으로 나타내라.

11. $\begin{bmatrix} 5 & 1 & 2 & 4 \\ 1 & 0 & -2 & -3 \\ 1 & 1 & 6 & 1 \\ 1 & 0 & 0 & -4 \end{bmatrix}$의 행렬식을 구하라.

12. $A=\begin{bmatrix} 1 & -3 \\ 4 & 2 \end{bmatrix}$ 와 $B=\begin{bmatrix} -2 & 1 \\ 0 & 5 \end{bmatrix}$에서

(a) $|A|$ (b) $|B|$ (c) $|AB|$ (d) $|A^{-1}|$를 구하라.

13. $|A|=7$인 4차의 행렬일 때 다음을 구하라.

(a) $|3A|$ (b) $|A^T|$ (c) $|A^{-1}|$ (d) $|A^3|$

14. $(-1, 2)$, $(0, 1)$, $(2, 6)$을 지나는 포물선 $y=ax^2+bx+c$를 구하기 위하여 일차방정식을 이용하여라. 점과 포물선을 그려라.

15. $\mathbf{x}_1$, $\mathbf{x}_2$, $\mathbf{x}_3$, $\mathbf{b}$는 다음과 같은 열행렬이다.

$$\mathbf{x}_1=\begin{bmatrix}1\\0\\1\end{bmatrix}\quad \mathbf{x}_2=\begin{bmatrix}1\\1\\0\end{bmatrix}\quad \mathbf{x}_3=\begin{bmatrix}0\\1\\1\end{bmatrix}\quad \mathbf{b}=\begin{bmatrix}1\\2\\3\end{bmatrix}$$

$a\mathbf{x}_1+b\mathbf{x}_2+c\mathbf{x}_3=\mathbf{b}$인 a, b, c를 구하라.

16. A, B, C가 $AC=BC$인 0 아닌 $n\times n$ 행렬이다. $A=B$? 너의 답을 증명하라.

17. 임의의 행렬 B에 대하여 B^TB는 대칭행렬임을 증명하라.

18. 행렬의 역행렬이 존재하면 유일함을 증명하라.

19. (a) 행렬의 행동치를 정의하라.

(b) A가 B와 행동치이고 B가 C와 행동치이면 A는 C와 행동치이다.

20. $A^T=-A$일 때 A는 의사대칭이라 한다. 홀수차수의 의사대칭행렬의 행렬식은 0임을 증명하라.

21. $A^2=A$이면 행렬 A는 멱등(idempatent)행렬이라 한다.

(a) 2×2 멱등행렬의 예를 세 개 들어라.

(b) 멱등행렬들의 행렬식을 구하라.

22. A, B는 같은 차수의 정칙행렬이다.

(a) 합 $A+B$는 정칙일까? 답을 증명하라.

(b) 곱 AB는 정칙인가? 답을 증명하라.

23. 모든 가능한 2×2 기약 사다리꼴 행렬들을 기술하라.

CHAPTER 4

벡터공간

▶ William Rowan Hamilton

WILLIAM ROWAN HAMILTON (1805-1865)

William Rowan Hamilton(윌리엄 로원 헤밀톤)은 아일랜드의 가장 유명한 수학자로서 생각된다. 그의 초기교육은 경이로웠다. 5살까지 그는 라틴어, 그리스어, 히브리어를 번역하고 읽을 수 있었다. 10살까지 그는 프랑스어와 이태리어에 능숙해졌고 동양언어들을 공부했었다. 17살에 그는 미적분학과 천문학에 대한 이해를 가졌다. 헤밀톤의 정형적인 교육은 그가 18살에 더블린의 트리니티(Trinity) 대학에 들어갔을 때 시작되었다. 그는 거기서 그의 선생들에게 매우 큰 인상을 주어서 학부 4년을 마친 후 천문학 교수로 뽑혔다. 그의 교수로서의 첫해인 1828년에 그는 광선체제 이론(A Theory of Systems of Rays)이라 이름된 광학에서의 놀랄 만한 논문을 발표했다.

이 논문은 헤밀톤의 명성을 견고하게 했다. 그리고 이 논문은 서구과학의 고전적인 논문의 하나가 되었다. 그 논문에 헤밀톤은 연립선형방정식을 푸는 그 자신만의 방법들을 포함했고 또한 행렬의 특성방정식의 개념을 역시 소개했다.

그의 인생의 마지막 20년동안 헤밀톤은 그가 4원수(quaternion)라 부른 특별한 타입의 수의 이론을 발전시키는데 그의 대부분의 수학적인 창의력을 헌신했다. 이 같은 작업은 벡터의 현대적인 개념발전에 대한 길을 만들어줬다. 그리고 우리는 아직 3차원공간에서의 표준단위벡터들에 대해서 헤밀톤 **i**, **j**, **k** 기호들을 사용한다.

4.1 R^n에서의 벡터

우리는 이미 물리학이나 공학에서 사용되는 이차원과 삼차원 벡터들에 익숙해 있다.

여기서 벡터는 길이와 방향이라는 두 개의 양들에 의해서 특징되어지고 화살표로서 나타낸다. 이 장에서 우리는 이들이 벡터들의 단지 두 개의 특별한 형태라는 것을 볼 것이다.

하지만 이 벡터들의 기하학적 표현들이 더 일반적인 벡터들의 정의를 이해하는데 도움을 주기 때문에 여기서 중요하다. 이 절은 평면에서의 벡터에 대해 간략하게 설명하면서 시작하자. 이것은 벡터가 어떻게 역사적으로 발전됐는지를 보인다.

평면에서의 벡터

평면에서의 벡터는 그림 4.1에서처럼 시발점이 원점 그리고 끝점이 $(x_1,\ x_2)$인 화살표에 의해서 기하학적으로 표현된다. 이 벡터는 그 끝점을 나타내기 위해서 사용했던 것과 같은 순서쌍으로서 표현된다. 즉

$$\mathbf{x}=(x_1,\ x_2)$$

좌표들 x_1과 x_2를 벡터 $\mathbf{x}$의 성분이라 부른다. 평면에서의 두 벡터 $\mathbf{u}=(u_1,\ u_2)$와 $\mathbf{v}=(v_1,\ v_2)$는 $u_1=v_1,\ u_2=v_2$이면 같다.

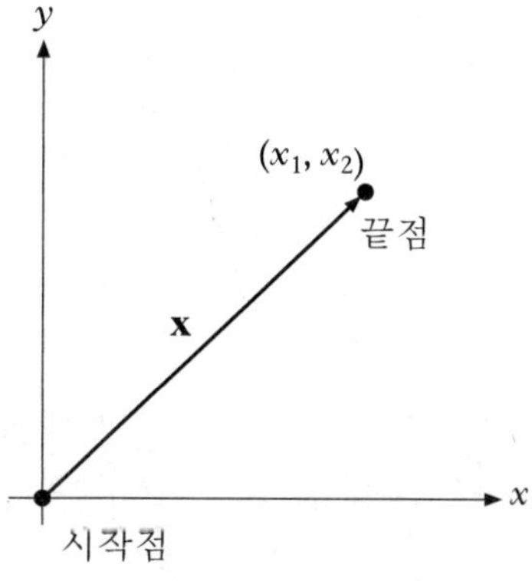

[그림 4.1]

참고 벡터(vector)라는 용어는 운반한다는 것을 의미하는 (to carry) 라틴말(vectus)에서 유래됐다. 그 아이디어는 원점으로부터 점 (x_1, x_2)으로 무엇인가를 운반한다면 그 행로는 (0, 0)로부터 (x_1, x_2)로의 화살표에 의해서 나타낼 수 있다는 것이다. 벡터들은 ($\boldsymbol{u}, \boldsymbol{v}, \boldsymbol{x}$) 같이 덧칠한 소문자로서 나타낸다.

[예제 1] 평면에서의 벡터

각 벡터를 평면에서 나타내기 위해 화살표를 사용하라.

(a) $\mathbf{u}=(2, 3)$ (b) $\mathbf{v}=(-1, 2)$

풀이 각 벡터를 나타내기 위해서 그림 4.2에서처럼 원점으로부터 지적된 끝점까지 화살표를 그려라.

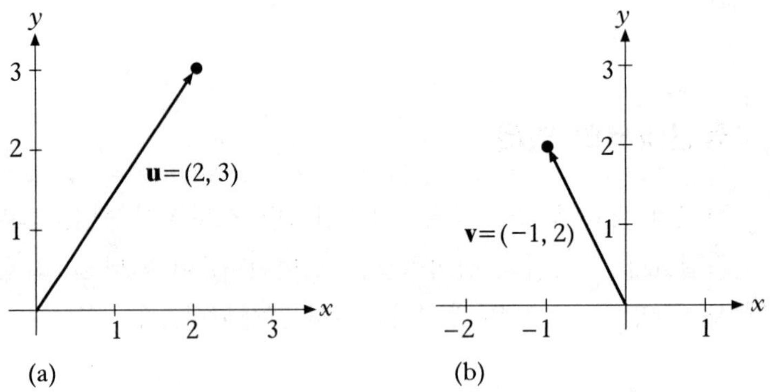

[그림 4.2] ◀

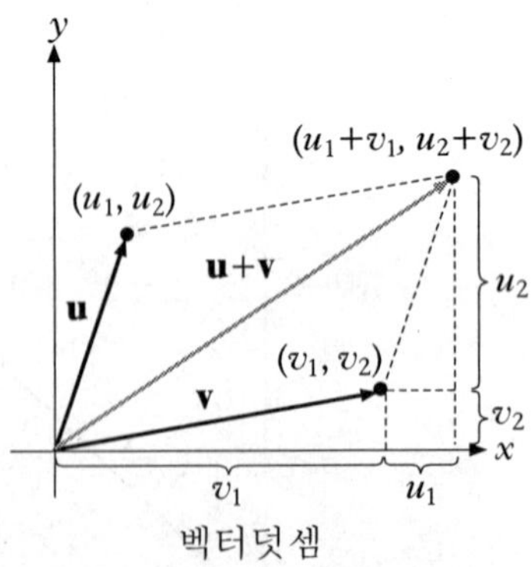

[그림 4.3]

첫 번째 기본 벡터연산은 벡터덧셈이다. 평면에서 두 벡터를 더하기 위해서 그들의 일치하는 성분들을 더하라. 즉 **u**와 **v**의 합은

$$\mathbf{u}+\mathbf{v}=(u_1,\ u_2)+(v_1,\ v_2)=(u_1+v_1,\ u_2+v_2)$$

로서 주어진다. 기하학적으로 평면에서의 두 벡터의 합은 그림 4.3에서 보여지는 것처럼 **u**와 **v**를 이웃하는 두 변으로 하는 평행사변형의 대각선으로 나타난다. 다음 예제에서 우리가 더할 벡터중의 하나는 영 벡터, 즉 (0, 0)이라 불러지는 것이다. 영벡터는 **0**으로 쓰여진다.

[예제 2] 평면에서 두 벡터를 더하는 것

벡터들의 합을 구하라.

(a) $\mathbf{u}=(1,\ 4)$, $\mathbf{v}=(2,\ -2)$

(b) $\mathbf{u}=(3,\ -2)$, $\mathbf{v}=(-3,\ 2)$

(c) $\mathbf{u}=(2,\ 1)$, $\mathbf{v}=(0,\ 0)$

풀이 (a) $\mathbf{u}+\mathbf{v}=(1,\ 4)+(2,\ -2)=(3,\ 2)$

(b) $\mathbf{u}+\mathbf{v}=(3,\ -2)+(-3,\ 2)=(0,\ 0)$

(c) $\mathbf{u}+\mathbf{v}=(2,\ 1)+(0,\ 0)=(2,\ 1)$

각 합의 그래프로의 표현들은 그림 4.4에서 주어진다.

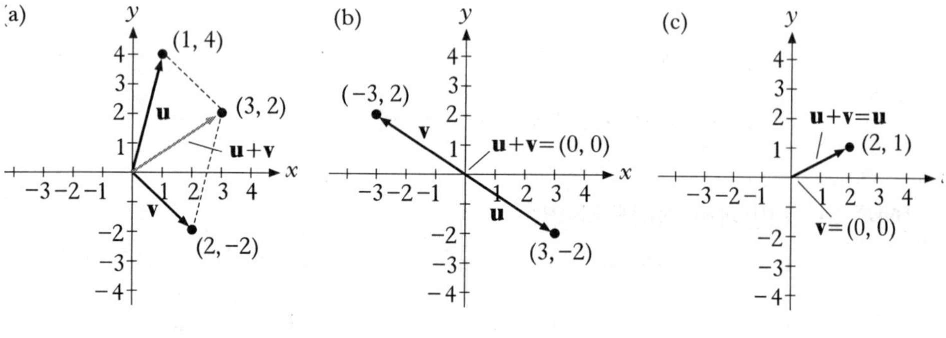

[그림 4.4] ◀

두 번째 기본 벡터 연산은 스칼라 곱이라 불러진다. 벡터 **v**에 스칼라 c를 곱하기 위해서 **v**의 성분들의 각각을 c로서 곱하라. 즉

$$c\mathbf{v}=c(v_1,\ v_2)=(cv_1,\ cv_2)$$

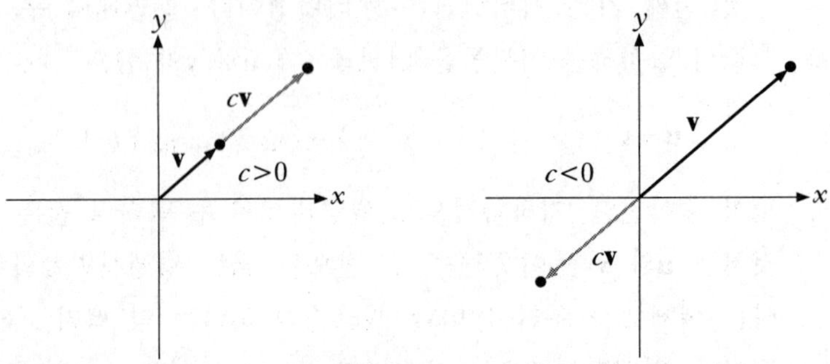

[그림 4.5]

2장에서 스칼라라는 단어는 실수를 나타내기 위해 사용했음을 상기하자. 역사적으로 이같은 사용은 벡터를 실수로 곱한다는 것은 벡터의 크기를 변화시킨다는 사실로부터 나왔다. 예로, 만일 벡터 $\mathbf{v}$을 2로 곱하면 결과된 벡터 $2\mathbf{v}$는 $\mathbf{v}$와 같은 방향을 가지고 길이는 두 배인 벡터이다. 일반적으로 스칼라 c에 대해 벡터 $c\mathbf{v}$는 $\mathbf{v}$에 c을 곱한 것이 된다. 더구나 만일 c가 양수이면 $c\mathbf{v}$는 $\mathbf{v}$와 같은 방향을 갖고 만일 c가 음수이면 $c\mathbf{v}$와 $\mathbf{v}$는 반대 방향을 갖는다. 이것은 그림 4.5에서 보여진다. 벡터 $\mathbf{v}$에 스칼라 -1의 곱은

$$-\mathbf{v}=(-1)\mathbf{v}$$

로 쓰여지고 벡터 $-\mathbf{v}$는 $\mathbf{v}$의 음벡터라 부른다. $\mathbf{u}$와 $\mathbf{v}$의 차는

$$\mathbf{u}-\mathbf{v}=\mathbf{u}+(-\mathbf{v})$$

로서 정의되고 $\mathbf{u}$에서 $\mathbf{v}$을 뺀다고 말할 수 있다.

[예제 3] 평면에서 벡터들의 연산

$\mathbf{v}=(-2, 5)$와 $\mathbf{u}=(3, 4)$로 주어졌을 때 각 벡터들을 발견하라.

(a) $\frac{1}{2}\mathbf{v}$ (b) $\mathbf{u}-\mathbf{v}$ (c) $\frac{1}{2}\mathbf{v}+\mathbf{u}$

풀이 (a) $\mathbf{v}=(-2, 5)$이므로

$$\frac{1}{2}\mathbf{v}=\left(\frac{1}{2}(-2),\ \frac{1}{2}(5)\right)=\left(-1,\ \frac{5}{2}\right)$$

(b) 벡터 뺄셈의 정의로부터

$$\mathbf{u}-\mathbf{v}=(3-(-2),\ 4-5)=(5,\ -1)$$

(c) (a)의 결과를 사용해서

$$\frac{1}{2}\mathbf{v}+\mathbf{u}=\left(-1,\ \frac{5}{2}\right)+(3,\ 4)=\left(-1+3,\ \frac{5}{2}+4\right)=\left(2,\ \frac{13}{2}\right)$$

그림 4.6은 이같은 벡터 연산들을 그래프로서의 표현을 준다.

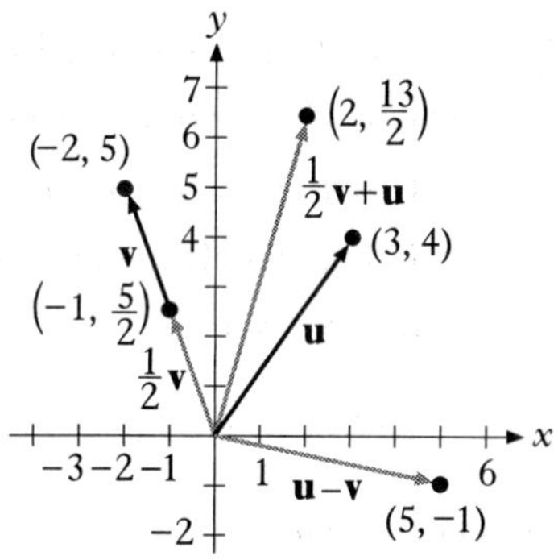

[그림 4.6] ◀

벡터 덧셈과 스칼라 곱은 행렬 덧셈과 스칼라 곱과 많은 성질을 공유한다. 뒤따르는 정리에서 나열된 열 개의 성질들은 선형대수학에서 중요한 역할을 한다. 사실 평면에서의 벡터들로부터 추상화된 열 개의 성질들이 정확히 일반적인 벡터공간을 정의하기 위해 쓰여진다는 것을 다음 절에서 보게될 것이다.

정리 4.1 벡터 덧셈과 스칼라 곱의 성질들

u, **v**와 **w**을 평면에서의 벡터들이라 하자. 그리고 c와 d는 스칼라라 하자.

1. $\mathbf{u}+\mathbf{v}$는 평면에서의 벡터 덧셈에 대해서 닫힘
2. $\mathbf{u}+\mathbf{v}=\mathbf{v}+\mathbf{u}$ 덧셈의 교환법칙
3. $(\mathbf{u}+\mathbf{v})+\mathbf{w}=\mathbf{u}+(\mathbf{v}+\mathbf{w})$ 덧셈의 결합법칙
4. $\mathbf{u}+\mathbf{0}=\mathbf{u}$
5. $\mathbf{u}+(-\mathbf{u})=\mathbf{0}$
6. $c\mathbf{u}$는 평면에서의 벡터 스칼라 곱 하에서 닫힘
7. $c(\mathbf{u}+\mathbf{v})=c\mathbf{u}+c\mathbf{v}$ 분배법칙
8. $(c+d)\mathbf{u}=c\mathbf{u}+d\mathbf{u}$ 분배법칙

9. $c(d\mathbf{u})=(cd)\mathbf{u}$
10. $1(\mathbf{u})=\mathbf{u}$

증명 각 성질의 증명은 실수의 덧셈과 곱셈의 일치하는 성질들과 결합된 벡터의 덧셈과 스칼라 곱의 정의의 직접적인 응용이다. 예로 벡터 덧셈의 결합법칙을 증명하면

$$\begin{aligned}(\mathbf{u}+\mathbf{v})+\mathbf{w}&=[(u_1,\ u_2)+(v_1,\ v_2)]+(w_1,\ w_2)\\&=(u_1+v_1,\ u_2+v_2)+(w_1,\ w_2)\\&=((u_1+v_1)+w_1,\ (u_2+v_2)+w_2)\\&=(u_1+(v_1+w_1),\ u_2+(v_2+w_2))\\&=(u_1,\ u_2)+(v_1+w_1,\ v_2+w_2)\\&=(u_1,\ u_2)+[(v_1,\ v_2)+(w_1,\ w_2)]\\&=\mathbf{u}+(\mathbf{v}+\mathbf{w}).\end{aligned}$$

비슷하게 덧셈위에서 스칼라 곱의 오른쪽 배분법칙을 증명하면

$$\begin{aligned}(c+d)\mathbf{u}&=(c+d)(u_1,\ u_2)\\&=((c+d)u_1,\ (c+d)u_2)\\&=(cu_1+du_1,\ cu_2+du_2)\\&=(cu_1,\ cu_2)+(du_1,\ du_2)\\&=c(u_1,\ u_2)+d(u_1,\ u_2)\\&=c\mathbf{u}+d\mathbf{u}\end{aligned}$$

다른 왼쪽의 성질들의 증명은 여러분들에게 맡긴다(연습문제 47을 보라). ■

참고 벡터 덧셈의 결합법칙은 우리가 어느 덧셈을 먼저 했던지 상관 없이 같은 벡터 합을 얻기 때문에 명확하게 $\mathbf{u}+\mathbf{v}+\mathbf{w}$와 같은 표현을 쓰는 것을 허용함을 유의하라.

R^n에서의 벡터

평면에서의 벡터들의 논의는 n공간에서의 벡터들의 논의로 확장할 수 있다. n 공간에서의 벡터는 n 순서쌍으로서 표현되어진다. 예로, 3 순서쌍은 $(x_1,\ x_2,\ x_3)$, 4 순서쌍은 $(x_1,\ x_2,\ x_3,\ x_4)$ 그리고 일반적인 n 순서쌍은 $(x_1,\ x_2,\ x_3,\ x_4,\ \cdots,\ x_n)$의 형태를 갖는다. 모든 n 순서쌍의 집합을 n 공간이라 부른다. 그리고 R^n이라

고 쓴다.

R^1=1−공간=모든 실수들의 집합
R^2=2−공간=모든 실수들의 2 순서쌍들의 집합
R^3=3−공간=모든 실수들의 3 순서쌍들의 집합
R^4=4−공간=모든 실수들의 4 순서쌍들의 집합
⋮
R^n=n−공간=모든 실수들의 n 순서쌍들의 집합

R^2에서 점이나 또는 벡터들을 순서쌍을 사용해서 나타내는 것은 R^n에서 계속된다. 즉 n 순서쌍 $(x_1, x_2, \cdots, x_n)$은 그들의 좌표로서 x_i들을 갖는 R^n에서의 점으로서 볼 수 있고 또는 x_i을 성분으로서 갖는 R^n에서의 벡터 $\mathbf{x}=(x_1, x_2, x_3, \cdots, x_n)$로서 볼 수 있다. 평면에서의 두 벡터처럼 R^n에서의 두 벡터가 같을 필요충분조건은 일치하는 성분들이 서로 같아야 한다는 것이다[$n=2$ 또는 $n=3$인 경우에서 익숙한 (x, y) 또는 (x, y, z) 용어가 종종 사용된다]. R^n에서의 두 벡터의 합 그리고 R^n에서의 벡터의 스칼라 곱을 R^n에서의 표준연산이라고 하고 뒤따르는 페이지에서 정의된다.

R^n에서의 벡터 덧셈과 스칼라 곱의 정의

$\mathbf{u}=(u_1, u_2, u_3, \cdots, u_n)$와 $\mathbf{v}=(v_1, v_2, v_3, \cdots, v_n)$을 R^n에서의 벡터라 하자. 그리고 c는 실수라 하자. 그때 $\mathbf{u}$와 $\mathbf{v}$의 합은

$$\mathbf{u}+\mathbf{v}=(u_1+v_1, u_2+v_2, u_3+v_3, \cdots, u_n+v_n)$$

인 벡터로서 정의되고 c에 의한 $\mathbf{u}$와의 스칼라 곱은

$$c\mathbf{u}=(cu_1, cu_2, cu_3, \cdots, cu_n)$$

인 벡터로서 정의된다.

R^2공간에서처럼 R^n에서의 한 벡터의 음 벡터는

$$-\mathbf{u}=(-u_1, -u_2, -u_3, \cdots, -u_n)$$

로 정의되어지고 그리고 R^n에서의 두 벡터의 차는

$$\mathbf{u}-\mathbf{v}=(u_1-v_1,\ u_2-v_2,\ \cdots,\ u_n-v_n)$$

로 정의된다. R^n에서의 영벡터는 $\mathbf{0}=(0,\ 0,\ \cdots,\ 0)$로서 주어진다.

[예제 4] R^3에서의 벡터연산

R^3에서 $\mathbf{u}=(-1,\ 0,\ 1)$와 $\mathbf{v}=(2,\ -1,\ 5)$이 주어졌을 때 각 벡터를 구하라.

(a) $\mathbf{u}+\mathbf{v}$

(b) $2\mathbf{u}$

(c) $\mathbf{v}-2\mathbf{u}$

풀이 (a) 두 벡터를 더하기 위해서 다음과 같이 그들의 일치하는 성분들을 더하라.

$$\mathbf{u}+\mathbf{v}=(-1,\ 0,\ 1)+(2,\ -1,\ 5)=(1,\ -1,\ 6)$$

(b) 한 벡터를 스칼라에 의해서 곱하기 위해서 뒤따르는 것처럼 각 성분을 스칼라에 의해서 곱하라.

$$2\mathbf{u}=2(-1,\ 0,\ 1)=(-2,\ 0,\ 2)$$

(c) (b)의 결과를 사용해서

$$\mathbf{v}-2\mathbf{u}=(2,\ -1,\ 5)-(-2,\ 0,\ 2)=(4,\ -1,\ 3)$$

을 얻는다.

R^3에서 이같은 벡터연산의 그래프상의 표현은 그림 4.7에서 주어진다. ◀

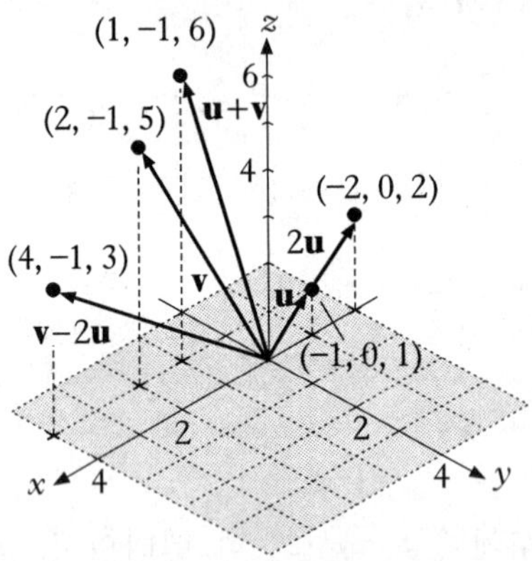

[그림 4.7]

기술적 관찰

몇몇 그래프를 그릴 수 있는 계산기나 컴퓨터 소프트 프로그램들은 벡터 덧셈과 스칼라 곱을 수행한다. TI-86을 사용하면 뒤따르는 것처럼 예제 4를 증명할 수 있다.

```
VECTOR:U          3
  e1=-1
  e2=0
  e3=1
```

```
VECTOR:U          3
  e1=2
  e2=-1
  e3=5
```

```
U+V
          [1  -1  6]
2U
          [-2  0  2]
V-2U
          [4  -1  3]
```

R^n에서의 벡터들의 덧셈과 스칼라 곱의 뒤따르는 성질들은 평면에서의 벡터들에 대해서 정의 4.1에서 나열했던 성질들과 똑같다. R^n에서의 벡터덧셈과 스칼라 곱의 정의에 의한 그들의 증명은 연습문제로 여러분들에게 남긴다.(연습문제 48을 보라)

정리 4.2 벡터 덧셈과 스칼라 곱의 성질

u, **v**와 **w**을 R^n에서의 벡터들이라 하자. 그리고 c와 d를 스칼라라 하자.

1. $\mathbf{u}+\mathbf{v}$는 R^n에서의 벡터
2. $\mathbf{u}+\mathbf{v}=\mathbf{v}+\mathbf{u}$
3. $(\mathbf{u}+\mathbf{v})+\mathbf{w}=\mathbf{u}+(\mathbf{v}+\mathbf{w})$
4. $\mathbf{u}+\mathbf{0}=\mathbf{u}$
5. $\mathbf{u}+(-\mathbf{u})=\mathbf{0}$
6. $c\mathbf{u}$는 R^n에서의 벡터
7. $c(\mathbf{u}+\mathbf{v})=c\mathbf{u}+c\mathbf{v}$
8. $(c+d)\mathbf{u}=c\mathbf{u}+d\mathbf{u}$
9. $c(d\mathbf{u})=(cd)\mathbf{u}$
10. $1(\mathbf{u})=\mathbf{u}$

정리 4.2에서 주어진 열 개의 성질들을 사용해서 다음 예제에서 보여질 것처럼 실수에서 우리가 하는 것과 무척 똑같은 방법에서 R^n에서의 벡터들과 대수적

인 조작을 할 수 있다.

[예제 5] R^4에서의 벡터연산

$\mathbf{u}=(2, -1, 5, 0)$, $\mathbf{v}=(4, 3, 1, -1)$와 $\mathbf{w}=(-6, 2, 0, 3)$을 R^4에서의 벡터라 하자. 뒤따르는 각각을 $\mathbf{x}$에 대해서 풀어라.

(a) $\mathbf{x}=2\mathbf{u}-(\mathbf{v}+3\mathbf{w})$ (b) $3(\mathbf{x}+\mathbf{w})=2\mathbf{u}-\mathbf{v}+\mathbf{x}$

풀이 (a) 정리 4.2에서 나열된 성질들을 사용해서

$$\begin{aligned}\mathbf{x}&=2\mathbf{u}-(\mathbf{v}+3\mathbf{w})\\&=2\mathbf{u}-\mathbf{v}-3\mathbf{w}\\&=(4, -2, 10, 0)-(4, 3, 1, -1)-(-18, 6, 0, 9)\\&=(4-4+18, -2-3-6, 10-1-0, 0+1-9)\\&=(18, -11, 9, -8)\end{aligned}$$

(b) $\mathbf{x}$에 대해서 풀면

$$\begin{aligned}3(\mathbf{x}+\mathbf{w})&=2\mathbf{u}-\mathbf{v}+\mathbf{x}\\3\mathbf{x}+3\mathbf{w}&=2\mathbf{u}-\mathbf{v}+\mathbf{x}\\3\mathbf{x}-\mathbf{x}&=2\mathbf{u}-\mathbf{v}-3\mathbf{w}\\2\mathbf{x}&=2\mathbf{u}-\mathbf{v}-3\mathbf{w}\\\mathbf{x}&=\frac{1}{2}(2\mathbf{u}-\mathbf{v}-3\mathbf{w})\end{aligned}$$

(a)의 결과를 사용하면

$$\begin{aligned}\mathbf{x}&=\frac{1}{2}(18, -11, 9, -8)\\&=\left(9, -\frac{11}{2}, \frac{9}{2}, -4\right)\end{aligned}$$

◀

R^n에서의 영벡터 $\mathbf{0}$을 R^n에서의 덧셈 단위원이라 한다. 비슷하게 벡터 $-\mathbf{v}$을 $\mathbf{v}$의 덧셈의 역원이라 한다. 뒤따르는 정리에서 R^n 상에서의 덧셈 단위원과 역원에 대한 여러 가지 중요한 성질들을 요약하자.

정리 4.3 덧셈 단위원과 역원

$\mathbf{v}$을 R^n에서의 벡터라 하자. 그리고 c를 스칼라라 하자. 그때 뒤따르는 성질들은 사실

이다.

1. 덧셈 단위원은 유일하다. 즉 만일 $\mathbf{v}+\mathbf{u}=\mathbf{0}$이면 $\mathbf{u}=\mathbf{0}$이다.
2. $\mathbf{v}$의 덧셈 역원은 유일하다. 즉 만일 $\mathbf{v}+\mathbf{u}=\mathbf{0}$이면 $\mathbf{u}=-\mathbf{v}$이다.
3. $0\mathbf{v}=\mathbf{0}$
4. $c\mathbf{0}=\mathbf{0}$
5. 만일 $c\mathbf{v}=\mathbf{0}$이면 그때 $c=0$ 또는 $\mathbf{v}=\mathbf{0}$
6. $-(-\mathbf{v})=\mathbf{v}$

증명 첫 번째 성질을 증명하기 위해서 $\mathbf{v}+\mathbf{u}=\mathbf{v}$라고 가정하자. 그때 뒤따르는 과정들은 정리 4.2에 의해서 정당화 된다.

$\mathbf{v}+\mathbf{u}=\mathbf{v}$라고 주어졌을 때	
$(\mathbf{v}+\mathbf{u})+(-\mathbf{v})=\mathbf{v}+(-\mathbf{v})$	$-\mathbf{v}$을 양변에 더함으로 해서
$(\mathbf{v}+\mathbf{u})+(-\mathbf{v})=\mathbf{0}$	덧셈의 역원
$\mathbf{v}+[\mathbf{u}+(-\mathbf{v})]=\mathbf{0}$	결합법칙
$\mathbf{v}+[(-\mathbf{v})+\mathbf{u}]=\mathbf{0}$	교환법칙
$[\mathbf{v}+(-\mathbf{v})]+\mathbf{u}=\mathbf{0}$	결합법칙
$\mathbf{0}+\mathbf{u}=\mathbf{0}$	덧셈의 역원
$\mathbf{u}+\mathbf{0}=\mathbf{0}$	교환법칙
$\mathbf{u}=\mathbf{0}$	덧셈의 단위원

여러분들이 벡터대수학을 포함하는 증명을 읽거나 쓰는데 있어 경험을 얻음에 따라 이 같은 많은 과정을 나열할 필요는 없을 것이다. 하지만 지금 이것은 괜찮은 생각이다. 다른 다섯 개의 성질에 대한 증명은 연습문제로 남긴다(연습문제 49-53을 보라). ■

참고 정리 4.3의 성질 3과 5에서 두 개의 다른 영이 사용되어졌다. 즉 스칼라 0과 벡터 $\mathbf{0}$.

다음 예제는 선형대수학에서의 문제의 중요한 형식을 보인다. 한 벡터 $\mathbf{x}$를 다른 벡터들 $\mathbf{v}_1$, $\mathbf{v}_2$, …, 그리고 $\mathbf{v}_n$의 스칼라 곱들의 합으로서 쓰는 것, 즉

$$\mathbf{x}=c_1\mathbf{v}_1+c_2\mathbf{v}_2+\cdots+c_n\mathbf{v}_n$$

이 벡터 $\mathbf{x}$을 벡터 $\mathbf{v}_1$, $\mathbf{v}_2$, …. 그리고 $\mathbf{v}_n$의 일차결합이라고 부른다.

[예제 6] 한 벡터를 다른 벡터들의 일차결합으로 쓰는 것

$\mathbf{x}=(-1, -2, -2)$, $\mathbf{u}=(0, 1, 4)$, $\mathbf{v}=(-1, 1, 2)$, 그리고 $\mathbf{w}=(3, 1, 2)$가 주어졌을 때

$$\mathbf{x}=a\mathbf{u}+b\mathbf{v}+c\mathbf{w}$$

와 같은 스칼라 a, b, c를 구하라.

풀이

$$\overbrace{(-1, -2, -2)}^{\mathbf{x}}=a\overbrace{(0, 1, 4)}^{\mathbf{u}}+b\overbrace{(-1, 1, 2)}^{\mathbf{v}}+c\overbrace{(3, 1, 2)}^{\mathbf{w}}$$
$$=(-b+3c,\ a+b+c,\ 4a+2b+2c)$$

로 쓰면 일치하는 성분들을 같게 놓으므로 해서 뒤따르는 a, b, c에 대한 일차연립방정식을 형성할 수 있다.

$$-b+3c=-1 \qquad \text{첫 번째 성분으로부터 방정식}$$
$$a+b+c=-2 \qquad \text{두 번째 성분으로부터 방정식}$$
$$4a+2b+2c=-2 \qquad \text{세 번째 성분으로부터 방정식}$$

1장의 기술을 사용해서 a, b, c에 대해서 풀면 $a=1$, $b=-2$, 그리고 $c=-1$을 얻는다. 그러므로 $\mathbf{x}$는 $\mathbf{u}$, $\mathbf{v}$, 그리고 $\mathbf{w}$의 일차결합으로 쓰여질 수 있다.

$$\mathbf{x}=\mathbf{u}-2\mathbf{v}-\mathbf{w}$$

벡터덧셈과 스칼라 곱을 사용해서 이 결과를 확인하라. ◀

발견

벡터(1, 1)은 벡터(1, 2)와 (−2, −4)의 일차결합인가? 평면에 그 벡터들을 그리고 기하학적으로 당신의 답을 설명하라. 비슷하게 벡터 (1, 1)이 벡터(1, 2)와 (2, 1)의 일차결합인지를 결정하라. 이 둘의 질문의 기학하적 의미는 무엇인가? R^2에서의 모든 벡터는 벡터 (1, 2)와 (2, 1)의 일차결합이냐? 당신의 답에 대한 기학학적인 설명을 주어라.

종종 R^n에서의 벡터 $\mathbf{u}=(u_1, u_2, \cdots, u_n)$을 $1\times n$행렬 (행벡터)

$$\mathbf{u}=[u_1 \quad u_2 \quad \cdots \quad u_n]$$

로서 또는 $n\times 1$ 열 행렬 (열벡터),

$$\mathbf{u}=\begin{bmatrix} u_1 \\ u_2 \\ \vdots \\ u_n \end{bmatrix}$$

로서 쓰는 것이 유용하다는 것을 알 것이다.

이같은 접근은 덧셈과 스칼라 곱의 행렬연산이 일치하는 벡터연산과 똑같은 결과를 주기 때문에 타당하다. 즉 행렬의 합

$$\begin{aligned}\mathbf{u}+\mathbf{v}&=[u_1 \quad u_2 \quad \cdots \quad u_n]+[v_1 \quad v_2 \quad \cdots \quad v_n]\\&=[u_1+v_1 \quad u_2+v_2 \quad \cdots \quad u_n+v_n]\end{aligned}$$

그리고

$$\mathbf{u}+\mathbf{v}=\begin{bmatrix} u_1 \\ u_2 \\ \vdots \\ u_n \end{bmatrix}+\begin{bmatrix} v_1 \\ v_2 \\ \vdots \\ v_n \end{bmatrix}=\begin{bmatrix} u_1+v_1 \\ u_2+v_2 \\ \vdots \\ u_n+v_n \end{bmatrix}$$

벡터의 덧셈연산과 똑같은 결과를 낳는다. 즉

$$\mathbf{u}+\mathbf{v}=(u_1,\ u_2,\ \cdots,\ u_n)+(v_1,\ v_2,\ \cdots,\ v_n)=(u_1+v_1,\ u_2+v_2,\ \cdots,\ u_n+v_n)$$

똑같은 논의가 스칼라 곱에도 적용된다. 벡터에 대한 세 가지 표현에서의 유일한 차이점은 어떻게 그 성분들을 표현하느냐 하는 것이다. 그 밑받침이 되는 연산은 같다.

연습문제 4.1 (R^n에서의 벡터)

1-6에서 $\mathbf{u}=(-2,\ 3)$와 $\mathbf{w}=(-3,\ -2)$에 대해서 벡터 $\mathbf{v}$을 구하고 기하학적으로 지적된 벡터연산을 나타내어라.

1. $\mathbf{v}=\frac{3}{2}\mathbf{u}$

2. $\mathbf{v}=\mathbf{u}+\mathbf{w}$

3. $\mathbf{v}=\mathbf{u}+2\mathbf{w}$

4. $\mathbf{v}=-\mathbf{u}+\mathbf{w}$

5. $\mathbf{v}=\frac{1}{2}(3\mathbf{u}+\mathbf{w})$

6. $\mathbf{v}=\mathbf{u}-2\mathbf{w}$

7. 벡터 $\mathbf{v}=(2, 1)$이 주어졌을 때 (a) $2\mathbf{v}$, (b) $-3\mathbf{v}$, (c) $\frac{1}{2}\mathbf{v}$을 그려라.

8. 벡터 $\mathbf{v}=(3, -2)$이 주어졌을 때 (a) $4\mathbf{v}$, (b) $-\frac{1}{2}\mathbf{v}$, (c) $0\mathbf{v}$을 그려라.

9-14에서 $\mathbf{u}=(1, 2, 3)$, $\mathbf{v}=(2, 2, -1)$ 그리고 $\mathbf{w}=(4, 0, -4)$라 하자.

9. $\mathbf{u}-\mathbf{v}$와 $\mathbf{v}-\mathbf{u}$을 구하라.

10. $\mathbf{u}-\mathbf{v}+2\mathbf{w}$을 구하라.

11. $2\mathbf{u}+4\mathbf{v}-\mathbf{w}$을 구하라.

12. $5\mathbf{u}-3\mathbf{v}-\frac{1}{2}\mathbf{w}$을 구하라.

13. $2\mathbf{z}-3\mathbf{u}=\mathbf{w}$인 $\mathbf{z}$을 구하라.

14. $2\mathbf{u}+\mathbf{v}-\mathbf{w}+3\mathbf{z}=\mathbf{0}$이 되는 $\mathbf{z}$을 구하라.

15. $\mathbf{v}=(1, 2, 2)$에 대해서 (a) $2\mathbf{v}$, (b) $-\mathbf{v}$ 그리고 (c) $\frac{1}{2}\mathbf{v}$을 그려라.

16. $\mathbf{v}=(2, 0, 1)$에 대해서 (a) $-\mathbf{v}$, (b) $2\mathbf{v}$, (c) $\frac{1}{2}\mathbf{v}$을 그려라.

17. 어떤 벡터가 $\mathbf{z}=(3, 2, -5)$의 스칼라 곱인가?
   (a) $\mathbf{u}=(-6, -4, 10)$
   (b) $\mathbf{v}=\left(2, \frac{4}{3}, -\frac{10}{3}\right)$
   (c) $\mathbf{w}=(6, 4, 10)$

18. 어떤 벡터가 $\mathbf{z}=\left(\frac{1}{2}, -\frac{2}{3}, \frac{3}{4}\right)$의 스칼라 곱인가?
   (a) $\mathbf{u}=(6, -4, 9)$
   (b) $\mathbf{v}=\left(-1, \frac{4}{3}, -\frac{3}{2}\right)$
   (c) $\mathbf{w}=(12, 0, 9)$

19-22에서 (a) $\mathbf{u}-\mathbf{v}$, (b) $2(\mathbf{u}+3\mathbf{v})$을 구하라.

19. $\mathbf{u}=(4, 0, -3, 5)$, $\mathbf{v}=(0, 2, 5, 4)$

20. $\mathbf{u}=(0, 4, 3, 4, 4)$, $\mathbf{v}=(6, 8, -3, 3, -5)$

21. $\mathbf{u}=(-7, 0, 0, 0, 9)$, $\mathbf{v}=(2, -3, -2, 3, 3)$

22. $\mathbf{u}=(6, -5, 4, 3)$, $\mathbf{v}=\left(-2, \frac{5}{3}, -\frac{4}{3}, -1\right)$

23과 24에서 $\mathbf{u}=(1, 2, -3, 1)$, $\mathbf{v}=(0, 2, -1, -2)$와 $\mathbf{w}=(2, -2, 1, 3)$이 주어졌을 때 행렬용량이 있는 그래프를 그릴 수 있는 소프트웨어를 이용하여 뒤따르는 것들을 구하라.

23. (a) $\mathbf{u}+2\mathbf{v}$
(b) $\mathbf{w}-3\mathbf{u}$
(c) $4\mathbf{v}+\frac{1}{2}\mathbf{u}-\mathbf{w}$
(d) $\frac{1}{4}(3\mathbf{u}+2\mathbf{v}-\mathbf{w})$

24. (a) $\mathbf{v}+3\mathbf{w}$
(b) $2\mathbf{w}-\frac{1}{2}\mathbf{u}$
(c) $2\mathbf{u}+\mathbf{w}-3\mathbf{v}$
(d) $\frac{1}{2}(4\mathbf{v}-3\mathbf{u}+\mathbf{w})$

25와 26에서 $\mathbf{u}=(1, -1, 0, 1)$와 $\mathbf{v}=(0, 2, 3, -1)$이 주어졌을 때 $\mathbf{w}$에 대해서 풀어라.

25. $2\mathbf{w}=\mathbf{u}-3\mathbf{v}$

26. $\mathbf{w}+\mathbf{u}=-\mathbf{v}$

27-32에서 가능하다면 $\mathbf{v}$을 $\mathbf{u}$와 $\mathbf{w}$의 일차결합으로서 써라. 여기서 $\mathbf{u}=(1, 2)$와 $\mathbf{w}=(1, -1)$.

27. $\mathbf{v}=(2, 1)$

28. $\mathbf{v}=(0, 3)$

29. $\mathbf{v}=(3, 0)$

30. $\mathbf{v}=(1, -1)$

31. $\mathbf{v}=(-1, -2)$

32. $\mathbf{v}=(1, -4)$

33과 34에서 $2\mathbf{u}+\mathbf{v}-3\mathbf{w}=\mathbf{0}$과 같은 $\mathbf{w}$을 구하라.

33. $\mathbf{u}=(0, 2, 7, 5)$, $\mathbf{v}=(-3, 1, 4, -8)$

34. $\mathbf{u}=(0, 0, -8, 1)$, $\mathbf{v}=(1, -8, 0, 7)$

35-38에서 가능하다면 $\mathbf{v}$을 $\mathbf{u}_1$, $\mathbf{u}_2$와 $\mathbf{u}_3$의 일차결합으로서 써라.

35. $\mathbf{u}_1=(2, 3, 5)$, $\mathbf{u}_2=(1, 2, 4)$, $\mathbf{u}_3=(-2, 2, 3)$, $\mathbf{v}=(10, 1, 4)$

36. $\mathbf{u}_1=(1, 3, 5)$, $\mathbf{u}_2=(2, -1, 3)$, $\mathbf{u}_3=(-3, 2, -4)$, $\mathbf{v}=(-1, 7, 2)$

37. $\mathbf{u}_1=(1, 1, 2, 2)$, $\mathbf{u}_2=(2, 3, 5, 6)$, $\mathbf{u}_3=(-3, 1, -4, 2)$, $\mathbf{v}=(0, 5, 3, 0)$

38. $\mathbf{u}_1=(1, 3, 2, 1)$, $\mathbf{u}_2=(2, -2, -5, 4)$, $\mathbf{u}_3=(2, -1, 3, 6)$, $\mathbf{v}=(2, 5, -4, 0)$

39-40에서 행렬용량을 가진 그래프를 그릴 수 있는 소프트웨어를 사용해서 $\mathbf{v}$를 $\mathbf{u}_1$, $\mathbf{u}_2$, $\mathbf{u}_3$, $\mathbf{u}_4$, $\mathbf{u}_5$와 $\mathbf{u}_6$의 일차결합으로서 써라. 그 후 당신의 답을 증명하라.

39. $\mathbf{u}_1=(1, 2, -3, 4, -1, 2)$
$\mathbf{u}_2=(1, -2, 1, -1, 2, 1)$
$\mathbf{u}_3=(0, 2, -1, 2, -1, -1)$,

$\mathbf{u}_4 = (1, 0, 3, -4, 1, 2)$

$\mathbf{u}_5 = (1, -2, 1, -1, 2, -3)$

$\mathbf{u}_6 = (3, 2, 1, -2, 3, 0)$

$\mathbf{v} = (10, 30, -13, 14, -7, 27)$

40. $\mathbf{u}_1 = (1, -3, 4, -5, 2, -1)$

$\mathbf{u}_2 = (3, -2, 4, -3, -2, 1)$

$\mathbf{u}_3 = (1, 1, 1, -1, 4, -1)$

$\mathbf{u}_4 = (3, -1, 3, -4, 2, 3)$

$\mathbf{u}_5 = (1, -2, 1, 5, -3, 4)$

$\mathbf{u}_6 = (4, 2, -1, 3, -1, 1)$

$\mathbf{v} = (8, 17, -16, 26, 0, -4)$

진실 또는 거짓? 41과 42에서 각 문장이 진실인지 또는 거짓인지를 결정하라. 문장이 사실이라면 이유를 주거나 교제에서의 적당한 문장을 인용하라. 만일 그 문장이 거짓이라면 그 문장이 모든 경우에서 사실이 아닌 것을 보이는 예를 주거나 또는 교제에서 적당한 문장을 인용하라.

41. (a) R^n에서의 두 벡터가 같기 위한 필요충분조건은 그들의 일치하는 성분들이 같다는 것이다.

(b) 영이 아닌 스칼라 c에 대해서 벡터 $c\mathbf{v}$는 $\mathbf{v}$의 길이 c배 만큼 길고 만일 $c>0$이면 같은 방향을 $c<0$이면 반대 방향을 나타낸다.

42. (a) R^n의 두 벡터를 더하기 위해서 그들의 일치하는 성분들을 더하라.

(b) R^n에서의 영벡터 $\mathbf{0}$은 한 벡터의 덧셈의 역원으로서 정의된다.

43과 44에서 영 벡터 $\mathbf{0} = (0, 0, 0)$는 $\mathbf{0} = 0\mathbf{v}_1 + 0\mathbf{v}_2 + 0\mathbf{v}_3$와 같이 벡터 $\mathbf{v}_1$, $\mathbf{v}_2$,와 $\mathbf{v}_3$의 일차결합으로서 쓰여질 수 있다. 이것을 자명한 해라 부른다. 세 벡터의 일차결합으로서 $\mathbf{0}$을 쓰는 자명하지 않는 방법을 발견할 수 있는가?

43. $\mathbf{v}_1 = (1, 0, 1)$, $\mathbf{v}_2 = (-1, 1, 2)$, $\mathbf{v}_3 = (0, 1, 4)$

44. $\mathbf{v}_1 = (1, 0, 1)$, $\mathbf{v}_2 = (-1, 1, 2)$, $\mathbf{v}_3 = (0, 1, 3)$

45. $\mathbf{u} = (2, -1, 3, 6)$, $\mathbf{v} = (1, 4, 0, 1)$, $\mathbf{w} = (3, 0, 2, 0)$, $c=5$와 $d=-2$에 대해서 정리 4.2의 성질들 1−10을 보이라.

46. $\mathbf{u} = (2, -1, 3)$, $\mathbf{v} = (3, 4, 0)$, $\mathbf{w} = (7, 8, -4)$, $c=2$와 $d=-1$에 대해서 정리 4.2의 성질들 1−10을 보이라.

47. 정리 4.1의 증명을 완성하라.

48. 정리 4.2의 벡터 덧셈과 스칼라 곱의 각 성질을 증명하라.

(a) 성질 1: $\mathbf{u}+\mathbf{v}$은 R^n에서의 한 벡터이다.

(b) 성질 2: $\mathbf{u}+\mathbf{v}=\mathbf{v}+\mathbf{u}$

(c) 성질 3: $(\mathbf{u}+\mathbf{v})+\mathbf{w}=\mathbf{u}+(\mathbf{v}+\mathbf{w})$

(d) 성질 4: $\mathbf{u}+\mathbf{0}=\mathbf{u}$

(e) 성질 5: $\mathbf{u}+(-\mathbf{u})=\mathbf{0}$

(f) 성질 6: $c\mathbf{u}$는 R^n의 한 벡터이다.

(g) 성질 7: $c(\mathbf{u}+\mathbf{v})=c\mathbf{u}+c\mathbf{v}$

(h) 성질 8: $(c+d)\mathbf{u}=c\mathbf{u}+d\mathbf{u}$

(i) 성질 9: $c(d\mathbf{u})=(cd)\mathbf{u}$

(j) 성질 10: $1(\mathbf{u})=\mathbf{u}$

49-53에서 각 단계의 정당성을 주므로 해서 정리 4.3의 남아있는 성질들의 증명들을 완성하라. 정리 4.2에서의 벡터 덧셈과 스칼라 곱의 성질들을 사용하라.

49. 성질 2: $\mathbf{v}$의 덧셈의 역원은 유일하다. 즉 만일 $\mathbf{v}+\mathbf{u}=\mathbf{0}$이면 그때 $\mathbf{u}=-\mathbf{v}$

$\mathbf{v}+\mathbf{u}=\mathbf{0}$	주어진 것
$(-\mathbf{v})+(\mathbf{v}+\mathbf{u})=(-\mathbf{v})+\mathbf{0}$	a. ______________
$((-\mathbf{v})+\mathbf{v})+\mathbf{u}=-\mathbf{v}$	b. ______________
$\mathbf{0}+\mathbf{u}=-\mathbf{v}$	c. ______________
$\mathbf{u}=-\mathbf{v}$	d. ______________

50. 성질 3: $0\mathbf{v}=\mathbf{0}$

$0\mathbf{v}=(0+0)\mathbf{v}$	a. ______________
$0\mathbf{v}=0\mathbf{v}+0\mathbf{v}$	b. ______________
$0\mathbf{v}+(-0\mathbf{v})=(0\mathbf{v}+0\mathbf{v})+(-0\mathbf{v})$	c. ______________
$\mathbf{0}=0\mathbf{v}+(0\mathbf{v}+(-0\mathbf{v}))$	d. ______________
$\mathbf{0}=0\mathbf{v}+\mathbf{0}$	e. ______________
$\mathbf{0}=0\mathbf{v}$	f. ______________

51. 성질 4: $c\mathbf{0}=\mathbf{0}$

$c\mathbf{0}=c(\mathbf{0}+\mathbf{0})$	a. ______________
$c\mathbf{0}=c\mathbf{0}+c\mathbf{0}$	b. ______________
$c\mathbf{0}+(-c\mathbf{0})=(c\mathbf{0}+c\mathbf{0})+(-c\mathbf{0})$	c. ______________
$\mathbf{0}=c\mathbf{0}+(c\mathbf{0}+(-c\mathbf{0}))$	d. ______________

$\mathbf{0} = c\mathbf{0} + \mathbf{0}$ e. ______________

$\mathbf{0} = c\mathbf{0}$ f. ______________

52. 성질 5: 만일 $c\mathbf{v} = \mathbf{0}$이면 그때 $c = 0$ 또는 $\mathbf{v} = \mathbf{0}$. 만일 $c = 0$이면 행해졌고 만일 $c! = 0$이면 c^{-1}가 존재한다. 그리고

$c^{-1}(c\mathbf{v}) = c^{-1}\mathbf{0}$ a. ______________

$(c^{-1}c)\mathbf{v} = \mathbf{0}$ b. ______________

$1\mathbf{v} = \mathbf{0}$ c. ______________

$\mathbf{v} = \mathbf{0}$ d. ______________

53. 성질 6: $-(-\mathbf{v}) = \mathbf{v}$

$-(-\mathbf{v}) + (-\mathbf{v}) = \mathbf{0}$와 $\mathbf{v} + (-\mathbf{v}) = \mathbf{0}$ a. ______________

$-(-\mathbf{v}) + (-\mathbf{v}) = \mathbf{v} + (-\mathbf{v})$ b. ______________

$-(-\mathbf{v}) + (-\mathbf{v}) + \mathbf{v} = \mathbf{v} + (-\mathbf{v}) + \mathbf{v}$ c. ______________

$-(-\mathbf{v}) + ((-\mathbf{v}) + \mathbf{v}) = \mathbf{v} + ((-\mathbf{v}) + \mathbf{v})$ d. ______________

$-(-\mathbf{v}) + \mathbf{0} = \mathbf{v} + \mathbf{0}$ e. ______________

$-(-\mathbf{v}) = \mathbf{v}$ f. ______________

54. 각 행렬에 대해서 첫 번째와 두 번째 열들의 일차결합으로서 세 번째 열을 쓸 수 있는가?

(a) $\begin{bmatrix} 1 & 2 & 3 \\ 7 & 8 & 9 \\ 4 & 5 & 6 \end{bmatrix}$

(b) $\begin{bmatrix} 1 & 2 & 3 \\ 7 & 8 & 9 \\ 4 & 5 & 7 \end{bmatrix}$

55. $A\mathbf{x} = \mathbf{b}$을 미지수 n개의 m개의 일차방정식으로 된 연립방정식이라 하자. A의 열들을 $\mathbf{a}_1$, $\mathbf{a}_2$, $\cdots$, $\mathbf{a}_n$으로 나타내자. 만일 $\mathbf{b}$가 이같은 n개의 열벡터들의 일차결합이라면 왜 이것이 이 일차 연립방정식의 해가 존재한다는 것을 의미하는지를 설명하라. 적절한 예를 주므로 해서 당신의 답을 나타내라. 만일 $\mathbf{b}$가 A의 열들의 일차결합이 아니라면 그 일차연립 방정식에 대해서 무엇이라고 결론낼 수 있는가?

56. 어떻게 벡터 뺄셈을 기하학적으로 묘사할 수 있는가? 벡터의 뺄셈과 덧셈과 스칼라 곱의 기본적인 벡터연산 사이의 관계는 무엇인가?

4.2 벡터공간

정리 4.2에서 R^n에서의 벡터 덧셈과 스칼라 곱의 열 가지 특별한 성질들을 나열했었다. 벡터 덧셈과 스칼라 곱의 적절한 정의들은 많은 다른 수학적 대상들 (행렬, 다항식, 그리고 함수들)도 역시 이같은 열 개의 성질들을 공유한다는 것을 나타낸다. 이같은 성질들 (또는 공리들)을 만족하는 어떤 집합을 벡터공간이라 부른다. 그리고 그 집합에서의 이 대상을 벡터라고 부른다. 벡터공간의 뒤따르는 정의는 정확하게 단지 하나의 정의일 뿐이라는 것을 깨닫는 것이 중요하다. 여러분들은 벡터공간의 요구되어지는 공리들을 단지 나열하는 것이기 때문에 어떤 것들도 증명할 필요가 없다. 특별한 대상 R^n의 집합으로부터 더욱 일반적인 대상의 집합에 대한 공리들을 형성하기 위해서 성질들을 추상화하기 때문에 이같은 형식의 정의는 추상화된다고 부른다.

벡터공간의 정의

V를 두 연산 (벡터 덧셈과 스칼라 곱)이 정의된 한 집합이라 하자. 만일 V에서의 모든 $\mathbf{u}$, $\mathbf{v}$, $\mathbf{w}$ 그리고 모든 스칼라 (실수) c와 d에 대해서 뒤따르는 공리들이 만족되면 그때 V를 벡터공간이라 부른다.

덧셈	
1. $\mathbf{u}+\mathbf{v}$는 V 안에 있다.	덧셈에 대해서 닫힘
2. $\mathbf{u}+\mathbf{v}=\mathbf{v}+\mathbf{u}$	교환법칙
3. $\mathbf{u}+(\mathbf{v}+\mathbf{w})=(\mathbf{u}+\mathbf{v})+\mathbf{w}$	결합법칙
4. V는 V에서의 모든 $\mathbf{u}$에 대해서 $\mathbf{u}+\mathbf{0}=\mathbf{u}$와 같은 영 벡터 $\mathbf{0}$을 갖는다.	덧셈에 대한 단위원
5. V 안의 모든 $\mathbf{u}$에 대해서 $\mathbf{u}+(-\mathbf{u})=\mathbf{0}$와 같은 V 안에 $-\mathbf{u}$이 있다.	덧셈에 대한 역원
스칼라 곱	
6. $c\mathbf{u}$은 V 안에 있다.	스칼라 곱 하에서 닫힘
7. $c(\mathbf{u}+\mathbf{v})=c\mathbf{u}+c\mathbf{v}$	분배법칙
8. $(c+d)\mathbf{u}=c\mathbf{u}+d\mathbf{u}$	분배법칙

9. $c(d\mathbf{u})=(cd)\mathbf{u}$	결합법칙
10. $1(\mathbf{u})=\mathbf{u}$	스칼라 단위원

벡터공간은 4개의 요소: 벡터의 집합, 스칼라들의 집합, 그리고 두 개의 연산으로서 구성되어있다는 것을 깨닫는 것이 중요하다. 벡터공간 V를 언급할 때는 4가지 모든 요소들 모두가 깨끗하게 이해되고 언급됐는지를 확실히 하라. 만일 언급되지 않았다면 스칼라의 집합은 실수의 집합이라고 가정하라.

벡터공간의 첫 번째 두 예들은 놀랄 만한 것은 아니다. 그들은 사실 10개의 벡터공간 공리들을 형성하기위해서 사용되는 모델들이다.

[예제 1] 표준연산을 가진 R^2는 벡터공간이다.

표준연산을 가진 실수 R^2의 모든 순서쌍의 집합은 벡터공간이다. 이것을 증명하기 위해서 정리 4.1을 다시 보라. 이 공간에서의 벡터들은

$$\mathbf{v}=(v_1,\ v_2)$$

형태를 갖는다.

[예제 2] 표준연산을 가진 R^n는 벡터공간이다.

표준연산을 가진 실수 R^n의 모든 n 순서쌍들의 집합은 벡터공간이다. 이것은 정리 4.2에서 증명된다. 이 공간에서의 벡터들은

$$\mathbf{v}=(v_1,\ v_2,\ \mathrm{v}_3,\ \cdots,\ v_n)$$

형태를 갖는다.

참고 예제 2로부터 R^1 실수의 집합, (덧셈과 곱셈의 일반적인 연산과 함께) 벡터공간이다. 다음의 3개의 예제들은 기본 집합 V가 n 순서쌍을 구성하지 않는 벡터공간을 묘사한다.

각 예제는 집합 V를 묘사하고 그리고 두 개의 벡터연산을 정의한다. 이 집합이 벡터공간이라는 것을 증명하기 위해서 당신은 10개의 모든 공리들을 증명하여야 한다.

[예제 3] 모든 2×3 행렬들의 벡터공간

행렬덧셈과 스칼라 곱의 연산을 가진 모든 2×3 행렬들의 집합은 벡터공간임을 보여라.

풀이 만일 A와 B가 2×3 행렬이고 c는 스칼라라 하면 그때 $A+B$와 cA도 역시 2×3 행렬이다. 그러므로 그 집합은 행렬 덧셈과 스칼라 곱에 대해서 닫혀있다. 더구나 다른 8개의 벡터공간 공리들은 직접적으로 정리 2.1과 2.2로부터 뒤따른다(2.2절을 보라).
그러므로 우리는 이 집합이 벡터공간이라고 결론낼 수 있다. 이 공간에서의 벡터들은

$$\mathbf{a}=A=\begin{bmatrix} a_{11} & a_{12} & a_{13} \\ a_{21} & a_{22} & a_{23} \end{bmatrix}$$

형태를 갖는다. ◀

참고 같은 방법에서 모든 2×3 행렬들의 집합이 벡터공간이라는 것을 보일 수 있고 모든 $m\times n$ 행렬들의 집합, $M_{m,n}$이 벡터공간이라는 것을 보일 수 있다.

[예제 4] 차수 2 또는 작은 차수를 가진 모든 다항식들의 벡터공간

P_2을

$$p(x)=a_2x^2+a_1x+a_0$$

형태의 모든 다항식들의 집합이라고 하자. 여기서 a_0, a_1 그리고 a_2는 실수들. 두 다항식의 합 $p(x)=a_2x^2+a_1x+a_0$와 $q(x)=b_2x^2+b_1x+b_0$는 일반적인 방법에서

$$p(x)+q(x)=(a_2+b_2)x^2+(a_1+b_1)x+(a_0+b_0)$$

로서 정의된다. 그리고 스칼라 c에 의한 $p(x)$의 스칼라 곱은

$$cp(x)=ca_2x^2+ca_1x+ca_0$$

로서 정의된다. P_2가 벡터공간임을 보여라.

풀이 10개의 벡터공간 공리들의 각각의 증명은 실수의 성질들의 직접적인 적용이다. 예로 실수들의 집합은 덧셈에 대해서 닫혀 있으므로 a_2+b_2, a_1+b_1와 a_0+b_0가 실수라는 것이 뒤따르고

$$p(x)+q(x)=(a_2+b_2)x^2+(a_1+b_1)x+(a_0+b_0)$$

은 차수 2보다 작거나 같은 다항식이므로 집합 P_2 안에 있다. 그러므로 P_2는 덧셈 하에 닫혀있다. 비슷하게 P_2가 스칼라 곱 하에서 닫혀 있다는 것을 보이기 위해 실수들의 집합이 곱셈 하에서 닫혀있다는 사실을 사용할 수 있다. 덧셈의 교환법칙을 증명하기 위해서

$$\begin{aligned} P(x)+q(x) &= (a_2x^2+a_1x+a_0)+(b_2x^2+b_1x+b_0) \\ &= (a_2+b_2)x^2+(a_1+b_1)x+(a_0+b_0) \\ &= (b_2+a_2)x^2+(b_1+a_1)x+(b_0+a_0) \\ &= (b_2x^2+b_1x+b_0)+(a_2x^2+a_1x+a_0) \\ &= q(x)+p(x) \end{aligned}$$

실수의 덧셈의 교환법칙이 어디에서 사용됐는지를 볼 수 있는가? 이 공간에서 영 벡터는 모든 x에 대해서 $\mathbf{0}(x)=0x^2+0x+0$으로 주어지는 영 다항식이다. 다른 벡터공간들의 공리들을 증명해 보아라. 그때 P_2가 벡터공간이라는 것을 결론낼 수 있다. ◀

참고 영 다항식 $\mathbf{0}(x)=0$은 차수를 갖지 않지만 P_2는 종종 차수 2보다 작거나 같은 모든 다항식들의 집합으로서 말해진다.

P_n는 차수 n보다 적거나 같은 (영 다항식과 함께) 모든 다항식들의 집합으로서 정의된다. P_2가 벡터공간이라는 것을 증명할 때 사용했던 과정은 일반적인 다항식의 덧셈과 스칼라 곱의 연산을 가진 P_n이 벡터공간이라는 것을 보이기 위해 확장될 수 있다.

[예제 5] 연속함수들의 벡터공간(미적분)

$C(-\infty, \infty)$을 전체 실수 구간에서 정의된 실수 값을 갖는 모든 연속함수들의 집합이라고 하자. 이 집합은 모든 다항식함수와 전체 실수구간에서 연속인 모든 다른 함수들로서 구성되어 있다. 예로 $f(x)=\sin x$와 $g(x)=e^x$는 이 집합의 원소들이다. 덧셈은 그림 4.8에서 보여지는 것처럼

$$(f+g)(x)=f(x)+g(x)$$

으로서 정의되어지고, 스칼라 곱은

$$(cf)(x)=c[f(x)]$$

로서 정의된다. $C(-\infty, \infty)$가 벡터공간임을 보여라.

풀이 집합 $C(-\infty, \infty)$가 덧셈과 스칼라 곱 하에서 닫혀있다는 것을 증명하기 위해서 우리는 미적분학으로부터의 결과를 사용할 수 있다. 즉 두 개의 연속함수의 합은 연속함수이고 스칼라와 연속함수의 곱도 연속함수이다. $C(-\infty, \infty)$가 덧셈의 단위원을 갖는 것을 증명하기 위해서 모든 x에 대해서 영 값을 갖는 함수 f_0을 생각하자. 즉

$$f_0(x)=0 \quad x\text{는 임의의 실수}$$

이 함수는 전체 실수구간에서 연속이다(그것의 그래프는 단지 직선 $y=0$). 그러므로 그 함수는 $C(-\infty, \infty)$ 안에 있다. 도구나 만일 f가 전 실수구간에서 연속인 다른 임의의 함수라면 그때

$$(f+f_0)(x)=f(x)+f_0(x)=f(x)+0=f(x)$$

그러므로 f_0은 $C(-\infty, \infty)$에서 덧셈의 단위원이다. 다른 벡터공간의 공리들의 증명은 여러분들에게 남겨진다. ◀

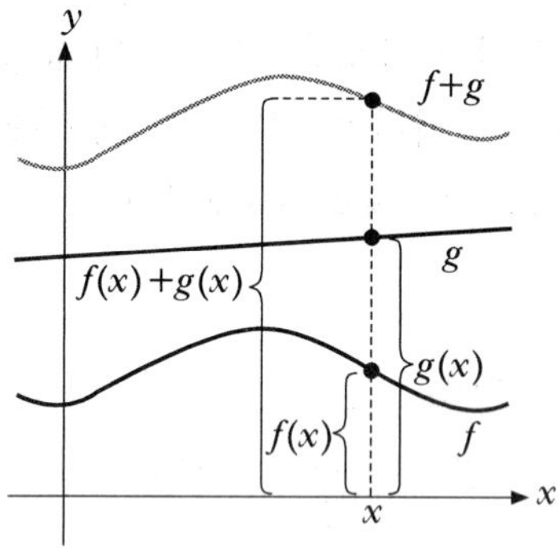

[그림 4.8]

편리함을 위해서 뒤따르는 요약은 이 교재의 나머지부분들에서 자주 언급되는 몇몇 중요한 벡터공간들을 나열한다. 각 경우에서 그 연산은 표준적인 연산이다.

중요한 벡터공간의 요약

R=모든 실수들의 집합

R^2=모든 순서쌍들의 집합

R^3=모든 3 순서쌍들의 집합

R^n=모든 n 순서쌍들의 집합

$C(-\infty, \infty)$=실수구간에서 정의된 모든 연속함수들의 집합
$C[a, b]$=폐구간 $[a, b]$에서 정의된 모든 연속함수들의 집합
P=모든 다항식들의 집합
P_n=차수가 n보다 작거나 같은 모든 다항식들의 집합
$M_{m,n}$=모든 $m\times n$ 행렬들의 집합
$M_{n,n}$=모든 $n\times n$ 정방행렬들의 집합

여러분들은 벡터공간의 개념의 다양성을 보았다. 예로 벡터는 실수, 행렬, 다항식, 연속함수 등이 될 수 있다. 그러나 그 목적은 무엇인가? 왜 따분하게 이같이 추상되게 정의하는가? 여기에는 여러 이유가 있다. 그러나 가장 중요한 이유는 이같은 추상화가 모든 벡터공간에 적용될 수 있는 일반적인 결과들을 유도할 수 있다는 의미에서 수학적으로 효율적인 것으로 판명됐다는 것이다. 일단 한 정리가 추상벡터공간에 대해서 증명이 되면 우리는 n 순서쌍, 행렬, 그리고 다항식들에 대해서 각각 증명을 할 필요가 없다. 우리는 그 벡터가 취하는 특별한 형태에 관계없이 그 정리는 어느 벡터공간에서도 사실이라는 것을 단지 지적할 수 있다. 이같은 과정은 정리 4.4에서 보여진다.

정리 4.4 스칼라 곱의 성질들

$\mathbf{v}$를 벡터공간 V의 임의의 원소라 하자. 그리고 c는 임의의 스칼라라 하자. 그때 뒤따르는 성질들은 사실이다.

1. $0\mathbf{v}=\mathbf{0}$
2. $c\mathbf{0}=\mathbf{0}$
3. 만일 $c\mathbf{v}=\mathbf{0}$이면 그때 $c=0$ 또는 $\mathbf{v}=\mathbf{0}$
4. $(-1)\mathbf{v}=-\mathbf{v}$

증명 이같은 성질들을 증명하기 위해서 우리는 10개의 벡터공간의 공리들을 사용하는 것에 제한된다. 예로 2번째 성질을 증명하기 위해서 공리 4로부터 $\mathbf{0}+\mathbf{0}=\mathbf{0}$임을 유의하라. 이 공리는 우리들이 뒤따르는 단계를 거치도록 허용한다.

$c\mathbf{0}=c(\mathbf{0}+\mathbf{0})$	덧셈의 단위원
$c\mathbf{0}=c\mathbf{0}+c\mathbf{0}$	왼쪽 배분법칙
$c\mathbf{0}+(-c\mathbf{0})=(c\mathbf{0}+c\mathbf{0})+(-c\mathbf{0})$	$-c\mathbf{0}$을 양변에 더하라
$c\mathbf{0}+(-c\mathbf{0})=c\mathbf{0}+[c\mathbf{0}+(-c\mathbf{0})]$	결합법칙
$\mathbf{0}=c\mathbf{0}+\mathbf{0}$	덧셈의 역원

$$\mathbf{0}=c\mathbf{0} \qquad\qquad \text{덧셈의 단위원}$$

3번째 성질을 증명하기위해서 $c\mathbf{v}=\mathbf{0}$임을 가정하자. 이것이 $c=0$ 또는 $\mathbf{v}=0$을 의미한다는 것을 보이기 위해 $c\neq 0$임을 가정하자(만일 $c=0$이면 우리는 더 이상 증명할 것이 없다). $c\neq 0$이므로 뒤따르는 것처럼 $\mathbf{v}=\mathbf{0}$을 보이기 위해서 $\frac{1}{c}$을 사용할 수 있다.

$$\mathbf{v}=1\mathbf{v}=\left(\frac{1}{c}\right)(c)\mathbf{v}=\frac{1}{c}(c\mathbf{v})=\frac{1}{c}(\mathbf{0})=\mathbf{0}$$

마지막 단계는 성질 2(방금 증명 했던 성질)을 사용했음을 유의하라. 첫 번째와 네 번째 성질의 증명은 여러분들에게 남긴다(연습문제 34와 35를 보라). ■

이 절의 나머지 예제들은 벡터공간을 형성하지 못하는 몇몇 집합(연산과 함께)을 묘사할 것이다. 한 집합이 벡터공간이 아니라는 것을 보이기 위해서 우리는 단지 만족되지 않는 공리 하나를 발견하면 된다. 예로 만일 교환할 수 없는 $(\mathbf{u}+\mathbf{v}\neq\mathbf{v}+\mathbf{u})$ V의 두 원소들을 발견할 수 있으면 그때 V의 얼마나 많은 다른 원소들이 교환이 가능하고 얼마나 많은 다른 10개의 공리들을 만족했는지에 상관없이 우리는 V가 벡터공간이 아니라고 결론낼 수 있다.

[예제 6] 정수의 집합은 벡터공간이 아니다.

모든 정수의 집합은 (표준연산과 함께) 스칼라 곱 하에서 닫혀 있지 않기 때문에 벡터공간을 형성하지 못한다. 예로

$$\frac{1}{2}(1)=\frac{1}{2}$$

스칼라 정수 유리수

참고 예제 6에서 10개의 벡터공간공리들 중에서 단지 하나의 실패가 그 집합이 벡터공간이 아니라는 것을 보이는데 충분하다는 것을 유의하라.

예제 4에서 차수 2보다 작거나 같은 다항식들의 집합이 벡터공간을 형성함을 보였다. 우리는 정확히 차수 2를 갖는 다항식들의 집합은 벡터공간을 형성할 수 없음을 보일 것이다.

[예제 7] 2차 다항식들의 집합은 벡터공간이 아니다.

모든 이차다항식들의 집합은 덧셈 하에서 닫혀있지 않기 때문에 벡터공간이 아니다. 이것을 보기위해서 이차다항식

$$p(x)=x^2\text{와 } q(x)=-x^2+x+1$$

을 생각해 보자. 그들의 합은 일차다항식

$$p(x)+q(x)=x+1$$

이다.

예제 6과 7의 집합들은 닫힘 공리에서 모두 실패하므로 벡터공간이 아니다. 다음 예제에서 우리는 닫힘 공리는 만족하나 이직 벡터공간이 되지 못하는 집합을 볼 것이다.

[예제 8] 벡터공간이 아닌 집합

$V=R^2$을 덧셈의 표준연산과 뒤따르는 것과 같은 스칼라의 비표준 연산

$$c(x_1,\ x_2)=(cx_1,\ 0)$$

을 가진 실수들의 모든 순서쌍들의 집합이라 하자. V가 벡터공간이 아님을 보여라.

풀이 이 예제에서 스칼라 곱의 연산은 표준적인 것이 아니다. 예로 스칼라 2에 순서쌍 (3, 4)을 곱한 것은 (6, 8)과 같지 않다. 대신 그 곱의 두 번째 성분은 0이다.

$$2(3,\ 4)=(2\cdot 3,\ 0)=(6,\ 0)$$

이 예제는 실질적으로 벡터공간의 정의의 첫 번째 아홉 공리들을 만족하기 때문에 흥미롭다(이것을 보여라). 10번째 공리에서 우리는 문제를 만난다. 이 공리를 증명하기 위해 시도하면 스칼라 곱의 비표준 정의는

$$1(1,\ 1)=(1,\ 0)\neq(1,\ 1)$$

을 준다. 그러므로 10번째 공리는 증명되지 않는다. 그리고 그 집합(두 개의 주어진 연산들과 함께)은 벡터공간이 아니다. ◀

예제 8에서 스칼라 곱을 위해 사용했던 용어에 혼돈하지 마라.

$$c(x_1, x_2)=(cx_1, 0)$$

라고 쓰므로 해서 c에 의한 (x_1, x_2)의 스칼라 곱은 $(cx_1, 0)$으로서 정의된다. 판명된 것처럼 이같은 비표준적인 정의는 10번째 벡터공간 공리를 만족하지 못한다.

연습문제 4.2(벡터 공간)

1-6에서 벡터공간의 영 벡터(덧셈의 단위원)를 묘사하라.

1. R^4

2. $C(-\infty, \infty)$

3. $M_{2,3}$

4. $M_{1,4}$

5. P_3

6. $M_{2,2}$

7-12에서 각 벡터공간들의 한 벡터의 덧셈에 대한 역원을 묘사하라.

7. R^4

8. $C(-\infty, \infty)$

9. $M_{2,3}$

10. $M_{1,4}$

11. P_3

12. $M_{2,2}$

13-24에서 주어진 집합이 지적된 연산과 함께 벡터공간인지를 결정하라. 만일 아니면 만족하지 않는 10개의 벡터공간 공리들 중 적어도 하나 이상을 지적하라.

13. 표준연산이 주어진 $M_{4,6}$

14. 표준연산이 주어진 $M_{1,1}$

15. 표준연산이 주어진 모든 5차 다항식들의 집합

16. 표준연산이 주어진 모든 다항식들의 집합, P

17. 표준연산이 주어진 집합 $\{(x, x) : x$는 실수$\}$

18. R^2에서 표준연산이 주어진 집합 $\{(x, y) : x \geq 0, y$는 실수$\}$

19. 표준연산이 주어진

$$\begin{bmatrix} a & b \\ c & 0 \end{bmatrix}$$

형태의 모든 2×2 행렬들의 집합

20. 표준연산으로 주어진

$$\begin{bmatrix} a & b \\ c & 1 \end{bmatrix}$$

형태의 모든 2×2행렬의 집합

21. 표준연산으로 주어진 모든 2×2 특이행렬들의 집합
22. 표준연산으로 주어진 모든 2×2 가역행렬들의 집합
23. 표준연산으로 주어진 모든 2×2 대각행렬들의 집합
24. 표준연산으로 주어진 구간 [0, 1]에서 정의된 모든 연속함수들의 집합, $C[0, 1]$
25. R^2에서 덧셈과 스칼라 곱의 표준 정의를 사용하는 것보다 이 두 연산을 아래와 같이 정의됐다고 가정하자.
    (a) $(x_1, y_1)+(x_2, y_2)=(x_1+x_2, y_1+y_2)$
    $c(x, y)=(cx, y)$
    (b) $(x_1, y_1)+(x_2, y_2)=(x_1, 0)$
    $c(x, y)=(cx, cy)$
    (c) $(x_1, y_1)+(x_2, y_2)=(x_1+x_2, y_1+y_2)$
    $c(x, y)=(\sqrt{c}\,x, \sqrt{c}\,y)$

이같은 새로운 정의로 주어졌을 때 R^2는 벡터공간인가? 당신의 답을 정당화하라.

26. R^3에서 덧셈과 스칼라 곱의 표준 정의를 사용하는 것보다 이 두 연산을 아래와 같이 정의됐다고 가정하자.
    (a) $(x_1, y_1, z_1)+(x_1, y_2, z_2)=(x_1+x_2, y_1+y_2, z_1+z_2)$
    $c(x, y, z)=(cx, cy, 0)$
    (b) $(x_1, y_1, z_1)+(x_2, y_2, z_2)=(0, 0, 0)$
    $c(x, y, z)=(cx, cy, cz)$
    (c) $(x_1, y_1, z_1)+(x_2, y_2, z_2)=(x_1+x_2+1, y_1+y_2+1, z_1+z_2+1)$
    $c(x, y, z)=(cx, cy, cz)$
    (d) $(x_1, y_1, z_1)+(x_2, y_2, z_2)=(x_1+x_2+1, y_1+y_2+1, z_1+z_2+1)$
    $c(x, y, z)=(cx+c-1, cy+c-1, cz+c-1)$

이같은 새로운 정의로 주어졌을 때 R^3는 벡터공간인가? 당신의 답을 정당화하라.

27. 표준연산이 주어진 $M_{2,2}$가 벡터공간임을 자세하게 증명하라.
28. R^2에서의 표준연산이 주어졌을 때 집합 $\{(x, 2x):\ x$는 실수$\}$이 벡터공간임을 자세하게 증명하라.
29. 연산이

$(x_1, y_1)+(x_2, y_2)=(x_1x_2, y_1y_2)$

와

$c(x_1, y_1)=(cx_1, cy_1)$

로 주어진 집합 R^2가 벡터공간인지를 결정하여라. 만일 그렇다면 각 벡터공간 공리들을 증명하라. 만일 아니라면 만족되지 않는 모든 벡터공간 공리들을 서술하라.

30. V을 모든 양의 정수들의 집합이라 하자. V가 뒤따르는 연산들로 주어지면 벡터공간이 되는지를 결정하라.

$x+y=xy$ 덧셈

$cx=x^c$ 스칼라 곱

만일 벡터공간이면 각 벡터공간 공리들을 증명하라. 만일 아니면 만족되지 않는 모든 벡터공간 공리들을 서술하여라.

진실 또는 거짓? 31과 32에서 각 문장이 진실인지 또는 거짓인지를 결정하여라. 만일 각 문장이 사실이면 그 이유를 주거나 또는 교제에서 적절한 문장을 인용하라. 만일 그 문장이 거짓이라면 그 문장이 모든 경우에서 사실이 아닌 것을 보이는 예를 보이거나 교제에서 적절한 문장을 인용하라.

31. (a) 벡터공간은 4가지 원소로서 구성된다: 벡터들의 집합, 스칼라들의 집합, 그리고 두 개의 연산.

(b) 표준연산으로 주어진 모든 정수들의 집합은 벡터공간이다.

(c) R^2에서 표준연산으로 주어진 (x, y), $y\geq 0$인 형태의 실수들의 모든 순서쌍의 집합은 벡터공간이다.

32. (a) 단지 한 공리가 만족되지 않는다는 것을 보이는 것으로 서 한 집합이 벡터공간이 아닌 것을 보이기에 충분하다.

(b) 표준연산으로 주어진 모든 일차 다항식들의 집합은 벡터공간이다.

(c) R^2 위에 표준연산으로서 주어진 $(0, y)$ 형태의 실수들의 모든 순서쌍들의 집합은 벡터공간이다.

33. 각 단계에 대한 정당성을 주므로 해서 벡터 덧셈의 상쇄법칙의 증명을 완성하라. 만일 $\mathbf{u}$, $\mathbf{v}$와 $\mathbf{w}$가 $\mathbf{u}+\mathbf{w}=\mathbf{v}+\mathbf{w}$와 같은 벡터공간의 벡터들이라면 그때 $\mathbf{u}=\mathbf{v}$.

$\mathbf{u}+\mathbf{w}=\mathbf{v}+\mathbf{w}$	주어진 것
$(\mathbf{u}+\mathbf{w})+(-\mathbf{w})=(\mathbf{v}+\mathbf{w})+(-\mathbf{w})$	a. ________
$\mathbf{u}+(\mathbf{w}+(-\mathbf{w}))=\mathbf{v}+(\mathbf{w}+(-\mathbf{w}))$	b. ________
$\mathbf{u}+\mathbf{0}=\mathbf{v}+\mathbf{0}$	c. ________
$\mathbf{u}=\mathbf{v}$	d. ________

34. 정리 4.4의 성질 1을 증명하라.

35. 정리 4.4의 성질 4를 증명하라.

36. 한 주어진 벡터공간에서 영 벡터는 유일하다는 것을 증명하라.

37. 한 주어진 벡터공간에서 벡터의 덧셈에 대한 역원은 유일하다는 것을 증명하라.

4.3 벡터공간의 부분공간

선형대수학에서 가장 중요한 응용들에서 벡터공간들은 더 큰 공간의 부분공간으로서 나타난다. 예로 n 변수들의 연립선형동차식의 해집합은 R^n의 부분공간 이라는 것을 볼 것이다(정리 4.16). 벡터공간의 한 부분 집합은 (아래 정의에서 같이) 그 자체가 (같은 연산에서) 벡터공간이면 부분공간이다.

벡터공간의 부분공간의 정의
벡터공간 V의 빈 집합이 아닌 부분집합 W가 V 안의 덧셈연산과 스칼라 곱의 연산 하에서 그 자체 벡터공간을 이루면 W는 V의 부분공간이라고 부른다.

참고 W가 V의 부분공간이라면 W는 V에서 사용된 연산에 닫혀 있어야 한다.

[예제 1] R^3의 부분공간
집합 $W=\{(x_1, 0, x_3): x_1$ 그리고 x_3는 실수$\}$가 표준연산에 관련된 R^3의 부분공간이다는 것을 보여라.

풀이 집합 W는 영벡터 $(0, 0, 0)$를 포함하기 때문에 빈 집합이 아니다. 그래프 적으로 집합 W는 그림 4.9에서 보는 것처럼 단지 xz 평면으로서 이해되어질 수 있다. 집합 W는 xz 평면에서의 임의의 두 벡터들의 합이 역시 xz 평면에 놓이므로 덧셈 하에서 닫혀있다. 즉 만일 $(x_1, 0, x_3)$와 $(y_1, 0, y_3)$가 W 안에 있다면 그때 그들의 합 $(x_1+y_1, 0, x_3+y_3)$도 역시 W에 놓인다(둘째 좌표가 영이므로). 비슷하게 W가 스칼라 곱에 대해서 닫혀있다는 것을 보이기 위해 $(x_1, 0, x_3)$을 W 안에 있다 하고 c을 스칼라라 하자. 그때 $c(x_1, 0, x_3)=(cx_1, 0, cx_3)$는 둘째 좌표로서 영을 갖는다. 그리고 그러므로 W 안에 있어야 한다. 다른 여덟 가지 벡터공간의 공리들도 마찬가지로 증명되어질 수 있다. 이 증명은 여러분들에 맡긴다.

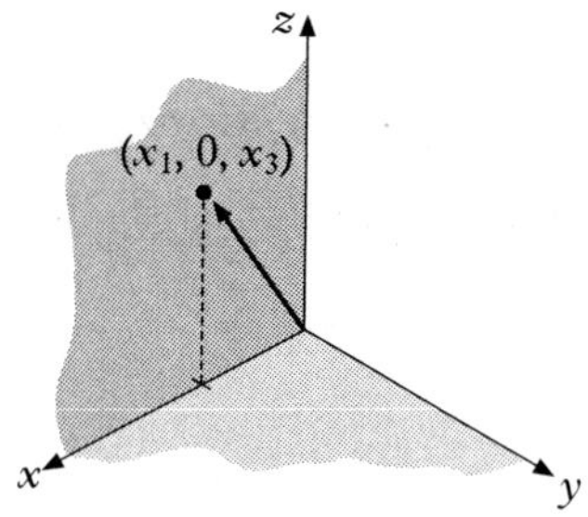

[그림 4.9] ◀

한 집합 W가 벡터공간이라는 것을 확정하기 위해서는 우리는 열 개의 벡터공간 성질들을 증명해야만 한다. 하지만 만일 W가 좀 더 큰 벡터공간 V의 부분집합이라면(그리고 W에서 정의된 연산들이 V에서 정의된 연산들과 같을 때) 그때 열 개 성질들 대부분은 좀 더 큰 벡터공간으로부터 나오기 때문에 증명이 필요 없다. 뒤 따르는 정리에서 한 벡터공간의 빈 집합이 아닌 부분 집합이 부분공간이라는 것을 확정하기 위해서는 연산에 대해 닫혀 있다는 것만을 시험하는 것으로 충분하다고 말한다.

정리 4.5 부분공간의 판별

만일 W가 벡터공간 V의 공집합이 아닌 부분집합이라면 그때 W가 V의 부분공간이 될 필요충분조건은 다음과 같은 닫힘 조건들이 성립할 때이다.

1. $\mathbf{u}$와 $\mathbf{v}$가 W 안에 있다면 그때 $\mathbf{u}+\mathbf{v}$는 W 안에 있다.
2. $\mathbf{u}$가 W 안에 있고 c는 임의의 스칼라 할 때 그때 $c\mathbf{u}$는 W 안에 있다.

증명 한 방향의 증명은 직접적이다. 즉 만일 W가 V의 부분공간이면 W는 부분공간이고 덧셈 그리고 스칼라 곱에 대해서 닫혀있음이 틀림없다. 다른 방향에서 정리를 증명하기 위해서 W가 덧셈과 스칼라 곱에 대해서 닫혀있다고 가정하자. 만일 $\mathbf{u}$, $\mathbf{v}$와 $\mathbf{w}$가 W 안에 있다면 그들은 역시 V 안에도 있다 것을 유의하면 결과적으로 벡터공간의 공리들 2, 3, 7, 8, 9 그리고 10은 자동적으로 만족된다. 더구나 W는 덧셈과 스칼라 곱에 대해 닫혀 있기 때문에 W 안의 임의의 $\mathbf{v}$ 그리고 스칼라 $c=0$에 대해 $c\mathbf{v}=\mathbf{0}$ 그리고 $(-1)\mathbf{v}=-\mathbf{v}$. 모두는 W 안에 있으므로 남아 있는 공리들 (4와 5)을 만족한다. ■

참고 W가 벡터공간 V의 부분공간이라면 W와 V 모두는 똑같은 영 벡터 $\mathbf{0}$(연습문제 27을 보라)을 가져야 함을 유의하라.

벡터공간의 부분공간은 그 자체가 하나의 벡터공간이므로 영 벡터를 포함해야 한다. 사실 벡터공간의 가장 단순한 부분공간은 단지 영 벡터로만 이루어진 것이다. 즉

$$W=\{\mathbf{0}\}$$

이 부분공간을 영 부분공간이라 부른다. V의 다른 명백한 부분공간은 V 그 자체이다. 모든 벡터공간은 이같은 두 개의 부분공간들을 포함한다. 이 두 개의 벡터공간과 다른 부분공간들은 진 부분공간 (또는 자명하지 않는) 부분공간이라 부른다.

[예제 2] $M_{2,2}$의 부분공간

W을 모든 2×2 대칭행렬들의 집합이라고 하자. W가 행렬의 덧셈과 스칼라 곱의 기본연산을 가진 벡터공간 $M_{2,2}$의 부분공간임을 보여라.

풀이 행렬이 그 자신의 대치행렬과 같을 때 그 행렬은 대칭적이라 불려졌었다. $M_{2,2}$은 벡터공간이므로 W($M_{2,2}$의 부분집합)가 정리 4.5의 조건들을 만족한다는 것을 단지 보이면 된다. W가 공집합이 아니다. 그러므로 $A_1=A_1^T$와 $A_2=A_2^T$은

$$(A_1+A_2)^T=A_1^T+A_2^T=A_1+A_2$$

을 의미하므로 덧셈 하에서 닫혀있다. 그러므로 만일 A_1와 A_2가 이차 대칭행렬이라면 그때 역시 A_1+A_2도 역시 그렇다. 비슷하게 $A=A^T$는

$$(cA)^T=cA^T=cA$$

을 의미하므로 W는 스칼라 곱하에서 닫혀있다. 그러므로 A가 이차 대칭행렬이면 cA도 역시 그렇다. ◀

예제 2의 결과는 일반화될 수 있다. 즉 모든 양의 정수 n에 대해 n차 대칭행렬들의 집합은 기본연산에 대해 벡터공간 $M_{n,n}$의 부분공간이다. 다음 예제는 부분공간이 아닌 $M_{n,n}$의 부분 집합을 보여준다.

[예제 3] 특이행렬의 집합은 $M_{n,n}$의 부분공간이 아니다.

W을 이차 특이 행렬들의 집합이라 하자. W는 기본연산에 대해 $M_{2,2}$의 부분공간이 아님을 보여라.

풀이 정리 4.5에 의해 W가 공집합이 아님을 보이고, W는 덧셈에 닫혀 있지 않음을 보임으로써 또는 W는 스칼라 곱하에 닫혀있지 않음을 보임으로 해서 부분집합 W가 부분공간이 아님을 보일 수 있다. 이같은 특별한 집합에 대해 W는 공집합이 아니고 스칼라 곱에 대해 닫혀 있다 그러나 그것은 덧셈에 대해서는 닫혀 있지 않다. 이것을 보이기 위해서 A와 B를 다음과 같이 놓자.

$$A=\begin{bmatrix}1 & 0\\0 & 0\end{bmatrix}\text{와}\quad B=\begin{bmatrix}0 & 0\\0 & 1\end{bmatrix}$$

그때 A와 B 모두는 특이(비가역) 행렬이다. 그러나 그들의 합

$$A+B=\begin{bmatrix}1 & 0\\0 & 1\end{bmatrix}$$

은 비 특이(가역)행렬이다. 그러므로 W는 덧셈 하에 닫혀있지 않다. 그리고 정리 4.5에 의해서 W는 $M_{2,2}$의 부분공간이 아니다 라고 결론내릴 수 있다. ◀

[예제 4] 일사분면에 놓이는 벡터들의 집합은 R^2의 부분공간이 아니다.

기본연산에 대해 $W=\{(x_1,\ x_2):\ x_1\geq 0,\ x_2\geq 0\}$이 R^2의 부분공간이 아님을 보여라.

풀이 이 집합은 공집합이 아니고 덧셈 하에서 닫혀 있다. 하지만 스칼라 곱 하에서는 닫혀 있지 않다. 이것을 보이면 $(1,\ 1)$은 W 안에 있다 그러나 그 스칼라 곱

$$(-1)(1,\ 1)=(-1,\ -1)$$

은 W 안에 있지 않다. 그러므로 W는 R^2의 부분공간이 아니다. ◀

우리는 종종 각각 안에 부분공간을 포함하고 있는 부분공간들의 수열을 본다. 예로 기본연산에 대한 벡터공간들 P_0, P_1, P_2, $\cdots$, P_k, 여기서 P_k는 k보다 적거나 같은 차수를 가진 다항식들의 집합. 만일 $j\leq k$이면 그때 P_j가 P_k의 부분공간이라는 것을 보이는 것은 쉽다. 그러므로 우리는 $P_0\subset P_1\subset P_2\subset P_3\subset\cdots\subset P_n$라고 쓸 수 있다. 또 다른 부분공간의 포괄성은 예제 5에서 보여진다.

[예제 5] 함수들의 부분공간(미적분학)

W_5을 [0, 1]에서 정의된 모든 함수들의 벡터공간이라 하자. 그리고 W_1, W_2, W_3, W_4을 아래와 같이 정의되었다고 하자.

W_1=구간 [0, 1]에서 정의된 모든 다항식 함수들의 집합
W_2=[0, 1] 위에서 미분가능한 모든 함수들의 집합
W_3=[0, 1] 위에서 연속인 모든 함수들의 집합
W_4=[0, 1] 위에서 적분 가능한 모든 함수들의 집합

$W_1 \subset W_2 \subset W_3 \subset W_4 \subset W_5$와 W_i가 $i \leq j$에 대해서 W_j의 부분공간임을 보여라.

풀 이 미적분학으로부터 모든 다항식 함수들은 [0, 1] 위에서 미분가능 하다는 것을 안다. 그러므로 $W_1 \subset W_2$. 더구나 모든 미분 가능한 함수는 연속이므로 $W_2 \subset W_3$이고 모든 연속 함수는 적분가능 하므로 $W_3 \subset W_4$ 그리고 모든 적분 가능 한 함수는 물론 함수이므로 $W_4 \subset W_5$이다. 그러므로 그림 4.10에서 보여지는 것처럼 $W_1 \subset W_2 \subset W_3 \subset W_4 \subset W_5$. W_i가 $i \leq j$에 대해 W_j의 부분공간이라는 증명은 여러분들에게 남긴다.

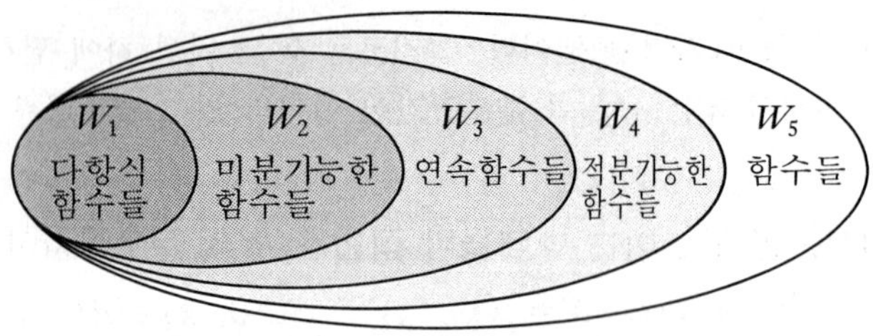

[그림 4.10] ◀

만일 U, V 그리고 W가 W가 V의 부분공간이고 V가 U의 부분공간인 벡터공간들이라면 그때 W 역시 U의 부분공간인 것을 예제 5에서 유의하라. 뒤따르는 정리의 이같은 특별한 경우는 두 부분공간의 교집합은 그림 4.11에서 보는 것처럼 부분공간이다.

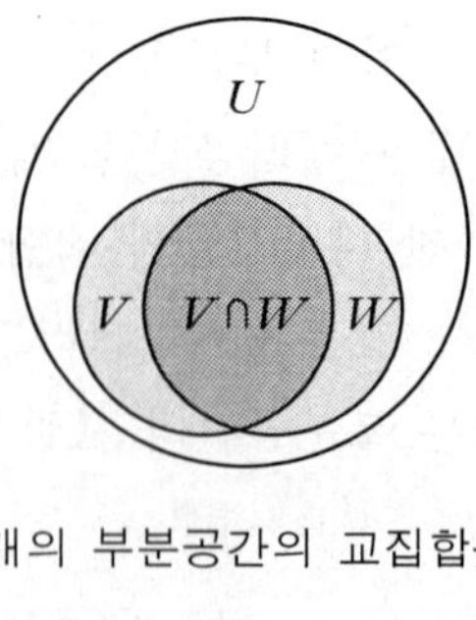

[그림 4.11] 두 개의 부분공간의 교집합은 부분공간이다. ◀

정리 4.6 두 개의 부분공간의 교집합은 부분공간이다.
만일 V와 W 모두를 벡터공간 U의 부분공간이라면 그때 V와 W의 교집합, $(V \cap W)$로 쓰여지는 것도 역시 U의 부분공간이다.

증명 V와 W 모두는 U의 부분공간이므로 모두는 영벡터를 포함한다는 것을 안다. 그러므로 $V \cap W$는 공집합이 아니다. $V \cap W$가 덧셈 하에서 닫혀있다는 것을 보이기 위해 $\mathbf{v}_1$와 $\mathbf{v}_2$을 $V \cap W$에서의 임의의 벡터라 하자. 그때 V와 W 모두는 U의 부분공간이므로 그들 모두는 덧셈 하에서 닫혀 있음을 안다. 그러므로 $\mathbf{v}_1$와 $\mathbf{v}_2$ 모두 V 안에 있으므로 그들의 합 $\mathbf{v}_1+\mathbf{v}_2$도 V 안에 있음이 틀림없다. 비슷하게 $\mathbf{v}_1+\mathbf{v}_2$는 $\mathbf{v}_1$와 $\mathbf{v}_2$가 모두 W 안에 있으므로 W 안에 있다. 그러나 이것은 $\mathbf{v}_1+\mathbf{v}_2$가 $V \cap W$ 안에 있음을 의미한다. 그러므로 $V \cap W$는 덧셈 하에서 닫혀있다. $V \cap W$가 스칼라 곱 하에서 닫혀있다는 것을 보이는 것은 (비슷한 방법) 여러분들에게 남긴다(연습문제 32을 보라). ■

참고 정리 4.6은 두 개의 부분공간들의 교집합은 부분공간이라는 것을 말한다. 연습문제 28에서 두 개의 부분공간의 합집합은(일반적으로) 부분공간이 아님을 보인다.

R^n의 부분공간

R^n은 벡터공간의 예들의 편리한 공급원이다. 그리고 이 절의 나머지 부분은 R^n의 부분공간을 찾는데 주어질 것이다.

[예제 6] R^2의 부분공간을 결정하는 것
이 두 부분집합 중 어떤 것이 R^2의 부분공간인가?
(a) $x+2y=0$으로서 주어지는 선분의 점들의 집합
(b) $x+2y=1$으로서 주어지는 선분의 점들의 집합

풀이 (a) x에 대해서 풀면 R^2의 한 점이 선분 $x+2y=0$ 위에 있다는 것은 그 점이 $(-2t, t)$, t는 임의의 실수, 형태로 주어질 수 있다는 것과 같다(그림 4.12를 보라).
이 집합이 덧셈 하에서 닫혀있다는 것을 보이기 위해서

$$\mathbf{v}_1=(-2t_1,\ t_1)\text{와}\quad \mathbf{v}_2=(-2t_2,\ t_2)$$

을 그 선분 위의 임의의 두 점들이라 하자. 그때 우리는

$$\begin{aligned}\mathbf{v}_1+\mathbf{v}_2&=(-2t_1,\ t_1)+(-2t_2,\ t_2)\\&=(-2(t_1+t_2),\ t_1+t_2)\\&=(-2t_3,\ t_3)\end{aligned}$$

를 얻는다. 여기서 $t_3=t_1+t_2$. 그러므로 $\mathbf{v}_1+\mathbf{v}_2$는 그 선분위에 놓이고 그 집합은 덧셈 하에 닫혀 있다. 비슷한 방법에서 그 집합이 스칼라 곱 하에서 닫혀있다는 것을 보일 수 있다. 그러므로 이 집합은 R^2의 부분공간이다.

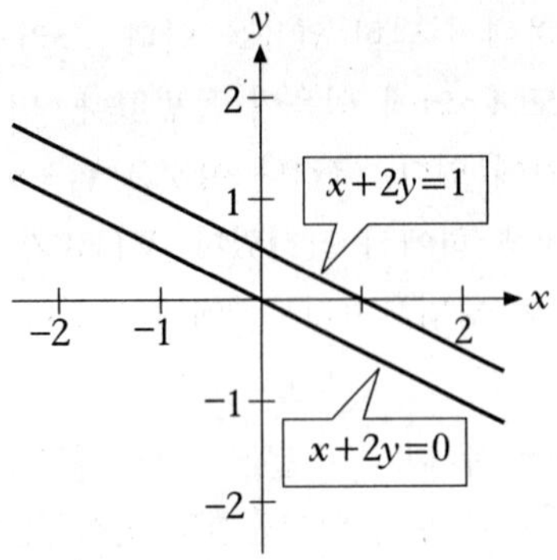

[그림 4.12]

(b) R^2의 이 집합은 모든 부분공간은 영벡터를 포함해야 하므로 그리고 영벡터 (0, 0)은 그 선분 위에 있지 않으므로 R^2의 부분공간이 아니다(그림 4.12를 보라). ◀

예제 6에서 두 선분 중에 R^2의 부분공간인 것은 원점을 통과하는 선분인 것이다. 이와 같은 것이 R^2의 부분공간을 특징지을 수 있다는 것을 알 수 있다. 즉 만일 W가 R^2의 부분 집합이라면 그때 W가 부분공간이면 뒤따르는 것 중의 하나는 사실이고 그 역도 역시 성립된다.

1. W는 오직 하나의 점 (0, 0)으로 되어 있다.
2. W는 원점을 통과하는 선분위의 모든 점들로 구성되어 있다.
3. W는 R^2의 모든 점들로 구성되어 있다.

이같은 세 개의 가능성들은 그림 4.13에서 그래프에서 보여질 수 있다.

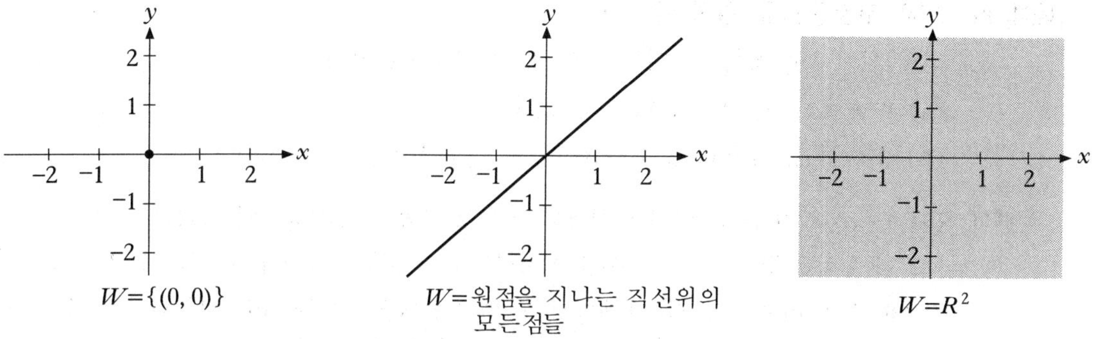

[그림 4.13]

[예제 7] 부분공간이 아닌 R^2의 부분집합

단위원 $x^2+y^2=1$ 위의 모든 점들로 구성된 R^2의 부분집합은 부분공간이 아니다.

풀이 R^2의 이 부분집합은 점 (1, 0)와 (0, 1)을 포함하나 그들의 합 (1, 1)은 포함 하지 않으므로(그림 4.14를 보라) 이 부분집합은 덧셈 하에서 닫혀 있지 않다. 그러므로 부분공간이 아니다.

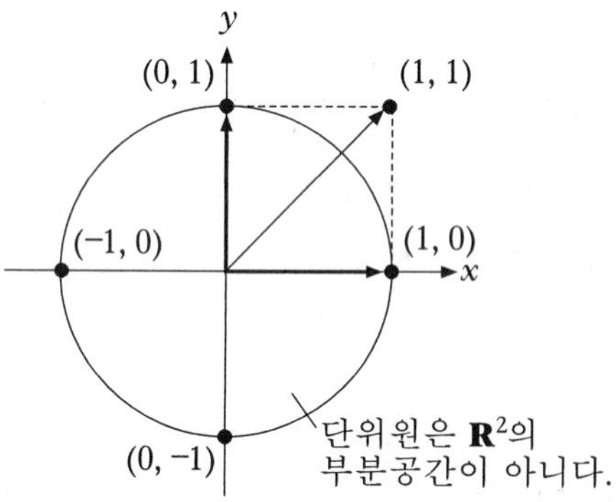

[그림 4.14] ◀

참고 그림 4.14에서 보여진 부분집합이 R^2의 부분공간이 아니라고 말할 수 있는 또 다른 방법은 그것이 영벡터 (원점)을 포함하지 않는다는 것을 유의하는 것에 의해서이다.

[예제 8] R^3의 부분공간을 결정하는 것

뒤따르는 부분 집합 중 어느 것이 R^3의 부분공간인가?

(a) $W=\{(x_1, x_2, 1)$: x_1와 x_2는 실수$\}$

(b) $W=\{(x_1, x_1+x_3, x_3)$: x_1와 x_2는 실수 $\}$

풀이 (a) $\mathbf{0}=(0, 0, 0)$은 W 안에 있지 않으므로 W는 R^3의 부분공간이 아니다.

(b) 이 집합은 영벡터 (0, 0, 0)을 포함하므로 공집합이 아니다. $\mathbf{v}=(v_1, v_1+v_3, v_3)$와 $\mathbf{u}=(u_1, u_1+u_3, u_3)$을 W에서의 두 벡터라 하자. 그리고 c는 임의의 실수라 하자. W가 다음과 같이 덧셈 하에서 닫혀 있음을 보여라.

$$\begin{aligned}\mathbf{v}+\mathbf{u}&=(v_1+u_1,\ v_1+v_3+u_1+u_3,\ v_3+u_3)\\&=(v_1+u_1,\ (v_1+u_1)+(v_3+u_3),\ v_3+u_3)\\&=(x_1,\ x_1+x_3,\ x_3)\end{aligned}$$

여기서 $x_1=v_1+u_1$ 그리고 $x_3=v_3+u_3$. 그러므로 $\mathbf{v}+\mathbf{u}$는 W 안에 있다. 다음은 W가 다음과 같이 스칼라 곱에 닫혀있음을 보이자.

$$\begin{aligned}c\mathbf{v}&=(cv_1,\ c(v_1+v_3),\ cv_3)\\&=(cv_1,\ cv_1+cv_3,\ cv_3)\\&=(x_1,\ x_1+x_3,\ x_3)\end{aligned}$$

여기서 $x_1=cv_1$ 그리고 $x_3=cv_3$. 그러므로 $c\mathbf{v}$는 W 안에 있다. 마지막으로 W는 덧셈, 스칼라 곱 하에서 닫혀 있으므로 W는 R^3의 부분공간이라 할 수 있다.

예제 8에서 각 부분집합의 그래프는 R^3에서 평면임을 유의하자. 하지만 부분공간인 유일한 부분집합은 원점을 통과하는 평면을 나타내는 부분집합이다(그림 4.15를 보라). ◀

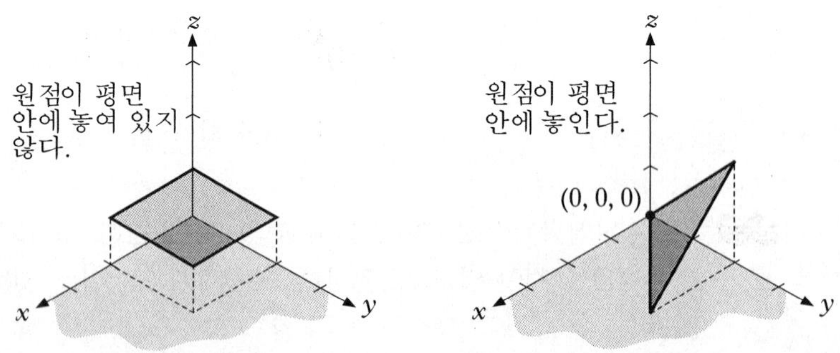

[그림 4.15]

일반적으로 R^3의 부분집합 W가 R^3의 부분공간이 (표준연산을 가진) 되기 위한 필요충분조건은 그것이 뒤따르는 형태들 중 하나인 것이다는 것은 보여질 수 있다.

1. W는 하나의 점 (0, 0, 0)로 되어있다.
2. W는 원점을 통과하는 선분위의 모든 점들로 되어있다.
3. W는 원점을 통과하는 평면에서의 모든 점들로 되어있다.
4. W는 R^3의 모든 점들로 되어있다.

연습문제 4.3(벡터 공간의 부분 공간)

1-6에서 W가 V의 부분공간임을 증명하라. 각 경우에서 V는 표준연산을 갖는다고 가정하자.

1. $W=\{(x_1, x_2, x_3, 0): x_1, x_2, x_3$는 실수$\}$
$V=R^4$

2. $W=\{(x, y, 2x-3y): x$와 y는 실수$\}$
$V=R^3$

3. W는 $\begin{bmatrix} 0 & a \\ b & 0 \end{bmatrix}$ 형태의 모든 2×2 행렬들의 집합
$V=M_{2,2}$

4. W는 $\begin{bmatrix} a & b \\ a+b & 0 \\ 0 & c \end{bmatrix}$ 형태의 모든 3×2 행렬들의 집합
$V=M_{3,2}$

5. (**미적분학**) W는 [0, 1]에서 연속인 모든 함수들의 집합. V는 [0, 1] 위에서 적분가능한 모든 함수들의 집합

6. (**미적분학**) W는 [0, 1]에서 미분가능한 모든 함수들의 집합. V는 [0, 1]에서 연속인 모든 함수들의 집합

예제 7-12에서 W는 벡터공간의 부분공간이 아니다. 벡터 부분공간에 대한 판별법(정리 4.5)에 어긋나는 특별한 예를 줌으로 해서 이것을 증명하라.

7. W는 R^3의 벡터들 중에서 세 번째 성분을 -1로 가지는 모든 벡터들의 집합

8. W는 성분들의 값이 모두 유리수를 갖는 R^2의 모든 벡터들의 집합

9. W는 $C(-\infty, \infty)$ 에서의 모든 음이 아닌 함수들의 집합

10. W는 R^3의 벡터들의 성분들이 음이 아닌 값을 갖는 모든 벡터들의 집합

11. W는 영 행렬식을 갖는 $M_{n,n}$에서의 모든 행렬들의 집합

12. W는 $A^2=A$와 같은 $M_{n,n}$에서의 모든 행렬들의 집합

13. $C(-\infty, \infty)$의 다음의 부분집합들 중 $C(-\infty\infty)$의 부분공간은 어느 것인가?

(a) $f(x) \geq 0$: 모든 음이 아닌 함수들의 집합

(b) $f(-x)=f(x)$: 모든 우함수들의 집합

(c) $f(-x)=-f(x)$: 모든 기함수들의 집합

(d) $f(x)=c$: 모든 상수함수들의 집합

(e) $f(0)=0$을 만족하는 모든 함수들의 집합

(f) $f(0)=1$을 만족하는 모든 함수들의 집합

14. $M_{n,n}$의 다음의 부분집합 중에서 표준연산에 대해 $M_{n,n}$의 부분공간인 것은?

(a) 모든 $n \times n$의 상 삼각행렬들의 집합

(b) 정수의 원소들을 갖는 모든 $n \times n$ 행렬들의 집합

(c) 한 주어진 행렬 B와 결합법칙이 성립하는 모든 $n \times n$ 행렬 A 의 집합

(d) 모든 $n \times n$ 특이행렬들의 집합

(e) 모든 $n \times n$ 가역행렬들의 집합

(f) 더해서 영이 되는 원소를 가진 모든 $n \times n$ 행렬들의 집합

15-20에서 집합 W가 표준연산에 대해서 R^3의 부분공간인지를 결정하라. 당신의 답의 정당성을 보이라.

15. $W=\{(x_1, 0, x_3)$: x_1과 x_3는 실수$\}$

16. $W=\{(x_1, x_2, 4)$: x_1과 x_2는 실수$\}$

17. $W=\{(a, b, a+2b)$: a와 b는 실수$\}$

18. $W=\{(s, s-t, t)$: s와 t는 실수$\}$

19. $W=\{(x_1, x_2, x_1x_2)$: x_1와 x_2는 실수$\}$

20. $W=\left\{\left(x_1, \frac{1}{x_1}, x_3\right)\right.$: x_1와 x_3는 실수, $\left. x_1 \neq 0\right\}$

진실 또는 거짓? 21과 22에서 각 문장이 진실인지 또는 거짓인지를 결정하라. 만일 그 문장이 진실이라면 그 이유를 주거나 교재에서의 적절한 문장을 인용하라. 만일 거짓이라면 그 문장이 모든 경우에서 사실이 아니라는 것을 보이는 예를 주거나 교재에서의 적절한 문장을 인용하라.

21. (a) 모든 벡터공간 V는 적어도 하나의 영 부분공간인 부분공간을 포함한다.

(b) 만일 V와 W 모두가 벡터공간 U의 부분공간이라면 그때 V와 W의 교집합도 역시 부분공간이다.

(c) 만일 U, V와 W가 W가 V의 부분공간이고 U는 V의 부분공간인 벡터공간들이라면 그때 $W=U$

22. (a) 모든 벡터공간 V는 영 부분공간과 그 자신을 두 개의 진 부분공간으로 포함한다.

(b) W가 R^2의 부분공간이면 W는 벡터 (0, 0)를 포함해야 한다.

(c) 만일 W와 U가 벡터공간 V의 부분공간이라면 그때 W와 U의 합집합은 V의 부분공간이다.

23. **안내된 증명** 공집합이 아닌 W가 벡터공간 V의 부분공간이 될 필요충분조건은 $a\mathbf{x}+b\mathbf{y}$가 스칼라 a와 b 그리고 W 안의 모든 벡터 $\mathbf{x}$와 $\mathbf{y}$에 대해 W의 원소인 것이다. 증명을 시작하자면 충분조건증명에서 W가 부분공간이라고 가정 그리고 $a\mathbf{x}+b\mathbf{y}$가 W 안에 놓임을 닫힘 공리를 사용해서 보여라. 필요조건 증명에서는 $a\mathbf{x}+b\mathbf{y}$가 모든 실수 a와 b 그리고 W의 원소 $\mathbf{x}$와 $\mathbf{y}$에 대해 W의 원소라고 가정하고 W가 덧셈과 스칼라 곱에 대해서 닫혀있음을 증명하라.

(i) 만일 W가 V의 부분공간이라면 그때 $a\mathbf{x}$와 $b\mathbf{y}$가 W 안에 있음을 보이기 위해 스칼라 곱의 닫힘을 이용하라. 그리고 요구된 결과를 얻기 위해 덧셈의 닫힘을 사용하라.

(ii) 역으로 $a\mathbf{x}+b\mathbf{y}$가 W 안에 있다고 가정하라. 특별한 값을 교묘히 a와 b에 주므로 해서 W가 덧셈과 스칼라 곱하에서 닫혀있음을 보여라.

24. $\mathbf{x}$와 $\mathbf{y}$ 그리고 $\mathbf{z}$을 벡터공간 V의 벡터들이라 하자. $\mathbf{x}$, $\mathbf{y}$, 그리고 $\mathbf{z}$의 모든 일차결합들의 집합 $W=\{a\mathbf{x}+b\mathbf{y}+c\mathbf{z}$: a, b, 그리고 c는 스칼라$\}$가 V의 부분공간임을 보여라. 이 부분공간을 $\{\mathbf{x}, \mathbf{y}, \mathbf{z}\}$의 생성이라 부른다.

25. A를 고정된 2×3 행렬이라 하자. 집합

$$W=\left\{\mathbf{x}\in R^3:\ A\mathbf{x}=\begin{bmatrix}1\\2\end{bmatrix}\right\}$$

가 R^3의 부분공간이 아님을 증명하라.

26. A를 고정된 $m\times n$ 행렬이라 하자. 집합 $W=\{\mathbf{x}\in R^n : A\mathbf{x}=\mathbf{0}\}$가 R^n의 부분공간임을 증명하라.

27. W를 벡터공간 V의 부분공간이라 하자. V 안의 영벡터가 역시 W 안의 영벡터임을 증명하라.

28. 벡터공간 V의 두 개의 부분공간들의 합집합이 필수적으로 V의 부분공간이 될 필요가 없는 예를 주어라.

29. A를 고정된 2×2 행렬이라 하자. 집합 $W=\{X : XA=AX\}$가 $M_{2,2}$의 부분공간임을 증명하라.

30. (**미적분학**) 집합 $S=\left\{f\in C[0,\ 1] : \int_0^1 f(x)\,dx=0\right\}$가 $C[0,\ 1]$의 부분공간인지를 결정하라. 당신의 답을 증명하라.

31. V와 W를 벡터공간 U의 두 부분공간들이라 하자. 집합 $V+W=\{\mathbf{u} : \mathbf{u}=\mathbf{v}+\mathbf{w},\ \mathbf{v}\in V$와 $\mathbf{w}\in W\}$가 U의 부분공간임을 증명하라.
만일 V와 W가 $U=R^2$의 다음과 같은 부분공간들이라면 $V+W$를 묘사하라.
$V=\{(x,\ 0) : x$는 실수$\}$ 그리고 $W=\{(0,\ y) : y$는 실수$\}$.

32. 벡터공간의 두 부분공간들의 교집합이 스칼라 곱하에서 닫혀있음을 보이므로 해서 정리 4.6의 증명을 완성하라.

4.4 생성집합과 일차 독립

이 절에서는 벡터공간의 각 벡터를 공간에서의 선택된 벡터들의 일차결합으로서 표현하는 과정을 발전시키자.

벡터들의 일차결합의 정의 :
벡터공간 V 안의 벡터 $\mathbf{v}$는 만일 $\mathbf{v}$가

$$\mathbf{v}=c_1\mathbf{u}_1+c_2\mathbf{u}_2+\cdots+c_k\mathbf{u}_k$$

형태로서 쓰여질 수 있다면 여기서 $c_1,\ c_2,\ \cdots,\ c_k$는 스칼라들, V 안 $\mathbf{u}_1,\ \mathbf{u}_2,\ \cdots,\ \mathbf{u}_k$ 벡터들의 일차결합이라고 불려진다.

종종 주어진 집합에서 하나 또는 그 이상 벡터들이 그 집합의 다른 벡터들의 일차결합으로서 쓰여 질 수 있다. 예제 1, 2 그리고 3은 그 가능성을 보여준다.

[예제 1] 일차결합의 예들

(a) R^3에서의 벡터들의 집합에 대해서,

$$S=\{\overset{\mathbf{v}_1}{(1,\ 3,\ 1)},\ \overset{\mathbf{v}_2}{(0,\ 1,\ 2)},\ \overset{\mathbf{v}_3}{(1,\ 0,\ -5)}\}$$

$\mathbf{v}_1=3\mathbf{v}_2+\mathbf{v}_3=3(0,\ 1,\ 2)+(1,\ 0,\ -5)=(1,\ 3,\ 1)$이므로 $\mathbf{v}_1$은 $\mathbf{v}_2$와 $\mathbf{v}_3$의 일차결합이다.

(b) $M_{2,2}$에서의 벡터들의 집합에 대해서

$$S=\left\{\overset{\mathbf{v}_1}{\begin{bmatrix}0 & 8\\ 2 & 1\end{bmatrix}},\ \overset{\mathbf{v}_2}{\begin{bmatrix}0 & 2\\ 1 & 0\end{bmatrix}},\ \overset{\mathbf{v}_3}{\begin{bmatrix}-1 & 3\\ 1 & 2\end{bmatrix}},\ \overset{\mathbf{v}_4}{\begin{bmatrix}-2 & 0\\ 1 & 3\end{bmatrix}}\right\}$$

이면

$$\begin{aligned}\mathbf{v}_1&=\mathbf{v}_2+2\mathbf{v}_3-\mathbf{v}_4\\ &=\begin{bmatrix}0 & 2\\ 1 & 0\end{bmatrix}+2\begin{bmatrix}-1 & 3\\ 1 & 2\end{bmatrix}-\begin{bmatrix}-2 & 0\\ 1 & 3\end{bmatrix}\\ &=\begin{bmatrix}0 & 8\\ 2 & 1\end{bmatrix}\end{aligned}$$

이므로 $\mathbf{v}_1$은 $\mathbf{v}_2$, $\mathbf{v}_3$, $\mathbf{v}_4$의 일차 결합이다.

예제 1에서 집합 S에서 벡터들의 하나가 다른 벡터들의 일차결합임을 보이는 것은 쉽다. 왜냐면 일차결합을 형성하기 위해서 적절한 상수들이 주어졌었기 때문이다. 다음 예제에서 그 상수들을 발견하는 과정이 보여질 것이다.

[예제 2] 일차결합을 발견하는 것

벡터 $\mathbf{w}=(1,\ 1,\ 1)$을 집합 S에서의 벡터들의 일차결합으로서 쓰라.

$$S=\{\overset{\mathbf{v}_1}{(1,\ 2,\ 3)},\ \overset{\mathbf{v}_2}{(0,\ 1,\ 2)},\ \overset{\mathbf{v}_3}{(-1,\ 0,\ 1)}\}$$

풀이

$$\begin{aligned}(1,\ 1,\ 1)&=c_1(1,\ 2,\ 3)+c_2(0,\ 1,\ 2)+c_3(-1,\ 0,\ 1)\\ &=(c_1-c_3,\ 2c_1+c_2,\ 3c_1+2c_2+c_3)\end{aligned}$$

와 같은 스칼라 c_1, c_2, 그리고 c_3을 구할 필요가 있다. 일치하는 성분들을 같게 놓으면 다음과 같은 선형 연립방정식을 얻는다.

$$\begin{aligned} c_1 - \quad\quad c_3 &= 1 \\ 2c_1 + c_2 \quad\quad &= 1 \\ 3c_1 + 2c_2 + c_3 &= 1 \end{aligned}$$

가우스 조던 소거법을 사용하면 이 방정식이 무한개의 해를 갖는다는 것을 알 수 있다. 그들은

$$c_1 = 1 + t, \quad c_2 = -1 - 2t, \quad c_3 = t$$

갖는다. 한 해를 얻기 위해서 $t=1$을 놓자. 그때 $c_3=1$, $c_2=-3$, 그리고 $c_1=2$ 그리고

$$\mathbf{w} = 2\mathbf{v}_1 - 3\mathbf{v}_2 + \mathbf{v}_3$$

을 갖는다. t의 다른 값의 선택은 $\mathbf{v}_1$, $\mathbf{v}_2$ 그리고 $\mathbf{v}_3$의 일차결합으로서의 $\mathbf{w}$을 쓰는 다른 방법을 준다. ◀

[예제 3] 일차결합을 발견하는 것

만일 가능하다면 벡터 $\mathbf{w} = (1, -2, 2)$을 예제 2에서 주어진 집합 S에서의 벡터들의 일차결합으로서 쓰라.

풀이 예제 2에서의 과정을 따르면 다음과 같은 연립방정식을 얻는다.

$$\begin{aligned} c_1 - \quad\quad c_3 &= 1 \\ 2c_1 + c_2 \quad\quad &= -2 \\ 3c_1 + 2c_2 + c_3 &= 2 \end{aligned}$$

이 연립방정식의 부과행렬을 구하면

$$\begin{bmatrix} 1 & 0 & -1 & 1 \\ 0 & 1 & 2 & -4 \\ 0 & 0 & 0 & 7 \end{bmatrix}$$

세 번째 행으로부터 이 연립방정식이 해를 갖지 않는다는 것을 알 수 있다. 결과적으로 $\mathbf{w}$는 $\mathbf{v}_1$, $\mathbf{v}_2$와 $\mathbf{v}_3$의 일차결합으로서 쓸 수 없다. ◀

생성집합

주어진 벡터공간의 모든 벡터가 주어진 집합 S에서의 벡터들의 일차결합으로서 쓰여질 수 있다면 그때 S를 그 벡터공간의 생성집합이라고 한다.

벡터공간의 생성집합의 정의

$S=\{\mathbf{v}_1, \mathbf{v}_2, \cdots, \mathbf{v}_k\}$을 벡터공간 V의 부분집합이라 하자. V 안의 모든 벡터가 S 안의 벡터들의 일차결합으로서 쓰여질 수 있다면 집합 S을 V의 생성집합이라 부른다. 그와 같은 경우에 S가 V를 생성한다고 말한다.

[예제 4] 생성집합의 예제들

(a) 집합 $S=\{(1, 0, 0), (0, 1, 0), (0, 0, 1)\}$는 R^3의 임의의 벡터 $\mathbf{u}=(u_1, u_2, u_3)$가

$$\begin{aligned}\mathbf{u}&=u_1(1, 0, 0)+u_2(0, 1, 0)+u_3(0, 0, 1)\\&=(u_1, u_2, u_3)\end{aligned}$$

로서 쓰여질 수 있기 때문에 R^3을 생성한다.

(b) 집합 $S=\{1, x, x^2\}$는 P_2에서의 임의의 다항식 $p(x)=a+bx+cx^2$는

$$\begin{aligned}p(x)&=a(1)+b(x)+c(x^2)\\&=a+bx+cx^2\end{aligned}$$

로서 쓰여질 수 있으므로 P_2을 생성한다.

예제 4에서 주어진 생성집합은 R^3 그리고 P_2의 표준생성집합이라고 부른다. (우리는 다음 절에서 표준생성집합에 대해서 더 배울 것이다.) 다음 예제에서 우리는 R^3의 비표준생성집합을 볼 것이다.

[예제 5] R^3의 생성집합

집합 $S=\{(1, 2, 3), (0, 1, 2), (-2, 0, 1)\}$가 R^3을 생성함을 보여라.

풀이 $\mathbf{u}=(u_1, u_2, u_3)$을 R^3의 임의의 벡터라 하자. 그때

$$\begin{aligned}(u_1, u_2, u_3)&=c_1(1, 2, 3)+c_2(0, 1, 2)+c_3(-2, 0, 1)\\&=(c_1-2c_3, 2c_1+c_2, 3c_1+2c_2+c_3)\end{aligned}$$

을 만족하는 c_1, c_2, 그리고 c_3을 발견할 필요가 있다.

이 벡터 방정식으로부터 아래와 같은 연립방정식을 얻을 수 있다.

$$c_1 - \qquad 2c_3=u_1$$

$$2c_1 + c_2 \qquad = u_2$$
$$3c_1 + 2c_2 + c_3 = u_3$$

이 연립방정식의 계수행렬의 행렬식은 영이 아니다. 그리고 이 연립방정식이 유일한 해를 갖는다는 것은 3.3절에서 주어진 동치 조건들로부터 알 수 있다. 그러므로 R^3에서의 임의의 벡터는 S의 벡터들의 일차결합으로서 쓰여질 수 있다. 그러므로 집합 S가 R^3를 생성한다고 결론낼 수 있다. ◀

[예제 6] R^3을 생성하지 않는 집합

예제 3으로부터 집합

$$S = \{(1, 2, 3), (0, 1, 2), (-1, 0, 1)\}$$

는 $\mathbf{w} = (1, -2, 2)$가 R^3 안에 있고 S에서의 벡터들의 일차결합으로서 표현할 수 없기 때문에 R^3을 생성하지 않는다는 것을 알 수 있다.

예제 5와 6에서 벡터들의 집합을 비교해 보면 그 집합들은 세 번째 벡터에서 조금의 차이점을 제외하고 같다는 것에 유의하라.

$$S_1 = \{(1, 2, 3), (0, 1, 2), (-2, 0, 1)\} \quad \text{예제 5}$$
$$S_2 = \{(1, 2, 3), (0, 1, 2), (-1, 0, 1)\} \quad \text{예제 6}$$

하지만 집합 S_1는 R^3을 생성하나 집합 S_2는 그렇지 않으므로 그 차이점은 아주 중요하다. 이 차이점에 대한 이유는 그림 4.16에서 보여질 수 있다. S_2에서의 벡터들은 한 공통된 평면에 놓이나 S_1에서의 벡터들은 그렇지 않다.

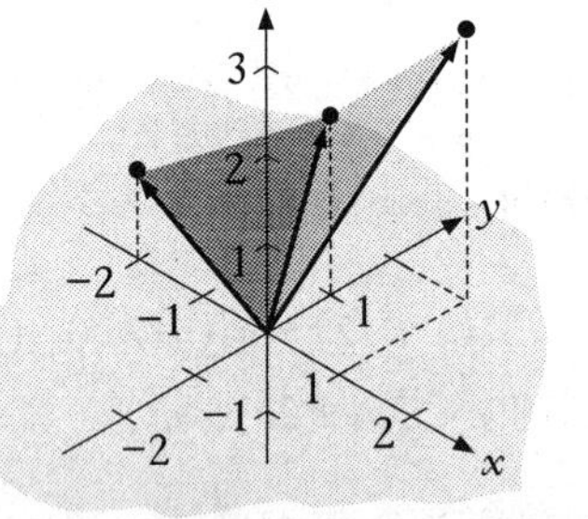

$S_1 = \{(1, 2, 3), (0, 1, 2), (-2, 0, 1)\}$
S_1의 벡터들은 한 평면위에 놓이지 않는다.

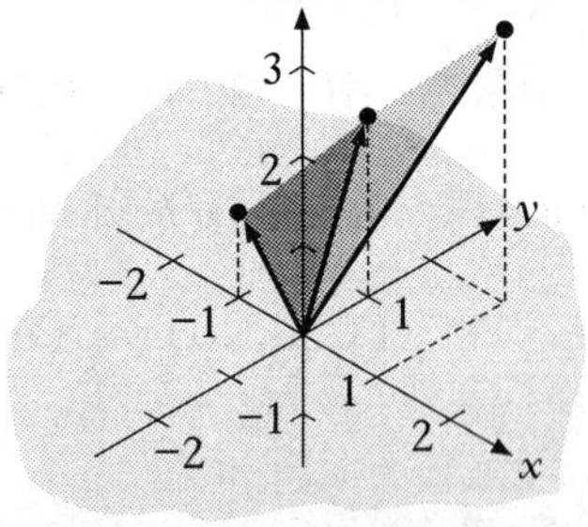

$S_2 = \{(1, 2, 3), (0, 1, 2), (-1, 0, 1)\}$
S_2의 벡터들은 한 평면위에 놓인다.

[그림 4.16]

비록 집합 S_2가 R^3의 모두를 생성하지 않지만 R^3의 부분공간을 생성한다. 즉 S_2의 세 벡터들이 놓여있는 그 평면. 이같은 부분공간을 뒤따르는 정의에서 지적하는 것처럼 S_2의 생성이라 부른다.

집합의 생성의 정의

만일 $S=\{\mathbf{v}_1, \mathbf{v}_2, \cdots, \mathbf{v}_k\}$이 벡터공간 V에서의 벡터들의 집합이라면 그때 S의 생성은 S에서의 벡터들의 모든 일차결합들의 집합이다.

$$\text{span}(S)=\{c_1\mathbf{v}_1+c_2\mathbf{v}_2+\cdots+c_k\mathbf{v}_k : c_1, c_2, \cdots, c_k\text{은 실수}\}$$

S의 생성은 $\text{span}(S)$나 $\text{span}\{\mathbf{v}_1, \mathbf{v}_2, \cdots, \mathbf{v}_k\}$으로 쓰여진다. 만일 $\text{span}(S)=V$이면 V는 $\{\mathbf{v}_1, \mathbf{v}_2, \cdots, \mathbf{v}_k\}$에 의해서 생성된다. 또는 S는 V를 생성한다고 말한다.

뒤따르는 정리에서 벡터공간 V의 임의의 유한개의 공집합이 아닌 부분집합의 생성은 V의 부분공간이다는 것을 보일 것이다.

정리 4.7 Span(s)은 V의 부분공간이다.

만일 $S=\{\mathbf{v}_1, \mathbf{v}_2, \cdots, \mathbf{v}_k\}$가 벡터공간 V의 벡터들의 집합이라면 그때 $\text{span}(S)$은 V의 부분공간이다. 더구나 $\text{span}(S)$은 S를 포함하는 V의 모든 다른 부분공간이 $\text{span}(S)$을 포함해야 한다는 의미에서 S를 포함하는 V의 가장 작은 부분공간이다.

증명 $\text{span}(S)$, $\mathbf{v}_1, \mathbf{v}_2, \mathbf{v}_3, \cdots, \mathbf{v}_k$의 모든 일차결합들의 집합이 V의 부분공간인 것을 보이기 위해 그것이 덧셈과 스칼라 곱 하에서 닫혀있음을 보이자. $\text{span}(S)$에서의 아래와 같은 임의의 두 벡터 $\mathbf{u}$와 $\mathbf{v}$을 생각해 보자.

$$\mathbf{u}=c_1\mathbf{v}_1+c_2\mathbf{v}_2+\cdots+c_k\mathbf{v}_k$$
$$\mathbf{v}=d_1\mathbf{v}_1+d_2\mathbf{v}_2+\cdots+d_k\mathbf{v}_k$$

여기서 $c_1, c_2, \cdots, c_k$와 $d_1, d_2, \cdots, d_k$는 스칼라들이다. 그때

$$\mathbf{u}+\mathbf{v}=(c_1+d_1)\mathbf{v}_1+(c_2+d_2)\mathbf{v}_2+\cdots+(c_k+d_k)\mathbf{v}_k$$

그리고

$$c\mathbf{u}=(cc_1)\mathbf{v}_1+(cc_2)\mathbf{v}_2+\cdots+(cc_k)\mathbf{v}_k$$

이것은 $\mathbf{u}+\mathbf{v}$와 $c\mathbf{u}$가 S 안에서 벡터들의 일차결합으로서 쓰여질 수 있기 때문에 역시 span(S)안에 있다. 그러므로 span(S)은 V의 부분공간이다. span(S)이 S를 포함하는 V의 가장 작은 부분공간이라는 것의 증명은 여러분들에게 맡긴다.(연습문제 40을 보라). ■

일차종속과 일차독립

벡터공간 V에서의 벡터들의 주어진 집합 $S=\{\mathbf{v}_1, \mathbf{v}_2, \mathbf{v}_3, \cdots, \mathbf{v}_k\}$에 대해서 벡터방정식

$$c_1\mathbf{v}_1+c_2\mathbf{v}_2+\cdots+c_k\mathbf{v}_k=\mathbf{0}$$

은 늘 자명한 해

$$c_1=0,\ c_2=0,\ \cdots,\ c_k=0.$$

을 갖는다. 하지만 종종 역시 자명하지 않는 해들도 갖는다. 예로 예제 1(a)에서 집합

$$S=\{\overset{\mathbf{v}_1}{(1, 3, 1)}, \overset{\mathbf{v}_2}{(0, 1, 2)}, \overset{\mathbf{v}_3}{(1, 0, -5)}\}$$

에서 벡터 $\mathbf{v}_1$은 뒤따르는 것처럼 다른 두 벡터의 일차결합으로서 쓰여질 수 있다는 것을 보았다.

$$\mathbf{v}_1=3\mathbf{v}_2+\mathbf{v}_3$$

그러므로 벡터방정식

$$c_1\mathbf{v}_1+c_2\mathbf{v}_2+c_3\mathbf{v}_3=\mathbf{0}$$

은 그 계수들이 모두 영이 아닌 자명하지 않는 해, 즉

$$c_1=1,\quad c_2=-3,\quad c_3=-1$$

을 갖는다. 이같은 특징은 집합 S가 일차종속이라고 말하므로 해서 묘사될 수 있다. 오직 하나의 자명한 해 $(c_1=c_2=c_3=0)$만을 갖는다면 그때 집합 S는 일차독립이 될 것이다. 이같은 용어는 선형대수학의 학습에서 필수적이다. 그리고 뒤따르는 정의에서 형식적으로 서술되어진다.

일차종속과 일차독립의 정의

벡터공간 V의 벡터들의 집합 $S=\{\mathbf{v}_1, \mathbf{v}_2, \cdots, \mathbf{v}_k\}$는 만일 벡터방정식

$$c_1\mathbf{v}_1+c_2\mathbf{v}_2+\cdots+c_k\mathbf{v}_k=\mathbf{0}$$

이 오직 자명한 해 $c_1=0,\ c_2=0,\ \cdots,\ c_k=0$을 갖는다면 일차독립이라고 부른다. 만일 역시 자명하지 않는 해를 갖는다면 그때 S는 일차종속이라 부른다.

[예제 7] 일차종속집합의 예들

(a) R^2 안의 집합 $S=\{(1,\ 2),\ (2,\ 4)\}$는 $-2(1,\ 2)+(2,\ 4)=(0,\ 0)$이므로 일차종속이다.

(b) R^2 안의 집합 $S=\{(1,\ 0),\ (0,\ 1),\ (-2,\ 5)\}$는 $2(1,\ 0)-5(0,\ 1)+(-2,\ 5)=(0,\ 0)$이므로 일차종속이다.

(c) R^2 안의 집합 $S=\{(0,\ 0),\ (1,\ 2)\}$는 $1(0,\ 0)+0(1,\ 2)=(0,\ 0)$이므로 일차종속이다.

다음 예제는 벡터들의 집합이 일차종속인지 일차독립인지를 판별할 수 있는 과정을 보여준다.

[예제 8] 일차독립의 판별

R^3에서의 벡터들의 집합이 일차독립인지 일차종속인지를 결정하라.

$$S=\{\overset{\mathbf{v}_1}{(1,\ 2,\ 3)},\ \overset{\mathbf{v}_2}{(0,\ 1,\ 2)},\ \overset{\mathbf{v}_3}{(-2,\ 0,\ 1)}\}$$

풀이 일차독립인지 또는 일차종속인지를 판별하기 위해서 벡터방정식

$$c_1\mathbf{v}_1+c_2\mathbf{v}_2+c_3\mathbf{v}_3=\mathbf{0}$$

을 형성해라. 만일 이 방정식의 유일한 해가

$$c_1=c_2=c_3=0$$

이면 그때 집합 S는 일차독립이다. 그렇지 않으면 S는 일차종속이다. 이 방정식을 전개하면

$$c_1(1,\ 2,\ 3)+c_2(0,\ 1,\ 2)+c_3(-2,\ 0,\ 1)=(0,\ 0,\ 0)$$

$$(c_1 - 2c_3,\ 2c_1 + c_2,\ 3c_1 + 2c_2 + c_3) = (0,\ 0,\ 0).$$

이것으로부터 c_1, c_2와 c_3에서 다음과 같은 선형 동차 연립방정식을 얻는다.

$$\begin{aligned} c_1 \quad\ \ - 2c_3 &= 0 \\ 2c_1 + \ c_2 \qquad\ &= 0 \\ 3c_1 + 2c_2 + \ c_3 &= 0 \end{aligned}$$

이 연립방정식의 부과행렬은 가우스 조던 소거법에 의해서 다음과 같이 되어진다.

$$\begin{bmatrix} 1 & 0 & -2 & 0 \\ 2 & 1 & 0 & 0 \\ 3 & 2 & 1 & 0 \end{bmatrix} \rightarrow \begin{bmatrix} 1 & 0 & 0 & 0 \\ 0 & 1 & 0 & 0 \\ 0 & 0 & 1 & 0 \end{bmatrix}$$

이것은 유일한 해가 자명함을 보인다.

$$c_1 = c_2 = c_3 = 0$$

그러므로 S는 일차독립이다. ◀

예제 8에서 보여진 과정들은 다음과 같이 요약된다.

일차독립과 일차종속의 판별

$S = \{\mathbf{v}_1,\ \mathbf{v}_2,\ \cdots,\ \mathbf{v}_k\}$을 벡터공간 V에서의 벡터들의 집합이라 하자.

S가 일차독립인지 또는 일차종속인지를 결정하기 위해 뒤따르는 과정을 하라.

1. 벡터방정식 $c_1\mathbf{v}_1 + c_2\mathbf{v}_2 + \cdots + c_k\mathbf{v}_k = \mathbf{0}$으로부터 변수 c_1, c_2, $\cdots$ 그리고 c_k에서 선형동차연립방정식을 쓰라.
2. 이 연립방정식이 유일한 해를 갖는지를 결정하기 위해 가우스 소거법을 사용하라.
3. 만일 이 연립방정식이 오직 자명한 해만을 갖는다면, $c_1 = 0$, $c_2 = 0$, $\cdots$, $c_k = 0$, 그 때 집합 S는 일차독립이다. 만일 그 연립방정식이 역시 자명하지 않는 해를 갖는다면 그 때 S는 일차종속이다.

[예제 9] 일차독립의 판별

P_2에서의 벡터들의 집합이 일차독립인지 일차종속인지를 결정하라.

$$S = \{\overset{\mathbf{v}_1}{1+x-2x^2},\ \overset{\mathbf{v}_2}{2+5x-x^2},\ \overset{\mathbf{v}_3}{x+x^2}\}$$

풀이 방정식 $c_1\mathbf{v}_1 + c_2\mathbf{v}_2 + c_3\mathbf{v}_3 = \mathbf{0}$을 전개하면

$$c_1(1+x-2x^2) + c_2(2+5x-x^2) + c_3(x+x^2) = 0 + 0x + 0x^2$$
$$(c_1+2c_2) + (c_1+5c_2+c_3)x + (-2c_1-c_2+c_3)x^2 = 0 + 0x + 0x^2$$

x의 같은 차수의 일치하는 계수들을 같게 놓으면 c_1, c_2, 그리고 c_3에서 다음과 같은 선형동차 연립방정식을 얻는다.

$$\begin{aligned} c_1 + 2c_2 \phantom{{}+c_3} &= 0 \\ c_1 + 5c_2 + c_3 &= 0 \\ -2c_1 - c_2 + c_3 &= 0 \end{aligned}$$

이 연립방정식의 부과행렬은 뒤따르는 것처럼 가우스 소거법에 의해서 다음과 같이 된다.

$$\begin{bmatrix} 1 & 2 & 0 & 0 \\ 1 & 5 & 1 & 0 \\ -2 & -1 & 1 & 0 \end{bmatrix} \rightarrow \begin{bmatrix} 1 & 2 & 0 & 0 \\ 0 & 1 & \frac{1}{3} & 0 \\ 0 & 0 & 0 & 0 \end{bmatrix}$$

이것은 이 연립방정식이 무한개의 해를 갖는다는 것을 의미한다. 그러므로 이 연립방정식은 자명하지 않은 해를 가짐에 틀림없다. 그러므로 집합 S는 일차종속이라고 결론낼 수 있다. 하나의 자명하지 않는 해는

$$c_1 = 2, \quad c_2 = -1, \quad \text{그리고} \quad c_3 = 3$$

이고 이것은 자명하지 않는 일차결합

$$(2)(1+x-2x^2) + (-1)(2+5x-x^2) + (3)(x+x^2) = 0$$

을 준다. ◀

[예제 10] 일차독립의 판별

$M_{2,2}$에서의 벡터들의 집합이 일차독립인지 또는 일차종속인지를 결정하라.

$$S = \left\{ \overset{\mathbf{v}_1}{\begin{bmatrix} 2 & 1 \\ 0 & 1 \end{bmatrix}},\ \overset{\mathbf{v}_2}{\begin{bmatrix} 3 & 0 \\ 2 & 1 \end{bmatrix}},\ \overset{\mathbf{v}_3}{\begin{bmatrix} 1 & 0 \\ 2 & 0 \end{bmatrix}} \right\}$$

풀이 방정식

$$c_1\mathbf{v}_1+c_2\mathbf{v}_2+c_3\mathbf{v}_3=\mathbf{0}$$

으로부터 우리는

$$c_1\begin{bmatrix}2&1\\0&1\end{bmatrix}+c_2\begin{bmatrix}3&0\\2&1\end{bmatrix}+c_3\begin{bmatrix}1&0\\2&0\end{bmatrix}=\begin{bmatrix}0&0\\0&0\end{bmatrix}$$

이것으로부터 c_1, c_2 그리고 c_3에서 뒤따르는 선형연립방정식을 얻는다.

$$\begin{aligned}2c_1+3c_2+\ c_3&=0\\ c_1\qquad\qquad&=0\\ 2c_2+2c_3&=0\\ c_1+\ c_2\qquad&=0\end{aligned}$$

가우스 소거법을 사용하면 이 연립방정식의 부과행렬은 다음과 같이 된다.

$$\begin{bmatrix}2&3&1&0\\1&0&0&0\\0&2&2&0\\1&1&0&0\end{bmatrix}\to\begin{bmatrix}1&0&0&0\\0&1&0&0\\0&0&1&0\\0&0&0&0\end{bmatrix}$$

그러므로 이 연립방정식은 오직 자명한 해만을 가진다. 그러므로 집합 S는 일차독립이라고 결론낼 수 있다. ◀

[예제 11] 일차독립의 판별

$M_{4,1}$에서 벡터들의 집합이 일차독립인지 또는 일차종속인지를 결정하라.

$$S=\left\{\overset{\mathbf{v}_1}{\begin{bmatrix}1\\0\\-1\\0\end{bmatrix}},\overset{\mathbf{v}_2}{\begin{bmatrix}1\\1\\0\\2\end{bmatrix}},\overset{\mathbf{v}_3}{\begin{bmatrix}0\\3\\1\\-2\end{bmatrix}},\overset{\mathbf{v}_4}{\begin{bmatrix}0\\1\\-1\\2\end{bmatrix}}\right\}$$

풀이 방정식

$$c_1\mathbf{v}_1+c_2\mathbf{v}_2+c_3\mathbf{v}_3+c_4\mathbf{v}_4=\mathbf{0}$$

로부터

$$c_1\begin{bmatrix}1\\0\\-1\\0\end{bmatrix}+c_2\begin{bmatrix}1\\1\\0\\2\end{bmatrix}+c_3\begin{bmatrix}0\\3\\1\\-2\end{bmatrix}+c_4\begin{bmatrix}0\\1\\-1\\2\end{bmatrix}=\begin{bmatrix}0\\0\\0\\0\end{bmatrix}$$

을 얻고 이 방정식은 c_1, c_2, c_3와 c_4에서의 뒤따르는 선형연립방정식을 얻는다.

$$\begin{aligned} c_1+c_2 \qquad\qquad &=0\\ c_2+3c_3+c_4&=0\\ -c_1 \qquad +c_3-c_4&=0\\ 2c_2-2c_3+2c_4&=0 \end{aligned}$$

가우스 소거법을 사용하므로 해서 이 연립방정식의 부과행렬은 다음과 같이 행 축소를 할 수 있다.

$$\begin{bmatrix}1&1&0&0&0\\0&1&3&1&0\\-1&0&1&-1&0\\0&2&-2&2&0\end{bmatrix}\to\begin{bmatrix}1&0&0&0&0\\0&1&0&0&0\\0&0&1&0&0\\0&0&0&1&0\end{bmatrix}$$

그러므로 이 연립방정식은 오직 자명한 해를 갖는다. 그러므로 집합 S는 일차독립이라고 결론낼 수 있다. ◀

만일 벡터들의 집합이 일차종속이면 정의에 의해서 방정식

$$c_1\mathbf{v}_1+c_2\mathbf{v}_2+\cdots+c_k\mathbf{v}_k=\mathbf{0}$$

이 자명하지 않는 해를 갖는다.(모든 c_i들이 영이 아닌 해). 예로 만일 $c_1\neq 0$이면 우리는 이 방정식을 $\mathbf{v}_1$에 대해서 쓸 수 있고 $\mathbf{v}_1$은 다른 벡터들 $\mathbf{v}_2$, $\mathbf{v}_3$, $\cdots$, 그리고 $\mathbf{v}_k$의 일차결합으로서 쓸 수 있다. 다른 말로 벡터 $\mathbf{v}_1$은 그 집합에서의 다른 벡터들에 의존한다. 이같은 성질이 일차종속집합의 특징이다.

정리 4.8 일차종속인 집합의 성질

집합 $S=\{\mathbf{v}_1, \mathbf{v}_2, \cdots, \mathbf{v}_k\}$, $k\geq 2$이 일차종속일 필요충분조건은 벡터 $\mathbf{v}_j$들의 적어도 하나는 S 안의 다른 벡터들의 일차결합으로서 쓰여질 수 있다는 것이다.

증명 충분조건을 증명하기 위해서 S가 일차종속이라 가정하자. 그때

$$c_1\mathbf{v}_1 + c_2\mathbf{v}_2 + c_3\mathbf{v}_3 + \cdots + c_k\mathbf{v}_k = \mathbf{0}$$

을 만족하는 스칼라들 c_1, c_2, c_3 , …, c_k(모두 영이 아닌)이 존재한다. 계수들의 하나가 영이 아닌 것이 틀림없기 때문에 $c_1 \neq 0$이라고 가정하는 것은 일반성을 위반하지는 않는다. 그때 다른 벡터들의 일차결합으로서 $\mathbf{v}_1$에 대해서 풀면

$$c_1\mathbf{v}_1 = -c_2\mathbf{v}_2 - c_3\mathbf{v}_3 - \cdots - c_k\mathbf{v}_k$$

$$\mathbf{v}_1 = -\frac{c_2}{c_1}\mathbf{v}_2 - \frac{c_3}{c_1}\mathbf{v}_3 - \cdots - \frac{c_k}{c_1}\mathbf{v}_k$$

그러므로 $\mathbf{v}_1 = c_2\mathbf{v}_2 + c_3\mathbf{v}_3 + \cdots + c_k\mathbf{v}_k$ 역으로 S 안의 벡터 $\mathbf{v}_1$가 다른 벡터들의 일차결합이라고 가정하자. 즉 $\mathbf{v}_1 = c_2\mathbf{v}_2 + c_3\mathbf{v}_3 + \cdots + c_k\mathbf{v}_k$. 그때 방정식

$$-\mathbf{v}_1 + c_3\mathbf{v}_2 + c_3\mathbf{v}_3 + \cdots + c_k\mathbf{v}_k = 0$$

은 적어도 하나의 계수, 영이 아닌, -1을 갖는다. 그러므로 S는 일차종속이라고 결론낼 수 있다. ■

[예제 12] 다른 벡터들의 일차결합으로서 벡터를 쓰는 것

예제 9에서 집합

$$S = \{\overset{\mathbf{v}_1}{1 + x - 2x^2},\ \overset{\mathbf{v}_2}{2 + 5x - x^2},\ \overset{\mathbf{v}_3}{x + x^2}\}$$

이 일차종속인 것을 결정했다.

이 집합에서의 벡터들의 하나가 다른 두 벡터들의 일차결합으로서 쓰여질 수 있음을 보여라.

풀이 예제 9에서 방정식 $c_1\mathbf{v}_1 + c_2\mathbf{v}_2 + c_3\mathbf{v}_3 = \mathbf{0}$에서 다음과 같은 연립방정식을 얻을 수 있다.

$$\begin{aligned} c_1 + 2c_2 \qquad &= 0 \\ c_1 + 5c_2 + c_3 &= 0 \\ -2c_1 - c_2 + c_3 &= 0 \end{aligned}$$

이 연립방정식은 $c_3 = 3t$, $c_2 = -t$, 그리고 $c_1 = 2t$에 의해서 주어지는 무한개의 해들을 갖는다. $t = 1$이라 놓으면 $2\mathbf{v}_1 - \mathbf{v}_2 + 3\mathbf{v}_3 = \mathbf{0}$이란 방정식을 얻는다. 그러므로 $\mathbf{v}_2$는 다음과 같이 $\mathbf{v}_1$와 $\mathbf{v}_2$의 일차결합으로서 쓰여질 수 있다.

$$\mathbf{v}_1 = 2\mathbf{v}_1 + 3\mathbf{v}_3$$

다음과 같은 것을 확인해 보면

$$\begin{aligned} 2+5x-x^2 &= 2(1+x-2x^2)+3(x+x^2) \\ &= 2+2x-4x^2+3x+3x^2 \\ &= 2+5x-x^2 \end{aligned}$$

◀

두 벡터들이 일차종속인지를 결정하는 단순한 판별법을 주는 실용적인 정리 4.8의 보조정리를 주자. 연습문제 59에서 이 보조정리의 증명이 여러분들에게 주어질 것이다.

정리 4.8의 보조정리

벡터공간 V 안의 $\mathbf{u}$와 $\mathbf{v}$가 일차종속일 필요충분조건은 한 벡터가 다른 벡터의 스칼라 곱이 되는 것이다.

참고 영 벡터는 늘 벡터공간의 다른 벡터들의 스칼라 곱이다.

[예제 13] 두 벡터의 일차종속의 판별

(a) 집합

$$S=\{\overset{\mathbf{v}_1}{(1,\ 2,\ 0)},\ \overset{\mathbf{v}_2}{(-2,\ 2,\ 1)}\}$$

은 그림 4.17(a)에서 보는 것처럼 $\mathbf{v}_1$과 $\mathbf{v}_2$이 서로의 스칼라 곱이 아니므로 일차독립이다.

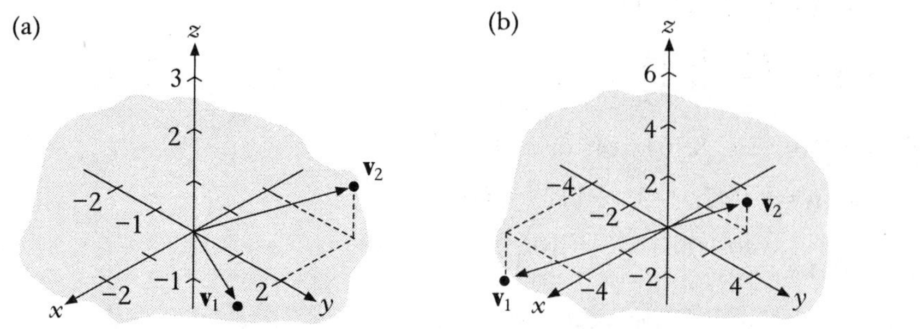

$S=\{(1, 2, 0), (-2, 2, 1)\}$
집합 S는 일차독립이다.

$S=\{(4, -4, -2), (-2, 2, 1)\}$
집합 S는 $\mathbf{v}_1=-2\mathbf{v}_2$이므로 일차종속이다.

[그림 4.17]

(b) 집합

$$S=\{\overset{\mathbf{v}_1}{(4,\ -4,\ -2)},\ \overset{\mathbf{v}_2}{(-2,\ 2,\ 1)}\}$$

은 그림 4.17(b)에서 보는 것처럼 $\mathbf{v}_1=-2\mathbf{v}_2$이므로 일차종속이다.

연습문제 4.4(생성집합과 일차 독립)

1-4에서 각 벡터가 S 안의 벡터들의 일차결합으로서 쓰여질 수 있는지 결정하라.

1. $S=\{(2,\ -1,\ 3),\ (5,\ 0,\ 4)\}$

(a) $\mathbf{u}=(1,\ 1,\ -1)$

(b) $\mathbf{v}=\left(8,\ -\frac{1}{4},\ \frac{27}{4}\right)$

(c) $\mathbf{w}=(1,\ -8,\ 12)$

2. $S=\{(1,\ 2,\ -2),\ (2,\ -1,\ 1)\}$

(a) $\mathbf{u}=(1,\ -5,\ -5)$

(b) $\mathbf{v}=(-2,\ -6,\ 6)$

(c) $\mathbf{w}=(-1,\ -22,\ 22)$

3. $S=\{(2,\ 0,\ 7),\ (2,\ 4,\ 5),\ (2,\ -12,\ 13)\}$

(a) $\mathbf{u}=(-1,\ 5,\ -6)$

(b) $\mathbf{v}=(-3,\ 15,\ 18)$

(c) $\mathbf{w}=\left(\frac{1}{3},\ \frac{4}{3},\ \frac{1}{2}\right)$

4. $S=\{(6,\ -7,\ 8,\ 6),\ (4,\ 6,\ -4,\ 1)\}$

(a) $\mathbf{u}=(-42,\ 113,\ -112,\ -60)$

(b) $\mathbf{v}=\left(\frac{49}{2},\ \frac{99}{4},\ -14,\ \frac{19}{2}\right)$

(c) $\mathbf{w}=\left(-4,\ -14,\ \frac{27}{2},\ \frac{53}{8}\right)$

5-10에서 집합 S가 R^2을 생성함을 결정하라. 만일 그 집합이 R^2을 생성하지 않는다면 그

집합이 생성하는 부분공간의 기하학적인 묘사를 주어라.

5. $S=\{(2, 1), (-1, 2)\}$

6. $S=\{(5, 0), (5, -4)\}$

7. $S=\{(-3, 5)\}$

8. $S=\{(1, 3), (-2, -6), (4, 12)\}$

9. $S=\{(-1, 2), (2, -4)\}$

10. $S=\{(-1, 4), (4, -1), (1, 1)\}$

11-16에서 집합 S가 R^3을 생성함을 결정하라. 만일 그 집합이 R^3을 생성하지 않는다면 그 집합이 생성하는 부분공간의 기하학적인 묘사를 주어라.

11. $S=\{(4, 7, 3), (-1, 2, 6), (2, -3, 5)\}$

12. $S=\{(6, 7, 6), (3, 2, -4), (1, -3, 2)\}$

13. $S=\{(-2, 5, 0), (4, 6, 3)\}$

14. $S=\{(1, 0, 1), (1, 1, 0), (0, 1, 1)\}$

15. $S=\{(1, -2, 0), (0, 0, 1), (-1, 2, 0)\}$

16. $S=\{(1, 0, 3), (2, 0, -1), (4, 0, 5), (2, 0, 6)\}$

17-28에서 집합 S가 일차독립인지 또는 일차종속인지를 결정하라.

17. $S=\{(-2, 2), (3, 5)\}$

18. $S=\{(-2, 4), (1, -2)\}$

19. $S=\{(0, 0), (1, -1)\}$

20. $S=\{(1, 0), (1, 1), (2, -1)\}$

21. $S=\{(1, -4, 1), (6, 3, 2)\}$

22. $S=\{(6, 2, 1), (-1, 3, 2)\}$

23. $S=\{(1, 1, 1), (2, 2, 2), (3, 3, 3)\}$

24. $S=\left\{\left(\frac{3}{4}, \frac{5}{2}, \frac{3}{2}\right), \left(3, 4, \frac{7}{2}\right), \left(-\frac{3}{2}, 6, 2\right)\right\}$

25. $S=\{(-4, -3, 4), (1, -2, 3), (6, 0, 0)\}$

26. $S=\{(1, 0, 0), (0, 4, 0), (0, 0, -6), (1, 5, -3)\}$

27. $S=\{(4, -3, 6, 2), (1, 8, 3, 1), (3, -2, -1, 0)\}$

28. $S=\{(0, 0, 0, 1), (0, 0, 1, 1), (0, 1, 1, 1), (1, 1, 1, 1)\}$

29-32에서 집합의 합이 영 벡터가 되는 자명하지 않은 일차결합을 (집합에서 벡터들의) 발견함으로 해서 그 집합이 일차종속임을 보여라. 그때 그 집합에서의 벡터중의 하나를 그 집합의 다른 벡터들의 일차결합으로서 표현하라.

29. $S-\{(3, 4), (-1, 1), (2, 0)\}$

30. $S=\{(2, 4), (-1, -2), (0, 6)\}$

31. $S=\{(1, 1, 1), (1, 1, 0), (0, 1, 1), (0, 0, 1)\}$

32. $S=\{(1, 2, 3, 4), (1, 0, 1, 2), (1, 4, 5, 6)\}$

33. 각 집합은 t의 어떤 값에 대해서 일차독립인가?

(a) $S=\{(t, 1, 1), (1, t, 1), (1, 1, t)\}$

(b) $S=\{(t, 1, 1), (1, 0, 1), (1, 1, 3t)\}$

34. 각 집합은 t의 어떤 값에 대해서 일차독립인가?

(a) $S=\{(t, 0, 0), (0, 1, 0), (0, 0, 1)\}$

(b) $S=\{(t, t, t), (t, 1, 0), (t, 0, 1)\}$

35. $M_{2,2}$에서 행렬

$A=\begin{bmatrix} 2 & -3 \\ 4 & 1 \end{bmatrix}$와 $B=\begin{bmatrix} 0 & 5 \\ 1 & -2 \end{bmatrix}$

이 주어졌을 때 뒤따르는 행렬들 중 어떤 것이 A와 B의 일차결합인지를 결정하라.

(a) $\begin{bmatrix} 6 & -19 \\ 10 & 7 \end{bmatrix}$ (b) $\begin{bmatrix} 6 & 2 \\ 9 & 11 \end{bmatrix}$

(c) $\begin{bmatrix} -2 & 28 \\ 1 & -11 \end{bmatrix}$ (d) $\begin{bmatrix} 0 & 0 \\ 0 & 0 \end{bmatrix}$

36. $M_{2,2}$의 행렬들이 일차독립인 집합을 형성하는지 결정하라.

$A=\begin{bmatrix} 1 & -1 \\ 4 & 5 \end{bmatrix}$, $B=\begin{bmatrix} 4 & 3 \\ -2 & 3 \end{bmatrix}$, $C=\begin{bmatrix} 1 & -8 \\ 22 & 23 \end{bmatrix}$

37. P_2에서의 각 집합이 일차독립인지를 결정하라.

(a) $S=\{2-x, 2x-x^2, 6-5x+x^2\}$

(b) $S=\{x^2-1, 2x+5\}$

(c) $S=\{x^2+3x+1, 2x^2+x-1, 4x\}$

38. 집합 $S=\{x^2-2x, x^3+8, x^3-x^2, x^2-4\}$가 P_3를 생성하는지를 결정하라.

39. 왜 각 집합이 일차종속인지 검사에 의해서 결정하라.

(a) $S=\{(1, -2), (2, 3), (-2, 4)\}$

(b) $S=\{(1, -6, 2), (2, -12, 4)\}$

(c) $S=\{(0, 0), (1, 0)\}$

40. 정리 4.7의 증명을 완성하라.

연습문제 41과 42에서 집합 S_1과 S_2가 $\mathbf{R}^3$의 같은 부분집합을 생성하는지를 결정하라.

41. $S_1 = \{(1, 2, -1), (0, 1, 1), (2, 5, -1)\}$
$S_2 = \{(-2, -6, 0), (1, 1, -2)\}$

42. $S_1 = \{(0, 0, 1), (0, 1, 1), (2, 1, 1)\}$
$S_2 = \{(1, 1, 1), (1, 1, 2), (2, 1, 1)\}$

진실 또는 거짓? 연습문제 43과 44에서 각 문장이 진실인지 거짓인지를 결정하시오. 만일 사실이면 이유를 주거나 교재에서 적절한 문장을 인용하라. 만일 거짓이라면 그 문장이 모든 경우에서 사실이 아닌 것을 보이는 예를 주거나 교재에서 적절한 문장을 인용하라.

43. (a) 벡터공간에서 벡터들의 집합 $S = \{\mathbf{v}_1, \mathbf{v}_2, \cdots, \mathbf{v}_k\}$은 만일 벡터방정식 $c_1\mathbf{v}_1 + c_2\mathbf{v}_2 + \cdots c_k\mathbf{v}_k = \mathbf{0}$이 단지 자명한 해를 갖는다면 일차종속이라 부른다.

(b) 벡터공간 V에서의 두 벡터 $\mathbf{u}$와 $\mathbf{v}$가 일차종속일 필요충분조건은 한 벡터가 다른 벡터의 스칼라 곱인 것이다.

44. (a) 집합 $S = \{\mathbf{v}_1, \mathbf{v}_2, \cdots, \mathbf{v}_k\}$, $k \geq 2$가 일차독립일 필요충분조건은 적어도 벡터들 $\mathbf{v}_j$의 하나는 다른 벡터들의 일차결합으로서 쓰여질 수 있다는 것이다.

(b) 만일 부분집합 S가 벡터공간 V를 생성하면 그때 V 안의 모든 벡터는 S 안의 벡터들의 일차결합으로서 쓰여질 수 있다.

연습문제 45와 46에서 벡터들의 집합이 일차독립이고 $\mathbf{R}^3$을 생성한다는 것을 증명하라.

45. $B = \{(1, 1, 1), (1, 1, 0), (1, 0, 0)\}$

46. $B = \{(1, 2, 3), (3, 2, 1), (0, 0, 1)\}$

47. **안내된 증명** 유한 개의 일차독립인 벡터들의 집합의 공집합이 아닌 부분집합은 일차독립을 증명하라.

먼저 우리는 벡터들의 일차독립인 집합의 부분집합은 일차종속일 수 없다는 것을 보일 필요가 있다.

(i) S가 일차독립인 벡터들의 집합이라 가정하자.
T는 S의 부분집합이라 하자.

(ii) 만일 T가 일차종속이면 그때 벡터방정식 $c_1\mathbf{v}_1 + c_2\mathbf{v}_2 + \cdots c_k\mathbf{v}_k = \mathbf{0}$을 만족하는 모두가 영이 아닌 상수들이 존재한다.

(iii) 모순을 유도하기 위해서 이같은 사실을 사용하고 그러므로 해서 T가 일차독립임을 결론내자.

48. 만일 S_1이 유한집합 S_2의 공집합이 아닌 부분집합이고 S_1이 일차독립이면 S_2 역시 일차

독립임을 증명하라.

49. 영벡터를 포함하는 벡터들의 어떤 집합도 일차종속임을 증명하라.

50. $\{\mathbf{u}_1, \mathbf{u}_2, \cdots, \mathbf{u}_n\}$이 벡터들의 일차독립인 집합이고 집합 $\{\mathbf{u}_1, \mathbf{u}_2, \cdots, \mathbf{u}_n, \mathbf{v}\}$은 일차종속으로 주어졌을 때 $\mathbf{v}$는 $\mathbf{u}_i$들의 일차결합임을 증명하라.

51. $\{\mathbf{v}_1, \mathbf{v}_2, \cdots, \mathbf{v}_k\}$를 벡터공간 V에서의 벡터들의 일차독립인 집합이라 하자. 이 집합으로부터 벡터 $\mathbf{v}_k$를 제거하고 집합 $\{\mathbf{v}_1, \mathbf{v}_2, \cdots, \mathbf{v}_{k-1}\}$은 V를 생성할 수 없다는 것을 증명하라.

52. 만일 V가 $\{\mathbf{v}_1, \mathbf{v}_2, \cdots, \mathbf{v}_k\}$에 의해서 생성되고 이 벡터들의 하나가 다른 $k-1$개 벡터들의 일차결합으로서 쓰여진다면 이 같은 $k-1$개 벡터들의 생성도 역시 V임을 증명하라.

53. **서술형** 집합 $\{(1, 2, 3), (1, 0, -2), (-1, 0, 2)\}$은 일차종속이나 $(1, 2, 3)$은 $(1, 0, -2)$와 $(-1, 0, 2)$의 일차결합으로서 보여질 수 없다. 왜 이 문장은 정리 4.8에 모순이지 않는가?

54. **서술형** 하나의 벡터로 구성된 집합은 무슨 조건들하에서 일차독립인가?

55. $S=\{\mathbf{u}, \mathbf{v}\}$를 일차독립인 집합이라 하자. 집합 $\{\mathbf{u}+\mathbf{v}, \mathbf{u}-\mathbf{v}\}$가 일차독립임을 증명하라.

56. $\mathbf{u}$, $\mathbf{v}$와 $\mathbf{w}$를 벡터공간 V로부터의 임의의 세 벡터들이라 하자. 벡터들의 집합 $\{\mathbf{v}-\mathbf{u}, \mathbf{w}-\mathbf{v}, \mathbf{u}-\mathbf{w}\}$이 일차독립인지 일차종속인지를 결정하라.

57. $f_1(x)=3x$ 그리고 $f_2(x)=|x|$라 하자. 구간 $-2\leq x\leq 2$ 위에서 그 함수들을 그려라. 이같은 함수들이 벡터공간 $C[0, 1]$에서 일차종속이다. 그러나 $C[-1, 1]$에서는 일차독립임을 보이시오.

58. **서술형** A를 3차 정칙행렬(비특이행렬)이라 하자. 만일 $\{\mathbf{v}_1, \mathbf{v}_2, \mathbf{v}_3\}$이 $M_{3,1}$에서 일차독립인 집합이라면 그때 집합 $\{A\mathbf{v}_1, A\mathbf{v}_2, A\mathbf{v}_3\}$도 역시 일차독립임을 증명하라. 만일 A가 특이행렬이면 이같은 성질이 사실이 아닌지 예제를 보임으로 해서 설명하라.

59. 정리 4.8의 보조정리를 증명하라 : 두 벡터 $\mathbf{u}$와 $\mathbf{v}$가 일차종속일 필요충분조건은 한 벡터가 다른 벡터의 스칼라 곱인 것이다.

4.5 기저와 차원

이 절에서는 생성 집합에 대해서 계속 공부할 것이다. 특히 우리는 1차 독립이면서 역시 전 공간을 생성하는 (한 벡터공간에서) 생성 집합을 찾을 것이다. 이와 같은 집합은 그 벡터공간의 기저를 형성한다.

벡터공간 V에서의 벡터집합 $S=\{\mathbf{v}_1, \mathbf{v}_2, \cdots, \mathbf{v}_n\}$가 다음과 같은 조건들을 만족할 때 S를 V의 기저라 부른다.
1. S는 V를 생성한다.
2. S는 1차 독립이다.

참고 이 정의는 기저가 두 가지 형상을 갖는다는 것을 의미한다. 기저 S는 V을 생성할만큼 충분한 벡터들을 가져야 하나 S의 어느 벡터도 S의 다른 벡터들의 1차 결합으로서 나타낼 수 있을 만큼 많아서는 안 된다는 것을 나타낸다.

이 정의는 모든 벡터공간들이 유한개의 벡터들로 구성된 기저를 갖는다는 것을 의미하지는 않는다. 하지만 여기서 우리는 유한개의 벡터로 구성된 기저에 대해서만 다룬다. 이와 같이 유한개의 벡터들로 구성된 기저로 생성된 벡터공간 V을 유한차원을 갖는다고 한다. 그렇지 않으면 V는 무한차원을 갖는다고 한다. (모든 차수의 다항식으로 구성된 벡터공간 그리고 실수 구간에서 정의된 모든 연속함수들의 벡터공간 $C(-\infty, \infty)$들은 무한차원공간들이다.) 단지 영벡터만으로 구성된 벡터공간 $V=\{\mathbf{0}\}$은 유한차원이다.

[예제 1] R^3에 대한 표준기저

집합

$$S=\{(1, 0, 0), (0, 1, 0), (0, 0, 1)\}$$

이 R^3에 대한 기저임을 보여라.

풀이 4.4절 예제 4(a)에서 S가 R^3을 생성한다는 것을 보였다. 더구나 벡터 방정식

$$c_1(1, 0, 0)+c_2(0, 1, 0)+c_3(0, 0, 1)=(0, 0, 0)$$

이 단지 자명한 해 $c_1=c_2=c_3=0$ (왜! 증명)을 갖기 때문에 S는 1차 독립이다. 그러므로 S는 R^3에 대한 기저이다. ◀

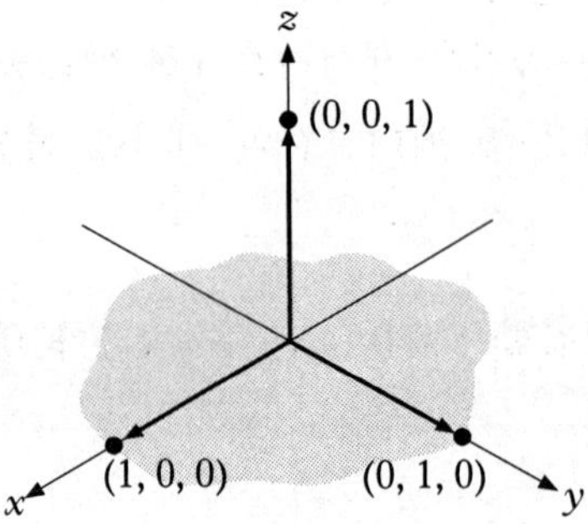

[그림 4.18]

그 기저 $S=\{(1, 0, 0), (0, 1, 0), (0, 0, 1)\}$을 R^3에 대한 표준기저라 부른다. 이와 같은 결과는 R^n 공간에 대해 일반화시킬 수 있다. 즉 벡터들

$$\begin{aligned}\mathbf{e}_1&=(1, 0, \cdots, 0)\\ \mathbf{e}_2&=(0, 1, \cdots, 0)\\ &\vdots\\ \mathbf{e}_n&=(0, 0, \cdots, 1)\end{aligned}$$

은 R^n에 대한 표준기저를 형성한다. 다음의 두 예제는 R^2와 R^3에 대한 비표준 기저들을 묘사한다.

[예제 2] R^2에 대한 비표준기저

집합

$$S=\{\overset{\mathbf{v}_1}{(1, 1)}, \overset{\mathbf{v}_2}{(1, -1)}\}$$

은 R^2에 대한 기저가 됨을 보여라.

풀이 벡터공간의 기저에 대한 정의에 따라 S가 R^2을 생성하고 S는 1차 독립임을 보이자. S가 R^2을 생성한다는 것을 보이자.

$$\mathbf{x}=(x_1, x_2)$$

을 R^2에서의 임의의 벡터라 하자. $\mathbf{x}$가 $\mathbf{v}_1$과 $\mathbf{v}_2$의 1차 결합으로서 쓰여질 수 있다는 것을 보이기 위해 다음과 같은 방정식을 생각하자.

$$c_1\mathbf{v}_1+c_2\mathbf{v}_2=\mathbf{x}$$
$$c_1(1,\ 1)+c_2(1,\ -1)=(x_1,\ x_2)$$
$$(c_1+c_2,\ c_1-c_2)=(x_1,\ x_2)$$

각 좌표의 식을 일치시키므로 해서 다음과 같은 일차연립방정식을 얻는다.

$$c_1+c_2=x_1$$
$$c_1-c_2=x_2$$

이같은 연립방정식의 계수로 이루어진 행렬은 영이 아닌 행렬식 값을 가지기 때문에 이 연립방정식은 하나의 유일한 해를 갖는다. 그러므로 S가 R^2을 생성한다고 결론지을 수 있다. S가 1차 독립임을 보이기 위해서 다음과 같은 1차 결합을 생각해보자.

$$c_1\mathbf{v}_1+c_2\mathbf{v}_2=\mathbf{0}$$
$$c_1(1,\ 1)+c_2(1,\ -1)=(0,\ 0)$$
$$(c_1+c_2,\ c_1-c_2)=(0,\ 0)$$

각 좌표의 식을 일치시킴으로 해서 다음과 같은 동차 연립방정식을 얻는다.

$$c_1+c_2=0$$
$$c_1-c_2=0$$

이같은 연립방정식의 계수 행렬은 영이 아닌 행렬식 을 가지므로 그 연립방정식은 오직 자명한 해

$$c_1=c_2=0$$

을 갖는다. 그러므로 우리는 S가 1차 독립이라 할 수 있다. 그러므로 S가 R^2을 생성하는 1차 독립인 집합이므로 S는 R^2의 기저라고 할 수 있다. ◀

[예제 3] R^3에 대한 비표준기저

앞 절 예제 5와 8에서 집합

$$S=\{(1,\ 2,\ 3),\ (0,\ 1,\ 2),\ (-2,\ 0,\ 1)\}$$

가 R^3을 생성하고 1차 독립임을 알았다. 그러므로 S는 R^3에 대한 기저이다.

[예제 4] 다항식들에 대한 기저

벡터공간 P_3가 다음과 같은 기저를 갖는다는 것을 보여라.

$$S=\{1,\ x,\ x^2,\ x^3\}$$

풀이 S의 원소들로 생성할 수 있는 원소는 P_3의 모든 다항식들의 정확한 형태인

$$a_0+a_1x+a_2x^2+a_3x^3,\quad \text{여기서}\quad a_0,\ a_1,\ a_2,\ a_3$$

은 실수인 다항식으로 구성되어 있으므로 S는 P_3을 생성한다. S의 1차 독립성을 보이기위해서 P_3에서의 영벡터 $\mathbf{0}$은 모든 x에 대해서 $\mathbf{0}(x)=0$인 다항식인 것을 생각하면 다음과 같은 방정식에서 일차독립을 판별할 수 있다. 즉 모든 x에 대해서

$$a_0+a_1x+a_2x^2+a_3x^3=\mathbf{0}(x)=0$$

이같은 3차 다항식은 영에 일치하므로 대수적으로 이것은 모든 항의 계수가 영이어야 한다는 것을 의미한다. 즉

$$a_0=a_1=a_2=a_3=0.$$

그러므로 S는 1차 독립, 그러므로 P_3에 대한 기저이다. ◀

참고 기저 $S=\{1,\ x,\ x^2,\ x^3\}$을 P_3에 대한 표준기저라 부른다. 비슷하게

$$S=\{1,\ x,\ x^2,\ \cdots,\ x^n\}$$

은 P_n에 대한 표준 기저이다.

[예제 5] $M_{2,2}$에 대한 기저

집합

$$S=\left\{\begin{bmatrix}1 & 0\\ 0 & 0\end{bmatrix},\ \begin{bmatrix}0 & 1\\ 0 & 0\end{bmatrix},\ \begin{bmatrix}0 & 0\\ 1 & 0\end{bmatrix},\ \begin{bmatrix}0 & 0\\ 0 & 1\end{bmatrix}\right\}$$

가 $M_{2,2}$의 기저라는 것은 증명될 수 있다. 이 집합을 $M_{2,2}$의 표준기저라 부른다. 비슷한 방법으로 벡터공간 $M_{n,m}$의 표준기저는 하나의 성분만 1이고 다른 성분은 모두 0으로 주어지는 mn개의 $m\times n$ 행렬들로 구성된다.

정리 4.9 기저 표현의 유일성

만일 $S=\{\mathbf{v}_1, \mathbf{v}_2, \cdots, \mathbf{v}_n\}$가 벡터공간 V의 기저라면 그때 V에서의 모든 벡터는 S의 벡터들의 1차 결합으로서 유일한 하나의 방법에서 쓰여질 수 있다.

증명 존재성에 대한 증명은 S가 V을 생성하므로 V의 임의의 벡터 $\mathbf{u}$가 $\mathbf{u}=c_1\mathbf{v}_1+c_2\mathbf{v}_2+c_3\mathbf{v}_3+\cdots+c_n\mathbf{v}_n$와 같이 나타낼 수 있으므로 바로 알 수 있다.

유일성의 증명(단지 한 방법에서만 주어진 벡터를 표현할 수 있다는) 하기 위해 $\mathbf{u}$가 다른 표현 $\mathbf{u}=b_1\mathbf{v}_1+b_2\mathbf{v}_2+\cdots+b_n\mathbf{v}_n$으로 나타낼 수 있다고 가정하자. 이 표현을 첫 번째 표현에서 빼면

$$\mathbf{u}-\mathbf{u}=(c_1-b_1)\mathbf{v}_1+(c_2-b_2)\mathbf{v}_2+\cdots+(c_n-b_n)\mathbf{v}_n=\mathbf{0}$$

이다. S는 일차독립이므로 이 방정식의 유일한 해는 자명한 해

$$c_1-b_1=0,\quad c_2-b_2=0,\quad \cdots,\quad c_n-b_n=0$$

이다. 즉 모든 $i=1, 2, \cdots, n$에 대해서 $c_i=b_i$을 의미한다. 그러므로 $\mathbf{u}$는 주어진 기저 S에 대한 유일한 표현이다. ■

[예제 6] 기저 표현의 유일성

$\mathbf{u}=(u_1, u_2, u_3)$을 R^3의 임의의 벡터라 하자. 방정식 $\mathbf{u}=c_1\mathbf{v}_1+c_2\mathbf{v}_2+c_3\mathbf{v}_3$가 기저 $S=\{\mathbf{v}_1, \mathbf{v}_2, \mathbf{v}_3\}=\{(1, 2, 3), (0, 1, 2), (-2, 0, 1)\}$에 대해 유일한 해를 갖는다는 것을 보여라.

풀이 방정식

$$\begin{aligned}(u_1, u_2, u_3)&=c_1(1, 2, 3)+c_2(0, 1, 2)+c_3(-2, 0, 1)\\&=(c_1-2c_3,\ 2c_1+c_2,\ 3c_1+2c_2+c_3)\end{aligned}$$

으로부터 다음과 같은 연립 방정식을 얻는다.

$$\begin{aligned}c_1 \qquad\quad -2c_3&=u_1\\2c_1+\ c_2 \qquad\quad &=u_2\\3c_1+2c_2+\ c_3&=u_3\end{aligned}\qquad \underset{A}{\begin{bmatrix}1&0&-2\\2&1&0\\3&2&1\end{bmatrix}}\underset{\mathbf{c}}{\begin{bmatrix}c_1\\c_2\\c_3\end{bmatrix}}=\underset{\mathbf{u}}{\begin{bmatrix}u_1\\u_2\\u_3\end{bmatrix}}$$

행렬 A는 가역적이기 때문에 이 연립방정식은 $\mathbf{c}=A^{-1}\mathbf{u}$로 주어지는 유일한 해를 가진다는 것을 알 수 있다. A^{-1}에 대해 풀면

$$A^{-1}=\begin{bmatrix} -1 & 4 & -2 \\ 2 & -7 & 4 \\ -1 & 2 & -1 \end{bmatrix}$$

로 주어지고 이것은 다음과 같은 것을 의미한다.

$$\begin{aligned} c_1 &= -u_1+4u_2-2u_3 \\ c_2 &= \ 2u_1-7u_2+4u_3 \\ c_3 &= -u_1+2u_2- \ u_3 \end{aligned}$$

예로 벡터 $\mathbf{u}=(1, 0, 0)$은 다음과 같이 벡터 $\mathbf{v}_1$, $\mathbf{v}_2$, $\mathbf{v}_3$의 1차 결합으로 유일하게 나타낼 수 있다.

$$(1, 0, 0)=-\mathbf{v}_1+2\mathbf{v}_2-\mathbf{v}_3$$ ◀

기저들에 관련된 두 개의 중요한 결과들에 대해 공부해보자.

정리 4.10 기저와 1차 종속

만일 $S=\{\mathbf{v}_1, \mathbf{v}_2, \cdots, \mathbf{v}_n\}$가 벡터공간 V의 기저라면 그때 V의 n개 이상의 벡터들을 포함한 모든 집합은 1차종속이다.

증명 $S_1=\{\mathbf{u}_1, \mathbf{u}_2, \cdots, \mathbf{u}_m\}$을 V의 m개의 벡터로 이루어진 어떤 집합이라 하자. 여기서 $m>n$. S_1이 1차종속이라는 것을 보이기 위해 아래와 같은 방정식을 만족하는 스칼라 $k_1, k_2, \cdots, k_m$들을 (모두 영이 아닌) 발견할 필요가 있다.

$$k_1\mathbf{u}_1+k_2\mathbf{u}_2+\cdots+k_m\mathbf{u}_m=\mathbf{0} \quad \text{방정식 1}$$

S는 V에 대한 기저이므로 각 $\mathbf{u}_i$는 S의 벡터들의 1차 결합으로 표현되고 다음과 같이 쓸 수 있다.

$$\begin{aligned} \mathbf{u}_1 &= c_{11}\mathbf{v}_1+c_{21}\mathbf{v}_2+\cdots+c_{n1}\mathbf{v}_n \\ \mathbf{u}_2 &= c_{12}\mathbf{v}_1+c_{22}\mathbf{v}_2+\cdots+c_{n2}\mathbf{v}_n \\ &\ \ \vdots \qquad \vdots \qquad\quad \vdots \qquad\qquad\quad \vdots \\ \mathbf{u}_m &= c_{1m}\mathbf{v}_1+c_{2m}\mathbf{v}_2+\cdots+c_{nm}\mathbf{v}_n \end{aligned}$$

각 $\mathbf{u}_i$에 대한 이 표현들을 방정식 1에 대입하고 항들을 다시 정리하면

$$d_1\mathbf{v}_1+d_2\mathbf{v}_2+\cdots+d_n\mathbf{v}_n=\mathbf{0}$$

가 되고 여기서 $d_i = c_{i1}k_1 + c_{i2}k_2 + \cdots + c_{im}k_m$. 그러나 $\mathbf{v}_i$들은 1차 종속인 집합을 형성하기 때문에 각각의 $d_i = 0$라고 결론낼 수 있다. 그러므로 다음과 같은 연립방정식을 얻을 수 있다.

$$\begin{aligned} c_{11}k_1 + c_{12}k_2 + \cdots + c_{1m}k_m &= 0 \\ c_{21}k_1 + c_{22}k_2 + \cdots + c_{2m}k_m &= 0 \\ \vdots \qquad \vdots \qquad\quad \vdots \quad & \vdots \\ c_{n1}k_1 + c_{n2}k_2 + \cdots + c_{nm}k_m &= 0 \end{aligned}$$

그러나 이같은 동차연립방정식은 변수 $k_1, k_2, \ldots, k_m$보다 수식이 적다. 그리고 정리 1.1로부터 이 연립방정식이 영이 아닌 해를 갖는다는 것을 알 수 있다. 그러므로 S_1은 1차 종속이다. ■

[예제 7] R^3와 P_3에서의 1차종속인 집합들

(a) R^3은 3개의 벡터들로 구성된 기저를 가지므로 집합

$$S = \{(1, 2, -1), (1, 1, 0), (2, 3, 0), (5, 9, -1)\}$$

은 1차종속이다.

(b) P_3은 4개의 벡터들로 이루어진 기저를 가지므로 집합

$$S = \{1, 1+x, 1-x, 1+x+x^2, 1-x+x^2\}$$

은 1차종속이다.

R^n은 n 벡터들로 구성된 표준기저를 가지므로 정리 4.10에 의해서 R^n의 n개 이상의 벡터들을 포함하는 모든 집합은 1차 종속이라 할 수 있다.

정리 4.11 기저에서의 벡터의 수

벡터공간 V가 n개의 벡터들로 구성된 기저를 갖는다면 그때 V의 모든 기저들은 n개의 벡터들을 갖는다.

증명 $$S_1 = \{\mathbf{v}_1, \mathbf{v}_2, \cdots, \mathbf{v}_n\}$$

가 V의 주어진 기저라 하자. 그리고

$$S_2 = \{\mathbf{u}_1, \mathbf{u}_2, \cdots, \mathbf{u}_m\}$$

을 V의 임의의 다른 기저라 하자. S_1는 기저이고 S_2는 1차 독립이므로 정리 4.10에 의해서 $m \leq n$이다. 비슷하게 S_1은 1차 독립이고 S_2는 기저이므로 $n \leq m$이다. 그러므로 $n = m$. ■

[예제 8] 생성집합과 기저

정리 4.11을 사용하여 다음의 각 문장들이 왜 사실인지를 설명하라.

(a) 집합 $S_1 = \{(3, 2, 1), (7, -1, 4)\}$은 R^3의 기저가 아니다.

(b) 집합

$$S_2 = \{x+2, x^2, x^3-1, 3x+1, x^2-2x+3\}$$

은 P_3에 대한 기저가 아니다.

풀이 (a) R의 표준기저는 3개의 벡터를 갖고 S_1은 2개의 벡터를 갖는다. 그러므로 정리 4.11에 의해 S_1은 R^3의 기저가 될 수 없다.

(b) P_3의 표준기저 $S = \{1, x, x^2, x^3\}$는 4개의 원소를 가지므로 정리 4.11에 의해서 주어진 집합 S_2는 너무 많은 원소를 가져 P_3의 기저가 될 수 없다. ◀

벡터공간의 차원

생성집합, 일차독립, 기저에 대한 논의는 벡터공간에 대한 연구에서의 중요한 용어를 이끌어낸다. 정리 4.11에 의해서 벡터공간 V가 n개의 벡터들로 구성된 한 기저를 가지면 그때 그 공간의 모든 다른 기저들은 n개의 벡터들을 가져야 한다는 것을 안다. 우리는 그 수 n을 V의 차원이라 부른다.

벡터공간의 차원에 대한 정의

벡터공간 V가 n개의 벡터들로 구성된 기저를 가지면 그때 그 수 n을 V의 차원이라 부르고, $\dim(V) = n$이라 쓴다. 만일 V가 영 벡터로만 된 공간이면 V의 차원은 0으로서 정의한다.

이 정의에 의해서 다음과 같은 친숙한 몇몇 벡터공간들의 차원에 대한 특성들을 관찰할 수 있다. 각 경우 그 공간의 차원은 표준 기저의 벡터들의 수를 단지 세므로 해서 결정된다.

1. 표준 연산으로 정의된 벡터공간 R^n의 차원은 n이다.
2. 표준 연산으로 정의된 벡터공간 P_n의 차원은 $n+1$이다.
3. 표준 연산으로 정의된 벡터공간 $M_{n,m}$의 차원은 mn이다.

만일 W가 어느 n차원공간의 부분공간이라면 그때 W는 유한차원을 가지며 W의 차원은 n보다 작거나 같다(연습문제 61을 보라). 뒤따르는 3개의 예제들에서 부분공간의 차원을 결정하는 방법을 볼 수 있을 것이다. 기본적으로 부분 공간을 생성하는 1차 독립벡터들의 집합을 발견함으로 해서 그 차원을 결정한다. 이 집합이 그 부분공간의 기저이다. 그리고 그 부분 공간의 차원은 그 기저의 벡터들의 수이다.

[예제 9] 부분공간의 차원을 구하는 것

R^3의 각 부분공간의 차원을 결정하라.

(a) $W=\{(d,\ c-d,\ c):c$와 b는 실수$\}$

(b) $W=\{(2b,\ b,\ 0):b$는 실수$\}$

풀이 각 예제의 목적은 그 부분공간을 생성하는 1차 독립벡터들의 집합을 발견하는 것이다.

(a) W의 원소를 나타내는 $(d,\ c-d,\ c)$을

$$\begin{aligned}(d,\ c-d,\ c)&=(0,\ c,\ c)+(d,\ -d,\ 0)\\&=c(0,\ 1,\ 1)+d(1,\ -1,\ 0)\end{aligned}$$

로 쓰므로 해서 W가 집합

$$S=\{(0,\ 1,\ 1),\ (1,\ -1,\ 0)\}$$

에 의해서 생성된다는 것을 알 수 있다.

앞 절에서 사용된 방법을 사용해서 이 집합이 1차 독립임을 보일 수 있고 그러므로 이 집합이 W의 기저이고 그리고 W는 R^3의 2차원 부분공간이다 라고 결론지을 수 있다.

(b) W원소를 나타내는 $(2b,\ b,\ 0)$을

$$(2b,\ b,\ 0)=b(2,\ 1,\ 0)$$

으로서 쓰므로 해서 W가 집합 $S=\{(2,\ 1,\ 0)\}$에 의해서 생성됨을 알 수 있다. 그러므로 W는 R^3의 1차원 부분공간이다. ◀

참고 예제 9(a)에서 부분공간 W는 벡터들 (0, 1, 1)와 (1, −1, 0)에 의해서 결정되는 R^3에서의 2차원 평면이다. 예제 9(b)에서 그 부분 공간은 1차원 직선이다.

[예제 10] 부분공간의 차원을 발견하는 것

$$S=\{\overset{\mathbf{v}_1}{(-1, 2, 5, 0)}, \overset{\mathbf{v}_2}{(3, 0, 1, -2)}, \overset{\mathbf{v}_3}{(-5, 4, 9, 2)}\}$$

에 의해서 생성된 R^4의 부분공간 W의 차원을 구하라.

풀이 비록 W가 집합 S에 의해 생성되지만 S는 1차종속인 집합이므로 W의 기저가 아니다. 특히 $\mathbf{v}_3$는 다음과 같이 $\mathbf{v}_1$과 $\mathbf{v}_2$의 1차 결합으로 나타낼 수 있다.

$$\mathbf{v}_3=2\mathbf{v}_1-\mathbf{v}_2$$

이것은 W가 집합 $S_1=\{\mathbf{v}_1, \mathbf{v}_2\}$에 의해서 생성됨을 의미한다. 더군다나 S_1의 어느 벡터들도 다른 벡터들의 스칼라 곱이 아니므로 S_1은 1차 독립이다. 그러므로 W는 이차원 공간이라고 결론낼 수 있다. ◀

[예제 11] 부분공간의 차원을 구하는 것

W을 $M_{2,2}$의 모든 대칭 행렬들로 이루어진 부분공간이라 하자. W의 차원은 무엇인가?

풀이 모든 2×2 대칭 행렬들은 아래와 같은 형태로 되어있다.

$$A=\begin{bmatrix} a & b \\ b & c \end{bmatrix}=\begin{bmatrix} a & 0 \\ 0 & 0 \end{bmatrix}+\begin{bmatrix} 0 & b \\ b & 0 \end{bmatrix}+\begin{bmatrix} 0 & 0 \\ 0 & c \end{bmatrix}$$
$$=a\begin{bmatrix} 1 & 0 \\ 0 & 0 \end{bmatrix}+b\begin{bmatrix} 0 & 1 \\ 1 & 0 \end{bmatrix}+c\begin{bmatrix} 0 & 0 \\ 0 & 1 \end{bmatrix}$$

그러므로 집합

$$S=\left\{\begin{bmatrix} 1 & 0 \\ 0 & 0 \end{bmatrix}, \begin{bmatrix} 0 & 1 \\ 1 & 0 \end{bmatrix}, \begin{bmatrix} 0 & 0 \\ 0 & 1 \end{bmatrix}\right\}$$

은 W을 생성한다. 더구나 S는 일차독립임을 보일 수 있다, 그러므로 W의 차원은 3이다. ◀

일반적으로 집합

$$S=\{\mathbf{v}_1,\ \mathbf{v}_2,\ \cdots,\ \mathbf{v}_n\}$$

가 벡터공간 V의 기저임을 보이기 위해서 S가 두 가지 조건들을 만족함을 보여야한다. S는 V을 생성하고 그리고 일차독립이다. 하지만 만일 V의 차원이 n이라는 것을 안다면 두 조건들이 모두 성립한다는 것을 다 보일 필요가 없다. 뒤따르는 정리에 의해 어느 한 조건만 성립해도 가능하다.(연습문제 62를 보라)

정리 4.12 n차원 공간에서의 기저 판별

V을 n차원 벡터공간이라 하자.

1. 만일 $S=\{\mathbf{v}_1,\ \mathbf{v}_2,\ \cdots,\ \mathbf{v}_n\}$가 V의 벡터들의 일차독립 집합이라면 그때 S는 V의 기저이다.
2. 만일 $S=\{\mathbf{v}_1,\ \mathbf{v}_2,\ \cdots,\ \mathbf{v}_n\}$가 V를 생성하면 S는 V의 기저이다.

[예제 12] n차원 공간에서의 기저 판별

다음과 같은 집합이 $M_{5,1}$의 기저가 됨을 보여라.

$$S=\left\{\overset{\mathbf{v}_1}{\begin{bmatrix}1\\2\\-1\\3\\4\end{bmatrix}},\ \overset{\mathbf{v}_2}{\begin{bmatrix}0\\1\\3\\-2\\3\end{bmatrix}},\ \overset{\mathbf{v}_3}{\begin{bmatrix}0\\0\\2\\-1\\5\end{bmatrix}},\ \overset{\mathbf{v}_4}{\begin{bmatrix}0\\0\\0\\2\\-3\end{bmatrix}},\ \overset{\mathbf{v}_5}{\begin{bmatrix}0\\0\\0\\0\\-2\end{bmatrix}}\right\}$$

풀이 S는 5개의 벡터들을 가지고 $M_{5,1}$는 차원이 5이므로 정리 4.12를 적용해서 S가 일차독립인지 또는 S가 $M_{5,1}$을 생성하는 지를 보이므로 해서 S가 기저라는 것을 보일 수 있다. 전자를 보이기 위해서 벡터 방정식

$$c_1\mathbf{v}_1+c_2\mathbf{v}_2+c_3\mathbf{v}_3+c_4\mathbf{v}_4+c_5\mathbf{v}_5=\mathbf{0}$$

형성하면 이것으로부터 다음과 같은 일차 동차 연립방정식을 얻을 수 있다.

$$\begin{aligned}
&c_1=0\\
&2c_1+c_2=0\\
&-c_1+3c_2+2c_3=0\\
&3c_1-2c_2-c_3+2c_4=0\\
&4c_1+3c_2+5c_3-3c_4-2c_5=0
\end{aligned}$$

이같은 연립방정식은 오직 자명한 해를 가지기 때문에 S는 일차독립이어야 한다. 그러므로 정리 4.12에 의해 S는 $M_{5,1}$의 기저이다. ◀

연습문제 4.5(기저와 차원)

1-4에서 주어진 벡터공간에 대한 표준기저를 쓰라.

1. R^6

2. $M_{4,1}$

3. $M_{2,4}$

4. P_4

5-8에서 S가 R^2의 기저가 아닌 이유를 설명하라.

5. $S=\{(1, 2), (1, 0), (0, 1)\}$

6. $S=\{(-4, 5), (0, 0)\}$

7. $S=\{(6, -5), (12, -10)\}$

8. $S=\{(-3, 2)\}$

9-12에서 S가 R^3의 기저가 아닌 이유를 설명하라.

9. $S=\{(1, 3, 0), (4, 1, 2), (-2, 5, -2)\}$

10. $S=\{(7, 0, 3), (8, -4, 1)\}$

11. $S=\{(0, 0, 0), (1, 0, 0), (0, 1, 0)\}$

12. $S=\{(6, 4, 1), (3, -5, 1), (8, 13, 6)(0, 6, 9)\}$

13-16에서 S가 P_2의 기저가 아닌 이유를 설명하라.

13. $S=\{1, 2x, x^2-4, 5x\}$

14. $S=\{2, x, x+3, 3x^2\}$

15. $S=\{1-x, 1-x^2, 3x^2-2x-1\}$

16. $S=\{6x-3, 3x^2, 1-2x-x^2\}$

17와 18에서 S가 $M_{2,2}$의 기저가 아닌 이유를 설명하라.

17. $S=\left\{\begin{bmatrix}1 & 0\\0 & 1\end{bmatrix}, \begin{bmatrix}0 & 1\\1 & 0\end{bmatrix}\right\}$

18. $S=\left\{\begin{bmatrix}1 & 0\\0 & 0\end{bmatrix}, \begin{bmatrix}0 & 1\\1 & 0\end{bmatrix}, \begin{bmatrix}1 & 0\\0 & 1\end{bmatrix}, \begin{bmatrix}8 & -4\\-4 & 3\end{bmatrix}\right\}$

19-22에서 집합 $\{\mathbf{v}_1, \mathbf{v}_2\}$가 R^2의 기저인지를 결정하라.

19.

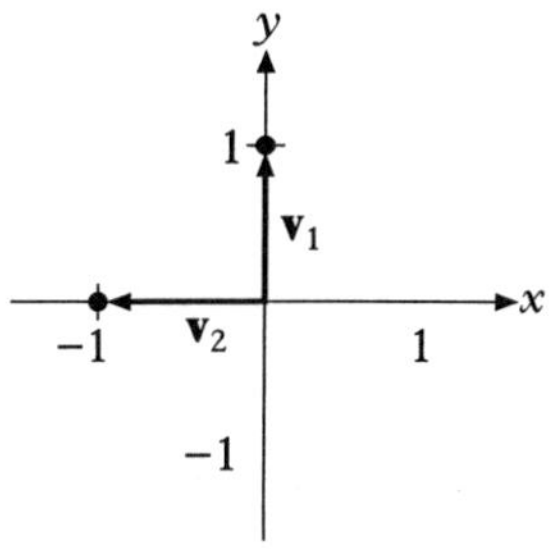

20.

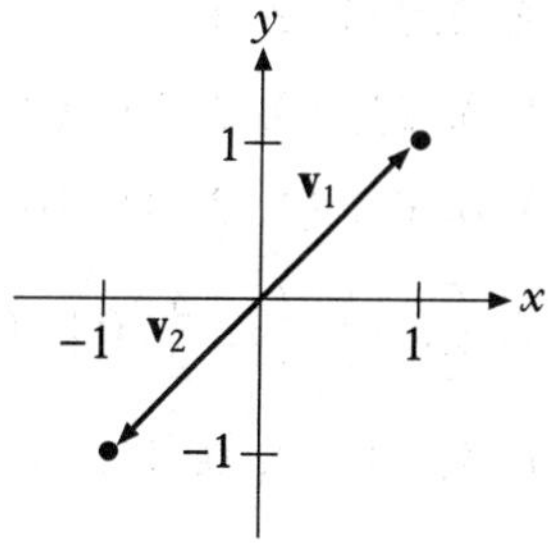

21.

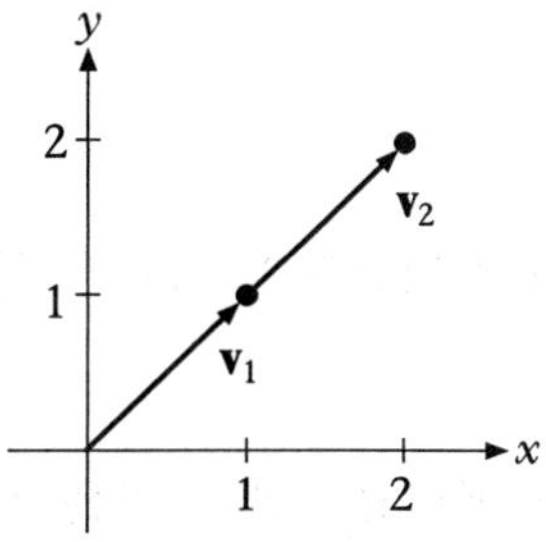

22.

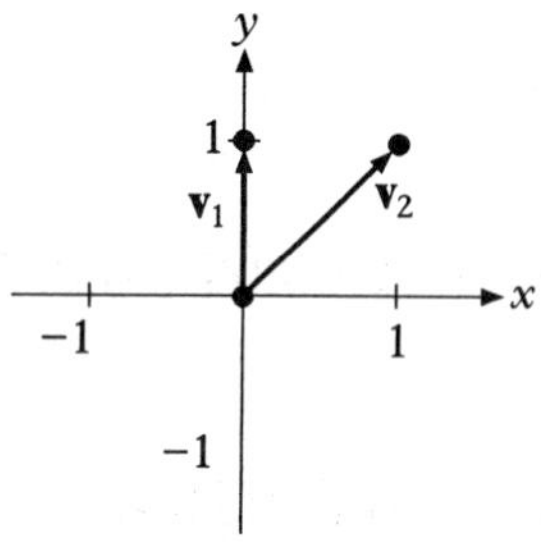

23-28에서 S가 지적된 벡터공간의 기저인지를 결정하라.

23. R^2에 대해서 $S=\{(3, -2), (4, 5)\}$

24. R^3에 대해서 $S=\{(1, 5, 3), (0, 1, 2), (0, 0, 6)\}$

25. R^3에 대해서 $S=\{(0, 3, -2), (4, 0, 3), (-8, 15, -16)\}$

26. R^3에 대해서 $S=\{(0, 0, 0), (1, 5, 6), (6, 2, 1)\}$

27. R^4에 대해서 $S=\{(-1, 2, 0, 0), (2, 0, -1, 0), (3, 0, 0, 4), (0, 0, 5, 0)\}$

28. R^4에 대해서 $S=\{(1, 0, 0, 1), (0, 2, 0, 2), (1, 0, 1, 0), (0, 2, 2, 0)\}$

29와 30에서 S가 $M_{2,2}$의 기저인지를 결정하라.

29. $S=\left\{\begin{bmatrix} 2 & 0 \\ 0 & 3 \end{bmatrix}, \begin{bmatrix} 1 & 4 \\ 0 & 1 \end{bmatrix}, \begin{bmatrix} 0 & 1 \\ 3 & 2 \end{bmatrix}, \begin{bmatrix} 0 & 1 \\ 2 & 0 \end{bmatrix}\right\}$

30. $S=\left\{\begin{bmatrix} 1 & 2 \\ -5 & 4 \end{bmatrix}, \begin{bmatrix} 2 & -7 \\ 6 & 2 \end{bmatrix}, \begin{bmatrix} 4 & -9 \\ 11 & 12 \end{bmatrix}, \begin{bmatrix} 12 & -16 \\ 17 & 42 \end{bmatrix}\right\}$

31-34에서 S가 P_3의 기저인지를 결정하라.

31. $S=\{t^3-2t^2+1, t^2-4, t^3+2t, 5t\}$

32. $S=\{4t-t^2, 5+t^3, 3t+5, 2t^3-3t^2\}$

33. $S=\{1-t, t^3, 6t^2, t^3+3t, 4t-1\}$

34. $S=\{t^3-1, 2t^2, t+3, 5+2t+2t^2+t^3\}$

35-38에서 S가 R^3의 기저인지를 결정하라. 만일 기저이면 $\mathbf{u}=(8, 3, 8)$을 S에서의 벡터들의 일차결합으로서 쓰라.

35. $S=\{(4, 3, 2), (0, 3, 2), (0, 0, 2)\}$

36. $S=\{(0, 0, 0), (1, 3, 4), (6, 1, -2)\}$

37. $S=\left\{\left(\frac{2}{3}, \frac{5}{2}, 1\right), \left(1, \frac{3}{2}, 0\right), (2, 12, 6)\right\}$

38. $S=\{(1, 4, 7), (3, 0, 1), (2, 1, 2)\}$

39-42에서 주어진 벡터공간의 차원을 구하라.

39. R^6

40. R

41. P_7

42. $M_{2,3}$

43. $D_{3,3}$(3×3 모든 대각행렬들의 벡터공간)의 기저를 구하라. 이 벡터공간의 차원은 무엇인가?

44. 모든 3×3 대칭행렬들의 벡터공간에 대한 기저를 구하라. 이 벡터공간의 차원은 무엇인가?

45. R^2에 대한 기저를 형성하는 뒤따르는 집합의 모든 부분집합을 구하라.
$S=\{(1, 0), (0, 1), (1, 1)\}$

46. R^3에 대한 기저를 형성하는 뒤따르는 집합의 모든 부분집합을 구하라.
$S=\{(1, 3, -2), (-4, 1, 1), (-2, 7, -3), (2, 1, 1)\}$

47. 벡터 $(1, 1)$을 포함하는 R^2의 기저를 구하라.

48. 집합 $S=\{(1, 0, 2), (0, 1, 1)\}$을 포함하는 R^3의 기저를 구하라.

49와 50에서 (a) 가학적인 묘사를 주고 (b) 기저를 찾고 (c) R^2의 부분공간 W의 차원을 결정하라.

49. $W=\{(2t, t):\ t$는 실수$\}$

50. $W=\{(0, t):\ t$는 실수$\}$

51와 52에서 (a) 기학적인 묘사를 주고 (b) 기저를 찾고 (c) R^3의 부분공간 W의 차원을 결정하라.

51. $W=\{(2t, t, -t):\ t$는 실수$\}$

52. $W=\{(2s-t, s, t):\ s$와 t은 실수$\}$

53-56에서 R^4의 부분공간 W의 (a) 기저 (b) 차원을 구하라.

53. $W=\{(2s-t, s, t, s): s$와 t는 실수$\}$

54. $W=\{(5t, -3t, t, t): t$는 실수$\}$

55. $W=\{(0, 6t, t, -t): t$는 실수$\}$

56. $W=\{(s+4t, t, s, 2s-t): s$와 t는 실수$\}$

진실 또는 거짓? 57-58에서 각 문장이 거짓 또는 진실인지를 결정하라. 만일 사실이라면 이유를 주거나 또는 교제에서 적절한 문장을 인용하라. 만일 거짓이라면 그 문장이 모든 경우에서 사실이 아닌 것을 보이는 예를 주거나 또는 교제에서의 적절한 문장을 인용하라.

57. (a) 만일 $\dim(V)=n$이면 V를 생성하는 V에서의 $n-1$개의 벡터들의 집합이 존재한다.

(b) 만일 $\dim(V)=n$이면 V를 생성하는 V에서의 $n+1$개의 벡터들의 집합이 존재한다.

58. (a) 만일 $\dim(V)=n$이면 V에서의 어떤 $n+1$개 벡터들의 집합도 일차 종속임에 틀림없다.

(b) 만일 $\dim(V)=n$이면 V에서의 -1개의 벡터들의 어떤 집합도 일차독립임에 틀림없다.

59. 만일 $S=\{\mathbf{v}_1, \mathbf{v}_2, \cdots, \mathbf{v}_n\}$이 벡터공간 V의 기저이고 c는 영이 아닌 스칼라라 하면 그때 집합 $S_1=\{c\mathbf{v}_1, c\mathbf{v}_2, \cdots, c\mathbf{v}_n\}$도 역시 V의 기저임을 증명하라.

60. 모든 다항식들의 벡터공간 P은 무한차원임을 증명하라.

61. 만일 W가 유한차원 벡터공간의 부분공간이라면 그때 (W의 차원)$\le$(V의 차원)임을 증명하라.

62. 정리 4.12를 증명하라.

63. (a) $S_1=\text{span}((1, 0, 0), (1, 1, 0))$와 $S_2=\text{span}((0, 0, 1), (0, 1, 0))$을 R^3의 부분공간이라 하자. 부분공간 S_1, S_2, $S_1\cap S_2$와 S_1+S_2들 각각의 기저와 차원을 구하라. (S_1+S_2의 정의에 대해서 4.3절에서 연습문제 31을 보라)

(b) S_1와 S_2을 R^3의 이차원 부분공간이라고 하자. $S_1\cap S_2=\{(0, 0, 0)\}$인 것이 가능한가? 그 이유를 설명하라.

64. **안내된 증명** S를 유한 차원 벡터공간 V의 생성집합이라고 하자. V의 기저를 형성하는 S의 부분집합 S'이 존재함을 증명하라.

시작 S는 생성집합이다. 그러나 그것은 일차종속일 수 있으므로 기저가 아닐 수 있다.

우리는 부분집합 S'이 생성집합이 되고 역시 일차독립이 되도록 남는 벡터들을 제거할 필요가 있다.

(i) 만일 S가 일차독립인 집합이라면 더 이상 할 것이 없다. 만일 아니면 S 안의 다른 벡터들의 일차결합으로 표현되는 몇 몇 벡터들을 (S로부터) 제거하라.

(ii) 이같은 집합을 S_1이라 부르자. 만일 S_1이 일차독립이라면 우리는 더 이상 할 것이 없다. 만일 아니라면 우리가 일차독립인 부분집합 S'을 얻을 때까지 종속벡터들을 계속해서 제거하라.

(iii) 그러므로 이같은 부분집합이 최소의 생성집합 S'임을 결론내어라.

65. S를 유한차원 벡터 공간 V로부터의 일차독립인 벡터들의 집합이라고 놓자. S를 포함하는 V의 기저가 존재함을 증명하라.

66. V를 n 차원의 벡터공간이라 하자. n 벡터보다 적은 어떤 집합도 V를 생성하지 못함을 증명하라.

4.6 행렬의 계수와 연립 일차 방정식

이 절에서 우리는 행렬의 행벡터(또는 열벡터)에 의해서 생성되는 벡터공간에 대해서 공부할 것이다.

우선 먼저 몇 용어들에 대해서 알 필요가 있다. $m\times n$ 행렬 A에 대해서 A의 행에 일치하는 n 순서쌍($n-$tuples)을 A의 행벡터라 부른다.

$$A=\begin{bmatrix} a_{11} & a_{12} & \cdots & a_{1n} \\ a_{21} & a_{22} & \cdots & a_{2n} \\ \vdots & \vdots & & \vdots \\ a_{m1} & a_{m2} & \cdots & a_{mn} \end{bmatrix} \qquad \begin{matrix} A\text{의 행벡터} \\ (a_{11},\ a_{12},\ \cdots,\ a_{1n}) \\ (a_{21},\ a_{22},\ \cdots,\ a_{2n}) \\ \vdots \\ (a_{m1},\ a_{m2},\ \cdots,\ a_{mn}) \end{matrix}$$

비슷하게 A의 열들은 A의 열벡터라 부른다. 이같은 열벡터들에 대해서 열 용어를 유지하는 것이 더 쓸모가 있다.

A의 열벡터

$$A=\begin{bmatrix} a_{11} & a_{12} & \cdots & a_{1n} \\ a_{21} & a_{22} & \cdots & a_{2n} \\ \vdots & \vdots & & \vdots \\ a_{m1} & a_{m2} & \cdots & a_{mn} \end{bmatrix} \qquad \begin{bmatrix} a_{11} \\ a_{21} \\ \vdots \\ a_{m1} \end{bmatrix} \begin{bmatrix} a_{12} \\ a_{22} \\ \vdots \\ a_{m2} \end{bmatrix} \cdots \begin{bmatrix} a_{1n} \\ a_{2n} \\ \vdots \\ a_{mn} \end{bmatrix}$$

[예제 1] 행벡터와 열벡터

행렬

$$A=\begin{bmatrix} 0 & 1 & -1 \\ -2 & 3 & 4 \end{bmatrix}$$

에 대해서 행벡터들은 (0, 1, −1)와 (−2, 3, 4)이고 열벡터들은

$$\begin{bmatrix} 0 \\ -2 \end{bmatrix}, \begin{bmatrix} 1 \\ 3 \end{bmatrix} \text{ 그리고 } \begin{bmatrix} -1 \\ 4 \end{bmatrix}$$

예제 1에서 $m\times n$ 행렬 A에 대해서 행벡터들은 R^n의 벡터들이고 열벡터들은 R^m의 벡터들이다. 이들로부터 우리는 다음과 같이 행렬의 행 공간과 열 공간의 정의를 이끌어낼 수 있다.

행렬의 행 공간과 열 공간의 정의

A를 $m\times n$행렬이라 하자.

1. A의 행 공간은 A의 행벡터들로서 생성되는 R^n의 부분공간이다.
2. A의 열 공간은 A의 열벡터들로서 생성되는 R^m의 부분공간이다.

알려질 것이지만 행렬 A의 행 공간과 열 공간은 많은 성질들을 갖는다. 하지만 우리들은 기본적인 행 연산에 익숙하기 때문에 행렬의 행 공간에서 시작할 것이다. 한 행렬을 기본적인 행 연산에 의해서 다른 행렬로부터 얻을 수 있다면 두 행렬은 행동치 하다는 것을 상기하자. 뒤따르는 정리는 행동치 행렬들은 같은 행 공간을 갖는다는 것을 보인다.

정리 4.13 행동치 행렬들은 같은 행 공간을 갖는다.
$m\times n$ 행렬 A가 $m\times n$ 행렬 B에 행동치이면 A의 행공간은 B의 행공간과 같다.

증명 B의 행들은 기본적인 행 연산(스칼라 곱과 덧셈)에 의해서 A의 행들로부터 얻을 수 있기 때문에 B의 행벡터들은 A의 행벡터들의 일차결합으로 쓸 수 있다. 그러므로 B의 행벡터들은 A의 행 공간 안에 놓인다. 그리고 B의 행벡터들로 생성되는 부분공간은 A의 행 공간 안에 포함된다. 그러나 A의 행들이 기본적인 연산에 의해서 B의 행들로부터 얻어 질 수 있다는 것도 역시 사실이다. 그러므로 두 개의 행 공간들은 서로의 부분공간이고 그러므로 같다고 결론내릴 수 있다. ■

참고 정리 4.13에 의하면 행렬의 행공간은 기본적인 행 연산에 의해서 변화하지 않으나 열 공간은 변화될 수 있다는 것을 말한다는 것을 유의하라.

만일 행렬 B가 행 사다리꼴의 형태를 가지면 그때 그것의 영이 아닌 벡터들은 일차독립인 집합을 형성한다. (증명해 보시요) 결과적으로 그들은 B의 행 공간에 대한 기저를 형성한다. 그리고 정리 4.13에 의하면 그들은 역시 A의 행 공간에 대한 기저를 형성한다. 이같은 중요한 결과는 다음 정리에서 말해질 것이다.

정리 4.14 행렬의 행 공간에 대한 기저
만일 행렬 A가 행 사다리꼴 형태에서 행렬 B에 행 동치라면 그때 영이 아닌 B의 행벡터들은 A의 행 공간에 대한 기저를 형성한다.

[예제 2] 행 공간에 대한 기저를 발견하는 것

$$A=\begin{bmatrix} 1 & 3 & 1 & 3 \\ 0 & 1 & 1 & 0 \\ -3 & 0 & 6 & -1 \\ 3 & 4 & -2 & 1 \\ 2 & 0 & -4 & -2 \end{bmatrix}$$

의 행 공간에 대한 기저를 구하라.

풀이 기본적인 행 연산을 사용해서 A을 다음과 같이 행 사다리꼴로 다시 쓸 수 있다.

$$B=\begin{bmatrix}1 & 3 & 1 & 3\\ 0 & 1 & 1 & 0\\ 0 & 0 & 0 & 1\\ 0 & 0 & 0 & 0\\ 0 & 0 & 0 & 0\end{bmatrix}\begin{matrix}\mathbf{w}_1\\ \mathbf{w}_2\\ \mathbf{w}_3\\ \\ \\ \end{matrix}$$

정리 4.14에 의해서 B의 영이 아닌 해 벡터들

$$\mathbf{w}_1=(1,\ 3,\ 1,\ 3),\quad \mathbf{w}_2=(0,\ 1,\ 1,\ 0),\quad \mathbf{w}_3=(0,\ 0,\ 0,\ 1)$$

는 A의 행 공간에 대한 기저를 형성한다. ◀

행렬의 해 공간을 구하기 위해서 예제 2에서 사용된 방법은 뒤따르는 유형의 문제들을 푸는 데에 사용할 수 있다. R^n에서의 집합 $S=\{\mathbf{v}_1,\ \mathbf{v}_2,\ \cdots,\ \mathbf{v}_k\}$에 의해서 생성되는 부분공간에 대한 기저를 구하라고 요구되어지면 행렬 A의 행들을 형성하도록 S에서의 벡터들을 사용하는 것에 의해서 기본 행 연산에 의해서 A를 행 사다리꼴로 다시 쓸 수 있다. 이 행렬의 영이 아닌 행들은 그때 S에 의해서 생성된 부분공간의 기저를 형성할 것이다. 이같은 사실들은 예제 3에서 보여질 것이다.

[예제 3] 부분공간의 기저를 구하는 것

$$S=\{\overset{\mathbf{v}_1}{(-1,\ 2,\ 5)},\ \overset{\mathbf{v}_2}{(3,\ 0,\ 3)},\ \overset{\mathbf{v}_3}{(5,\ 1,\ 8)}\}$$

에 의해서 생성된 R^3의 부분공간의 기저를 구하라.

풀이 행렬 A의 행들을 형성하기 위해서 $\mathbf{v}_1$, $\mathbf{v}_2$ 그리고 $\mathbf{v}_3$을 사용하자. 그때 A를 행 사다리꼴에서 쓰면

$$A=\begin{bmatrix}-1 & 2 & 5\\ 3 & 0 & 3\\ 5 & 1 & 8\end{bmatrix}\begin{matrix}\mathbf{v}_1\\ \mathbf{v}_2\\ \mathbf{v}_3\end{matrix}\quad\longrightarrow\quad B=\begin{bmatrix}1 & -2 & -5\\ 0 & 1 & 3\\ 0 & 0 & 0\end{bmatrix}\begin{matrix}\mathbf{w}_1\\ \mathbf{w}_2\\ \\ \end{matrix}$$

그러므로 B의 영이 아닌 행벡터들인 $\mathbf{w}_1=(1,\ -2,\ -5)$와 $\mathbf{w}_2=(0,\ 1,\ 3)$은 A의 행 공간의 기저를 형성한다. 즉 그들은 $S=\{\mathbf{v}_1,\ \mathbf{v}_2,\ \mathbf{v}_3\}$에 의해 생성된 부분공간의 기저를 형성한다. ◀

행렬 A의 열 공간의 기저를 구하기 위해 우리는 두 개의 선택할 수 있는 것이 있다. 한편으로는 A의 열 공간은 A^T의 행공간과 같다는 사실과 행렬 A^T에 예제 2에서의 기교를 적용할 수 있다는 것이고 다른 한편으로는 비록 행 연산이 행렬의 열 공간을 변화시키지만 행 연산이 열 사이의 종속 관계를 변화시키지는 않는다는 것을 관찰하라. 이같은 사실을 연습문제 56에서 증명하도록 요구될 것이다.

예로 예제 2로부터의 두 행동치인 A와 B 행렬을 생각해 보자.

$$A=\begin{bmatrix} 1 & 3 & 1 & 3 \\ 0 & 1 & 1 & 0 \\ -3 & 0 & 6 & -1 \\ 3 & 4 & -2 & 1 \\ 2 & 0 & -4 & -2 \end{bmatrix} \quad B=\begin{bmatrix} 1 & 3 & 1 & 3 \\ 0 & 1 & 1 & 0 \\ 0 & 0 & 0 & 1 \\ 0 & 0 & 0 & 0 \\ 0 & 0 & 0 & 0 \end{bmatrix}$$

$$\mathbf{a}_1 \quad \mathbf{a}_2 \quad \mathbf{a}_3 \quad \mathbf{a}_4 \qquad \mathbf{b}_1 \quad \mathbf{b}_2 \quad \mathbf{b}_3 \quad \mathbf{b}_4$$

행렬 B의 열들 1, 2 그리고 3은 방정식 $\mathbf{b}_3=-2\mathbf{b}_1+\mathbf{b}_2$을 만족함을 유의하라. 그리고 행렬 A의 일치하는 열들도 역시 만족한다. 즉 $\mathbf{a}_3=-2\mathbf{a}_1+\mathbf{a}_2$. 비슷하게 행렬 B의 열벡터들 $\mathbf{b}_1$, $\mathbf{b}_2$ 그리고 $\mathbf{b}_4$들은 일차독립이다. 그리고 역시 행렬 A의 일치하는 열벡터들도 그렇다. 뒤따르는 예제에서는 이같은 양쪽 모두의 방법을 사용해서 한 행렬의 열 공간의 기저를 구하는 방법을 보일 것이다.

[예제 4] 행렬의 열 공간의 기저를 구하는 것

예제 2에서 주어진 행렬 A의 열 공간의 기저를 구하라.

$$A=\begin{bmatrix} 1 & 3 & 1 & 3 \\ 0 & 1 & 1 & 0 \\ -3 & 0 & 6 & -1 \\ 3 & 4 & -2 & 1 \\ 2 & 0 & -4 & -2 \end{bmatrix}$$

풀이 A의 대칭행렬을 취하고 A^T을 행 사다리꼴로 쓰기 위해서 행 연산을 사용하라.

$$A^T=\begin{bmatrix} 1 & 0 & -3 & 3 & 2 \\ 3 & 1 & 0 & 4 & 0 \\ 1 & 1 & 6 & -2 & -4 \\ 3 & 0 & -1 & 1 & -2 \end{bmatrix} \rightarrow \begin{bmatrix} 1 & 0 & -3 & 3 & 2 \\ 0 & 1 & 9 & -5 & -6 \\ 0 & 0 & 1 & -1 & -1 \\ 0 & 0 & 0 & 0 & 0 \end{bmatrix} \begin{matrix} \mathbf{w}_1 \\ \mathbf{w}_2 \\ \mathbf{w}_3 \\ \end{matrix}$$

그러므로 $\mathbf{w}_1=(1,\ 0,\ -3,\ 3,\ 2)$, $\mathbf{w}_2=(0,\ 1,\ 9,\ -5,\ -6)$ 그리고 $\mathbf{w}_3=(0,\ 0,\ 1,\ -1,\ -1)$은 A^T의 행 공간에 대한 기저를 형성한다. 이것은 열벡터들

$$\begin{bmatrix}1\\0\\-3\\3\\2\end{bmatrix},\quad \begin{bmatrix}0\\1\\9\\-5\\-6\end{bmatrix},\quad \text{그리고} \quad \begin{bmatrix}0\\0\\1\\-1\\-1\end{bmatrix}$$

가 A의 열 공간에 대한 기저를 형성한다고 말하는 것과 동등하다.

풀이 예제 2에서 행 사다리꼴 형인 행렬 B를 얻기 위해서 원 행렬위에 행 연산이 사용됐었다. 행렬 B에서 첫째, 둘째, 넷째 열벡터들이 일차독립이라는 것을 보이는 것은 쉽다(이같은 열들은 첫 번째 원소로 1을 갖는다). 그러므로 행렬 A의 일치하는 열들은 일차독립이다. 그리고 열 공간에 대한 기저는

$$\begin{bmatrix}1\\0\\-3\\3\\2\end{bmatrix},\quad \begin{bmatrix}3\\1\\0\\4\\0\end{bmatrix} \text{와} \quad \begin{bmatrix}3\\0\\-1\\1\\-2\end{bmatrix}$$

벡터들로 구성되어 있다. 이것은 첫 번째 해에서 얻었던 것과 다른 열 공간의 기저임을 유의하라. 이같은 기저들은 R^5의 같은 부분공간을 생성함을 증명하라. ◀

참고 두 번째 해에서 행 사다리꼴 형 B는 A의 열들이 열 공간의 기저를 형성한다는 것을 유의하라. 여러분은 기저를 형성하기위해서 B의 열벡터들을 사용하지 말아야 한다.

예제 2와 4에서 A의 행 공간과 열 공간 모두는 3차원임을 유의하라(이들은 기저들 모두가 3개의 벡터들을 가지기 때문이다).

정리 4.15 행 공간과 열 공간은 같은 차원을 갖는다.
만일 A가 $m\times n$ 행렬이라면 그때 A의 행 공간과 열 공간은 같은 차원을 갖는다.

증명 $\mathbf{v}_1,\ \mathbf{v}_2,\ \cdots$와 $\mathbf{v}_m$ 그리고 $\mathbf{u}_1,\ \mathbf{u}_2,\ \cdots$와 $\mathbf{u}_n$을 행렬

$$A=\begin{bmatrix} a_{11} & a_{12} & \cdots & a_{1n} \\ a_{21} & a_{22} & \cdots & a_{2n} \\ \vdots & \vdots & & \vdots \\ a_{m1} & a_{m2} & \cdots & a_{mn} \end{bmatrix}$$

의 행벡터들과 열벡터들이라 하자. A의 행 공간은 r차원과 기저 $S=\{\mathbf{b}_1, \mathbf{b}_2, \cdots, \mathbf{b}_r\}$ 여기서 $\mathbf{b}_i=(b_{i1}, b_{i2}, \cdots, b_{in})$임을 갖는 다고 가정하자. 이같은 기저를 사용해서 우리는 A의 행벡터들을 다음과 같이 쓸 수 있다.

$$\begin{aligned} \mathbf{v}_1 &= c_{11}\mathbf{b}_1+c_{12}\mathbf{b}_2+\cdots+c_{1r}\mathbf{b}_r \\ \mathbf{v}_2 &= c_{21}\mathbf{b}_1+c_{22}\mathbf{b}_2+\cdots+c_{2r}\mathbf{b}_r \\ &\vdots \\ \mathbf{v}_m &= c_{m1}\mathbf{b}_1+c_{m2}\mathbf{b}_2+\cdots+c_{mr}\mathbf{b}_r \end{aligned}$$

벡터 방정식의 이같은 연립 방정식을 뒤따르는 것처럼 쓰자.

$$\begin{aligned} [a_{11}a_{12}\cdots a_{1n}] &= c_{11}[b_{11}b_{12}\cdots b_{1n}]+c_{12}[b_{21}b_{22}\cdots b_{2n}]+\cdots+c_{1r}[b_{r1}b_{r2}\cdots b_{rn}] \\ [a_{21}a_{22}\cdots a_{2n}] &= c_{21}[b_{11}b_{12}\cdots b_{1n}]+c_{22}[b_{21}b_{22}\cdots b_{2n}]+\cdots+c_{2r}[b_{r1}b_{r2}\cdots b_{rn}] \\ &\vdots \\ [a_{m1}a_{m2}\cdots a_{mn}] &= c_{m1}[b_{11}b_{12}\cdots b_{1n}]+c_{m2}[b_{21}b_{22}\cdots b_{2n}]+\cdots+c_{mr}[b_{r1}b_{r2}\cdots b_{rn}] \end{aligned}$$

행렬 A의 첫 번째 열에 일치하는 원소들만 단지 취하면 그때 뒤따르는 연립 스칼라 방정식을 얻는다.

$$\begin{aligned} a_{11} &= c_{11}b_{11}+c_{12}b_{21}+c_{13}b_{31}+\cdots+c_{1r}b_{r1} \\ a_{21} &= c_{21}b_{11}+c_{22}b_{21}+c_{23}b_{31}+\cdots+c_{2r}b_{r1} \\ a_{31} &= c_{31}b_{11}+c_{32}b_{21}+c_{33}b_{31}+\cdots+c_{3r}b_{r1} \\ &\vdots \\ a_{m1} &= c_{m1}b_{11}+c_{m2}b_{21}+c_{m3}b_{31}+\cdots+c_{mr}b_{r1} \end{aligned}$$

비슷하게 j번째 열의 원소들에 대해서 우리는 뒤따르는 것과 같은 연립방정식을 얻는다.

$$\begin{aligned} a_{1j} &= c_{11}b_{1j}+c_{12}b_{2j}+c_{13}b_{3j}+\cdots+c_{1r}b_{rj} \\ a_{2j} &= c_{21}b_{1j}+c_{22}b_{2j}+c_{23}b_{3j}+\cdots+c_{2r}b_{rj} \\ a_{3j} &= c_{31}b_{1j}+c_{32}b_{2j}+c_{33}b_{3j}+\cdots+c_{3r}b_{rj} \\ &\vdots \\ a_{mj} &= c_{m1}b_{1j}+c_{m2}b_{2j}+c_{m3}b_{3j}+\cdots+c_{mr}b_{rj} \end{aligned}$$

지금 벡터 $\mathbf{c}_i=[c_{1i}c_{2i}\ \cdots\ c_{mi}]^T$라 하자. 그때 j번째 열 p에 대한 연립방정식은

$$\mathbf{u}_j = b_{1j}\mathbf{c}_1 + b_{2j}\mathbf{c}_2 + \cdots + b_{rj}\mathbf{c}_r$$

같은 벡터 형태로서 다시 쓰여질 수 있다. 모든 열벡터들을 함께 쓰면 우리는 뒤따르는 것을 얻는다.

$$\begin{aligned}\mathbf{u}_1 &= [a_{11} \quad a_{21} \ \cdots \ a_{m1}]^T = b_{11}\mathbf{c}_1 + b_{21}\mathbf{c}_2 + \cdots + b_{r1}\mathbf{c}_r \\ \mathbf{u}_2 &= [a_{12} \quad a_{22} \ \cdots \ a_{m2}]^T = b_{12}\mathbf{c}_1 + b_{22}\mathbf{c}_2 + \cdots + b_{r2}\mathbf{c}_r \\ &\vdots \\ \mathbf{u}_n &= [a_{1n} \quad a_{2n} \ \cdots \ a_{mn}]^T = b_{1n}\mathbf{c}_1 + b_{2n}\mathbf{c}_2 + \cdots + b_{rn}\mathbf{c}_r\end{aligned}$$

A의 각 열벡터는 r 벡터들의 일차결합이므로 우리는 A의 열 공간의 차원은 r(A의 행 공간의 차원)보다 적거나 같다는 것을 안다. 즉

$$\text{차원}(A\text{의 열 공간}) \le \text{차원}(A\text{의 행 공간})$$

이같은 절차를 A^T에 대해서 되풀이 하므로 해서 우리는 A^T의 열 공간의 차원이 A^T의 행 공간의 차원보다 적거나 같다는 것을 결론낼 수 있다. 그러나 이것은 A의 행 공간의 차원이 A의 열 공간의 차원보다 적거나 같다는 것을 의미한다. 즉

$$\text{차원}(A\text{의 행 공간}) \le \text{차원}(A\text{의 열 공간}).$$

그러므로 이 두 차원은 같아야 한다. 한 행렬의 행 공간의 차원은 뒤따르는 특별한 이름을 갖는다. ◀

행렬의 계수의 정의

행렬 A의 행 공간의 차원은 A의 계수라고 부른다. 그리고 rank(A)로서 쓴다.

참고 몇몇 교재는 행렬의 행 계수와 열 계수를 구별한다. 그러나 이같은 계수들은 같기 때문에(정리 4.15) 이 교재에서는 그들을 구별하지 않을 것이다.

[예제 5] 행렬의 계수를 구하는 것

$$A = \begin{bmatrix} 1 & -2 & 0 & 1 \\ 2 & 1 & 5 & -3 \\ 0 & 1 & 3 & 5 \end{bmatrix}$$

의 계수를 구하라.

풀이 뒤따르는 것처럼 행 사다리꼴로 전환시켜라.

$$A=\begin{bmatrix}1 & -2 & 0 & 1\\ 2 & 1 & 5 & -3\\ 0 & 1 & 3 & 5\end{bmatrix} \to B=\begin{bmatrix}1 & -2 & 0 & 1\\ 0 & 1 & 1 & -1\\ 0 & 0 & 1 & 3\end{bmatrix}$$

B는 3개의 영이 아닌 행들을 가지므로 A의 계수는 3이다. ◀

행렬의 영 공간(또는 공 공간)

행 공간 그리고 열 공간 그리고 계수의 개념은 연립일차방정식에서 몇몇 중요한 응용을 갖는다. 먼저 동차 연립 일차방정식

$$A\mathbf{x}=\mathbf{0}$$

생각하자. 여기서 A는 $m\times n$ 행렬, $\mathbf{x}=[x_1\ x_2\ \cdots\ x_n]^T$은 미지수들의 열벡터 그리고 $\mathbf{0}=[0\ 0\ \cdots\ 0]^T$은 R^m에서의 영 벡터 .

$$\begin{bmatrix}a_{11}a_{12} & \cdots & a_{1n}\\ a_{21}a_{22} & \cdots & a_{2n}\\ \vdots\ \ \vdots & & \vdots\\ a_{m1}a_{m2} & \cdots & a_{mn}\end{bmatrix}\begin{bmatrix}x_1\\ x_2\\ \vdots\\ x_n\end{bmatrix}=\begin{bmatrix}0\\ 0\\ \vdots\\ 0\end{bmatrix}$$

뒤따르는 정리는 이같은 동차연립방정식의 모든 해들의 집합은 R^n의 부분공간임을 보인다.

정리 4.16 동차 연립방정식의 해들

만일 A가 $m\times n$행렬이라면 그때 일차 동차 연립방정식

$$A\mathbf{x}=\mathbf{0}$$

의 모든 해들의 집합은 A의 영 공간이라 불려지고 $N(A)$라고 쓰며 R^n의 부분공간이다. 그러므로

$$N(A)=\{\mathbf{x}\in R^n : A\mathbf{x}=\mathbf{0}\}$$

A의 영공간의 차원은 A의 영차원이라 부른다.

증명 A는 $m\times n$ 행렬이므로 $\mathbf{x}$는 $n\times 1$ 행렬이다. 그러므로 이 연립방정식의 모든 해들의 집

합은 R^n의 부분집합이다. $A\mathbf{0}=\mathbf{0}$이므로 이 집합은 명확하게 공집합이 아니다. 이 집합이 덧셈과 곱셈의 연산에 대해서 닫혀있다는 것을 보이므로 해서 이 집합이 부분공간임을 증명할 수 있다. $\mathbf{x}_1$와 $\mathbf{x}_2$을 $A\mathbf{x}=\mathbf{0}$의 두 해 벡터들이라 하자. 그리고 c는 스칼라라 하자. $A\mathbf{x}_1=\mathbf{0}$와 $A\mathbf{x}_2=\mathbf{0}$이므로

$$A(\mathbf{x}_1+\mathbf{x}_2)=A\mathbf{x}_1+A\mathbf{x}_2=\mathbf{0}+\mathbf{0}=\mathbf{0} \qquad \text{덧셈}$$

그리고

$$A(c\mathbf{x}_1)=c(A\mathbf{x}_1)=c(\mathbf{0})=\mathbf{0} \qquad \text{스칼라 곱}$$

그러므로 $(\mathbf{x}_1+\mathbf{x}_2)$와 $c\mathbf{x}_1$ 모두는 $A\mathbf{x}=\mathbf{0}$의 해들이다. 그리고 우리는 모든 해들의 집합이 R^n의 부분공간을 형성한다고 결론낼 수 있다. ◀

참고 A의 영 공간은 연립방정식 $A\mathbf{x}=\mathbf{0}$의 해공간이라고 역시 불려진다.

[예제 6] 동차연립방정식의 해 공간을 구하는 것

행렬

$$A=\begin{bmatrix}1 & 2 & -2 & 1\\ 3 & 6 & -5 & 4\\ 1 & 2 & 0 & 3\end{bmatrix}$$

의 영 공간을 구하라.

풀이 A의 영 공간은 동차연립방정식 $A\mathbf{x}=\mathbf{0}$의 해 공간이다. 이 연립방정식을 풀기 위해서 부과행렬 $[A : \mathbf{0}]$을 기약 행 사다리꼴로 쓰는 것이 필요하다. 하지만 이 연립방정식은 동차이므로 그 부과행렬의 오른쪽 열은 모두 영으로 되어있고 행 연산을 함에 따라 변하지는 않을 것이다. 그러므로 A의 기약 행 사다리꼴을 구하는 것으로 충분하다.

$$A=\begin{bmatrix}1 & 2 & -2 & 1\\ 3 & 6 & -5 & 4\\ 1 & 2 & 0 & 3\end{bmatrix} \rightarrow \begin{bmatrix}1 & 2 & 0 & 3\\ 0 & 0 & 1 & 1\\ 0 & 0 & 0 & 0\end{bmatrix}$$

이 기약 행 사다리꼴에 대응하는 연립방정식은

$$\begin{aligned} x_1+2x_2+x_3+3x_4&=0\\ x_3+\ x_4&=0 \end{aligned}$$

해들을 아래와 같은 매개변수 형태로 쓰기 위해서 x_2와 x_4을 자유 변수로서 선택하자.

$$x_1 = -2s - 3t, \quad x_2 = s, \quad x_3 = -t, \quad x_4 = t$$

이것은 $A\mathbf{x}=\mathbf{0}$의 해 공간은 뒤따르는 형태의 모든 해 벡터들로서 구성되어 있다는 것을 의미한다.

$$\mathbf{x} = \begin{bmatrix} x_1 \\ x_2 \\ x_3 \\ x_4 \end{bmatrix} = \begin{bmatrix} -2s-3t \\ s \\ -t \\ t \end{bmatrix} = s\begin{bmatrix} -2 \\ 1 \\ 0 \\ 0 \end{bmatrix} + t\begin{bmatrix} -3 \\ 0 \\ -1 \\ 1 \end{bmatrix}$$

그러므로 A의 영 공간의 기저는

$$\begin{bmatrix} -2 \\ 1 \\ 0 \\ 0 \end{bmatrix} \text{와} \begin{bmatrix} -3 \\ 0 \\ -1 \\ 1 \end{bmatrix}$$

으로 구성되어 있다. 다른 말로 이같은 두 벡터들은 $A\mathbf{x}=\mathbf{0}$의 해들이고 그리고 이 동차 연립방정식의 모든 해는 이 두 벡터의 일차결합들이다. ◀

참고 예제 6의 기저에 대해서 그 벡터들이 일차독립임을 증명했었고 역시 그들이 그 해집합을 생성한다는 것도 증명했었다. 동차연립방정식이 기약 행 사다리꼴로부터 풀어질 때 그 생성 집합은 늘 일차독립임은 보여질 수 있다.

예제 6에서 행렬 A는 4개의 열들을 갖는다. 더구나 행렬의 계수는 2이고 영 공간의 차원도 2이다. 그러므로 우리는

열들의 수=계수+영 공간의 차원

임을 알 수 있다. 이것을 알아보는 방법은 A의 기약 행 사다리꼴을 보는 것이다.

$$\begin{bmatrix} 1 & 2 & 0 & 3 \\ 0 & 0 & 1 & 1 \\ 0 & 0 & 0 & 0 \end{bmatrix}$$

1이 제일 먼저 앞에 나오는 열들 (1열과 3열) 이 행렬의 계수를 결정한다. 다른 두 열들 은(2와 4) 그들이 자유 변수에 대응하기 때문에 행렬의 영 차원을 결정한다. 이같은 관계는 뒤따르는 정리에서 일반화되어진다.

정리 4.17 해공간의 차원

A를 계수 r을 가진 $m\times n$행렬이라면 그 때 $A\mathbf{x}=\mathbf{0}$의 해공간의 차원은 $n-r$이다. 즉

$$n = A\text{의 계수} + A\text{의 영 차원}.$$

증명 A는 계수 r을 가지기 때문에 우리는 A는 r개의 영이 아닌 행들을 가진 기약행사다리꼴 B에 행동치하다는 것을 안다. 일반성을 잃지 않고 B의 왼쪽 위 구석은 $r\times r$ 단위행렬 I_r의 형태를 갖는다고 가정할 수 있다. 더구나 B의 영인 행들은 해에 아무런 기여를 못하므로 우리는 $r\times r$ 행렬 B'을 형성하도록 여기서 $B'=[I_r : C]$ 그들을 버릴 수 있다. 행렬 C는 변수들 $x_{r+1}, x_{r+2}, \cdots, x_n$에 대응하는 $n-r$개의 열들을 갖는다. 그러므로 $A\mathbf{x}=\mathbf{0}$의 해 공간은 아래와 같은 연립방정식으로 쓸 수 있다.

$$\begin{array}{lllll} x_1 + & & c_{11}x_{r+1} + c_{12}x_{r+2} + \cdots + c_{1,n-r}x_n = 0 \\ & x_2 + & c_{21}x_{r+1} + c_{22}x_{r+2} + \cdots + c_{2,n-r}x_n = 0 \\ & & \vdots \qquad\quad \vdots \qquad\qquad\qquad \vdots \quad \vdots \\ & & x_r + c_{r1}x_{r+1} + c_{r2}x_{r+2} + \cdots + c_{r,n-r}x_n = 0 \end{array}$$

마지막 $n-r$개의 변수들에 의해서 첫 번째 r개의 변수들을 풀면 해 공간의 기저에서의 $n-r$개의 벡터들을 구할 수 있다. 결론적으로 해 공간은 $n-r$ 차원을 갖는다. ■

예제 7에서는 이 정리의 성립을 보여주고 더 나아가 행렬의 열 공간을 탐구한다.

[예제 7] 행렬의 계수와 영 차원

행렬 A의 열벡터들을 $\mathbf{a}_1$, $\mathbf{a}_2$, $\mathbf{a}_3$, $\mathbf{a}_4$ 그리고 $\mathbf{a}_5$로서 쓰자.

$$A=\begin{bmatrix} 1 & 0 & -2 & 1 & 0 \\ 0 & -1 & -3 & 1 & 3 \\ -2 & -1 & 1 & -1 & 3 \\ 0 & 3 & 9 & 0 & -12 \end{bmatrix}$$
$$\quad\;\; \mathbf{a}_1 \quad \mathbf{a}_2 \quad \mathbf{a}_3 \quad \mathbf{a}_4 \quad \mathbf{a}_5$$

(a) A의 계수와 영 차원을 구하시오.

(b) A의 열 공간의 기저를 형성하는 A의 열벡터들의 부분집합을 구하라.

(c) 만일 가능하다면 A의 첫 두열들의 일차결합으로서 세 번째 열을 쓰라.

풀이 B를 A의 기약 행 사다리꼴 형태라 하자.

$$A=\begin{bmatrix} 1 & 0 & -2 & 1 & 0 \\ 0 & -1 & -3 & 1 & 3 \\ -2 & -1 & 1 & -1 & 3 \\ 0 & 3 & 9 & 0 & -12 \end{bmatrix} \rightarrow B=\begin{bmatrix} 1 & 0 & -2 & 0 & 1 \\ 0 & 1 & 3 & 0 & -4 \\ 0 & 0 & 0 & 1 & -1 \\ 0 & 0 & 0 & 0 & 0 \end{bmatrix}$$
$$\quad \mathbf{a}_1 \quad \mathbf{a}_2 \quad \mathbf{a}_3 \quad \mathbf{a}_4 \quad \mathbf{a}_5 \qquad\qquad \mathbf{b}_1 \quad \mathbf{b}_2 \quad \mathbf{b}_3 \quad \mathbf{b}_4 \quad \mathbf{b}_5$$

(a) B는 3개의 영이 아닌 행들을 가지므로 A의 계수는 3이다. 더군다나 A의 열들의 수는 $n=5$이다. 여기서 이것은 A의 영 차원이 $n-$계수$=5-3=2$임을 의미한다.

(b) B의 첫 번째 두 번째 넷째 열벡터들은 일차독립이므로 A의 대응하는 열벡터들 그리고

$$\mathbf{a}_1=\begin{bmatrix} 1 \\ 0 \\ -2 \\ 0 \end{bmatrix}, \quad \mathbf{a}_2=\begin{bmatrix} 0 \\ -1 \\ -1 \\ 3 \end{bmatrix}, \quad \mathbf{a}_4=\begin{bmatrix} 1 \\ 1 \\ -1 \\ 0 \end{bmatrix}$$

은 A의 열 공간의 기저를 형성한다.

(c) B의 세 번째 열은 첫 번째와 두 번째 열의 일차결합이다: $\mathbf{b}_3=-2\mathbf{b}_1+3\mathbf{b}_2$. 그러므로 같은 종속관계는 A 행렬의 대응하는 열들에 대해서도 유효하다.

$$\mathbf{a}_3=\begin{bmatrix} -2 \\ -3 \\ 1 \\ 9 \end{bmatrix}=-2\begin{bmatrix} 1 \\ 0 \\ -2 \\ 0 \end{bmatrix}+3\begin{bmatrix} 0 \\ -1 \\ -1 \\ 3 \end{bmatrix}=-2\mathbf{a}_1+3\mathbf{a}_2$$

◀

일차 연립방정식의 해들

동차 일차연립방정식 $A\mathbf{x}=\mathbf{0}$의 모든 해 벡터들의 집합은 부분공간이라는 것을 안다. 이것은 비 동차 연립방정식 $A\mathbf{x}=\mathbf{b}$, 여기서 $\mathbf{b}\neq\mathbf{0}$의 모든 해 벡터들의 집합에 대해서도 역시 사실인가? 대답은 아니다이다. 왜냐하면 영 벡터는 결코 비 동차 연립방정식의 해가 아니기 때문이다. 하지만 이 두 연립방정식들 $A\mathbf{x}=\mathbf{0}$와 $A\mathbf{x}=\mathbf{b}$의 해의 집합들 사이에는 한 관계가 있다. 특히 만일 $\mathbf{x}_p$가 비 동차연립방정식 $A\mathbf{x}=\mathbf{b}$의 특수해라면 그때 이 연립방정식의 모든 해는 $\mathbf{x}=\mathbf{x}_p+\mathbf{x}_h$인 형태로 쓰여질 수 있다.

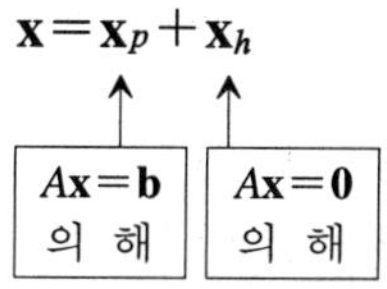

여기서 $\mathbf{x}_h$는 대응하는 동차연립방정식 $A\mathbf{x}=\mathbf{0}$의 해이다. 뒤따르는 정리는 이같은 중요한 결과를 서술한다.

정리 4.18 비 동차 일차연립방정식의 해

만일 $\mathbf{x}_p$가 비 동차 연립방정식 $A\mathbf{x}=\mathbf{b}$의 특수해라면 그때 이 연립방정식의 모든 해는 $\mathbf{x}=\mathbf{x}_p+\mathbf{x}_h$ 형태에서 쓰여질 수 있다. 여기서 $\mathbf{x}_h$는 대응하는 동차 연립방정식 $A\mathbf{x}=\mathbf{0}$의 해이다.

증명 $\mathbf{x}$을 $A\mathbf{x}=\mathbf{b}$의 임의의 해라 하자. 그때 $(\mathbf{x}-\mathbf{x}_p)$는 동차 연립방정식 $A\mathbf{x}=\mathbf{0}$의 해이다. 왜냐하면

$$A(\mathbf{x}-\mathbf{x}_p)=A\mathbf{x}-A\mathbf{x}_p=\mathbf{b}-\mathbf{b}=\mathbf{0}$$

이기 때문이다. $\mathbf{x}_h=\mathbf{x}-\mathbf{x}_p$라 놓으면 우리는 $\mathbf{x}=\mathbf{x}_p+\mathbf{x}_h$을 갖는다. ■

[예제 8] 비 동차연립방정식의 해집합을 구하는 것

일차 연립방정식의 모든 해 벡터들의 집합을 구하라.

$$\begin{aligned} x_1 \qquad -2x_3+x_4 &= 5 \\ 3x_1+x_2-5x_3 \qquad &= 8 \\ x_1+2x_2 \qquad -5x_4 &= -9 \end{aligned}$$

풀이 $A\mathbf{x}=\mathbf{b}$의 부과행렬은 아래와 같이 축소될 수 있다.

$$\begin{bmatrix} 1 & 0 & -2 & 1 & 5 \\ 3 & 1 & -5 & 0 & 8 \\ 1 & 2 & 0 & -5 & -9 \end{bmatrix} \rightarrow \begin{bmatrix} 1 & 0 & -2 & 1 & 5 \\ 0 & 1 & 1 & -3 & -7 \\ 0 & 0 & 0 & 0 & 0 \end{bmatrix}$$

이 기약 행 사다리꼴에 일치하는 일차연립방정식은

$$\begin{aligned} x_1 - \qquad 2x_3+x_4 &= 5 \\ x_2+x_3-3x_4 &= -7 \end{aligned}$$

$x_3=s$와 $x_4=t$라 놓으면 우리는 뒤따르는 것처럼 $A\mathbf{x}=\mathbf{b}$의 해 벡터를 나타낼 수 있다.

$$\mathbf{x}=\begin{bmatrix} x_1 \\ x_2 \\ x_3 \\ x_4 \end{bmatrix}=\begin{bmatrix} 2s-\ t+5 \\ -s+3t-7 \\ s+0t+0 \\ 0s+\ t+0 \end{bmatrix}=s\begin{bmatrix} 2 \\ -1 \\ 1 \\ 0 \end{bmatrix}+t\begin{bmatrix} -1 \\ 3 \\ 0 \\ 1 \end{bmatrix}+\begin{bmatrix} 5 \\ -7 \\ 0 \\ 0 \end{bmatrix}$$
$$=s\mathbf{u}_1+t\mathbf{u}_2+\mathbf{x}_p$$

우리는 $\mathbf{x}_p$는 $A\mathbf{x}=\mathbf{b}$의 특수해 벡터이고 그리고 $\mathbf{x}_h=s\mathbf{u}_1+t\mathbf{u}_2$는 $A\mathbf{x}=\mathbf{0}$의 해공간에서의 임의의 벡터를 나타낸다는 것을 알 수 있다. ◀

이 절의 마지막 정리는 행렬의 열 공간이 일차연립방정식이 해를 갖는지를 결정하기 위해서 어떻게 사용될 수 있는지를 말한다.

정리 4.19 일차 연립방정식의 해
일차 연립방정식 $A\mathbf{x}=\mathbf{b}$의 해가 존재할 필요충분조건은 $\mathbf{b}$가 A의 열 공간에 속하는 것이다.

증명
$$A=\begin{bmatrix} a_{11} & a_{12} & \cdots & a_{1n} \\ a_{21} & a_{22} & \cdots & a_{2n} \\ \vdots & \vdots & & \vdots \\ a_{m1} & a_{m2} & \cdots & a_{mn} \end{bmatrix},\quad \mathbf{x}=\begin{bmatrix} x_1 \\ x_2 \\ \vdots \\ x_n \end{bmatrix},\quad \text{그리고}\quad \mathbf{b}=\begin{bmatrix} b_1 \\ b_2 \\ \vdots \\ b_m \end{bmatrix}$$

을 $A\mathbf{x}=\mathbf{b}$의 각각 계수행렬, 미지수의 열 행렬, 그리고 오른쪽의 계수행렬이라 하자. 그때

$$A\mathbf{x}=\begin{bmatrix} a_{11} & a_{12} & \cdots & a_{1n} \\ a_{21} & a_{22} & \cdots & a_{2n} \\ \vdots & \vdots & & \vdots \\ a_{m1} & a_{m2} & \cdots & a_{mn} \end{bmatrix}\begin{bmatrix} x_1 \\ x_2 \\ \vdots \\ x_n \end{bmatrix}$$
$$=\begin{bmatrix} a_{11}x_1+a_{12}x_2+\cdots+a_{1n}x_n \\ a_{21}x_1+a_{22}x_2+\cdots+a_{2n}x_n \\ \vdots \qquad \vdots \qquad \vdots \\ a_{m1}x_1+a_{m2}x_2+\cdots+a_{mn}x_n \end{bmatrix}$$

$$=x_1\begin{bmatrix} a_{11} \\ a_{21} \\ \vdots \\ a_{m1} \end{bmatrix}+x_2\begin{bmatrix} a_{12} \\ a_{22} \\ \vdots \\ a_{m2} \end{bmatrix}+\cdots+x_n\begin{bmatrix} a_{1n} \\ a_{2n} \\ \vdots \\ a_{mn} \end{bmatrix}$$

그러므로 $A\mathbf{x}=\mathbf{b}$을 만족 할 필요충분조건은 $\mathbf{b}$가 A의 열들의 일차결합인 것이다. 즉 이 연립 방정식의 해가 존재할 필요충분조건은 $\mathbf{b}$가 A의 열들로서 생성되는 R^m의 부분공간에 속해야 한다는 것이다. ■

[예제 9] 일차연립방정식의 해의 존재성

다음과 같은 일차연립방정식을 생각하자.

$$\begin{aligned} x_1+x_2-x_3&=-1 \\ x_1 \qquad +x_3&=3 \\ 3x_1+2x_2-x_3&=1 \end{aligned}$$

이 계수행렬의 계수는 부과행렬의 계수와 같다.

$$A=\begin{bmatrix} 1 & 1 & -1 \\ 1 & 0 & 1 \\ 3 & 2 & -1 \end{bmatrix} \rightarrow \begin{bmatrix} 1 & 0 & 1 \\ 0 & 1 & -2 \\ 0 & 0 & 0 \end{bmatrix}$$

$$[A : \mathbf{b}]=\begin{bmatrix} 1 & 1 & -1 & -1 \\ 1 & 0 & 1 & 3 \\ 3 & 2 & -1 & 1 \end{bmatrix} \rightarrow \begin{bmatrix} 1 & 0 & 1 & 3 \\ 0 & 1 & -2 & -4 \\ 0 & 0 & 0 & 0 \end{bmatrix}$$

그러므로 $\mathbf{b}$는 A의 열 공간에 속한다. 그리고 이 일차연립방정식은 해가 존재한다.

정방 계수행렬을 가진 일차연립방정식

이 절에서의 마지막 결과로서 일차연립방정식, 행렬, 행렬식, 그리고 벡터공간을 포함하는 여러 중요한 결과들을 요약하자.

정방행렬에서의 동치조건들의 요약

만일 A를 $n\times n$ 행렬이라 하자. 그때 뒤따르는 조건들은 동치관계이다.

1. A는 가역적이다.

2. $A\mathbf{x}=\mathbf{b}$는 어떤 $n\times 1$ 행렬 $\mathbf{b}$에 대해서 유일한 해를 갖는다.
3. $A\mathbf{x}=\mathbf{0}$는 오직 자명한 해만을 갖는다.
4. A는 I_n와 행동치 하다.
5. $|A|\neq 0$.
6. $\text{rank}(A)=n$.
7. A의 n 행벡터들은 일차독립이다.
8. A의 n 열벡터들은 일차독립이다.

연습문제 4.6(행렬의 계수와 연립 일차 방정식)

1-8에서 (a) 행렬의 계수 (b) 행 공간의 기저 (c) 열 공간의 기저를 구하라.

1. $\begin{bmatrix} 1 & 0 \\ 0 & 2 \end{bmatrix}$

2. $\begin{bmatrix} 1 & 2 & 3 \end{bmatrix}$

3. $\begin{bmatrix} 2 & 4 \\ 1 & 6 \end{bmatrix}$

4. $\begin{bmatrix} 1 & -3 & 2 \\ 4 & 2 & 1 \end{bmatrix}$

5. $\begin{bmatrix} 4 & 20 & 31 \\ 6 & -5 & -6 \\ 2 & -11 & -16 \end{bmatrix}$

6. $\begin{bmatrix} 2 & -3 & 1 \\ 5 & 10 & 6 \\ 8 & -7 & 5 \end{bmatrix}$

7. $\begin{bmatrix} -2 & -4 & 4 & 5 \\ 3 & 6 & -6 & -4 \\ -2 & -4 & 4 & 9 \end{bmatrix}$

8. $\begin{bmatrix} 2 & 4 & -3 & -6 \\ 7 & 14 & -6 & -3 \\ -2 & -4 & 1 & -2 \\ 2 & 4 & -2 & -2 \end{bmatrix}$

9-12에서 S에 의해서 생성되는 R^4의 부분공간의 기저를 구하라.

9. $S=\{(2, 9, -2, 53), (-3, 2, 3, -2), (8, -3, -8, 17), (0, -3, 0, 15)\}$

10. $S=\{(6, -3, 6, 34), (3, -2, 3, 19), (8, 3, -9, 6), (-2, 0, 6, -5)\}$

11. $S=\{(-3, 2, 5, 28), (-6, 1, -8, -1), (14, -10, 12, -10), (0, 5, 12, 50)\}$

12. $S=\{(2, 5, -3, -2), (-2, -3, 2, -5), (1, 3, -2, 2), (-1, -5, 3, 5)\}$

13-20에서 $A\mathbf{x}=\mathbf{0}$의 해공간의 차원과 기저를 구하라.

13. $A=\begin{bmatrix} 2 & -1 \\ 1 & 3 \end{bmatrix}$

14. $A=\begin{bmatrix} 2 & -1 \\ -6 & 3 \end{bmatrix}$

15. $A=\begin{bmatrix} 1 & 2 & 3 \end{bmatrix}$

16. $A=\begin{bmatrix} 1 & 2 & 3 \\ 0 & 1 & 0 \end{bmatrix}$

17. $A=\begin{bmatrix} 1 & 2 & -3 \\ 2 & -1 & 4 \\ 4 & 3 & -2 \end{bmatrix}$

18. $A=\begin{bmatrix} 3 & -6 & 21 \\ -2 & 4 & -14 \\ 1 & -2 & 7 \end{bmatrix}$

19. $A=\begin{bmatrix} 1 & 3 & -2 & 4 \\ 0 & 1 & -1 & 2 \\ -2 & -6 & 4 & -8 \end{bmatrix}$

20. $A=\begin{bmatrix} 2 & 6 & 3 & 1 \\ 2 & 1 & 0 & -2 \\ 3 & -2 & 1 & 1 \\ 0 & 6 & 2 & 0 \end{bmatrix}$

21-26에서 동차 일차연립방정식의 해공간의 (a) 기저 (b) 차원을 구하라.

21.
$$\begin{aligned} -x+y+z&=0 \\ 3x-y&=0 \\ 2x-4y-5z&=0 \end{aligned}$$

22.
$$\begin{aligned} 4x-y+2z&=0 \\ 2x+3y-z&=0 \\ 3x+y+z&=0 \end{aligned}$$

23.
$$\begin{aligned} x-2y+3z&=0 \\ -3x+6y-9z&=0 \end{aligned}$$

24.
$$\begin{aligned} 3x_1+3x_2+15x_3+11x_4&=0 \\ x_1-3x_2+x_3+x_4&=0 \\ 2x_1+3x_2+11x_3+8x_4&=0 \end{aligned}$$

25.
$$\begin{aligned} 9x_1-4x_2-2x_3-20x_4&=0 \\ 12x_1-6x_2-4x_3-29x_4&=0 \\ 3x_1-2x_2-7x_4&=0 \\ 3x_1-2x_2-x_3-8x_4&=0 \end{aligned}$$

26.
$$\begin{aligned} x_1+3x_2+2x_3+22x_4+13x_5&=0 \\ x_1+x_3-2x_4+x_5&=0 \\ 3x_1+6x_2+5x_3+42x_4+27x_5&=0 \end{aligned}$$

27-32에서 (a) 비 동차 연립방정식 $A\mathbf{x}=\mathbf{b}$의 해가 존재하는지를 결정하라. 그리고 (b) 해가 존재하면 $\mathbf{x}=\mathbf{x}_h+\mathbf{x}_p$의 형태로 해를 쓰라, 여기서 $\mathbf{x}_h$는 $A\mathbf{x}=\mathbf{0}$의 해이고 $\mathbf{x}_p$는 $A\mathbf{x}=\mathbf{b}$의 한 특수해이다.

27.
$$\begin{aligned} x+3y+10z&=18\\ -2x+7y+32z&=29\\ -x+3y+14z&=12\\ x+y+2z&=8 \end{aligned}$$

28.
$$\begin{aligned} 3x-8y+4z&=19\\ 6y+2z+4w&=5\\ 5x+22z+w&=29\\ x-2y+2z&=8 \end{aligned}$$

29.
$$\begin{aligned} 3w-2x+16y-2z&=-7\\ -w+5x-14y+18z&=29\\ 3w-x+14y+2z&=1 \end{aligned}$$

30.
$$\begin{aligned} 2x-4y+5z&=8\\ -7x+14y+4z&=-28\\ 3x-6y+z&=12 \end{aligned}$$

31.
$$\begin{aligned} x_1+2x_2+x_3+x_4+5x_5&=0\\ -5x_1-10x_2+3x_3+3x_4+55x_5&=-8\\ x_1+2x_2+2x_3-3x_4-5x_5&=14\\ -x_1-2x_2+x_3+x_4+15x_5&=-2 \end{aligned}$$

32.
$$\begin{aligned} 5x_1-4x_2+12x_3-33x_4+14x_5&=-4\\ -2x_1+x_2-6x_3+12x_4-8x_5&=1\\ 2x_1-x_2+6x_3-12x_4+8x_5&=-1 \end{aligned}$$

33-36에서 $\mathbf{b}$가 A의 열 공간에 속하는지를 결정하라. 만일 속하면 $\mathbf{b}$을 A의 열벡터들의 일차결합으로서 쓰라.

33. $A=\begin{bmatrix}-1 & 2\\ 4 & 0\end{bmatrix}$, $\mathbf{b}=\begin{bmatrix}3\\4\end{bmatrix}$

34. $A=\begin{bmatrix}-1 & 2\\ 2 & -4\end{bmatrix}$, $\mathbf{b}=\begin{bmatrix}2\\4\end{bmatrix}$

35. $A=\begin{bmatrix}1 & 3 & 0\\ -1 & 1 & 0\\ 2 & 0 & 1\end{bmatrix}$, $\mathbf{b}=\begin{bmatrix}1\\2\\-3\end{bmatrix}$

36. $A=\begin{bmatrix}1 & 3 & 2\\ -1 & 1 & 2\\ 0 & 1 & 1\end{bmatrix}$, $\mathbf{b}=\begin{bmatrix}1\\1\\0\end{bmatrix}$

37. 4×3행렬의 행벡터들이 왜 일차독립을 형성하는지를 설명하라(행렬의 모든 원소들이 서로 다르다고 가정한다).

38. 3×4행렬의 열벡터들이 왜 일차독립을 형성하는지를 설명하라(행렬의 모든 원소들이 서로 다르다고 가정한다).

39. 만일 A가 정방행렬이 아니면 그때 A의 행벡터 또는 열벡터이거나 일차종속임을 증명하라.

40. 두 행렬의 곱의 계수가 각각 두 행렬의 어느 행렬의 계수보다도 작지 않음을 보이는 예를 주어라.

41. (a) $\text{rank}(A+B) < \text{rank}(A)$ 그리고 $\text{rank}(A+B) < \text{rank}(B)$

(b) $\text{rank}(A+B) = \text{rank}(A)$ 그리고 $\text{rank}(A+B) = \text{rank}(B)$

(c) $\text{rank}(A+B) > \text{rank}(A)$ 그리고 $\text{rank}(A+B) > \text{rank}(B)$

을 만족하는 같은 크기의 행렬 A와 B의 예들을 주시오.

42. 행 사다리꼴형의 행렬의 영이 아닌 행벡터들은 일차독립임을 증명하라.

43. A를 계수 r을 갖는 $m \times n$행렬(여기서 $m < n$)이라 하자.

(a) r의 가장 큰 값은 무엇일 수 있는가?

(b) 얼마나 많은 벡터들이 A의 행 공간의 기저에 속하는가?

(c) 얼마나 많은 벡터들이 A의 열 공간의 기저에 속하는가?

(d) 어느 벡터공간 R^k가 부분공간으로서 그 행 공간을 갖는가?

(e) 어느 벡터공간 R^k가 부분공간으로서 그 열 공간을 갖는가?

44. 세 점 (x_1, y_1), (x_2, y_2) 그리고 (x_3, y_3)가 한 평면에 놓이기 위한 필요충분조건은 행렬 $\begin{bmatrix} x_1 & y_1 & 1 \\ x_2 & y_2 & 1 \\ x_3 & y_3 & 1 \end{bmatrix}$이 3보다 적은 계수를 갖는 것이다.

45. 행렬 A와 B가 주어졌을 때 AB의 행벡터들은 B의 행 공간에 속하고 그리고 AB의 열 벡터들은 A의 열 공간에 속함을 보이라.

46. $n=2$, 3 그리고 4에 대해서 아래 행렬의 계수를 구하라.

$$\begin{bmatrix} 1 & 2 & 3 & \cdots & n \\ n+1 & n+2 & n+3 & \cdots & 2n \\ 2n+1 & 2n+2 & 2n+3 & \cdots & 3n \\ \vdots & \vdots & \vdots & & \vdots \\ n^2-n+1 & n^2-n+2 & n^2-n+3 & \cdots & n^2 \end{bmatrix}$$

여러분은 여기서 이 계수들의 형식을 찾을 수 있습니까?

47. n 변수의 일차 연립방정식 $A\mathbf{x}=\mathbf{b}$의 각 성질을 증명하라.

(a) 만일 $\text{rank}(A) = \text{rank}([A : \mathbf{b}]) = n$이면 그때 이 연립방정식은 유일한 해를 갖는다.

(b) 만일 $\text{rank}(A) = \text{rank}([A : \mathbf{b}]) < n$이면 그때 이 연립방정식은 무한개의 해를 갖는다.

(c) 만일 $\mathrm{rank}(A) < \mathrm{rank}([A : \mathbf{b}])$이면 이 연립방정식의 해는 존재하지 않는다.

진실 또는 거짓? 48-50에서 각 문장이 진실인지 거짓인지를 결정하라. 만일 사실이면 이유를 주거나 교재에서 적절한 문장을 인용하라. 만일 거짓이라면 그 문장이 모든 경우에서 사실이 아닌 것을 보이는 예를 주거나 교제에서 적절한 문장을 인용하라.

48. (a) 만일 $m\times n$행렬 A가 $m\times n$행렬 B에 행동치라면 그때 A의 행 공간은 B의 행 공간에 동치이다.

(b) 만일 A가 계수 r의 $m\times n$행렬이라면 그때 $A\mathbf{x}=\mathbf{0}$의 해 공간의 차원은 $m-r$ 이다.

49. (a) 만일 $m\times n$행렬 B를 $m\times n$행렬 A의 기본 행 연산으로부터 얻을 수 있다면 그때 B의 열 공간은 A의 열 공간과 같다.

(b) 일차 연립방정식 $A\mathbf{x}=\mathbf{b}$가 해를 갖지 않을 필요 충분고건은 $\mathbf{b}$가 A의 열 공간에 속하는 것이다.

50. (a) 행렬 A의 열 공간은 A^T의 행 공간과 같다.

(b) 행렬 A의 행 연산들이 A의 열들 사이의 종속관계를 변화시킬 수 있다.

51과 52에서 행렬 A에 대해서 뒤따르는 것들에 대답하기 위해서 행렬 A와 B가 행 동치함을 이용하자.

(a) A의 계수와 영 차원을 구하라.

(b) A의 영 공간의 기저를 구하라.

(c) A의 행 공간의 기저를 구하라.

(d) A의 열 공간의 기저를 구하라.

(e) A의 행들이 일차독립인지 아닌지를 결정하라.

(f) A의 열들을 $\mathbf{a}_1$, $\mathbf{a}_2$, $\mathbf{a}_3$, $\mathbf{a}_4$와 $\mathbf{a}_5$로 쓰자. 뒤따르는 집합 중에서 일차독립인 것은?

(i) $\{\mathbf{a}_1, \mathbf{a}_2, \mathbf{a}_4\}$ (ii) $\{\mathbf{a}_1, \mathbf{a}_2, \mathbf{a}_3\}$ (iii) $\{\mathbf{a}_1, \mathbf{a}_3, \mathbf{a}_5\}$

51. $A=\begin{bmatrix} 1 & 2 & 1 & 0 & 0 \\ 2 & 5 & 1 & 1 & 0 \\ 3 & 7 & 2 & 2 & -2 \\ 4 & 9 & 3 & -1 & 4 \end{bmatrix}$ $\quad B=\begin{bmatrix} 1 & 0 & 3 & 0 & -4 \\ 0 & 1 & -1 & 0 & 2 \\ 0 & 0 & 0 & 1 & -2 \\ 0 & 0 & 0 & 0 & 0 \end{bmatrix}$

52. $A=\begin{bmatrix} -2 & -5 & 8 & 0 & -17 \\ 1 & 3 & -5 & 1 & 5 \\ 3 & 11 & -19 & 7 & 1 \\ 1 & 7 & -13 & 5 & -3 \end{bmatrix}$ $\quad B=\begin{bmatrix} 1 & 0 & 1 & 0 & 1 \\ 0 & 1 & -2 & 0 & 3 \\ 0 & 0 & 0 & 1 & -5 \\ 0 & 0 & 0 & 0 & 0 \end{bmatrix}$

53. A를 $m \times n$행렬이라 하자.
 (a) 일차연립방정식 $A\mathbf{x}=\mathbf{b}$가 모든 열벡터들 $\mathbf{b}$에 대해서 해가 존재할 필요충분조건은 의 계수가 m인 것임을 증명하라.
 (b) 동차 일차연립방정식 $A\mathbf{x}=\mathbf{0}$이 유일한 해를 갖기 위한 필요충분조건은 A의 열들이 일차독립인 것임을 증명하라.

54. A와 B를 모든 $\mathbf{x} \in R^n$에 대해서 $A\mathbf{x}=B\mathbf{x}$을 만족하는 n차 정방행렬들이라 하자.
 (a) $A-B$의 영 공간과 영 차원을 구하라.
 (b) A와 B는 서로 일치함을 보여라.

55. A를 $m \times n$행렬이라 하자. $N(A) \subset N(A^T A)$임을 증명하라.

56. 행 연산은 $m \times n$행렬의 열들 사이에서의 종속 관계를 변화하지 않음을 증명하라.

4.7 좌표와 기저의 변화

만일 B가 벡터공간 V의 기저라면 V의 모든 벡터 x는 B의 벡터들의 일차결합으로서 유일하게 표현될 수 있다는 것을 4.5절에서 보았다. 일차결합에서의 계수들은 B에 관한 x의 좌표들이다. 좌표들에 관련해서 이같은 기저들에서 벡터들의 순서는 중요하다. 그리고 이것은 때때로 기저 B를 순서되어진 기저로서 언급함으로서 강조될 것이다.

기저에 관련된 좌표 표현

$B=\{\mathbf{v}_1, \mathbf{v}_2, \cdots, \mathbf{v}_n\}$을 V의 순서된 기저라 하자. 그리고 $\mathbf{x}$를

$$\mathbf{x}=c_1\mathbf{v}_1+c_2\mathbf{v}_2+\cdots+c_n\mathbf{v}_n$$

와 같은 V의 벡터라 하자. 스칼라 $c_1, c_2, \cdots, c_n$는 기저 B에 관계된 $\mathbf{x}$의 좌표라 부른다. B에 관련된 $\mathbf{x}$의 좌표행렬은 그 성분들이 $\mathbf{x}$의 좌표들인 R^n의 열 행렬이다.

$$[\mathbf{x}]_B=\begin{bmatrix} c_1 \\ c_2 \\ \vdots \\ c_n \end{bmatrix}$$

R^n에서의 좌표 표현

R^n에서 좌표행렬에 대한 용어는 좌표행렬에서 사용되는 열 용어를 제외하고는 일반적인 성분 용어에 따른다. 즉 $\mathbf{x}=(x_1, x_2, \cdots, x_n)$로서 R^n의 벡터를 쓰는 것은 x_i들이 R^n의 표준기저에 관한 x의 좌표들이다 라는 것을 의미한다. 그러므로 우리는

$$[\mathbf{x}]_S=\begin{bmatrix} x_1 \\ x_2 \\ \vdots \\ x_n \end{bmatrix}$$

을 갖는다.

[예제 1] R^n에서의 좌표들과 성분들

표준기저 $S=\{(1, 0, 0), (0, 1, 0), (0, 0, 1)\}$에 관련된 R^3에서 $\mathbf{x}=(-2, 1, 3)$의 좌표행렬을 구하라.

풀이 $\mathbf{x}$는

$$\mathbf{x}=(-2, 1, 3)=-2(1, 0, 0)+1(0, 1, 0)+3(0, 0, 1)$$

로서 쓰여질 수 있으므로 표준기저에 관련된 $\mathbf{x}$의 좌표행렬은 단지

$$[\mathbf{x}]_S=\begin{bmatrix} -2 \\ 1 \\ 3 \end{bmatrix}$$

이고 $\mathbf{x}$의 성분들은 표준기저에 관련된 그것의 좌표들과 같다. ◀

[예제 2] 표준기저에 관련된 좌표행렬을 찾음

순서되어진 기저(비표준) $B=\{\mathbf{v}_1, \mathbf{v}_2\}=\{(1, 0), (0, 1)\}$에 관련된 R^2에서의 $\mathbf{x}$의 좌표행렬은

$$[\mathbf{x}]_B=\begin{bmatrix} 3 \\ 2 \end{bmatrix}$$

이다. 표준기저 $B'=\{\mathbf{u}_1, \mathbf{u}_2\}=\{(1, 0), (0, 1)\}$에 관련된 $\mathbf{x}$의 좌표를 구하라.

풀이 $[\mathbf{x}]_B=\begin{bmatrix}3\\2\end{bmatrix}$이므로

$$\mathbf{x}=3\mathbf{v}_1+2\mathbf{v}_2=3(1,\ 0)+2(1,\ 2)=(5,\ 4)$$

로 쓰여질 수 있다. 더구나 $(5,\ 4)=5(1,\ 0)+4(0,\ 1)$이므로 B'에 관련된 $\mathbf{x}$의 좌표들은

$$[\mathbf{x}]_{B'}=\begin{bmatrix}5\\4\end{bmatrix}$$

로 주어진다. 그림 4.19에서 이 두 좌표들의 표현을 비교해 보자. ◀

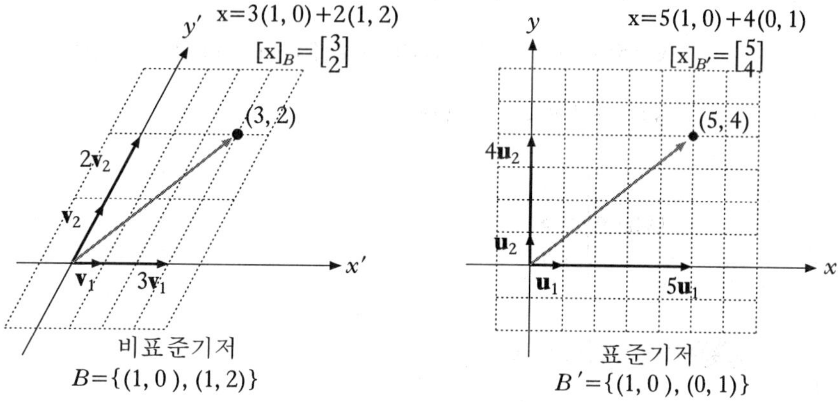

[그림 4.19]

예제 2는 표준기저에 관련된 좌표행렬을 발견하는 과정이 단순하다는 것을 보인다. 하지만 비표준기저에 관련된 좌표행렬을 발견하는 문제가 되면 그것은 좀 더 어렵다. 여기에 그 예제가 있다.

[예제 3] 비표준기저에 관련된 좌표행렬의 발견

기저(비표준)

$$B'=\{\mathbf{u}_1,\ \mathbf{u}_2,\ \mathbf{u}_3\}=\{(1,\ 0,\ 1),\ (0,\ -1,\ 2),\ (2,\ 3,\ -5)\}$$

에 관련된 R^3에서의 $\mathbf{x}=(1,\ 2,\ -1)$의 좌표행렬을 구하라.

풀이 x를 $\mathbf{u}_1$, $\mathbf{u}_2$, 그리고 $\mathbf{u}_3$의 일차결합으로서 나타내면

$$\mathbf{x}=c_1\mathbf{u}_1+c_2\mathbf{u}_2+c_3\mathbf{u}_3$$

$$(1,\ 2,\ -1)=c_1(1,\ 0,\ 1)+c_2(0,\ -1,\ 2)+c_3(2,\ 3,\ -5)$$

일치하는 성분들을 같게 놓으므로 해서 다음과 같은 연립 선형방정식을 얻는다.

$$\begin{aligned} c_1 \quad\quad +2c_3 &= \ \ 1 \\ -c_2+3c_3 &= \ \ 2 \\ c_1+2c_2-5c_3 &= -1 \end{aligned}$$

$$\begin{bmatrix} 1 & 0 & 2 \\ 0 & -1 & 3 \\ 1 & 2 & -5 \end{bmatrix}\begin{bmatrix} c_1 \\ c_2 \\ c_3 \end{bmatrix}=\begin{bmatrix} 1 \\ 2 \\ -1 \end{bmatrix}$$

이 연립방정식의 해는 $c_1=5$, $c_2=-8$, 그리고 $c_3=-2$이다. 그러므로

$$\mathbf{x}=5(1,\ 0,\ 1)+(-8)(0,\ -1,\ 2)+(-2)(2,\ 3,\ -5)$$

그리고 $\mathbf{x}$에 관련된 $\mathbf{x}$의 좌표행렬은

$$[\mathbf{x}]_{B'}=\begin{bmatrix} 5 \\ -8 \\ -2 \end{bmatrix}$$

◀

참고 예제 3에서의 해는

$$[\mathbf{x}]_{B'}=\begin{bmatrix} 5 \\ -8 \\ -2 \end{bmatrix}$$

로서 쓰여질 수 있다. 그 해를

$$\mathbf{x}=\begin{bmatrix} 5 \\ -8 \\ -2 \end{bmatrix}$$

로서 쓰는 것은 올바르지 않다. 왜 그런가?

R^n에서의 기저 변환

예제 2와 예제 3에서 보여진 과정을 우리는 기저변환이라 부른다. 즉 기저 B에 관련된 한 벡터의 좌표들이 주어지고 또 다른 기저 B에 관련된 좌표들을 찾는

것을 말한다. 예로, 만일 예제 3에서 B를 표준기저라 하면 그때 기저 B에 관련된 $\mathbf{x}=(1, 2, -1)$의 좌표행렬을 발견하는 문제는 다음과 같은 행렬 방정식에서 c_1, c_2와 c_3을 구하는 문제가 된다.

$$\underset{P}{\begin{bmatrix} 1 & 0 & 2 \\ 0 & -1 & 3 \\ 1 & 2 & -5 \end{bmatrix}} \underset{[\mathbf{x}]_{B'}}{\begin{bmatrix} c_1 \\ c_2 \\ c_3 \end{bmatrix}} = \underset{[\mathbf{x}]_B}{\begin{bmatrix} 1 \\ 2 \\ -1 \end{bmatrix}}$$

행렬 P는 B'로부터 B로의 전이행렬(또는 추이행렬)이라 부른다. 여기서 $[\mathbf{x}]_{B'}$는 B'에 관련된 $\mathbf{x}$의 좌표행렬이고 $[\mathbf{x}]_{B'}$는 B에 관련된 $\mathbf{x}$의 좌표행렬이다. 전이행렬 P를 곱하므로 해서 B'에 관련된 좌표행렬을 B에 관련된 좌표행렬로 바꿀 수 있다. 즉

$$P[\mathbf{x}]_{B'}=[\mathbf{x}]_B. \qquad B'\text{로부터 } B\text{로의 기저변환}$$

B로부터 B'로의 기저변환을 하기위해서 행렬 P^{-1}(B로부터 B'로의 전이행렬)을 이용하고 그리고 아래와 같이 쓴다.

$$[\mathbf{x}]_{B'}=P^{-1}[\mathbf{x}]_B. \qquad B\text{로부터 } B'\text{로의 기저변환}$$

이것은 예제 3에서의 기저변환 문제는 아래와 같은 행렬방정식으로서 나타낼 수 있다는 것을 의미한다.

$$\begin{bmatrix} c_1 \\ c_2 \\ c_3 \end{bmatrix} = \underset{P^{-1}}{\begin{bmatrix} -1 & 4 & 2 \\ 3 & -7 & -3 \\ 1 & -2 & -1 \end{bmatrix}} \underset{[\mathbf{x}]_B}{\begin{bmatrix} 1 \\ 2 \\ -1 \end{bmatrix}} = \underset{[\mathbf{x}]_{B'}}{\begin{bmatrix} 5 \\ -8 \\ -2 \end{bmatrix}}$$

이같은 논의를 다음과 같이 일반화 하자.

$$B=\{\mathbf{v}_1, \mathbf{v}_2, \cdots, \mathbf{v}_n\} \quad \text{와} \quad B'=\{\mathbf{u}_1, \mathbf{u}_2, \cdots, \mathbf{u}_n\}$$

을 R^n의 두 개의 순서되어진 기저들이라 하자. 만일 $\mathbf{x}$이 R^n에서의 벡터이고

$$[\mathbf{x}]_B=\begin{bmatrix} c_1 \\ c_2 \\ \vdots \\ c_n \end{bmatrix} \quad \text{와} \quad [\mathbf{x}]_{B'}=\begin{bmatrix} d_1 \\ d_2 \\ \vdots \\ d_n \end{bmatrix}$$

을 B와 B'에 관련된 x의 좌표행렬들이라면 그때 B'로부터 B로의 전이행렬 P는

$$[\mathbf{x}]_B = P[\mathbf{x}]_{B'}.$$

와 같은 행렬 P이다. 다음의 정리는 전이행렬 P가 가역적이며 그 역은 B로부터 B'로의 전이행렬이다 라는 것을 보인다. 즉

$$[\mathbf{x}]_{B'} = P^{-1}[\mathbf{x}]_B.$$

B'에 관련된 $\mathbf{x}$의 좌표행렬	B로부터 B'로의 전이행렬	B에 관련된 $\mathbf{x}$의 좌표행렬

정리 4.20 전이행렬의 역행렬

만일 P가 R^n에서의 기저 B로부터 기저 B'로의 전이행렬이라면 그때 P는 가역적이고 B로부터 B'로의 전이행렬은 P^{-1}로서 주어진다.

정리 4.20을 증명하기 전에 다음과 같은 보조정리를 증명하자.

보조정리

$B=\{\mathbf{v}_1, \mathbf{v}_2, \cdots, \mathbf{v}_n\}$와 $B'=\{\mathbf{u}_1, \mathbf{u}_2, \cdots, \mathbf{u}_n\}$을 벡터공간 V의 두 기저라 하자. 만일

$$\begin{aligned}
\mathbf{v}_1 &= c_{11}\mathbf{u}_1 + c_{21}\mathbf{u}_2 + \cdots + c_{n1}\mathbf{u}_n \\
\mathbf{v}_2 &= c_{12}\mathbf{u}_1 + c_{22}\mathbf{u}_2 + \cdots + c_{n2}\mathbf{u}_n \\
&\vdots \\
\mathbf{v}_n &= c_{1n}\mathbf{u}_1 + c_{2n}\mathbf{u}_2 + \cdots + c_{nn}\mathbf{u}_n
\end{aligned}$$

라면 그때 B로부터 B'로의 전이행렬은

$$Q = \begin{bmatrix} c_{11} & c_{12} & \cdots & c_{1n} \\ c_{21} & c_{22} & \cdots & c_{2n} \\ \vdots & \vdots & & \vdots \\ c_{n1} & c_{n2} & \cdots & c_{nn} \end{bmatrix}$$

증명 (보조정리)

$$\mathbf{v} = d_1\mathbf{v}_1 + d_2\mathbf{v}_2 + \cdots + d_n\mathbf{v}_n$$

을 V의 임의의 벡터라 하자. 그러므로 기저 B에 관련된 $\mathbf{v}$의 좌표행렬은

$$[\mathbf{v}]_B = \begin{bmatrix} d_1 \\ d_2 \\ \vdots \\ d_n \end{bmatrix}$$

이다. 그때 우리는

$$Q[\mathbf{v}]_B = \begin{bmatrix} c_{11} & c_{12} & \cdots & c_{1n} \\ c_{21} & c_{22} & \cdots & c_{2n} \\ \vdots & \vdots & & \vdots \\ c_{n1} & c_{n2} & \cdots & c_{nn} \end{bmatrix} \begin{bmatrix} d_1 \\ d_2 \\ \vdots \\ d_n \end{bmatrix}$$
$$= \begin{bmatrix} c_{11}d_1 + c_{12}d_2 + \cdots + c_{1n}d_n \\ c_{21}d_1 + c_{22}d_2 + \cdots + c_{2n}d_n \\ \vdots \quad\quad \vdots \quad\quad\quad \vdots \\ c_{n1}d_1 + c_{n2}d_2 + \cdots + c_{nn}d_n \end{bmatrix}$$

을 갖는다. 다른 한편으로 우리는

$$\begin{aligned} \mathbf{v} &= d_1\mathbf{v}_1 + d_2\mathbf{v}_2 + \cdots + d_n\mathbf{v}_n \\ &= d_1(c_{11}\mathbf{u}_1 + \cdots c_{n1}\mathbf{u}_n) + \cdots d_n(c_{1n}\mathbf{u}_1 + \cdots + c_{nn}\mathbf{u}_n) \\ &= (d_1c_{11} + \cdots + d_nc_{1n})\mathbf{u}_1 + \cdots + (d_1c_{n1} + \cdots + d_nc_{nn})\mathbf{u}_n \end{aligned}$$

이와 같이 쓸 수 있다. 이것은

$$[\mathbf{v}]_{B'} = \begin{bmatrix} c_{11}d_1 + c_{12}d_2 + \cdots + c_{1n}d_n \\ c_{21}d_1 + c_{22}d_2 + \cdots + c_{2n}d_n \\ \vdots \quad\quad \vdots \quad\quad\quad \vdots \\ c_{n1}d_1 + c_{n2}d_2 + \cdots + c_{nn}d_n \end{bmatrix}$$

을 의미한다. 그러므로 $Q[\mathbf{v}]_B = [\mathbf{v}]_{B'}$이고 Q는 B로부터 B'로의 전이행렬이라고 결론내릴 수 있다.

증명 (정리 4.20)
Q를 B로부터 B'로의 전이행렬이라 하자. 그때 보조정리로부터

$$[\mathbf{v}]_B = P[\mathbf{v}]_{B'} \quad \text{그리고} \quad [\mathbf{v}]_{B'} = Q[\mathbf{v}]_{B}$$

이것은 R^n에서의 모든 $\mathbf{v}$에 대해서 $[\mathbf{v}]_B = PQ[\mathbf{v}]_B$을 의미한다. 이것으로부터 $PQ = I$. 그

러므로 P는 가역적이고 P^{-1}는 B로부터 B'로의 전이행렬, Q에 동등하다. ■

여기에 가우스 조던 소거법을 이용해서 전이행렬 P^{-1}을 구하는 좋은 방법이 있다. 먼저 열들이 B와 B'의 벡터들에 일치하게 두 행렬 B와 B'을 정의하자. 즉

$$B=\begin{bmatrix} v_{11} & v_{12} & \cdots & v_{1n} \\ v_{21} & v_{22} & \cdots & v_{2n} \\ \vdots & \vdots & & \vdots \\ v_{n1} & v_{n2} & \cdots & v_{nn} \end{bmatrix} \quad \text{그리고} \quad B'=\begin{bmatrix} u_{11} & u_{12} & \cdots & u_{1n} \\ u_{21} & u_{22} & \cdots & u_{2n} \\ \vdots & \vdots & & \vdots \\ u_{n1} & u_{n2} & \cdots & u_{nn} \end{bmatrix}$$
$$\quad\ \mathbf{v}_1 \quad \mathbf{v}_2 \quad\quad \mathbf{v}_n \qquad\qquad\qquad \mathbf{u}_1 \quad \mathbf{u}_2 \quad\quad \mathbf{u}_n$$

그때 $n\times 2n$ 행렬 $[B' \vdots B]$에서 B'에 단위행렬 I_n을 놓으므로 해서 행렬 $[I_n \vdots P^{-1}]$을 얻는다. 이 과정은 뒤따르는 정리에서 형식적으로 언급된다.

정리 4.21 B로부터 B'로의 전이행렬

$B=\{\mathbf{v}_1, \mathbf{v}_2, \cdots, \mathbf{v}_n\}$ 그리고 $B'=\{\mathbf{u}_1, \mathbf{u}_2, \cdots, \mathbf{u}_n\}$을 R^n의 두 기저라 하자. 그때 B로부터 B'로의 전이행렬 P^{-1}은 뒤따르는 것처럼 가우스 조던 소거법을 사용해서 $n\times 2n$ 행렬

$$[B' \vdots B] \rightarrow [I_n \vdots P^{-1}]$$

에 의해서 구할 수 있다.

증명

$$\begin{aligned} \mathbf{v}_1 &= c_{11}\mathbf{u}_1 + c_{21}\mathbf{u}_2 + \cdots + c_{n1}\mathbf{u}_n \\ \mathbf{v}_2 &= c_{12}\mathbf{u}_1 + c_{22}\mathbf{u}_2 + \cdots + c_{n2}\mathbf{u}_n \\ &\vdots \\ \mathbf{v}_n &= c_{1n}\mathbf{u}_1 + c_{2n}\mathbf{u}_2 + \cdots + c_{nn}\mathbf{u}_n \end{aligned}$$

이라 하자. 이들은 $i=1, 2, \cdots, n$에 대해서

$$c_{1i}\begin{bmatrix} u_{11} \\ u_{12} \\ \vdots \\ u_{1n} \end{bmatrix} + c_{2i}\begin{bmatrix} u_{21} \\ u_{22} \\ \vdots \\ u_{2n} \end{bmatrix} + \cdots + c_{ni}\begin{bmatrix} u_{n1} \\ u_{n2} \\ \vdots \\ u_{nn} \end{bmatrix} = \begin{bmatrix} v_{i1} \\ v_{i2} \\ \vdots \\ v_{in} \end{bmatrix}$$

을 의미하고 이같은 벡터방정식들로부터 다음과 같은 n개의 연립 일차방정식들을 얻을 수 있다. $i=1, 2, \cdots, n$에 대해서

$$u_{11}c_{1i}+u_{21}c_{2i}+\cdots+u_{n1}c_{ni}=v_{i1}$$
$$u_{12}c_{1i}+u_{22}c_{2i}+\cdots+u_{n2}c_{ni}=v_{i2}$$
$$\vdots$$
$$u_{1n}c_{1i}+u_{2n}c_{2i}+\cdots+u_{nn}c_{ni}=v_{in}$$

라고 쓸 수 있다. 그 n개의 연립방정식들의 각각은 같은 계수행렬을 가지므로 뒤따르는 첨과행렬을 사용해서 동시에 그 모든 n개의 연립방정식을 축소할 수 있다.

$$\underbrace{\begin{bmatrix} u_{11} & u_{21} & \cdots & u_{n1} \\ u_{12} & u_{22} & \cdots & u_{n2} \\ \vdots & \vdots & & \vdots \\ u_{1n} & u_{2n} & \cdots & u_{nn} \end{bmatrix}}_{B'} \begin{matrix} \vdots \\ \vdots \\ \vdots \\ \vdots \end{matrix} \underbrace{\begin{bmatrix} v_{11} & v_{21} & \cdots & v_{n1} \\ v_{12} & v_{22} & \cdots & v_{n2} \\ \vdots & \vdots & & \vdots \\ v_{1n} & v_{2n} & \cdots & v_{nn} \end{bmatrix}}_{B}$$

이 행렬에 가우스 조던 소거법을 적용하면

$$\left[\begin{array}{cccc|cccc} 1 & 0 & \cdots & 0 & c_{11} & c_{12} & \cdots & c_{1n} \\ 0 & 1 & \cdots & 0 & c_{21} & c_{22} & \cdots & c_{2n} \\ \vdots & \vdots & & \vdots & \vdots & \vdots & & \vdots \\ 0 & 0 & \cdots & 1 & c_{n1} & c_{n2} & \cdots & c_{nn} \end{array}\right]$$

얻는다. 그러나 보조정리에 의해서 이 행렬의 오른쪽 편은 $Q=P^{-1}$이다. 이것은 그 행렬이

$$[I \vdots P^{-1}]$$

형태를 갖는다는 것을 의미한다. ■

이같은 과정을 뒤따르는 예제에서 예제 3에서 주어진 기저변환문제에 적용할 것이다.

[예제 4] 전이행렬을 구하는 것

R^3의 다음 기저들에 대해서 B로부터 B'로의 전이행렬을 구하라.

$$B=\{(1, 0, 0), (0, 1, 0), (0, 0, 1)\}$$

그리고

$$B'=\{(1, 0, 1), (0, -1, 2), (2, 3, -5)\}$$

풀이 먼저 두 기저들에서의 벡터들을 사용해서 행렬 B와 B'을 만들어라.

$$B=\begin{bmatrix}1&0&0\\0&1&0\\0&0&1\end{bmatrix} \quad \text{그리고} \quad B'=\begin{bmatrix}1&0&2\\0&-1&3\\1&2&-5\end{bmatrix}$$

그때 행렬 $[B' \,\vdots\, B]$을 형성하고 가우스 조던 소거법을 사용해서 이것을 $[I_3 \,\vdots\, P^{-1}]$로 만들어라.

$$\left[\begin{array}{ccc:ccc}1&0&2&1&0&0\\0&-1&3&0&1&0\\1&2&-5&0&0&1\end{array}\right] \rightarrow \left[\begin{array}{ccc:ccc}1&0&0&-1&4&2\\0&1&0&3&-7&-3\\0&0&1&1&-2&-1\end{array}\right]$$

이것으로부터 B로부터 B'로의 전이행렬은

$$P^{-1}=\begin{bmatrix}-1&4&2\\3&-7&-3\\1&-2&-1\end{bmatrix}$$

로 주어진다고 결론낼 수 있다. 이 결과가 예제 3에서 얻은 것과 같다는 것을 보기 위해 $\mathbf{x}=(1, 2, -1)$의 좌표행렬에 P^{-1}을 곱하므로 해서 시도해 보라. ◀

> **발견**
>
> $B=\{(1, 0), (1, 2)\}$ 그리고 $B'=\{(1, 0), (0, 1)\}$이라 하자. 행렬 $[B' \,\vdots\, B]$을 형성하라. 만일 기저변환이 비표준에서 표준으로라면 전이행렬 P^{-1}을 얻기 위해서 가우스 조던 소거법을 사용하기 위한 필요조건에 대한 추측을 만들어라.

예제 4처럼 B가 표준기저일 때 $[B' \,\vdots\, B]$에서 $[I_n \,\vdots\, P^{-1}]$으로의 변환하면

$$[B' \,\vdots\, I_n] \rightarrow [I_n \,\vdots\, P^{-1}]$$

가 된다. 그러나 이것은 2.3절에서 역행렬을 구하는데 사용된 과정과 똑같다. 다시 말해서 B는 R^n에서 표준기저라면 그때 B로부터 B'로의 전이행렬은

$$P^{-1}=(B')^{-1} \qquad \text{비표준기저로의 표준기저}$$

로 주어진다. B'가 표준기저이면 행렬 $[B' \,\vdots\, B]$는 이미

$$[I_n \,\vdots\, B]=[I_n \,\vdots\, P^{-1}]$$

형태를 가졌기 때문에 그 과정이 더 간단하다. 이같은 경우에 전이행렬은 단지

$P^{-1}=B$ 　　　　　　　　표준기저로의 비표준기저

이다. 예로 $B=\{(1, 0), (1, 2)\}$로부터 $B'=\{(1, 0), (0, 1)\}$로의 예제 2에서의 전이행렬은

$$P^{-1}=B=\begin{bmatrix}1 & 1\\0 & 2\end{bmatrix}$$

이다.

[예제 5] 전이행렬 구하는 것

R^2에 대한 뒤따르는 두 기저들에 대해서 B로부터 B'으로의 전이행렬을 구하라.

$$B=\{(-3, 2), (4, -2)\}$$

그리고

$$B'=\{(-1, 2), (2, -2)\}.$$

풀이 다음과 같은 행렬을 만들자.

$$[B' \vdots B]=\begin{bmatrix}-1 & 2 & \vdots & -3 & 4\\2 & -2 & \vdots & 2 & -2\end{bmatrix}$$

그리고 B로부터 B'으로의 전이행렬 P^{-1}을 얻기 위해 가우스 조던 소거법을 사용하면

$$[I_2 \vdots P^{-1}]=\begin{bmatrix}1 & 0 & \vdots & -1 & 2\\0 & 1 & \vdots & -2 & 3\end{bmatrix}$$

그러므로 우리는

$$P^{-1}=\begin{bmatrix}-1 & 2\\-2 & 3\end{bmatrix}$$

을 갖는다. ◀

기술적 관찰

대부분의 그래프를 그릴 수 있는 계산기나 컴퓨터 소프트 프로그램들은 두 행렬을 첨가할 수 있는 용량을 갖고 있다. 첨가를 한 후에 B에서 B'으로의 전이행렬을 구하기 위해

서 명령어 *rref*(reduced row-echelon form: 기약 행 사다리꼴)을 사용할 수 있다. 예로 TI-86을 사용해서 예제 5에서의 B에서 B'으로의 전이행렬 P^{-1}을 구하면 당신의 스크린은 다음과 같이 보일 것이다.

```
B
        [[-3  4 ]
         [2  -2]]
```

```
BPRIME
        [[-1  2 ]
         [2  -2]]
```

```
aug(BPRIME, B)
    [[-1  2  -3  4 ]
     [2  -2  2  -2]]
```

```
rref aug(BPRIME, B)
    [[1  0  -1  2 ]
     [0  1  -2  3]]
```

B'로부터 B로의 전이행렬 P를 구할 수 있을 정도의 행렬용량을 가진 그래프 계산기를 사용해라.

예제 5에서 만일 B'로부터 B로의 (B로부터 B'로 보단) 전이행렬을 구했다면 우리는

$$[B \vdots B'] = \begin{bmatrix} -3 & 4 & \vdots & -1 & 2 \\ 2 & -2 & \vdots & 2 & -2 \end{bmatrix}$$

을 얻을 것이고 이것은

$$[I_2 \vdots P] = \begin{bmatrix} 1 & 0 & \vdots & 3 & -2 \\ 0 & 1 & \vdots & 2 & -1 \end{bmatrix}$$

로 되어지고 그러므로 B'로부터 B로의 전이행렬은

$$P = \begin{bmatrix} 3 & -2 \\ 2 & -1 \end{bmatrix}$$

이다. 이 행렬을 예제 5에서 구했던 전이행렬에 곱하는 것에 의해서 그 전이행렬의 역행렬임을 증명할 수 있다. 즉

$$PP^{-1}=\begin{bmatrix}3 & -2\\2 & -1\end{bmatrix}\begin{bmatrix}-1 & 2\\-2 & 3\end{bmatrix}=\begin{bmatrix}1 & 0\\0 & 1\end{bmatrix}=I_2$$

일반적인 n차원 공간에서의 좌표 표현

좌표 표현의 한 이점은 임의의 n차원 공간에서의 벡터들을 R^n에서 사용되는 똑같은 용어를 사용해서 나타낼 수 있다는 것이다. 예로 예제 6에서 P_3에서 의한 벡터의 좌표행렬은 R^4에서의 한 벡터인 것에 주목하라.

[예제 6] P_3에서의 좌표 표현

P_3에서의 표준기저

$$S=\{1,\ x,\ x^2,\ x^3\}$$

에 관련된 $p=3x^3-2x^2+4$의 좌표행렬을 구하라.

풀이 먼저 (주어진 순서에서) p를 기저 벡터들의 일차결합으로서 쓰라.

$$p=4(1)+0(x)+(-2)(x^2)+3(x^3)$$

이것으로부터 S에 관련된 p의 좌표행렬은

$$[P]_S=\begin{bmatrix}4\\0\\-2\\3\end{bmatrix}$$

임을 알 수 있다. ◀

앞 절에서 열 행렬들을 때때로 n 순서쌍들로 표현하는 것이 편리하다는 것을 보았다. 다음 예제에서는 이같은 편리함에 대한 타당성을 더해준다.

[예제 7] $M_{3,1}$에서의 좌표 표현

$M_{3,1}$의 표준기저,

$$S=\left\{\begin{bmatrix}1\\0\\0\end{bmatrix}, \begin{bmatrix}0\\1\\0\end{bmatrix}, \begin{bmatrix}0\\0\\1\end{bmatrix}\right\}$$

에 관련된

$$X=\begin{bmatrix}-1\\4\\3\end{bmatrix}$$

의 좌표행렬을 구하라.

풀이 X는

$$X=\begin{bmatrix}-1\\4\\3\end{bmatrix}=(-1)\begin{bmatrix}1\\0\\0\end{bmatrix}+4\begin{bmatrix}0\\1\\0\end{bmatrix}+3\begin{bmatrix}0\\0\\1\end{bmatrix}$$

로 쓰여질 수 있으므로 S에 대한 X의 좌표행렬은

$$[X]_S=\begin{bmatrix}-1\\4\\3\end{bmatrix}$$

이다. ◀

참고 6.2절에서 임의의 n차원 벡터공간을 나타내기 위한 R^n의 사용에 대해서 더 배울 것이다.

정리 4.20과 정리 4.21은 임의의 n차원 공간에서도 성립하도록 일반화될 수 있다. 하지만 이 교재에서는 이것을 다루지 않는다.

연습문제 4.7(좌표와 기저의 변화)

1-6에서 기저 B에 관련된 $\mathbf{x}$의 좌표행렬이 주어진다. R^n에서의 표준기저에 관련된 좌표벡터를 구하라.

1. $B=\{(2, -1), (0, 1)\}$, $[\mathbf{x}]_B=[4, 1]^T$

2. $B=\{(-1, 4), (4, -1)\}$, $[\mathbf{x}]_B=[-2, 3]^T$

3. $B=\{(1, 0, 1), (1, 1, 0), (0, 1, 1)\}$, $[\mathbf{x}]_B=[2, 3, 1]^T$

4. $B=\left\{\left(\frac{3}{4}, \frac{5}{2}, \frac{3}{2}\right), \left(3, 4, \frac{7}{2}\right), \left(-\frac{3}{2}, 6, 2\right)\right\}$, $[\mathbf{x}]_B=[2, 0, 4]^T$

5. $B=\{(0, 0, 0, 1), (0, 0, 1, 1), (0, 1, 1, 1), (1, 1, 1, 1)\}$, $[\mathbf{x}]_B=[1, -2, 3, -1]^T$

6. $B=\{(4, 0, 7, 3), (0, 5, -1, -1), (-3, 4, 2, 1), (0, 1, 5, 0)\}$, $[\mathbf{x}]_B=[-2, 3, 4, 1]^T$

7-12에서 기저 B에 관련된 R^n에서의 $\mathbf{x}$의 좌표행렬을 구하라.

7. $B=\{(4, 0), (0, 3)\}$, $\mathbf{x}=(12, 6)$

8. $B=\{(-6, 7), (4, -3)\}$, $\mathbf{x}=(-26, 32)$

9. $B=\{(8, 11, 0), (7, 0, 10), (1, 4, 6)\}$, $\mathbf{x}=(3, 19, 2)$

10. $B=\left\{\left(\frac{3}{2}, 4, 1\right), \left(\frac{3}{4}, \frac{5}{2}, 0\right), \left(1, \frac{1}{2}, 2\right)\right\}$, $\mathbf{x}=\left(3, -\frac{1}{2}, 8\right)$

11. $B=\{(4, 3, 3), (-11, 0, 11), (0, 9, 2)\}$, $\mathbf{x}=(11, 18, -7)$

12. $B=\{(9, -3, 15, 4), (3, 0, 0, 1), (0, -5, 6, 8), (3, -4, 2, -3)\}$, $\mathbf{x}=(0, -20, 7, 15)$

13-22에서 B로부터 B'로의 전이행렬을 구하라.

13. $B=\{(1, 0), (0, 1)\}$, $B'=\{(2, 4), (1, 3)\}$

14. $B=\{(1, 0), (0, 1)\}$, $B'=\{(1, 1), (5, 6)\}$

15. $B=\{(2, 4), (-1, 3)\}$, $B'=\{(1, 0), (0, 1)\}$

16. $B=\{(1, 1), (1, 0)\}$, $B'=\{(1, 0), (0, 1)\}$

17. $B=\{(1, 0, 0), (0, 1, 0), (0, 0, 1)\}$, $B'=\{(1, 0, 0), (0, 2, 8), (6, 0, 12)\}$

18. $B=\{(1, 0, 0), (0, 1, 0), (0, 0, 1)\}$, $B'=\{(1, 3, -1), (2, 7-4), (2, 9, -7)\}$

19. $B=\{(1, 3, 3), (1, 5, 6), (1, 4, 5)\}$, $B'=\{(1, 0, 0), (0, 1, 0), (0, 0, 1)\}$

20. $B=\{(2, -1, 4), (0, 2, 1), (-3, 2, 1)\}$, $B'=\{(1, 0, 0), (0, 1, 0), (0, 0, 1)\}$

21. $B=\{(1, 0, 0, 0), (0, 1, 0, 0), (0, 0, 1, 0), (0, 0, 0, 1)\}$,
$B'=\{(1, 3, 2, -1), (-2, -5, -5, 4), (-1, -2, -2, 4), (-2, -3, -5, 11)\}$

22. $B=\{(1, 1, 1, 1), (0, 1, 1, 1), (0, 0, 1, 1), (0, 0, 0, 1)\}$

$B'=\{(1, 0, 0, 0), (0, 1, 0, 0), (0, 0, 1, 0), (0, 0, 0, 1)\}$

23-26에서 정리 4.21을 사용하여 (a) B로부터 B'로의 전이행렬을 구하고 (b) B'로부터 B로의 전이행렬을 구하고 (c) 이 두 전이행렬들이 서로의 역행렬임을 증명하고 (d) $[\mathbf{x}]_{B'}$이 주어졌을 때 $[\mathbf{x}]_B$을 구하라.

23. $B=\{(1, 3), (-2, -2)\}$, $B'=\{(-12, 0), (-4, 4)\}$, $[\mathbf{x}]_{B'}=\begin{bmatrix} -1 \\ 3 \end{bmatrix}$

24. $B=\{(2, -2), (6, 3)\}$, $B'=\{(1, 1), (32, 31)\}$, $[\mathbf{x}]_{B'}=\begin{bmatrix} 2 \\ -1 \end{bmatrix}$

25. $B=\{(1, 0, 2), (0, 1, 3), (1, 1, 1)\}$, $B'=\{(2, 1, 1), (1, 0, 0), (0, 2, 1)\}$,

$[\mathbf{x}]_{B'}=\begin{bmatrix} 1 \\ 2 \\ -1 \end{bmatrix}$

26. $B=\{(1, 1, 1), (1, -1, 1), (0, 0, 1)\}$, $B'=\{(2, 2, 0), (0, 1, 1), (1, 0, 1)\}$,

$[\mathbf{x}]_{B'}=\begin{bmatrix} 2 \\ 3 \\ 1 \end{bmatrix}$

27과 28에서 행렬연산이 가능하고 그래프를 그릴 수 있는 소프트 프로그램을 이용하여 (a) B로부터 B'로의 전이행렬을 구하고 (b) B'로부터 B로의 전이행렬을 구하고 (c) 이 두 전이행렬이 서로의 역행렬임을 보이고 (d) $[\mathbf{x}]_{B'}$이 주어졌을 때 $[\mathbf{x}]_B$을 구하라.

27. $B=\{(4, 2, -4), (6, -5, -6), (2, -1, 8)\}$, $B'=\{(1, 0, 4), (4, 2, 8), (2, 5, -2)\}$,

$[\mathbf{x}]_{B'}=\begin{bmatrix} 1 \\ -1 \\ 2 \end{bmatrix}$

28. $B=\{(1, 3, 4), (2, -5, 2), (-4, 2, -6)\}$, $B'=\{(1, 2, -2), (4, 1, -4), (-2, 5, 8)\}$

$[\mathbf{x}]_{B'}=\begin{bmatrix} -1 \\ 0 \\ 2 \end{bmatrix}$

29와 30에서 P_2에서의 표준기저에 관련된 p의 좌표행렬을 구하라.

29. $p=x^2+11x+4$

30. $p=3x^2+114x+13$

31과 32에서 $M_{3,1}$에서의 표준기저에 관련된 X의 좌표행렬을 구하라.

31. $X=\begin{bmatrix}0\\3\\2\end{bmatrix}$

32. $X=\begin{bmatrix}2\\-1\\4\end{bmatrix}$

진실 또는 거짓? 33과 34에서 각 문장이 진실인지 거짓인지를 결정하라. 만일 진실이라면 이유를 주거나 교재에서 적절한 문장을 인용하라. 만일 거짓이라면 모든 경우에서 사실이 아닌 것을 보이는 예를 주거나 또는 교재에서 적절한 문장을 인용하라.

33. (a) 만일 P가 기저 B로부터 B'로의 전이행렬이라면 그때 방정식 $P[\mathbf{x}]_{B'}=[\mathbf{x}]_B$은 B로부터 B'로의 기저변환을 나타낸다.

(b) 만일 B가 R^n의 표준기저라면 그때 B로부터 B'로의 전이행렬은 $P^{-1}=(B')^{-1}$이다.

34. (a) 만일 P가 B'로부터 B로의 기저변환을 형성하기 위하여 사용된 전이행렬이라면 그때 P^{-1}은 B 로부터 B'로의 전이행렬이다.

(b) 비 표준기저 B'로부터 표준기저 B로의 기저변환을 형성하기 위해서 전이행렬 P^{-1}은 단지 B이다.

35. P를 B''로부터 B'로의 전이행렬 그리고 Q는 B'로부터 B로의 전이행렬이라 놓자. B''로부터 B로의 전이행렬은 무엇인가?

36. P를 B''로부터 B'로의 전이행렬 그리고 Q는 B'로부터 B로의 전이행렬이라 놓자. B로 부터 B''로의 전이행렬은 무엇인가?

37. B와 B'을 벡터공간 R^n의 두 기저라 놓자. 이 기저중 하나가 표준기저라면 B로부터 B'로의 전이행렬의 성질에 대해서 논의해보라.

38. 전이행렬이 단위행렬과 같을 수 있는가? 적절한 예들로 대답해 보라.

4.8 벡터공간의 응용들

선형미분방정식(미적분학)

계수 n의 선형미분방정식은 다음과 같은 형태를 갖는다.

$$y^{(n)}+g_{n-1}(x)y^{(n-1)}+\cdots+g_1(x)y'+g_0(x)y=f(x)$$

여기서 $g_0, g_1, \cdots, g_{n-1}$ 그리고 f는 공통의 정의역을 가지는 함수들이다. 만일 $f(x)=0$이면 그 방정식은 동차라 한다. 그렇지 않으면 비동차라 한다. 함수 y와 y의 n계 도함수들을 그 방정식에 대입했을 때 그 방정식이 만족하면 y를 그 선형 미분방정식의 해라고 한다.

[예제 1] 2계 선형미분방정식

$y_1=e^x$와 $y_2=e^{-x}$ 모두가 2계 선형미분방정식의 해들이라는 것을 보여라.

풀이 $y_1=e^x$에 대해서 $y_1'=e^x$ 그리고 $y_1''=e^x$이다. 그러므로

$$y_1''-y_1=e^x-e^x=0$$

그러므로 $y_1=e^x$는 주어진 선형 방정식의 해이다. 비슷하게 $y_2=e^{-x}$에 대해서

$$y_2'=-e^{-x} \quad \text{그리고} \quad y_2''=e^{-x}$$

이다 그러므로

$$y_2''-y_2=e^{-x}-e^{-x}=0$$

그러므로 $y_2=e^{-x}$도 역시 주어진 선형 미분방정식의 해이다. ◀

예제 1에서는 관찰해야할 두 가지 중요한 것들이 있다. 첫째는 전체 실수 구간에서 정의된 두 번 미분 가능한 함수들의 벡터공간 $C''(-\infty, \infty)$에서 두 해들인 $y_1=e^x$와 $y_2=e^{-x}$은 일차독립이다. 이것은 모든 x에 대해서 성립하는

$$C_1y_1+C_2y_2=0$$

의 유일한 해는 $C_1=C_2=0$임을 의미한다. 두 번째는 y_1과 y_2의 모든 일차결합들도 역시 그 주어진 선형 미분 방정식의 해라는 것이다. 이것을 보기 위해서 $y=C_1y_1+C_2y_2$라 놓자. 그때

$$y = C_1e^x + C_2e^{-x}$$
$$y' = C_1e^x - C_2e^{-x}$$
$$y'' = C_1e^x + C_2e^{-x}$$

이들을 미분방정식 $y''-y=0$에 대입하면

$$y''-y=(C_1e^x+C_2e^{-x})-(C_1e^x+C_2e^{-x})=0$$

이 되고 그러므로 $y=C_1e^x+C_2e^{-x}$는 해이다.

이같은 두 개의 사실들은 뒤따르는 정리에서 일반화되고 증명없이 말해질 것이다.

선형 동차 미분방정식의 해들

모든 n계 선형 동차 미분방정식들

$$y^{(n)}+g_{n-1}(x)y^{(n-1)}+\cdots+g_1(x)y'+g_0(x)y=0$$

은 n개의 일차독립인 해들을 갖는다. 더구나 만일 $\{y_1, y_2, \cdots, y_n\}$가 일차독립인 해들의 집합이라면 그 때 모든 해들은

$$y=C_1y_1+C_2y_2+\cdots+C_ny_n$$

의 형태를 갖는다. 여기서 C_1, C_2, $\cdots$, 그리고 C_n들은 모두 실수이다.

참고 $y=C_1y_1+C_2y_2+\cdots+C_ny_n$을 주어진 미분방정식의 일반해라 부른다.

앞 정리에서 생각해 보면 해집합이 일차독립인지 아닌지를 결정함의 중요성을 알 수 있다. 일차독립을 시험하는 방법을 묘사하기 전에 우리는 예비 정의가 필요하다.

함수들의 집합에서 와렌스키안(Wronskian)에 대한 정의

$\{y_1, y_2, \cdots, y_n\}$을 함수들의 집합이라 하자. 각각의 함수는 구간 I에서 $n-1$개의 도함수들을 갖는다. 다음과 같은 행렬식을 주어진 함수의 집합에 대한 와렌스키안이라 부른다.

$$W(y_1, y_2, \cdots, y_n) = \begin{vmatrix} y_1 & y_2 & \cdots & y_n \\ y_1' & y_2' & \cdots & y_n' \\ \vdots & \vdots & & \vdots \\ y_1^{(n-1)} & y_2^{(n-1)} & \cdots & y_n^{(n-1)} \end{vmatrix}$$

참고 함수집합에 대한 와렌스키안은 폴란드 수학자 Josef Maria Wronski(1778-1853)의 이름에서 나왔다.

[예제 2] 함수집합의 와렌스키안을 구하는 것

(a) 집합 $\{1-x, 1+x, 2-x\}$의 와렌스키안은

$$W = \begin{vmatrix} 1-x & 1+x & 2-x \\ -1 & 1 & -1 \\ 0 & 0 & 0 \end{vmatrix} = 0$$

(b) 집합 $\{x, x^2, x^3\}$의 와렌스키안은

$$W = \begin{vmatrix} x & x^2 & x^3 \\ 1 & 2x & 3x^2 \\ 0 & 2 & 6x \end{vmatrix} = 2x^3$$

예제 2(a)의 와렌스키안은 x의 모든 값에 대해서 영이므로 영에 완전히 일치한다고 한다. 2(b)의 와렌스키안은 영이 되지 않는 x가 존재하므로 그 와렌스키안은 완전히 영에 일치하지 않는다. 뒤따르는 정리에서 와렌스키안이 함수의 일차독립성을 판별하기 위해서 어떻게 사용될 수 있는지 보자.

일차독립성의 와렌스키안 판별법

$\{y_1, y_2, \cdots, y_n\}$을 n계 선형 미분 방정식의 n개의 해들의 집합이라고 하자. 그 집합이 일차독립일 필요충분조건은 그 와렌스키안이 완전히 영에 일치하지 않는다는 것이다.

참고 이 판별법은 임의의 함수들에는 적용할 수 없다. 각각의 함수 y_1, y_2, $\cdots$, 그리고 y_n은 같은 n계 선형동차미분방정식의 해이다.

[예제 3] 해집합의 일차독립성의 판별

집합 $\{1, \cos x, \sin x\}$이 선형동차미분방정식 $y''' + y' = 0$의 일차독립인 해들의 집합인지를 결정하라.

풀이 주어진 함수의 각각이 $y''' + y' = 0$의 해임을 보여라(각 함수를 식에 대입하므로 해서 확인해 보라). 일차독립성을 판별하기 위해서 아래와 같은 3개의 함수의 와렌스키안을 만들자.

$$W = \begin{vmatrix} 1 & \cos x & \sin x \\ 0 & -\sin x & \cos x \\ 0 & -\cos x & -\sin x \end{vmatrix}$$
$$= \sin^2 x + \cos^2 x$$
$$= 1$$

W는 영에 완전 일치하지 않으므로 집합 $\{1, \cos x, \sin x\}$은 일차독립이라고 말할 수 있다. 더구나 이 집합은 3계 선형동차미분 방정식의 3개의 일차독립인 해들의 집합이므로 그 일반해는

$$y = C_1 + C_2 \cos x + C_3 \sin x$$

이라 결론낼 수 있다. ◀

[예제 4] 해집합의 일차독립성의 판별

$\{e^x, xe^x, (x+1)e^x\}$이 선형동차미분방정식

$$y''' - 3y'' + 3y' - y = 0$$

의 일차독립인 해들의 집합인지를 결정하라.

풀이 예제 3에서처럼 주어진 함수의 각각이 $y''' - 3y'' + 3y' - y = 0$의 해들이라는 것을 보여라(확인해 보아라). 일차독립성을 판별하기 위해서 아래와 같이 3개의 함수들의 와렌스키안을 만들자.

$$W = \begin{vmatrix} e^x & xe^x & (x+1)e^x \\ e^x & (x+1)e^x & (x+2)e^x \\ e^x & (x+2)e^x & (x+3)e^x \end{vmatrix}$$
$$= 0$$

그러므로 집합 $\{e^x, xe^x, (x+1)e^x\}$은 일차종속이다. ◀

예제 4에서 집합

$$\{e^x,\ xe^x,\ (x+1)e^x\}$$

이 일차종속인지 결정하기 위해서 와렌스키안이 사용되었다. 이 집합이 일차종속임을 판별하는 다른 방법은 3번째 함수가 1번째와 2번째 함수의 일차결합이라는 것을 보이는 것이다. 즉

$$(x+1)e^x = e^x + xe^x$$

다른 집합

$$\{e^x,\ xe^x,\ x^2e^x\}$$

이 미분방정식

$$y''' - 3y'' + 3y' - y = 0$$

의 해들의 일차독립인 집합을 형성함을 보여라.

원추 곡선과 회전

xy 평면에서의 모든 원추곡선은

$$ax^2 + bxy + cy^2 + dx + ey + f = 0$$

형의 방정식을 갖는다. b가 xy 항의 계수, 영인 경우는 우리는 이 방정식을 그래프와 쉽게 일치시킬 수 있다. 이같은 경우에 있어 그 원추곡선은 좌표축에 평행하다. 그리고 그 일치는 방정식을 표준형(완전 제곱형태)로 쓰므로 해서 이룰 수 있다. 4개의 기본 원추곡선의 방정식의 표준형은 뒤따르는 것과 같이 주어진다. 점 (h, k)은 원, 타원, 쌍곡선의 중점을 나타낸다. 포물선에 대해서는 (h, k)은 꼭지점이다.

원추곡선 방정식의 표준형들

원 (r=반경): $(x-h)^2 + (y-k)^2 = r^2$

타원(2α=주축길이, 2β=단축길이):

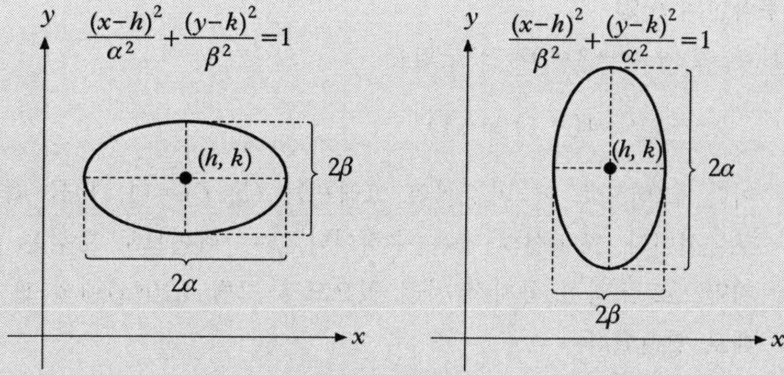

쌍곡선(2α=가로축 길이, 2β=단축길이):

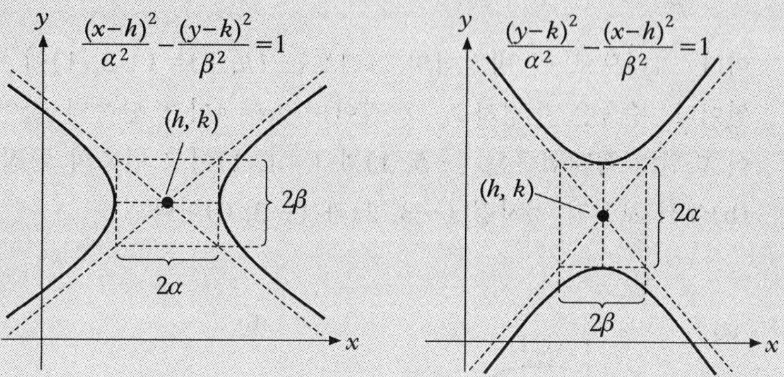

포물선(p=꼭지점부터 초점까지의 거리):

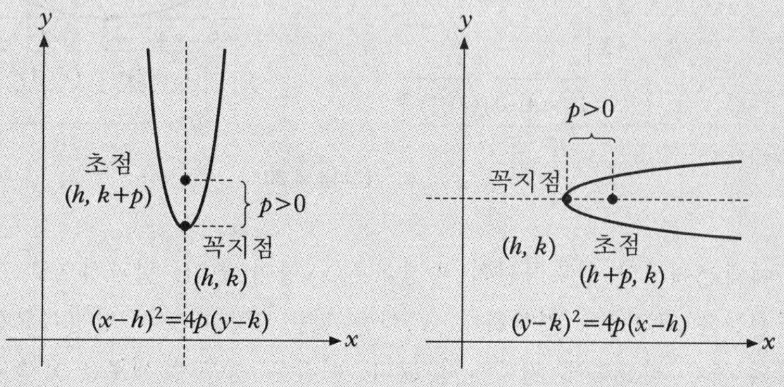

[예제 5] 원추곡선의 구별

(a) $x^2-2x+4y-3=0$의 표준형은

$$(x-1)^2=4(-1)(y-1)$$

이다. 그러므로 이 방정식의 그래프는 $(h,\ k)=(1,\ 1)$를 꼭지점으로 갖는 포물선이다. 포물선의 축은 수직이다. $p=-1$이므로 초점은 $(1,\ 0)$이다. 마지막으로 초점이 꼭지점 아래 있으므로 그림 4.20(a)에서 보여진 것처럼 아래로 열려있다.

(b) $x^2+4y^2+6x-8y+9=0$의 표준형은

$$\frac{(x+3)^2}{2^2}+\frac{(y-1)^2}{1^2}=1$$

이다. 그러므로 이 방정식의 그래프는 $(h,\ k)=(-3,\ 1)$에 중점을 가진 타원이다. 주축은 수평하고 그 길이는 $2\alpha=4$이고 단축의 길이는 $2\beta=2$이다. 이 타원의 꼭지점들은 $(-5,\ 1)$과 $(-1,\ 1)$이고 단축의 끝점들은 그림 4.20(b)에서 보여진 것처럼 $(-3,\ 2)$과 $(-3,\ 0)$이다.

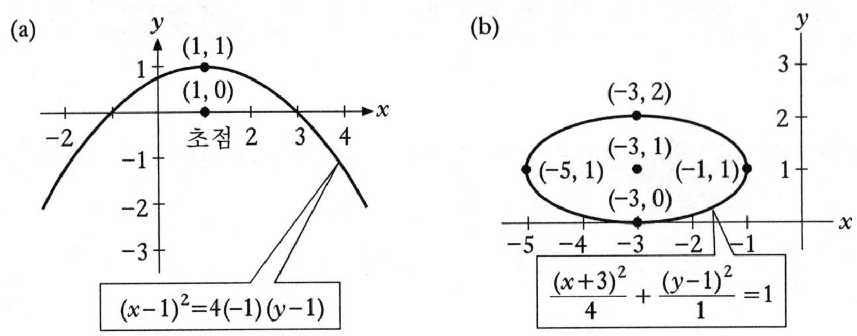

[그림 4.20]

예제 5에서의 원추곡선의 방정식은 xy항이 없다. 결과적으로 그와 같은 원추곡선들은 좌표축에 평행하다. xy항을 갖는 2차 다항식 방정식으로 된 원추곡선들의 축은 좌표축에 평행하지 않다. 이같은 경우에 새로운 x'축과 y'을 형성하기 위해서 표준형을 회전하는 것이 도움을 준다. 그 요구된 회전각 θ(시계반대 방향으로 측정된)는 $\cot 2\theta=\frac{(a-c)}{b}$이다. 이같은 회전에 의해서 평면에서의 표준기저

$$B=\{(1,\ 0),\ (0,\ 1)\}$$

는 그림 4.21에서 보여진 것처럼 새로운 기저

$$B'=\{(\cos\theta,\ \sin\theta),\ (-\sin\theta,\ \cos\theta)\}$$

로 회전된다.

이 새 기저에 관해서 점 $(x,\ y)$의 좌표들을 찾기 위해 우리는 예제 6에서 보여지는 전이행렬을 사용할 수 있다.

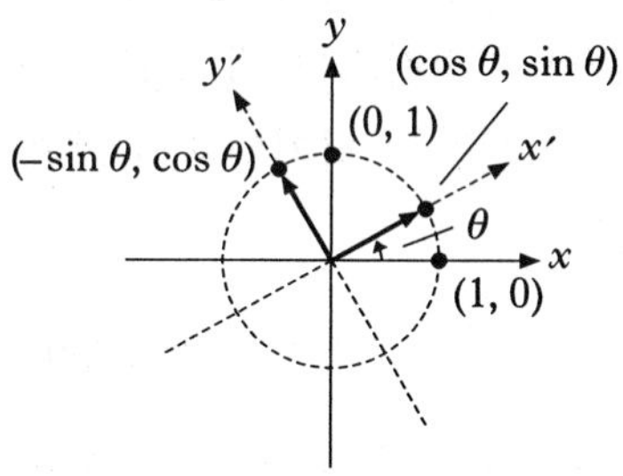

[그림 4.21]

[예제 6] 평면에서 회전에 대한 전이행렬

기저

$$B'=\{(\cos\theta,\ \sin\theta),\ (-\sin\theta,\ \cos\theta)\}$$

에 관한 R^2의 점 $(x,\ y)$의 좌표들을 구하라.

풀이 정리 4.21에 의해서 우리는

$$[B' \vdots B]=\begin{bmatrix}\cos\theta & -\sin\theta & \vdots & 1 & 0\\ \sin\theta & \cos\theta & \vdots & 0 & 1\end{bmatrix}$$

을 얻는다. B는 R^2의 표준기저이므로 P^{-1}는 $(B')^{-1}$로서 주어진다. $(B')^{-1}$을 구하기 위해서 정리 3.10을 사용할 수 있다. 그러면 다음과 같은 결과를 얻을 수 있다.

$$[I \vdots P^{-1}]=\begin{bmatrix}1 & 0 & \vdots & \cos\theta & \sin\theta\\ 0 & 1 & \vdots & -\sin\theta & \cos\theta\end{bmatrix}$$

$[x',\ y']^T$을 B'에 관한 $(x,\ y)$의 좌표라 놓으므로 해서 뒤따르는 것처럼 전이행렬 P^{-1}을 사용할 수 있다.

$$\begin{bmatrix} \cos\theta & \sin\theta \\ -\sin\theta & \cos\theta \end{bmatrix}\begin{bmatrix} x \\ y \end{bmatrix}=\begin{bmatrix} x' \\ y' \end{bmatrix}$$

그러므로 x'와 y' 좌표들은

$$x' = x\cos\theta + y\sin\theta$$
$$y' = -x\sin\theta + y\cos\theta$$

로서 주어진다. ◀

예제 6의 마지막 두 방정식 들은 xy 좌표들에 의해서 $x'y'$좌표들을 준다. 이차 다항식의 축들의 회전시키는 데 $x'y'$ 좌표들에 의해서 xy 좌표들을 나타내는 것이 도움이 된다. 이것을 하기위해서 예제 6에서의 마지막 두 방정식들을 x와 y에 대해서 풀면

$$x = x'\cos\theta - y'\sin\theta \text{와} \quad y = x'\sin\theta + y'\cos\theta$$

을 얻는다. x와 y에 대한 이 식들을 주어진 이차 다항식에 대입하면 $x'y'$항을 갖지 않는 x'와 y'에서의 이차 다항식을 얻는다.

축의 회전

이차방정식 $ax^2+bxy+cy^2+dx+ey+f=0$은 각 θ, 여기서 θ는 $\cot 2\theta = \dfrac{(a-c)}{b}$로 정의된 만큼 좌표축을 시계반대반향으로 회전하므로 해서

$$a'(x')^2 + c'(y')^2 + d'x' + e'y' + f' = 0$$

형로서 쓰여질 수 있다. 새 방정식의 계수들은

$$x = x'\cos\theta - y'\sin\theta$$
$$y = x'\sin\theta + y'\cos\theta$$

에서 구할 수 있다.

참고 $\sin\theta$와 $\cos\theta$에 대해서 계산할 때 삼각함수공식 $\cot 2\theta = \dfrac{(\cot^2\theta - 1)}{2\cot\theta}$가 종종 사용된다.

예제 7은 좌표축을 회전해서 이차다항식의 그래프를 알아보는 방법을 보여 준다.

[예제 7] 원추곡선의 회전

$$5x^2-6xy+5y^2+14\sqrt{2}x-2\sqrt{2}y+18=0$$

을 xy 항을 소거하기 위해서 축을 회전하고 그 결과된 방정식을 $x'y'$ 평면에 그려라.

풀이 회전각은

$$\cot 2\theta=\frac{a-c}{b}=0$$

으로 주어진다. 그러므로 $\theta=\frac{\pi}{4}$. 그리고

$$\sin\theta=\frac{1}{\sqrt{2}} \quad \text{그리고} \quad \cos\theta=\frac{1}{\sqrt{2}}$$

이다. 이들을

$$x=x'\cos\theta-y'\sin\theta=\frac{1}{\sqrt{2}}(x'-y')$$

와

$$y=x'\sin\theta+y'\cos\theta=\frac{1}{\sqrt{2}}(x'-y')$$

을 원 식에 대입하고 정리하면

$$(x')^2+4(y')^2+6x'-8y'+9=0$$

을 얻는다. 마지막으로 이들을 완전제곱형태로 고치면 이 방정식의 표준형인

$$\frac{(x'+3)^2}{2^2}+\frac{(y'-1)^2}{1^2}=1$$

타원의 방정식(그림 4.22)을 얻는다. ◀

예제 7에서 R^2의 새(회전된)기저는

$$B' = \left\{\left(\frac{1}{\sqrt{2}}, \frac{1}{\sqrt{2}}\right), \left(-\frac{1}{\sqrt{2}}, \frac{1}{\sqrt{2}}\right)\right\}$$

이다 그리고 B'에 관한 타원의 꼭지점들의 좌표들은 $[-5, 1]^T$와 $[-1, 1]^T$이다. 표준기저 $B=\{(1, 0), (0, 1)\}$에 관한 꼭지점들의 좌표들을 구하기 위해서

$$x = \frac{1}{\sqrt{2}}(x' - y') \quad \text{와} \quad y = \frac{1}{\sqrt{2}}(x' + y')$$

이용해서 그림 4.22에서와 같이

$$(-3\sqrt{2}, -2\sqrt{2}) \quad \text{와} \quad (-\sqrt{2}, 0)$$

을 얻는다.

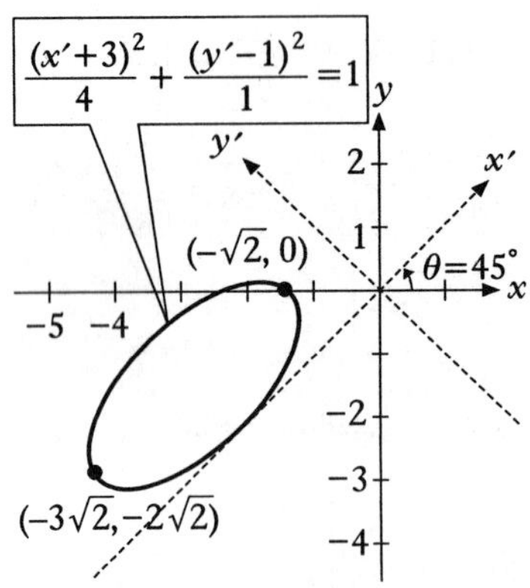

[그림 4.22]

연습문제 4.8(벡터 공간의 응용들)

선형미분방정식

1-4에서 어떤 함수가 선형미분방정식의 해들인지를 결정하라.

1. $y'' + y = 0$

(a) e^x (b) $\sin x$ (c) $\cos x$ (d) $\sin x - \cos x$

2. $y''' + 3y'' + 3y' + y = 0$

(a) x (b) e^x (c) e^{-x} (d) xe^{-x}

3. $y''+4y'+4y=0$

(a) e^{-2x} (b) xe^{-2x} (c) x^2e^{-2x} (d) $(x+2)e^{-2x}$

4. $y''''-2y'''+y''=0$

(a) 1 (b) x (c) x^2 (d) e^x

5-8에서 함수들의 집합에 대한 와렌스키안을 구하라.

5. $\{e^x,\ e^{-x}\}$

6. $\{x,\ \sin x,\ \cos x\}$

7. $\{e^{-x},\ xe^{-x},\ (x+3)e^{-x}\}$

8. $\{1,\ e^x,\ e^{2x}\}$

9-16에서 해들의 주어진 집합이 일차독립인지를 시험해 보라.

	미분방정식	해들
9.	$y''+y=0$	$\{\sin x,\ \cos x\}$
10.	$y''+4y'+4y=0$	$\{e^{-2x},\ xe^{-2x}\}$
11.	$y'''+4y''+4y'=0$	$\{e^{-2x},\ xe^{-2x},\ (2x+1)e^{-2x}\}$
12.	$y'''+y'=0$	$\{1,\ \sin x,\ \cos x\}$
13.	$y'''+y'=0$	$\{2,\ -1+2\sin x,\ 1+\sin x\}$
14.	$y'''+3y''+3y'+y=0$	$\{e^{-x},\ xe^{-x},\ x^2e^{-x}\}$
15.	$y'''+3y''+3y'+y=0$	$\{e^{-x},\ xe^{-x},\ e^{-x}+xe^{-x}\}$
16.	$y''''-2y'''+y''=0$	$\{1,\ x,\ e^x,\ xe^x\}$

17. 연습문제 9에서 주어진 미분방정식의 일반해를 구하라.

18. 연습문제 10에서 주어진 미분방정식의 일반해를 구하라.

19. 연습문제 12에서 주어진 미분방정식의 일반해를 구하라.

20. 연습문제 16에서 주어진 미분방정식의 일반해를 구하라.

21. $y=C_1\cos ax+C_2\sin ax$가 $y''+a^2y=0$, $a\neq 0$의 일반해임을 증명하라.

22. 집합 $\{e^{ax},\ e^{bx}\}$가 일차독립일 필요충분조건은 $a\neq b$임을 증명하라.

23. 집합 $\{e^{ax},\ xe^{ax}\}$가 일차독립임을 증명하라.

24. 집합 $[e^{ax}\cos bx,\ e^{ax}\sin bx\}$, 여기서 $b\neq 0$, 이 일차독립임을 증명하라.

26. 비 동차 선형미분방정식의 두 해들의 합도 역시 해인가? 여러분들의 답을 설명하라.

27. 비 동차 선형미분방정식의 해의 스칼라 곱도 역시 해인가? 여러분들의 답을 설명하라.

원추 곡선들과 회전

27-36에서 무슨 그래프인지를 알아내고 그리라.

27. $y^2+x=0$

28. $5x^2+3y^2-15=0$

29. $\frac{x^2}{9}-\frac{y^2}{16}-1=0$

30. $x^2-2x+8y+17=0$

31. $9x^2+25y^2-36x-50y+61=0$

32. $9x^2-y^2+54x+10y+55=0$

33. $x^2+4y^2+4x+32y+64=0$

34. $2x^2-y^2+4x+10y-22=0$

35. $x^2+4x+6y-2=0$

36. $y^2+8x+6y+25=0$

37-44에서 xy항을 제거하기 위해서 축의 회전을 형성하고 원추곡선의 그래프를 그리라.

37. $xy+1=0$

38. $4x^2+2xy+4y^2-15=0$

39. $5x^2-2xy+5y^2-24=0$

40. $x^2+2xy+y^2-8x+8y=0$

41. $13x^2+6\sqrt{3}xy+7y^2-16=0$

42. $3x^2-2\sqrt{3}xy+y^2+2x+2\sqrt{3}y=0$

43. $x^2+2\sqrt{3}xy+3y^2-2\sqrt{3}x+2y+16=0$

44. $7x^2-2\sqrt{3}xy+5y^2=16$

45와 46에서 xy항을 제거하기위해서 축의 회전을 형성하고 퇴화된 원추곡선의 그래프를 그리라.

45. $x^2-2xy+y^2=0$

46. $5x^2-2xy+5y^2=0$

47. $\theta=\frac{\pi}{4}$의 회전이 방정식 $ax^2+bxy+ay^2+dx+ey+f=0$에서 xy항을 제거한다는 것을 증명하라.

48. θ, 여기서 $\cot 2\theta=\frac{(a-c)}{b}$의 회전이 $ax^2+bxy+ay^2+dx+ey+f=0$에서 xy 항을 제거한다는 것을 증명하라.

49. 방정식 $ax^2+bxy+cy^2=0$에 대해서 행렬 A를 $A=\begin{bmatrix} a & \frac{b}{2} \\ \frac{b}{2} & c \end{bmatrix}$로서 정의하자. 만일 $|A|\neq 0$이면 그때 $ax^2+bxy+cy^2=0$의 그래프는 두 개의 서로 만나는 직선들이다.

50. 연습문제 49에서 $|A|=0$이라 놓고 $ax^2+bxy+cy^2=0$의 그래프를 묘사하라.

요 약 Chapter 4(벡터 공간)

이 장의 학습 후 다음 지식들을 필히 알아야 한다.

- R^n에서 벡터위에서 벡터 연산(벡터 덧셈과 스칼라 곱)을 실행하라. 이같은 연산들의 성질들을 인지하고 이용하라.
- 두 연산과 함께 주어진 집합이 벡터공간인지를 결정하라.
- 벡터공간의 표준예제들: R^n, $M_{m,n}$, P_n, P, $C(-\infty, \infty)$, $C[a, b]$을 인지하라.
- 벡터공간 V의 주어진 부분집합 W가 부분공간인지를 결정하라.
- R^2와 R^3의 부분공간들을 인지하고 그들을 기하학적으로 이해하라.
- 벡터 $\mathbf{x}$가 V에서의 벡터들의 주어진 유한개의 집합의 일차결합인지를 결정하고 이같은 일차결합을 쓸 수 있다.
- 벡터 공간 V에서의 벡터들의 주어진 집합 S가 V의 생성집합인지를 결정하라. 즉, $V=\text{span}(S)$.
- 벡터공간 V에서 주어진 유한개 벡터들의 한 집합이 일차독립인지를 결정하라.
- V에서의 주어진 유한개의 벡터들의 집합이 V에 대한 기저를 형성하는 지를 결정하고 벡터공간 R^n, $M_{m,n}$, 그리고 P_n에서의 표준기저들을 인지하라.
- R^n, $M_{m,n}$ 또는 P_n의 한 부분공간의 차원을 발견하라.
- n차원 벡터공간에서 기저에 대한 시험들을 사용하라.
- 행렬의 행 공간과 열 공간의 기저를 발견하라.
- 주어진 행렬의 계수를 발견하라.
- 행렬의 영 공간의 기저와 차원(영 차원)을 발견하라.
- $\mathbf{x}=\mathbf{x}_p+\mathbf{x}_h$ 형태에서 해가 존재하는 연립방정식 $A\mathbf{x}=\mathbf{b}$의 일반해를 발견하라.
- 가역행렬 A가 정방 일차연립방정식의 계수행렬로서 볼 수 있는 동치조건들을 알고 이용하라.
- R^n, P_n, 그리고 $M_{m,n}$에서 $[\mathbf{x}]_B$을 발견하기 위해서 기저 B에 관련된 벡터 $\mathbf{x}$에 대한 좌표행렬 $[\mathbf{x}]_B$의 정의를 사용하라.
- R^n에서 기저 B 로부터 기저 B'로의 전이행렬을 발견하라.
- 표준기저로부터 B로의 전이행렬을 사용하여 R^n에서 기저 B에 관련된 좌표행렬 $[\mathbf{x}]_B$을 발견하라.
- B로부터 B'로의 전이행렬과 좌표행렬 $[\mathbf{x}]_B$이 주어졌을 때 R^n에서 한 벡터 $\mathbf{x}$에 대한 $[\mathbf{x}]_B$을 발견하라.
- P가 B'로부터 B로의 전이행렬로 주어졌을 때 B로부터 B'로의 전이행렬을 발견하라.
- 한 함수가 주어진 미분방정식의 해인지를 결정하라.
- 함수들의 주어진 집합에 대한 와론스키안을 발견하라.
- 해들의 주어진 집합에 대한 일차독립성을 시험하라.
- 주어진 미분방정식의 일반해를 발견하라.
- 주어진 원추곡선을 확인하고 그래프를 그려라.

■ 원추곡선 방정식에서 xy항을 제거하기 위해서 축들의 회전을 형성하고 원추 곡선 또는 퇴화된 원추곡선의 그래프를 그려라.

복습문제 Chapter 4(벡터 공간)

1-4에서 (a) $\mathbf{u}+\mathbf{v}$, (b) $2\mathbf{v}$, (c) $\mathbf{u}-\mathbf{v}$, (d) $3\mathbf{u}-2\mathbf{v}$을 구하라.

1. $\mathbf{u}=(-1, 2, 3)$, $\mathbf{v}=(1, 0, 2)$

2. $\mathbf{u}=(-1, 2, 1)$, $\mathbf{v}=(0, 1, 1)$

3. $\mathbf{u}=(3, -1, 2, 3)$, $\mathbf{v}=(0, 2, 2, 1)$

4. $\mathbf{u}=(0, 1, -1, 2)$, $\mathbf{v}=(1, 0, 0, 2)$

5와 6에서 $\mathbf{u}=(1, -1, 2)$, $\mathbf{v}=(0, 2, 3)$ 그리고 $\mathbf{w}=(0, 1, 1)$이 주어졌을 때 $\mathbf{x}$에 대해서 풀어라.

5. $2\mathbf{x}-\mathbf{u}+3\mathbf{v}+\mathbf{w}=\mathbf{0}$

6. $3\mathbf{x}+2\mathbf{u}-\mathbf{v}+2\mathbf{w}=\mathbf{0}$

7와 8에서 가능하다면 $\mathbf{v}$을 $\mathbf{u}_1$, $\mathbf{u}_2$, 그리고 $\mathbf{u}_3$의 일차결합으로서 쓰라.

7. $\mathbf{v}=(1, 2, 3, 5)$, $\mathbf{u}_1=(1, 2, 3, 4)$, $\mathbf{u}_2=(-1, -2, -3, 4)$, $\mathbf{u}_3=(0, 0, 1, 1)$

8. $\mathbf{v}=(4, 4, 5)$, $\mathbf{u}_1=(1, 2, 3)$, $\mathbf{u}_2=(-2, 0, 1)$, $\mathbf{u}_3=(1, 0, 0)$

9와 10에서 주어진 벡터공간에서의 한 벡터의 덧셈에 대한 역원과 영 벡터를 묘사하라.

9. $M_{3,4}$

10. P_8

11-16에서 W가 주어진 벡터공간의 부분공간인지를 결정하라.

11. $W=\{(x, y): x=2y\}$, $V=R^2$

12. $W=\{(x, y): x-y=1\}$, $V=R^2$

13. $W=\{(x, 2x, 3x): x\text{는 실수}\}$, $V=R^3$

14. $W=\{(x, y, z): x\geq 0\}$, $V=R^3$

15. $W=\{f : f(0)=-1\}$, $V=C[-1, 1]$

16. $W=\{f : f(-1)=0\}$, $V=C[-1, 1]$

17. R^3의 뒤따르는 부분 집합 중에서 R^3의 부분공간은 어떤 것인가?

(a) $W=\{(x_1, x_2, x_3): x_1^2+x_2^2+x_3^2=0\}$

(b) $W=\{(x_1, x_2, x_3): x_1^2+x_2^2+x_3^2=1\}$

18. R^3의 뒤따르는 부분 집합 중에서 R^3의 부분공간은 어떤 것인가?

(a) $W=\{(x_1, x_2, x_3) : x_1+x_2+x_3=0\}$

(b) $W=\{(x_1, x_2, x_3) : x_1+x_2+x_3=1\}$

19-22에서 S가 (a) R^3을 생성하고 (b) 일차독립이며 (c) R^3의 한 기저인지를 결정하라.

19. $S=\{(1, -5, 4), (11, 6, -1), (2, 3, 5)\}$

20. $S=\{(4, 0, 1), (0, -3, 2), (5, 10, 0)\}$

21. $S=\left\{\left(-\frac{1}{2}, \frac{3}{4}, -1\right), (5, 2, 3), (-4, 6, -8)\right\}$

22. $S=\{(1, 0, 0), (0, 1, 0), (0, 0, 1), (-1, 2, -3)\}$

23. $S=\{1-t, 2t+3t^2, t^2-2t^3, 2+t^3\}$이 P_3의 기저인지를 결정하라.

24. 집합

$$S=\left\{\begin{bmatrix}1 & 0\\ 2 & 3\end{bmatrix}, \begin{bmatrix}-2 & 1\\ -1 & 0\end{bmatrix}, \begin{bmatrix}3 & 4\\ 2 & 3\end{bmatrix}, \begin{bmatrix}-3 & -3\\ 1 & 3\end{bmatrix}\right\}$$

이 $M_{2,2}$의 기저인지를 결정하시오.

25-28에서 (a) 기저를 그리고 (b) 동차 연립방정식의 해공간의 차원을 구하라.

25.
$$\begin{aligned}2x_1+4x_2+3x_3-6x_4&=0\\ x_1+2x_2+2x_3-5x_4&=0\\ 3x_1+6x_2+5x_3-x_4&=0\end{aligned}$$

26.
$$\begin{aligned}3x_1+8x_2+2x_3+3x_4&=0\\ 4x_1+6x_2+2x_3-x_4&=0\\ 3x_1+4x_2+x_3-3x_4&=0\end{aligned}$$

27.
$$\begin{aligned}x_1-3x_2+x_3+x_4&=0\\ 2x_1+x_2-x_3+2x_4&=0\\ x_1+4x_2-2x_3+x_4&=0\\ 5x_1-8x_2+2x_3+5x_4&=0\end{aligned}$$

28.
$$\begin{aligned}-x_1+2x_2-x_3+2x_4&=0\\ -2x_1+2x_2+x_3+4x_4&=0\\ 3x_1+2x_2+2x_3+5x_4&=0\\ -3x_1+8x_2+5x_3+17x_4&=0\end{aligned}$$

29-30에서 $A\mathbf{x}=\mathbf{0}$의 해 공간에 대한 기저를 구하시오. 그때 $\text{rank}(A)+\text{nullity}(A)=n$임을 증명하라.

29. $A=\begin{bmatrix} 5 & -8 \\ -10 & 16 \end{bmatrix}$

30. $A=\begin{bmatrix} 1 & 4 \\ 3 & 2 \end{bmatrix}$

31. $A=\begin{bmatrix} 2 & -3 & -6 & -4 \\ 1 & 5 & -3 & 11 \\ 2 & 7 & -6 & 16 \end{bmatrix}$

32. $A=\begin{bmatrix} 1 & 3 & 2 \\ 4 & -1 & -18 \\ -1 & 3 & 10 \\ 1 & 2 & 0 \end{bmatrix}$

33-36에서 주어진 행렬의 행 공간의 (a) 계수와 그리고 (b) 기저를 구하라.

33. $\begin{bmatrix} 1 & 2 \\ -4 & 3 \\ 6 & 1 \end{bmatrix}$

34. $\begin{bmatrix} 2 & -1 & 4 \\ 1 & 5 & 6 \\ 1 & 16 & 14 \end{bmatrix}$

35. $\begin{bmatrix} 7 & 0 & 2 \\ 4 & 1 & 6 \\ -1 & 16 & 14 \end{bmatrix}$

36. $[1 \quad -4 \quad 0 \quad 4]$

37-40에서 표준기저에 관련된 $\mathbf{x}$의 좌표행렬을 구하라.

37. $B=\{(1,\ 1),\ (-1,\ 1)\}$, $[\mathbf{x}]_B=[3,\ 5]^T$

38. $B=\{(2,\ 0),\ (3,\ 3)\}$, $[\mathbf{x}]_B=[1,\ 1]^T$

39. $B=\{(1,\ 0,\ 0),\ (1,\ 1,\ 0),\ (0,\ 1,\ 1)\}$, $[\mathbf{x}]_B=[2,\ 0,\ -1]^T$

40. $B=\left\{\left(\frac{1}{2},\ \frac{1}{2}\right),\ (1,\ 0)\right\}$, $[\mathbf{x}]_B=\left[\frac{1}{2},\ \frac{1}{2}\right]^T$

41-44에서 R^n에 대한 주어진(비표준) 기저에 관련된 $\mathbf{x}$의 좌표행렬을 구하라.

41. $B'=\{(5,\ 0),\ (0,\ -8)\}$, $\mathbf{x}=(2,\ 2)$

42. $B'=\{(1,\ 2,\ 3),\ (1,\ 2,\ 0),\ (0,\ -6,\ 2)\}$, $\mathbf{x}=(3,\ -3,\ 0)$

43. $B'=\{(9,\ -3,\ 15,\ 4),\ (-3,\ 0,\ 0,\ -1),\ (0,\ -5,\ 6,\ 8),\ (-3,\ 4,\ -2,\ 3),$
$\mathbf{x}=(21,\ -5,\ 43,\ 14)$

44. $B'=\{(1,\ 0,\ 0),\ (0,\ 1,\ 0),\ (1,\ 1,\ 1)\}$, $\mathbf{x}=(4,\ -2,\ 9)$

45와 46에서 기저 B'에 관련된 $\mathbf{x}$의 좌표행렬을 구하라.

45. $B=\{(1,\ 1),\ (-1,\ 1)\}$, $B'=\{(0,\ 1),\ (1,\ 2)\}$, $[\mathbf{x}]_B=[3,\ -3]^T$

46. $B=\{(1, 0, 0), (1, 1, 0), (1, 1, 1)\}$, $B'=\{(0, 0, 1), (0, 1, 1), (1, 1, 1)\}$, $[\mathbf{x}]_B=[-1, 2, -3]^T$

47-50에서 B로부터 B'로의 전이행렬을 구하라.

47. $B=\{(1, -1), (3, 1)\}$, $B'=\{(1, 0), (0, 1)\}$

48. $B=\{(1, 0, 0), (0, 1, 0), (0, 0, 1)\}$, $B'=\{(0, 0, 1), (0, 1, 0), (1, 0, 0)\}$

49. $B=\{(1, -1), (3, 1)\}$, $B'=\{(1, 2), (-1, 0)\}$

50. $B=\{(1, 1, 1), (1, 1, 0), (1, 0, 0)\}$, $B'=\{(1, 2, 3), (0, 1, 0), (1, 0, 1)\}$

51. W을 $p(0)=0$을 만족하는 P_3의 모든 다항식들의 부분공간이라 하자. 그리고 U는 $p(1)=0$을 만족하는 모든 다항식들의 부분 공간이라 하자. W에 대한 기저, U에 대한 기저 그리고 그들의 교집합 $W\cap U$에 대한 기저를 구하라.

52. 미적분학 $V=C'(-\infty, \infty)$을 실수 위에서의 모든 연속 미분 가능한 함수들의 벡터공간이라 하자.

(a) $W=\{f : f'=3f\}$가 V의 부분공간임을 증명하라.

(b) $U=\{f : f'=f+1\}$은 V의 부분 공간이 아님을 증명하라.

53. $B=\{p_1(x), p_2(x), \cdots, p_n(x), p_{n+1}(x)\}$을 P_n의 한 기저라 하자. B는 각 차 $0, 1, 2, \cdots, n$의 다항식을 포함해야 하는가? 여러분들의 이유를 설명하라.

54. A와 B를 $A\neq O$와 $B\neq O$인 $n\times n$행렬들이라 하자. 만일 A가 대칭행렬이고 B가 반대칭행렬 $(B^T=B)$이라면 그때 $\{A, B\}$는 일차독립인 집합임을 증명하라.

55. $V=P_5$ 그리고 $(x^3+x)p(x)$. 여기서 $p(x)$는 P_2에 속하는 형태의 모든 다항식들의 집합 W을 생각하자. W는 V의 부분 공간인가? 여러분의 답을 증명하라.

56. $\mathbf{v}_1$, $\mathbf{v}_2$와 $\mathbf{v}_3$을 벡터공간 V의 3개의 일차독립인 벡터들이라 하자. 집합 $\{\mathbf{v}_1-\mathbf{v}_2, \mathbf{v}_2-\mathbf{v}_3, \mathbf{v}_3-\mathbf{v}_1\}$은 일차종속인가 또는 일차독립인가?

57. A를 $n\times n$정방행렬이라 하자. A의 행벡터들이 일차종속일 필요충분조건은 A의 열벡터들이 일차종속일 때이다를 증명하라.

58. A를 $n\times n$정방행렬이라 하자. λ을 스칼라라 하자. 집합 $S=\{\mathbf{x} : A\mathbf{x}=\lambda\mathbf{x}\}$가 R^n의 부분공간임을 증명하라. 만일 $\lambda=3$이고 $A=\begin{bmatrix} 3 & 1 & 0 \\ 0 & 3 & 0 \\ 0 & 0 & 1 \end{bmatrix}$이면 S의 차원을 결정하라.

59. $f(x)=x$ 그리고 $g(x)=|x|$라 하자.

(a) f와 g가 $C[-1, 1]$에서 일차독립임을 보이라.

(b) f와 g가 $C[0, 1]$에서 일차종속임을 보이라.

60. 함수들의 집합이 주어 졌을 때 어떻게 그들의 정의역이 그 집합이 일차독립인지 또는 일차종속인지에 영향을 줄 수 있는 지를 묘사하라.

진실 또는 거짓? 61-64에서 각 문장이 진실인지 거짓인지를 결정하시오. 만일 사실이면 이유를 주거나 교제에서 적절한 문장을 인용하라. 만일 거짓이라면 그 문장이 모든 경우에서 사실이 아닌 것을 보이는 예를 주거나 교제에서 적절한 문장을 인용하라.

61. (a) R^n에서의 표준연산들은 벡터 덧셈과 스칼라 곱이다.

(b) 한 주어진 벡터의 덧셈에 대한 역원은 유일하지 않다.

(c) 벡터공간은 4개의 요소로 구성되어 있다. 벡터들의 집합, 스칼라들의 집합, 그리고 두 개의 연산들

62. (a) 집합 $W=\{(0, x^2, x^3) : x^2$와 x^3는 실수들$\}$은 R^3의 부분공간이다.

(b) 일차독립인 생성집합 S는 벡터공간 V의 기저라고 불려진다.

(c) 만일 A가 $n\times n$ 가역행렬이라면 그때 A의 n개 행벡터들은 일차종속이다.

63. (a) n 순서쌍들의 집합은 n 공간이라 불려지고 R^n이라고 쓰여진다.

(b) 한 주어진 벡터의 덧셈의 단위원은 유일하지 않다.

(c) 일단 한 정리가 추상벡터공간에 대해서 증명이 되었다면 우리는 n 순서쌍, 행렬들 그리고 다항식들에 대해서 따로 증명을 할 필요가 없다.

64. (a) $x+y=0$으로서 주어진 직선 위의 점들의 집합은 R^2의 부분공간이다.

(b) 벡터공간 V의 벡터들의 집합 $S=\{\mathbf{v}_1, \mathbf{v}_2, \cdots, \mathbf{v}_n\}$이 일차독립일 필요충분조건은 벡터 방정식 $c_1\mathbf{v}_1+c_2\mathbf{v}_2+\cdots+c_n\mathbf{v}_n=\mathbf{0}$이 오직 자명한 해만을 가지는 것이다.

(c) 기본 행 연산들은 행렬 A의 열 공간을 보존한다.

선형 미분방정식(미적분학)

65와 66에서 각 함수들이 주어진 미분방정식의 해인지를 결정하라.

65. $y''-y'-6y=0$

(a) e^{3x} (b) e^{2x} (c) e^{-3x} (d) e^{-2x}

66. $y''''-y=0$

(a) e^{x} (b) e^{-x} (c) $\cos x$ (d) $\sin x$

67과 68에서 함수들의 집합의 와렌스키안을 구하라.

67. $\{1, x, e^x\}$

68. $\{1, x, 2+x\}$

69-72에서 주어진 해들의 집합의 일차독립임을 시험하라.

	미분방정식	해들
69.	$y''+6y'+9y=0$	$\{e^{-3x}, xe^{-3x}\}$
70.	$y''+6y'+9y=0$	$\{e^{-3x}, 3e^{-3x}\}$
71.	$y'''-6y''+11y'-6y=0$	$\{e^x, e^{2x}, e^x-e^{2x}\}$
72.	$y''+4y=0$	$\{\sin 2x, \cos 2x\}$

원추곡선과 회전

73-76에서 주어진 방정식을 확인하고 그래프를 그리라.

73. $x^2+y^2-4x+2y-4=0$

74. $x^2-y^2+2x-3=0$

75. $2x^2-20x-y+46=0$

76. $4x^2+y^2+32x+4y+63=0$

77과 78에서 xy 항을 제거하기 위해서 축의 회전을 형성하고 그 원추곡선을 그리라.

77. $xy=3$

78. $9x^2+4xy+9y^2-20=0$

프로젝트 Chapter 4(벡터 공간)

1. 일차연립방정식의 해들

일차연립방식들의 해들에 대해서 각각의 뒤따르는 질문들에 대답하기 위해서 짧은 문단을 쓰시오. 여러분은 어떤 계산도 하지 말아야 하고 대신 당신의 설명은 교재로부터의 적절한 성질들에 기반을 두어야 한다.

1. 동차 일차연립방정식

$$\begin{aligned} x+2y+z+3w&=0 \\ x-y+w&=0 \\ y-z+2w&=0 \end{aligned}$$

의 한 해는 $x=-2$, $y=-1$, $z=1$ 그리고 w=1이다. 왜 $x=4$, $y=2$, $z=-2$, 그리고 w=−2도 역시 해이어야 하는지를 설명하시오. 어떤 행연산도 실행하지 마시오.

2. 벡터들 $\mathbf{x}_1$와 $\mathbf{x}_2$는 동차 일차방정식 $A\mathbf{x}=\mathbf{0}$의 해들이다. $2\mathbf{x}_1-3\mathbf{x}_2$도 역시 해인 이유를 설명하라.

3. 아래와 같이 부과행렬들로서 나타내진 두 연립방정식들을 생각하자.

$$\begin{bmatrix} 1 & 1 & -5 & 3 \\ 1 & 0 & -2 & 1 \\ 2 & -1 & -1 & 0 \end{bmatrix} \quad \begin{bmatrix} 1 & 1 & -5 & -9 \\ 1 & 0 & -2 & -3 \\ 2 & -1 & -1 & 0 \end{bmatrix}$$

만일 첫 번째 연립방정식이 해를 갖는다는 것을 안다면 두 번째 연립방정식도 역시 해를 갖는 이유를 설명하라.

4. 벡터 $\mathbf{x}_1$와 $\mathbf{x}_2$가 일차연립방정식 $A\mathbf{x}=\mathbf{b}$의 해이다. 벡터 $2\mathbf{x}_1-3\mathbf{x}_2$도 역시 해인가? 왜냐 또는 왜 아닌가?

5. 일차연립방정식들 $A\mathbf{x}=\mathbf{b}_1$와 $A\mathbf{x}=\mathbf{b}_2$가 해들을 갖는다. 연립방정식 $A\mathbf{x}=\mathbf{b}_1+\mathbf{b}_2$는 필수적으로 해를 갖는가? 왜냐 또는 왜 아닌가?

6. 일차연립방정식 $A\mathbf{x}=\mathbf{b}$을 생각해 보자. A의 계수가 그 연립방정식의 부과행렬의 계수와 같다면 왜 그 연립방정식이 해를 갖는지를 설명하라. 이것을 A의 계수가 부과행렬의 계수보다 적을 때의 경우와 비교해보라.

2. 직접 합

U와 W를 벡터공간 V의 부분공간이라 하자. 4.3절에서 교집합 $U\cap W$도 역시 V의 부분공간이며 하지만 일반적으로 교집합 $U\cup W$는 부분공간이 아니라고 배웠다. 이 연구과제에서 우리는 R^n에서의 그들의 기하학적인 이해에 특히 집중하면서 부분공간들의 합과 직접합에 대해서 탐구할 것이다.

1. 뒤따르는 것처럼 부분 공간들 U와 W의 합을 정의하자.

$U+W=\{\mathbf{u}+\mathbf{w} : \mathbf{u}\in U,\ \mathbf{w}\in W\}$

$U+W$가 V의 부분 공간임을 증명하라.

2. $V=R^3$의 뒤따르는 부분 공간들을 생각하자.

$U=\{(x,\ y,\ x-y) : x,\ y\in R\}$

$W=\{(x,\ 0,\ x) : x\in R\}$

$Z=\{(x,\ x,\ x) : x\in R\}$

$U+W$, $U+Z$ 그리고 $W+Z$을 구하라.

3. 만일 U와 W가 $V=U+W$ 그리고 $U\cap W=\{\mathbf{0}\}$을 만족하는 V의 부분공간들이라면, V에서의 모든 벡터는 $\mathbf{u}+\mathbf{w}$ 형태, 여기서 $\mathbf{u}$는 U에 그리고 $\mathbf{w}$는 W에 속한다의 유일한 표현을 가짐을 증명하라. 이같은 경우 V는 U와 W의 직접 합이라 말하고

$V=U\oplus W$ 직접 합

이라 쓴다. 이 연구과제의 (2)부분에서의 어느 합이 직접 합인가?

4. $V=U\oplus W$라 놓자. 그리고 $\{\mathbf{u}_1, \mathbf{u}_2, \cdots, \mathbf{u}_k\}$는 부분 공간 U의 기저 그리고 $\{\mathbf{w}_1, \mathbf{w}_2, \cdots, \mathbf{w}_m\}$는 W의 기저라 가정하자. 집합

$\{\mathbf{u}_1, \cdots, \mathbf{u}_k, \mathbf{w}_1, \cdots, \mathbf{w}_m\}$

은 V의 기저임을 증명하라.

5. $V=R^3$의 뒤따르는 부분공간들을 생각하자.

$U=\{(x, 0, y) : x, y\in R\}$

$W=\{(0, x, y) : x, y\in R\}$

$R^3=U+W$임을 보이라. R^3는 U와 W의 직접 합인가? U, W $U\cap W$ 그리고 $U+W$의 차원은 무엇인가? 일반적으로 U, W $U\cap W$ 그리고 $U+W$의 차원들과 관계된 추측을 공식화하라.

6. 교집합이 단지 영 벡터인 R^3의 두 개의 이차원 부분 공간을 발견할 수 있는가? 왜 인가 또는 왜 아닌가?

CHAPTER 5

내적공간

▶ JEAN-BAPTISTE JOSEPH FOURIER

JEAN-BAPTISTE
JOSEPH FOURIER
(1768-1830)

프랑스, Auxerre에서 태어나 어린 나이에 고아가 되었고 후에 베네딕트회원으로 지역군사학교에 입학했다. 프랑스 혁명 시기 그는 Auxerre의 군사 아카데미로 돌아와 훌륭한 교수와 수학자로서 명성을 날렸다. 1794년 Napoleon이 Ecole Nomale을 만들었을 때 Fourier는 그곳에 임명되었다. 후에 그는 Ecole Centrale(지금은 Polytechnique라 부름)에서 교수 생활을 하였다. 그의 혁신적인 교육 활동은 학교의 빠른 성장을 가져오는 계기가 되었고 또한 훌륭한 과학자, 공학도, 수학자들을 배출하였다.

1798년에 프랑스가 이집트를 침공할 때 Fourier는 Napoleon을 따랐다. 그는 1801년까지 이집트에 남아 여러 학교를 세우고 교수 활동을 하였으며 프랑스에 돌아와 정부기관인 Grenoble에서 일했다. 그는 행정적인 일 뿐만 아니라 수리물리학에 관한 연구를 하였고 가장 유명한 논문중 하나인 열의 수학적 이론(1811년)을 발표하였다. 이 논문으로 파리의 아카데미 그랜드 상을 받았다.

1822년 열에 관한 초기 논문과 같은 제목으로 고전적인 교재를 출간하였다. 여기에는 미분방정식, 고유치, 함수의 삼각급수 표현(Fourier 급수) 등 많은 내용을 포함하고 있다. Fourier급수를 포함한 그의 작업은 수학자들에게 그 당시 채택된 그러나 좁은 의미의 함수의 정의를 다시 생각하게 하였다.

이 기간 동안 과학 아카데미의 비밀요원으로 활동하며 1830년에 사망하였다.

5.1 R^n에서의 길이와 내적

평면에서의 벡터는 길이와 방향을 가지는 유향선분으로 묘사될 수 있음을 4.1절에서 공부하였다. 이 절에서는 R^n에서의 벡터에 관한 여러 내용(거리와 각 등)을 정의하는데 R^2에서의 내용들을 모델로 이용한다. 그 다음 절에서는 이런 개념들이 일반적인 벡터공간으로 확장된다.

R^2에서의 벡터의 길이에 대한 정의를 다시 상기해 보자. 평면에서의 벡터 $\mathbf{v}=(v_1, v_2)$의 길이 $\|\mathbf{v}\|$는 다음과 같이 정의된다.

$$\|\mathbf{v}\|=\sqrt{v_1^2+v_2^2}$$

이 정의는 유클리드 기하에서의 보통 길이의 개념에 해당한다. 즉, 그림 5.1에서와 같이 벡터 $\mathbf{v}$는 직각을 낀 두 변의 길이가 $|v_1|$과 $|v_2|$인 직각삼각형의 빗변에 대응된다. 피타고라스의 정리에 의하여

$$\|\mathbf{v}\|^2=|v_1|^2+|v_2|^2=v_1{}^2+v_2{}^2$$

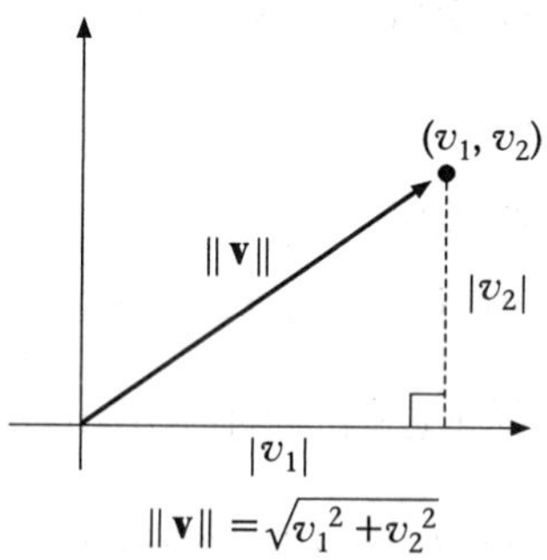

$\|\mathbf{v}\| =\sqrt{v_1{}^2 +v_2{}^2}$

[그림 5.1]

R^n에서의 벡터의 길이는 다음과 같이 정의된다.

R^n에서의 벡터의 길이에 대한 정의

R^n의 벡터 $\mathbf{v}=(v_1, v_2, \cdots, v_n)$의 길이(또는 크기)는

$$\|\mathbf{v}\|=\sqrt{v_1^2+v_2^2+\cdots+v_n^2}$$

참고 벡터의 길이를 **노름**(norm)이라고도 한다. 또 $\|\mathbf{v}\|=1$인 벡터 $\mathbf{v}$를 **단위벡터**(unit vector)라 한다.

이 정의에서 한 벡터의 길이는 음이 될 수 없음을 알 수 있다. 즉, $\|\mathbf{v}\|\geq \mathbf{0}$이고, 특히 $\|\mathbf{v}\|=\mathbf{0}$일 필요충분조건은 $\mathbf{v}=\mathbf{0}$이다.

기술적 관찰

벡터의 길이를 구할 때 컴퓨터를 이용할 수 있다. 예를 들어, T1-86을 사용하여 벡터 $\mathbf{v}=(2,\ -1,\ -2)$의 길이는 다음과 같이 구할 수 있다.

```
VECTOR:V          3
 e1=2
 e2=-1
 e3=-2
```

```
norm V            3
```

다음 예제 1(a)에 있는 $\mathbf{v}$의 길이를 구하여 보라.

[예제 1] R^n에서의 벡터의 길이

(a) R^5의 벡터 $\mathbf{v}=(0,\ -2,\ 1,\ 4,\ -2)$의 길이는 다음과 같다.

$$\|\mathbf{v}\|=\sqrt{0^2+(-2)^2+1^2+4^2+(-2)^2}=\sqrt{25}=5$$

(b) R^3의 벡터 $\mathbf{v}=(2/\sqrt{17},\ -2/\sqrt{17},\ 3/\sqrt{17})$의 길이는 다음과 같다.

$$\|\mathbf{v}\|=\sqrt{\left(\frac{2}{\sqrt{17}}\right)^2+\left(-\frac{2}{\sqrt{17}}\right)^2+\left(\frac{3}{\sqrt{17}}\right)^2}=\sqrt{\frac{17}{17}}=1$$

이 벡터는 길이가 1이므로 단위벡터이다.

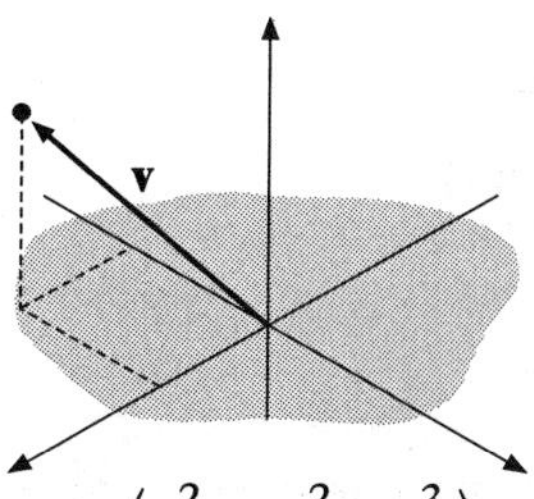

$\mathbf{v}=\left(\frac{2}{\sqrt{17}}, -\frac{2}{\sqrt{17}}, \frac{3}{\sqrt{17}}\right)$

[그림 5.2]

R^n에서 표준기저의 각 벡터는 길이가 1이므로 **표준단위벡터**라 한다. 물리나 공학에서 R^2나 R^3의 표준단위벡터를 다음과 같이 나타낸다.

$$\{\mathbf{i}, \mathbf{j}\}=\{(1, 0), (0, 1)\}, \quad \{\mathbf{i}, \mathbf{j}, \mathbf{k}\}=\{(1, 0, 0), (0, 1, 0), (0, 0, 1)\}$$

R^n에서의 $\mathbf{0}$이 아닌 두 벡터 $\mathbf{u}$, $\mathbf{v}$에 대하여 한 벡터가 다른 벡터의 스칼라배, 즉 $\mathbf{u}=c\mathbf{v}$이면 두 벡터는 **평행**이라 한다. $c>0$이면 $\mathbf{u}$와 $\mathbf{v}$는 **같은 방향**이고, $c<0$이면 **반대 방향**이다.

정리 5.1 스칼라배의 길이

$\mathbf{v}$는 R^n의 벡터이고 c를 스칼라라 하면

$$\|c\mathbf{v}\|=|c|\|\mathbf{v}\| \text{ (단, } |c| \text{는 } c\text{의 절대값)}$$

증명 $\mathbf{v}=(v_1, v_2, \cdots, v_n)$이면 $c\mathbf{v}=(cv_1, cv_2, \cdots, cv_n)$이므로

$$\begin{aligned}\|c\mathbf{v}\| &= \|(cv_1, cv_2, \cdots, cv_n)\| \\ &= \sqrt{(cv_1)^2+(cv_2)^2+\cdots+(cv_n)^2} \\ &= \sqrt{c^2(v_1^2+v_2^2+\cdots+v_n^2)} \\ &= |c|\sqrt{v_1^2+v_2^2+\cdots+v_n^2} \\ &= |c|\|\mathbf{v}\|.\end{aligned}$$

■

정리 5.1은 주어진 벡터와 같은 방향의 단위벡터를 구할 때 중요하게 이용된다. 다음 정리는 이것을 말해 준다.

정리 5.2 v 방향의 단위벡터

$\mathbf{v}$가 R^n 상의 $\mathbf{0}$이 아닌 벡터이면

$$\mathbf{u}=\frac{\mathbf{v}}{\|\mathbf{v}\|}$$

는 길이가 1이고 $\mathbf{v}$와 같은 방향의 벡터이다. 이것을 **v 방향의 단위벡터**라 한다.

증명 $\mathbf{v}$가 $\mathbf{0}$이 아니므로 $\|\mathbf{v}\|\neq 0$이고, $1/\|\mathbf{v}\|>0$이다.

$$\mathbf{u}=\left(\frac{1}{\|\mathbf{v}\|}\right)\mathbf{v}$$

는 $\mathbf{v}$의 스칼라배이므로 $\mathbf{u}$는 $\mathbf{v}$와 같은 방향이다. 그리고

$$\|\mathbf{u}\|=\left\|\frac{\mathbf{v}}{\|\mathbf{v}\|}\right\|=\frac{1}{\|\mathbf{v}\|}\|\mathbf{v}\|=1$$

이므로 단위벡터이다.

$\mathbf{v}$ 방향의 단위벡터를 구하는 과정을 벡터 $\mathbf{v}$를 **정규화**한다고 한다. ■

[예제 2] 단위벡터 구하기

$\mathbf{v}=(3,\ -1,\ 2)$ 방향으로의 단위벡터를 구하라.

풀이 구하는 단위벡터는

$$\frac{\mathbf{v}}{\|\mathbf{v}\|}=\frac{(3,\ -1,\ 2)}{\sqrt{3^2+(-1)^2+2^2}}=\frac{1}{\sqrt{14}}(3,\ -1,\ 2)=\left(\frac{3}{\sqrt{14}},\ \frac{-1}{\sqrt{14}},\ \frac{2}{\sqrt{14}}\right)$$

이다.

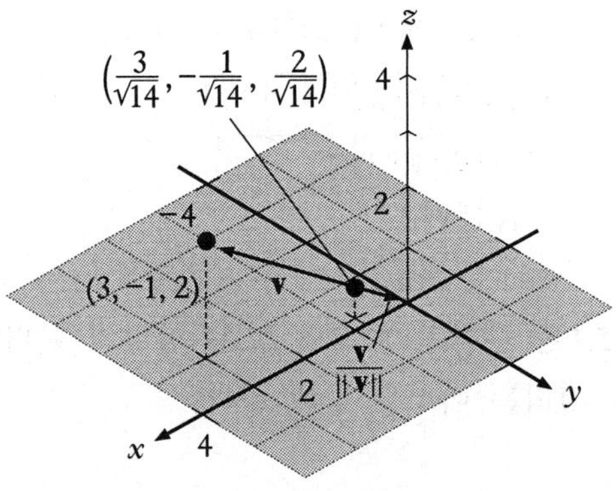

[그림 5.3] ◀

기술적 관찰

주어진 벡터의 단위벡터를 구할 때 여러 소프트웨어를 이용할 수 있다. 예를 들어 TI-86을 사용하여 $\mathbf{v}=(-3, 4)$의 단위벡터를 다음과 같이 구할 수 있다.

```
VECTOR:V          2
 e1=-3
 e2=4
```

```
unitV V
              [-.6 .8]
```

R^n에서 두 벡터 사이의 거리

평면에서 두 점 (u_1, u_2), (v_1, v_2) 사이의 거리는

$$d=\sqrt{(u_1-v_1)^2+(u_2-v_2)^2}$$

이다. 이것을 벡터의 관점에서 보면 $\mathbf{u}-\mathbf{v}$의 길이로 생각할 수 있다.

즉, $\mathbf{u}=(u_1, u_2)$, $\mathbf{v}=(v_1, v_2)$일 때, 그림 5.4에서 보여주듯이

$$\|\mathbf{u}-\mathbf{v}\|=\sqrt{(u_1-v_1)^2+(u_2-v_2)^2}$$

이다. 이 정의는 일반적으로 확장된다.

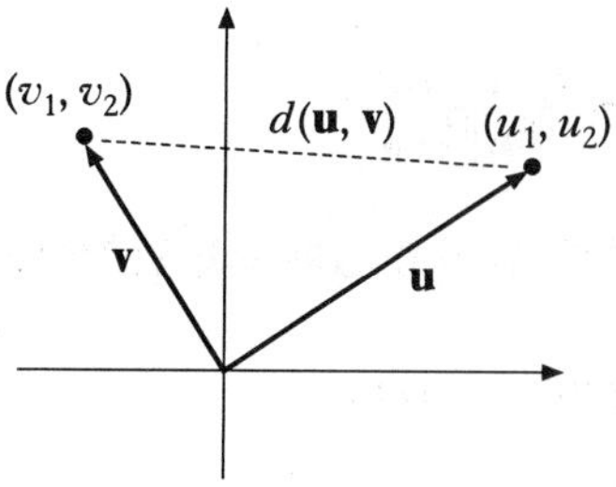

$$d(\mathbf{u}, \mathbf{v})=\|\mathbf{u}-\mathbf{v}\|=\sqrt{(u_1-v_1)^2+(u_2-v_2)^2}$$

[그림 5.4]

두 벡터 사이의 거리에 대한 정의
R^n 상의 두 벡터 $\mathbf{u}$와 $\mathbf{v}$ 사이의 거리는 다음과 같다.

$$d(\mathbf{u}, \mathbf{v})=\|\mathbf{u}-\mathbf{v}\|$$

거리에 대한 다음 성질들은 쉽게 증명된다.

1. $d(\mathbf{u}, \mathbf{v})\geq 0$
2. $d(\mathbf{u}, \mathbf{v})=0 \Leftrightarrow \mathbf{u}=\mathbf{v}$
3. $d(\mathbf{u}, \mathbf{v})=d(\mathbf{v}, \mathbf{u})$

[예제 3] 두 벡터 사이의 거리 구하기
두 벡터 $\mathbf{u}=(0, 2, 2)$와 $\mathbf{v}=(2, 0, 1)$ 사이의 거리는

$$d(\mathbf{u}, \mathbf{v})=\|\mathbf{u}-\mathbf{v}\|=\|(0-2, 2-0, 2-1)\|=\sqrt{(-2)^2+2^2+1^2}=3$$

내적과 두 벡터 사이의 각

R^2에서 $\mathbf{0}$이 아닌 두 벡터 $\mathbf{u}=(u_1, u_2)$와 $\mathbf{v}=(v_1, v_2)$ 사이의 각을 구하기 위하여 코사인 법칙을 적용하면(그림 5.5)

$$\|\mathbf{v}-\mathbf{u}\|^2=\|\mathbf{u}\|^2+\|\mathbf{v}\|^2-2\|\mathbf{u}\|\|\mathbf{v}\|\cos\theta$$

이므로

$$\cos\theta=\frac{u_1v_1+u_2v_2}{\|\mathbf{u}\|\|\mathbf{v}\|}$$

이다. 위 분수의 분자를 $\mathbf{u}$와 $\mathbf{v}$의 **내적**이라 하고 다음과 같이 표현한다.

$$\mathbf{u}\cdot\mathbf{v}=u_1v_1+u_2v_2$$

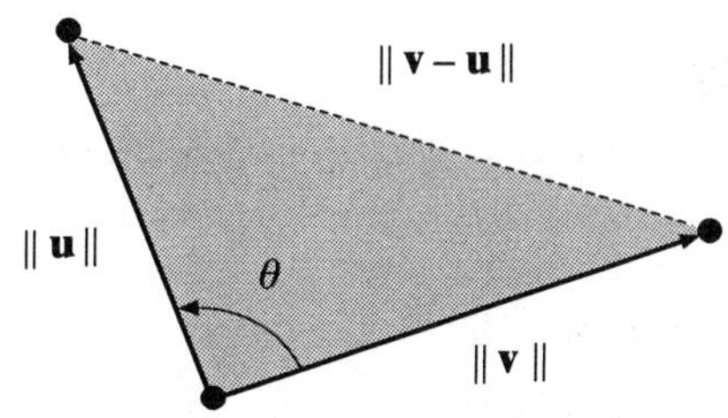

[그림 5.5] 두 벡터 사이의 각

이 정의는 다음과 같이 R^n으로 확장된다.

R^n에서 내적의 정의

$\mathbf{u}=(u_1, u_2, \cdots, u_n)$와 $\mathbf{v}=(v_1, v_2, \cdots, v_n)$의 내적은

$$\mathbf{u}\cdot\mathbf{v}=u_1v_1+u_2v_2+\cdots+u_nv_n$$

인 스칼라이다.

참고 두 벡터의 내적은 벡터가 아니라 스칼라임을 유의하자.

[예제 4] 두 벡터의 내적 구하기

$\mathbf{u}=(1, 2, 0, -3)$와 $\mathbf{v}=(3, -2, 4, 2)$의 내적은

$$\mathbf{u}\cdot\mathbf{v}=(1)(3)+(2)(-2)+(0)(4)+(-3)(2)=-7$$

기술적 관찰

두 벡터의 내적을 구할 때 여러 소프트웨어를 이용할 수 있다. 예를 들어 TI-86을 이용하여 예제 4의 내적을 다음과 같이 구해 보라.

```
VECTOR:U            4
 e1=1
 e2=2
 e3=0
 e4=-3
```

```
VECTOR:V            4
 e1=3
 e2=-2
 e3=4
 e4=2
```

```
dot(U, V)          -7
```

정리 5.3 내적의 성질

R^n의 벡터 $\mathbf{u}$, $\mathbf{v}$, $\mathbf{w}$와 스칼라 c에 대하여 다음이 성립한다.

1. $\mathbf{u}\cdot\mathbf{v}=\mathbf{v}\cdot\mathbf{u}$
2. $\mathbf{u}\cdot(\mathbf{v}+\mathbf{w})=\mathbf{u}\cdot\mathbf{v}+\mathbf{u}\cdot\mathbf{w}$
3. $c(\mathbf{u}\cdot\mathbf{v})=(c\mathbf{u})\cdot\mathbf{v}=\mathbf{u}\cdot(c\mathbf{v})$
4. $\mathbf{v}\cdot\mathbf{v}=\|\mathbf{v}\|^2$
5. $\mathbf{v}\cdot\mathbf{v}\geq 0$, $\mathbf{v}\cdot\mathbf{v}=0 \Leftrightarrow \mathbf{v}=\mathbf{0}$

증명 내적의 정의에 의하여 쉽게 증명된다. ■

4.1절에서 R^n은 실수를 성분으로 갖는 n-짝들의 집합으로 정의하였다. 결국 R^n은 벡터의 덧셈, 스칼라곱, 벡터의 길이, 내적 등을 갖는 n-차원 유클리드공간이다. 앞으로 별다른 언급이 없는 한 R^n은 보편적인 유클리드적 연산을 갖는 것으로 간주한다.

[예제 5] 내적 구하기

$\mathbf{u}=(2, -2)$, $\mathbf{v}=(5, 8)$, $\mathbf{w}=(-4, 3)$에 대하여 다음을 구하라.

(a) $\mathbf{u}\cdot\mathbf{v}$ (b) $(\mathbf{u}\cdot\mathbf{v})\mathbf{w}$ (c) $\mathbf{u}\cdot(2\mathbf{v})$ (d) $\|\mathbf{w}\|^2$ (e) $\mathbf{u}\cdot(\mathbf{v}-2\mathbf{w})$

풀이 (a) $\mathbf{u}\cdot\mathbf{v}=(2)(5)+(-2)(8)=-6$

(b) (a)에 의하여 $(\mathbf{u}\cdot\mathbf{v})\mathbf{w}=-6\mathbf{w}=-6(-4, 3)=(24, -18)$

(c) 정리 5.3의 3에 의하여

$$\mathbf{u}\cdot(2\mathbf{v})=2(\mathbf{u}\cdot\mathbf{v})=(2)(-6)=-12$$

(d) 정리 5.3의 4에 의하여

$$\|\mathbf{w}\|^2=\mathbf{w}\cdot\mathbf{w}=(-4)(-4)+(3)(3)=25$$

(e) $2\mathbf{w}=(-8, 6)$이기 때문에, $\mathbf{v}-2\mathbf{w}=(5-(-8), 8-6)=(13, 2)$

따라서, $\mathbf{u}\cdot(\mathbf{v}-2\mathbf{w})=(2)(13)+(-2)(2)=26-4=22$ ◀

[예제 6] 내적의 성질 이용하기

두 벡터 $\mathbf{u}$, $\mathbf{v}$에 대하여, $\mathbf{u}\cdot\mathbf{u}=39$, $\mathbf{u}\cdot\mathbf{v}=-3$, $\mathbf{v}\cdot\mathbf{v}=79$일 때,

$$(\mathbf{u}+2\mathbf{v})\cdot(3\mathbf{u}+\mathbf{v})$$

를 구하라.

풀이 정리 5.3을 이용하면

$$\begin{aligned}(\mathbf{u}+2\mathbf{v})\cdot(3\mathbf{u}+\mathbf{v}) &= \mathbf{u}\cdot(3\mathbf{u}+\mathbf{v})+(2\mathbf{v})\cdot(3\mathbf{u}+\mathbf{v})\\ &= \mathbf{u}\cdot(3\mathbf{u})+\mathbf{u}\cdot\mathbf{v}+(2\mathbf{v})\cdot(3\mathbf{u})+(2\mathbf{v})\cdot\mathbf{v}\\ &= 3(\mathbf{u}\cdot\mathbf{u})+\mathbf{u}\cdot\mathbf{v}+6(\mathbf{v}\cdot\mathbf{u})+2(\mathbf{v}\cdot\mathbf{v})\\ &= 3(\mathbf{u}\cdot\mathbf{u})+7(\mathbf{u}\cdot\mathbf{v})+2(\mathbf{v}\cdot\mathbf{v})\\ &= 3(39)+7(-3)+2(79)=254\end{aligned}$$

◀

발 견

두 벡터의 내적이 그들의 길이의 곱과는 어떤 차이가 있을까? 예를 들어 $\mathbf{u}=(1, 1)$, $\mathbf{v}=(-4, -3)$일 때, $\mathbf{u}\cdot\mathbf{v}$와 $\|\mathbf{u}\|\|\mathbf{v}\|$를 계산하여 보라. 다른 벡터로도 계산하여 보고 $\mathbf{u}\cdot\mathbf{v}$와 $\|\mathbf{u}\|\|\mathbf{v}\|$ 사이의 관계를 예측하여 보라.

R^2에서의 두 벡터 $\mathbf{u}$와 $\mathbf{v}$ 사이의 각을 θ라 할 때,

$$\cos\theta=\frac{\mathbf{u}\cdot\mathbf{v}}{\|\mathbf{u}\|\|\mathbf{v}\|}$$

이 성립한다. 위 등식의 우변의 절대값은 1보다 작거나 같다. 즉, $|\mathbf{u}\cdot\mathbf{v}|\le\|\mathbf{u}\|\|\mathbf{v}\|$이다. 이 성질은 n-차원 공간에서도 그대로 성립된다. 다음 정리는 프랑스의 수학자 Augustin-Louis Cauchy(1789~1857)와 독일의 수학자 Hermann Schwarz (1843~1921)의 이름을 따서 명명하였다.

정리 5.4 Cauchy-Schwarz 부등식

R^n의 두 벡터 $\mathbf{u}$, $\mathbf{v}$에 대하여 다음 부등식이 성립한다.

$$|\mathbf{u}\cdot\mathbf{v}|\le\|\mathbf{u}\|\|\mathbf{v}\|$$

증명 $\mathbf{u}=\mathbf{0}$인 경우

$$|\mathbf{u}\cdot\mathbf{v}|=|\mathbf{0}\cdot\mathbf{v}|=0\text{이고 }\|\mathbf{u}\|\|\mathbf{v}\|=0\|\mathbf{v}\|=0$$

이므로 정리는 성립한다. $\mathbf{u}\neq\mathbf{0}$인 경우

임의의 실수 t에 대하여 벡터 $t\mathbf{u}+\mathbf{v}$를 생각하자. $(t\mathbf{u}+\mathbf{v})\cdot(t\mathbf{u}+\mathbf{v})\geq 0$이므로

$$(t\mathbf{u}+\mathbf{v})\cdot(t\mathbf{u}+\mathbf{v})=t^2(\mathbf{u}\cdot\mathbf{u})+2t(\mathbf{u}\cdot\mathbf{v})+\mathbf{v}\cdot\mathbf{v}\geq 0$$

여기서 $a=\mathbf{u}\cdot\mathbf{u}$, $b=2(\mathbf{u}\cdot\mathbf{v})$, $c=\mathbf{v}\cdot\mathbf{v}$라 놓으면 이차부등식 $at^2+bt+c\geq 0$을 얻는다. 임의의 실수 t에 대하여 이 부등식이 성립하려면 판별식의 값이 0보다 작거나 같아야 한다. 즉,

$$b^2-4ac\leq 0,\quad \text{곧}\quad b^2\leq 4ac$$

따라서

$$4(\mathbf{u}\cdot\mathbf{v})^2\leq 4(\mathbf{u}\cdot\mathbf{u})(\mathbf{v}\cdot\mathbf{v}),\ \text{즉}\ (\mathbf{u}\cdot\mathbf{v})^2\leq(\mathbf{u}\cdot\mathbf{u})(\mathbf{v}\cdot\mathbf{v})$$

그러므로

$$|\mathbf{u}\cdot\mathbf{v}|\leq\sqrt{\mathbf{u}\cdot\mathbf{u}}\sqrt{\mathbf{v}\cdot\mathbf{v}}=\|\mathbf{u}\|\|\mathbf{v}\|$$ ■

[예제 7] Cauchy-Schwarz 부등식의 예

$\mathbf{u}=(1,\ -1,\ 3)$, $\mathbf{v}=(2,\ 0,\ -1)$을 써서 Cauchy-Schwarz 부등식이 성립함을 확인하라.

풀이 $\mathbf{u}\cdot\mathbf{v}=-1$, $\mathbf{u}\cdot\mathbf{u}=11$, $\mathbf{v}\cdot\mathbf{v}=5$이므로

$$|\mathbf{u}\cdot\mathbf{v}|=|-1|=1$$

이고

$$\|\mathbf{u}\|\|\mathbf{v}\|=\sqrt{\mathbf{u}\cdot\mathbf{u}}\sqrt{\mathbf{v}\cdot\mathbf{v}}=\sqrt{11}\sqrt{5}=\sqrt{55}$$

따라서 $|\mathbf{u}\cdot\mathbf{v}|\leq\|\mathbf{u}\|\|\mathbf{v}\|$ ◀

Cauchy-Schwarz 부등식으로부터 R^n에서의 두 벡터 사이의 각을 정의할 수 있다.

R^n에서 두 벡터 사이의 각

R^n에서 $\mathbf{0}$이 아닌 두 벡터 $\mathbf{u}$, $\mathbf{v}$ 사이의 각 θ는 다음 공식으로 정의된다.

$$\cos\theta=\frac{\mathbf{u}\cdot\mathbf{v}}{\|\mathbf{u}\|\|\mathbf{v}\|},\quad 0\leq\theta\leq\pi$$

참고 영벡터와 다른 벡터 사이의 각은 정의되지 않는다.

[예제 8] 두 벡터 사이의 각 구하기

벡터 $\mathbf{u}=(-4, 0, 2, -2)$와 $\mathbf{v}=(2, 0, -1, 1)$ 사이의 각은

$$\cos\theta=\frac{\mathbf{u}\cdot\mathbf{v}}{\|\mathbf{u}\|\|\mathbf{v}\|}=\frac{-12}{\sqrt{12}\sqrt{6}}=-\frac{12}{\sqrt{144}}=-1$$

이므로 $\theta=\pi$. 실제로 $\mathbf{u}=-2\mathbf{v}$이므로 $\mathbf{u}$와 $\mathbf{v}$는 반대 방향이다.

$\|\mathbf{u}\|$와 $\|\mathbf{v}\|$는 항상 양이기 때문에 $\mathbf{u}\cdot\mathbf{v}$와 $\cos\theta$는 항상 같은 부호이다. 더욱이, 코사인 값은 제1사분면에서는 양이고, 제2사분면에서는 음이므로, 두 벡터의 내적의 부호는 그들 사이의 각이 예각이냐 둔각이냐를 결정하는데 이용될 수 있다.

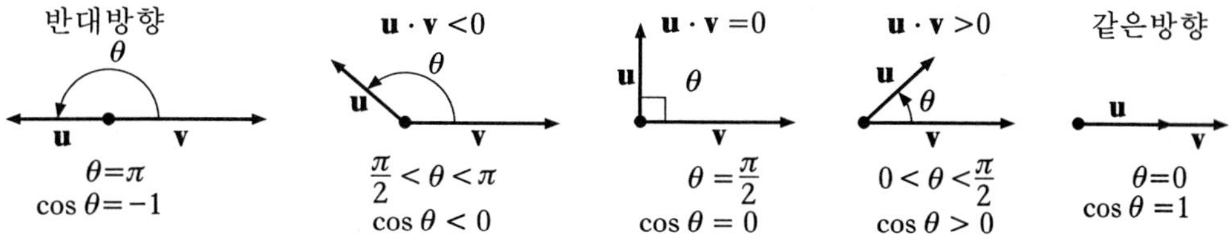

[그림 5.6]

그림 5.6에서 영이 아닌 두 벡터가 서로 직각일 필요충분조건은 그들 내적이 0인 것이다. 이 때, 두 벡터는 **직교**(또는 **수직**)라 한다.

> 직교벡터의 정의
>
> R^n의 두 벡터 $\mathbf{u}$와 $\mathbf{v}$가 $\mathbf{u}\cdot\mathbf{v}=0$이면 두 벡터는 **직교**(또는 **수직**)라 한다.

참고 영벡터와 다른 벡터 사이의 각은 정의되지 않지만 직교성을 논할 때는 영벡터를 포함하면 편리하다. 다시 말해, 영벡터는 다른 모든 벡터와 직교한다.

[예제 9] R^n에서의 직교벡터

(a) 벡터 $\mathbf{u}=(1, 0, 0)$, $\mathbf{v}=(0, 1, 0)$에 대하여

$$\mathbf{u}\cdot\mathbf{v}=(1)(0)+(0)(1)+(0)(0)=0$$

이므로 두 벡터는 직교한다.

(b) 벡터 $\mathbf{u}=(3, 2, -1, 4)$, $\mathbf{v}=(1, -1, 1, 0)$에 대하여

$$\mathbf{u}\cdot\mathbf{v}=(3)(1)+(2)(-1)+(-1)(1)+(4)(0)=0$$

이므로 두 벡터는 직교한다.

[예제 10] 직교벡터 구하기

R^2에서 벡터 $\mathbf{u}=(4, 2)$와 직교인 모든 벡터를 구하라.

풀이 $\mathbf{v}=(v_1, v_2)$가 $\mathbf{u}$에 직교한다고 하면

$$\mathbf{u}\cdot\mathbf{v}=(4, 2)\cdot(v_1, v_2)=4v_1+2v_2=0$$

에서 $v_2=-2v_1$이므로 구하는 벡터는

$$\mathbf{v}=(t, -2t)=t(1, -2) \quad (t\text{는 임의의 실수})$$

의 꼴이다. ◀

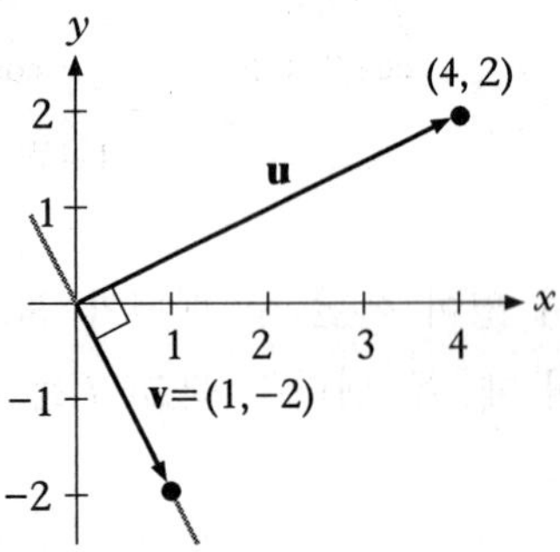

[그림 5.7]

삼각부등식이란 삼각형의 한 변의 길이는 다른 두 변의 길이의 합보다는 클 수 없다는 것이다. 그림 5.8의 (a)는 R^2에서, (b)는 R^3에서의 삼각부등식을 나타낸다. 이것은 n-차원에서도 그대로 성립하며 Cauchy-Schwarz 부등식을 이용하여 삼각부등식을 증명할 수 있다.

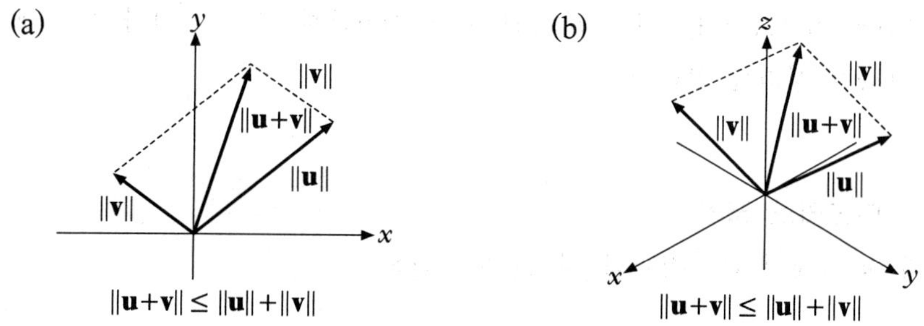

[그림 5.8]

정리 5.5 삼각부등식

R^n의 두 벡터 **u**, **v**에 대하여 다음 부등식이 성립한다.

$$\|\mathbf{u}+\mathbf{v}\| \leq \|\mathbf{u}\| + \|\mathbf{v}\|$$

증명 내적의 성질을 이용하면

$$\begin{aligned}\|\mathbf{u}+\mathbf{v}\|^2 &= (\mathbf{u}+\mathbf{v})\cdot(\mathbf{u}+\mathbf{v}) \\ &= \mathbf{u}\cdot(\mathbf{u}+\mathbf{v}) + \mathbf{v}\cdot(\mathbf{u}+\mathbf{v}) \\ &= \mathbf{u}\cdot\mathbf{u} + 2(\mathbf{u}\cdot\mathbf{v}) + \mathbf{v}\cdot\mathbf{v} \\ &= \|\mathbf{u}\|^2 + 2(\mathbf{u}\cdot\mathbf{v}) + \|\mathbf{v}\|^2 \\ &\leq \|\mathbf{u}\|^2 + 2|\mathbf{u}\cdot\mathbf{v}| + \|\mathbf{v}\|^2\end{aligned}$$

Cauchy-Schwarz부등식 $|\mathbf{u}\cdot\mathbf{v}| \leq \|\mathbf{u}\|\,\|\mathbf{v}\|$에 의하여

$$\begin{aligned}\|\mathbf{u}+\mathbf{v}\|^2 &\leq \|\mathbf{u}\|^2 + 2|\mathbf{u}\cdot\mathbf{v}| + \|\mathbf{v}\|^2 \\ &\leq \|\mathbf{u}\|^2 + 2\|\mathbf{u}\|\,\|\mathbf{v}\| + \|\mathbf{v}\|^2 \\ &= (\|\mathbf{u}\| + \|\mathbf{v}\|)^2\end{aligned}$$

그러므로 $\|\mathbf{u}+\mathbf{v}\| \leq \|\mathbf{u}\| + \|\mathbf{v}\|$가 성립한다. ■

참고 삼각부등식에서 등호가 성립할 필요충분조건은 벡터 **u**와 **v**가 같은 방향을 가질 때이다(연습문제 86 참조).

삼각부등식의 증명 과정에서

$$\|\mathbf{u}+\mathbf{v}\|^2 = \|\mathbf{u}\|^2 + 2(\mathbf{u}\cdot\mathbf{v}) + \|\mathbf{v}\|^2$$

이다. 이 때, $\mathbf{u}$와 $\mathbf{v}$가 직교하면 $\mathbf{u}\cdot\mathbf{v}=0$이므로 다음 정리와 같은 R^n에서의 피타고라스 정리를 얻는다.

정리 5.6 피타고라스 정리

R^n에서의 두 벡터 $\mathbf{u}$와 $\mathbf{v}$가 직교할 필요충분조건은

$$\|\mathbf{u}+\mathbf{v}\|^2=\|\mathbf{u}\|^2+\|\mathbf{v}\|^2$$

이다.

그림 5.9는 R^2와 R^3에 대한 피타고라스 정리를 도시한 것이다.

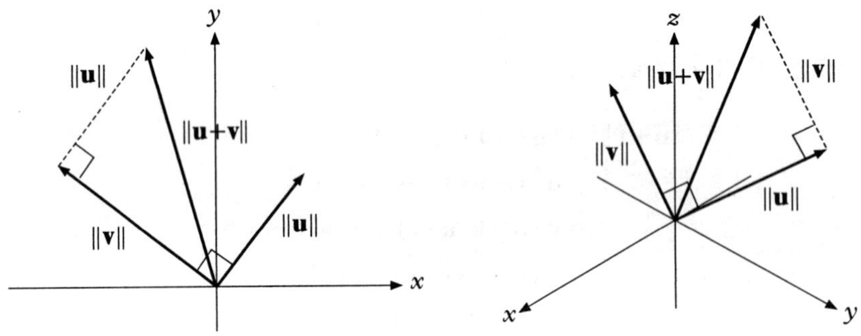

[그림 5.9]

내적과 행렬곱

R^n에서의 벡터 $\mathbf{u}=(u_1,\ u_2,\ \cdots,\ u_n)$를 $n\times 1$행렬로 생각하면 유용할 때가 있다. 두 벡터

$$\mathbf{u}=\begin{bmatrix} u_1 \\ u_2 \\ \vdots \\ u_n \end{bmatrix} \text{와} \quad \mathbf{v}=\begin{bmatrix} v_1 \\ v_2 \\ \vdots \\ v_n \end{bmatrix}$$

의 내적은 $\mathbf{u}$의 전치행렬과 $\mathbf{v}$와의 곱(행렬곱)으로 표현할 수 있다.

$$\mathbf{u}\cdot\mathbf{v}=\mathbf{u}^T\mathbf{v}=(u_1\ u_2\ \cdots\ u_n)\begin{bmatrix} v_1 \\ v_2 \\ \vdots \\ v_n \end{bmatrix}=(u_1v_1+u_2v_2+\cdots+u_nv_n)$$

예를 들어, 두 벡터 $\mathbf{u}=\begin{bmatrix} 1 \\ 2 \\ -1 \end{bmatrix}$와 $\mathbf{v}=\begin{bmatrix} 3 \\ -2 \\ 4 \end{bmatrix}$의 내적은

$$\mathbf{u}\cdot\mathbf{v}=\mathbf{u}^T\mathbf{v}=(1\ 2\ -1)\begin{bmatrix} 3 \\ -2 \\ 4 \end{bmatrix}=((1)(3)+(2)(-2)+(-1)(4))=-5$$

이런 면에서 내적의 성질들의 대부분은 행렬곱의 성질에서 직접 유도되는 결과로 생각할 수 있다.

연습문제 5.1(R^n에서의 길이와 내적)

1-6번의 벡터의 길이를 구하라.

1. $\mathbf{v}=(4,\ 3)$

2. $\mathbf{v}=(0,\ 1)$

3. $\mathbf{v}=(1,\ 2,\ 2)$

4. $\mathbf{v}=(2,\ 0,\ 6)$

5. $\mathbf{v}=(2,\ 0,\ -5,\ 5)$

6. $\mathbf{v}=(2,\ -4,\ 5,\ -1,\ 1)$

7-10번의 (a) $\|\mathbf{u}\|$ (b) $\|\mathbf{v}\|$ (c) $\|\mathbf{u}+\mathbf{v}\|$를 구하라.

7. $\mathbf{u}=(0,\ 4,\ 3)$, $\mathbf{v}=(1,\ -2,\ 1)$

8. $\mathbf{u}=\left(0,\ \frac{1}{2}\right)$, $\mathbf{v}=\left(2,\ -\frac{1}{2}\right)$

9. $\mathbf{u}=(0,\ 1,\ -1,\ 2)$, $\mathbf{v}=(1,\ 1,\ 3,\ 0)$

10. $\mathbf{u}=(1,\ 0,\ 0,\ 0)$, $\mathbf{v}=(0,\ 1,\ 0,\ 0)$

11-14번의 (a) $\mathbf{u}$ 방향으로의, (b) $\mathbf{u}$ 반대 방향으로의 단위벡터를 구하라.

11. $\mathbf{u}=(-5,\ 12)$

12. $\mathbf{u}=(1,\ -1)$

13. $\mathbf{u}=(3,\ 2,\ -5)$

14. $\mathbf{u}=(1,\ 0,\ 2,\ 2)$

15-16번의 c의 값을 구하라.

15. $\|c(1,\ 2,\ 3)\|=1$?

16. $\|c(2,\ 2,\ -1)\|=3$?

17-20번의 $\mathbf{u}$와 같은 방향의 벡터 $\mathbf{v}$를 구하라.

17. $\|\mathbf{v}\|=4$, $\mathbf{u}=(1, 1)$

18. $\|\mathbf{v}\|=4$, $\mathbf{u}=(-1, 1)$

19. $\|\mathbf{v}\|=2$, $\mathbf{u}=(\sqrt{3}, 3, 0)$

20. $\|\mathbf{v}\|=3$, $\mathbf{u}=(0, 2, 1, -1)$

21. 벡터 $\mathbf{v}=(8, 8, 6)$에 대하여 다음을 만족하는 벡터 $\mathbf{u}$를 구하라.

(a) $\mathbf{u}$는 $\mathbf{v}$의 길이의 반이고 방향이 같다.

(b) $\mathbf{u}$는 $\mathbf{v}$의 길이의 1/4이고 방향은 반대이다.

22. 벡터 $\mathbf{v}=(-1, 3, 0, 4)$에 대하여 다음을 만족하는 벡터 $\mathbf{u}$를 구하라.

(a) $\mathbf{u}$는 $\mathbf{v}$의 길이의 반이고 방향이 같다.

(b) $\mathbf{u}$는 $\mathbf{v}$의 길이의 1/4이고 방향은 반대이다.

23-26번의 $\mathbf{u}$와 $\mathbf{v}$ 사이의 거리를 구하라.

23. $\mathbf{u}=(1, -1)$, $\mathbf{v}=(-1, 1)$

24. $\mathbf{u}=(3, 4)$, $\mathbf{v}=(7, 1)$

25. $\mathbf{u}=(1, 1, 2)$, $\mathbf{v}=(-1, 3, 0)$

26. $\mathbf{u}=(0, 1, 2, 3)$, $\mathbf{v}=(1, 0, 4, -1)$

27-30번의 (a) $\mathbf{u}\cdot\mathbf{v}$, (b) $\mathbf{u}\cdot\mathbf{u}$, (c) $\|\mathbf{u}\|^2$, (d) $(\mathbf{u}\cdot\mathbf{v})\mathbf{v}$, (e) $\mathbf{u}\cdot(5\mathbf{v})$를 구하라.

27. $\mathbf{u}=(3, 4)$, $\mathbf{v}=(2, -3)$

28. $\mathbf{u}=(-1, 1, -2)$, $\mathbf{v}=(1, -3, -2)$

29. $\mathbf{u}=(4, 0, -3, 5)$, $\mathbf{v}=(0, 2, 5, 4)$

30. $\mathbf{u}=(0, 4, 3, 4, 4)$, $\mathbf{v}=(6, 8, -3, 3, -5)$

31. $\mathbf{u}\cdot\mathbf{u}=4$, $\mathbf{u}\cdot\mathbf{v}=-5$일 때, $(\mathbf{u}+\mathbf{v})\cdot(2\mathbf{u}-\mathbf{v})$를 구하라.

32. $\mathbf{u}\cdot\mathbf{u}=8$, $\mathbf{u}\cdot\mathbf{v}=7$일 때, $(3\mathbf{u}-\mathbf{v})\cdot(\mathbf{u}-3\mathbf{v})$를 구하라.

33-44번의 (a) $\mathbf{u}$와 $\mathbf{v}$의 노름 (b) $\mathbf{v}$ 방향으로의 단위벡터 (c) $\mathbf{u}$ 반대 방향의 단위벡터 (d) $\mathbf{u}\cdot\mathbf{v}$ (e) $\mathbf{u}\cdot\mathbf{u}$ (f) $\mathbf{v}\cdot\mathbf{v}$를 구하라(소수 4째자리까지).

33. $\mathbf{u}=(5, -12)$, $\mathbf{v}=(-8, -15)$

34. $\mathbf{u}=(3, -4)$, $\mathbf{v}=(5, 12)$

35. $\mathbf{u}=(5, 12)$, $\mathbf{v}=(-12, 5)$

36. $\mathbf{u}=(3, -4)$, $\mathbf{v}=(4, 3)$

37. $\mathbf{u}=(10, -24)$, $\mathbf{v}=(-5, -12)$

38. $\mathbf{u}=(9, 12)$, $\mathbf{v}=(-7, 24)$

39. $\mathbf{u}=(0, 5, 12)$, $\mathbf{v}=(0, -5, -12)$

40. $\mathbf{u}=(3, 0, -4)$, $\mathbf{v}=(-3, -4, 0)$

41. $\mathbf{u}=(0, 2, 2, -1, 1, -2)$, $\mathbf{v}=(2, 0, 1, 1, 2, -2)$

42. $\mathbf{u}=(1, 2, 3, -2, -1, -3)$, $\mathbf{v}=(-1, 0, 2, 1, 2, -3)$

43. $\mathbf{u}=(-1, 1, 2, -1, 1, 1, -2, 1)$, $\mathbf{v}=(-1, 0, 1, 2, -2, 1, 1, -2)$

44. $\mathbf{u}=(3, -1, 2, 1, 0, 1, 2, -1)$, $\mathbf{v}=(1, 2, 0, -1, 2, -2, 1, 0)$

45-46번의 Cauchy-Schwartz 부등식을 확인하라.

45. $\mathbf{u}=(3, 4)$, $\mathbf{v}=(2, -3)$

46. $\mathbf{u}=(1, 1, -2)$, $\mathbf{v}=(1, -3, -2)$

47-52번의 두 벡터 사이의 각 θ를 구하라.

47. $\mathbf{u}=(3,\ 1),\ \mathbf{v}=(-2,\ 4)$

48. $\mathbf{u}=\left(\cos\frac{\pi}{6},\ \sin\frac{\pi}{6}\right),\ \mathbf{v}=\left(\cos\frac{3\pi}{4},\ \sin\frac{3\pi}{4}\right)$

49. $\mathbf{u}=(1,\ 1,\ 1),\ \mathbf{v}=(2,\ 1,\ -1)$

50. $\mathbf{u}=(2,\ 3,\ 1),\ \mathbf{v}=(-3,\ 2,\ 0)$

51. $\mathbf{u}=(0,\ 1,\ 0,\ 1),\ \mathbf{v}=(3,\ 3,\ 3,\ 3)$

52. $\mathbf{u}=(1,\ 3,\ -1,\ 2,\ 0),\ \mathbf{v}=(-1,\ 4,\ 5,\ -3,\ 2)$

53-58번의 $\mathbf{u}$에 수직인 모든 벡터 $\mathbf{v}$를 결정하라.

53. $\mathbf{u}=(0,\ 5)$

54. $\mathbf{u}=(2,\ 7)$

55. $\mathbf{u}=(-3,\ 2)$

56. $\mathbf{u}=(0,\ 0)$

57. $\mathbf{u}=(4,\ -1.\ 0)$

58. $\mathbf{u}=(0,\ 1,\ 0,\ 0,\ 0)$

59-64번의 $\mathbf{u}$와 $\mathbf{v}$가 수직인지 평행인지 또는 그렇지 않은지를 결정하라.

59. $\mathbf{u}=(2,\ 18),\ \mathbf{v}=\left(\frac{3}{2},\ -\frac{1}{6}\right)$

60. $\mathbf{u}=(4,\ 3),\ \mathbf{v}=\left(\frac{1}{2},\ -\frac{2}{3}\right)$

61. $\mathbf{u}=\left(-\frac{1}{3},\ \frac{2}{3}\right),\ \mathbf{v}=(2,\ -4)$

62. $\mathbf{u}=(0,\ 1,\ 6),\ \mathbf{v}=(1,\ -2,\ -1)$

63. $\mathbf{u}=(\cos\theta,\ \sin\theta,\ -1),\ \mathbf{v}=(\sin\theta,\ -\cos\theta,\ 0)$

64. $\mathbf{u}=\left(4,\ \frac{3}{2},\ -1,\ \frac{1}{2}\right),\ \mathbf{v}=\left(-2,\ -\frac{3}{4},\ \frac{1}{2},\ -\frac{1}{4}\right)$

65-68번의 $\mathbf{u}$와 $\mathbf{v}$가 수직인지 평행인지 또는 그렇지 않은지를 결정하라.

65. $\mathbf{u}=\left(-2,\ \frac{1}{2},\ -1,\ 3\right),\ \mathbf{v}=\left(\frac{3}{2},\ 1,\ -\frac{5}{2},\ 0\right)$

66. $\mathbf{u}=\left(-\frac{21}{2},\ \frac{43}{2},\ -12,\ \frac{3}{2}\right),\ \mathbf{v}=\left(0,\ 6,\ \frac{21}{2},\ -\frac{9}{2}\right)$

67. $\mathbf{u}=\left(-\frac{3}{4},\ \frac{3}{2},\ -\frac{9}{2},\ -6\right),\ \mathbf{v}=\left(\frac{3}{8},\ -\frac{3}{4},\ \frac{9}{8},\ 3\right)$

68. $\mathbf{u}=\left(-\frac{4}{3},\ \frac{8}{3},\ -4,\ -\frac{32}{3}\right),\ \mathbf{v}=\left(-\frac{16}{3},\ -2,\ \frac{4}{3},\ -\frac{2}{3}\right)$

참 또는 거짓? 69-70번의 주어진 명제가 참인지 거짓인지를 결정하라. 참이면 그 이유를 말하거나 교재에서 적당한 명제를 인용하라. 거짓이면 반례를 들거나 교재에서 적당한 명제를 인용하라.

69. (a) 벡터의 길이가 $\|\mathbf{v}\|=|v_1+v_2+\cdots+v_n|$으로 주어진다.

(b) 두 벡터 $\mathbf{u}$와 $\mathbf{v}$의 내적은 벡터 $\mathbf{u} \cdot \mathbf{v} = (u_1 v_1,\ u_2 v_2,\ \cdots,\ u_n v_n)$이다.

70. (a) $\mathbf{v}$는 R^n가 0이 아니면 단위벡터는 $\mathbf{u} = \mathbf{v}/|\mathbf{v}|$이다.

(b) $\mathbf{u} \cdot \mathbf{v} < 0$이면 $\mathbf{u}$와 $\mathbf{v}$ 사이의 θ는 예각이다.

서술 71~72번의 각 표현이 왜 의미가 없는지를 짧게 설명하라.

71. (a) $\|\mathbf{u} \cdot \mathbf{v}\|$ (b) $\mathbf{u} + (\mathbf{u} \cdot \mathbf{v})$

72. (a) $(\mathbf{u} \cdot \mathbf{v}) \cdot \mathbf{u}$ (b) $c \cdot (\mathbf{u} \cdot \mathbf{v})$

73-74번의 삼각부등식이 성립함을 확인하라.

73. $\mathbf{u} = (4,\ 0)$, $\mathbf{v} = (1,\ 1)$

74. $\mathbf{u} = (1,\ 1,\ 1)$, $\mathbf{v} = (0,\ 1,\ -2)$

75-76번의 피타고라스 정리가 성립함을 확인하라.

75. $\mathbf{u} = (1,\ -1)$, $\mathbf{v} = (1,\ 1)$

76. $\mathbf{u} = (3,\ 4,\ -2)$, $\mathbf{v} = (4,\ -3,\ 0)$

77. **서술** 다음 경우에 두 벡터 사이의 각은 어떠한가?

(a) $\mathbf{u} \cdot \mathbf{v} = 0$ (b) $\mathbf{u} \cdot \mathbf{v} > 0$ (c) $\mathbf{u} \cdot \mathbf{v} < 0$?

78. $\mathbf{v} = (v_1,\ v_2)$일 때 $(v_2,\ -v_1)$은 $\mathbf{v}$에 수직임을 보여라. 이를 이용하여 (12, 5)에 수직인 두 벡터를 구하라.

79. 정육면체의 대각선과 한 변이 이루는 각의 크기를 구하라.

80. 정육면체의 대각선과 한 면이 이루는 각의 크기를 구하라.

81. $\mathbf{u}$, $\mathbf{v}$, $\mathbf{w}$가 R^n의 벡터일 때, $(\mathbf{u} + \mathbf{v}) \cdot \mathbf{w} = \mathbf{u} \cdot \mathbf{w} + \mathbf{v} \cdot \mathbf{w}$임을 증명하라.

82. **힌트**가 주어진 증명 벡터 $\mathbf{u}$가 벡터 $\mathbf{v}$와 $\mathbf{w}$에 수직이면 $\mathbf{u}$는 $c\mathbf{v} + d\mathbf{w}$($c$, d는 임의의 스칼라)에 수직임을 증명하라.

힌트 : (i) 정리 5.3의 성질 2와 3을 이용하여 $\mathbf{u}$와 $c\mathbf{v} + d\mathbf{w}$의 내적을 $(\mathbf{u} \cdot \mathbf{v})$와 $(\mathbf{u} \cdot \mathbf{w})$의 일차결합으로 나타내어라.

(ii) $\mathbf{u}$가 벡터 $\mathbf{v}$와 $\mathbf{w}$에 수직이고 (i)의 결과를 이용하여 $\mathbf{u}$는 $c\mathbf{v} + d\mathbf{w}$임을 증명하라.

83. $\mathbf{u}$, $\mathbf{v}$가 R^n의 벡터일 때 $\mathbf{u} \cdot \mathbf{v} = \frac{1}{4}\|\mathbf{u} + \mathbf{v}\|^2 - \frac{1}{4}\|\mathbf{u} - \mathbf{v}\|^2$임을 증명하라.

84. $\mathbf{u}$, $\mathbf{v}$가 R^n의 벡터일 때 $\|\mathbf{u} + \mathbf{v}\|^2 + \|\mathbf{u} - \mathbf{v}\|^2 = 2\|\mathbf{u}\|^2 + 2\|\mathbf{v}\|^2$임을 증명하라.

85. 벡터 $\mathbf{u} = (\cos\theta)\mathbf{i} - (\sin\theta)\mathbf{j}$와 $\mathbf{v} = (\sin\theta)\mathbf{i} + (\cos\theta)\mathbf{j}$는 임의의 θ에 대하여 서로 수직임을 증명하라. 그리고 $\theta = \frac{\pi}{3}$일 때 $\mathbf{u}$와 $\mathbf{v}$를 작도하라.

86. $\|\mathbf{u} + \mathbf{v}\| = \|\mathbf{u}\| + \|\mathbf{v}\|$일 필요충분조건은 $\mathbf{u}$와 $\mathbf{v}$가 같은 방향의 벡터임을 증명하라.

87. **서술** 벡터 $\mathbf{u} = (3240,\ 1450,\ 2235)$는 한 농부에 의하여 수확된 옥수수, 귀리, 밀의 부셀

(2말 남짓한 단위)의 수로 이루어졌다. 벡터 $\mathbf{v}=(2.22, 1.85, 3.25)$는 각 작물의 부셸당 가격(달러)을 나타낸다. 내적 $\mathbf{u}\cdot\mathbf{v}$를 구하고 이것은 무엇을 의미하는지 설명하라.

88. **서술** $\mathbf{x}$를 $m\times n$ 동차연립일차방정식 $A\mathbf{x}=\mathbf{0}$의 해라 하자. $\mathbf{x}$가 A의 열벡터에 수직인 이유를 설명하라.

89. 내적의 행렬곱 즉, $\mathbf{u}\cdot\mathbf{v}=\mathbf{u}^T\mathbf{v}$를 이용하여 정리 5.3의 처음 3가지 성질을 증명하라.

5.2 내적공간

5.1절에서 길이, 거리, 각의 개념들은 R^2에서 R^n으로 확장되었다. 이 절에서는 또 내적이라는 개념을 일반적인 벡터공간으로 확장하려 한다. 우리가 배운 R^n에서의 내적(유클리드내적이라 부른다.)은 R^n에서 정의될 수 있는 여러 가지 내적 중의 하나일 뿐이다. 이것을 구별하기 위하여 다음 기호를 사용한다.

$\mathbf{u}\cdot\mathbf{v}=$내적($R^n$에서의 유클리드 내적)

$\langle\mathbf{u}, \mathbf{v}\rangle=$벡터공간 V에서의 일반적인 내적

벡터공간이 추상적으로 정의되듯 내적도 추상적으로 정의된다. 즉, 내적은 두 벡터의 쌍에 하나의 실수를 대응시키는 함수이며, 한 공리계를 만족해야 한다. 그 공리계는 정리 5.3의 1, 2, 3, 5와 같은 내용이다.

내적의 정의

$\mathbf{u}$, $\mathbf{v}$, $\mathbf{w}$는 벡터공간 V의 벡터이고 c는 임의의 스칼라이다. V 위의 내적은 벡터 $\mathbf{u}$와 $\mathbf{v}$의 쌍에 한 실수 $\langle\mathbf{u}, \mathbf{v}\rangle$를 대응시키는 함수이며 다음 공리를 만족한다.

1. $\langle\mathbf{u}, \mathbf{v}\rangle=\langle\mathbf{v}, \mathbf{u}\rangle$
2. $\langle\mathbf{u}, \mathbf{v}+\mathbf{w}\rangle=\langle\mathbf{u}, \mathbf{v}\rangle+\langle\mathbf{u}, \mathbf{w}\rangle$
3. $c\langle\mathbf{u}, \mathbf{v}\rangle=\langle c\mathbf{u}, \mathbf{v}\rangle$
4. $\langle\mathbf{v}, \mathbf{v}\rangle\geq 0$이고 $\langle\mathbf{v}, \mathbf{v}\rangle=0 \Leftrightarrow \mathbf{v}=\mathbf{0}$

참고 내적이 정의되는 벡터공간을 **내적공간**이라 한다. 내적공간을 언급할 때 스칼라는 실수로 간주한다.

[예제 1] R^n에서의 유클리드 내적

R^n에서의 유클리드 내적은 내적의 4가지 공리를 만족함을 보여라.

풀이 R^n에서 두 벡터 $\mathbf{u}=(u_1, u_2, \cdots, u_n)$와 $\mathbf{v}=(v_1, v_2, \cdots, v_n)$의 유클리드 내적은

$$\mathbf{u}\cdot\mathbf{v}=u_1 v_1+u_2 v_2+\cdots+u_n v_n$$

이다. 정리 5.3에 의하여 이것은 요구된 4가지 공리를 만족함을 알고 있다. 따라서 유클리드 내적은 R^n에서 하나의 내적이다. ◀

R^n에서 정의되는 내적은 유클리드 내적만은 아니다. 예제 2에서는 또 다른 내적을 나타내고 있다. 한 함수가 내적임을 보이기 위하여는 4가지 내적공리가 만족되는지를 반드시 보여야 한다.

[예제 2] R^n에서의 또 다른 내적

R^2에서의 두 벡터 $\mathbf{u}=(u_1, u_2)$, $\mathbf{v}=(v_1, v_2)$에 대하여

$$\langle\mathbf{u}, \mathbf{v}\rangle=u_1 v_1+2u_2 v_2$$

로 정의되는 함수는 또 하나의 내적임을 보여라.

풀이 1. 실수의 곱은 가환적이기 때문에

$$\langle\mathbf{u}, \mathbf{v}\rangle=u_1 v_1+2u_2 v_2=v_1 u_1+2v_2 u_2=\langle\mathbf{v}, \mathbf{u}\rangle$$

2. $\mathbf{w}=(w_1, w_2)$에 대하여

$$\begin{aligned}\langle\mathbf{u}, \mathbf{v}+\mathbf{w}\rangle&=u_1(v_1+w_1)+2u_2(v_2+w_2)\\&=u_1 v_1+u_1 w_1+2u_2 v_2+2u_2 w_2\\&=(u_1 v_1+2u_2 v_2)+(u_1 w_1+2u_2 w_2)\\&=\langle\mathbf{u}, \mathbf{v}\rangle+\langle\mathbf{u}, \mathbf{w}\rangle\end{aligned}$$

3. 임의의 스칼라 c에 대하여

$$c\langle\mathbf{u}, \mathbf{v}\rangle=c(u_1 v_1+2u_2 v_2)=(c u_1)v_1+2(c u_2)v_2=\langle c\mathbf{u}, \mathbf{v}\rangle$$

4. 실수의 제곱은 음이 아니기 때문에

$$\langle\mathbf{v}, \mathbf{v}\rangle=v_1^2+2v_2^2\geq 0$$

더욱이 등호가 성립할 필요충분조건은 $\mathbf{v}=\mathbf{0}$(즉, $v_1=v_2=0$) ◀

예제 2를 확장하면

$$\langle \mathbf{u}, \mathbf{v} \rangle = c_1 u_1 v_1 + c_2 u_2 v_2 + \cdots + c_n u_n v_n, \; c_i > 0$$

은 R^n에서의 내적임을 알 수 있다. 이 때, 양수 $c_1, \cdots, c_n$을 **무게**라 한다. 음이거나 0인 c_i에 대하여 위 함수는 내적이 아니다.

[예제 3] 내적이 아닌 함수

R^3에서 두 벡터 $\mathbf{u} = (u_1, u_2, u_3)$, $\mathbf{v} = (v_1, v_2, v_3)$에 대하여

$$\langle \mathbf{u}, \mathbf{v} \rangle = u_1 v_1 - 2u_2 v_2 + u_3 v_3$$

로 정의되는 함수는 내적이 아님을 보여라.

풀이 공리 4가 만족되지 않음을 보이자. 예를 들어 $\mathbf{v} = (1, 2, 1)$이라 하면

$$\langle \mathbf{v}, \mathbf{v} \rangle = (1)(1) - 2(2)(2) + (1)(1) = -6 < 0$$ ◀

[예제 4] $M_{2,2}$에서의 내적

벡터공간 $M_{2,2}$의 두 행렬

$$A = \begin{bmatrix} a_{11} & a_{12} \\ a_{21} & a_{22} \end{bmatrix}, \quad B = \begin{bmatrix} b_{11} & b_{12} \\ b_{21} & b_{22} \end{bmatrix}$$

에 대하여

$$\langle A, B \rangle = a_{11} b_{11} + a_{12} b_{12} + a_{21} b_{21} + a_{22} b_{22}$$

로 정의되는 함수는 내적이다.

증명 생략 ■

[예제 5] 부정적분으로 정의된 내적

벡터공간 $C[a, b]$상의 연속인 두 실수치함수 f, g에 대하여

$$\langle f, g \rangle = \int_a^b f(x) g(x) dx$$

는 $C[a, b]$에서의 내적을 정의한다.

풀이 부정적분의 성질에 의하여 내적의 정의의 4부분을 증명할 수 있다.

1. $\langle f,\ g\rangle=\int_a^b f(x)g(x)dx=\int_a^b g(x)f(x)dx=\langle g,\ f\rangle$

2. $\langle f,\ g+h\rangle=\int_a^b f(x)[g(x)+h(x)]dx=\int_a^b [f(x)g(x)+f(x)h(x)]dx$

$$=\int_a^b f(x)g(x)dx+\int_a^b f(x)h(x)dx=\langle f,\ g\rangle+\langle f,\ h\rangle$$

3. $c\langle f,\ g\rangle=c\int_a^b f(x)g(x)dx=\int_a^b cf(x)g(x)dx=\langle cf,\ g\rangle$

4. $\langle f,\ f\rangle=\int_a^b [f(x)]^2dx\geq 0$

등호가 성립할 필요충분조건은 f가 영함수이거나 $a=b$이다. ◀

다음 정리는 내적이 갖는 몇 가지 기본적인 성질이다.

정리 5.7 내적의 성질

u, **v**, **w**는 벡터공간 V의 벡터이고 c는 스칼라일 때

1. $\langle \mathbf{0},\ \mathbf{v}\rangle=\langle \mathbf{v},\ \mathbf{0}\rangle=0$
2. $\langle \mathbf{u}+\mathbf{v},\ \mathbf{w}\rangle=\langle \mathbf{u},\ \mathbf{w}\rangle+\langle \mathbf{v},\ \mathbf{w}\rangle$
3. $\langle \mathbf{u},\ c\mathbf{v}\rangle=c\langle \mathbf{u},\ \mathbf{v}\rangle$

증명 1. $\langle \mathbf{0},\ \mathbf{v}\rangle=\langle 0\mathbf{v},\ \mathbf{v}\rangle=0\langle \mathbf{v},\ \mathbf{v}\rangle=0$

2. 3 연습문제 57과 58 참조 ■

일반적인 내적공간에서 노름(길이)과 거리의 정의는 유클리드공간에서의 정의와 같다. 특히, 일반적인 내적공간에서도 Cauchy-Schwarz 부등식

$$-1\leq\frac{\langle \mathbf{u},\ \mathbf{v}\rangle}{\|\mathbf{u}\|\|\mathbf{v}\|}\leq 1$$

이 성립(정리 5.8)하며 두 벡터 사이의 각도 앞에서 유클리드공간에서의 정의와 같다.

노름, 거리 및 각의 정의

u, **v**가 내적공간 V상의 벡터일 때

1. $\mathbf{u}$의 노름(또는 길이)은 $\|\mathbf{u}\| = \sqrt{\langle \mathbf{u}, \mathbf{u} \rangle}$
2. $\mathbf{u}$와 $\mathbf{v}$ 사이의 거리는 $d(\mathbf{u}, \mathbf{v}) = \|\mathbf{u} - \mathbf{v}\|$
3. $\mathbf{u}$와 $\mathbf{v}$ 사이의 각 θ는 다음으로 주어진다.

$$\cos\theta = \frac{\langle \mathbf{u}, \mathbf{v} \rangle}{\|\mathbf{u}\| \|\mathbf{v}\|}, \quad 0 \le \theta \le \pi$$

4. $\langle \mathbf{u}, \mathbf{v} \rangle = 0$이면 $\mathbf{v}$는 $\mathbf{u}$와 수직이다.

참고 내적공간 V에서 $\|\mathbf{v}\| = 1$인 벡터 $\mathbf{v}$를 **단위벡터**라 하고, 더욱이 $\mathbf{v}$가 $\mathbf{0}$이 아니면 $\mathbf{u} = \mathbf{v}/\|\mathbf{v}\|$를 $\mathbf{v}$ **방향의 단위벡터**라 한다.

[예제 6] 내적 구하기

벡터공간 P_n에서 다항식 $p = a_0 + a_1x + \cdots + a_nx^n$와 $q = b_0 + b_1x + \cdots + b_nx^n$에 대하여, 다음과 같이 주어진 함수는 한 내적이다.

$$\langle p, q \rangle = a_0b_0 + a_1b_1 + \cdots + a_nb_n$$

P_2에서의 다항식 $p(x) = 1 - 2x^2$, $q(x) = 4 - 2x + x^2$, $r(x) = x + 2x^2$에 대하여 다음을 구하라.

(a) $\langle p, q \rangle$ (b) $\langle q, r \rangle$ (c) $\|q\|$ (d) $d(p, q)$

풀이 (a) $\langle p, q \rangle = a_0b_0 + a_1b_1 + a_2b_2 = (1)(4) + (0)(-2) + (-2)(1) = 2$

(b) $\langle q, r \rangle = (4)(0) + (-2)(1) + (1)(2) = 0$($\text{벡터 } q$와 r는 서로 수직이다.)

(c) $\|q\| = \sqrt{\langle q, q \rangle} = \sqrt{4^2 + (-2)^2 + 1^2} = \sqrt{21}$

(d) $d(p, q) = \|p - q\| = \|(1 - 2x^2) - (4 - 2x + x^2)\|$
$= \|-3 + 2x - 3x^2\| = \sqrt{(-3)^2 + 2^2 + (-3)^2} = \sqrt{22}$ ◀

수직성은 내적의 정의에 따라 달라진다. 즉, 두 벡터는 한 내적에 따라서는 수직이 될 수 있지만 다른 내적에 대해서는 수직이 아닐 수 있다. 예제 6에서 내적을 $\langle p, q \rangle = a_0b_0 + a_1b_1 + 2a_2b_2$로 정의하면 p와 q는 수직이 된다.

[예제 7] $C[0, 1]$ 위의 내적 이용하기

$C[0, 1]$ 위의 함수 $f(x) = x$, $g(x) = x^2$에 대하여 예제 5에서 정의된 내적을 이용하여 다음을 구하라.

(a) $\|f\|$ (b) $d(f, g)$

풀이 (a) $\|f\|^2=\langle f, f\rangle=\int_0^1 (x)(x)dx=\int_0^1 x^2dx=\left[\frac{x^3}{3}\right]_0^1=\frac{1}{3}$

그러므로 $\|f\|=\frac{1}{\sqrt{3}}$

(b) $$\begin{aligned}[d(f, g)]^2=\langle f-g, f-g\rangle&=\int_0^1 [f(x)-g(x)]^2dx\\ &=\int_0^1 [x-x^2]^2dx\\ &=\int_0^1 [x^2-2x^3+x^4]dx\\ &=\left[\frac{x^3}{3}-\frac{x^4}{2}+\frac{x^5}{5}\right]_0^1\\ &=\frac{1}{30}\end{aligned}$$

그러므로 $d(f, g)=\frac{1}{\sqrt{30}}$

기술적 관찰

많은 소프트웨어를 이용하면 정적분의 근사값을 구할 수 있다. 예를 들어 TI-86을 이용하여 calc메뉴에서 fnInt명령어를 사용하면 아래와 같이 7(b)의 결과를 얻을 수 있다.

```
√(fnInt((x-x²)²,x,0,1
))
        .182574185835
```

이 결과는 근사적으로 $0.182574\approx\frac{1}{\sqrt{30}}$이다.

예제 7에서 함수 $f(x)=x$와 $g(x)=x^2$ 사이의 거리는 $\frac{1}{\sqrt{30}}\approx0.183$이다. 그리고 함수 $g(x)=x^2$와 $h(x)=x^2+1$ 사이의 거리는 1이다. f와 g 사이의 거리가 g와 h 사이의 거리보다 가깝다고 느낄 것이다. 그러나 한 쌍의 벡터 사이의 거리와 다른 쌍의 벡터 사이의 거리를 단순 비교하는 것은 중요하지 않다(그림 5.10 참조).

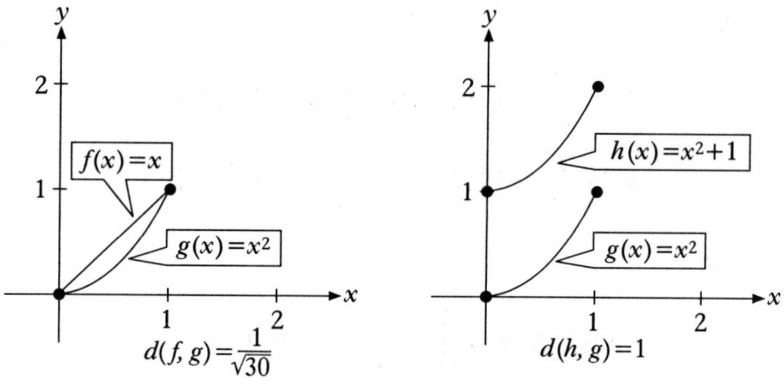

[그림 5.10]

앞 절에서 R^n에 대하여 열거했던 길이와 거리에 대한 성질들은 일반 내적공간에서도 성립한다. 예를 들어, 내적공간의 벡터 **u**, **v**에 대하여 다음이 성립한다.

노름의 성질	거리의 성질
1. $\|\mathbf{u}\| \geq 0$	1. $d(\mathbf{u}, \mathbf{v}) \geq 0$
2. $\|\mathbf{u}\| = 0 \Leftrightarrow \mathbf{u} = \mathbf{0}$	2. $d(\mathbf{u}, \mathbf{v}) = 0 \Leftrightarrow \mathbf{u} = \mathbf{v}$
3. $\|c\mathbf{u}\| = \lvert c \rvert \|\mathbf{u}\|$	3. $d(\mathbf{u}, \mathbf{v}) = d(\mathbf{v}, \mathbf{u})$

다음 정리 5.8은 일반 내적공간에서의 Cauchy-Schwarz부등식, 삼각부등식, 일반 피타고라스정리이다.

정리 5.8 **u**, **v**가 내적공간 V의 벡터일 때

1. Cauchy-Schwarz부등식 : $\lvert\langle \mathbf{u}, \mathbf{v} \rangle\rvert \leq \|\mathbf{u}\|\|\mathbf{v}\|$
2. 삼각부등식 : $\|\mathbf{u}+\mathbf{v}\| \leq \|\mathbf{u}\| + \|\mathbf{v}\|$
3. 피타고라스 정리 : **u**, **v**가 수직 $\Leftrightarrow$ $\|\mathbf{u}+\mathbf{v}\|^2 = \|\mathbf{u}\|^2 + \|\mathbf{v}\|^2$

증명은 정리 5.4~5.6에서 유클리드 내적 $\mathbf{u} \cdot \mathbf{v}$ 대신 $\langle \mathbf{u}, \mathbf{v} \rangle$를 대입하면 된다.

[예제 8] Cauchy-Schwarz부등식의 예

예제 5에서 정의된 내적을 가진 벡터공간 $C[0, 1]$에서 $f(x)=1$과 $g(x)=x$에 대하여 $\lvert\langle f, g \rangle\rvert \leq \|f\|\|g\|$임을 증명하라.

풀이 $\langle f, g \rangle = \int_0^1 f(x)g(x)dx = \int_0^1 x dx = \left[\frac{x^2}{2}\right]_0^1 = \frac{1}{2}$

이고

$$\|f\|^2=\int_0^1 f(x)f(x)dx=\int_0^1 dx=\left[x\right]_0^1=1$$

$$\|g\|^2=\int_0^1 g(x)g(x)dx=\int_0^1 x^2dx=\left[\frac{x^3}{3}\right]_0^1=\frac{1}{3}$$

이므로

$$\|f\|\|g\|=\sqrt{(1)\left(\frac{1}{3}\right)}=\frac{1}{\sqrt{3}}\approx 0.577$$

따라서 $|\langle f,\ g\rangle|\le\|f\|\|g\|$ ◀

내적공간에서의 정사영

평면에서 두 벡터 $\mathbf{u}$, $\mathbf{v}$가 주어질 때 $\mathbf{v}$가 영이 아니면 $\mathbf{u}$를 $\mathbf{v}$ 위로 정사영을 내릴 수 있다(그림 5.11 참조). 이 정사영을 $\text{proj}_{\mathbf{v}}\mathbf{u}$로 나타낸다. $\text{proj}_{\mathbf{v}}\mathbf{u}$는 $\mathbf{v}$의 스칼라배이므로

$$\text{proj}_{\mathbf{v}}\mathbf{u}=a\mathbf{v}$$

로 쓸 수 있다.

$a>0$이면 그림 5.11(a)에서 보듯이 $\cos\theta>0$이고 $\text{proj}_{\mathbf{v}}\mathbf{u}$의 길이는

$$\|a\mathbf{v}\|=|a|\,\|\mathbf{v}\|=a\|\mathbf{v}\|=\|\mathbf{u}\|\cos\theta=\frac{\|\mathbf{u}\|\|\mathbf{v}\|\cos\theta}{\|\mathbf{v}\|}=\frac{\mathbf{u}\cdot\mathbf{v}}{\|\mathbf{v}\|}$$

이므로 $a=(\mathbf{u}\cdot\mathbf{v})/\|\mathbf{v}\|^2=(\mathbf{u}\cdot\mathbf{v})/(\mathbf{v}\cdot\mathbf{v})$이다. 그러므로

$$\text{proj}_{\mathbf{v}}\mathbf{u}=\frac{\mathbf{u}\cdot\mathbf{v}}{\mathbf{v}\cdot\mathbf{v}}\mathbf{v}$$

$a<0$일 때도(그림 5.11(b) 참조) 마찬가지의 공식을 얻을 수 있다.

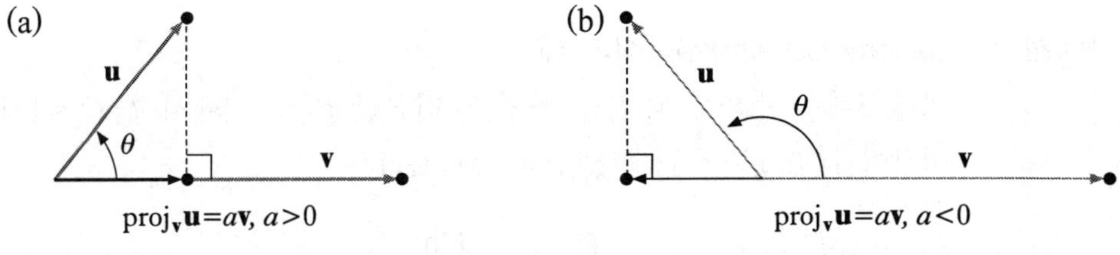

[그림 5.11]

[예제 9] 정사영 구하기

R^2에서 $\mathbf{u}=(4,\ 2)$를 $\mathbf{v}=(3,\ 4)$에 내린 정사영은 다음과 같다.

$$\mathrm{proj}_{\mathbf{v}}\mathbf{u}=\frac{\mathbf{u}\cdot\mathbf{v}}{\mathbf{v}\cdot\mathbf{v}}\mathbf{v}=\frac{(4,\ 2)\cdot(3,\ 4)}{(3,\ 4)\cdot(3,\ 4)}(3,\ 4)=\frac{20}{25}(3,\ 4)=\left(\frac{12}{5},\ \frac{16}{5}\right)$$

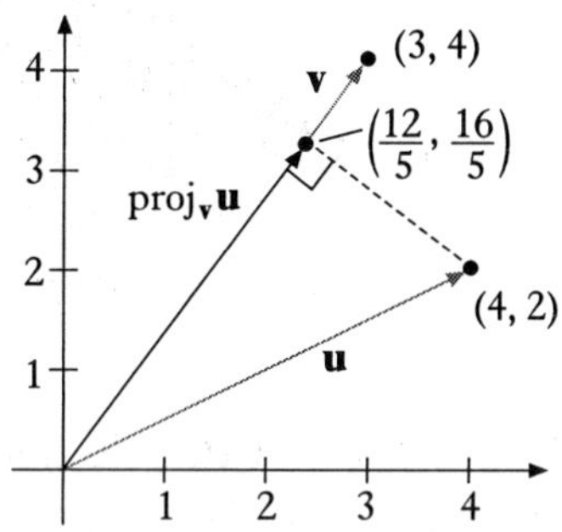

[그림 5.12] ◀

이러한 정사영의 개념은 다음과 같이 일반적인 내적공간으로 확장된다.

> **정사영의 정의**
>
> 내적공간 V에서 벡터 $\mathbf{u}$를 벡터 $\mathbf{v}(\neq 0)$에 내린 정사영은 다음과 같다.
>
> $$\mathrm{proj}_{\mathbf{v}}\mathbf{u}=\frac{\langle\mathbf{u}\cdot\mathbf{v}\rangle}{\langle\mathbf{v}\cdot\mathbf{v}\rangle}\mathbf{v}$$

참고 $\mathbf{v}$가 단위벡터이면 $\langle\mathbf{v},\ \mathbf{v}\rangle=\|\mathbf{v}\|^2=1$이므로 $\mathbf{u}$를 $\mathbf{v}$에 내린 정사영은 다음과 같이 간단하게 나타내어진다.

$$\mathrm{proj}_{\mathbf{v}}\mathbf{u}=\langle\mathbf{u},\ \mathbf{v}\rangle\mathbf{v}$$

[예제 10] R^n에서 정사영 구하기

R^3에서 유클리드 내적을 이용하여 벡터 $\mathbf{u}=(6,\ 2,\ 4)$를 벡터 $\mathbf{v}=(1,\ 2,\ 0)$에 내린 정사영을 구하라.

풀이 $\mathbf{u}\cdot\mathbf{v}=10$이고 $\|\mathbf{v}\|^2=\mathbf{v}\cdot\mathbf{v}=5$이므로

$$\mathrm{proj}_{\mathbf{v}}\mathbf{u}=\frac{\mathbf{u}\cdot\mathbf{v}}{\mathbf{v}\cdot\mathbf{v}}\mathbf{v}=\frac{10}{5}(1,\ 2,\ 0)=2(1,\ 2,\ 0)=(2,\ 4,\ 0)$$

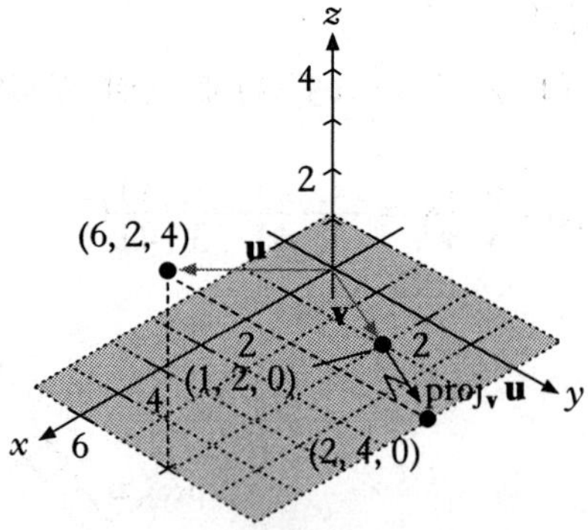

[그림 5.13]

참고 예제 10에서 벡터 $\mathbf{u}-\text{proj}_\mathbf{v}\mathbf{u}=(6, 2, 4)-(2, 4, 0)=(4, -2, 4)$는 $\mathbf{v}=(1, 2, 0)$와 수직이다. 이것은 일반적으로 성립한다. 즉, 내적공간에서 $\mathbf{u}$, $\mathbf{v}$가 영이 아니면 $\mathbf{u}-\text{proj}_\mathbf{v}\mathbf{u}$는 $\mathbf{v}$와 수직이다(연습문제 56).

정리 5.9는 정사영에 관한 중요한 성질을 나타내며 이는 근사치 문제 해결에 이용된다(5.4절 참조). 즉, $\mathbf{u}$와 $c\mathbf{v}$ 사이의 거리 중 가장 짧게 되는 벡터가 정사영인 것이다(그림 5.14 참조).

예를 들어, 예제 10에서 벡터 $\mathbf{u}=(6, 2, 4)$와 $\mathbf{v}=(1, 2, 0)$의 스칼라배 $c\mathbf{v}$ 사이의 거리 중 가장 짧은 것은 $\text{proj}_\mathbf{v}\mathbf{u}$이다(연습문제 62).

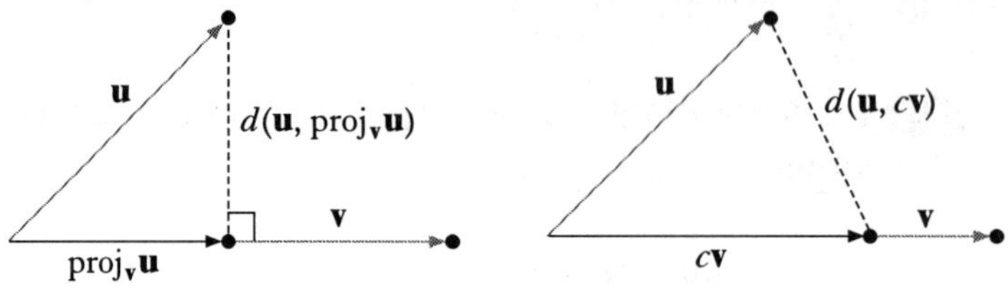

[그림 5.14]

정리 5.9 정사영과 거리

$\mathbf{u}$, $\mathbf{v}$는 내적공간 V의 벡터이고 $\mathbf{v}\neq\mathbf{0}$일 때

$$d(\mathbf{u}, \text{proj}_\mathbf{v}\mathbf{u}) < d(\mathbf{u}, c\mathbf{v}), \quad c\neq\frac{\langle\mathbf{u}, \mathbf{v}\rangle}{\langle\mathbf{v}, \mathbf{v}\rangle}$$

증명 $b = \langle \mathbf{u}, \mathbf{v} \rangle / \langle \mathbf{v}, \mathbf{v} \rangle$라 하자.

$$\|\mathbf{u} - c\mathbf{v}\|^2 = \|(\mathbf{u} - b\mathbf{v}) + (b - c)\mathbf{v}\|^2$$

이며, 이 때 $\mathbf{u} - b\mathbf{v}$와 $(b-c)\mathbf{v}$는 직교한다. 따라서

$$\langle (\mathbf{u} - b\mathbf{v}),\ (b - c)\mathbf{v} \rangle = 0$$

이며 피타고라스 정리에 의하여

$$\|(\mathbf{u} - b\mathbf{v}) + (b - c)\mathbf{v}\|^2 = \|\mathbf{u} - b\mathbf{v}\|^2 + \|(b - c)\mathbf{v}\|^2$$

이다. 따라서

$$\|\mathbf{u} - c\mathbf{v}\|^2 = \|\mathbf{u} - b\mathbf{v}\|^2 + (b - c)^2\|\mathbf{v}\|^2$$

$b \neq c$이고 $\mathbf{v} \neq \mathbf{0}$이므로 $(b-c)^2\|\mathbf{v}\|^2 > 0$이다. 그러므로

$$\|\mathbf{u} - b\mathbf{v}\|^2 < \|\mathbf{u} - c\mathbf{v}\|^2$$

이다. 즉, 다음이 성립한다.

$$d(\mathbf{u}, b\mathbf{v}) < d(\mathbf{u}, c\mathbf{v})$$ ■

다음 예제는 내적공간 $C[a, b]$에서의 정사영을 표현한 것이다.

[예제 11] $C[a, b]$에서의 정사영 구하기

$C[0, 1]$에서 $f(x) = 1$과 $g(x) = x$에 대하여 예제 5에서 정의된 내적을 이용하여 f를 g로 내린 정사영을 구하라.

풀이 예제 8에서 $\langle f, g \rangle = \frac{1}{2}$이고 $\|g\|^2 = \langle g, g \rangle = \frac{1}{3}$임을 알고 있다. 그러므로

$$\text{proj}_g f = \frac{\langle f, g \rangle}{\langle g, g \rangle} g = \frac{1/2}{1/3} x = \frac{3}{2} x$$

연습문제 5.2(내적공간)

1-8번의 R^n에서 정의된 내적에 대하여 (a) $\langle \mathbf{u}, \mathbf{v} \rangle$, (b) $\|\mathbf{u}\|$, (c) $\|\mathbf{v}\|$, (d) $d(\mathbf{u}, \mathbf{v})$를 구하라.

1. $\mathbf{u}=(3, 4)$, $\mathbf{v}=(5, -12)$, $\langle \mathbf{u}, \mathbf{v} \rangle=\mathbf{u}\cdot\mathbf{v}$

2. $\mathbf{u}=(1, 1)$, $\mathbf{v}=(7, 9)$, $\langle \mathbf{u}, \mathbf{v} \rangle=\mathbf{u}\cdot\mathbf{v}$

3. $\mathbf{u}=(-4, 3)$, $\mathbf{v}=(0, 5)$, $\langle \mathbf{u}, \mathbf{v} \rangle=3u_1v_1+u_2v_2$

4. $\mathbf{u}=(0, -6)$, $\mathbf{v}=(-1, 1)$, $\langle \mathbf{u}, \mathbf{v} \rangle=u_1v_1+2u_2v_2$

5. $\mathbf{u}=(0, 9, 4)$, $\mathbf{v}=(9, -2, -4)$, $\langle \mathbf{u}, \mathbf{v} \rangle=\mathbf{u}\cdot\mathbf{v}$

6. $\mathbf{u}=(8, 0, -8)$, $\mathbf{v}=(8, 3, 16)$, $\langle \mathbf{u}, \mathbf{v} \rangle=2u_1v_1+3u_2v_2+u_3v_3$

7. $\mathbf{u}=(1, 1, 1)$, $\mathbf{v}=(2, 5, 2)$, $\langle \mathbf{u}, \mathbf{v} \rangle=u_1v_1+2u_2v_2+u_3v_3$

8. $\mathbf{u}=(2, 0, 1, -1)$, $\mathbf{v}=(2, 2, 0, 1)$, $\langle \mathbf{u}, \mathbf{v} \rangle=\mathbf{u}\cdot\mathbf{v}$

해석학 9-12번의 f와 g는 $C[-1, 1]$의 함수이다. 내적이 $\langle f, g \rangle=\int_{-1}^{1} f(x)g(x)dx$와 같이 정의될 때 (a) $\langle f, g \rangle$, (b) $\|f\|$, (c) $\|g\|$를 구하라.

9. $f(x)=x^2$, $g(x)=x^2+1$

10. $f(x)=-x$, $g(x)=x^2-x+2$

11. $f(x)=x$, $g(x)=e^x$

12. $f(x)=1$, $g(x)=3x^2-1$

13-14번의 내적이 $\langle A, B \rangle=2a_{11}b_{11}+a_{12}b_{12}+a_{21}b_{21}+2a_{22}b_{22}$로 정의될 때 (a) $\langle A, B \rangle$, (b) $\|A\|$, (c) $\|B\|$, (d) $d(A, B)$를 구하라.

13. $A=\begin{bmatrix} -1 & 3 \\ 4 & -2 \end{bmatrix}$, $B=\begin{bmatrix} 0 & -2 \\ 1 & 1 \end{bmatrix}$

14. $A=\begin{bmatrix} 1 & 0 \\ 0 & 1 \end{bmatrix}$, $B=\begin{bmatrix} 0 & 1 \\ 1 & 0 \end{bmatrix}$

15-16번의 P_2에서의 다항식 p, q에 대하여 내적이 $\langle p, q \rangle=a_0b_0+a_1b_1+a_2b_2$로 정의될 때 (a) $\langle p, q \rangle$, (b) $\|p\|$, (c) $\|q\|$, (d) $d(p, q)$를 구하라.

15. $p(x)=1-x+3x^2$, $q(x)=x-x^2$

16. $p(x)=1+x^2$, $q(x)=1-x^2$

17-20번의 다음은 내적임을 증명하라.

17. 연습문제 3에서 주어진 $\langle \mathbf{u}, \mathbf{v} \rangle$

18. 연습문제 6에서 주어진 $\langle \mathbf{u}, \mathbf{v} \rangle$

19. 연습문제 13과 14에서 주어진 $\langle A, B \rangle$

20. 연습문제 15와 16에서 주어진 $\langle p, q \rangle$

서술 21-24번의 R^2의 벡터 $\mathbf{u}=(u_1, u_2)$, $\mathbf{v}=(v_1, v_2)$에 대하여 $\langle \mathbf{u}, \mathbf{v} \rangle$가 내적이 안 되는 이유를 설명하라.

21. $\langle \mathbf{u}, \mathbf{v} \rangle=u_1v_1$

22. $\langle \mathbf{u}, \mathbf{v} \rangle=u_1v_1-u_2v_2$

23. $\langle \mathbf{u}, \mathbf{v} \rangle = u_1^2 v_1^2 + u_2^2 v_2^2$

24. $\langle \mathbf{u}, \mathbf{v} \rangle = 3u_1 v_2 - u_2 v_1$

25-30번의 두 벡터 사이의 각을 구하라.

25. $\mathbf{u} = (3, 4)$, $\mathbf{v} = (5, -12)$, $\langle \mathbf{u}, \mathbf{v} \rangle = \mathbf{u} \cdot \mathbf{v}$

26. $\mathbf{u} = (-4, 3)$, $\mathbf{v} = (0, 5)$, $\langle \mathbf{u}, \mathbf{v} \rangle = 3u_1 v_1 + u_2 v_2$

27. $\mathbf{u} = (1, 1, 1)$, $\mathbf{v} = (2, -2, 2)$, $\langle \mathbf{u}, \mathbf{v} \rangle = u_1 v_1 + 2u_2 v_2 + u_3 v_3$

28. $p(x) = 1 - x + x^2$, $q(x) = 1 + x + x^2$, $\langle p, q \rangle = a_0 b_0 + a_1 b_1 + a_2 b_2$

29. **해석학** $f(x) = x$, $g(x) = x^2$

$$\langle f, g \rangle = \int_{-1}^{1} f(x) g(x) dx$$

30. **해석학** $f(x) = 1$, $g(x) = x^2$

$$\langle f, g \rangle = \int_{-1}^{1} f(x) g(x) dx$$

31-36번의 (a) Cauchy-Schwartz 부등식 (b) 삼각부등식을 증명하라.

31. $\mathbf{u} = (5, 12)$, $\mathbf{v} = (3, 4)$, $\langle \mathbf{u}, \mathbf{v} \rangle = \mathbf{u} \cdot \mathbf{v}$

32. $\mathbf{u} = (1, 0, 4)$, $\mathbf{v} = (-5, 4, 1)$, $\langle \mathbf{u}, \mathbf{v} \rangle = \mathbf{u} \cdot \mathbf{v}$

33. $p(x) = 2x$, $q(x) = 3x^2 + 1$, $\langle p, q \rangle = a_0 b_0 + a_1 b_1 + a_2 b_2$

34. $A = \begin{bmatrix} 0 & 3 \\ 2 & 1 \end{bmatrix}$, $B = \begin{bmatrix} -3 & 1 \\ 4 & 3 \end{bmatrix}$, $\langle A, B \rangle = a_{11} b_{11} + a_{12} b_{12} + a_{21} b_{21} + a_{22} b_{22}$

35. **해석학** $f(x) = \sin x$, $g(x) = \cos x$,

$$\langle f, g \rangle = \int_{-\pi}^{\pi} f(x) g(x) dx$$

36. **해석학** $f(x) = 1$, $g(x) = \cos \pi x$,

$$\langle f, g \rangle = \int_{0}^{2} f(x) g(x) dx$$

해석학 37-40번의 f와 g는 내적이 $\langle f, g \rangle = \int_a^b f(x) g(x) dx$로 정의되는 내적공간 $C[a, b]$에서 서로 수직임을 보여라.

37. $C[-\pi, \pi]$, $f(x) = \cos x$, $g(x) = \sin x$

38. $C[-1, 1]$, $f(x) = x$, $g(x) = \frac{1}{2}(3x^2 - 1)$

39. $C[-1, 1]$, $f(x) = x$, $g(x) = \frac{1}{2}(5x^3 - 3x)$

40. $C[0, \pi]$, $f(x) = 1$, $g(x) = \cos(2nx)$, $n = 1, 2, 3, \cdots$

41-42번의 (a) $\text{proj}_{\mathbf{v}}\mathbf{u}$, (b) $\text{proj}_{\mathbf{u}}\mathbf{v}$를 구하고 (c) 각 결과의 그래프를 그려라.

41. $\mathbf{u}=(1, 2)$, $\mathbf{v}=(2, 1)$

42. $\mathbf{u}=(-1, 3)$, $\mathbf{v}=(4, 4)$

43-44번의 (a) $\text{proj}_{\mathbf{v}}\mathbf{u}$, (b) $\text{proj}_{\mathbf{u}}\mathbf{v}$를 구하라.

43. $\mathbf{u}=(1, 3, -2)$, $\mathbf{v}=(0, -1, 1)$

44. $\mathbf{u}=(0, 1, 3, -6)$, $\mathbf{v}=(-1, 1, 2, 2)$

해석학 45-50번의 g 위로의 f의 직교정사영을 구하라. 단, $C[a, b]$에서의 내적은 $\langle f, g\rangle=\int_a^b f(x)g(x)dx$이다.

45. $C[-1, 1]$, $f(x)=x$, $g(x)=1$

46. $C[-1, 1]$, $f(x)=x^3-x$, $g(x)=2x-1$

47. $C[0, 1]$, $f(x)=x$, $g(x)=e^x$

48. $C[-\pi, \pi]$, $f(x)=\sin x$, $g(x)=\cos x$

49. $C[-\pi, \pi]$, $f(x)=1$, $g(x)=\sin 3x$

50. $C[-\pi, \pi]$, $f(x)=\sin 2x$, $g(x)=\sin 3x$

참 또는 거짓? 51-52번의 주어진 명제가 참인지 거짓인지를 결정하라. 참이면 그 이유를 말하거나 교재에서 적당한 명제를 인용하라. 거짓이면 반례를 들거나 교재에서 적당한 명제를 인용하라.

51. (a) $\mathbf{u}\cdot\mathbf{v}$는 R^n에서 정의될 수 있는 유일한 내적이다.

(b) 벡터 $\mathbf{v}$의 모든 가능한 스칼라배에 대하여 $\mathbf{v}$ 위로의 $\mathbf{u}$의 직교정사영은 $\mathbf{u}$에 가장 가까운 벡터이다.

52. (a) 벡터 $\mathbf{u}$의 노름은 $\mathbf{u}$와 양의 x-축 사이의 각으로 정의된다.

(b) 벡터 $\mathbf{v}$와 $\mathbf{v}$ 위로의 $\mathbf{u}$의 직교정사영 사이의 각은 $a<0$이면 둔각이고 $a>0$이면 예각이다. 단, $a\mathbf{v}=\text{proj}_{\mathbf{v}}\mathbf{u}$이다.

53. 내적이 $\langle \mathbf{u}, \mathbf{v}\rangle=u_1v_1+2u_2v_2$로 정의되는 R^2의 두 벡터 $\mathbf{u}=(4, 2)$, $\mathbf{v}=(2, -2)$에 대하여

(a) $\mathbf{u}$와 $\mathbf{v}$는 수직임을 보여라.

(b) $\mathbf{u}$와 $\mathbf{v}$를 그려라. 보통 유클리드 개념으로 수직인가?

54. 내적공간 V의 임의의 벡터 $\mathbf{u}$, $\mathbf{v}$에 대하여 다음을 증명하라.

$\|\mathbf{u}+\mathbf{v}\|^2+\|\mathbf{u}-\mathbf{v}\|^2=2\|\mathbf{u}\|^2+2\|\mathbf{v}\|^2$

55. 다음 함수는 R^n에 대한 내적임을 증명하라.

$\langle \mathbf{u}, \mathbf{v}\rangle=c_1u_1v_1+c_2u_2v_2+\cdots+c_nu_nv_n,\ c_i>0$

56. 내적공간 V에서 $\mathbf{u}$와 $\mathbf{v}$가 0이 아닌 벡터일 때 $\mathbf{u}-\text{proj}_{\mathbf{v}}\mathbf{u}$는 $\mathbf{v}$에 수직임을 증명하라.

57. 정리 5.7의 성질 2를 증명하라.

$\langle \mathbf{u}+\mathbf{v}, \mathbf{w}\rangle = \langle \mathbf{u}, \mathbf{w}\rangle + \langle \mathbf{v}, \mathbf{w}\rangle$

58. 정리 5.7의 성질 3을 증명하라.

$\langle \mathbf{u}, c\mathbf{v}\rangle = c\langle \mathbf{u}, \mathbf{v}\rangle$

59. 힌트가 주어진 증명 W가 내적공간 V의 부분공간일 때 $W^{\perp}$는 V의 부분공간임을 증명하라.

$W^{\perp} = \{\mathbf{v}\in V$: 모든 $\mathbf{w}\in W$에 대하여 $\langle \mathbf{v}, \mathbf{w}\rangle = 0\}$

(i) $W^{\perp}$에 속하는 한 벡터를 구하여 $W^{\perp}$는 공집합이 아님을 보인다.

(ii) $W^{\perp}$가 덧셈에 관하여 닫혀 있음을 보이기 위하여 모든 $\mathbf{w}\in W$와 임의의 $\mathbf{v}_1$, $\mathbf{v}_2\in W^{\perp}$에 대하여 $\langle \mathbf{v}_1+\mathbf{v}_2, \mathbf{w}\rangle = 0$임을 보일 필요가 있다. 내적의 성질과 $\langle \mathbf{v}_1, \mathbf{w}\rangle$와 $\langle \mathbf{v}_2, \mathbf{w}\rangle$가 둘 다 0임을 이용하여라.

(iii) 스칼라곱에 관하여 닫혀 있음을 보이기 위하여 (ii)와 비슷한 방법을 이용하여라. 내적의 성질과 $W^{\perp}$에 속할 조건을 이용하라.

60. W가 $V=R^3$의 벡터 (1, 2, 3)에 의하여 생성된 부분공간일 때 문제 59의 결과를 이용하여 $W^{\perp}$를 구하라.

61. 힌트가 주어진 증명 $\langle \mathbf{u}, \mathbf{v}\rangle$가 R^n에서의 유클리드 내적일 때 $\langle \mathbf{u}, \mathbf{v}\rangle = \mathbf{u}^T\mathbf{v}$임을 이용하여 다음을 증명하라. 임의의 $n\times n$행렬 A에 대하여

(a) $\langle A^T\mathbf{u}, \mathbf{v}\rangle = \langle \mathbf{u}, A\mathbf{v}\rangle$ (b) $\langle A^TA\mathbf{u}, \mathbf{u}\rangle = \|A\mathbf{u}\|^2$

(i) (a)에서는 $\langle \mathbf{u}, \mathbf{v}\rangle = \mathbf{u}^T\mathbf{v}$와 정리 2.6의 성질 4를 이용하라.

(ii) (b)에서는 $\langle \mathbf{u}, \mathbf{v}\rangle = \mathbf{u}^T\mathbf{v}$와 정리 2.6의 성질 4와 정리 5.3의 성질 4를 이용하라.

62. 예제 10에 있는 두 벡터 $\mathbf{u}=(6, 2, 4)$와 $\mathbf{v}=(1, 2, 0)$에 대하여 $\mathbf{v}$의 모든 스칼라배 $c\mathbf{v}$ 가운데서 $\mathbf{v}$ 위로의 $\mathbf{u}$의 정사영이 $\mathbf{u}$에 가장 가까운 벡터, 즉 $d(\mathbf{u}, \text{proj}_{\mathbf{v}}\mathbf{u})$가 최소임을 보여라.

5.3 정규직교기저 : Gram-Schmidt 직교화 과정

4.7절에서 벡터공간은 여러 가지 기저를 가질 수 있음을 배웠다. 이 절에서는 좀 더 편리한 기저를 이용하고자 한다. 예를 들어, R^3의 편리한 기저는 표준기저 $B=\{(1, 0, 0), (0, 1, 0), (0, 0, 1)\}$이고 이것이 유용하게 이용되는 특성 중 하나는 기저에 있는 세 벡터가 서로 수직이라는 것이다.

$$(1, 0, 0) \cdot (0, 1, 0) = 0$$
$$(1, 0, 0) \cdot (0, 0, 1) = 0$$
$$(0, 1, 0) \cdot (0, 0, 1) = 0$$

두 번째 중요한 특성은 각각 단위벡터인 것이다.

이 절에서는 이와 같이 서로 수직인 단위벡터로 이루어진 기저를 알아보고, 또한 일반적인 기저를 그러한 기저로 변환하는 소위 Gram-Schmidt 직교화과정에 대하여 알아본다.

직교집합과 정규직교집합의 정의

내적공간 V의 한 부분집합을 S라 하자. S의 임의의 두 쌍의 벡터가 직교하면 S를 **직교집합**이라 하고, 더욱이 S의 모든 벡터가 단위벡터이면 S를 **정규직교집합**이라 한다.

$S = \{\mathbf{v}_1, \mathbf{v}_2, \cdots, \mathbf{v}_n\}$에 대하여 위의 정의는 다음을 뜻한다.

직교집합	정규직교집합
1. $\langle \mathbf{v}_i, \mathbf{v}_j \rangle = 0,\ i \neq j$	1. $\langle \mathbf{v}_i, \mathbf{v}_j \rangle = 0,\ i \neq j$
	2. $\lvert \mathbf{v}_i \rvert = 1,\ i = 1, 2, \cdots, n$

특히, S가 기저이면 각각 **직교기저** 또는 **정규직교기저**라 한다. R^n에 대한 표준기저는 정규직교기저이고, 또 다른 정규직교기저도 있을 수 있다. 예를 들어 R^3에서 표준기저를 z-축에 관하여 회전시켜서 얻은 다음 집합도 정규직교기저이다 (그림 5.15 참조).

$$B = \{(\cos\theta, \sin\theta, 0), (-\sin\theta, \cos\theta, 0), (0, 0, 1)\}$$

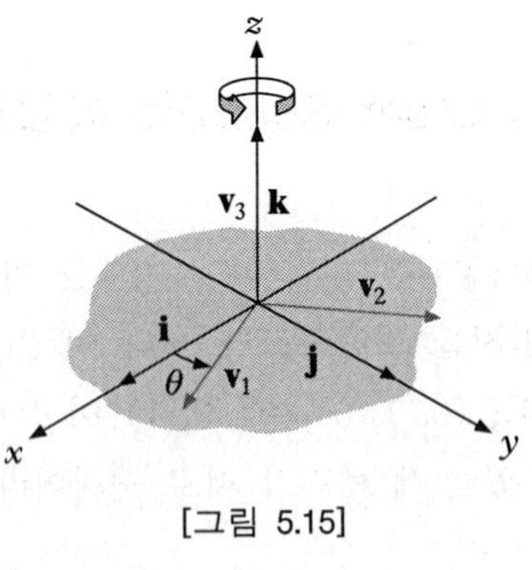

[그림 5.15]

B의 임의의 두 벡터의 내적은 0이며, 모두 단위벡터임을 각자 증명해 보라. 예제 1은 R^3의 또다른 정규기저를 나타낸다.

[예제 1] 다음 집합은 R^3에서의 정규직교기저임을 보여라.

$$S=\left\{\overset{\mathbf{v}_1}{\left(\frac{1}{\sqrt{2}}, \frac{1}{\sqrt{2}}, 0\right)}, \overset{\mathbf{v}_2}{\left(-\frac{\sqrt{2}}{6}, \frac{\sqrt{2}}{6}, \frac{2\sqrt{2}}{3}\right)}, \overset{\mathbf{v}_3}{\left(\frac{2}{3}, -\frac{2}{3}, \frac{1}{3}\right)}\right\}$$

풀이

$$\mathbf{v}_1\cdot\mathbf{v}_2=-\frac{1}{6}+\frac{1}{6}+0=0$$

$$\mathbf{v}_1\cdot\mathbf{v}_3=\frac{2}{3\sqrt{2}}-\frac{2}{3\sqrt{2}}+0=0$$

$$\mathbf{v}_2\cdot\mathbf{v}_3=-\frac{\sqrt{2}}{9}-\frac{\sqrt{2}}{9}+\frac{2\sqrt{2}}{9}=0$$

이므로 임의의 두 벡터는 직교한다. 그리고

$$\|\mathbf{v}_1\|=\sqrt{\mathbf{v}_1\cdot\mathbf{v}_1}=\sqrt{\frac{1}{2}+\frac{1}{2}+0}=1$$

$$\|\mathbf{v}_2\|=\sqrt{\mathbf{v}_2\cdot\mathbf{v}_2}=\sqrt{\frac{2}{36}+\frac{2}{36}+\frac{8}{9}}=1$$

$$\|\mathbf{v}_3\|=\sqrt{\mathbf{v}_3\cdot\mathbf{v}_3}=\sqrt{\frac{4}{9}+\frac{4}{9}+\frac{1}{9}}=1$$

이므로 모두 단위벡터이다. 따라서 S는 정규직교집합이다. 세 벡터들은 같은 평면에 없으므로(그림 5.16 참조) R^3를 생성한다. 따라서 S는 R^3의 표준기저가 아닌 정규직교기저이다.

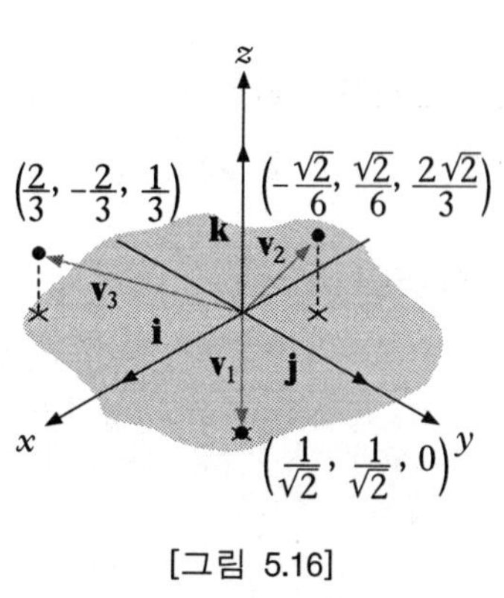

[그림 5.16]

◀

[예제 2] P_3에 대한 정규직교기저

P_3에서 내적이 $\langle p, q\rangle = a_0b_0 + a_1b_1 + a_2b_2 + a_3b_3$와 같이 정의될 때 표준기저 $B=\{1, x, x^2, x^3\}$는 정규직교기저이다. 증명은 연습문제로 남긴다(연습문제 11).

다음 예제에서의 직교집합은 연속함수들의 Fourier 근사치를 만들 때 이용된다.

[예제 3] $C[0, 2\pi]$에서의 직교집합

$C[0, 2\pi]$에서 내적이 $\langle f, g\rangle = \int_0^{2\pi} f(x)g(x)dx$와 같이 정의될 때, 집합

$$S=\{1, \sin x, \cos x, \sin 2x, \cos 2x, \cdots, \sin nx, \cos nx\}$$

는 직교집합임을 보여라.

풀이 S가 직교집합임을 보이기 위하여 다음 내적들을 보여야 한다. m, n이 양의 정수일 때

$$\langle 1, \sin nx\rangle = \int_0^{2\pi} \sin nx\, dx = 0$$

$$\langle 1, \cos nx\rangle = \int_0^{2\pi} \cos nx\, dx = 0$$

$$\langle \sin mx, \cos nx\rangle = \int_0^{2\pi} \sin mx \cos nx\, dx = 0$$

$$\langle \sin mx, \sin nx\rangle = \int_0^{2\pi} \sin mx \sin nx\, dx = 0,\ m \neq n$$

$$\langle \cos mx, \cos nx\rangle = \int_0^{2\pi} \cos mx \cos nx\, dx = 0,\ m \neq n$$

이 중에서 하나만 증명하고 나머지는 독자에게 맡긴다.

$m \neq n$이면 삼각함수의 곱을 합으로 고치는 공식에 의하여

$$\begin{aligned}\int_0^{2\pi} \sin mx \cos nx\, dx &= \frac{1}{2}\int_0^{2\pi} [\sin(m+n)x + \sin(m-n)x]dx \\ &= -\frac{1}{2}\left[\frac{\cos(m+n)x}{m+n} + \frac{\cos(m-n)}{m-n}\right]_0^{2\pi} \\ &= 0\end{aligned}$$

$m=n$이면

$$\int_0^{2\pi} \sin mx \cos mx \, dx = \frac{1}{2m}\left[\sin^2 mx\right]_0^{2\pi}$$
$$= 0$$ ◀

예제 3은 집합 S가 단지 직교집합일 뿐임을 보여준다. 이 집합을 정규화함으로써 S에 대한 정규직교집합을 만들 수 있다. 즉,

$$\|1\|^2 = \int_0^{2\pi} dx = 2\pi$$

$$\|\sin nx\|^2 = \int_0^{2\pi} \sin^2 nx \, dx = \pi$$

$$\|\cos nx\|^2 = \int_0^{2\pi} \cos^2 nx \, dx = \pi$$

그러므로 집합

$$\left\{\frac{1}{\sqrt{2\pi}}, \frac{1}{\sqrt{\pi}}\sin x, \frac{1}{\sqrt{\pi}}\cos x, \cdots, \frac{1}{\sqrt{\pi}}\sin nx, \frac{1}{\sqrt{\pi}}\cos nx\right\}$$

은 정규직교집합이다.

예제 1, 2, 3의 각 집합은 일차독립이다. 다음 정리에서 보듯이 일차독립은 영이 아닌 벡터들의 정규직교집합이 갖는 특성이다.

정리 5.10 정규직교집합의 일차독립성

$S = \{\mathbf{v}_1, \mathbf{v}_2, \cdots, \mathbf{v}_n\}$가 영이 아닌 벡터들의 정규직교집합이면 S는 일차독립이다.

증명 S의 벡터들에 대하여 방정식

$$c_1\mathbf{v}_1 + c_2\mathbf{v}_2 + \cdots + c_n\mathbf{v}_n = \mathbf{0}$$

이 성립한다고 하자. 위 방정식의 좌변의 벡터와 S의 벡터들과의 내적을 구해 보면

$$\langle (c_1\mathbf{v}_1 + c_2\mathbf{v}_2 + \cdots + c_i\mathbf{v}_i + \cdots + c_n\mathbf{v}_n), \mathbf{v}_i\rangle = \langle \mathbf{0}, \mathbf{v}_i\rangle$$

이므로

$$c_1\langle \mathbf{v}_1, \mathbf{v}_i\rangle + c_2\langle \mathbf{v}_2, \mathbf{v}_i\rangle + \cdots + c_i\langle \mathbf{v}_i, \mathbf{v}_i\rangle + \cdots + c_n\langle \mathbf{v}_n, \mathbf{v}_i\rangle = 0$$

이다. $j \neq i$일 때 $\langle \mathbf{v}_i, \mathbf{v}_j\rangle = 0$이므로

$$c_i\langle \mathbf{v}_i,\ \mathbf{v}_i\rangle=0$$

을 얻는다. 그런데 $\mathbf{v}_i$는 영벡터가 아니므로

$$\langle \mathbf{v}_i,\ \mathbf{v}_i\rangle=\|\mathbf{v}_i\|^2\neq 0$$

이다. 그러므로 $c_i=0$이어야 한다. 따라서 S는 일차독립이다. ■

정리 4.12와 5.10에 의하여 다음 결과를 얻는다.

따름정리
V가 n차원 내적공간이면 n개의 영이 아닌 벡터들의 임의의 직교집합은 V의 한 기저이다.

[예제 4] 직교성을 이용한 기저 확인하기
다음 집합은 R^4의 한 기저임을 보여라.

$$S=\{\overset{\mathbf{v}_1}{(2,\ 3,\ 2,\ -2)},\ \overset{\mathbf{v}_2}{(1,\ 0,\ 0,\ 1)},\ \overset{\mathbf{v}_3}{(-1,\ 0,\ 2,\ 1)},\ \overset{\mathbf{v}_4}{(-1,\ 2,\ -1,\ 1)}\}$$

풀이 S의 네 벡터들은 영이 아니다. 따라서 S가 직교집합임을 보이기만 하면 된다.

$$\begin{aligned}
\mathbf{v}_1\cdot\mathbf{v}_2&=2+0+0-2=0\\
\mathbf{v}_1\cdot\mathbf{v}_3&=-2+0+4-2=0\\
\mathbf{v}_1\cdot\mathbf{v}_4&=-2+6-2-2=0\\
\mathbf{v}_2\cdot\mathbf{v}_3&=-1+0+0+1=0\\
\mathbf{v}_2\cdot\mathbf{v}_4&=-1+0+0+1=0\\
\mathbf{v}_3\cdot\mathbf{v}_4&=1+0-2+1=0
\end{aligned}$$

이다.
따라서 집합 S는 기저이다. ◀

4.7절에서 표준기저가 아닌 기저에 관한 좌표 표현을 구하는 방법을 공부하였다. 직교기저에 관하여는 쉽게 구할 수 있다. R^2에서 간단한 예를 들어본다. 그림 5.17은 $\mathbf{i}=(1,\ 0)$, $\mathbf{j}=(0,\ 1)$가 R^2의 한 직교기저를 형성함을 보인다. 임의의 벡터 $\mathbf{w}$는 $\mathbf{w}=\mathbf{w}_1+\mathbf{w}_2$로 표현되고, 여기서 $\mathbf{w}_1=\text{proj}_{\mathbf{i}}\mathbf{w}$이고 $\mathbf{w}_2=\text{proj}_{\mathbf{j}}\mathbf{w}$이다. $\mathbf{i}$와 $\mathbf{j}$

는 단위벡터이므로 $\mathbf{w}_1=(\mathbf{w}\cdot\mathbf{i})\mathbf{i}$이고 $\mathbf{w}_2=(\mathbf{w}\cdot\mathbf{j})\mathbf{j}$이다. 결과적으로

$$\mathbf{w}=\mathbf{w}_1+\mathbf{w}_2=(\mathbf{w}\cdot\mathbf{i})\mathbf{i}+(\mathbf{w}\cdot\mathbf{j})\mathbf{j}=c_1\mathbf{i}+c_2\mathbf{j}$$

이고 계수 c_1과 c_2는 단순히 $\mathbf{w}$와 기저를 이루는 벡터들 과의 내적이다. 이 내용은 다음 정리와 같이 일반화된다.

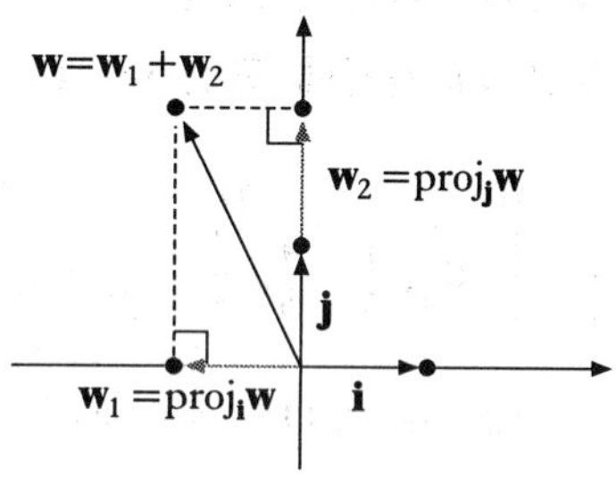

$\mathbf{w}=\mathbf{w}_1+\mathbf{w}_2=c_1\mathbf{i}+c_2\mathbf{j}$

[그림 5.17]

정리 5.11 정규직교기저에 관한 좌표

내적공간 V에서 $B=\{\mathbf{v}_1, \mathbf{v}_2, \cdots, \mathbf{v}_n\}$가 정규직교기저이면 벡터 $\mathbf{w}$의 B에 관한 좌표표현은

$$\mathbf{w}=(\mathbf{w}\cdot\mathbf{v}_1)\mathbf{v}_1+(\mathbf{w}\cdot\mathbf{v}_2)\mathbf{v}_2+\cdots+(\mathbf{w}\cdot\mathbf{v}_n)\mathbf{v}_n$$

이다.

증명 B는 기저이기 때문에 $\mathbf{w}$는 B의 벡터들의 일차결합

$$\mathbf{w}=c_1\mathbf{v}_1+c_2\mathbf{v}_2+\cdots+c_n\mathbf{v}_n$$

으로 유일하게 표현된다. 위 등식의 양변을 $\mathbf{v}_i$와 내적시키면

$$\begin{aligned}\langle\mathbf{w}, \mathbf{v}_i\rangle&=\langle(c_1\mathbf{v}_1+c_2\mathbf{v}_2+\cdots+c_n\mathbf{v}_n), \mathbf{v}_i\rangle\\&=c_1\langle\mathbf{v}_1, \mathbf{v}_i\rangle+c_2\langle\mathbf{v}_2, \mathbf{v}_i\rangle+\cdots+c_n\langle\mathbf{v}_n, \mathbf{v}_i\rangle\end{aligned}$$

이고, B의 직교성에 의하여 위 방정식은

$$\langle\mathbf{w}, \mathbf{v}_i\rangle=c_i\langle\mathbf{v}_i, \mathbf{v}_i\rangle$$

로 축소된다. 그리고 $\langle\mathbf{v}_i, \mathbf{v}_i\rangle=\|\mathbf{v}_i\|^2=1$이므로 $\langle\mathbf{w}, \mathbf{v}_i\rangle=c_i$이다. ■

정리 5.11에서 정규직교기저 B에 관한 $\mathbf{w}$의 좌표를(프랑스의 수학자 Jean-Baptiste Joseph Fourier(1768~1830)의 이름을 따서) B에 관한 $\mathbf{w}$의 **Fourier계수**라 한다. B에 관한 $\mathbf{w}$의 대응하는 좌표 행렬은 다음과 같다.

$$[\mathbf{w}]_B=[c_1\ c_2\ \cdots\ c_n]^T=[\langle \mathbf{w}, \mathbf{v}_1\rangle\ \langle \mathbf{w}, \mathbf{v}_2\rangle\ \cdots\ \langle \mathbf{w}, \mathbf{v}_n\rangle]^T$$

[예제 5] **정규직교기저에 관한 벡터의 표현**

R^3에서 다음 정규직교기저에 관한 $\mathbf{w}=(5, -5, 2)$의 좌표를 구하라.

$$B=\left\{\overset{\mathbf{v}_1}{\left(\frac{3}{5}, \frac{4}{5}, 0\right)}, \overset{\mathbf{v}_2}{\left(-\frac{4}{5}, \frac{3}{5}, 0\right)}, \overset{\mathbf{v}_3}{(0, 0, 1)}\right\}$$

풀이 B가 정규이기 때문에 정리 5.11을 사용하여 다음 좌표를 구할 수 있다.

$$\mathbf{w}\cdot\mathbf{v}_1=(5, -5, 2)\cdot\left(\frac{3}{5}, \frac{4}{5}, 0\right)=-1$$
$$\mathbf{w}\cdot\mathbf{v}_2=(5, -5, 2)\cdot\left(-\frac{4}{5}, \frac{3}{5}, 0\right)=-7$$
$$\mathbf{w}\cdot\mathbf{v}_3=(5, -5, 2)\cdot(0, 0, 1)=2$$

따라서 B에 관한 좌표 행렬은 다음과 같다.

$$[\mathbf{w}]_B=\begin{bmatrix}-1\\-7\\2\end{bmatrix}$$ ■

Gram-Schmidt 정규직교화 과정

앞에서 정규직교기저의 이점 중 하나(좌표 표현)를 공부하였는데 여기서는 정규직교기저를 구하는 과정을 공부하게 된다. 이 과정은 네덜란드 수학자 Jorgen Pederson Gram(1850~1916)과 독일 수학자 Erhardt Schmidt(1876~1959)의 이름을 따서 **gram-schmidt 정규직교화 과정**이라 부른다. 그것은 세 단계이다.

1. 내적공간의 한 기저에서 출발한다. 그 기저는 직교일 필요도 없고 정규직교일 필요도 없다.
2. 그 기저를 직교기저로 전환한다.
3. 다시 정규직교기저가 되도록 각 벡터를 정규화한다.

참고 Gram-Schmidt 정규직교화 과정은 2장에서 배웠던 LU-분해와 비슷한 행렬 분해를 유도한다. 여러분은 이 장 끝에 나오는 과정 1에서의 QR-**분해**를 예습하기 바란다.

정리 5.12 Gram-Schmidt 정규직교화 과정

1. $B=\{\mathbf{v}_1, \mathbf{v}_2, \cdots, \mathbf{v}_n\}$를 내적공간 V의 한 기저라 하자.
2. $B'=\{\mathbf{w}_1, \mathbf{w}_2, \cdots, \mathbf{w}_n\}$의 각 벡터가 다음과 같다고 하자.

$$\mathbf{w}_1=\mathbf{v}_1$$

$$\mathbf{w}_2=\mathbf{v}_2-\frac{\langle \mathbf{v}_2, \mathbf{w}_1\rangle}{\langle \mathbf{w}_1, \mathbf{w}_1\rangle}\mathbf{w}_1$$

$$\mathbf{w}_3=\mathbf{v}_3-\frac{\langle \mathbf{v}_3, \mathbf{w}_1\rangle}{\langle \mathbf{w}_1, \mathbf{w}_1\rangle}\mathbf{w}_1-\frac{\langle \mathbf{v}_3, \mathbf{w}_2\rangle}{\langle \mathbf{w}_2, \mathbf{w}_2\rangle}\mathbf{w}_2$$

$$\vdots$$

$$\mathbf{w}_n=\mathbf{v}_n-\frac{\langle \mathbf{v}_n, \mathbf{w}_1\rangle}{\langle \mathbf{w}_1, \mathbf{w}_1\rangle}\mathbf{w}_1-\frac{\langle \mathbf{v}_n, \mathbf{w}_2\rangle}{\langle \mathbf{w}_2, \mathbf{w}_2\rangle}\mathbf{w}_2-\cdots-\frac{\langle \mathbf{v}_n, \mathbf{w}_{n-1}\rangle}{\langle \mathbf{w}_{n-1}, \mathbf{w}_{n-1}\rangle}\mathbf{w}_{n-1}.$$

그러면 B'은 직교기저이다.

3. $\mathbf{u}_i=\dfrac{\mathbf{w}_i}{\|\mathbf{w}_i\|}$라 하면 $B''=\{\mathbf{u}_1, \mathbf{u}_2, \cdots, \mathbf{u}_n\}$은 정규직교기저이다. 더욱이 모든 $k=1, 2, \cdots, n$에 대하여 $\{\mathbf{v}_1, \mathbf{v}_2, \cdots, \mathbf{v}_k\}=\text{span}\{\mathbf{u}_1, \mathbf{u}_2, \cdots, \mathbf{u}_k\}$이다.

이 정리에 대한 직접적인 증명은 생략하고, 한 기하적 모델을 사용한 특별한 경우를 생각해 보자. 그림 5.18에서 $\{\mathbf{v}_1, \mathbf{v}_2\}$는 R^2의 한 기저이다. 정규기저를 만

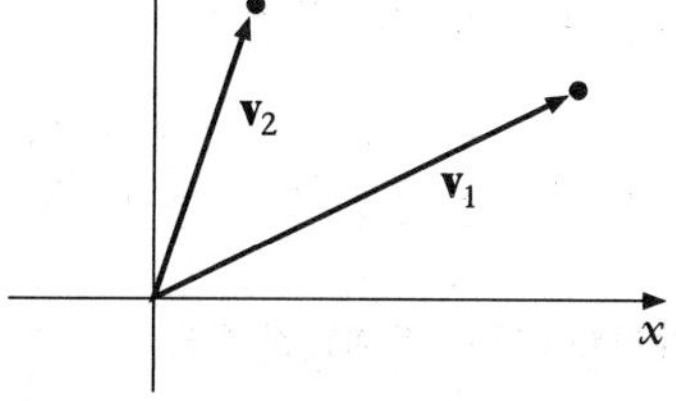

$\{\mathbf{v}_1, \mathbf{v}_2\}$는 R^2의 한 기저이다

[그림 5.18]

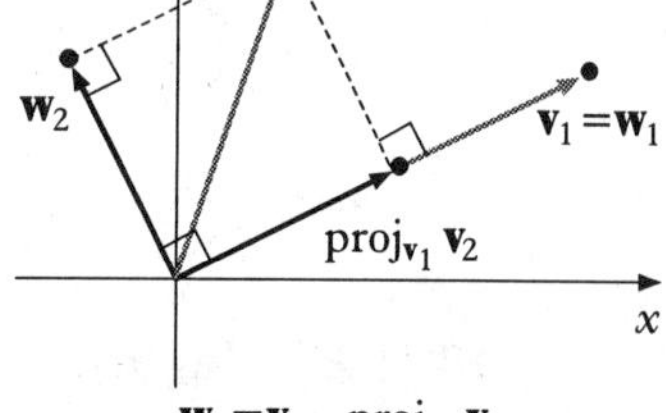

$\mathbf{w}_2=\mathbf{v}_2-\text{proj}_{\mathbf{v}_1}\mathbf{v}_2$ 는 $\mathbf{w}_1=\mathbf{v}_1$ 에 수직이다

[그림 5.19]

들기 위해 기준이 되는 한 벡터, 이를테면 $\mathbf{v}_1$을 택하자. $\mathbf{v}_1$에 수직인 제2의 벡터를 찾아야 한다. 그림 5.19는 $\mathbf{v}_2 - \text{proj}_{\mathbf{v}_1}\mathbf{v}_2$가 바로 구하는 벡터임을 보여준다.

따라서,

$$\mathbf{w}_1 = \mathbf{v}_1, \quad \mathbf{w}_2 = \mathbf{v}_2 - \text{proj}_{\mathbf{v}_1}\mathbf{v}_2 = \mathbf{v}_2 - \frac{\mathbf{v}_2 \cdot \mathbf{w}_1}{\mathbf{w}_1 \cdot \mathbf{w}_1}\mathbf{w}_1,$$

로 놓으면 $\{\mathbf{w}_1, \mathbf{w}_2\}$는 직교집합이다. 동시에 정리 5.10의 따름정리에 의하면 직교기저이다. 그리고 $\mathbf{w}_1$, $\mathbf{w}_2$를 정규화함으로서 다음 정규직교기저를 얻을 수 있다.

$$\{\mathbf{u}_1, \mathbf{u}_2\} = \left\{\frac{\mathbf{w}_1}{\|\mathbf{w}_1\|}, \frac{\mathbf{w}_2}{\|\mathbf{w}_2\|}\right\}$$

[예제 6] 정규직교화 과정의 응용

R^2에 대한 다음 기저를 정규직교화하여라.

$$B = \{\overset{\mathbf{v}_1}{(1, 1)}, \overset{\mathbf{v}_2}{(0, 1)}\}$$

풀이 기준 벡터를 $\mathbf{v}_1 = (1, 1)$로 택하면 Gram-schmidt 과정은 다음과 같다.

$$\begin{aligned}\mathbf{w}_1 &= \mathbf{v}_1 = (1, 1)\\ \mathbf{w}_2 &= \mathbf{v}_2 - \frac{\mathbf{v}_2 \cdot \mathbf{w}_1}{\mathbf{w}_1 \cdot \mathbf{w}_1}\mathbf{w}_1\\ &= (0, 1) - \frac{1}{2}(1, 1)\\ &= \left(-\frac{1}{2}, \frac{1}{2}\right).\end{aligned}$$

그러면 $B' = \{\mathbf{w}_1, \mathbf{w}_2\}$는 직교기저이다. 다시 $\mathbf{w}_1$, $\mathbf{w}_2$를 정규화하자.

$$\mathbf{u}_1 = \frac{\mathbf{w}_1}{\|\mathbf{w}_1\|} = \frac{1}{\sqrt{2}}(1, 1) = \frac{\sqrt{2}}{2}(1, 1) = \left(\frac{\sqrt{2}}{2}, \frac{\sqrt{2}}{2}\right)$$

$$\mathbf{u}_2 = \frac{\mathbf{w}_2}{\|\mathbf{w}_2\|} = \frac{1}{1/\sqrt{2}}\left(-\frac{1}{2}, \frac{1}{2}\right) = \sqrt{2}\left(-\frac{1}{2}, \frac{1}{2}\right) = \left(-\frac{\sqrt{2}}{2}, \frac{\sqrt{2}}{2}\right)$$

따라서 $B'' = \{\mathbf{u}_1, \mathbf{u}_2\}$는 정규직교기저이다(그림 5.20 참조).

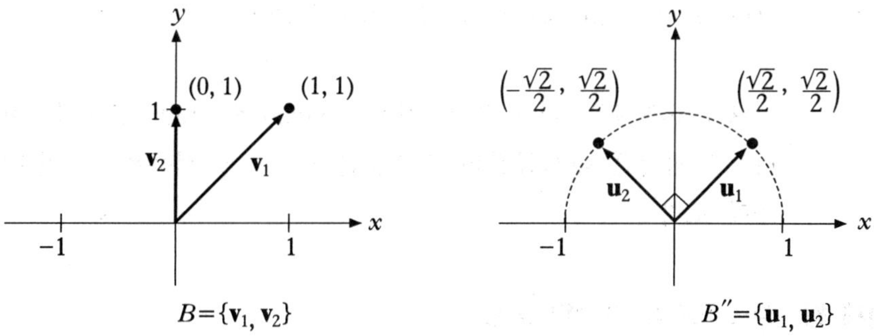

[그림 5.20] ■

참고 Gram-Schmidt 과정으로 얻어진 정규직교집합은 처음 기저에 주어진 벡터들의 순서에 따라 달라진다. 예제 6에서 기준 벡터를 $\mathbf{v}_2$로 잡고 계산하여 보라.

[예제 7] 정규화 과정의 응용

R^3에서의 다음 기저를 정규직교화하여라.

$$B=\{\underset{\mathbf{v}_1}{(1, 1, 0)}, \underset{\mathbf{v}_2}{(1, 2, 0)}, \underset{\mathbf{v}_3}{(0, 1, 2)}\}$$

풀이 B의 벡터를 차례대로 $\mathbf{v}_1$, $\mathbf{v}_2$, $\mathbf{v}_3$로 놓으면

$$\mathbf{w}_1=\mathbf{v}_1=(1, 1, 0)$$

$$\mathbf{w}_2=\mathbf{v}_2-\frac{\mathbf{v}_2\cdot\mathbf{w}_1}{\mathbf{w}_1\cdot\mathbf{w}_1}\mathbf{w}_1=(1, 2, 0)-\frac{3}{2}(1, 1, 0)=\left(-\frac{1}{2}, \frac{1}{2}, 0\right)$$

$$\begin{aligned}\mathbf{w}_3&=\mathbf{v}_3-\frac{\mathbf{v}_3\cdot\mathbf{w}_1}{\mathbf{w}_1\cdot\mathbf{w}_1}\mathbf{w}_1-\frac{\mathbf{v}_3\cdot\mathbf{w}_2}{\mathbf{w}_2\cdot\mathbf{w}_2}\mathbf{w}_2\\&=(0, 1, 2)-\frac{1}{2}(1, 1, 0)-\frac{1/2}{1/2}\left(-\frac{1}{2}, \frac{1}{2}, 0\right)\\&=(0, 0, 2).\end{aligned}$$

따라서 $B'=\{\mathbf{w}_1, \mathbf{w}_2, \mathbf{w}_3\}$는 직교기저이다. B'의 각 벡터를 정규화하면

$$\mathbf{u}_1=\frac{\mathbf{w}_1}{\|\mathbf{w}_1\|}=\frac{1}{\sqrt{2}}(1, 1, 0)=\left(\frac{\sqrt{2}}{2}, \frac{\sqrt{2}}{2}, 0\right)$$

$$\mathbf{u}_2=\frac{\mathbf{w}_2}{\|\mathbf{w}_2\|}=\frac{1}{1/\sqrt{2}}\left(-\frac{1}{2}, \frac{1}{2}, 0\right)=\left(-\frac{\sqrt{2}}{2}, \frac{\sqrt{2}}{2}, 0\right)$$

$$\mathbf{u}_3=\frac{\mathbf{w}_3}{\|\mathbf{w}_3\|}=\frac{1}{2}(0, 0, 2)=(0, 0, 1).$$

그러므로 $B''=\{\mathbf{u}_1, \mathbf{u}_2, \mathbf{u}_3\}$는 정규직교기저이다. ■

예제 6과 7은 R^2와 R^3의 기저에 Gram-Schmidt 정규직교화 과정을 적용하였다. 그 과정은 내적공간의 부분공간에서도 잘 적용될 수 있으며 다음 예제를 참조해 보자.

[예제 8] 정규직교화 과정의 응용

R^3에서 두 벡터 $\mathbf{v}_1=(0, 1, 0)$과 $\mathbf{v}_2=(1, 1, 1)$은 한 평면을 생성한다. 이 부분공간에 대한 정규직교기저를 구하라.

풀이 Gram-Schmidt 정규직교화 과정을 적용하자.

$$\mathbf{w}_1=\mathbf{v}_1=(0, 1, 0)$$

$$\mathbf{w}_2=\mathbf{v}_2-\frac{\mathbf{v}_2\cdot\mathbf{w}_1}{\mathbf{w}_1\cdot\mathbf{w}_1}\mathbf{w}_1=(1, 1, 1)-\frac{1}{1}(0, 1, 0)=(1, 0, 1)$$

$\mathbf{w}_1$과 $\mathbf{w}_2$를 정규화하면

$$\mathbf{u}_1=\frac{\mathbf{w}_1}{\|\mathbf{w}_1\|}=(0, 1, 0)$$

$$\mathbf{u}_2=\frac{\mathbf{w}_2}{\|\mathbf{w}_2\|}=\frac{1}{\sqrt{2}}(1, 0, 1)=\left(\frac{\sqrt{2}}{2}, 0, \frac{\sqrt{2}}{2}\right).$$

따라서 구하는 정규직교기저는 $\{\mathbf{u}_1, \mathbf{u}_2\}$이다.

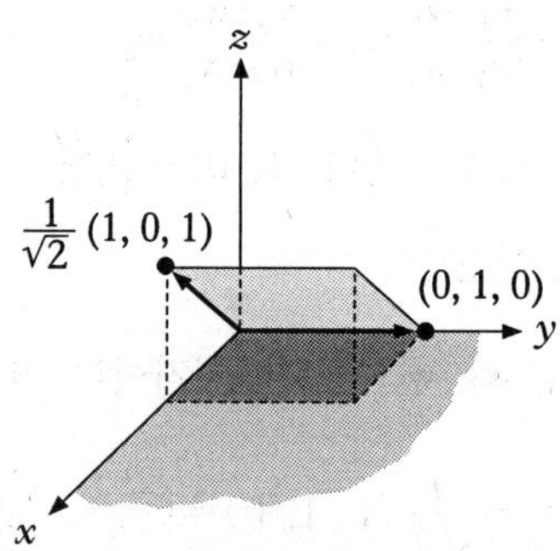

[그림 5.21] ■

[예제 9] 정규직교화 과정의 응용

P_2에서 내적

$$\langle p,\ q\rangle = \int_{-1}^{1} p(x)q(x)\,dx.$$

를 이용하여 기저 $B=\{1,\ x,\ x^2\}$를 정규직교화하여라.

풀이 $B=\{1,\ x,\ x^2\}=\{\mathbf{v}_1,\ \mathbf{v}_2,\ \mathbf{v}_3\}$라 하면

$$\begin{aligned}
\mathbf{w}_1 &= \mathbf{v}_1 = 1 \\
\mathbf{w}_2 &= \mathbf{v}_2 - \frac{\langle \mathbf{v}_2,\ \mathbf{w}_1\rangle}{\langle \mathbf{w}_1,\ \mathbf{w}_1\rangle}\mathbf{w}_1 \\
&= x - \frac{0}{2}(1) = x \\
\mathbf{w}_3 &= \mathbf{v}_3 - \frac{\langle \mathbf{v}_3,\ \mathbf{w}_1\rangle}{\langle \mathbf{w}_1,\ \mathbf{w}_1\rangle}\mathbf{w}_1 - \frac{\langle \mathbf{v}_3,\ \mathbf{w}_2\rangle}{\langle \mathbf{w}_2,\ \mathbf{w}_2\rangle}\mathbf{w}_2 \\
&= x^2 - \frac{2/3}{2}(1) - \frac{0}{2/3}(x) \\
&= x^2 - \frac{1}{3}.
\end{aligned}$$

(위의 자세한 내적 계산은 연습문제 33~36 참조)

이제 $B'=\{\mathbf{w}_1,\ \mathbf{w}_2,\ \mathbf{w}_3\}$를 정규화하면 다음과 같다.

$$\begin{aligned}
\mathbf{u}_1 &= \frac{\mathbf{w}_1}{\|\mathbf{w}_1\|} = \frac{1}{\sqrt{2}}(1) = \frac{1}{\sqrt{2}} \\
\mathbf{u}_2 &= \frac{\mathbf{w}_2}{\|\mathbf{w}_2\|} = \frac{1}{\sqrt{2/3}}(x) = \frac{\sqrt{3}}{\sqrt{2}}x \\
\mathbf{u}_3 &= \frac{\mathbf{w}_3}{\|\mathbf{w}_3\|} = \frac{1}{\sqrt{8/45}}\left(x^2 - \frac{1}{3}\right) = \frac{\sqrt{5}}{2\sqrt{2}}(3x^2-1).
\end{aligned}$$

■

참고 예제 9에서의 다항식 $\mathbf{u}_1,\ \mathbf{u}_2,\ \mathbf{u}_3$를 **정규화된 Legendre 다항식**이라 한다(Adrien-Marie Legendre(1752~1833)는 프랑스의 수학자).

정규직교화 과정에서의 계산은 $\mathbf{w}_i$를 먼저 정규화한 다음 그 다음 벡터 $\mathbf{w}_{i+1}$를 계산하여 나가면 편리할 때가 있다. 이 상대적인 Gram-Schmidt 정규직교화 과정의 단계는 다음과 같다.

$$\mathbf{u}_1 = \frac{\mathbf{w}_1}{\|\mathbf{w}_1\|} = \frac{\mathbf{v}_1}{\|\mathbf{v}_1\|}$$

$$\mathbf{u}_2=\frac{\mathbf{w}_2}{\|\mathbf{w}_2\|},\ \text{단 } \mathbf{w}_2=\mathbf{v}_2-\langle\mathbf{v}_2,\ \mathbf{u}_1\rangle\mathbf{u}_1$$

$$\mathbf{u}_3=\frac{\mathbf{w}_3}{\|\mathbf{w}_3\|},\ \text{단 } \mathbf{w}_3=\mathbf{v}_3-\langle\mathbf{v}_3,\ \mathbf{u}_1\rangle\mathbf{u}_1-\langle\mathbf{v}_3,\ \mathbf{u}_2\rangle\mathbf{u}_2$$

$$\vdots$$

$$\mathbf{u}_n=\frac{\mathbf{w}_n}{\|\mathbf{w}_n\|},\ \text{단 } \mathbf{w}_n=\mathbf{v}_n-\langle\mathbf{v}_n,\ \mathbf{u}_1\rangle\mathbf{u}_1-\cdots-\langle\mathbf{v}_n,\ \mathbf{u}_{n-1}\rangle\mathbf{u}_{n-1}$$

[예제 10] 제2의 Gram-Schmidt 정규직교화 과정

다음 연립일차방정식의 해공간에 대한 정규직교기저를 구하라.

$$\begin{aligned} x_1+x_2\qquad\ +7x_4&=0 \\ 2x_1+x_2+2x_3+6x_4&=0 \end{aligned}$$

풀이 확대계수행렬은 다음과 같이 변형된다.

$$\begin{bmatrix} 1 & 1 & 0 & 7 & 0 \\ 2 & 1 & 2 & 6 & 0 \end{bmatrix} \Rightarrow \begin{bmatrix} 1 & 0 & 2 & -1 & 0 \\ 0 & 1 & -2 & 8 & 0 \end{bmatrix}$$

$x_3=s,\ x_4=t$로 놓으면 연립방정식의 해는 다음과 같다.

$$\begin{bmatrix} x_1 \\ x_2 \\ x_3 \\ x_4 \end{bmatrix}=\begin{bmatrix} -2s+t \\ 2s-8t \\ s \\ t \end{bmatrix}=s\begin{bmatrix} -2 \\ 2 \\ 1 \\ 0 \end{bmatrix}+t\begin{bmatrix} 1 \\ -8 \\ 0 \\ 1 \end{bmatrix}.$$

그러므로 다음은 해공간에 대한 하나의 기저이다.

$$B=\{\mathbf{v}_1,\ \mathbf{v}_2\}=\{(-2,\ 2,\ 1,\ 0),\ (1,\ -8,\ 0,\ 1)\}$$

정규직교기저 $B'=\{\mathbf{u}_1,\ \mathbf{u}_2\}$를 구하기 위하여 다음과 같이 상대적 정규직교화 과정을 이용하자.

$$\begin{aligned} \mathbf{u}_1&=\frac{\mathbf{v}_1}{\|\mathbf{v}_1\|} \\ &=\frac{1}{3}(-2,\ 2,\ 1,\ 0) \\ &=\left(-\frac{2}{3},\ \frac{2}{3},\ \frac{1}{3},\ 0\right) \end{aligned}$$

$$\begin{aligned}\mathbf{w}_2&=\mathbf{v}_2-\langle\mathbf{v}_2,\ \mathbf{u}_1\rangle\mathbf{u}_1\\&=(1,\ -8,\ 0,\ 1)-\left[(1,\ -8,\ 0,\ 1)\cdot\left(-\frac{2}{3},\ \frac{2}{3},\ \frac{1}{3},\ 0\right)\right]\left(-\frac{2}{3},\ \frac{2}{3},\ \frac{1}{3},\ 0\right)\\&=(-3,\ -4,\ 2,\ 1)\end{aligned}$$

$$\begin{aligned}\mathbf{u}_2&=\frac{\mathbf{w}_2}{\|\mathbf{w}_2\|}\\&=\frac{1}{\sqrt{30}}(-3,\ -4,\ 2,\ 1)\\&=\left(-\frac{3}{\sqrt{30}},\ -\frac{4}{\sqrt{30}},\ \frac{2}{\sqrt{30}},\ \frac{1}{\sqrt{30}}\right)\end{aligned}$$

연습문제 5.3(정규직교기저)

1-10번의 R^n의 벡터들의 집합이 직교인지, 정규직교인지, 그렇지 않은지를 결정하라.

1. $\{(-4,\ 6),\ (5,\ 0)\}$

2. $\{(11,\ 4),\ (8,\ -3)\}$

3. $\left\{\left(\frac{3}{5},\ \frac{4}{5}\right),\ \left(-\frac{4}{5},\ \frac{3}{5}\right)\right\}$

4. $\left\{(1,\ 2),\ \left(-\frac{2}{5},\ \frac{1}{5}\right)\right\}$

5. $\{(4,\ -1,\ 1),\ (-1,\ 0,\ 4)\ (-4,\ -17,\ -1)\}$

6. $\left\{\left(\frac{\sqrt{2}}{2},\ 0,\ \frac{\sqrt{2}}{2}\right),\ \left(-\frac{\sqrt{6}}{6},\ \frac{\sqrt{6}}{3},\ \frac{\sqrt{6}}{6}\right),\ \left(\frac{\sqrt{3}}{3},\ \frac{\sqrt{3}}{3},\ -\frac{\sqrt{3}}{3}\right)\right\}$

7. $\left\{\left(\frac{\sqrt{2}}{3},\ 0,\ -\frac{\sqrt{2}}{6}\right),\ \left(0,\ \frac{2\sqrt{5}}{5},\ -\frac{\sqrt{5}}{5}\right),\ \left(\frac{\sqrt{5}}{5},\ 0,\ \frac{1}{2}\right)\right\}$

8. $\{(-6,\ 3,\ 2,\ 1),\ (2,\ 0,\ 6,\ 0)\}$

9. $\left\{\left(\frac{\sqrt{2}}{2},\ 0,\ 0,\ \frac{\sqrt{2}}{2}\right),\ \left(0,\ \frac{\sqrt{2}}{2},\ \frac{\sqrt{2}}{2},\ 0\right),\ \left(-\frac{1}{2},\ \frac{1}{2},\ -\frac{1}{2},\ \frac{1}{2}\right)\right\}$

10. $\left\{\left(\frac{\sqrt{10}}{10},\ 0,\ 0,\ \frac{3\sqrt{10}}{10}\right),\ (0,\ 0,\ 1,\ 0),\ (0,\ 1,\ 0,\ 0),\ \left(-\frac{3\sqrt{10}}{10},\ 0,\ 0,\ \frac{\sqrt{10}}{10}\right)\right\}$

11. $\{1,\ x,\ x^2,\ x^3\}$는 내적 $\langle p,\ q\rangle=a_0b_0+a_1b_1+a_2b_2+a_3b_3$을 가진 벡터공간 P_3의 정규직교기저임을 증명하라.

12. $\{(\sin\theta,\ \cos\theta),\ (\cos\theta,\ -\sin\theta)\}$는 R^2의 정규직교기저임을 증명하라.

13-18번의 R^n의 정규직교기저 B에 관한 $\mathbf{x}$의 좌표를 구하라.

13. $B=\left\{\left(-\frac{2\sqrt{13}}{13},\ \frac{3\sqrt{13}}{13}\right),\ \left(\frac{3\sqrt{13}}{13},\ \frac{2\sqrt{13}}{13}\right)\right\},\ \mathbf{x}=(1,\ 2)$

14. $B=\left\{\left(\frac{\sqrt{5}}{5}, \frac{2\sqrt{5}}{5}\right), \left(-\frac{2\sqrt{5}}{5}, \frac{\sqrt{5}}{5}\right)\right\}$, $\mathbf{x}=(-3, 4)$

15. $B=\left\{\left(\frac{\sqrt{10}}{10}, 0, \frac{3\sqrt{10}}{10}\right), (0, 1, 0), \left(-\frac{3\sqrt{10}}{10}, 0, \frac{\sqrt{10}}{10}\right)\right\}$, $\mathbf{x}=(2, -2, 1)$

16. $B=\{(1, 0, 0), (0, 1, 0), (0, 0, 1)\}$, $\mathbf{x}=(3, -5, 11)$

17. $B=\left\{\left(\frac{3}{5}, \frac{4}{5}, 0\right), \left(-\frac{4}{5}, \frac{3}{5}, 0\right), (0, 0, 1)\right\}$, $\mathbf{x}=(5, 10, 15)$

18. $B=\left\{\left(\frac{5}{13}, 0, \frac{12}{13}, 0\right), (0, 1, 0, 0), \left(-\frac{12}{13}, 0, \frac{5}{13}, 0\right), (0, 0, 0, 1)\right\}$,
$\mathbf{x}=(2, -1, 4, 3)$

19-26번의 Gram-schmidt 정규직교화 과정을 이용하여 주어진 R^n의 기저를 정규직교기저로 변환하라. 내적은 유클리드 내적이고 주어진 순서대로 구하라.

19. $B=\{(3, 4), (1, 0)\}$

20. $B=\{(0, 1), (2, 5)\}$

21. $B=\{(1, -2, 2), (2, 2, 1), (2, -1, -2)\}$

22. $B=\{(1, 0, 0), (1, 1, 1), (1, 1, -1)\}$

23. $B=\{(4, -3, 0), (1, 2, 0), (0, 0, 4)\}$

24. $B=\{(0, 1, 2), (2, 0, 0), (1, 1, 1)\}$

25. $B=\{(0, 1, 1), (1, 1, 0), (1, 0, 1)\}$

26. $B=\{(3, 4, 0, 0), (-1, 1, 0, 0), (2, 1, 0, -1), (0, 1, 1, 0)\}$

27-32번의 Gram-schmidt 정규직교화 과정을 이용하여 R^n의 한 부분공간에 대한 기저를 그 부분공간에 대한 정규직교기저로 변환하라. 내적은 유클리드 내적이고 주어진 순서대로 구하라.

27. $B=\{(-8, 3, 5)\}$

28. $B=\{(4, -7, 6)\}$

29. $B=\{(3, 4, 0), (1, 0, 0)\}$

30. $B=\{(1, 2, 0), (2, 0, -2)\}$

31. $B=\{(1, 2, -1, 0), (2, 2, 0, 1)\}$

32. $B=\{(7, 24, 0, 0), (0, 0, 1, 1), (0, 0, 1, -2)\}$

해석학 33-36번의 $B=\{1, x, x^2\}$는 내적이 $\langle p, q\rangle=\int_{-1}^{1} p(x)q(x)dx$로 정의된 벡터공간 P_2의 기저이다. 다음을 증명하라.

33. $\langle x, 1\rangle=0$

34. $\langle 1, 1\rangle=2$

35. $\langle x^2, 1\rangle=\frac{2}{3}$

36. $\langle x^2, x\rangle=0$

참 혹은 거짓? 38-39번의 다음 명제가 참인지 거짓인지를 말하여라. 참이면 이유를 설명하거나 교재에서 적당한 명제를 인용하여라. 거짓이면 반례를 들거나 교재에서 적당한 명제를 인용하라.

37. (a) 내적공간 V에 있는 벡터들의 한 집합 S가 그 안에 있는 각 쌍의 벡터들이 수직이면 S는 직교집합이다.

(b) 영이 아닌 벡터들의 집합이 R^n의 기저를 이룸을 증명하기 위하여 그 집합이 직교집합임을 보이기만 하면 된다.

(c) Gram-schmidt 정규직교화 과정으로 유도된 정규직교기저는 그 기저에 있는 벡터들의 순서에는 관계가 없다.

38. (a) 내적공간 V에 있는 벡터들의 한 집합 S의 모든 벡터들이 단위벡터이고 각 쌍이 수직이면 S는 정규직교집합이다.

(b) 내적공간 V에 있는 0이 아닌 벡터들의 집합 S가 직교집합이면 S는 일차독립이다.

(c) Gram-schmidt 정규직교화 과정은 내적공간 V에 대한 정규직교기저를 구하기 위한 과정이다.

39-42번의 동차연립일차방정식의 해공간에 대한 정규직교기저를 구하라.

39. $2x_1+\ x_2-6x_3+2x_4=0$

$x_1+2x_2-3x_3+4x_4=0$

$x_1+\ x_2-3x_3+2x_4=0$

40. $x_1+x_2-3x_3-2x_4=0$

$2x_1-x_2\qquad\quad -\ x_4=0$

$3x_1+x_2-5x_3-4x_4=0$

41. $x_1+x_2-\ x_3-\ x_4=0$

$2x_1+x_2-2x_3-2x_4=0$

42. $x+3y-3z=0$

43-48번의 $p(x)=a_0+a_1x+a_2x^2$와 $q(x)=b_0+b_1x+b_2x^2$는 내적이 $\langle p,\ q\rangle=a_0b_0+a_1b_1+a_2b_2$로 정의된 P_2의 벡터이다. 주어진 이차다항식들이 정규직교집합을 이루는지를 결정하고, 그렇지 않은 경우 Gram-Schmidt 정규직교화 과정을 이용하여 정규직교집합을 구하라.

43. $\left\{\dfrac{x^2+1}{\sqrt{2}},\ \dfrac{x^2+x-1}{\sqrt{3}}\right\}$

44. $\{\sqrt{2}(x^2-1),\ \sqrt{2}(x^2+x+2)\}$

45. $\{x^2,\ x^2+2x,\ x^2+2x+1\}$

46. $\{1,\ x,\ x^2\}$

47. $\{x^2-1,\ x-1\}$

48. $\left\{\dfrac{3x^2+4x}{5},\ \dfrac{-4x^2+3x}{5},\ 1\right\}$

49. R^2에서 내적 $\langle \mathbf{u}, \mathbf{v}\rangle = 2u_1v_1 + u_2v_2$와 Gram-Schmidt 정규직교화 과정을 이용하여 $\{(2, -1), (-2, 10)\}$을 정규직교기저로 변환하라.

50. **서술** 연습문제 49의 결과가 R^2 위에서 유클리드 내적인 경우에는 정규직교기저가 안 되는 이유를 말하여라.

51. $\{\mathbf{u}_1, \mathbf{u}_2, \cdots, \mathbf{u}_n\}$은 R^n의 정규직교기저이다. R^n의 임의 벡터 $\mathbf{v}$에 대하여

$\|\mathbf{v}\|^2 = |\mathbf{v}\cdot\mathbf{u}_1|^2 + |\mathbf{v}\cdot\mathbf{u}_2|^2 + \cdots + |\mathbf{v}\cdot\mathbf{u}_n|^2$

임을 증명하라. 이 방정식을 Pascal의 **등식**이라 한다.

52. **힌트가 주어진 증명** $\mathbf{w}$가 $S = \{\mathbf{v}_1, \mathbf{v}_2, \cdots, \mathbf{v}_n\}$에 있는 각 벡터와 수직이면 $\mathbf{w}$는 S의 모든 벡터들의 일차결합과 수직임을 증명하라.
   (i) $\mathbf{v}$를 S의 모든 벡터들의 일차결합으로 나타내어라.
   (ii) $\mathbf{w}$와 $\mathbf{v}$의 내적을 만들어라.
   (iii) 내적의 성질을 이용하여 내적 $\langle \mathbf{w}, \mathbf{v}\rangle$를 $\langle \mathbf{w}, \mathbf{v}_i\rangle$ $i=1, 2, \cdots, n$들의 일차결합으로 나타내어라.
   (iv) $\mathbf{w}$가 S의 모든 벡터들과 수직임을 이용하여 $\mathbf{w}$는 $\mathbf{v}$에 수직임을 보인다.

53. P는 $n\times n$행렬이다. 다음은 동치임을 증명하라.
   (a) $P^{-1} = P^T$(이러한 행렬을 **직교행렬**이라 한다.)
   (b) P의 행벡터들은 R^n의 정규직교기저를 이룬다.
   (c) P의 열벡터들은 R^n의 정규직교기저를 이룬다.

54. 다음 행렬을 이용하여 연습문제 53의 결과를 확인하여라.
   (a) $P = \begin{bmatrix} -1 & 0 & 0 \\ 0 & 0 & 1 \\ 0 & -1 & 0 \end{bmatrix}$
   (b) $P = \begin{bmatrix} 1/\sqrt{2} & 1/\sqrt{2} & 0 \\ 1/\sqrt{2} & -1/\sqrt{2} & 0 \\ 0 & 0 & 1 \end{bmatrix}$

55. 벡터 $\mathbf{v}_1 = \left(\dfrac{1}{\sqrt{2}}, 0, \dfrac{1}{\sqrt{2}}, 0\right)$과 $\mathbf{v}_2 = \left(0, -\dfrac{1}{\sqrt{2}}, 0, \dfrac{1}{\sqrt{2}}\right)$를 포함하는 R^4의 정규직교기저를 구하라.

56. W는 R^n의 부분공간이다. 다음 집합은 R^n의 부분공간임을 증명하라.

$W^{\perp} = \{\mathbf{v} : W$의 모든 벡터 $\mathbf{w}$에 대하여 $\mathbf{w}\cdot\mathbf{v} = 0\}$

그리고 W와 $W^{\perp}$의 공통부분은 0임을 증명하라.

57-60번의 행렬 $\boldsymbol{A}$의 다음 4가지 기본적인 부분공간에 대한 기저를 구하라.

$N(A)=A$의 퇴화공간 $\quad N(A^T)=A^T$의 퇴화공간

$R(A)=A$의 열공간 $\quad R(A^T)=A^T$의 열공간

그리고 $N(A)=R(A^T)^{\perp}$, $N(A^T)=R(A)^{\perp}$

57. $\begin{bmatrix} 1 & 1 & -1 \\ 0 & 2 & 1 \\ 1 & 3 & 0 \end{bmatrix}$

58. $\begin{bmatrix} 0 & 1 & -1 \\ 0 & -2 & 2 \\ 0 & -1 & 1 \end{bmatrix}$

59. $\begin{bmatrix} 1 & 0 & 1 \\ 1 & 1 & 1 \end{bmatrix}$

60. $\begin{bmatrix} 0 & 0 & 1 & 2 & 0 \\ 1 & -2 & 0 & 2 & 0 \\ -1 & 2 & 1 & 0 & 0 \\ 0 & 0 & 1 & 2 & 1 \end{bmatrix}$

61. A는 $n\times n$행렬이다.

(a) $R(A^T)$가 왜 A의 행공간과 같은지를 설명하라.

(b) $N(A)\subset R(A^T)^{\perp}$임을 증명하라.

(c) $N(A)=R(A^T)^{\perp}$임을 증명하라.

(d) $N(A^T)=R(A)^{\perp}$임을 증명하라.

5.4 수학적 모델과 최소제곱분석

이 절에서는 해를 갖지 않는 연립일차방정식이 주어질 때 가장 적합한 근사해를 구하는 방법을 알아본다. 그러한 방정식을 풀 필요성은 예제 1에서 보듯이 최소제곱회귀선의 계산에서 일어난다.

[예제 1] 최소제곱회귀선

그림 5.22에서와 같이 평면 위에 세 점 (1, 0), (2, 1), (3, 3)이 주어졌다. 이 세 점에 가장 가까운 직선 $y=c_0+c_1x$을 구하려 한다. 우선 세 점이 동일 직선 위에 있으면 다음 연립일차방정식은 해를 가지게 된다.

$$c_0+\ c_1=0$$

$$c_0+2c_1=1$$
$$c_0+3c_1=3$$

이 때

$$A=\begin{bmatrix}1 & 1\\ 1 & 2\\ 1 & 3\end{bmatrix},\quad \mathbf{b}=\begin{bmatrix}0\\ 1\\ 3\end{bmatrix},\quad \mathbf{x}=\begin{bmatrix}c_0\\ c_1\end{bmatrix}.$$

로 놓을 때 위 연립방정식은 행렬방정식 $A\mathbf{x}=\mathbf{b}$로 나타낼 수 있다.

그러나 세 점은 동일 직선 위의 점이 아니므로 이 연립방정식은 해가 없다. 즉, $A\mathbf{x}=\mathbf{b}$를 만족하는 $\mathbf{x}$를 구할 수는 없다. 하지만 오차 $A\mathbf{x}-\mathbf{b}$의 크기 $\|A\mathbf{x}-\mathbf{b}\|$가 최소가 되는 $\mathbf{x}$를 구할 수 있다. 이 최소화 문제의 해 $\mathbf{x}=\begin{bmatrix}c_0\\ c_1\end{bmatrix}$에 의한 직선 $y=c_0+c_1x$를 **최소제곱회귀선**이라 한다.

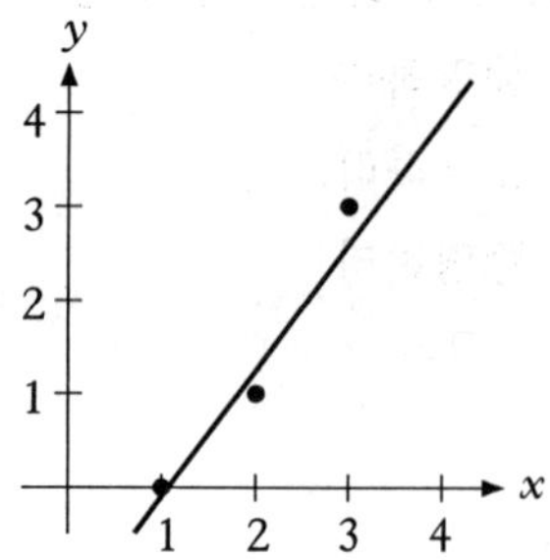

[그림 5.22]

이미 2.5절에서 최소제곱회귀선과 행렬을 이용하여 그것을 계산하는 방법 등을 간략하게 공부하였다. 여기서는 정규성과 정사영을 이용하여 좀 더 일반적인 개념으로 확장하려 한다. A는 $m\times n$행렬이고 $\mathbf{b}$는 R^m에서의 열벡터일 때 연립일차방정식 $A\mathbf{x}=\mathbf{b}$를 생각해 보자. 이 연립방정식이 해를 가지면 가우스소거법을 이용하여 $\mathbf{x}$를 구할 수 있다. 그러나 해를 갖지 않는 경우에는 최적합해(근사치), 즉 $A\mathbf{x}$와 $\mathbf{b}$와의 차가 가장 작은 해를 구할 필요가 있다. 결국 최적합해란 $A\mathbf{x}-\mathbf{b}$의 크기의 최소화를 요구한다. 이 정의가 **최소제곱문제**의 핵심이다.

최소제곱문제

$m \times n$행렬 A와 R^m의 벡터 $\mathbf{b}$가 주어질 때,

$$\|A\mathbf{x}-\mathbf{b}\|^2$$

이 최소가 되는 $\mathbf{x}$를 구하는 것을 **최소제곱문제**라 한다.

참고 $\|A\mathbf{x}-\mathbf{b}\|$를 최소화하는 것은 $\|A\mathbf{x}-\mathbf{b}\|^2$을 최소화하는 것과 같으므로 최소제곱이란 용어를 사용한다.

직교부분공간

최소제곱문제를 해결하려면 먼저 **직교부분공간**의 개념을 알아야 한다. R^n의 두 분공간에 대하여 한 공간의 벡터들이 다른 공간의 벡터들과 수직이면 두 부분공간은 서로 수직이라고 한다.

직교부분공간의 정의

S_1과 S_2가 R^n의 부분공간일 때, 임의의 $\mathbf{v}_1 \in S_1$과 임의의 $\mathbf{v}_2 \in S_2$에 대하여 $\mathbf{v}_1 \cdot \mathbf{v}_2 = 0$이면 S_1과 S_2는 **수직**이라 한다.

[예제 2] 직교부분공간

두 부분공간

$$S_1 = \text{span}\left(\begin{bmatrix}1\\0\\1\end{bmatrix}, \begin{bmatrix}1\\1\\0\end{bmatrix}\right) \quad \text{과} \quad S_2 = \text{span}\left(\begin{bmatrix}-1\\1\\1\end{bmatrix}\right)$$

는 S_1의 임의의 벡터와 S_2의 임의의 벡터의 내적은 0이므로 서로 수직이다. ■

예제 2에서 S_1과 S_2의 공통부분은 영벡터 뿐임을 유의하라. 일반적으로 S_1과 S_2가 R^n의 직교부분공간이면 두 공간의 공통부분은 영벡터 뿐이다(연습문제 3.5 참조). R^n의 한 부분공간 S에 대하여 S의 모든 벡터들과 수직이 되는 벡터들의 집합을 다음 정의에서와 같이 S의 **직교보공간**이라 한다.

직교보공간의 정의

S가 R^n의 부분공간일 때, 다음 집합

$$S^{\perp}=\{\mathbf{u}\in R^n \mid \text{임의의 } \mathbf{v}\in S\text{에 대하여 } \mathbf{v}\cdot\mathbf{u}=0\}$$

을 S의 **직교보공간**이라 한다.

자명한 부분공간 $\{\mathbf{0}\}$의 직교보공간은 R^n이고, 역으로 R^n의 직교보공간은 $\{\mathbf{0}\}$이다. 예제 2에서 S_1은 S_2의 직교보공간이고, S_2는 S_1의 직교보공간이다. 일반적으로 R^n의 한 부분공간의 직교보공간은 그 자체로 부분공간이 된다(연습문제 36 참조).

다음 예제에서 성명하듯이 한 행렬의 퇴화공간을 구함으로서 한 부분공간의 직교보공간을 구할 수 있다.

[예제 3] 직교보공간 구하기

다음 행렬 A의 두 열벡터 $\mathbf{v}_1$과 $\mathbf{v}_2$로 생성되는 R^4의 부분공간 S의 직교보공간을 구하라.

$$A=\begin{bmatrix}1 & 0\\ 2 & 0\\ 1 & 0\\ 0 & 1\end{bmatrix}$$
$$\quad\ \ \mathbf{v}_1 \quad \mathbf{v}_2$$

풀이 벡터 $\mathbf{u}\in R^n$가 $\mathbf{v}_1$ 및 $\mathbf{v}_2$와의 내적이 $\mathbf{0}$이면 $\mathbf{u}$는 직교보공간의 벡터이다. 그러므로 S의 직교보공간은 $A^T\mathbf{u}=\mathbf{0}$을 만족하는 모든 벡터 $\mathbf{u}$들로 구성된다.

$$A^T\mathbf{u}=\mathbf{0}$$

$$\begin{bmatrix}1 & 2 & 1 & 0\\ 0 & 0 & 0 & 1\end{bmatrix}\begin{bmatrix}x_1\\ x_2\\ x_3\\ x_4\end{bmatrix}=\begin{bmatrix}0\\ 0\end{bmatrix}$$

즉, S의 직교보공간은 행렬 A^T의 퇴화공간이다.

$$S^{\perp}=N(A^T)$$

연립방정식을 푸는 기법을 사용하여 직교보공간의 한 기저는 다음 벡터로 구성됨을 구할 수 있다.

$$\mathbf{u}_1=\begin{bmatrix}-2\\1\\0\\0\end{bmatrix},\quad \mathbf{u}_2=\begin{bmatrix}-1\\0\\1\\0\end{bmatrix}.$$ ■

예제 3에서 R^4는 두 부분공간 $S=\text{span}(\mathbf{v}_1,\ \mathbf{v}_2)$와 $S^{\perp}=\text{span}(\mathbf{u}_1,\ \mathbf{u}_2)$로 분리됨을 유의하라. 실제로, 네 벡터 $\mathbf{v}_1$, $\mathbf{v}_2$, $\mathbf{u}_1$, $\mathbf{u}_2$는 R^4의 한 기저를 이룬다. 이 개념은 다음 정의로 일반화된다.

직합의 정의

R^n의 두 부분공간 S_1, S_2에 대하여 임의의 벡터 $\mathbf{x}\in R^n$가 S_1의 벡터 $\mathbf{s}_1$과 S_2의 벡터 $\mathbf{s}_2$의 합, $\mathbf{x}=\mathbf{s}_1+\mathbf{s}_2$로 표현되며 그 표현 방법이 유일하면 R^n은 S_1과 S_2의 **직합**이라 하고, $R^n=S_1\oplus S_2$로 나타낸다.

[예제 4] 직합

(a) 예제 2에서 R^3는 다음 공간들의 직합임을 알 수 있다.

$$S_1=\text{span}\left(\begin{bmatrix}1\\0\\1\end{bmatrix},\begin{bmatrix}1\\1\\0\end{bmatrix}\right),\quad S_2=\left(\begin{bmatrix}-1\\1\\1\end{bmatrix}\right).$$

(b) 예제 3에서 $R^4=S\oplus S^{\perp}$임을 알 수 있다. 여기서

$$S=\text{span}\left(\begin{bmatrix}1\\2\\1\\0\end{bmatrix},\begin{bmatrix}0\\0\\0\\1\end{bmatrix}\right),\quad S^{\perp}=\text{span}\left(\begin{bmatrix}-2\\1\\0\\0\end{bmatrix},\begin{bmatrix}-1\\0\\1\\0\end{bmatrix}\right).$$

다음 정리는 직교보공간과 직합에 관한 중요한 성질을 묶은 것이다.

정리 5.13 직교부분공간의 성질

S가 R^n의 부분공간일 때 다음이 성립한다.

1. $\dim(S)+\dim(S^\perp)=n$
2. $R^n=S\oplus S^\perp$
3. $(S^\perp)^\perp=S$

증명 1. $S=R^n$이거나 $S=\{\mathbf{0}\}$일 때는 자명하다.

$S=R^t(1<t<n)$일 때 $\{\mathbf{v}_1, \mathbf{v}_2, \cdots, \mathbf{v}_t\}$를 S의 기저라 하자. A는 크기가 $n\times t$이고 열벡터가 $\mathbf{v}_i$인 행렬이라 하자. 그러면 $S=R(A)$이고 $S^\perp=N(A^T)$이며, A^T는 계급이 t인 $t\times n$행렬이다(5.3절의 연습문제 6.1 참조). $N(A^T)$의 차원은 $n-t$이므로

$$\dim(S)+\dim(S^\perp)=t+(n-t)=n$$

2. $S=R^n$이거나 $S=\{\mathbf{0}\}$일 때는 자명하다.

$S=R^t(1<t<n)$일 때 $\{\mathbf{v}_1, \mathbf{v}_2, \cdots, \mathbf{v}_t\}$를 S의 기저라 하고 $\{\mathbf{v}_{t+1}, \mathbf{v}_{t+2}, \cdots, \mathbf{v}_n\}$을 $S^\perp$의 기저라 하자. 이 때 $\{\mathbf{v}_1, \cdots, \mathbf{v}_t, \mathbf{v}_{t+1}, \cdots, \mathbf{v}_n\}$은 일차독립이고 따라서 R^n의 기저가 된다. 그러므로 임의의 $\mathbf{x}\in R^n$는

$$\mathbf{x}=c_1\mathbf{v}_1+\cdots+c_t\mathbf{v}_t+c_{t+1}\mathbf{v}_{t+1}+\cdots+c_n\mathbf{v}_n$$

으로 표현되고

$$\mathbf{v}=c_1\mathbf{v}_1+\cdots+c_t\mathbf{v}_t,\ \mathbf{w}=c_{t+1}\mathbf{v}_{t+1}+\cdots+c_n\mathbf{v}_n$$

으로 놓으면 $\mathbf{v}\in S$, $\mathbf{w}\in S^\perp$이며 $\mathbf{x}=\mathbf{v}+\mathbf{w}$이다. 표현 방법의 유일성을 증명하기 위하여 $\mathbf{x}=\mathbf{v}+\mathbf{w}=\hat{\mathbf{v}}+\hat{\mathbf{w}}$라 가정하자. 그러면 $\mathbf{v}-\hat{\mathbf{v}}=\hat{\mathbf{w}}-\mathbf{w}$이고 $\mathbf{v}-\hat{\mathbf{v}}$와 $\hat{\mathbf{w}}-\mathbf{w}$는 S와 $S^\perp$의 양쪽에 속하게 된다. 그러나 $S\cap S^\perp=\{\mathbf{0}\}$이므로 $\mathbf{v}=\hat{\mathbf{v}}$, $\mathbf{w}=\hat{\mathbf{w}}$이다.

3. $\mathbf{v}\in S$이면 모든 $\mathbf{u}\in S^\perp$에 대해 $\mathbf{v}\cdot\mathbf{u}=0$이므로 $\mathbf{v}\in(S^\perp)^\perp$이다. 한편 $\mathbf{v}\in(S^\perp)^\perp$이면 $R^n=S\oplus S^\perp$이므로 $\mathbf{v}=\mathbf{s}+\mathbf{w}(\mathbf{s}\in S,\ \mathbf{w}\in S^\perp)$로 유일하게 표현할 수 있다. $\mathbf{w}$는 S의 모든 벡터와 수직이고, 특히 $\mathbf{v}$와도 수직이므로

$$0=\mathbf{w}\cdot\mathbf{v}=\mathbf{w}\cdot(\mathbf{s}+\mathbf{w})=\mathbf{w}\cdot\mathbf{s}+\mathbf{w}\cdot\mathbf{w}=\mathbf{w}\cdot\mathbf{w}.$$

즉, $\mathbf{w}=\mathbf{0}$이고 $\mathbf{v}=\mathbf{s}+\mathbf{w}=\mathbf{s}\in S$. ■

5.3절에서 한 벡터를 다른 벡터에 내리는 정사영을 공부하였다. 이것을 일반화하여 한 벡터를 한 부분공간에 내리는 정사영을 다루자. $R^n=S\oplus S^\perp$이므로 임의의 벡터 $\mathbf{v}\in R^n$는 다음과 같이 유일하게 표현된다.

$$\mathbf{v}=\mathbf{v}_1+\mathbf{v}_2,\quad \mathbf{v}_1\in S,\quad \mathbf{v}_2\in S^{\perp}$$

벡터 $\mathbf{v}_1$을 S 위로의 $\mathbf{v}$의 **정사영**이라 하고 기호로 $\mathbf{v}_1=\text{proj}_{\mathbf{s}}\mathbf{v}$로 나타낸다. 더욱이 $\mathbf{v}_2=\mathbf{v}-\mathbf{v}_1=\mathbf{v}-\text{proj}_{\mathbf{s}}\mathbf{v}$이므로 벡터 $\mathbf{v}-\text{proj}_{\mathbf{s}}\mathbf{v}$는 부분공간 S에 수직이다. S가 R^n의 부분공간이면 Gram－Schmidt 정규직교화 과정을 이용하여 S에 대한 정규직교기저를 구할 수 있다. 다음 정리는 S 위로의 $\mathbf{v}$의 정사영을 구하는 공식이다. 증명은 각자에게 맡긴다(연습문제 37).

정리 5.14

$\{\mathbf{u}_1, \mathbf{u}_2, \cdots, \mathbf{u}_t\}$가 부분공간 S의 정규직교기저이고, $\mathbf{v}\in R^n$이면

$$\text{proj}_{\mathbf{s}}\mathbf{v}=(\mathbf{v}\cdot\mathbf{u}_1)\mathbf{u}_1+(\mathbf{v}\cdot\mathbf{u}_2)\mathbf{u}_2+\cdots+(\mathbf{v}\cdot\mathbf{u}_t)\mathbf{u}_t$$

[예제 5] 부분공간 위로의 정사영

R^3의 부분공간 S는 $\mathbf{w}_1=\begin{bmatrix}0\\3\\1\end{bmatrix}$, $\mathbf{w}_2=\begin{bmatrix}2\\0\\0\end{bmatrix}$로 생성된다. 벡터 $\mathbf{v}=\begin{bmatrix}1\\1\\3\end{bmatrix}$의 S 위로의 정사영을 구하라.

풀이 $\mathbf{w}_1$과 $\mathbf{w}_2$를 정규화함으로서 S에 대한 다음과 같은 정규직교기저를 얻는다.

$$\{\mathbf{u}_1, \mathbf{u}_2\}=\left\{\frac{1}{\sqrt{10}}\mathbf{w}_1, \frac{1}{2}\mathbf{w}_2\right\}=\left\{\begin{bmatrix}0\\3/\sqrt{10}\\1/\sqrt{10}\end{bmatrix}, \begin{bmatrix}1\\0\\0\end{bmatrix}\right\}$$

정리 5.14를 이용하면

$$\begin{aligned}\text{proj}_{\mathbf{s}}\mathbf{v}&=(\mathbf{v}\cdot\mathbf{u}_1)\mathbf{u}_1+(\mathbf{v}\cdot\mathbf{u}_2)\mathbf{u}_2\\&=\frac{6}{\sqrt{10}}\begin{bmatrix}0\\3/\sqrt{10}\\1/\sqrt{10}\end{bmatrix}+1\begin{bmatrix}1\\0\\0\end{bmatrix}\\&=\begin{bmatrix}1\\\frac{9}{5}\\\frac{3}{5}\end{bmatrix}\end{aligned}$$

$\mathbf{v}$의 S 위로의 정사영은 그림 5.23에 나타내었다.

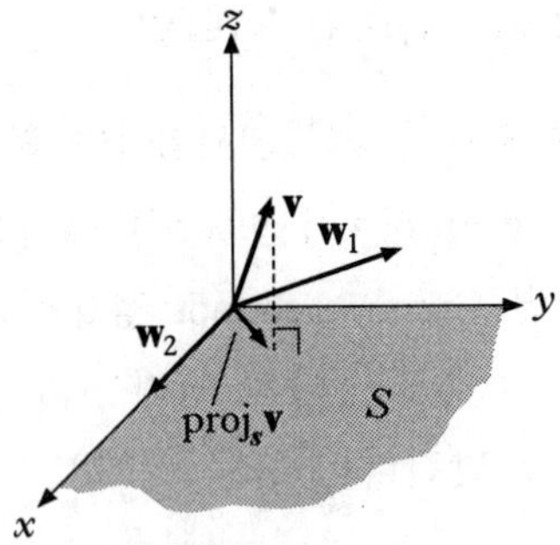

[그림 5.23] ■

정리 5.9는 벡터 **u**의 모든 스칼라배 가운데서 **u** 위로의 **v**의 정사영이 **v**에 가장 가까운 것임을 말해준다. 예제 5는 이 성질이 부분공간들 위로의 정사영에 대해서도 마찬가지임을 제시하고 있다. 즉, 부분공간 S 위의 모든 벡터들 가운데서 $\text{proj}_S\mathbf{v}$가 **v**에 가장 가깝다(그림 5.24 참조).

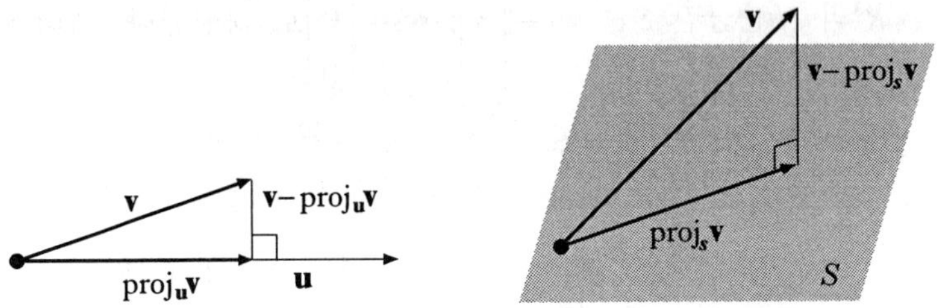

[그림 5.24]

정리 5.15 직교정사영과 거리

S는 R^n의 부분공간이고 $\mathbf{v}\in R^n$라 하자. 모든 $\mathbf{u}\in S$에 대하여 $\mathbf{u}\neq\text{proj}_S\mathbf{v}$이면

$$\|\mathbf{v}-\text{proj}_S\mathbf{v}\|<\|\mathbf{v}-\mathbf{u}\|$$

증명 $\mathbf{v}-\mathbf{u}$ 사이에 $\text{proj}_S\mathbf{v}$를 빼주고 더함으로서

$$\mathbf{v}-\mathbf{u}=(\mathbf{v}-\text{proj}_S\mathbf{v})+(\text{proj}_S\mathbf{v}-\mathbf{u})$$

이다. $\text{proj}_S\mathbf{v}-\mathbf{u}$는 S의 벡터이고 $\mathbf{v}-\text{proj}_S\mathbf{v}$는 S에 수직이다. 따라서 두 벡터는 수직이다. 그러므로 피타고라스 정리(정리 5.6)를 이용하면

$$\|\mathbf{v}-\mathbf{u}\|^2=\|\mathbf{v}-\text{proj}_s\mathbf{v}\|^2+\|\text{proj}_s\mathbf{v}-\mathbf{u}\|^2$$

$\mathbf{u}\neq\text{proj}_s\mathbf{v}$이므로 위의 우변의 두 번째 항은 양이다. 그러므로

$$\|\mathbf{v}-\text{proj}_\mathbf{s}\mathbf{v}\|<\|\mathbf{v}-\mathbf{u}\|$$

을 얻는다. ■

행렬의 기본적인 부분공간들

A가 $m\times n$행렬이면 A의 열공간은 R^m의 부분공간이며 $A\mathbf{x}$, $\mathbf{x}\in R^n$인 형의 모든 벡터들로 구성된다. 다음은 행렬 A의 네가지 기본적인 부분공간들이다(5.3절의 연습문제 57-61).

$N(A)=A$의 퇴화공간 $N(A^T)=A^T$의 퇴화공간

$R(A)=A$의 열공간 $R(A^T)=A^T$의 열공간

이 기본적인 부분공간들은 최소제곱문제에서 결정적인 역할을 한다는 것을 곧 알게 될 것이다.

[예제 6] 기본적인 부분공간들

다음 행렬의 네 가지 기본적인 부분공간들을 구하라.

$$A=\begin{bmatrix}1&2&0\\0&0&1\\0&0&0\\0&0&0\end{bmatrix}.$$

풀이 A의 열공간은 제1열과 제3열로 생성된다. 왜냐하면 제2열은 제1열의 스칼라배이기 때문이다.

$$R(A)=\text{span}\left(\begin{bmatrix}1\\0\\0\\0\end{bmatrix},\begin{bmatrix}0\\1\\0\\0\end{bmatrix}\right)$$

A^T의 열공간은 A의 행공간과 같고 그것은 제1행과 제2행으로 생성된다.

$$R(A^T) = \text{span}\left(\begin{bmatrix}1\\2\\0\end{bmatrix}, \begin{bmatrix}0\\0\\1\end{bmatrix}\right)$$

A의 퇴화공간은 동차연립일차방정식 $A\mathbf{x}=\mathbf{0}$의 해공간이다.

$$N(A) = \text{span}\left(\begin{bmatrix}-2\\1\\0\end{bmatrix}\right)$$

A^T의 퇴화공간은 계수행렬이 A^T인 동차연립일차방정식의 해공간이다.

$$N(A^T) = \text{span}\left(\begin{bmatrix}0\\0\\1\\0\end{bmatrix}, \begin{bmatrix}0\\0\\0\\1\end{bmatrix}\right)$$ ■

예제 6에서 $R(A)$와 $N(A^T)$는 R^4에서 서로 직교하는 부분공간들이고, $R(A^T)$와 $N(A)$는 R^3에서 서로 직교하는 부분공간들이다.

정리 5.16 행렬의 기본적인 부분공간들

A가 $m\times n$행렬이면

1. $R(A)$와 $N(A^T)$는 R^m에서 서로 직교하는 부분공간들이다.
2. $R(A^T)$와 $N(A)$는 R^n에서 서로 직교하는 부분공간들이다.
3. $R(A)\oplus N(A^T)=R^m$
4. $R(A^T)\oplus N(A)=R^n$

증명 1. $\mathbf{v}\in R(A)$, $\mathbf{u}\in N(A^T)$이라 하면 A의 열공간은 A^T의 행공간과 같으므로 $A^T\mathbf{u}=\mathbf{0}$이면 $\mathbf{u}\cdot\mathbf{v}=0$이다.

2. A^T에 성질 1을 적용하면 된다.
3. $R(A)^\perp=N(A^T)$이므로 $R^m=R(A)\oplus R(A)^\perp=R(A)\oplus N(A^T)$
4. $R(A^T)$에 성질 3을 적용하면 된다. ■

최소제곱

위에 열거한 성질들은 A가 $m \times n$행렬이고 $\mathbf{b}$가 R^m의 벡터일 때 $\|A\mathbf{x}-\mathbf{b}\|$를 최소로 하는 벡터 $\mathbf{x}$를 구하는 최소제곱문제를 푸는데 이용된다. S가 A의 열공간, 즉 $S=R(A)$라 하자. $\mathbf{b}$가 S에 속한다고 하면 연립방정식 $A\mathbf{x}=\mathbf{b}$는 해를 가지기 때문에 $\mathbf{b}$는 S에 속하지 않는다고 가정할 수 있다. 따라서 S에 있는 벡터 $A\mathbf{x}$에 대하여 $\mathbf{b}$에 가장 가까운 벡터를 구해야 한다(그림 5.25 참조).

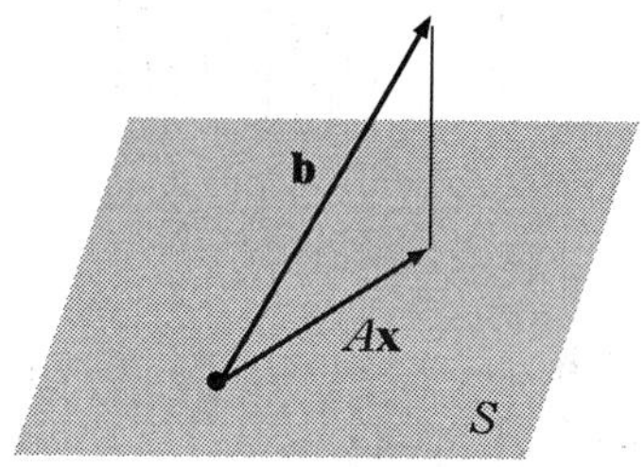

[그림 5.25]

정리 5.15에서 요구되는 벡터는 S로의 $\mathbf{b}$의 정사영이다. $A\hat{\mathbf{x}}=\text{proj}_S\mathbf{b}$로 놓으면 $A\hat{\mathbf{x}}-\mathbf{b}=\text{proj}_S\mathbf{b}-\mathbf{b}$는 $S=R(A)$에 수직이다. 그러나 이것은 $A\hat{\mathbf{x}}-\mathbf{b}$가 $R(A)^{\perp}$에 속하며 정리 5.16에 따라 $N(A^T)$에 속함을 의미한다. 이것이 중요한 관점이다. 즉, $A\hat{\mathbf{x}}-\mathbf{b}$가 A^T의 퇴화공간에 있고 따라서 다음을 얻는다.

$$A^T(A\hat{\mathbf{x}}-\mathbf{b})=\mathbf{0}$$
$$A^TA\hat{\mathbf{x}}-A^T\mathbf{b}=\mathbf{0}$$
$$A^TA\hat{\mathbf{x}}=A^T\mathbf{b}$$

그러므로 최소제곱문제의 해는 다음의 $n \times n$연립일차방정식을 푸는 문제로 귀결된다.

$$A^TA\hat{\mathbf{x}}=A^T\mathbf{b}$$

이 방정식을 최소제곱문제 $A\mathbf{x}=\mathbf{b}$의 **정규방정식**이라 한다.

[예제 7] 정규방정식 풀기

다음 최소제곱문제 $A\mathbf{x}=\mathbf{b}$의 해를 구하라.

$$\begin{bmatrix} 1 & 1 \\ 1 & 2 \\ 1 & 3 \end{bmatrix}\begin{bmatrix} c_0 \\ c_1 \end{bmatrix}=\begin{bmatrix} 0 \\ 1 \\ 3 \end{bmatrix}$$

풀이 먼저 다음과 같은 행렬곱을 계산하자.

$$A^TA=\begin{bmatrix} 1 & 1 & 1 \\ 1 & 2 & 3 \end{bmatrix}\begin{bmatrix} 1 & 1 \\ 1 & 2 \\ 1 & 3 \end{bmatrix}=\begin{bmatrix} 3 & 6 \\ 6 & 14 \end{bmatrix}$$

$$A^T\mathbf{b}=\begin{bmatrix} 1 & 1 & 1 \\ 1 & 2 & 3 \end{bmatrix}\begin{bmatrix} 0 \\ 1 \\ 3 \end{bmatrix}=\begin{bmatrix} 4 \\ 11 \end{bmatrix}$$

정규방정식은

$$A^TA\hat{\mathbf{x}}=A^T\mathbf{b}$$

$$\begin{bmatrix} 3 & 6 \\ 6 & 14 \end{bmatrix}\begin{bmatrix} c_0 \\ c_1 \end{bmatrix}=\begin{bmatrix} 4 \\ 11 \end{bmatrix}$$

이 방정식의 해는 $\mathbf{x}=\begin{bmatrix} -\frac{5}{3} \\ \frac{3}{2} \end{bmatrix}$이고 자료에 가장 가까운 직선은 $y=\frac{3}{2}x-\frac{5}{3}$이다(그림 5.26).

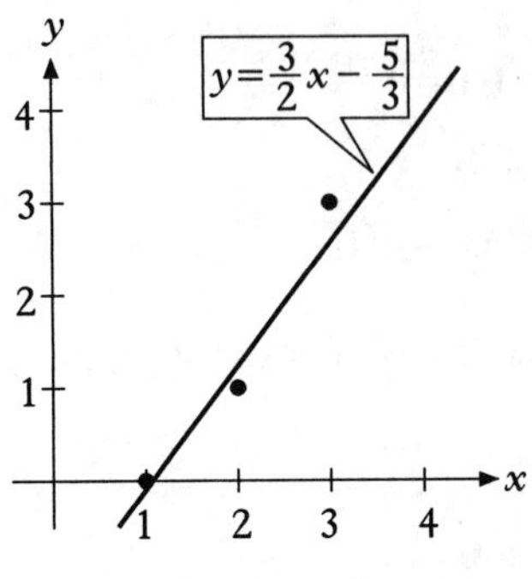

[그림 5.26]

■

> **기술적 관찰**
> 주어진 자료에 대한 최소제곱회귀선을 구하는데 여러 소프트웨어를 이용할 수 있다. 예제 7의 결과를 얻을 수 있는 소프트웨어를 구해 보라.

참고 $m\times n$행렬 A에 대하여 정규방정식은 $n\times n$연립일차방정식이 된다. 이 연립방정식은 항상 해를 갖지만 무한개의 해를 가질 수도 있다. 그러나 A의 계급이 n이면 유일한 해를 가진다.

[예제 8] 부분공간으로의 직교정사영

벡터 $\mathbf{b}=\begin{bmatrix}1\\1\\3\end{bmatrix}$의 행렬 $A=\begin{bmatrix}0&2\\3&0\\1&0\end{bmatrix}$의 열공간으로의 직교정사영을 구하라.

풀이 $\mathbf{b}$의 S 위로의 정사영을 구하기 위하여 먼저 최소제곱문제 $A\mathbf{x}=\mathbf{b}$를 풀자. 그러기 위하여 다음과 같이 행렬곱을 계산하자.

$$A^TA=\begin{bmatrix}0&3&1\\2&0&0\end{bmatrix}\begin{bmatrix}0&2\\3&0\\1&0\end{bmatrix}=\begin{bmatrix}10&0\\0&4\end{bmatrix}$$

$$A^T\mathbf{b}=\begin{bmatrix}0&3&1\\2&0&0\end{bmatrix}\begin{bmatrix}1\\1\\3\end{bmatrix}=\begin{bmatrix}6\\2\end{bmatrix}$$

정규방정식은

$$A^TA=A^T\mathbf{b}$$

$$\begin{bmatrix}10&0\\0&4\end{bmatrix}\begin{bmatrix}x_1\\x_2\end{bmatrix}=\begin{bmatrix}6\\2\end{bmatrix}$$

이 방정식의 해는

$$\mathbf{x}=\begin{bmatrix}x_1\\x_2\end{bmatrix}=\begin{bmatrix}\frac{3}{5}\\\frac{1}{2}\end{bmatrix}$$

마지막으로 $\mathbf{b}$의 S로의 정사영은

$$A\mathbf{x}=\begin{bmatrix}0&2\\3&0\\1&0\end{bmatrix}\begin{bmatrix}\frac{3}{5}\\\frac{1}{2}\end{bmatrix}=\begin{bmatrix}1\\\frac{9}{5}\\\frac{3}{5}\end{bmatrix}$$

이고 이것은 예제 5에서 얻어진 해와 같다.

수학적 모델링

최소제곱문제는 실생활 현상의 수학적 모델링에서 기본적인 역할을 한다. 다음 예제는 최소제곱 이차다항식을 이용하여 세계 인구 문제를 어떻게 모델화 하는지를 보여준다.

[예제 9] 세계 인구

표 5.1은 5개년에 대한 세계 인구수이다(자료 : U.S. Census Bureau).

[표 5.1] (단위 : 10억)

연 도	1980	1985	1990	1995	2000
인구(y)	4.5	4.9	5.3	5.7	6.1

$x=0$은 1980년도를 나타낸다고 하자. 이 자료에 대한 최소제곱 이차다항식 $y=c_0+c_1x+c_2x^2$을 구하고 2010년도의 인구를 추정하여라.

풀이 자료를 나타내는 점 (0, 4.5), (5, 4.9), (10, 5.3), (15, 5.7), (20, 6.1)을 이차다항식 $y=c_0+c_1x+c_2x^2$에 대입하면 다음 연립방정식을 얻는다.

$$\begin{aligned} c_0 \qquad\qquad\quad &= 4.5 \\ c_0 + \ \ 5c_1 + \ \ 25c_2 &= 4.9 \\ c_0 + 10c_1 + 100c_2 &= 5.3 \\ c_0 + 15c_1 + 225c_2 &= 5.7 \\ c_0 + 20c_1 + 400c_2 &= 6.1 \end{aligned}$$

이것은 다음 최소제곱문제로 된다.

$$A\mathbf{x}=\mathbf{b}$$

$$\begin{bmatrix} 1 & 0 & 0 \\ 1 & 5 & 25 \\ 1 & 10 & 100 \\ 1 & 15 & 225 \\ 1 & 20 & 400 \end{bmatrix}\begin{bmatrix} c_0 \\ c_1 \\ c_2 \end{bmatrix}=\begin{bmatrix} 4.5 \\ 4.9 \\ 5.3 \\ 5.7 \\ 6.1 \end{bmatrix}$$

정규방정식은 다음과 같다.

$$A^T A\mathbf{x} = A^T\mathbf{b}$$

$$\begin{bmatrix} 5 & 50 & 750 \\ 50 & 750 & 12{,}500 \\ 750 & 12{,}500 & 221{,}250 \end{bmatrix}\begin{bmatrix} c_0 \\ c_1 \\ c_2 \end{bmatrix} = \begin{bmatrix} 26.5 \\ 28.5 \\ 4375 \end{bmatrix}$$

이 방정식의 해는

$$\mathbf{x} = \begin{bmatrix} c_0 \\ c_1 \\ c_2 \end{bmatrix} \approx \begin{bmatrix} 4.5 \\ 0.08 \\ 0 \end{bmatrix}$$

이므로 이 자료에 대한 최소제곱다항식은 일차방정식

$$y = 4.5 + 0.08x$$

이고 $x = 30$을 대입하면 2010년의 세계 인구는

$$y = 4.5 + 0.08(30) \fallingdotseq 6.9 (69억)$$

■

최소제곱모델은 여러 가지 경우에서 일어난다. 5.5절에서는 함수의 근사치를 구할 때도 응용될 수 있음을 보여준다. 이 절의 마지막 예제에서 위성의 주기와 태양으로부터의 평균 거리 사이의 관계를 구하는데 비선형 모델이 이용된다.

[예제 10] 천문학에의 응용

표 5.2는 태양에 가까운 6개의 위성의 평균 거리 x와 주기를 보여준다. 평균 거리는 천문학적 단위로 주어지고, 주기는 년으로 주어진 것이다. 이 자료에 대한 모델을 구하라.

[표 5.2]

위성	수성	금성	지구	화성	목성	토성
거리 x	0.387	0.723	1.0	1.523	5.203	9.541
주기 y	0.241	0.615	1.0	1.881	11.861	29.457

주어진 자료의 좌표를 점으로 나타내면 일직선으로 되지 않을 것이다. 그러나 각 좌표의 로그를 취함으로서 표 5.3에 나타난 것처럼 $(\ln x, \ln y)$형의 점들을 얻을 수 있다.

[표 5.3]

위성	수성	금성	지구	화성	목성	토성
$\ln x$	-0.949	-0.324	0.0	0.421	1.649	2.256
$\ln y$	-1.423	-0.486	0.0	0.632	2.473	3.383

그림 5.27은 변형된 점들의 그림이며 최소제곱문제의 해로서 직선이 적합하다. 이 절에서 배운 내용을 이용하여 여러분은 그 직선이 $\ln y = \frac{3}{2}\ln x$ 또는 $y = x^{3/2}$임을 구할 수 있을 것이다.

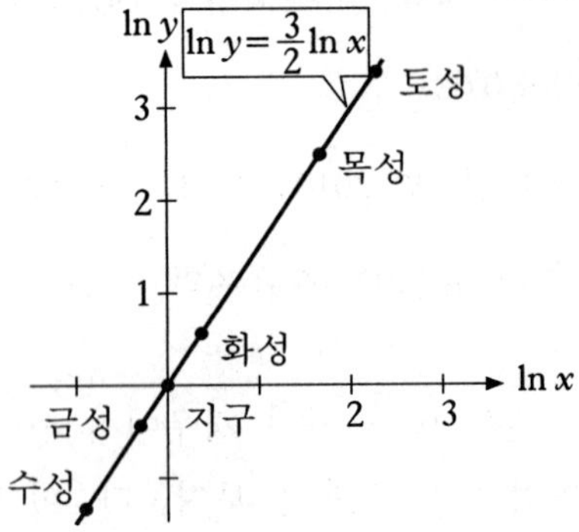

[그림 5.27]

기술적 관찰

최소제곱회귀선 프로그램을 지닌 컴퓨터를 이용하여 예제 10의 결과를 얻을 수 있다. 이를테면, TI-86 컴퓨터의 Stat메뉴에서 power fit 프로그램을 이용하여 표 5.2의 자료를 적용하면 $y \approx 1.00042x^{1.49954}$를 얻는다.

연 습 문 제 5.4(수학적 모델과 최소제곱분석)

1-4번의 두 집합이 수직인지를 결정하라.

1. $S_1=\text{span}\left\{\begin{bmatrix}2\\1\\-1\end{bmatrix}, \begin{bmatrix}0\\1\\1\end{bmatrix}\right\}$ $S_2=\text{span}\left\{\begin{bmatrix}-1\\2\\0\end{bmatrix}\right\}$

2. $S_1=\text{span}\left\{\begin{bmatrix}-3\\0\\1\end{bmatrix}\right\}$ $S_2=\text{span}\left\{\begin{bmatrix}2\\1\\6\end{bmatrix}, \begin{bmatrix}0\\1\\0\end{bmatrix}\right\}$

3. $S_1=\text{span}\left\{\begin{bmatrix}1\\1\\1\\1\end{bmatrix}\right\}$ $S_2=\text{span}\left\{\begin{bmatrix}-1\\1\\-1\\1\end{bmatrix}, \begin{bmatrix}0\\2\\-2\\0\end{bmatrix}\right\}$

4. $S_1=\text{span}\left\{\begin{bmatrix}0\\0\\2\\1\end{bmatrix}, \begin{bmatrix}0\\0\\1\\-2\end{bmatrix}\right\}$ $S_2=\text{span}\left\{\begin{bmatrix}3\\2\\0\\0\end{bmatrix}, \begin{bmatrix}0\\1\\-2\\2\end{bmatrix}\right\}$

5-8번의 직교보공간 $S^{\perp}$을 구하라.

5. S는 xz-평면을 이루는 R^3의 부분공간이다.

6. S는 제3과 4성분이 0인 모든 벡터들로 이루어진 R^5의 부분공간이다.

7. $S=\text{span}\left\{\begin{bmatrix}1\\2\\0\\0\end{bmatrix}, \begin{bmatrix}0\\1\\0\\1\end{bmatrix}\right\}$

8. $S=\text{span}\left\{\begin{bmatrix}0\\1\\-1\\1\end{bmatrix}\right\}$

9. 연습문제 7의 해공간의 직교보공간을 구하라.

10. 연습문제 8의 해공간의 직교보공간을 구하라.

11-14번의 부분공간 S 위로의 $\mathbf{v}$의 정사영을 구하라.

11. $S=\text{span}\left\{\begin{bmatrix}0\\0\\-1\\1\end{bmatrix}, \begin{bmatrix}0\\1\\1\\1\end{bmatrix}\right\}$ $\mathbf{v}=\begin{bmatrix}1\\0\\1\\1\end{bmatrix}$

12. $S=\text{span}\left\{\begin{bmatrix}-1\\2\\0\\0\end{bmatrix}, \begin{bmatrix}0\\0\\1\\0\end{bmatrix}\begin{bmatrix}0\\0\\0\\1\end{bmatrix}\right\}$ $\mathbf{v}=\begin{bmatrix}1\\1\\1\\1\end{bmatrix}$

13. $S=\text{span}\left\{\begin{bmatrix}1\\0\\1\end{bmatrix}, \begin{bmatrix}0\\1\\1\end{bmatrix}\right\}$ $\mathbf{v}=\begin{bmatrix}2\\3\\4\end{bmatrix}$

14. $S=\text{span}\left\{\begin{bmatrix}1\\1\\1\\1\end{bmatrix}, \begin{bmatrix}0\\1\\-1\\0\end{bmatrix}\begin{bmatrix}0\\1\\1\\0\end{bmatrix}\right\}$ $\mathbf{v}=\begin{bmatrix}1\\2\\3\\4\end{bmatrix}$

15-16번의 $\mathbf{b}=[2,\ -2,\ 1]^T$의 행렬 A의 열공간 위로의 직교정사영을 구하라.

15. $A=\begin{bmatrix}1 & 2\\0 & 1\\1 & 1\end{bmatrix}$

16. $A=\begin{bmatrix}0 & 2\\1 & 1\\1 & 3\end{bmatrix}$

17-20번의 행렬 A의 4가지 기본적인 부분공간들의 기저를 구하라.

17. $A=\begin{bmatrix}1 & 2 & 3\\0 & 1 & 0\end{bmatrix}$

18. $A=\begin{bmatrix}0 & -1 & 1\\1 & 2 & 0\\1 & 1 & 1\end{bmatrix}$

19. $A=\begin{bmatrix}1 & 0 & 0 & 1\\0 & 1 & 1 & 1\\1 & 1 & 1 & 2\\1 & 2 & 2 & 3\end{bmatrix}$

20. $A=\begin{bmatrix}1 & 0 & -1\\0 & -1 & 1\\1 & 1 & 0\\0 & 1 & 0\end{bmatrix}$

21-24번의 연립방정식 $A\mathbf{x}=\mathbf{b}$의 최소제곱해를 구하라.

21. $A=\begin{bmatrix}2 & 1\\1 & 2\\1 & 1\end{bmatrix}$ $\mathbf{b}=\begin{bmatrix}2\\0\\-3\end{bmatrix}$

22. $A=\begin{bmatrix}0 & 1\\1 & 0\\1 & 2\end{bmatrix}$ $\mathbf{b}=\begin{bmatrix}-1\\-1\\3\end{bmatrix}$

23. $A=\begin{bmatrix}1 & 0 & 1\\1 & 1 & 1\\0 & 1 & 1\\1 & 1 & 0\end{bmatrix}$ $\mathbf{b}=\begin{bmatrix}4\\-1\\0\\1\end{bmatrix}$

24. $A=\begin{bmatrix}0 & 2 & 0\\1 & 1 & 0\\-1 & 0 & 1\\1 & 1 & 1\\0 & 0 & 1\end{bmatrix}$ $\mathbf{b}=\begin{bmatrix}0\\1\\0\\0\\1\end{bmatrix}$

25-28번의 다음 자료의 점들에 대한 최소제곱회귀선을 구하라. 그리고 같은 좌표평면에 주어진 점들와 회귀선을 그려라.

25. $(-1,\ 1),\ (1,\ 0),\ (3,\ -3)$

26. $(-2,\ -1),\ (-1,\ 0),\ (1,\ 0),\ (2,\ 2)$

27. $(-3,\ -3),\ (-2,\ -2),\ (0,\ 0),\ (1,\ 2)$

28. $(-2,\ 1),\ (-1,\ 2),\ (0,\ 1),\ (1,\ 2),\ (2,\ 1)$

29-30번의 다음 자료의 점들에 대한 최소제곱 이차다항식을 구하라.

29. $(-2, 0)$, $(-1, 0)$, $(0, 1)$, $(1, 2)$, $(2, 5)$

30. $(0, 0)$, $(2, 2)$, $(3, 6)$, $(4, 12)$

31. 다음 표는 1992년부터 2000년까지의 Target 회사와 Wal-Mart 회사의 평균 판매액이다 (단위는 100만불). 각 회사에 대한 적당한 모델을 구하고 2005년도의 판매액을 예상하라.

년도	1992	1993	1994	1995	1996	1997	1998	1999	2000
Target	17,927	19,233	21,311	23,516	25,371	27,487	30,662	33,702	36,903
Wal-Mart	55,484	67,345	82,494	93,627	104,859	117,958	137,634	165,013	191,329

32. 다음 표는 1989년부터 1999년까지 국내 생선 어획고 x(파운드 당 100만불)와 소비액 y를 나타낸 것이다. 둘 사이의 적당한 모델을 구하라.

년도	1989	1990	1991	1992	1993	1994	1995	1996	1997	1998	1999
x	8,463	9,404	9,484	9,637	10,467	10,461	9,788	9,565	9,845	9,194	9,339
y	6,204	7,041	7,031	7,618	8,214	7,936	7,667	7,476	7,248	7,174	6,832

참 또는 거짓? 33-34번의 다음 명제가 참인지 거짓인지를 결정하라. 참이면 그 이유를 말하거나 교재에서 적당한 명제를 인용하라. 거짓이면 반례를 들거나 교재에서 적당한 명제를 인용하라.

33. (a) S_1과 S_2가 R^n의 직교부분공간들이면 그들의 공통부분은 공집합이다.

(b) 임의의 벡터 $\mathbf{v} \in R^n$가 S_1의 벡터 $\mathbf{s}_1$과 S_2의 벡터 $\mathbf{s}_2$의 합으로 유일하게 표현될 때 R^n을 S_1과 S_2의 직합이라 한다.

(c) 최소제곱문제의 해는 본질적으로 정규방정식을 푸는 것, 즉 $n \times n$연립일차방정식 $A^T A\mathbf{x} = A^T\mathbf{b}$를 푸는 것으로 이루어진다.

34. (a) A가 $m \times n$행렬이면 $R(A)$와 $N(A^T)$는 R^n의 직교부분공간들이다.

(b) 부분공간 S의 모든 벡터와 수직인 모든 벡터들의 집합을 S의 직교보공간이라 한다.

(c) $m \times n$행렬 A와 R^m의 벡터 $\mathbf{b}$가 주어지면 최소제곱문제는 $\|A\mathbf{x} - \mathbf{b}\|^2$이 최소가 되는 $\mathbf{x} \in R^n$를 구하는 것이다.

35. S_1과 S_2가 R^n의 직교부분공간들이면 그들의 공통부분은 영벡터로만 이루어져 있음을 증명하라.

36. R^n의 한 부분공간의 보공간은 그 자체로 R^n의 부분공간임을 증명하라.

37. 정리 5.14를 증명하라.

38. S_1과 S_2가 R^n의 부분공간들이고 $R^n=S_1 \oplus S_2$이면 $S_1 \cap S_2=\{\mathbf{0}\}$임을 증명하라.

39. **서술** $m \times n$행렬 A가 정규직교열을 가질 때 최소제곱문제에 대한 정규방정식을 묘사하라.

5.5 내적공간의 응용

두 벡터의 외적

선형대수에서의 여러 내용 중 주어진 모든 벡터들에 수직인 벡터를 구하는 문제가 있다. 여기서는 R^3에서 주어진 두 벡터에 수직인 벡터를 구하기 위하여 벡터곱이라는 내용을 다룬다. 이 곱을 **외적**이라 하고, 이 때는 벡터 $\mathbf{v}=(v_1, v_2, v_3)$를 표준단위벡터를 이용하여

$$\mathbf{v}=(v_1,\ v_2,\ v_3)=v_1\mathbf{i}+v_2\mathbf{j}+v_3\mathbf{k}$$

로 나타내면 편리하다.

외적의 정의

R^3의 두 벡터 $\mathbf{u}=u_1\mathbf{i}+u_2\mathbf{j}+u_3\mathbf{k}$, $\mathbf{v}=v_1\mathbf{i}+v_2\mathbf{j}+v_3\mathbf{k}$의 외적은 다음 벡터이다.

$$\mathbf{u}\times\mathbf{v}=(u_2v_3-u_3v_2)\mathbf{i}-(u_1v_3-u_3v_1)\mathbf{j}+(u_1v_2-u_2v_1)\mathbf{k}$$

참고 외적은 R^3에서만 정의된다. R^2나 $R^n(n>3)$에서는 정의되지 않는다.

외적 $\mathbf{u}\times\mathbf{v}$에 대한 공식을 행렬식을 이용하여 다음과 같이 외우면 편리하다.

$$\mathbf{u}\times\mathbf{v}=\begin{vmatrix} \mathbf{i} & \mathbf{j} & \mathbf{k} \\ u_1 & u_2 & u_3 \\ v_1 & v_2 & v_3 \end{vmatrix} \begin{matrix} \\ \Leftarrow \mathbf{u}\text{의 성분} \\ \Leftarrow \mathbf{v}\text{의 성분} \end{matrix}$$

위의 행렬식은 성분이 실수가 아니므로 실제적인 행렬식이 아니고 형식적인 것이지만 행렬식의 성질을 그대로 이용하면 편리하다. 위의 행렬식을 제1행에 관하여 여인수 전개하면

$$\mathbf{u}\times\mathbf{v}=\begin{vmatrix}u_2 & u_3\\ v_2 & v_3\end{vmatrix}\mathbf{i}-\begin{vmatrix}u_1 & u_3\\ v_1 & v_3\end{vmatrix}\mathbf{j}+\begin{vmatrix}u_1 & u_2\\ v_1 & v_2\end{vmatrix}\mathbf{k}$$

$$=(u_2v_3-u_3v_2)\mathbf{i}-(u_1v_3-u_3v_1)\mathbf{j}+(u_1v_2-u_2v_1)\mathbf{k}$$

이므로 정의에서 주어진 공식과 같다.

[예제 1] 외적 구하기

$\mathbf{u}=\mathbf{i}-2\mathbf{j}+\mathbf{k}$, $\mathbf{v}=3\mathbf{i}+\mathbf{j}-2\mathbf{k}$에 대하여 다음을 구하라.

(a) $\mathbf{u}\times\mathbf{v}$ (b) $\mathbf{v}\times\mathbf{u}$ (c) $\mathbf{v}\times\mathbf{v}$

풀이 (a) $\mathbf{u}\times\mathbf{v}=\begin{vmatrix}\mathbf{i} & \mathbf{j} & \mathbf{k}\\ 1 & -2 & 1\\ 3 & 1 & -2\end{vmatrix}=\begin{vmatrix}-2 & 1\\ 1 & -2\end{vmatrix}\mathbf{i}-\begin{vmatrix}1 & 1\\ 3 & -2\end{vmatrix}\mathbf{j}+\begin{vmatrix}1 & -2\\ 3 & 1\end{vmatrix}\mathbf{k}=3\mathbf{i}+5\mathbf{j}+7\mathbf{k}$

(b) $\mathbf{v}\times\mathbf{u}=\begin{vmatrix}\mathbf{i} & \mathbf{j} & \mathbf{k}\\ 3 & 1 & -2\\ 1 & -2 & 1\end{vmatrix}=-3\mathbf{i}-5\mathbf{j}-7\mathbf{k}$($\mathbf{u}\times\mathbf{v}$의 음임에 유의하라.)

(c) $\mathbf{v}\times\mathbf{v}=\begin{vmatrix}\mathbf{i} & \mathbf{j} & \mathbf{k}\\ 3 & 1 & -2\\ 3 & 1 & -2\end{vmatrix}=\begin{vmatrix}1 & -2\\ 1 & -2\end{vmatrix}\mathbf{i}-\begin{vmatrix}3 & -2\\ 3 & -2\end{vmatrix}\mathbf{j}+\begin{vmatrix}3 & 1\\ 3 & 1\end{vmatrix}\mathbf{k}=0\mathbf{i}+0\mathbf{j}+0\mathbf{k}=\mathbf{0}$

기술적 관찰

몇 가지 계산기나 컴퓨터의 소프트웨어 프로그램은 외적 등 벡터량을 구할 수 있다. 예를 들어 TI-86에서 다음과 같이 하면 예제 1(a)의 $\mathbf{u}\times\mathbf{v}$를 구할 수 있다.

```
cross(U, V)
                [3 5 7]
```

예제 1에서 얻어진 결과들은 여러 흥미있는 대수적 성질들을 암시하고 있다. 예를 들면

$$\mathbf{u}\times\mathbf{v}=-\mathbf{v}\times\mathbf{u} \quad \text{그리고} \quad \mathbf{v}\times\mathbf{v}=\mathbf{0}$$

이다. 이 외에 여러 가지 성질들이 있으며 다음 정리 5.17과 같다.

정리 5.17 외적의 대수적 성질

$\mathbf{u}, \mathbf{v}, \mathbf{w} \in R^3$와 스칼라 c에 대하여 다음이 성립한다.

1. $\mathbf{u}\times\mathbf{v} = -(\mathbf{v}\times\mathbf{u})$
2. $\mathbf{u}\times(\mathbf{v}+\mathbf{w}) = (\mathbf{u}\times\mathbf{v})+(\mathbf{u}\times\mathbf{w})$
3. $c(\mathbf{u}\times\mathbf{v}) = c\mathbf{u}\times\mathbf{v} = \mathbf{u}\times c\mathbf{v}$
4. $\mathbf{u}\times\mathbf{0} = \mathbf{0}\times\mathbf{u} = \mathbf{0}$
5. $\mathbf{u}\times\mathbf{u} = \mathbf{0}$
6. $\mathbf{u}\cdot(\mathbf{v}\times\mathbf{w}) = (\mathbf{u}\times\mathbf{v})\cdot\mathbf{w}$

증명 성질 1만 증명하고 나머지는 독자에게 맡긴다(연습문제 23-27). 벡터 $\mathbf{u}$, $\mathbf{v}$가

$$\mathbf{u} = u_1\mathbf{i}+u_2\mathbf{j}+u_3\mathbf{k}, \quad \mathbf{v} = v_1\mathbf{i}+v_2\mathbf{j}+v_3\mathbf{k}$$

로 주어진다고 하면 $\mathbf{u}\times\mathbf{v}$는

$$\begin{aligned}\mathbf{u}\times\mathbf{v} &= \begin{vmatrix}\mathbf{i} & \mathbf{j} & \mathbf{k}\\ u_1 & u_2 & u_3\\ v_1 & v_2 & v_3\end{vmatrix}\\ &= (u_2v_3-u_3v_2)\mathbf{i}-(u_1v_3-u_3v_1)\mathbf{j}+(u_1v_2-u_2v_1)\mathbf{k}\end{aligned}$$

이고 $\mathbf{v}\times\mathbf{u}$는

$$\begin{aligned}\mathbf{v}\times\mathbf{u} &= \begin{vmatrix}\mathbf{i} & \mathbf{j} & \mathbf{k}\\ v_1 & v_2 & v_3\\ u_1 & u_2 & u_3\end{vmatrix}\\ &= (v_2u_3-v_3u_2)\mathbf{i}-(v_1u_3-v_3u_1)\mathbf{j}+(v_1u_2-v_2u_1)\mathbf{k}\\ &= -(u_2v_3-u_3v_2)\mathbf{i}+(u_1v_3-u_3v_1)\mathbf{j}-(u_1v_2-u_2v_1)\mathbf{k}\\ &= -(\mathbf{u}\times\mathbf{v})\end{aligned}$$

■

정리 5.17의 성질 1은 $\mathbf{u}\times\mathbf{v}$와 $\mathbf{v}\times\mathbf{u}$는 크기가 같고 방향이 반대임을 말해준다. 이 뜻의 기하적 의미는 외적의 몇 가지 기하적 성질이 수립된 후 설명할 것이다.

정리 5.18 외적의 기하적 성질

$\mathbf{u}, \mathbf{v} \in R^3$가 영이 아닌 벡터일 때 다음이 성립한다.

1. $\mathbf{u} \times \mathbf{v}$는 $\mathbf{u}$에도 수직이고 $\mathbf{v}$에도 수직이다.
2. $\mathbf{u}$와 $\mathbf{v}$ 사이의 각을 θ라 하면 다음이 성립한다.

$$\|\mathbf{u} \times \mathbf{v}\| = \|\mathbf{u}\|\|\mathbf{v}\|\sin\theta$$

3. $\mathbf{u}$와 $\mathbf{v}$가 평행일 조건은 $\mathbf{u} \times \mathbf{v} = \mathbf{0}$
4. $\mathbf{u}$와 $\mathbf{v}$를 이웃하는 변으로 하는 평행사변형의 면적은 $\|\mathbf{u} \times \mathbf{v}\|$이다.

증명 성질 4만 증명하고 나머지는 독자에게 맡긴다(연습문제 28-30). $\mathbf{u}$와 $\mathbf{v}$의 사잇각을 θ라 하고 $\|\mathbf{u}\|$를 밑변으로 보면 높이는 $\|\mathbf{v}\|\sin\theta$이므로

$$\text{면적} = \overbrace{\|\mathbf{u}\|}^{\text{밑변}}\overbrace{\|\mathbf{v}\|\sin\theta}^{\text{높이}} = \|\mathbf{u} \times \mathbf{v}\|.$$

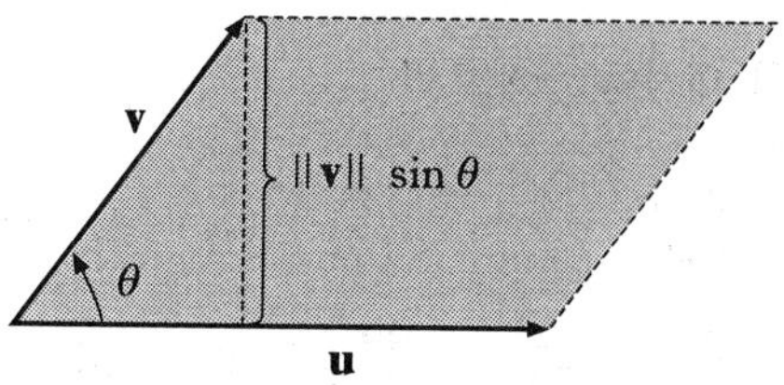

[그림 5.28]

■

성질 1에서 $\mathbf{u} \times \mathbf{v}$는 $\mathbf{u}, \mathbf{v}$ 모두에게 수직이므로, $\mathbf{u} \times \mathbf{v}$(또는 $\mathbf{v} \times \mathbf{u}$)는 $\mathbf{u}$와 $\mathbf{v}$로 결정되는 평면에 수직이다. 세 벡터 $\mathbf{u}, \mathbf{v}, \mathbf{u} \times \mathbf{v}$의 방향은 기본단위벡터 $\mathbf{i}, \mathbf{j}, \mathbf{k}$의 방향으로 결정한다(그림 5.29). 세 벡터 $\mathbf{u}, \mathbf{v}, \mathbf{u} \times \mathbf{v}$는 우수계를 이루고, 반면에 $\mathbf{u}, \mathbf{v}, \mathbf{v} \times \mathbf{u}$는 좌수계를 이룬다고 한다.

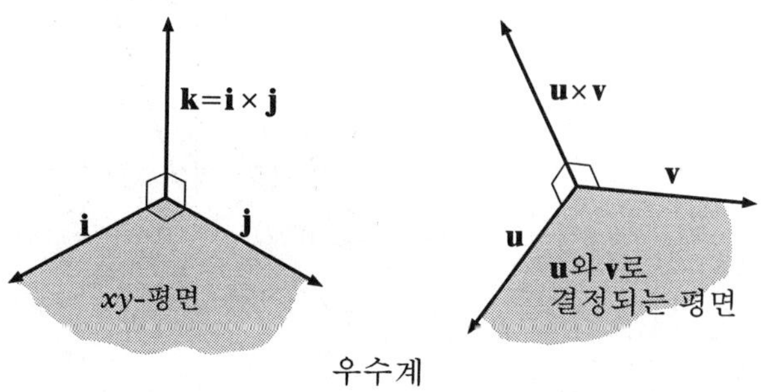

우수계

[그림 5.29]

[예제 2] 두 벡터에 수직인 단위벡터 구하기

다음 두 벡터에 수직인 단위벡터를 구하라.

$$\mathbf{u}=\mathbf{i}-4\mathbf{j}+\mathbf{k}, \quad \mathbf{v}=2\mathbf{i}+3\mathbf{j}$$

풀이 두 벡터에 수직인 벡터는 $\mathbf{u}\times\mathbf{v}$이다.

$$\mathbf{u}\times\mathbf{v}=\begin{vmatrix}\mathbf{i} & \mathbf{j} & \mathbf{k}\\ 1 & -4 & 1\\ 2 & 3 & 0\end{vmatrix}=-3\mathbf{i}+2\mathbf{j}+11\mathbf{k}$$

이고, 길이는

$$\|\mathbf{u}\times\mathbf{v}\|=\sqrt{(-3)^2+2^2+11^2}=\sqrt{134}$$

이므로 구하고자 하는 단위벡터는

$$\frac{\mathbf{u}\times\mathbf{v}}{\|\mathbf{u}\times\mathbf{v}\|}=-\frac{3}{\sqrt{134}}\mathbf{i}+\frac{2}{\sqrt{134}}\mathbf{j}+\frac{11}{\sqrt{134}}\mathbf{k}$$

이다. $\mathbf{u}$, $\mathbf{v}$와 내적을 구해보면

$$\left(-\frac{3}{\sqrt{134}}, \frac{2}{\sqrt{134}}, \frac{11}{\sqrt{134}}\right)\cdot(1, -4, 1)=0$$

$$\left(-\frac{3}{\sqrt{134}}, \frac{2}{\sqrt{134}}, \frac{11}{\sqrt{134}}\right)\cdot(2, 3, 0)=0$$

이므로 $\mathbf{u}\times\mathbf{v}$는 $\mathbf{u}$와 $\mathbf{v}$에 모두 수직이다.

참고 $\mathbf{v}\times\mathbf{u}$도 구하는 단위벡터이다.

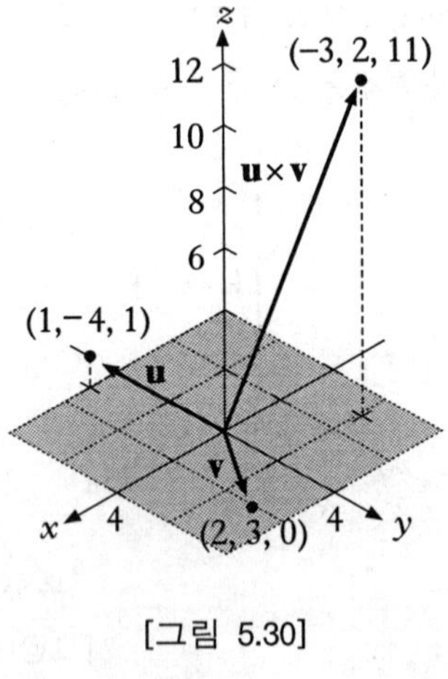

[그림 5.30]

■

[예제 3] 평행사변형의 면적 구하기

다음 두 벡터를 이웃하는 평행사변형의 면적을 구하라.

$$\mathbf{u}=-3\mathbf{i}+4\mathbf{j}+\mathbf{k},\quad \mathbf{v}=-2\mathbf{j}+6\mathbf{k}$$

풀이 구하는 면적은 $\|\mathbf{u}\times\mathbf{v}\|$로 주어진다.

$$\mathbf{u}\times\mathbf{v}=\begin{vmatrix} \mathbf{i} & \mathbf{j} & \mathbf{k} \\ -3 & 4 & 1 \\ 0 & -2 & 6 \end{vmatrix}$$
$$=26\mathbf{i}+18\mathbf{j}+6\mathbf{k}$$

이므로 구하는 면적은

$$\|\mathbf{u}\times\mathbf{v}\|=\sqrt{26^2+18^2+6^2}$$
$$=\sqrt{1036}\approx 32.19$$

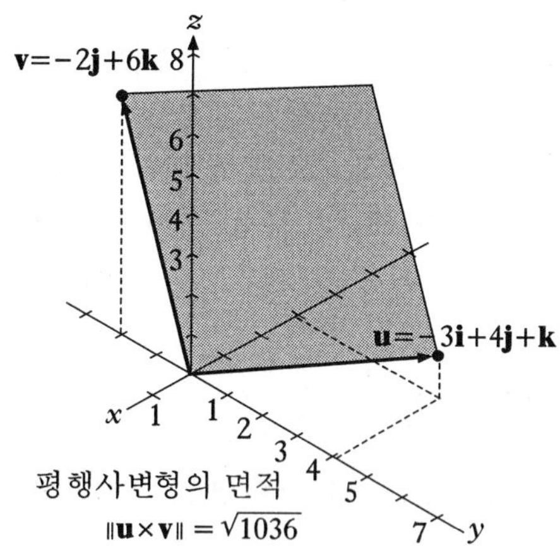

[그림 5.31] ■

최소제곱근사함수

함수 f에 가까운 함수 g를 구하는 문제 등 많은 것들이 물리학, 공학 등에서 다루어진다. $[a, b]$ 위에서 연속인 모든 함수들의 내적공간인 $C[a, b]$의 함수 f의 근사함수 g는 주어진 부분공간 W에서 택하여진다. 예를 들어

$$f(x)=e^x, \quad 0 \le x \le 1$$

에 대하여 근사함수 g를 다음 형태 중 하나로 택할 수 있다.

1. $g(x)=a_0+a_1x, \quad 0 \le x \le 1$ 선형
2. $g(x)=a_0+a_1x+a_2x^2, \quad 0 \le x \le 1$ 이차식
3. $g(x)=a_0+a_1\cos x+a_2\sin x, \quad 0 \le x \le 1$ 삼각함수

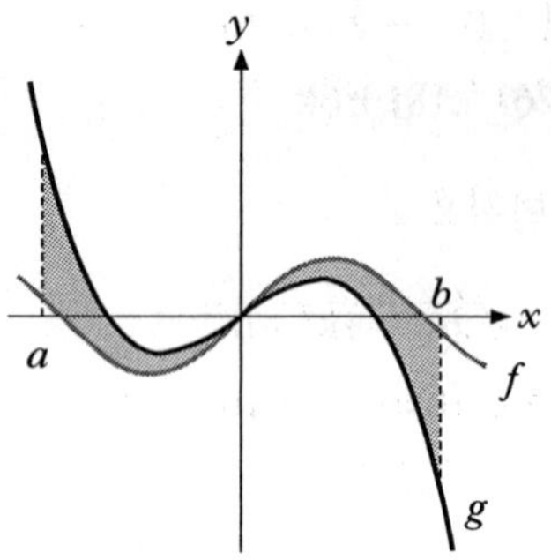

[그림 5.32]

근사함수 g를 구하는 방법을 논하기 전에 어떤 함수가 다른 함수에 비해 가장 좋은 근사함수인가 하는 기준을 정해야 한다. 우선 자연스럽게 생각되어지는 것은 구간 $[a, b]$ 위에서 f와 g로 둘러쌓인 도형의 면적

$$\int_a^b |f(x)-g(x)|\,dx$$

이 최소가 되는 경우이다(그림 5.32). 그러나 절대값이 들어 있는 함수의 적분은 계산이 복잡하다. 따라서

$$\int_a^b [f(x)-g(x)]^2\,dx$$

가 최소가 될 때의 함수 g를 근사함수로 정하자. 이러한 의미에서 함수 g를 부분공간 W에 관한 함수 f의 **최소제곱근사함수**라 한다.

최소제곱근사함수의 정의

f는 $[a, b]$ 위에서 연속함수이고 W는 $C[a, b]$의 부분공간이라 하자. W의 함수 g에 대하여

$$I=\int_a^b [f(x)-g(x)]^2 dx$$

의 값이 최소가 되도록 하는 함수 g를 W에 관한 f의 **최소제곱근사함수**라 한다.

참고 W가 전체 공간 $C[a, b]$이면 $g(x)=f(x)$이고, $I=0$이다.

[예제 4] 최소제곱근사함수 구하기

함수 $f(x)=e^x$, $0\leq x\leq 1$에 대한 최소제곱근사함수 $g(x)=a_0+a_1x$를 구하라.

풀이

$$\begin{aligned}
I&=\int_0^1 [f(x)-g(x)]^2 dx\\
&=\int_0^1 (e^x-a_0-a_1x)^2 dx\\
&=\int_0^1 (e^{2x}-2a_0e^x-2a_1xe^x+a_0{}^2+2a_0a_1x+a_1{}^2x^2)dx\\
&=\left[\frac{1}{2}e^{2x}-2a_0e^2-2a_1e^x(x-1)+a_0^2x+a_0a_1x^2+a_1^2\frac{x^3}{3}\right]_0^1\\
&=\frac{1}{2}(e^2-1)-2a_0(e-1)-2a_1+a_0^2+a_0a_1+\frac{1}{3}a_1^2
\end{aligned}$$

I를 a_0, a_1에 관한 이변수함수로 생각할 때, I를 최소로 하는 경우는 각 변수에 관한 편도함수가 0일 때이다.

$$\frac{\partial I}{\partial a_0}=2a_0-2e+2+a_1=0$$
$$\frac{\partial I}{\partial a_1}=a_0+\frac{2}{3}a_1-2=0$$

그러므로

$$2a_0+\ a_1=2(e-1)$$
$$3a_0+2a_1=6$$

이고, 이 연립방정식의 해는

$$a_0 = 4e - 10 \approx 0.873$$
$$a_1 = 18 - 6e \approx 1.690$$

이므로 구하는 근사함수는

$$g(x) \approx 4e - 10 + (18 - 6e)x$$
$$\approx 0.873 + 1.690x$$

이다. 그림 5.33은 [0, 1]에서 f와 g의 그래프이다.

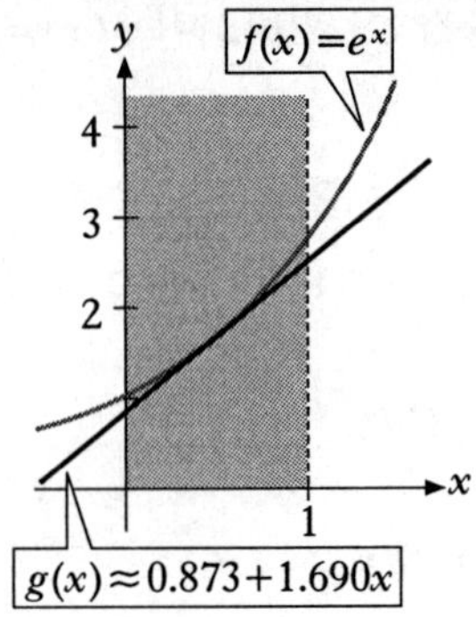

[그림 5.33] ■

물론 예제 4에서 얻어진 근사함수는 가장 좋은 근사함수의 정의에 달려 있다. 예를 들어, "가장 좋은"의 정의를 0.5에 중심을 둔 Taylor다항식이라 하면 근사함수 g는 다음과 같을 것이다.

$$g(x) = f(0.5) + f'(0.5)(x - 0.5)$$
$$\approx e^{0.5} + e^{0.5}(x - 0.5)$$
$$\approx 0.824 + 1.649x$$

더욱이 예제 4에서 얻어진 근사함수 g는 최소제곱문제에 따르는 f의 근사함수인 일차식이다. 예제 5에서는 근사함수로 이차식을 구할 것이다.

[예제 5] 최소제곱근사함수 구하기

함수 $f(x) = e^x$, $0 \le x \le 1$에 대한 최소제곱근사함수 $g(x) = a_0 + a_1x + a_2x^2$을 구하라.

풀이 $I=\int_0^1 [f(x)-g(x)]^2 dx=\int_0^1 (e^x-a_0-a_1x-a_2x^2)^2 dx$

예제 4에서와 같은 방법으로 이것을 적분하고 I를 a_0, a_1, a_2에 관하여 편미분한 것을 0으로 놓으면 다음 연립방정식을 얻는다.

$$6a_0=3a_1+2a_2=6(e-1)$$
$$6a_0=4a_1+3a_2=12$$
$$20a_0=15a_1+12a_2=60(e-2)$$

이 연립방정식을 풀면 다음을 얻는다.

$$a_0=-105+39e\approx 1.013$$
$$a_1=588-216e\approx 0.851$$
$$a_2=-570+210e\approx 0.839$$

따라서 구하는 근사함수는

$$g(x)\approx 1.013+0.851x+0.839x^2$$

이다. 그림 5.34는 f와 g의 그래프이다.

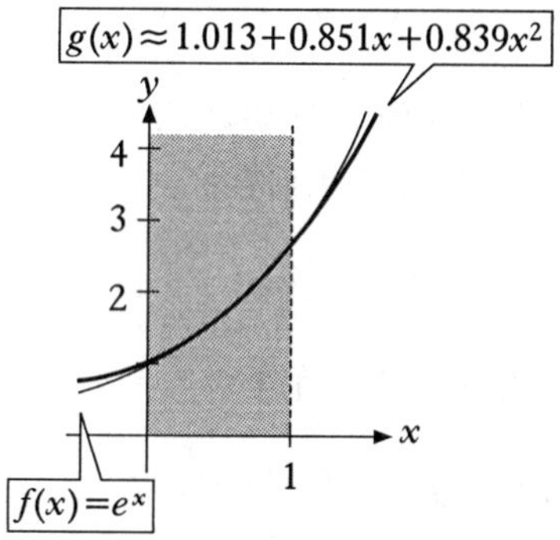

[그림 5.34] ■

적분 I(최소제곱근사함수의 정의에서 주어진)는 벡터형으로 표현할 수 있다. 5.2절의 예제 5에서 정의된 내적

$$\langle f, g\rangle=\int_a^b f(x)g(x)dx$$

을 이용하면 I는

$$I=\int_a^b [f(x)-g(x)]^2 dx=\langle f-g,\ f-g\rangle=\|f-g\|^2$$

이다. 즉, 최소제곱근사함수는 $\|f-g\|^2$을 최소화하는 것을 의미한다. 다시 말하면 함수 f의 최소제곱근사함수는 내적 $\langle f,\ g\rangle$에 대하여 f에 가장 가까운 함수 g를 뜻한다. 다음 정리는 함수 g를 결정하는 방법을 말해준다.

정리 5.19 최소제곱근사함수

함수 f는 $[a, b]$에서 연속이고 W는 $C[a, b]$의 유한차원 부분공간이라 하자. $B=\{\mathbf{w}_1, \mathbf{w}_2, \cdots, \mathbf{w}_n\}$가 W의 한 정규직교기저일 때, W에 관한 f의 최소제곱근사함수는 다음과 같다.

$$g=\langle f,\ \mathbf{w}_1\rangle\mathbf{w}_1+\langle f,\ \mathbf{w}_2\rangle\mathbf{w}_2+\cdots+\langle f,\ \mathbf{w}_n\rangle\mathbf{w}_n$$

증명 W의 임의의 벡터 $\mathbf{w}$에 대하여 부등식

$$\|f-g\|\le\|f-\mathbf{w}\|$$

을 만족하면 g는 f의 최소제곱근사함수이다. $f-g$는

$$f-g=f-\langle f,\ \mathbf{w}_1\rangle\mathbf{w}_1-\langle f,\ \mathbf{w}_2\rangle\mathbf{w}_2-\cdots-\langle f,\ \mathbf{w}_n\rangle\mathbf{w}_n$$

이고, 이것은 모든 $\mathbf{w}_i$에 수직이고 동시에 W의 모든 벡터에 수직이다. 특히, $f-g$는 $g-\mathbf{w}$에 수직이다. 따라서 벡터합

$$f-\mathbf{w}=(f-g)+(g-\mathbf{w})$$

에 피타고라스 정리를 적용하면

$$\|f-\mathbf{w}\|^2=\|f-g\|^2+\|g-\mathbf{w}\|^2$$

이다. 그러므로

$$\|f-g\|^2\le\|f-\mathbf{w}\|^2 \quad \text{즉,} \quad \|f-g\|\le\|f-\mathbf{w}\|$$

을 얻는다. ■

예제 4의 최소제곱근사함수를 정리 5.19를 사용하여 구해 보자. 표준기저 $\{1,\ x\}$에 Gram-Schmidt 정규직교화 과정을 적용하면 정규직교기저 $\{1,\ \sqrt{3}(2x-1)\}$을 얻는다. 그러면 선형함수들의 공간에서 e^x에 대한 근사함수는

$$\begin{aligned} g(x) &= \langle e^x,\ 1\rangle(1) + \langle e^x,\ \sqrt{3}(2x-1)\rangle\sqrt{3}(2x-1) \\ &= \int_0^1 e^x dx + \sqrt{3}(2x-1)\int_0^1 \sqrt{3}e^x(2x-1)dx \\ &= \int_0^1 e^x dx + 3(2x-1)\int_0^1 e^x(2x-1)dx \\ &= (e-1) + 3(2x-1)(3-e) \\ &= 4e-10+(18-6e)x \end{aligned}$$

이고 예제 4의 결과와 같다.

[예제 6] 최소제곱근사함수 구하기

함수 $f(x)=\sin x,\ 0\le x\le\pi$의 이차함수 공간 W에 관한 최소제곱근사함수를 구하라.

풀이 정리 5.19를 이용하여 W의 표준기저 $\{1,\ x,\ x^2\}$에 Gram-Schmidt 정규직교화 과정을 시행하면 정규직교기저

$$\begin{aligned} B &= \{\mathbf{w}_1,\ \mathbf{w}_2,\ \mathbf{w}_3\} \\ &= \left\{\frac{1}{\sqrt{\pi}},\ \frac{\sqrt{3}}{\pi\sqrt{\pi}}(2x-\pi),\ \frac{\sqrt{5}}{\pi^2\sqrt{\pi}}(6x^2-6\pi x+\pi^2)\right\} \end{aligned}$$

를 얻는다. 최소제곱근사함수 g는 다음으로 주어진다.

$$g(x) = \langle f,\ \mathbf{w}_1\rangle\mathbf{w}_1 + \langle f,\ \mathbf{w}_2\rangle\mathbf{w}_2 + \langle f,\ \mathbf{w}_3\rangle\mathbf{w}_3$$

오른쪽 항의 각 내적은

$$\begin{aligned} \langle f,\ \mathbf{w}_1\rangle &= \frac{1}{\sqrt{\pi}}\int_0^\pi \sin x\, dx = \frac{2}{\sqrt{\pi}} \\ \langle f,\ \mathbf{w}_2\rangle &= \frac{3}{\pi\sqrt{\pi}}\int_0^\pi \sin x(2x-\pi)dx = 0 \\ \langle f,\ \mathbf{w}_3\rangle &= \frac{\sqrt{5}}{\pi^2\sqrt{\pi}}\int_0^\pi \sin x(6x^2-6\pi x+\pi^2)dx = \frac{2\sqrt{5}}{\pi^2\sqrt{\pi}}(\pi^2-12) \end{aligned}$$

이다. 그러므로 구하는 g는 다음과 같다.

$$\begin{aligned} g(x) &= \frac{2}{\pi} + \frac{10(\pi^2-12)}{\pi^5}(6x^2-6\pi x+\pi^2) \\ &\approx -0.4177x^2 + 1.3122x - 0.0505 \end{aligned}$$

f와 g의 그래프는 그림 5.35이다.

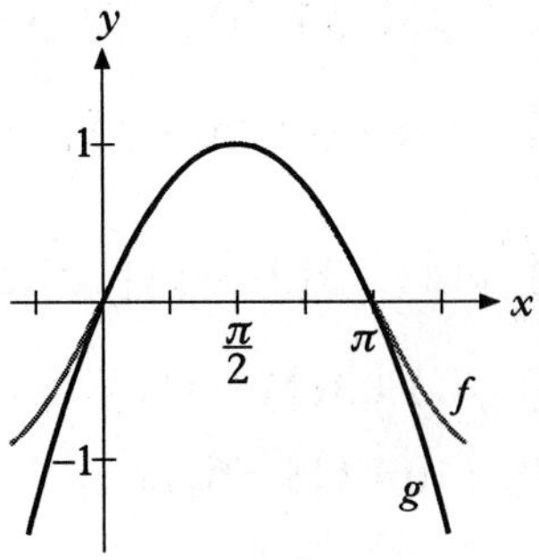

[그림 5.35] ■

Fourier 근사함수

특별한 형태의 최소제곱근사함수인 Fourier **근사함수**에 대하여 알아보자. 기저

$$S=\{1,\ \cos x,\ \cos 2x,\ \cdots,\ \cos nx,\ \sin x,\ \sin 2x,\ \cdots,\ \sin nx\}$$

로 생성된 벡터공간 $C[0, 2\pi]$의 부분공간 W에서 다음 함수

$$g(x)=\frac{a_0}{2}+a_1\cos x+\cdots+a_n\cos nx+b_1\sin x+\cdots+b_n\sin nx$$

를 생각해 보자. 이 $2n+1$개의 벡터들은 내적공간 $C[0, 2\pi]$에서 수직이다. 왜냐하면 5.3절의 예제 3에서 언급했듯이

$$\langle f,\ g\rangle=\int_0^{2\pi} f(x)g(x)dx=0,\quad f\neq g$$

이기 때문이다. 더욱이 이 기저에 있는 각 함수들을 정규화함으로서 다음 정규직교기저를 얻는다.

$$\begin{aligned}B&=\{\mathbf{w}_0,\ \mathbf{w}_1,\ \cdots,\ \mathbf{w}_n,\ \mathbf{w}_{n+1},\ \cdots,\ \mathbf{w}_{2n}\}\\&=\left\{\frac{1}{\sqrt{2\pi}},\ \frac{1}{\sqrt{\pi}}\cos x,\ \cdots,\ \frac{1}{\sqrt{\pi}}\cos nx,\ \frac{1}{\sqrt{\pi}}\sin x,\ \cdots,\ \frac{1}{\sqrt{\pi}}\sin nx\right\}\end{aligned}$$

이 정규직교기저에 정리 5.19를 적용하면

$$g(x)=\langle f,\ \mathbf{w}_0\rangle\mathbf{w}_0+\langle f,\ \mathbf{w}_1\rangle\mathbf{w}_1+\cdots+\langle f,\ \mathbf{w}_{2n}\rangle\mathbf{w}_{2n}$$

이므로 $g(x)$의 계수 $a_0,\ a_1,\ \cdots,\ a_n,\ b_1,\ \cdots,\ b_n$은 다음과 같다.

$$a_0=\langle f,\ \mathbf{w}_0\rangle\frac{2}{\sqrt{2\pi}}=\frac{2}{\sqrt{2\pi}}\int_0^{2\pi}f(x)\frac{1}{\sqrt{2\pi}}dx=\frac{1}{\pi}\int_0^{2\pi}f(x)\,dx$$

$$a_1=\langle f,\ \mathbf{w}_1\rangle\frac{1}{\sqrt{\pi}}=\frac{1}{\sqrt{\pi}}\int_0^{2\pi}f(x)\frac{1}{\sqrt{\pi}}\cos x\,dx=\frac{1}{\pi}\int_0^{2\pi}f(x)\cos x\,dx$$

$$\vdots$$

$$a_n=\langle f,\ \mathbf{w}_n\rangle\frac{1}{\sqrt{\pi}}=\frac{1}{\sqrt{\pi}}\int_0^{2\pi}f(x)\frac{1}{\sqrt{\pi}}\cos nx\,dx=\frac{1}{\pi}\int_0^{2\pi}f(x)\cos nx\,dx$$

$$b_1=\langle f,\ \mathbf{w}_{n+1}\rangle\frac{1}{\sqrt{\pi}}=\frac{1}{\sqrt{\pi}}\int_0^{2\pi}f(x)\frac{1}{\sqrt{\pi}}\sin x\,dx=\frac{1}{\pi}\int_0^{2\pi}f(x)\sin x\,dx$$

$$\vdots$$

$$b_n=\langle f,\ \mathbf{w}_{2n}\rangle\frac{1}{\sqrt{\pi}}=\frac{1}{\sqrt{\pi}}\int_0^{2\pi}f(x)\frac{1}{\sqrt{\pi}}\sin nx\,dx=\frac{1}{\pi}\int_0^{2\pi}f(x)\sin nx\,dx$$

함수 $g(x)$를 구간 $[0,\ 2\pi]$ 위에서 f의 **제n계 Fourier 근사함수**라 하고, 각 계수를 **Fourier계수**라 한다. 이 용어는 프랑스의 수학자 Jean-Baptiste Joseph Fourier(1768~1830)의 이름을 따서 명칭되었다.

정리 5.20 Fourier 근사함수

구간 $[0,\ 2\pi]$에서

$$\{1,\ \cos x,\ \cos 2x,\ \cdots,\ \cos nx,\ \sin x,\ \sin 2x,\ \cdots,\ \sin nx\}$$

에 의하여 생성된 벡터공간에 관한 연속함수 f의 최소제곱근사함수는 다음과 같이 주어진다.

$$g(x)=\frac{a_0}{2}+a_1\cos x+\cdots+a_n\cos nx+b_1\sin x+\cdots+b_n\sin nx$$

이 때, Fourier계수 $a_0,\ a_1,\ \cdots,\ a_n,\ b_1,\ \cdots,\ b_n$는 다음과 같다.

$$a_0=\frac{1}{\pi}\int_0^{2\pi}f(x)\,dx$$

$$a_j=\frac{1}{\pi}\int_0^{2\pi}f(x)\cos jx\,dx,\quad j=1,\ 2,\ \cdots,\ n$$

$$b_j=\frac{1}{\pi}\int_0^{2\pi}f(x)\sin jx\,dx,\quad j=1,\ 2,\ \cdots,\ n$$

[예제 7] Fourier 근사함수 구하기

함수 $f(x)=x,\ 0\le x\le 2\pi$의 제3계 Fourier 근사함수를 구하라.

풀이 정리 5.20을 사용하면

$$g(x)=\frac{a_0}{2}+a_1\cos x+a_2\cos 2x+a_3\cos 3x+b_1\sin x+b_2\sin 2x+b_3\sin 3x$$

이고

$$a_0=\frac{1}{\pi}\int_0^{2\pi}x\,dx=\frac{1}{\pi}2\pi^2=2\pi$$

$$a_j=\frac{1}{\pi}\int_0^{2\pi}x\cos jx\,dx=\left[\frac{1}{\pi j^2}\cos jx+\frac{x}{\pi j}\sin jx\right]_0^{2\pi}=0$$

$$b_j=\frac{1}{\pi}\int_0^{2\pi}x\sin jx\,dx=\left[\frac{1}{\pi j^2}\sin jx-\frac{x}{\pi j}\cos jx\right]_0^{2\pi}=-\frac{2}{j}$$

그러므로 구하는 Fourier 근사함수는

$$\begin{aligned}g(x)&=\frac{2\pi}{2}-2\sin x-\sin 2x-\frac{2}{3}\sin 3x\\&=\pi-2\sin x-\sin 2x-\frac{2}{3}\sin 3x\end{aligned}$$

이다. f와 g의 그래프는 그림 5.36이다.

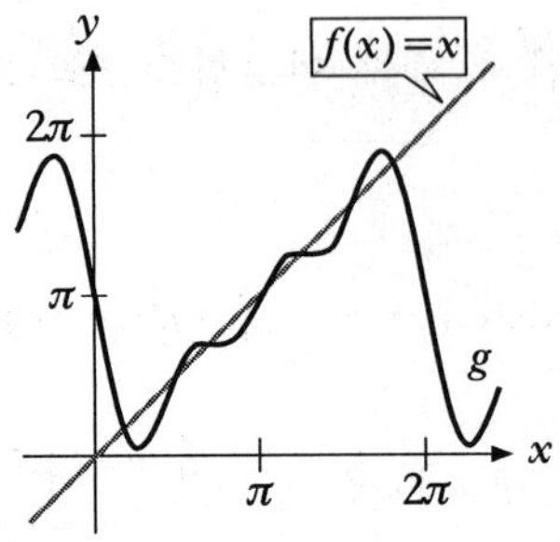

[그림 5.36] ■

예제 7에서 제n계 Fourier 근사계수는

$$a_0=2\pi,\ a_1=a_2=\cdots=a_n=0$$

이고

$$b_1=-\frac{2}{1},\ b_2=-\frac{2}{2},\ \cdots,\ b_n=-\frac{2}{n}.$$

이므로 $f(x)=x$의 제n계 Fourier와 근사함수 g는 다음과 같다.

$$g(x)=\pi-2\left(\sin x+\frac{1}{2}\sin 2x+\frac{1}{3}\sin 3x+\cdots+\frac{1}{n}\sin nx\right)$$

n이 증가함에 따라 Fourier 근사함수는 원래 함수에 더 가까워진다. 예를 들어 그림 5.37은 $f(x)=x,\ 0\leq x\leq 2\pi$의 제4계와 제5계의 Fourier 근사함수이다.

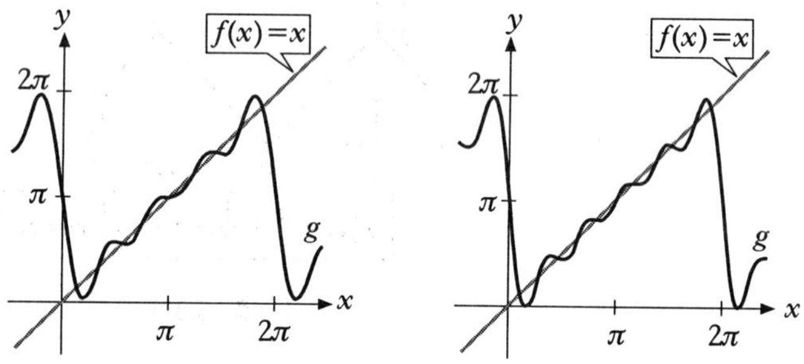

[그림 5.37]

우리는 구간 $(0,\ 2\pi)$의 모든 x에 대하여 $n\to\infty$임에 따라 오차 $\|f-g\|$는 0에 가까워짐을 알 수 있다. $g(x)$에 대한 무한급수를 Fourier급수라 한다.

[예제 8] Fourier 근사함수 구하기

$f(x)=|x-\pi|,\ 0\leq x\leq 2\pi$의 제4계 Fourier 근사함수를 구하라.

풀이 Fourier계수는 다음과 같다.

$$a_0=\frac{1}{\pi}\int_0^{2\pi}|x-\pi|\,dx=\pi$$

$$\begin{aligned}a_j&=\frac{1}{\pi}\int_0^{2\pi}|x-\pi|\cos jx\,dx\\&=\frac{2}{\pi}\int_0^{\pi}(\pi-x)\cos jx\,dx\\&=\frac{2}{\pi j^2}(1-\cos j\pi)\end{aligned}$$

$$b_j=\frac{1}{\pi}\int_0^{2\pi}|x-\pi|\sin jx\,dx=0$$

따라서 $a_1=\frac{4}{\pi}$, $a_2=0$, $a_3=\frac{4}{9\pi}$, $a_4=0$이다. 그러므로 구하는 Fourier 근사함수는

$$g(x)=\frac{\pi}{2}+\frac{4}{\pi}\cos x+\frac{4}{9\pi}\cos 3x$$

이다. f와 g의 그래프는 그림 5.38이다.

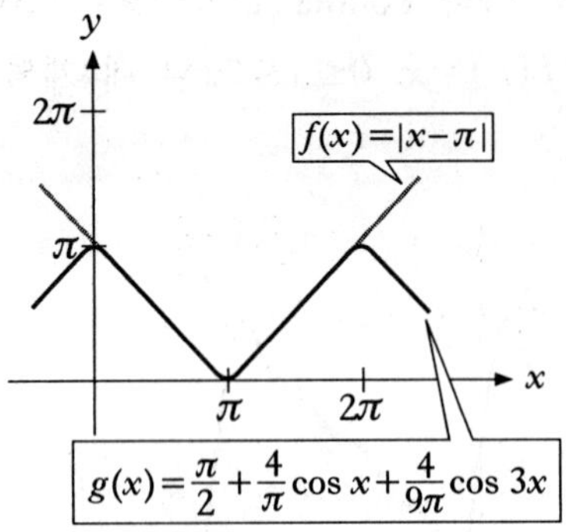

[그림 5.38] ■

연습문제 5.5(내적공간의 응용)

두 벡터의 외적

1-8번의 $\mathbf{u}\times\mathbf{v}$를 구하고 그것이 $\mathbf{u}$와 $\mathbf{v}$ 모두에 수직임을 보여라.

1. $\mathbf{u}=(1, 0, 0)$, $\mathbf{v}=(0, 1, 0)$

2. $\mathbf{u}=(0, 1, 0)$, $\mathbf{v}=(1, 0, 0)$

3. $\mathbf{u}=\mathbf{j}$, $\mathbf{v}=\mathbf{k}$

4. $\mathbf{u}=\mathbf{k}$, $\mathbf{v}=\mathbf{j}$

5. $\mathbf{u}=\mathbf{i}+\mathbf{j}+\mathbf{k}$, $\mathbf{v}=2\mathbf{i}+\mathbf{j}-\mathbf{k}$

6. $\mathbf{u}=\mathbf{i}-2\mathbf{j}+\mathbf{k}$, $\mathbf{v}=-\mathbf{i}+3\mathbf{j}-2\mathbf{k}$

7. $\mathbf{u}=(2, -3, 1)$, $\mathbf{v}=(1, -2, 1)$

8. $\mathbf{u}=(4, 1, 0)$, $\mathbf{v}=(3, 2, -2)$

9-12번의 그림을 이용하여 $\mathbf{u}\times\mathbf{v}$를 구하고 그것이 $\mathbf{u}$와 $\mathbf{v}$ 모두에 수직임을 보여라.

9. $\mathbf{u}=(1, 2, -1)$, $\mathbf{v}=(2, 1, 2)$

10. $\mathbf{u}=(0, 1, -1)$, $\mathbf{v}=(1, 2, 0)$

11. $\mathbf{u}=2\mathbf{i}-\mathbf{j}+\mathbf{k}$, $\mathbf{v}=\mathbf{i}-2\mathbf{j}+\mathbf{k}$

12. $\mathbf{u}=2\mathbf{i}+\mathbf{j}-\mathbf{k}$, $\mathbf{v}=\mathbf{i}-\mathbf{j}+2\mathbf{k}$

13-16번의 다음을 이웃하는 평행사변형의 면적을 구하라.

13. $\mathbf{u}=\mathbf{j}$, $\mathbf{v}=\mathbf{j}+\mathbf{k}$

14. $\mathbf{u}=\mathbf{i}+\mathbf{j}+\mathbf{k}$, $\mathbf{v}=\mathbf{j}+\mathbf{k}$

15. $\mathbf{u}=(3, 2, -1)$, $\mathbf{v}=(1, 2, 3)$

16. $\mathbf{u}=(2, -1, 0)$, $\mathbf{v}=(-1, 2, 0)$

17-19번의 $\mathbf{u}\cdot(\mathbf{v}\times\mathbf{w})$를 구하라. 이 양을 u, v, w의 스칼라삼중적이라 한다.

17. $\mathbf{u}=\mathbf{i}$, $\mathbf{v}=\mathbf{j}$, $\mathbf{w}=\mathbf{k}$

18. $\mathbf{u}=(1, 1, 1)$, $\mathbf{v}=(2, 1, 0)$, $\mathbf{w}=(0, 0, 1)$

19. $\mathbf{u}=(2, 0, 1)$, $\mathbf{v}=(0, 3, 0)$, $\mathbf{w}=(0, 0, 1)$

20. **u**, **v**, **w**를 이웃 세 변으로 갖는 평행육면체의 체적은 $|\mathbf{u}\cdot(\mathbf{v}\times\mathbf{w})|$임을 보여라.

21. 연습문제 20을 이용하여 $\mathbf{u}=\mathbf{i}+\mathbf{j}$, $\mathbf{v}=\mathbf{j}+\mathbf{k}$, $\mathbf{w}=\mathbf{i}+2\mathbf{k}$를 이웃 세 변으로 하는 평행육면체의 체적을 구하라(그림 5.39).

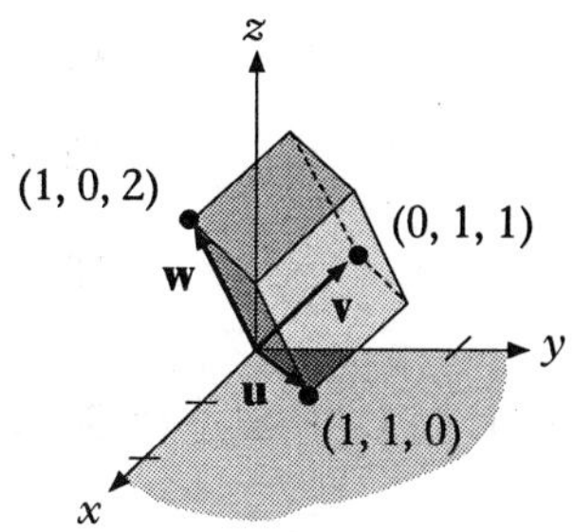

[그림 5.39]

22. 그림 5.40에서 **u**, **v**, **w**를 이웃 세 변으로 하는 평행육면체의 체적을 구하라.

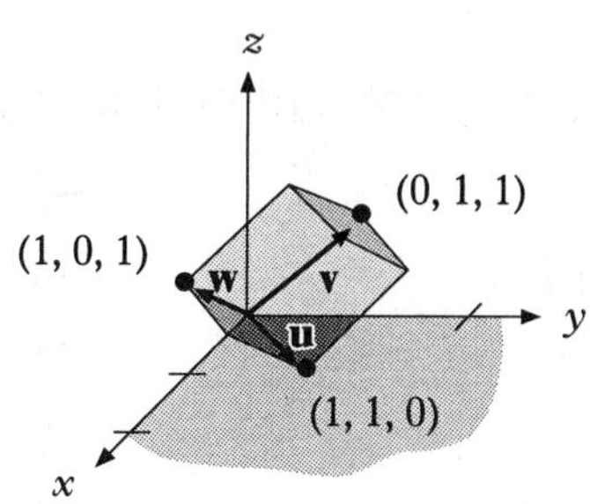

[그림 5.40]

23. $c\mathbf{u}\times\mathbf{v}=c(\mathbf{u}\times\mathbf{v})=\mathbf{u}\times c\mathbf{v}$임을 증명하라.

24. $\mathbf{u}\times(\mathbf{v}+\mathbf{w})=(\mathbf{u}\times\mathbf{v})+(\mathbf{u}\times\mathbf{w})$임을 증명하라.

25. $\mathbf{u}\times\mathbf{0}=\mathbf{0}\times\mathbf{u}=\mathbf{0}$임을 증명하라.

26. $\mathbf{u}\times\mathbf{u}=\mathbf{0}$임을 증명하라.

27. $\mathbf{u}\cdot(\mathbf{v}\times\mathbf{w})=(\mathbf{u}\times\mathbf{v})\cdot\mathbf{w}$임을 증명하라.

28. $\mathbf{u}\times\mathbf{v}$는 $\mathbf{u}$와 $\mathbf{v}$ 모두에 수직임을 증명하라.

29. $\mathbf{u}$와 $\mathbf{v}$ 사이의 각 θ는 $\|\mathbf{u}\times\mathbf{v}\|=\|\mathbf{u}\|\|\mathbf{v}\|\sin\theta$로 주어짐을 증명하라.

30. $\mathbf{u}\times\mathbf{v}=\mathbf{0}$일 필요충분조건은 $\mathbf{u}$와 $\mathbf{v}$가 평행임을 증명하라.

31. Lagrange등식 $\|\mathbf{u}\times\mathbf{v}\|^2=\|\mathbf{u}\|^2\|\mathbf{v}\|^2-(\mathbf{u}\cdot\mathbf{v})^2$을 증명하라.

32. (a) $\mathbf{u}\times(\mathbf{v}\times\mathbf{w})=(\mathbf{u}\cdot\mathbf{w})\mathbf{v}-(\mathbf{u}\cdot\mathbf{v})\mathbf{w}$임을 증명하라.
   (b) $\mathbf{u}\times(\mathbf{v}\times\mathbf{w})\neq(\mathbf{u}\times\mathbf{v})\times\mathbf{w}$인 예를 들어라.

최소제곱문제(해석학)

33-38번의 (a) 함수 f에 대한 일차인 최소제곱근사함수 g를 구하라. (b) f와 g의 그래프를 그려라.

33. $f(x)=x^2,\ 0\le x\le 1$

34. $f(x)=\sqrt{x},\ 1\le x\le 4$

35. $f(x)=e^{2x},\ 0\le x\le 1$

36. $f(x)=\cos x,\ 0\le x\le \pi$

37. $f(x)=\sin x,\ 0\le x\le \frac{\pi}{2}$

38. $f(x)=\sin x,\ -\frac{\pi}{2}\le x\le \frac{\pi}{2}$

39-42번의 (a) 함수 f에 대한 이차인 최소제곱근사함수 g를 구하라. (b) f와 g의 그래프를 그려라.

39. $f(x)=x^3,\ 0\le x\le 1$

40. $f(x)=\sqrt{x},\ 1\le x\le 4$

41. $f(x)=\sin x,\ 0\le x\le \pi$

42. $f(x)=\sin x,\ -\frac{\pi}{2}\le x\le \frac{\pi}{2}$

Fourier 근사함수

43-52번의 구간 $[0, 2\pi]$의 함수에 대하여 주어진 계수의 Fourier 근사함수를 구하라.

43. $f(x)=\pi-x$, 3계수

44. $f(x)=\pi-x$, 4계수

45. $f(x)=(x-\pi)^2$, 3계수

46. $f(x)=(x-\pi)^2$, 4계수

47. $f(x)=e^{-x}$, 첫째계수

48. $f(x)=e^{-x}$, 둘째계수

49. $f(x)=1+x$, 3계수

50. $f(x)=1+x$, 4계수

51. $f(x)=2\sin x\cos x$, 4계수

52. $f(x)=\sin^2 x$, 4계수

53. 연습문제 43과 44를 이용하여 구간 $[0, 2\pi]$의 함수 $f(x)=\pi-x$에 대한 제n계 Fourier 근사함수를 구하라.

54. 연습문제 45와 46을 이용하여 구간 $[0, 2\pi]$의 함수 $f(x)=(x-\pi)^2$에 대한 제n계 Fourier 근사함수를 구하라.

요 약 Chapter 5(내적공간)

이 장의 학습 후 다음 지식들은 필히 알아야 한다.

- 벡터 **v**에 대하여, **v**의 길이 구하기, **v**와 같은 방향의 같은 길이를 갖는 벡터 **u** 구하기, **v**와 같은 방향 또는 반대방향의 단위벡터 구하기
- 두 벡터 **u**, **v**에 대하여, 두 벡터의 거리 구하기, 내적 구하기, 사잇각 구하기
- 두 벡터 **u**, **v**에 대하여, Cauchy-Schwartz부등식, 삼각부등식, 피타고라스 정리 증명하기
- 주어진 벡터에 주직인 모든 벡터 결정하기
- 두 벡터의 수직성, 평행성 결정하기
- 한 함수가 R^n, $M_{n,n}$ 또는 P_n에서 내적을 정의하는지 결정하기, 그리고 R^n, $M_{n,n}$ 또는 P_n에서 내적 $\langle \mathbf{u}, \mathbf{v} \rangle$ 구하기
- 한 벡터를 주어진 벡터위로 또는 부분공간 위로 내린 정사영 구하기
- R^n에서 주어진 벡터들의 집합이 직교집합인지 정규직교집합인지 결정하기
- R^n의 정규기저에 관한 x의 좌표 구하기
- Gram-Schmidt 정규직교화 과정을 이용하여 주어진 기저, 부분공간 또는 내적공간의 정규직교기저 구하기
- 동차연립일차방정식의 해공간에 대한 정규직교기저 구하기
- 주어진 부분공간이 직교공간인지 결정하기
- 주어진 부분공간의 직교보공간 구하기
- 연립방정식 $A\mathbf{x}=\mathbf{b}$의 최소제곱해 구하기
- 주어진 자료에 대한 최소제곱회귀선 구하기
- 두 벡터 **u**, **v**에 대하여, 외적 구하기, 그리고 그것은 두 벡터에 모두 수직임을 보이기
- 주어진 함수에 대한 최소제곱 일차함수 또는 이차함수 구하기
- 주어진 함수에 대한 제n계 Fourier 근사함수 구하기

복습문제 Chapter 5(내적공간)

1-4번의 (a) $\|\mathbf{u}\|$, (b) $\|\mathbf{v}\|$, (c) $\mathbf{u}\cdot\mathbf{v}$, (d) $d(\mathbf{u}, \mathbf{v})$를 구하라.

1. $\mathbf{u}=(1, 2)$, $\mathbf{v}=(4, 1)$

2. $\mathbf{u}=(1, -1, 2)$, $\mathbf{v}=(2, 3, 1)$

3. $\mathbf{u}=(1, -2, 2, 0)$, $\mathbf{v}=(2, -1, 0, 2)$
4. $\mathbf{u}=(1, -1, 0, 1, 1)$, $\mathbf{v}=(0, 1, -2, 2, 1)$

5-6번의 $\|\mathbf{v}\|$를 구하고 $\mathbf{v}$와 같은 방향의 단위벡터를 구하라.

5. $\mathbf{u}=(5, 3, -2)$
6. $\mathbf{v}=(1, -2, 1)$

7-10번의 두 벡터 사이의 각을 구하라.

7. $\mathbf{u}=(2, 2)$, $\mathbf{v}=(-3, 3)$
8. $\mathbf{u}=\left(\cos\frac{3\pi}{4}, \sin\frac{3\pi}{4}\right)$, $\mathbf{v}=\left(\cos\frac{2\pi}{3}, \sin\frac{2\pi}{3}\right)$
9. $\mathbf{u}=(10, -5, 15)$, $\mathbf{v}=(-2, 1, -3)$
10. $\mathbf{u}=(1, 0, -3, 0)$, $\mathbf{v}=(2, -2, 1, 1)$

11-14번의 $\text{proj}_{\mathbf{v}}\mathbf{u}$를 구하라.

11. $\mathbf{u}=(2, 4)$, $\mathbf{v}=(1, -5)$
12. $\mathbf{u}=(2, 3)$, $\mathbf{v}=(0, 4)$
13. $\mathbf{u}=(0, -1, 2)$, $\mathbf{v}=(3, 2, 4)$
14. $\mathbf{u}=(1, 2, -1)$, $\mathbf{v}=(0, 2, 3)$
15. $\mathbf{u}=\left(2, -\frac{1}{2}, 1\right)$, $\mathbf{v}=\left(\frac{3}{2}, 2, -1\right)$에 대하여 (a) $\langle\mathbf{u}, \mathbf{v}\rangle=u_1v_1+2u_2v_2+3u_3v_3$로 정의된 내적을 구하라. (b) 이 내적을 이용하여 $\mathbf{u}$와 $\mathbf{v}$ 사이의 거리를 구하라.
16. $\mathbf{u}=\left(0, 3, \frac{1}{3}\right)$, $\mathbf{v}=\left(\frac{4}{3}, 1, -3\right)$에 대하여 (a) $\langle\mathbf{u}, \mathbf{v}\rangle=2u_1v_1+u_2v_2+2u_3v_3$로 정의된 내적을 구하라. (b) 이 내적을 이용하여 $\mathbf{u}$와 $\mathbf{v}$ 사이의 거리를 구하라.
17. 연습문제 15에 주어진 $\mathbf{u}$, $\mathbf{v}$에 대하여 삼각부등식, Cauchy-Schwartz부등식을 확인하라(연습문제 15의 내적을 이용하여라).
18. 연습문제 16에 주어진 $\mathbf{u}$, $\mathbf{v}$에 대하여 삼각부등식, Cauchy-Schwartz부등식을 확인하라(연습문제 16의 내적을 이용하라).

19-20번의 $\mathbf{u}$에 수직인 모든 벡터를 구하라.

19. $\mathbf{u}=(0, -4, 3)$
20. $\mathbf{u}=(1, -2, 2, 1)$

21-24번의 Gram-Schmidt 정규직교화 과정을 이용하여 다음 기저를 정규직교기저로 변환하라(유클리드 내적을 이용하라).

21. $B=\{(1, 1), (0, 1)\}$
22. $B=\{(3, 4), (1, 2)\}$
23. $B=\{(0, 3, 4), (1, 0, 0), (1, 1, 0)\}$
24. $B=\{(0, 0, 2), (0, 1, 1), (1, 1, 1)\}$
25. $B=\{(0, 2, -2), (1, 0, -2)\}$는 R^3의 한 부분공간의 기저이고 $x=(-1, 4, -2)$는 그 부분공간의 벡터이다.

(a) x를 B에 있는 벡터들의 일차결합으로 나타내어라. 즉, B에 관한 x의 좌표를 구하라.

(b) Gram-Schmidt 정규직교화 과정을 이용하여 B를 정규직교집합 B'으로 변환하라.

(c) x를 B'에 있는 벡터들의 일차결합으로 나타내어라. 즉, B'에 관한 x의 좌표를 구하라.

26. 연습문제 25를 $B=\{(-1, 2, 2), (1, 0, 0)\}$와 $x=(-3, 4, 4)$에 적용하라.

해석학 27-30번의 f와 g를 내적이 $\langle f, g\rangle=\int_a^b f(x)g(x)dx$로 정의되는 벡터공간 $C[a, b]$의 함수라 하자.

27. $f(x)=x$와 $g(x)=x^2$은 $C[0, 1]$의 벡터이다.

(a) $\langle f, g\rangle$를 구하라.

(b) $\|g\|$를 구하라.

(c) $d(f, g)$를 구하라.

(d) 집합 $B=\{f, g\}$를 정규직교화하라.

28. $f(x)=x+2$와 $g(x)=15x-8$은 $C[0, 1]$의 벡터이다.

(a) $\langle f, g\rangle$를 구하라.

(b) $\langle -4f, g\rangle$를 구하라.

(c) $\|f\|$를 구하라.

(d) 집합 $B=\{f, g\}$를 정규직교화하라.

29. $f(x)=\sqrt{1-x^2}$와 $g(x)=2x\sqrt{1-x^2}$은 $C[0, 1]$에서 수직임을 보여라.

30. $C[-\pi, \pi]$에 있는 함수들의 다음 집합에 Gram-Schmidt 정규직교화 과정을 적용하라.

$S=\{1, \cos x, \sin x, \cos 2x, \sin 2x, \cdots, \cos nx, \sin nx\}$

31. 3차원 유클리드 공간의 다음 부분공간에 대하여 정규직교기저를 구하라.

$W=\{(x_1, x_2, x_3) : x_1+x_2+x_3=0\}$

32. 다음 동차연립일차방정식의 해공간에 대한 정규직교기저를 구하라.

$$x+y-z+w=0$$
$$2x-y+z+2w=0$$

해석학 33-34번의 (a) 내적을 구하라. (b) 그 벡터들이 수직인지 결정하여라. (c) 그 벡터들에 대한 Cauchy-Schwarz 부등식을 증명하라.

33. $f(x)=x,\ g(x)=\dfrac{1}{x^2+1},\ \langle f, g\rangle=\int_{-1}^{1} f(x)g(x)dx$

34. $f(x)=x,\ g(x)=4x^2,\ \langle f, g\rangle=\int_0^1 f(x)g(x)dx$

35. 내적공간의 벡터 $\mathbf{u}$, $\mathbf{v}$가 $\|\mathbf{u}\| \leq 1$, $\|\mathbf{v}\| \leq 1$이면 $|\langle \mathbf{u}, \mathbf{v} \rangle| \leq 1$임을 증명하라.

36. $\mathbf{u}$, $\mathbf{v}$가 내적공간의 벡터이면 $\|\mathbf{u}\| - \|\mathbf{v}\| \leq \|\mathbf{u} \pm \mathbf{v}\|$임을 증명하라.

37. V는 R^n의 m차원 부분공간일 때 V의 임의의 벡터 $\mathbf{u}$는 V의 벡터 $\mathbf{v}$와 V의 모든 벡터에 수직인 벡터 $\mathbf{w}$의 합, 즉 $\mathbf{u} = \mathbf{v} + \mathbf{w}$의 형으로 표현되며 그 표현 방법은 유일함을 증명하라.

38. V는 $(0, 1, 0, 1)$, $(0, 2, 0, 0)$로 생성된 R^4의 부분공간이다. $\mathbf{u} = (1, 1, 1, 1)$를 V의 벡터 $\mathbf{v}$와 V의 모든 벡터에 수직인 벡터 $\mathbf{w}$의 합, 즉 $\mathbf{u} = \mathbf{v} + \mathbf{w}$의 형으로 나타내어라.

39. $\{\mathbf{u}_1, \mathbf{u}_2, \cdots, \mathbf{u}_m\}$은 R^n의 정규직교집합이고 $\mathbf{v}$는 R^n의 임의의 벡터일 때 다음을 증명하라.

$\|\mathbf{v}\|^2 \geq \sum_{i=1}^{m} (\mathbf{v} \cdot \mathbf{u}_i)^2$ (Bessel의 부등식)

40. $\{x_1, x_2, \cdots, x_n\}$이 실수들의 집합일 때 Cauchy-Schwarz부등식을 이용하여 다음을 증명하라.

$(x_1 + x_2 + \cdots + x_n)^2 \leq n(x_1^2 + x_2^2 + \cdots + x_n^2)$

41. $\mathbf{u}$와 $\mathbf{v}$가 내적공간 V의 벡터일 때 $\|\mathbf{u} + \mathbf{v}\| = \|\mathbf{u} - \mathbf{v}\|$일 필요충분조건은 $\mathbf{u}$와 $\mathbf{v}$가 수직인 것임을 증명하라.

42. **서술** 내적공간 V의 종속집합 $\{\mathbf{u}_1, \mathbf{u}_2, \cdots, \mathbf{u}_n\}$에 Gram-Schmidt 정규직교화 과정을 적용한 결과를 말하라.

43. 행렬 $A = \begin{bmatrix} 1 & 2 \\ 2 & 1 \\ 0 & -1 \end{bmatrix}$의 두 열벡터에 의하여 생성된 R^3의 부분공간 S의 직교보공간 $S^\perp$을 구하라.

44. 부분공간 $S = \text{span}\left\{ \begin{bmatrix} 0 \\ -1 \\ 1 \end{bmatrix}, \begin{bmatrix} 0 \\ 1 \\ 1 \end{bmatrix} \right\}$ 위로의 $\mathbf{v} = [1 \ \ 0 \ \ -2]^T$의 정사영을 구하라.

45. 행렬 $A = \begin{bmatrix} 0 & 1 & 0 \\ 0 & -3 & 0 \\ 1 & 0 & 1 \end{bmatrix}$의 4가지 기본공간을 구하라.

46. 자료 $\{(-2, 2), (-1, 1), (0, 1), (1, 3)\}$에 대한 최소제곱회귀선을 구하라. 이 자료와 회귀선을 같은 평면 위에 그려라.

수학적 모델

47. 다음 표는 1993년부터 2000년까지의 3가지 식료품의 평균 소매 가격(파운드당 달러)을 나타낸 것이다. 각 종류에 대한 최소제곱회귀선을 구하라. $x = 3$이 1993년에 대응된다고 할 때 2005년의 예상 가격을 구하라.

년도	1993	1994	1995	1996	1997	1998	1999	2000
아이스크림, y_I	2.59	2.62	2.68	2.94	3.02	3.30	3.40	3.66
T-Bone Steak, y_T	5.77	5.86	5.92	5.87	6.07	6.40	6.71	6.82
Ground Beef, y_G	2.25	2.14	2.04	2.05	2.06	2.08	2.15	2.33

48. 다음 표는 1990년부터 1999년까지의 메이저리그 야구경기의 평균 연봉을 나타낸 것이다. 적당한 최소제곱회귀선을 구하고 2005년의 예상 연봉을 구하라. $x=0$을 1990년에 대응하라.

년도	1990	1991	1992	1993	1994	1995	1996	1997	1998	1999
연봉, y	0.60	0.85	1.03	1.08	1.17	1.11	1.12	1.34	1.40	1.61

두 벡터의 외적

49-50번의 $\mathbf{u}\times\mathbf{v}$를 구하고 그것은 $\mathbf{u}$와 $\mathbf{v}$ 모두에 수직임을 보여라.

49. $\mathbf{u}=(1, 1, 1)$, $\mathbf{v}=(1, 0, 0)$

50. $\mathbf{u}=\mathbf{j}+6\mathbf{k}$, $\mathbf{v}=\mathbf{i}-2\mathbf{j}+\mathbf{k}$

51. $\mathbf{u}=(1, 3, 0)$, $\mathbf{v}=(-1, 0, 2)$를 이웃 두 변으로 하는 평행사변형의 면적을 구하라.

52. $\|\mathbf{u}\times\mathbf{v}\|=\|\mathbf{u}\|\|\mathbf{v}\|$일 필요충분조건은 $\mathbf{u}$, $\mathbf{v}$가 수직임을 증명하라.

53-54번의 $\mathbf{u}$, $\mathbf{v}$, $\mathbf{w}$를 이웃 세 변으로 하는 평행육면체의 체적은 스칼라 삼중적 $|\mathbf{u}\cdot(\mathbf{v}\times\mathbf{w})|$로 주어진다. 다음 세 벡터를 이웃 세 변으로 갖는 평행육면체의 체적을 구하라.

53. $\mathbf{u}=(1, 0, 0)$, $\mathbf{v}=(0, 0, 1)$, $\mathbf{w}=(0, 1, 0)$

54. $\mathbf{u}=(1, 2, 1)$, $\mathbf{v}=(-1, -1, 0)$, $\mathbf{w}=(3, 4, -1)$

최소제곱근사치(해석학)

55-58번의 함수 f에 대하여 선형인 최소제곱근사함수 g를 구하라. 그리고 f와 g의 그래프를 그려라.

55. $f(x)=x^3$, $-1\le x\le 1$

56. $f(x)=x^3$, $0\le x\le 2$

57. $f(x)=\sin 2x$, $0\le x\le \dfrac{\pi}{2}$

58. $f(x)=\sin x\cos x$, $0\le x\le \pi$

59-60번의 함수 f에 대하여 2차인 최소제곱근사함수 g를 구하라. 그리고 f와 g의 그래프를 그려라.

59. $f(x)=\sqrt{x}$, $0\le x\le 1$

60. $f(x)=\dfrac{1}{x}$, $1\le x\le 2$

Fourier근사함수(해석학)

61-62번의 다음 함수의 제n계 Fourier근사함수를 구하라.

61. $f(x)=x^2$, $-\pi \le x \le \pi$, 첫째계

62. $f(x)=x$, $-\pi \le x \le \pi$, 둘째계

참 또는 거짓? 63-64번의 다음 명제가 참인지 거짓인지를 말하라. 참이면 그 이유를 말하거나 교재에서 적당한 명제를 인용하라. 거짓이면 반례를 들거나 적당한 명제를 인용하라.

63. (a) R^3에서 영이 아닌 두 벡터의 외적은 주어진 두 벡터에 수직인 벡터를 나타낸다.

(b) R^3에서 영이 아닌 두 벡터의 외적은 가환적이다.

(c) 함수 f의 최소제곱근사함수는 내적 $\langle f, g\rangle$의 항목으로 f에 가장 가까운 함수 g이다.

64. (a) R^3의 벡터 $\mathbf{u}\times\mathbf{v}$와 $\mathbf{v}\times\mathbf{u}$는 길이가 같지만 방향은 반대이다.

(b) R^3의 영이 아닌 벡터 $\mathbf{u}$와 $\mathbf{v}$가 평행이 될 필요충분조건은 $\mathbf{u}\times\mathbf{v}=\mathbf{0}$이다.

(c) 최소제곱근사함수의 특수한 형태인 Fourier근사함수는 기저

$S=\{1, \cos x, \cos 2x, \cdots, \cos nx, \sin x, \sin 2x, \cdots, \sin nx\}$

에 의하여 생성된다.

프로젝트 Chapter 5(내적공간)

1. QR-분해

Gram-Schmidt정규직교화과정은 소위 QR-분해라 불리우는 행렬의 분해에 응용된다. A가 계급이 n인 $m\times n$행렬이면 A는 정규직교열벡터를 갖는 $m\times n$행렬 Q와 상삼각인 $n\times n$행렬 R의 곱 $A=QR$로 표현된다. A의 열벡터는 R^m의 한 부분공간에 대한 기저로 간주되고 Q의 열벡터는 A의 열벡터에 Gram-Schmidt 정규직교화 과정을 적용한 결과이다.

5.3절의 예제 7에서 Gram-Schmidt 정규직교화 과정은 행렬

$$A=\begin{bmatrix}1 & 1 & 0\\ 1 & 2 & 1\\ 0 & 0 & 2\end{bmatrix}$$

에 적용되었다. 이 때 R^3에 대한 다음 정규직교기저

$$\mathbf{q}_1=(\sqrt{2}/2,\ \sqrt{2}/2,\ 0)$$

$$\mathbf{q}_2 = (-\sqrt{2}/2,\ \sqrt{2}/2,\ 0)$$
$$\mathbf{q}_3 = (0,\ 0,\ 1)$$

가 얻어진다. 이 벡터들은 행렬 Q의 열을 이룬다.

$$Q = \begin{bmatrix} \sqrt{2}/2 & -\sqrt{2}/2 & 0 \\ \sqrt{2}/2 & \sqrt{2}/2 & 0 \\ 0 & 0 & 1 \end{bmatrix}$$

상삼각행렬 R는 다음 내적으로 구성된다.

$$\begin{bmatrix} \mathbf{v}_1 \cdot \mathbf{q}_1 & \mathbf{v}_2 \cdot \mathbf{q}_1 & \mathbf{v}_3 \cdot \mathbf{q}_1 \\ 0 & \mathbf{v}_2 \cdot \mathbf{q}_2 & \mathbf{v}_3 \cdot \mathbf{q}_2 \\ 0 & 0 & \mathbf{v}_3 \cdot \mathbf{q}_3 \end{bmatrix} = \begin{bmatrix} \sqrt{2} & 3\sqrt{2}/2 & \sqrt{2}/2 \\ 0 & \sqrt{2}/2 & \sqrt{2}/2 \\ 0 & 0 & 2 \end{bmatrix}$$

이제 $A=QR$임은 쉽게 증명된다. 일반적으로 A가 계급이 n인 $m \times n$행렬이면 A의 열벡터에 적용된 Gram-Schmidt 정규직교화 과정에서 사용된 내적을 그대로 유지하면 A의 QR분해를 만들 수 있다. $m \times n$행렬 Q의 열은 정규직교화 과정에서 나온 정규직교벡터이다. $n \times n$상 삼각행렬 R는 원래의 벡터 $\mathbf{v}_i$와 정규직교열벡터 $\mathbf{q}_i$의 내적으로 구성된다. A의 열벡터가 $\mathbf{v}_1$, $\mathbf{v}_2$, $\cdots$, $\mathbf{v}_n$이고 Q의 열벡터가 $\mathbf{q}_1$, $\mathbf{q}_2$, $\cdots$, $\mathbf{q}_n$이면 A의 QR분해는 다음과 같다.

$$A = QR$$

$$[\mathbf{v}_1\ \mathbf{v}_2\ \cdots\ \mathbf{v}_n] = [\mathbf{q}_1\ \mathbf{q}_2\ \cdots\ \mathbf{q}_n] \begin{bmatrix} \mathbf{v}_1 \cdot \mathbf{q}_1 & \mathbf{v}_2 \cdot \mathbf{q}_1 & \mathbf{v}_n \cdot \mathbf{q}_1 \\ 0 & \mathbf{v}_2 \cdot \mathbf{q}_2 & \mathbf{v}_n \cdot \mathbf{q}_2 \\ \vdots & \vdots & \vdots \\ 0 & 0 & \mathbf{v}_n \cdot \mathbf{q}_n \end{bmatrix}$$

1. 앞의 예제에 대한 등식 $A=QR$을 증명하라.

2. 다음 각 행렬의 QR-분해를 구하라.

(a) $A = \begin{bmatrix} 1 & 1 \\ 0 & 1 \\ 1 & 0 \end{bmatrix}$ (b) $A = \begin{bmatrix} 1 & 0 \\ 0 & 0 \\ 1 & 1 \\ 1 & 2 \end{bmatrix}$

(c) $A = \begin{bmatrix} 1 & 0 & 0 \\ 1 & 1 & 0 \\ 1 & 1 & 1 \end{bmatrix}$ (d) $A = \begin{bmatrix} 1 & 0 & -1 \\ 1 & 2 & 0 \\ 1 & 2 & 0 \\ 1 & 0 & 0 \end{bmatrix}$

3. $A=QR$이 계급이 n인 $m\times n$행렬 A의 QR-분해라 하자. 최소제곱문제가 단지 행렬곱과 역대입만을 이용함으로서 어떻게 해결될 수 있는지를 보여라.

4. A가 2(a)의 행렬이고 $\mathbf{b}=[-1\ 1\ -1]^T$일 때 3의 결과를 이용하여 최소제곱문제 $A\mathbf{x}=\mathbf{b}$를 풀어라.

한 행렬의 QR-분해는 선형대수의 여러 알고리즘의 기본을 이룬다. 고유치(7장 참조)의 계산을 위한 컴퓨터 과정은 주어진 자료에 대한 최소제곱회귀선을 구하는 것과 더불어 이 분해에 기초를 둔다. 그러나 Gram-Schmidt 정규직교화 과정과는 다른 기술이 실제 행렬의 QR-분해를 계산하기 위하여 사용됨이 언급되어야 한다.

2. 직교행렬과 기저의 변환

$B=\{\mathbf{v}_1, \mathbf{v}_2, \cdots, \mathbf{v}_n\}$가 벡터공간 V의 순서기저일 때 V의 벡터 $\mathbf{x}=c_1\mathbf{v}_1+c_2\mathbf{v}_2+\cdots+c_n\mathbf{v}_n$의 좌표행렬은 열벡터

$$[\mathbf{x}]_B=\begin{bmatrix} c_1 \\ c_2 \\ \vdots \\ c_n \end{bmatrix}$$

임을 상기하자. B'이 V의 또다른 기저이면 B'으로부터 B로의 변환행렬 P는 B'에 관한 좌표행렬을 B에 관한 좌표행렬로 바꾼다.

$$P[\mathbf{x}]_{B'}=[\mathbf{x}]_B$$

여러분이 조사해야할 문제는 좌표행렬의 길이를 보존하는 변환행렬 P가 존재하는지, 즉 $P[\mathbf{x}]_{B'}=[\mathbf{x}]_B$이 주어지면 $\|[\mathbf{x}]_{B'}\|=\|[\mathbf{x}]_B\|$?인 것이다.

예를 들어 4.7절의 예제 5의 변환행렬

$$P=\begin{bmatrix} 3 & -2 \\ 2 & -1 \end{bmatrix}$$

을 생각하자. R^2의 두 기저

$$B=\{(-3, 2), (4, -2)\} \quad \text{와} \quad B'=\{(-1, 2), (2, -2)\}$$

에 관하여 $\mathbf{x}=(-1, 2)$이면 $[\mathbf{x}]_{B'}=[1\ 0]^T$이고 $[\mathbf{x}]_B=P[\mathbf{x}]_{B'}=[3\ 2]^T$이다. 따라서 유클리드 노름을 사용하면

$$\|[\mathbf{x}]_{B'}\|=1\neq\sqrt{13}=\|[\mathbf{x}]_B\|$$

여러분은 변환행렬 P가 직교행렬이면 좌표벡터의 노름은 변하지 않음을 알게될 것이다.

직교행렬의 정의

정사각행렬 P가 정칙이고 $P^{-1}=P^T$이면 **직교행렬**이라 한다.

1. 위에서 사용된 행렬 P는 직교행렬이 아님을 보여라.
2. 임의의 실수 θ에 대하여 행렬 $\begin{bmatrix}\cos\theta & -\sin\theta \\ \sin\theta & \cos\theta\end{bmatrix}$는 직교행렬임을 보여라.
3. 한 행렬이 직교행렬일 필요충분조건은 그의 열들이 쌍마다 서로 수직인 것임을 보여라.
4. 직교행렬의 역도 직교행렬임을 증명하라.
5. 직교행렬들의 합은 직교행렬인가? 직교행렬들의 곱은 직교행렬인가? 적당한 예를 들어서 설명하라.
6. 직교행렬의 행렬식의 값은 얼마인가?
7. P가 $m\times n$직교행렬이면 R^n의 모든 벡터 $\mathbf{x}$에 대하여 $\|P\mathbf{x}\|=\|\mathbf{x}\|$임을 증명하라.
8. $B=\{(1,\ 0),\ (0,\ 1)\}$와 $B'=\left\{\left(\frac{-2}{\sqrt{5}},\ \frac{1}{\sqrt{5}}\right),\ \left(\frac{1}{\sqrt{5}},\ \frac{2}{\sqrt{5}}\right)\right\}$을 이용하여 7의 결과를 확인하라.

종합평가 Chapter 4～5

평가시험 때와 같은 마음으로 문제를 풀어라. 끝나면 교재 뒤의 답안과 비교해 보라.

1. 벡터 $\mathbf{v}=(-1,\ 2)$와 $\mathbf{w}=(3,\ -1)$에 대하여 다음 벡터를 그려라.

(a) $\mathbf{v}+\mathbf{w}$ (b) $3\mathbf{v}$

(c) $2\mathbf{v}-4\mathbf{w}$

2. 가능하다면 $\mathbf{w}=(3,\ 2,\ 1)$을 다음 벡터들의 일차결합으로 나타내어라.

$\mathbf{v}_1=(1,\ 2,\ 0)$, $\mathbf{v}_2=(-1,\ 0,\ 1)$, $\mathbf{v}_3=(0,\ 3,\ 0)$

3. 모든 2×2 비정칙행렬들의 집합은 벡터공간이 아님을 증명하라.

4. 다음 집합이 R^4의 부분공간이 되는지를 결정하라.

$\{(x,\ x+y,\ y,\ -y)x,\ y \in R\}$

5. 다음 집합이 R^3의 부분공간이 되는지를 결정하라.

$\{(x,\ xy,\ y)x,\ y \in R\}$

6. 다음 행렬 A의 열벡터들이 R^4을 생성하는지를 결정하라.

$$A=\begin{bmatrix} 1 & 2 & -1 & 0 \\ 1 & 3 & 0 & 2 \\ 0 & 0 & 1 & -1 \\ 1 & 0 & 0 & 1 \end{bmatrix}$$

7. (a) 벡터들의 집합이 일차독립이라 하는 것은 무엇인지 정의하라.

(b) 다음 집합이 일차독립인지 일차종속인지를 결정하라.

$S=\{(1,\ 0,\ 1,\ 0),\ (0,\ 3,\ 0,\ 1),\ (1,\ 1,\ 2,\ 2),\ (3,\ -4,\ 2,\ -3)\}$

8. 모든 3×3대칭행렬들의 집합 $M_{3,3}$의 부분공간의 차원과 기저를 구하라.

9. (a) 벡터공간의 기저를 정의하라.

(b) 다음 집합이 R^3의 기저인지를 결정하라.

$\{(1,\ 2,\ 1),\ (0,\ 1,\ 2),\ (2,\ 1,\ -3)\}$

10. $A=\begin{bmatrix} 1 & 1 & 0 & 0 \\ -2 & -2 & 0 & 0 \\ 0 & 0 & 1 & 1 \\ -1 & -1 & 0 & 0 \end{bmatrix}$에 대하여 $A\mathbf{x}=\mathbf{0}$의 해공간의 기저를 구하라.

11. 기저 $B=\{(0,\ 1,\ 1),\ (1,\ 1,\ 0),\ (1,\ 0,\ 1)\}$에 관한 $\mathbf{v}=(1,\ 2,\ -3)$의 좌표 $[\mathbf{v}]_B$를 구하라.

12. 기저 B로부터 기저 B'으로의 변환행렬 P를 구하라.

$B=\{(2,\ 1,\ 0),\ (1,\ 0,\ 0),\ (0,\ 1,\ 1)\},\ B'=\{(1,\ 0,\ 2),\ (1,\ 1,\ 1),\ (0,\ 1,\ 3)\}$

13. $\mathbf{u}=(1,\ 0,\ 2)$, $\mathbf{v}=(-2,\ 1,\ 3)$에 대하여

(a) $\|\mathbf{u}\|$를 구하라.

(b) $\mathbf{u}$와 $\mathbf{v}$ 사이의 거리를 구하라.

(c) $\mathbf{u}\cdot\mathbf{v}$를 구하라.

14. 적분내적 $\langle f,\ g\rangle=\int_0^1 f(x)g(x)dx$이 주어진 $C[0,\ 1]$의 두 함수 $f(x)=x^2$과 $g(x)=x-2$의 내적을 구하라.

15. Gram-Schmidt 정규직교화 과정을 이용하여 다음 집합을 정규직교기저로 변환하라.

$\{(2,\ 0,\ 0),\ (1,\ 1,\ 1),\ (0,\ 1,\ 2)\}$

16. $\mathbf{u}=(1,\ 2)$, $\mathbf{v}=(-3,\ 2)$에 대하여 $\text{proj}_v\mathbf{u}$를 구하라. 또, $\mathbf{u}$, $\mathbf{v}$, $\text{proj}_v\mathbf{u}$를 같은 평면 위에 그

려라.

17. 다음 행렬의 4가지 기본공간을 구하라.

$$A=\begin{bmatrix} 0 & 1 & 1 & 0 \\ -1 & 0 & 0 & 1 \\ 1 & 1 & 1 & 1 \end{bmatrix}$$

18. 집합 $S=\text{span}\left(\begin{bmatrix} 1 \\ 0 \\ 1 \end{bmatrix}, \begin{bmatrix} -1 \\ 1 \\ 0 \end{bmatrix}\right)$의 직교보공간 $S^{\perp}$를 구하라.

19. 벡터공간의 공리를 이용하여 모든 벡터 $\mathbf{v}\in V$에 대하여 $0\mathbf{v}=\mathbf{0}$임을 증명하라.

20. $x_1, x_2, \cdots, x_n$이 일차독립이고 $\mathbf{y}$는 그들의 생성공간의 벡터가 아닐 때 $x_1, x_2, \cdots, x_n, \mathbf{y}$는 일차독립임을 증명하라.

21. W는 내적공간 V의 부분공간이다. 집합

$W^{\perp}=\{\mathbf{v}\in V$: 모든 $w\in W$에 대하여 $\langle \mathbf{v}, \mathbf{w}\rangle=0\}$

은 V의 부분공간임을 증명하라.

22. 자료 $\{(1, 1), (3, 0), (5, -3)\}$에 대한 최소제곱회귀선을 구하라. 점들과 직선을 그려라.

23. 다음 두 행렬 A, B는 열동치이다.

$$A=\begin{bmatrix} 2 & -4 & 0 & 1 & 7 & 11 \\ 1 & -2 & -1 & 1 & 9 & 12 \\ -1 & 2 & 1 & 3 & -5 & 16 \\ 4 & -8 & 1 & -1 & 6 & -2 \end{bmatrix} \quad B=\begin{bmatrix} 1 & -2 & 0 & 0 & 3 & 2 \\ 0 & 0 & 1 & 0 & -5 & -3 \\ 0 & 0 & 0 & 1 & 1 & 7 \\ 0 & 0 & 0 & 0 & 0 & 0 \end{bmatrix}$$

(a) A의 계급을 구하라.

(b) A의 행공간의 기저를 구하라.

(c) A의 열공간의 기저를 구하라.

(d) A의 퇴화공간의 기저를 구하라.

(e) A의 처음 3열로 생성된 공간에 A의 마지막 열이 존재하는가?

(f) A의 처음 3열은 일차독립인가?

(g) A의 1, 3, 4열로 생성된 공간에 A의 마지막열이 존재하는가?

(h) A의 1, 3, 4열은 일차독립인가?

24. 내적공간 V의 벡터 $\mathbf{u}$, $\mathbf{v}$에 대하여 $\|\mathbf{u}+\mathbf{v}\|=\|\mathbf{u}-\mathbf{v}\|$일 필요충분조건은 $\mathbf{u}$, $\mathbf{v}$가 서로 수직임을 증명하라.

CHAPTER 6

선형변환

▶ 에미뢰더(Emmy Noether, 1882~1935)

EMMY NOETHER
(1882-1935)

에미뢰더는 근대 여성 수학자로는 가장 뛰어난 사람이다. 그는 독일 에르랑겐에서 태어났는데 아버지는 수학교수였다. 20세기 초인 당시만 해도 여성은 수학에는 부적합하다고 생각하였다.

그러나 그녀는 워낙 재능이 뛰어나 당시의 그러한 편견을 극복하고 1907년 독일 대학에서 최초의 여성 박사학위를 획득하였다. 박사학위를 받고 수년 후 그녀는 괘팅겐대학에서 페닉스 클라인과 데이비드 힐버트와 함께 일반 상대성이론을 함께 연구하였고 여러 사람들의 맹렬한 반대에도 불구하고 1922년 드디어 대학교수가 되었다.

1920년대에 그녀는 공리론적 체계, 미분연산자, 선형변환으로써의 비가환대수에서의 표현론 등에 관한 논문을 발표하였다.

알버트 아인슈타인은 그를 평하기를 "그녀는 수많은 대수관련 분야의 수학자 중에서도 특별히 중요한 결과들을 증명하였고 새로운 방법들을 발견하였다"라고 그녀를 칭찬하였다.

1933년 독일 국가사회당의 출현으로 그녀는 조국을 떠나 미국으로 이주하여 필라델피아의 브리안 메이어대학의 교수로 근무하였고 그 해와 다음 해까지 그녀는 프린스턴 대학 등 여러 대학을 방문하였고 고등 학술원 등에서 강연을 하였다.

6.1 선형변환의 소개

이 단원에서는 벡터공간 V에서 벡터공간 W로의 함수 $T : V \to W$에 관해서 공부하겠다.

$$T : V \to W$$

가 V에서 W로의 함수(map)일 때

V를 함수 T의 **정의역**(domain)
W를 함수 T의 **공역**(codomain)

이라고 부른다. $\mathbf{v} \in V$, $T(\mathbf{v}) = \mathbf{w}$일 때 $\mathbf{w}$를 $\mathbf{v}$의 T에 의한 **상**(image)이라고 부른다.

모든 상들의 집합 $\{T(\mathbf{u}) \mid \mathbf{u} \in V\}$를 T의 **치역**(range)이라고 부른다. 또 $\mathbf{w} \in W$에 대해서 상이 $\mathbf{w}$가 되는 모든 V의 원소들의 집합 $\{\mathbf{v} \in V \mid T(\mathbf{v}) = \mathbf{w}\}$를 $\mathbf{w}$의 **원상**(preimage)이라고 부른다(그림 6.1).

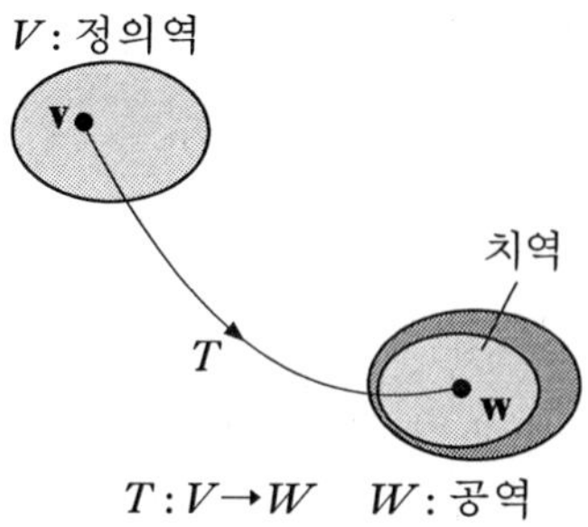

[그림 6.1]

참고 벡터 $\mathbf{v} = (v_1, \cdots, v_n) \in R^n$에 대해서 $T(\mathbf{v}) = T((v_1, \cdots, v_n))$으로 표시해야 하나 편의상 $T(v_1, \cdots, v_n)$으로 괄호를 한 개 생략하고 쓴다.

[예제 1] R^2에서 R^2로의 함수

임의의 $\mathbf{v} = (v_1, v_2) \in R^2$에 대해서 $T : R^2 \to R^2$, $T(v_1, v_2) = (v_1 - v_2, v_1 + 2v_2)$라 했을 때

(a) $\mathbf{v} = (-1, 2)$의 상을 구하라.

(b) $\mathbf{w} = (-1, 11)$의 원상을 구하라.

풀이 (a) $T(-1,\ 2)=(-1-2,\ -1+2(2))=(-3,\ 3)$

(b) $T(\mathbf{v})=(v_1-v_2,\ v_1+2v_2)=(-1,\ 11)$이므로

$$v_1-v_2=-1$$
$$v_1+2v_2=11$$

이다. 이 연립방정식을 풀어서 $v_1=3$, $v_2=4$를 얻을 수 있다. 따라서 $(-1,\ 11)$의 원상은 $(3,\ 4)$이다. ◀

이 장의 주요목적은 한 벡터공간에서 다른 벡터공간으로의 함수가 벡터의 연산인 벡터합과 스칼라곱을 보존할 때 이 함수들의 성질을 조사하는 것이다. 특히 이러한 함수를 **선형변환**(linear ransformations)이라고 부른다.

> **선형변환의 정의**
>
> V, W는 벡터공간이다. 함수 $T : V \to W$가 다음 두 성질을 만족시킬 때 T를 **선형변환**이라고 부른다.
>
> 임의의 $\mathbf{u}$, $\mathbf{v}\in V$, 임의의 스칼라 c에 대해서
>
> 1. $T(\mathbf{u}+\mathbf{v})=T(\mathbf{u})+T(\mathbf{v})$
> 2. $T(c\mathbf{u})=cT(\mathbf{u})$

선형변환은 연산을 보존한다고 말한다. 그 이유는 정의역에서 연산(합과 스칼라곱)을 먼저 한 후의 함수 값과 함수로 보낸 후 그 상들을 연산한 값이 같게 되기 때문이다. 여기서 한 가지 주의할 점은 정의역에서의 연산과 그 상들의 연산은 벡터공간이 다르므로 틀릴 수도 있다. 그러나 V에서의 연산과 W에서의 연산은 편의상 같은 부호를 쓴다. 아래 그림에서 보면

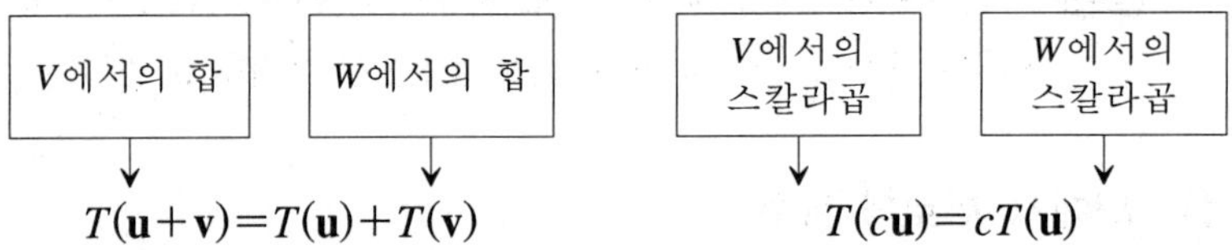

[예제 2] R^2에 R^2로의 선형변환의 판정

예제 1의 함수 $T(v_1,\ v_2)=(v_1-v_2,\ v_1+2v_2)$는 R^2에서 R^2로의 선형변환이 됨을 보여라.

풀이 T가 선형변환임을 보이기 위해서는 벡터합과 스칼라곱을 보존함을 보이면 된다. $\mathbf{v}=(v_1, v_2)$, $\mathbf{u}=(u_1, u_2)$를 R^2의 원소, c를 임의의 실수라 하자.

1. $\mathbf{u}+\mathbf{v}=(u_1, u_2)+(v_1, v_2)=(u_1+v_1, u_2+v_2)$이므로

$$\begin{aligned}T(\mathbf{u}+\mathbf{v})&=T(u_1+v_1, u_2+v_2)\\&=((u_1+v_1)-(u_2+v_2), (u_1+v_1)+2(u_2+v_2))\\&=((u_1-u_2)+(v_1-v_2), (u_1+2u_2)+(v_1+2v_2))\\&=(u_1-u_2, u_1+2u_2)+(v_1-v_2, v_1+2v_2)\\&=T(\mathbf{u})+T(\mathbf{v})\end{aligned}$$

2. $c\mathbf{u}=c(u_1, u_2)=(cu_1, cu_2)$이므로

$$\begin{aligned}T(c\mathbf{u})&=T(cu_1, cu_2)\\&=(cu_1-cu_2, cu_1+2cu_2)\\&=c(u_1-u_2, u_1+2u_2)\\&=cT(\mathbf{u})\end{aligned}$$

따라서 T는 선형변환이다. ◀

참고 위의 예제 2와 같이 선형변환 $T: V \rightarrow V$가 정의역과 공역이 같을 경우 특히 이러한 선형변환을 **선형연산자**(linear operator)라고 부른다.

대부분의 해석학에 나오는 일반함수는 선형변환이 아니다. 사실 선형변환인 함수는 그렇게 많지 않다. 변수들의 곱이나 상수의 합이 들어간 함수는 거의가 선형변환이 아니다.

[예제 3] 선형변환이 아닌 몇 가지 함수의 예

(a) $f(x)=\sin x$는 R에서 R로의 선형변환이 아니다. 그 이유는

$$\sin(x_1+x_2)\neq\sin x_1+\sin x_2$$

이기 때문이다. 예를 들어

$$\sin\left(\frac{\pi}{2}+\frac{\pi}{3}\right)\neq\sin\frac{\pi}{2}+\sin\frac{\pi}{3}$$

(b) $f(x)=x^2$은 R에서 R로의 선형변환이 아니다. 그 이유는 일반적으로

$$(x_1+x_2)^2 \neq x_1^2+x_2^2$$

이기 때문이다. 예를 들면

$$(1+2)^2 \neq 1^2+2^2$$

(c) $f(x)=x+1$은 R에서 R로의 선형변환이 아니다. 그 이유는

$$f(x_1+x_2)=x_1+x_2+1$$

이고

$$f(x_1)+f(x_2)=(x_1+1)+(x_2+1)=x_1+x_2+2$$

이므로

$$f(x_1+x_2) \neq f(x_1)+f(x_2)$$

이다.

참고 선형에는 두 가지 뜻이 있다. 위의 예 3(c)의 예에서 $f(x)=x+1$은 그래프가 선형이다.

해석학에서의 선형의 뜻은 그 함수의 그래프가 직선인 경우 즉 일차함수를 뜻한다. 따라서 벡터공간 R에 R로의 선형변환과는 틀리는 개념이다. 일차함수는 벡터의 합, 스칼라 곱의 어느 것도 보존하지 못한다.

가장 간단한 선형변환으로 **영변환**과 **항등변환**이 있다. 그 정의를 말하면, V, W는 벡터공간, V의 모든 원소 $\mathbf{v}$에 대해서

1. $T : V \to W$, $T(\mathbf{v})=\mathbf{0}$일 때 T는 영변환
2. $T : V \to V$, $T(\mathbf{v})=\mathbf{v}$일 때 T는 항등변환이라 한다.

이 두 함수가 선형변환이 됨은 연습문제로 남겨둔다(연습문제 58, 59).

예제 2의 선형변환은 $T(\mathbf{0})=\mathbf{0}$인 성질이 있다(실제로 계산해 보라). 이 성질은 모든 선형변환에서 성립한다.

정리 6.1 선형변환의 성질

$T : V \to W$는 선형변환, $\mathbf{u}$, $\mathbf{v} \in V$라면 다음 성질이 성립한다.

1. $T(\mathbf{0})=\mathbf{0}$

2. $T(-\mathbf{v})=-T(\mathbf{v})$
3. $T(\mathbf{u}-\mathbf{v})=T(\mathbf{u})-T(\mathbf{v})$
4. 만일 $\mathbf{v}=c_1\mathbf{v}_1+c_2\mathbf{v}_2+\cdots+c_n\mathbf{v}_n$이면,

$$\begin{aligned}T(\mathbf{v})&=T(c_1\mathbf{v}_1+c_2\mathbf{v}_2+\cdots+c_n\mathbf{v}_n)\\&=c_1T(\mathbf{v}_1)+c_2T(\mathbf{v}_2)+\cdots+c_nT(\mathbf{v}_n)\end{aligned}$$

이다.

증명 1. $0\mathbf{v}=\mathbf{0}$이라는 사실로부터

$$T(\mathbf{0})=T(0\mathbf{v})=0T(\mathbf{v})=\mathbf{0}.$$

가 된다.

2. $-\mathbf{v}=(-1)\mathbf{v}$이므로

$$T(-\mathbf{v})=T[(-1)\mathbf{v}]=(-1)T(\mathbf{v})=-T(\mathbf{v}).$$

3. $\mathbf{u}-\mathbf{v}=\mathbf{u}+(-\mathbf{v})$이므로

$$T(\mathbf{u}-\mathbf{v})=T[\mathbf{u}+(-1)\mathbf{v}]=T(\mathbf{u})+(-1)T(\mathbf{v})=T(\mathbf{u})-T(\mathbf{v})$$ ■

정리 6.1의 성질 4에 의해서 선형변환 $T:V\to W$는 V의 기저의 함수값에 의해서 결정된다. 즉 다시 말해서 $\{\mathbf{v}_1, \mathbf{v}_2, \cdots, \mathbf{v}_n\}$이 벡터공간 V의 한 기저이고 $T(\mathbf{v}_1)$, $T(\mathbf{v}_2)$, $\cdots$, $T(\mathbf{v}_n)$의 값이 정해지면 V의 임의의 원소 $\mathbf{v}$의 함수값 $T(\mathbf{v})$가 결정된다. 아래 예제 4에서 이 성질을 확인해 보자.

[예제 4] 선형변환과 기저

$T:R^3\to R^3$는 선형변환이고

$$\begin{aligned}T(1, 0, 0)&=(2, -1, 4)\\T(0, 1, 0)&=(1, 5, -2)\\T(0, 0, 1)&=(0, 3, 1)\end{aligned}$$

이다. $T(2, 3, -2)$를 구하라.

풀이 $(2, 3, -2)$는

$$(2, 3, -2)=2(1, 0, 0)+3(0, 1, 0)-2(0, 0, 1)$$

로 쓸 수 있으므로 정리 6.1의 성질 4를 이용하면

$$\begin{aligned} T(2,\ 3,\ -2) &= 2T(1,\ 0\ 0)+3T(0,\ 1,\ 0)-2T(0,\ 0,\ 1) \\ &= 2(2,\ -1,\ 4)+3(1,\ 5,\ -2)-2(0,\ 3,\ 1) \\ &= (7,\ 7,\ 0) \end{aligned}$$

◀

정리 6.1의 또 다른 이점은 함수가 선형변환이 아닌 것을 쉽게 알 수 있다는 것이다. 왜냐하면 선형변환은 위의 4가지 조건이 항상 성립하므로 이중 어느 하나라도 성립하지 않으면 선형변환이 될 수 없기 때문이다.

예를 들어서 R^2에서 R^2로의 함수

$$T(x_1,\ x_2)=(x_1+1,\ x_2)$$

는 $T(0,\ 0)\neq(0,\ 0)$이므로 선형변환이 아니다.

다음으로 R^2에서 R^3로의 선형변환을 행렬을 이용하여 정의해 보자.

편의상 $\mathbf{v}=(v_1,\ v_2)$는 행렬형식으로

$$\mathbf{v}=\begin{bmatrix} v_1 \\ v_2 \end{bmatrix}$$

꼴로 쓴다. 이렇게 해야만 3×2 행렬에 곱할 수 있기 때문이다.

[예제 5] 행렬에 의해서 정의된 선형변환

함수 $T : R^2 \rightarrow R^3$는 다음과 같이 정의한다.

$$T(\mathbf{v})=A\mathbf{v}=\begin{bmatrix} 3 & 0 \\ 2 & 1 \\ -1 & -2 \end{bmatrix}\begin{bmatrix} v_1 \\ v_2 \end{bmatrix}$$

(a) $\mathbf{v}=(2,\ -1)$일 때 $T(\mathbf{v})$를 구하라.

(b) T는 R^2에서 R^3로의 선형변환임을 보여라.

풀이 (a) $\mathbf{v}=(2,\ -1)$이므로

$$T(\mathbf{v})=A\mathbf{v}=\begin{bmatrix} 3 & 0 \\ 2 & 1 \\ -1 & -2 \end{bmatrix}\underset{\uparrow \atop R^2\text{의 벡터}}{\begin{bmatrix} 2 \\ -1 \end{bmatrix}}=\underset{\uparrow \atop R^3\text{의 벡터}}{\begin{bmatrix} 6 \\ 3 \\ 0 \end{bmatrix}}$$

따라서 $T(2, -1)=(6, 3, 0)$.

(b) T가 선형변환임을 보이기 위해서 정리 2.3의 행렬의 곱의 성질을 이용한다. R^2의 임의의 벡터 $\mathbf{u}$, $\mathbf{v}$에 대해서 행렬의 곱의 합에 관한 분배법칙에 의해서

$$T(\mathbf{u}+\mathbf{v})=A(\mathbf{u}+\mathbf{v})=A\mathbf{u}+A\mathbf{v}=T(\mathbf{u})+T(\mathbf{v}).$$

마찬가지로 R^2의 임의의 벡터 $\mathbf{u}$와 스칼라 c에 대해서 스칼라 곱의 교환법칙과 행렬의 곱의 성질에 의해서

$$T(c\mathbf{u})=A(c\mathbf{u})=c(A\mathbf{u})=cT(\mathbf{u}).$$ ◀

위의 예제 5로부터 R^n에서 R^m으로의 선형변환의 표현에 관한 중요한 결과를 얻을 수 있다. 이 결과는 두 단계로 살펴볼 수 있다. 다음 정리 6.2에서와 같이 모든 $m\times n$ 행렬은 R^n에서 R^m으로의 선형변환을 표현한다. 또 6.3절에서 그 역도 역시 성립함을 알 수 있다. 즉 모든 R^n에서 R^m으로의 선형변환은 $m\times n$ 행렬로써 표현될 수 있다는 사실이다.

또 위의 예제 5의 (b) 증명에서는 행렬 A의 어떤 특별한 성질 같은 것은 아무것도 없었다. 이 사실로부터 우리는 임의의 $m\times n$ 행렬에 의해서 정의되는 함수는 R^n에서 R^m으로의 선형변환이 됨을 일반적으로 증명할 수 있다.

정리 6.2 행렬에 의해서 주어진 선형변환

A를 $m\times n$ 행렬이라고 하면

$$T(\mathbf{v})=A\mathbf{v}$$

로 주어진 함수는 R^n에서 R^m으로의 선형변환이다.

$m\times n$ 행렬과의 곱셈을 하기 위해서 R^n의 벡터는 $n\times 1$ 행렬로, R^m의 벡터는 $m\times 1$ 행렬로 표시한다.

참고 $m\times n$ 영행렬에는 R^n에서 R^m으로의 영변환이 대응되고 $n\times n$ 항등행렬 I_n에는 R^n에서 R^n으로의 항등변환이 대응된다.

$m\times n$ 행렬 A는 R^n에서 R^m으로의 선형변환을 다음과 같이 정의한다.

$$A\mathbf{v}=\begin{bmatrix} a_{11} & a_{12} & \cdots & a_{1n} \\ a_{21} & a_{22} & \cdots & a_{2n} \\ \vdots & \vdots & & \vdots \\ a_{m1} & a_{m2} & \cdots & a_{mn} \end{bmatrix}\begin{bmatrix} v_1 \\ v_2 \\ \vdots \\ v_n \end{bmatrix}=\begin{bmatrix} a_{11}v_1+a_{12}v_2+\cdots+a_{1n}v_n \\ a_{21}v_1+a_{22}v_2+\cdots+a_{2n}v_n \\ \vdots \\ a_{m1}v_1+a_{m2}v_2+\cdots+a_{mn}v_n \end{bmatrix}$$

↑ R^n의 벡터 ↑ R^m의 벡터

[예제 6] 행렬에 의해서 만들어지는 선형변환

선형변환 $T: R^n \to R^m$은 $T(\mathbf{v})=A\mathbf{v}$로 정의된다. 각 행렬에 의해서 만들어지는 선형변환의 R^n과 R^m의 차수 m, n를 구하라.

(a) $A=\begin{bmatrix} 0 & 1 & -1 \\ 2 & 3 & 0 \\ 4 & 2 & 1 \end{bmatrix}$

(b) $A=\begin{bmatrix} 2 & -3 \\ -5 & 0 \\ 0 & -2 \end{bmatrix}$

(c) $A=\begin{bmatrix} 1 & 0 & -1 & 2 \\ 3 & 1 & 0 & 0 \end{bmatrix}$

풀이 (a) 행렬의 크기는 3×3이므로 T는 R^3에서 R^3으로의 선형변환을 만든다.

$$A\mathbf{v}=\begin{bmatrix} 0 & 1 & -1 \\ 2 & 3 & 0 \\ 4 & 2 & 1 \end{bmatrix}\begin{bmatrix} v_1 \\ v_2 \\ v_3 \end{bmatrix}=\begin{bmatrix} u_1 \\ u_2 \\ u_3 \end{bmatrix}$$

↑ R^3의 벡터 ↑ R^3의 벡터

(b) 행렬의 크기는 3×2이므로 T는 R^2에서 R^3으로의 선형변환을 만든다.

(c) 행렬의 크기는 2×4이므로 T는 R^4에서 R^2로의 선형변환을 만든다. ◀

다음 예제에서는 R^2에서 R^2로의 선형변환의 여러 성질에 대해서 논의해 본다.

[예제 7] 평면에서의 회전

$$A=\begin{bmatrix} \cos\theta, & -\sin\theta \\ \sin\theta, & \cos\theta \end{bmatrix}$$

일 때 A에 의해서 만들어지는 선형변환 $T: R^2 \rightarrow R^2$는 R^2의 모든 벡터를 원점을 중심으로 시계반대방향으로 θ만큼 회전시킨다.

풀이 정리 6.2로부터 T는 선형변환임을 알 수 있다.
T는 R^2의 모든 벡터를 θ각 만큼 회전시킨다는 것을 보이자.
$\mathbf{v}=(x, y)$를 R^2의 임의의 한 벡터라 하자.
극좌표형식으로

$$\mathbf{v}=(x, y)=(r\cos\alpha, r\sin\alpha)$$

로 나타낼 수 있다. 여기서 r은 $\mathbf{v}$의 길이, α는 편각, 즉 $\mathbf{v}$와 양의 x축과의 사이각이다(시계반대방향으로). $T(\mathbf{u})$의 값을 구해보면

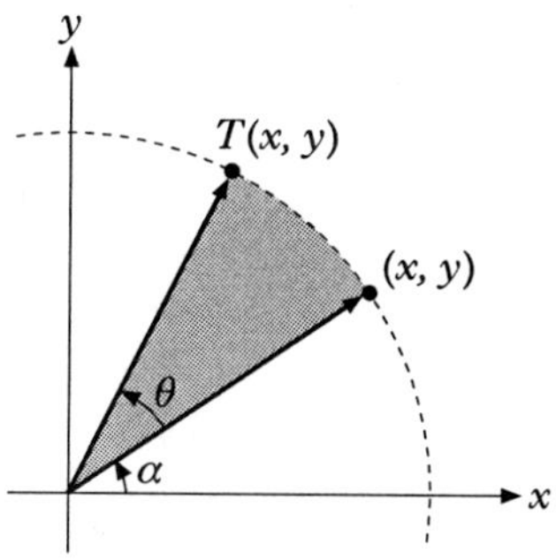

[그림 6.2] 평면에서의 회전

$$\begin{aligned}
T(\mathbf{v})=A\mathbf{v}&=\begin{bmatrix}\cos\theta & -\sin\theta \\ \sin\theta & \cos\theta\end{bmatrix}\begin{bmatrix}x \\ y\end{bmatrix} \\
&=\begin{bmatrix}\cos\theta & -\sin\theta \\ \sin\theta & \cos\theta\end{bmatrix}\begin{bmatrix}r\cos\alpha \\ r\sin\alpha\end{bmatrix} \\
&=\begin{bmatrix}r\cos\theta\cos\alpha-r\sin\theta\sin\alpha \\ r\sin\theta\cos\alpha+r\cos\theta\sin\alpha\end{bmatrix} \\
&=\begin{bmatrix}r\cos(\theta+\alpha) \\ r\sin(\theta+\alpha)\end{bmatrix}
\end{aligned}$$

따라서 벡터 $T(\mathbf{v})$의 길이는 $\mathbf{v}$와 같이 r이다. 그러나 $T(\mathbf{v})$의 양의 x축과의 사이각은 $\theta+\alpha$이므로 결론적으로 $T(\mathbf{v})$는 $\mathbf{v}$를 시계반대방향으로 θ만큼 회전시킬 벡터가 된다(그림 6.2). ◀

참고 예제 7의 선형변환은 R^2에서의 **회전**(rotation)이라고 부른다. R^2에서의 회전은 두

벡터의 길이와 그 사이각은 그대로 보존된다. 즉 두 벡터 **u**, **v**의 사이각은 $T(\mathbf{u})$, $T(\mathbf{v})$의 사이각과 동일하다.

[예제 8] R^3에서의 사영

$$A=\begin{bmatrix} 1 & 0 & 0 \\ 0 & 1 & 0 \\ 0 & 0 & 0 \end{bmatrix}$$

일 때 A에 의해서 만들어지는 선형변환 $T: R^3 \to R^3$를 R^3에서의 사영(projection)이라고 부른다.

$\mathbf{v}=(x, y, z)$가 R^3에서의 벡터이면 $T(\mathbf{v})=(x, y, 0)$이므로 T는 R^3의 임의의 벡터를 그림 6.3에서와 같이 xy-평면에 수직으로 투사시킨 그림자가 된다.

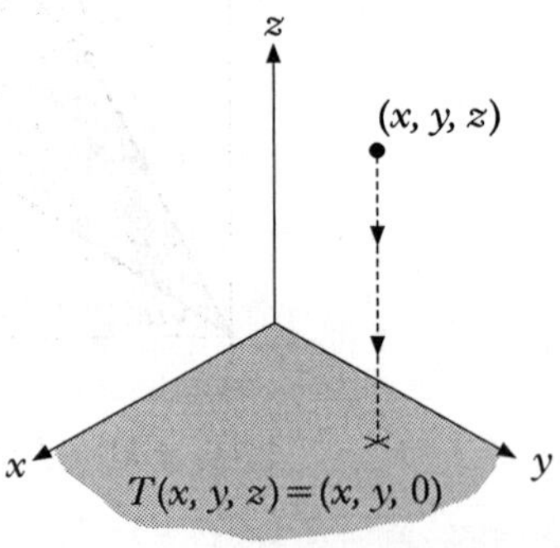

[그림 6.3] xy-평면으로의 사영

지금까지는 주로 R^n에서 R^m으로의 선형변환에 대해서만 공부했는 데 앞으로는 R^n이 아닌 벡터공간에서의 선형변환에 대해서 생각해 보자.

[예제 9] $M_{m,n}$에서 $M_{n,m}$으로의 선형변환

$T: M_{m,n} \to M_{n,m}$는 $m\times n$ 행렬 A를 그 전치행렬로 보내는 함수이다. 즉

$$T(A)=A^T$$

이다. T는 선형변환임을 보여라.

풀이 A, B를 $m\times n$ 행렬이라고 하자. 정리 2.6으로부터

$$\begin{aligned} T(A+B) &= (A+B)^T \\ &= A^T + B^T \\ &= T(A)+T(B) \\ T(cA) &= (cA)^T \\ &= c(A^T) \\ &= cT(A). \end{aligned}$$

따라서 T는 $M_{m,n}$에서 $M_{n,m}$으로의 선형변환이다. ◀

[예제 10] 미분연산자(해석학)

$C'[a, b]$를 폐구간 $[a, b]$에서 도함수가 연속인 모든 함수들의 집합이라고 하자. 미분연산자 D_x는 $C'[a, b]$에서 $C[a, b]$로의 선형변환임을 보여라.

풀이 임의의 $f \in C'[a, b]$에 대해서

$$D_x(f) = \frac{d}{dx}[f]$$

이다. D_x가 선형변환임을 보이기 위해서는 해석학을 알아야 한다. 즉 두 함수의 합의 미분은 각각의 미분의 합과 같고 또 연속함수의 합도 연속이라는 사실 말이다. 따라서

$$\begin{aligned} D_x(f+g) = \frac{d}{dx}[f+g] &= \frac{d}{dx}[f] + \frac{d}{dx}[g] \\ &= D_x(f) + D_x(g). \end{aligned}$$

마찬가지로 함수의 스칼라곱의 미분은 미분의 스칼라곱과 같고 연속함수의 스칼라곱도 연속이다. 따라서

$$\begin{aligned} D_x(cf) = \frac{d}{dx}[cf] &= c\left(\frac{d}{dx}[f]\right) \\ &= cD_x(f). \end{aligned}$$

따라서 D_x는 $C'[a, b]$에서 $C[a, b]$로의 선형변환이다.

위의 예제 10의 선형변환 D_x를 **미분연산자**(diferential operator)라고 부른다. 다항식에 대한 미분연산자는 P_n에서 P_{n-1}로의 선형변환이다. 왜냐하면 n차 다항식의 미분은 $n-1$차 이하이기 때문이다. 즉

$$D_x(a_nx^n + \cdots + a_1x + a_0) = na_nx^{n-1} + \cdots + a_1.$$

다음 예는 다항식의 벡터공간에서 실수 R의 벡터공간으로의 선형변환이다.

[예제 11] 선형변환으로의 정적분(해석학)

$$T : P \to R, \quad T(p) = \int_a^b p(x)dx.$$

로 정의된 함수 T는 다항식의 벡터공간 P에서 실수의 벡터공간 R로의 선형변환이다.

풀이 정적분의 정의에서

$$\begin{aligned} T(p+q) &= \int_a^b [p(x)+q(x)]dx \\ &= \int_a^b p(x)dx + \int_a^b q(x)dx \\ &= T(p)+T(q) \end{aligned}$$

이고

$$T(cp) = \int_a^b c[p(x)]dx = c\int_a^b p(x)dx = cT(p)$$

이다. 따라서 T는 선형변환이다. ◀

연습문제 6.1(선형변환의 소개)

1-6번의 주어진 함수 T를 써서 (a) v의 상 (b) w의 원상을 각각 구하라.

1. $T(v_1, v_2) = (v_1+v_2, v_1-v_2)$, $\mathbf{v} = (3, -4)$, $\mathbf{w} = (3, 19)$
2. $T(v_1, v_2) = (2v_2-v_1, v_1, v_2)$, $\mathbf{v} = (0, 6)$, $\mathbf{w} = (3, 1, 2)$
3. $T(v_1, v_2, v_3) = (v_2-v_1, v_1+v_2, 2v_1)$, $\mathbf{v} = (2, 3, 0)$, $\mathbf{w} = (-11, -1, 10)$
4. $T(v_1, v_2, v_3) = (2v_1+v_2, 2v_2-3v_1, v_1-v_3)$, $\mathbf{v} = (-4, 5, 1)$, $\mathbf{w} = (4, 1, -1)$
5. $T(v_1, v_2, v_3) = (4v_2-v_1, 4v_1+5v_2)$, $\mathbf{v} = (2, -3, -1)$, $\mathbf{w} = (3, 9)$
6. $T(v_1, v_2) = \left(\frac{\sqrt{2}}{2}v_1 - \frac{\sqrt{2}}{2}v_2, v_1+v_2, 2v_1-v_2\right)$, $\mathbf{v} = (1, 1)$, $\mathbf{w} = (-5\sqrt{2}, -2, -16)$

7-14번의 주어진 함수 T는 선형변환인지 아닌지 구별하라.

7. $T: R^2 \rightarrow R^2$, $T(x, y)=(x, 1)$

8. $T: R^3 \rightarrow R^3$, $T(x, y, z)=(x+y, x-y, z)$

9. $T: R^2 \rightarrow R^3$, $T(x, y)=(\sqrt{x}, xy, \sqrt{y})$

10. $T: M_{2,2} \rightarrow R$, $T(A)=|A|$

11. $T: M_{3,3} \rightarrow M_{3,3}$, $T(A)=\begin{bmatrix} 0 & 0 & 1 \\ 0 & 1 & 0 \\ 1 & 0 & 0 \end{bmatrix} A$

12. $T: M_{2,2} \rightarrow M_{2,2}$, $T(A)=A^T$

13. $T: P_2 \rightarrow P_2$, $T(a_0+a_1x+a_2x^2)=(a_0+a_1+a_2)+(a_1+a_2)x+a_2x^2$

14. $T: P_2 \rightarrow P_2$, $T(a_0+a_1x+a_2x^2)=a_1+2a_2x$

15-18번의 $T: R^3 \rightarrow R^3$는 선형변환이고 $T(1, 0, 0)=(2, 4, -1)$, $T(0, 1, 0)=(1, 3, -2)$, $T(0, 0, 1)=(0, -2, 2)$이다. 다음 값을 구하라.

15. $T(0, 3, -1)$ **16.** $T(2, -1, 0)$

17. $T(2, -4, 1)$ **18.** $T(-2, 4, -1)$

19-23번의 $T: R^n \rightarrow R^m$, $T(\mathbf{v})=A\mathbf{v}$는 선형변환이다. R^n과 R^m의 차수를 각각 구하라.

19. $A=\begin{bmatrix} 0 & 1 & -2 & 1 \\ -1 & 4 & 5 & 0 \\ 0 & 1 & 3 & 1 \end{bmatrix}$ **20.** $A=\begin{bmatrix} 1 & 2 \\ -2 & 4 \\ -2 & 2 \end{bmatrix}$

21. $A=\begin{bmatrix} -2 & 2 & 1 & 3 & 4 \\ 0 & 0 & 2 & -1 & 0 \end{bmatrix}$ **22.** $A=\begin{bmatrix} -1 & 0 & 0 & 0 \\ 0 & 1 & 0 & 0 \\ 0 & 0 & 2 & 0 \\ 0 & 0 & 0 & 1 \end{bmatrix}$

23. $A=\begin{bmatrix} 0 & -1 \\ -1 & 0 \end{bmatrix}$

24. 19번의 선형변환 T에 대해서 다음을 구하라.

(a) $T(1, 0, 2, 3)$ (b) $(0, 0, 0)$의 원상

25. 20번의 선형변환을 사용해서 다음을 구하라.

(a) $T(2, 4)$ (b) $(-1, 2, 2)$의 원상

(c) $(1, 1, 1)$은 원상이 없는 이유를 설명하라.

26. 문제 21의 선형변환을 가지고 다음을 구하라.

(a) $T(1, 0, -1, 3, 0)$ (b) $(-1, 8)$의 원상

27. 문제 22의 선형변환을 가지고 다음을 구하라.

(a) $T(1, 1, 1, 1)$　　(b) $(1, 1, 1, 1)$의 원상

28. 문제 23의 선형변환을 가지고 다음을 구하라.

(a) $T(1, 1)$　　(b) $(1, 1)$의 원상

(c) $(0, 0)$의 원상

29. $T : R^2 \to R^2$, $T(x, y)=(x\cos\theta-y\sin\theta,\ x\sin\theta+y\cos\theta)$이다. 다음을 구하라.

(a) $\theta=45°$일 때 $T(4, 4)$　　(b) $\theta=30°$일 때 $T(4, 4)$

(c) $\theta=120°$일 때 $T(5, 0)$

30. 문제 29의 선형변환을 이용해서 다음을 구하라.

$\theta=45°$일 때 $\mathbf{v}=(1, 1)$의 원상

31. 해석학 D_x는 예제 10에 있는 $C'[a, b]$에서 $C[a, b]$로의 선형변환이다. 다음의 참거짓을 판단하고 그 이유를 말하라.

(a) $D_x(e^{x^2}+2x)=D_x(e^{x^2})+2D_x(x)$　　(b) $D_x(x^2-\ln x)=D_x(x^2)-D_x(\ln x)$

(c) $D_x(\sin 2x)=2D_x(\sin x)$

32. 해석학 예제 10의 선형변환으로 다음 함수의 원상을 구하라.

(a) $f(x)=2x+1$　　(b) $f(x)=e^x$

(c) $f(x)=\sin x$

33. 해석학 $T : P \to R$, $T(p)=\int_0^1 p(x)dx$이다. 다음을 구하라.

(a) $T(3x^2-2)$　　(b) $T(x^3-x^5)$

(c) $T(4x-6)$

34. 해석학 T는 문제 33에 있는 적분으로 표시되는 P_2에서 R로의 선형변환이다. 1의 원상을 구하라. 즉 $T(p)=1$이 되는 차수가 2차 이하인 다항식을 구하라.

35. $T : R^2 \to R^2$인 선형변환으로 $T(1, 1)=(1, 0)$, $T(1, -1)=(0, 1)$이다. $T(1, 0)$과 $T(0, 2)$을 각각 구하라.

36. $T : R^2 \to R^2$인 선형변환으로 $T(1, 0)=(1, 1)$, $T(0, 1)=(-1, 1)$이다. $T(1, 4)$와 $T(-2, 1)$을 각각 구하라.

37. $T : P_2 \to P_2$인 선형변환으로 $T(1)=x$, $T(x)=1+x$, $T(x^2)=1+x+x^2$이다. $T(1, 4)$와 $T(-2, 1)$을 각각 구하라.

38. $T : M_{2,2} \to M_{2,2}$인 선형변환으로

$$T\left(\begin{bmatrix}1 & 0\\0 & 0\end{bmatrix}\right)=\begin{bmatrix}1 & -1\\0 & 2\end{bmatrix},\quad T\left(\begin{bmatrix}0 & 1\\0 & 0\end{bmatrix}\right)=\begin{bmatrix}0 & 2\\1 & 1\end{bmatrix},$$

$$T\left(\begin{bmatrix} 0 & 0 \\ 1 & 0 \end{bmatrix}\right)=\begin{bmatrix} 1 & 2 \\ 0 & 1 \end{bmatrix},\ T\left(\begin{bmatrix} 0 & 0 \\ 0 & 1 \end{bmatrix}\right)=\begin{bmatrix} 3 & -1 \\ 1 & 0 \end{bmatrix}$$ 이다.

$T\left(\begin{bmatrix} 1 & 3 \\ -1 & 4 \end{bmatrix}\right)$을 구하라.

참, 거짓 문제 39, 40에서 참, 거짓을 판단하라. 만일 참이면 그 이유를 밝히거나 책에서 그 내용을 찾아라. 또 만일 거짓이면 참이 아니라는 예를 찾거나 바른 서술을 찾아서 쓰라.

39. (a) 벡터공간에서의 선형변환은 벡터의 합과 스칼라곱을 보존시키는 함수이다.

(b) $f(x)=\cos x$는 R에서 R로의 선형변환이다.

(c) 다항식에 대해서 미분연산자 D_x는 P_n에서 P_{n-1}로의 선형변환이다.

40. (a) 선형변환은 연산 합과 스칼라곱을 먼저 하나 나중에 선형변환한 후에 연산한 것이나 결과가 같게 되는 성질이다.

(b) $g(x)=x^3$은 R에서 R로의 선형변환이다.

(c) 일차함수 $f(x)=ax+b$는 R에서 R로의 선형변환이다.

41. $T: R^2 \rightarrow R^2$로써 $T=(1, 0)=(1, 0)$, $T(0, 1)=(0, 0)$이다.

(a) R^2에서 $T(x, y)$를 구하라.

(b) T를 기하학적으로 나타내어라.

42. $T: R^2 \rightarrow R^2$로써 $T=(1, 0)=(0, 1)$, $T(0, 1)=(1, 0)$이다.

(a) R^2에서 $T(x, y)$를 구하라.

(b) T를 기하학적으로 나타내어라.

43-48번의 함수 T는 $T: R^2 \rightarrow R^2$, $T(\mathbf{u})=\text{proj}_{\mathbf{v}}\mathbf{u}$, 단, $\mathbf{v}=(1, 1)$이다.

43. $T(x, y)$를 구하라.

44. $T(5, 0)$을 구하라.

45. $T(\mathbf{u}+\mathbf{w})=T(\mathbf{u})+T(\mathbf{w})$임을 증명하라.

46. $T(c\mathbf{u})=cT(\mathbf{u})$임을 증명하라.

이것과 문제 45에 의해서 T는 R^2에서 R^2로의 선형변환임을 증명하라.

47. $T(3, 4)$와 $T(T(3, 4))$를 구하고 이 결과를 그림으로 그려서 설명하라.

48. T는 행렬 $A=\begin{bmatrix} \frac{1}{2} & \frac{1}{2} \\ \frac{1}{2} & \frac{1}{2} \end{bmatrix}$에 의해서 주어짐을 보여라.

49-52번의 선형변환 $T: V \rightarrow V$의 부동점 개념을 이용하여 다음을 구하라. 벡터 $\mathbf{u}$가 $T(\mathbf{u})=\mathbf{u}$일 때 부동점(fixed point)이라고 부른다.

49. 임의의 선형변환 $T: V \rightarrow V$에 대해서 $\mathbf{0}$은 부동점임을 증명하라.

50. 선형변환 $T: V \rightarrow V$의 모든 부동점의 집합은 V의 부분공간이 됨을 증명하라.

51. $T: R^2 \rightarrow R^2$, $T(x, y)=(x, 2y)$일 때 모든 부동점을 구하라.

52. $T: R^2 \rightarrow R^2$, $T(x, y)=(x, y)$일 때 모든 부동점을 구하라.

53-55번은 평면에서의 평행이동을 다룬다. 평행이동(translation)이란 $T(x, y)=(x-h, y-k)$꼴로 된 함수이다. (단, h, k 중 적어도 한 개는 0이 아님)

53. 평면에서의 평행이동은 선형변환이 아님을 보여라.

54. 평행이동 $T(x, y)=(x-2, y+1)$에 대해서 (0, 0), (2, −1), (5, 4)의 상을 구하라.

55. 평면에서의 평행이동은 부동점이 없음을 보여라.

56. $S=\{\mathbf{v}_1, \mathbf{v}_2, \cdots, \mathbf{v}_n\}$은 V에서 일차종속인 집합이다. T가 V에서 V로의 선형변환일 때 $\{T(\mathbf{v}_1), T(\mathbf{v}_2), \cdots, T(\mathbf{v}_n)\}$은 일차종속임을 증명하라.

57. $S=\{\mathbf{v}_1, \mathbf{v}_2, \mathbf{v}_3\}$는 R^3에서 일차종속인 집합이다. R^3에서 R^3로의 선형변환으로써 $\{T(\mathbf{v}_1), T(\mathbf{v}_2), T(\mathbf{v}_3)\}$가 일차종속이 되는 T를 찾아라.

58. $T: V \rightarrow W$가 영변환이면 선형변환이 됨을 증명하라.

59. $T: V \rightarrow V$가 항등변환이면 선형변환이 됨을 증명하라.

60. V는 내적공간이다. V의 한 고정된 벡터 $\mathbf{v}_0$에 대해서 $T: V \rightarrow R$, $T(\mathbf{v})=\langle \mathbf{v}, \mathbf{v}_0 \rangle$일 때 T는 선형변환임을 증명하라.

61. $T: M_{n,n} \rightarrow R$, $T(A)=a_{11}+a_{22}+\cdots+a_{nn}$ 대각합이다. T는 선형변환임을 증명하라.

62. V는 내적공간이고 W는 $B=\{\mathbf{w}_1, \mathbf{w}_2, \cdots, \mathbf{w}_n\}$을 직교정규기저로 가지는 V의 부분공간이다. $T: V \rightarrow W$, $T(\mathbf{v})=\langle \mathbf{v}, \mathbf{w}_1 \rangle \mathbf{w}_1+\langle \mathbf{v}, \mathbf{w}_2 \rangle \mathbf{w}_2+\cdots+\langle \mathbf{v}, \mathbf{w}_n \rangle \mathbf{w}_n$은 선형변환임을 보여라. (이때 T를 V에서 W 위로의 **직교사영**(orthogonal projection)이라고 한다.)

63. 힌트를 준 증명 $\{\mathbf{v}_1, \mathbf{v}_2, \cdots, \mathbf{v}_n\}$은 벡터공간 V의 기저이다. $T: V \rightarrow V$가 모든 $i=1, 2, \cdots, n$에 대해서 $T(\mathbf{v}_i)=\mathbf{0}$이면 T는 영변환임을 증명하라.

시작 : T가 영변환임을 증명하기 위해서는 모든 $\mathbf{v} \in V$에 대해서 $T(\mathbf{v})=\mathbf{0}$임을 보여야 한다.

(i) $\mathbf{v}$를 V의 임의의 벡터라 하면 $\mathbf{v}=c_1\mathbf{v}_1+c_2\mathbf{v}_2+\cdots+c_n\mathbf{v}_n$꼴이다.

(ii) 선형변환의 성질과 정의를 이용하여 $T(\mathbf{v})$를 $T(\mathbf{v}_i)$의 일차결합으로 표시한다.

(iii) $T(\mathbf{v}_i)=\mathbf{0}$을 이용하여 $T(\mathbf{v})=\mathbf{0}$을 얻는다. 따라서 T는 영변환이 된다.

64. 힌트를 준 증명 $T: V \rightarrow W$가 선형변환일 필요충분조건은 모든 벡터 $\mathbf{u}$, $\mathbf{v}$와 스칼라 a, b에 대해서 $T(a\mathbf{u}+b\mathbf{v})=aT(\mathbf{u})+bT(\mathbf{v})$임을 증명하라.

시작 : 우선 T가 선형변환임을 증명하기 위해서 먼저 선형변환의 정의를 만족시킴을 보여야 한다. 또 역으로 T가 선형변환임을 가정하고서 선형변환의 성질과 정의를 이용하여 $T(a\mathbf{u}+b\mathbf{v})=aT(\mathbf{u})+bT(\mathbf{v})$를 증명해야 한다.

(i) $T(a\mathbf{u}+b\mathbf{v})=aT(\mathbf{u})+bT(\mathbf{v})$라고 가정하자. a, b를 적당히 잘 정해서 T가 벡터합과 스칼라곱을 보존함을 보인다.

(ii) 역을 증명하기 위해서 T가 선형변환임을 가정한다. 선형변환의 정의와 성질을 이용해서 $T(a\mathbf{u}+b\mathbf{v})=aT(\mathbf{u})+bT(\mathbf{v})$를 보인다.

6.2 선형변환의 핵과 치역

정리 6.1에서 모든 선형변환 $T: V \to W$에서 V의 영벡터는 W의 영벡터로 대응됨을 알 수 있다. 즉

$$T(\mathbf{0})=\mathbf{0}$$

이다. 이 절에서는 $T(\mathbf{v})=\mathbf{0}$이 되는 $\mathbf{0}$이 아닌 다른 벡터 $\mathbf{v}$가 존재하느냐 하는 것이다. 만일 그런 벡터가 존재할 때 모든 그런 벡터의 모임을 T의 **핵**(kernel)이라고 부른다.

V와 W에서의 영벡터는 사실 틀릴 경우가 많지만 편의상 똑같이 $\mathbf{0}$으로 표시한다.

선형변환의 핵의 정의

$T: V \to W$는 선형변환이다. $T(\mathbf{v})=\mathbf{0}$인 모든 $\mathbf{v}\in V$의 집합을 T의 핵이라 하고 $\ker(T)$로 표시한다. 즉

$$\ker(T)=\{\mathbf{v}\in V \mid T(\mathbf{v})=\mathbf{0}\}$$

이다.

아래 예제 1, 2, 3에서 보면 알 수 있지만 어떤 때는 선형변환의 핵은 계산할 필요없이 그냥 봐서 간단히 구할 수 있다.

[예제 1] 선형변환의 핵 구하기

T는 3×2 행렬 A를 그 전치행렬로 보내는 선형변환이다. 즉

$$T : M_{3,2} \to M_{2,3}, \quad T(A)=A^T$$

이다. T의 핵을 구하라.

풀이 $M_{2,3}$의 영행렬 $M_{3,2}$의 영행렬

$A^T=\begin{bmatrix} 0 & 0 & 0 \\ 0 & 0 & 0 \end{bmatrix}$이라고 하면 $A=\begin{bmatrix} 0 & 0 \\ 0 & 0 \\ 0 & 0 \end{bmatrix}$뿐이다.

따라서 T의 핵은 $M_{3,2}$의 영행렬 단 한 개뿐이다. ◀

[예제 2] 영변환과 항등변환의 핵

(a) $T : V \to W$, 모든 $\mathbf{v} \in V$에 대해서 $T(\mathbf{v})=\mathbf{0}$인 영변환의 핵은 V 자체이다. 즉

$$\ker(T)=V$$

(b) $T : V \to V$, 모든 $\mathbf{v} \in V$에 대해서 $T(\mathbf{v})=\mathbf{v}$인 항등변환의 핵은 $\mathbf{0}$밖에 없다. 즉

$$\ker(T)=\{\mathbf{0}\}$$

[예제 3] 선형변환의 핵 구하기

사영 $T : R^3 \to R^3$, $T(x, y, z)=(x, y, 0)$의 핵을 구하라.

풀이 이 선형변환은 R^3의 모든 벡터 (x, y, z)를 xy-평면 위의 벡터 $(x, y, 0)$로 사영한다. 따라서 핵은 z-축 위에 모든 벡터로 이루어져 있음을 알 수 있다. 즉

$$\ker(T)=\{(0, 0, z) \mid z는\ 실수\}$$

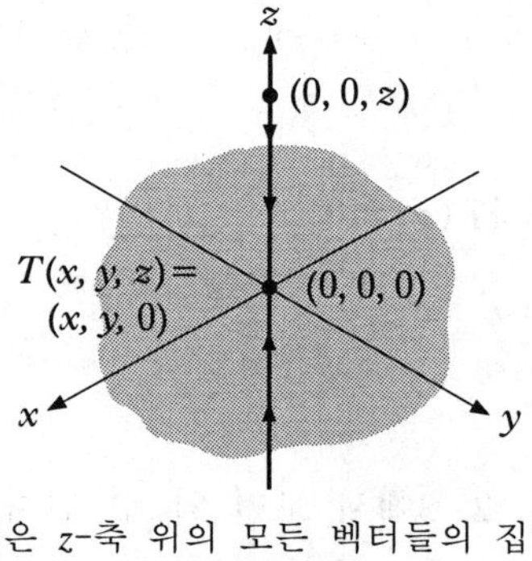

T의 핵은 z-축 위의 모든 벡터들의 집합이다.
[그림 6.4] ◀

예제 1, 2, 3의 선형변환의 핵을 구하는 것은 비교적 쉽다. 그러나 일반적으로 선형변환의 핵을 구하는 것은 그렇게 쉽지 않다. 다음 두 가지 예제에서 보는 것처럼 약간의 수고가 필요하다.

[예제 4] 선형변환의 핵 구하기

선형변환 $T: R^2 \to R^3$, $T(x_1, x_2)=(x_1-2x_2, 0, -x_1)$의 핵을 구하라.

풀이 $\ker(T)$를 구하기 위해서는

$$T(x_1, x_2)=(x_1-2x_2, 0, -x_1)=(0, 0, 0)$$

을 만족시키는 모든 $\mathbf{x}=(x_1, x_2)\in R^2$를 구해야 한다. 즉

$$\begin{aligned} x_1-2x_2&=0 \\ 0&=0 \\ -x_1 \quad\quad &=0, \end{aligned}$$

를 풀면 자명한 해 $(x_1, x_2)=(0, 0)$을 얻을 수 있다. 따라서

$$\ker(T)=\{(0, 0)\}=\{\mathbf{0}\}$$ ◀

[예제 5] 선형변환의 핵 구하기

선형변환 $T: R^3 \to R^2$, $T(\mathbf{x})=A\mathbf{x}$의 핵을 구하라. 단, $A=\begin{bmatrix} 1 & -1 & -2 \\ -1 & 2 & 3 \end{bmatrix}$

풀이 T의 핵은

$$T(x_1, x_2, x_3)=(0, 0)$$

을 만족시키는 모든 $\mathbf{x}=(x_1, x_2, x_3)\in R^3$이다. 이 식으로부터 우리는 다음과 같은 동차 연립방정식을 얻을 수 있다.

$$\begin{bmatrix} 1 & -1 & -2 \\ -1 & 2 & 3 \end{bmatrix}\begin{bmatrix} x_1 \\ x_2 \\ x_3 \end{bmatrix}=\begin{bmatrix} 0 \\ 0 \end{bmatrix} \Rightarrow \begin{aligned} x_1-\ \ x_2-2x_3&=0 \\ -x_1+2x_2+3x_3&=0 \end{aligned}$$

이 방정식을 간추린 열사다리꼴 행렬로 고쳐서

$$\begin{bmatrix} 1 & 0 & -1 & 0 \\ 0 & 1 & 1 & 0 \end{bmatrix} \Rightarrow \begin{aligned} x_1&=\ \ x_3 \\ x_2&=-x_3. \end{aligned}$$

매개변수 $t=x_3$를 써서 해집합을 구하면

$$\begin{bmatrix} x_1 \\ x_2 \\ x_3 \end{bmatrix} = \begin{bmatrix} t \\ -t \\ t \end{bmatrix} = t\begin{bmatrix} 1 \\ -1 \\ 1 \end{bmatrix}.$$

이다. 따라서 T의 핵은

$$\begin{aligned} \ker(T) &= \{t(1,\ -1,\ 1) \mid t\text{는 실수}\} \\ &= \text{span}\{(1,\ -1,\ 1)\} \end{aligned}$$

◀

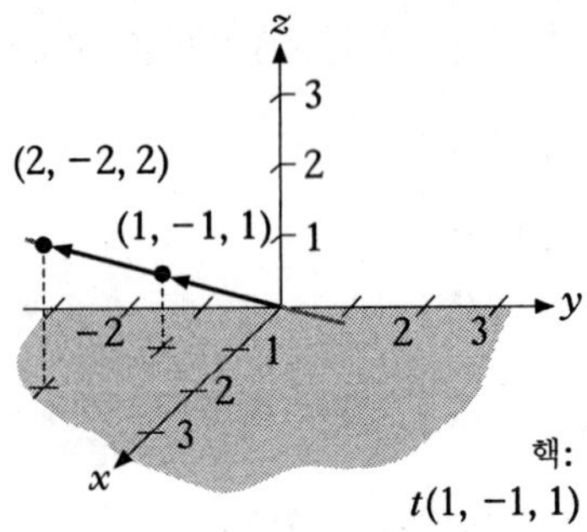

[그림 6.5]

그림 6.5는 이 특별한 핵은 원점을 지나는 직선임을 보여준다. 또 이것은 R^3의 부분공간도 된다. 정리 6.3에서 선형변환 $T: V \rightarrow W$의 핵은 V의 부분공간이 됨을 알 수 있다.

정리 6.3 핵은 V의 부분공간이다.
선형변환 $T: V \rightarrow W$의 핵은 정의역 V의 부분공간이다.

증명 정리 6.1에서 $\ker(T)$는 V의 공집합이 아닌 부분집합이 됨을 알 수 있었다(항상 $\mathbf{0}$을 포함). 따라서 정리 4.5에 의해서 $\ker(T)$가 V의 부분공간임을 보이기 위해서는 벡터합과 스칼라곱에 관해서 닫혀있음을 보이기만 하면 된다. $\mathbf{u}$, $\mathbf{v}$를 $\ker(T)$의 임의의 두 원소라고 하자. 그러면

$$\begin{aligned} T(\mathbf{u}+\mathbf{v}) &= T(\mathbf{u})+T(\mathbf{v}) \\ &= \mathbf{0}+\mathbf{0} \\ &= \mathbf{0} \end{aligned}$$

이 사실로부터 $\mathbf{u}+\mathbf{v}\in\ker(T)$가 됨을 알 수 있다. 또 임의의 스칼라 c에 대해서

$$\begin{aligned} T(c\mathbf{u}) &= cT(\mathbf{u}) \\ &= c\mathbf{0} \\ &= \mathbf{0}, \end{aligned}$$

따라서 $c\mathbf{u}$도 $\ker(T)$에 속한다. ◀

참고 정리 6.3의 결과로 T의 핵은 때때로 T의 영공간(nullspace)이라고도 부른다.

다음 예는 행렬에 의해서 정의되는 선형변환의 핵의 기저를 구하는 방법이다.

[예제 6] 핵의 기저 구하기

$T: R^5 \to R^4$. $T(\mathbf{x})=A\mathbf{x}$, 단, $\mathbf{x}\in R^5$이고

$$A=\begin{bmatrix} 1 & 2 & 0 & 1 & -1 \\ 2 & 1 & 3 & 1 & 0 \\ -1 & 0 & -2 & 0 & 1 \\ 0 & 0 & 0 & 2 & 8 \end{bmatrix}$$

이다. R^5의 부분공간으로서 $\ker(T)$의 기저를 구하라.

풀이 예제 5와 동일한 방법으로 하면 붙인행렬 $[A : \mathbf{0}]$를 단순화시켜서 다음과 같은 사다리꼴로 바꿀 수 있다.

$$\begin{bmatrix} 1 & 0 & 2 & 0 & -1 & 0 \\ 0 & 1 & -1 & 0 & -2 & 0 \\ 0 & 0 & 0 & 1 & 4 & 0 \\ 0 & 0 & 0 & 0 & 0 & 0 \end{bmatrix} \Rightarrow \begin{aligned} x_1 &= -2x_3 + x_5 \\ x_2 &= x_3 + 2x_5 \\ x_4 &= -4x_5 \end{aligned}$$

$x_3=s$, $x_5=t$로 두면

$$\mathbf{x}=\begin{bmatrix} x_1 \\ x_2 \\ x_3 \\ x_4 \\ x_5 \end{bmatrix}=\begin{bmatrix} -2s+t \\ s+2t \\ s+0t \\ 0s-4t \\ 0s+t \end{bmatrix}=s\begin{bmatrix} -2 \\ 1 \\ 1 \\ 0 \\ 0 \end{bmatrix}+t\begin{bmatrix} 1 \\ 2 \\ 0 \\ -4 \\ 1 \end{bmatrix}$$

이다.

따라서 T의 핵의 기저는 $B=\{(-2, 1, 1, 0, 0), (1, 2, 0, -4, 1)\}$이다. ◀

기술적 관찰

예제 6의 행렬 A의 핵의 차수, A의 열의 수와의 관계에 대해서 어떤 가정을 할 수 있을지 한번 생각해 보라. 예제 5에도 이 가정이 맞는지 확인해 보라.

예제 6을 푸는 과정에서 결국 T의 핵의 기저를 구하는 것은 식 $A\mathbf{x}=\mathbf{0}$를 푸는 것이라는 사실을 알 수 있다. 이 과정은 $A\mathbf{x}=\mathbf{0}$의 해공간을 구하는 과정과 동일하다. 다시 말하면 정리 6.3의 아래 따름정리에서와 같이 T의 핵은 행렬 A의 영공간과 같다.

정리 6.3의 따름정리

$T : R^n \rightarrow R^m$가 $T(\mathbf{x})=A\mathbf{x}$인 선형변환이면 T의 핵은 $A\mathbf{x}=\mathbf{0}$의 해공간과 같다.

선형변환의 치역

핵은 선형변환으로 얻어지는 중요한 두 개의 부분공간 중 하나이다. 나머지 하나는 T의 치역인 range(T)이다. 앞 절 6.1에서 정의했듯이 $T : V \rightarrow W$의 치역은 V의 모든 벡터들의 상들의 집합이다. 즉 range$(T)=\{T(\mathbf{v})\in W \mid \mathbf{v}\in V\}$이다.

정리 6.4 T의 치역은 W의 부분공간

선형변환 $T : V \rightarrow W$의 치역은 W의 부분공간이다.

풀이 $T(\mathbf{0})=\mathbf{0}$이므로 T의 치역은 공집합은 아니다. 즉 반드시 $\mathbf{0}$ 벡터는 포함하고 있다. 벡터합에 대해서 닫혀있음을 보이기 위해서 $T(\mathbf{u})$, $T(\mathbf{v})$를 T의 치역에 있는 두 벡터라 하자. $\mathbf{u}$, $\mathbf{v}\in V$이므로 $\mathbf{u}+\mathbf{v}\in V$이다. 따라서 $T(\mathbf{u})+T(\mathbf{v})=T(\mathbf{u}+\mathbf{v})$도 T의 치역에 포함된다. 스칼라곱에 대해서 닫혀있음을 보이자.

$T(\mathbf{u})$를 T의 치역에 있는 한 벡터라고 하자. 임의의 스칼라 c에 대해서 $\mathbf{u}\in V$이므로 $c\mathbf{u}\in V$이다. 따라서 스칼라곱 $cT(\mathbf{u})=T(c\mathbf{u})$도 T의 치역에 있다. ◀

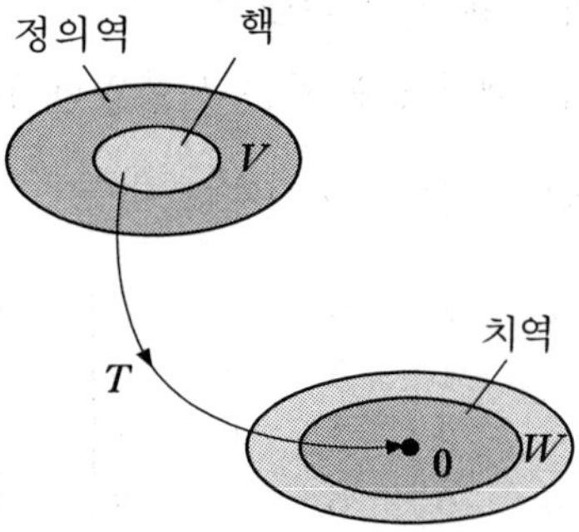

[그림 6.6]

그림 6.6에서와 같이 선형변환 $T : V \to W$의 핵과 치역은 각각 V와 W의 부분공간이다.

$T(\mathbf{x})=A\mathbf{x}$로 정의되는 선형변환의 치역의 기저를 구해보자. 치역은 식 $A\mathbf{x}=\mathbf{b}$가 성립하는 모든 벡터 $\mathbf{b}$이다. 이것을 적어보면 식

$$\begin{bmatrix} a_{11} & a_{12} & \cdots & a_{1n} \\ a_{21} & a_{22} & \cdots & a_{2n} \\ \vdots & \vdots & & \vdots \\ a_{m1} & a_{m2} & \cdots & a_{mn} \end{bmatrix} \begin{bmatrix} x_1 \\ x_2 \\ \vdots \\ x_n \end{bmatrix} = \begin{bmatrix} b_1 \\ b_2 \\ \vdots \\ b_m \end{bmatrix}$$

은

$$A\mathbf{x}=x_1\begin{bmatrix} a_{11} \\ a_{21} \\ \vdots \\ a_{m1} \end{bmatrix}+x_2\begin{bmatrix} a_{12} \\ a_{22} \\ \vdots \\ a_{m2} \end{bmatrix}+\cdots+x_n\begin{bmatrix} a_{1n} \\ a_{2n} \\ \vdots \\ a_{mn} \end{bmatrix}=\begin{bmatrix} b_1 \\ b_2 \\ \vdots \\ b_m \end{bmatrix}=\mathbf{b}$$

로 적을 수 있으므로 $\mathbf{b}$가 T의 치역에 들어갈 필요충분조건은 $\mathbf{b}$가 행렬 A의 열벡터들의 일차결합으로 표시되는 것이다. 따라서 행렬 A의 열공간이 바로 T의 치역과 일치한다.

4.6절 예제 4에서 행렬의 열공간의 기저를 구하는 두 가지 방법을 공부하였다. 아래 예에서 행렬에 의해서 정의되는 선형변환의 치역의 기저를 두 번째 방법을 써서 구해 보자.

[예제 7] 선형변환의 치역의 기저 구하기

$T : R^5 \to R^4$는 예제 6에 있는 선형변환이다. T의 치역의 기저를 구하라.

풀이 예제 6과 똑같은 방법으로 계산해서

$$A=\begin{bmatrix} 1 & 2 & 0 & 1 & -1 \\ 2 & 1 & 3 & 1 & 0 \\ -1 & 0 & -2 & 0 & 1 \\ 0 & 0 & 0 & 2 & 8 \end{bmatrix} \Rightarrow \begin{bmatrix} 1 & 0 & 2 & 0 & -1 \\ 0 & 1 & -1 & 0 & -2 \\ 0 & 0 & 0 & 1 & 4 \\ 0 & 0 & 0 & 0 & 0 \end{bmatrix}$$

와 같이 변형된다. A의 열공간으로 유도되는 기약행렬에서 선행 1이 1, 2, 4열에 나타나므로 A의 열공간의 기저는 A의 1, 2, 4열이 된다. 따라서 T의 치역의 기저는

$$B=\{(1, 2, -1, 0), (2, 1, 0, 0), (1, 1, 0, 2)\}$$

이다. ◀

선형변환의 핵의 차수와 치역의 차수는 다음 정리와 같이 정의된다.

0의 계수와 영공간의 차원의 정의

$T : V \to W$는 선형변환이다. T의 핵의 차수는 T의 **영공간의 차원**(nullity)이라 하고 nullity(T)로 나타낸다.

T의 치역의 차수를 T의 **계수**(rank)라고 하고 rank(T)는 표시한다.

참고 만일 T가 행렬 A로 주어진다면 T의 계수는 4.6절에서 정의한 행렬 A의 계수와 같다.

예제 6.7에서 T의 영공간의 차원과 계수는 T의 정의역의 차수와 연관이 있다. 즉

$$\text{rank}(T)+\text{nullity}(T)=3+2=5=\text{정의역의 차수}$$

이 관계는 유한차 벡터공간에서의 어떠한 선형변환에 대해서도 성립한다.

정리 6.5 계수와 영공간의 차원의 합

$T : V \to W$가 n차 벡터공간 V에서 벡터공간 W로의 선형변환이면 치역의 차수와 핵의 차수의 합은 정의역의 차수가 된다. 즉

$$\text{rank}(T)+\text{nullity}(T)=n$$

또는

$$\dim(\text{치역})+\dim(\text{핵})=\dim(\text{정의역})$$

이다.

증명 여기서는 T가 $m\times n$ 행렬 A로 주어질 경우를 증명하겠다. 보다 일반적인 증명은 다음 절에서 한다. 다음 절에서 나오지만 n차 공간에서 m차 공간으로의 모든 선형변환은 행렬로써 표시할 수 있기 때문이다.

우선 행렬 A의 계수를 r이라고 하자. 그러면

$$\text{rank}(T)=\dim(T\text{의 핵})=\dim(\text{해공간})=n-r$$

이다. 따라서

$$\text{rank}(T)+\text{nullity}(T)=r+(n-r)=n. \qquad \blacksquare$$

[예제 8] 선형변환의 계수와 영공간의 차원 구하기

$T : R^3 \to R^3$는 행렬 $A=\begin{bmatrix} 1 & 0 & -2 \\ 0 & 1 & 1 \\ 0 & 0 & 0 \end{bmatrix}$로 정의되는 선형변환이다. 선형변환의 계수와 영공간의 차원을 구하라.

풀이 A는 행 사다리꼴이고 0이 아닌 행이 2개이므로 계수는 2이다. 따라서 T의 계수는 2이고 영공간의 차원은 $\dim(\text{정의역})-\text{계수}=3-2=1$이다. ◀

참고 행렬로 주어진 선형변환의 계수와 영공간의 차원과의 관계를 쉽게 알 수 있는 방법은 계수는 선행 1의 수이고 영공간의 차원은 선행을 가지지 않는 열, 즉 변수를 자유롭게 취할 수 있는 열의 수로 기억하면 된다. 이들의 합은 행렬의 열의 총개수가 되는데 이것이 바로 정의역의 차수이다. 위의 예제 8에서 처음 두 열은 선행 1을 가지므로 계수는 2, 3째 열은 자유로운 변수를 취하므로 영공간의 차원은 1이다.

[예제 9] 선형변환의 계수와 영공간의 차원 구하기

$T : R^5 \rightarrow R^7$은 선형변환이다.

(a) 만일 치역의 차수가 2이면 T의 핵의 차수는 얼마인가?

(b) T의 영공간의 차원이 4이면 T의 계수는 얼마인가?

(c) $\ker(T)=\{\mathbf{0}\}$이면 T의 계수는 얼마인가?

풀이 (a) 정리 6.5에서 $n=5$이므로

$$\dim(\text{핵})=n-\dim(\text{치역})=5-2=3$$

(b) 역시 정리 6.5에서

$$\text{rank}(T)=n-\text{nullity}(T)=5-4=1$$

(c) 이 경우는 T의 영공간의 차원이므로

$$\text{rank}(T)=n-\text{nullity}(T)=5-0=5.$$

◀

전단사인 선형변환

이 절의 처음에서 과연 선형변환의 정의역에 있는 벡터중 얼마나 많은 것이 **0**벡터에 대응될까 하는 의문을 가졌다. 정리 6.6에서 $T(\mathbf{v})=\mathbf{0}$이 되는 벡터 $\mathbf{v}$가 **0**벡터 단 1개 뿐이면 T는 단사가 된다는 사실을 알 수 있다.

함수 $T : V \rightarrow W$가 치역의 어떠한 원소도 그 원상이 단 한개뿐일 때 T를 단사(one-to-one)라고 부른다. 이 말은 즉 T가 단사일 필요충분조건은 V의 임의의 $\mathbf{u}$, $\mathbf{v}$에 대해서 $T(\mathbf{u})=T(\mathbf{v})$이면 $\mathbf{u}=\mathbf{v}$임을 말한다.

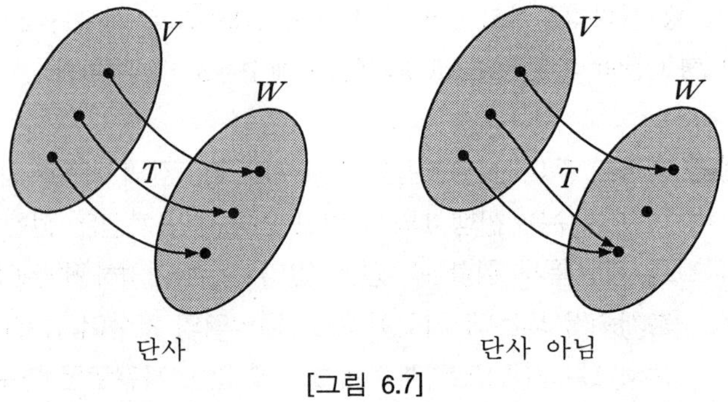

[그림 6.7]

정리 6.6 단사 선형변환
$T: V \rightarrow W$는 선형변환이다. T가 단사일 필요충분조건은 $\ker(T)=\{\mathbf{0}\}$.

증명 T가 단사라고 가정하자. $T(\mathbf{v})=\mathbf{0}$이면 $T(\mathbf{v})=\mathbf{0}=T(\mathbf{0})$이므로 $\mathbf{v}=\mathbf{0}$이다. 역으로 $\ker(T)=\{\mathbf{0}\}$이라고 하자. 만일 $T(\mathbf{v})=T(\mathbf{u})$이면 T는 선형변환이므로

$$T(\mathbf{u}-\mathbf{v})=T(\mathbf{u})-T(\mathbf{v})=\mathbf{0}$$

이 되고 따라서 $\mathbf{u}-\mathbf{v}\in\ker(T)=\{\mathbf{0}\}$이다. 따라서 $\mathbf{u}-\mathbf{v}=\mathbf{0}$이므로 $\mathbf{u}=\mathbf{v}$가 되어 T는 단사가 된다. ■

[예제 10] 단사인 선형변환과 단사가 아닌 선형변환

(a) $T: M_{m,n} \rightarrow M_{n,m}$, $T(A)=A^T$인 선형변환은 그 핵이 $m\times n$ 영행렬 뿐이기 때문에 단사이다.

(b) 영변환 $T: R^3 \rightarrow R^3$는 핵이 R^3 전체이므로 단사가 아니다.

함수 $T: V \rightarrow W$가 W의 어떠한 원소도 그 원상을 가질 때 **전사**(onto)라고 부른다. 즉 다시 말하면 T가 전사일 필요충분조건은 T의 치역$=W$이다. 따라서 다음과 같은 정리를 얻을 수 있다.

정리 6.7 전사 선형변환
W는 유한차 벡터공간, $T: V \rightarrow W$는 선형변환이다. T가 전사일 필요충분조건은 $\operatorname{rank}(T)=\dim W$이다.

차수가 같은 벡터공간에서 정리 6.5, 6.6, 6.7의 결과를 적용하면 아래와 같은 전단사인 선형변환에 관한 정리를 얻는다.

정리 6.8
V와 W는 모두 차수가 n인 벡터공간이고 $T: V \rightarrow W$는 선형변환이다. T가 단사일 필요충분조건은 T가 전사이다.

증명 T가 단사라 하면 정리 6.6에서 $\ker(T)=\{\mathbf{0}\}$이므로 $\dim(\ker(T))=\mathbf{0}$이다. 따라서 정리 6.5에 의해서

$$\begin{aligned}\dim(T\text{의 치역}) &= n-\dim(\ker(T))\\ &= n\\ &= \dim(W).\end{aligned}$$

따라서 T는 전사이다. 마찬가지로 이번에는 만일 T가 전사이면

$$\dim(T\text{의 치역})=\dim(W)=n.$$

정리 6.5에 의해서 $\dim(\ker(T))=0$. 정리 6.6에서 T는 단사이다. ■

다음 예제에서 선형변환의 치역과 핵에 관하여 몇 가지 사실을 알 수 있다.

[예제 11] 결과의 요약

$T: R^n \to R^m$, $T(\mathbf{x})=A\mathbf{x}$는 선형변환이다. 다음에서 T의 영행렬의 차원, 계수를 구하고 또 T의 전사, 단사 등을 조사한다.

(a) $A=\begin{bmatrix}1&2&0\\0&1&1\\0&0&1\end{bmatrix}$ (b) $A=\begin{bmatrix}1&2\\0&1\\0&0\end{bmatrix}$

(c) $A=\begin{bmatrix}1&2&0\\0&1&-1\end{bmatrix}$ (d) $A=\begin{bmatrix}1&2&0\\0&1&1\\0&0&0\end{bmatrix}$

풀이 이미 모든 행렬은 사다리꼴이므로 계수는 쉽게 알 수 있다.

$T: R^n \to R^m$	dim(정의역)	dim(치역) rank(T)	dim(핵) nullity(T)	단사	전사
(a) $T: R^3 \to R^3$	3	3	0	Yes	Yes
(b) $T: R^2 \to R^3$	2	2	0	Yes	No
(c) $T: R^3 \to R^2$	3	2	1	No	Yes
(d) $T: R^3 \to R^3$	3	2	1	No	No

◀

벡터공간의 동형사상

이 절에서는 벡터공간의 성질을 이해하는데 아주 유용하게 쓰이는 매우 중요한 사실을 공부한다.

결론적으로 말해서 서로 다른 벡터 공간들도 벡터합과 스칼라 곱이라는 연산의 관점에서만 보면 근본적으로 같은 경우로 볼 수도 있다는 것이다.

예를 들어서 벡터공간 R^3과 $M_{3,1}$은 기본연산으로만 보면 근본적으로 같은 것이다. 그러한 공간들을 우리는 서로 **동형**(isomorphic)이라고 부른다(이 말의 뜻은 그리스어 isos에서 따왔다는데 같다(equal)라는 뜻이다)

동형사상의 정의

선형변환 $T: V \to W$가 전단사일 때 **동형사상**(isomorphism)이라고 부른다. 더욱이 만일 두 벡터공간 V, W에서 V에서 W로의 동형사상이 존재할 때 V와 W는 서로 **동형**(isomorphic)이라고 부른다.

동형인 벡터공간이 "근본적으로 같다"란 이유의 하나는 그들의 차수가 같다는 것이다. 이것은 다음 정리에 잘 나타나 있다. 실제로 이 정리는 두 벡터공간의 차수가 같으면 그들이 동형이라는 사실까지도 말해준다.

정리 6.9 동형인 벡터공간과 차수

두 유한차 벡터공간 V, W가 동형일 필요충분조건은 그들의 차수가 같은 경우이다.

증명 먼저 n차인 두 벡터 공간 V와 W가 서로 동형이라고 하자. 동형의 정의에 의해서 전단사인 선형변환 $T: V \to W$가 존재한다. T는 단사이므로

$$\dim(\text{치역}) = \dim(\text{정의역}) = n$$

또 T는 전사이므로

$$\dim(\text{치역}) = \dim(W) = n.$$

역으로 V, W의 차수가 모두 n이라고 하자. $B = \{\mathbf{v}_1, \mathbf{v}_2, \cdots, \mathbf{v}_n\}$, $B' = \{\mathbf{w}_1, \mathbf{w}_2, \cdots, \mathbf{w}_n\}$을 각각 V, W의 기저라고 두면 V의 임의의 원소는

$$\mathbf{v}=c_1\mathbf{v}_1+c_2\mathbf{v}_2+\cdots+c_n\mathbf{v}_n,$$

으로 나타낼 수 있다. 선형변환 $T: V \to W$를

$$T(\mathbf{v})=c_1\mathbf{w}_1+c_2\mathbf{w}_2+\cdots+c_n\mathbf{w}_n$$

로 정의하면 이 선형변환은 전단사가 됨을 쉽게 보일 수 있다. 따라서 V와 W는 동형이다. ■

[예제 12] 다음 벡터공간은 모두 서로 동형이다.

(a) R^4=4차원 유클리드 공간

(b) $M_{4,1}$=모든 4×1 행렬 공간

(c) $M_{2,2}$=모든 2×2 행렬 공간

(d) P_3=차수 3 이하인 모든 다항식의 공간

(e) $V=\{(x_1, x_2, x_3, x_4, 0) \mid x_i$는 실수$\}$ (R^5의 부분공간)

예제 12에 있는 모든 공간의 원소는 수학적으로 서로 틀리지만 벡터로써 그 연산방법은 모두 같다. 따라서 $n\times1$ 행렬이나 n좌표는 필요하면 서로 바꾸어 사용해도 된다.

연습문제 6.2(선형변환의 핵과 공역)

1-6번의 선형변환의 핵을 구하라.

1. $T: R^3 \to R^3,\ T(x, y, z)=(0, 0, 0)$

2. $T: R^4 \to R^4,\ T(x, y, z, w)=(y, x, w, z)$

3. $T: P_3 \to R,\ T(a_0+a_1x+a_2x^2+a_3x^3)=a_0$

4. $T: P_2 \to P_1,\ T(a_0+a_1x+a_2x^2)=a_1+2a_2x$

5. $T: R^2 \to R^2,\ T(x, y)=(x+2y, y-x)$

6. $T: R^2 \to R^2,\ T(x, y)=(x-y, y-x)$

7-12번의 선형변환 T는 $T(\mathbf{v})=A\mathbf{v}$이다.

(a) T의 핵의 기저를 구하라.

(b) T의 치역의 기저를 구하라.

7. $A=\begin{bmatrix} 1 & 2 \\ 3 & 4 \end{bmatrix}$

8. $A=\begin{bmatrix} 1 & 2 \\ -2 & -4 \end{bmatrix}$

9. $A=\begin{bmatrix} 1 & -1 & 2 \\ 0 & 1 & 2 \end{bmatrix}$

10. $A=\begin{bmatrix} 1 & 2 \\ -1 & -2 \\ 1 & 1 \end{bmatrix}$

11. $\begin{bmatrix} 1 & 2 & -1 & 4 \\ 3 & 1 & 2 & -1 \\ -4 & -3 & -1 & -3 \\ -1 & -2 & 1 & 1 \end{bmatrix}$

12. $A=\begin{bmatrix} -1 & 3 & 2 & 1 & 4 \\ 2 & 3 & 5 & 0 & 0 \\ 2 & 1 & 2 & 1 & 0 \end{bmatrix}$

13-24번의 (a) $\ker(T)$ (b) $\text{nullity}(T)$ (c) $\text{range}(T)$ (d) $\text{rank}(T)$를 각각 구하라.

13. $A=\begin{bmatrix} -1 & 1 \\ 1 & 1 \end{bmatrix}$

14. $A=\begin{bmatrix} 3 & 2 \\ -9 & -6 \end{bmatrix}$

15. $A=\begin{bmatrix} 5 & -3 \\ 1 & 1 \\ 1 & -1 \end{bmatrix}$

16. $A=\begin{bmatrix} 4 & 1 \\ 0 & 0 \\ 2 & -3 \end{bmatrix}$

17. $A=\begin{bmatrix} 0 & -2 & 3 \\ 4 & 0 & 11 \end{bmatrix}$

18. $A=\begin{bmatrix} 1 & 1 & 0 & 0 \\ 0 & 0 & 1 & 1 \end{bmatrix}$

19. $\begin{bmatrix} \frac{9}{10} & \frac{3}{10} \\ \frac{3}{10} & \frac{1}{10} \end{bmatrix}$

20. $A=\begin{bmatrix} \frac{1}{26} & -\frac{5}{26} \\ -\frac{5}{26} & \frac{25}{26} \end{bmatrix}$

21. $A=\begin{bmatrix} 2 & 2 & -3 & 1 & 13 \\ 1 & 1 & 1 & 1 & -1 \\ 3 & 3 & -5 & 0 & 14 \\ 6 & 6 & -2 & 4 & 16 \end{bmatrix}$

22. $A=\begin{bmatrix} 3 & -2 & 6 & -1 & 15 \\ 4 & 3 & 8 & 10 & -14 \\ 2 & -3 & 4 & -4 & 20 \end{bmatrix}$

23. $A=\begin{bmatrix} \frac{4}{9} & -\frac{4}{9} & \frac{2}{9} \\ -\frac{4}{9} & \frac{4}{9} & -\frac{2}{9} \\ \frac{2}{9} & -\frac{2}{9} & \frac{1}{9} \end{bmatrix}$

24. $A=\begin{bmatrix} 1 & 0 & 0 \\ 0 & 0 & 0 \\ 0 & 0 & 1 \end{bmatrix}$

25-32번의 $T: R^3 \rightarrow R^3$는 선형변환이다. 아래 주어진 정보로 T의 영공간의 차원을 구하고 T의 핵과 치역을 그림으로 표시하라.

25. $\text{rank}(T)=2$

26. $\text{rank}(T)=1$

27. $\text{rank}(T)=0$

28. $\text{rank}(T)=3$

29. T는 z축을 중심으로 시계 반대방향으로 45° 회전시킨 값이다.

$$T(x, y, z)=\left(\frac{\sqrt{2}}{2}x-\frac{\sqrt{2}}{2}y, \frac{\sqrt{2}}{2}x+\frac{\sqrt{2}}{2}y, z\right)$$

30. T는 yz-좌표평면으로 대칭시킨 값이다. $T(x, y, z)=(-x, y, z)$

31. T는 벡터 $\mathbf{v}=(1, 2, 2)$에 사영시킨 것이다.

$$T(x, y, z)=\frac{x+2y+2z}{9}(1, 2, 2)$$

32. T는 xy-좌표평면으로 사영시킨 값이다. $T(x, y, z)=(x, y, 0)$

33-36번의 선형변환 T의 영공간의 차원을 구하라.

33. $T: R^4 \rightarrow R^2$, $\text{rank}(T)=2$

34. $T: R^5 \rightarrow R^2$, $\text{rank}(T)=2$

35. $T: R^4 \rightarrow R^4$, $\text{rank}(T)=0$

36. $T: P_3 \rightarrow P_1$, $\text{rank}(T)=2$

37. 예제 12의 서로 동형인 각 벡터공간의 영원소와 기본기저를 찾아라.

38. R^6과 동형인 벡터공간은 어느 것인가?

(a) $M_{2,3}$ (b) P_6 (c) $C[0, 6]$

(d) $M_{6,1}$ (e) P_5

(f) $\{(x_1, x_2, x_3, 0, x_5, x_6, x_7): x_i$는 실수$\}$

39. **(해석학)** $T: P_4 \rightarrow P_3$, $T(p)=p'$이다. T의 핵을 구하라.

40. **(해석학)** $T: P_2 \rightarrow R$, $T(p)=\int_0^1 p(x)\,dx$이다. T의 핵을 구하라.

41. $T: R^3 \rightarrow R^3$는 벡터 $\mathbf{v}=(2, -1, 1)$로 사영시키는 선형변환이다.

(a) T의 계수와 영공간의 차원을 구하라.

(b) T의 핵의 기저를 구하라.

42. $\mathbf{v}=(3, 0, 4)$일 때 문제 41번과 같은 식으로 구하라.

43-46번. 아래 행렬로 정의되는 선형변환 중 단사와 전사인 것을 찾아라.

43. $A=\begin{bmatrix}-1 & 0\\ 0 & 1\end{bmatrix}$

44. $A=\begin{bmatrix}1 & 0\\ 0 & -1\end{bmatrix}$

45. $A=\begin{bmatrix}1 & 0 & 0\\ 0 & 0 & 1\\ 0 & 1 & 0\end{bmatrix}$

46. $A=\begin{bmatrix}1 & 2 & 3\\ -1 & 2 & 4\\ 0 & 4 & 1\end{bmatrix}$

참, 거짓 문제 47, 48에서 참, 거짓을 판단하라. 만일 참이면 그 이유를 밝히거나 책에서 그 내용을 찾아라. 또 만일 거짓말이면 참이 아니라는 예를 찾거나 바른 서술을 찾아서 쓰라.

47. (a) 벡터공간 V에서 다른 벡터공간 W로의 선형변환 T가 있을 때 모든 벡터의 상은 T의 핵에 의해서 알 수 있다.

(b) 벡터공간 V에서 다른 벡터공간 W로의 선형변환 T의 치역은 V의 부분공간이다.

(c) V에서 W로의 선형변환 T가 단사일 필요충분조건은 V의 임의의 $\mathbf{u}$, $\mathbf{v}$에 대해서 $T(\mathbf{u})=T(\mathbf{v})$면 $\mathbf{u}=\mathbf{v}$이다.

(d) 벡터공간 R^3와 $M_{3,1}$은 서로 동형이다.

48. (a) 벡터공간 V에서 벡터공간 W로의 선형변환 T의 핵은 V의 부분공간이다.

(b) 벡터공간 V에서 벡터공간 W로의 선형변환 T의 차수는 T의 계수라고 부른다.

(c) V에서 W로의 선형변환이 단사일 필요충분조건은 치역에 있는 모든 $\mathbf{w}$의 원상이 단 하나 있을 경우이다.

(d) 벡터공간 R^2와 P_1은 서로 동형이다.

49. 선형변환 $T : R^n \rightarrow R^n$, $T(\mathbf{v})=A\mathbf{v}$에서 만일

(a) $\det(A)\neq 0$　　　　(b) $\det(A)=0$

일 경우 각각 T의 계수는 어떠한가?

50. $T : M_{n,n} \rightarrow M_{n,n}$, $T(A)=A-A^T$이다. T의 핵은 모든 $n\times n$ 대칭행렬의 집합이 됨을 보여라.

51. $M_{m,n}$과 $M_{j,k}$가 서로 동형일 때 m, n, j, k의 관계를 구하라.

52. **힌트를 준 증명** B는 가역인 $n\times n$ 행렬이다. 선형변환 $T : M_{n,n} \rightarrow M_{n,n}$, $T(A)=AB$는 동형사상임을 증명하라.

시작 : 선형변환이 동형사상임을 보이기 위해서는 T가 전단사임을 보여야 한다.

(i) T는 동일한 차원의 벡터공간에서의 선형변환이므로 정리 6.8에 의해서 T는 단사임을 보이기만 하면 된다.

(ii) T가 단사임을 보이기 위해서 T의 핵을 구해서 그것이 $\{\mathbf{0}\}$임을 밝힌다(정리 6.6). B는 가역인 $n\times n$ 행렬이고 $T(A)=AB$를 이용

(iii) T는 동형사상이라는 결론을 도출

53. $T : V \rightarrow W$는 선형변환이다. T가 단사일 필요충분조건은 T의 계수가 V의 차원과 같음을 증명하라.

54. $T : V \rightarrow W$는 선형변환이다. U가 W의 부분공간이면 집합 $T^{-1}(U)=\{\mathbf{v}\in V \mid T(\mathbf{v})\in U\}$는 V의 부분공간임을 증명하자. 또 만일 $U=\{\mathbf{0}\}$이면 $T^{-1}(U)$는 무엇인가?

55. 쓰기 벡터공간 R^4, $M_{2,2}$, $M_{1,4}$는 모드 같은가? 그들의 닮은 점과 틀리는 점을 적어라.

56. 쓰기 $T : R^m \to R^n$은 선형변환이다. 전사와 단사의 틀리는 점을 적어라. T가 전사일 때 m과 n의 관계, 또 T가 단사이면 m과 n의 관계는 어떻게 되는지 설명하라.

6.3 선형변환의 행렬

R^3에서 R^3로의 함수 T를 다음과 같이 두 가지 형식으로 표시했을 때 어느 것이 더 나은가?

$$(1)\ T(x_1, x_2, x_3) = (2x_1 + x_2 - x_3,\ -x_1 + 3x_2 - 2x_3,\ 3x_2 + 4x_3)$$

$$(2)\ T(\mathbf{x}) = A\mathbf{x} = \begin{bmatrix} 2 & 1 & -1 \\ -1 & 3 & -2 \\ 0 & 3 & 4 \end{bmatrix}\begin{bmatrix} x_1 \\ x_2 \\ x_3 \end{bmatrix}$$

(2)가 적어도 3가지 이유로 (1)보다 더 낫다.

우선 쓰고, 읽고, 계산하기가 더 쉽다.

그 외에도 차차 배우겠지만 선형변환을 행렬로 표시하는 것이 이론의 증명이나 전개에도 훨씬 편하다. 이 절에서는 유한차 벡터공간에서의 선형변환은 항상 행렬로 표시할 수 있음을 배운다.

선형변환 $T : V \to W$를 행렬로 표시하는 열쇠는 V의 기저에 대한 T의 작용이다. 기저에 있는 모든 벡터의 상을 알면 임의의 벡터 $\mathbf{v} \in V$에 대해서 선형변환의 성질을 이용해서 $T(\mathbf{v})$를 결정할 수 있다.

편의상 처음 3개의 정리에서는 표준기저를 가지고 R^n에서 R^m으로의 선형변환에 대해서만 다룬다. 이 절의 끝에서는 이 결과를 이용해서 표준기저가 아닌 기저와 일반적인 벡터공간까지 정리를 확대하고 보다 일반화시킨다. 먼저 R^m의 표준기저는 열벡터 표기법으로 써서

$$B = \{\mathbf{e}_1, \mathbf{e}_2, \cdots, \mathbf{e}_n\} = \left\{\begin{bmatrix} 1 \\ 0 \\ \vdots \\ 0 \end{bmatrix}, \begin{bmatrix} 0 \\ 1 \\ \vdots \\ 0 \end{bmatrix}, \cdots, \begin{bmatrix} 0 \\ 0 \\ \vdots \\ 1 \end{bmatrix}\right\}$$

로 표시한다.

정리 6.10 선형변환의 표준행렬

$T : R^n \rightarrow R^m$는 선형변환으로써

$$T(\mathbf{e}_1)=\begin{bmatrix} a_{11} \\ a_{21} \\ \vdots \\ a_{m1} \end{bmatrix},\ T(\mathbf{e}_2)=\begin{bmatrix} a_{12} \\ a_{22} \\ \vdots \\ a_{m2} \end{bmatrix},\ \cdots,\ T(\mathbf{e}_n)=\begin{bmatrix} a_{1n} \\ a_{2n} \\ \vdots \\ a_{mn} \end{bmatrix}$$

이다. 이 때 각 열이 $T(\mathbf{e}_i)$에 대응되는 $m \times n$ 행렬

$$A=\begin{bmatrix} a_{11} & a_{12} & \cdots & a_{1n} \\ a_{21} & a_{22} & \cdots & a_{2n} \\ \vdots & \vdots & & \vdots \\ a_{m1} & a_{m2} & \cdots & a_{mn} \end{bmatrix}$$

은 임의의 $\mathbf{v} \in R^n$에 대해서 $T(\mathbf{v})=A\mathbf{v}$를 만족시킨다. 이 행렬 A를 T의 **표준행렬**(standard matrix)이라고 부른다.

증명 우선 모든 $\mathbf{v} \in R^n$에 대해서 $T(\mathbf{v})=A\mathbf{v}$를 보이자.

$$\mathbf{v}=\begin{bmatrix} v_1 \\ v_2 \\ \vdots \\ v_n \end{bmatrix}=v_1\mathbf{e}_1+v_2\mathbf{e}_2+\cdots+v_n\mathbf{e}_n$$

로 쓸 수 있고 T는 선형변환이므로

$$\begin{aligned} T(\mathbf{v}) &= T(v_1\mathbf{e}_1+v_2\mathbf{e}_2+\cdots+v_n\mathbf{e}_n) \\ &= T(v_1\mathbf{e}_1)+T(v_2\mathbf{e}_2)+\cdots+T(v_n\mathbf{e}_n) \\ &= v_1T(\mathbf{e}_1)+v_2T(\mathbf{e}_2)+\cdots+v_nT(\mathbf{e}_n) \end{aligned}$$

이다. 한편 $A\mathbf{v}$를 계산하면

$$A\mathbf{v}=\begin{bmatrix} a_{11} & a_{12} & \cdots & a_{1n} \\ a_{21} & a_{22} & \cdots & a_{2n} \\ \vdots & \vdots & & \vdots \\ a_{m1} & a_{m2} & \cdots & a_{mn} \end{bmatrix}\begin{bmatrix} v_1 \\ v_2 \\ \vdots \\ v_n \end{bmatrix}=\begin{bmatrix} a_{11}v_1+a_{12}v_2+\cdots+a_{1n}v_n \\ a_{21}v_1+a_{22}v_2+\cdots+a_{2n}v_n \\ \vdots \quad\quad \vdots \quad\quad\quad \vdots \\ a_{m1}v_1+a_{m2}v_2+\cdots+a_{mn}v_n \end{bmatrix}$$

$$=v_1\begin{bmatrix}a_{11}\\a_{21}\\\vdots\\a_{m1}\end{bmatrix}+v_2\begin{bmatrix}a_{12}\\a_{22}\\\vdots\\a_{m2}\end{bmatrix}+\cdots+v_n\begin{bmatrix}a_{1n}\\a_{2n}\\\vdots\\a_{mn}\end{bmatrix}$$

$$=v_1T(\mathbf{e}_1)+v_2T(\mathbf{e}_2)+\cdots+v_nT(\mathbf{e}_n)$$

따라서 모든 $\mathbf{v}\in R^n$에 대해서 $T(\mathbf{v})=A\mathbf{v}$이다. ■

[예제 1] 선형변환의 표준행렬 구하기

선형변환 $T: R^3 \to R^2$, $T(x, y, z)=(x-2y, 2x+y)$일 때 T의 표준행렬을 구하라.

풀이 먼저 $\mathbf{e}_1$, $\mathbf{e}_2$, $\mathbf{e}_3$의 상을 구하자.

벡터 표시	행렬 표시
$T(\mathbf{e}_1)=T(1, 0, 0)=(1, 2)$	$T(\mathbf{e}_1)=T\left(\begin{bmatrix}1\\0\\0\end{bmatrix}\right)=\begin{bmatrix}1\\2\end{bmatrix}$
$T(\mathbf{e}_2)=T(0, 1, 0)=(-2, 1)$	$T(\mathbf{e}_2)=T\left(\begin{bmatrix}0\\1\\0\end{bmatrix}\right)=\begin{bmatrix}-2\\1\end{bmatrix}$
$T(\mathbf{e}_3)=T(0, 0, 1)=(0, 0)$	$T(\mathbf{e}_3)=T\left(\begin{bmatrix}0\\0\\1\end{bmatrix}\right)=\begin{bmatrix}0\\0\end{bmatrix}$

정리 6.10에 의해서 A의 열은 $T(\mathbf{e}_1)$, $T(\mathbf{e}_2)$, $T(\mathbf{e}_3)$이므로

$$A=[T(\mathbf{e}_1)\ \vdots\ T(\mathbf{e}_2)\ \vdots\ T(\mathbf{e}_3)]=\begin{bmatrix}1&-2&0\\2&1&0\end{bmatrix}$$

이다. 실제로 계산해 보면

$$A\begin{bmatrix}x\\y\\z\end{bmatrix}=\begin{bmatrix}1&-2&0\\2&1&0\end{bmatrix}\begin{bmatrix}x\\y\\z\end{bmatrix}=\begin{bmatrix}x-2y\\2x+y\end{bmatrix}$$

이므로 $T(x, y, z)=(x-2y, 2x+y)$와 그 값이 일치한다. ◀

예제 1에서는 약간의 노력으로 선형변환의 표준행렬을 구할 수 있었다. 그러

나 우리는 계산하지 않고 직관으로 행렬을 구할 수 있다. 예를 들어 선형변환

$$T(x_1,\ x_2,\ x_3)=(x_1-2x_2+5x_3,\ 2x_1+3x_3,\ 4x_1+x_2-2x_3)$$

에 대해서 각 x_1, x_2, x_3의 계수를 잘 보면 A의 행을 구할 수 있다. 즉

$$A=\begin{bmatrix}1 & -2 & 5\\ 2 & 0 & 3\\ 4 & 1 & -2\end{bmatrix}\begin{matrix}\leftarrow & 1x_1-2x_2+5x_3\\ \leftarrow & 2x_1+0x_2+3x_3\\ \leftarrow & 4x_1+1x_2-2x_3\end{matrix}$$

가 됨을 알 수 있다.

[예제 2] 선형변환의 표준행렬 구하기

그림 6.8과 같이 선형변환 $T: R^2 \to R^2$는 R^2 평면 위의 모든 점을 x축으로 사영시키는 함수이다. T의 표준행렬을 구하라.

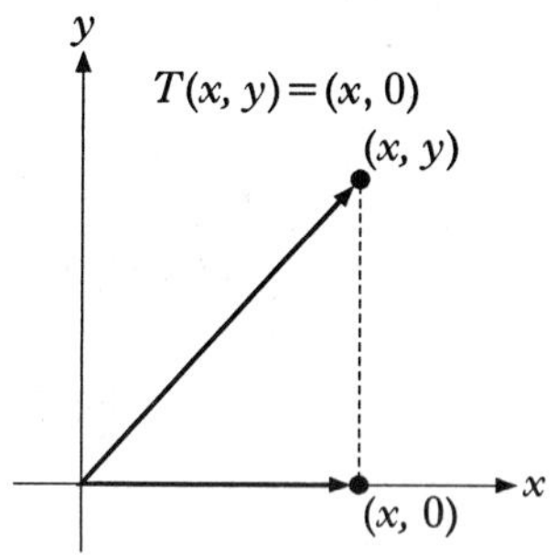

[그림 6.8] x축으로 사영

풀이 이 선형변환은

$$T(x,\ y)=(x,\ 0)$$

이다. 따라서 T의 표준행렬은

$$\begin{aligned}A&=[T(1,\ 0) \vdots T(0,\ 1)]\\ &=\begin{bmatrix}1 & 0\\ 0 & 0\end{bmatrix}\end{aligned}$$

이다. ◀

R^n에서 R^m으로의 영변환의 표준행렬은 $m \times n$ 영행렬이고 R^n에서 R^n으로의 항등변환의 표준행렬은 I_n이다.

선형변환의 합성

$T_1 : R^n \to R^m$, $T_2 : R^m \to R^p$일 때 T_1, T_2의 **합성**(composition) T는

$$T(\mathbf{v}) = T_2(T_1(\mathbf{v}))$$

로 정의한다. 단 $\mathbf{v} \in R^n$. 이 때 T를

$$T = T_2 \circ T_1$$

로 표시한다.

T의 정의역은 T_1의 정의역과 같다. 특히 T_1의 치역이 T_2의 정의역에 포함되지 않으면 합성함수는 정의되지 않는다(그림 6.9 참고).

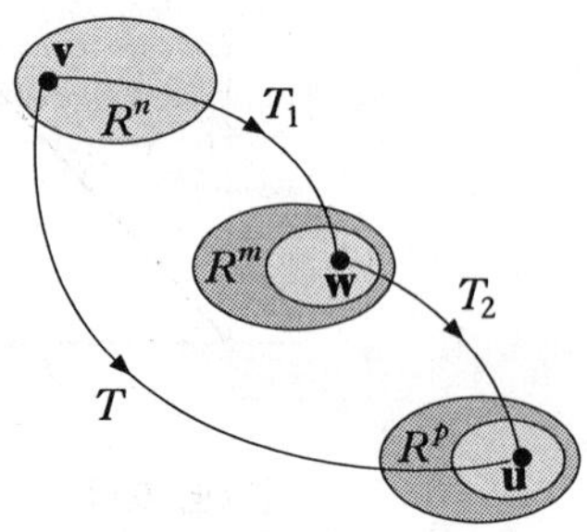

[그림 6.9] 선형변환의 합성

다음 정리에서 선형변환을 나타내는 행렬의 편리성을 다시 한 번 알 수 있다. 이 정리는 두 개의 선형변환의 합성은 역시 선형변환이 됨을 말할 뿐만 아니라 합성함수의 표준행렬은 원래 두 선형변환의 표준행렬의 곱이 된다는 사실을 말해준다.

정리 6.11 선형변환의 합성

$T_1 : R^n \to R^m$, $T_2 : R^m \to R^p$는 선형변환이고 T_1, T_2의 표준행렬은 각각 A_1, A_2이다. 이

때 T_1, T_2의 **합성**

$$T : R^n \rightarrow R^p,\ T(\mathbf{v})=T_2(T_1(\mathbf{v}))$$

는 역시 선형변환이다. 더욱이 T의 표준행렬 A는 행렬의 곱

$$A=A_2A_1$$

이다.

증명 T가 선형변환임을 보이기 위해서, $\mathbf{u}$, $\mathbf{v}\in R^n$라고 하고 c는 임의의 스칼라라고 하자. T_1, T_2는 선형변환이므로

$$\begin{aligned} T(\mathbf{u}+\mathbf{v}) &= T_2(T_1(\mathbf{u}+\mathbf{v})) \\ &= T_2(T_1(\mathbf{u})+T_1(\mathbf{v})) \\ &= T_2(T_1(\mathbf{u}))+T_2(T_1(\mathbf{v}))=T(\mathbf{u})+T(\mathbf{v}) \\ T(c\mathbf{v}) &= T_2(T_1(c\mathbf{v})) \\ &= T_2(cT_1(\mathbf{v})) \\ &= cT_2(T_1(\mathbf{v}))=cT(\mathbf{v}) \end{aligned}$$

가 되어 T는 선형변환이다.

T의 표준행렬이 A_2A_1임을 보이기 위해서 행렬의 곱에 대한 결합법칙을 이용한다.

$$T(\mathbf{v})=T_2(T_1(\mathbf{v}))=T_2(A_1(\mathbf{v}))=A_2(A_1(\mathbf{v}))=(A_2A_1)\mathbf{v}.$$ ■

참고 정리 6.11은 일반화하여 n개의 선형변환의 합성에 대해서도 성립한다. 즉 선형변환 T_1, T_2, $\cdots$, T_n의 표준행렬이 각각 A_1, A_2, $\cdots$, A_n이면 n개의 함수의 합성 $T=T_n \circ A_{n-1} \circ \cdots \circ T_2 \circ T_1$의 표준행렬은 $A_nA_{n-1}\cdots A_2A_1$이다.

행렬의 곱은 교환법칙이 성립하지 않으므로 선형변환의 합성에서 곱하는 순서에 유의해야 한다. 일반적으로 $T_2 \circ T_1$과 $T_1 \circ T_2$는 다음 예에서 보다시피 같지 않다.

[예제 3] 합성함수의 표준행렬

T_1, T_2는 아래와 같이 R^3에서 R^3로의 선형변환이다.

$$T_1(x,\ y,\ z)=(2x+y,\ 0,\ x+z),\quad T_2(x,\ y,\ z)=(x-y,\ z,\ y)$$

$T=T_2 \circ T_1$과 $T'=T_1 \circ T_2$의 표준행렬을 각각 구하라.

풀이 T_1, T_2의 표준행렬은 각각

$$A_1=\begin{bmatrix} 2 & 1 & 0 \\ 0 & 0 & 0 \\ 1 & 0 & 1 \end{bmatrix}, \quad A_2=\begin{bmatrix} 1 & -1 & 0 \\ 0 & 0 & 1 \\ 0 & 1 & 0 \end{bmatrix}$$

이다. 정리 6.11에 의해서 T의 표준행렬은

$$A=A_2A_1=\begin{bmatrix} 1 & -1 & 0 \\ 0 & 0 & 1 \\ 0 & 1 & 0 \end{bmatrix}\begin{bmatrix} 2 & 1 & 0 \\ 0 & 0 & 0 \\ 1 & 0 & 1 \end{bmatrix}=\begin{bmatrix} 2 & 1 & 0 \\ 1 & 0 & 1 \\ 0 & 0 & 0 \end{bmatrix}$$

이고 T'의 표준행렬은

$$A'=A_1A_2=\begin{bmatrix} 2 & 1 & 0 \\ 0 & 0 & 0 \\ 1 & 0 & 1 \end{bmatrix}\begin{bmatrix} 1 & -1 & 0 \\ 0 & 0 & 1 \\ 0 & 1 & 0 \end{bmatrix}=\begin{bmatrix} 2 & -2 & 1 \\ 0 & 0 & 0 \\ 1 & 0 & 0 \end{bmatrix}$$

이다. ◀

또 행렬로 표시하면 편리한 점은 선형변환의 역함수를 쉽게 구할 수 있다는 것이다. 이 작업을 하기 전에 먼저 다음과 같이 정의한다.

역 선형변환의 정의

$T_1 : R^n \to R^n$, $T_2 : R^n \to R^n$은 선형변환으로써 모든 $\mathbf{v} \in R^n$에 대해서 $T_2(T_1(\mathbf{v}))=\mathbf{v}$, $T_1(T_2(\mathbf{v}))=\mathbf{v}$일 때 T_2는 T_1의 역(inverse)이라고 부른다. 또 T_1는 가역(invertible)이라 한다.

모든 선형변환이 역을 가지는 것은 아니다. 그러나 만일 선형변환 T_1이 가역이면 그 역은 단 하나밖에 없고 이것을 T_1^{-1}로 표시한다. 실수상에서의 역함수와 마찬가지로 선형변환 T의 역함수도 그냥 함수 T의 값으로 정할 수 있다. 예를 들어서 T가 R^3에서 R^3로의 선형변환이고 $T(1, 4, -5)=(2, 3, 1)$이라고 하자.

만일 T^{-1}가 존재하면 T^{-1}는 $(2, 3, 1)$을 T에 대한 원상으로 다시 대응시킨다. 즉,

$$T^{-1}(2, 3, 1)=(1, 4, -5)$$

이다. 아래 정리는 선형변환이 가역일 필요충분조건은 그것이 동형사상(전단사)이라는 사실을 보여준다.

증명은 연습문제 6.2로 남기겠다.

정리 6.12 역변환의 존재성

$T : R^n \to R^n$은 표준행렬이 A인 선형변환이다. 다음은 모두 동치이다.

1. T는 가역이다.
2. T는 동형사상이다.
3. A는 가역행렬이다.

또 만일 T가 가역이고 표준행렬이 A라면 T^{-1}의 표준행렬은 A^{-1}이다.

참고 정리 6.12의 3가지 동치조건 외에도 몇 가지 동치인 조건들이 더 있다. 4.6절에 동치조건들을 간단히 요약해 놓았으니 참고하기 바란다.

[예제 4] 선형변환의 역 구하기

선형변환 $T : R^3 \to R^3$는 다음과 같다.

$$T(x_1, x_2, x_3)=(2x_1+3x_2+x_3,\ 3x_1+3x_2+x_3,\ 2x_1+4x_2+x_3)$$

T는 가역임을 보이고 그 역을 구하라.

풀이 T의 표준행렬은

$$A=\begin{bmatrix} 2 & 3 & 1 \\ 3 & 3 & 1 \\ 2 & 4 & 1 \end{bmatrix}$$

이다. 2.3절에서 배운 행렬의 성질을 이용하면 A는 가역이고 그 역행렬은

$$A^{-1}=\begin{bmatrix} -1 & 1 & 0 \\ -1 & 0 & 1 \\ 6 & -2 & -3 \end{bmatrix}$$

가 됨을 알 수 있다. 따라서 T는 가역이고 그 표준행렬은 A^{-1}이다. ◀

역의 표준행렬을 이용해서 구체적인 함수 T^{-1}를 구할 수 있다. 임의의 벡터 $\mathbf{v} = (x_1, x_2, x_3)$에 대해서

$$A^{-1}\mathbf{v} = \begin{bmatrix} -1 & 1 & 0 \\ -1 & 0 & 1 \\ 6 & -2 & -3 \end{bmatrix} \begin{bmatrix} x_1 \\ x_2 \\ x_3 \end{bmatrix} = \begin{bmatrix} -x_1+x_2 \\ -x_1+x_3 \\ 6x_1-2x_2-3x_3 \end{bmatrix}$$

이다. 즉,

$$T^{-1}(x_1, x_2, x_3) = (-x_1+x_2, \ -x_1+x_3, \ 6x_1-2x_2-3x_3)$$

인 함수가 된다.

비표준기저와 일반적인 벡터공간

지금부터 일반적인 벡터공간 V, W와 순서를 가진 기저 B, B'에 대응하는 선형변환 $T : V \to W$의 행렬을 구해보자.

여기서 한 가지 주의할 점은 기저 B에 대응하는 벡터 $\mathbf{v}$의 좌표행렬은 $[\mathbf{v}]_B$로 나타낸다. 선형변환 T의 행렬표시를 위해서는 A에서 B에 대응하는 좌표행렬을 곱해야 한다. 또 그 곱한 결과는 B'에 대응하는 좌표행렬로 표시해야 한다. 즉

$$[T(\mathbf{v})]_{B'} = A[\mathbf{v}]_B$$

이다. 이때 행렬 A를 **기저 B와 B'에 대응하는 T의 행렬**이라고 부른다.

벡터공간의 임의의 원소는 항상 주어진 기저로 표시해야지 다르게 표시하면 안된다. 또 실제로 달리 표시할 수도 없다. 그러므로 기저가 중요하다.

행렬 A를 구하는 법은 T의 표준행렬을 구하는 방법과 동일하다. 즉 B를 기저로 한 벡터의 상을 B'를 기저로 한 좌표행렬로 쓰면 된다. 이 좌표행렬이 A의 열이 된다.

비표준기저에 대한 선형변환의 행렬

V와 W는 유한차 벡터공간이고 그 기저는 각각 B, B'이다.

$$B = \{\mathbf{v}_1, \mathbf{v}_2, \cdots, \mathbf{v}_n\}$$

라 하자. 만일 $T : V \to W$가 선형변환이고

$$[T(\mathbf{v}_1)]_{B'}=\begin{bmatrix}a_{11}\\a_{21}\\\vdots\\a_{m1}\end{bmatrix},\ [T(\mathbf{v}_2)]_{B'}=\begin{bmatrix}a_{12}\\a_{22}\\\vdots\\a_{m2}\end{bmatrix},\ \cdots,\ [T(\mathbf{v}_n)]_{B'}=\begin{bmatrix}a_{1n}\\a_{2n}\\\vdots\\a_{mn}\end{bmatrix}$$

이라면 n째 열이 $[T(\mathbf{v}_i)]_{B'}$인 $m\times n$ 행렬

$$A=\begin{bmatrix}a_{11}&a_{12}&\cdots&a_{1n}\\a_{21}&a_{22}&\cdots&a_{2n}\\\vdots&\vdots&&\vdots\\a_{m1}&a_{m2}&\cdots&a_{mn}\end{bmatrix}$$

는 모든 $\mathbf{v}\in V$에 대해서 $[T(\mathbf{v})]_{B'}=T[\mathbf{v}]_B$이다.

[예제 5] 비표준기저에 대한 행렬표시법

$T: R^2 \to R^2$는 선형변환으로

$$T(x_1,\ x_2)=(x_1+x_2,\ 2x_1-x_2)$$

이다. 기저가 각각

$$B=\{\overset{\mathbf{v}_1}{(1,\ 2)},\ \overset{\mathbf{v}_2}{(-1,\ 1)}\},\quad B'=\{\overset{\mathbf{w}_1}{(1,\ 0)},\ \overset{\mathbf{w}_2}{(0,\ 1)}\}$$

일 때 T의 행렬을 구하라.

풀이 T의 정의에 의해서

$$T(\mathbf{v}_1)=T(1,\ 2)=(3,\ 0)=3\mathbf{w}_1+0\mathbf{w}_2$$
$$T(\mathbf{v}_2)=T(-1,\ 1)=(0,\ -3)=0\mathbf{w}_1-3\mathbf{w}_2$$

이다. 따라서 $T(\mathbf{v}_1)$, $T(\mathbf{v}_2)$의 B'에 대응하는 좌표행렬은

$$[T(\mathbf{v}_1)]_{B'}=\begin{bmatrix}3\\0\end{bmatrix},\quad [T(\mathbf{v}_2)]_{B'}=\begin{bmatrix}0\\-3\end{bmatrix}$$

이다. 기저가 각각 B와 B'일 때의 T의 행렬은 이 좌표행렬을 열로 가지는 행렬이므로

$$A=\begin{bmatrix}3&0\\0&-3\end{bmatrix}$$

가 된다. ◀

[예제 6] **행렬을 써서 선형변환을 표시하라.**

예제 5의 선형변환 $T : R^2 \to R^2$에서 행렬 A를 써서 벡터 $\mathbf{v}=(2, 1)$의 상 $T(\mathbf{v})$를 구하라.

풀이 기저가 $B=\{(1, 2), (-1, 1)\}$이므로

$$\mathbf{v}=(2, 1)=1(1, 2)-1(-1, 1)$$

로 표시되고

$$[\mathbf{v}]_B=\begin{bmatrix} 1 \\ -1 \end{bmatrix}$$

이다. 따라서 $[T(\mathbf{v})]_{B'}$는

$$A[\mathbf{v}]_B=\begin{bmatrix} 3 & 0 \\ 0 & -3 \end{bmatrix}\begin{bmatrix} 1 \\ -1 \end{bmatrix}=\begin{bmatrix} 3 \\ 3 \end{bmatrix}=[T(\mathbf{v})]_{B'}$$

이다. 또 공역의 기저가 $B'=\{(1, 0), (0, 1)\}$이므로

$$T(\mathbf{v})=3(1, 0)+3(0, 1)=(3, 3)$$

가 된다. 이 결과는 예제 5의 함수 T에서 바로 $T(\mathbf{v})$를 계산한 결과

$$T(2, 1)=(2+1, 2(2)-1)=(3, 3)$$

와 일치함을 알 수 있다. ◀

만일 $V=W$, $B=B'$와 같은 특별한 경우에는 행렬 A를 간단히 **기저 B에 대응하는 T의 행렬**(matrix of T relative to the basis B)이라고 부른다. 이 경우 항등변환의 행렬은 I_n이 됨을 쉽게 알 수 있다. 그 이유는 $B=\{\mathbf{v}_1, \mathbf{v}_2, \cdots, \mathbf{v}_n\}$라고 하면 각 $\mathbf{v}_i$에 대한 항등변환의 상은 역시 $\mathbf{v}_i$이므로

$$[T(\mathbf{v}_1)]_B=\begin{bmatrix} 1 \\ 0 \\ \vdots \\ 0 \end{bmatrix}, \ [T(\mathbf{v}_2)]_B=\begin{bmatrix} 0 \\ 1 \\ \vdots \\ 0 \end{bmatrix}, \ \cdots, \ [T(\mathbf{v}_n)]_B=\begin{bmatrix} 0 \\ 0 \\ \vdots \\ 1 \end{bmatrix}$$

이다. 따라서 $A=I_n$이 된다.

다음 예제에서는 6.1절 예제 10에 나온 내분연산자에 대한 행렬을 구해보자.

[예제 7] 내분연산자에 대한 행렬(해석학)

$D_x : P_2 \to P_1$은 2차식 p를 그 도함수 p'로 보내는 미분연산자이다. P_2, P_1의 기저를 각각 $B=\{1, x, x^2\}$, $B'=\{1, x\}$로 했을 때 D_x의 행렬을 구하라.

풀이 기저의 벡터들의 도함수를 각각 구하면

$$D_x(1)=0=0(1)+0(x)$$
$$D_x(x)=1=1(1)+0(x)$$
$$D_x(x^2)=2x=0(1)+2(x)$$

이다. 따라서 B'에 대응하는 좌표행렬은

$$[D_x(1)]_{B'}=\begin{bmatrix}0\\0\end{bmatrix},\ [D_x(x)]_{B'}=\begin{bmatrix}1\\0\end{bmatrix},\ [D_x(x^2)]_{B'}=\begin{bmatrix}0\\2\end{bmatrix}$$

이고 D_x에 대한 행렬은

$$A=\begin{bmatrix}0 & 1 & 0\\0 & 0 & 2\end{bmatrix}$$

이다. 이 행렬 A는 이차식 $p(x)=a+bx+cx^2$의 도함수를 만든다. 즉

$$Ap=\begin{bmatrix}0 & 1 & 0\\0 & 0 & 2\end{bmatrix}\begin{bmatrix}a\\b\\c\end{bmatrix}=\begin{bmatrix}b\\2c\end{bmatrix} \to b+2cx=D_x[a+bx+cx^2]$$ ◀

연습문제 6.3(선형변환의 행렬)

1-6번의 선형변환 T에 대한 표준행렬을 구하라.

1. $T(x, y)=(x+2y, x-2y)$

2. $T(x, y)=(3x+2y, 2y-x)$

3. $T(x, y)=(2x-3y, x-y, y-4x)$

4. $T(x, y)=(4x+y, 0, 2x-3y)$

5. $T(x, y, z)=(x+y, x-y, z-x)$

6. $T(x, y, z)=(5x-3y+z, 2z+4y, 5x+3y)$

7. $T(x, y, z)=(3z-2y, 4x+11z)$

8. $T(x_1, x_2, x_3, x_4)=(0, 0, 0, 0)$

9-12번의 선형변환 T에 대한 표준행렬을 사용하여 벡터 $\mathbf{v}$의 상을 구하라.

9. $T(x, y, z)=(13x-9y+4z, 6x+5y-3z)$, $\mathbf{v}=(1, -2, 1)$
10. $T(x, y)=(x+y, x-y, 2x, 2y)$, $\mathbf{v}=(3, -3)$
11. $T(x_1, x_2, x_3, x_4)=(x_1+x_2, x_3+x_4)$, $\mathbf{v}=(1, -1, 1, -1)$
12. $T(x_1, x_2, x_3, x_4)=(2x_1-x_3, 3x_2-4x_4, 4x_3-x_1, x_2+x_4)$, $\mathbf{v}=(1, 2, 3, -2)$

13-24번의 (a) 선형변환 T에 대한 표준행렬 A를 구하라.
(b) A를 이용하여 벡터 $\mathbf{v}$의 상을 구하라.
(c) $\mathbf{v}$과 그 상을 그림으로 표시하라.

13. T는 R^2에서 원점에 대한 대칭 : $T(x, y)=(-x, -y)$, $\mathbf{v}=(3, 4)$
14. T는 R^2에서 직선 $y=x$에 대칭 : $T(x, y)=(y, x)$, $\mathbf{v}=(3, 4)$
15. T는 R^2에서 시계반대방향으로 $135°$ 회전, $\mathbf{v}=(4, 4)$
16. T는 R^2에서 시계방향으로 $60°$ 회전(θ는 음수), $\mathbf{v}=(1, 2)$
17. T는 R^3에서 xy-평면에 대한 대칭 : $T(x, y, z)=(x, y, -z)$, $\mathbf{v}=(3, 2, 2)$
18. T는 R^3에서 yz-평면에 대한 대칭 : $T(x, y, z)=(-x, y, z)$, $\mathbf{v}=(2, 3, 4)$
19. T는 R^2에서 시계반대방향으로 $180°$ 회전, $\mathbf{v}=(1, 2)$
20. T는 R^2에서 시계반대방향으로 $45°$ 회전, $\mathbf{v}=(2, 2)$
21. T는 R^2에서 벡터 $\mathbf{w}=(3, 1)$ 위로 사영 : $T(\mathbf{v})=\text{proj}_{\mathbf{w}}\mathbf{v}$, $\mathbf{v}=(1, 4)$
22. T는 R^2에서 벡터 $\mathbf{w}=(-1, 5)$로의 사영이다. $T(\mathbf{v})=\text{proj}_{\mathbf{w}}\mathbf{v}$, $\mathbf{v}=(2, -3)$
23. T는 R^2에서 벡터 $\mathbf{w}=(3, 1)$을 축으로 대칭시키는 선형변환이다. $\mathbf{v}=(1, 4)$ [벡터 $\mathbf{v}$를 $\mathbf{w}$로 대칭시키는 함수는 다음과 같다. $T(\mathbf{v})=2\,\text{proj}_{\mathbf{w}}\mathbf{v}-\mathbf{v}$]
24. 문제 23에서와 동일하게 $\mathbf{w}=(4, -2)$, $\mathbf{v}=(5, 0)$일 때를 계산하라.

25-28번의 (a) 선형변환 T에 대한 표준행렬 A를 구하라.
(b) A를 이용하여 벡터 $\mathbf{v}$의 상을 구하라.
(c) (b)에서 얻은 결과를 그림표와 A를 이용하여 확인하라.

25. $T(x, y, z)=(2x+3y-z, 3x-2z, 2x-y+z)$, $\mathbf{v}=(1, 2, -1)$
26. $T(x, y, z)=(3x-2y+z, 2x-3y, y-4z)$, $\mathbf{v}=(2, -1, -1)$
27. $T(x_1, x_2, x_3, x_4)=(x_1-x_2, x_3, x_1+2x_2, -x_4, x_4)$, $\mathbf{v}=(1, 0, 1, -1)$
28. $T(x_1, x_2, x_3, x_4)=(x_1+2x_2, x_2-x_1, 2x_3-x_4, x_1)$, $\mathbf{v}=(0, 1, -1, 1)$

29-34번의 $T=T_2\circ T_1$와 $T'=T_2\circ T_1$의 표준행렬을 구하라.

29. $T_1 : R^2 \to R^2$, $T_1(x, y)=(x-2y, 2x+3y)$
$T_2 : R^2 \to R^2$, $T_2(x, y)=(2x, x-y)$

30. $T_1 : R^2 \rightarrow R^2,\ T_1(x, y) = (x-2y, 2x+3y)$

$T_2 : R^2 \rightarrow R^2,\ T_2(x, y) = (y, 0)$

31. $T_1 : R^3 \rightarrow R^3,\ T_1(x, y, z) = (x, y, z)$

$T_2 : R^3 \rightarrow R^3,\ T_2(x, y, z) = (0, x, 0)$

32. $T_1 : R^3 \rightarrow R^3,\ T_1(x, y, z) = (x+2y, y-z, -2x+y+2z)$

$T_2 : R^3 \rightarrow R^3,\ T_2(x, y, z) = (y+z, x+z, 2y-2z)$

33. $T_1 : R^2 \rightarrow R^3,\ T_1(x, y) = (-x+2y, x+y, x-y)$

$T_2 : R^3 \rightarrow R^2,\ T_2(x, y, z) = (x-3y, z+3x)$

34. $T_1 : R^2 \rightarrow R^3,\ T_1(x, y) = (x, y, y)$

$T_2 : R^3 \rightarrow R^2,\ T_2(x, y, z) = (y, z)$

35-40번의 선형변환이 가역인지 조사하고 만일 가역이면 그 역을 구하라.

35. $T(x, y) = (x+y, x-y)$

36. $T(x_1, x_2, x_3) = (x_1, x_1+x_2, x_1+x_2+x_3)$

37. $T(x, y) = (2x, 0)$

38. $T(x, y) = (x+y, 3x+3y)$

39. $T(x, y) = (5x, 5y)$

40. $T(x_1, x_2, x_3, x_4) = (x_1-2x_2, x_2, x_3+x_4, x_3)$

41-48번의 $T(\mathbf{v})$를 다음 두 경우 각각 구하라.

(a) 표준행렬로, (b) 기저가 B, B'일 경우의 행렬로

41. $T : R^2 \rightarrow R^3,\ T(x, y) = (x+y, x, y),\ \mathbf{v} = (5, 4),$

$B = \{(1, -1), (0, 1)\},\ B' = \{(1, 1, 0), (0, 1, 1), (1, 0, 1)\}$

42. $T : R^2 \rightarrow R^3,\ T(x, y) = (x-y, 0, x+y),\ \mathbf{v} = (-3, 2),$

$B = \{(1, 2), (1, 1)\},\ B' = \{(1, 1, 1), (1, 1, 0), (0, 1, 1)\}$

43. $T : R^3 \rightarrow R^2,\ T(x, y, z) = (x-y, y-z),\ \mathbf{v} = (1, 2, -3),$

$B = \{(1, 1, 1), (1, 1, 0), (0, 1, 1)\},\ B' = \{(1, 2), (1, 1)\}$

44. $T : R^3 \rightarrow R^2,\ T(x, y, z) = (2x-z, y-2x),\ \mathbf{v} = (0, -5, 7),$

$B = \{(2, 0, 1), (0, 2, 1), (1, 2, 1)\},\ B' = \{(1, 1), (2, 0)\}$

45. $T : R^3 \rightarrow R^4,\ T(x, y, z) = (2x, x+y, y+z, x+z),\ \mathbf{v} = (1, -5, 2),$

$B = \{(2, 0, 1), (0, 2, 1), (1, 2, 1)\},$

$B' = \{(1, 0, 0, 1), (0, 1, 0, 1), (1, 0, 1, 0), (1, 1, 0, 0)\}$

46. $T : R^4 \rightarrow R^2,\ T(x_1, x_2, x_3, x_4) = (x_1+x_2+x_3+x_4, x_4-x_1),\ \mathbf{v} = (4, -3, 1, 1),$

$B = \{(1, 0, 0, 1), (0, 1, 0, 1), (1, 0, 1, 0), (1, 1, 0, 0)\},$

$B' = \{(1, 1), (2, 0)\}$

47. $T: R^3 \to R^3$, $T(x, y, z)=(x+y+z, 2z-x, 2y-z)$, $\mathbf{v}=(4, -5, 10)$,
$B=\{(2, 0, 1), (0, 2, 1), (1, 2, 1)\}$, $B'=\{(1, 1, 1), (1, 1, 0), (0, 1, 1)\}$

48. $T: R^2 \to R^2$, $T(x, y)=(2x-12y, x-5y)$, $\mathbf{v}=(10, 5)$,
$B=B'=\{(4, 1), (3, 1)\}$

49. 선형변환 $T: P_2 \to P_3$는 $T(p)=xp$이다. 기저가 각각 $B=\{1, x, x^2\}$, $B'=\{1, x, x^2, x^3\}$일 때 대응하는 T의 행렬을 구하라.

50. 선형변환 $T: P_2 \to P_4$는 $T(p)=x^2p$이다. 기저가 각각 $B=\{1, x, x^2\}$, $B'=\{1, x, x^2, x^3, x^4\}$일 때 대응하는 T의 행렬을 구하라.

51. **(해석학)** $B=\{1, x, e^x, xe^x\}$는 연속함수공간의 부분공간 W의 기저이다. D_x를 W에서의 미분연산자라고 할 때 기저 B에 대응하는 D_x의 행렬을 구하라.

52. **(해석학)** $B=\{e^{2x}, xe^{2x}, x^2e^{2x}\}$일 때 51번과 같이 하라.

53. **(해석학)** 51번에서 구한 행렬을 이용하여 $D_x[3x-2xe^x]$를 계산하라.

54. **(해석학)** 52번의 행렬을 이용하여 $D_x[5e^{2x}-3xe^{2x}+x^2e^{2x}]$를 계산하라.

55. **(해석학)** $B=\{1, x, x^2, x^3\}$은 P_3의 기저이다.

$$T: P_3 \to P_4,\ T(x^k)=\int_0^x t^k dt$$

일 때 (a) 기저가 각각 B와 P_4의 표준기저일 때 T의 행렬 A를 구하라.

(b) A를 이용해서 $p(x)=6-2x+3x^3$을 적분하라.

참, 거짓 문제 56, 57에서 참, 거짓을 판단하라. 만일 참이면 그 이유를 밝히거나 책에서 그 내용을 찾아라. 또 만일 거짓말이면 참이 아니라는 예를 찾거나 바른 서술을 찾아서 쓰라.

56. (a) T가 R^n에서 R^m으로의 선형변환이면 $m\times n$ 행렬 A는 모든 $\mathbf{v}\in R^n$에 대해서 $T(\mathbf{v})=A\mathbf{v}$인 표준행렬이라고 부른다.

(b) $T(\mathbf{v})=T_2(T_1(\mathbf{v}))$로 표시되는 선형변환 T_1, T_2의 합성 T의 표준행렬 A는 행렬의 곱 $A=A_2A_1$로 주어진다.

(c) 모든 선형변환 T는 단 1개의 역 T^{-1}를 가진다.

57. (a) $T(\mathbf{v})=T_2(T_1(\mathbf{v}))$로 표시되는 선형변환 T_1, T_2의 합성 T는 T_1의 치역이 T_2의 정의역에 포함될 때만 정의된다.

(b) 일반적으로 합성 $T_2\circ T_1$과 $T_1\circ T_2$는 같은 표준행렬 A를 가진다.

(c) 만일 선형변환 $T: R^n \to R^n$이 가역이고 그 표준행렬이 A이면 T^{-1}도 역시 표준행렬 A를 가진다.

58. T는 모든 $\mathbf{v}\in R^n$에 대해서 $T(\mathbf{v})=k\mathbf{v}$인 선형변환이다. T의 표준행렬을 구하라.

59. $T : M_{2,3} \to M_{3,2}$, $T(A)=A^T$이다. $M_{2,3}$과 $M_{3,2}$의 각 표준기저에 대응하는 T의 행렬을 구하라.

60. 59번의 선형변환 T는 동형사상임을 보이고 T의 역 T^{-1}의 행렬을 구하라.

61. 힌트를 준 증명

$T_1 : V \to V$, $T_2 : V \to V$는 모두 단사 선형변환이다. 합성 $T=T_2 \circ T_1$도 역시 단사이며 T^{-1}가 존재해서 $T^{-1}=T_1^{-1} \circ T_2^{-1}$가 됨을 증명하라.

시작 : T가 단사임을 보이기 위해서 단사의 정의를 써서 $T(\mathbf{u})=T(\mathbf{v})$이면 $\mathbf{u}=\mathbf{v}$임을 보인다. 두번째로 정의 6.8과 정의 6.12를 사용해서 T가 가역임을 보인 후 $T \circ (T_1^{-1} \circ T_2^{-1}) = (T_1^{-1} \circ T_2^{-1}) \circ T$임을 증명하면 된다.

(i) $T(\mathbf{u})=T(\mathbf{v})$라고 하자. 모든 벡터 $\mathbf{v}$에 대해서 $(T_2 \circ T_1)(\mathbf{v})=T_2(T_1(\mathbf{v}))$이므로 T_2, T_1은 단사라는 사실로부터 $\mathbf{u}=\mathbf{v}$를 얻는다.

(ii) 정의 6.8과 정리 6.12에서 T_1, T_2, T는 모두 가역인 선형변환이다. 따라서 T_1^{-1}, T_2^{-1}가 존재한다.

(iii) $T'=T_1^{-1} \circ T_2^{-1}$로 두면 T'는 V에서 V로의 선형변환이다. T'가 T의 역인 것을 보이기 위해서 T와 T'의 양쪽합성이 모두 항등함수임을 보인다.

62. 정리 6.12를 증명하라.

63. 쓰기 R^n에서는 항상 표준기저만 써야 하느냐? 다른 기저를 쓸 때의 장단점에 대해서 써라.

64. 쓰기 정리 4.19를 이 장에서 배운 결과들을 이용하여 다시 서술해 보라.

6.4 추이행렬과 닮음

6.3절에서 선형변환 $T : V \to V$에 대한 행렬은 V의 기저에 의해서 달라짐을 알았다. 다시 말하면 기저 B에 대응하는 T의 행렬과 다른 기저 B'에 대응하는 T의 행렬은 틀리다.

선형대수에서의 오래된 문제중 하나는 기저에 대응하는 T의 행렬이 대각행렬이 되는 기저를 찾을 수 있을까 하는 것이다. 이 문제에 대한 답은 7장에서 다룰 예정이다. 이 절에서는 이 문제를 풀기 위한 기본성질을 알아보고자 한다. 서로 다른 기저에 대응하는 선형변환의 행렬은 과연 어떠한 관계가 있는지 알아보자. 이 절에서는 A, A', P, P^{-1}은 다음과 같은 4개의 정방행렬을 표시한다.

1. B에 대응하는 T의 행렬 : A
2. B'에 대응하는 T의 행렬 : A'
3. B'에서 B로의 추이행렬 : P
4. B에서 B'로의 추이행렬 : P^{-1}

그림 6.10에서 좌표행렬 $[\mathbf{v}]_{B'}$에서 좌표행렬 $[T(\mathbf{v})]_{B'}$로의 방법은 2가지가 있다. 한 가지는 바로 행렬 A'을 사용하여

$$A'[\mathbf{v}]_{B'}=[T(\mathbf{v})]_{B'}$$

또 한가지 방법은 간접적으로 행렬 P, A, P^{-1}를 사용하여

$$P^{-1}AP[\mathbf{v}]_{B'}=[T(\mathbf{v})]_{B'}$$

이다. 그러나 기저에 대응하는 선형변환의 행렬의 정의에 따라서

$$A'=P^{-1}AP$$

가 됨을 알 수 있다. 이 관계는 예제 1에서 실제로 알아보자.

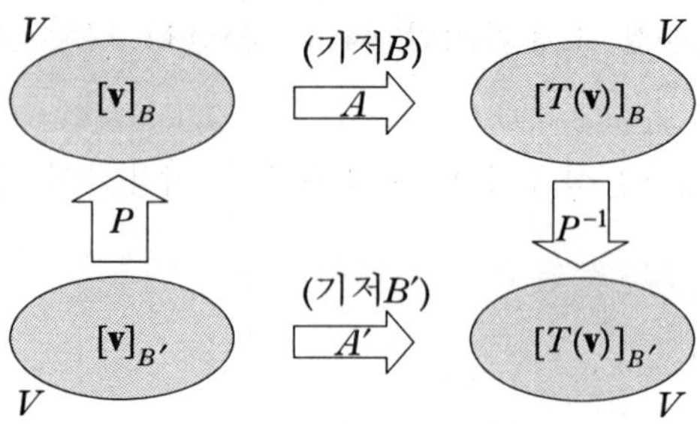

[그림 6.10]

[예제 1] 선형변환에 대한 행렬 구하기

기저 $B'=\{(1, 0), (1, 1)\}$에 대응하는 선형변환 $T : R^2 \to R^2$, $T(x_1, x_2)=(2x_1-2x_2, -x_1+3x_2)$의 행렬을 구하라.

풀이 T의 기본행렬은

$$A=\begin{bmatrix} 2 & -2 \\ -1 & 3 \end{bmatrix}$$

이다. 또 4.7절의 정의에서 B'에서 표준기저 $B=\{(1, 0), (0, 1)\}$로의 추이행렬은

$$P=\begin{bmatrix}1 & 1\\ 0 & 1\end{bmatrix}$$

임을 알 수 있다. 이 행렬의 역행렬은 B에서 B'로의 추이행렬 $P^{-1}=\begin{bmatrix}1 & -1\\ 0 & 1\end{bmatrix}$이다. 따라서 B'에 대응하는 T의 행렬은

$$A'=P^{-1}AP=\begin{bmatrix}1 & -1\\ 0 & 1\end{bmatrix}\begin{bmatrix}2 & -2\\ -1 & 3\end{bmatrix}\begin{bmatrix}1 & 1\\ 0 & 1\end{bmatrix}=\begin{bmatrix}3 & -2\\ -1 & 2\end{bmatrix}$$

이다. ◀

예제 1에서 기저 B는 R^2의 표준기저이다. 다음 예에서는 B, B'가 모두 비표준 기저일 경우이다.

[예제 2] 선형변환의 행렬 구하기

$B=\{(-3, 2), (4, -2)\}$, $B'=\{(-1, 2), (2, -2)\}$는 R^2의 기저이다.

$$A=\begin{bmatrix}-2 & 7\\ -3 & 7\end{bmatrix}$$

는 기저 B에 대응하는 $T : R^2 \to R^2$의 행렬이다. 기저 B'에 대응하는 T의 행렬 A'를 구하라.

풀이 4.7절 예제 5에서

$$P=\begin{bmatrix}3 & -2\\ 2 & -1\end{bmatrix},\quad P^{-1}=\begin{bmatrix}-1 & 2\\ -2 & 3\end{bmatrix}$$

를 각각 구할 수 있다. 따라서 B'에 대응하는 T의 행렬 A'은

$$A'=P^{-1}AP=\begin{bmatrix}-1 & 2\\ -2 & 3\end{bmatrix}\begin{bmatrix}-2 & 7\\ -3 & 7\end{bmatrix}\begin{bmatrix}3 & -2\\ 2 & -1\end{bmatrix}=\begin{bmatrix}2 & 1\\ -1 & 3\end{bmatrix}$$

이다. ◀

그림 6.10은 행렬 A, A', P, P^{-1}의 역할을 이해하는데 도움이 된다.

[예제 3] 선형변환에 행렬의 이용

선형변환 $T: R^2 \to R^2$는 예제 2의 T이다. 벡터 $\mathbf{v}$의 좌표행렬이 $[\mathbf{v}]_{B'}=\begin{bmatrix}-3\\-1\end{bmatrix}$일 때 $[\mathbf{v}]_B$, $[T(\mathbf{v})]_B$, $[T(\mathbf{v})]_{B'}$를 각각 구하라.

풀이 $[\mathbf{v}]_B$를 구하기 위해서 B'에서 B로의 추이행렬 P를 이용하면

$$[\mathbf{v}]_B=P[\mathbf{v}]_{B'}=\begin{bmatrix}3 & -2\\2 & -1\end{bmatrix}\begin{bmatrix}-3\\-1\end{bmatrix}=\begin{bmatrix}-7\\-5\end{bmatrix}$$

이다. 또 $[T(\mathbf{v})]_B$를 구하기 위해서 행렬 A와 $[\mathbf{v}]_B$를 곱하면

$$[T(\mathbf{v})]_B=A[\mathbf{v}]_B=\begin{bmatrix}-2 & 7\\-3 & 7\end{bmatrix}\begin{bmatrix}-7\\-5\end{bmatrix}=\begin{bmatrix}-21\\-14\end{bmatrix}$$

를 얻는다. $[T(\mathbf{v})]_{B'}$를 구하기 위해서 P^{-1}와 $[T(\mathbf{v})]_B$를 곱하면

$$[T(\mathbf{v})]_{B'}=P^{-1}[T(\mathbf{v})]_B=\begin{bmatrix}-1 & 2\\-2 & 3\end{bmatrix}\begin{bmatrix}-21\\-14\end{bmatrix}=\begin{bmatrix}-7\\0\end{bmatrix}$$

가 된다. 또는 바로 A'와 $[\mathbf{v}]_{B'}$를 곱해서

$$[T(\mathbf{v})]_{B'}=A'[\mathbf{v}]_{B'}=\begin{bmatrix}2 & 1\\-1 & 3\end{bmatrix}\begin{bmatrix}-3\\-1\end{bmatrix}=\begin{bmatrix}-7\\0\end{bmatrix}$$

와 같이 해도 된다. ◀

참고 예제 2와 3의 선형변환 T는 $T(x, y)=\left(x-\frac{3}{2}y, 2x+4y\right)$인 함수라는 것을 알 수 있다. $\mathbf{v}=(1, -4)$, $T(\mathbf{v})=(7, -14)$임을 보여서 예제 3의 결과를 확인해 보라.

닮은 행렬

두 정방행렬 A, A'가 $A'=P^{-1}AP$를 만족시킬 때 A와 A'는 **닮은**(similar) 행렬이라고 한다. 다음 정의를 보자.

닮은 행렬의 정의

위수 n인 두 정방행렬 A, A'에서 어떤 가역 행렬 P가 있어서 $A'=P^{-1}AP$가 될 때 A'는 A에 **닮았다**(similar)라고 부른다.

다음 정리에서 A'가 A에 닮으면 A도 역시 A'에 닮는다는 사실을 알 수 있다. 따라서 간단히 A와 A'는 **닮았다**라고 부른다.

정리 6.13 닮은 행렬의 성질

A, B, C가 위수 n인 정방행렬이라면
1. A는 A와 닮는다.
2. A가 B에 닮으면 B는 A에 닮는다.
3. A는 B와 닮고 B는 C에 닮으면 A는 C와 닮는다.

증명 $A=I_nAI_n$이므로 1.은 금방 증명된다. $A=P^{-1}BP$이므로

2.
$$PAP^{-1}=P(P^{-1}BP)P^{-1}$$
$$PAP^{-1}=B$$
$$Q^{-1}AQ=B,\ \text{단},\ Q=P^{-1}$$

3. 연습문제 19 ■

닮음의 정의에서 선형변환 $T : V \to V$의 서로 다른 기저에 대응하는 두 개의 행렬은 닮음을 알 수 있다.

[예제 4] 닮은 행렬

(a) 예제 1에서 행렬

$$A=\begin{bmatrix} 2 & -2 \\ -1 & 3 \end{bmatrix}\text{과}\quad A'=\begin{bmatrix} 3 & -2 \\ -1 & 2 \end{bmatrix}$$

는 $A'=P^{-1}AP$, $P=\begin{bmatrix} 1 & 1 \\ 0 & 1 \end{bmatrix}$이므로 닮았다.

(b) 예제 2에서 행렬

$$A=\begin{bmatrix} -2 & 7 \\ -3 & 7 \end{bmatrix}\text{과}\quad A'=\begin{bmatrix} 2 & 1 \\ -1 & 3 \end{bmatrix}$$

은 $A'=P^{-1}AP$, $P=\begin{bmatrix} 3 & -2 \\ 2 & -1 \end{bmatrix}$이므로 닮았다.

선형변환 $T: V \to V$에 대한 행렬은 V의 기저에 따라서 결정됨을 알았다. 이 사실로부터 우리는 자연히 다음과 같은 의문을 가지게 된다. 즉 과연 어떤 기저를 택하면 T의 행렬이 가장 간단하게 될까? 그것은 표준기저일까? 다음 예가 그렇지 않다는 것을 보여준다.

[예제 5] 선형변환에 대한 두 행렬의 비교

$A=\begin{bmatrix}1 & 3 & 0\\ 3 & 1 & 0\\ 0 & 0 & -2\end{bmatrix}$가 선형변환 $T: R^3 \to R^3$의 표준기저에 대응하는 행렬이라고 하자. 기저가 $B'=\{(1,\ 1,\ 0),\ (1,\ -1,\ 0),\ (0,\ 0,\ 1)\}$일 때 T의 행렬을 구하라.

풀이 B'에서 표준기저로의 추이행렬은 그 열이 B'의 벡터이므로

$$P=\begin{bmatrix}1 & 1 & 0\\ 1 & -1 & 0\\ 0 & 0 & 1\end{bmatrix}$$

이고

$$P^{-1}=\begin{bmatrix}\frac{1}{2} & \frac{1}{2} & 0\\ \frac{1}{2} & -\frac{1}{2} & 0\\ 0 & 0 & 1\end{bmatrix}$$

이다. 따라서 B'에 대응되는 T의 행렬 A'은

$$A'=P^{-1}AP=\begin{bmatrix}\frac{1}{2} & \frac{1}{2} & 0\\ \frac{1}{2} & -\frac{1}{2} & 0\\ 0 & 0 & 1\end{bmatrix}\begin{bmatrix}1 & 3 & 0\\ 3 & 1 & 0\\ 0 & 0 & -2\end{bmatrix}\begin{bmatrix}1 & 1 & 0\\ 1 & -1 & 0\\ 0 & 0 & 1\end{bmatrix}$$

$$=\begin{bmatrix}4 & 0 & 0\\ 0 & -2 & 0\\ 0 & 0 & -2\end{bmatrix}$$

이다. 여기서 A'는 대각행렬임에 유의하라. ◀

대각행렬은 비대각행렬에 비해서 많은 이점이 있다. 예를 들면 대각행렬

$$D=\begin{bmatrix} d_1 & 0 & \cdots & 0 \\ 0 & d_2 & \cdots & 0 \\ 0 & 0 & \cdots & d_n \end{bmatrix}$$

를 k번 곱한 행렬을

$$D^k=\begin{bmatrix} d_1^k & 0 & \cdots & 0 \\ 0 & d_2^k & \cdots & 0 \\ \vdots & \vdots & & \\ 0 & 0 & \cdots & d_n^k \end{bmatrix}$$

가 된다.

또 대각행렬은 전치행렬이 자신과 같다. 더욱이 만일 모든 대각선의 원소가 0이 아니면 그 역행렬은 각 대각선의 원소가 원래 행렬의 대응하는 원소의 역수로 만든 것이다. 이러한 여러 가지 이점 때문에 예제 5와 같이 선형변환의 행렬이 (가능하면) 대각행렬이 되도록 1번의 기저를 잡는 것이 중요하다.

이 문제는 다음 장에서 자세히 다루겠다.

연습문제 6.4(추이행렬과 닮음)

1-6번의 (a) 기저 B'에 대응하는 T의 행렬 A'를 구하고

(b) A'는 T의 표준행렬 A와 닮았음을 보여라.

1. $T : R^2 \to R^2$, $T(x, y)=(2x-y, y-x)$, $B'=\{(1, -2), (0, 3)\}$

2. $T : R^2 \to R^2$, $T(x, y)=(x+y, 4y)$, $B'=\{(-4, 1), (1, -1)\}$

3. $T : R^3 \to R^3$, $T(x, y, z)=(x, y, z)$, $B'=\{(1, 1, 0), (1, 0, 1), (0, 1, 1)\}$

4. $T : R^3 \to R^3$, $T(x, y, z)=(0, 0, 0)$, $B'=\{(1, 1, 0), (1, 0, 1), (0, 1, 1)\}$

5. $T : R^3 \to R^3$, $T(x, y, z)=(x-y+2z, 2x+y-z, x+2y+z)$,
$B'=\{(1, 0, 1), (0, 2, 2), (1, 2, 0)\}$

6. $T : R^3 \to R^3$, $T(x, y, z)=(x, x+2y, x+y+3z)$,
$B'=\{(1, -1, 0), (0, 0, 1), (0, 1, -1)\}$

7. $B=\{(1, 3), (-2, -2)\}$, $B'=\{(-12, 0), (-4, 4)\}$는 R^2의 기저이다.

$A=\begin{bmatrix} 3 & 2 \\ 0 & 4 \end{bmatrix}$는 $T: R^2 \to R^2$의 B에 대응하는 행렬이다.

(a) B'에서 B로의 추이행렬 P를 구하라.

(b) A와 P를 이용하여 $[\mathbf{v}]_B$와 $[T(\mathbf{v})]_B$를 구하라. 단, $[\mathbf{v}]_{B'}=\begin{bmatrix} -1 \\ 2 \end{bmatrix}$이다.

(c) B'에 대응하는 T의 행렬 A'과 P^{-1}를 구하라.

(d) $[T(\mathbf{v})]_{B'}$를 두 가지 방법, 즉 $P^{-1}[T(\mathbf{v})]_B$와 $A'[\mathbf{v}]_{B'}$를 이용하여 구하라.

8. $B=\{(1, 1), (-2, 3)\}$, $B'=\{(1, -1), (0, 1)\}$, $[\mathbf{v}]_{B'}=\begin{bmatrix} 1 \\ -3 \end{bmatrix}$일 경우 문제 7과 같은 방법으로 구하라.

9. $B=\{(1, 1, 0), (1, 0, 1), (0, 1, 1)\}$, $B'=\{(1, 0, 0), (0, 1, 0), (0, 0, 1)\}$는 R^3의 기저이다. 또

$$A=\begin{bmatrix} \frac{3}{2} & -1 & -\frac{1}{2} \\ -\frac{1}{2} & 2 & \frac{1}{2} \\ \frac{1}{2} & 1 & \frac{5}{2} \end{bmatrix}$$

는 B에 대응하는 $T: R^3 \to R^3$의 행렬이다.

(a) B'에서 B로의 추이행렬 P를 구하라.

(b) 행렬 A와 P를 이용하여 $[\mathbf{v}]_B$와 $[T(\mathbf{v})]_{B'}$를 구하라. 단, $[\mathbf{v}]_{B'}=\begin{bmatrix} 1 \\ 0 \\ -1 \end{bmatrix}$이다.

(c) B'에 대응하는 T의 행렬 A'과 P^{-1}를 구하라.

(d) $[T(\mathbf{v})]_{B'}$를 두 가지 방법, 즉 $P^{-1}[T(\mathbf{v})]_B$와 $A'[\mathbf{v}]_{B'}$를 이용하여 각각 구하라.

10. $B=\{(1, 0, 0), (0, 1, 0), (0, 0, 1)\}$, $B'=\{(1, 1, -1), (1, -1, 1), (-1, 1, 1)\}$

$[\mathbf{v}]_{B'}=\begin{bmatrix} 2 \\ 1 \\ 1 \end{bmatrix}$일 경우 문제 9와 같은 방법으로 하라.

11. A와 B가 닮았으면 $|A|=|B|$임을 증명하라. 그 역은 성립하는가?

12. 다음 행렬을 이용하여 문제 11을 조사하라.

$$A=\begin{bmatrix} 1 & 0 & 0 \\ 0 & -2 & 0 \\ 0 & 0 & 3 \end{bmatrix},\quad B=\begin{bmatrix} 11 & 7 & 10 \\ 10 & 8 & 10 \\ -18 & -12 & -17 \end{bmatrix},$$

$$P=\begin{bmatrix}-1 & 1 & 0\\ 2 & 1 & 2\\ 1 & 1 & 1\end{bmatrix},\quad P^{-1}=\begin{bmatrix}-1 & -1 & 2\\ 0 & -1 & 2\\ 1 & 2 & -3\end{bmatrix}$$

여기서 $B=P^{-1}AP$이다.

13. A와 B는 닮았다. 다음을 증명하라.

(a) A^T와 B^T는 닮았다.

(b) A가 정칙이면 B도 정칙이다. 또 A^{-1}와 B^{-1}는 닮았다.

(c) $B^k=P^{-1}A^kP$인 행렬 P가 존재한다.

14. 문제 13의 결과를 이용하여 B^4을 구하라. 여기서 $B=P^{-1}AP$이다.

$$A=\begin{bmatrix}1 & 0\\ 0 & 2\end{bmatrix},\quad B=\begin{bmatrix}-4 & -15\\ 2 & 7\end{bmatrix},$$

$$P=\begin{bmatrix}2 & 5\\ 1 & 3\end{bmatrix},\quad P^{-1}=\begin{bmatrix}3 & -5\\ -1 & 2\end{bmatrix}$$

15. I_n과 닮은 모든 $n\times n$ 행렬을 구하라.

16. A가 멱등원이고 B와 A가 닮았으면 B도 멱등원이다. ($n\times n$ 행렬 A가 $A=A^2$일 때 멱등원이라고 함)

17. $n\times n$ 행렬 A는 $A^2=0$이다. B가 A와 닮았으면 $B^2=0$임을 증명하라.

18. $B=P^{-1}AP$이고 만일 $A\mathbf{x}=\mathbf{x}$이면 $PBP^{-1}\mathbf{x}=\mathbf{x}$임을 증명하라.

19. A가 B와 닮고 B가 C와 닮으면 A도 C와 닮았음을 이용하여 정리 6.13의 증명을 완성하라.

20. **쓰기** : A와 B가 닮았으면 A의 계수와 B의 계수가 같은 이유를 설명하라.

21. A와 B가 닮았으면 A^2과 B^2도 닮았음을 증명하라.

22. A와 B가 닮았으면 임의의 양의 정수 k에 대해서 A^k와 B^k는 닮았음을 증명하라.

23. $A=CD$이고 C가 $n\times n$ 가역행렬이면 DC와 A는 닮았음을 증명하라.

24. $B=P^{-1}AP$이고 B는 주 대각성분이 $b_{11}, b_{22}, \cdots, b_{nn}$인 대각행렬이다.

$$\begin{bmatrix}a_{11} & a_{12} & \cdots & a_{1n}\\ a_{21} & a_{22} & \cdots & a_{2n}\\ \vdots & \vdots & & \vdots\\ a_{n1} & a_{n2} & \cdots & a_{nn}\end{bmatrix}\begin{bmatrix}p_{1i}\\ p_{2i}\\ \vdots\\ p_{ni}\end{bmatrix}=b_{ii}\begin{bmatrix}p_{1i}\\ p_{2i}\\ \vdots\\ p_{ni}\end{bmatrix}$$

임을 증명하라. $i=1, 2, \cdots, n$

25. **쓰기** : $B=\{\mathbf{v}_1, \mathbf{v}_2, \cdots, \mathbf{v}_n\}$은 벡터공간 V의 기저이다. B'는 표준기저이고 $I : V \rightarrow V$는 항등변환이다. B와 B'를 각각 V의 기저로 했을 때 대응하는 I의 행렬은 어떤 것인가? 또 B에 대응하는 I의 행렬과 B'에 대응하는 I의 행렬은 무엇인가?

참, 거짓 연습문제 26-27번에서 참, 거짓을 판단하라. 만일 참이면 그 이유를 밝히거나 책에서 그 내용을 찾아라. 또 만일 거짓이면 참이 아니라는 예를 찾거나 바른 서술을 찾아서 써라.

26. (a) P^{-1}는 기저 B에서 기저 B'로의 추이행렬, A는 기저 B에 대응하는 선형변환의 행렬, P는 기저 B'에서 B로의 추이행렬이면 기저 B'에 대응하는 선형변환의 벡터 A'는 $A' = P^{-1}AP$이다.

(b) 선형변환 $T : V \to V$의 서로 다른 기저에 대응하는 두 행렬은 반드시 닮은 것은 아니다.

27. (a) P는 기저 B'에서 B로의 추이행렬, A'는 기저 B'에 대응하는 선형변환의 행렬, P^{-1}는 기저 B에서 B'로의 추이행렬이면 기저 B에 대응하는 선형변환의 벡터 A는 $A = PA'P^{-1}$이다.

(b) $T : R^n \to R^n$에 대한 행렬중 표준기저에 대응하는 좌표행렬이 가장 간단한 행렬이다.

6.5 선형변환의 응용

평면에서의 선형변환의 기하

이 절에서는 2×2 기본행렬로 표시되는 선형변환의 기하학적인 성질에 대해서 공부한다. 여러가지 종류의 2×2 기본행렬의 성질은 다음 예에서 하나씩 살펴보겠다. 기본적인 것은 아래와 같다.

평면에서의 선형변환에 대한 기본행렬

y축에 대칭	x축에 대칭	$y=x$에 대칭
$A=\begin{bmatrix} -1 & 0 \\ 0 & 1 \end{bmatrix}$	$A=\begin{bmatrix} 1 & 0 \\ 0 & -1 \end{bmatrix}$	$A=\begin{bmatrix} 0 & 1 \\ 1 & 0 \end{bmatrix}$
수평확대($k>1$) 수평축약($0<k<1$)	수직확대($k>1$) 수직축약($0<k<1$)	
$A=\begin{bmatrix} k & 0 \\ 0 & 1 \end{bmatrix}$	$A=\begin{bmatrix} 1 & 0 \\ 0 & k \end{bmatrix}$	

수평층밀림

$$A=\begin{bmatrix}1 & k\\0 & 1\end{bmatrix}$$

수직층밀림

$$A=\begin{bmatrix}1 & 0\\k & 1\end{bmatrix}$$

[예제 1] 평면에서의 대칭

아래 행렬에 의해서 정의되는 변환을 **대칭**(reflections)이라고 한다. 대칭은 평면 위의 점을 그림 6.11과 같이 좌표축이나 직선 $y=x$에 대해서 거울의 상과 같이 나타내는 효과가 있다.

(a) y축에 대칭

$$T(x,\ y)=(-x,\ y)$$

$$\begin{bmatrix}-1 & 0\\0 & 1\end{bmatrix}\begin{bmatrix}x\\y\end{bmatrix}=\begin{bmatrix}-x\\y\end{bmatrix}$$

(b) x축에 대칭

$$T(x,\ y)=(x,\ -y)$$

$$\begin{bmatrix}1 & 0\\0 & -1\end{bmatrix}\begin{bmatrix}x\\y\end{bmatrix}=\begin{bmatrix}x\\-y\end{bmatrix}$$

(c) 직선 $y=x$에 대칭

$$T(x,\ y)=(y,\ x)$$

$$\begin{bmatrix}0 & 1\\1 & 0\end{bmatrix}\begin{bmatrix}x\\y\end{bmatrix}=\begin{bmatrix}y\\x\end{bmatrix}$$

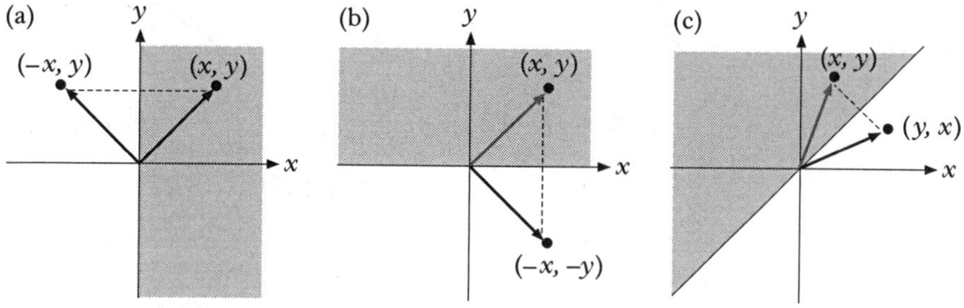

평면에서의 대칭

[그림 6.11]

[예제 2] 평면에서의 확대와 축약

아래 행렬에 의해서 정의되는 변환을 **확대**(expansions) 또는 **축약**(contractions)이라고 한다. 이것은 양의 스칼라 k의 값에 의해서 정해진다.

(a) 수평으로의 확대와 축약

$$T(x, y) = (kx, y)$$

$$\begin{bmatrix} k & 0 \\ 0 & 1 \end{bmatrix}\begin{bmatrix} x \\ y \end{bmatrix} = \begin{bmatrix} kx \\ y \end{bmatrix}$$

(b) 수직으로의 확대와 축약

$$T(x, y) = (x, ky)$$

$$\begin{bmatrix} 1 & 0 \\ 0 & k \end{bmatrix}\begin{bmatrix} x \\ y \end{bmatrix} = \begin{bmatrix} x \\ ky \end{bmatrix}$$

아래 그림 6.12와 그림 6.13에서 보면 점 (x, y)는 k의 값에 비례해서 좌우로 혹은 상하로 움직인다. 예를 들어 선형변환 $T(x, y) = (2x, y)$에 의해서는 (1, 3)은 오른편으로 두 배 움직이고 (4, 3)은 오른편으로 역시 2배(길이로는 4) 만큼 움직인다.

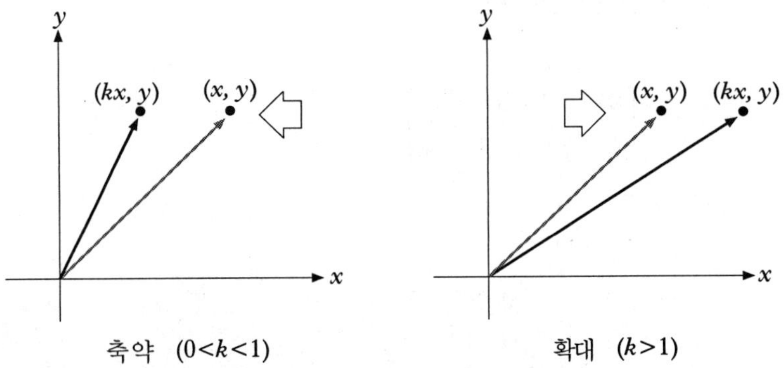

[그림 6.12]

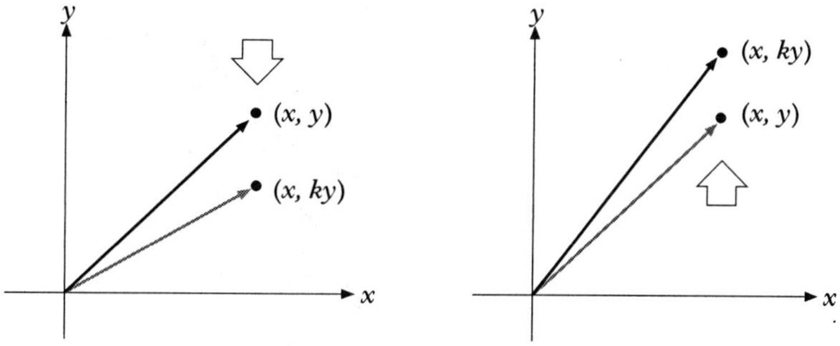

축약 $(0<k<1)$ 확대 $(k>1)$

[그림 6.13]

평면에서 기본행렬에 대응되는 세 번째 타입의 선형변환은 예제 3에 나타나는 것과 같은 **층밀림**(shear)이다.

[예제 3] 평면에서의 층밀림

아래 행렬에 의해서 정의되는 변환이 층밀림이다.

$$T(x,\ y)=(x+ky,\ y) \qquad\qquad T(x,\ y)=(x,\ y+ky)$$

$$\begin{bmatrix}1 & k\\0 & 1\end{bmatrix}\begin{bmatrix}x\\y\end{bmatrix}=\begin{bmatrix}x+ky\\y\end{bmatrix} \qquad\qquad \begin{bmatrix}1 & 0\\k & 1\end{bmatrix}\begin{bmatrix}x\\y\end{bmatrix}=\begin{bmatrix}x\\kx+y\end{bmatrix}$$

(a) $T(x,\ y)=(x+2y,\ y)$로 주어지는 수평층밀림은 그림 6.14에 나타나 있다. 이 변환에 의해서 x축 위의 점들은 오른편으로 y값에 비례해서 밀린다. 마찬가지로 x축 아래의 점들은 왼편으로 $2|y|$만큼 밀린다. x축 위의 점은 움직이지 않는다.

(b) $T(x,\ y)=(x,\ y+2x)$로 주어지는 수직층밀림은 그림 6.15에 나타나 있다. 이 변환은 y축 오른편의 점들은 x값에 비례해서 위로 밀려올라간다. 또 y축 왼편의 점들은 아래로 $2|x|$만큼 내려간다. y축 위의 점은 움직이지 않는다.

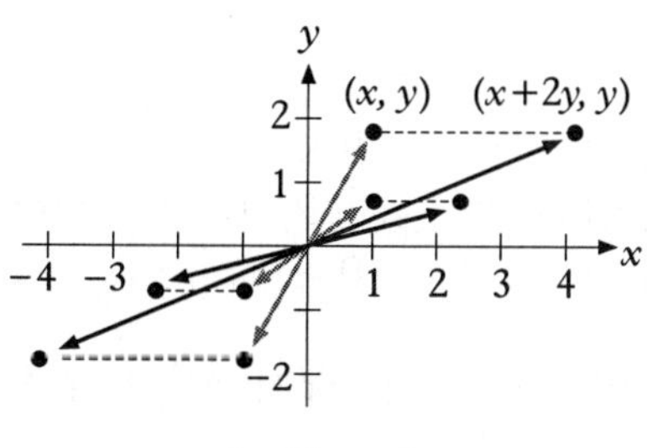

[그림 6.14]

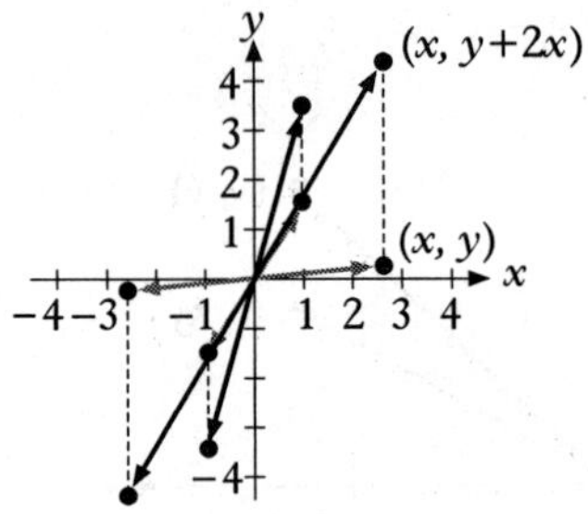

[그림 6.15]

컴퓨터 그래픽

선형변환은 컴퓨터 그래픽에 매우 유용하다. 6.1절 예제 7에서 선형변환이 평면에서의 모양을 회전시키는데 이용됨을 보았다. 여기서는 선형변환이 3차원 공간의 도형을 회전시키는 것을 공부한다.

그림 6.16과 같이 점 (x, y, z)를 z축을 중심으로 θ만큼 시계반대방향으로 회전시키고 싶다. 회전시킨 점의 좌표를 (x', y', z')라고 하면 다음과 같은 식이 성립한다.

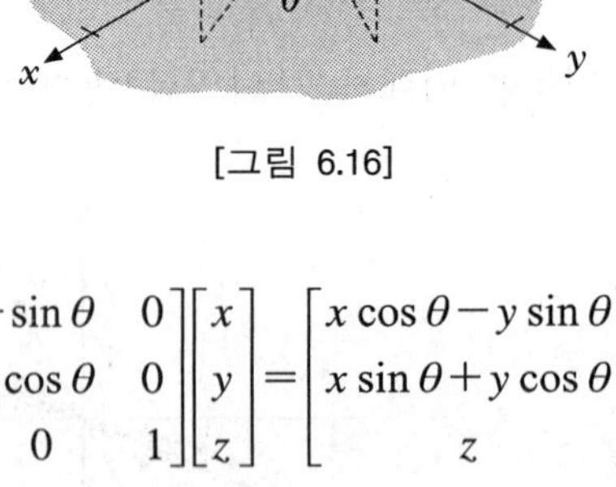

[그림 6.16]

$$\begin{bmatrix} x' \\ y' \\ z' \end{bmatrix} = \begin{bmatrix} \cos\theta & -\sin\theta & 0 \\ \sin\theta & \cos\theta & 0 \\ 0 & 0 & 1 \end{bmatrix} \begin{bmatrix} x \\ y \\ z \end{bmatrix} = \begin{bmatrix} x\cos\theta - y\sin\theta \\ x\sin\theta + y\cos\theta \\ z \end{bmatrix}$$

예제 4에서 이 행렬을 이용해서 3차원 공간의 도형을 회전시켜 보자.

[예제 4] z-축으로의 회전

각 변의 길이가 1, 2, 3인 직육면체의 꼭지점의 좌표는 다음과 같다.

$$V_1=(0,\ 0,\ 0),\quad V_2=(1,\ 0,\ 0),\quad V_3=(1,\ 2,\ 0),\quad V_4=(0,\ 2,\ 0),$$
$$V_5=(0,\ 0,\ 3),\quad V_6=(1,\ 0,\ 3),\quad V_7=(1,\ 2,\ 3),\quad V_8=(0,\ 2,\ 3)$$

z-축을 중심으로 시계반대방향으로 다음 각도만큼 회전시킬 때 각 꼭지점의 좌표를 구하라.

(a) $\theta=60^\circ$　　(b) $\theta=90^\circ$　　(c) $\theta=120^\circ$

풀이 원래 직육면체의 모양은 그림 6.17과 같다.

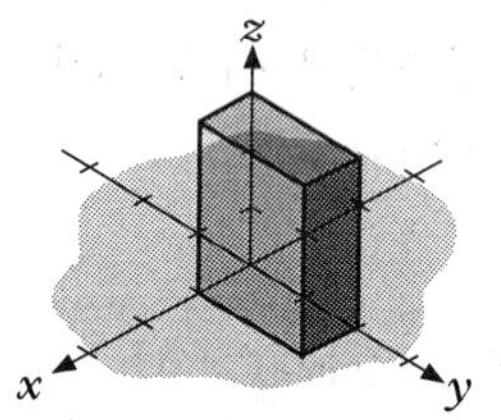

[그림 6.17]

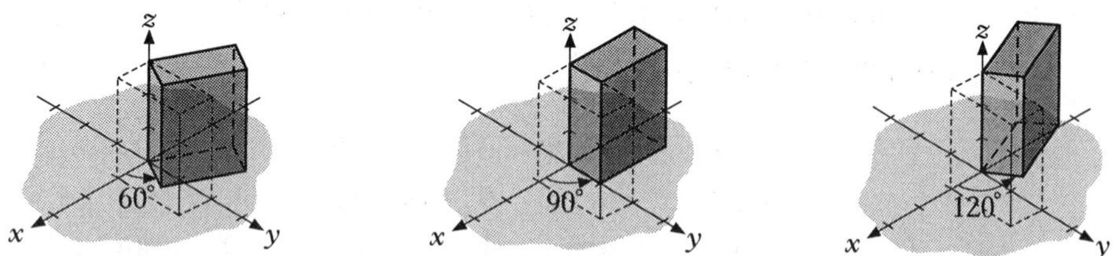

(a)　(b)　(c)

[그림 6.18]

(a) 60° 회전시키는 행렬은

$$A=\begin{bmatrix}\cos 60^\circ & -\sin 60^\circ & 0\\ \sin 60^\circ & \cos 60^\circ & 0\\ 0 & 0 & 1\end{bmatrix}=\begin{bmatrix}1/2 & -\sqrt{3}/2 & 0\\ \sqrt{3}/2 & 1/2 & 0\\ 0 & 0 & 1\end{bmatrix}$$

이다. 이 행렬을 각 꼭지점에 곱하면 다음과 같은 좌표를 구할 수 있다.

원래 꼭지점	회전시킨 꼭지점
$V_1=(0, 0, 0)$	$(0, 0, 0)$
$V_2=(1, 0, 0)$	$(0.5, 0.87, 0)$
$V_3=(1, 2, 0)$	$(-1.23, -1.87, 0)$
$V_4=(0, 2, 0)$	$(-1.73, 1, 0)$
$V_5=(0, 0, 3)$	$(0, 0, 3)$
$V_6=(1, 0, 3)$	$(0.5, 0.87, 3)$
$V_7=(1, 2, 3)$	$(-1.23, 1.87, 3)$
$V_8=(0, 2, 3)$	$(-1.73, 1, 3)$

그림 6.18 (a)에 회전시킨 상자의 그림이 표시되어 있다. 회전시킨 상자를 그릴 때 각 상자의 꼭지점을 연결시킨 선은 원래 꼭지점에서 연결되어 있던 선이다. 예를 들어 원래 상자에서 V_1과 V_2가 연결되어 있으면 회전시킨 상자에서도 V_1과 V_2의 상을 연결시킨다.

(b) 90° 회전시키는 행렬은

$$A=\begin{bmatrix}\cos 90^\circ & -\sin 90^\circ & 0\\ \sin 90^\circ & \cos 90^\circ & 0\\ 0 & 0 & 1\end{bmatrix}=\begin{bmatrix}0 & -1 & 0\\ 1 & 0 & 0\\ 0 & 0 & 1\end{bmatrix}$$

이고 회전시킨 상자의 그래프는 그림 6.18 (b)이다.

(c) 120° 회전시키는 행렬은

$$A=\begin{bmatrix}\cos 120^\circ & -\sin 120^\circ & 0\\ \sin 120^\circ & \cos 120^\circ & 0\\ 0 & 0 & 1\end{bmatrix}=\begin{bmatrix}-1/2 & -\sqrt{3}/2 & 0\\ \sqrt{3}/2 & -1/2 & 0\\ 0 & 0 & 1\end{bmatrix}$$

이고 회전시킨 상자의 그래프는 그림 6.18 (c)이다. ◀

예제 4에서 z-축으로 회전시키는데 행렬을 이용했다. 마찬가지로 x-축이나 또는 y-축으로 회전시킬 때도 행렬을 이용한다. 이 세 가지 회전을 아래에 적으면

x축으로 회전 $\quad$ y축으로 회전 $\quad$ z축으로 회전

$$\begin{bmatrix}1 & 0 & 0\\ 0 & \cos\theta & -\sin\theta\\ 0 & \sin\theta & \cos\theta\end{bmatrix}\quad \begin{bmatrix}\cos\theta & 0 & \sin\theta\\ 0 & 1 & 0\\ -\sin\theta & 0 & \cos\theta\end{bmatrix}\quad \begin{bmatrix}\cos\theta & -\sin\theta & 0\\ \sin\theta & \cos\theta & 0\\ 0 & 0 & 1\end{bmatrix}$$

이다. 이 경우 회전은 그림 6.19와 같이 각 축의 음의 방향으로 향했을 때 시계

바늘반대방향으로 회전이다.

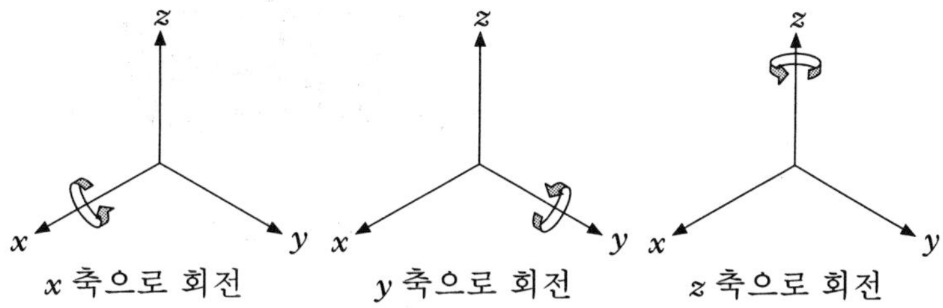

[그림 6.19]

[예제 5] x축과 y축으로의 회전

(a) x축으로 90° 회전시키는 행렬은

$$A=\begin{bmatrix}1 & 0 & 0\\ 0 & \cos\theta & -\sin\theta\\ 0 & \sin\theta & \cos\theta\end{bmatrix}=\begin{bmatrix}1 & 0 & 0\\ 0 & 0 & -1\\ 0 & 1 & 0\end{bmatrix}$$

이다. 예제 4와 같은 상자를 회전시킨 상자의 모양은 그림 6-20 (a)에 나타나 있다.

(b) y축으로 90° 회전시키는 행렬은

$$A=\begin{bmatrix}\cos\theta & 0 & \sin\theta\\ 0 & 1 & 0\\ -\sin\theta & 0 & \cos\theta\end{bmatrix}=\begin{bmatrix}0 & 0 & 1\\ 0 & 1 & 0\\ -1 & 0 & 0\end{bmatrix}$$

이고 역시 예제 4와 같은 상자를 회전시켰을 때 그 모양은 그림 6-20 (b)와 같다.

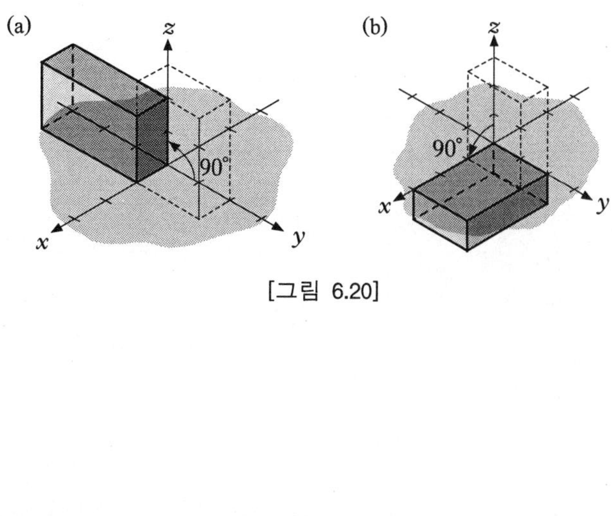

[그림 6.20]

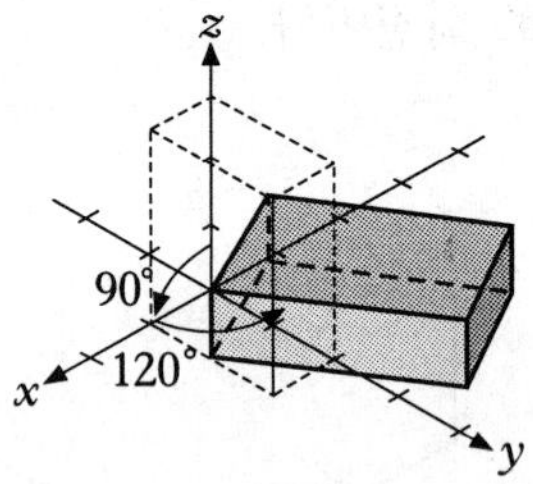

[그림 6.21]

이러한 좌표축을 중심으로 한 회전을 여러 번 반복함으로써 원하는 도형을 만들 수 있다. 예를 들어 그림 6.21은 예제 4의 도형을 처음에는 y축으로 90° 회전시킨 후 z-축으로 120° 회전시킨 모양이다.

컴퓨터그래픽은 포토샵이나 디자인 쪽에 많이 이용되고 있다. 컴퓨터에 원하는 사물의 아우트라인의 좌표만 입력시킴으로써 그 모양을 그릴 수 있다. 간단한 예로써 그림 6.22의 장난감 배의 모양은 27개의 점의 좌표를 입력함으로써 그려진 것이다. 점만 컴퓨터에 입력시키면 우리는 그 모양을 어느 방향에서나 입체적으로 관찰할 수 있다.

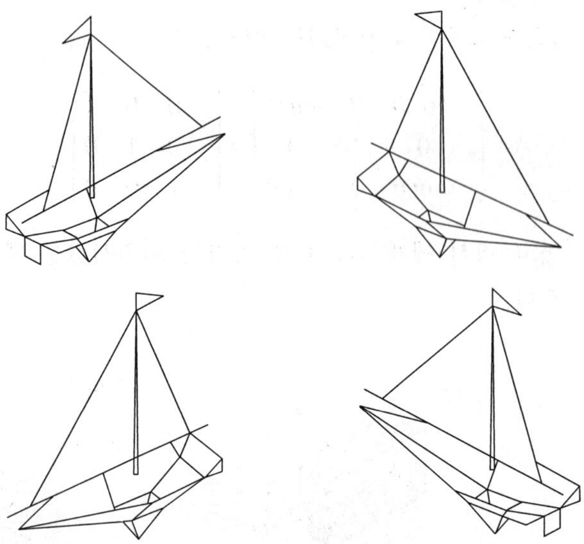

[그림 6.22]

연 습 문 제 6.5(선형변환의 응용)

평면에서의 선형변환의 기하

1. $T : R^2 \rightarrow R^2$은 x축에 대한 대칭이다. 다음 각 점의 상을 구하라.

(a) $(3, 5)$ (b) $(2, -1)$ (c) $(a, 0)$

(d) $(0, b)$ (e) $(-c, d)$ (f) $(f, -g)$

2. $T : R^2 \rightarrow R^2$는 직선 $y=x$에 대하여 대칭이다. 다음 각 점의 상을 구하라.

(a) $(0, 1)$ (b) $(-1, 3)$ (c) $(a, 0)$

(d) $(0, b)$ (e) $(-c, d)$ (f) $(f, -g)$

3. $T(1, 0)=(0, 1)$, $T(0, 1)=(1, 0)$이다.

(a) 임의의 (x, y)에 대해서 $T(x, y)$를 구하라.

(b) T의 결과를 그림으로 표시하라.

4. $T(1, 0)=(2, 0)$, $T(0, 1)=(0, 1)$이다.

(a) 임의의 (x, y)에 대해서 $T(x, y)$를 구하라.

(b) T의 결과를 그림으로 표시하라.

5-8번. (a) 변환 T가 무엇을 의미하는지 말하고
(b) 평면 위의 임의의 벡터에 대해서 그 변환을 그림으로 표시하라.

5. $T(x, y)=(x, y/2)$

6. $T(x, y)=(4x, y)$

7. $T(x, y)=(x+3y, y)$

8. $T(x, y)=(x, 2x+y)$

9-12번. 아래 선형변환에 대해서 모든 부동점을 구하라. $T(\mathbf{v})=\mathbf{v}$인 벡터 $\mathbf{v}$를 T에 대한 부동점이라 한다.

9. y-축에 대한 대칭

10. 직선 $y=x$에 대한 대칭

11. 수직 축약

12. 수평층밀림

13-18번. 꼭지점이 $(0, 0)$, $(1, 0)$, $(1, 1)$, $(0, 1)$인 정4각형을 아래와 같이 변환시킬 때 그 모양을 그려라.

13. T는 x축에 대하여 대칭

14. T는 직선 $y=x$에 대하여 대칭

15. T는 $T(x, y)=\left(\frac{x}{2}, y\right)$로 주어지는 축약

16. T는 $T(x, y)=(x, 3y)$로 주어지는 축약

17. T는 $T(x, y)=(x+2y, y)$로 주어지는 층밀림

18. T는 $T(x, y)=(x, y+3x)$로 주어지는 층밀림

19-24번. 꼭지점이 (0, 0), (0, 2), (1, 2), (1, 0)인 직4각형을 아래와 같이 변환시킬 때 그 모양을 그려라.

19. T는 y축에 대한 대칭

20. T는 직선 $y=x$에 대한 대칭

21. T는 $T(x, y)=\left(x, \frac{y}{2}\right)$로 주어지는 축약

22. T는 $T(x, y)=(2x, y)$로 주어지는 확대

23. T는 $T(x, y)=(x+y, y)$로 주어지는 층밀림

24. T는 $T(x, y)=(x, y+2x)$로 주어지는 층밀림

25. 대각행렬의 주대각선의 원소가 모두 양수인 행렬로 정의되는 선형변환을 **확대(magnification)** 라고 한다.

$A=\begin{bmatrix} 2 & 0 \\ 0 & 3 \end{bmatrix}$으로 정의되는 선형변환으로 점 (1, 0), (0, 1), (2, 2)를 변환시킬 때 그 상을 구하고 또 그 결과를 그림으로 나타내어라.

26. $A=\begin{bmatrix} 3 & 0 \\ 0 & 3 \end{bmatrix}$일 때 문제 25와 같은 방법으로 하라.

27-32번. 아래 기본행렬로 정의되는 선형변환을 기하학적으로 표시하라.

27. $A=\begin{bmatrix} 2 & 0 \\ 0 & 1 \end{bmatrix}$

28. $A=\begin{bmatrix} 1 & 0 \\ 2 & 1 \end{bmatrix}$

29. $A=\begin{bmatrix} 0 & 1 \\ 1 & 0 \end{bmatrix}$

30. $A=\begin{bmatrix} 1 & 3 \\ 0 & 1 \end{bmatrix}$

31. $A=\begin{bmatrix} 1 & 0 \\ 0 & -2 \end{bmatrix}$

32. $A=\begin{bmatrix} -1 & 0 \\ 0 & 1 \end{bmatrix}$

33. $A=\begin{bmatrix} 2 & 0 \\ 2 & 1 \end{bmatrix}=\begin{bmatrix} 2 & 0 \\ 0 & 1 \end{bmatrix}\begin{bmatrix} 1 & 0 \\ 2 & 1 \end{bmatrix}$

34. $A=\begin{bmatrix} 0 & 3 \\ 1 & 0 \end{bmatrix}=\begin{bmatrix} 0 & 1 \\ 1 & 0 \end{bmatrix}\begin{bmatrix} 1 & 0 \\ 0 & 3 \end{bmatrix}$

컴퓨터 그래픽

35-38번. 표시된 회전을 만드는 행렬을 구하라.

35. z-축으로 30°

36. x-축으로 60°

37. z-축으로 60°

38. x-축으로 120°

39-42번. 표시된 회전으로 벡터 (1, 1, 1)의 상을 구하라.

39. z-축으로 30°

40. x-축으로 60°

41. y-축으로 60°

42. x-축으로 120°

43-48번. 원래의 삼각뿔의 모양은 그림 6.23과 같다. x, y, z축으로 몇도 회전시키면 주어진 도형과 같은 모양이 생기는지 그 회전각(시계바늘반대방향)을 구하라.

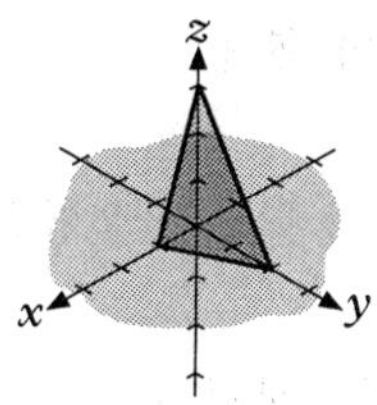

[그림 6.23]

43.

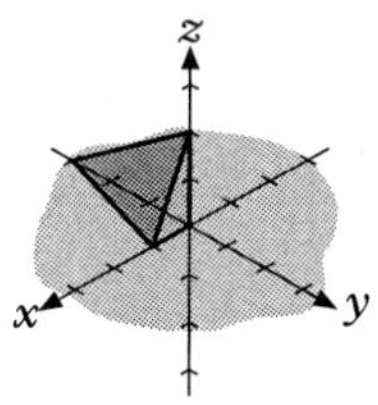

44.

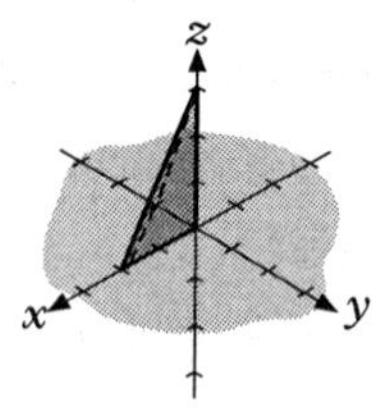

45.

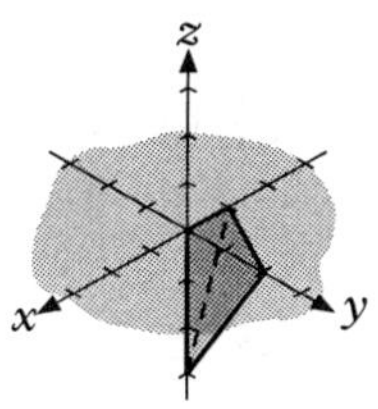

46.

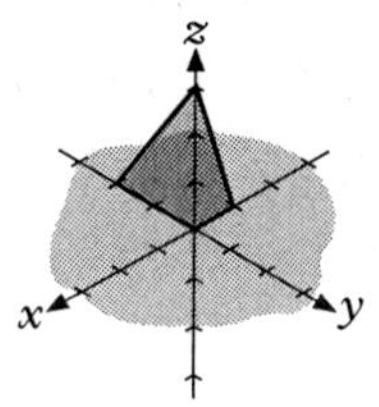

47.

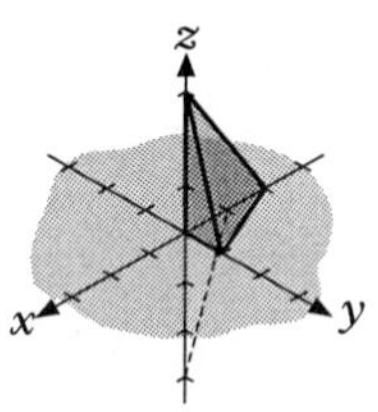

48.

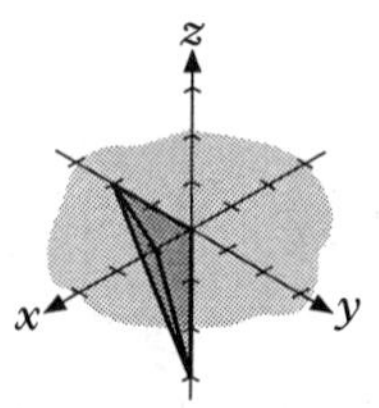

49-52번. 아래 표시된 두 번의 회전으로 만들어지는 행렬을 구하라. 또 두 점 $(0, 0, 0)$과 $(1, 1, 1)$을 잇는 선분의 상을 구하라.

49. y-축으로 90° 회전 후 x-축으로 90° 회전

50. z-축으로 90° 회전 후 y-축으로 45° 회전

51. y-축으로 60° 회전 후 z-축으로 30° 회전

52. x-축으로 135° 회전 후 z-축으로 45° 회전

요 약 Chapter 6(선형변환)

이 장의 학습 후 다음 지식들은 필히 알아야 한다.

- 주어진 함수의 상과 원상 구하기
- 주어진 벡터공간에서 다른 벡터공간으로의 함수가 선형변환인지 아닌지 판별하기
- 주어진 선형변환의 핵과 치역 구하기
- 주어진 선형변환이 전사인지 단사인지 판별하기
- 주어진 선형변환 T의 핵과 치역의 기저 구하기. 또 T의 영공간의 차수와 계수 구하기
- 주어진 행렬로 정의되는 선형변환이 전사인지 단사인지 증명하기
- 두 개의 벡터공간이 동형인지 아닌지 판별하기
- 주어진 선형변환의 표준행렬 구하기. 또 이 행렬을 이용하여 주어진 벡터의 상 구하기. 벡터와 그 상의 대략 그림 그리기
- 선형변환의 합성의 표준행렬 구하기
- 주어진 선형변환이 가역인지 아닌지 판별하기. 또 가역이면 그 역 구하기
- 주어진 선형변환의 비표준기저에 대응하는 행렬 구하기
- 닮은 행렬의 뜻과 그 성질을 이해하고 사용하기
- 대칭, 확대, 축소, 층밀림, 회전 등을 만드는 선형변환을 알기

복습문제 Chapter 6(선형변환)

1-2번의 (a) $\mathbf{v}$의 상을 구하라. (b) $\mathbf{w}$의 원상을 구하라.

1. $T : R^2 \to R^2$, $T(v_1, v_2)=(v_1, v_1+2v_2)$, $\mathbf{v}=(2, -3)$, $\mathbf{w}=(4, 12)$

2. $T : R^3 \to R^3$, $T(v_1, v_2, v_3)=(0, v_1+v_2, v_2+v_3)$, $\mathbf{v}=(-3, 2, 5)$, $\mathbf{w}=(0, 2, 5)$

3-8번의 다음 함수가 선형변환인지 조사하라. 만일 선형변환이면 표준행렬 A를 구하라.

3. $T : R^2 \to R^2$, $T(x_1, x_2)=(x_1+2x_2, -x_1-x_2)$

4. $T : R^2 \to R^2$, $T(x_1, x_2)=(x_1+3, x_2)$

5. $T : R^2 \to R^2$, $T(x, y)=(x+h, y+k)$, $h\neq 0$, $k\neq 0$ (평면에서의 평행이동)

6. $T : R^2 \to R^2$, $T(x, y)=(|x|, |y|)$

7. $T : R^3 \to R^3$, $T(x_1, x_2, x_3)=(x_1-x_2, x_2-x_3, x_3-x_1)$

8. $T : R^3 \to R^3$, $T(x, y, z)=(z, y, x)$

9. T는 R^2에서 R^2의 선형변환으로써 $T(2, 0)=(1, 1)$, $T(0, 3)=(3, 3)$이다. $T(1, 1)$과 $T(0, 1)$을 구하라.

10. T는 R^3에서 R로의 선형변환으로써 $T(1, 1, 1)=1$, $T(1, 1, 0)=2$, $T(1, 0, 0)=3$이다. $T(0, 1, 1)$을 구하라.

11-14번의 A는 T에 대한 표준행렬이다. 지시한 A^n을 구하라.

11. $T : R^3 \to R^3$, xy-평면으로 대칭. A^2을 구하라.

12. $T : R^3 \to R^3$, xy-평면으로 사영. A^2을 구하라.

13. $T : R^2 \to R^2$, 시계반대방향으로 θ만큼 회전. A^3을 구하라.

14. **(해석학)** $T : P_3 \to P_3$, 미분연산자. A^2을 구하라.

15-18번. 선형변환 $T : R^n \to R^m$은 $T(\mathbf{v})=A\mathbf{v}$이다. 행렬 A에 대해서 (a) R^n, R^m의 차원을 구하라. (b) 주어진 벡터 $\mathbf{v}$의 상 $T(\mathbf{v})$를 구하라. (c) 주어진 벡터 $\mathbf{w}$의 원상을 구하라.

15. $A=\begin{bmatrix} 0 & 1 & 2 \\ -2 & 0 & 0 \end{bmatrix}$, $\mathbf{v}=(6, 1, 1)$, $\mathbf{w}=(3, 5)$

16. $A=[1, 1]$, $\mathbf{v}=(2, 3)$, $\mathbf{w}=(4)$

17. $A=\begin{bmatrix} 1 & 1 & 1 \\ 0 & 1 & 1 \\ 0 & 0 & 1 \end{bmatrix}$, $\mathbf{v}=(2, 1, -5)$, $\mathbf{w}=(6, 4, 2)$

18. $A=\begin{bmatrix} 4 & 0 \\ 0 & 5 \\ 1 & 1 \end{bmatrix}$, $\mathbf{v}=(2, 2)$, $\mathbf{w}=(4, -5, 0)$

19-20번. (a) $\ker(T)$의 기저를 구하라. (b) $\text{range}(T)$의 기저를 구하라.

19. $T : R^4 \to R^3$, $T(w, x, y, z)=(2w+4x+6y+5z, -w-2x+2y, 8y+4z)$

20. $T : R^3 \to R^3$, $T(x, y, z)=(x+2y, y+2z, z+2x)$

21-22번. 선형변환 T는 $T(\mathbf{v})=A\mathbf{v}$이다. (a) T의 핵을 구하라. (b) T의 치역을 구하라. (c) T의 계수를 구하라. (d) T의 영공간의 차수를 구하라.

21. $A=\begin{bmatrix} 1 & 2 \\ -1 & 0 \\ 1 & 1 \end{bmatrix}$

22. $A=\begin{bmatrix} 2 & 1 & 3 \\ 1 & 1 & 0 \\ 0 & 1 & -3 \end{bmatrix}$

23. $T : R^5 \to R^3$이고 $\text{nullity}(T)=2$이다. $\text{rank}(T)$를 구하라.

24. $T : P_5 \to P_3$이고 $\text{nullity}(T)=4$이다. $\text{rank}(T)$를 구하라.

25. $T : P_4 \to R^5$이고 $\text{rank}(T)=3$이다. $\text{nullity}(T)$를 구하라.

26. $T: M_{2,2} \to M_{2,2}$이고 $\text{rank}(T)=3$이다. $\text{nullity}(T)$를 구하라.

27-30번의 T가 역을 가지는지 조사하라. 만일 가지면 A와 A^{-1}를 구하라.

27. $T: R^2 \to R^2,\ T(x, y)=(2x, y)$

28. $T: R^2 \to R^2,\ T(x, y)=(x\cos\theta - y\sin\theta,\ x\sin\theta + y\cos\theta)$

29. $T: R^3 \to R^3,\ T(x, y, z)=(x, y, 0)$

30. $T: R^3 \to R^2,\ T(x, y, z)=(x+y, y-z)$

31-32번. $T=T_1 \circ T_2$와 $T'=T_2 \circ T_1$의 표준행렬을 구하라.

31. $T_1: R^2 \to R^3,\ T_1(x, y)=(x, x+y, y),\quad T_2: R^3 \to R^2,\ T_2(x, y, z)=(0, y)$

32. $T_1: R \to R^2,\ T(x)=(x, 3x),\quad T_2: R^2 \to R,\ T(x, y)=(y+2x)$

33. 표준행렬을 사용해서 R^2에서 꼭지점이 (3, 5), (5, 3), (3, 0)인 삼각형을 원점을 중심으로 시계반대방향으로 90° 회전시켜라. 또 그래프를 그려라.

34. 문제 33에서 삼각형을 점 (5, 3)을 중심으로 시계반대방향으로 90° 회전시켜라. 또 그래프를 그려라.

35-38번. 행렬 A에 의한 선형변환이 (a) 단사, (b) 전사, (c) 가역인지 조사하라.

35. $A=\begin{bmatrix} 2 & 0 \\ 0 & 3 \end{bmatrix}$

36. $A=\begin{bmatrix} 1 & 1 & 1 \\ 0 & 1 & 1 \end{bmatrix}$

37. $A=\begin{bmatrix} 1 & \frac{1}{4} \\ 0 & 1 \end{bmatrix}$

38. $A=\begin{bmatrix} 4 & 0 & 7 \\ 5 & 5 & 1 \\ 0 & 0 & 2 \end{bmatrix}$

39-40번의 $T(\mathbf{v})$를 다음 방법으로 구하라. (a) 표준행렬을 이용 (b) 기저 B와 B'에 대응하는 행렬 이용

39. $T: R^2 \to R^3,\ T(x, y)=(-x, y, x+y),\ \mathbf{v}=(0, 1),$
$B=\{(1, 1), (1, -1)\},\ B'=\{(0, 1, 0), (0, 0, 1), (1, 0, 0)\}$

40. $T: R^2 \to R^2,\ T(x, y)=(2y, 0),\ \mathbf{v}=(-1, 3),$
$B=\{(2, 1), (-1, 0)\},\ B'=\{(-1, 0), (2, 2)\}$

41-42번의 기저 B'에 대응하는 T의 행렬 A'를 구하라. 또 A'는 T의 표준행렬 A와 닮았음을 보여라.

41. $T: R^2 \to R^2,\ T(x, y)=(x-3y, y-x),\ B'=\{(1, -1), (1, 1)\}$

42. $T: R^3 \to R^3,\ T(x, y, z)=(x+3y, 3x+y, -2z),\ B'=\{(1, 1, 0), (1, -1, 0), (0, 0, 1)\}$

43. $T: R^3 \to R^3,\ T(\mathbf{v})=\text{proj}_{\mathbf{u}}\mathbf{v}$, 단, $\mathbf{u}=(0, 1, 2)$이다.

(a) T의 표준행렬 A를 구하라.

(b) S는 $I-A$로 표현되는 선형변환이다.

$S(\mathbf{v})=\text{proj}_{\mathbf{w}_1}\mathbf{v}+\text{proj}_{\mathbf{w}_2}\mathbf{v}$꼴이 됨을 보여라. 여기서 $\mathbf{w}_1$, $\mathbf{w}_2$는 R^3의 고정된 벡터이다.

(c) T의 핵은 S의 치역과 같음을 보여라.

44. $T : R^2 \rightarrow R^2$, $T(\mathbf{v})=\text{proj}_{\mathbf{u}}\mathbf{v}$, 단, $\mathbf{u}=(4, 3)$이다.

(a) T의 표준행렬 A를 구하라. 또 $A^2=A$임을 보여라.

(b) $(I-A)^2=I-A$임을 보여라.

(c) $\mathbf{v}=(5, 0)$일 때 $A\mathbf{v}$와 $(I-A)\mathbf{v}$를 구하라.

(d) $\mathbf{u}$, $\mathbf{v}$, $A\mathbf{v}$, $(I-A)\mathbf{v}$를 각각 그림으로 그려라.

45. S, T는 V에서 W로의 선형변환이다. $S+T$, kT도 역시 선형변환임을 보여라.
단, $(S+T)(\mathbf{v})=S(\mathbf{v})+T(\mathbf{v})$, $(kT)(\mathbf{v})=kT(\mathbf{v})$이다.

46. A, B는 닮은 행렬이고 A는 가역이다.

(a) B도 가역임을 증명하라.

(b) A^{-1}와 B^{-1}도 닮았음을 증명하라.

47-48번의 $S : V \rightarrow W$, $T : V \rightarrow W$이다.

47. $\text{Rank}(S+T) \leq \text{rank}(S)+\text{rank}(T)$임을 증명하라.

48. 다음이 성립하는 예를 들어라.

(a) $\text{Rank}(S+T)=\text{rank}(S)+\text{rank}(T)$

(b) $\text{Rank}(S+T)<\text{rank}(S)+\text{rank}(T)$

49. $T : P_3 \rightarrow R$, $T(a_0+a_1x+a_2x^2+a_3x^3)=a_0+a_1+a_2+a_3$이다.

(a) T는 선형임을 증명하라.

(b) T의 계수와 nullity를 구하라.

(c) T의 핵의 기저를 찾아라.

50. $T : V \rightarrow U$, $S : U \rightarrow W$는 선형변환이다.

(a) S, T가 모두 단사이면 $S \circ T$도 단사임을 증명하라.

(b) T의 핵은 $S \circ T$의 핵에 포함됨을 증명하라.

(c) $S \circ T$가 전사이면 S도 전사임을 증명하라.

51. V는 내적공간이다. 한 고정된 0이 아닌 벡터 $\mathbf{v}_0 \in V$에 대해서 $T : V \rightarrow R$, $T(\mathbf{v})=\langle \mathbf{v}, \mathbf{v}_0 \rangle$는 선형변환이다. T의 핵, 치역, 계수, nullity를 각각 구하라.

52. **(해석학)** $B=\{1, x, \sin x, \cos x\}$는 연속함수공간의 부분공간 W의 기저이다. D_x는 W에서의 미분연산자라고 할 때 기저 B에 대응하는 D_x의 행렬을 구하라. 또 D_x의 핵과 치역

을 구하라.

53. 쓰기 어떤 조건하에서 $M_{m,n}$과 $M_{p,q}$는 동형이 되는가? 이 경우 동형사상 T를 구하라.

54. (해석학) $T: P_3 \to P_3$, $T(p)=p(x)+p'(x)$이다. T의 계수와 영공간의 차수를 구하라.

평면에서의 선형변환의 기하

55-58번의 (a) 변환의 성질을 구하라. (b) 이 변환을 평면 위의 임의의 벡터에 대해서 그림으로 표시하라.

55. $T(x, y)=(x, 2y)$

56. $T(x, y)=(x+y, y)$

57. $T(x, y)=(x, y+3x)$

58. $T(x, y)=(5x, y)$

59-62번의 아래 주어진 변환으로 꼭지점이 (0, 0), (1, 0), (0, 1)인 삼각형의 상을 찾아라.

59. T는 x-축으로 대칭

60. T는 $T(x, y)=(2x, y)$인 확대

61. T는 $T(x, y)=(x+3y, y)$인 밀기

62. T는 $T(x, y)=(x, y+2x)$인 밀기

63-64번의 두 행렬의 곱으로 정의되는 선형변환을 그림으로 그려라.

63. $\begin{bmatrix} 0 & 2 \\ 1 & 0 \end{bmatrix}=\begin{bmatrix} 2 & 0 \\ 0 & 1 \end{bmatrix}\begin{bmatrix} 0 & 1 \\ 1 & 0 \end{bmatrix}$

64. $\begin{bmatrix} 1 & 0 \\ 6 & 2 \end{bmatrix}=\begin{bmatrix} 1 & 0 \\ 0 & 2 \end{bmatrix}\begin{bmatrix} 1 & 0 \\ 3 & 1 \end{bmatrix}$

컴퓨터 그래픽

65-66번의 표시된 회전에 의해서 만들어지는 행렬을 구하라. 또 벡터 (1, −1, 1)의 상을 구하라.

65. z-축으로 45°

66. x-축으로 90°

67-68번의 표시된 두번의 회전에 의해서 만들어지는 행렬을 구하라.

67. z-축으로 30° 회전 후 x-축으로 60° 회전

68. z-축으로 45° 회전 후 y-축으로 120° 회전

69-70번의 꼭지점이 (0, 0, 0), (1, 0, 0), (1, 1, 0), (0, 1, 0), (0, 0, 1), (1, 0, 1), (1, 1, 1), (0, 1, 1)인 단위정육면체를 다음과 같이 회전시킬 때 그 상을 구하라.

69. z-축으로 45° 회전

70. x-축으로 90° 회전

참 또는 거짓 71-74

71. (a) xy-평면에서 직선 $y=x$에 대칭되게 하는 대칭인 선형변환의 표준행렬은 $\begin{bmatrix} 1 & 0 \\ 0 & 1 \end{bmatrix} \in M_{2,2}$이다.

(b) 수평확대 또는 축소인 선형변환의 행렬은 $M_{2,2}$에서 $\begin{bmatrix} k & 0 \\ 0 & 1 \end{bmatrix}$이다.

(c) 행렬 $\begin{bmatrix} 1 & 0 & 0 \\ 0 & \frac{1}{2} & -\frac{\sqrt{3}}{2} \\ 0 & \frac{\sqrt{3}}{2} & \frac{1}{2} \end{bmatrix}$은 R^3에 있는 점을 x-축으로 60° 회전시킨다.

72. (a) xy-평면에서 x-축에 대칭되게 하는 대칭인 선형변환의 행렬은 $M_{2,2}$에서 $\begin{bmatrix} 1 & 0 \\ 0 & -1 \end{bmatrix}$ 이다.

(b) 수직확대 또는 축소인 선형변환의 행렬은 $M_{2,2}$에서 $\begin{bmatrix} 1 & 0 \\ 0 & k \end{bmatrix}$이다.

(c) 행렬 $\begin{bmatrix} \frac{\sqrt{3}}{2} & 0 & \frac{1}{2} \\ 0 & 1 & 0 \\ -\frac{1}{2} & 0 & \frac{\sqrt{3}}{2} \end{bmatrix}$은 R^3의 점을 y-축으로 30° 회전시킨다.

73. (a) 해석학에서 일차함수는 항상 R^2에서 R^2로의 선형변환이다.

(b) 선형변환이 전사일 필요충분조건은 임의의 $\mathbf{u}$, $\mathbf{v} \in V$에 대해서 $T(\mathbf{u})=T(\mathbf{v})$이면 $\mathbf{u}=\mathbf{v}$ 이다.

(c) 계산상 쉽게 하기 위해서는 변환행렬이 대각행렬이 되도록 기저를 잡는 것이 좋다.

74. (a) 다항식에 대해서 미분연산자 D_x는 P_n에서 P_{n-1}로의 선형변환이다.

(b) $T(\mathbf{v})=\mathbf{v}$인 모든 $\mathbf{v} \in V$를 T의 핵이라고 부른다.

(c) 두 선형변환의 합성 $T(\mathbf{v})=T_2(T_1(\mathbf{v}))$의 표준행렬은 T_2의 표준행렬과 T_1의 표준행렬의 곱과 같다.

프로젝트 Chapter 6(선형변환)

1. 평면에서의 대칭(I)

l을 평면 위에서의 직선 $ax+by=0$이라고 하자. 선형변환 $L : R^2 \to R^2$가 점 (x, y)를 직선 l에 대칭되게 하는 변환일 때 L을 **대칭**(reflection)이라고 한다(그림 6.24).

지금 첫번째 과제는 이 대칭에 대한 표준기저에 대응하는 행렬을 구하는 것이다. 순서는 우선 추이행렬을 이용하고 다음으로 사영을 이용한다.

1. 직선 $x=0$에 대한 L의 표준행렬을 구하라.
2. 직선 $y=0$에 대한 L의 표준행렬을 구하라.
3. 직선 $x-y=0$에 대한 L의 표준행렬을 구하라.
4. l이 $x-2y=0$인 직선이라고 하자. 우선 l에 평행인 벡터 $\mathbf{v}$와 수직인 벡터 $\mathbf{w}$를 각각 찾아라. 순서기저 $\{\mathbf{v}, \mathbf{w}\}$에 대응하는 l에 대칭인 행렬 A를 구하라. 마지막으로 적당한 추이행렬을 써서 표준기저에 대응하는 대칭의 행렬을 구한다. 이 행렬을 써서 $L(2, 1)$, $L(-1, 2)$, $L(5, 0)$를 구하라.
5. 일반적인 직선 $ax+by=0$에 대해서 생각해 보자. $\mathbf{v}$를 l에 평행, $\mathbf{w}$를 l에 수직인 벡터라 한다. 순서기저 $\{\mathbf{v}, \mathbf{w}\}$에 대응하는 l에 대칭인 행렬 A를 구한다. 적당한 추이행렬을 써서 표준기저에 대응하는 대칭의 행렬을 구한다.
6. 직선 $3x+4y=0$에 대칭인 표준행렬을 구하라. 이 행렬을 이용하여 점 $(3, 4)$, $(-4, 3)$, $(0, 5)$의 상을 구하라.

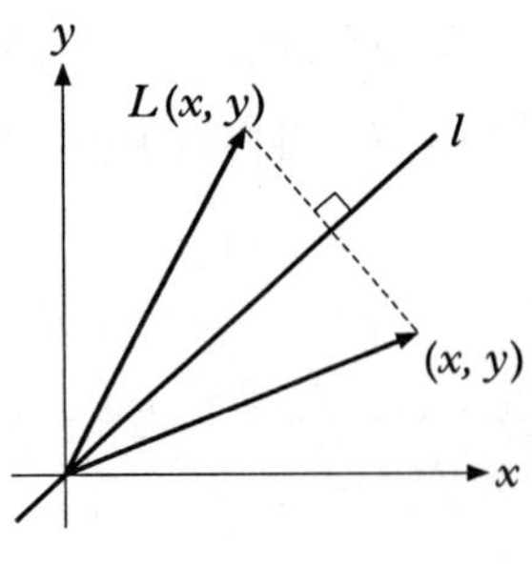

[그림 6.24]

2. 평면에서의 대칭(II)

두번째 과제는 직선 $ax+by=0$에 대칭시키는 변화 L의 표준행렬을 사영을 이용하여 구하는 것이다(그림 6.25). 벡터 $\mathbf{v}$에로의 $\mathbf{u}$의 정사영은 $\text{proj}_{\mathbf{v}}\mathbf{u}=\frac{\mathbf{u}\cdot\mathbf{v}}{\mathbf{v}\cdot\mathbf{v}}\mathbf{v}$로 주어짐을 기억해야 한다.

1. y-축으로의 정사영의 표준행렬을 구하라. 즉 $\mathbf{v}=(0, 1)$일 때 $\text{proj}_{\mathbf{v}}\mathbf{u}$의 표준행렬을 구하라.
2. x-축으로의 정사영의 표준행렬을 구하라.
3. 직선 l을 $x-2y=0$이라고 하자. l에 평행인 벡터 $\mathbf{v}$와 수직인 벡터 $\mathbf{w}$를 구하라.
   순서기저 $\{\mathbf{v}, \mathbf{w}\}$에 대응하는 l로의 정사영의 행렬 A를 정하고 마지막으로 적당한 추이

행렬을 써서 표준행렬에 대응하는 정사영의 행렬을 구하라. 이 행렬을 이용해서 $\mathbf{u}=(2, 1)$, $\mathbf{u}=(-1, 2)$, $\mathbf{u}=(5, 0)$의 정사영 $\text{proj}_{\mathbf{v}}\mathbf{u}$를 구하라.

4. 일반적인 직선 $ax+by=0$에 대해서 생각해 보자. $\mathbf{v}$를 l에 평행, $\mathbf{w}$를 l에 수직인 벡터라 한다. 순서기저 $\{\mathbf{v}, \mathbf{w}\}$에 대응하는 l로의 정사영의 행렬 A를 구한다. 적당한 추이행렬을 써서 표준기저에 대응하는 사영의 행렬을 구한다.

5. 그림 6.26을 이용하여

$$\text{proj}_v\mathbf{u}=\frac{1}{2}(\mathbf{u}+L(\mathbf{u}))$$

임을 보여라. 단, L은 직선 l에 대칭인 변환이다. 이 식을 L에 대해서 풀어서 처음 과제에서 구한 L과 비교하라.

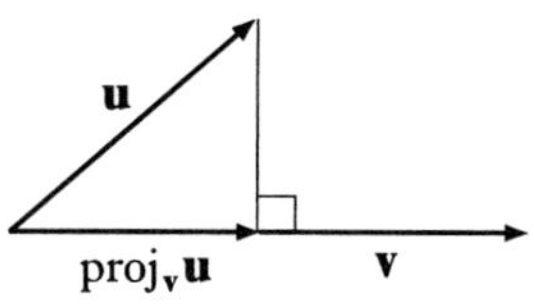

[그림 6.25]

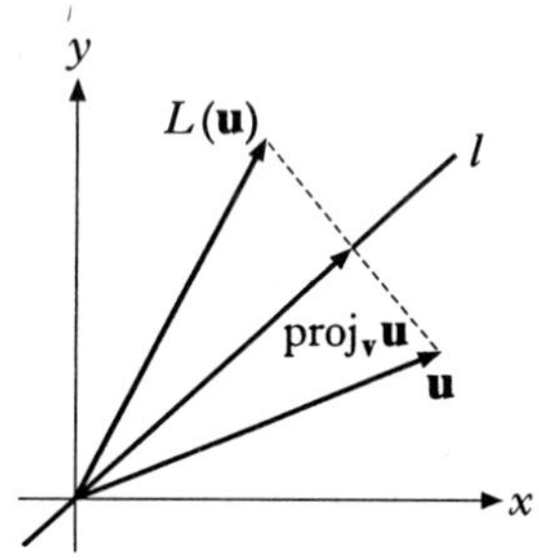

[그림 6.26]

CHAPTER 7

고유값과 고유벡터

▶ JAMES JOSEPH SYLVESTER(1814-1897)

JAMES JOSEPH SYLVESTER
(1814-1897)

American Journal of Mathematics의 설립자인 그는 런던에서 태어났다. 그의 어린 시절은 별로 알려진 것이 없으며 14살 때 런던대학에서 유명한 영국의 수학자인 드모르간 교수 밑에서 공부하게 되었다.

15살 때 그는 왕립 리버풀학교에 입학했고 여기서 그는 몇 개의 수학상을 받았다. 1837년 트리니티대학에서 학위를 받은 후 미국과 영국을 오가며 생활했다. 이 기간동안 버지니아대학 교수, 영국에서의 보험계리사, 법학과 입학과 법률가 생활, 사관학교 교수, 죤스홉킨스대학 수학교수 등을 거쳐서 그후 죽을 때까지 옥스포드대학 교수로 재직했다.

1850년 그는 Cayley경을 만나 그후 평생동안 두 사람은 우정을 나누었다. 케일리는 성품이 원만하고 점잖아서 “수학자 중의 수학자”로 불리웠다. 그는 그를 만나고 나서 진정한 수학의 기쁨을 알았고 그후 평생동안 수학에 정진하였다. 특히 행렬식 이론에 많은 공헌을 하였다.

그의 수학논문은 어떤 지적이고 기계적인 이론의 전개보다는 다분히 정적이고 직관적인 경향이 있어서 흔히 결과를 그냥 “자명함”이라고 간단히 결론지워 버리곤 하였다. 대체로 그의 직관은 정확했지만 가정이 가끔은 틀릴 때도 있었다. 그는 그 이유를 스스로 “나는 수학을 진정으로 사랑했기 때문”이라고 말했다.

7.1 고유값과 고유벡터

이 절에서는 선형대수에서 가장 중요한 문제 중 하나인 **고유값 문제**를 다룬다. 이 문제는 아래와 같은 질문에서 시작되었다. 만일 A가 $n \times n$행렬이라면 $A\mathbf{x}$가 $\mathbf{x}$의 스칼라곱이 되는 0이 아닌 R^n의 벡터 $\mathbf{x}$가 존재하느냐? 하는 것이다. 이때 이 스칼라를 행렬 A의 **고유값**(eigenvalue)이라고 부르고 희랍문자 λ(lambda)로 표시한다. 또 이때 0이 아닌 벡터 $\mathbf{x}$를 λ에 대응하는 A의 **고유벡터**(eigenvector)라고 부른다. 고유값과 고유벡터는 독일말 Eigenwert에서 나온 말로 "적당한 값"이라는 뜻이다.

고유값
↓

$$A\mathbf{x} = \lambda\mathbf{x}$$

↑ ↑
고유벡터

3.4절에서 고유값 문제가 나왔다. 그러나 이 장에서는 다른 방향에서 이 문제를 다루고자 한다.

고유값과 고유벡터는 많은 부분에서 응용되고 있으며 그중 중요한 것들은 7.4절에 예로 들었다.

지금 간단히 R^2에서 이 문제를 기하학적으로 설명해보자. 만일 λ가 행렬 A의 고유값이고 $\mathbf{x}$가 λ가 대응하는 A의 고유벡터이라고 하면 $A\mathbf{x}$와 $\lambda\mathbf{x}$는 같고 이것은 그림 7.1과 같이 $\mathbf{x}$와 평행하다.

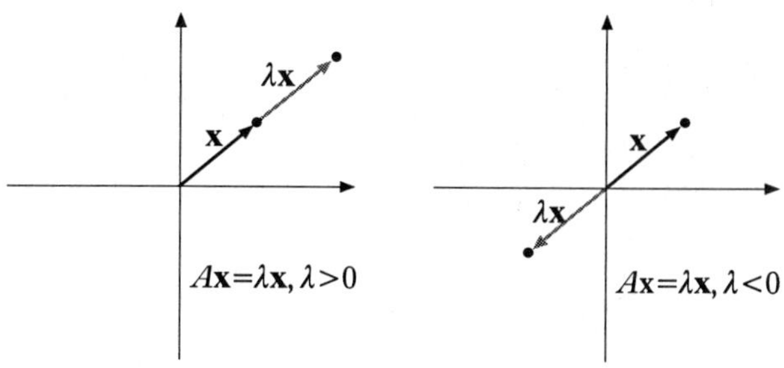

[그림 7.1]

고유값과 고유벡터의 정의

A는 $n\times n$행렬이다. 만일 $\mathbf{x}$가 0이 아닌 벡터로써

$$A\mathbf{x}=\lambda\mathbf{x}$$

일때 λ를 A의 **고유값**(eigenvalue)이라고 부른다. 또 벡터 $\mathbf{x}$를 λ에 대응하는 A의 **고유벡터**(eigenvector)라고 부른다.

이 장에서는 고유값은 실수일 때만 생각한다.

참고 고유벡터는 0이 아님에 주의하라. $\mathbf{x}$가 0일 경우는 $A\mathbf{0}=\lambda\mathbf{0}$이 되어 식이 항상 성립하므로 정의 자체가 아무 의미가 없다. 그러나 $\lambda=0$인 고유값은 가능하다(예제 2).

예제 1, 예제 2에서 보는 바와 같이 행렬은 한 개 이상의 고유값을 가질 수 있다.

[예제 1] 고유값과 고유벡터의 증명

$$A=\begin{bmatrix}2 & 0\\0 & -1\end{bmatrix}\text{일 때}$$

$\mathbf{x}_1=(1, 0)$는 고유값 $\lambda_1=2$에 대응하는 A의 고유벡터임을 밝혀라. 또 $\mathbf{x}_2=(0, 1)$은 고유값 $\lambda_2=-1$에 대응하는 A의 고유벡터임을 밝혀라.

풀이 $A\mathbf{x}_1$을 구해보면

$$\begin{aligned}A\mathbf{x}_1&=\begin{bmatrix}2 & 0\\0 & -1\end{bmatrix}\begin{bmatrix}1\\0\end{bmatrix}\\&=\begin{bmatrix}2\\0\end{bmatrix}\\&=\underset{\text{고유값}}{\underset{\uparrow}{2}}\underset{\text{고유벡터}}{\underset{\uparrow}{\begin{bmatrix}1\\0\end{bmatrix}}}\end{aligned}$$

따라서 $\mathbf{x}_1=(1, 0)$는 고유값 $\lambda_1=2$에 대응하는 A의 고유벡터이다. 마찬가지로 $A\mathbf{x}_2$를

구해보면

$$A\mathbf{x}_2=\begin{bmatrix}2 & 0\\0 & -1\end{bmatrix}\begin{bmatrix}1\\0\end{bmatrix}$$
$$=\begin{bmatrix}0\\-1\end{bmatrix}$$
$$=-1\begin{bmatrix}0\\1\end{bmatrix}$$

따라서 $\mathbf{x}_2=(0,\ 1)$은 고유값 $\lambda_2=-1$에 대응하는 A의 고유벡터이다. ◀

[예제 2] 고유값과 고유벡터의 증명

$A=\begin{bmatrix}1 & -2 & 1\\0 & 0 & 0\\0 & 1 & 1\end{bmatrix}$일 때

$$\mathbf{x}_1=(-3,\ -1,\ 1)\text{과}\quad \mathbf{x}_2=(1,\ 0,\ 0)$$

는 A의 고유벡터이다. 대응하는 고유값을 찾아라.

풀이 $A\mathbf{x}_1$을 구하면

$$A\mathbf{x}_1=\begin{bmatrix}1 & -2 & 1\\0 & 0 & 0\\0 & 1 & 1\end{bmatrix}\begin{bmatrix}-3\\-1\\1\end{bmatrix}=\begin{bmatrix}0\\0\\0\end{bmatrix}=0\begin{bmatrix}-3\\-1\\1\end{bmatrix}$$

따라서 $\mathbf{x}_1=(-3,\ -1,\ 1)$은 고유값 $\lambda_1=0$에 대응하는 A의 고유벡터이다.

마찬가지로 $A\mathbf{x}_2$를 구하면

$$A\mathbf{x}_2=\begin{bmatrix}1 & -2 & 1\\0 & 0 & 0\\0 & 1 & 1\end{bmatrix}\begin{bmatrix}1\\0\\0\end{bmatrix}=\begin{bmatrix}1\\0\\0\end{bmatrix}=1\begin{bmatrix}1\\0\\0\end{bmatrix}$$

따라서 $\mathbf{x}_2=(1,\ 0,\ 0)$는 고유값 $\lambda_2=1$에 대응하는 A의 고유벡터이다. ◀

발견

예제 2에서 $\lambda_2=1$은 행렬 A의 고유값이다. 행렬 $A-\lambda_2 I$의 행렬식을 계산해 보자(단, I는 3×3 항등행렬). 또 $\lambda_1=0$일 때도 $A-\lambda_1 I$의 행렬식을 계산해 보자. 일반적으로 만일 λ가 행렬 A의 고유값이면 $|A-\lambda I|$의 값은 얼마인가?

고유공간

예제 1과 2에서 각 고유값에 대해서 한 개씩의 고유벡터만을 적었다. 그러나 실제로 예제 1과 2의 4개의 고유값 각각은 무한히 많은 고유벡터를 가진다. 예컨대 예제 1에서 벡터 (2, 0), (−3, 0)은 모두 고유값에 대응하는 A의 고유벡터이다. 실제로 A가 $n\times n$행렬이고 λ가 A의 고유값, 대응하는 고유벡터가 $\mathbf{x}$라고 하면 $\mathbf{x}$의 모든 0이 아닌 스칼라곱은 A의 고유벡터가 된다. 그 이유는 만일 c가 0이 아닌 스칼라라고 하면

$$A(c\mathbf{x})=c(A\mathbf{x})=c(\lambda\mathbf{x})=\lambda(c\mathbf{x})$$

이기 때문이다. 마찬가지로 만일 $\mathbf{x}_1$, $\mathbf{x}_2$가 같은 고유값 λ에 대응하는 고유벡터이면 합 $\mathbf{x}_1+\mathbf{x}_2$도 역시 λ에 대응하는 고유벡터이다. 그 이유는

$$A(\mathbf{x}_1+\mathbf{x}_2)=A\mathbf{x}_1+A\mathbf{x}_2=\lambda\mathbf{x}_1+\lambda\mathbf{x}_2=\lambda(\mathbf{x}_1+\mathbf{x}_2)$$

가 되기 때문이다. 다시 말하면 고유값 λ에 대한 모든 고유벡터의 집합에 $\{\mathbf{0}\}$을 첨가시키면 R^n의 부분공간이 된다. R^n의 이 특별한 공간을 A의 **고유공간**(eigenspace)이라고 부른다.

정리 7.1 λ의 고유벡터들은 부분공간을 만든다.
만일 A가 고유값이 λ인 $n\times n$행렬이라면 고유값의 모든 고유벡터들의 집합과 $\mathbf{0}$ 즉

$$\{\mathbf{0}\}\cup\{\mathbf{x} : \mathbf{x}\text{는 } \lambda\text{의 고유벡터}\}$$

은 R^n의 부분공간이다. 이 부분공간을 λ의 **고유공간**(eigenspace)이라고 부른다.

행렬의 고유값과 고유벡터에 대응하는 고유공간을 구하는 것은 매우 어렵다. 그러나 어떤 때는 비교적 간단히 고유값과 고유공간을 구할 수 있다(예제 3을 보자).

[예제 3] 평면에서의 고유공간의 예

$A=\begin{bmatrix}-1 & 0\\ 0 & 1\end{bmatrix}$의 고유값과 대응하는 고유공간을 구하라.

풀이 기하적으로 R^2 위의 벡터 (x, y)에 A를 곱하면 y축에 대칭이 된다. 따라서 $\mathbf{v}=(x, y)$

라 하면

$$A\mathbf{v}=\begin{bmatrix}-1 & 0\\ 0 & 1\end{bmatrix}\begin{bmatrix}x\\ y\end{bmatrix}=\begin{bmatrix}-x\\ y\end{bmatrix}$$

예제 7.2의

$$\underbrace{\begin{bmatrix}-1 & 0\\ 0 & 1\end{bmatrix}\begin{bmatrix}x\\ 0\end{bmatrix}=\begin{bmatrix}-x\\ 0\end{bmatrix}=-1\begin{bmatrix}x\\ 0\end{bmatrix}}_{x\text{-축 위의 벡터}} \qquad \underbrace{\begin{bmatrix}-1 & 0\\ 0 & 1\end{bmatrix}\begin{bmatrix}0\\ y\end{bmatrix}=\begin{bmatrix}0\\ y\end{bmatrix}=-1\begin{bmatrix}0\\ y\end{bmatrix}}_{y\text{-축 위의 벡터}}$$

고유값은 $\lambda_1=-1$ 고유값은 $\lambda_2=1$

그림 7.2에서 보면 어떤 벡터의 스칼라배한 것이 y-축에 대칭되는 것은 x-축과 y-축 위에 있을 뿐이다(부호에 따라서 같은 방향 또는 반대방향). 따라서 $\lambda_1=-1$에 대응하는 고유벡터들은 x-축 위의 영이 아닌 벡터들이고 $\lambda_2=1$에 대응하는 고유벡터들은 y-축 위의 0이 아닌 벡터들이다. 즉 $\lambda_1=-1$에 대응하는 고유공간은 x-축이고 $\lambda_2=1$에 대응하는 고유공간은 y-축이다.

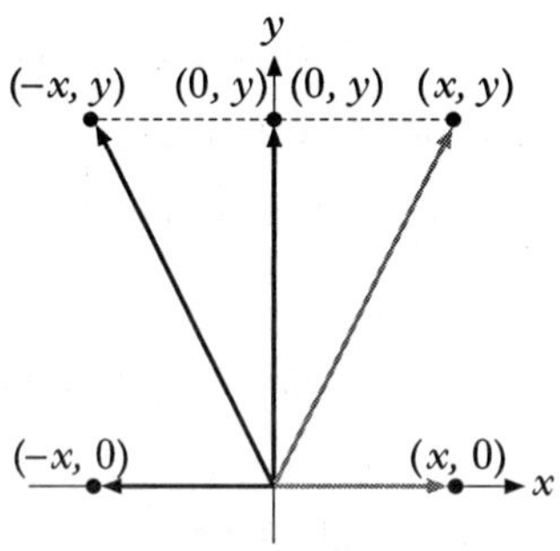

A는 벡터를 y축에 대칭시킨다

[그림 7.2] ◀

고유값과 고유벡터 구하기

예제 3에서 그림으로 고유값과 고유벡터을 구했으나 이것은 일반적인 방법이 아니다. 지금부터 일반적인 풀이법을 알아보자. $n\times n$행렬에서 고유값과 고유벡터를 구하기 위해서 I를 $n\times n$ 항등행렬이라고 하자.

방정식 $A\mathbf{x}=\lambda$는 $\lambda I\mathbf{x}=A\mathbf{x}$ 꼴로 쓸 수 있다. 이 식을 변형하면

$$(\lambda I-A)\mathbf{x}=\mathbf{0}$$

가 되고 이 식을 풀면 된다.

이 동차 연립방정식이 0 아닌 해를 가질 필요충분조건은 계수행렬 $(\lambda I - A)$가 가역이 아닐 경우이다. 즉 $(\lambda I - A)$의 행렬식이 0일 경우이다. 따라서 다음 정리를 얻을 수 있다.

정리 7.2 행렬의 고유값과 고유벡터

A는 $n \times n$행렬이다.

1. A의 고유값은 $\det(\lambda I - A) = 0$인 스칼라 λ이다.
2. λ에 대응하는 A의 고유벡터는 $(\lambda I - A)\mathbf{x} = \mathbf{0}$의 $\mathbf{0}$이 아닌 해이다.

방정식 $\det(\lambda I - A) = 0$을 A의 **특성방정식**(characteristic equation)이라고 부른다. 또 이것을 다항식 형식으로 전개시켜서

$$|\lambda I - A| = \lambda^n + c_{n-1}\lambda^{n-1} + \cdots + c_1\lambda + c_0$$

꼴로 쓸 때 이 식을 A의 **특성다항식**(characteristic polynomial)이라고 부른다. 이 정의에 의해서 $n \times n$행렬 A의 고유값은 A의 특성다항식의 근과 같음을 알 수 있다. A의 특성다항식의 차수는 n이므로 A의 서로 다른 고유값은 n개 이하이다.

참고 대수의 기본정리에 의해서 n차 다항식은 n개의 근을 가진다. 이 n개의 근 중에는 중근도 있고 복소수도 있다. 이 장에서는 오직 특성다항식의 실근만을 취급한다. 즉 실 고유값만 생각한다.

[예제 4] 고유값과 고유벡터 구하기

다음 행렬 A의 고유값과 대응하는 고유벡터를 구하라.

$$A = \begin{bmatrix} 2 & -12 \\ 1 & -5 \end{bmatrix}$$

풀이 A의 특성다항식은

$$\begin{aligned} |\lambda I - A| &= \begin{vmatrix} \lambda - 2 & 12 \\ -1 & \lambda + 5 \end{vmatrix} \\ &= (\lambda - 2)(\lambda + 5) - (-12) \\ &= \lambda^2 + 3\lambda - 10 + 12 \end{aligned}$$

$$=\lambda^2+3\lambda+2$$
$$=(\lambda+1)(\lambda+2)$$

따라서 특성방정식은 $(\lambda+1)(\lambda+2)=0$이다. $\lambda_1=-1$과 $\lambda_2=-2$는 A의 고유값이다. 대응하는 고유벡터를 구하기 위해서는 동차연립방정식 $(\lambda I-A)\mathbf{x}=0$을 풀어야 하는데 Gauss-Jordan소거법을 이용한다. 그 결과 $\lambda=\lambda_1=-1$과 $\lambda=\lambda_2=-2$를 얻을 수 있다. $\lambda_1=-1$일 경우 계수행렬은

$$(-1)I-A=\begin{bmatrix}-1-2 & 12\\ -1 & -1+5\end{bmatrix}=\begin{bmatrix}-3 & 12\\ -1 & 4\end{bmatrix}$$

이고 기약행렬은

$$\begin{bmatrix}1 & -4\\ 0 & 0\end{bmatrix}$$

이다. 따라서 $x_1-4x_2=0$이고, $x_2=t$로 두면 λ_1의 모든 고유벡터는 같은 모양이다.

$$\mathbf{x}=\begin{bmatrix}x_1\\ x_2\end{bmatrix}=\begin{bmatrix}4t\\ t\end{bmatrix}=t\begin{bmatrix}4\\ 1\end{bmatrix},\quad t\neq 0$$

$\lambda_2=-2$일 경우는

$$(-2)I-A=\begin{bmatrix}-2-2 & 12\\ -1 & -2+5\end{bmatrix}=\begin{bmatrix}-4 & 12\\ -1 & 3\end{bmatrix}\rightarrow\begin{bmatrix}1 & -3\\ 0 & 0\end{bmatrix}$$

이 된다. $x_2=t$로 두면 λ_2의 모든 고유벡터는

$$\mathbf{x}=\begin{bmatrix}x_1\\ x_2\end{bmatrix}=\begin{bmatrix}3t\\ t\end{bmatrix}=t\begin{bmatrix}3\\ 1\end{bmatrix},\quad t\neq 0$$

가 됨을 알 수 있다. ◀

이 예제에서 고유값과 고유벡터 각각에 대하여 $A\mathbf{x}=\lambda_i\mathbf{x}$가 성립하는지 확인해 보자. 고유벡터를 구하기 위해서 만드는 동차연립방정식을 기약행사다리꼴행렬로 만들면 반드시 한 개 이상의 모두 0인 행이 나오게 된다. 그 이유는 이 식이 0이 아닌, 즉 비자명(非自明)해를 가져야 하기 때문이다.

행렬의 고유값과 대응하는 고유벡터을 구하는 순서를 간단히 적으면 다음과 같다.

고유값과 고유벡터 구하기

A를 $n\times n$행렬이라고 하자.

1. 특성방정식 $|\lambda I-A|=0$을 만든다. 이 식은 변수 λ에 대한 n-차 다항방정식이다.
2. 이 특성방정식의 실근을 구한다. 이것이 A의 고유값이다.
3. 각 고유값 λ_i에 대해서 동차연립방정식 $(\lambda_i I-A)\mathbf{x}=\mathbf{0}$을 풀어서 λ_i에 대응하는 고유벡터를 구한다. 이 과정에서 $n\times n$행렬을 기약행사다리꼴행렬로 만들면 쉽다. 이 결과 기약행사다리꼴행렬은 적어도 한 개 이상의 모두 0인 행을 가진다.

$n\times n$행렬의 고유값을 구하기 위해서는 n-차 다항식을 인수분해해야 하기 때문에 매우 어렵다. 그러나 일단 고유값을 구하고 나서 대응되는 고유벡터를 구하는 것은 Gauss-Jordan소거법을 응용하면 일사천리로 풀 수 있다.

[예제 5] 고유값과 고유벡터 구하기

다음 행렬 A의 고유값과 대응되는 고유벡터를 구하라.

$$A=\begin{bmatrix}2&1&0\\0&2&0\\0&0&2\end{bmatrix}$$

또 각 고유값의 고유공간의 차원을 구하라.

풀이 A의 특성다항식은

$$|\lambda I-A|=\begin{vmatrix}\lambda-2&-1&0\\0&\lambda-2&0\\0&0&\lambda-2\end{vmatrix}=(\lambda-2)^3$$

이다. 따라서 특성방정식은 $(\lambda-2)^3=0$이다. 따라서 고유값은 $\lambda=2$ 한 개뿐이다. $\lambda=2$에 대한 고유벡터를 구하기 위해서 동차선형연립방정식 $(2I-A)\mathbf{x}=\mathbf{0}$을 풀어보자.

$$2I-A=\begin{bmatrix}0&-1&0\\0&0&0\\0&0&0\end{bmatrix}$$

이 식에서 $x_2=0$을 얻는다. $x_1=s$, $x_3=t$로 두면 $\lambda=2$일 때 고유벡터는

$$\mathbf{x}=\begin{bmatrix}x_1\\x_2\\x_3\end{bmatrix}=\begin{bmatrix}s\\0\\t\end{bmatrix}=s\begin{bmatrix}1\\0\\0\end{bmatrix}+t\begin{bmatrix}0\\0\\1\end{bmatrix},\quad \text{단, } s,\ t\text{는 0이 아닌 임의의 실수}$$

가 되는데 이 식은 $\lambda=2$는 두 개의 일차독립인 고유벡터를 가지므로 따라서 고유공간의 차원은 2이다. ◀

만일 고유값 λ_1이 특성다항식에서 k-중근일 때 k를 λ_1의 **중복도**(multiplicity)라고 부른다. 이 말은 특성다항식이 $(\lambda-\lambda_1)^k$ 꼴의 인수를 가지며 $(\lambda-\lambda_1)^{k+1}$ 꼴의 인수는 가지지 않음을 뜻한다. 예를 들어서 예제 5의 고유값 $\lambda=2$는 중복도 3이다. 또 예제 5에서 $\lambda=2$의 고유공간의 차원은 2이다.

일반적으로 고유값의 중복도는 항상 그 고유공간의 차원보다는 크거나 같다.

[예제 6] 고유값과 고유벡터 구하기

다음 행렬의 고유값을 구하라. 또 대응하는 각 고유공간의 기저를 구하라.

$$A=\begin{bmatrix}1&0&0&0\\0&1&5&-10\\1&0&2&0\\1&0&0&3\end{bmatrix}$$

풀이 A의 특성다항식은

$$|\lambda I-A|=\begin{vmatrix}\lambda-1&0&0&0\\0&\lambda-1&-5&10\\-1&0&\lambda-2&0\\-1&0&0&\lambda-3\end{vmatrix}$$
$$=(\lambda-\lambda)^2(\lambda-2)(\lambda-3)$$

이다. 따라서 특성방정식은 $(\lambda-1)^2(\lambda-2)(\lambda-3)=0$이므로 고유값은 $\lambda_1=1$, $\lambda_2=2$, $\lambda_3=3$($\lambda_1=1$의 중복도는 2이다).

$\lambda_1=1$의 고유공간의 기저를 구해보면

$$(1)\ I-A=\begin{bmatrix}0&0&0&0\\0&0&-5&10\\-1&0&-1&0\\-1&0&0&-2\end{bmatrix}\to\begin{bmatrix}1&0&0&2\\0&0&1&-2\\0&0&0&0\\0&0&0&0\end{bmatrix}$$

$s=x_2,\ t=x_4$로 두면

$$\mathbf{x}=\begin{bmatrix}x_1\\x_2\\x_3\\x_4\end{bmatrix}=\begin{bmatrix}0s-2t\\s+0t\\0s+2t\\0s+t\end{bmatrix}=s\begin{bmatrix}0\\1\\0\\0\end{bmatrix}+t\begin{bmatrix}-2\\0\\2\\1\end{bmatrix}$$

따라서 $\lambda_1=1$에 대응하는 고유공간의 기저는

$$B_1=\{(0,\ 1,\ 0,\ 0),\ (-2,\ 0,\ 2,\ 1)\}$$

이다. $\lambda_2=2$와 $\lambda_3=3$일 경우도 마찬가지로 해보면 기저는 각각

$$B_2=\{(0,\ 5,\ 1,\ 0)\} \qquad \lambda_2=2\text{의 기저}$$
$$B_3=\{(0,\ -5,\ 0,\ 1)\} \qquad \lambda_3=3\text{의 기저}$$

가 됨을 알 수 있다. ◀

크기가 4 이상인 행렬의 고유값과 고유벡터를 구하는 것은 매우 힘들고 지겹다. 컴퓨터로 근을 구하는 것도 반올림 등에서 오차가 생기기 쉽다. 따라서 예제 6과 같은 과정을 컴퓨터를 이용하여 계산하는 것은 효과적이지 않다. 결국 큰 행렬의 고유값의 근사값을 수치해석적으로 구하는 방법이 필요하다. 이러한 방법은 좀 더 고급선형대수와 수치해석책에서 취급한다.

기술적 관찰

비교적 많은 계산기에는 $n\times n$행렬의 고유값과 고유벡터의 대략값을 구하는 프로그래밍이 내장되어 있다. 예를 들어 예제 6의 행렬 A를 입력하면 4개의 고유값 {1 1 2 3}을 얻을 수 있다. 여기서 1은 2중근임을 알수있다. 또 각 열이 대응하는 고유벡터가 되는 행렬도 찾을 수 있다. 이 값은 때때로 고급휴대용계산기로도 구할 수 있다.

또 어떤 행렬은 아주 쉽게 고유값을 구할 수 있다. 다음 정리에서 보면 $n\times n$ 삼각행렬의 고유값은 주대각선의 성분이 된다. 그 이유는 삼각행렬의 행렬식은 대각선원소의 곱이 되기 때문이다.

정리 7.3 삼각행렬의 고유값
만일 A가 $n\times n$삼각행렬이면 고유값은 A의 주대각선에 있는 성분이다.

[예제 7] 다음 대각행렬과 삼각행렬의 고유값을 구하라.

(a) $A=\begin{bmatrix} 2 & 0 & 0 \\ -1 & 1 & 0 \\ 5 & 3 & -3 \end{bmatrix}$ (b) $A=\begin{bmatrix} -1 & 0 & 0 & 0 & 0 \\ 0 & 2 & 0 & 0 & 0 \\ 0 & 0 & 0 & 0 & 0 \\ 0 & 0 & 0 & -4 & 0 \\ 0 & 0 & 0 & 0 & 3 \end{bmatrix}$

풀이 (a) 정리 7.3을 쓰지 말고 직접 풀어보면

$$\begin{aligned}|\lambda I-A| &= \begin{vmatrix} \lambda-2 & 0 & 0 \\ 1 & \lambda-1 & 0 \\ -5 & -3 & \lambda+3 \end{vmatrix} \\ &= (\lambda-2)(\lambda-1)(\lambda+3)\end{aligned}$$

따라서 고유값은 $\lambda_1=2$, $\lambda_2=1$, $\lambda_3=-3$인데 이것은 바로 A의 주대각선의 원소이다.

(b) 이 경우는 정리 7.3을 이용해서 구하면 고유값은 주대각선의 성분 $\lambda_1=-1$, $\lambda_2=2$, $\lambda_3=0$, $\lambda_4=-4$, $\lambda_5=3$이다. ◀

선형변환의 고유값과 고유벡터

이 장을 처음 시작할 때 우리는 행렬의 고유값과 고유벡터를 정의하였다. 그러나 앞에서 배운 것과 같이 선형변환과 행렬은 매우 밀접한 관계가 있다. 따라서 우리는 선형변환에 대해서도 같은 정의를 내릴 수 있다. $T : V\rightarrow V$가 선형변환일 때 $T(\mathbf{x})=\lambda\mathbf{x}$를 만족시키는 0이 아닌 벡터 x가 존재할 때 λ를 T의 **고유값**이라고 부른다. 또 벡터 $\mathbf{x}$를 λ에 대응하는 T의 **고유벡터**라고 부른다. 또 λ에 대응하는 모든 고유벡터의 집합에 0벡터를 합한 것을 λ의 **고유공간**이라고 부른다. 선형변환 $T : R^3\rightarrow R^3$의 표준기저에 대한 행렬이

$$A=\begin{bmatrix} 1 & 3 & 0 \\ 3 & 1 & 0 \\ 0 & 0 & -2 \end{bmatrix}$$

표준기저 : $B=\{(1, 0, 0), (0, 1, 0), (0, 0, 1)\}$

이면 6.4절의 예제 5에서와 같은 식으로 T의 기저 B'에 대한 행렬은

$$A' = \begin{bmatrix} 4 & 0 & 0 \\ 0 & -2 & 0 \\ 0 & 0 & -2 \end{bmatrix} \qquad \begin{aligned} &\text{비표준기저 :} \\ &B' = \{(1,\ 1,\ 0),\ (1,\ -1,\ 0),\ (0,\ 0,\ 1)\} \end{aligned}$$

이다. 여기서 A'은 대각행렬임에 유의하라. 한 가지 의문은 "선형변환 T에 대하여 대응하는 행렬이 대각행렬이 되는 기저 B'는 어떻게 찾을까"하는 것이다.

[예제 8] 고유값과 고유공간 구하기

다음 행렬 A의 고유값과 대응하는 고유공간을 구하라.

$$A = \begin{bmatrix} 1 & 3 & 0 \\ 3 & 1 & 0 \\ 0 & 0 & -2 \end{bmatrix}$$

풀이

$$\begin{aligned} |\lambda I - A| &= \begin{vmatrix} \lambda-1 & -3 & 0 \\ -3 & \lambda-1 & 0 \\ 0 & 0 & \lambda+2 \end{vmatrix} \\ &= (\lambda+2)[(\lambda-1)^2-9] \\ &= (\lambda+2)(\lambda^2-2\lambda-8) = (\lambda+2)^2(\lambda-4) \end{aligned}$$

이므로 A의 고유값은 $\lambda_1=4$, $\lambda_2=-2$이고 이 두 고유값에 대응하는 고유공간은 각각 아래와 같다.

$B_1 = \{(1,\ 1,\ 0)\}$ $\qquad$ $\lambda_1=4$에 대한 기저

$B_2 = \{(1,\ -1,\ 0),\ (0,\ 0,\ 1)\}$ $\qquad$ $\lambda_2=-2$에 대한 기저 ◀

위의 예제 8에서 우리는 매우 중요한 그리고 놀랄 만한 결과를 알 수 있다. 즉

1. $T: R^3 \to R^3$가 선형변환으로써 표준기저일 때의 행렬을 A라 하고 B'를 예제 8에서와 같이 일차독립인 3개의 고유벡터로 된 R^3의 기저라고 하면 B'에 대한 T의 행렬 A'는 대각행렬이 된다.

$$A' = \begin{bmatrix} 4 & 0 & 0 \\ 0 & -2 & 0 \\ 0 & 0 & -2 \end{bmatrix} \qquad \begin{aligned} &\text{비표준기저 :} \\ &B' = \{(1,\ 1,\ 0),\ (1,\ -1,\ 0),\ (0,\ 0,\ 1)\} \end{aligned}$$

↑ ↑ ↑ A의 고유값 $\qquad$ ↑ ↑ ↑ A의 고유벡터

2. 행렬 A'의 주대각성분은 A의 고유값이다.

다음 절에서 이 두 가지 결과를 좀 더 자세히 살펴보고 대각행렬로 표시되는 선형변환의 성질을 알아본다.

연습문제 7.1(고유값과 고유벡터)

1-6번의 λ_i는 A의 고유값임을 보이고 또 $\mathbf{x}_i$는 대응하는 고유벡터임을 보여라.

1. $A=\begin{bmatrix}1 & 0\\ 0 & -1\end{bmatrix}$, $\lambda_1=1,\ \mathbf{x}_1=(1,\ 0)$, $\lambda_2=-1,\ \mathbf{x}_2=(0,\ 1)$

2. $A=\begin{bmatrix}4 & -5\\ 2 & -3\end{bmatrix}$, $\lambda_1=-1,\ \mathbf{x}_1=(1,\ 1)$, $\lambda_2=2,\ \mathbf{x}_2=(5,\ 2)$

3. $A=\begin{bmatrix}1 & 1\\ 1 & 1\end{bmatrix}$, $\lambda_1=0,\ \mathbf{x}_1=(1,\ -1)$, $\lambda_2=2,\ \mathbf{x}_2=(1,\ 1)$

4. $A=\begin{bmatrix}2 & 3 & 1\\ 0 & -1 & 2\\ 0 & 0 & 3\end{bmatrix}$, $\lambda_1=2,\ \mathbf{x}_1=(1,\ 0,\ 0)$, $\lambda_2=-1,\ \mathbf{x}_2=(1,\ -1,\ 0)$, $\lambda_3=3,\ \mathbf{x}_3=(5,\ 1,\ 2)$

5. $A=\begin{bmatrix}-2 & 2 & -3\\ 2 & 1 & -6\\ -1 & -2 & 0\end{bmatrix}$, $\lambda_1=5,\ \mathbf{x}_1=(1,\ 2,\ -1)$, $\lambda_2=-3,\ \mathbf{x}_2=(-2,\ 1,\ 0)$, $\lambda_3=-3,\ \mathbf{x}_3=(3,\ 0,\ 1)$

6. $A=\begin{bmatrix}0 & 1 & 0\\ 0 & 0 & 1\\ 1 & 0 & 0\end{bmatrix}$, $\lambda_1=1,\ \mathbf{x}_1=(1,\ 1,\ 1)$

7. 위의 연습문제 3에서

(a) 모든 실수 c에 대하여 $A(c\mathbf{x}_1)=0(c\mathbf{x}_1)$임을 보여라.

(b) 모든 실수 c에 대하여 $A(c\mathbf{x}_2)=2(c\mathbf{x}_2)$임을 보여라.

8. 위의 연습문제 4에서

(a) 모든 실수 c에 대하여 $A(c\mathbf{x}_1)=2(c\mathbf{x}_1)$임을 보여라.

(b) 모든 실수 c에 대하여 $A(c\mathbf{x}_2)=-(c\mathbf{x}_2)$임을 보여라.

(c) 모든 실수 c에 대하여 $A(c\mathbf{x}_3)=3(c\mathbf{x}_3)$임을 보여라.

9-12번의 $\mathbf{x}$가 A의 고유벡터인지 판별하라.

9. $A=\begin{bmatrix} 7 & 2 \\ 2 & 4 \end{bmatrix}$

(a) $\mathbf{x}=(1, 2)$

(b) $\mathbf{x}=(2, 1)$

(c) $\mathbf{x}=(1, -2)$

(d) $\mathbf{x}=(-1, 0)$

10. $A=\begin{bmatrix} -3 & 10 \\ 5 & 2 \end{bmatrix}$

(a) $\mathbf{x}=(4, 4)$

(b) $\mathbf{x}=(-8, 4)$

(c) $\mathbf{x}=(-4, 8)$

(d) $\mathbf{x}=(5, -3)$

11. $A=\begin{bmatrix} -1 & -1 & 1 \\ -2 & 0 & -2 \\ 3 & -3 & 1 \end{bmatrix}$

(a) $\mathbf{x}=(2, -4, 6)$

(b) $\mathbf{x}=(2, 0, 6)$

(c) $\mathbf{x}=(2, 2, 0)$

(d) $\mathbf{x}=(-1, 0, 1)$

12. $A=\begin{bmatrix} 1 & 0 & 5 \\ 0 & -2 & 4 \\ 1 & -2 & 9 \end{bmatrix}$

(a) $\mathbf{x}=(1, 1, 0)$

(b) $\mathbf{x}=(-5, 2, 1)$

(c) $\mathbf{x}=(0, 0, 0)$

(d) $\mathbf{x}=(2\sqrt{6}-3, -2\sqrt{6}+6, 3)$

13-24번의 (a) 특성방정식을 구하라. (b) 고유값과 대응하는 고유벡터를 구하라.

13. $\begin{bmatrix} 6 & -3 \\ -2 & 1 \end{bmatrix}$

14. $\begin{bmatrix} 1 & -4 \\ -2 & 8 \end{bmatrix}$

15. $\begin{bmatrix} 1 & -\frac{3}{2} \\ \frac{1}{2} & -1 \end{bmatrix}$

16. $\begin{bmatrix} \frac{1}{4} & \frac{1}{4} \\ \frac{1}{2} & 0 \end{bmatrix}$

17. $\begin{bmatrix} 2 & 0 & 1 \\ 0 & 3 & 4 \\ 0 & 0 & 1 \end{bmatrix}$

18. $\begin{bmatrix} -5 & 0 & 0 \\ 3 & 7 & 0 \\ 4 & -2 & 3 \end{bmatrix}$

19. $\begin{bmatrix} 1 & 2 & -2 \\ -2 & 5 & -2 \\ -6 & 6 & -3 \end{bmatrix}$

20. $\begin{bmatrix} 3 & 2 & -3 \\ -3 & -4 & 9 \\ -1 & -2 & 5 \end{bmatrix}$

21. $\begin{bmatrix} 0 & -3 & 5 \\ -4 & 4 & -10 \\ 0 & 0 & 4 \end{bmatrix}$

22. $\begin{bmatrix} 1 & -\frac{3}{2} & \frac{5}{2} \\ -2 & \frac{13}{2} & -10 \\ \frac{3}{2} & -\frac{9}{2} & 8 \end{bmatrix}$

23. $\begin{bmatrix} 2 & 0 & 0 & 0 \\ 0 & 2 & 0 & 0 \\ 0 & 0 & 3 & 0 \\ 0 & 0 & 4 & 0 \end{bmatrix}$

24. $\begin{bmatrix} 3 & 0 & 0 & 0 \\ 4 & 1 & 0 & 0 \\ 0 & 0 & 2 & 1 \\ 0 & 0 & 0 & 2 \end{bmatrix}$

25-32번의 다음 행렬의 고유값을 컴퓨터를 이용하여 구하라.

25. $\begin{bmatrix} -4 & 5 \\ -2 & 3 \end{bmatrix}$

26. $\begin{bmatrix} 2 & 3 \\ 3 & -6 \end{bmatrix}$

27. $\begin{bmatrix} 7 & 2 \\ -2 & 3 \end{bmatrix}$

28. $\begin{bmatrix} -6 & 2 \\ 3 & -1 \end{bmatrix}$

29. $\begin{bmatrix} 0 & -\frac{1}{2} & 5 \\ -\frac{1}{3} & -\frac{1}{6} & -\frac{1}{4} \\ 0 & 0 & 4 \end{bmatrix}$

30. $\begin{bmatrix} \frac{1}{2} & 0 & 5 \\ -2 & \frac{1}{5} & \frac{1}{4} \\ 0 & 0 & 3 \end{bmatrix}$

31. $\begin{bmatrix} 1 & 0 & -1 & 1 \\ 0 & 1 & 0 & 1 \\ -2 & 0 & 2 & -2 \\ 0 & 2 & 0 & 2 \end{bmatrix}$

32. $\begin{bmatrix} 1 & -3 & 3 & 3 \\ -1 & 4 & -3 & -3 \\ -2 & 0 & 1 & 1 \\ 1 & 0 & 0 & 0 \end{bmatrix}$

33-36번의 주어진 행렬이 케일리-해밀턴정리를 만족하는지 확인하라.

Cayley-Hamilton정리

행렬은 항상 그 특성방정식을 만족시킨다. 예를 들면 행렬 $A=\begin{bmatrix} 1 & -3 \\ 2 & 5 \end{bmatrix}$는 A의 특성방정식이 $\lambda^2-6\lambda+11=0$이고 λ 대신 A를 대입한 식은 정리에 의해서 항상 성립한다. 즉 $A^2-6A+11I_2=O$

33. $\begin{bmatrix} 4 & 0 \\ -3 & 2 \end{bmatrix}$

34. $\begin{bmatrix} 6 & -1 \\ 1 & 5 \end{bmatrix}$

35. $\begin{bmatrix} 1 & 0 & -4 \\ 0 & 3 & 1 \\ 2 & 0 & 1 \end{bmatrix}$

36. $\begin{bmatrix} -3 & 1 & 0 \\ -1 & 3 & 2 \\ 0 & 4 & 3 \end{bmatrix}$

37. 문제 13-24에서 찾은 고유값에 대해서 다음을 계산해서 확인하라.

(a) n개의 고유값의 합은 행렬의 대각선의 합과 같다.
(이 합을 A의 **대각합**(trace)이라고 한다.)

(b) n개의 고유값의 곱은 $|A|$와 같다.
(만일 고유값의 중복도가 k이면 k번 곱해야 한다.)

38. $\lambda=0$가 A의 고유값일 필요충분조건은 A가 특이행렬이다.

39. **쓰기** 가역행렬 A에서 A와 A^{-1}의 고유벡터는 같음을 증명하라. 또 A의 고유값과 A^{-1}의 고유값은 어떠한가?

40. **쓰기** A와 A^T는 고유값이 같음을 증명하라. 그리고 고유공간도 같은지 조사하라.

41. 특성방정식의 상수항은 $\pm|A|$임을 증명하라.

42. $T : R^2 \to R^2$, $T(\mathbf{v})=\text{proj}_u\mathbf{v}$, 단, $\mathbf{u}$는 R^2의 고정된 벡터이다. T의 표준기저에 대한 행렬 A의 고유값은 0과 1임을 보여라.

43. **힌트가 있는 증명** 삼각행렬이 정칙일 필요충분조건은 고유값이 0이 아닌 실수일 경우임을 증명하라.

시작 : 정리 3.2와 3.7을 이용한다.

(i) 우선 삼각행렬 A가 정칙이라고 하자. 정칙과 삼각행렬 또 행렬식에 대한 사전지식으로 A의 주대각선의 성분은 모두 0이 아님을 알 수 있다.

(ii) A가 삼각행렬이므로 정리 7.3과 (i)에 의해서 고유값은 0이 아닌 실수이다.

(iii) 역으로 삼각행렬 A의 고유값은 0이 아닌 실수라 하자. (i)과 (ii)를 역으로 생각하면 A가 정칙임을 증명할 수 있다.

44. **힌트가 있는 증명** 만일 $A^2=O$이면 A의 고유값은 0뿐임을 증명하라.

시작 : 0이 아닌 벡터 $\mathbf{x}$와 실수 λ가 있어서 $A\mathbf{x}=\lambda\mathbf{x}$라 하자. 만일 $A^2=0$이면 $\lambda=0$임을 보이자.

(i) $A^2=A\cdot A$이므로 $A^2\mathbf{x}=A(A\mathbf{x})$이다.

(ii) $A\mathbf{x}=\lambda\mathbf{x}$이므로 (i)에 대입하면 $A^2\mathbf{x}=\lambda^2\mathbf{x}$를 얻는다.

(iii) $A^2=0$이므로 $\lambda=0$이 된다.

45. $A=\begin{bmatrix} a & b \\ 0 & d \end{bmatrix}$의 고유값이 0과 1이면 a와 d의 값은 얼마인가?

46. $A=\begin{bmatrix} 0 & 1 \\ -1 & 0 \end{bmatrix}$는 실수인 고유값을 가지지 않음을 보여라.

참 또는 거짓? 47-48번에서 참, 거짓을 판단하라. 만일 참이면 그 이유를 밝히거나 책에서 그 내용을 찾아라. 또 만일 거짓이면 거짓인 예를 찾거나 바른 서술을 찾아서 써라.

47. (a) 스칼라 λ가 $n\times n$행렬 A의 고유값일 필요충분조건은 $A\mathbf{x}=\lambda\mathbf{x}$인 벡터 $\mathbf{x}$가 존재하는 것이다.

(b) $n\times n$행렬 A의 고유값이 λ이고 대응하는 고유벡터가 $\mathbf{x}$이면 $\mathbf{x}$의 모든 0이 아닌 스칼라곱도 역시 A의 고유벡터이다.

(c) $n\times n$행렬 A의 고유값을 구하기 위해서는 특성방정식 $\det(\lambda I-A)=0$을 풀면 된다.

48. (a) 기하학적으로 λ가 행렬 A의 고유값이고 λ에 대응하는 A의 고유벡터가 $\mathbf{x}$이면 $A\mathbf{x}=\lambda\mathbf{x}$인데 이것은 $\mathbf{x}$와 평행이다.

(b) $n\times n$행렬 A는 오직 한 개의 고유값만을 가진다.

(c) $n\times n$행렬 A의 고유값이 λ이면 λ의 모든 고유벡터의 집합은 R^n의 부분공간이다.

49-52번의 고유값 $\lambda=3$에 대응하는 고유공간의 차원을 구하라.

49. $A=\begin{bmatrix}3&0&0\\0&3&0\\0&0&3\end{bmatrix}$

50. $A=\begin{bmatrix}3&1&0\\0&3&0\\0&0&3\end{bmatrix}$

51. $A=\begin{bmatrix}3&1&0\\0&3&1\\0&0&3\end{bmatrix}$

52. $A=\begin{bmatrix}3&1&1\\0&3&1\\0&0&3\end{bmatrix}$

53. **해석학** $T: C'[0, 1]\to C[0, 1]$, $T(f)=f'$이다. $\lambda=1$은 고유벡터 $f(x)=e^x$에 대응하는 T의 고유값임을 보여라.

54. **해석학** 문제 53에 주어진 벡터 T의 고유벡터 $f(x)=e^{-2x}$에 대응하는 고유값을 구하라.

55. $T: P_2\to P_2$, $T(a_0+a_1x+a_2x^2)=(-3a_1+5a_2)+(-4a_0+4a_1-10a_2)x+4a_2x^2$ 이다. 표준기저 $\{1, x, x^2\}$에 대한 T의 고유값과 고유벡터를 구하라.

56. $T: P_2\to P_2$, $T(a_0+a_1x+a_2x^2)=(2a_0+a_1-a_2)+(-a_1+2a_2)x-a_2x^2$ 이다. 표준기저 $\{1, x, x^2\}$에 대한 T의 고유값과 고유벡터를 구하라.

57. $T: M_{2,2}\to M_{2,2}$, $T\left(\begin{bmatrix}a&b\\c&d\end{bmatrix}\right)=\begin{bmatrix}a-c+d&b+d\\-2a+2c-2d&2b+2d\end{bmatrix}$

이다. 표준기저

$$B=\left\{\begin{bmatrix}1&0\\0&0\end{bmatrix}, \begin{bmatrix}0&1\\0&0\end{bmatrix}, \begin{bmatrix}0&0\\1&0\end{bmatrix}, \begin{bmatrix}0&0\\0&1\end{bmatrix}\right\}$$

에 대한 T의 고유값과 고유벡터를 구하라.

58. 정방행렬 A가 $A^2=A$일 때 **멱등원**(idempotent)이라고 부른다. 멱등원행렬의 고유값은 어떤 모양인가?

59. 정방행렬 A가 어떤 양의 정수 k가 있어서 $A^k=0$일 때 **멱영원**(nilpotent)이라고 한다. 멱영원행렬의 고유값은 어떤 모양인가?

60. 행렬 $A=\begin{bmatrix}\cos\theta&-\sin\theta\\\sin\theta&\cos\theta\end{bmatrix}$가 실수인 고유값을 가질 때 각 θ의 모든 값을 구하라. 또 이 풀이를 기하학적으로 표시하여 설명하라.

61. A는 $n\times n$행렬인데 각 행의 원소의 합은 모두 r이다. r은 A의 고유값임을 증명하라. 또

예를 들어서 이 사실을 밝혀라.

7.2 대각화

앞 절에서는 주로 고유값 문제에 대해서 공부하였다. 이 절에서는 **대각화문제**(diagonalization problem)라고 해서 선형대수에서 오래 전부터 중요하게 다룬 내용에 대해서 공부하겠다. 행렬형식*으로 표시된 이 문제는 다음과 같다 : 주어진 정방행렬 A에 대해서 $P^{-1}AP$가 대각행렬이 되는 가역행렬 P가 존재하는가?

6.4절에서 두 정방행렬 A, B가 가역행렬 P가 있어서

$$B=P^{-1}AP$$

일 때 A, B는 **닮았다**(similar)라고 불렀다. 어떤 행렬이 대각행렬과 닮았을 때 **대각화가능**(diagonalizable)이라고 부른다.

대각화가능 행렬의 정의

$n\times n$행렬 A가 **대각화가능**(diagonalizable)이라는 말은 A가 대각행렬과 닮은 경우를 말한다. 즉 어떤 가역행렬 P가 존재하며

$$P^{-1}AP$$

가 대각행렬일 때 A는 대각화가능이다.

이 정의에 따르면 대각화문제는 다음과 같이 말할 수 있다. "어떤 정방행렬이 대각화가 가능한가?" 먼저 모든 대각행렬 D는 대각화가능이다. 왜냐하면 항등행렬 I는 가역이므로 $D=I^{-1}DI$로 적으면 된다. 예제 1에서 대각화가능행렬의 다른 예를 볼 수 있다.

* 이 절의 끝에서 선형변환형식으로 표시된 대각화문제에 대해서도 공부한다.

[예제 1] 대각화가능행렬

6.4절 예제 5의 행렬

$$A=\begin{bmatrix}1 & 3 & 0\\ 3 & 1 & 0\\ 0 & 0 & -2\end{bmatrix}$$

는 대각화가능이다. 왜냐하면

$$P=\begin{bmatrix}1 & 1 & 0\\ 1 & -1 & 0\\ 0 & 0 & 1\end{bmatrix}$$

라 두면

$$P^{-1}AP=\begin{bmatrix}4 & 0 & 0\\ 0 & -2 & 0\\ 0 & 0 & -2\end{bmatrix}$$

가 된다.

앞절 예제 8에서 본 바와 같이 고유값문제는 대각화문제와 매우 밀접한 관련이 있다. 다음 두 정리는 이 관계를 잘 보여준다. 처음 정리에서 닮은 두 행렬은 동일한 고유값을 가짐을 알 수 있다.

정리 7.4 닮은 행렬은 동일한 고유값을 가진다.
만일 A, B가 닮은 $n\times n$행렬이면 둘의 고유값은 같다.

증명 A, B는 닮았으므로 가역행렬 P가 있어서 $B=P^{-1}AP$로 쓸 수 있다. 행렬식의 성질에 의해서

$$\begin{aligned}|\lambda I-B| = |\lambda I-P^{-1}AP| &= |P^{-1}\lambda IP-P^{-1}AP|\\ &= |P^{-1}(\lambda I-A)P|\\ &= |P^{-1}||\lambda I-A||P|\\ &= |P^{-1}||P||\lambda I-A|\\ &= |P^{-1}P||\lambda I-A|\\ &= |\lambda I-A|\end{aligned}$$

이다. 이 사실로부터 A, B의 특성다항식이 같음을 알 수 있다. 따라서 그들은 같은 고유값을 가진다. ■

[예제 2] 닮은 행렬의 고유값 구하기

다음 두 행렬 A와 D는 닮았다. 정리 7.4를 써서 A와 D의 고유값을 구하라.

$$A=\begin{bmatrix} 1 & 0 & 0 \\ -1 & 1 & 1 \\ -1 & -2 & 4 \end{bmatrix},\quad D=\begin{bmatrix} 1 & 0 & 0 \\ 0 & 2 & 0 \\ 0 & 0 & 3 \end{bmatrix}$$

풀이 D는 대각행렬이므로 고유값은 단순히 주대각선의 원소이다. 즉

$$\lambda_1=1,\quad \lambda_2=2,\quad \lambda_3=3$$

이다. 한편 A는 D와 닮았으므로 정리 7.4에 의해서 A도 동일한 고유값을 가진다. 실제로 A의 특성다항식을 구해보면

$$|\lambda I-A|=(\lambda-1)(\lambda-2)(\lambda-3)$$

가 된다. ◀

참고 예제 2는 단순히 A와 D는 닮은 것만을 말했다. 아래 행렬 P와 P^{-1}를 써서 실제로 $D=P^{-1}AP$가 됨을 확인해 보라.

$$P=\begin{bmatrix} 1 & 0 & 0 \\ 1 & 1 & 1 \\ 1 & 1 & 2 \end{bmatrix} \quad \text{와} \quad P^{-1}=\begin{bmatrix} 1 & 0 & 0 \\ -1 & 2 & -1 \\ 0 & -1 & 1 \end{bmatrix}$$

실제로 P의 열은 A의 고유값 1, 2, 3에 대응하는 고유벡터이다.

예제 1과 2에 있는 두 개의 대각화가능행렬에서 우리는 대각화문제의 중요한 실마리를 찾을 수 있다. 두 행렬은 모두 3개의 일차독립인 고유벡터를 가지는데 (예제 3) 이것은 아래 정리 7.5에 나오는 대각화가능행렬의 특징이 된다.

정리 7.5 대각화가능의 조건

$n\times n$행렬 A가 대각화가능일 필요충분조건은 A가 n개의 일차독립인 고유벡터를 가지는 것이다.

증명 먼저 A가 대각화가능이라고 하자. 정의에서 $P^{-1}AP=D$인 가역인 P가 존재한다. D의 주대각성분을 $\lambda_1, \lambda_2, \cdots, \lambda_n$라 하고 P의 열벡터를 $\mathbf{p}_1, \mathbf{p}_2, \cdots, \mathbf{p}_n$라 하자. PD를 계산하면

$$PD=[\mathbf{p}_1 \vdots \mathbf{p}_2 \vdots \cdots \vdots \mathbf{p}_n]\begin{bmatrix} \lambda_1 & 0 & \cdots & 0 \\ 0 & \lambda_2 & \cdots & 0 \\ \vdots & \vdots & & \vdots \\ 0 & 0 & \cdots & \lambda_n \end{bmatrix}$$
$$=[\lambda_1\mathbf{p}_1 \vdots \lambda_2\mathbf{p}_2 \vdots \cdots \vdots \lambda_n\mathbf{p}_n]$$

이다. 한편 $P^{-1}AP=D$이므로 $AP=PD$이고 따라서

$$[A\mathbf{p}_1 \vdots A\mathbf{p}_2 \vdots \cdots \vdots A\mathbf{p}_n]=[\lambda_1\mathbf{p}_1 \vdots \lambda_2\mathbf{p}_2 \vdots \cdots \vdots \lambda_n\mathbf{p}_n]$$

이다. 즉 모든 $\mathbf{p}_i$에 대해서 $A\mathbf{p}_i=\lambda_i\mathbf{p}_i$이다. 이 사실로부터 P의 열벡터 $\mathbf{p}_i$가 A의 고유벡터가 됨을 알 수 있다. 더욱이 P는 가역이므로 그 열벡터는 일차독립이다. 따라서 A는 n개의 일차독립인 고유벡터를 가진다.

역으로 A가 고유값 $\lambda_1, \lambda_2, \cdots, \lambda_n$에 대응하는 n개의 일차독립인 고유벡터 $\mathbf{p}_1, \mathbf{p}_2, \cdots, \mathbf{p}_n$을 가진다고 가정하자. 또 P를 이 n개의 고유벡터를 열로 하는 행렬이라고 하자. 즉 $P=[\mathbf{p}_1 \vdots \mathbf{p}_2 \vdots \cdots \vdots \mathbf{p}_n]$이다. 각 $\mathbf{p}_i$는 A의 고유벡터이므로 $A\mathbf{p}_i=\lambda_i\mathbf{p}_i$이고

$$AP=A[\mathbf{p}_1 \vdots \mathbf{p}_2 \vdots \cdots \vdots \mathbf{p}_n]=[\lambda_1\mathbf{p}_1 \vdots \lambda_2\mathbf{p}_2 \vdots \cdots \vdots \lambda_n\mathbf{p}_n]$$

이다. 위의 식의 오른편 행렬은 아래와 같이 행렬의 곱으로 쓸 수 있다.

$$AP=[\mathbf{p}_1 \vdots \mathbf{p}_2 \vdots \cdots \vdots \mathbf{p}_n]\begin{bmatrix} \lambda_1 & 0 & \cdots & 0 \\ 0 & \lambda_2 & \cdots & 0 \\ \vdots & \vdots & & \vdots \\ 0 & 0 & \cdots & \lambda_n \end{bmatrix}=PD$$

결국 벡터 $\mathbf{p}_1, \mathbf{p}_2, \cdots, \mathbf{p}_n$은 일차독립이므로 P는 가역이고 또 $AP=PD$이므로 $P^{-1}AP=D$로 쓸수있다. 이 사실로부터 A는 대각화가능이다. ■

이 증명의 요점은 대각가능화행렬에서 P의 열은 n개의 일차독립인 고유벡터로 만들어진다는 사실이다. 아래 예제 3에서 예제 1, 2의 행렬에 대한 이 성질을 확인해 보자.

[예제 3] 대각화가능행렬

(a) 예제 1의 행렬은 다음과 같은 고유값과 대응하는 고유벡터를 가진다.

$$\lambda_1=4,\ \mathbf{p}_1=\begin{bmatrix}1\\1\\0\end{bmatrix};\ \lambda_2=-2,\ \mathbf{p}_2=\begin{bmatrix}1\\-1\\0\end{bmatrix};\ \lambda_3=-2,\ \mathbf{p}_3=\begin{bmatrix}0\\0\\1\end{bmatrix}$$

또 P는 열이 이 고유벡터에 대응되기 때문에

$$P=\begin{bmatrix}1&1&0\\1&-1&0\\0&0&1\end{bmatrix}$$

이다. 더욱이 P는 항등행렬과 행-동치이므로 고유벡터 $\mathbf{p}_1$, $\mathbf{p}_2$, $\mathbf{p}_3$는 일차독립이다.

(b) 예제 2의 행렬은 아래와 같은 고유값과 대응하는 고유벡터를 가진다.

$$\lambda_1=1,\ \mathbf{p}_1=\begin{bmatrix}1\\1\\1\end{bmatrix};\ \lambda_2=2,\ \mathbf{p}_2=\begin{bmatrix}0\\1\\1\end{bmatrix};\ \lambda_3=3,\ \mathbf{p}_3=\begin{bmatrix}0\\1\\2\end{bmatrix}$$

또 P는 열이 이 고유벡터에 대응되기 때문에

$$P=\begin{bmatrix}1&0&0\\1&1&1\\1&1&2\end{bmatrix}$$

이다. 역시 P는 항등행렬과 행-동치이므로 고유벡터 $\mathbf{p}_1$, $\mathbf{p}_2$, $\mathbf{p}_3$는 일차독립이다.

정리 7.5의 둘째 부분의 증명과 예제 3에서 아래와 같이 행렬을 대각화시키는 순서를 나타낼 수 있다.

$n\times n$정방행렬을 대각화시키는 순서

A를 $n\times n$행렬이라 하자.

1. 먼저 A의 고유값 λ_1, λ_2, $\cdots$, λ_n을 구하고 이에 대응하는 n개의 1차독립인 고유벡터 $\mathbf{p}_1$, $\mathbf{p}_2$, $\cdots$, $\mathbf{p}_n$을 구한다. 만일 n개의 1차독립인 고유벡터가 존재하지 않으면 A는 대각화시킬 수 없다.
2. 만일 A가 n개의 1차독립인 고유벡터를 가지면 이 고유벡터를 열로 가지는 $n\times n$행렬 P를 만든다. 즉

$$P=[\mathbf{p}_1 \vdots \mathbf{p}_2 \vdots \cdots \vdots \mathbf{p}_n]$$

이다.

3. 대각행렬 $D=P^{-1}AP$는 주대각선이 고유값 $\lambda_1, \lambda_2, \cdots, \lambda_n$이 된다(나머지 성분은 모두 0). 특히 P를 만드는데 사용된 고유벡터의 순서와 D의 대각선에 나타나는 고유값의 순서는 동일해야 한다.

[예제 4] 대각화 불가능인 행렬

$$\text{행렬 } A=\begin{bmatrix} 1 & 2 \\ 0 & 1 \end{bmatrix}$$

은 대각화할 수 없음을 보여라.

풀이 A는 삼각행렬이므로 고유값은 단순히 주대각선의 원소이다. 따라서 고유값은 $\lambda=1$ 한 개뿐이다. 행렬 $(I-A)$는 기약 행-사다리꼴로 고치면

$$I-A=\begin{bmatrix} 0 & -2 \\ 0 & 0 \end{bmatrix} \to \begin{bmatrix} 0 & 1 \\ 0 & 0 \end{bmatrix}$$

이고 여기서 $x_2=0$이다. $x_1=t$로 두면 A의 모든 고유벡터는

$$\mathbf{x}=\begin{bmatrix} x_1 \\ x_2 \end{bmatrix}=\begin{bmatrix} t \\ 0 \end{bmatrix}=t\begin{bmatrix} 1 \\ 0 \end{bmatrix}$$

꼴이 된다. 따라서 A는 2개의 일차독립인 고유벡터를 가지지 않으므로 대각화 불가능이다. ◀

[예제 5] 아래 A는 대각화 가능임을 보여라. 또 $P^{-1}AP$가 대각행렬이 되는 P를 찾아라.

$$A=\begin{bmatrix} 1 & -1 & -1 \\ 1 & 3 & 1 \\ -3 & 1 & -1 \end{bmatrix}$$

풀이 A의 특성방정식은

$$|\lambda I-A|=\begin{vmatrix} \lambda-1 & 1 & 1 \\ -1 & \lambda-3 & -1 \\ 3 & -1 & \lambda+1 \end{vmatrix}=(\lambda-2)(\lambda+2)(\lambda-3)$$

이다. 따라서 A의 고유값은 $\lambda_1=2$, $\lambda_2=-2$, $\lambda_3=3$이다. 이 고유값으로부터 다음과 같이 기약 행-사다리꼴을 구해서 대응하는 고유벡터를 얻을 수 있다.

$$2I-A=\begin{bmatrix}1&1&1\\-1&-1&-1\\3&-1&3\end{bmatrix}\rightarrow\begin{bmatrix}1&0&1\\0&1&0\\0&0&0\end{bmatrix}\qquad\overset{\text{고유벡터}}{\begin{bmatrix}-1\\0\\1\end{bmatrix}}$$

$$-2I-A=\begin{bmatrix}-3&1&1\\-1&-5&-1\\3&-1&-1\end{bmatrix}\rightarrow\begin{bmatrix}1&0&-\frac{1}{4}\\0&1&\frac{1}{4}\\0&0&0\end{bmatrix}\qquad\begin{bmatrix}1\\-1\\4\end{bmatrix}$$

$$3I-A=\begin{bmatrix}2&1&1\\-1&0&-1\\3&-1&4\end{bmatrix}\rightarrow\begin{bmatrix}1&0&1\\0&1&-1\\0&0&0\end{bmatrix}\qquad\begin{bmatrix}-1\\1\\1\end{bmatrix}$$

여기서 얻은 고유벡터를 열로 하는 행렬 P를 만들면

$$P=\begin{bmatrix}-1&1&-1\\0&-1&1\\1&4&1\end{bmatrix}$$

이다. 이 행렬은 정칙이므로 고유벡터는 일차독립이고 따라서 A는 대각화가능이다.

P의 역은

$$P^{-1}=\begin{bmatrix}-1&-1&0\\\frac{1}{5}&0&\frac{1}{5}\\\frac{1}{5}&1&\frac{1}{5}\end{bmatrix}$$

이고 따라서

$$P^{-1}AP=\begin{bmatrix}2&0&0\\0&-2&0\\0&0&3\end{bmatrix}$$

가 된다. ◀

[예제 6] 다음 행렬 A는 대각화 가능임을 보이고 또 $P^{-1}AP$가 대각행렬이 되는 P를 찾아라.

$$A=\begin{bmatrix}1&0&0&0\\0&1&5&-10\\1&0&2&0\\1&0&0&3\end{bmatrix}$$

풀이 7.1절 예제 6에서 고유값은 $\lambda_1=1$, $\lambda_2=2$, $\lambda_3=3$이 되었다. 또 대응하는 고유벡터는

$$\lambda_1:\begin{bmatrix}0\\1\\0\\0\end{bmatrix},\begin{bmatrix}-2\\0\\2\\1\end{bmatrix}\quad \lambda_2:\begin{bmatrix}0\\5\\1\\0\end{bmatrix}\quad \lambda_3:\begin{bmatrix}0\\-5\\0\\1\end{bmatrix}$$

이다. 여기에서 얻은 고유벡터를 열로 하는 행렬 P를 만들면

$$P=\begin{bmatrix}0&-2&0&0\\1&0&5&-5\\0&2&1&0\\0&1&0&1\end{bmatrix}$$

이다. P는 가역이므로(각자 해 볼 것) 이 열벡터는 일차독립이다. 따라서 A는 대각화 가능이고

$$P^{-1}AP=\begin{bmatrix}1&0&0&0\\0&1&0&0\\0&0&2&0\\0&0&0&3\end{bmatrix}$$

이다. ◀

크기가 n인 정방행렬 A가 대각화가 가능하기 위해서는 고유공간의 차원의 합이 n이 되어야만 한다. 만일 A가 n개의 서로 다른 고유값을 가지면 이 조건이 만족된다. 따라서 다음 정리를 얻을 수 있다.

정리 7.6 대각화의 충분조건

만일 $n\times n$행렬 A가 n개의 서로 다른 고유값을 가지면 대응하는 고유벡터는 일차독립이고 A는 대각화 가능이다.

증명 λ_1, λ_2, $\cdots$, λ_n을 A의 n개의 서로 다른 고유값이라 하고 대응하는 고유벡터를 $\mathbf{x}_1$, $\mathbf{x}_2$,

$\cdots$, $\mathbf{x}_n$이라 하자. 이 고유벡터들이 일차종속이라 가정하자. 이 고유벡터들을 순서를 바꾸어서 처음 m개의 고유벡터들은 일차독립이고 다음 한 개를 더한 $m+1$개는 일차종속이라고 하자($m<n$). 즉 일차독립인 최대의 개수가 m이다. $\{\mathbf{x}_1, \mathbf{x}_2, \cdots, \mathbf{x}_m, \mathbf{x}_{m+1}\}$은 일차종속이므로

$$\mathbf{x}_{m+1}=c_1\mathbf{x}_1+c_2\mathbf{x}_2+\cdots+c_m\mathbf{x}_m \qquad 1식$$

로 쓸 수 있다. 단 c_i는 모두가 0은 아니다. 1식의 양변에 행렬 A를 곱하면

$$A\mathbf{x}_{m+1}=Ac_1\mathbf{x}_1+Ac_2\mathbf{x}_2+\cdots Ac_m\mathbf{x}_m$$
$$\lambda_{m+1}\mathbf{x}_{m+1}=c_1\lambda_1\mathbf{x}_1+c_2\lambda_2\mathbf{x}_2+\cdots+c_m\lambda_m\mathbf{x}_m \qquad 2식$$

이다. 또 1식의 양변에 λ_{m+1}을 곱하면

$$\lambda_{m+1}\mathbf{x}_{m+1}=c_1\lambda_{m+1}\mathbf{x}_1+c_2\lambda_{m+1}\mathbf{x}_2+\cdots+c_m\lambda_{m+1}\mathbf{x}_m \qquad 3식$$

이다. 2식을 3식에 대입하면

$$c_1(\lambda_{m+1}-\lambda_1)\mathbf{x}_1+c_2(\lambda_{m+1}-\lambda_2)\mathbf{x}_2+\cdots+c_m(\lambda_{m+1}-\lambda_m)\mathbf{x}_m=\mathbf{0}$$

이다. 한편, 처음 m개의 고유벡터는 일차독립이므로 이 식의 모든 계수는 0이다. 따라서

$$c_1(\lambda_{m+1}-\lambda_1)=c_2(\lambda_{m+1}-\lambda_2)=\cdots=c_m(\lambda_{m+1}-\lambda_m)=0$$

이다. 또한 모든 고유값은 서로 틀리므로 결국 모든 $c_i=0$, $i=1, 2, \cdots, m$이다. 그런데 이것을 처음 1식에 대입해보면 $x_{m+1}=0$이 되어 모순이다. 따라서 고유벡터들의 집합은 일차독립이 되고 정리 7.5에 의해서 A는 대각화 가능이다. ■

[예제 7] 행렬의 대각화 가능성의 판단

다음 행렬 A는 대각화가 가능한지 아닌지 판별하라.

$$A=\begin{bmatrix} 1 & -2 & 1 \\ 0 & 0 & 1 \\ 0 & 0 & -3 \end{bmatrix}$$

풀이 A는 삼각행렬이므로 고유값은 주대각선의 성분이다. 즉

$$\lambda_1=1,\ \lambda_2=0,\ \lambda_3=-3$$

또 이 3개의 값은 모두 틀리므로 정리 7.6에 의해서 A는 대각화가 가능하다. ◀

참고 정리 7.6의 조건은 행렬의 대각화에 대한 충분조건이지 필요조건은 아니다. 예제 6에서 본 바와 같이 대각화 가능인 행렬이 같은 고유값을 가질 경우도 있다.

대각화와 선형변환

지금까지는 행렬에서만 대각화문제를 생각했다. 선형변환에 대한 대각화문제는 다음과 같이 말할 수 있다. 선형변환

$$T : V \rightarrow V$$

에 대해서 T의 B에 대한 행렬이 대각행렬이 되는 V의 기저 B가 존재하느냐? 이 질문에 대한 답은 T에 대한 표준행렬이 대각화가 가능하면 "그렇다"이다.

[예제 8] 선형변환에 대한 대각행렬 찾기
T는 선형변환으로 $T : R^3 \rightarrow R^3$,

$$T(x_1, x_2, x_3) = (x_1 - x_2 - x_3,\ x_1 + 3x_2 + x_3,\ -3x_1 + x_2 - x_3)$$

이다. 만일 가능하면, R^3의 기저 B에 대한 T의 행렬이 대각행렬이 되는 기저 B를 찾아라.

풀이 T에 대한 표준행렬은

$$A = \begin{bmatrix} 1 & -1 & -1 \\ 1 & 3 & 1 \\ -3 & 1 & -1 \end{bmatrix}$$

이다. 예제 5에서 이 행렬 A는 대각화 가능임을 배웠다. 따라서 예제 5에서 구한 일차독립인 세 개의 고유벡터로 기저 B를 만들면

$$B = \{(-1, 0, 1),\ (1, -1, 4),\ (-1, 1, 1)\}$$

가 우리가 구하는 기저가 된다. 또 이 기저에 대한 T의 행렬은

$$D = \begin{bmatrix} 2 & 0 & 0 \\ 0 & -2 & 0 \\ 0 & 0 & 3 \end{bmatrix}$$

이다. ◀

연 습 문 제 7.2(대각화)

1-4번의 $P^{-1}AP$를 계산하여 A가 대각화 가능임을 보여라.

1. $A=\begin{bmatrix} -11 & 36 \\ -3 & 10 \end{bmatrix}$, $P=\begin{bmatrix} -3 & -4 \\ -1 & -1 \end{bmatrix}$

2. $A=\begin{bmatrix} 1 & 3 \\ -1 & 5 \end{bmatrix}$, $P=\begin{bmatrix} 3 & 1 \\ 1 & 1 \end{bmatrix}$

3. $A=\begin{bmatrix} -1 & 1 & 0 \\ 0 & 3 & 0 \\ 4 & -2 & 5 \end{bmatrix}$, $P=\begin{bmatrix} 0 & 1 & -3 \\ 0 & 4 & 0 \\ 1 & 2 & 2 \end{bmatrix}$

4. $A=\begin{bmatrix} 0.80 & 0.10 & 0.05 & 0.05 \\ 0.10 & 0.80 & 0.05 & 0.05 \\ 0.05 & 0.05 & 0.80 & 0.10 \\ 0.05 & 0.05 & 0.10 & 0.80 \end{bmatrix}$, $P=\begin{bmatrix} 1 & -1 & 0 & 1 \\ 1 & -1 & 0 & -1 \\ 1 & 1 & 1 & 0 \\ 1 & 1 & -1 & 0 \end{bmatrix}$

5-12번. 아래 행렬은 대각화 불가능임을 보여라.

5. $\begin{bmatrix} 0 & 0 \\ 5 & 0 \end{bmatrix}$

6. $\begin{bmatrix} 1 & \frac{1}{2} \\ -2 & -1 \end{bmatrix}$

7. $\begin{bmatrix} 3 & k \\ 0 & 3 \end{bmatrix}$, $k\neq 0$

8. $\begin{bmatrix} k & 0 \\ 0 & k \end{bmatrix}$

9. $\begin{bmatrix} 1 & -2 & 1 \\ 0 & 1 & 4 \\ 0 & 0 & 2 \end{bmatrix}$

10. $\begin{bmatrix} 2 & 1 & -1 \\ 0 & -1 & 2 \\ 0 & 0 & -1 \end{bmatrix}$

11. $\begin{bmatrix} 1 & 0 & -1 & 1 \\ 0 & 1 & 0 & 1 \\ -2 & 0 & 2 & -2 \\ 0 & 2 & 0 & 2 \end{bmatrix}$

(7.1절 연습문제 31 참조)

12. $\begin{bmatrix} 1 & -3 & 3 & 3 \\ -1 & 4 & -3 & -3 \\ -2 & 0 & 1 & 1 \\ 1 & 0 & 0 & 0 \end{bmatrix}$

(7.1절 연습문제 32 참조)

13-16번. 다음 행렬의 고유값을 구하고 행렬이 정리 7.6의 대각화 가능을 위한 충분한 고유값이 있는지 조사하라(그러나 고유값이 충분조건을 만족하지 않아도 대각화 가능한 경우도 있다(예제 6)).

13. $\begin{bmatrix} 1 & 1 \\ 1 & 1 \end{bmatrix}$

14. $\begin{bmatrix} 2 & 0 \\ 5 & 2 \end{bmatrix}$

15. $\begin{bmatrix} 3 & 2 & -3 \\ -3 & -4 & 9 \\ -1 & -2 & 5 \end{bmatrix}$

16. $\begin{bmatrix} 4 & 3 & -2 \\ 0 & 1 & 1 \\ 0 & 0 & -2 \end{bmatrix}$

17-26번. 각 행렬 A에 대해서 $P^{-1}AP$가 대각행렬이 되는 정칙행렬 P를 구하라(물론 있을 경우에) 또 $P^{-1}AP$는 주대각선이 고유값인 대각행렬임을 보여라.

17. $A=\begin{bmatrix} 1 & -\frac{3}{2} \\ \frac{1}{2} & -1 \end{bmatrix}$

(7.1절 연습문제 15 참조)

18. $A=\begin{bmatrix} \frac{1}{4} & \frac{1}{4} \\ \frac{1}{2} & 0 \end{bmatrix}$

(7.1절 연습문제 16 참조)

19. $A=\begin{bmatrix} 1 & 2 & -2 \\ -2 & 5 & -2 \\ -6 & 6 & -3 \end{bmatrix}$

(7.1절 연습문제 19 참조)

20. $A=\begin{bmatrix} 3 & 2 & -3 \\ -3 & 4 & 9 \\ -1 & -2 & 5 \end{bmatrix}$

(7.1절 연습문제 20 참조)

21. $A=\begin{bmatrix} 0 & -3 & 5 \\ -4 & -4 & -10 \\ 0 & 0 & 4 \end{bmatrix}$

(7.1절 연습문제 21 참조)

22. $A=\begin{bmatrix} 1 & -\frac{3}{2} & \frac{5}{2} \\ -2 & \frac{13}{2} & -10 \\ \frac{3}{2} & -\frac{9}{2} & 8 \end{bmatrix}$

(7.1절 연습문제 22 참조)

23. $A=\begin{bmatrix} 1 & 0 & 0 \\ 1 & 2 & 1 \\ 1 & 0 & 2 \end{bmatrix}$

24. $A=\begin{bmatrix} 4 & 0 & 0 \\ 2 & 2 & 0 \\ 0 & 2 & 2 \end{bmatrix}$

25. $A=\begin{bmatrix} 2 & 0 & 0 & 0 \\ 3 & -1 & 0 & 0 \\ 0 & 1 & 1 & 0 \\ 0 & 0 & 1 & -2 \end{bmatrix}$

26. $A=\begin{bmatrix} 1 & 0 & 0 & 0 \\ 1 & 0 & 1 & 0 \\ 0 & 0 & 1 & 0 \\ 0 & 1 & 0 & 1 \end{bmatrix}$

27-30번. T의 정의구역에 대한 기저 B가 B에 대한 T의 행렬이 대각행렬이 되도록 B를 만들어라.

27. $T : R^2 \rightarrow R^2 : T(x, y) = (x+y, x+y)$

28. $T : R^3 \rightarrow R^3 : T(x, y, z) = (-2x+2y-3z, 2x+y-6z, -x-2y)$

29. $T : P_1 \rightarrow P_1 : T(a+bx) = a(a+2b)x$

30. $T : P_2 \rightarrow P_2 : T(a_0+a_1x+a_2x^2) = (2a_0+a_2)+(3a_1+4a_2)x+a_2x^2$

31. A는 $n\times n$대각화 가능행렬이고 P는 $n\times n$가역행렬로서 $B=P^{-1}AP$는 A의 대각행렬꼴이다. 다음을 증명하라.

(a) $B^k=P^{-1}A^kP$, k는 양의 정수　　(b) $A^k=PB^kP^{-1}$, k는 양의 정수

32. $\lambda_1, \lambda_2, \cdots, \lambda_n$는 $n\times n$행렬 A의 서로 다른 고유값이다. 문제 31의 결과를 이용하여 A^k의 고유값을 구하라.

33-36번. 문제 31의 결과를 이용하여 주어진 A의 거듭제곱의 값을 구하라.

33. $A=\begin{bmatrix} 10 & 18 \\ -6 & -11 \end{bmatrix}$, A^6

34. $A=\begin{bmatrix} 1 & 3 \\ 2 & 0 \end{bmatrix}$, A^7

35. $A=\begin{bmatrix} 3 & 2 & -3 \\ -3 & -4 & 9 \\ -1 & -2 & 5 \end{bmatrix}$, A^8

36. $A=\begin{bmatrix} 2 & 0 & -2 \\ 0 & 2 & -2 \\ 3 & 0 & -3 \end{bmatrix}$, A^5

참, 거짓 37-38번에서 참, 거짓을 판단하라. 만일 참이면 그 이유를 밝히거나 책에서 그 내용을 찾아라. 또 만일 거짓이면 거짓인 예를 찾거나 바른 서술을 찾아서 써라.

37. (a) 만일 A, B가 닮은 $n\times n$행렬이면 두 행렬의 특성다항식은 같다.

(b) $n\times n$행렬 A가 n개의 서로 다른 고유값을 가진다는 사실은 A가 대각화 가능임을 보장하지 못한다.

38. (a) A가 대각화 가능행렬이면 A는 n개의 일차독립인 고유벡터를 가진다.

(b) $n\times n$행렬 A가 대각화 가능이면 A는 n개의 서로 다른 고유값을 가진다.

39. 쓰기 어떤 행렬이 서로 다른 두 대각행렬과 닮을 수 있는가? 그 이유를 쓰라.

40. 다음 두 행렬은 닮았는가? 만일 그렇다면 $B=P^{-1}AP$가 되는 행렬 P를 찾아라.

(a) $A=\begin{bmatrix} 1 & 0 & 0 \\ 0 & 2 & 0 \\ 0 & 0 & 3 \end{bmatrix}$　　(b) $B=\begin{bmatrix} 3 & 0 & 0 \\ 0 & 2 & 0 \\ 0 & 0 & 1 \end{bmatrix}$

41. A가 대각화 가능이면 A^T도 대각화 가능임을 증명하라.

42. $A=\begin{bmatrix} a & b \\ c & d \end{bmatrix}$는 만일

$-4bc<(a-d)^2$이면 대각화 가능이고

$-4bc>(a-d)^2$이면 대각화 불가능임을 증명하라.

43. A는 n개의 실 고유값 $\lambda_1, \lambda_2, \cdots, \lambda_n$을 가진 대각화 가능행렬이다. $|A|=\lambda_1\lambda_2\cdots\lambda_n$임을 증명하라.

44. 해석학 x가 실수일 때 e^x은 x에 관한 급수

$$e^x = 1 + x + \frac{x^2}{2!} + \frac{x^3}{3!} + \frac{x^4}{4!} + \cdots$$

로 표시된다. 마찬가지로 X가 정방행렬일때 e^X는 급수

$$e^X = I + X + \frac{1}{2!}X^2 + \frac{1}{3!}X^3 + \frac{1}{4!}X^4 + \cdots$$

로 표시된다. X가 아래와 같을 때 e^X를 구하라.

(a) $X = \begin{bmatrix} 1 & 0 \\ 0 & 1 \end{bmatrix}$ (b) $X = \begin{bmatrix} 0 & 0 \\ 0 & 0 \end{bmatrix}$

(c) $X = \begin{bmatrix} 1 & 0 \\ 1 & 0 \end{bmatrix}$ (d) $X = \begin{bmatrix} 0 & 1 \\ 1 & 0 \end{bmatrix}$

(e) $X = \begin{bmatrix} 2 & 0 \\ 0 & -2 \end{bmatrix}$

45. 힌트가 있는 증명 대각화 가능행렬 A의 고유값이 ± 1이면 $A = A^{-1}$임을 증명하라.

시작 : A와 그 역이 같음을 보이기 위해서 가역행렬 P가 존재해서 $D = P^{-1}AP$, D는 주대각성분이 ± 1인 대각행렬이 된다는 사실을 이용한다.

(i) $D = P^{-1}AP$, D는 주대각선이 ± 1인 대각행렬

(ii) A를 P, P^{-1}, D로 나타낸다.

(iii) D가 대각행렬이라는 사실과 (ii)에서 구한 행렬의 곱의 역에 대한 성질을 이용하여 A^{-1}를 구한다.

(iv) $A^{-1} = A$를 증명

46. 힌트가 있는 증명 0이 아닌 멱영행렬 A는 대각화 불가능임을 증명하라.

시작 : 7.1절의 문제 59에서 멱영행렬의 고유값은 0뿐임을 알고 있다.

(i) 만일 A가 대각화 가능이면 $P^{-1}AP = D$, P는 가역행렬, D는 영행렬이 되는 P, D가 존재한다.

(ii) A를 P, P^{-1}, D로 나타낸다.

(iii) 모순이 유도되므로 (i)이 틀리는 가정임을 밝힌다.

47. A가 대각화 가능정칙행렬이면 A^{-1}도 역시 대각화 가능이다.

7.3 대칭행렬과 직교대각화

대부분의 행렬은 대각화가 가능한지 아닌지 알기 위해서는 대각화시키는 과정을 거쳐야 한다. 즉 대각화 가능성보다는 대각화 과정을 먼저 행하는 것이 보통이다. 그러나 삼각행렬은 예외이다. 삼각행렬의 주대각선이 모두 틀리느냐 같으냐만 보면 대각화 가능성을 알 수 있다. 이 절에서는 또다른 이러한 행렬, 즉 그냥 간단한 방법으로 대각화 가능성을 알 수 있는 행렬을 소개한다. 바로 **대칭행렬**이다.

대칭행렬의 정의

정방행렬 A가 그 전치행렬과 같을 때 **대칭행렬**(symmetric matrix)이라고 부른다. 즉

$$A = A^T$$

일 때 A는 대칭행렬이다.

대칭행렬의 판단은 주대각선을 중심으로 해서 양편의 성분을 비교함으로써 간단히 알 수 있다.

[예제 1] 대칭행렬과 비대칭행렬

A, B는 대칭행렬이고 C는 아니다.

$$A = \begin{bmatrix} 0 & 1 & -2 \\ 1 & 3 & 0 \\ -2 & 0 & 5 \end{bmatrix} \quad \text{대칭}$$

$$B = \begin{bmatrix} 4 & 3 \\ 3 & 1 \end{bmatrix} \quad \text{대칭}$$

$$C = \begin{bmatrix} 3 & 2 & 1 \\ 1 & -4 & 0 \\ 1 & 0 & 5 \end{bmatrix} \quad \text{비대칭}$$

고유값을 계산할 수 있는 프로그램이 있으면 다음과 같은 실험을 한 번 해보라. 임의의 아무 정방행렬을 하나 택해서 그 고유값을 구해본다. 고유값이 실수가 아닌 행렬이 있는가? 이번에는 임의의 대칭행렬을 택해서 그 고유값을 구해

보라. 고유값이 실수가 아닌 대칭행렬을 찾을 수 있는가? 대칭행렬의 고유값에 대해서 어떤 결론을 내릴 수 있는가?

대칭행렬은 비대칭행렬에는 없는 몇 가지 성질이 있다. 다음을 살펴보자.

1. 비대칭행렬은 대각화 불가능일 수 있다.
2. 비대칭행렬은 고유값이 실수가 아닐 때가 있다. 예를 들어

   행렬 $A=\begin{bmatrix} 0 & -1 \\ 1 & 0 \end{bmatrix}$

   는 특성방정식이 $\lambda^2+1=0$이고 그 고유값은 $\lambda_1=i$, $\lambda_2=-i$이다.
3. 비대칭행렬에서는 고유값에 대응하는 일차독립인 고유벡터의 수가 고유값의 중복도보다 적을 수 있다(7.2절 예제 4).

그러나 대칭행렬에서는 절대로 위의 3가지 성질은 일어나지 않는다.

정리 7.7 대칭행렬의 고유값

만일 A가 $n\times n$대칭행렬이면 다음 성질을 가진다.

1. A는 대각화 가능이다.
2. A의 모든 고유값은 실수이다.
3. 만일 λ가 중복도 k인 A의 고유값이면 λ는 k개의 일차독립인 고유벡터을 가진다. 다시 말하면 λ의 고유공간의 차원은 k이다.

참고 정리 7.7을 실 스펙트럼정리(real spectral theorem)라고 부른다. 또 A의 고유값의 집합을 A의 스펙트럼(spectrum)이라고 부른다.

정리 7.7의 일반적인 증명은 매우 어렵다. 자세한 증명을 알고 싶은 사람은 보다 한 단계 높은 선형대수책을 참고하기 바란다. 아래 예는 2×2대칭행렬의 대각화에 대해서 설명해 준다.

[예제 2] 2×2대칭행렬의 고유값과 고유벡터

아래 대칭행렬 A는 대각화 가능임을 증명하라.

$$A=\begin{bmatrix} a & c \\ c & b \end{bmatrix}$$

풀이 A의 특성다항식은

$$|\lambda I-A|=\begin{vmatrix}\lambda-a & -c\\ -c & \lambda-b\end{vmatrix}=\lambda^2-(a+b)\lambda+ab-c^2$$

이다. λ에 대한 2차식으로 이 다항식의 판별식을 구하면

$$\begin{aligned}D=(a+b)^2-4(ab-c^2)&=a^2+2ab+b^2-4ab+4c^2\\&=a^2-2ab+b^2+4c^2\\&=(a-b)^2+4c^2\end{aligned}$$

이다. 제곱의 합이므로 항상 0 이상이다. 만일 $(a-b)^2+4c^2=0$이면 $a=b$, $c=0$이므로 행렬 A는

$$A=\begin{bmatrix}a & 0\\ 0 & a\end{bmatrix}$$

꼴로 대각행렬이다. 또 만일 $(a-b)^2+4c^2>0$이면 A의 특성다항식은 서로 다른 두 실근을 가진다. 이 사실로부터 A는 서로 다른 두 실 고유값을 가지므로 역시 A는 대각화 가능이다. ◀

[예제 3] 대칭행렬의 고유공간의 차원

다음 대칭행렬 A의 고유값을 구하라. 또 대응하는 고유공간의 차원을 구하라.

$$A=\begin{bmatrix}1 & -2 & 0 & 0\\ -2 & 1 & 0 & 0\\ 0 & 0 & 1 & -2\\ 0 & 0 & -2 & 1\end{bmatrix}$$

풀이 A의 특성다항식은

$$|\lambda I-A|=\begin{vmatrix}\lambda-1 & 2 & 0 & 0\\ 2 & \lambda-1 & 0 & 0\\ 0 & 0 & \lambda-1 & 2\\ 0 & 0 & 2 & \lambda-1\end{vmatrix}=(\lambda+1)^2(\lambda-3)^2$$

이다. 따라서 A의 고유값은 $\lambda_1=-1$, $\lambda_2=3$이다. 각 고유값의 중복도는 2이므로 정리 7.7에 의해서 대응하는 고유공간의 차원도 2가 된다. 실제로 $\lambda_1=-1$의 고유공간의 한 기저 B_1은

$$B_1=\{(1,\ 1,\ 0,\ 0),\ (0,\ 0,\ 1,\ 1)\}$$

이고 $\lambda_2=3$의 고유공간의 한 기저 B_2는

$$B_2=\{(1, -1, 0, 0), (0, 0, 1, -1)\}$$

이 된다. ◀

직교행렬

정방행렬 A를 대각화하기 위해서는 $P^{-1}AP$가 대각행렬이 되는 가역행렬 P를 구해야 한다. 특히 대칭행렬에서는 이 행렬 P가 $P^{-1}=P^T$인 성질을 만족시킨다. 이와 같은 특별한 성질을 만족시키는 행렬을 아래와 같이 정의한다.

직교행렬의 정의
정방행렬 P가 가역이고

$$P^{-1}=P^T$$

를 만족시킬때 **직교행렬**(orthogonal matrix)이라 부른다.

[예제 4] 직교행렬

(a) 행렬

$$P=\begin{bmatrix} 0 & 1 \\ -1 & 0 \end{bmatrix}$$

는 직교행렬이다. 왜냐하면

$$P^{-1}=P^T=\begin{bmatrix} 0 & -1 \\ 1 & 0 \end{bmatrix}$$

이기 때문이다.

(b) 행렬

$$P=\begin{bmatrix} \frac{3}{5} & 0 & -\frac{4}{5} \\ 0 & 1 & 0 \\ \frac{4}{5} & 0 & \frac{3}{5} \end{bmatrix}$$

는

$$P^{-1}=P^{T}=\begin{bmatrix} \frac{3}{5} & 0 & \frac{4}{5} \\ 0 & 1 & 0 \\ -\frac{4}{5} & 0 & \frac{3}{5} \end{bmatrix}$$

이므로 직교행렬이다.

위의 예 (a), (b)에서 행렬 P의 열은 각각 R^2, R^3에서 정규직교집합이다. 이 결과로 다음과 같은 정리를 얻을 수 있다.

정리 7.8 정규행렬의 성질
$n\times n$행렬 P가 정규가 될 필요충분조건은 열벡터가 정규직교집합이 되는 것이다.

증명 P의 열벡터가 정규직교집합이라고 하자.

$$P=[\mathbf{p}_1 \vdots \mathbf{p}_2 \vdots \cdots \vdots \mathbf{p}_n] = \begin{bmatrix} p_{11} & p_{12} & \cdots & p_{1n} \\ p_{21} & p_{22} & \cdots & p_{2n} \\ \vdots & \vdots & & \vdots \\ p_{n1} & p_{n2} & \cdots & p_{nn} \end{bmatrix}$$

이라 하고 P^TP를 구하면

$$P^TP=\begin{bmatrix} p_{11} & p_{21} & \cdots & p_{n1} \\ p_{12} & p_{22} & \cdots & p_{n2} \\ \vdots & \vdots & & \vdots \\ p_{1n} & p_{2n} & \cdots & p_{nn} \end{bmatrix}\begin{bmatrix} p_{11} & p_{12} & \cdots & p_{1n} \\ p_{21} & p_{22} & \cdots & p_{2n} \\ \vdots & \vdots & & \vdots \\ p_{n1} & p_{n2} & \cdots & p_{nn} \end{bmatrix}$$

$$P^TP=\begin{bmatrix} \mathbf{p}_1\cdot\mathbf{p}_1 & \mathbf{p}_1\cdot\mathbf{p}_2 & \cdots & \mathbf{p}_1\cdot\mathbf{p}_n \\ \mathbf{p}_2\cdot\mathbf{p}_1 & \mathbf{p}_2\cdot\mathbf{p}_2 & \cdots & \mathbf{p}_2\cdot\mathbf{p}_n \\ \vdots & \vdots & & \vdots \\ \mathbf{p}_n\cdot\mathbf{p}_1 & \mathbf{p}_n\cdot\mathbf{p}_2 & \cdots & \mathbf{p}_n\cdot\mathbf{p}_n \end{bmatrix}$$

한편, 집합 $\{\mathbf{p}_1, \mathbf{p}_2, \cdots, \mathbf{p}_n\}$는 정규직교이므로

$$\mathbf{p}_i\cdot\mathbf{p}_j=0,\ i\neq j,\quad \mathbf{p}_i\cdot\mathbf{p}_i=\|\mathbf{p}_i\|^2=1$$

이다. 따라서 내적에 의해서 행렬을 구하면

$$P^TP=\begin{bmatrix} 1 & 0 & \cdots & 0 \\ 0 & 1 & \cdots & 0 \\ 0 & 0 & \cdots & 1 \end{bmatrix}=I_n$$

이다. 이 사실로부터 $P^T=P^{-1}$이고 P는 직교행렬이 된다.

역으로 만일 P가 직교행렬이면 위의 순서를 거꾸로 해나가면 P의 열벡터는 정규직교집합이 됨을 쉽게 증명할 수 있다. ■

[예제 5] 직교행렬

아래 행렬 P는 $PP^T=I$가 됨을 보이고 또 P의 열벡터는 정규직교집합이 됨을 보여라.

$$P=\begin{bmatrix} \frac{1}{3} & \frac{2}{3} & \frac{2}{3} \\ \frac{-2}{\sqrt{5}} & \frac{1}{\sqrt{5}} & 0 \\ \frac{-2}{3\sqrt{5}} & \frac{-4}{3\sqrt{5}} & \frac{5}{3\sqrt{5}} \end{bmatrix}$$

풀이

$$PP^T=\begin{bmatrix} \frac{1}{3} & \frac{2}{3} & \frac{2}{3} \\ \frac{-2}{\sqrt{5}} & \frac{1}{\sqrt{5}} & 0 \\ \frac{-2}{3\sqrt{5}} & \frac{-4}{3\sqrt{5}} & \frac{5}{3\sqrt{5}} \end{bmatrix}\begin{bmatrix} \frac{1}{3} & \frac{-2}{\sqrt{5}} & \frac{-2}{3\sqrt{5}} \\ \frac{2}{3} & \frac{1}{\sqrt{5}} & \frac{-4}{3\sqrt{5}} \\ \frac{2}{3} & 0 & \frac{5}{3\sqrt{5}} \end{bmatrix}$$

$$=\begin{bmatrix} 1 & 0 & 0 \\ 0 & 1 & 0 \\ 0 & 0 & 1 \end{bmatrix}=I_3$$

이므로 $P^T=P^{-1}$이다. 따라서 P는 직교행렬이다. 또

$$\mathbf{p}_1=\begin{bmatrix}\frac{1}{3}\\ \frac{-2}{\sqrt{5}}\\ \frac{-2}{3\sqrt{5}}\end{bmatrix},\quad \mathbf{p}_2=\begin{bmatrix}\frac{2}{3}\\ \frac{1}{\sqrt{5}}\\ \frac{-4}{3\sqrt{5}}\end{bmatrix},\quad \mathbf{p}_3=\begin{bmatrix}\frac{2}{3}\\ 0\\ \frac{5}{3\sqrt{5}}\end{bmatrix}$$

로부터

$$\mathbf{p}_1\cdot\mathbf{p}_2=\mathbf{p}_1\cdot\mathbf{p}_3=\mathbf{p}_2\cdot\mathbf{p}_3=0$$
$$\|\mathbf{p}_1\|=\|\mathbf{p}_2\|=\|\mathbf{p}_3\|=1$$

가 됨을 알 수 있다. 따라서 $\{\mathbf{p}_1, \mathbf{p}_2, \mathbf{p}_3\}$는 정리 7.8에 의해서 정규직교집합이다. ◀

또 대칭행렬에서는 서로 다른 고유값에 대응하는 고유벡터는 서로 수직이다. 이 결론을 다음 정리로 표시하면

정리 7.9 대칭행렬의 성질

A를 $n\times n$대칭행렬이라고 하자. 만일 λ_1, λ_2가 A의 서로 다른 고유값이면 이들 각각에 대응하는 고유벡터 $\mathbf{x}_1$과 $\mathbf{x}_2$는 수직이다.

증명 λ_1, λ_2를 A의 서로 다른 고유값이라고 하고 이 고유값에 대응하는 고유벡터를 각각 $\mathbf{x}_1$, $\mathbf{x}_2$라고 하자.

$$A\mathbf{x}_1=\lambda_1\mathbf{x}_1,\quad A\mathbf{x}_2=\lambda_2\mathbf{x}_2$$

이므로 아래와 같이 점적을 계산해 보면

$$\mathbf{x}_1\cdot\mathbf{x}_2=[x_{11}\ x_{12}\ \cdots\ x_{1n}]\begin{bmatrix}x_{21}\\ x_{22}\\ \vdots\\ x_{2n}\end{bmatrix}=\mathbf{x}_1^T\mathbf{x}_2$$

와 같이 쓸 수 있다.

$$\begin{aligned}\lambda_1(\mathbf{x}_1\cdot\mathbf{x}_2)&=(\lambda_1\mathbf{x}_1)\cdot\mathbf{x}_2\\ &=(A\mathbf{x}_1)\cdot\mathbf{x}_2\\ &=(A\mathbf{x}_1)^T\mathbf{x}_2\\ &=(\mathbf{x}_1^TA^T)\mathbf{x}_2 &&A\text{는 대칭행렬이므로 }A=A^T\text{이다.}\end{aligned}$$

$$
\begin{aligned}
&=(\mathbf{x}_1^T A)\mathbf{x}_2\\
&=\mathbf{x}_1^T(A\mathbf{x}_2)\\
&=\mathbf{x}_1^T(\lambda_2\mathbf{x}_2)\\
&=\mathbf{x}_1\cdot(\lambda_2\mathbf{x}_2)\\
&=\lambda_2(\mathbf{x}_1\cdot\mathbf{x}_2)
\end{aligned}
$$

이므로 이 사실로부터 $(\lambda_1-\lambda_2)(\mathbf{x}_1\cdot\mathbf{x}_2)=0$이고 $\lambda_1\neq\lambda_2$이므로 $\mathbf{x}_1\cdot\mathbf{x}_2=0$이다. 따라서 $\mathbf{x}_1$과 $\mathbf{x}_2$는 수직이다. ■

[예제 6] 대칭행렬의 고유벡터

$A=\begin{bmatrix}3 & 1\\ 1 & 3\end{bmatrix}$의 서로 다른 고유값에 대응하는 고유벡터는 수직임을 보여라.

풀이 A의 특성다항식은

$$
|\lambda I-A|=\begin{vmatrix}\lambda-3 & -1\\ -1 & \lambda-3\end{vmatrix}=(\lambda-2)(\lambda-4)
$$

이므로 A의 고유값은 $\lambda_1=2$와 $\lambda_2=4$이다. $\lambda_1=2$에 대응하는 모든 고유벡터는

$$
\mathbf{x}_1=\begin{bmatrix}s\\ -s\end{bmatrix},\quad s\neq 0
$$

와 같은 모양이고 또 $\lambda_2=4$에 대응하는 모든 고유벡터는

$$
\mathbf{x}_2=\begin{bmatrix}t\\ t\end{bmatrix},\quad t\neq 0
$$

꼴이다. 따라서

$$
\mathbf{x}_1\cdot\mathbf{x}_2=\begin{bmatrix}s\\ -s\end{bmatrix}\cdot\begin{bmatrix}t\\ t\end{bmatrix}=st-st=0
$$

이므로 $\mathbf{x}_1$과 $\mathbf{x}_2$는 서로 수직이다. ◀

직교대각화

행렬 A가 만일 $P^{-1}AP=D$가 대각행렬이 되는 직교행렬 P가 존재할 때 A를 **직교대각화 가능**(orthogonally diagonalizable)이라고 한다. 다음의 정리에서 직교대각

화 가능행렬의 집합은 실제로 대칭행렬의 집합과 동일함을 알 수 있다.

정리 7.10 대칭행렬의 기본정리
A는 $n\times n$행렬이다. A가 직교대각화 가능이고 실고유값을 가질 필요충분조건은 A가 대칭이다.

증명 한쪽 방향으로의 증명은 간단하다. 즉 만일 A가 직교대각화 가능이면 정의에서 직교행렬 P가 존재해서 $D=P^{-1}AP$는 대각행렬이 된다. 한편 $P^{-1}=P^T$이므로

$$A=PDP^{-1}=PDP^T$$

따라서

$$A^T=(PDP^T)^T=(P^T)^TD^TP^T=PDP^T=A$$

이므로 A는 대칭이다.

역방향으로의 증명은 조금 복잡하다. 그러나 중요한 정리이므로 증명을 해보자. A가 대칭이라고 가정한다. 만일 A가 중복도가 k인 고유값 λ를 가진다고 하면 정리 7.7에 의해서 λ는 k개의 일차독립인 고유벡터를 가진다. Gram-Schmidt의 정규직교화과정을 통해서 이 k개의 벡터로 λ에 대응하는 고유공간의 정규직교기저를 만들 수 있다. 이와 같은 방법으로 A의 모든 고유값에 대해서 기저를 만든다. 모든 기저의 벡터들은 정리 7.9에 의해서 서로 수직이다. 또다시 모든 기저의 벡터들의 정규화과정을 거치면 n개의 정규직교벡터들의 집합을 얻을 수 있다. P를 이 벡터들을 열로 가지는 행렬이라고 하면 정리 7.8에 의해서 P는 직교행렬이 된다. 마지막으로 정리 7.5에 의해서 $P^{-1}AP$는 대각행렬이 되므로 결국 A는 직교대각화가능이다. ■

[예제 7] 아래 행렬중 직교대각화 가능인 것을 구하라.

$$A_1=\begin{bmatrix}1&1&1\\1&0&1\\1&1&1\end{bmatrix}\quad A_2=\begin{bmatrix}5&2&1\\2&1&8\\-1&8&0\end{bmatrix}$$

$$A_3=\begin{bmatrix}3&2&0\\2&0&1\end{bmatrix}\quad A_4=\begin{bmatrix}0&0\\0&-2\end{bmatrix}$$

풀이 정리 7.10에 의해서 대칭이 되어야 하므로 A_1과 A_4이다. ◀

아래에 대칭행렬을 직교대각화시키는 과정을 적어놓았다. 이 순서는 정리 7.10의 역방향 증명과 동일한 과정이다.

대칭행렬의 직교대각화

A는 $n\times n$ 대칭행렬이다.

1. A의 고유값을 구하고 각 고유값의 중복도를 구한다.
2. 중복도가 1인 고유값에 대해서는 단위벡터를 택한다(아무 벡터나 택해서 길이가 1이 되게 하면 됨).
3. 중복도가 $k\geq 2$인 고유값에 대해서는 k개의 일차독립인 고유벡터를 구한다(정리 7.7에 의해서 가능).
   만일 이 집합이 정규직교가 아니면 Gram-Schmidt의 정규직교화과정을 적용함.
4. 2와 3의 과정을 거쳐서 만든 모든 벡터는 개수가 n인 정규직교 고유벡터의 집합이다. 이 벡터를 열로하는 행렬 P를 만들면 $P^{-1}AP=P^{T}AP=D$는 대각행렬이 된다(D의 주대각성분은 A의 고유값이다).

[예제 8] 직교대각화

아래 행렬 A를 직교대각화 시키는 직교행렬 P를 구하라.

$$A=\begin{bmatrix}-2 & 2\\ 2 & 1\end{bmatrix}$$

풀이 1. A의 특성다항식은

$$|\lambda I-A|=\begin{vmatrix}\lambda+2 & -2\\ -2 & \lambda-1\end{vmatrix}=(\lambda+3)(\lambda-2)$$

이므로 고유값은 $\lambda_1=-3$과 $\lambda_2=2$이다.

2. 각 고유값에 대해서 $\lambda I-A$를 기약 행-사다리꼴로 바꾸어서 고유벡터를 구하면

$$-3I-A=\begin{bmatrix}-1 & -2\\ -2 & -4\end{bmatrix}\to\begin{bmatrix}1 & 2\\ 0 & 0\end{bmatrix}\to\overset{\text{고유벡터}}{\begin{bmatrix}-2\\ 1\end{bmatrix}}$$

$$2I-A=\begin{bmatrix}4 & -2\\ -2 & 1\end{bmatrix}\to\begin{bmatrix}1 & -\frac{1}{2}\\ 0 & 0\end{bmatrix}\to\begin{bmatrix}1\\ 2\end{bmatrix}$$

이다. 고유벡터 $(-2, 1)$과 $(1, 2)$는 R^2에 대한 직교기저이다. 이 고유벡터를 정규화시켜서 정규직교기저를 구하면

$$\mathbf{p}_1=\frac{(-2, 1)}{\|(-2, 1)\|}=\frac{1}{\sqrt{5}}(-2, 1)=\left(\frac{-2}{\sqrt{5}}, \frac{1}{\sqrt{5}}\right)$$
$$\mathbf{p}_2=\frac{(1, 2)}{\|(1, 2)\|}=\frac{1}{\sqrt{5}}(1, 2)=\left(\frac{1}{\sqrt{5}}, \frac{2}{\sqrt{5}}\right)$$

3. 모든 고유값의 중복도는 1이므로 바로 4번으로 간다.
4. $\mathbf{p}_1$, $\mathbf{p}_2$를 열벡터로 하는 행렬 P를 만들면

$$P=\begin{bmatrix}\frac{-2}{\sqrt{5}} & \frac{1}{\sqrt{5}}\\ \frac{1}{\sqrt{5}} & \frac{2}{\sqrt{5}}\end{bmatrix}$$

이고 $P^{-1}AP=P^TAP$를 계산하면 대각행렬

$$P^TAP=\begin{bmatrix}\frac{-2}{\sqrt{5}} & \frac{1}{\sqrt{5}}\\ \frac{1}{\sqrt{5}} & \frac{2}{\sqrt{5}}\end{bmatrix}\begin{bmatrix}-2 & 2\\ 2 & 1\end{bmatrix}\begin{bmatrix}\frac{-2}{\sqrt{5}} & \frac{1}{\sqrt{5}}\\ \frac{1}{\sqrt{5}} & \frac{2}{\sqrt{5}}\end{bmatrix}=\begin{bmatrix}-3 & 0\\ 0 & 2\end{bmatrix}$$

를 얻는다. ◀

[예제 9] 직교대각화

아래 행렬 A를 대각화시키는 직교행렬 P를 구하라.

$$A=\begin{bmatrix}2 & 2 & -2\\ 2 & -1 & 4\\ -2 & 4 & -1\end{bmatrix}$$

풀이 1. A의 특성다항식은

$$|\lambda I-A|=(\lambda-3)^2(\lambda+6)$$

이므로 고유값은 $\lambda_1=-6$과 $\lambda_2=3$이고 λ_1의 중복도는 1, λ_2의 중복도는 2이다.

2. λ_1에 대한 고유벡터는 $\mathbf{v}_1=(1, -2, 2)$이고 정규화하면

$$\mathbf{u}_1=\frac{\mathbf{v}_1}{\|\mathbf{v}_1\|}=\left(\frac{1}{3}, -\frac{2}{3}, \frac{2}{3}\right)$$

이다.

3. λ_2에 대한 두 고유벡터는

$$\mathbf{v}_2=(2,\ 1,\ 0),\quad \mathbf{v}_3=(-2,\ 0,\ 1).$$

이다. 여기서 $\mathbf{v}_1$은 $\mathbf{v}_2$와 $\mathbf{v}_3$에 대해서 수직임은 정리 7.9에 의해서 보장된다. 그러나 $\mathbf{v}_2$와 $\mathbf{v}_3$는 서로 수직이 아니다. λ_2에 대한 정규직교 고유벡터를 구하기 위해서 아래와 같이 Gram-Schmidt과정을 하면

$$\mathbf{w}_2=\mathbf{v}_2=(2,\ 1,\ 0)$$
$$\mathbf{w}_3=\mathbf{v}_3-\left(\frac{\mathbf{v}_3\cdot\mathbf{w}_2}{\mathbf{w}_2\cdot\mathbf{w}_2}\right)\mathbf{w}_2=\left(-\frac{2}{5},\ \frac{4}{5},\ 1\right)$$

이고 이 벡터를 다시 정규화시키면

$$\mathbf{u}_2=\frac{\mathbf{w}_2}{\|\mathbf{w}_2\|}=\left(\frac{2}{\sqrt{5}},\ \frac{1}{\sqrt{5}},\ 0\right)$$
$$\mathbf{u}_3=\frac{\mathbf{w}_3}{\|\mathbf{w}_3\|}=\left(\frac{-2}{3\sqrt{5}},\ \frac{4}{3\sqrt{5}},\ \frac{5}{3\sqrt{5}}\right)$$

4. P는 $\mathbf{u}_1$, $\mathbf{u}_2$, $\mathbf{u}_3$를 열벡터로 하므로

$$P=\begin{bmatrix}\frac{1}{3} & \frac{2}{\sqrt{5}} & \frac{-2}{3\sqrt{5}}\\ \frac{-2}{3} & \frac{1}{\sqrt{5}} & \frac{4}{3\sqrt{5}}\\ \frac{2}{3} & 0 & \frac{5}{3\sqrt{5}}\end{bmatrix}$$

이다. 대각행렬을 구해보면 $P^{-1}AP=P^TAP=\begin{bmatrix}-6 & 0 & 0\\ 0 & 3 & 0\\ 0 & 0 & 3\end{bmatrix}$ ◀

연습문제 7.3(대칭행렬과 직교대각화)

1-6번의 주어진 행렬이 대칭인지 아닌지 판별하라.

1. $\begin{bmatrix}1 & 3\\ 3 & -1\end{bmatrix}$

2. $\begin{bmatrix}6 & -2\\ -2 & 1\end{bmatrix}$

3. $\begin{bmatrix} 4 & -2 & 1 \\ 3 & 1 & 2 \\ 1 & 2 & 1 \end{bmatrix}$

4. $\begin{bmatrix} 1 & -5 & 4 \\ -5 & 3 & 6 \\ -4 & 6 & 2 \end{bmatrix}$

5. $\begin{bmatrix} 0 & 1 & 2 & -1 \\ 1 & 0 & -3 & 2 \\ 2 & -3 & 0 & 1 \\ -1 & 2 & 1 & -2 \end{bmatrix}$

6. $\begin{bmatrix} 2 & 0 & 3 & 5 \\ 0 & 11 & 0 & -2 \\ 3 & 0 & 5 & 0 \\ 5 & -2 & 0 & 1 \end{bmatrix}$

7-12번의 다음 대칭행렬의 고유값을 구하라. 또 각 고유값에 대해서 대응하는 고유공간의 차원을 구하라.

7. $\begin{bmatrix} 3 & 1 \\ 1 & 3 \end{bmatrix}$

8. $\begin{bmatrix} 2 & 0 \\ 0 & 2 \end{bmatrix}$

9. $\begin{bmatrix} 3 & 0 & 0 \\ 0 & 2 & 0 \\ 0 & 0 & 2 \end{bmatrix}$

10. $\begin{bmatrix} 2 & 1 & 1 \\ 1 & 2 & 1 \\ 1 & 1 & 2 \end{bmatrix}$

11. $\begin{bmatrix} 0 & 2 & 2 \\ 2 & 0 & 2 \\ 2 & 2 & 0 \end{bmatrix}$

12. $\begin{bmatrix} 0 & 4 & 4 \\ 4 & 2 & 0 \\ 4 & 0 & -2 \end{bmatrix}$

13-20번의 주어진 행렬이 직교행렬인지 아닌지 판별하라.

13. $\begin{bmatrix} \frac{\sqrt{2}}{2} & \frac{\sqrt{2}}{2} \\ -\frac{\sqrt{2}}{2} & \frac{\sqrt{2}}{2} \end{bmatrix}$

14. $\begin{bmatrix} \frac{2}{3} & -\frac{2}{3} \\ \frac{2}{3} & \frac{1}{3} \end{bmatrix}$

15. $\begin{bmatrix} -4 & 0 & 3 \\ 0 & 1 & 0 \\ 3 & 0 & 4 \end{bmatrix}$

16. $\begin{bmatrix} -\frac{4}{5} & 0 & \frac{3}{5} \\ 0 & 1 & 0 \\ \frac{3}{5} & 0 & \frac{4}{5} \end{bmatrix}$

17. $\begin{bmatrix} \frac{\sqrt{2}}{2} & -\frac{\sqrt{6}}{6} & \frac{\sqrt{3}}{3} \\ 0 & \frac{\sqrt{6}}{3} & \frac{\sqrt{3}}{3} \\ \frac{\sqrt{2}}{2} & \frac{\sqrt{6}}{6} & -\frac{\sqrt{3}}{3} \end{bmatrix}$

18. $\begin{bmatrix} \frac{\sqrt{2}}{3} & 0 & \frac{\sqrt{5}}{2} \\ 0 & \frac{2\sqrt{5}}{5} & 0 \\ -\frac{\sqrt{2}}{6} & -\frac{\sqrt{5}}{5} & \frac{1}{2} \end{bmatrix}$

19. $\begin{bmatrix} \frac{1}{10}\sqrt{10} & 0 & 0 & -\frac{3}{10}\sqrt{10} \\ 0 & 0 & 1 & 0 \\ 0 & 1 & 0 & 0 \\ \frac{3}{10}\sqrt{10} & 0 & 0 & \frac{1}{10}\sqrt{10} \end{bmatrix}$

20. $\begin{bmatrix} 4 & -1 & -4 & 2 \\ -1 & 0 & -17 & -1 \\ 1 & 4 & -1 & 1 \\ 2 & -1 & 1 & 0 \end{bmatrix}$

21-28번의 P^TAP가 대각행렬이 되는 직교행렬 P를 구하라. 또 P^TAP를 구하라.

21. $A=\begin{bmatrix} 1 & 1 \\ 1 & 1 \end{bmatrix}$

22. $A=\begin{bmatrix} 4 & 2 \\ 2 & 4 \end{bmatrix}$

23. $A=\begin{bmatrix} 2 & \sqrt{2} \\ \sqrt{2} & 1 \end{bmatrix}$

24. $A=\begin{bmatrix} 0 & 1 & 1 \\ 1 & 0 & 1 \\ 1 & 1 & 0 \end{bmatrix}$

25. $A=\begin{bmatrix} 0 & 10 & 10 \\ 10 & 5 & 0 \\ 10 & 0 & -5 \end{bmatrix}$

26. $A=\begin{bmatrix} 0 & 3 & 0 \\ 3 & 0 & 4 \\ 0 & 4 & 0 \end{bmatrix}$

27. $A=\begin{bmatrix} 4 & 2 & 0 & 0 \\ 2 & 4 & 0 & 0 \\ 0 & 0 & 4 & 2 \\ 0 & 0 & 2 & 4 \end{bmatrix}$

28. $A=\begin{bmatrix} 1 & 1 & 0 & 0 \\ 1 & 1 & 0 & 0 \\ 0 & 0 & 1 & 1 \\ 0 & 0 & 1 & 1 \end{bmatrix}$

참 또는 거짓 29-30에서 참, 거짓을 판단하라. 만일 참이면 그 이유를 밝히거나 책에서 그 참인 내용을 찾아 적어라. 또 만일 거짓이면 거짓인 예를 찾거나 바른 내용을 찾아서 적어라.

29. (a) A는 $n\times n$행렬이다. A가 대칭행렬이 될 필요충분조건은 A가 직교대각화가능이다.

(b) 대칭행렬에서 서로 다른 고유값에 대응하는 고유벡터는 서로 수직이다.

30. (a) 정방행렬 P는 P가 가역, 즉 $P^{-1}=P^T$이면 직교행렬이 된다.

(b) 만일 A가 $n\times n$대칭행렬이면 A는 직교대각화가능이고 실고유값을 가진다.

31. A가 $m\times n$행렬이면 A^TA와 AA^T도 대칭행렬임을 증명하라.

32. $A=\begin{bmatrix} 1 & -3 & 2 \\ 4 & -6 & 1 \end{bmatrix}$에서 A^TA와 AA^T를 구하라.

33. 만일 A가 직교행렬이면 $|A|=\pm 1$임을 증명하라.

34. A와 B가 모두 $n\times n$직교행렬이면 AB와 BA도 직교행렬임을 증명하라.

35. 임의의 각 θ에 대해서 행렬

$$A=\begin{bmatrix} \cos\theta & -\sin\theta \\ \sin\theta & \cos\theta \end{bmatrix}$$

는 직교행렬임을 보여라.

36. 만일 대칭행렬 A가 단 하나의 고유값 λ를 가지면 $A=\lambda I$임을 증명하라.

37. A가 직교행렬이면 A^T와 A^{-1}도 직교행렬임을 증명하라.

7.4 고유값과 고유벡터의 응용

증가율

행렬은 증가율에 대한 모델에도 이용된다. 이 과정의 첫 단계는 같은 간격으로 나이를 나누는 것이다. 예를 들면 최대 생존가능 나이가 L년이라고 하면 L을 n 구간으로 나누어서 구간을 만든다.

$$\underset{\text{첫째 구간}}{\left[0, \frac{L}{n}\right)},\quad \underset{\text{둘째 구간}}{\left[\frac{L}{n}, \frac{2L}{n}\right)},\quad \cdots,\quad \underset{n\text{째 구간}}{\left[\frac{(n-1)L}{n}, L\right]}$$

각 구간별로 개체수를 조사하여 표시한 것이 **나이분포벡터**(age distribution vector)이다.

$$\mathbf{x}=\begin{bmatrix} x_1 \\ x_2 \\ \vdots \\ x_n \end{bmatrix} \qquad \begin{matrix} \text{첫 구간의 개체수} \\ \text{둘째 구간의 개체수} \\ \vdots \\ n\text{째 구간의 개체수} \end{matrix}$$

i구간의 개체가 $\frac{L}{n}$년의 기간동안 살아남아 $i+1$ 구간의 개체가 될 확률을 p_i로 나타낸다.

$$0\le p_i\le 1,\ i=1, 2, \cdots, n-1$$

또 i째 구간에서 1개체에서 태어난 새끼의 평균수를 b_i로 나타낸다.

$$0\le b_i,\ i=1, 2, \cdots, n$$

이것을 행렬로 다음과 같이 표시한다.

$$A=\begin{bmatrix} b_1 & b_2 & b_3 & \cdots & b_{n-1} & b_n \\ p_1 & 0 & 0 & \cdots & 0 & 0 \\ 0 & p_2 & 0 & \cdots & 0 & 0 \\ \vdots & \vdots & \vdots & & \vdots & \vdots \\ 0 & 0 & 0 & \cdots & p_{n-1} & 0 \end{bmatrix}$$

이 행렬 A를 **나이추이행렬**(age transition matrix)이라고 부른다. 나이추이행렬 A와 i구간의 나이분포벡터 $\mathbf{x}_i$를 곱하면 다음 구간의 나이분포벡터 $\mathbf{x}_{i+1}$이 된다. 즉

$$A\mathbf{x}_i=\mathbf{x}_{i+1}$$

는 다음 구간의 나이분포벡터이다. 예제 1을 살펴보자.

[예제 1] 증가율 모델

실험실에서 조사한 토끼의 증가율은 다음과 같다.

(a) 토끼의 최대수명은 3년이고 토끼 중 반만 다음해까지 살아남는다.

(b) 첫 해에는 토끼는 새끼를 낳지 않는다. 둘째 해에는 1마리가 평균 6마리의 새끼를 낳고 셋째 해에는 8마리를 낳는다.

현재 실험실의 개체수는 1살 짜리가 24마리, 2살 짜리도 24마리, 3살 짜리는 20마리이다. 1년 후에는 각각 몇마리나 될까 조사하라.

풀이 현재의 나이분포벡터 $\mathbf{x}_0$는

$$\mathbf{x}_1=\begin{bmatrix} 24 \\ 24 \\ 20 \end{bmatrix} \quad \begin{matrix} 0\le \text{나이} < 1 \\ 1\le \text{나이} < 2 \\ 2\le \text{나이} \le 3 \end{matrix}$$

이고 나이추이행렬은

$$A=\begin{bmatrix} 0 & 6 & 8 \\ 0.5 & 0 & 0 \\ 0 & 0.5 & 0 \end{bmatrix}$$

이다. 1년 후 나이분포벡터는

$$\mathbf{x}_2 = A\mathbf{x}_1 = \begin{bmatrix} 0 & 6 & 8 \\ 0.5 & 0 & 0 \\ 0 & 0.5 & 0 \end{bmatrix}\begin{bmatrix} 24 \\ 24 \\ 20 \end{bmatrix} = \begin{bmatrix} 304 \\ 12 \\ 12 \end{bmatrix} \quad \begin{matrix} 0 \leq \text{나이} < 1 \\ 1 \leq \text{나이} < 2 \\ 2 \leq \text{나이} \leq 3 \end{matrix}$$

가 된다. ◀

만일 예제 1의 증가율이 다음 해에도 전 해와 마찬가지라면 2년 후의 토끼의 분포는

$$\mathbf{x}_3 = A\mathbf{x}_2 = \begin{bmatrix} 0 & 6 & 8 \\ 0.5 & 0 & 0 \\ 0 & 0.5 & 0 \end{bmatrix}\begin{bmatrix} 24 \\ 24 \\ 20 \end{bmatrix} = \begin{bmatrix} 304 \\ 12 \\ 12 \end{bmatrix} \quad \begin{matrix} 0 \leq \text{나이} < 1 \\ 1 \leq \text{나이} < 2 \\ 2 \leq \text{나이} \leq 3 \end{matrix}$$

가 된다. 나이분포벡터 $\mathbf{x}_1$, $\mathbf{x}_2$, $\mathbf{x}_3$로 3년 후의 토끼의 나이별 분포비율도 알 수 있다. 연구실에서는 그 전 해와 다음 해의 토끼의 분포가 항상 같도록 하고 싶다. 즉 증가율이 안정되어서 나이별 토끼의 비가 항상 일정하게 유지하기를 원한다. 이러한 안정된 증가율이 되기 위해서는 $(n+1)$째 나이분포벡터는 n째 나이분포벡터의 스칼라 곱이 되어야 한다. 즉 $A\mathbf{x}_n = \mathbf{x}_{n+1} = \lambda\mathbf{x}_n$ 꼴이다. 위의 식은 A의 고유벡터를 구함으로써 해결할 수 있다. 따라서 연구실에서는 매 구간의 나이의 비가 매년 일정하게 유지되도록 성장률을 조절할 수 있다. 예제 2를 보면서 이 문제를 풀어보자.

[예제 2] 안정된 나이분포 찾기

예제 1에서 개체의 나이분포가 안정(stable)되게 하라.

풀이 이 문제를 풀기 위해서

$$A\mathbf{x} = \lambda\mathbf{x}$$

를 만족시키는 고유값 λ와 대응하는 고유벡터을 구하면 된다. A의 특성 다항식은

$$|\lambda I - A| = \begin{vmatrix} \lambda & -6 & -8 \\ -0.5 & \lambda & 0 \\ 0 & -0.5 & \lambda \end{vmatrix} = \lambda^3 - 3\lambda - 2 = (\lambda+1)^2(\lambda-2)$$

이므로 고유값은 -1, 2이다. 양수를 택해서 $\lambda=2$로 하면 대응하는 고유벡터은 $2I-A$를 행-기약행렬로 고치면

$$\begin{bmatrix} 2 & -6 & -8 \\ -0.5 & 2 & 0 \\ 0 & -0.5 & 2 \end{bmatrix} \rightarrow \begin{bmatrix} 1 & 0 & -16 \\ 0 & 1 & -4 \\ 0 & 0 & 0 \end{bmatrix}$$

따라서 $\lambda=2$에 대응되는 L은

$$\mathbf{x}=\begin{bmatrix} x_1 \\ x_2 \\ x_3 \end{bmatrix}=\begin{bmatrix} 16t \\ 4t \\ t \end{bmatrix}=t\begin{bmatrix} 16 \\ 4 \\ 1 \end{bmatrix}$$

이다. 예를 들어 $t=2$로 두면 처음의 나이분포벡터는

$$\mathbf{x}_1=\begin{bmatrix} 32 \\ 8 \\ 2 \end{bmatrix} \quad \begin{matrix} 0\leq \text{나이}<1 \\ 1\leq \text{나이}<2 \\ 2\leq \text{나이}\leq 3 \end{matrix}$$

이고 다음 해의 나이분포벡터는

$$\mathbf{x}_2=A\mathbf{x}_1=\begin{bmatrix} 0 & 6 & 8 \\ 0.5 & 0 & 0 \\ 0 & 0.5 & 0 \end{bmatrix}\begin{bmatrix} 32 \\ 8 \\ 2 \end{bmatrix}=\begin{bmatrix} 64 \\ 16 \\ 4 \end{bmatrix} \quad \begin{matrix} 0\leq \text{나이}<1 \\ 1\leq \text{나이}<2 \\ 2\leq \text{나이}\leq 3 \end{matrix}$$

이다. 처음이나 다음 해나 나이별 비는 항상 16 : 4 : 1이고 이론적으로 이 비는 언제까지나 유지된다. ◀

선형미분방정식계(해석학)

일계 선형미분방정식계(system of first-order linear differential equations)는 다음 모양이다.

$$\begin{aligned} y_1' &= a_{11}y_1+a_{12}y_2+\cdots+a_{1n}y_n \\ y_2' &= a_{21}y_1+a_{22}y_2+\cdots+a_{2n}y_n \\ &\vdots \\ y_n' &= a_{n1}y_1+a_{n2}y_2+\cdots+a_{nn}y_n \end{aligned}$$

단, y_i는 t의 함수이고 $y_i'=\dfrac{dy_i}{dt}$이다.

$$\mathbf{y}=\begin{bmatrix} y_1 \\ y_2 \\ \vdots \\ y_n \end{bmatrix}, \quad \mathbf{y}'=\begin{bmatrix} y_1' \\ y_2' \\ \vdots \\ y_n' \end{bmatrix}$$

라 하면 이 식은 다음과 같은 모양으로 쓸 수 있다.

$$\mathbf{y}'=A\mathbf{y}.$$

[예제 3] 선형미분방정식계의 풀이

다음 선형미분방정식을 풀어라.

$$y_1'=4y$$
$$y_2'=-y_2$$
$$y_3'=2y_3$$

풀이 해석학에서 미분방정식 $y'=kx$의 해는

$$y=Ce^{kt}$$

이다. 따라서 이 연립방정식의 해는

$$y_1=C_1e^{4t}$$
$$y_2=C_2e^{-t}$$
$$y_3=C_3e^{2t}$$

이다. ◀

예제 3의 선형미분방정식계를 행렬형식으로 나타내면 $\mathbf{y}'=A\mathbf{y}$, 즉

$$\begin{bmatrix} y_1' \\ y_2' \\ y_3' \end{bmatrix}=\begin{bmatrix} 4 & 0 & 0 \\ 0 & -1 & 0 \\ 0 & 0 & 2 \end{bmatrix}\begin{bmatrix} y_1 \\ y_2 \\ y_3 \end{bmatrix}$$

이다. 따라서 해 $y_i=C_ie^{\lambda_i t}$에서 t의 계수 λ_i는 행렬 A의 고유값이 됨을 알 수 있다. A가 대각행렬이면

$$\mathbf{y}'=A\mathbf{y}$$

의 해는 예제 3과 같이 즉시 구할 수 있다. 만일 A가 대각행렬이 아니면 해를

구하기가 약간 어렵다. 먼저 A를 대각화시키는 행렬 P를 찾아서 변수를 치환시킨다. 즉 $\mathbf{y}=P\mathbf{w}$로 두면 $\mathbf{y}'=P\mathbf{w}'$이고

$$P\mathbf{w}'=\mathbf{y}'=A\mathbf{y}=AP\mathbf{w} \Rightarrow \mathbf{w}'=P^{-1}AP\mathbf{w}$$

단 $P^{-1}AP$는 대각행렬. 예제 4에서 자세히 살펴보자.

[예제 4] 선형미분방정식계의 풀이

다음 선형미분방정식계를 풀어라.

$$y_1'=3y_1+2y_2$$
$$y_2'=6y_1-y_2$$

풀이 먼저 $A=\begin{bmatrix}3 & 2\\ 6 & -1\end{bmatrix}$을 대각화시키는 행렬 P를 찾아야 한다. A의 고유값은 $\lambda_1=-3$, $\lambda_2=5$이고 이 각각의 고유값에 대응하는 고유벡터는

$$\mathbf{p}_1=\begin{bmatrix}1\\ -3\end{bmatrix},\quad \mathbf{p}_2=\begin{bmatrix}1\\ 1\end{bmatrix}$$

이다. $\mathbf{p}_1$, $\mathbf{p}_2$를 열벡터로 가지는 행렬 $P=\begin{bmatrix}1 & 1\\ -3 & 1\end{bmatrix}$은 A를 대각화시킨다. $P^{-1}AP=\begin{bmatrix}-3 & 0\\ 0 & 5\end{bmatrix}$는 대각행렬이다. 이 연립선형미분방정식은 $\mathbf{w}'=P^{-1}AP\mathbf{w}$로 표시되므로

$$\begin{bmatrix}w_1'\\ w_2'\end{bmatrix}=\begin{bmatrix}-3 & 0\\ 0 & 5\end{bmatrix}\begin{bmatrix}w_1\\ w_2\end{bmatrix} \rightarrow \begin{matrix}w_1'=-3w_1\\ w_2'=5w_2\end{matrix}$$

이고 이 미분방정식의 해는

$$w_1=C_1e^{-3t}$$
$$w_2=C_2e^{5t}$$

이다. $\mathbf{y}=P\mathbf{w}$를 이용해서 다시 원래 변수 y_1, y_2로 돌아오면

$$\begin{bmatrix}y_1\\ y_2\end{bmatrix}=\begin{bmatrix}1 & 1\\ -3 & 1\end{bmatrix}\begin{bmatrix}w_1\\ w_2\end{bmatrix}$$

이므로 해는

$$y_1=\quad w_1+w_2=\quad C_1e^{-3t}+C_2e^{5t}$$

$$y_2 = -3w_1 + w_2 = -3C_1e^{-3t} + C_2e^{5t}$$

이다. ◀

예제 3과 예제 4의 선형미분방정식계에서 각 y_i는 $n \times n$행렬 A의 서로 다른 실 고유값을 $\lambda_1, \lambda_2, \cdots \lambda_n$라고 했을 때 $e^{\lambda_1 t}$, $e^{\lambda_2 t}$, $e^{\lambda_n t}$의 일차결합으로 나타난다. 만일 A의 고유값이 중복도가 1 이상이거나 복소수이면 이 식의 풀이는 약간 변형된다. 이 경우의 풀이는 미분방정식과목에서 자세히 배운다. 여기서는 아래 두 예에서 간단히 어떻게 변형되는지만 소개하겠다.

1. 고유값의 중복도가 1 이상인 경우

$$\begin{aligned} y_1' &= \quad\quad\quad\ \ y_2 \\ y_2' &= -4y_1 + 4y_2 \end{aligned} \quad \text{의 계수행렬은} \quad A = \begin{bmatrix} 0 & 1 \\ -4 & 4 \end{bmatrix}$$

이다. A의 고유값은 $\lambda = 2$뿐이고 이 식의 해는

$$\begin{aligned} y_1 &= \quad\quad C_1e^{2t} + C_2te^{2t} \\ y_2 &= (2C_1 + C_2)e^{2t} + 2C_2te^{2t} \end{aligned}$$

이다.

2. 복소수 고유값:

$$\begin{aligned} y_1' &= -y_2 \\ y_2' &= y_1 \end{aligned} \quad \text{의 계수행렬은} \quad A = \begin{bmatrix} 0 & -1 \\ 1 & 0 \end{bmatrix}$$

이고 A의 고유값은 $\lambda_1 = i$, $\lambda_2 = -i$이다. 이 식의 해는

$$\begin{aligned} y_1 &= \quad C_1 \cos t + C_2 \sin t \\ y_2 &= -C_2 \cos t + C_1 \sin t \end{aligned}$$

이다. 실제로 이 값이 해가 되는지 원래 식에 대입해서 확인해보기 바란다.

이차형식

4.8절에서 소개된 좌표축의 회전문제의 풀이에도 고유값과 고유벡터가 이용된다.

$$ax^2 + bxy + cy^2 + dx + ey + f = 0 \qquad \text{이차식}$$

꼴의 식을 **이차식**(Quadratic equation)이라고 한다. 이 식에서 xy항이 없으면 ($b=0$) 비교적 쉽게 그림표를 그릴 수 있다. 만일 xy항이 있으면 축을 회전시킴으로써 xy항을 소거시킬 수 있다. 새축을 $x'y'$-축이라고 하면 결국

$$a'(x')^2+c'(y')^2+d'x'+e'y'+f'=0$$

꼴로 변형된다. 여기서 a', c'는 행렬

$$A=\begin{bmatrix} a & \frac{b}{2} \\ \frac{b}{2} & c \end{bmatrix}$$

의 고유값임을 유의할 것

$$ax^2+bxy+cy^2$$

꼴의 식을 2차식 $ax^2+bxy+cy^2+dx+ey+f=0$에 관한 **이차형식**(Quadratic form)이라고 한다. 또 행렬 A를 이차형식의 행렬이라고 부른다. 보면 알겠지만 A는 대칭행렬이다. 더욱이 A가 대각행렬이 될 필요충분조건은 $b=0$, 즉 대응하는 이차형식의 xy항이 없을 경우이다. 아래 예를 살펴보자.

[예제 5] 이차형식의 행렬 구하기

아래 이차식에 대한 이차형식의 행렬을 구하라.

(a) $4x^2+9y^2-36=0$

(b) $13x^2-10xy+13y^2-72=0$

풀이 (a) $a=4$, $b=0$, $c=9$이므로 행렬은

$$A=\begin{bmatrix} 4 & 0 \\ 0 & 9 \end{bmatrix} \quad \text{대각행렬}(xy\text{-항이 없다})$$

이다.

(b) $a=13$, $b=-10$, $c=13$이므로 행렬은

$$A=\begin{bmatrix} 13 & -5 \\ -5 & 13 \end{bmatrix} \quad \text{비대각행렬}(xy\text{-항이 있다})$$

◀

식 $4x^2+9y^2-36=0$의 기본꼴은

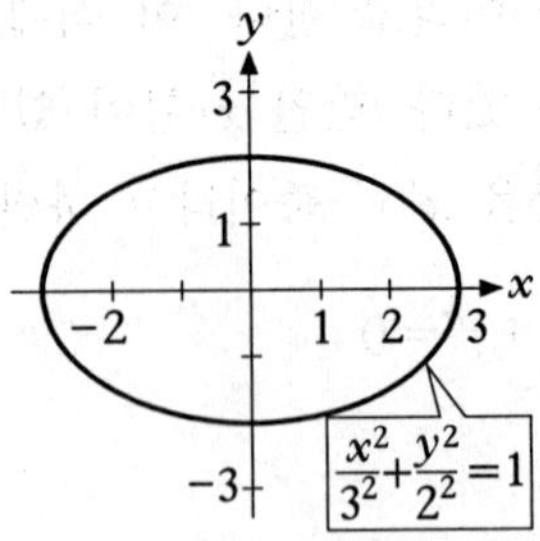

[그림 7.3]

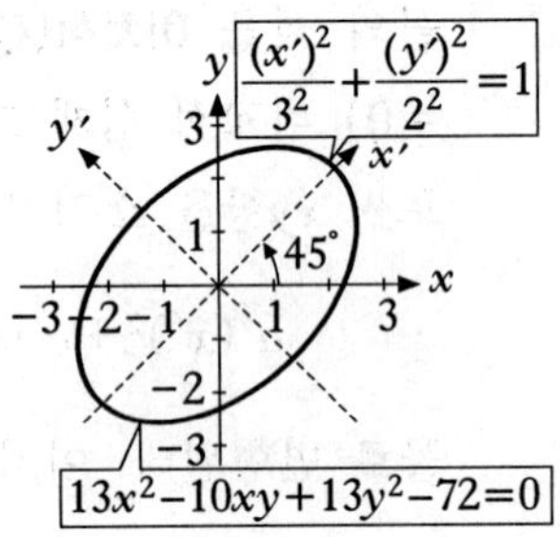

[그림 7.4]

$$\frac{x^2}{3^2}+\frac{y^2}{2^2}=1$$

이고 이것은 그림 7.3에 보는 것과 같은 타원의 식이다. 쉽지는 않지만 식 $13x^2-10xy+13y^2-72=0$은 x, y축을 시계바늘 반대방향으로 45° 회전시켜 새로운 축 x', y'을 만들어 새좌표로 표시하면

$$\frac{(x')^2}{3^2}+\frac{(y')^2}{2^2}=1$$

가 되는데 이것은 그림 7.4의 타원형의 식이다.

이차형식의 행렬이 축의 회전에 어떻게 사용되는지 보기위해서

$$X=\begin{bmatrix} x \\ y \end{bmatrix}$$

라 하면 이차 표시 $ax^2+bxy+cy^2+dx+ey+f$는 아래와 같은 행렬형식으로 쓸 수 있다.

$$X^TAX+[d \quad e]X+f=[x \quad y]\begin{bmatrix} a & \frac{b}{2} \\ \frac{b}{2} & c \end{bmatrix}\begin{bmatrix} x \\ y \end{bmatrix}+[d \quad e]\begin{bmatrix} x \\ y \end{bmatrix}+f$$
$$=ax^2+bxy+cy^2+dx+ey+f$$

만일 $b=0$이면 회전은 필요 없다. 그러나 만일 $b\neq0$이면 A가 대칭이므로 정리 7.10을 써서 $P^TAP=D$가 대각행렬이 되는 직교행렬 P가 존재한다. 따라서

$$P^TX=X'=\begin{bmatrix} x' \\ y' \end{bmatrix}$$

라 두면 $X=PX'$이고

$$\begin{aligned} X^TAX &= (PX')^TA(PX') \\ &= (X')^TP^TAPX' \\ &= (X')^TDX' \end{aligned}$$

가 된다. 행렬 P를 택할 때 주의해야 한다. 왜냐하면 P는 직교행렬이므로 행렬식은 ±1이다. 한편 $|P|=1$이면 P는

$$P=\begin{bmatrix} \cos\theta & -\sin\theta \\ \sin\theta & \cos\theta \end{bmatrix}$$

꼴로 쓸수 있다(연습문제 49). $|P|=-1$이면 한열에 -1을 곱해서 $|P|=1$로 만든다. 단 여기서 θ는 x축에서 x'축으로 회전시킨 각이다. 이 사실로부터 다음 **기본축 정리**(Principal Axes Theorem)를 얻을 수 있다.

기본축 정리

$ax^2+bxy+cy^2+dx+ey+f=0$식으로 주어진 원추곡선에서 $X=PX'$로 두어 회전시킬 때 P가 $|P|=1$인 직교행렬이면 xy-항이 소거된다. 또

$$P^TAP=\begin{bmatrix} \lambda_1 & 0 \\ 0 & \lambda_2 \end{bmatrix}$$

는 대각행렬이 되어 A를 대각화시킨다. 물론 여기서 λ_1, λ_2는 A의 고유값이다. 회전시킨 방정식은 다음과 같다.

$$\lambda_1(x')^2+\lambda_2(y')^2+[d \quad e]PX'+f=0$$

참고 행렬의 곱 $[d \quad e]PX'$의 꼴은

$$[d \quad e]PX'=(d\cos\theta+e\sin\theta)x'+(-d\sin\theta+e\cos\theta)y'$$

이 된다.

[예제 6] 원추곡선의 회전

이차식 $13x^2-10xy+13y^2-72=0$을 회전시켜서 xy-항을 소거시켜라.

풀이 이 식에 대한 이차형식의 행렬은

$$A=\begin{bmatrix} 13 & -5 \\ -5 & 13 \end{bmatrix}$$

이다. A의 특성다항식은

$$\begin{vmatrix} \lambda-13 & 5 \\ 5 & \lambda-13 \end{vmatrix}=(\lambda-13)^2-25=(\lambda-8)(\lambda-18)$$

이므로 A의 고유값은 $\lambda_1=8$, $\lambda_2=18$이다. 따라서 회전시킨 식은

$$8(x')^2+18(y')^2-72=0$$

이고 이 식을 표준꼴로 고쳐쓰면

$$\frac{(x')^2}{3^2}+\frac{(y')^2}{2^2}=1$$

이 되어 타원의 식이다(그림 7.4). ◀

예제 6에서 A의 고유벡터는

$$\mathbf{x}_1=\begin{bmatrix} 1 \\ 1 \end{bmatrix}, \quad \mathbf{x}_2=\begin{bmatrix} -1 \\ 1 \end{bmatrix}$$

이므로 P의 열을 정규화시켜 구하면

$$P=\begin{bmatrix} \frac{1}{\sqrt{2}} & -\frac{1}{\sqrt{2}} \\ \frac{1}{\sqrt{2}} & \frac{1}{\sqrt{2}} \end{bmatrix}
=\begin{bmatrix} \cos\theta & -\sin\theta \\ \sin\theta & \cos\theta \end{bmatrix}$$

이다. 여기서 $|P|=1$이므로 P는 회전이다. 더욱이 $\cos 45^\circ=\frac{1}{\sqrt{2}}=\sin 45^\circ$이므로 그림 7.4와 같이 $\theta=45^\circ$가 된다.

기본축 정리의 직교행렬 P는 딱 1개만 존재하는 것이 아니다. P의 항은 고유값 λ_1, λ_2의 순서에 따라서 정해지므로 결국 이에 대응하는 고유벡터 $\mathbf{x}_1$, $\mathbf{x}_2$의 값에 좌우된다. 예를 들어 예제 6의 풀이에서 P는 다음처럼 여러 경우가 있을 수 있다.

$$\begin{array}{ccc} \begin{matrix} \mathbf{x}_1 & \mathbf{x}_2 \end{matrix} & \begin{matrix} \mathbf{x}_1 & \mathbf{x}_2 \end{matrix} & \begin{matrix} \mathbf{x}_1 & \mathbf{x}_2 \end{matrix} \\ \begin{bmatrix} -\frac{1}{\sqrt{2}} & \frac{1}{\sqrt{2}} \\ -\frac{1}{\sqrt{2}} & -\frac{1}{\sqrt{2}} \end{bmatrix} & \begin{bmatrix} -\frac{1}{\sqrt{2}} & -\frac{1}{\sqrt{2}} \\ \frac{1}{\sqrt{2}} & -\frac{1}{\sqrt{2}} \end{bmatrix} & \begin{bmatrix} \frac{1}{\sqrt{2}} & \frac{1}{\sqrt{2}} \\ -\frac{1}{\sqrt{2}} & \frac{1}{\sqrt{2}} \end{bmatrix} \\ \lambda_1=8,\ \lambda_2=18 & \lambda_1=18,\ \lambda_2=8 & \lambda_1=18,\ \lambda_2=8 \\ \theta=225^\circ & \theta=135^\circ & \theta=315^\circ \end{array}$$

P를 어느것으로 택하든 회전시킨 원뿔곡선의 모양은 같다.

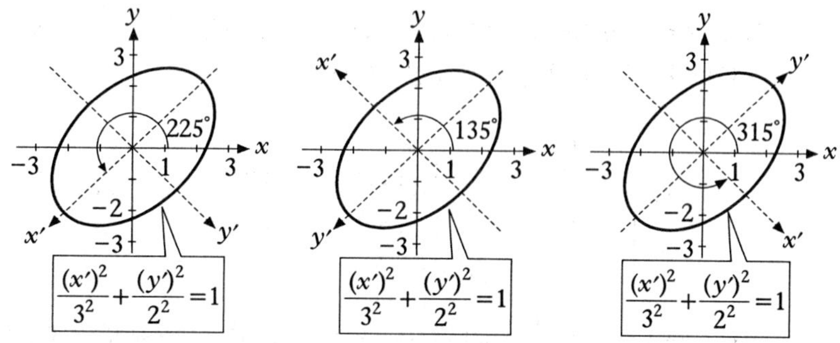

[그림 7.5]

기본축정리를 적용하는 순서를 요약하면 다음과 같다.

1. 행렬 A로부터 고유값 λ_1, λ_2를 구한다.
2. λ_1, λ_2에 대응하는 고유벡터를 구하고 이 고유벡터를 정규화시켜서 행렬 P의 열로 한다.
3. 만일 $|P|=-1$이면 P의 한 열에 -1을 곱해서 $|P|=1$로 만들면

$$P=\begin{bmatrix} \cos\theta & -\sin\theta \\ \sin\theta & \cos\theta \end{bmatrix}$$

   꼴이 된다.
4. 각 θ는 회전각을 나타낸다.
5. 회전시킨 원추곡선의 식은

$$\lambda_1(x')^2+\lambda_2(y')^2+[d \quad e]PX'+f=0$$

   이다.

예제 7에서는 중심이 원점이 아닌 원추곡선에 기본축정리를 적용해 보겠다.

[예제 7] 원추곡선의 회전

이차식

$$3x^2-10xy+3y^2+16\sqrt{2}x-32=0$$

에서 축을 회전시켜 xy-항을 소거하라.

풀이 이 식에 대한 이차형식의 행렬은

$$A=\begin{bmatrix} 3 & -5 \\ -5 & 3 \end{bmatrix}$$

이다. A의 고유값은 $\lambda_1=8$, $\lambda_2=-2$이고 대응하는 고유벡터는 $\mathbf{x}_1=(-1, 1)$, $\mathbf{x}_2=(-1, -1)$이다. 정규화시켜 행렬 P를 구하면

$$P=\begin{bmatrix} -\frac{1}{\sqrt{2}} & -\frac{1}{\sqrt{2}} \\ \frac{1}{\sqrt{2}} & -\frac{1}{\sqrt{2}} \end{bmatrix}=\begin{bmatrix} \cos\theta & -\sin\theta \\ \sin\theta & \cos\theta \end{bmatrix}, \quad \text{단 } |P|=1$$

이다. $\cos 135°=\frac{-1}{\sqrt{2}}$, $\sin 135°=\frac{1}{\sqrt{2}}$이므로 회전각은 135°이다. 마지막으로 행렬의 곱에서

$$\begin{aligned}[d \quad e]=PX'=[16\sqrt{2} \quad 0]&\begin{bmatrix} -\frac{1}{\sqrt{2}} & -\frac{1}{\sqrt{2}} \\ \frac{1}{\sqrt{2}} & -\frac{1}{\sqrt{2}} \end{bmatrix}\begin{bmatrix} x' \\ y' \end{bmatrix} \\ &=-16x'-16y' \end{aligned}$$

이므로 회전시킨 원추곡선의 식은

$$8(x')^2-2(y')^2-16x'-16y'-32=0$$

이고 이 식을 표준꼴로 고치면

$$\frac{(x'-1)^2}{1^2}-\frac{(y'+4)^2}{2^2}=1$$

이므로 그림 7.6과 같은 쌍곡선이 된다.

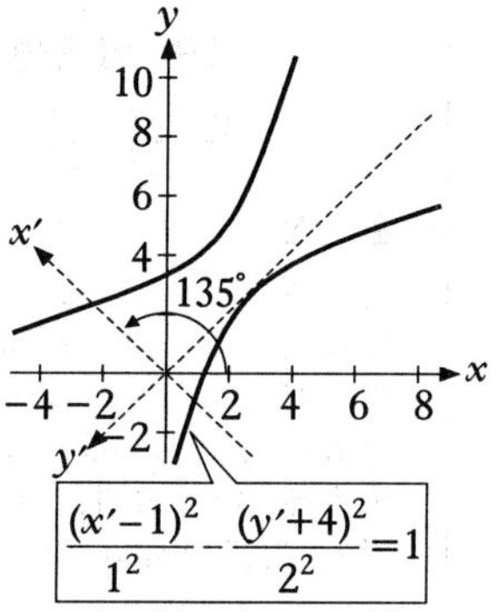

[그림 7.6] ◀

2차형식은 원추곡선과 마찬가지로 3차원공간에서 2차곡면의 식을 분석하는데에도 이용된다. 3차원공간에서의 2차곡면의 식은 3변수의 2차식

$$ax^2+by^2+cz^2+dxy+exz+fyz+gx+hy+iz+j=0$$

꼴로 주어진다. 2차곡면은 6개의 기본형이 있는데 타원면, 1면 쌍곡면, 2면 쌍곡면, 타원뿔, 타원포물면, 말안장(쌍곡포물면)이다. 이 곡면과 각 좌표면과의 접선을 **절선**(trace)이라 하는데 이것으로 그 곡면의 모양을 대략 상상할 수 있다. 대략 모양을 보면 다음과 같다.

<table>
<tr>
<td>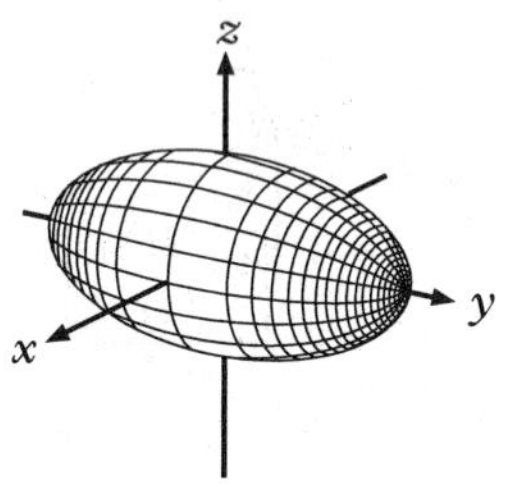</td>
<td>타원면
$\frac{x^2}{a^2}+\frac{y^2}{b^2}+\frac{z^2}{c^2}=1$
절 선 면
타 원 xy-면에 평행
타 원 xz-면에 평행
타 원 yz-면에 평행
$a=b=c\neq 0$이면 구면</td>
<td>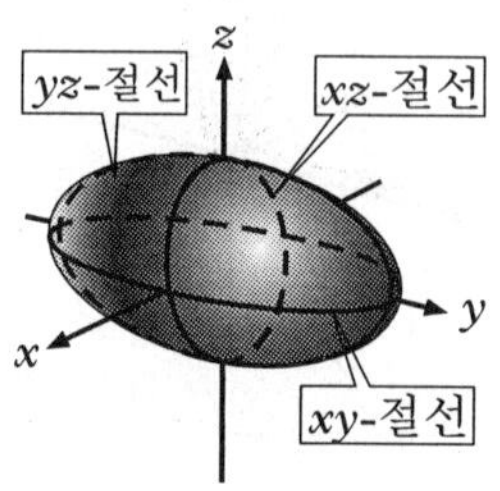</td>
</tr>
<tr>
<td colspan="3">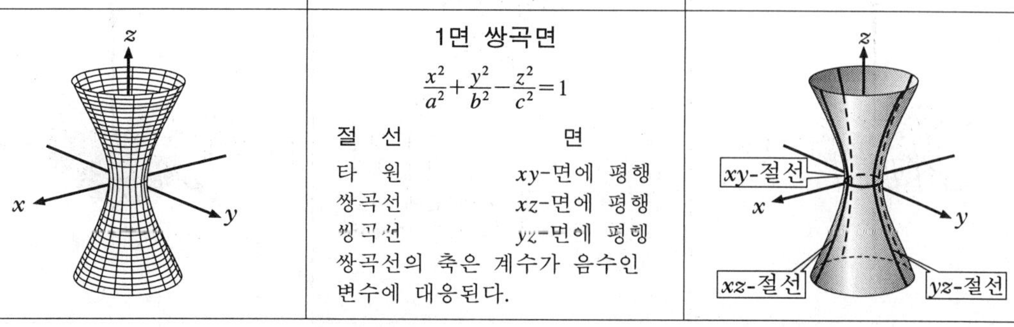</td>
</tr>
<tr>
<td></td>
<td>1면 쌍곡면
$\frac{x^2}{a^2}+\frac{y^2}{b^2}-\frac{z^2}{c^2}=1$
절 선 면
타 원 xy-면에 평행
쌍곡선 xz-면에 평행
쌍곡선 yz-면에 평행
쌍곡선의 축은 계수가 음수인 변수에 대응된다.</td>
<td></td>
</tr>
</table>

<table>
<tr>
<td>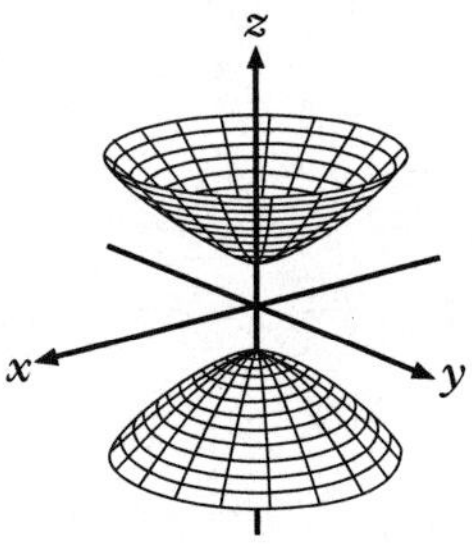</td>
<td>2면 쌍곡면
$\frac{z^2}{c^2}-\frac{x^2}{a^2}-\frac{y^2}{b^2}=1$
절 선 면
타 원 xy-면에 평행
쌍곡선 xz-면에 평행
쌍곡선 yz-면에 평행
쌍곡선의 축은 계수가 양수인 변수에 대응된다. 이 축과 수직인 좌표면과의 절선은 없다.</td>
<td>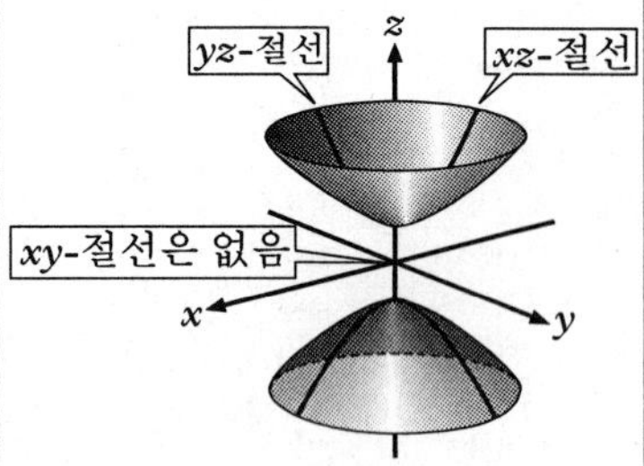</td>
</tr>
<tr>
<td>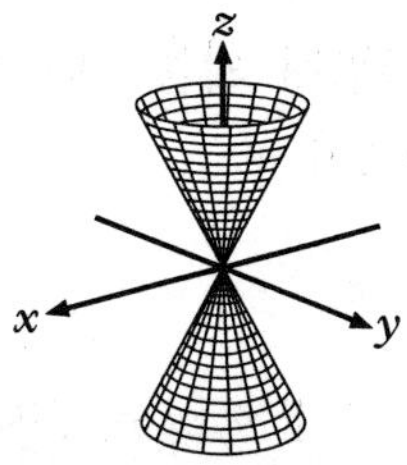</td>
<td>타원뿔
$\frac{x^2}{a^2}+\frac{y^2}{b^2}-\frac{z^2}{c^2}=0$
절 선 면
타 원 xy-면에 평행
쌍곡선 xz-면에 평행
쌍곡선 yz-면에 평행
뿔의 축은 계수가 음수인 변수에 대응된다. 이 축에 평행인 좌표면과의 절선은 교차하는 직선이다.</td>
<td>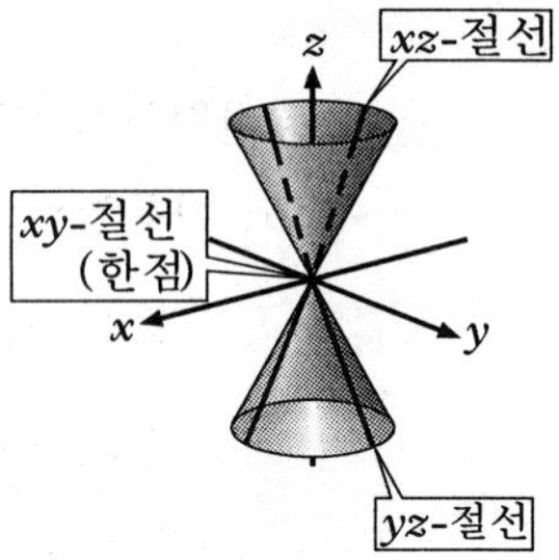</td>
</tr>
<tr>
<td>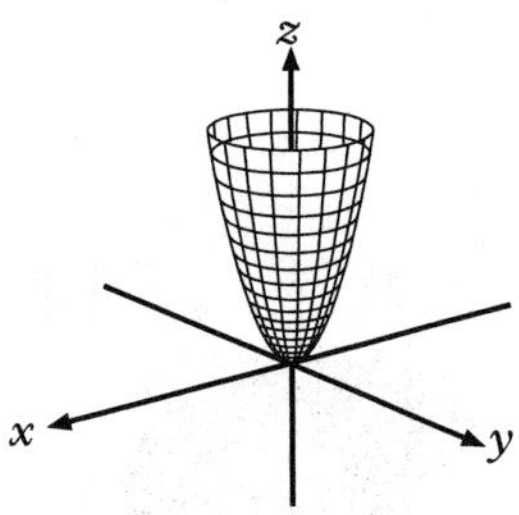</td>
<td>타원포물면
$z=\frac{x^2}{a^2}+\frac{y^2}{b^2}$
절 선 면
타 원 xy-면에 평행
포물선 xz-면에 평행
포물선 yz-면에 평행
포물면의 축은 1차식인 변수에 대응된다.</td>
<td>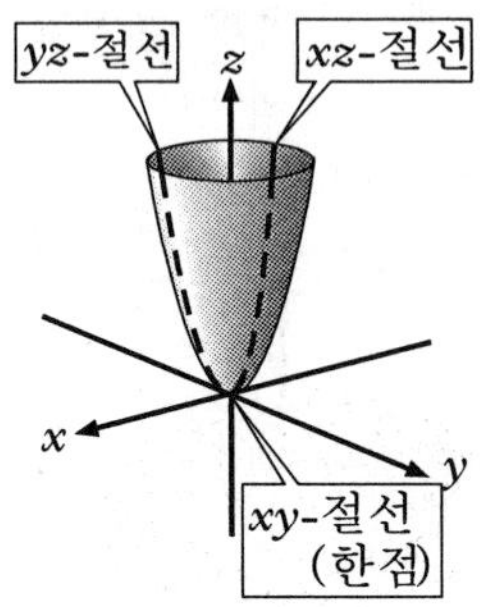</td>
</tr>
<tr>
<td>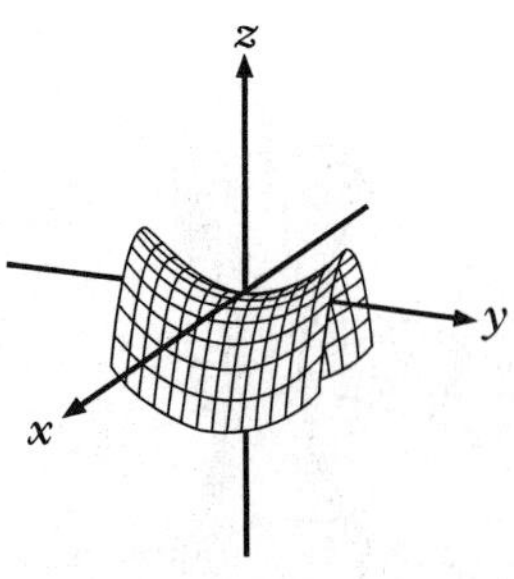</td>
<td>쌍곡포물면
$z=\frac{y^2}{b^2}-\frac{x^2}{a^2}$
절 선 면
쌍곡선 xy-면에 평행
포물선 xz-면에 평행
포물선 yz-면에 평행
포물면의 축은 1차식인 변수에 대응된다.</td>
<td>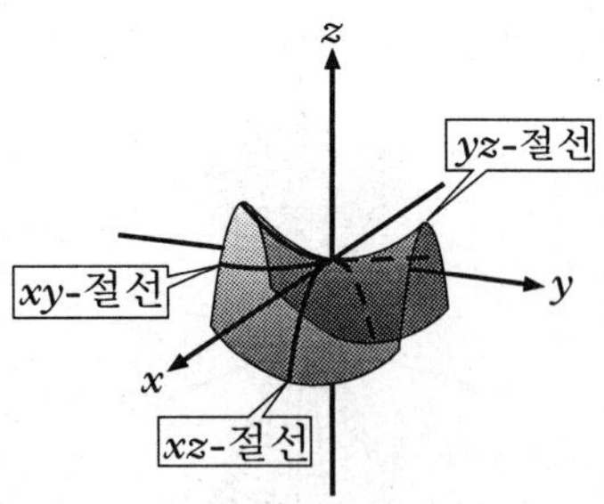</td>
</tr>
</table>

식

$$ax^2+by^2+cz^2+dxy+exz+fyz+gx+hy+iz+j=0 \qquad \text{2차 곡면}$$

의 이차형식은

$$ax^2+by^2+cz^2+dxy+exz+fyz \qquad \text{이차형식}$$

이고 대응되는 행렬은

$$A=\begin{bmatrix} a & \frac{d}{2} & \frac{e}{2} \\ \frac{d}{2} & b & \frac{f}{2} \\ \frac{e}{2} & \frac{f}{2} & c \end{bmatrix}$$

이다. 3차원 공간에서의 기본축정리는 A의 고유값과 고유벡터로 결정되며 회전된 곡면의 식을 결정한다. 예제 8을 보자.

[예제 8] 2차 곡면의 회전

다음 이차식에서 축을 회전하여 xz-항을 소거하라.

$$5x^2+4y^2+5z^2+8xz-36=0$$

풀이 이 이차식에 대한 행렬 A는

$$A=\begin{bmatrix} 5 & 0 & 4 \\ 0 & 4 & 0 \\ 4 & 0 & 5 \end{bmatrix}$$

이고 고유값은 $\lambda_1=1$, $\lambda_2=4$, $\lambda_3=9$이다. 따라서 회전시킨 새로운 축 $x'y'z'$-시스템에서는 이차식 $(x')^2+4(y')^2+9(z')^2-36=0$이 되고 표준형식은

$$\frac{(x')^2}{6^2}+\frac{(y')^2}{3^2}+\frac{(z')^2}{2^2}=1$$

이다. 이 식의 그래프는 타원면이다. 그림 7.7과 같이 $x'y'z'$-축은 y-축을 시계반대방향으로 45° 회전시킨 것이다. 또 직교행렬은

$$P=\begin{bmatrix} \frac{1}{\sqrt{2}} & 0 & \frac{1}{\sqrt{2}} \\ 0 & 1 & 0 \\ -\frac{1}{\sqrt{2}} & 0 & \frac{1}{\sqrt{2}} \end{bmatrix}$$

인데 각 열은 A의 고유벡터이다. 더욱이 P^TAP는 대각행렬이 된다.

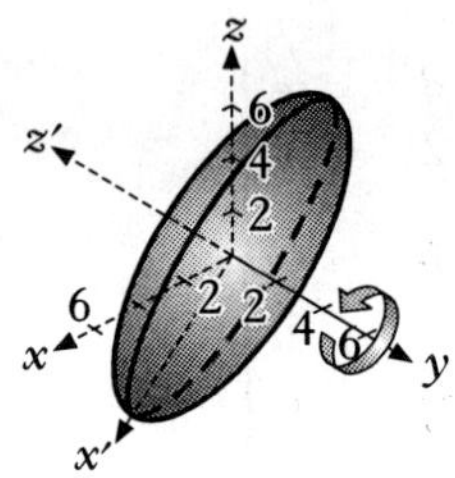

[그림 7.7]

연습문제 7.4(고유값과 고유벡터의 응용)

1-4번의 나이추이행렬 A와 나이분포벡터 $\mathbf{x}_1$을 이용해서 나이분포벡터 $\mathbf{x}_2$, $\mathbf{x}_3$를 구하라.

1. $A=\begin{bmatrix} 0 & 2 \\ \frac{1}{2} & 0 \end{bmatrix}$, $\mathbf{x}_1=\begin{bmatrix} 10 \\ 10 \end{bmatrix}$

2. $A=\begin{bmatrix} 0 & 4 \\ \frac{1}{16} & 0 \end{bmatrix}$, $\mathbf{x}_1=\begin{bmatrix} 160 \\ 160 \end{bmatrix}$

3. $A=\begin{bmatrix} 0 & 3 & 4 \\ 1 & 0 & 0 \\ 0 & \frac{1}{2} & 0 \end{bmatrix}$, $\mathbf{x}_1=\begin{bmatrix} 12 \\ 12 \\ 12 \end{bmatrix}$

4. $A=\begin{bmatrix} 0 & 2 & 2 & 0 \\ \frac{1}{4} & 0 & 0 & 0 \\ 0 & 1 & 0 & 0 \\ 0 & 0 & \frac{1}{2} & 0 \end{bmatrix}$, $\mathbf{x}_1=\begin{bmatrix} 100 \\ 100 \\ 100 \\ 100 \end{bmatrix}$

5. 문제 1에서 나이추이행렬에 대한 안정된 나이분포를 구하라.

6. 문제 2에서 나이추이행렬에 대한 안정된 나이분포를 구하라.

7. 문제 3에서 나이추이행렬에 대한 안정된 나이분포를 구하라.

8. 문제 4에서 나이추이행렬에 대한 안정된 나이분포를 구하라.

9. 어떤 개체는 다음과 같은 특성을 가진다.

(a) 첫 해에 75%의 개체가 살아남는다. 그 75%의 생존개체중 25%만이 다음 해까지 살아 남는다. 최대생존기간은 3년이다.

(b) 첫 해 평균 2마리의 새끼를 낳고 2년째는 4마리, 3년째는 2마리의 새끼를 낳는다. 현재 각 나이별로 120마리의 개체가 있다. 1년 후, 2년 후의 각 나이별 개체수를 구하라.

10. $A=\begin{bmatrix} 0 & 2 \\ \frac{1}{2} & 0 \end{bmatrix}$, $\mathbf{x}_1=\begin{bmatrix} a \\ a \end{bmatrix}$이다.

$\lim_{n\to\infty} A^n\mathbf{x}_1$을 구하라.

선형미분방정식계(해석학)

11-14번의 아래 일계 선형미분방정식계의 해를 구하라.

11. $y_1'=2y_1$
$y_2'=y_2$

12. $y_1'=-3y_1$
$y_2'=4y_2$

13. $y_1'=-y_1$
$y_2'=6y_2$
$y_3'=y_3$

14. $y_1'=5y_1$
$y_2'=-2y_2$
$y_3'=-3y_3$

15-22번의 아래 일계 선형미분방정식계의 해를 구하라.

15. $y_1'=y_1-4y_2$
$y_2'=2y_2$

16. $y_1'=y_1-4y_2$
$y_2'=-2y_1+8y_2$

17. $y_1'=y_1+2y_2$
$y_2'=2y_1+y_2$

18. $y_1'=y_1-y_2$
$y_2'=2y_1+4y_2$

19. $y_1'=-3y_2+5y_3$
$y_2'=-4y_1+4y_2-10y_3$
$y_3'=4y_3$

20. $y_1'=-2y_1+y_3$
$y_2'=3y_2+4y_3$
$y_3'=y_3$

21. $y_1'=y_1-2y_2+y_3$
$y_2'=2y_2+4y_3$
$y_3'=4y_3$

22. $y_1'=2y_1+y_2+y_3$
$y_2'=y_1-y_2$
$y_3'=y_1+y_3$

23-26번의 다음을 행렬방정식 $\mathbf{y}'=A\mathbf{y}$로 표시되는 일계 선형미분방정식계로 쓰고 주어진 값이 일반해가 됨을 보여라.

23. $A=\begin{bmatrix} 1 & 1 \\ 0 & 1 \end{bmatrix}$, $y_1=C_1e^t+C_2te^t$
$y_2=C_2e^t$

24. $A=\begin{bmatrix}1 & 1\\ 0 & 1\end{bmatrix}$, $\begin{aligned}y_1&=\ \ C_1e^t\cos t+C_2e^t\sin t\\ y_2&=-C_2e^t\cos t+C_1e^t\sin t\end{aligned}$

25. $A=\begin{bmatrix}0 & 1 & 0\\ 0 & 0 & 1\\ 0 & -4 & 0\end{bmatrix}$, $\begin{aligned}y_1&=C_1+\ C_2\cos 2t+\ C_3\sin 2t\\ y_2&=\quad 2C_3\cos 2t+2C_2\sin 2t\\ y_3&=\ -4C_2\cos 2t-4C_3\sin 2t\end{aligned}$

26. $A=\begin{bmatrix}0 & 1 & 0\\ 0 & 0 & 1\\ 1 & -3 & 3\end{bmatrix}$, $\begin{aligned}y_1&=C_1e^t+C_2te^t+C_3t^2e^t\\ y_2&=(C_1+C_2)e^t+(C_2+2C_3)te^t+C_3t^2e^t\\ y_3&=(C_1+2C_2+2C_3)e^t+(C_2+4C_3)te^t+C_3t^2e^t\end{aligned}$

이차형식

27-32번의 아래 식에 대한 이차형식의 행렬을 구하라.

27. $x^2+y^2-4=0$

28. $x^2-4xy+y^2-4=0$

29. $9x^2+10xy-4y^2-36=0$

30. $12x^2-5xy-x+2y-20=0$

31. $10xy-10y^2+4x-48=0$

32. $16x^2-4xy+20y^2-72=0$

33-38번의 아래 식에 대한 이차형식의 행렬 A를 구하라. 또 A의 고유값을 구하고 P^TAP가 대각행렬이 되는 직교행렬 P를 구하라.

33. $2x^2-3xy-2y^2+10=0$

34. $5x^2-2xy-5y^2+10x-17=0$

35. $13x^2+6\sqrt{3}xy+7y^2-16=0$

36. $3x^2-2\sqrt{3}xy+y^2+2x+2\sqrt{3}y=0$

37. $16x^2-24xy+9y^2-60x-80y+100=0$

38. $17x^2+32xy-7y^2-75=0$

39-46번의 기본축이론을 써서 아래 2차식에서 xy-항이 소거되도록 축을 회전시켜라. 이 결과 생기는 원뿔곡선을 구하고 새 좌표계에서의 식을 구하라.

39. $13x^2-8xy+7y^2-45=0$

40. $x^2+4xy+y^2-9=0$

41. $7x^2+32xy-17y^2-50=0$

42. $2x^2-4xy+5y^2-36=0$

43. $2x^2+4xy+2y^2+6\sqrt{2}x+2\sqrt{2}y+4=0$

44. $8x^2+8xy+8y^2+10\sqrt{2}x+26\sqrt{2}y+31=0$

45. $xy+x-2y+3=0$

46. $5x^2-2xy+5y^2+10\sqrt{2}x=0$

47-48번의 아래 식에 대한 이차형식의 행렬 A를 구하라. 또 xy-, xz-, yz-항을 소거시킨 이차곡면의 식을 구하라.

47. $3x^2-2xy+3y^2+8z^2-16=0$

48. $2x^2+2y^2+2z^2+2xy+2xz+yz-1=0$

49. P는 $|P|=1$인 2×2직교행렬이다.

$$P=\begin{bmatrix}\cos\theta & -\sin\theta\\ \sin\theta & \cos\theta\end{bmatrix}$$

가 되는 θ, $\theta\leq\theta\leq2\pi$가 존재함을 보여라.

요 약 Chapter 7(고유값과 고유벡터)

이 장의 학습 후 다음 지식들은 필히 알아야 한다.

- 주어진 행렬 A의 특성방정식과 고유값과 고유값에 대응하는 고유벡터를 구한다.
- 주어진 행렬이 대각가능인지 판단한다.
- (가능하면) 주어진 행렬 A에 대해서 $P^{-1}AP$가 대각행렬이 되는 정칙행렬 P를 구한다.
- (가능하면) 주어진 선형변환 T에 대해서 T의 정의구역의 기저 B를 구해서 이 B에 의한 T의 행렬이 대각행렬이 되도록 한다.
- 주어진 행렬이 대칭인지 판단한다.
- 주어진 대칭행렬의 고유값을 구하고 대응하는 고유공간의 차원을 정한다.
- 주어진 행렬이 직교행렬인지 판단한다.
- A를 대각화시키는 직교행렬 P를 구한다.
- 나이추이행렬과 나이분포행렬을 이용해서 성장률모델을 만든다. 또 성장률에 대한 안정된 나이분포를 구한다.
- 주어진 나이추이행렬에 대한 안정된 나이분포를 구한다.
- 일계 선형미분방정식계의 해를 구한다.
- 이차식에 대한 이차형식의 행렬을 구한다.
- 기본축정리를 이용해서 주어진 이차방정식에서 xy-항을 소거시키도록 축을 회전시킨다.
- xy-, xz-, yz-항이 소거된 회전시킨 이차곡면의 식을 구한다.

복습문제 Chapter 7(고유값과 고유벡터)

1-6번의 (a) A의 특성방정식을 구하라. (b) A의 실 고유값을 구하라. (c) 각 고유값에 대응하는 고유공간의 기저를 구하라.

1. $A=\begin{bmatrix}2 & 1\\ 5 & -2\end{bmatrix}$

2. $A=\begin{bmatrix}2 & 1\\ -4 & -2\end{bmatrix}$

3. $A=\begin{bmatrix}9 & 4 & -3\\ -2 & 0 & 6\\ -1 & -4 & 11\end{bmatrix}$

4. $A=\begin{bmatrix}-4 & 1 & 2\\ 0 & 1 & 1\\ 0 & 0 & 3\end{bmatrix}$

5. $A=\begin{bmatrix}2 & 0 & 1\\ 0 & 3 & 4\\ 0 & 0 & 1\end{bmatrix}$

6. $A=\begin{bmatrix}2 & 1 & 0 & 0\\ 1 & 2 & 0 & 0\\ 0 & 0 & 2 & 1\\ 0 & 0 & 1 & 2\end{bmatrix}$

7-10번의 A가 대각화가능인지 판단하라. 만일 가능하면 $P^{-1}AP$가 대각이 되는 정칙행렬 P를 구하라.

7. $A=\begin{bmatrix}-2 & -1 & 3\\ 0 & 1 & 2\\ 0 & 0 & 1\end{bmatrix}$

8. $A=\begin{bmatrix}3 & -2 & 2\\ -2 & 0 & -1\\ 2 & -1 & 0\end{bmatrix}$

9. $A=\begin{bmatrix}1 & 0 & 2\\ 0 & 1 & 0\\ 2 & 0 & 1\end{bmatrix}$

10. $A=\begin{bmatrix}2 & -1 & 1\\ -2 & 3 & -2\\ -1 & 1 & 0\end{bmatrix}$

11. 만일 $0<\theta<\pi$이면 각 θ만큼 시계반대방향으로 회전시키는 변환은 실 고유값을 가지지 않음을 보여라.

12. a가 어떤 값을 가지면 다음 성질을 만족시키는가?

$$A=\begin{bmatrix}0 & 1\\ a & 1\end{bmatrix}$$

(a) A는 중복도가 2인 고유값을 가진다.

(b) A의 고유값은 -1, 2이다.

(c) A는 실 고유값을 가진다.

쓰기 13-16번의 다음 행렬이 대각화가 가능하지 않은 이유를 설명하라.

13. $A=\begin{bmatrix}0 & 2\\ 0 & 0\end{bmatrix}$

14. $A=\begin{bmatrix}-1 & 2\\ 0 & -1\end{bmatrix}$

15. $A=\begin{bmatrix} 3 & 0 & 0 \\ 1 & 3 & 0 \\ 0 & 0 & 3 \end{bmatrix}$

16. $A=\begin{bmatrix} -2 & 3 & 1 \\ 0 & 4 & 3 \\ 0 & 0 & -2 \end{bmatrix}$

17-18번의 두 행렬이 닮은지, 그렇지 않은지 판단하라. 만일 닮았으면 $A=P^{-1}BP$가 되는 행렬 P를 구하라.

17. $A=\begin{bmatrix} 1 & 0 \\ 0 & 2 \end{bmatrix}$, $B=\begin{bmatrix} 2 & 0 \\ 0 & 1 \end{bmatrix}$

18. $A=\begin{bmatrix} 1 & 1 & 0 \\ 0 & 1 & 1 \\ 0 & 0 & 1 \end{bmatrix}$, $B=\begin{bmatrix} 1 & 1 & 0 \\ 0 & 1 & 0 \\ 0 & 0 & 1 \end{bmatrix}$

19-22번의 다음 행렬이 대칭인지, 직교인지 판단하라.

19. $A=\begin{bmatrix} -\frac{\sqrt{2}}{2} & \frac{\sqrt{2}}{2} \\ \frac{\sqrt{2}}{2} & \frac{\sqrt{2}}{2} \end{bmatrix}$

20. $A=\begin{bmatrix} -\frac{2}{3} & \frac{1}{3} & -\frac{2}{3} \\ \frac{2}{3} & \frac{2}{3} & -\frac{1}{3} \\ \frac{1}{3} & -\frac{2}{3} & \frac{2}{3} \end{bmatrix}$

21. $A=\begin{bmatrix} 0 & 0 & 1 \\ 0 & 1 & 0 \\ 1 & 0 & 1 \end{bmatrix}$

22. $A=\begin{bmatrix} \frac{4}{5} & 0 & \frac{3}{5} \\ 0 & 1 & 0 \\ -\frac{3}{5} & 0 & \frac{4}{5} \end{bmatrix}$

23-26번의 A를 대각화시키는 직교행렬 P를 구하라.

23. $A=\begin{bmatrix} 3 & 4 \\ 4 & -3 \end{bmatrix}$

24. $A=\begin{bmatrix} 8 & 15 \\ 15 & -8 \end{bmatrix}$

25. $A=\begin{bmatrix} 2 & 0 & -1 \\ 0 & 1 & 0 \\ -1 & 0 & 2 \end{bmatrix}$

26. $A=\begin{bmatrix} 1 & 2 & 0 \\ 2 & 1 & 0 \\ 0 & 0 & 5 \end{bmatrix}$

27-32번의 (가능하면) 다음 행렬에서 고정상태 확률벡터를 구하라. $n\times n$행렬 A의 고유벡터 $\mathbf{v}$가 $A\mathbf{v}=\mathbf{v}$이고 $\mathbf{v}$의 성분의 합이 1일 때 고정상태 확률벡터(steady state probability vector)라고 부른다.

27. $A=\begin{bmatrix} \frac{2}{3} & \frac{1}{2} \\ \frac{1}{3} & \frac{1}{2} \end{bmatrix}$

28. $A=\begin{bmatrix} \frac{1}{2} & 1 \\ \frac{1}{2} & 0 \end{bmatrix}$

29. $A=\begin{bmatrix} \frac{1}{2} & \frac{1}{4} & 0 \\ \frac{1}{2} & \frac{1}{2} & \frac{1}{2} \\ 0 & \frac{1}{4} & \frac{1}{2} \end{bmatrix}$

30. $A=\begin{bmatrix} \frac{1}{3} & \frac{2}{3} & \frac{1}{3} \\ \frac{1}{3} & \frac{1}{3} & 0 \\ \frac{1}{3} & 0 & \frac{2}{3} \end{bmatrix}$

31. $A=\begin{bmatrix} 0.7 & 0.1 & 0.1 \\ 0.2 & 0.7 & 0.1 \\ 0.1 & 0.2 & 0.8 \end{bmatrix}$

32. $A=\begin{bmatrix} 0.8 & 0.3 \\ 0.2 & 0.7 \end{bmatrix}$

33. A가 $n\times n$대칭행렬이면 어떠한 $n\times n$행렬 P에 대해서도 P^TAP는 대칭임을 증명하라.

34. $A=\begin{bmatrix} 0 & 1 & 0 & 0 & \cdots & 0 \\ 0 & 0 & 1 & 0 & \cdots & 0 \\ \vdots & \vdots & \vdots & \vdots & \cdots & \vdots \\ -a_0/a_n & -a_1/a_n & -a_2/a_n & -a_3/a_n & \cdots & -a_{n-1}/a_n \end{bmatrix}$,

$a_n\neq 0$의 특성방정식은 $p(\lambda)=a_n\lambda^n+a_{n-1}\lambda^{n-1}+\cdots+a_3\lambda^3+a_2\lambda^2+a_1\lambda+a_0=0$임을 보여라. 행렬 A를 이 다항식의 **동반행렬**(companion matrix)이라고 부른다.

35-36번을 34의 결과를 써서 다음 다항식의 동반행렬 A를 구하라. 또 A의 고유값을 구하라.

35. $p(\lambda)=-9\lambda+4\lambda^2$

36. $p(\lambda)=189-120\lambda-7\lambda^2+2\lambda^3$

37. $A=\begin{bmatrix} 8 & -4 \\ 2 & 2 \end{bmatrix}$

의 특성다항식은 $\lambda^2-10\lambda+24=0$이다. $A^2-10A+24I_2=O$이므로 다음 과정에 의해서 A의 거듭제곱을 구할 수 있다.

$A^2=10A-24I_2,\quad A^3=10A^2-24A,\quad A^4=10A^3-24A^2,\quad \cdots$

이러한 방법으로 A^2와 A^3을 구하라.

38. 아래 행렬 A에 대해서 37번 문제와 같이 하라.

$$A=\begin{bmatrix} 9 & 4 & -3 \\ -2 & 0 & 6 \\ -1 & -4 & 11 \end{bmatrix}$$

39. A는 $n\times n$행렬이다. 다음을 증명하거나 틀리면 틀린 이유를 말하라.

(a) A의 고유벡터는 역시 A^2의 고유벡터이다.

(b) A^2의 고유벡터는 역시 A의 고유벡터이다.

40. A는 $n\times n$행렬이다.

$A\mathbf{x}=\lambda\mathbf{x}$면 $\mathbf{x}$는 $(A+cI)$의 고유벡터이다. 대응되는 고유값은 무엇인가?

41. A, B는 $n\times n$행렬이다. A가 정칙이면 AB와 BA는 닮았음을 증명하라.

42. (a) $A=\begin{bmatrix} 2 & 1 \\ 1 & 2 \end{bmatrix}$이다. $B^2=A$가 되는 대칭행렬 B를 구하라.

(b) A가 $n\times n$ 대칭행렬이고 양의 고유값을 가지면 $B^2=A$인 대칭행렬 B가 존재함을 증명하라. 이 결과를 이용하여 (a)의 결과를 일반화시켜라.

43. $A=\begin{bmatrix} a & b \\ b & a \end{bmatrix}$이다. $P^{-1}AP$가 대각행렬이 되는 직교행렬 P를 구하라.

44. 쓰기 A는 $n\times n$ 멱등행렬($A^2=A$)이다. A의 고유값을 쓰라.

45. 쓰기 아래 행렬 A는 중복도 4인 고유값 $\lambda=2$를 가진다.

$$A=\begin{bmatrix} 2 & a & 0 & 0 \\ 0 & 2 & b & 0 \\ 0 & 0 & 2 & c \\ 0 & 0 & 0 & 2 \end{bmatrix}$$

(a) A가 대각화가능이기 위해서는 어떤 조건이 필요한가?

(b) 어떤 조건을 가지면 $\lambda=2$의 고유공간의 차원이 각각 1, 2, 3이 되겠는가?

46. 고유값이 0뿐인 모든 $n\times n$대칭행렬을 구하라.

참 또는 거짓 47-48번에서 참, 거짓을 판단하라. 만일 참이면 그 이유를 밝히거나 책에서 그 내용을 찾아라. 또 만일 거짓이면 거짓인 보기를 찾거나 바른 서술을 찾아 적어라.

47. (a) $n\times n$행렬 A의 고유벡터는 $\mathbf{x}\in R^n$, $\mathbf{x}\neq 0$로써 $A\mathbf{x}$가 $\mathbf{x}$의 스칼라곱이 되는 $\mathbf{x}$이다.

(b) 닮은행렬은 고유값이 같을 수도 있고 틀릴 수도 있다.

(c) 정방행렬 A를 대각화시키기 위해서는 $P^{-1}AP$가 대각행렬이 되는 가역행렬 P를 찾아야 한다.

48. (a) 행렬 A의 고유값은 $\det(\lambda I-A)=0$이 되는 스칼라 λ이다.

(b) 고유벡터는 0벡터도 될 수 있다.

(c) 행렬 A가 정규직교가능이란 말은 $P^{-1}AP=D$가 대각이 되는 직교행렬 P가 존재할 때이다.

성장률

49-52번의 나이추이행렬 A와 나이분포벡터 $\mathbf{x}_1$을 이용해서 나이분포벡터 $\mathbf{x}_2$, $\mathbf{x}_3$을 구하라. 또 안정나이분포를 구하라.

49. $A=\begin{bmatrix} 0 & 1 \\ \frac{1}{4} & 0 \end{bmatrix}$, $\mathbf{x}_1=\begin{bmatrix} 100 \\ 100 \end{bmatrix}$

50. $A=\begin{bmatrix} 0 & 1 \\ \frac{3}{4} & 0 \end{bmatrix}$, $\mathbf{x}_1=\begin{bmatrix} 32 \\ 32 \end{bmatrix}$

51. $A=\begin{bmatrix} 0 & 3 & 12 \\ 1 & 0 & 0 \\ 0 & \frac{1}{6} & 0 \end{bmatrix}$, $\mathbf{x}_1=\begin{bmatrix} 300 \\ 300 \\ 300 \end{bmatrix}$

52. $A=\begin{bmatrix} 0 & 2 & 2 \\ \frac{1}{2} & 0 & 0 \\ 0 & 0 & 0 \end{bmatrix}$, $\mathbf{x}_1=\begin{bmatrix} 240 \\ 240 \\ 240 \end{bmatrix}$

선형미분방정식계(해석학)

53-56번의 아래 일계 선형미분방정식계를 풀어라.

53. $y_1'=y_1+2y_2$
$y_2'=0$

54. $y_1'=3y_1$
$y_2'=y_1-y_2$

55. $y_1'=y_2$
$y_2'=y_1$

56. $y_1'=6y_1-y_2+2y_3$
$y_2'=3y_2-y_3$
$y_3'=y_3$

이차형식

57-60번의 아래 방정식에 대한 이차형식의 행렬 A를 구하라. 이 경우 P^TAP가 대각이 되는 직교행렬 P를 구하고 각 방정식의 그래프를 그려라.

57. $x^2+3xy+y^2-3=0$

58. $x^2-\sqrt{3}\,xy+2y^2-10=0$

59. $xy-2=0$

60. $9x^2-24xy+16y^2-400x-300y=0$

프로젝트 Chapter 7(고유값과 고유벡터)

1. 성장률과 역동적계

미분방정식계는 여러 종류의 동물의 증가율의 생물학적 적용에 자주 나타난다. 이러한 방정식을 **역동적계**(dynamical systems)라고 부르는데 그 이유는 이 계의 변화가 시간의 함수로 표시되기 때문이다. 한 연구소에서 t년 동안 식인상어의 수 $y_1(t)$와 그 먹이고기 $y_2(t)$ 사이의 관계를 연구했다. 연구결과 두 개체의 증가율은 다음 식으로 나타났다.

$$y_1'(t)=ay_1(t)+by_2(t) \qquad \text{식인상어}$$
$$y_2'(t)=cy_2(t)+dy_2(t) \qquad \text{먹이}$$

단, a, b, c, d는 상수로써 먹이고기의 종류, 서식환경, 다른 경쟁어종, … 등에 의해서 정해진다. 일반적으로 a, d는 양수로써 각 개체의 상장률을 반영한다. 또 $b>0$, $c<0$이면 먹이고기 y_2가 증가함에 따라 y_1이 증가하고 포식자 y_1이 증가하면 y_2가 감소함을 나타낸다.

아래 선형미분방정식계는 $t=0$일 대의 초기개체수와 식인상어 $y_1(t)$와 먹이고기 $y_2(t)$ 사이의 분포를 나타낸다.

$$y_1'(t)=0.5y_1(t)+0.6y_2(t), \quad y_1(0)=36$$
$$y_2'(t)=-0.4y_1(t)+3.0y_2(t), \quad y_2(0)=121$$

1. 이 장의 대각화기법을 써서 임의의 시간 $t>0$일 때의 개체수 $y_1(t)$와 $y_2(t)$를 구하라.
2. 이 두 개체의 오랜 세월이 경과한 후의 증가경향을 설명하라. 한 종은 결국 사라지는가? 그 이유는? 그렇지 않다면 또 그 이유는 무엇인가?
3. 계산 가능한 프로그램이 있으면 $0\le t\le 3$ 구간에서 $y_1(t)$와 $y_2(t)$의 해를 그래프로 그려라.
4. 1에서 구한 해를 이용해서 비 $\dfrac{y_2(t)}{y_1(t)}$는 t가 증가함에 따라 일정한 값에 수렴함을 설명하라.
5. 미분방정식을 풀 수 있는 프로그램이 있거나 미분방정식을 풀 수 있으면 원래 방정식의 해 곡선을 구해라.

참고 역동적계와 성장률은 대부분의 미분방정식 책에 나와있다. 예를 들면 Martin Braun저 『미분방정식과 그 응용』, 제4판 1993.에서 『선형미분방정식계의 이론과 응용편』에 자세히 나와있다. 특히 4.10절 『식인상어와 먹이문제; 1차대전중 지중해에서 잡힌 식인상어의 수가 급격히 증가한 이유』는 비선형미분방정식의 재미있는 응용이다.

2. 피보나치 수열

피보나치 수열은 이태리의 수학자 피사의 레오나르도 피보나치(1170~1250)의 이름에서 유래했다. 이 수열의 구조는 간단하다. 즉 첫 2항은 모두 1이고 n째항은 그 앞 두 항의 합으로 정의된다. 따라서

$$x_1=x_2=1,$$
$$x_n=x_{n-1}+x_{n-2}(n\ge 3)$$

이다. 셋째항은 $2=1+1$, 넷째항은 $3=2+1$, …이다. 공식 $x_n=x_{n-1}+n_{n-2}$는 n항을 구하기 위해서는 그 앞 $n-1$항을 계산해야 하므로 점화식(recursive)이라고 불린다. 이 피보나치수열의 n항을 구하는 공식을 구할 수 있을까? 이 공식을 구하기 위해서 고유값과 대각화를 이용한다.

1. 공식 $x_n = x_{n-1} + x_{n-2}$를 써서 처음 12항을 계산한다.
2. 행렬의 곱 $\begin{bmatrix} 1 & 1 \\ 1 & 0 \end{bmatrix}\begin{bmatrix} x_{n-1} \\ x_{n-2} \end{bmatrix} = \begin{bmatrix} x_{n-1} + x_{n-2} \\ x_{n-1} \end{bmatrix}$을 이용해서 피보나치의 점화식을 만들 수 있음을 보여라.
3. $\begin{bmatrix} x_1 \\ x_2 \end{bmatrix} = \begin{bmatrix} 1 \\ 1 \end{bmatrix}$을 시작으로 $A^{n-2}\begin{bmatrix} 1 \\ 1 \end{bmatrix} = \begin{bmatrix} x_n \\ x_{n-1} \end{bmatrix}$이 됨을 보여라. 단, $A = \begin{bmatrix} 1 & 1 \\ 1 & 0 \end{bmatrix}$.
4. A를 대각화시키는 행렬 P를 구한다.
5. 피보나치 수열의 n째항의 정확한 공식을 유도한다. 이 공식을 이용해서 x_1, x_2, x_3를 계산해 보라.
6. 컴퓨터나 소형계산기를 이용해서 피보나치 수열의 n째항 구하는 공식으로 x_{10}과 x_{20}을 계산해 보라.
7. n에 큰 값을 여러 개 대입해서 비 $\dfrac{x_n}{x_{n-1}}$을 구해보라. $n \to \infty$이면 이 비는 어떤 값에 수렴하는가?
8. $\lim\limits_{n\to\infty} \dfrac{x_n}{x_{n-1}}$을 구하라. 이 수의 뜻을 아는가?

참고 대부분의 수론책에서 피보나치 수열을 배울 수 있다. 또 피보나치학회의 공식잡지 『fibonacci Quarterly』에 재미있는 문제들이 많이 있다.

종합평가 Chapter 6~7

아래 문제를 푼 후 이 책의 마지막에 있는 해답을 보고 확인하라.

1. 함수 $T : R^3 \to R^2$, $T(x, y, z) = (2x, y-x)$는 선형변환인지 아닌지 판별하라.
2. 함수 $T : M_{22} \to R$, $T(A) = |A + A^T|$는 선형변환인지 아닌지 판별하라.
3. $T : R^2 \to R^2$는 $T(\mathbf{v}) = A\mathbf{v}$인 선형변환이다. 단, $A = \begin{bmatrix} 1 & 0 \\ -1 & 0 \\ 0 & 0 \end{bmatrix}$

   (a) $T(1, -2)$ (b) $(1, 3, 0)$의 원상

   을 각각 구하라.
4. 선형변환 $T : R^4 \to R^4$, $T(x_1, x_2, x_3, x_4) = (x_1 - x_2, x_2 - x_1, 0, x_3 + x_4)$의 핵을 구하라.

5. $T: R^4 \to R^2$는 $T(\mathbf{v})=A\mathbf{v}$인 선형변환이다. 단, $A=\begin{bmatrix} 1 & 0 & 1 & 0 \\ 0 & -1 & 0 & -1 \end{bmatrix}$

다음을 구하라.

(a) T의 핵의 기저

(b) T의 치역의 기저

(c) T의 계수와 영공간을 구하라.

6. 다음 선형변환에 대한 표준행렬을 구하라.

$T(x, y, z)=(y-x, z-y, x-z)$

7. 선형변환 $\text{proj}_{\mathbf{v}}\mathbf{u}: R^2 \to R^2$의 표준행렬을 구하라. 단, $\mathbf{v}=\begin{bmatrix} 1 \\ -1 \end{bmatrix}$

그림 7.8을 참고하여 이 행렬을 사용해서 벡터 (1, 1)과 (−2, 2)의 상을 구하라.

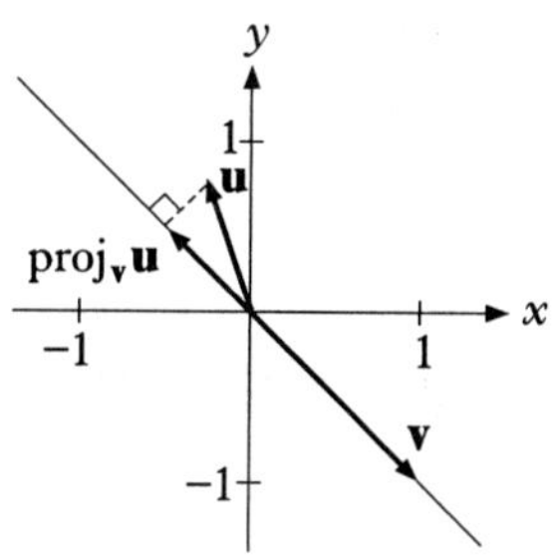

[그림 7.8]

8. 선형변환의 $T: R^2 \to R^2$, $T(x, y)=(x-y, 2x+y)$의 역을 구하라. 또 $(T^{-1} \circ T)(3, -2)=(3, -2)$임을 밝혀라.

9. 선형변환 $T(x, y)=(y, 2x, x+y)$에서 R^2에서 기저는 $B=\{(1, 1), (1, 0)\}$이고 R^3에서 기저는 $B'=\{(1, 0, 0), (1, 1, 0), (1, 1, 1)\}$일 때 T의 행렬을 구하라. 또 이 행렬을 이용해서 벡터 (0, 1)의 상을 구하라.

10. $B=\{(1, 0), (0, 1)\}$, $B'=\{(1, 1), (1, 2)\}$는 R^2에서 기저이다.

(a) 기저 B에 대한 선형변환 $T: R^2 \to R^2$, $T(x, y)=(x-2y, x+4y)$의 행렬 A를 구하라.

(b) B'에서 B로의 추이행렬 P를 구하라.

(c) 기저 B'에 대한 선형변환 T의 행렬 A'를 구하라.

(d) $[\mathbf{v}]_{B'}=\begin{bmatrix} 3 \\ -2 \end{bmatrix}$일 때 $[T(\mathbf{v})]_{B'}$를 구하라.

(e) $[\mathbf{v}]_B$와 $[T(\mathbf{v})]_{B'}$를 구해서 (d)에서 구한 답을 확인하라.

11. 아래 행렬 A의 고유값과 대응하는 고유벡터를 구하라.

$$A=\begin{bmatrix}1 & 2 & 1\\0 & 3 & 1\\0 & -3 & -1\end{bmatrix}$$

12. 아래 행렬 A의 고유값과 대응하는 고유벡터를 구하라.

$$A=\begin{bmatrix}1 & -1 & 1\\0 & 1 & 2\\0 & 0 & 1\end{bmatrix}$$

13. 아래 행렬 A에서 $P^{-1}AP$가 대각이 되는 정칙행렬 P를 구하라.

$$A=\begin{bmatrix}1 & 3\\-1 & 5\end{bmatrix}$$

14. 선형변환 $T : R^3 \to R^3$, $T(x, y, z)=(2x-2z, 2y-2z, 3x-3z)$에 대한 행렬이 대각행렬이 되도록 R^3의 기저 B를 택하라.

15. P^TAP가 아래 대칭행렬 A를 대각화시키는 직교행렬 P를 구하라.

$$A=\begin{bmatrix}1 & 3\\3 & 1\end{bmatrix}$$

16. Gram-Schmidt 정규직교화과정을 써서 P^TAP가 아래 대칭행렬 A를 대각화시키는 직교행렬 P를 구하라.

$$A=\begin{bmatrix}0 & 1 & 1\\1 & 0 & 1\\1 & 1 & 0\end{bmatrix}$$

17. A는 $n\times n$행렬이다. A의 고유값과 고유벡터를 정의하라. A의 고유값은 얼마나 많은가?

18. 직교행렬을 정의하라. 그 행렬식의 가능한 값을 구하라.

19. A와 B는 닮았고 A는 대각화가능이다. B도 대각화가능임을 증명하라.

20. 0이 A의 고유값이면 A는 특이행렬임을 증명하라.

21. 대칭행렬의 서로 다른 고유값에 대응되는 고유벡터는 직교함을 증명하라.

22. 선형변환 $T : V\to W$의 치역은 W의 부분공간임을 증명하라.

23. 선형변환이 단신일 필요충분조건은 핵이 $\{\mathbf{0}\}$뿐임을 증명하라.

24. $A^2=O$일 때 A의 모든 고유값을 구하라.

부록 A 수학적 귀납법과 기타 증명법

이 부록에서는 여러 가지의 수학적 증명법, 예를 들면 수학적 귀납법, 모순을 유도하는 법, 반례를 드는 방법 등에 대해서 공부해 본다.

수학적 귀납법(Mathematical Induction)

수학적 귀납법의 사용법을 알기 위해서 다음 예를 보자.

[예제 1] 홀수들의 합

아래와 같은 성질을 이용하여 처음 n개의 홀수의 합의 공식을 유도하라.

$$1=1$$
$$1+3=4$$
$$1+3+5=9$$
$$1+3+5+7=16$$
$$1+3+5+7+9=25$$

풀이 위 식의 우변은 각각 1^2, 2^2, 3^2, 4^2, 5^2과 같다. 이러한 성질에서 처음 n개의 홀수의 합은 n^2이 될 것으로 가정할 수 있다. 즉

$$1+3+5+7+\cdots+(2n-1)=n^2.$$ ◀

물론 위의 공식은 맞다. 그러나 단지 몇 개의 경우에서 성립하는 성질을 가지고 모든 n에서도 당연히 성립할 것으로 비약하여 결론을 내리는 것은 논리적으로 합당한 증명법이 아니다. n이 비교적 작은 수일 때는 성립하지만 어떤 수에서는 성립하지 않는 성질도 많다. 가장 유명한 예로써 불란서의 유명한 수학자 페르마(1601-1665)의 유명한 가정이 있다. 그는

$$F_n=2^{2^n}+1,\ n=0,\ 1,\ 2,\ \cdots$$

꼴의 수는 소수일 것으로 추측하였다. $n=0$, 1, 2, 3, 4일 때는

$$F_0=3$$
$$F_1=5$$

$F_2 = 17$
$F_3 = 257$
$F_4 = 65,537$

로써 모두 소수이다. 그러나 $n=5$일때 $F_5 = 4,294,967,297$은 너무 커서 과연 이 수가 소수인지 아닌지 판단하기가 매우 어렵다. 그러나 그후 다른 수학자 오일러(1707~1783)는 이 수 F_5는 $641 \times 6,700,417$로 소인수분해됨을 발견하였다. 따라서 F_5는 소수가 아니고 따라서 페르마의 가정은 틀린 것으로 판명되었다. 어떤 공식이나 법칙이 몇 개의 수에 대해서 성립한다고 해서 증명하지도 않고 모든 수에 대해서도 역시 성립한다고 결정하는 것은 매우 위험한 발상이다. 이러한 가정이 참임을 증명하는 가장 적합한 증명법이 **수학적 귀납법**이다.

수학적 귀납법의 원리

P_n은 자연수 n을 포함한 어떤 명제이다. 만일

1. P_1이 참이고
2. 모든 자연수 k에 대해서 P_k가 참, P_{k+1}도 참이면 모든 자연수 n에 대해서 P_n은 참이다.

다음 예에서 예 1의 가정을 수학적 귀납법의 원리를 써서 증명해 보자.

[예제 2] 수학적 귀납법의 이용

수학적 귀납법을 써서 모든 자연수 n에 대해서 다음 공식이 성립함을 보여라.

$$S_n = 1+3+5+7+\cdots+(2n-1) = n^2$$

풀이 수학적 귀납법은 두 부분으로 구성되어 있다. 먼저 $n=1$일 때 공식이 참임을 보여야 한다.

1. $n=1$이면

$$S_1 = 1 = 1^2$$

이므로 이 공식은 성립한다.

다음으로 두번째는 두 단계로 증명한다. 첫째 단계는 이 공식이 어떤 정수 k에 대해서 성립한다고 가정하고(귀납적 가정) 두번째 단계는 이 귀납적 가정을 써서 다음 정수 $k+1$일때도 이 공식이 성립함을 증명한다.

2. $S_k = 1+3+5+7+\cdots+(2k-1) = k^2$

이 참이라고 가정하자. 이 가정에서

$$S_{k+1} = (k+1)^2$$

이 참임을 보이면 된다. 위의 합에서 k째 항이 $2k-1$이므로 $k+1$째 항은 $2(k+1)-1$이 됨을 알 수 있다.

$$\begin{aligned} S_{k+1} &= 1+3+5+7+\cdots+(2k-1)+[2(k+1)-1] \\ &= [1+3+5+7+\cdots+(2k-1)]+[2k+1] \\ &= S_k+(2k+1) \\ &= k^2+2k+1 \\ &= (k+1)^2 \end{aligned}$$

1, 2에서 수학적 귀납법의 원리를 만족하므로 결국 모든 자연수 n에 대해서 이 공식이 성립함을 보였다. ◀

수학적 귀납법의 원리는 아래 그림과 같이 끝없이 늘어놓은 도미노로 설명할 수 있다. 무한히 많은 도미노를 일렬로 세워놓고 한 도미노를 쓰러뜨리면 일시에 모든 도미노가 같이 넘어지지는 않는다. 그러나 한 도미노가 넘어지면서 반드시 다음 도미노를 건드려 넘어뜨린다고 가정하면 맨 처음 도미노를 살짝 밀므로써 연쇄적인 반응으로 모든 도미노를 넘어뜨릴 수 있다.

수학적 귀납법도 이와 같은 방법으로 작동한다. 만일 P_k가 참이면 P_{k+1}도 참이고 또 P_1이 참이라고 하면 연쇄반응의 과정을 거쳐서

P_1이 참이므로 P_2도 참이고
P_2이 참이므로 P_3도 참이고
P_3이 참이므로 P_4도 참이고
$\cdots$

이와 같이 끝없이 모든 P_n이 참이 된다. 다음 예에서 해석학에서 사용하는 수열의 합에 관한 공식을 증명해 보자.

[예제 3] 수학적 귀납법을 이용

수학적 귀납법을 이용하여 처음 n-제곱의 합에 관한 공식

$$S_n = 1^2 + 2^2 + 3^2 + 4^2 + \cdots + n^2 = \frac{n(n+1)(2n+1)}{6}$$

이 성립함을 증명하자.

풀이 1. $n=1$일때

$$S_1 = 1^2 = \frac{1(1+1)[2(1)+1]}{6} = \frac{1(2)(3)}{6} = 1$$

이므로 이 공식은 성립한다.

2. k일때 이 공식이 참이라고 가정하자. 즉

$$S_k = 1^2 + 2^2 + 3^2 + 4^2 + \cdots + k^2 = \frac{k(k+1)(2k+1)}{6}$$

이 성립한다. $k+1$일때도 이 식이 성립함을 보이자. 즉

$$S_{k+1} = \frac{(k+1)[(k+1)+1][2(k+1)+1]}{6} = \frac{(k+1)(k+2)(k+3)}{6}$$

이 성립함을 보여야 한다. 그러기 위해서 아래와 같이 S_{k+1}을 S_k와 $(k+1)$째 항 $(k+1)^2$의 합으로 표시한다.

$$\begin{aligned}
S_{k+1} &= 1^2 + 2^2 + 3^2 + 4^2 + \cdots + k^2 + (k+1)^2 \\
&= [1^2 + 2^2 + 3^2 + 4^2 + \cdots + k^2] + (k+1)^2 \\
&= \frac{k(k+1)(2k+1)}{6} + (k+1)^2 \qquad \text{(귀납법의 가정)} \\
&= \frac{k(k+1)(2k+1+6(k+1)^2}{6} \\
&= \frac{(k+1)[k(2k+1)+6(k+1)]}{6} \\
&= \frac{(k+1)[2k^2+7k+6]}{6} \\
&= \frac{(k+1)(k+2)(2k+3)}{6}
\end{aligned}$$

(1), (2)의 결과를 합하여 모든 자연수 n에 대해서 이 공식이 성립함을 수학적 귀납법에 의해서 증명하였다. ◀

선형대수의 많은 증명에서 수학적 귀납법이 사용된다. 여기서 제2장의 예를 살펴보자.

[예제 4] 선형대수에서 수학적 귀납법의 이용

만일 $A_1, A_2, \cdots, A_n$이 가역인 행렬이면 정리 2.9를 일반화한 공식

$$(A_1A_2A_3 \cdots A_n)^{-1}=A_n^{-1} \cdots A_3^{-1}A_2^{-1}A_1^{-1}$$

를 증명하자.

풀이 1. $A_1^{-1}=A_1^{-1}$이므로 $n=1$일때 공식은 자명하다.

2. k일때 공식이 성립한다고 가정하자. 즉

$$(A_1A_2A_3\cdots A_k)^{-1}=A_k^{-1} \cdots A_3^{-1}A_2^{-1}A_1^{-1}$$

이다. $k+1$일때도 성립함을 보이기 위해서 정리 2.9를 이용한다. 두 가역행렬의 곱의 역행렬은 각 역행렬을 역으로 곱한 것이므로

$$\begin{aligned}(A_1A_2A_3 \cdots A_kA_{k+1})^{-1}&=[(A_1A_2A_3 \cdots A_k)A_{k+1}]^{-1}\\&=A_{k+1}^{-1}(A_1A_2A_3 \cdots A_k)^{-1} && (\text{정리 } 2.9)\\&=A_{k+1}^{-1}(A_k^{-1} \cdots A_3^{-1}A_2^{-1}A_1^{-1}) && (\text{귀납법의 가정})\\&=A_{k+1}^{-1}A_k^{-1} \cdots A_3^{-1}A_2^{-1}A_1^{-1}\end{aligned}$$

따라서 $k+1$일때도 성립한다.

(1), (2)에 의해서 수학적 귀납법을 이용하여 모든 자연수 n에 대해서 이 공식이 성립함을 알 수 있다. ◀

모순에 의한 증명

증명하는 두번째 기본전략은 모순에 의한 증명이다. 수리논리에 의해서 모순에 의한 증명은 다음 동치인 명제로써 표시할 수 있다.

'p이면 q이다' 일 필요충분조건은 q가 아니면 p가 아니다.

따라서 q가 참임을 보이기 위해서 q가 참이 아니라고 가정하는 것이다. 만일 이 결과로써 거짓인 명제가 유도되면 q는 참임이 증명되는 것이다.

다음 예는 $\sqrt{2}$가 무리수라는 증명을 모순에 의해서 증명하는 방법을 보여준다.

[예제 5] 모순에 의한 증명의 이용

$\sqrt{2}$는 무리수임을 증명하라.

풀이 $\sqrt{2}$가 무리수가 아니라고 해보자. 그러면 $\sqrt{2}$는 유리수가 되고 따라서 $\sqrt{2}$는 기약분수

$\sqrt{2}=\frac{a}{b}$로 표시된다. ($\sqrt{2}$는 유리수라 가정)

$2=\frac{a^2}{b^2}$ (양변을 제곱)

$2b^2=a^2$ (양변에 b^2을 곱함)

따라서 2는 a^2의 약수이고 역시 2는 a의 약수가 된다. $a=2c$로 두면

$2b^2=(2c)^2$ (a대신 $2c$를 대입)

$2b^2=4c^2$

$b^2=2c^2$ (양변을 2로 나눔)

따라서 2는 b^2의 약수이고 역시 2는 b는 약수이다. 즉 2는 a, b의 공약수이다. 그런데 이것은 $\frac{a}{b}$가 기약분수이므로 불가능하다. 따라서 $\sqrt{2}$가 유리수라는 가정은 불가능하므로 $\sqrt{2}$는 무리수라는 결론을 내릴 수 있다. ◀

모순에 의한 증명은 새로운 기법이 아니다. 아래 예는 벌써 옛날 B.C. 300년경 유클리드에 의해서 증명되었다.

[예제 6] 모순에 의한 증명 이용

1과 자신 이외에는 약수가 없는 양수를 소수라고 부른다. 소수는 무한히 많음을 증명하자.

풀이 오직 유한개의 소수만 있다고 가정해 보자. $p_1, p_2, \cdots, p_n$을 모든 소수라고 하고 $N=p_1p_2 \cdots p_n+1$이라고 하자. N은 소수이거나 아니면 합성수이다. 만일 N이 합성수이면 N은 소인수 분해된다. 그러나 $p_1, p_2, \cdots, p_n$ 어느 것도 N을 나눌 수 없다. 따라서 N은 소수이다. 그러나 이때는 또 다른 소수 N이 발견되었으므로 소수는 n개 별이라는 사실에 모순이다. 결국 소수는 무한히 많다. ◀

선형대수에서도 많은 정리를 모순에 의한 증명을 이용하여 증명할 수 있다. 아래 예는 3장에 있는 예제이다.

[예제 7] 선형대수에서 모순에 의한 증명의 이용

$n \times n$행렬 A, B는 AB가 정칙이다. A 또는 B는 정칙임을 증명하자.

풀이 A와 B 모두 정칙이 아니라고 가정하자. 행렬이 정칙일 필요충분조건은 2행렬식이 0이므로 $\det(A) \neq 0$, $\det(B) \neq 0$이다. 정리 3.5에 의해서 $\det(AB) = \det(A)\det(B)$이다. 따라서 $\det(AB) \neq 0$이 되는데 이것은 AB가 정칙이라는 사실에 모순이다. 따라서 가정이 잘못되었고 결국 A 또는 B는 정칙이 되어야 한다. ◀

반례의 이용

때로는 반례를 이용하여 명제가 틀렸음을 보일 수 있다. 예를 들어 오일러는 페르마의 소수에 대한 가정 $F_n = 2^{2^n} + 1$, $n = 0, 1, 2, \cdots$ 꼴의 수는 소수일 것이라는 명제를 $F_5 = 4{,}294{,}967{,}297$은 소수가 아니라는 예를 보임으로써 잘못임을 입증하였다.

[예제 8] 반례의 이용

아래 명제가 틀렸음을 반례를 이용하여 보여라. 모든 홀수는 소수이다.

풀이 3, 5, 7, 11과 같이 소수인 홀수는 많이 있다. 그러나 명제는 참이 아니다. 왜냐하면 9, 15는 홀수이나 소수가 아니다. 9, 15는 반례이다. ◀

아래 예에서 보는 것처럼 선형대수에서도 반례에 의한 잘못을 보일 수 있다.

[예제 9] 반례의 이용

아래 명제는 참이 아님을 반례를 이용하여 보여라.

만일 A, B가 정칙인 n-정방행렬이면 $A+B$는 정칙인 n-정방행렬이다.

풀이 $A = \begin{bmatrix} 1 & 0 \\ 0 & 0 \end{bmatrix}$, $B = \begin{bmatrix} 0 & 0 \\ 0 & 1 \end{bmatrix}$라 두면 A, B는 모두 크기 2인 정칙행렬이다. 그러나

$$A + B = \begin{bmatrix} 1 & 0 \\ 0 & 1 \end{bmatrix}$$

은 항등행렬이고 이것은 정칙이 아니다. ◀

연습문제

수학적 귀납법을 사용하여 모든 자연수 n에 대해서 아래 공식이 성립함을 증명하라.

1. $1+2+3+\cdots+n=\dfrac{n(n+1)}{2}$

2. $1^3+2^3+3^3+\cdots+n^3=\dfrac{n^2(n+1)^2}{4}$

3. $3+7+11+15+\cdots+(4n-1)=n(2n+1)$

4. $\left(1+\dfrac{1}{1}\right)\left(1+\dfrac{1}{2}\right)\left(1+\dfrac{1}{3}\right)\cdots\left(1+\dfrac{1}{n}\right)=n+1$

5-6번에서 처음 n항까지의 합을 구하는 공식을 구하고 수학적 귀납법을 사용하여 공식이 성립함을 증명하라.

5. $2^1, 2^2, 2^3, 2^4, \cdots$

6. $\dfrac{1}{1\cdot 2}, \dfrac{1}{2\cdot 3}, \dfrac{1}{3\cdot 4}, \dfrac{1}{4\cdot 5}, \cdots$

7, 8번에서 주어진 n의 범위에서 부등식이 성립함을 수학적 귀납법으로 증명하라.

7. $n!>2^n, \quad n\geq 4$

8. $\dfrac{1}{\sqrt{1}}+\dfrac{1}{\sqrt{2}}+\dfrac{1}{\sqrt{3}}+\cdots+\dfrac{1}{\sqrt{n}}>\sqrt{n}, \quad n\geq 2$

9. 모든 $n>0$에 대해서 다음 식이 성립함을 증명하라.

$$a^0+a^1+a^2+a^3+\cdots+a^n=\frac{1-a^{n+1}}{1-a}, \quad a\neq 1.$$

10. (제2장에서) $A_1, A_2, A_3, \cdots, A_n$은 곱이 가능하다. 수학적 귀납법을 써서 다음 식이 성립함을 증명하라.

$$(A_1A_2A_3 \cdots A_n)^T=A_n^T \cdots A_3^TA_2^TA_1^T$$

11. (제3장에서) $A_1, A_2, A_3, \cdots, A_n$은 같은 크기의 정방행렬이다. 수학적 귀납법을 써서 아래 식이 성립함을 증명하라.

$$|A_1A_2A_3 \cdots A_n|=|A_1||A_2||A_3| \cdots |A_n|$$

12-17. 모순에 의한 증명을 사용하여 아래 명제가 성립함을 증명하라.

12. p가 정수이고 p^2이 홀수이면 p는 홀수이다. (힌트 : 홀수는 $2n+1$꼴(n은 정수)로 쓸 수 있다.)

13. a, b는 실수이고 $a\leq b$면 $a+c\leq b+c$이다.

14. a, b, c는 실수이고 $c \geq 0$, $ac \geq bc$이면 $a \geq b$이다.

15. a, b는 실수이고 $1 < a < b$면 $\frac{1}{a} > \frac{1}{b}$이다.

16. a, b는 실수, $(a+b)^2 = a^2 + b^2$이면 $a=0$ 또는 $b=0$ 또는 $a=b=0$이다.

17. a, b는 실수, $0 < a < 1$이면 $a^2 < a$이다.

18. 유리수와 무리수의 합은 무리수임을 모순에 의한 증명을 사용하여 증명하라.

19. (제4장에서) 주어진 벡터공간에서 영벡터 0은 단하나 뿐임을 모순에 의한 증명을 사용하여 증명하라.

20. (제4장에서) $S = \{\mathbf{u}, \mathbf{v}\}$는 일차독립이다. 집합 $\{\mathbf{u}-\mathbf{v}, \mathbf{u}+\mathbf{v}\}$는 일차독립임을 모순에 의한 증명을 사용하여 증명하라.

21-27번에서 반례를 이용하여 아래 명제가 틀렸음을 보여라.

21. a, b는 실수, $a < b$이면 $a^2 < b^2$이다.

22. 두 무리수의 곱은 무리수이다.

23. a, b는 실수이고 $a \neq 0$, $b \neq 0$이면 $(a+b)^3 = a^3 + b^3$이다.

24. f가 $f(a) = f(b)$인 다항식이면 $a = b$이다.

25. f, g는 미분가능함수이고 $y = f(x)g(x)$이면 $\frac{dy}{dx} = f'(x)g'(x)$이다.

26. (제2장에서) A, B, C는 $AC = BC$인 행렬이면 $A = B$이다.

27. (제3장에서) A가 행렬이면 $\det(A^{-1}) = \frac{1}{\det A}$이다.

부록 B 컴퓨터 대수도구와 그래프 계산기

컴퓨터 대수도구(CAS) 또는 그래프 계산기의 기초적인 사용 요령을 알기 위해서 다음 페이지에 일반적 도구인 MATLAB, 메이플, Mathematica, Derive에 관한 기본적인 방법을 표시하였다.

MATLAB의 소개

여기서는 선형대수에 대한 기본적인 MATLAB 명령어 몇 가지를 소개한다. 실제로 컴퓨터 앞에 앉아서 아래에 나오는 간단한 예를 실행해 보기 바란다. MATLAB을 시작한 후에는 반드시 ≫표시 다음에 명령어를 적어야 한다.

1. 행렬

$$a=\begin{bmatrix}1 & 2 & 3\\4 & 5 & 6\\7 & 8 & 0\end{bmatrix}$$

을 적기 위해서는 **a=[1 2 3; 4 5 6; 7 8 0]** 치고 return 또는 enter키를 친다. 각 행렬의 숫자는 한 칸씩 띄어 적어야 하고 행의 끝은 세미클론 ;로 표시한다. 그러면 MATLAB은 화면에

$$\begin{matrix} & 1 & 2 & 3\\ a= & 4 & 5 & 6\\ & 7 & 8 & 0\end{matrix}$$

으로 행렬을 나타낸다.

2. 행렬 a에 다음과 같은 기본적인 명령을 수행함으로써 표시된 결과를 얻을 수 있다.

(a) **inv(a)**

$$\begin{matrix} & -1.7778 & 0.8889 & -0.1111\\ \text{ans}= & 1.5556 & -0.7778 & 0.2222\\ & -0.1111 & 0.2222 & -0.1111\end{matrix}$$

(b) **a′**

$$\text{ans}=\begin{matrix}1 & 4 & 7\\ 2 & 5 & 8\\ 3 & 6 & 0\end{matrix}$$

(c) **a*inv(a)**

$$\text{ans}=\begin{matrix}1.0000 & 0 & -0.0000\\ -0.0000 & 1.0000 & 0\\ 0.0000 & -0.0000 & 1.0000\end{matrix}$$

(d) **2*a**

$$\text{ans}=\begin{matrix}2 & 4 & 6\\ 8 & 10 & 12\\ 14 & 16 & 0\end{matrix}$$

(e) **rref(a)**

$$\text{ans}=\begin{matrix}1 & 0 & 0\\ 0 & 1 & 0\\ 0 & 0 & 1\end{matrix}$$

(f) **det(a)**

ans=27

(g) **rank(a)**

ans=3

(h) **diag(a)**

$$\text{ans}=\begin{matrix}1\\ 5\\ 0\end{matrix}$$

3. 행렬 **b=[7; 16; 7]**를 친 후 아래와 같이 하면 일차방정식 $a\mathbf{x}=\mathbf{b}$를 풀 수 있다.

(a) **a\b**

$$\text{ans}=\begin{matrix}1\\0\\2\end{matrix}$$

(b) **c=[a b]**와 **rref(c)**를 입력하면 다음이 나타난다.

$$c=\begin{matrix}1 & 2 & 3 & 7\\4 & 5 & 6 & 16\\7 & 8 & 0 & 7\end{matrix}$$

≫**rref(c)**

$$\text{ans}=\begin{matrix}1 & 0 & 0 & 1\\0 & 1 & 0 & 0\\0 & 0 & 1 & 2\end{matrix}$$

4. 행렬 **A=[1 2; 3 4]**와 **B=[2 0; −3 5]**를 치고 아래의 행렬연산을 행하라. MATLAB은 대문자와 소문자를 구분한다. 위의 대문자 행렬 B는 앞의 소문자 b와는 틀린다.

(a) **A+B**

$$\text{ans}=\begin{matrix}3 & 2\\0 & 9\end{matrix}$$

(b) **A−B**

$$\text{ans}=\begin{matrix}-1 & 2\\6 & -1\end{matrix}$$

(c) **A*B**

$$\text{ans}=\begin{matrix}-4 & 10\\-6 & 20\end{matrix}$$

5. 다음 명령어를 수행하라.

(a) **zeros(3, 5)**
(b) **eye(5)**

(c) **rand(6)**

(d) **hilb(6)**

6. 행렬 **a=[1 2 3; 4 5 6; 7 8 0]**에 다음 명령어를 수행하고 그 결과를 기록하라.

   (a) **a(2, 3)**

   (b) **a(2, :)**

   (c) **a(:, 3)**

7. MATLAB에서 자세히 모르는 부분은 **help**를 치면 더 자세한 정보를 얻을 수 있다.
8. **exit**를 치면 MATLAB를 종료하고 빠져나온다.

메이플의 소개

이번에는 선형대수에 쓰이는 몇 가지 기본적인 Maple 명령어에 대해서 알아보자. 실제로 컴퓨터 앞에 앉아서 아래에 나오는 예를 실행해 보기 바란다. Maple을 시작한 후에는 반드시 > 표시 다음에 명령어를 적어야 한다.

메이플에 포함된 선형대수 패키지를 불러오기 위해서는 제일 먼저 **with (linalg);**를 친 후 **return** 또는 **enter**키를 누른다. 메이플에서는 명령어를 친 후 명령어 끝이라는 뜻으로 세미클론을 쳐야만 명령어가 실행된다.

1. 행렬

$$a=\begin{bmatrix}1 & 2 & 3\\4 & 5 & 6\\7 & 8 & 0\end{bmatrix}$$

을 표시하기 위해서는 **a:=matrix([[1, 2, 3], [4, 5, 6], [7, 8, 0]]);**를 친 후 리턴 또는 엔터키를 누른다. 각 행의 항은 콤마로 구분하고 행렬의 행은 중괄호로 구분한다. 그러면 메이플은 화면에

$$a:=\begin{bmatrix}1 & 2 & 3\\4 & 5 & 6\\7 & 8 & 0\end{bmatrix}$$

을 표시한다.

2. 행렬 a에 다음과 같은 기본적인 명령어를 수행하면 표시된 결과를 얻을 수 있다.

(a) **inverse(a);**

$$\begin{bmatrix} -\frac{16}{9} & \frac{8}{9} & -\frac{1}{9} \\ \frac{14}{9} & -\frac{7}{9} & \frac{2}{9} \\ -\frac{1}{9} & \frac{2}{9} & -\frac{1}{9} \end{bmatrix}$$

(b) **transpose(a);**

$$\begin{bmatrix} 1 & 4 & 7 \\ 2 & 5 & 8 \\ 3 & 6 & 0 \end{bmatrix}$$

(c) **multiply(a, inverse(a));**

$$\begin{bmatrix} 1 & 0 & 0 \\ 0 & 1 & 0 \\ 0 & 0 & 1 \end{bmatrix}$$

(d) **scalarmul(a, 2);**

$$\begin{bmatrix} 2 & 4 & 6 \\ 8 & 10 & 12 \\ 14 & 16 & 0 \end{bmatrix}$$

(e) **rref(a);**

$$\begin{bmatrix} 1 & 0 & 0 \\ 0 & 1 & 0 \\ 0 & 0 & 1 \end{bmatrix}$$

(f) **det(a);**

27

(g) **rank(a);**

3

(h) **diag(a, inverse(a));**

$$\begin{bmatrix} 1 & 2 & 3 & 0 & 0 & 0 \\ 4 & 5 & 6 & 0 & 0 & 0 \\ 7 & 8 & 0 & 0 & 0 & 0 \\ 0 & 0 & 0 & -\frac{16}{9} & \frac{8}{9} & -\frac{1}{9} \\ 0 & 0 & 0 & \frac{14}{9} & -\frac{7}{9} & \frac{2}{9} \\ 0 & 0 & 0 & -\frac{1}{9} & \frac{2}{9} & -\frac{1}{9} \end{bmatrix}$$

3. 열벡터 **b:=transpose(matrix([[7, 16, 7]]));**를 치고 연립일차방정식 $a\mathbf{x}=\mathbf{b}$를 다른 방법으로 풀 수 있다.

(a) **linsolve(a, b);**

$$\begin{bmatrix} 1 \\ 0 \\ 2 \end{bmatrix}$$

(b) **c:=augment(a, b);**와 **rref(c);**를 입력

$$c:=\begin{bmatrix} 1 & 2 & 3 & 7 \\ 4 & 5 & 6 & 16 \\ 7 & 8 & 0 & 7 \end{bmatrix}$$

$$\begin{bmatrix} 1 & 0 & 0 & 1 \\ 0 & 1 & 0 & 0 \\ 0 & 0 & 1 & 2 \end{bmatrix}$$

4. 행렬 **A:=matrix([[1, 2], [3, 4]]);**와 **B:=matrix([[2, 0], [−3, 5]]);**를 치고 아래 행렬연산을 수행하라. Maple은 대문자와 소문자를 구분한다. 위의 대문자 행렬 B는 소문자 b와는 다른 행렬을 표시한다.

(a) **matadd(A, B);**

$$\begin{bmatrix} 3 & 2 \\ 0 & 9 \end{bmatrix}$$

(b) **matadd(A, B, 1, −1);**

$$\begin{bmatrix} -1 & 2 \\ 6 & -1 \end{bmatrix}$$

(c) **multiply(A, B);**

$$\begin{bmatrix} -4 & 10 \\ -6 & 20 \end{bmatrix}$$

5. 다음과 같은 명령어를 실행하면 어떻게 되느냐?
   (a) **matrix(3, 5, 0);**
   (b) **band([1], 5);**
   (c) **randmatrix(4, 6);**
   (d) **hilbert(6);**

6. 다음 명령어를 실행하고 그 효과를 설명하라.
   ([[1, 2, 3], [4, 5, 6], [7, 8, 0]]);.
   (a) **submatrix(a, 2..2, 3..3);**
   (b) **submatrix(a, 2..2, 1..3);**
   (c) **submatrix(a, 1..3, 3..3);**

7. 특별한 용어, 예를 들어 고유값에 대한 더 자세한 정보를 알고 싶으면 **?eigenvalues**를 치면 된다.

8. **Exit**를 치면 Maple에서 빠져 나온다.

Mathematica의 소개

여기서는 선형대수에서 사용하는 Mathematica의 몇 가지 기본적인 명령어에 대해서 공부해 보자. 실제로 컴퓨터 앞에 앉아서 아래에 나오는 예를 실행해 보기 바란다. Mathematica를 시작한 후에는 프롬프트 다음에 바로 명령어를 치면 된다.

1. 행렬

$$a=\begin{bmatrix} 1 & 2 & 3 \\ 4 & 5 & 6 \\ 7 & 8 & 0 \end{bmatrix}$$

을 표시하기 위해서는 **a={{1, 2, 3}, {4, 5, 6}, {7, 8, 0}}**을 친다. 각 행의 항은 콤마로 구분하고 행은 대괄호로 구분한다. 그러면 Mathematica는 아래와 같은 행렬을 표시한다. 보다 자연스러운 행렬 꼴을 원한다면 **%//MatrixForm**을 치면 된다.

Out[1]=

{{1, 2, 3}, {4, 5, 6}, {7, 8, 0}}

In[2]=

%//MatrixForm

Out[2]//MatrixForm=

$$\begin{pmatrix} 1 & 2 & 3 \\ 4 & 5 & 6 \\ 7 & 8 & 9 \end{pmatrix}$$

2. 행렬 a에 다음과 같은 기본적인 명령을 행하면 표시된 결과를 얻을 수 있다.

(a) **Inverse[a]//MatrixForm**

Out[3]//MatrixForm=

$$\begin{pmatrix} -\frac{16}{9} & \frac{8}{9} & -\frac{1}{9} \\ \frac{14}{9} & -\frac{7}{9} & \frac{2}{9} \\ -\frac{1}{9} & \frac{2}{9} & -\frac{1}{9} \end{pmatrix}$$

(b) **Transpose[a]**

Out[4]=

{{1, 4, 7}, {2, 5, 8}, {3, 6, 0}}

(c) **a.Inverse[a]**

Out[5]=

{{1, 0, 0}, {0, 1, 0}, {0, 0, 1}}

(d) **2*a**

Out[6]=

{{2, 4, 6}, {8, 10, 12}, {14, 16, 0}}

(e) **RowReduce[a]**

Out[7]=

{{1, 0, 0}, {0, 1, 0}, {0, 0, 1}}

(f) **Det[a]**

Out[8]=

27

3. 행렬 **b={7, 16, 7}**를 실행하고 연립일차방정식 a**x**=**b**를 다른 방법으로 풀 수 있다.

(a) **LinearSolve[a, b]**

Out[10]=

{1, 0, 2}

(b) **c=Table[Append[a[[i]], b[[i]]], {i, 1, 3}]**와 **RowReduce[c]**를 입력하면 다음을 얻는다.

Out[11]=

{{1, 2, 3, 7}, {4, 5, 6, 16}, {7, 8, 0, 7}}

In[12]=

RowReduce[c]//MatrixForm

Out[12]//MatrixForm=

$$\begin{pmatrix} 1 & 0 & 0 & 1 \\ 0 & 1 & 0 & 0 \\ 0 & 0 & 1 & 2 \end{pmatrix}$$

4. 행렬 **A={{1, 2}, {3, 4}}**와 **B={{2, 0}, {−3, 5}}**를 실행하고 다음 행렬 연산을 수행해 보자. Mathematica는 대문자와 소문자를 구분한다. 대문자 행렬 B는 소문자 b와는 틀린다.

(a) **A+B**

Out[15]=

{{3, 2}, {0, 9}}

(b) **A−B**

Out[16]=

{{−1, 2}, {6, −1}}

(c) **A.B**(행렬의 곱은 A*B가 아니다)

Out[17]=

{{−4, 10}, {−6, 20}}

5. 다음 명령을 행하고 결과를 살펴보자.
   (a) **Table[0, {i, 1, 3}, {j, 1, 5}]**
   (b) **IdentityMatrix[5]**
   (c) **Table[Random[Integer, {−100, 100}], {4}, {6}]//MatrixForm**
   (d) **Table[1/(i+j−1), {i, 1, 6}, {j, 1, 6}]**

6. 행렬 **a={{1, 2, 3}, {4, 5, 6}, {7, 8, 0}}**를 치고 아래 명령을 실행하고 그 결과를 표시하라.
   (a) **a[[2, 3]]**
   (b) **a[[2]]**
   (c) **Transpose[a][[3]]**

7. 특별한 용어, 예를 들어 행렬식에 대한 더 자세한 정보를 알고 싶으면 **?Det.**를 치면 된다.

8. **Exit**를 치면 Mathematica에서 빠져 나온다.

Derive의 소개

여기서는 선형대수에서 사용하는 Derive의 몇 가지 기본적인 명령에 대해서 공부해 보자. 실제로 컴퓨터 앞에 앉아서 아래에 나오는 간단한 예를 실행해 보기 바란다.

1. 행렬

$$a=\begin{bmatrix}1 & 2 & 3\\ 4 & 5 & 6\\ 7 & 8 & 0\end{bmatrix}$$

를 표시하기 위해서 **a:=[[1, 2, 3], [4, 5, 6], [7, 8, 0]]**를 치고 **return** 또는 **enter**키를 치면 된다. 각 행의 항은 콤마로 구분하고 각 행은 괄호로 묶는다. 그러면 다음과 같은 행렬이 화면에 나타난다.

$$\text{a:} = \begin{bmatrix} 1 & 2 & 3 \\ 4 & 5 & 6 \\ 7 & 8 & 0 \end{bmatrix}$$

2. 행렬 a에 다음과 같은 기본적인 명령을 행하면 표시된 결과를 얻을 수 있다.

(a) $\mathbf{a}^{-1}$

$$\begin{bmatrix} -\frac{16}{9} & \frac{8}{9} & -\frac{1}{9} \\ \frac{14}{9} & -\frac{7}{9} & \frac{2}{9} \\ -\frac{1}{9} & \frac{2}{9} & -\frac{1}{9} \end{bmatrix}$$

(b) **a`**

$$\begin{bmatrix} 1 & 4 & 7 \\ 2 & 5 & 8 \\ 3 & 6 & 0 \end{bmatrix}$$

(c) $\mathbf{a} \star \mathbf{a}^{-1}$

$$\begin{bmatrix} 1 & 0 & 0 \\ 0 & 1 & 0 \\ 0 & 0 & 1 \end{bmatrix}$$

(d) $\mathbf{a} \star \mathbf{2}$

$$\begin{bmatrix} 2 & 4 & 6 \\ 8 & 10 & 12 \\ 14 & 16 & 0 \end{bmatrix}$$

(e) **Row_Reduce(a)**

$$\begin{bmatrix} 1 & 0 & 0 \\ 0 & 1 & 0 \\ 0 & 0 & 1 \end{bmatrix}$$

(f) **det(a)**

27

3. 열 행렬 **b:=[[7], [16], [7]]**를 실행하라. 연립일차방정식 $a\mathbf{x}=\mathbf{b}$를 몇 가지 방법으로 풀 수 있다.

(a) 행 축소 첨부행렬 $[a \,\vdots\, b]$는 다음과 같이 하여 얻을 수 있다.

Row_Reduce(a, b)

$$\begin{bmatrix} 1 & 0 & 0 & 1 \\ 0 & 1 & 0 & 0 \\ 0 & 0 & 1 & 2 \end{bmatrix}$$

(b) $\begin{bmatrix} \boldsymbol{x} \\ \boldsymbol{y} \\ \boldsymbol{z} \end{bmatrix} = \boldsymbol{a}^{-1} \bigstar \boldsymbol{b}$를 수행하여 간단히 표시할 수 있다.

$$\begin{bmatrix} x=1 \\ y=0 \\ z=2 \end{bmatrix}$$

(c) $\boldsymbol{a}\begin{bmatrix} \boldsymbol{x} \\ \boldsymbol{y} \\ \boldsymbol{z} \end{bmatrix} = \boldsymbol{b}$를 수행하여 방정식을 풀 수 있다.

$[x=1,\ y=0,\ z=2]$

4. **"A":=[[1, 2], [3, 4]]**와 **"B":=[[2, 0], [−3, 5]]**를 실행하고 아래 행렬 연산을 행하라.

(a) **"A"+"B"**

$$\begin{bmatrix} 3 & 2 \\ 0 & 9 \end{bmatrix}$$

(b) **"A"−"B"**

$$\begin{bmatrix} -1 & 2 \\ 6 & -1 \end{bmatrix}$$

(c) **"A"★"B"**

$$\begin{bmatrix} -4 & 10 \\ -6 & 20 \end{bmatrix}$$

5. 아래 명령을 수행하면 어떻게 되는지 살펴보자.
   (a) **Vector(Vector(0, j, 1, 5), k, 1, 3)**
   (b) **Identity_Matrix(5)**
   (c) **Vector(Vector(Random(100), j, 1, 6), k, 1, 4)**
   (d) **Vector(Vector(1/(j+k−1), j, 1, 6), k, 1, 6)**
6. 행렬 **a:=[[1, 2, 3], [4, 5, 6], [7, 8, 0]]**에 대해서 다음 명령을 실행하고 그 결과를 적어라.
   (a) **Element(Element(a, 2), 3)**
   (b) **Element(a, 2)**
   (c) **Element(a`, 3)`**
7. 특별한 주제에 대한 보다 더 자세한 정보를 알기 원하면 help 메뉴에서 **Contents**를 선택하면 된다.
8. **Exit**를 치면 Derive에서 빠져 나온다.

그래프 계산기

아래 표는 여러 가지 그래프 계산기*와 내장된 행렬계산항목을 보여준다. 예를 들어 첫째 행은 모든 계산기가 행렬의 합을 수행할 수 있음을 나타낸다.

행렬연산	TI-92	TI-89	TI-86	TI-83 Plus	TI-83
합	x	x	x	x	x
스칼라 곱	x	x	x	x	x
곱	x	x	x	x	x
기본 행 연산	x	x	x	x	x
축소행제형꼴	x	x	x	x	x
행렬식	x	x	x	x	x
역	x	x	x	x	x
전치	x	x	x	x	x

* 다른 계산기는 사용자 설명서를 참고할 것.

행렬연산	TI-92	TI-89	TI-86	TI-83 Plus	TI-83
놈	x	x	x		
멱	x	x	x	x	x
고유값	x	x	x		
LU 분해	x	x	x		
항등행렬	x	x	x	x	x
임의행렬	x	x	x	x	x
행렬연결하기	x	x	x	x	x
상태수			x		
복소행렬	x	x	x		
벡터	x	x	x		

기술적 함정

선형대수에서 많은 행렬계산은 현대적 그래프 계산기와 컴퓨터 소프트웨어로 수행할 수 있다. 그러나 이러한 장치는 소수의 반올림 오차에 의해서 완벽하지 않음을 항상 기억해야 한다. 즉 계산기나 컴퓨터는 소수의 마지막 숫자는 반올림하거나 버리기를 하여 분수를 소수로 나타낸다.

예를 들어 계산기를 사용하여 $\frac{1}{6}$을 계산하면 TI-86은 0.166666666667을 나타낸다. 그러나 이것은 정확한 값이 아니다. 왜냐하면 끝의 7은 반올림한 값이기 때문이다. 좀더 확실하게 하기 위해서 $\left[\left(\frac{1}{6}\right)\cdot 3\right]-0.5$를 계산해 보자. 실제 답은 0인데 이 값이 나오는가? 보통은 선형대수 문제에서 소수점의 반올림은 크게 문제되지는 않는다. 그러나 가끔식은 문제를 일으킨다. 여기에 간단한 예 두개를 살펴보자.

1. TI-86을 이용해서 행렬 $A=\begin{bmatrix} 3 & 11 \\ 2 & 6 \end{bmatrix}$의 행렬식을 계산해 보자. 다음으로 행렬식의 가장 큰 점수 int det$A$를 계산해 보자. 반올림에 의한 오차가 발생함을 알 수 있다.
2. 크기 6인 힐버트 행렬은

$$H=\begin{bmatrix} 1 & \frac{1}{2} & \frac{1}{3} & \frac{1}{4} & \frac{1}{5} & \frac{1}{6} \\ \frac{1}{2} & \frac{1}{3} & \frac{1}{4} & \frac{1}{5} & \frac{1}{6} & \frac{1}{7} \\ \frac{1}{3} & \frac{1}{4} & \frac{1}{5} & \frac{1}{6} & \frac{1}{7} & \frac{1}{8} \\ \frac{1}{4} & \frac{1}{5} & \frac{1}{6} & \frac{1}{7} & \frac{1}{8} & \frac{1}{9} \\ \frac{1}{5} & \frac{1}{6} & \frac{1}{7} & \frac{1}{8} & \frac{1}{9} & \frac{1}{10} \\ \frac{1}{6} & \frac{1}{7} & \frac{1}{8} & \frac{1}{9} & \frac{1}{10} & \frac{1}{11} \end{bmatrix}$$

이다. 이 행렬은 행렬계산의 결과가 희한하게 나와서 악명이 높다. $\mathrm{inv}(H)\cdot H$를 계산해서 과연 항등행렬이 나오는지 확인해 보자.

다른 예에서도 계산기로 계산한 결과가 잘못된 경우를 많이 발견할 것이다. 일반적으로 이러한 오차는 항상 발생할 수 있다는 것을 명심해야 한다. 그러므로 계산결과를 맹신하지 말고 약간씩 의심할 필요가 있다.

ANSWER KEY

Chapter 1

SECTION 1.1

1. Linear　**3.** Not linear　**5.** Not linear

7. $x = 2t$
$y = t$

9. $x = 1 - s - t$
$y = s$
$z = t$

11. $x_1 = 5$
$x_2 = 3$

13. $x = \frac{3}{2}$
$y = \frac{3}{2}$
$z = 0$

15. $x_1 = -t$
$x_2 = 2t$
$x_3 = t$

17. $x = 2$
$y = 0$

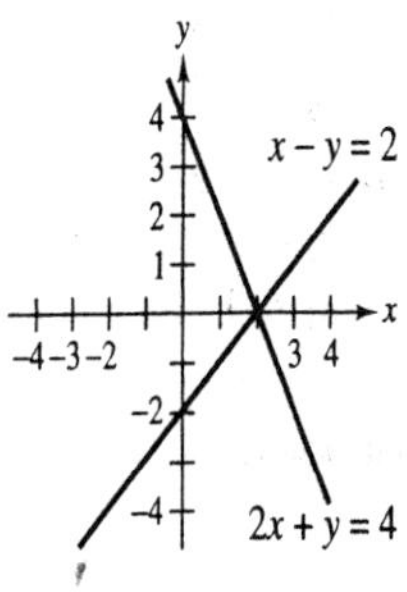

19. No solution

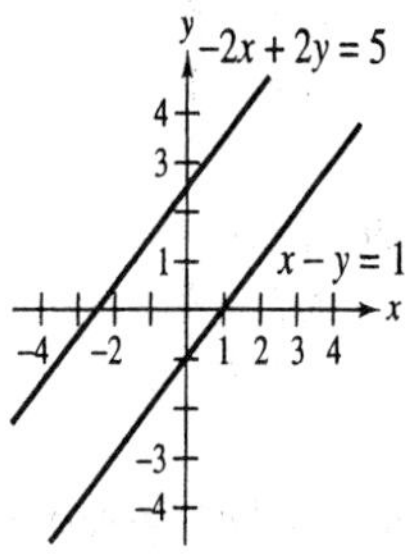

21.

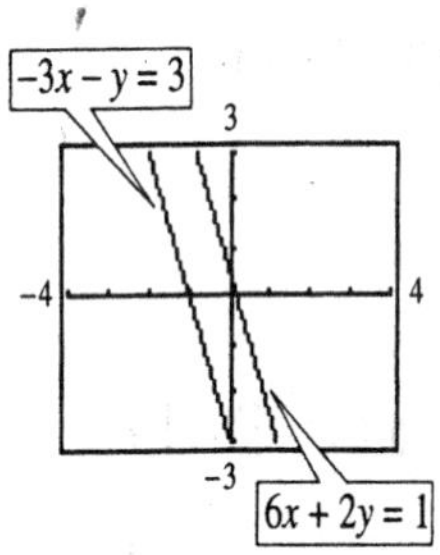

Inconsistent

23.

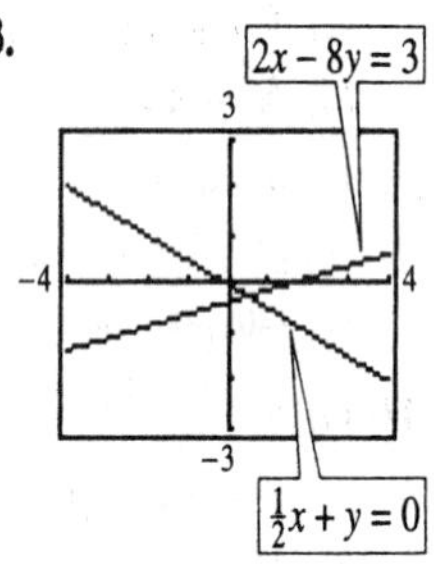

$x = \frac{1}{2}$
$y = -\frac{1}{4}$

25.

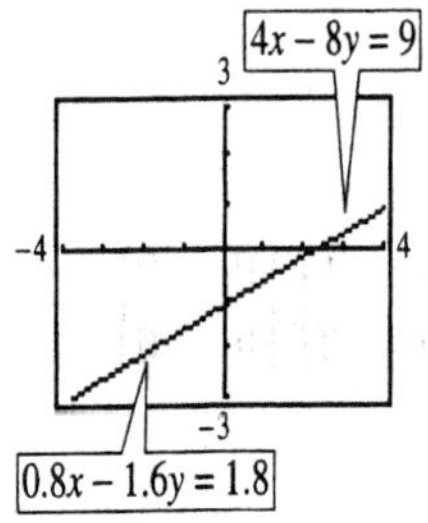

$x = \frac{9}{4} + 2t$
$y = t$

27. $x_1 = -1$
$x_2 = -1$

29. $u = 40$
$v = 40$

31. $x = -\frac{1}{3}$
$y = -\frac{2}{3}$

33. $x = 7$
$y = 1$

35. $x_1 = 8$
$x_2 = 7$

37. $x = 1$
$y = 2$
$z = 3$

39. No solution

41. $x_1 = \frac{5}{2} - \frac{1}{2}t$
$x_2 = 4t - 1$
$x_3 = t$

43. No solution

45. $x = 1$
$y = 0$
$z = 3$
$w = 2$

47. $x_1 = -15$
$x_2 = 40$
$x_3 = 45$
$x_4 = -75$

49. $x = -1.2$
$y = -0.6$
$z = 2.4$

51. $x_1 = \frac{1}{5}$
$x_2 = -\frac{4}{5}$
$x_3 = \frac{1}{2}$

53. $x = 6.8813$
$y = -163.3111$
$z = -210.2915$
$w = -59.2913$

55. $x = 0$
$y = 0$
$z = 0$

57. $x = -\frac{3}{5}t$
$y = \frac{4}{5}t$
$z = t$

59. (a) True, you can describe the entire solution set using parametric representation.
$ax + by = c$
Choosing $y = t$ as the free variable, the solution is
$x = \dfrac{c}{a} - \dfrac{b}{a}t$, $y = t$, where t is any real number.

(b) False, for example consider the system
$x_1 + x_2 + x_3 = 1$
$x_1 + x_2 + x_3 = 2$
which is an inconsistent system.

(c) False, a consistent system may have only one solution.

61. $3x_1 - x_2 = 4$
$-3x_1 + x_2 = -4$
(The answer is not unique.)

63. $x = 3$
$y = -4$

65. $x = \cos\theta$
$y = \sin\theta$

67. $k = -2$

69. All $k \neq \pm 1$

71. $k = \frac{8}{3}$

73. $k = 1, -2$

75. (a) Three lines intersecting at one point
(b) Three coincident lines
(c) Three lines having no common point

77. Answers will vary. (*Hint:* Choose three different values of x and solve the resulting system of linear equations in the variables a, b, and c.)

79. $x - 4y = -3$
$5x - 6y = 13$

$x - 4y = -3$
$14y = 28$

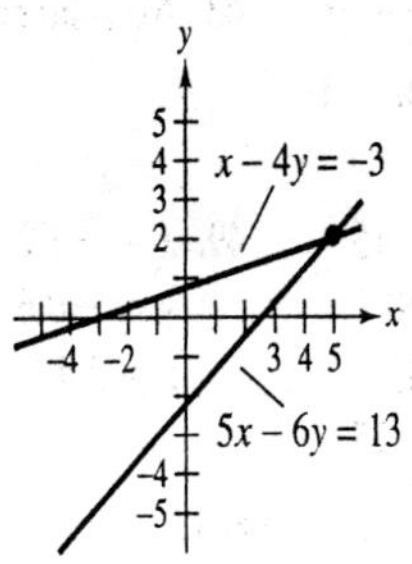

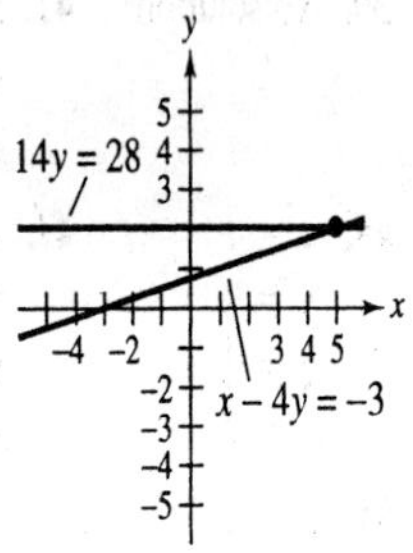

$x - 4y = -3$
$y = 2$

$x = 5$
$y = 2$

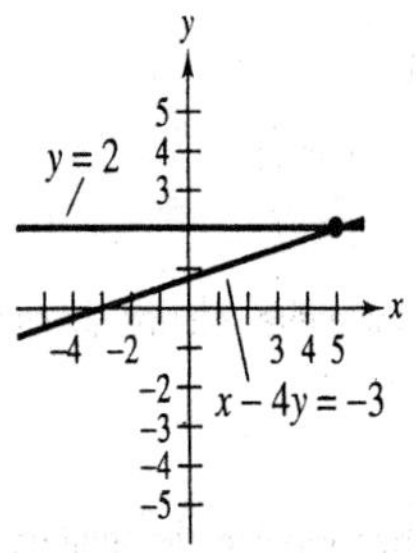

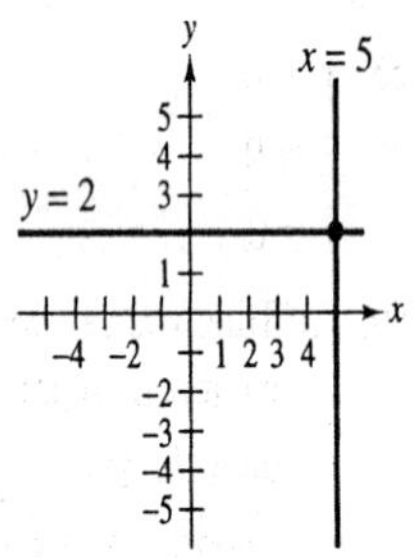

Intersection points are all the same.

Section 1.2

1. 3×3 **3.** 1×5 **5.** 4×5

7. Reduced row-echelon form

9. Not in row-echelon form

11. Not in row-echelon form

13. $x_1 = 0$, $x_2 = 2$

15. $x_1 = 2$, $x_2 = -1$, $x_3 = -1$

17. $x_1 = -26$, $x_2 = 13$, $x_3 = -7$, $x_4 = 4$

19. $x = 3$, $y = 2$

21. No solution

23. $x = 4$, $y = -2$

25. $x_1 = 4$, $x_2 = -3$, $x_3 = 2$

27. $x_1 = 1 + 2t$, $x_2 = 2 + 3t$, $x_3 = t$

29. $x = 100 + 96t - 3s$
$y = s$
$z = 54 + 52t$
$w = t$

31. $x = 0$, $y = 2 - 4t$, $z = t$

33. $x_1 = 23.5361 + 0.5278t$
$x_2 = 18.5444 + 4.1111t$
$x_3 = 7.4306 + 2.1389t$
$x_4 = t$

35. $x_1 = 2$, $x_2 = -2$, $x_3 = 3$, $x_4 = -5$, $x_5 = 1$

37. $x_1 = 1$, $x_2 = -2$, $x_3 = 6$, $x_4 = -3$, $x_5 = -4$, $x_6 = 3$

39. $x_1 = 0$, $x_2 = -t$, $x_3 = t$

41. $x_1 = -t$, $x_2 = s$, $x_3 = 0$, $x_4 = t$

43. (a) Two equations in two unknowns
(b) All real $k \neq -\frac{4}{3}$
(c) Two equations in three unknowns
(d) All real k

45. (a) $a + b + c = 0$
(b) $a + b + c \neq 0$
(c) Not possible

47. (a) $x = \frac{8}{3} - \frac{5}{6}t$
$y = -\frac{8}{3} + \frac{5}{6}t$
$z = t$

(b) $x = \frac{18}{7} - \frac{11}{14}t$
$y = -\frac{20}{7} + \frac{13}{14}t$
$z = t$

(c) $x = 3 - t$
$y = -3 + t$
$z = t$

(d) Each system has an infinite number of solutions.

49. $\begin{bmatrix} 1 & 0 \\ 0 & 1 \end{bmatrix}$

51. $\begin{bmatrix} 1 & 0 \\ 0 & 1 \end{bmatrix}, \begin{bmatrix} 1 & k \\ 0 & 0 \end{bmatrix}, \begin{bmatrix} 0 & 1 \\ 0 & 0 \end{bmatrix}, \begin{bmatrix} 0 & 0 \\ 0 & 0 \end{bmatrix}$

53. (a) True, in the notation $m \times n$, m is the number of rows of the matrix. Thus, a 6×3 matrix has 6 rows.

(b) True, on page 18, after Example 4, the sentence reads, "It can be shown that every matrix is row-equivalent to a matrix in row-echelon form."

(c) False, consider the row-echelon form.

$$\begin{bmatrix} 1 & 0 & 0 & 0 & 0 \\ 0 & 1 & 0 & 0 & 1 \\ 0 & 0 & 1 & 0 & 2 \\ 0 & 0 & 0 & 1 & 3 \end{bmatrix}$$

which gives the solution $x_1 = 0$, $x_2 = 0$, $x_3 = 2$, and $x_4 = 3$.

(d) True, Theorem 1.1 states that if a homogenous system has fewer equations than variables, then it must have an infinite number of solutions.

55. $ad - bc \neq 0$ **57.** $\lambda = 1, 3$

59. Yes, it is possible:

$x_1 + x_2 + x_3 = 0$

$x_1 + x_2 + x_3 = 1$

61. $\alpha = \pi/3, 5\pi/3$; $\beta = \pi/2$ (*Hint:* Let $u = \cos \alpha$ and $v = \sin \beta$.)

63. The rows have been interchanged.

SECTION 1.3

1. (a) $p(x) = 29 - 18x + 3x^2$

(b)

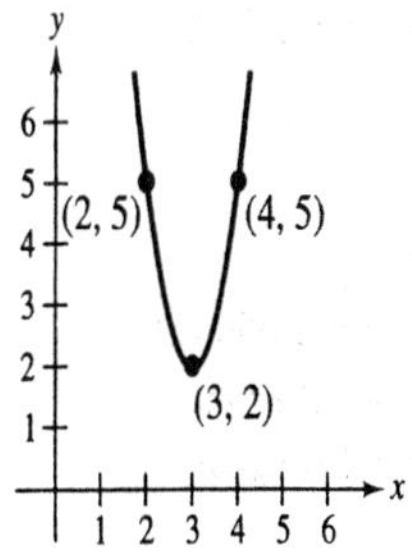

3. (a) $p(x) = 2x$

(b)

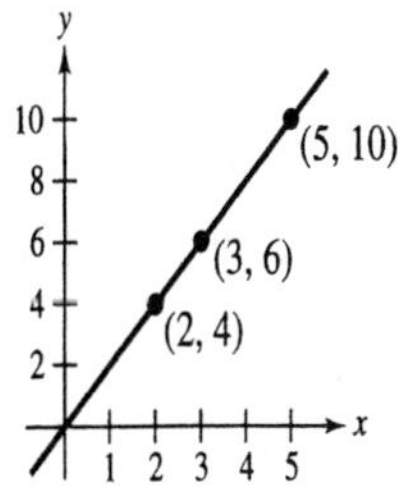

5. (a) $p(z) = 7 + \frac{7}{2}z + \frac{3}{2}z^2$

$p(x) = 7 + \frac{7}{2}(x - 2002) + \frac{3}{2}(x - 2002)^2$

(b)

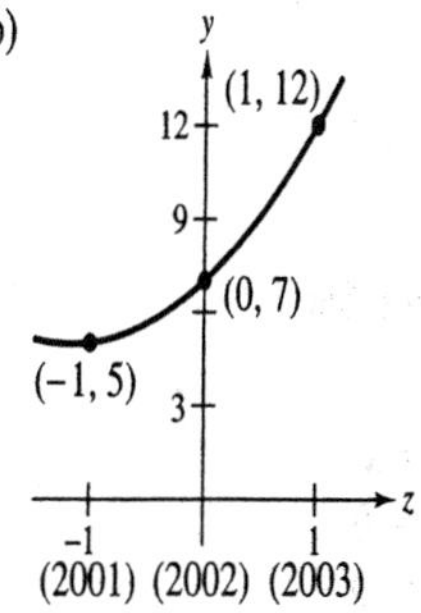

7. y is not a function of x because the x-value of 3 is repeated.

9. $p(x) = 1 + x$

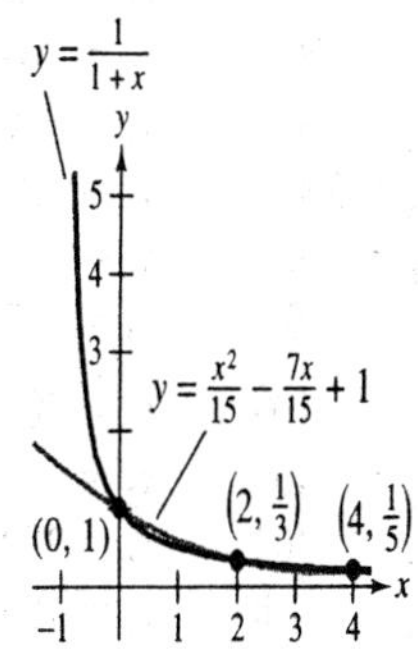

11. $p(x) = -3x + x^3$

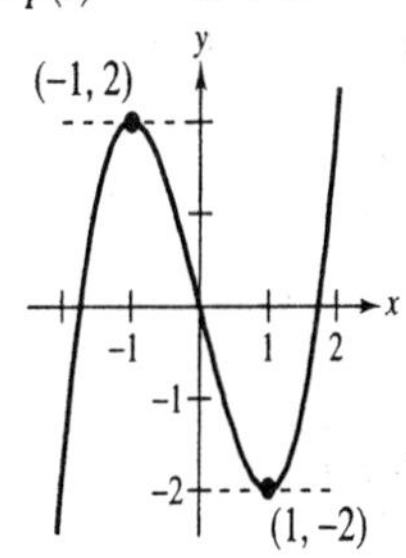

13. $p(z) = 249 + 2.7z + 0.05z^2$ (where $z = x - 1990$)

Year 2005: $p = 300.75$ million

Year 2010: $p = 323$ million

15. (a)

$$\begin{aligned} a_0 - a_1 + a_2 - a_3 &= 7625.0 \\ a_0 &= 9421.0 \\ a_0 + a_1 + a_2 + a_3 &= 10{,}003.0 \\ a_0 + 2a_1 + 4a_2 + 8a_3 &= 10{,}530.0 \end{aligned}$$

(b) $p(z) = 9421.0 + 995.83z - 607z^2 + 193.1667z^3$
(where $z = x - 2000$)

17. $p(x) = -\frac{4}{\pi^2}x^2 + \frac{4}{\pi}x$

$\sin\frac{\pi}{3} \approx \frac{8}{9} \approx 0.889$

(Actual value is $\sqrt{3}/2 \approx 0.866$.)

19. Solve the system:

$$\begin{aligned} p(-1) &= a_0 - a_1 + a_2 = 0 \\ p(0) &= a_0 = 0 \\ p(1) &= a_0 + a_1 + a_2 = 0 \\ a_0 &= a_1 = a_2 = 0 \end{aligned}$$

21. (a) $x_1 = s$, $x_2 = t$, $x_3 = 600 - s$, $x_4 = s - t$, $x_5 = 500 - t$, $x_6 = s$, $x_7 = t$
(b) $x_1 = 0$, $x_2 = 0$, $x_3 = 600$, $x_4 = 0$, $x_5 = 500$, $x_6 = 0$, $x_7 = 0$
(c) $x_1 = 0$, $x_2 = -500$, $x_3 = 600$, $x_4 = 500$, $x_5 = 1000$, $x_6 = 0$, $x_7 = -500$

23. (a) $x_1 = 100 + t$, $x_2 = -100 + t$, $x_3 = 200 + t$, $x_4 = t$
(b) $x_1 = 100$, $x_2 = -100$, $x_3 = 200$, $x_4 = 0$
(c) $x_1 = 200$, $x_2 = 0$, $x_3 = 300$, $x_4 = 100$

25. $I_1 = 0$, $I_2 = 1$, $I_3 = 1$

27. (a) $I_1 = 1$, $I_2 = 2$, $I_3 = 1$ (b) $I_1 = 0$, $I_2 = 1$, $I_3 = 1$

Review Exercises – Chapter 1

1. $x = -\frac{1}{4} + \frac{1}{2}s - \frac{3}{2}t$, $y = s$, $z = t$

3. Row-echelon form (not reduced)

5. Not in row-echelon form

7. $x_1 = -2t$, $x_2 = t$, $x_3 = 0$

9. $x = \frac{1}{2}$, $y = \frac{3}{2}$

11. $x = -12$, $y = -8$

13. $x = 0$, $y = 0$

15. No solution

17. $x_1 = -\frac{1}{2}$, $x_2 = \frac{4}{5}$

19. $x = 0$, $y = 0$

21. $x = 2$, $y = -3$, $z = 3$

23. $x = \frac{1}{2}$, $y = -\frac{1}{3}$, $z = 1$

25. $x = 4 + 3t$, $y = 5 + 2t$, $z = t$

27. $x = \frac{3}{2} - 2t$, $y = 1 + 2t$, $z = t$

29. $x_1 = 1$, $x_2 = 4$, $x_3 = -3$, $x_4 = -2$

31. $x_1 = 0$, $x_2 = 0$, $x_3 = 0$

33. $x_1 = -4t$, $x_2 = -\frac{1}{2}t$, $x_3 = t$

35. $k = \pm 1$

37. (a) $b = 2a$ and $a \neq -3$
(b) $b \neq 2a$
(c) $a = -3$ and $b = -6$

39. The two matrices are row-equivalent because each is row-equivalent to

$$\begin{bmatrix} 1 & 0 & 0 \\ 0 & 1 & 0 \\ 0 & 0 & 1 \end{bmatrix}.$$

41. $$\begin{bmatrix} 1 & 0 & -1 & -2 & \cdots & 2-n \\ 0 & 1 & 2 & 3 & \cdots & n-1 \\ 0 & 0 & 0 & 0 & \cdots & 0 \\ \vdots & & & & & \vdots \\ 0 & 0 & 0 & 0 & \cdots & 0 \end{bmatrix}$$

43. (a) False. See page 3, following Example 2.
(b) True. See page 5, Example 4(b).

45. (a)
$$\begin{aligned} 6x + y + 3z &= 62 \\ x + y + z &= 18 \\ x - y &= 0 \end{aligned}$$
where x = number of touchdowns,
y = number of extra points,
z = number of field goals

(b) $x = 8$, $y = 8$, $z = 2$

47. (a) $p(x) = 90 - \frac{135}{2}x + \frac{25}{2}x^2$

(b)

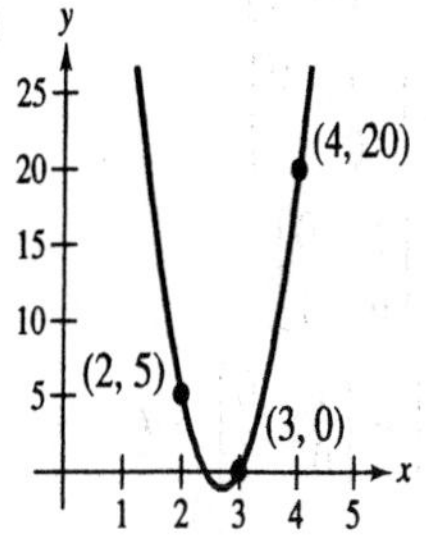

49. $p(x) = 50 + \frac{15}{2}x + \frac{5}{2}x^2$
(First year is represented by $x = 0$.)
Fourth-year sales: $p(3) = 95$

51. (a)
$$\begin{aligned} a_0 \qquad\qquad\qquad &= 80 \\ a_0 + 4a_1 + 16a_2 &= 68 \\ a_0 + 80a_1 + 6400a_2 &= 30 \end{aligned}$$

(b) and (c) $a_0 = 80$, $a_1 = -\frac{25}{8}$, $a_2 = \frac{1}{32}$

(e) There is precisely one polynomial function of degree $n - 1$ (or less) that fits n distinct points.

53. (a) $x_1 = 100 - r + t$, $x_2 = 300 - r + s$, $x_3 = r$, $x_4 = -s + t$, $x_5 = s$, $x_6 = t$
(b) $x_1 = 50$, $x_2 = 250$, $x_3 = 100$, $x_4 = 0$, $x_5 = 50$, $x_6 = 50$

Chapter 2

Section 2.1

1. (a) $\begin{bmatrix} 3 & -2 \\ 1 & 7 \end{bmatrix}$ (b) $\begin{bmatrix} -1 & 0 \\ 3 & -9 \end{bmatrix}$

(c) $\begin{bmatrix} 2 & -2 \\ 4 & -2 \end{bmatrix}$ (d) $\begin{bmatrix} 0 & -1 \\ 5 & -10 \end{bmatrix}$

3. (a) $\begin{bmatrix} 7 & 3 \\ 1 & 9 \\ -2 & 15 \end{bmatrix}$ (b) $\begin{bmatrix} 5 & -5 \\ 3 & -1 \\ -4 & -5 \end{bmatrix}$

(c) $\begin{bmatrix} 12 & -2 \\ 4 & 8 \\ -6 & 10 \end{bmatrix}$ (d) $\begin{bmatrix} 11 & -6 \\ 5 & 3 \\ -7 & 0 \end{bmatrix}$

5. (a) $c_{21} = -6$ (b) $c_{13} = 29$

7. $x = 3,\ y = 2,\ z = 1$

9. (a) $\begin{bmatrix} 0 & 15 \\ 6 & 12 \end{bmatrix}$ (b) $\begin{bmatrix} -2 & 2 \\ 31 & 14 \end{bmatrix}$

11. (a) $\begin{bmatrix} 6 & -21 & 15 \\ 8 & -23 & 19 \\ 4 & 7 & 5 \end{bmatrix}$ (b) $\begin{bmatrix} 9 & 0 & 13 \\ 7 & -2 & 21 \\ 1 & 4 & -19 \end{bmatrix}$

13. (a) Not defined (b) $\begin{bmatrix} 3 & -4 \\ 10 & 16 \\ 26 & 46 \end{bmatrix}$

15. (a) $\begin{bmatrix} -1 & 19 \\ 4 & -27 \\ 0 & 14 \end{bmatrix}$ (b) Not defined

17. (a) $\begin{bmatrix} 60 & 72 \\ -20 & -24 \\ 10 & 12 \\ 60 & 72 \end{bmatrix}$ (b) Not defined

19. (a)
$$\begin{bmatrix} 5 & -2 & 5 & 6 & 1 & 8 \\ 0 & 5 & 5 & -1 & -3 & 8 \\ 6 & -8 & -1 & 4 & 7 & -9 \\ 5 & 0 & 9 & 2 & 3 & 3 \\ 12 & 1 & -7 & -8 & 6 & 8 \\ 5 & 2 & 10 & -10 & -6 & -5 \end{bmatrix}$$

(b)
$$\begin{bmatrix} 1 & 8 & -13 & 11 & 3 & 3 \\ 7 & -13 & 1 & 11 & -2 & 3 \\ -3 & -3 & -10 & -2 & 0 & 1 \\ 1 & 7 & 6 & 6 & 2 & -5 \\ 1 & -4 & -7 & 4 & 11 & 3 \\ 1 & -8 & 9 & -2 & -11 & -1 \end{bmatrix}$$

(c)
$$\begin{bmatrix} 2 & -2 & -5 & -2 & -3 & -8 \\ 6 & -27 & 10 & -2 & -21 & 1 \\ 1 & 22 & -34 & 15 & 37 & 7 \\ 4 & -4 & -11 & 1 & 2 & -1 \\ 8 & -4 & -11 & 9 & -10 & 17 \\ -2 & -11 & -30 & 10 & 3 & 9 \end{bmatrix}$$

19. –CONTINUED–

(d) $\begin{bmatrix} 8 & 16 & 21 & -21 & -8 & 28 \\ 15 & -19 & 20 & 6 & 6 & -8 \\ -4 & 0 & -12 & -2 & -5 & 11 \\ 16 & -6 & 12 & 3 & 11 & 6 \\ 20 & 9 & 1 & -26 & -6 & 23 \\ -10 & -26 & 3 & 33 & 9 & -33 \end{bmatrix}$

21. $\begin{bmatrix} 1 & 3 \\ 2 & -1 \end{bmatrix}\begin{bmatrix} x_1 \\ x_2 \end{bmatrix} = \begin{bmatrix} -1 \\ 3 \end{bmatrix}$

$\begin{bmatrix} x_1 \\ x_2 \end{bmatrix} = \begin{bmatrix} \frac{8}{7} \\ -\frac{5}{7} \end{bmatrix}$

23. $\begin{bmatrix} 8 & -8 \\ -3 & 2 \end{bmatrix}\begin{bmatrix} x_1 \\ x_2 \end{bmatrix} = \begin{bmatrix} 0 \\ 0 \end{bmatrix}$

$\begin{bmatrix} x_1 \\ x_2 \end{bmatrix} = \begin{bmatrix} 0 \\ 0 \end{bmatrix}$

25. $\begin{bmatrix} 1 & 0 & 2 \\ 3 & -2 & 1 \\ -2 & 2 & -1 \end{bmatrix}\begin{bmatrix} x_1 \\ x_2 \\ x_3 \end{bmatrix} = \begin{bmatrix} 5 \\ 8 \\ -3 \end{bmatrix}$

$\begin{bmatrix} x_1 \\ x_2 \\ x_3 \end{bmatrix} = \begin{bmatrix} 5 \\ \frac{7}{2} \\ 0 \end{bmatrix}$

27. $\begin{bmatrix} -5 & 2 \\ 3 & -1 \end{bmatrix}$

29. $a = 7, b = -4, c = -\frac{1}{2}, d = \frac{7}{2}$

31. $w = z, x = -y$

33. $\begin{bmatrix} 1 & 0 & 0 \\ 0 & 4 & 0 \\ 0 & 0 & 9 \end{bmatrix}$

35. $AB = \begin{bmatrix} -10 & 0 \\ 0 & -12 \end{bmatrix}$

$BA = \begin{bmatrix} -10 & 0 \\ 0 & -12 \end{bmatrix}$

37. Proof **39.** 2 **41.** Proof

43. Let $A = \begin{bmatrix} a_{11} & a_{12} \\ a_{21} & a_{22} \end{bmatrix}$.

Then the given matrix equation expands to

$\begin{bmatrix} a_{11} + a_{21} & a_{12} + a_{22} \\ a_{11} + a_{21} & a_{12} + a_{22} \end{bmatrix} = \begin{bmatrix} 1 & 0 \\ 0 & 1 \end{bmatrix}$.

Because $a_{11} + a_{21} = 1$ and $a_{11} + a_{21} = 0$ cannot both be true, you can conclude that there is no solution.

45. (a) $A^2 = \begin{bmatrix} i^2 & 0 \\ 0 & i^2 \end{bmatrix} = \begin{bmatrix} -1 & 0 \\ 0 & -1 \end{bmatrix}$

$A^3 = \begin{bmatrix} i^3 & 0 \\ 0 & i^3 \end{bmatrix} = \begin{bmatrix} -i & 0 \\ 0 & -i \end{bmatrix}$

$A^4 = \begin{bmatrix} i^4 & 0 \\ 0 & i^4 \end{bmatrix} = \begin{bmatrix} 1 & 0 \\ 0 & 1 \end{bmatrix}$

(b) $B^2 = \begin{bmatrix} -i^2 & 0 \\ 0 & -i^2 \end{bmatrix} = \begin{bmatrix} 1 & 0 \\ 0 & 1 \end{bmatrix} = I$

47. Proof

49. Proof

51. (a) True. On page 50, ". . . for the product of two matrices to be defined, the number of columns of the first matrix must equal the number of rows of the second matrix."

(b) True. On page 54, ". . . the system $A\mathbf{x} = \mathbf{b}$ is consistent if and only if $\mathbf{b}$ can be expressed as . . . a linear combination, where the coefficients of the linear combination are a solution of the system."

53. $\begin{bmatrix} 110 & 99 & 77 & 33 \\ 44 & 22 & 66 & 66 \end{bmatrix}$

55. $[1250 \quad 1331.25 \quad 981.25]$

This row matrix represents the profits at each of the three outlets.

57. (a)

2000

	0–17	18–64	65+
Northeast	4.64	11.79	2.62
Midwest	5.92	14.00	2.94
South	9.09	22.12	4.42
Mountain	1.75	3.98	0.72
Pacific	4.30	9.97	1.74

2015

	0–17	18–64	65+
Northeast	4.06	10.99	2.63
Midwest	5.12	13.23	3.26
South	8.36	22.25	5.63
Mountain	1.69	4.07	1.05
Pacific	4.81	10.74	2.12

(b)

	0–17	18–64	65+
Northeast	−0.58	−0.80	0.01
Midwest	−0.80	−0.77	0.32
South	−0.73	0.13	1.21
Mountain	−0.06	0.09	0.33
Pacific	0.51	0.77	0.38

(c) The Pacific region and the 65+ age group show relative growth.

59. $\left[\begin{array}{cc|c} -1 & 4 & 0 \\ -1 & 1 & 0 \\ \hline 0 & 0 & 5 \end{array}\right]$

61. $\mathbf{b} = 3\begin{bmatrix} 1 \\ 3 \end{bmatrix} + 0\begin{bmatrix} -1 \\ -3 \end{bmatrix} - 2\begin{bmatrix} 2 \\ 1 \end{bmatrix} = \begin{bmatrix} -1 \\ 7 \end{bmatrix}$

(The answer is not unique.)

63. $\mathbf{b} = 1\begin{bmatrix} 1 \\ 1 \\ 2 \end{bmatrix} + 2\begin{bmatrix} 1 \\ 0 \\ -1 \end{bmatrix} + 0\begin{bmatrix} -5 \\ -1 \\ -1 \end{bmatrix} = \begin{bmatrix} 3 \\ 1 \\ 0 \end{bmatrix}$

Section 2.2

1. $\begin{bmatrix} 3 & 2 \\ 13 & 4 \end{bmatrix}$ **3.** $\begin{bmatrix} 0 & -12 \\ 12 & -24 \end{bmatrix}$ **5.** $\begin{bmatrix} 7 & 7 \\ 28 & 14 \end{bmatrix}$

7. $\begin{bmatrix} 3 & \frac{2}{3} \\ -\frac{4}{3} & \frac{11}{3} \\ \frac{10}{3} & 0 \end{bmatrix}$ **9.** $\begin{bmatrix} -14 & -4 \\ 7 & -17 \\ -17 & -2 \end{bmatrix}$

11. $\begin{bmatrix} -3 & -5 & -10 \\ -2 & -5 & -5 \end{bmatrix}$ **13.** $\begin{bmatrix} 1 & 6 & -1 \\ -2 & -2 & -8 \end{bmatrix}$

15. $\begin{bmatrix} 12 & -4 \\ 8 & 4 \end{bmatrix}$ **17.** $AC = BC = \begin{bmatrix} 12 & -6 & 9 \\ 16 & -8 & 12 \\ 4 & -2 & 3 \end{bmatrix}$

19. $\begin{bmatrix} 1 & 0 \\ 0 & 1 \end{bmatrix}$ **21.** $\begin{bmatrix} 2 & 2 \\ 0 & 0 \end{bmatrix}$

23. (a) $\begin{bmatrix} 2 & 4 \\ -1 & 3 \\ 3 & -5 \end{bmatrix}$ (b) $\begin{bmatrix} 20 & 10 & -14 \\ 10 & 10 & -18 \\ -14 & -18 & 34 \end{bmatrix}$

(c) $\begin{bmatrix} 14 & -10 \\ -10 & 50 \end{bmatrix}$

25. (a) $\begin{bmatrix} 6 & 0 & 7 \\ 0 & -4 & 5 \end{bmatrix}$ (b) $\begin{bmatrix} 85 & 35 \\ 35 & 41 \end{bmatrix}$

(c) $\begin{bmatrix} 36 & 0 & 42 \\ 0 & 16 & -20 \\ 42 & -20 & 74 \end{bmatrix}$

27. (a) $\begin{bmatrix} 0 & 8 & -2 & 0 \\ -4 & 4 & 3 & 0 \\ 3 & 0 & 5 & -3 \\ 2 & 1 & 1 & 2 \end{bmatrix}$

(b) $\begin{bmatrix} 68 & 26 & -10 & 6 \\ 26 & 41 & 3 & -1 \\ -10 & 3 & 43 & 5 \\ 6 & -1 & 5 & 10 \end{bmatrix}$

(c) $\begin{bmatrix} 29 & -14 & 5 & -5 \\ -14 & 81 & -3 & 2 \\ 5 & -3 & 39 & -13 \\ -5 & 2 & -13 & 13 \end{bmatrix}$

29. $(A + B)(A - B) = A^2 + BA - AB - B^2$, which is not necessarily equal to $A^2 - B^2$ because AB is not necessarily equal to BA.

31. $(AB)^T = B^TA^T = \begin{bmatrix} 2 & -5 \\ 4 & -1 \end{bmatrix}$

33. (a) True. See Theorem 2.1, part 1.
(b) True. See Theorem 2.3, part 1.
(c) False. See Theorem 2.6, part 4, or Example 9.
(d) True. See Example 10.

35. (a) $a = 3$ and $b = -1$

(b) $a + b = 1$
$b = 1$
$a = 1$
No solution

(c) $a + b + c = 0$; $a = -c \rightarrow b = 0 \rightarrow c = 0 \rightarrow a = 0$
$b + c = 0$
$a + c = 0$

(d) $a = -3t$; let $t = 1$: $a = -3, b = 1, c = 1$
$b = t$
$c = t$

37. $\begin{bmatrix} 1 & 0 & 0 \\ 0 & -1 & 0 \\ 0 & 0 & 1 \end{bmatrix}$

39. $\begin{bmatrix} \pm 3 & 0 \\ 0 & \pm 2 \end{bmatrix}$

41. $\begin{bmatrix} -4 & 0 \\ 8 & 2 \end{bmatrix}$

43. $\begin{bmatrix} 0 & 0 & 0 \\ 0 & 0 & 0 \\ 0 & 0 & 0 \end{bmatrix}$

45–53. Proof

55. Skew-symmetric

57. Symmetric

59. Proof

61. (a) $\frac{1}{2}(A + A^T)$

$$= \frac{1}{2}\left(\begin{bmatrix} a_{11} & a_{12} & \cdots & a_{1n} \\ a_{21} & a_{22} & \cdots & a_{2n} \\ \vdots & \vdots & & \vdots \\ a_{n1} & a_{n2} & \cdots & a_{nn} \end{bmatrix} + \begin{bmatrix} a_{11} & a_{21} & \cdots & a_{n1} \\ a_{12} & a_{22} & \cdots & a_{n2} \\ \vdots & \vdots & & \vdots \\ a_{1n} & a_{2n} & \cdots & a_{nn} \end{bmatrix}\right)$$

$$= \frac{1}{2}\begin{bmatrix} 2a_{11} & a_{12} + a_{21} & \cdots & a_{1n} + a_{n1} \\ a_{21} + a_{12} & 2a_{22} & \cdots & a_{2n} + a_{n2} \\ \vdots & \vdots & & \vdots \\ a_{n1} + a_{1n} & a_{n2} + a_{2n} & \cdots & 2a_{nn} \end{bmatrix}$$

(b) $\frac{1}{2}(A - A^T)$

$$= \frac{1}{2}\left(\begin{bmatrix} a_{11} & a_{12} & \cdots & a_{1n} \\ a_{21} & a_{22} & \cdots & a_{2n} \\ \vdots & \vdots & & \vdots \\ a_{n1} & a_{n2} & \cdots & a_{nn} \end{bmatrix} - \begin{bmatrix} a_{11} & a_{21} & \cdots & a_{n1} \\ a_{12} & a_{22} & \cdots & a_{n2} \\ \vdots & \vdots & & \vdots \\ a_{1n} & a_{2n} & \cdots & a_{nn} \end{bmatrix}\right)$$

$$= \frac{1}{2}\begin{bmatrix} 0 & a_{12} - a_{21} & \cdots & a_{1n} - a_{n1} \\ a_{21} - a_{12} & 0 & \cdots & a_{2n} - a_{n2} \\ \vdots & \vdots & & \vdots \\ a_{n1} - a_{1n} & a_{n2} - a_{2n} & \cdots & 0 \end{bmatrix}$$

(c) Proof

(d) $A = \frac{1}{2}(A - A^T) + \frac{1}{2}(A + A^T) =$

$$\begin{bmatrix} 0 & 4 & -\frac{1}{2} \\ -4 & 0 & -\frac{1}{2} \\ \frac{1}{2} & \frac{1}{2} & 0 \end{bmatrix} + \begin{bmatrix} 2 & 1 & \frac{7}{2} \\ 1 & 6 & \frac{1}{2} \\ \frac{7}{2} & \frac{1}{2} & 1 \end{bmatrix}$$

Skew-symmetric Symmetric

63. (a) $A = \begin{bmatrix} 0 & 1 \\ 1 & 0 \end{bmatrix}$, $B = \begin{bmatrix} -1 & 1 \\ 1 & 0 \end{bmatrix}$

(The answer is not unique.)

(b) Proof

Section 2.3

1. $AB = \begin{bmatrix} 1 & 0 \\ 0 & 1 \end{bmatrix} = BA$

3. $AB = \begin{bmatrix} 1 & 0 & 0 \\ 0 & 1 & 0 \\ 0 & 0 & 1 \end{bmatrix} = BA$

5. $\begin{bmatrix} 7 & -2 \\ -3 & 1 \end{bmatrix}$

7. $\begin{bmatrix} -19 & -33 \\ -4 & -7 \end{bmatrix}$

9. $\begin{bmatrix} 1 & 1 & -1 \\ -3 & 2 & -1 \\ 3 & -3 & 2 \end{bmatrix}$

11. Singular

13. $\begin{bmatrix} -\frac{3}{2} & \frac{3}{2} & 1 \\ \frac{9}{2} & -\frac{7}{2} & -3 \\ -1 & 1 & 1 \end{bmatrix}$

15. $\begin{bmatrix} 0 & -2 & 0.8 \\ -10 & 4 & 4.4 \\ 10 & -2 & -3.2 \end{bmatrix}$

17. $\begin{bmatrix} 1 & 0 & 0 \\ -\frac{3}{4} & \frac{1}{4} & 0 \\ \frac{7}{20} & -\frac{1}{4} & \frac{1}{5} \end{bmatrix}$

19. Singular

21. $\begin{bmatrix} -24 & 7 & 1 & -2 \\ -10 & 3 & 0 & -1 \\ -29 & 7 & 3 & -2 \\ 12 & -3 & -1 & 1 \end{bmatrix}$

23. Singular

25. (a) $x = 4$, $y = 8$ (b) $x = -8$, $y = -11$ (c) $x = 0$, $y = 0$

27. (a) $x_1 = -5$, $x_2 = -40.5$, $x_3 = 48$
(b) $x_1 = 0$, $x_2 = 0$, $x_3 = 0$

29. $x_1 = 1$, $x_2 = -2$, $x_3 = 3$, $x_4 = 0$, $x_5 = 1$, $x_6 = -2$

31. (a) $\begin{bmatrix} 35 & 17 \\ 4 & 10 \end{bmatrix}$ (b) $\begin{bmatrix} 2 & -7 \\ 5 & 6 \end{bmatrix}$

(c) $\begin{bmatrix} -31 & 40 \\ -56 & 1 \end{bmatrix}$ (d) $\begin{bmatrix} 1 & \frac{5}{2} \\ -\frac{7}{2} & 3 \end{bmatrix}$

33. (a) $\frac{1}{16}\begin{bmatrix} 138 & 56 & -84 \\ 37 & 26 & -71 \\ 24 & 34 & 3 \end{bmatrix}$ (b) $\frac{1}{4}\begin{bmatrix} 4 & 6 & 1 \\ -2 & 2 & 4 \\ 3 & -8 & 2 \end{bmatrix}$

(c) $\frac{1}{16}\begin{bmatrix} 7 & 0 & 34 \\ 28 & -40 & -14 \\ 30 & 14 & -25 \end{bmatrix}$ (d) $\frac{1}{8}\begin{bmatrix} 4 & -2 & 3 \\ 6 & 2 & -8 \\ 1 & 4 & 2 \end{bmatrix}$

35. $x = 4$

37. $\begin{bmatrix} -1 & \frac{1}{2} \\ \frac{3}{4} & -\frac{1}{4} \end{bmatrix}$

39. (a) True. See Theorem 2.7.
(b) True. See Theorem 2.10, part 1.
(c) False. See Theorem 2.9.
(d) True. See "Finding the Inverse of a Matrix by Gauss-Jordan Elimination," part 2, on page 74.

41–47. Proof

49. The sum of two invertible matrices is not necessarily invertible. For example, let

$$A = \begin{bmatrix} 1 & 0 \\ 0 & 1 \end{bmatrix} \text{ and } B = \begin{bmatrix} -1 & 0 \\ 0 & -1 \end{bmatrix}.$$

51. (a) $\begin{bmatrix} -1 & 0 & 0 \\ 0 & \frac{1}{3} & 0 \\ 0 & 0 & \frac{1}{2} \end{bmatrix}$ (b) $\begin{bmatrix} 2 & 0 & 0 \\ 0 & 3 & 0 \\ 0 & 0 & 4 \end{bmatrix}$

53. (a) Proof (b) $H = \begin{bmatrix} 0 & -1 & 0 \\ -1 & 0 & 0 \\ 0 & 0 & 1 \end{bmatrix}$

55. $A = PDP^{-1}$
No, A is not necessarily equal to D.

57. $\begin{bmatrix} 1 & 0 \\ -1 & 0 \end{bmatrix}$

SECTION 2.4

1. Elementary, multiply Row 2 by 2

3. Elementary, add 2 times Row 1 to Row 2

5. Not elementary

7. Elementary, add -5 times Row 2 to Row 3

9. $\begin{bmatrix} 0 & 0 & 1 \\ 0 & 1 & 0 \\ 1 & 0 & 0 \end{bmatrix}$

11. $\begin{bmatrix} 0 & 0 & 1 \\ 0 & 1 & 0 \\ 1 & 0 & 0 \end{bmatrix}$

13. $\begin{bmatrix} 0 & 1 \\ 1 & 0 \end{bmatrix}$

15. $\begin{bmatrix} 0 & 0 & 1 \\ 0 & 1 & 0 \\ 1 & 0 & 0 \end{bmatrix}$

17. $\begin{bmatrix} \frac{1}{k} & 0 & 0 \\ 0 & 1 & 0 \\ 0 & 0 & 1 \end{bmatrix}$

19. $\begin{bmatrix} 1 & 0 & 0 & 0 \\ 0 & 1 & -k & 0 \\ 0 & 0 & 1 & 0 \\ 0 & 0 & 0 & 1 \end{bmatrix}$

21. $\begin{bmatrix} 1 & 0 \\ 1 & 1 \end{bmatrix}\begin{bmatrix} 1 & -1 \\ 0 & 1 \end{bmatrix}\begin{bmatrix} 1 & 0 \\ 0 & -2 \end{bmatrix}$
(The answer is not unique.)

23. $\begin{bmatrix} 1 & 1 \\ 0 & 1 \end{bmatrix}\begin{bmatrix} 1 & 0 \\ 3 & 1 \end{bmatrix}\begin{bmatrix} 1 & 0 \\ 0 & -1 \end{bmatrix}$
(The answer is not unique.)

25. $\begin{bmatrix} 1 & 0 & 0 \\ -1 & 1 & 0 \\ 0 & 0 & 1 \end{bmatrix}\begin{bmatrix} 1 & -2 & 0 \\ 0 & 1 & 0 \\ 0 & 0 & 1 \end{bmatrix}$
(The answer is not unique.)

27. $\begin{bmatrix} 1 & 0 & 0 \\ 2 & 1 & 0 \\ 0 & 0 & 1 \end{bmatrix}\begin{bmatrix} 2 & 0 & 0 \\ 0 & 1 & 0 \\ 0 & 0 & 1 \end{bmatrix}\begin{bmatrix} 1 & 0 & 0 \\ 0 & 2 & 0 \\ 0 & 0 & 1 \end{bmatrix}$
$\begin{bmatrix} 1 & 0 & 0 \\ 0 & 1 & 0 \\ 0 & 2 & 1 \end{bmatrix}\begin{bmatrix} 1 & 0 & 0 \\ 0 & 1 & 0 \\ 0 & 0 & -3 \end{bmatrix}\begin{bmatrix} 1 & 0 & -4 \\ 0 & 1 & 0 \\ 0 & 0 & 1 \end{bmatrix}$
$\begin{bmatrix} 1 & 0 & 0 \\ 0 & 1 & 5 \\ 0 & 0 & 1 \end{bmatrix}$ (The answer is not unique.)

29. (a) True. See "Remark" following the definition of an elementary matrix on page 86.
(b) False. Multiplication of a matrix by a scalar is not a single elementary row operation so it cannot be represented by a corresponding elementary matrix.
(c) True. See "Definition of Row Equivalence" on page 89.
(d) True. See Theorem 2.13.

31. (a) EA will have two rows interchanged. (The same rows are interchanged in E.)
(b) $E^2 = I_n$

33. $A^{-1} = \begin{bmatrix} 1 & -a & 0 \\ -b & ab+1 & 0 \\ 0 & 0 & \frac{1}{c} \end{bmatrix}$

35. No. For example, $\begin{bmatrix} 1 & 0 \\ 2 & 1 \end{bmatrix}\begin{bmatrix} 1 & 1 \\ 0 & 1 \end{bmatrix} = \begin{bmatrix} 1 & 1 \\ 2 & 3 \end{bmatrix}$.

37. $\begin{bmatrix} 1 & 0 \\ -2 & 1 \end{bmatrix}\begin{bmatrix} 1 & 0 \\ 0 & 1 \end{bmatrix}$
(The answer is not unique.)

39. $\begin{bmatrix} 1 & 0 & 0 \\ 2 & 1 & 0 \\ -1 & 1 & 1 \end{bmatrix}\begin{bmatrix} 3 & 0 & 1 \\ 0 & 1 & -1 \\ 0 & 0 & 2 \end{bmatrix}$
(The answer is not unique.)

41. (a) $\begin{bmatrix} 1 & 0 & 0 \\ 0 & 1 & 0 \\ -1 & 2 & 1 \end{bmatrix}\begin{bmatrix} 2 & 1 & 0 \\ 0 & 1 & -1 \\ 0 & 0 & 3 \end{bmatrix}$
(The answer is not unique.)

(b) $\mathbf{y} = \begin{bmatrix} 1 \\ 2 \\ -5 \end{bmatrix}$ (c) $\mathbf{x} = \begin{bmatrix} \frac{1}{3} \\ \frac{1}{3} \\ -\frac{5}{3} \end{bmatrix}$

43. First factor the matrix $A = LU$. Then, for each right-hand side $\mathbf{b}_i$, solve $L\mathbf{y} = \mathbf{b}_i$ and $U\mathbf{x} = \mathbf{y}$.

45. Idempotent **47.** Not idempotent

49. Not idempotent

51. *Case 1.* $b = 1, a = 0$
Case 2. $b = 0, a =$ any real number

53–57. Proof

Section 2.5

1. Not stochastic **3.** Stochastic

5. Stochastic **7.** Next month: 350 people
In 2 months: 475 people

9.

	In 1 month	In 2 months
Nonsmokers	5025	5047
Smokers of less than 1 pack/day	2500	2499
Smokers of more than 1 pack/day	2475	2454

11. Tomorrow: 25 students
In 2 days: 44 students
In 30 days: 40 students

13. Proof

15. Uncoded: [19 5 12], [12 0 3], [15 14 19], [15 12 9], [4 1 20], [5 4 0]
Encoded: −48, 5, 31, −6, −6, 9, −85, 23, 43, −27, 3, 15, −115, 36, 59, 9, −5, −4

17. Uncoded: [3 15], [13 5], [0 8], [15 13], [5 0], [19 15], [15 14]
Encoded: 48, 81, 28, 51, 24, 40, 54, 95, 5, 10, 64, 113, 57, 100

19. HAPPY_NEW_YEAR **21.** FILM_AT_ELEVEN

23. MEET_ME_TONIGHT_RON

25. $A^{-1} = \begin{bmatrix} -3 & 2 & 2 \\ -4 & 2 & 3 \\ 2 & -1 & -1 \end{bmatrix}$;
_SEPTEMBER_THE_ELEVENTH_WE_WILL_ALWAYS_REMEMBER

27. $D = \begin{bmatrix} 0.1 & 0.2 \\ 0.8 & 0.1 \end{bmatrix}$ (columns: Coal, Steel; rows: Coal, Steel) $X = \begin{bmatrix} 20{,}000 \\ 40{,}000 \end{bmatrix}$ (Coal, Steel)

29. $X = \begin{bmatrix} 8622.0 \\ 4685.0 \\ 3661.4 \end{bmatrix}$ (Farmer, Baker, Grocer)

31. (a)
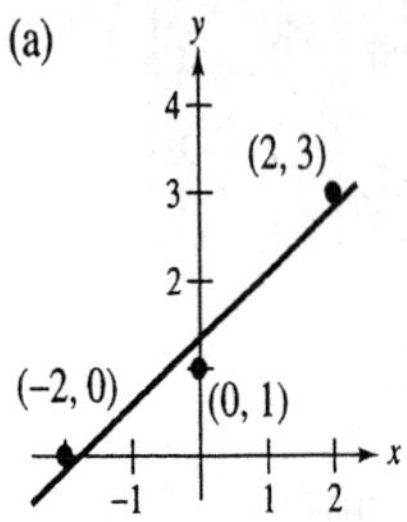

(b) $y = \frac{4}{3} + \frac{3}{4}x$
(c) $\frac{1}{6}$

33. (a)
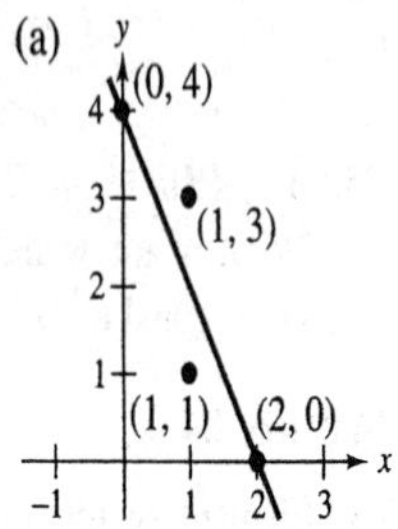

(b) $y = 4 - 2x$
(c) 2

35. $y = -\frac{1}{3} + 2x$ **37.** $y = 1.3 + 0.6x$

39. $y = 0.412x + 3$ **41.** $y = -0.5x + 7.5$

43. (a) $y = 685 - 240x$ (b) 349

45. (a) $y = 3338.1t - 20{,}774.5$
(b) $y = 3338.1t - 20{,}774.5$

Review Exercises – Chapter 2

1. $\begin{bmatrix} -13 & -8 & 18 \\ 0 & 11 & -19 \end{bmatrix}$

3. $\begin{bmatrix} 14 & -2 & 8 \\ 14 & -10 & 40 \\ 36 & -12 & 48 \end{bmatrix}$

5. $\begin{bmatrix} 4 & 6 & 3 \\ 0 & 6 & -10 \\ 0 & 0 & 6 \end{bmatrix}$

7. $\begin{aligned} 5x + 4y &= 2 \\ -x + y &= -22 \end{aligned}$

9. $\begin{bmatrix} 2 & 3 & 1 \\ 2 & -3 & -3 \\ 4 & -2 & 3 \end{bmatrix}\begin{bmatrix} x_1 \\ x_2 \\ x_3 \end{bmatrix} = \begin{bmatrix} 10 \\ 22 \\ -2 \end{bmatrix}$

11. $A^T = \begin{bmatrix} 1 & 0 \\ 2 & 1 \\ -3 & 2 \end{bmatrix}, A^TA = \begin{bmatrix} 1 & 2 & -3 \\ 2 & 5 & -4 \\ -3 & -4 & 13 \end{bmatrix},$

$AA^T = \begin{bmatrix} 14 & -4 \\ -4 & 5 \end{bmatrix}$

13. $\begin{bmatrix} 1 & -1 \\ 2 & -3 \end{bmatrix}$

15. $\begin{bmatrix} \frac{3}{20} & \frac{3}{20} & \frac{1}{10} \\ \frac{3}{10} & -\frac{1}{30} & -\frac{2}{15} \\ -\frac{1}{5} & -\frac{1}{5} & \frac{1}{5} \end{bmatrix}$

17. $\begin{bmatrix} 5 & 4 \\ -1 & 1 \end{bmatrix}\begin{bmatrix} x_1 \\ x_2 \end{bmatrix} = \begin{bmatrix} 2 \\ -22 \end{bmatrix}$

$A^{-1} = \begin{bmatrix} \frac{1}{9} & -\frac{4}{9} \\ \frac{1}{9} & \frac{5}{9} \end{bmatrix}$

$\begin{bmatrix} x_1 \\ x_2 \end{bmatrix} = \begin{bmatrix} 10 \\ -12 \end{bmatrix}$

19. $\begin{bmatrix} \frac{1}{14} & \frac{1}{42} \\ -\frac{1}{21} & \frac{2}{21} \end{bmatrix}$

21. $\begin{bmatrix} 1 & 0 & -4 \\ 0 & 1 & 0 \\ 0 & 0 & 1 \end{bmatrix}$

23. $\begin{bmatrix} 1 & 3 \\ 0 & 1 \end{bmatrix}\begin{bmatrix} 2 & 0 \\ 0 & 1 \end{bmatrix}$

(The answer is not unique.)

25. $\begin{bmatrix} 1 & 0 & 0 \\ 0 & 1 & 0 \\ 0 & 0 & 4 \end{bmatrix}\begin{bmatrix} 1 & 0 & 0 \\ 0 & 1 & -2 \\ 0 & 0 & 1 \end{bmatrix}\begin{bmatrix} 1 & 0 & 1 \\ 0 & 1 & 0 \\ 0 & 0 & 1 \end{bmatrix}$

(The answer is not unique.)

27. $\begin{bmatrix} -1 & 0 \\ 0 & -1 \end{bmatrix}$ and $\begin{bmatrix} 1 & 0 \\ 0 & 1 \end{bmatrix}$

(The answer is not unique.)

29. $\begin{bmatrix} 0 & 0 \\ 0 & 0 \end{bmatrix}, \begin{bmatrix} 1 & 0 \\ 0 & 1 \end{bmatrix},$ and $\begin{bmatrix} 1 & 0 \\ 0 & 0 \end{bmatrix}$

(The answer is not unique.)

31. (a) $a = -1$
$b = -1$
$c = 1$

(b) Proof

33. Proof

35. $\begin{bmatrix} 1 & 0 \\ 3 & 1 \end{bmatrix}\begin{bmatrix} 2 & 5 \\ 0 & -1 \end{bmatrix}$

(The answer is not unique.)

37. $x = 4,\ y = 1, z = -1$

39. (a) False. See Theorem 2.1, part 1, page 60.

(b) True. See Theorem 2.6, part 2, page 67.

41. (a) False. The matrix $\begin{bmatrix} 1 & 0 \\ 0 & 0 \end{bmatrix}$ is not invertible.

(b) False. See Exercise 53, page 71.

43. Not stochastic

45. $PX = \begin{bmatrix} 80 \\ 112 \end{bmatrix}, P^2X = \begin{bmatrix} 68 \\ 124 \end{bmatrix}, P^3X = \begin{bmatrix} 65 \\ 127 \end{bmatrix}$

47. (a) $\begin{bmatrix} 110{,}000 \\ 100{,}000 \\ 90{,}000 \end{bmatrix}$ Region 1, Region 2, Region 3

(b) $\begin{bmatrix} 123{,}125 \\ 100{,}000 \\ 76{,}875 \end{bmatrix}$ Region 1, Region 2, Region 3

49. Uncoded: [15 14], [5 0], [9 6], [0 2], [25 0], [12 1], [14 4]

Encoded: 103, 44, 25, 10, 57, 24, 4, 2, 125, 50, 62, 25, 78, 32

51. $A^{-1} = \begin{bmatrix} 3 & 2 \\ 4 & 3 \end{bmatrix}$; ALL_SYSTEMS_GO

53. $A^{-1} = \begin{bmatrix} -2 & -1 & 0 \\ 0 & 1 & 1 \\ -5 & -3 & -3 \end{bmatrix}$; INVASION_AT_DAWN

55. $D = \begin{bmatrix} 0.20 & 0.50 \\ 0.30 & 0.10 \end{bmatrix}, X = \begin{bmatrix} 133{,}333 \\ 133{,}333 \end{bmatrix}$

57. $y = \frac{20}{3} - \frac{3}{2}x$

59. $y = \frac{2}{5} - \frac{9}{5}x$

61. (a) $y = 19 + 14x$
(b) 41.4 kilograms per square kilometer

63. (a) $y = 3.594x + 49.664$
(b) $y = 3.594x + 49.664$
(c)

x	Actual	Estimated
6	\$70.93	\$71.23
7	\$75.31	\$74.82
8	\$78.62	\$78.42
9	\$81.33	\$82.01
10	\$85.89	\$85.60

(d) \$103.57 (e) $x \approx 14$ (Year 2004)

Chapter 3

Section 3.1

1. 1 **3.** 5 **5.** 27 **7.** -24

9. 6 **11.** $\lambda^2 - 4\lambda - 5$

13. (a) $M_{11} = 4$, $M_{12} = 3$, $M_{21} = 2$, $M_{22} = 1$
(b) $C_{11} = 4$, $C_{12} = -3$, $C_{21} = -2$, $C_{22} = 1$

15. (a) $M_{11} = 23$ $M_{12} = -8$ $M_{13} = -22$
$M_{21} = 5$ $M_{22} = -5$ $M_{23} = 5$
$M_{31} = 7$ $M_{32} = -22$ $M_{33} = -23$
(b) $C_{11} = 23$ $C_{12} = 8$ $C_{13} = -22$
$C_{21} = -5$ $C_{22} = -5$ $C_{23} = -5$
$C_{31} = 7$ $C_{32} = 22$ $C_{33} = -23$

17. (a) $4(-5) + 5(-5) + 6(-5) = -75$
(b) $2(8) + 5(-5) - 3(22) = -75$

19. -58 **21.** -30 **23.** -0.022

25. $4x - 2y - 2$ **27.** -168 **29.** 0

31. $65{,}644w + 62{,}256x + 12{,}294y - 24{,}672z$

33. -100 **35.** -43.5 **37.** -1098

39. 329 **41.** -24 **43.** 0 **45.** -30

47. (a) False. See "Definition of the Determinant of a 2×2 Matrix," page 120.
(b) True. See the first line after "Remark," page 121.
(c) False. See "Definition of Minors and Cofactors of a Matrix," page 121.

49. $\lambda = \pm 3$ **51.** $\lambda = -1, -8$, or 3

53. Expanding along the first row, the determinant of a 4×4 matrix involves four 3×3 determinants. Each of these 3×3 determinants requires six triple products. Hence, there are $4(6) = 24$ quadruple products.

55. $\begin{vmatrix} 1 & 1 & 1 \\ a & b & c \\ a^2 & b^2 & c^2 \end{vmatrix} = (bc^2 - cb^2) - (ac^2 - ca^2) + (ab^2 - a^2b)$
$= bc^2 + ca^2 + ab^2 - ba^2 - ac^2 - cb^2.$
The right side of the original equation yields
$(a - b)(b - c)(c - a) = (ab - b^2 - ac + bc)(c - a)$
$= abc - cb^2 - ac^2 + bc^2 - ba^2 + ab^2 + ca^2 - abc$
$= bc^2 + ca^2 + ab^2 - ba^2 - ac^2 - cb^2.$

57. $\begin{vmatrix} x & 0 & c \\ -1 & x & b \\ 0 & -1 & a \end{vmatrix} = x\begin{vmatrix} x & b \\ -1 & a \end{vmatrix} + c\begin{vmatrix} -1 & x \\ 0 & -1 \end{vmatrix}$
$= x(ax + b) + c(1)$
$= ax^2 + bx + c.$

59. Expand along the row of zeros; then the determinant is zero.

Section 3.2

1. The first row is 2 times the second row. If one row of a matrix is a multiple of another row, then the determinant of the matrix is zero.

3. The second row consists entirely of zeros. If one row of a matrix consists entirely of zeros, then the determinant of the matrix is zero.

5. The second and third columns are interchanged. If two columns of a matrix are interchanged, then the determinant of the matrix changes sign.

7. The first row of the matrix is multiplied by 5. If a row in a matrix is multiplied by a scalar, then the determinant of the matrix is multiplied by that scalar.

9. The matrix is multiplied by 5. If an $n \times n$ matrix is multiplied by a scalar c, then the determinant of the matrix is multiplied by c^n.

11. -4 times the first row has been added to the second row. If a scalar multiple of one row of a matrix is added to another row, then the determinant of the matrix is unchanged.

13. -5 times the second column has been added to the third column. If a scalar multiple of one column of a matrix is added to another column, then the determinant of the matrix is unchanged.

15. The sixth column is 2 times the first column. If one column of a matrix is a multiple of another column, then the determinant of the matrix is zero.

17. 28 19. 17 21. -60

23. 223 25. -1344 27. 136

29. -1100

31. (a) True. See Theorem 3.3, part 1, page 130.
(b) True. See Theorem 3.3, part 3, page 130.
(c) True. See Theorem 3.4, part 2, page 133.

33. k 35. -1 37. 1

39. Proof

41. $\cos^2\theta + \sin^2\theta = 1$

43. Not possible. The determinant is equal to $\cos^2 x + \sin^2 x$, which cannot equal zero because $\cos^2 x + \sin^2 x = 1$.

45. Proof

SECTION 3.3

1. (a) 0
(b) -1
(c) $\begin{bmatrix} -2 & -3 \\ 4 & 6 \end{bmatrix}$
(d) 0

3. (a) 2
(b) -6
(c) $\begin{bmatrix} 1 & 4 & 3 \\ -1 & 0 & 3 \\ 0 & 2 & 0 \end{bmatrix}$
(d) -12

5. -44 7. 54

9. (a) -2 (b) -2 (c) 0

11. (a) 14 (b) 196 (c) 196 (d) 56 (e) $\frac{1}{14}$

13. (a) 29 (b) 841 (c) 841 (d) 232 (e) $\frac{1}{29}$

15. (a) 22 (b) 22 (c) 484 (d) 88 (e) $\frac{1}{22}$

17. (a) -115 (b) -115 (c) 13,225 (d) -1840 (e) $-\frac{1}{115}$

19. (a) -15 (b) -125 (c) 243 (d) 15 (e) $-\frac{1}{5}$

21. (a) 8 (b) 4 (c) 64 (d) 8 (e) $\frac{1}{2}$

23. Singular 25. Nonsingular

27. Nonsingular 29. Singular

31. The solution is not unique because the determinant of the coefficient matrix is zero.

33. The solution is unique because the determinant of the coefficient matrix is nonzero.

35. $k = -1, 4$ 37. $k = 24$ 39. Proof

41. $\begin{bmatrix} 0 & 1 \\ 0 & 0 \end{bmatrix}$ and $\begin{bmatrix} 1 & 0 \\ 0 & 0 \end{bmatrix}$
(The answer is not unique.)

43. 0

45. Proof

47. No; in general, $P^{-1}AP \neq A$. For example, let

$$P = \begin{bmatrix} 1 & 2 \\ 3 & 5 \end{bmatrix},\ P^{-1} = \begin{bmatrix} -5 & 2 \\ 3 & -1 \end{bmatrix},$$

and $A = \begin{bmatrix} 2 & 1 \\ -1 & 0 \end{bmatrix}$.

Then you have

$$P^{-1}AP = \begin{bmatrix} -27 & -49 \\ 16 & 29 \end{bmatrix} \neq A.$$

However, the equation $|P^{-1}AP| = |A|$ is true in general because

$$\begin{aligned} |P^{-1}AP| &= |P^{-1}|\,|A|\,|P| \\ &= |P^{-1}|\,|P|\,|A| = \frac{1}{|P|}|P|\,|A| = |A|. \end{aligned}$$

49. (a) False. See Theorem 3.6, page 140.
(b) True. See Theorem 3.8, page 143.
(c) True. See "Equivalent Conditions for a Nonsingular Matrix," parts 1 and 2, page 144.

51. Proof 53. Orthogonal

55. Not orthogonal 57. Orthogonal

59. Proof

61. (a) $\begin{bmatrix} \frac{2}{3} & \frac{2}{3} & \frac{1}{3} \\ -\frac{2}{3} & \frac{1}{3} & \frac{2}{3} \\ \frac{1}{3} & -\frac{2}{3} & \frac{2}{3} \end{bmatrix}$ (b) $\begin{bmatrix} \frac{2}{3} & \frac{2}{3} & \frac{1}{3} \\ -\frac{2}{3} & \frac{1}{3} & \frac{2}{3} \\ \frac{1}{3} & -\frac{2}{3} & \frac{2}{3} \end{bmatrix}$ (c) 1

A is orthogonal.

63. Proof

SECTION 3.4

1. $\begin{bmatrix}1 & 2\\0 & -3\end{bmatrix}\begin{bmatrix}1\\0\end{bmatrix} = 1\begin{bmatrix}1\\0\end{bmatrix}$;

$\begin{bmatrix}1 & 2\\0 & -3\end{bmatrix}\begin{bmatrix}-1\\2\end{bmatrix} = \begin{bmatrix}3\\-6\end{bmatrix} = -3\begin{bmatrix}-1\\2\end{bmatrix}$

3. $\begin{bmatrix}1 & 1 & 1\\0 & 1 & 0\\1 & 1 & 1\end{bmatrix}\begin{bmatrix}1\\0\\1\end{bmatrix} = \begin{bmatrix}2\\0\\2\end{bmatrix} = 2\begin{bmatrix}1\\0\\1\end{bmatrix}$

$\begin{bmatrix}1 & 1 & 1\\0 & 1 & 0\\1 & 1 & 1\end{bmatrix}\begin{bmatrix}-1\\0\\1\end{bmatrix} = \begin{bmatrix}0\\0\\0\end{bmatrix} = 0\begin{bmatrix}-1\\0\\1\end{bmatrix}$

$\begin{bmatrix}1 & 1 & 1\\0 & 1 & 0\\1 & 1 & 1\end{bmatrix}\begin{bmatrix}-1\\1\\-1\end{bmatrix} = \begin{bmatrix}-1\\1\\-1\end{bmatrix} = 1\begin{bmatrix}-1\\1\\-1\end{bmatrix}$

5. (a) $\lambda^2 - \lambda - 2 = 0$ (b) $2, -1$

(c) $\lambda = 2$: $\mathbf{x} = \begin{bmatrix}5\\2\end{bmatrix}$; $\lambda = -1$: $\mathbf{x} = \begin{bmatrix}1\\1\end{bmatrix}$

7. (a) $\lambda^2 - 2\lambda - 3 = 0$ (b) $3, -1$

(c) $\lambda = 3$: $\mathbf{x} = \begin{bmatrix}1\\1\end{bmatrix}$; $\lambda = -1$: $\mathbf{x} = \begin{bmatrix}-1\\3\end{bmatrix}$

9. (a) $\lambda^2 - 3\lambda - 18 = 0$ (b) $6, -3$

(c) $\lambda = 6$: $\mathbf{x} = \begin{bmatrix}1\\2\end{bmatrix}$; $\lambda = -3$: $\mathbf{x} = \begin{bmatrix}-4\\1\end{bmatrix}$

11. (a) $\lambda^3 - 3\lambda^2 - 4\lambda + 12 = 0$ (b) $2, 3, -2$

(c) $\lambda = 2$: $\mathbf{x} = \begin{bmatrix}-1\\0\\1\end{bmatrix}$; $\lambda = 3$: $\mathbf{x} = \begin{bmatrix}-1\\1\\1\end{bmatrix}$;

$\lambda = -2$: $\mathbf{x} = \begin{bmatrix}1\\-1\\4\end{bmatrix}$

13. Eigenvalues: $\lambda = -3, 1$

Eigenvectors: $\lambda = -3$: $\mathbf{x} = \begin{bmatrix}-1\\1\end{bmatrix}$

$\lambda = 1$: $\mathbf{x} = \begin{bmatrix}-5\\1\end{bmatrix}$

15. Eigenvalues: $\lambda = 1, 2, 3$

Eigenvectors: $\lambda = 1$: $\mathbf{x} = \begin{bmatrix}0\\-1\\1\end{bmatrix}$

$\lambda = 2$: $\mathbf{x} = \begin{bmatrix}1\\0\\1\end{bmatrix}$

$\lambda = 3$: $\mathbf{x} = \begin{bmatrix}2\\0\\1\end{bmatrix}$

17. Eigenvalues: $\lambda = -3, -1, 3, 5$

Eigenvectors: $\lambda = -3$: $x = \begin{bmatrix}0\\0\\1\\-1\end{bmatrix}$

$\lambda = -1$: $x = \begin{bmatrix}0\\1\\0\\0\end{bmatrix}$

$\lambda = 3$: $x = \begin{bmatrix}1\\0\\0\\0\end{bmatrix}$

$\lambda = 5$: $x = \begin{bmatrix}0\\0\\5\\3\end{bmatrix}$

19. (a) False. If x is an eigenvector corresponding to λ, then any *non-zero* multiple of x is also an eigenvector corresponding to λ. See page 149, first paragraph.

(b) False. If $\lambda = a$ is an eigenvalue of the matrix, then $\lambda = a$ is a solution of the characteristic equation $|\lambda I - A| = 0$. See page 149, second paragraph.

SECTION 3.5

1. $\operatorname{adj}(A) = \begin{bmatrix}4 & -2\\-3 & 1\end{bmatrix}$, $A^{-1} = \begin{bmatrix}-2 & 1\\\frac{3}{2} & -\frac{1}{2}\end{bmatrix}$

3. $\text{adj}(A) = \begin{bmatrix} 0 & 0 & 0 \\ 0 & -12 & -6 \\ 0 & 4 & 2 \end{bmatrix}$, A^{-1} does not exist.

5. $\text{adj}(A) = \begin{bmatrix} -7 & -12 & 13 \\ 2 & 3 & -5 \\ 2 & 3 & -2 \end{bmatrix}$, $A^{-1} = \begin{bmatrix} \frac{7}{3} & 4 & -\frac{13}{3} \\ -\frac{2}{3} & -1 & \frac{5}{3} \\ -\frac{2}{3} & -1 & \frac{2}{3} \end{bmatrix}$

7. $\text{adj}(A) = \begin{bmatrix} 7 & 1 & 9 & -13 \\ 7 & 1 & 0 & -4 \\ -4 & 2 & -9 & 10 \\ 2 & -1 & 9 & -5 \end{bmatrix}$,

$$A^{-1} = \begin{bmatrix} \frac{7}{9} & \frac{1}{9} & 1 & -\frac{13}{9} \\ \frac{7}{9} & \frac{1}{9} & 0 & -\frac{4}{9} \\ -\frac{4}{9} & \frac{2}{9} & -1 & \frac{10}{9} \\ \frac{2}{9} & -\frac{1}{9} & 1 & -\frac{5}{9} \end{bmatrix}$$

9. Proof **11.** Proof

13. $|\text{adj}(A)| = \begin{vmatrix} -2 & 0 \\ -1 & 1 \end{vmatrix} = -2,$

$|A|^{2-1} = \begin{vmatrix} 1 & 0 \\ 1 & -2 \end{vmatrix}^{2-1} = -2$

15. Proof

17. $x_1 = 1$, $x_2 = 2$ **19.** $x_1 = 2$, $x_2 = -2$ **21.** $x_1 = \frac{3}{4}$, $x_2 = -\frac{1}{2}$

23. Cramer's Rule does not apply because the coefficient matrix has a determinant of zero.

25. Cramer's Rule does not apply because the coefficient matrix has a determinant of zero.

27. $x_1 = 1$, $x_2 = 1$, $x_3 = 2$ **29.** $x_1 = 1$, $x_2 = \frac{1}{2}$, $x_3 = \frac{3}{2}$ **31.** $x_1 = 0$, $x_2 = -\frac{1}{2}$, $x_3 = \frac{1}{2}$

33. 5 **35.** 1

37. $x = \dfrac{4k-3}{2k-1}$, $y = \dfrac{4k-1}{2k-1}$

The system will be inconsistent if $k = \frac{1}{2}$.

39. 3 **41.** 3

43. Collinear **45.** Not collinear

47. $3y - 4x = 0$ **49.** $x = -2$

51. $\frac{1}{3}$ **53.** 2

55. Not coplanar **57.** Coplanar

59. $4x - 10y + 3z = 27$ **61.** $x + y + z = 0$

63. Incorrect. The numerator and denominator should be interchanged.

65. Correct

Review Exercises – Chapter 3

1. 10 **3.** 0 **5.** 0

7. -6 **9.** 1620 **11.** 82

13. -64 **15.** -1 **17.** -1

19. (a) -1 (b) -5 (c) $\begin{bmatrix} 1 & -2 \\ 2 & 1 \end{bmatrix}$ (d) 5

21. (a) -12 (b) -1728 (c) 144 (d) -300

23. (a) -20 (b) $-\frac{1}{20}$

25. $x_1 = 1$, $x_2 = -1$, $x_3 = 2$ **27.** $x_1 = -\frac{3}{2}$, $x_2 = 2$, $x_3 = \frac{5}{2}$

29. Unique solution **31.** Unique solution

33. Not a unique solution

35. (a) False. See "Definition of Minors and Cofactors of a Matrix," page 121.

(b) False. See Theorem 3.3, part 1, page 130.

(c) False. See Theorem 3.9, page 145.

37. 128 **39.** Proof **41.** 0

43. $\lambda = 7, \begin{bmatrix} 1 \\ 1 \end{bmatrix}$ and $\lambda = -8, \begin{bmatrix} -2 \\ 1 \end{bmatrix}$

45. $\lambda = 1, \begin{bmatrix} 1 \\ 1 \\ 0 \end{bmatrix}$; $\lambda = 3, \begin{bmatrix} 0 \\ 1 \\ 0 \end{bmatrix}$; and $\lambda = 4, \begin{bmatrix} 0 \\ 0 \\ 1 \end{bmatrix}$

47. $-\frac{1}{2}$ **49.** $-uv$

51. Row reduction is generally preferred for matrices with few zeros. For a matrix with many zeros, it is often easier to expand along a row or column having many zeros.

53. $\begin{bmatrix} 1 & 0 & 0 \\ -2 & 1 & 0 \\ -4 & 1 & 1 \end{bmatrix}$

55. Unique solution: $x = 0.6$
$y = 0.5$

57. Unique solution: $x_1 = \frac{1}{2}$
$x_2 = -\frac{1}{3}$
$x_3 = 1$

59. 16 **61.** $x - 2y = -4$

63. $9x + 4y - 3z = 0$

65. (a) False. See Theorem 3.11, page 159.
(b) False. See "Test for Collinear Points in the *xy*-Plane," page 161.

Cumulative Test Chapters 1–3

1. $x_1 = 2,\ x_2 = -3,\ x_3 = -2$

2. $x_1 = s - 2t,\ x_2 = 2 + t,\ x_3 = t,\ x_4 = s$

3. $x_1 = -2s,\ x_2 = s,\ x_3 = 2t,\ x_4 = t$ **4.** $k = 12$

5. $BA = [13{,}275.00 \quad 15{,}500.00]$
The entries represent the total values (in dollars) of the models sent to each of the warehouses.

6. $x = -3,\ y = 4$

7. $A^TA = \begin{bmatrix} 17 & 22 & 27 \\ 22 & 29 & 36 \\ 27 & 36 & 45 \end{bmatrix}$

8. (a) $\begin{bmatrix} -\frac{1}{4} & \frac{1}{8} \\ \frac{1}{6} & \frac{1}{12} \end{bmatrix}$ **9.** $\begin{bmatrix} 1 & 0 & -1 \\ 0 & 0 & 1 \\ \frac{3}{5} & \frac{1}{5} & -\frac{9}{5} \end{bmatrix}$

(b) $\begin{bmatrix} -\frac{2}{7} & \frac{1}{7} \\ \frac{1}{7} & \frac{2}{21} \end{bmatrix}$

10. $\begin{bmatrix} 0 & 1 \\ 1 & 0 \end{bmatrix} \begin{bmatrix} 1 & 0 \\ 2 & 1 \end{bmatrix} \begin{bmatrix} 1 & 0 \\ 0 & -4 \end{bmatrix}$ **11.** -34
(The answer is not unique.)

12. (a) 14 (b) -10 (c) -140 (d) $\frac{1}{14}$

13. (a) 567 (b) 7 (c) $\frac{1}{7}$ (d) 343

14. $y = \frac{7}{6}x^2 + \frac{1}{6}x + 1$

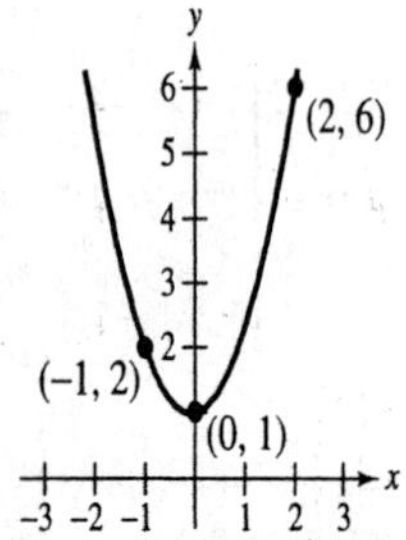

15. $a = 1,\ b = 0,\ c = 2$

16. No; proof **17.** Proof **18.** Proof

19. (a) A is row-equivalent to B if there exist elementary matrices $E_1, \ldots, E_k$ such that $A = E_k \ldots E_1B$.
(b) Proof

20. Proof

21. (a) $\begin{bmatrix} 0 & 0 \\ 0 & 0 \end{bmatrix}, \begin{bmatrix} 1 & 0 \\ 0 & 1 \end{bmatrix}, \begin{bmatrix} 1 & 0 \\ 0 & 0 \end{bmatrix}$ (b) 0 or 1
(The answer is not unique.)

22. (a) Not necessarily; proof
(b) Yes; proof

23. $\begin{bmatrix} 0 & 0 \\ 0 & 0 \end{bmatrix}, \begin{bmatrix} 0 & 1 \\ 0 & 0 \end{bmatrix}, \begin{bmatrix} 1 & a \\ 0 & 0 \end{bmatrix}, \begin{bmatrix} 1 & 0 \\ 0 & 1 \end{bmatrix}$

Chapter 4

Section 4.1

1. $\mathbf{v} = \left(-3, \frac{9}{2}\right)$ **3.** $\mathbf{v} = (-8, -1)$

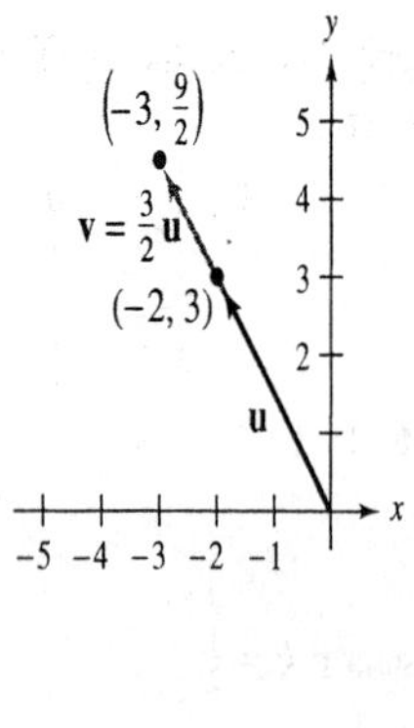

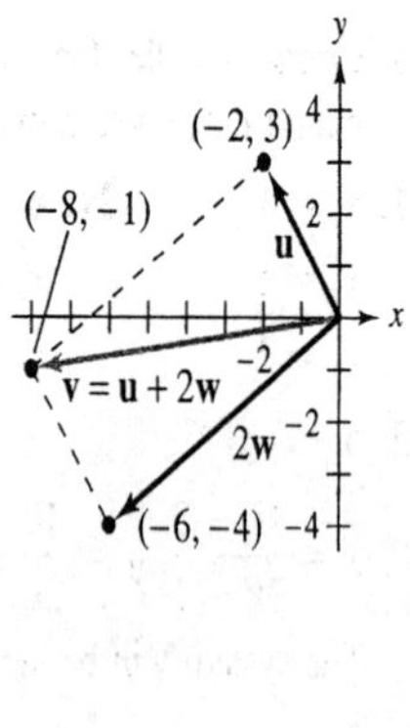

5. $\mathbf{v} = \left(-\frac{9}{2}, \frac{7}{2}\right)$

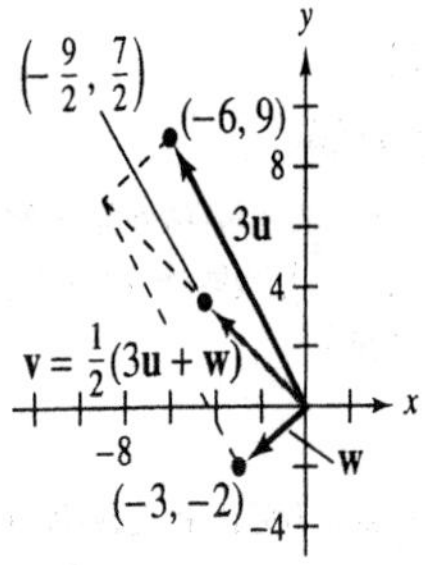

7. (a)

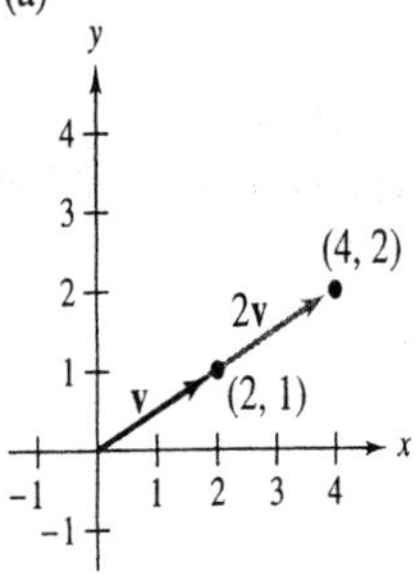

(b)

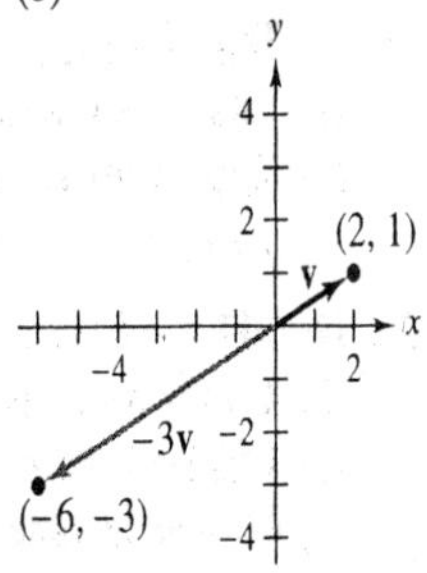

(c)

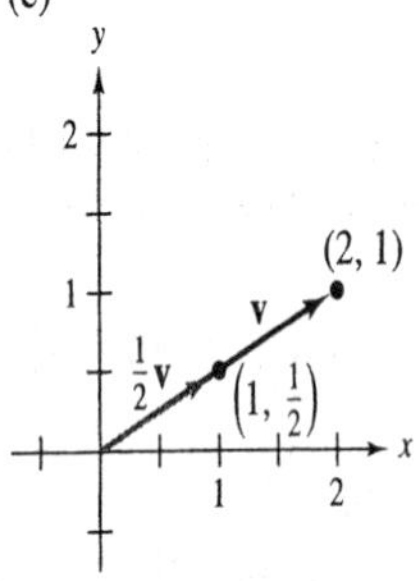

9. $\mathbf{u} - \mathbf{v} = (-1, 0, 4)$
$\mathbf{v} - \mathbf{u} = (1, 0, -4)$

11. $(6, 12, 6)$

13. $\left(\frac{7}{2}, 3, \frac{5}{2}\right)$

15. (a)

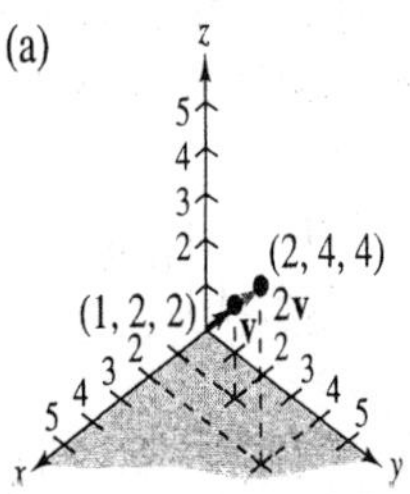

(b)

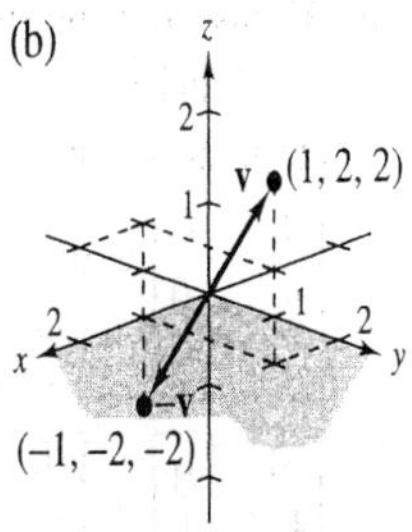

(c)

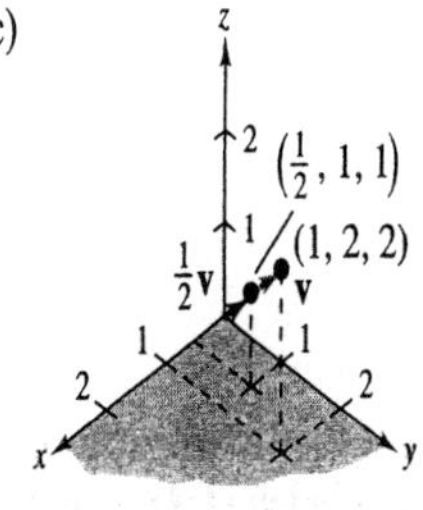

17. (a) and (b)

19. (a) $(4, -2, -8, 1)$ (b) $(8, 12, 24, 34)$

21. (a) $(-9, 3, 2, -3, 6)$
(b) $(-2, -18, -12, 18, 36)$

23. (a) $(1, 6, -5, -3)$
(b) $(-1, -8, 10, 0)$
(c) $\left(-\frac{3}{2}, 11, -\frac{13}{2}, -\frac{21}{2}\right)$
(d) $\left(\frac{1}{4}, 3, -3, -1\right)$

25. $\left(\frac{1}{2}, -\frac{7}{2}, -\frac{9}{2}, 2\right)$

27. $\mathbf{v} = \mathbf{u} + \mathbf{w}$

29. $\mathbf{v} = \mathbf{u} + 2\mathbf{w}$

31. $\mathbf{v} = -\mathbf{u}$

33. $\left(-1, \frac{5}{3}, 6, \frac{2}{3}\right)$

35. $\mathbf{v} = \mathbf{u}_1 + 2\mathbf{u}_2 - 3\mathbf{u}_3$

37. It is not possible to write $\mathbf{v}$ as a linear combination of $\mathbf{u}_1, \mathbf{u}_2$, and $\mathbf{u}_3$.

39. $\mathbf{v} = 5\mathbf{u}_1 - \mathbf{u}_2 + \mathbf{u}_3 + 2\mathbf{u}_4 - 5\mathbf{u}_5 + 3\mathbf{u}_6$

41. (a) True. Two vectors in R^n are equal if and only if their corresponding components are equal, that is $\mathbf{u} = \mathbf{v}$ if $\mathbf{u}_1 = \mathbf{v}_1, \mathbf{u}_2 = \mathbf{v}_2, \ldots, \mathbf{u}_u = \mathbf{v}_u$.
(b) False. The vector $c\mathbf{v}$ is $|c|$ times as long as $\mathbf{v}$ and has the same direction as $\mathbf{v}$ if c is positive and the opposite direction as $\mathbf{v}$ if c is negative.

43. No

45. Answers will vary.

47. Proof

49. (a) Add $-\mathbf{v}$ to both sides.
(b) Associative property and additive identity
(c) Additive inverse
(d) Additive identity

51. (a) Additive identity
(b) Distributive property
(c) Add $-c\mathbf{0}$ to both sides.
(d) Additive inverse and associative property
(e) Additive inverse
(f) Additive identity

53. (a) Additive inverse
(b) Transitive property
(c) Add **v** to both sides.
(d) Associative property
(e) Additive inverse
(f) Additive identity

55. If $\mathbf{b} = x_1\mathbf{a}_1 + \cdots + x_n\mathbf{a}_n$ is a linear combination of the columns of A, then a solution of $A\mathbf{x} = \mathbf{b}$ is

$$\mathbf{x} = \begin{bmatrix} x_1 \\ \vdots \\ x_n \end{bmatrix}.$$

The system $A\mathbf{x} = \mathbf{b}$ is inconsistent if $\mathbf{b}$ is not a linear combination of the columns of A.

SECTION 4.2

1. $(0, 0, 0, 0)$ **3.** $\begin{bmatrix} 0 & 0 & 0 \\ 0 & 0 & 0 \end{bmatrix}$

5. $0 + 0x + 0x^2 + 0x^3$

7. $-(v_1, v_2, v_3, v_4) = (-v_1, -v_2, -v_3, -v_4)$

9. $-\begin{bmatrix} a_{11} & a_{12} & a_{13} \\ a_{21} & a_{22} & a_{23} \end{bmatrix} = \begin{bmatrix} -a_{11} & -a_{12} & -a_{13} \\ -a_{21} & -a_{22} & -a_{23} \end{bmatrix}$

11. $-(a_0 + a_1x + a_2x^2 + a_3x^3) = -a_0 - a_1x - a_2x^2 - a_3x^3$

13. The set is a vector space.

15. The set is not a vector space. Axiom 1 fails because $x^5 + (-x^5 + x) = x$, which is not a fifth-degree polynomial. (Axioms 4, 5, and 6 also fail.)

17. The set is a vector space.

19. The set is a vector space.

21. The set is not a vector space. Axiom 1 fails because

$$\begin{bmatrix} 1 & 0 \\ 0 & 0 \end{bmatrix} + \begin{bmatrix} 0 & 0 \\ 0 & 1 \end{bmatrix} = \begin{bmatrix} 1 & 0 \\ 0 & 1 \end{bmatrix},$$

which is not singular.

23. The set is a vector space.

25. (a) The set is not a vector space because Axiom 8 fails.

$$(1 + 2)(1, 1) = 3(1, 1) = (3, 1)$$
$$1(1, 1) + 2(1, 1) = (1, 1) + (2, 1) = (3, 2)$$

(b) The set is not a vector space because Axiom 2 fails.

$$(1, 2) + (2, 1) = (1, 0)$$
$$(2, 1) + (1, 2) = (2, 0)$$

(Axioms 4, 5, and 8 also fail.)

(c) The set is not a vector space. Axiom 6 fails because $(-1)(1, 1) = (\sqrt{-1}, \sqrt{-1})$, which is not in R^2. (Axioms 8 and 9 also fail.)

27. Proof

29. The set is not a vector space because Axiom 5 fails. Because $(1, 1)$ is the additive identity, $(0, 0)$ has no additive inverse. (Axioms 7 and 8 also fail.)

31. (a) True. See page 186.
(b) False. See Example 6, page 190.
(c) False. With standard operations on R^2, the additive inverse axiom is not satisfied.

33. (a) Add $-\mathbf{w}$ to both sides.
(b) Associative property
(c) Additive inverse
(d) Additive identity

35. Proof **37.** Proof

SECTION 4.3

1. Because W is nonempty and $W \subset R^4$, you need only check that W is closed under addition and scalar multiplication. Given

$(x_1, x_2, x_3, 0) \in W$ and $(y_1, y_2, y_3, 0) \in W$,

it follows that

$$(x_1, x_2, x_3, 0) + (y_1, y_2, y_3, 0) = (x_1 + y_1, x_2 + y_2, x_3 + y_3, 0) \in W.$$

Furthermore, for any real number c and $(x_1, x_2, x_3, 0) \in W$, it follows that

$$c(x_1, x_2, x_3, 0) = (cx_1, cx_2, cx_3, 0) \in W.$$

3. Because W is nonempty and $W \subset M_{2,2}$, you need only check that W is closed under addition and scalar multiplication. Given

$\begin{bmatrix} 0 & a_1 \\ b_1 & 0 \end{bmatrix} \in W$ and $\begin{bmatrix} 0 & a_2 \\ b_2 & 0 \end{bmatrix} \in W$

it follows that

$$\begin{bmatrix} 0 & a_1 \\ b_1 & 0 \end{bmatrix} + \begin{bmatrix} 0 & a_2 \\ b_2 & 0 \end{bmatrix} = \begin{bmatrix} 0 & a_1 + a_2 \\ b_1 + b_2 & 0 \end{bmatrix} \in W.$$

Furthermore, for any real number c and

$$\begin{bmatrix} 0 & a \\ b & 0 \end{bmatrix} \in W$$

it follows that

$$c\begin{bmatrix} 0 & a \\ b & 0 \end{bmatrix} = \begin{bmatrix} 0 & ca \\ cb & 0 \end{bmatrix} \in W.$$

5. Recall from calculus that continuity implies integrability; thus $W \subset V$. Furthermore, because W is nonempty, you need only check that W is closed under addition and scalar multiplication. Given continuous functions f, $g \in W$, it follows that $f + g$ is continuous, and thus $f + g \in W$. Also, for any real number c and for a continuous function $f \in W$, cf is continuous. Thus, $cf \in W$.

7. Not closed under addition:
$(0, 0, -1) + (0, 0, -1) = (0, 0, -2)$
Not closed under scalar multiplication:
$2(0, 0, -1) = (0, 0, -2)$

9. Not closed under scalar multiplication: $(-1)\,e^x = -e^x$

11. Not closed under addition:

$$\begin{bmatrix} 1 & 0 \\ 0 & 0 \end{bmatrix} + \begin{bmatrix} 0 & 0 \\ 0 & 1 \end{bmatrix} = \begin{bmatrix} 1 & 0 \\ 0 & 1 \end{bmatrix}$$

13. (b), (c), (d), and (e)

15. W is a subspace of R^3. (W is nonempty and closed under addition and scalar multiplication.)

17. W is a subspace of R^3. (W is nonempty and closed under addition and scalar multiplication.)

19. W is not a subspace of R^3.
Not closed under addition:
$(1, 1, 1) + (1, 1, 1) = (2, 2, 2)$, which is not in W.
Not closed under scalar multiplication:
$2(1, 1, 1) = (2, 2, 2)$, which is not in W.

21. (a) True. See "Remark," page 194.
(b) True. See Theorem 4.6, page 196-197.
(c) False. There may be elements of W which are not elements of U or vice-versa.

23–31. Proof

SECTION 4.4

1. (a) $\mathbf{u}$ cannot be written as a linear combination of the given vectors.
(b) $\mathbf{v} = \frac{1}{4}(2, -1, 3) + \frac{3}{2}(5, 0, 4)$
(c) $\mathbf{w} = 8(2, -1, 3) - 3(5, 0, 4)$

3. (a) $\mathbf{u} = -\frac{7}{4}(2, 0, 7) + \frac{5}{4}(2, 4, 5) + 0(2, -12, 13)$
(b) $\mathbf{v}$ cannot be written as a linear combination of the given vectors.
(c) $\mathbf{w} = -\frac{1}{6}(2, 0, 7) + \frac{1}{3}(2, 4, 5) + 0(2, -12, 13)$

5. S spans R^2.

7. S does not span R^2. (It spans a line in R^2.)

9. S does not span R^2. (It spans a line in R^2.)

11. S spans R^3.

13. S does not span R^3. (It spans a plane in R^3.)

15. S does not span R^3. (It spans a plane in R^3.)

17. Linearly independent

19. Linearly dependent

21. Linearly independent

23. Linearly dependent

25. Linearly independent

27. Linearly independent

29. $(3, 4) - 4(-1, 1) - \frac{7}{2}(2, 0) = (0, 0)$,
$(3, 4) = 4(-1, 1) + \frac{7}{2}(2, 0)$
(The answer is not unique.)

31. $(1, 1, 1) - (1, 1, 0) - (0, 0, 1) - 0(0, 1, 1) = (0, 0, 0)$
$(1, 1, 1) = (1, 1, 0) + (0, 0, 1) - 0(0, 1, 1)$
(The answer is not unique.)

33. (a) All $t \neq 1, -2$ (b) All $t \neq \frac{1}{2}$

35. (a) $\begin{bmatrix} 6 & -19 \\ 10 & 7 \end{bmatrix} = 3A - 2B$
(b) Not a linear combination of A and B
(c) $\begin{bmatrix} -2 & 28 \\ 1 & -11 \end{bmatrix} = -A + 5B$
(d) $\begin{bmatrix} 0 & 0 \\ 0 & 0 \end{bmatrix} = 0A + 0B$

37. (a) Linearly dependent
(b) Linearly independent
(c) Linearly independent

39. (a) Any set of three vectors in R^2 must be linearly dependent.
(b) The second vector is a scalar multiple of the first vector.
(c) The first vector is the zero vector.

41. S_1 and S_2 span the same subspace.

43. (a) False. See "Definition of Linear Dependence and Linear Independence," page 207.
(b) True. See Theorem 4.8, page 211.

45–51. Proof

53. The theorem requires that only one of the vectors be a linear combination of the others. Because $(-1, 0, 2) = 0(1, 2, 3) - (1, 0, -2)$, there is no contradiction.

55. Proof

57. On $[0, 1]$,
$$f_2(x) = |x| = x = \tfrac{1}{3}(3x)$$
$$= \tfrac{1}{3}f_1(x) \Rightarrow \{f_1, f_2\} \text{ dependent}$$

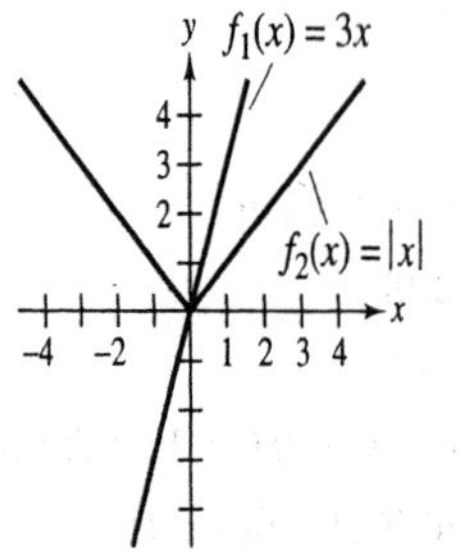

On $[-1, 1]$, f_1 and f_2 are not multiples of each other. For if they were, $cf_1(x) = f_2(x)$, then $c(3x) = |x|$. But if $x = 1$, $c = \frac{1}{3}$, whereas if $x = -1$, $c = -\frac{1}{3}$.

59. Proof

SECTION 4.5

1. R^6: $\{(1, 0, 0, 0, 0, 0), (0, 1, 0, 0, 0, 0), (0, 0, 1, 0, 0, 0), (0, 0, 0, 1, 0, 0), (0, 0, 0, 0, 1, 0), (0, 0, 0, 0, 0, 1)\}$

3. $M_{2,4}$: $\left\{\begin{bmatrix}1&0&0&0\\0&0&0&0\end{bmatrix}, \begin{bmatrix}0&1&0&0\\0&0&0&0\end{bmatrix}, \begin{bmatrix}0&0&1&0\\0&0&0&0\end{bmatrix}, \begin{bmatrix}0&0&0&1\\0&0&0&0\end{bmatrix}, \begin{bmatrix}0&0&0&0\\1&0&0&0\end{bmatrix}, \begin{bmatrix}0&0&0&0\\0&1&0&0\end{bmatrix}, \begin{bmatrix}0&0&0&0\\0&0&1&0\end{bmatrix}, \begin{bmatrix}0&0&0&0\\0&0&0&1\end{bmatrix}\right\}$

5. S is linearly dependent. (S does span R^2.)

7. S is linearly dependent and does not span R^2.

9. S is linearly dependent and does not span R^3.

11. S is linearly dependent and does not span R^3.

13. S is linearly dependent. (S does span P_2.)

15. S is linearly dependent.

17. S does not span $M_{2,2}$. (S is linearly independent.)

19. The set is a basis for R^2.

21. The set is not a basis for R^2.

23. S is a basis for R^2. **25.** S is not a basis for R^3.

27. S is a basis for R^4. **29.** S is a basis for $M_{2,2}$.

31. S is a basis for P_3.

33. S is not a basis for P_3.

35. S is a basis for R^3.
$(8, 3, 8) = 2(4, 3, 2) - (0, 3, 2) + 3(0, 0, 2)$

37. S is not a basis for R^3.

39. 6 **41.** 8

43. $\begin{bmatrix}1&0&0\\0&0&0\\0&0&0\end{bmatrix}, \begin{bmatrix}0&0&0\\0&1&0\\0&0&0\end{bmatrix}, \begin{bmatrix}0&0&0\\0&0&0\\0&0&1\end{bmatrix}$,
$\dim(D_{3,3}) = 3$

45. $\{(1, 0), (0, 1)\}, \{(1, 0), (1, 1)\}, \{(0, 1), (1, 1)\}$

47. $\{(1, 1), (1, 0)\}$ (The answer is not unique.)

49. (a) Line through the origin
(b) $\{(2, 1)\}$
(c) 1

51. (a) Line through the origin
(b) $\{(2, 1, -1)\}$
(c) 1

53. (a) $\{(2, 1, 0, 1), (-1, 0, 1, 0)\}$
(b) 2

55. (a) $\{(0, 6, 1, -1)\}$
(b) 1

57. (a) False. If the dimension of V is n, then every spanning set of V must have at least n vectors.
(b) True. Find a set of n basis vectors in V that will span V and add any other vector.

59. Proof **61.** Proof

63. (a) Basis for S_1: $\{(1, 0, 0), (1, 1, 0)\}$, dimension = 2
Basis for S_2: $\{(0, 0, 1), (0, 1, 0)\}$, dimension = 2
Basis for $S_1 \cap S_2$: $\{(0, 1, 0)\}$, dimension = 1
Basis for $S_1 + S_2$: $\{(1, 0, 0), (0, 1, 0), (0, 0, 1)\}$, dimension = 3
(b) No, it is not possible.

65. Proof

Section 4.6

1. (a) 2
(b) $\{(1, 0), (0, 1)\}$
(c) $\left\{\begin{bmatrix}1\\0\end{bmatrix}, \begin{bmatrix}0\\1\end{bmatrix}\right\}$

3. (a) 2
(b) $\{(1, 2), (0, 1)\}$
(c) $\left\{\begin{bmatrix}1\\\frac{1}{2}\end{bmatrix}, \begin{bmatrix}0\\1\end{bmatrix}\right\}$

5. (a) 2
(b) $\left\{\left(1, 0, \frac{1}{4}\right), \left(0, 1, \frac{3}{2}\right)\right\}$
(c) $\left\{\begin{bmatrix}1\\0\\-\frac{2}{5}\end{bmatrix}, \begin{bmatrix}0\\1\\\frac{3}{5}\end{bmatrix}\right\}$

7. (a) 2
(b) $\{(1, 2, -2, 0), (0, 0, 0, 1)\}$
(c) $\left\{\begin{bmatrix}1\\0\\\frac{19}{7}\end{bmatrix}, \begin{bmatrix}0\\1\\\frac{8}{7}\end{bmatrix}\right\}$

9. $\{(1, 0, -1, 0), (0, 1, 0, 0), (0, 0, 0, 1)\}$

11. $\{(1, 0, 0, 0), (0, 1, 0, 0), (0, 0, 1, 0), (0, 0, 0, 1)\}$

13. Solution space is $\{(0, 0)\}$, dim = 0

15. $\{(-2, 1, 0), (-3, 0, 1)\}$, dim = 2

17. $\{(-1, 2, 1)\}$, dim = 1

19. $\{(2, -2, 0, 1), (-1, 1, 1, 0)\}$, dim = 2

21. (a) $\{(-1, -3, 2)\}$
(b) 1

23. (a) $\{(-3, 0, 1), (2, 1, 0)\}$
(b) 2

25. (a) $\{(8, -9, -6, 6)\}$
(b) 1

27. (a) Consistent
(b) $\mathbf{x} = t(2, -4, 1) + (3, 5, 0)$

29. (a) Inconsistent (b) Not applicable

31. (a) Consistent
(b) $\mathbf{x} = t(5, 0, -6, -4, 1) + s(-2, 1, 0, 0, 0) + (1, 0, 2, -3, 0)$

33. $\begin{bmatrix}-1\\4\end{bmatrix} + 2\begin{bmatrix}2\\0\end{bmatrix} = \begin{bmatrix}3\\4\end{bmatrix}$

35. $-\frac{5}{4}\begin{bmatrix}1\\-1\\2\end{bmatrix} + \frac{3}{4}\begin{bmatrix}3\\1\\0\end{bmatrix} - \frac{1}{2}\begin{bmatrix}0\\0\\1\end{bmatrix} = \begin{bmatrix}1\\2\\-3\end{bmatrix}$

37. Four vectors in R^3 must be linearly dependent.

39. Proof

41. (a) $\begin{bmatrix}1 & 0\\0 & 1\end{bmatrix}, \begin{bmatrix}0 & 1\\1 & 0\end{bmatrix}$
(b) $\begin{bmatrix}1 & 0\\0 & 0\end{bmatrix}, \begin{bmatrix}0 & 1\\0 & 0\end{bmatrix}$
(c) $\begin{bmatrix}1 & 0\\0 & 0\end{bmatrix}, \begin{bmatrix}0 & 0\\0 & 1\end{bmatrix}$

43. (a) m
(b) r
(c) r
(d) R^n
(e) R^m

45. Answers will vary. **47.** Proof

49. (a) False. See "Remark," page 227.
(b) False. See Theorem 4.19, page 237–238.

51. (a) rank(A) = rank(B) = 3
nullity(A) = $n - r = 5 - 3 = 2$

(b) Choosing x_3 and x_5 as the free variables, you have
$x_1 = -3s + 4t$
$x_2 = s - 2t$
$x_3 = s$
$x_4 = 2t$
$x_5 = t$

A basis for the nullspace is $\left\{\begin{bmatrix}-3\\1\\1\\0\\0\end{bmatrix}, \begin{bmatrix}4\\-2\\0\\2\\1\end{bmatrix}\right\}$.

(c) $\{(1, 0, 3, 0, -4), (0, 1, -1, 0, 2), (0, 0, 0, 1, -2)\}$
(d) $\{(1, 2, 3, 4), (2, 5, 7, 9), (0, 1, 2, -1)\}$
(e) Linearly dependent
(f) (i) and (iii) are linearly independent.

53. Proof **55.** Proof

SECTION 4.7

1. $\begin{bmatrix}8\\-3\end{bmatrix}$ **3.** $\begin{bmatrix}5\\4\\3\end{bmatrix}$ **5.** $\begin{bmatrix}-1\\2\\0\\1\end{bmatrix}$ **7.** $\begin{bmatrix}3\\2\end{bmatrix}$

9. $\begin{bmatrix}1\\-1\\2\end{bmatrix}$ **11.** $\begin{bmatrix}0\\-1\\2\end{bmatrix}$ **13.** $\begin{bmatrix}\frac{3}{2} & -\frac{1}{2}\\-2 & 1\end{bmatrix}$

15. $\begin{bmatrix}2 & -1\\4 & 3\end{bmatrix}$ **17.** $\begin{bmatrix}1 & 2 & -\frac{1}{2}\\0 & \frac{1}{2} & 0\\0 & -\frac{1}{3} & \frac{1}{12}\end{bmatrix}$

19. $\begin{bmatrix}1 & 1 & 1\\3 & 5 & 4\\3 & 6 & 5\end{bmatrix}$ **21.** $\begin{bmatrix}-24 & 7 & 1 & -2\\-10 & 3 & 0 & -1\\-29 & 7 & 3 & -2\\12 & -3 & -1 & 1\end{bmatrix}$

23. (a) $\begin{bmatrix}-\frac{1}{3} & \frac{1}{3}\\\frac{3}{4} & -\frac{1}{2}\end{bmatrix}$ (b) $\begin{bmatrix}6 & 4\\9 & 4\end{bmatrix}$ (d) $\begin{bmatrix}6\\3\end{bmatrix}$

25. (a) $\begin{bmatrix}4 & 5 & 1\\-7 & -10 & -1\\-2 & -2 & 0\end{bmatrix}$

(b) $\begin{bmatrix}\frac{1}{2} & \frac{1}{2} & -\frac{5}{4}\\-\frac{1}{2} & -\frac{1}{2} & \frac{3}{4}\\\frac{3}{2} & \frac{1}{2} & \frac{5}{4}\end{bmatrix}$ (d) $\begin{bmatrix}\frac{11}{4}\\-\frac{9}{4}\\\frac{5}{4}\end{bmatrix}$

27. (a) $\begin{bmatrix}-\frac{48}{5} & -24 & \frac{4}{5}\\4 & 10 & \frac{1}{2}\\-\frac{6}{5} & -5 & -\frac{2}{5}\end{bmatrix}$

(b) $\begin{bmatrix}\frac{3}{32} & \frac{17}{20} & \frac{5}{4}\\-\frac{1}{16} & -\frac{3}{10} & -\frac{1}{2}\\\frac{1}{2} & \frac{6}{5} & 0\end{bmatrix}$ (d) $\begin{bmatrix}\frac{279}{160}\\-\frac{61}{80}\\-\frac{7}{10}\end{bmatrix}$

29. $\begin{bmatrix}4\\11\\1\end{bmatrix}$ **31.** $\begin{bmatrix}0\\3\\2\end{bmatrix}$

33. (a) False. See Theorem 4.20, page 246–247.
(b) True. See the discussion following Example 4, page 249.

35. QP

37. If B is the standard basis, then
$[B' \,\vdots\, B] = [B' \,\vdots\, I] \Rightarrow [I \,\vdots\, (B')^{-1}]$
shows that P^{-1}, the transition matrix from B to B', is $(B')^{-1}$.
If B' is the standard basis, then
$[B' \,\vdots\, B] = [I \,\vdots\, B]$
shows that P^{-1}, the transition matrix from B to B', is B.

SECTION 4.8

1. (b), (c), and (d) **3.** (a), (b), and (d)
5. -2 **7.** 0
9. Linearly independent **11.** Linearly dependent
13. Linearly dependent **15.** Linearly dependent

17. $y = C_1 \sin x + C_2 \cos x$

19. $y = C_1 + C_2 \sin x + C_3 \cos x$

21. Proof **23.** Proof

25. No. For instance, consider $y'' = 1$. Two solutions are $y = \frac{x^2}{2}$ and $y = \frac{x^2}{2} + 1$. Their sum is not a solution.

27. Parabola

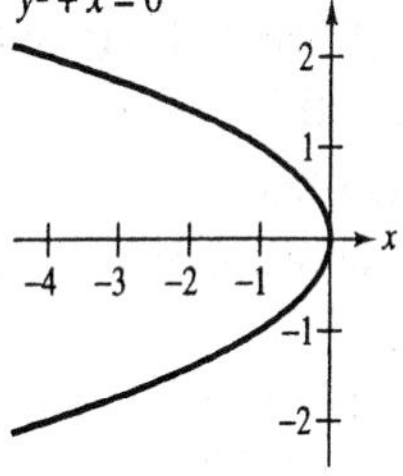

$y^2 + x = 0$

29. Hyperbola

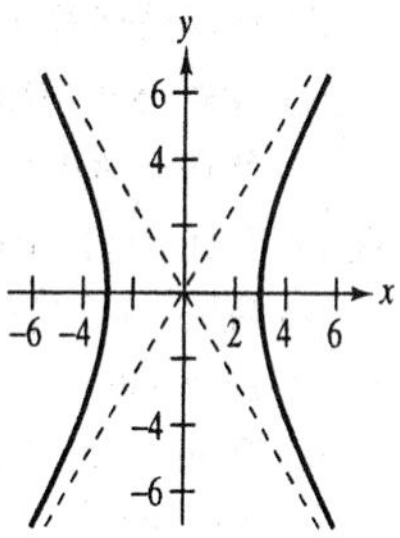

$\frac{x^2}{9} - \frac{y^2}{16} - 1 = 0$

31. Point

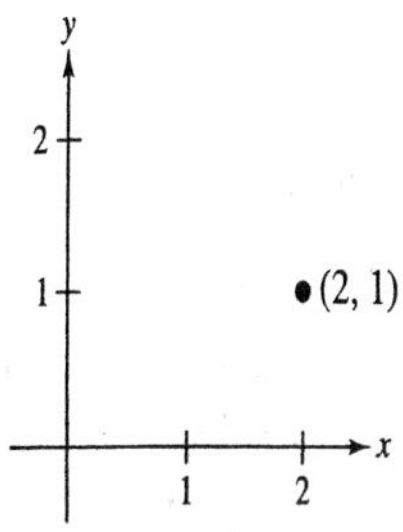

$9x^2 + 25y^2 - 36x - 50y + 61 = 0$

33. Ellipse

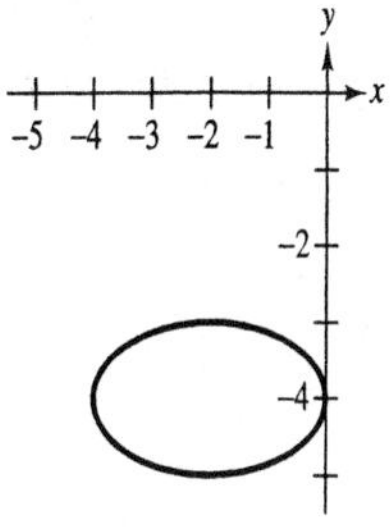

$x^2 + 4y^2 + 4x + 32y + 64 = 0$

35. Parabola

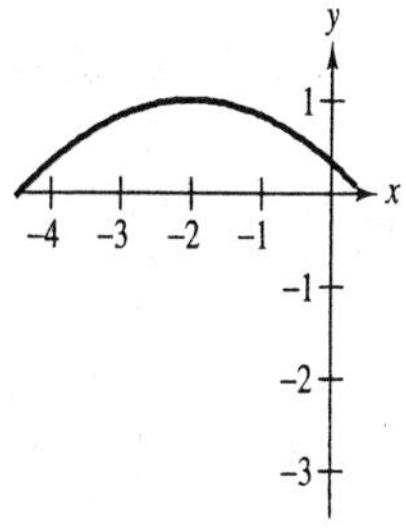

$x^2 + 4x + 6y - 2 = 0$

37. $\frac{(y')^2}{2} - \frac{(x')^2}{2} = 1$

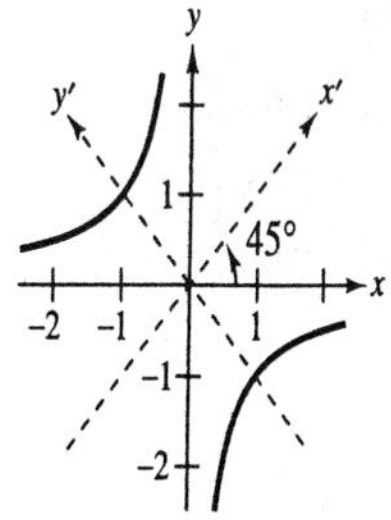

39. $\frac{(x')^2}{6} + \frac{(y')^2}{4} = 1$

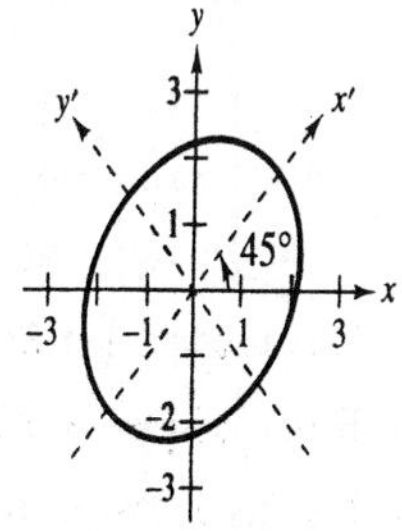

41. $(x')^2 + \frac{(y')^2}{4} = 1$

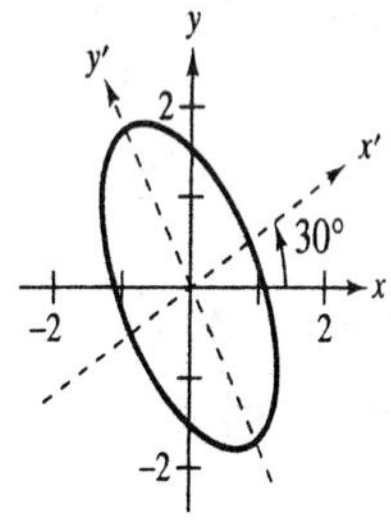

43. $y' + 4 = -(x')^2$

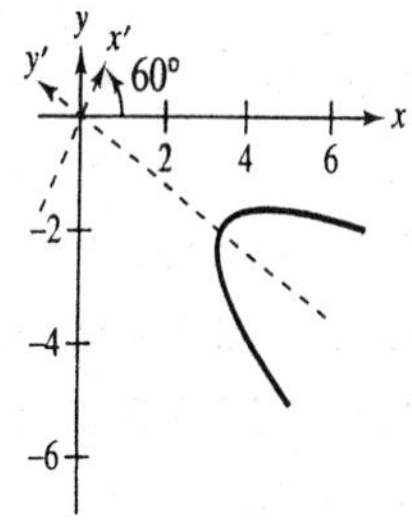

45. $y' = 0$

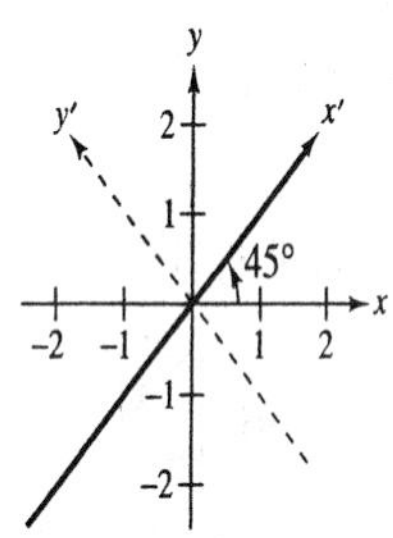

47. Proof **49.** Proof

Review Exercises – Chapter 4

1. (a) $(0, 2, 5)$
(b) $(2, 0, 4)$
(c) $(-2, 2, 1)$
(d) $(-5, 6, 5)$

3. (a) $(3, 1, 4, 4)$
(b) $(0, 4, 4, 2)$
(c) $(3, -3, 0, 2)$
(d) $(9, -7, 2, 7)$

5. $\left(\frac{1}{2}, -4, -4\right)$

7. $\mathbf{v} = \frac{9}{8}\mathbf{u}_1 + \frac{1}{8}\mathbf{u}_2 + 0\mathbf{u}_3$

9. $O_{3,4} = \begin{bmatrix} 0 & 0 & 0 & 0 \\ 0 & 0 & 0 & 0 \\ 0 & 0 & 0 & 0 \end{bmatrix}$,

$$-A = \begin{bmatrix} -a_{11} & -a_{12} & -a_{13} & -a_{14} \\ -a_{21} & -a_{22} & -a_{23} & -a_{24} \\ -a_{31} & -a_{32} & -a_{33} & -a_{34} \end{bmatrix}$$

11. W is a subspace of R^2.

13. W is a subspace of R^3.

15. W is not a subspace of $C[-1, 1]$.

17. (a) W is a subspace of R^3.
 (b) W is not a subspace of R^3.

	Does S span R^3?	Is S linearly independent?	Is S a basis for R^3?
19.	(a) Yes	(b) Yes	(c) Yes
21.	(a) No	(b) No	(c) No

23. S is a basis for P_3.

25. (a) $\{(-3, 0, 4, 1), (-2, 1, 0, 0)\}$ (b) 2

27. (a) $\{(2, 3, 7, 0), (-1, 0, 0, 1)\}$ (b) 2

29. $\{(8, 5)\}$
 Rank(A) and nullity(A) = 1 + 1 = 2

31. $\{(3, 0, 1, 0), (-1, -2, 0, 1)\}$
 Rank(A) and nullity(A) = 2 + 2 = 4

33. (a) 2 (b) $\{(1, 0), (0, 1)\}$

35. (a) 3 (b) $\{(1, 0, 0), (0, 1, 0), (0, 0, 1)\}$

37. $\begin{bmatrix} -2 \\ 8 \end{bmatrix}$ 39. $\begin{bmatrix} 2 \\ -1 \\ -1 \end{bmatrix}$ 41. $\begin{bmatrix} \frac{2}{5} \\ -\frac{1}{4} \end{bmatrix}$

43. $\begin{bmatrix} 3 \\ 1 \\ 0 \\ 1 \end{bmatrix}$ 45. $\begin{bmatrix} -12 \\ 6 \end{bmatrix}$ 47. $\begin{bmatrix} 1 & 3 \\ -1 & 1 \end{bmatrix}$

49. $\begin{bmatrix} -\frac{1}{2} & \frac{1}{2} \\ -\frac{3}{2} & -\frac{5}{2} \end{bmatrix}$

51. Basis for W: $\{x, x^2, x^3\}$
 Basis for U: $\{(x-1), (x-1)^2, (x-1)^3\}$
 Basis for $W \cap U$: $\{x(x-1), x^2(x-1)\}$

53. No. For example, the set
 $\{x^2 + x, x^2 - x, 1\}$
 is a basis for P_2.

55. Yes, W is a subspace of V.

57. Proof

59. Answers will vary.

61. (a) True. See "Definition of Vector Addition and Scalar Multiplication in R^n," page 179.
 (b) False. See Theorem 4.3, part 2, page 181.
 (c) True. See "Definition of Vector Space" and the discussion following, page 186.

63. (a) True. See Example 2, page 186.
 (b) False. See "Definition of Vector Space," part 4, page 186.
 (c) True. See discussion following "Summary of Important Vector Spaces," page 189.

65. (a) and (d) are solutions.

67. e^x

69. Linearly independent

71. Linearly dependent

73. Circle

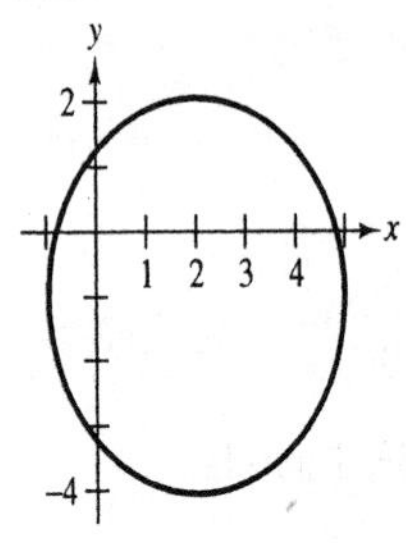

$x^2 + y^2 - 4x + 2y - 4 = 0$

75. Parabola

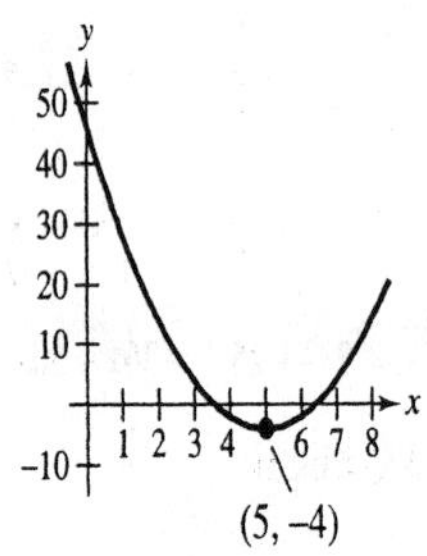

$2x^2 - 20x - y + 46 = 0$

77. $\dfrac{(x')^2}{6} - \dfrac{(y')^2}{6} = 1$

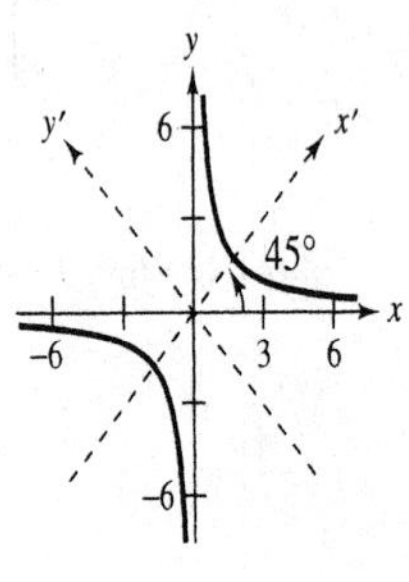

Chapter 5

Section 5.1

1. 5

3. 3

5. $3\sqrt{6}$

7. (a) 5 (b) $\sqrt{6}$ (c) $\sqrt{21}$

9. (a) $\sqrt{6}$ (b) $\sqrt{11}$ (c) $\sqrt{13}$

11. (a) $\left(-\frac{5}{13}, \frac{12}{13}\right)$ (b) $\left(\frac{5}{13}, -\frac{12}{13}\right)$

13. (a) $\left(\frac{3}{\sqrt{38}}, \frac{2}{\sqrt{38}}, -\frac{5}{\sqrt{38}}\right)$
(b) $\left(-\frac{3}{\sqrt{38}}, -\frac{2}{\sqrt{38}}, \frac{5}{\sqrt{38}}\right)$

15. $\pm\frac{1}{\sqrt{14}}$

17. $\left(2\sqrt{2}, 2\sqrt{2}\right)$

19. $\left(1, \sqrt{3}, 0\right)$

21. (a) $(4, 4, 3)$ (b) $\left(-2, -2, -\frac{3}{2}\right)$

23. $2\sqrt{2}$

25. $2\sqrt{3}$

27. (a) -6 (b) 25 (c) 25 (d) $(-12, 18)$ (e) -30

29. (a) 5 (b) 50 (c) 50 (d) $(0, 10, 25, 20)$ (e) 25

31. -7

33. (a) $\|\mathbf{u}\| = 13$, $\|\mathbf{v}\| = 17$
(b) $\left(-\frac{8}{17}, -\frac{15}{17}\right)$
(c) $\left(-\frac{5}{13}, \frac{12}{13}\right)$
(d) 140
(e) 169
(f) 289

35. (a) $\|\mathbf{u}\| = 13$, $\|\mathbf{v}\| = 13$
(b) $\left(-\frac{12}{13}, \frac{5}{13}\right)$
(c) $\left(-\frac{5}{13}, -\frac{12}{13}\right)$
(d) 0
(e) 169
(f) 169

37. (a) $\|\mathbf{u}\| = 26$, $\|\mathbf{v}\| = 13$
(b) $\left(-\frac{5}{13}, -\frac{12}{13}\right)$
(c) $\left(-\frac{10}{26}, \frac{24}{26}\right) = \left(-\frac{5}{13}, \frac{12}{13}\right)$
(d) 238
(e) 676
(f) 169

39. (a) $\|\mathbf{u}\| = 13$, $\|\mathbf{v}\| = 13$
(b) $\left(0, -\frac{5}{13}, -\frac{12}{13}\right)$
(c) $\left(0, -\frac{5}{13}, -\frac{12}{13}\right)$
(d) -169
(e) 169
(f) 169

41. (a) $\|\mathbf{u}\| = \sqrt{14}$, $\|\mathbf{v}\| = \sqrt{14}$
(b) $\left(\frac{2}{\sqrt{14}}, 0, \frac{1}{\sqrt{14}}, \frac{1}{\sqrt{14}}, \frac{2}{\sqrt{14}}, -\frac{2}{\sqrt{14}}\right)$
(c) $\left(0, -\frac{2}{\sqrt{14}}, -\frac{2}{\sqrt{14}}, \frac{1}{\sqrt{14}}, -\frac{1}{\sqrt{14}}, \frac{2}{\sqrt{14}}\right)$
(d) 7
(e) 14
(f) 14

43. (a) $\|\mathbf{u}\| = \sqrt{14}$, $\|\mathbf{v}\| = 4$
(b) $\left(-\frac{1}{4}, 0, \frac{1}{4}, \frac{1}{2}, -\frac{1}{2}, \frac{1}{4}, \frac{1}{4}, -\frac{1}{2}\right)$
(c) $\left(\frac{1}{\sqrt{14}}, -\frac{1}{\sqrt{14}}, -\frac{2}{\sqrt{14}}, \frac{1}{\sqrt{14}}, -\frac{1}{\sqrt{14}}, -\frac{1}{\sqrt{14}}, \frac{2}{\sqrt{14}}, -\frac{1}{\sqrt{14}}\right)$
(d) -4
(e) 14
(f) 16

45. $|(3, 4) \cdot (2, -3)| \le \|(3, 4)\| \, \|(2, -3)\|$
$$6 \le 5\sqrt{13}$$

47. 1.713 radians (98.13°)

49. 1.080 radians (61.87°)

51. $\frac{\pi}{4}$

53. $\mathbf{v} = (t, 0)$

55. $\mathbf{v} = (2t, 3t)$

57. $\mathbf{v} = (t, 4t, s)$

59. Orthogonal

61. Parallel

63. Orthogonal

65. Orthogonal

67. Neither

69. (a) False. See "Definition of Length of a Vector in R^n," page 271.
(b) False. See "Definition of Dot Product in R^n," page 275.

71. (a) $\|\mathbf{u}\cdot\mathbf{v}\|$ is meaningless because $\mathbf{u}\cdot\mathbf{v}$ is a scalar.
(b) $\mathbf{u}+(\mathbf{u}\cdot\mathbf{v})$ is meaningless because $\mathbf{u}$ is a vector and $\mathbf{u}\cdot\mathbf{v}$ is a scalar.

73. $\|(5, 1)\| \le \|(4, 0)\| + \|(1, 1)\|$
$\sqrt{26} \le 4 + \sqrt{2}$

75. $\|(2, 0)\|^2 = \|(1, -1)\|^2 + \|(1, 1)\|^2$
$4 = (\sqrt{2})^2 + (\sqrt{2})^2$

77. (a) $\theta = \frac{\pi}{2}$ provided $\mathbf{u} \ne \mathbf{0}$ and $\mathbf{v} \ne \mathbf{0}$
(b) $0 \le \theta < \frac{\pi}{2}$
(c) $\frac{\pi}{2} < \theta \le \pi$

79. $\theta = \arccos\left(\frac{1}{\sqrt{3}}\right) \approx 54.7°$

81. Proof

83. Proof

85. Proof

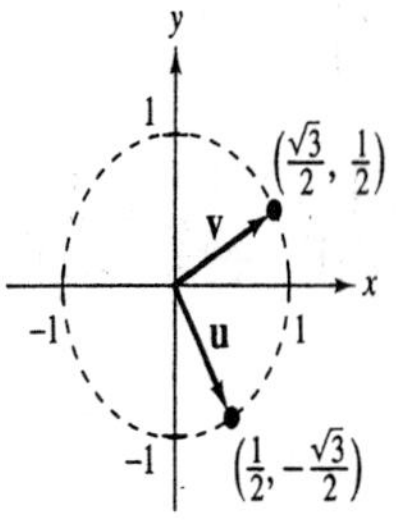

87. $\mathbf{u}\cdot\mathbf{v} = 17{,}139.05$, which represents the total value of the three crops.

89. Proof

SECTION 5.2

1. (a) -33
(b) 5
(c) 13
(d) $2\sqrt{65}$

3. (a) 15
(b) $\sqrt{57}$
(c) 5
(d) $2\sqrt{13}$

5. (a) -34
(b) $\sqrt{97}$
(c) $\sqrt{101}$
(d) $\sqrt{266}$

7. (a) 14
(b) 2
(c) $\sqrt{58}$
(d) $\sqrt{34}$

9. (a) $\frac{16}{15}$
(b) $\frac{\sqrt{10}}{5}$
(c) $\frac{2\sqrt{210}}{15}$
(d) $\sqrt{2}$

11. (a) $\frac{2}{e} \approx 0.736$
(b) $\frac{\sqrt{6}}{3} \approx 0.816$
(c) $\sqrt{\frac{e^2}{2} - \frac{1}{2e^2}} \approx 1.904$
(d) $\sqrt{\frac{e^2}{2} + \frac{2}{3} - \frac{1}{2e^2} - \frac{4}{e}} \approx 1.680$

13. (a) -6 (b) $\sqrt{35}$ (c) $\sqrt{7}$ (d) $3\sqrt{6}$

15. (a) -4 (b) $\sqrt{11}$ (c) $\sqrt{2}$ (d) $\sqrt{21}$

17. Proof

19. Proof

21. Axiom 4 fails.
$\langle(0, 1), (0, 1)\rangle = 0$, but $(0, 1) \ne 0$.

23. Axiom 2 fails.
$\langle(1, 0), (1, 0) + (1, 0)\rangle = \langle(1, 0), (2, 0)\rangle = 4$
$\langle(1, 0), (1, 0)\rangle + \langle(1, 0), (1, 0)\rangle = 1 + 1 = 2$

25. 2.103 radians (120.5°)

27. $\frac{\pi}{2}$

29. $\frac{\pi}{2}$

31. (a) $|\langle(5, 12), (3, 4)\rangle| \le \|(5, 12)\|\,\|(3, 4)\|$
$63 \le (13)(5)$
(b) $\|(5, 12) + (3, 4)\| \le \|(5, 12)\| + \|(3, 4)\|$
$8\sqrt{5} \le 13 + 5$

33. (a) $|\langle 2x, 3x^2 + 1\rangle| \le \|2x\|\,\|3x^2 + 1\|$
$0 \le (2)(\sqrt{10})$
(b) $\|2x + 3x^2 + 1\| \le \|2x\| + \|3x^2 + 1\|$
$\sqrt{14} \le 2 + \sqrt{10}$

35. (a) $|\langle \sin x, \cos x\rangle| \le \|\sin x\|\,\|\cos x\|$
$0 \le (\sqrt{\pi})(\sqrt{\pi})$
(b) $\|\sin x + \cos x\| \le \|\sin x\| + \|\cos x\|$
$\sqrt{2\pi} \le \sqrt{\pi} + \sqrt{\pi}$

37. Because

$$\langle f, g\rangle = \int_{-\pi}^{\pi} \cos x \sin x\, dx$$
$$= \frac{1}{2}\sin^2 x\Big]_{-\pi}^{\pi} = 0,$$

f and g are orthogonal.

39. The functions $f(x) = x$ and $g(x) = \frac{1}{2}(5x^3 - 3x)$ are orthogonal because

$$\langle f, g\rangle = \int_{-1}^{1} x\frac{1}{2}(5x^3 - 3x)\, dx$$
$$= \frac{1}{2}\int_{-1}^{1}(5x^4 - 3x^2)\, dx = \frac{1}{2}(x^5 - x^3)\Big]_{-1}^{1} = 0.$$

41. (a) $\left(\frac{8}{5}, \frac{4}{5}\right)$ (b) $\left(\frac{4}{5}, \frac{8}{5}\right)$

(c)

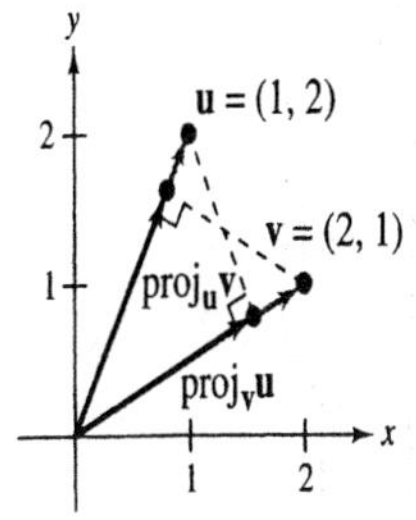

43. (a) $\left(0, \frac{5}{2}, -\frac{5}{2}\right)$ (b) $\left(-\frac{5}{14}, -\frac{15}{14}, \frac{10}{14}\right)$

45. $\text{proj}_{\mathbf{g}} f = \mathbf{0}$

47. $\text{proj}_{\mathbf{g}} f = \dfrac{2e^x}{e^2 - 1}$

49. $\text{proj}_{\mathbf{g}} f = \mathbf{0}$

51. (a) False. See the introduction to this section, page 285.
(b) True. See paragraph after "Remark," page 294.

53. (a) $\langle \mathbf{u}, \mathbf{v}\rangle = 4(2) + 2(2)(-2) = 0 \Rightarrow$ **u** and **v** are orthogonal.
(b) Not orthogonal in the Euclidean sense

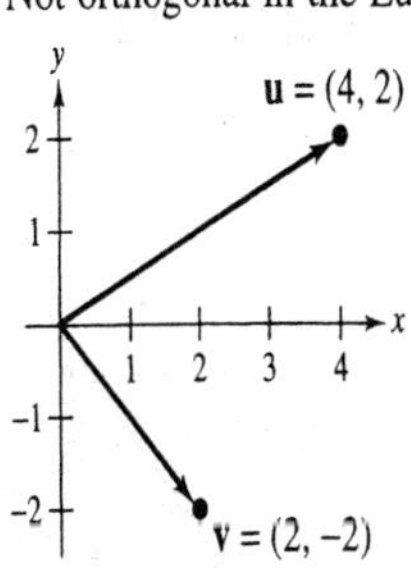

55–61. Proof

SECTION 5.3

1. Neither **3.** Orthonormal **5.** Orthogonal

7. Neither **9.** Orthonormal

11. The set $\{1, x, x^2, x^3\}$ is orthogonal because
$\langle 1, x\rangle = 0, \langle 1, x^2\rangle = 0, \langle 1, x^3\rangle = 0,$
$\langle x, x^2\rangle = 0, \langle x, x^3\rangle = 0, \langle x^2, x^3\rangle = 0.$
Furthermore, the set is orthonormal because
$\|1\| = 1, \|x\| = 1, \|x^2\| = 1$, and $\|x^3\| = 1$.
Hence, $\{1, x, x^2, x^3\}$ is an orthonormal basis for P_3.

13. $\begin{bmatrix} \frac{4\sqrt{13}}{13} \\ \frac{7\sqrt{13}}{13} \end{bmatrix}$ **15.** $\begin{bmatrix} \frac{\sqrt{10}}{2} \\ -2 \\ -\frac{\sqrt{10}}{2} \end{bmatrix}$ **17.** $\begin{bmatrix} 11 \\ 2 \\ 15 \end{bmatrix}$

19. $\left\{\left(\frac{3}{5}, \frac{4}{5}\right), \left(\frac{4}{5}, -\frac{3}{5}\right)\right\}$

21. $\left\{\left(\frac{1}{3}, -\frac{2}{3}, \frac{2}{3}\right), \left(\frac{2}{3}, \frac{2}{3}, \frac{1}{3}\right), \left(\frac{2}{3}, -\frac{1}{3}, -\frac{2}{3}\right)\right\}$

23. $\left\{\left(\frac{4}{5}, -\frac{3}{5}, 0\right), \left(\frac{3}{5}, \frac{4}{5}, 0\right), (0, 0, 1)\right\}$

25. $\left\{\left(0, \frac{\sqrt{2}}{2}, \frac{\sqrt{2}}{2}\right), \left(\frac{\sqrt{6}}{3}, \frac{\sqrt{6}}{6}, -\frac{\sqrt{6}}{6}\right), \left(\frac{\sqrt{3}}{3}, -\frac{\sqrt{3}}{3}, \frac{\sqrt{3}}{3}\right)\right\}$

27. $\left\{\left(-\frac{4\sqrt{2}}{7}, \frac{3\sqrt{2}}{14}, \frac{5\sqrt{2}}{14}\right)\right\}$

29. $\left\{\left(\frac{3}{5}, \frac{4}{5}, 0\right), \left(\frac{4}{5}, -\frac{3}{5}, 0\right)\right\}$

31. $\left\{\left(\frac{\sqrt{6}}{6}, \frac{\sqrt{6}}{3}, -\frac{\sqrt{6}}{6}, 0\right), \left(\frac{\sqrt{3}}{3}, 0, \frac{\sqrt{3}}{3}, \frac{\sqrt{3}}{3}\right)\right\}$

33. $\langle x, 1\rangle = \int_{-1}^{1} x\, dx = \frac{x^2}{2}\Big]_{-1}^{1} = 0$

35. $\langle x^2, 1\rangle = \int_{-1}^{1} x^2\, dx = \frac{x^3}{3}\Big]_{-1}^{1} = \frac{2}{3}$

37. (a) True. See "Definition of Orthogonal and Orthonormal Sets," page 298.
(b) True. See Corollary to Theorem 5.10, page 301.
(c) False. See "Remark," page 306.

39. $\left\{\left(\frac{3\sqrt{10}}{10}, 0, \frac{\sqrt{10}}{10}, 0\right), \left(0, -\frac{2\sqrt{5}}{5}, 0, \frac{\sqrt{5}}{5}\right)\right\}$

41. $\left\{\left(\frac{\sqrt{2}}{2}, 0, \frac{\sqrt{2}}{2}, 0\right), \left(\frac{\sqrt{6}}{6}, 0, -\frac{\sqrt{6}}{6}, \frac{\sqrt{6}}{3}\right)\right\}$

43. Orthonormal

45. $\{x^2, x, 1\}$

47. $\left\{\frac{1}{\sqrt{2}}(x^2-1), -\frac{1}{\sqrt{6}}(x^2-2x+1)\right\}$

49. $\left\{\left(\frac{2}{3}, -\frac{1}{3}\right), \left(\frac{\sqrt{2}}{6}, \frac{2\sqrt{2}}{3}\right)\right\}$

51. Proof

53. Proof

55. $\left\{\left(\frac{1}{\sqrt{2}}, 0, \frac{1}{\sqrt{2}}, 0\right), \left(0, -\frac{1}{\sqrt{2}}, 0, \frac{1}{\sqrt{2}}\right),\right.$
$\left.\left(\frac{1}{\sqrt{2}}, 0, -\frac{1}{\sqrt{2}}, 0\right), \left(0, \frac{1}{\sqrt{2}}, 0, \frac{1}{\sqrt{2}}\right)\right\}$

57. $N(A) = \text{span}\{(3, -1, 2)\}$
$N(A^T) = \text{span}\{(-1, -1, 1)\}$
$R(A) = \text{span}\{(1, 0, 1), (0, 1, 1)\}$
$R(A^T) = \text{span}\{(1, 1, -1), (0, 2, 1)\}$

59. $N(A) = \text{span}\{(1, 0, -1)\}$
$N(A^T) = \{(0, 0)\}$
$R(A) = \mathbf{R}^2$
$R(A^T) = \text{span}\{(1, 0, 1), (0, 1, 0)\}$

61. Proof

Section 5.4

1. Not orthogonal

3. Orthogonal

5. $\text{span}\left\{\begin{bmatrix}0\\1\\0\end{bmatrix}\right\}$

7. $\text{span}\left\{\begin{bmatrix}0\\0\\1\\0\end{bmatrix}, \begin{bmatrix}2\\-1\\0\\1\end{bmatrix}\right\}$

9. $\text{span}\left\{\begin{bmatrix}1\\2\\0\\0\end{bmatrix}, \begin{bmatrix}0\\1\\0\\1\end{bmatrix}\right\}$

11. $\begin{bmatrix}0\\ \frac{2}{3}\\ \frac{2}{3}\\ \frac{2}{3}\end{bmatrix}$

13. $\begin{bmatrix}\frac{5}{3}\\ \frac{8}{3}\\ \frac{13}{3}\end{bmatrix}$

15. $\begin{bmatrix}1\\-1\\2\end{bmatrix}$

17. $R(A) = \text{span}\left\{\begin{bmatrix}1\\0\end{bmatrix}, \begin{bmatrix}0\\1\end{bmatrix}\right\} = \mathbf{R}^2$

$N(A^T) = \left\{\begin{bmatrix}0\\0\end{bmatrix}\right\}$

$N(A) = \text{span}\left\{\begin{bmatrix}-3\\0\\1\end{bmatrix}\right\}$

$R(A^T) = \text{span}\left\{\begin{bmatrix}1\\0\\3\end{bmatrix}\begin{bmatrix}0\\1\\0\end{bmatrix}\right\}$

19. $R(A) = \text{span}\left\{\begin{bmatrix}1\\0\\1\\1\end{bmatrix}, \begin{bmatrix}0\\1\\1\\2\end{bmatrix}\right\}$

$N(A^T) = \text{span}\left\{\begin{bmatrix}-1\\-1\\1\\0\end{bmatrix}\begin{bmatrix}-1\\-2\\0\\1\end{bmatrix}\right\}$

$N(A) = \text{span}\left\{\begin{bmatrix}-1\\-1\\0\\1\end{bmatrix}\begin{bmatrix}0\\-1\\1\\0\end{bmatrix}\right\}$

$R(A^T) = \text{span}\left\{\begin{bmatrix}1\\0\\0\\1\end{bmatrix}\begin{bmatrix}0\\1\\1\\1\end{bmatrix}\right\}$

21. $\mathbf{x} = \begin{bmatrix}1\\-1\end{bmatrix}$

23. $\mathbf{x} = \begin{bmatrix}2\\-2\\1\end{bmatrix}$

25. $y = -x + \frac{1}{3}$

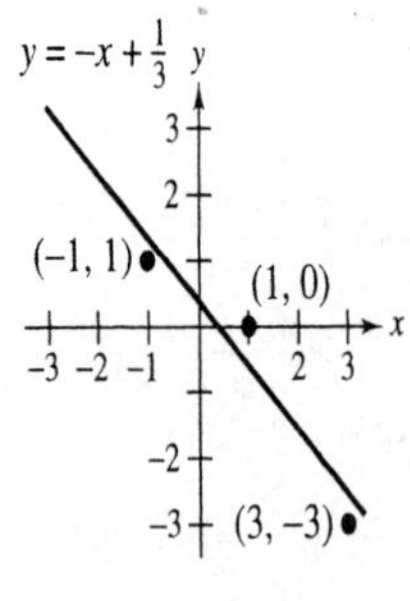

27. $y = 1.2x + 0.45$

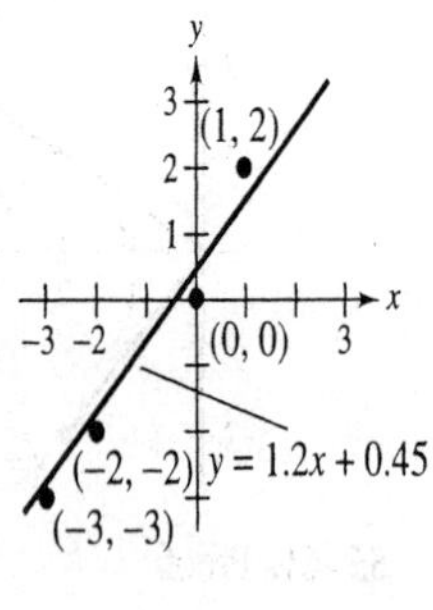

29. $y = \frac{3}{7}x^2 + \frac{6}{5}x + \frac{26}{35}$

31. Possible models are:
$S = 125.03t^2 + 866.0t + 15{,}704$
(Target, $t = 2$ is 1992)
$S = 237.673t^3 - 3106.98t^2 + 24{,}993.8t + 15{,}604$
(Wal-Mart, $t = 2$ is 1992)
For 2005, $t = 15$ yields
$S \approx \$56{,}826$ million (Target) and
$S \approx \$493{,}587$ million (Wal-Mart)

33. (a) False. See discussion after Example 2, pages 313 and 314.
(b) True. See "Definition of Direct Sum," page 315.
(c) True. See discussion preceding Example 7, page 320.

35. Proof.

37. Proof.

39. If A has orthonormal columns, then $A^TA = I$ and the normal equations become
$A^TA\mathbf{x} = A^T\mathbf{b}$
$\mathbf{x} = A^T\mathbf{b}$.

SECTION 5.5

1. $(0, 0, 1)$	**3.** $(1, 0, 0)$
5. $(-2, 3, -1)$	**7.** $(-1, -1, -1)$
9. $(5, -4, -3)$	**11.** $(1, -1, -3)$
13. 1	**15.** $6\sqrt{5}$
17. 1	**19.** 6
21. 3	**23–31.** Proof

33. (a) $g(x) = -\frac{1}{6} + x$
(b)
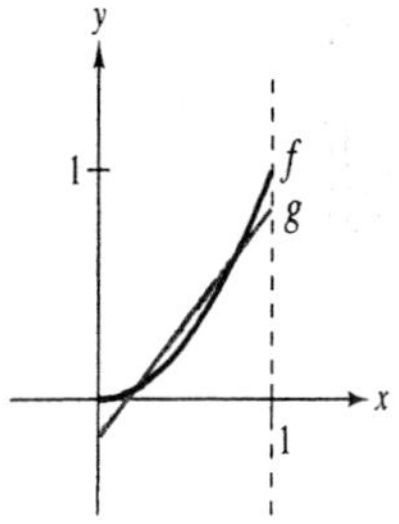

35. (a) $g(x) \approx 0.1945 + 6x$
(b)
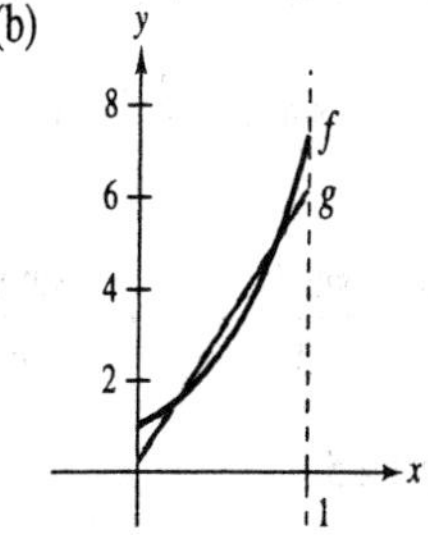

37. (a) $g(x) \approx 0.1148 + 0.6644x$
(b)
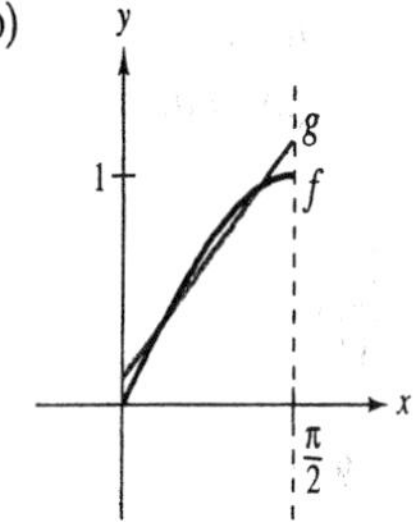

39. (a) $g(x) = 1.5x^2 - 0.6x + 0.05$
(b)
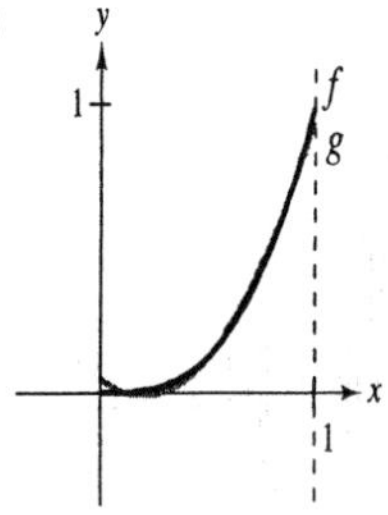

41. (a) $g(x) \approx -0.0505 + 1.3122x - 0.4177x^2$
(b)
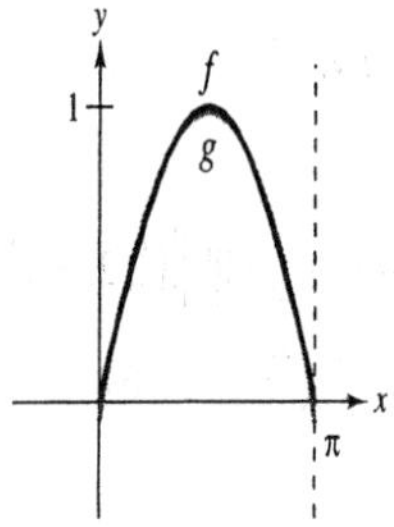

43. $g(x) = 2\sin x + \sin 2x + \frac{2}{3}\sin 3x$

45. $g(x) = \dfrac{\pi^2}{3} + 4\cos x + \cos 2x + \dfrac{4}{9}\cos 3x$

47. $g(x) = \dfrac{1}{2\pi}(1 - e^{-2\pi})(1 + \cos x + \sin x)$

49. $g(x) = (1 + \pi) - 2\sin x - \sin 2x - \frac{2}{3}\sin 3x$

51. $g(x) = \sin 2x$

53. $g(x) = 2\left(\sin x + \dfrac{\sin 2x}{2} + \dfrac{\sin 3x}{3} + \cdots + \dfrac{\sin nx}{n}\right)$

Review Exercises – Chapter 5

1. (a) $\sqrt{5}$ (b) $\sqrt{17}$ (c) 6 (d) $\sqrt{10}$

3. (a) 3 (b) 3 (c) 4 (d) $\sqrt{10}$

5. $\|\mathbf{v}\| = \sqrt{38}$

$$\mathbf{u} = \left(\frac{5}{\sqrt{38}}, \frac{3}{\sqrt{38}}, -\frac{2}{\sqrt{38}}\right)$$

7. $\dfrac{\pi}{2}$

9. π

11. $\left(-\frac{9}{13}, \frac{45}{13}\right)$

13. $\left(\frac{18}{29}, \frac{12}{29}, \frac{24}{29}\right)$

15. (a) -2 (b) $\dfrac{3\sqrt{11}}{2}$

17. Triangle Inequality:

$$\left\|\left(2, -\tfrac{1}{2}, 1\right) + \left(\tfrac{3}{2}, 2, -1\right)\right\| \le \left\|\left(2, -\tfrac{1}{2}, 1\right)\right\| + \left\|\left(\tfrac{3}{2}, 2, -1\right)\right\|$$

$$\frac{\sqrt{67}}{2} \le \sqrt{\frac{15}{2}} + \sqrt{\frac{53}{4}}$$

$$4.093 \le 6.379$$

Cauchy-Schwarz Inequality:

$$\left|\left\langle\left(2, -\tfrac{1}{2}, 1\right), \left(\tfrac{3}{2}, 2, -1\right)\right\rangle\right| \le \left\|\left(2, -\tfrac{1}{2}, 1\right)\right\| \left\|\left(\tfrac{3}{2}, 2, -1\right)\right\|$$

$$2 \le \sqrt{\tfrac{15}{2}}\sqrt{\tfrac{53}{4}} \approx 9.969$$

19. $(s, 3t, 4t)$

21. $\left\{\left(\dfrac{1}{\sqrt{2}}, \dfrac{1}{\sqrt{2}}\right), \left(-\dfrac{1}{\sqrt{2}}, \dfrac{1}{\sqrt{2}}\right)\right\}$

23. $\left\{\left(0, \frac{3}{5}, \frac{4}{5}\right), (1, 0, 0), \left(0, \frac{4}{5}, -\frac{3}{5}\right)\right\}$

25. (a) $(-1, 4, -2) = 2(0, 2, -2) - (1, 0, -2)$

(b) $\left\{\left(0, \dfrac{1}{\sqrt{2}}, -\dfrac{1}{\sqrt{2}}\right), \left(\dfrac{1}{\sqrt{3}}, -\dfrac{1}{\sqrt{3}}, -\dfrac{1}{\sqrt{3}}\right)\right\}$

(c) $(-1, 4, -2) = 3\sqrt{2}\left(0, \dfrac{1}{\sqrt{2}}, -\dfrac{1}{\sqrt{2}}\right) - \sqrt{3}\left(\dfrac{1}{\sqrt{3}}, -\dfrac{1}{\sqrt{3}}, -\dfrac{1}{\sqrt{3}}\right)$

27. (a) $\dfrac{1}{4}$ (b) $\dfrac{1}{\sqrt{5}}$ (c) $\dfrac{1}{\sqrt{30}}$ (d) $\left\{\sqrt{3}x, \sqrt{5}(4x^2 - 3x)\right\}$

29. Let $f(x) = \sqrt{1 - x^2}$ and $g(x) = 2x\sqrt{1 - x^2}$.

$$\langle f, g\rangle = \int_{-1}^{1} \sqrt{1 - x^2}\, 2x\sqrt{1 - x^2}\, dx$$

$$= \int_{-1}^{1} 2x(1 - x^2)\, dx = 2\int_{-1}^{1} (x - x^3)\, dx$$

$$= 2\left[\frac{x^2}{2} - \frac{x^4}{4}\right]_{-1}^{1} = 0$$

31. $\left\{\left(-\dfrac{1}{\sqrt{2}}, 0, \dfrac{1}{\sqrt{2}}\right), \left(-\dfrac{1}{\sqrt{6}}, \dfrac{2}{\sqrt{6}}, -\dfrac{1}{\sqrt{6}}\right)\right\}$

(The answer is not unique.)

33. (a) 0 (b) Orthogonal

(c) Because $\langle f, g\rangle = 0$, it follows that $|\langle f, g\rangle| \le \|f\|\|g\|$.

35–41. Proof

43. $\text{span}\left\{\begin{bmatrix} 2 \\ -1 \\ 3 \end{bmatrix}\right\}$

45. $R(A) = \text{span}\left\{\begin{bmatrix} 0 \\ 0 \\ 1 \end{bmatrix}, \begin{bmatrix} 1 \\ -3 \\ 0 \end{bmatrix}\right\}$

$N(A^T) = \text{span}\left\{\begin{bmatrix} 3 \\ 1 \\ 0 \end{bmatrix}\right\}$

$N(A) = \text{span}\left\{\begin{bmatrix} 1 \\ 0 \\ -1 \end{bmatrix}\right\}$

$R(A^T) = \text{span}\left\{\begin{bmatrix} 0 \\ 1 \\ 0 \end{bmatrix}, \begin{bmatrix} 1 \\ 0 \\ 1 \end{bmatrix}\right\}$

47. Possible models are:

$y_I = -0.0025x^3 + 0.0608x^2 - 0.292x + 2.98$
(ice cream, $x = 3$ is 1993)

$y_T = -0.004527x^4 + 0.11552x^3 - 1.0232x^2 + 3.810x + 0.79$
(T-bone steak, $x = 3$ is 1993)

$y_G = 0.0205x^2 - 0.257x + 2.84$
(ground beef, $x = 3$ is 1993)

For 2005, $x = 15$ yields

$y_I \approx 3.84$ dollars per pound (ice cream)
y_T is not applicable to 2005. The price is negative.
$y_G \approx 3.60$ dollars per pound (ground beef)

49. $(0, 1, -1)$ **51.** 7 **53.** 1

55. $g(x) = \frac{3}{5}x$ **57.** $g(x) = \frac{2}{\pi}$

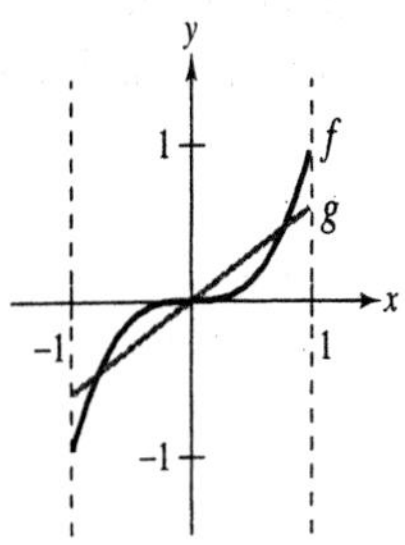

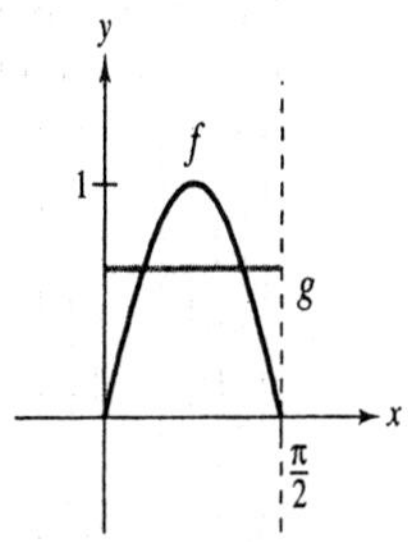

59. $g(x) = \frac{2}{35}(-10x^2 + 24x + 3)$

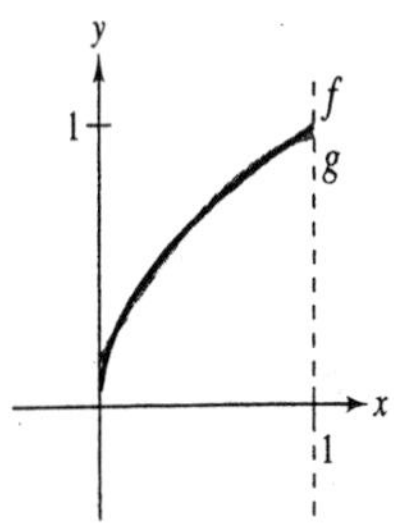

61. $g(x) = \frac{\pi^2}{3} - 4\cos x$

63. (a) True. See Theorem 5.18, part 1, page 330.
(b) False. See Theorem 5.17, part 1, page 329.
(c) True. See discussion before Theorem 5.19, page 335.

CUMULATIVE TEST—CHAPTERS 4 AND 5

1. (a) $(2, 1)$

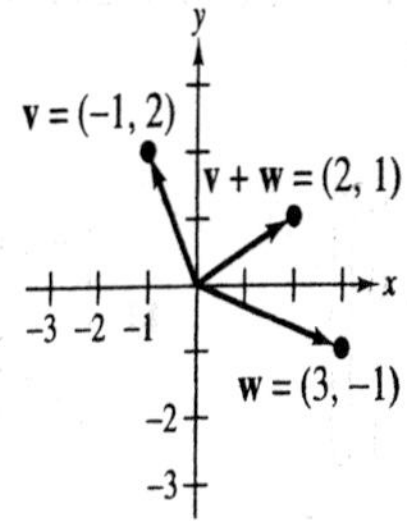

(b) $(-3, 6)$

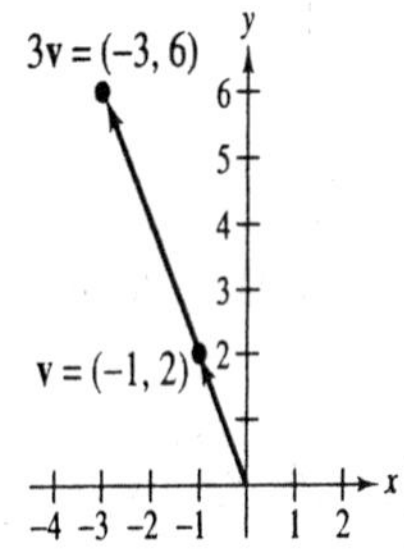

(c) $(-14, 8)$

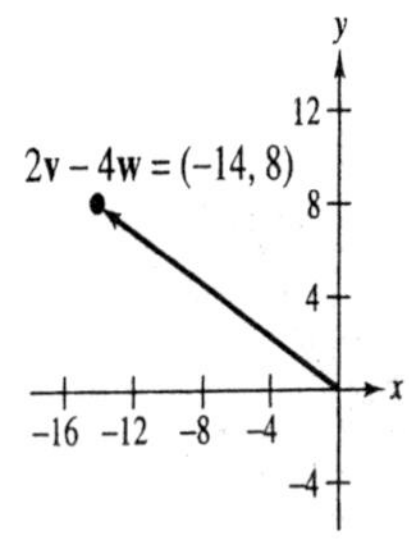

2. $\mathbf{w} = 4\mathbf{v}_1 + \mathbf{v}_2 - 2\mathbf{v}_3$

3. Proof

4. Yes **5.** No **6.** Yes

7. (a) A set of vectors $\{\mathbf{v}_1, \ldots, \mathbf{v}_n\}$ is linearly independent if the vector equation $c_1\mathbf{v}_1 + \cdots + c_n\mathbf{v}_n = \mathbf{0}$ has only the trivial solution.
(b) Linearly dependent

8. The dimension is 6. One basis is

$$\left\{\begin{bmatrix}1&0&0\\0&0&0\\0&0&0\end{bmatrix}, \begin{bmatrix}0&1&0\\1&0&0\\0&0&0\end{bmatrix}, \begin{bmatrix}0&0&1\\0&0&0\\1&0&0\end{bmatrix}, \begin{bmatrix}0&0&0\\0&1&0\\0&0&0\end{bmatrix}, \begin{bmatrix}0&0&0\\0&0&1\\0&1&0\end{bmatrix}, \begin{bmatrix}0&0&0\\0&0&0\\0&0&1\end{bmatrix}\right\}$$

9. (a) A set of vectors $\{\mathbf{v}_1, \ldots, \mathbf{v}_n\}$ in a vector space V is a basis for V if the set is linearly independent and spans V.
(b) Yes

10. $\left\{\begin{bmatrix}-1\\1\\0\\0\end{bmatrix}, \begin{bmatrix}0\\0\\-1\\1\end{bmatrix}\right\}$ **11.** $\begin{bmatrix}-1\\3\\-2\end{bmatrix}$

12. $\begin{bmatrix}\frac{1}{4} & \frac{1}{2} & -\frac{1}{2}\\ \frac{7}{4} & \frac{1}{2} & \frac{1}{2}\\ -\frac{3}{4} & -\frac{1}{2} & \frac{1}{2}\end{bmatrix}$

13. (a) $\sqrt{5}$ (b) $\sqrt{11}$ (c) 4

14. $-\frac{5}{12}$

15. $\left\{(1, 0, 0), \left(0, \frac{\sqrt{2}}{2}, \frac{\sqrt{2}}{2}\right), \left(0, -\frac{\sqrt{2}}{2}, \frac{\sqrt{2}}{2}\right)\right\}$

16. $\frac{1}{13}(-3, 2)$

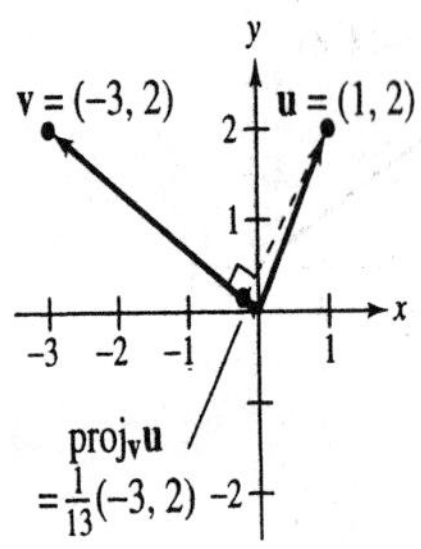

17. $R(A) = \mathbf{R}^3$

$N(A^T) = \left\{\begin{bmatrix}0\\0\\0\end{bmatrix}\right\}$

$N(A) = \text{span}\left\{\begin{bmatrix}0\\1\\-1\\0\end{bmatrix}\right\}$

$R(A^T) = \left\{\begin{bmatrix}0\\1\\1\\0\end{bmatrix}, \begin{bmatrix}-1\\0\\0\\1\end{bmatrix}, \begin{bmatrix}1\\1\\1\\1\end{bmatrix}\right\}$

18. $\text{span}\left\{\begin{bmatrix}-1\\-1\\1\end{bmatrix}\right\}$

19–21. Proof

22. $y = \frac{7}{3} - x$

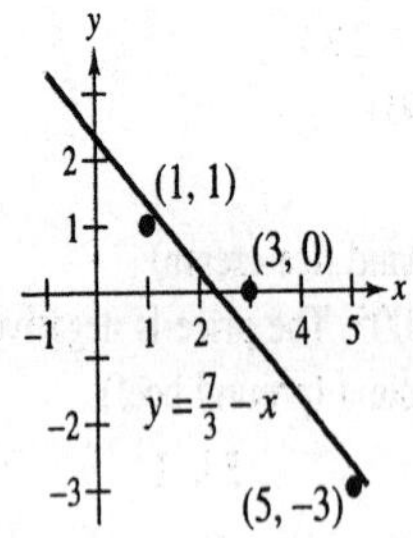

23. (a) 3
(b) One basis consists of the first three rows of A.
(c) One basis consists of columns 1, 3, and 4 of A.
(d) $\left\{\begin{bmatrix}2\\1\\0\\0\\0\\0\end{bmatrix}, \begin{bmatrix}-3\\0\\5\\-1\\1\\0\end{bmatrix}, \begin{bmatrix}-2\\0\\3\\-7\\0\\1\end{bmatrix}\right\}$ (e) No
(f) No (g) Yes (h) No

24. Proof

Chapter 6

Section 6.1

1. (a) $(-1, 7)$ (b) $(11, -8)$

3. (a) $(1, 5, 4)$ (b) $(5, -6, t)$

5. (a) $(-14, -7)$ (b) $(1, 1, t)$

7. Not linear **9.** Not linear **11.** Linear

13. Linear **15.** $(3, 11, -8)$ **17.** $(0, -6, 8)$

19. $T: R^4 \to R^3$ **21.** $T: R^5 \to R^2$ **23.** $T: R^2 \to R^2$

25. (a) $(10, 12, 4)$ (b) $(-1, 0)$
(c) The system represented by

$$\begin{bmatrix}1 & 2\\-2 & 4\\-2 & 2\end{bmatrix}\begin{bmatrix}x_1\\x_2\end{bmatrix} = \begin{bmatrix}1\\1\\1\end{bmatrix}$$

is inconsistent.

27. (a) $(-1, 1, 2, 1)$ (b) $(-1, 1, \frac{1}{2}, 1)$

29. (a) $(0, 4\sqrt{2})$ (b) $(2\sqrt{3} - 2, 2\sqrt{3} + 2)$
(c) $\left(-\frac{5}{2}, \frac{5\sqrt{3}}{2}\right)$

31. (a) True. D_x is a linear transformation and thus preserves addition and scalar multiplication.
(b) True. D_x is a linear transformation and thus preserves addition and scalar multiplication.
(c) False because $\sin 2x \neq 2 \sin x$ for all x

33. (a) -1 (b) $\frac{1}{12}$ (c) -4

35. $T(1, 0) = \left(\frac{1}{2}, \frac{1}{2}\right)$
$T(0, 2) = (1, -1)$

37. $x^2 - 3x - 5$

39. (a) True. See discussion before "Definition of a Linear Transformation," page 353.
(b) False because $\cos(x_1 + x_2) \neq \cos x_1 + \cos x_2$
(c) True. See Example 10, page 361.

41. (a) $(x, 0)$ (b) Projection onto the x-axis

43. $\left(\frac{1}{2}(x + y), \frac{1}{2}(x + y)\right)$

45. Proof

47. $T(3, 4) = \left(\frac{7}{2}, \frac{7}{2}\right)$
$T(T(3, 4)) = \left(\frac{7}{2}, \frac{7}{2}\right)$
T is a projection onto the line $y = x$.

49. Proof **51.** $(t, 0)$

53. Assume that h and k are not both zero. Because $T(0, 0) = (0 - h, 0 - k) = (-h, -k) \neq (0, 0)$, it follows that T is not a linear transformation.

55. If $T(x, y) = (x - h, y - k) = (x, y)$, then $h = 0$ and $k = 0$, which contradicts the assumption that h and k are not both zero. Therefore, T has no fixed points.

57. Let $T: R^3 \to R^3$ be given by $T(x, y, z) = (0, 0, 0)$. Then, if $\{\mathbf{v}_1, \mathbf{v}_2, \mathbf{v}_3\}$ is any set of vectors in R^3, the set $\{T(\mathbf{v}_1), T(\mathbf{v}_2), T(\mathbf{v}_3)\} = \{\mathbf{0}, \mathbf{0}, \mathbf{0}\}$ is linearly dependent.

59–63. Proof

Section 6.2

1. R^3

3. $\{a_1x + a_2x^2 + a_3x^3: a_1, a_2, a_3 \text{ are real}\}$

5. $\{(0, 0)\}$

7. (a) $\{(0, 0)\}$
(b) $\{(1, 0), (0, 1)\}$

9. (a) $\{(-4, -2, 1)\}$
(b) $\{(1, 0), (0, 1)\}$

11. (a) $\{(-1, 1, 1, 0)\}$
(b) $\{(1, 0, -1, 0), (0, 1, -1, 0), (0, 0, 0, 1)\}$

13. (a) $\{(0, 0)\}$ (b) 0
(c) R^2 (d) 2

15. (a) $\{(0, 0)\}$
(b) 0
(c) $\{(4s, 4t, s - t): s \text{ and } t \text{ are real}\}$
(d) 2

17. (a) $\{(-11t, 6t, 4t): t \text{ is real}\}$
(b) 1
(c) R^2
(d) 2

19. (a) $\{(t, -3t): t \text{ is real}\}$
(b) 1
(c) $\{(3t, t): t \text{ is real}\}$
(d) 1

21. (a) $\{(2s - t, t, 4s, -5s, s): s \text{ and } t \text{ are real}\}$
(b) 2
(c) $\{(7r, 7s, 7t, 8r + 20s + 2t): r, s, \text{ and } t \text{ are real}\}$
(d) 3

23. (a) $\{(s + t, s, -2t): s \text{ and } t \text{ are real}\}$
(b) 2
(c) $\{(2t, -2t, t): t \text{ is real}\}$
(d) 1

25. Nullity = 1
Kernel: a line
Range: a plane

27. Nullity = 3
Kernel: R^3
Range: $\{(0, 0, 0)\}$

29. Nullity = 0
Kernel: $\{(0, 0, 0)\}$
Range: R^3

31. Nullity = 2
Kernel: $\{(x, y, z): x + 2y + 2z = 0\}$ (plane)
Range: $\{(t, 2t, 2t), t \text{ is real}\}$ (line)

33. 2

35. 4

	Zero	Standard Basis
37. (a)	$(0, 0, 0, 0)$	$\{(1, 0, 0, 0), (0, 1, 0, 0), (0, 0, 1, 0), (0, 0, 0, 1)\}$
(b)	$\begin{bmatrix}0\\0\\0\\0\end{bmatrix}$	$\left\{\begin{bmatrix}1\\0\\0\\0\end{bmatrix}, \begin{bmatrix}0\\1\\0\\0\end{bmatrix}, \begin{bmatrix}0\\0\\1\\0\end{bmatrix}, \begin{bmatrix}0\\0\\0\\1\end{bmatrix}\right\}$
(c)	$\begin{bmatrix}0 & 0\\0 & 0\end{bmatrix}$	$\left\{\begin{bmatrix}1 & 0\\0 & 0\end{bmatrix}, \begin{bmatrix}0 & 1\\0 & 0\end{bmatrix}, \begin{bmatrix}0 & 0\\1 & 0\end{bmatrix}, \begin{bmatrix}0 & 0\\0 & 1\end{bmatrix}\right\}$
(d)	$p(x) = 0$	$\{1, x, x^2, x^3\}$
(e)	$(0, 0, 0, 0, 0)$	$\{(1, 0, 0, 0, 0), (0, 1, 0, 0, 0), (0, 0, 1, 0, 0), (0, 0, 0, 1, 0)\}$

39. The set of constant functions: $p(x) = a_0$

41. (a) Rank = 1, nullity = 2

(b) $\{(1, 0, -2), (1, 2, 0)\}$

43. Because $|A| = -1 \neq 0$, the homogenous equation $A\mathbf{x} = \mathbf{0}$ has only the trivial solution. Thus, $\ker(T) = \{(0, 0)\}$ and T is one-to-one (by Theorem 6.6). Furthermore, because

$$\begin{aligned}\text{rank}(T) &= \dim(R^2) - \text{nullity}(T)\\ &= 2 - 0 = 2 = \dim(R^2)\end{aligned}$$

T is onto (by Theorem 6.7).

45. Because $|A| = -1 \neq 0$, the homogenous equation $A\mathbf{x} = \mathbf{0}$ has only the trivial solution. Thus, $\ker(T) = \{(0, 0, 0)\}$ and T is one-to-one (by Theorem 6.6). Furthermore, because

$$\begin{aligned}\text{rank}(T) &= \dim(R^3) - \text{nullity}(T)\\ &= 3 - 0 = 3 = \dim(R^3)\end{aligned}$$

T is onto (by Theorem 6.7).

47. (a) False. See "Definition of Kernel of a Linear Transformation," page 365.

(b) False. See Theorem 6.4.

(c) True. See discussion before Theorem 6.6, page 372.

(d) True. See discussion before "Definition of Isomorphism," page 375.

49. (a) Rank $= n$

(b) Rank $< n$

51. $mn = jk$

53. Proof

55. Although they are not the same, they have the same dimension (4) and are isomorphic.

SECTION 6.3

1. $\begin{bmatrix}1 & 2\\1 & -2\end{bmatrix}$

3. $\begin{bmatrix}2 & -3\\1 & -1\\-4 & 1\end{bmatrix}$

5. $\begin{bmatrix}1 & 1 & 0\\1 & -1 & 0\\-1 & 0 & 1\end{bmatrix}$

7. $\begin{bmatrix}0 & -2 & 3\\4 & 0 & 11\end{bmatrix}$

9. $\begin{bmatrix}35\\-7\end{bmatrix}$

11. $\begin{bmatrix}0\\0\end{bmatrix}$

13. (a) $\begin{bmatrix}-1 & 0\\0 & -1\end{bmatrix}$

(b) $(-3, -4)$

(c)

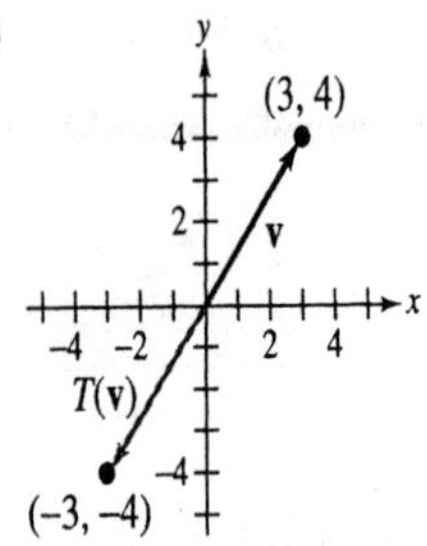

15. (a) $\begin{bmatrix}-\frac{\sqrt{2}}{2} & -\frac{\sqrt{2}}{2}\\ \frac{\sqrt{2}}{2} & -\frac{\sqrt{2}}{2}\end{bmatrix}$

(b) $(-4\sqrt{2}, 0)$

(c)

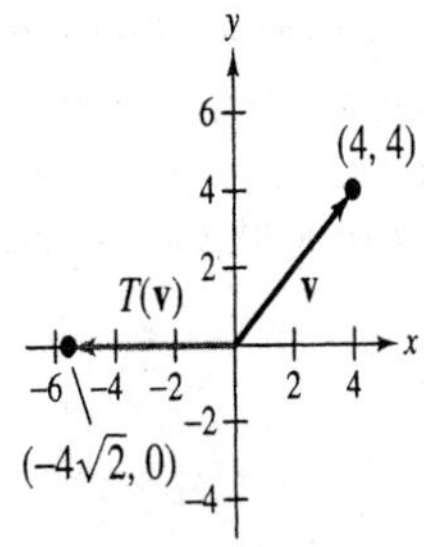

17. (a) $\begin{bmatrix} 1 & 0 & 0 \\ 0 & 1 & 0 \\ 0 & 0 & -1 \end{bmatrix}$

(b) $(3, 2, -2)$

(c)

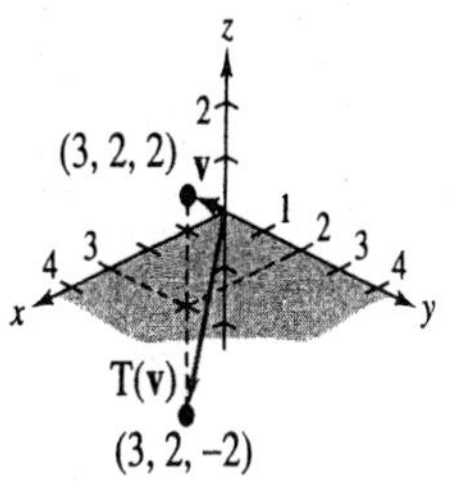

19. (a) $\begin{bmatrix} -1 & 0 \\ 0 & -1 \end{bmatrix}$

(b) $(-1, -2)$

(c)

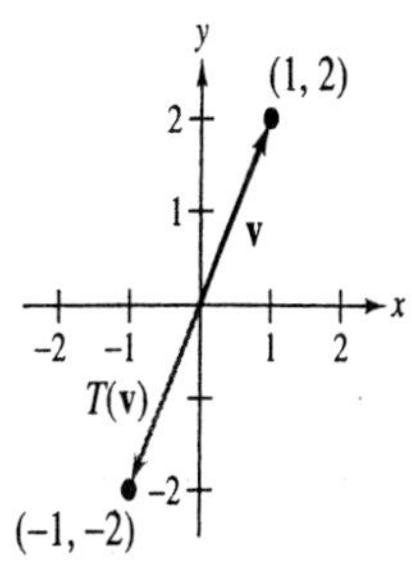

21. (a) $\begin{bmatrix} \frac{9}{10} & \frac{3}{10} \\ \frac{3}{10} & \frac{1}{10} \end{bmatrix}$

(b) $\left(\frac{21}{10}, \frac{7}{10}\right)$

(c)

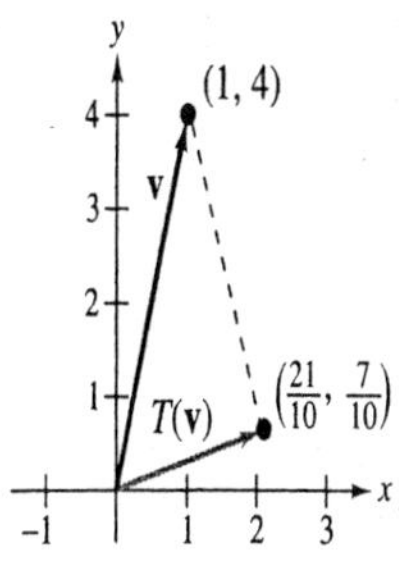

23. (a) $\begin{bmatrix} \frac{4}{5} & \frac{3}{5} \\ \frac{3}{5} & -\frac{4}{5} \end{bmatrix}$

(b) $\left(\frac{16}{5}, -\frac{13}{5}\right)$

(c)

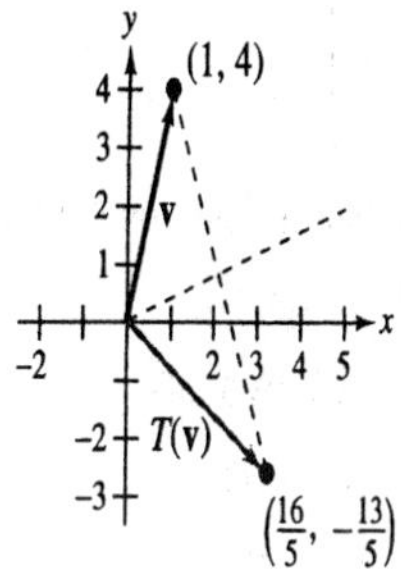

25. (a) $\begin{bmatrix} 2 & 3 & -1 \\ 3 & 0 & -2 \\ 2 & -1 & 1 \end{bmatrix}$ (b) $\begin{bmatrix} 9 \\ 5 \\ -1 \end{bmatrix}$

27. (a) $\begin{bmatrix} 1 & -1 & 0 & 0 \\ 0 & 0 & 1 & 0 \\ 1 & 2 & 0 & -1 \\ 0 & 0 & 0 & 1 \end{bmatrix}$ (b) $\begin{bmatrix} 1 \\ 1 \\ 2 \\ -1 \end{bmatrix}$

29. $A = \begin{bmatrix} 2 & -4 \\ -1 & -5 \end{bmatrix}, A' = \begin{bmatrix} 0 & 2 \\ 7 & -3 \end{bmatrix}$

31. $A = \begin{bmatrix} 0 & 0 & 0 \\ 1 & 0 & 0 \\ 0 & 0 & 0 \end{bmatrix}, A' = \begin{bmatrix} 0 & 0 & 0 \\ 1 & 0 & 0 \\ 0 & 0 & 0 \end{bmatrix}$

33. $A = \begin{bmatrix} -4 & -1 \\ -2 & 5 \end{bmatrix}, A' = \begin{bmatrix} 5 & 3 & 2 \\ 4 & -3 & 1 \\ -2 & -3 & -1 \end{bmatrix}$

35. $T^{-1}(x, y) = \left(\dfrac{x+y}{2}, \dfrac{x-y}{2}\right)$

37. T is not invertible.

39. $T^{-1}(x, y) = \left(\dfrac{x}{5}, \dfrac{y}{5}\right)$

41. $(9, 5, 4)$

43. $(-1, 5)$

45. $(2, -4, -3, 3)$

47. $(9, 16, -20)$

49. $\begin{bmatrix} 0 & 0 & 0 \\ 1 & 0 & 0 \\ 0 & 1 & 0 \\ 0 & 0 & 1 \end{bmatrix}$

51. $\begin{bmatrix} 0 & 1 & 0 & 0 \\ 0 & 0 & 0 & 0 \\ 0 & 0 & 1 & 1 \\ 0 & 0 & 0 & 1 \end{bmatrix}$

53. $3 - 2e^x - 2xe^x$

55. (a) $\begin{bmatrix} 0 & 0 & 0 & 0 \\ 1 & 0 & 0 & 0 \\ 0 & \frac{1}{2} & 0 & 0 \\ 0 & 0 & \frac{1}{3} & 0 \\ 0 & 0 & 0 & \frac{1}{4} \end{bmatrix}$ (b) $6x - x^2 + \frac{3}{4}x^4$

57. (a) True. See discussion before Theorem 6.11, page 381.
(b) False. See Example 3, page 382.
(c) False. See Theorem 6.12, page 383.

59. $\begin{bmatrix} 1 & 0 & 0 & 0 & 0 & 0 \\ 0 & 0 & 0 & 1 & 0 & 0 \\ 0 & 1 & 0 & 0 & 0 & 0 \\ 0 & 0 & 0 & 0 & 1 & 0 \\ 0 & 0 & 1 & 0 & 0 & 0 \\ 0 & 0 & 0 & 0 & 0 & 1 \end{bmatrix}$

61. Proof

63. Sometimes it is preferable to use a nonstandard basis. For example, some linear transformations have diagonal matrix representations relative to a nonstandard basis.

Section 6.4

1. (a) $A' = \begin{bmatrix} 4 & -3 \\ \frac{5}{3} & -1 \end{bmatrix}$

(b) $A' = \begin{bmatrix} 1 & 0 \\ \frac{2}{3} & \frac{1}{3} \end{bmatrix} \begin{bmatrix} 2 & -1 \\ -1 & 1 \end{bmatrix} \begin{bmatrix} 1 & 0 \\ -2 & 3 \end{bmatrix}$

3. (a) $A' = \begin{bmatrix} 1 & 0 & 0 \\ 0 & 1 & 0 \\ 0 & 0 & 1 \end{bmatrix}$

(b) $A' = \begin{bmatrix} \frac{1}{2} & \frac{1}{2} & -\frac{1}{2} \\ \frac{1}{2} & -\frac{1}{2} & \frac{1}{2} \\ -\frac{1}{2} & \frac{1}{2} & \frac{1}{2} \end{bmatrix} \begin{bmatrix} 1 & 0 & 0 \\ 0 & 1 & 0 \\ 0 & 0 & 1 \end{bmatrix} \begin{bmatrix} 1 & 1 & 0 \\ 1 & 0 & 1 \\ 0 & 1 & 1 \end{bmatrix}$

5. (a) $A' = \begin{bmatrix} \frac{7}{3} & \frac{10}{3} & -\frac{1}{3} \\ -\frac{1}{6} & \frac{4}{3} & \frac{8}{3} \\ \frac{2}{3} & -\frac{4}{3} & -\frac{2}{3} \end{bmatrix}$

(b) $A' = \begin{bmatrix} \frac{2}{3} & -\frac{1}{3} & \frac{1}{3} \\ -\frac{1}{3} & \frac{1}{6} & \frac{1}{3} \\ \frac{1}{3} & \frac{1}{3} & -\frac{1}{3} \end{bmatrix} \begin{bmatrix} 1 & -1 & 2 \\ 2 & 1 & -1 \\ 1 & 2 & 1 \end{bmatrix} \begin{bmatrix} 1 & 0 & 1 \\ 0 & 2 & 2 \\ 1 & 2 & 0 \end{bmatrix}$

7. (a) $\begin{bmatrix} 6 & 4 \\ 9 & 4 \end{bmatrix}$

(b) $[\mathbf{v}]_B = \begin{bmatrix} 2 \\ -1 \end{bmatrix}, [T(\mathbf{v})]_B = \begin{bmatrix} 4 \\ -4 \end{bmatrix}$

(c) $A' = \begin{bmatrix} 0 & -\frac{4}{3} \\ 9 & 7 \end{bmatrix}, P^{-1} = \begin{bmatrix} -\frac{1}{3} & \frac{1}{3} \\ \frac{3}{4} & -\frac{1}{2} \end{bmatrix}$

(d) $\begin{bmatrix} -\frac{8}{3} \\ 5 \end{bmatrix}$

9. (a) $\begin{bmatrix} \frac{1}{2} & \frac{1}{2} & -\frac{1}{2} \\ \frac{1}{2} & -\frac{1}{2} & \frac{1}{2} \\ -\frac{1}{2} & \frac{1}{2} & \frac{1}{2} \end{bmatrix}$

(b) $[\mathbf{v}]_B = \begin{bmatrix} 1 \\ 0 \\ -1 \end{bmatrix}, [T(\mathbf{v})]_B = \begin{bmatrix} 2 \\ -1 \\ -2 \end{bmatrix}$

(c) $A' = \begin{bmatrix} 1 & 0 & 0 \\ 0 & 2 & 0 \\ 0 & 0 & 3 \end{bmatrix}, P^{-1} = \begin{bmatrix} 1 & 1 & 0 \\ 1 & 0 & 1 \\ 0 & 1 & 1 \end{bmatrix}$

(d) $\begin{bmatrix} 1 \\ 0 \\ -3 \end{bmatrix}$

11. Proof **13.** Proof **15.** I_n

17–23. Proof

25. The matrix of I relative to B and B' is the square matrix whose columns are the coordinates of $\mathbf{v}_1, \ldots, \mathbf{v}_n$ relative to the standard basis. The matrix of I relative to B, or relative to B', is the identity matrix.

27. (a) True. See discussion, page 390, and note that $A' = P^{-1}AP \Rightarrow PA'P^{-1} = PP^{-1}APP^{-1} = A$.

(b) False. Unless it is a diagonal matrix; see Example 5, pages 393–94.

Section 6.5

1. (a) $(3, -5)$ (b) $(2, 1)$
(c) $(a, 0)$ (d) $(0, -b)$
(e) $(-c, -d)$ (f) (f, g)

3. (a) (y, x) (b) Reflection in the line $y = x$

5. (a) Vertical contraction

(b)

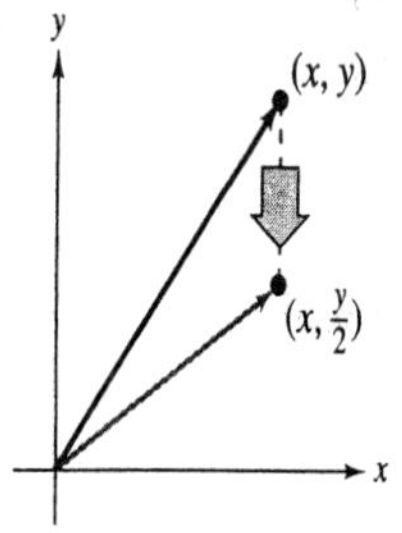

7. (a) Horizontal shear

(b)

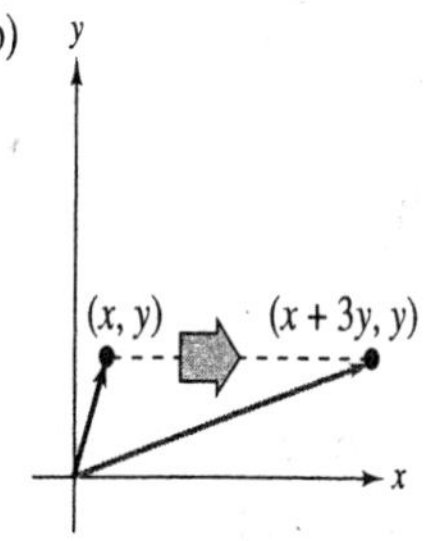

9. $\{(0, t): t \text{ is real}\}$ **11.** $\{(t, 0): t \text{ is real}\}$

13.

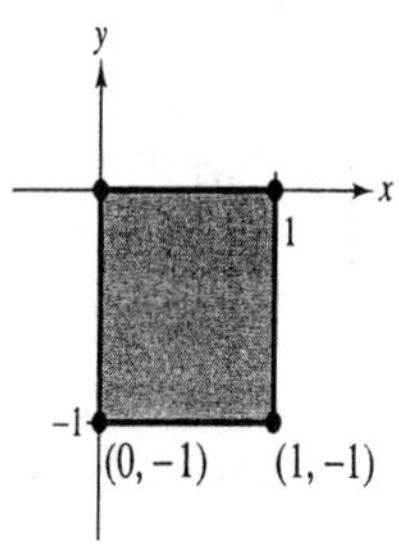

15.

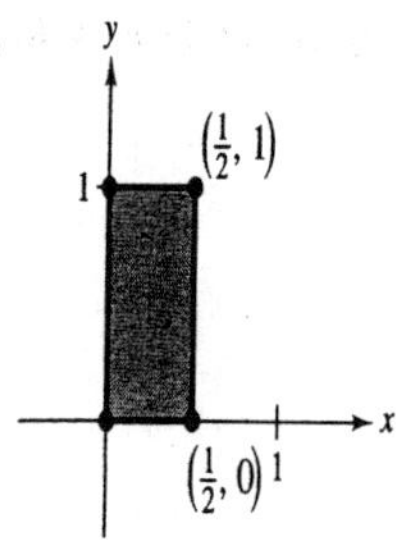

17.

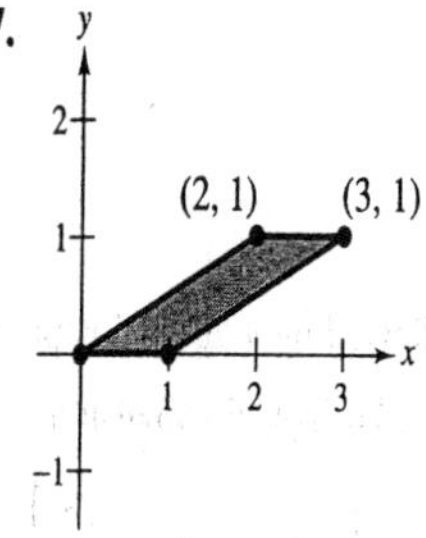

19.

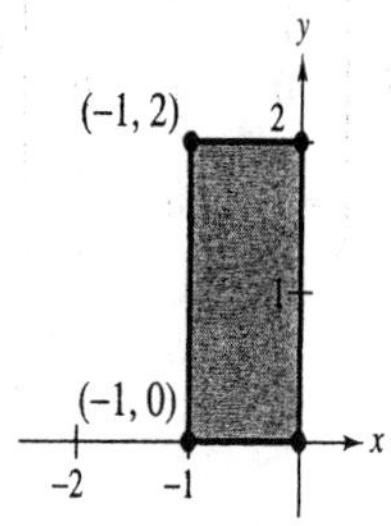

21.

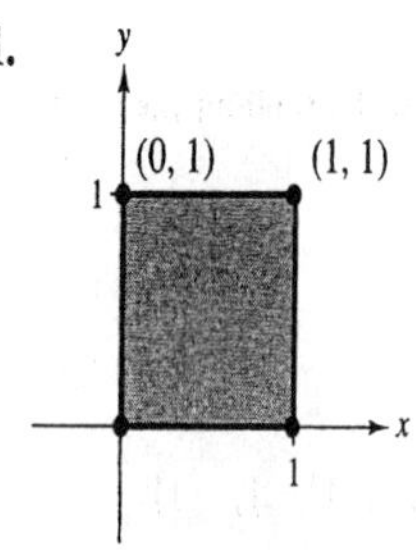

23.

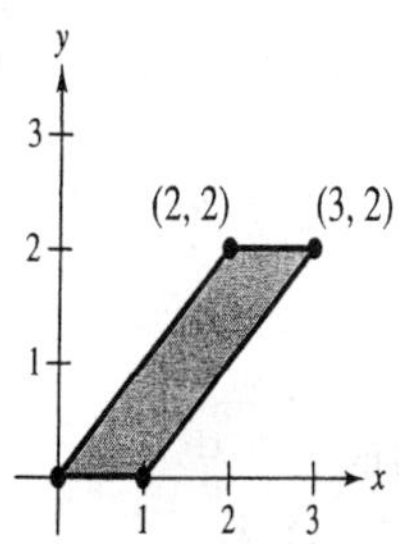

25. $T(1, 0) = (2, 0)$, $T(0, 1) = (0, 3)$, $T(2, 2) = (4, 6)$

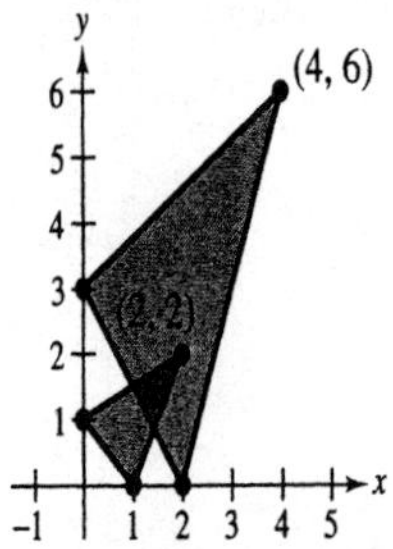

27. Horizontal expansion

29. Reflection in the line $y = x$

31. Reflection in the x-axis followed by a vertical expansion

33. Vertical shear followed by a horizontal expansion

35. $\begin{bmatrix} \frac{\sqrt{3}}{2} & -\frac{1}{2} & 0 \\ \frac{1}{2} & \frac{\sqrt{3}}{2} & 0 \\ 0 & 0 & 1 \end{bmatrix}$ **37.** $\begin{bmatrix} \frac{1}{2} & 0 & \frac{\sqrt{3}}{2} \\ 0 & 1 & 0 \\ -\frac{\sqrt{3}}{2} & 0 & \frac{1}{2} \end{bmatrix}$

39. $\left(\frac{\sqrt{3} - 1}{2}, \frac{\sqrt{3} + 1}{2}, 1\right)$

41. $\left(\frac{1 + \sqrt{3}}{2}, 1, \frac{1 - \sqrt{3}}{2}\right)$

43. 90° about the x-axis **45.** 180° about the y-axis

47. 90° about the z-axis

49. $\begin{bmatrix} 0 & 1 & 0 \\ 0 & 0 & -1 \\ -1 & 0 & 0 \end{bmatrix}$

Line segment from $(0, 0, 0)$ to $(1, -1, -1)$

51. $\begin{bmatrix} \frac{\sqrt{3}}{4} & -\frac{1}{4} & \frac{\sqrt{3}}{2} \\ \frac{1}{2} & \frac{\sqrt{3}}{2} & 0 \\ -\frac{3}{4} & \frac{\sqrt{3}}{4} & \frac{1}{2} \end{bmatrix}$

Line segment from $(0, 0, 0)$ to

$\left(\frac{3\sqrt{3} - 1}{4}, \frac{1 + \sqrt{3}}{2}, \frac{\sqrt{3} - 1}{4}\right)$

Review Exercises – Chapter 6

1. (a) $(2, -4)$ (b) $(4, 4)$

3. Linear, $\begin{bmatrix} 1 & 2 \\ -1 & -1 \end{bmatrix}$ **5.** Not linear

7. Linear, $\begin{bmatrix} 1 & -1 & 0 \\ 0 & 1 & -1 \\ -1 & 0 & 1 \end{bmatrix}$

9. $T(1, 1) = \left(\frac{3}{2}, \frac{3}{2}\right)$ **11.** $A^2 = I$

$T(0, 1) = (1, 1)$

13. $A^3 = \begin{bmatrix} \cos 3\theta & -\sin 3\theta \\ \sin 3\theta & \cos 3\theta \end{bmatrix}$

15. (a) $T: R^3 \rightarrow R^2$

(b) $(3, -12)$

(c) $\left\{\left(-\frac{5}{2}, 3 - 2t, t\right): t \text{ is real}\right\}$

17. (a) $T: R^3 \rightarrow R^3$

(b) $(-2, -4, -5)$

(c) $(2, 2, 2)$

19. (a) $\{(2, -1, 0, 0), (2, 0, 1, -2)\}$

(b) $\{(5, 0, 4), (0, 5, 8)\}$

21. (a) $\{(0, 0)\}$

(b) $\left\{\left(1, 0, \frac{1}{2}\right), \left(0, 1, -\frac{1}{2}\right)\right\}$

(c) Rank = 2

(d) Nullity = 0

23. 3 **25.** 2

27. $A = \begin{bmatrix} 2 & 0 \\ 0 & 1 \end{bmatrix}$, $A^{-1} = \begin{bmatrix} \frac{1}{2} & 0 \\ 0 & 1 \end{bmatrix}$

29. T has no inverse.

31. $A = \begin{bmatrix} 0 & 0 & 0 \\ 0 & 1 & 0 \\ 0 & 1 & 0 \end{bmatrix}$, $A' = \begin{bmatrix} 0 & 0 \\ 1 & 1 \end{bmatrix}$

33.

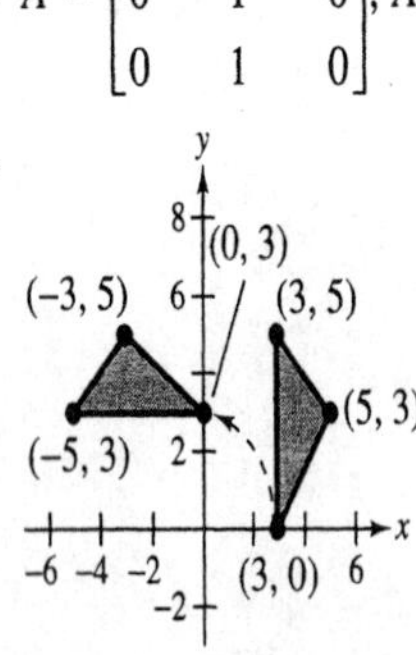

35. (a) One-to-one
(b) Onto
(c) Invertible

37. (a) One-to-one
(b) Onto
(c) Invertible

39. (a) $(0, 1, 1)$
(b) $(0, 1, 1)$

41. $A' = \begin{bmatrix} 3 & -1 \\ 1 & -1 \end{bmatrix}$,

$A' = P^{-1}AP = \begin{bmatrix} \frac{1}{2} & -\frac{1}{2} \\ \frac{1}{2} & \frac{1}{2} \end{bmatrix} \begin{bmatrix} 1 & -3 \\ -1 & 1 \end{bmatrix} \begin{bmatrix} 1 & 1 \\ -1 & 1 \end{bmatrix}$

43. (a) $\begin{bmatrix} 0 & 0 & 0 \\ 0 & \frac{1}{5} & \frac{2}{5} \\ 0 & \frac{2}{5} & \frac{4}{5} \end{bmatrix}$ (b) Answers will vary.
(c) Answers will vary.

45. Answers will vary.

47. Proof

49. (a) Proof
(b) Nullity = 3, rank = 1
(c) $\{1 - x, 1 - x^2, 1 - x^3\}$

51. $\text{Ker}(T) = \{\mathbf{v}: \langle \mathbf{v}, \mathbf{v}_0 \rangle = 0\}$
Range $= R$
Rank $= 1$
Nullity $= \dim(V) - 1$

53. $mn = pq$

55. (a) Vertical expansion
(b)

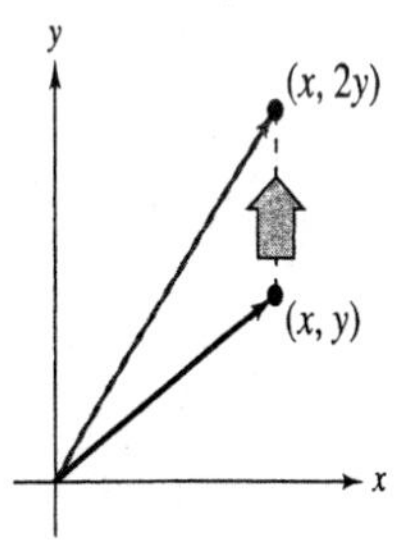

57. (a) Vertical shear
(b)

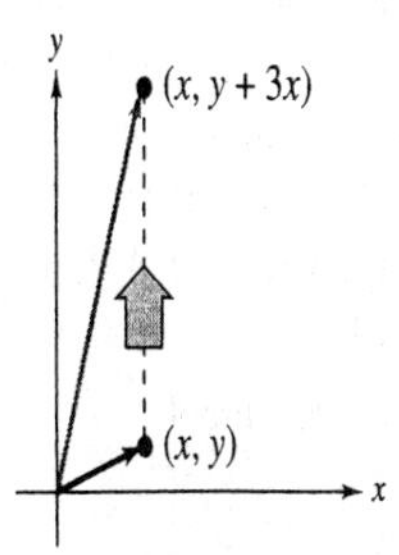

59.

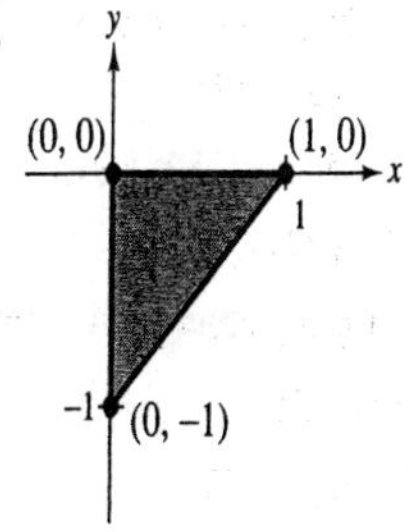

61.

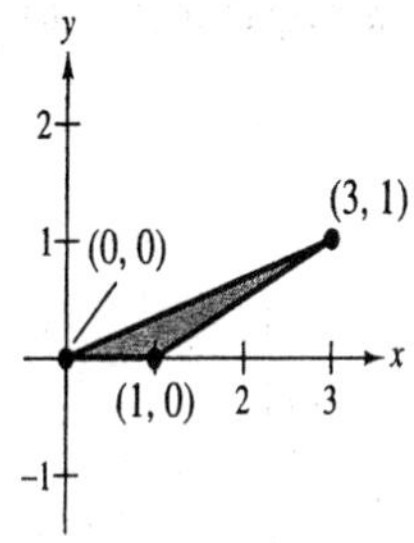

63. Reflection in the line $y = x$ followed by a horizontal expansion

65. $\begin{bmatrix} \frac{\sqrt{2}}{2} & -\frac{\sqrt{2}}{2} & 0 \\ \frac{\sqrt{2}}{2} & \frac{\sqrt{2}}{2} & 0 \\ 0 & 0 & 1 \end{bmatrix}$, $\left(\sqrt{2}, 0, 1\right)$

67. $\begin{bmatrix} \frac{\sqrt{3}}{2} & -\frac{1}{4} & \frac{\sqrt{3}}{4} \\ \frac{1}{2} & \frac{\sqrt{3}}{4} & -\frac{3}{4} \\ 0 & \frac{\sqrt{3}}{2} & \frac{1}{2} \end{bmatrix}$

69. $(0, 0, 0), \left(\frac{\sqrt{2}}{2}, \frac{\sqrt{2}}{2}, 0\right), \left(0, \sqrt{2}, 0\right),$
$\left(-\frac{\sqrt{2}}{2}, \frac{\sqrt{2}}{2}, 0\right), (0, 0, 1), \left(\frac{\sqrt{2}}{2}, \frac{\sqrt{2}}{2}, 1\right),$
$\left(0, \sqrt{2}, 1\right), \left(-\frac{\sqrt{2}}{2}, \frac{\sqrt{2}}{2}, 1\right)$

71. (a) False. See "Elementary Matrices for Linear Transformations in the Plane," page 396.
(b) True. See "Elementary Matrices for Linear Transformations in the Plane," page 396.
(c) True. See discussion following Example 4, page 401.

73. (a) False. See "Remark," page 355.
(b) False. See Theorem 6.7, page 373.
(c) True. See discussion following Example 5, page 394.

Chapter 7

SECTION 7.1

1. $\begin{bmatrix}1 & 0\\0 & -1\end{bmatrix}\begin{bmatrix}1\\0\end{bmatrix}=1\begin{bmatrix}1\\0\end{bmatrix}, \begin{bmatrix}1 & 0\\0 & -1\end{bmatrix}\begin{bmatrix}0\\1\end{bmatrix}=-1\begin{bmatrix}0\\1\end{bmatrix}$

3. $\begin{bmatrix}1 & 1\\1 & 1\end{bmatrix}\begin{bmatrix}1\\-1\end{bmatrix}=0\begin{bmatrix}1\\-1\end{bmatrix}, \begin{bmatrix}1 & 1\\1 & 1\end{bmatrix}\begin{bmatrix}1\\1\end{bmatrix}=2\begin{bmatrix}1\\1\end{bmatrix}$

5. $\begin{bmatrix}-2 & 2 & -3\\2 & 1 & -6\\-1 & -2 & 0\end{bmatrix}\begin{bmatrix}1\\2\\-1\end{bmatrix}=5\begin{bmatrix}1\\2\\-1\end{bmatrix},$

$\begin{bmatrix}-2 & 2 & -3\\2 & 1 & -6\\-1 & -2 & 0\end{bmatrix}\begin{bmatrix}-2\\1\\0\end{bmatrix}=-3\begin{bmatrix}-2\\1\\0\end{bmatrix},$

$\begin{bmatrix}-2 & 2 & -3\\2 & 1 & -6\\-1 & -2 & 0\end{bmatrix}\begin{bmatrix}3\\0\\1\end{bmatrix}=-3\begin{bmatrix}3\\0\\1\end{bmatrix}$

7. (a) $\begin{bmatrix}1 & 1\\1 & 1\end{bmatrix}\begin{bmatrix}c\\-c\end{bmatrix}=0\begin{bmatrix}c\\-c\end{bmatrix}$
(b) $\begin{bmatrix}1 & 1\\1 & 1\end{bmatrix}\begin{bmatrix}c\\c\end{bmatrix}=\begin{bmatrix}2c\\2c\end{bmatrix}=2\begin{bmatrix}c\\c\end{bmatrix}$

9. (a) No (b) Yes (c) Yes (d) No

11. (a) Yes (b) No (c) Yes (d) Yes

13. (a) $\lambda^2 - 7\lambda = 0$
(b) $\lambda = 0, (1, 2)$
$\lambda = 7, (3, -1)$

15. (a) $\lambda^2 - \frac{1}{4} = 0$
(b) $\lambda = -\frac{1}{2}, (1, 1)$
$\lambda = \frac{1}{2}, (3, 1)$

17. (a) $\lambda^3 - 6\lambda^2 + 11\lambda - 6 = 0$
(b) $\lambda = 1, (1, 2, -1)$
$\lambda = 2, (1, 0, 0)$
$\lambda = 3, (0, 1, 0)$

19. (a) $\lambda^3 - 3\lambda^2 - 9\lambda + 27 = 0$
(b) $\lambda = -3, (1, 1, 3)$
$\lambda = 3, (1, 0, -1), (1, 1, 0)$

21. (a) $\lambda^3 - 8\lambda^2 + 4\lambda + 48 = 0$
(b) $\lambda = -2, (3, 2, 0)$
$\lambda = 4, (5, -10, -2)$
$\lambda = 6, (1, -2, 0)$

23. (a) $\lambda^4 - 7\lambda^3 + 16\lambda^2 - 12\lambda = 0$
(b) $\lambda = 2, (1, 0, 0, 0), (0, 1, 0, 0)$
$\lambda = 3, (0, 0, 3, 4)$
$\lambda = 0, (0, 0, 0, 1)$

25. $\lambda = -2, 1$

27. $\lambda = 5, 5$

29. $\lambda = 4, -\frac{1}{2}, \frac{1}{3}$

31. $\lambda = 0, 3$

33. $p(\lambda) = \lambda^2 - 6\lambda + 8, p(A) = \begin{bmatrix}0 & 0\\0 & 0\end{bmatrix}$

35. $p(\lambda) = \lambda^3 - 5\lambda^2 + 15\lambda - 27, p(A) = \begin{bmatrix}0 & 0 & 0\\0 & 0 & 0\\0 & 0 & 0\end{bmatrix}$

37.

Exercise	Trace of A	Determinant of A
13	7	0
14	9	0
15	0	$-\frac{1}{4}$
16	$\frac{1}{4}$	$-\frac{1}{8}$
17	6	6
18	5	−105
19	3	−27
20	4	0
21	8	−48
22	$\frac{31}{2}$	$\frac{29}{8}$
23	7	0
24	8	12

39. Assume that λ is an eigenvalue of A, with corresponding eigenvector $\mathbf{x}$. Because A is invertible (from Exercise 38), $\lambda \neq 0$. Then, $A\mathbf{x} = \lambda\mathbf{x}$ implies that $\mathbf{x} = A^{-1}A\mathbf{x} = A^{-1}\lambda\mathbf{x} = \lambda A^{-1}\mathbf{x}$, which in turn implies that $(1/\lambda)\mathbf{x} = A^{-1}\mathbf{x}$. Thus $\mathbf{x}$ is an eigenvector of A^{-1}, and its corresponding eigenvalue is $1/\lambda$.

41. Proof

43. Proof

45. $a = 0,\ d = 1$ or $a = 1,\ d = 0$

47. (a) True. See "Definition of Eigenvalue and Eigenvector," page 411.

(b) True. See discussion before Theorem 7.1, page 413.

(c) True. See Theorem 7.2, page 414.

49. Dim = 3

51. Dim = 1

53. $T(e^x) = \dfrac{d}{dx}[e^x] = e^x = 1(e^x)$

55. $\lambda = -2, 3 + 2x$
$\lambda = 4, -5 + 10x + 2x^2$
$\lambda = 6, -1 + 2x$

57. $\lambda = 0, \begin{bmatrix} 1 & 0 \\ 1 & 0 \end{bmatrix}, \begin{bmatrix} 1 & 1 \\ 0 & -1 \end{bmatrix}$

$\lambda = 3, \begin{bmatrix} 1 & 0 \\ -2 & 0 \end{bmatrix}$

59. The only possible eigenvalue is 0.

61. Proof

Section 7.2

1. $P^{-1} = \begin{bmatrix} 1 & -4 \\ -1 & 3 \end{bmatrix}, P^{-1}AP = \begin{bmatrix} 1 & 0 \\ 0 & -2 \end{bmatrix}$

3. $P^{-1} = \begin{bmatrix} \frac{2}{3} & -\frac{2}{3} & 1 \\ 0 & \frac{1}{4} & 0 \\ -\frac{1}{3} & \frac{1}{12} & 0 \end{bmatrix}, P^{-1}AP = \begin{bmatrix} 5 & 0 & 0 \\ 0 & 3 & 0 \\ 0 & 0 & -1 \end{bmatrix}$

5. There is only one eigenvalue, $\lambda = 0$, and the dimension of its eigenspace is 1. Therefore, the matrix is not diagonalizable.

7. There is only one eigenvalue, $\lambda = 3$, and the dimension of its eigenspace is 1. Therefore, the matrix is not diagonalizable.

9. There are two eigenvalues, 1 and 2. The dimension of the eigenspace for the repeated eigenvalue 1 is 1. Therefore, the matrix is not diagonalizable.

11. There are two repeated eigenvalues, 0 and 3. The eigenspace associated with 3 is of dimension 1. Therefore, the matrix is not diagonalizable.

13. $\lambda = 0, 2$ Matrix is diagonalizable.

15. $\lambda = 0, 2$ Insufficient number of eigenvalues to guarantee diagonalizability

17. $P = \begin{bmatrix} 3 & 1 \\ 1 & 1 \end{bmatrix}$

(The answer is not unique.)

19. $P = \begin{bmatrix} 1 & -1 & 1 \\ 1 & 0 & 1 \\ 3 & 1 & 0 \end{bmatrix}$

(The answer is not unique.)

21. $P = \begin{bmatrix} 3 & -1 & -5 \\ 2 & 2 & 10 \\ 0 & 0 & 2 \end{bmatrix}$

(The answer is not unique.)

23. A is not diagonalizable.

25. $P = \begin{bmatrix} 4 & 0 & 0 & 0 \\ 4 & 0 & -2 & 0 \\ 4 & 3 & 1 & 0 \\ 1 & 1 & 1 & 1 \end{bmatrix}$

(The answer is not unique.)

27. $\{(1, -1), (1, 1)\}$

29. $\{(-1 + x), x\}$

31. Proof

33. $\begin{bmatrix} -188 & -378 \\ 126 & 253 \end{bmatrix}$

35. $\begin{bmatrix} 384 & 256 & -384 \\ -384 & -512 & 1152 \\ -128 & -256 & 640 \end{bmatrix}$

37. (a) True. See the proof of Theorem 7.4, page 424.

(b) False. See Theorem 7.6, page 430.

39. Yes, the order of elements on the main diagonal may change.

41–47. Proof

Section 7.3

1. Symmetric

3. Not symmetric

5. Symmetric

7. $\lambda = 2$, dim = 1
$\lambda = 4$, dim = 1

9. $\lambda - 2$, dim = 2
$\lambda = 3$, dim = 1

11. $\lambda = -2$, dim = 2
$\lambda = 4$, dim = 1

13. Orthogonal

15. Not orthogonal

17. Orthogonal

19. Orthogonal

21. $P = \begin{bmatrix} \frac{\sqrt{2}}{2} & \frac{\sqrt{2}}{2} \\ -\frac{\sqrt{2}}{2} & \frac{\sqrt{2}}{2} \end{bmatrix}$

(The answer is not unique.)

23. $P = \begin{bmatrix} \frac{\sqrt{3}}{3} & \frac{\sqrt{6}}{3} \\ -\frac{\sqrt{6}}{3} & \frac{\sqrt{3}}{3} \end{bmatrix}$

(The answer is not unique.)

25. $P = \begin{bmatrix} -\frac{2}{3} & -\frac{1}{3} & \frac{2}{3} \\ \frac{1}{3} & \frac{2}{3} & \frac{2}{3} \\ \frac{2}{3} & -\frac{2}{3} & \frac{1}{3} \end{bmatrix}$

(The answer is not unique.)

27. $P = \begin{bmatrix} \frac{\sqrt{2}}{2} & 0 & \frac{\sqrt{2}}{2} & 0 \\ -\frac{\sqrt{2}}{2} & 0 & \frac{\sqrt{2}}{2} & 0 \\ 0 & \frac{\sqrt{2}}{2} & 0 & \frac{\sqrt{2}}{2} \\ 0 & -\frac{\sqrt{2}}{2} & 0 & \frac{\sqrt{2}}{2} \end{bmatrix}$

(The answer is not unique.)

29. (a) True. See Theorem 7.10, page 440.

(b) True. See Theorem 7.9, page 439.

31. Proof **33.** Proof

35. $A^{-1} = \left(\frac{1}{\cos^2\theta + \sin^2\theta}\right)\begin{bmatrix} \cos\theta & \sin\theta \\ -\sin\theta & \cos\theta \end{bmatrix}$

$= \begin{bmatrix} \cos\theta & \sin\theta \\ -\sin\theta & \cos\theta \end{bmatrix} = A^T$

37. Proof

SECTION 7.4

1. $\mathbf{x}_2 = \begin{bmatrix} 20 \\ 5 \end{bmatrix}$, $\mathbf{x}_3 = \begin{bmatrix} 10 \\ 10 \end{bmatrix}$

3. $\mathbf{x}_2 = \begin{bmatrix} 84 \\ 12 \\ 6 \end{bmatrix}$, $\mathbf{x}_3 = \begin{bmatrix} 60 \\ 84 \\ 6 \end{bmatrix}$

5. $\mathbf{x} = t\begin{bmatrix} 2 \\ 1 \end{bmatrix}$

7. $\mathbf{x} = t\begin{bmatrix} 8 \\ 4 \\ 1 \end{bmatrix}$

9. $\mathbf{x}_2 = \begin{bmatrix} 960 \\ 90 \\ 30 \end{bmatrix}$, $\mathbf{x}_3 = \begin{bmatrix} 2340 \\ 720 \\ \frac{45}{2} \end{bmatrix}$

11. $y_1 = C_1e^{2t}$
$y_2 = C_2e^{t}$

13. $y_1 = C_1e^{-t}$
$y_2 = C_2e^{6t}$
$y_3 = C_3e^{t}$

15. $y_1 = C_1e^{t} - 4C_2e^{2t}$
$y_2 = C_2e^{2t}$

17. $y_1 = C_1e^{-t} + C_2e^{3t}$
$y_2 = -C_1e^{-t} + C_2e^{3t}$

19. $y_1 = 3C_1e^{-2t} - 5C_2e^{4t} - C_3e^{6t}$
$y_2 = 2C_1e^{-2t} + 10C_2e^{4t} + 2C_3e^{6t}$
$y_3 = 2C_2e^{4t}$

21. $y_1 = C_1e^{t} - 2C_2e^{2t} - 7C_3e^{3t}$
$y_2 = C_2e^{2t} + 8C_3e^{3t}$
$y_3 = 2C_3e^{3t}$

23. $y_1' = y_1 + y_2$
$y_2' = y_2$

25. $y_1' = y_2$
$y_2' = y_3$
$y_3' = -4y_2$

27. $\begin{bmatrix} 1 & 0 \\ 0 & 1 \end{bmatrix}$

29. $\begin{bmatrix} 9 & 5 \\ 5 & -4 \end{bmatrix}$

31. $\begin{bmatrix} 0 & 5 \\ 5 & -10 \end{bmatrix}$

33. $A = \begin{bmatrix} 2 & -\frac{3}{2} \\ -\frac{3}{2} & -2 \end{bmatrix}$,

$P = \begin{bmatrix} \frac{1}{\sqrt{10}} & -\frac{3}{\sqrt{10}} \\ \frac{3}{\sqrt{10}} & \frac{1}{\sqrt{10}} \end{bmatrix}$,

$\lambda_1 = -\frac{5}{2}$, $\lambda_2 = \frac{5}{2}$

35. $A = \begin{bmatrix} 13 & 3\sqrt{3} \\ 3\sqrt{3} & 7 \end{bmatrix}$,

$P = \begin{bmatrix} \frac{1}{2} & \frac{\sqrt{3}}{2} \\ -\frac{\sqrt{3}}{2} & \frac{1}{2} \end{bmatrix}$,

$\lambda_1 = 4$, $\lambda_2 = 16$

37. $A = \begin{bmatrix} 16 & -12 \\ -12 & 9 \end{bmatrix}$,

$P = \begin{bmatrix} \frac{3}{5} & -\frac{4}{5} \\ \frac{4}{5} & \frac{3}{5} \end{bmatrix}$,

$\lambda_1 = 0$, $\lambda_2 = 25$

39. Ellipse, $5(x')^2 + 15(y')^2 - 45 = 0$

41. Hyperbola, $-25(x')^2 + 15(y')^2 - 50 = 0$

43. Parabola, $4(y')^2 + 4x' + 8y' + 4 = 0$

45. Hyperbola,
$\frac{1}{2}[-(x')^2 + (y')^2 - 3\sqrt{2}x' - \sqrt{2}y' + 6] = 0$

47. $A = \begin{bmatrix} 3 & -1 & 0 \\ -1 & 3 & 0 \\ 0 & 0 & 8 \end{bmatrix}$,
$2(x')^2 + 4(y')^2 + 8(z')^2 - 16 = 0$

49. Let $P = \begin{bmatrix} a & b \\ c & d \end{bmatrix}$ be a 2×2 orthogonal matrix such that $|P| = 1$. Define $\theta \in (0, 2\pi)$ as follows.
(i) If $a = 1$, then $c = 0, b = 0$, and $d = 1$, so let $\theta = 0$.
(ii) If $a = -1$, then $c = 0$, $b = 0$, and $d = -1$, so let $\theta = \pi$.
(iii) If $a \geq 0$ and $c > 0$, let $\theta = \arccos(a)$, $0 < \theta \leq \pi/2$.
(iv) If $a \geq 0$ and $c < 0$, let $\theta = 2\pi - \arccos(a)$, $3\pi/2 \leq \theta < 2\pi$.
(v) If $a \leq 0$ and $c > 0$, let $\theta = \arccos(a)$, $\pi/2 \leq \theta < \pi$.
(vi) If $a \leq 0$ and $c < 0$, let $\theta = 2\pi - \arccos(a)$, $\pi < \theta \leq 3\pi/2$.
In each of these cases, check that
$$P = \begin{bmatrix} a & b \\ c & d \end{bmatrix} = \begin{bmatrix} \cos\theta & -\sin\theta \\ \sin\theta & \cos\theta \end{bmatrix}.$$

Review Exercises – Chapter 7

1. (a) $\lambda^2 - 9 = 0$
(b) $\lambda = -3, \lambda = 3$
(c) A basis for $\lambda = -3$ is $(1, -5)$ and a basis for $\lambda = 3$ is $(1, 1)$.

3. (a) $\lambda^3 - 20\lambda^2 + 128\lambda - 256 = 0$
(b) $\lambda = 4, \lambda = 8$
(c) A basis for $\lambda = 4$ is $(1, -2, -1)$ and a basis for $\lambda = 8$ is $(4, -1, 0), (3, 0, 1)$.

5. (a) $\lambda^3 - 6\lambda^2 + 11\lambda - 6 = 0$
(b) $\lambda = 1, \lambda = 2, \lambda = 3$
(c) A basis for $\lambda = 1$ is $(1, 2, -1)$, a basis for $\lambda = 2$ is $(1, 0, 0)$, and a basis for $\lambda = 3$ is $(0, 1, 0)$.

7. Not diagonalizable

9. $P = \begin{bmatrix} 1 & 0 & 1 \\ 0 & 1 & 0 \\ 1 & 0 & -1 \end{bmatrix}$
(The answer is not unique.)

11. The characteristic equation of
$$A = \begin{bmatrix} \cos\theta & -\sin\theta \\ \sin\theta & \cos\theta \end{bmatrix}$$
is $\lambda^2 - (2\cos\theta)\lambda + 1 = 0$. The roots of this equation are $\lambda = \cos\theta \pm \sqrt{\cos^2\theta - 1}$. If $0 < \theta < \pi$, then $-1 < \cos\theta < 1$, which implies that $\sqrt{\cos^2\theta - 1}$ is imaginary.

13. A has only one eigenvalue, $\lambda = 0$, and the dimension of its eigenspace is 1. Therefore, the matrix is not diagonalizable.

15. A has only one eigenvalue, $\lambda = 3$, and the dimension of its eigenspace is 2. Therefore, the matrix is not diagonalizable.

17. $P = \begin{bmatrix} 0 & 1 \\ 1 & 0 \end{bmatrix}$

19. Both orthogonal and symmetric

21. Symmetric

23. $P = \begin{bmatrix} \frac{2}{\sqrt{5}} & -\frac{1}{\sqrt{5}} \\ \frac{1}{\sqrt{5}} & \frac{2}{\sqrt{5}} \end{bmatrix}$
(The answer is not unique.)

25. $P = \begin{bmatrix} \frac{1}{\sqrt{2}} & 0 & \frac{1}{\sqrt{2}} \\ 0 & 1 & 0 \\ -\frac{1}{\sqrt{2}} & 0 & \frac{1}{\sqrt{2}} \end{bmatrix}$
(The answer is not unique.)

27. $\left(\frac{3}{5}, \frac{2}{5}\right)$

29. $\left(\frac{1}{4}, \frac{1}{2}, \frac{1}{4}\right)$

31. $\left(\frac{4}{16}, \frac{5}{16}, \frac{7}{16}\right)$

33. Proof

35. $A = \begin{bmatrix} 0 & 1 \\ 0 & \frac{9}{4} \end{bmatrix}$, $\lambda_1 = 0$, $\lambda_2 = \frac{9}{4}$

37. $A^2 = \begin{bmatrix} 56 & -40 \\ 20 & -4 \end{bmatrix}$, $A^3 = \begin{bmatrix} 368 & -304 \\ 152 & -88 \end{bmatrix}$

39. Proof **41.** Proof

43. $P = \begin{bmatrix} \frac{1}{\sqrt{2}} & -\frac{1}{\sqrt{2}} \\ \frac{1}{\sqrt{2}} & \frac{1}{\sqrt{2}} \end{bmatrix}$

45. (a) $a = b = c = 0$
(b) Dim $= 1$ if $a \neq 0,\ b \neq 0,\ c \neq 0$.
Dim $= 2$ if exactly one is 0.
Dim $= 3$ if exactly two are 0.

47. (a) True. See "Definition of Eigenvalue and Eigenvector," page 411.
(b) False. See Theorem 7.4, page 424.
(c) True. See "Definition of a Diagonalizable Matrix," page 423.

49. $\mathbf{x}_2 = \begin{bmatrix} 100 \\ 25 \end{bmatrix}$, $\mathbf{x}_3 = \begin{bmatrix} 25 \\ 25 \end{bmatrix}$, $\mathbf{x} = t\begin{bmatrix} 2 \\ 1 \end{bmatrix}$

51. $\mathbf{x}_2 = \begin{bmatrix} 4500 \\ 300 \\ 50 \end{bmatrix}$, $\mathbf{x}_3 = \begin{bmatrix} 1500 \\ 4500 \\ 50 \end{bmatrix}$, $\mathbf{x} = t\begin{bmatrix} 24 \\ 12 \\ 1 \end{bmatrix}$

53. $y_1 = -2C_1 + C_2e^t$
$y_2 = C_1$

55. $y_1 = C_1e^t + C_2e^{-t}$
$y_2 = C_1e^t - C_2e^{-t}$

57. $A = \begin{bmatrix} 1 & \frac{3}{2} \\ \frac{3}{2} & 1 \end{bmatrix}$

$P = \begin{bmatrix} \frac{1}{\sqrt{2}} & -\frac{1}{\sqrt{2}} \\ \frac{1}{\sqrt{2}} & \frac{1}{\sqrt{2}} \end{bmatrix}$

$5(x')^2 - (y')^2 = 6$

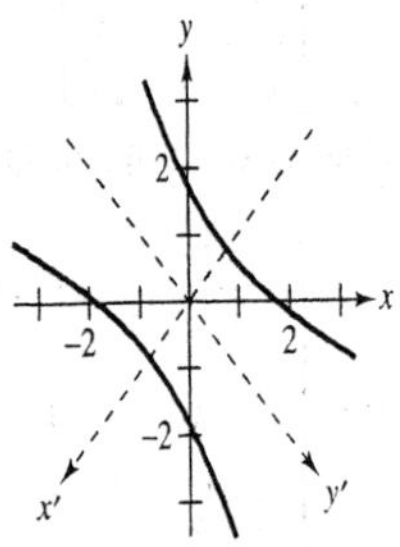

59. $A = \begin{bmatrix} 0 & \frac{1}{2} \\ \frac{1}{2} & 0 \end{bmatrix}$

$P = \begin{bmatrix} \frac{1}{\sqrt{2}} & -\frac{1}{\sqrt{2}} \\ \frac{1}{\sqrt{2}} & \frac{1}{\sqrt{2}} \end{bmatrix}$

$(x')^2 - (y')^2 = 4$

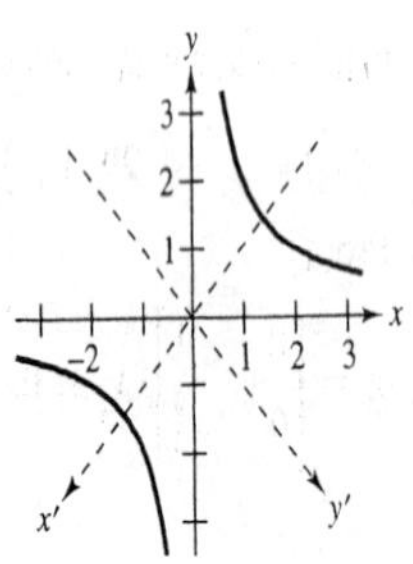

Cumulative Test for Chapters 6 and 7

1. Yes, T is a linear transformation.

2. No, T is not a linear transformation.

3. (a) $(1, -1, 0)$ (b) $(1, -3)$

4. Span$\{(1, 1, 0, 0), (0, 0, -1, 1)\}$

5. (a) Span$\{(0, -1, 0, 1), (1, 0, -1, 0)\}$
(b) Span$\{(1, 0), (0, 1)\}$
(c) Rank $= 2$, nullity $= 2$

6. $\begin{bmatrix} -1 & 1 & 0 \\ 0 & -1 & 1 \\ 1 & 0 & -1 \end{bmatrix}$

7. $\begin{bmatrix} \frac{1}{2} & -\frac{1}{2} \\ -\frac{1}{2} & \frac{1}{2} \end{bmatrix}$, $T(1, 1) = (0, 0)$, $T(-2, 2) = (-2, 2)$

8. $T^{-1}(x, y) = \left(\frac{1}{3}x + \frac{1}{3}y, -\frac{2}{3}x + \frac{1}{3}y\right)$

9. $\begin{bmatrix} -1 & -2 \\ 0 & 1 \\ 2 & 1 \end{bmatrix}$, $T(0, 1) = (1, 0, 1)$

10. (a) $A = \begin{bmatrix} 1 & -2 \\ 1 & 4 \end{bmatrix}$ (b) $P = \begin{bmatrix} 1 & 1 \\ 1 & 2 \end{bmatrix}$
(c) $A' = \begin{bmatrix} -7 & -15 \\ 6 & 12 \end{bmatrix}$ (d) $\begin{bmatrix} 9 \\ -6 \end{bmatrix}$
(e) $[\mathbf{v}]_B = \begin{bmatrix} 1 \\ -1 \end{bmatrix}$, $[T(\mathbf{v})]_B = \begin{bmatrix} 3 \\ -3 \end{bmatrix}$

11. $\lambda = 1, \begin{bmatrix} 1 \\ 0 \\ 0 \end{bmatrix}$; $\lambda = 0, \begin{bmatrix} -1 \\ -1 \\ 3 \end{bmatrix}$; $\lambda = 2, \begin{bmatrix} 1 \\ 1 \\ -1 \end{bmatrix}$

12. $\lambda = 1$ (three times), $\begin{bmatrix} 1 \\ 0 \\ 0 \end{bmatrix}$

13. $P = \begin{bmatrix} 3 & 1 \\ 1 & 1 \end{bmatrix}$ (The answer is not unique.)

14. $\{(0, 1, 0), (1, 1, 1), (2, 2, 3)\}$

15. $\begin{bmatrix} \frac{1}{\sqrt{2}} & \frac{1}{\sqrt{2}} \\ -\frac{1}{\sqrt{2}} & \frac{1}{\sqrt{2}} \end{bmatrix}$

16. $\begin{bmatrix} \frac{1}{\sqrt{3}} & \frac{1}{\sqrt{2}} & \frac{1}{\sqrt{6}} \\ \frac{1}{\sqrt{3}} & 0 & -\frac{2}{\sqrt{6}} \\ \frac{1}{\sqrt{3}} & -\frac{1}{\sqrt{2}} & \frac{1}{\sqrt{6}} \end{bmatrix}$

17. λ is an eigenvalue of A if there exists a nonzero vector $\mathbf{x}$ such that $A\mathbf{x} = \lambda\mathbf{x}$. $\mathbf{x}$ is called an eigenvector of A. If A is an $n \times n$ matrix, then A can have n eigenvalues, possibly complex and possibly repeated.

18. P is orthogonal if $P^{-1} = P^T$. The possible eigenvalues of an orthogonal matrix are 1 and -1.

19–23. Proof

24. 0 is the only eigenvalue.

찾아보기

역자 소개 (가나다순)	
강신덕	인천대학교 수학과 교수
권태인	창원대학교 응용수학과 교수
김경희	연세대학교 수학과 교수
김주필	한남대학교 수학과 교수
민강주	충남대학교 수학과 교수
왕문옥	한양대학교 응용수학과 교수
이희정	강남대학교 응용수학과 교수

선형대수학

2006년 3월 2일 1판 1쇄 발행
2023년 1월 10일 1판 4쇄 발행

저 자 / LARSON·EDWARDS·FALVO
역 자 / 강신덕·권태인·김경희·김주필·민강주·왕문옥·이희정
발행자 / 오판근
발행처 / 교우사

주 소 / 서울특별시 동대문구 약령시로 8 교우빌딩 2층
전 화 / 925-2861(대), 편집부 / 925-2825, 홈쇼핑 / 969-5762
팩 스 / 925-2860

E-mail / kyowoo@kyowoo.co.kr
http://www.kyowoo.co.kr

등록 / 1994. 3. 24 제6-0256호

ISBN 978-89-8172-582-2 (93410)

값 43,000원